Elektrische Schaltvorgänge

und verwandte Störungserscheinungen in Starkstromanlagen

Von

Reinhold Rüdenberg

Professor, Dr. ing. und Dr. ing. e. h.
Chef-Elektriker der Siemens-Schuckertwerke
Privatdozent an der Technischen Hochschule zu Berlin

Zweite, berichtigte Auflage

Mit 477 Abbildungen im Text
und 1 Tafel

Springer-Verlag Berlin Heidelberg GmbH
1926

Additional material to this book can be downloaded from http://extras.springer.com.
ISBN 978-3-662-35937-2 ISBN 978-3-662-36767-4 (eBook
DOI 10.1007/978-3-662-36767-4

Ursprünglich erschienen bei Julius Springer in Berlin 1923.
Softcover reprint of the hardcover 2nd edition 1923

Vorwort zur ersten Auflage.

Dieses Buch stellt die Erweiterung einer Vortragsreihe dar, die ich zu Beginn des Jahres 1914 vor dem Berliner Elektrotechnischen Verein gehalten habe. Die Drucklegung wurde zunächst durch den Weltkrieg verhindert. Manches neue von dem damals Vorgetragenen ist inzwischen auch von Fachgenossen gefunden und veröffentlicht. Darüber hinaus habe ich mich bemüht, den Inhalt so zu ergänzen, daß die Grundlagen der heute bekannten und geklärten elektrischen Schaltvorgänge in ihm enthalten sind, soweit sie für den Betrieb von Starkstromanlagen wichtig sind.

Als Schaltvorgänge werden dabei alle nicht stationären Erscheinungen in elektrischen Stromkreisen angesprochen, gleichgültig, ob sie beabsichtigt oder unbeabsichtigt sind, ob sie also die Überleitung in einen neuen Betriebszustand bewirken sollen oder durch zufällige Störungen mit ihren Kurzschluß- und Überspannungserscheinungen entstanden sind.

Den Stoff habe ich so anzuordnen versucht, daß man in allen Abschnitten stets vom leichteren zum schwierigeren fortschreitet. Um dennoch als Nachschlagewerk verwendbar zu bleiben, sind die einzelnen Kapitel, die verschiedene Erscheinungen behandeln, möglichst selbständig gehalten, und ihre Formeln sind für sich numeriert. Verweisungen auf frühere Kapitel sind dabei nach Möglichkeit vermieden, können aber beim Zusammenhang vieler Erscheinungen natürlich nicht ganz entbehrt werden.

Von Literaturangaben im Text habe ich abgesehen, jedoch sind in einem Anhang eine Reihe wichtiger Veröffentlichungen über das behandelte Gebiet zusammengestellt. Auf Vollständigkeit kann dieses Verzeichnis wegen der Fülle der vorhandenen Aufsätze keinen Anspruch erheben, es wird aber dem Leser, der tiefer in die Einzelheiten der Erscheinungen eindringen will, manchen Hinweis geben.

Berlin, Januar 1923.

R. Rüdenberg.

Vorwort zur zweiten Auflage.

Das Bedürfnis nach zahlenmäßiger Wertung und Vorausberechnung der in unseren Netzen möglichen Störungserscheinungen hat sich in den letzten Jahren immer stärker entwickelt. Bei der Diskussion von praktischen Aufgaben sucht man im Interesse der Betriebssicherheit das unzuverlässige Gefühl möglichst auszuscheiden und die klare Erkenntnis und quantitative Erfassung an seine Stelle zu setzen. Dadurch ist wohl die gute Aufnahme zu erklären, die dies Buch in Fachkreisen gefunden hat, so daß die Herausgabe einer zweiten Auflage schneller nötig wurde, als ich es erwartet hatte.

Im Zusammenhang mit der zunehmenden Ausbreitung der Starkstrom- und Hochspannungsanlagen haben sich zwar viele Spezialfragen unseres Gebietes weiter entwickelt. Prinzipiell neue Erkenntnisse oder Änderungen der Grundlagen sind jedoch nicht zu verzeichnen, so daß der Inhalt des Buches nur in unwesentlichen Teilen geändert zu werden brauchte.

Auf dem Gebiete der Überströme geht man in der Praxis mehr und mehr zur sauberen Berechnung der Kurzschlußerscheinungen über, um die Anlagen vor unvorhergesehenen schweren Zerstörungen zu bewahren. Hierüber sind letzthin einige Spezialwerke erschienen, die im Literaturverzeichnis genannt sind. Auf dem Gebiete der Überspannungen bereitet sich ein tieferes Eindringen in die Erkenntnis durch die Entwicklung des Elektronenoszillographen vor, durch den es möglich wird, auch die schnellsten Wanderwellenvorgänge aufzuzeichnen und messend zu verfolgen. Die ersten Beobachtungen mit diesem Instrument haben die Richtigkeit der in diesem Buch entwickelten Anschauungen über steile Sprungwellen bestätigt, für die der exakte experimentelle Beweis noch ausstand.

Aus allen diesen Gründen habe ich mich darauf beschränken können, eine Reihe kleinerer Berichtigungen vorzunehmen, einige Druckfehler zu beseitigen, die Anregungen der Kritik nach Möglichkeit zu berücksichtigen, sowie das Verzeichnis der wichtigsten Literatur bis Ende 1925 zu ergänzen und ein Sachverzeichnis neu hinzuzufügen. Ich hoffe die Verwendbarkeit des Neudrucks dadurch erhöht zu haben.

Berlin, März 1926.

R. Rüdenberg.

Inhaltsverzeichnis.

III. Schalten von Motoren.

IV. Störung der Leitungsumgebung.

B. Vorgänge in Stromkreisen mit gekrümmter Charakteristik.

V. Lichtbogenwirkung.

VI. Magnetische Sättigung.

C. Schnelle Wanderwellen auf Leitungen.

VII. Homogene Leitungen.

VIII. Zusammengesetzte Leitungen.

IX. Spulen und Kondensatoren.

X. Leitungsnetze und Wicklungen.

1. Einleitung.

Man hat in früheren Jahren elektrische Starkstromanlagen nach den Anforderungen gebaut, die der normale Dauerbetrieb an sie stellt, und ist durch gründliche Erforschung der verwendeten Materialien und der Betriebseigenschaften der Maschinen, Apparate und Leitungen zu bemerkenswerten Erfolgen hinsichtlich der Größe der Leistung, der Höhe der Spannung und der Entfernung für die Energieübertragung gelangt. Verhältnismäßig spät erst zeigte die Erfahrung, daß beim Ein- und Ausschalten der elektrischen Stromkreise und bei ähnlichen absichtlichen oder zufälligen Vorgängen so eigenartige Erscheinungen eintreten können, daß der ordentliche Betrieb der Anlage darunter leidet. Durch zahlreiche Arbeiten ist seitdem versucht worden, die bei Schaltvorgängen auftretenden Erscheinungen wissenschaftlich zu klären und Abhilfe gegen ihre Schädigungen zu schaffen.

Wir müssen demnach beim Betrieb jeder elektrischen Anlage unterscheiden zwischen den stationären Erscheinungen, die im Dauerzustand bestehen, und den vorübergehenden Ausgleichserscheinungen, die als Folge irgendwelcher Schaltprozesse oder ähnlicher Änderungen im Stromkreis auftreten. Die letzteren sind meist störende Begleiterscheinungen, die durch die Ladung und Entladung der zahlreichen Energien entstehen, mit denen jeder elektrische Stromkreis verknüpft ist. Von der immer weitergehenden Steigerung der Energiemenge und Energiedichte in allen Teilen der Anlagen rührt es her, daß die elektromagnetischen und elektromechanischen Ausgleichsvorgänge eine immer größere Rolle spielen, und daß ihre Beherrschung heute ebenso wichtig für die Technik geworden ist, wie die Beherrschung aller Erscheinungen des stationären Betriebes.

Neben den absichtlichen Schalthandlungen, die in der richtigen Betätigung der eigens hierfür vorgesehenen Schaltapparate und Regler bestehen, treten namentlich in größeren Anlagen häufig auch ungewollte Schaltprozesse auf, die aus Erdschlüssen, Kurzschlüssen, Leitungsbrüchen, Blitzschlägen oder auch Fehlschaltungen und ähnlichem bestehen können. Sie führen meist zu schweren Störungen im ganzen elektrischen System, in dem sie große Stromstärken und Spannungen und häufig auch Ströme von falscher Frequenz oder gar gänzlich abweichender Wellenform erzeugen können. Verwandt mit diesen letzteren Erscheinungen sind Störungen, die durch Abweichung der stationären Spannungen und Ströme vom gewünschten Verlauf, also durch Oberschwingungen, entstehen, und auch solche, die auf Resonanz gewisser Teile der Stromkreise mit bestimmten Schwingungen im Netz beruhen.

Durch jeden Schaltvorgang wird die Spannung oder der Strom in den geschalteten Leitungen oder die Geschwindigkeit der geschalteten Maschine geändert. Damit ändert sich auch die am Stromkreise haftende Energie. Ist diese an bestimmten Stellen konzentriert, wie z. B. im Magnetfeld eines Generators oder im elektrischen Felde eines kurzen Kabels oder auch in der Massenträgheit eines Motorankers, so geht die Änderung oder der Ausgleich der Energiemengen nach dem Schalten im ganzen Stromkreise gleichzeitig vor sich. Diese Schaltvorgänge klingen im allgemeinen langsam ab, in Zeiten von der Größenordnung etwa einer Sekunde. Man spricht dann von langsamen oder von quasistationären Vorgängen, weil Spannung und Strom sich ähnlich wie bei stationären Zuständen über die Leitung verteilen.

Nun ist es aber bekannt, daß sich in Wirklichkeit alle elektromagnetischen Erscheinungen nur mit endlicher, wenn auch sehr großer Geschwindigkeit, nämlich mit der Lichtgeschwindigkeit von 300 000 km/sec ausbreiten. Auch beim Fließen des Stromes in Drahtleitungen kann diese Geschwindigkeit nicht überschritten werden. Eine streng gleichzeitige Änderung des Stromes und der Spannung nach einem Schaltvorgang in allen Teilen der Leitungsbahn ist deshalb in Wirklichkeit nicht möglich. Sie breiten sich vielmehr als wandernde Wellen mit ungeheurer Geschwindigkeit von der Schaltstelle her über die ganze Leitung aus. Hierbei geht die Änderung der Ladung des an jeder Stelle der Leitung vorhandenen elektrischen und magnetischen Feldes mit außerordentlicher Geschwindigkeit vor sich. Die ganze Erscheinung ist meistens schon abgeklungen, wenn der eben besprochene langsame Schaltvorgang richtig in Fluß kommt. Dennoch können gerade durch die wellenförmige Art der Ausbreitung von Spannung und Strom schwere Störungen entstehen. Man spricht hierbei von schnellen Schaltvorgängen mit Wanderwellen auf den Leitungen.

In vielen Teilen des Stromkreises herrscht Proportionalität zwischen Spannung und Strom oder ihren zeitlichen Änderungen, beispielsweise in Leitungswiderständen, Kapazitäten oder guten Selbstinduktionen. Die Technik muß aber auch mit Stromkreisen arbeiten, die eine solche einfache Proportionalität vermissen lassen, beispielsweise mit Lichtbögen und Funken, deren Widerstand keineswegs konstant ist, die also dem Ohmschen Gesetz nicht gehorchen, oder mit magnetisch gesättigten Eisenteilen, deren Feld dem erregenden Strom nicht proportional ist. In solchen Stromkreisen, bei denen der Zusammenhang zwischen Strom und Spannung und ihren zeitlichen Änderungen nicht linear ist, die also eine gekrümmte Charakteristik besitzen, können Störungserscheinungen von ganz besonderer Art auftreten, die sich vor allem als Folge von Schaltvorgängen bemerkbar machen, die aber auch manchmal den Dauerbetrieb gefährden können.

Dieses Buch soll eine Übersicht über die typischen Arten von Schaltvorgängen geben, die in elektrischen Starkstromanlagen aufzutreten pflegen. Wir wollen dabei nach Möglichkeit die wesentlichen Erscheinungen herausgreifen und die Vorgänge an möglichst einfach und übersichtlich gewählten Verhältnissen physikalisch zu erfassen suchen. Es soll dagegen nicht eine vollständige Sammlung aller vorkommenden Fälle, deren Erklärung bekannt ist, gegeben werden, und es können auch nicht alle letzten Feinheiten der in der Praxis auftretenden, häufig sehr komplizierten Erscheinungen behandelt werden. Durch angemessen gewählte Vernachlässigungen wird es gelingen, aus der rechnerischen Behandlung ziemlich einfache Schlußfolgerungen zu entwickeln. Die eingestreuten Oszillogramme und die praktischen Beispiele sollen die Bedeutung dieser Schlußformeln der Anschauung möglichst nahebringen und ihre zahlenmäßige Wertung ermöglichen. Zur Erleichterung der Zahlenrechnungen befinden sich am Schluß des Buches Kurventafeln für die am häufigsten vorkommenden Funktionen.

Aus den entwickelten prinzipiellen Gesetzmäßigkeiten werden sich zahlreiche Regeln für die zweckmäßige Ausführung von Starkstrom- oder Hochspannungsanlagen und ihrer einzelnen Teile ergeben. Für die rein baulichen Gesichtspunkte bei der Herstellung der Maschinen, Apparate und Leitungen ist hier jedoch kein Platz.

Bei der sachlichen Behandlung der einzelnen Schaltvorgänge müssen wir uns der mathematischen Methode bedienen, ohne die man verwickelte Zusammenhänge zwischen zahlreichen Größen nicht einfach und klar beschreiben kann. Es ist versucht, mit möglichst einfachem Rüstzeug auszukommen, jedoch läßt sich die Verwendung der Elemente der Differential- und Integralrechnung nicht vermeiden, da es sich bei allen Schaltvorgängen um den zeitlichen Verlauf von Erscheinungen, also um Veränderungen handelt, die nur durch Differentialrechnung exakt zu erfassen sind. Nur in zwei Kapiteln, die zu den schwierigeren Gebieten der Schaltprobleme gehören, mußten partielle Differentialgleichungen verwandt werden. Dagegen werden die Erscheinungen der Wanderwellen im wesentlichen ohne diese Disziplin mit einfacheren mathematischen Hilfsmitteln verfolgt, als es sonst üblich ist.

Bei der Behandlung der Schwingungserscheinungen, die auf Sinus- und Cosinusfunktionen führt, läßt sich die formale Berechnungsarbeit außerordentlich vereinfachen, wenn man von der Rechnung mit komplexen Größen Gebrauch macht. Setzt man

$$j = \sqrt{-1} \tag{1}$$

und bezeichnet mit

$$\varepsilon = 2{,}718 \tag{2}$$

die Basis der natürlichen Logarithmen, so gilt die mathematische Beziehung

$$\varepsilon^{j\omega t} = \cos\omega t + j\sin\omega t\,. \tag{3}$$

Das Differenzieren und Integrieren der linken Seite der Gleichung (3) mit ihrer Exponentialfunktion ist nun sehr viel einfacher als das der rechten Seite, denn die Exponentialfunktion bleibt bei diesen Operationen ungeändert. Es ist deshalb zweckmäßig, für einen Wechselstrom der Frequenz ω, der nach einer Cosinus- oder Sinusfunktion der Zeit t veränderlich ist, für die Durchrechnung nicht zu schreiben

$$\left.\begin{aligned} i &= J\cos\omega t \\ \text{oder}\quad i &= J\sin\omega t\,, \end{aligned}\right\} \tag{4}$$

sondern statt dessen

$$i = J\,\varepsilon^{j\omega t}. \tag{5}$$

Denn dieser Ausdruck enthält nach Gleichung (3) die beiden vorhergehenden summarisch, erleichtert aber außerdem die formale Durchrechnung so sehr, daß sie meist auf wenige Zeilen zusammenschrumpft. Zum Schluß kann man die Exponentialgrößen, die wir ebenso wie die Cosinus- und Sinusfunktionen als harmonische Funktionen bezeichnen wollen, wieder in ihre reellen und imaginären Anteile entsprechend Gleichung (3) zerlegen. Der reelle Teil der Schlußformel gibt dann den cosinusförmigen Anteil, der imaginäre Teil den sinusförmigen Anteil der gesuchten Lösung an.

Die stationären Erscheinungen in Gleich- und Wechselstromkreisen müssen wir natürlich bei der Behandlung der Schaltvorgänge im allgemeinen als bekannt voraussetzen. Nur einige in enger Berührung mit unserem Gebiet stehende Erscheinungen werden eingehender behandelt. Führt schon hierbei die komplexe Rechnung zu einer sehr einfachen Darstellung, beispielsweise der Resonanzvorgänge, so zeigt sich ihr größter Nutzen erst bei der Behandlung von abklingenden Schwingungen, vor allem bei schwierigen Problemen, etwa bei der Verfolgung der freien Drehfelder in Mehrphasenmaschinen.

A. Langsame Ausgleichsvorgänge in geschlossenen Stromkreisen.

I. Einfache Stromkreise.

2. Einschalten und Abschalten von Stromkreisen mit Selbstinduktion.

Wir wollen zuerst den Verlauf der Ströme betrachten, die beim Schalten von einfachsten elektrischen Stromkreisen auftreten, in denen nur unveränderliche Widerstände R und Selbstinduktionen L enthalten sind. Ein solcher Stromkreis ist in Fig. 1 dargestellt. Um den zeitlichen Verlauf der Ströme zu ermitteln, nehmen wir an, daß die von außen eingeprägte Spannung e im Stromkreise, also die elektromotorische Kraft, für alle Zeiten t gegeben ist. Ferner ist bis zum Eintritt des Schaltvorganges, und daher auch für dessen Beginn zur Zeit $t = 0$, die Stromstärke i im Kreise als bekannt anzusehen. Schließlich ist der stationäre Strom, der sich längere Zeit nach dem Schalten einstellt, also der Strom i für $t = \infty$, bekannt. Beide Ströme, vor und lange nach dem Schaltvorgang, berechnen sich nach den bekannten Gesetzen für stationäre Ströme.

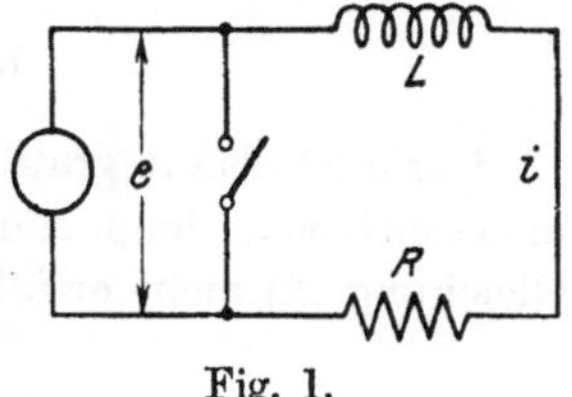

Fig. 1.

Während der Übergangszeit beider Zustände muß die eingeprägte Spannung e den inneren Spannungen im Stromkreise das Gleichgewicht halten, nämlich der Ohmschen Widerstandsspannung Ri und der Selbstinduktionsspannung $L\,di/dt$. Für den zeitlichen Verlauf der Ströme, die sich bei einem beliebigen Schaltvorgang in dem einfachsten Stromkreis der Fig. 1 mit R und L einstellen, gilt daher die Differentialgleichung

$$L\frac{di}{dt} + Ri = e\,. \tag{1}$$

Dies ist eine lineare Differentialgleichung erster Ordnung mit konstanten Koeffizienten, deren Lösung bekannt ist und die eine Integrationskonstante besitzt, die sich durch Betrachtung der Grenzbedingungen stets bestimmen läßt.

a) Abschalten durch Kurzschließen.

Den einfachsten Verlauf von Ausgleichsströmen erhalten wir, wenn wir den Stromkreis R. L der Fig. 1 durch Schließen des Schalters auf sich selbst kurzschließen und dadurch von der äußeren Spannungsquelle unabhängig machen und abschalten. Diese kann alsdann natürlich selbst geöffnet werden. Im Augenblick des Kurzschließens fließt noch der ursprüngliche Strom J im Kreise. Wir haben also zur Zeit $t = 0$

$$i_0 = J. \tag{2}$$

Durch den Kurzschluß wird ferner $e = 0$ gemacht, so daß die Differentialgleichung (1) übergeht in

$$L\frac{di}{dt} + Ri = 0 \tag{3}$$

oder

$$\frac{di}{dt} + \frac{R}{L}i = 0. \tag{4}$$

Um sie zu integrieren, schreibt man besser unter Trennung der Variablen i und t

$$\int\frac{di}{i} + \frac{R}{L}\int dt = 0 \tag{5}$$

und erhält durch Ausführen der Integration

$$\ln i + \frac{R}{L}t = K = \ln J. \tag{6}$$

Darin ist als Integrationskonstante K auf der rechten Seite sofort $\ln J$ angeschrieben, denn sonst würde für $t = 0$ die Grenzbedingung der Gleichung (2) nicht erfüllt sein. Gleichung (6) läßt sich auch schreiben

$$\ln\frac{i}{J} = -\frac{R}{L}t, \tag{7}$$

so daß man durch Delogarithmieren für den Verlauf des Stromes i in Abhängigkeit von der Zeit t erhält:

$$i = J\varepsilon^{-\frac{R}{L}t} = J\varepsilon^{-\frac{t}{T}}. \tag{8}$$

Darin ist mit ε die Basis der natürlichen Logarithmen bezeichnet und es ist zur Abkürzung der Quotient

$$\frac{L}{R} = T \tag{9}$$

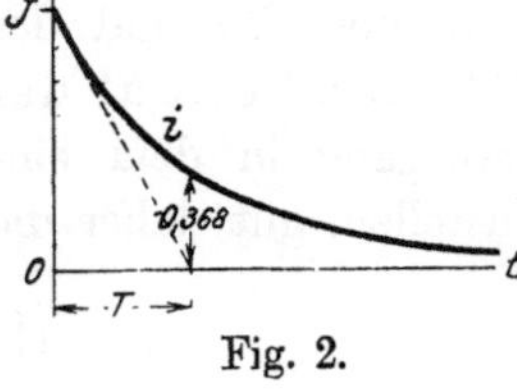

Fig. 2.

gesetzt. Wir wollen ihn die Zeitkonstante des Stromkreises nennen, weil er die Dimension einer Zeit besitzt. In Fig. 2 ist der Stromverlauf bildlich dargestellt.

Wir erkennen aus Gleichung (8), daß in jedem kurzgeschlossenen einfachen Stromkreise die Stromstärke nach einem Exponentialgesetz verlöscht. Die Geschwindigkeit des Abklingens wird allein durch die Größe der Zeitkonstante T

bestimmt. Der Anfangswert, von dem aus der Strom verlöscht, ist gegeben durch den Strom J im Kreise vor der Vornahme des Kurzschließens. Ob vorher Gleichstrom oder Wechselstrom im Kreise floß, ist für den Abklingvorgang gleichgültig. J ist stets derjenige Momentanwert des Stromes, der im Augenblick des Schaltens im Stromkreise vorhanden ist.

Der Endwert des Stromes nach Ablauf unendlicher Zeit t ist nach Gleichung (8)

$$i_\infty = 0. \tag{10}$$

Nach Ablauf einer Zeit, die gleich der Zeitkonstante ist, also für $t = T$, ist der Strom auf den Betrag gesunken

$$\frac{i}{J} = \varepsilon^{-1} = \frac{1}{2{,}718} = 0{,}368,$$

das ist 36,8 % seines Anfangswertes. Nach der doppelten Zeitkonstante ist der Strom auf $\varepsilon^{-2} = 13{,}5\ \%$, nach der dreifachen Zeitkonstante auf $\varepsilon^{-3} = 5\ \%$ abgeklungen. Die Kenntnis dieser Zahlen ist wertvoll, wenn man aus dem experimentell aufgenommenen Verlauf eines abklingenden Stromes die Zeitkonstante des Stromkreises bestimmen will.

Die Subtangente jeder Exponentialkurve ist konstant. In unserem Falle ist dieselbe nach Fig. 2

$$\frac{i}{-\frac{di}{dt}} = \frac{J\varepsilon^{-\frac{t}{T}}}{\frac{J}{T}\varepsilon^{-\frac{t}{T}}} = T. \tag{11}$$

Sie ist dort für den Nullpunkt der Zeit eingetragen. Auch diese Subtangentenkonstruktion kann zur experimentellen Bestimmung der Zeitkonstante aus dem Strombild verwendet werden.

Aus Gleichung (8) erkennt man, daß das Abklingen des Stromes um so schneller erfolgt, je größer der Widerstand und um so langsamer, je größer die Selbstinduktion im Stromkreise ist. Technische Gleichstromkreise, z. B. die Feldmagnete von Dynamomaschinen, besitzen häufig so große Selbstinduktion, daß das Abklingen viele Sekunden dauern kann.

Eine Magnetspule mit $w = 2000$ Windungen, in denen ein Strom von 10 Amp einen proportionalen Fluß von $\Phi = 6 \cdot 10^6$ Kraftlinien erzeugt, hat nach einer bekannten Formel eine Selbstinduktion

$$L = \frac{w\Phi}{J} = \frac{2000 \cdot 6 \cdot 10^6}{10} \cdot 10^{-8} = 12\ \text{Henry}.$$

Bei einem Widerstand von 11 Ω besitzt sie eine Zeitkonstante

$$T = \frac{12}{11} = 1{,}09\ \text{sec}.$$

Ihr Strom erlischt also erst nach mehr als 3 sec.

b) Einschalten von Gleichstrom.

Etwas verwickelter ist der Verlauf der Ströme, wenn ein stromloser Kreis aus R und L nach Fig. 3 durch plötzliches Einschalten auf die konstante Gleichspannung

$$e = E, \tag{12}$$

z. B. einer Sammlerbatterie, gebracht wird. Zur Zeit $t = 0$ ist dann der Anfangsstrom

$$i_0 = 0. \tag{13}$$

Die Differentialgleichung (1) des Stromkreises ist jetzt unter Beachtung von Gleichung (12)

$$L\frac{di}{dt} + Ri = E, \tag{14}$$

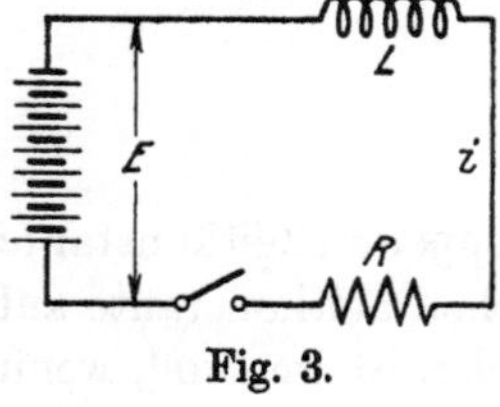

Fig. 3.

sie besitzt auf der rechten Seite die konstante Spannung E als Störungsfunktion.

Wir lösen die Gleichung durch einen Kunstgriff, indem wir den Strom i in zwei Teilströme zerspalten

$$i = i' + i'', \tag{15}$$

von denen der erste bereits eine partikuläre Lösung der Differentialgleichung ergeben soll. Gleichung (14) zerfällt dann in zwei unabhängige Differentialgleichungen und zwar

$$\left.\begin{aligned} L\frac{di'}{dt} + Ri' &= E, \\ L\frac{di''}{dt} + Ri'' &= 0, \end{aligned}\right\} \tag{16}$$

deren Summe wieder die ursprüngliche Gleichung (14) ergibt. Die erste dieser Gleichungen läßt sich leicht lösen, wenn wir so große Zeiten betrachten, daß der unter der Einwirkung der konstanten Spannung E stehende Strom stationär und konstant geworden ist. Dann ist

$$\frac{di'}{dt} = 0 \tag{17}$$

und es wird nach der ersten Gleichung (16)

$$i' = \frac{E}{R} = J. \tag{18}$$

Dieser Teilstrom i' stellt also den stationären Endwert J des Stromes dar, den man nach den üblichen Gleichstromregeln berechnen kann.

Außerdem tritt aber noch ein zweiter Teilstrom i'' auf, dessen Verlauf sich nach der zweiten Gleichung (16) richtet. Diese ist nun genau so aufgebaut wie die Gleichung (3) für den Verlauf des Ausgleichsstromes im kurzgeschlossenen Kreise ohne äußere Spannung. Entsprechend Gleichung (8) können wir daher als Lösung der zweiten Differentialgleichung (16) anschreiben

$$i'' = K\varepsilon^{-\frac{R}{L}t}, \tag{19}$$

wobei die Integrationskonstante K noch willkürlich gelassen ist, weil sie aus den Grenzbedingungen des jetzigen Problems bestimmt werden muß.

Zu Beginn des Einschaltvorganges, also zur Zeit $t = 0$, ist der Strom nach Gleichung (13) und (15), wenn man Gleichung (18) und (19) einsetzt,

$$i_0 = \frac{E}{R} + K \cdot 1 = 0. \tag{20}$$

Damit ergibt sich

$$K = -\frac{E}{R} \tag{21}$$

und somit erhält man für den gesamten Strom nach Gleichung (15), (18) und (19)

$$i = \frac{E}{R}\left(1 - \varepsilon^{-\frac{R}{L}t}\right) = J\left(1 - \varepsilon^{-\frac{t}{T}}\right), \tag{22}$$

wobei genau wie oben die Zeitkonstante nach Gleichung (9) eingeführt ist.

In Fig. 4 ist der ansteigende Verlauf des Einschaltstromes nach dieser Beziehung dargestellt, er stellt eine umgeklappte Exponentiallinie dar. Der Strom wächst vom Werte null aus nicht plötzlich, sondern allmählich auf seinen Endwert J an, und zwar um so langsamer, je größer die Zeitkonstante, also die Selbstinduktion des Kreises im Verhältnis zum Widerstand ist. Zur Konstruktion dieser Größe aus experimentell aufgenommenen Einschaltkurven kann entweder entsprechend Fig. 4 die Tangente im Nullpunkt gezogen werden, oder man kann den Wert des Stromes nach Ablauf der Zeitkonstante bestimmen, der den Betrag hat

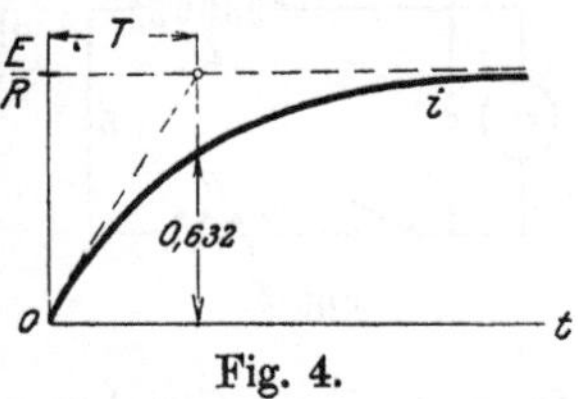

Fig. 4.

$$\frac{i}{J} = 1 - \varepsilon^{-1} = 0{,}632 = 63{,}2\,\%.$$

Nach einer Zeit, die dem doppelten Wert der Zeitkonstante entspricht, hat sich der Strom bis auf 13,5% seinem Endwerte genähert, nach der dreifachen Zeitkonstante bis auf 5%. Man kann also sagen, daß er dann nahezu stationär geworden ist.

Wünscht man, daß der Gleichstrom möglichst schnell nach dem Einschalten auf seinen Endwert ansteigt, so muß man den Widerstand des Stromkreises künstlich vergrößern, um eine geringe Zeitkonstante zu erhalten, und muß die treibende Spannung natürlich im gleichen Maße verstärken, um nach Gleichung (22) wieder denselben Endstrom zu erhalten.

c) Einschalten von Wechselstrom.

Wird ein Stromkreis mit Widerstand und Selbstinduktion entsprechend Fig. 5 plötzlich an eine gegebene Wechselspannung

$$e = E \cos(\omega t + \psi) \tag{23}$$

mit der Amplitude E, der Kreisfrequenz $\omega = 2\pi f$ und der Phase ψ geschaltet, so ist auch hier im ersten Augenblick der Strom im Kreise noch

$$i_0 = 0. \tag{24}$$

Sein weiterer Verlauf richtet sich alsdann nach der Differentialgleichung (1), also

$$L\frac{di}{dt} + Ri = E\cos(\omega t + \psi), \tag{25}$$

die auf der rechten Seite ein nach einer Cosinusfunktion zeitlich veränderliches Störungsglied besitzt.

Wir lösen sie auf die gleiche Weise wie eben durch Zerspalten des gesamten Stromes in zwei Teilströme

$$i = i' + i'', \tag{26}$$

deren erster auch hier den stationären Strom nach Ablauf sehr langer Zeiten darstellen soll. Die Differentialgleichung (25) zerfällt dadurch in die beiden unabhängigen Gleichungen

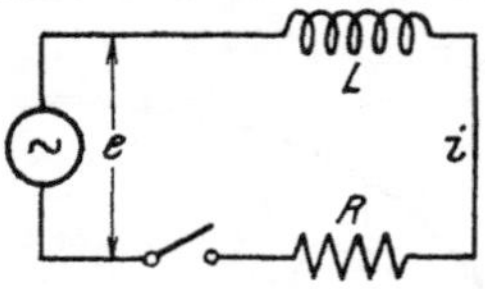

Fig. 5.

$$\left.\begin{aligned} L\frac{di'}{dt} + Ri' &= E\cos(\omega t + \psi) \\ L\frac{di''}{dt} + Ri'' &= 0. \end{aligned}\right\} \tag{27}$$

Die erste dieser Gleichungen regelt den Verlauf jedes stationären Wechselstromes. Sie hat die bekannte Lösung

$$i' = J\cos(\omega t + \varphi), \tag{28}$$

wobei die Amplitude des Wechselstromes entsprechend dem erweiterten Ohmschen Gesetz durch

$$J = \frac{E}{\sqrt{R^2 + (\omega L)^2}} \tag{29}$$

und der Phasenwinkel gegenüber der Spannung durch

$$\operatorname{tg}(\varphi - \psi) = -\frac{\omega L}{R} \tag{30}$$

bestimmt ist.

Die zweite Differentialgleichung (27) für den Teilstrom i'' ist nun identisch mit Gleichung (3) und (16) für die vorher behandelten Fälle und hat daher auch die gleiche Lösung

$$i'' = K\varepsilon^{-\frac{R}{L}t}. \tag{31}$$

Die Integrationskonstante K muß wieder so bestimmt werden, daß die Grenzbedingung für den Schaltaugenblick befriedigt wird, daß also nach Gleichung (24) und (26) unter Einsetzen von (28) und (31) für $t = 0$

$$i_0 = J\cos\varphi + K \cdot 1 = 0 \tag{32}$$

wird. Daraus folgt

$$K = -J\cos\varphi. \tag{33}$$

Den gesamten Strom nach dem Einschalten der Wechselspannung erhält man somit nach Gleichung (26) mit (28) und (31) zu

$$i = J\left[\cos(\omega t + \varphi) - \cos\varphi\,\varepsilon^{-\frac{t}{T}}\right]. \tag{34}$$

In Fig. 6 ist ein derartiger Verlauf dargestellt.

Beim Einschalten einer Wechselspannung auf einen einfachen Stromkreis schwillt der Wechselstrom also nicht etwa, wie man es aus oberflächlicher Analogie mit dem Gleichstrom erwarten könnte, allmählich an, sondern es lagert sich dem stationären Wechselstrom i' noch ein Ausgleichsstrom i'' mit gleichbleibender Richtung über, der entsprechend der Zeitkonstante T des Stromkreises abklingt und den stationären Strom während der Ausgleichszeit verzerrt. Die Stärke der Verzerrung ist abhängig von dem

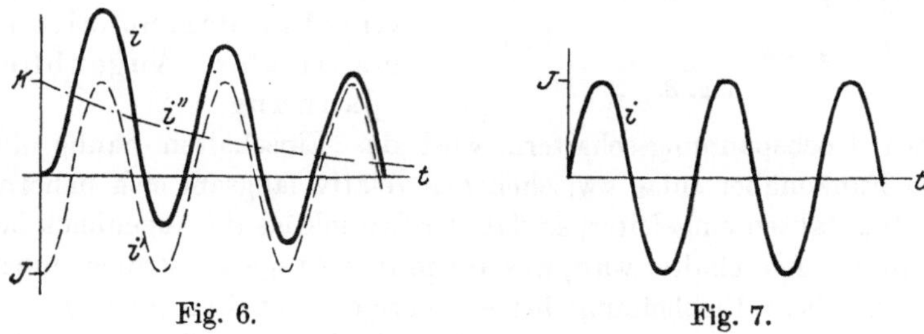

Fig. 6. Fig. 7.

Phasenwinkel φ, den der stationäre Strom im Einschaltmomente haben würde. Ist dieser Winkel gleich 0 oder 180°, d. h. würde der stationäre Strom im Einschaltmomente gerade sein Maximum besitzen, so tritt ein Ausgleichsstrom auf, der nach Gleichung (33) zu Anfang den vollen Wert der Amplitude des stationären Stromes besitzt. Dieser Fall ist in Fig. 6 dargestellt. Ist der Phasenwinkel $\varphi = \pm 90°$, geht also der stationäre Strom im Einschaltmomente sowieso durch seinen Nullwert, so tritt nach Gleichung (34) kein Ausgleichsstrom auf, sondern der Wechselstrom setzt sofort mit seinem normalen Verlauf ein. Dieser Fall ist in Fig. 7 dargestellt.

Der Anfangswert des Ausgleichsstromes, der durch die Konstante K in Gleichung (31) bestimmt ist, ist nach (33) stets gleich dem negativ genommenen stationären Strom, der im Schaltaugenblick $t = 0$ vorhanden wäre und ergänzt denselben so, daß der tatsächliche Strom i mit der Stärke null beginnt. Dies bewirkt im ungünstigen Falle nach Fig. 6, daß der tatsächliche Strom zu Anfang ganz einseitig der Nullinie verläuft, so daß Überströme bis zum doppelten Wert des stationären Stromes eintreten, wenn die Zeitkonstante erheblich größer ist als die Wechselstromperiode, so daß der

Ausgleichsstrom nur relativ langsam abklingt. Fig. 8 stellt den oszillographisch aufgenommenen Strom dar, wie er sich beim Kurzschluß in einem Leitungszweige ausbildete, der über eine große Drosselspule gespeist wurde. Die Netzspannung wurde dabei durch den Kurzschluß plötzlich ganz auf die Selbstinduktionsspule geworfen, deren Ausgleichsstrom erst nach vielen Wechselstromperioden abgeklungen ist.

Beim Einschalten stark induktiver Stromkreise, in denen nach Gleichung (30) die Phase ψ der Spannung um nahezu $90°$ gegenüber der Phase φ des Stromes verschoben ist, entspricht der ungünstige in Fig. 6 dargestellte Fall dem Schalten beim Durchgang der Spannung durch null, der in Fig. 7 dargestellte günstige Fall dem Schalten bei maximaler Augenblicksspannung.

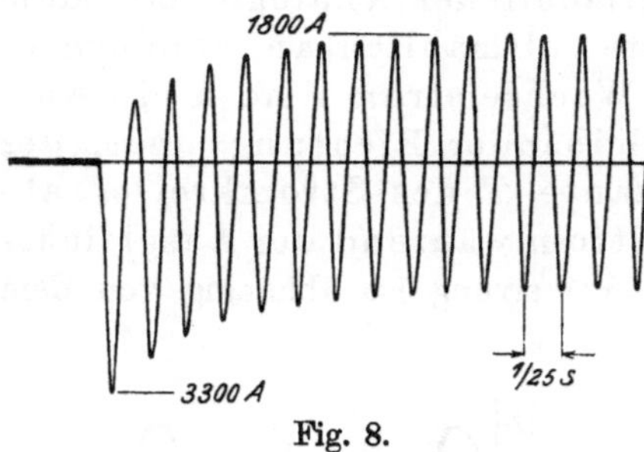

Fig. 8.

Bei Hochspannungsschaltern wird das Einschalten häufig durch einen Funkenüberschlag zwischen den relativ langsam sich nähernden Schaltkontakten eingeleitet, so daß der Stromkreis im Augenblick hoher Spannung eingeschaltet wird, was auf geringe Ausgleichsströme hinwirkt. Während diese Erscheinung bei einphasigem Schalten günstig wirken kann, muß man bei dreiphasigen Stromkreisen im allgemeinen damit rechnen, daß die vollen Ausgleichsströme in einer der drei Phasenwicklungen stets eintreten können.

3. Ladung und Entladung von Kapazitätskreisen.

Die Ladung Q, die ein Kondensator enthält, besteht einerseits aus der gesamten in ihn hineingeflossenen Strommenge, also dem Zeitintegral des Stromes, andererseits ist sie gegeben durch das Produkt seiner Kapazität C und seiner Spannung e_C. Es ist also

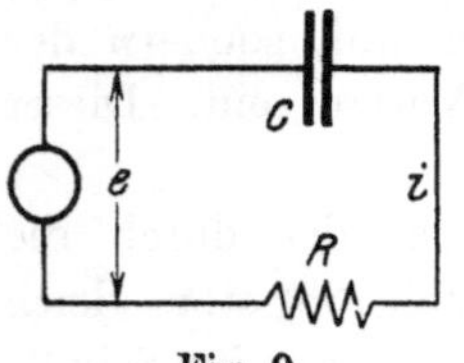

Fig. 9.

$$Q = \int i\,dt = C\,e_C\,. \qquad (1)$$

Durch Differentiation erhält man für den Strom im Kondensator

$$i = C\frac{d\,e_C}{dt}\,. \qquad (2)$$

Liegt der Kondensator über einen Widerstand R an einer von außen eingeprägten Spannung e, entsprechend Fig. 9, so hält diese den inneren Spannungen im Stromkreise das Gleichgewicht, nämlich der Widerstandsspannung $R\,i$ und der Kondensatorspannung e_C. Der zeitliche Verlauf des Stromes richtet sich daher nach der Gleichung

$$R\,i + e_C = e\,. \qquad (3)$$

Drücken wir darin die Kondensatorspannung nach Gleichung (1) durch den Strom aus, so erhalten wir für diesen die Integralgleichung

$$Ri + \frac{1}{C}\int i\,dt = e\,. \tag{4}$$

Drücken wir dagegen den Strom nach Gleichung (2) durch die Kondensatorspannung aus, so erhalten wir für diese die Differentialgleichung

$$RC\frac{d e_C}{dt} + e_C = e\,. \tag{5}$$

Dies ist wieder eine lineare Differentialgleichung erster Ordnung mit konstanten Koeffizienten, deren Lösung für verschiedene Fälle aufgesucht werden soll. Den Strom kann man dann leicht nach der Beziehung (2) bestimmen.

a) Entladung des Kondensators.

Schließt man einen geladenen Kondensator plötzlich auf einen Widerstand, so enthält dieser in Fig. 10 dargestellte Stromkreis keine eingeprägte Spannung. Es ist also

$$e = 0 \tag{6}$$

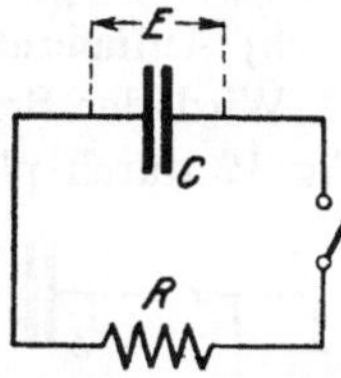

und daher wird aus der Differentialgleichung (5)

$$\frac{d e_C}{dt} + \frac{e_C}{RC} = 0\,. \tag{7}$$

Diese Beziehung entspricht bis auf die anderen Konstanten im zweiten Gliede vollständig der Gleichung (4) in Kapitel 2. Ihre Lösung ist entsprechend der dortigen Gleichung (8)

Fig. 10.

$$e_C = K\varepsilon^{-\frac{t}{RC}}, \tag{8}$$

worin die Integrationskonstante K aus der Anfangsbedingung bestimmt werden muß. Die Kondensatorspannung kann sich zur Zeit $t = 0$ nicht plötzlich ändern. Bezeichnet man die ursprüngliche Ladespannung mit E, so ist demnach

$$e_{C_0} = K = E\,, \tag{9}$$

und damit wird der zeitliche Verlauf der Kondensatorspannung vollständig bestimmt zu

$$e_C = E\varepsilon^{-\frac{t}{T}}. \tag{10}$$

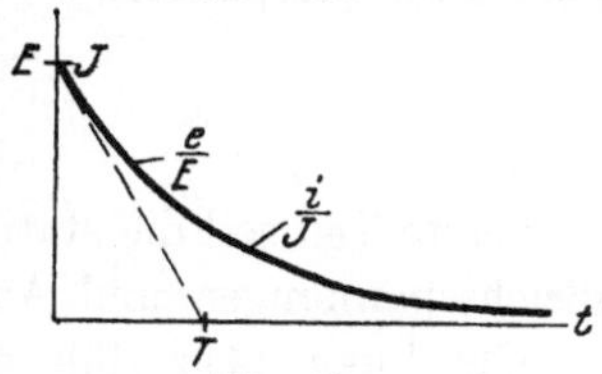

Fig. 11.

Die Spannung klingt also bei Entladung des Kondensators auf einen Widerstand exponentiell ab, entsprechend einer Zeitkonstante

$$T = RC. \tag{11}$$

In Fig. 11 ist ihr Verlauf dargestellt. Der Entladestrom ergibt sich nach Gleichung (2) durch Differentiation von Gleichung (10) zu

$$i = -\frac{E}{R}\varepsilon^{-\frac{t}{T}}. \tag{12}$$

Er setzt also sofort nach Schließen des Schalters mit einem endlichen Wert ein, der sich nach dem Ohmschen Gesetz als Kondensatorspannung durch Widerstand berechnet und klingt nach dem gleichen Exponentialgesetz wie die Spannung nach Fig. 11 ab.

Während die Zeitkonstante in Stromkreisen mit Selbstinduktion durch den Quotienten von L und R gebildet wird, bestimmt sie sich in Stromkreisen mit Kapazität durch das Produkt von C und R. Während dort daher die Ausgleichsströme bei großem Widerstand schnell abklingen, verlöschen sie hier bei großem Widerstand nur sehr langsam.

Eine Kabelstrecke von 10 km Länge, die 2 μF Kapazität besitzt, entlädt sich über ihren eigenen Isolationswiderstand von 50 Megohm mit einer Zeitkonstante

$$T = 2 \cdot 10^{-6} \cdot 50 \cdot 10^{6} = 100 \text{ sec.}$$

Die Spannung ist also nach 5 min auf 5% des Anfangswertes gesunken.

b) Aufladung durch Gleichspannung.

Wird der Stromkreis mit Widerstand und Kapazität entsprechend Fig. 12 durch plötzliches Einschalten auf die konstante Gleichspannung

$$e = E \tag{13}$$

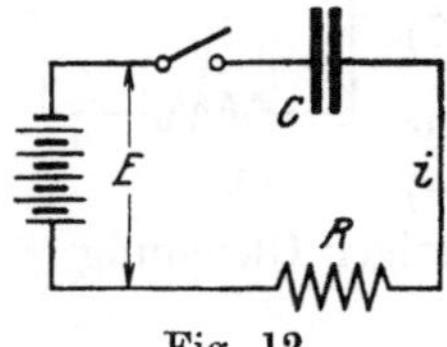

Fig. 12.

gebracht, so richtet sich der Verlauf der Kondensatorspannung nach der Differentialgleichung (5), also

$$RC\frac{d e_C}{d t} + e_C = E\,, \tag{14}$$

die auf der rechten Seite als Störungsfunktion die Konstante E besitzt. Wir können die Gleichung wieder lösen, indem wir die Kondensatorspannung und ebenso auch den Strom im Kreise in zwei Teile zerspalten

$$\left.\begin{aligned} e_C &= e_C' + e_C'' \\ i &= i' \;+ i'' \end{aligned}\right\} \tag{15}$$

Der erste Teil soll die stationären Bestandteile, der zweite Teil die Ausgleichsspannungen und Ausgleichsströme darstellen.

Gleichung (14) zerfällt dann in die beiden unabhängigen Differentialgleichungen

$$\left.\begin{aligned} RC\frac{d e_C'}{d t} + e_C' &= E \\ RC\frac{d e_C''}{d t} + e_C'' &= 0\,. \end{aligned}\right\} \tag{16}$$

Die Lösung der ersten Gleichung erhalten wir durch Betrachtung sehr später Zeiten, wenn die Kondensatorspannung sich nicht mehr ändert, zu

$$e_C' = E\,, \tag{17}$$

während die zweite Gleichung, entsprechend Gleichung (8), wieder die Lösung besitzt.

$$e_C'' = K\,\varepsilon^{-\frac{t}{RC}} \tag{18}$$

Im Schaltmoment $t = 0$ ist die Spannung am Kondensator noch null. Daher ist nach der ersten Gleichung (15)

$$e_{C0} = E + K \cdot 1 = 0 \tag{19}$$

und damit wird die Integrationskonstante

$$K = -E \tag{20}$$

Durch Addition von Gleichungen (17) und (18) erhält man daher die vollständige Kondensatorspannung

$$e_C = E\left(1 - \varepsilon^{-\frac{t}{T}}\right), \tag{21}$$

und den Ladestrom durch Differentiation nach Gleichung (2) zu

$$i = \frac{E}{R}\,\varepsilon^{-\frac{t}{T}}, \tag{22}$$

wobei, genau wie oben, die Zeitkonstante nach Gleichung (11) eingeführt ist. Fig. 13 stellt den Verlauf von Strom und Spannung dar. Die Spannung am Kondensator steigt von null beginnend exponentiell bis zum Endwert an. Der Ladestrom setzt mit einer solchen Stärke ein, als ob der Kondensator nicht vorhanden oder kurzgeschlossen wäre und klingt alsdann allmählich auf den Wert null ab. Ist der dem Kondensator vorgeschaltete Widerstand gering, so kann der erste Stromstoß kurzschlußartigen Charakter erhalten.

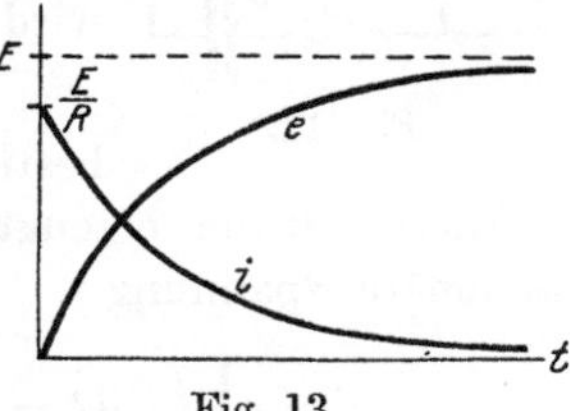

Fig. 13.

Die Gleichspannungsladung von Kondensatoren spielt eine große Rolle bei der Kabeltelegraphie. Um beim Tasten, d. h. beim Ein- und Ausschalten des Kabels, das einen Kondensator bildet, möglichst scharfe Zeichen zu erhalten, ist es erforderlich, die Zeitkonstante, also das Produkt von Widerstand und Kapazität möglichst klein zu halten. Das führt auf starke Leiter und starke Isolierung der Kabel. Für kurze Kabelstrecken ist dies die einzige Bedingung für ein gutes Arbeiten; bei langen Strecken spielt auch die räumliche Verteilung von C und R eine Rolle und kompliziert die Erscheinungen.

Auch bei Starkstromkabeln für Gleichstrom treten diese Stromstöße auf. Die oben genannte Kabelstrecke mit $2\,\mu$ F Kapazität besitzt einen Widerstand der Leitungsdrähte von etwa $1\,\Omega$. Die Ladung erfolgt daher mit einer Zeitkonstante von

$$T = 2 \cdot 10^{-6} \cdot 1 = 2 \cdot 10^{-6}\,\text{sec},$$

also außerordentlich rasch. Bei einer Ladespannung von 500 Volt entsteht dabei ein kurzzeitiger Stromstoß von

$$J = \frac{500}{1} = 500\,\text{Amp},$$

der die Stromquelle mit 250 kW Leistung belastet.

c) Ladung durch Wechselspannung.

Wenn man schließlich den Kondensatorkreis, entsprechend Fig. 14, an eine Wechselspannung

$$e = E\cos(\omega t + \psi) \tag{23}$$

schaltet, so erzeugt diese einen stationären Strom, der sich auf bekannte Weise berechnet zu

$$i' = J\cos(\omega t + \varphi)\,. \tag{24}$$

Seine Amplitude ist

$$J = \frac{E}{\sqrt{R^2 + \left(\frac{1}{\omega C}\right)^2}} \tag{25}$$

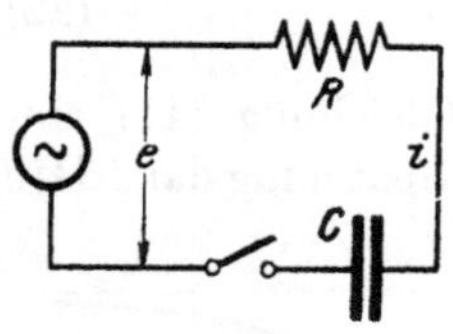

Fig. 14.

und sein Phasenwinkel gegenüber der Spannung wird durch

$$\operatorname{tg}(\varphi - \psi) = \frac{1}{\omega C R} \tag{26}$$

bestimmt.

Dieser Strom erzeugt nach Gleichung (1) am Kondensator eine stationäre Spannung

$$e_C' = \frac{1}{C}\int i'\,dt = \frac{J}{\omega C}\sin(\omega t + \varphi) = E_C\sin(\omega t + \varphi)\,. \tag{27}$$

Die gesamte Spannung am Kondensator setzt sich wieder zusammen aus dieser stationären Spannung und der Ausgleichsspannung, die genau wie im vorhergehenden Falle

$$e_C'' = K\,\varepsilon^{-\frac{t}{T}} \tag{28}$$

ist. Im Augenblick des Schaltens ist die Gesamtspannung noch null, es ist also für $t = 0$

$$e_{C_0} = E_C\sin\varphi + K = 0\,, \tag{29}$$

so daß die Integrationskonstante hier

$$K = -E_C\sin\varphi \tag{30}$$

wird. Damit erhält man für die Kondensatorspannung aus Gleichung (27) und (28) den vollständigen Ausdruck

$$e_C = E_C\left[\sin(\omega t + \varphi) - \sin\varphi\,\varepsilon^{-\frac{t}{T}}\right] \tag{31}$$

Den Ausgleichsstrom erhält man durch Differentiation der Ausgleichsspannung von Gleichung (28) nach der Vorschrift von Gleichung (2) unter Beachtung von (11) und (27) zu

$$i'' = \frac{E_c}{R} \sin\varphi\, \varepsilon^{-\frac{t}{T}} = \frac{J}{\omega C R} \sin\varphi\, \varepsilon^{-\frac{t}{T}}. \tag{32}$$

Der gesamte Strom nach dem Einschalten wird daher als Summe der Teilströme von Gleichung (24) und (32)

$$i = J\left[\cos(\omega t + \varphi) + \frac{\sin\varphi}{\omega C R}\, \varepsilon^{-\frac{t}{T}}\right]. \tag{33}$$

Ist der Phasenwinkel φ des stationären Stromes im Einschaltmoment gleich null, würde dieser Strom also nach Gleichung (24) gerade sein Maximum besitzen, so tritt nach der letzten Beziehung kein Ausgleichsstrom und nach Gleichung (31) auch keine Ausgleichsspannung am Kondensator auf. Es beginnt vielmehr sofort der normale Stromverlauf. Bei kleinem Widerstand entspricht dieser günstige Fall dem Einschalten beim Durchgang der eingeprägten Spannung e durch null. Ist jedoch der Winkel $\varphi = 90°$, würde also der stationäre Strom im Schaltmoment gerade durch null gehen, so tritt ein starker Ausgleichsstrom auf, der im allgemeinen viel stärker als der stationäre Wechselstrom ist und wieder einen abklingenden Gleichstrom darstellt.

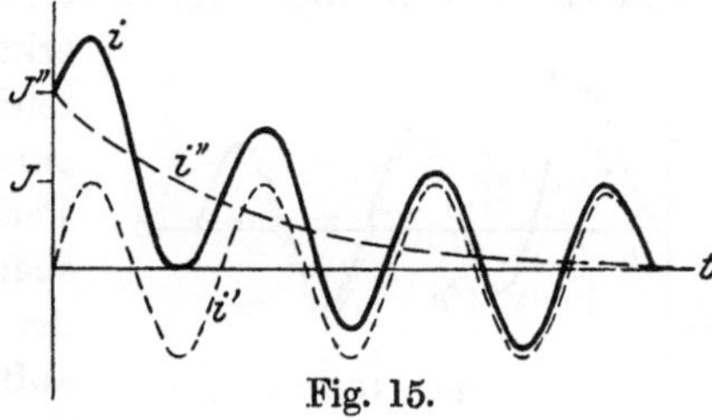

Fig. 15.

Der höchstmögliche Anfangswert des Ausgleichsstromes ist nach Gleichung (32)

$$J'' = \frac{E_c}{R} = \frac{\frac{1}{\omega C}}{R} J. \tag{34}$$

Er ist also im Vergleich zum stationären Strom bestimmt durch das Verhältnis des Blindwiderstandes des Kondensators zum Ohmschen Widerstand des Kreises, und da der letztere in Wechselstromkreisen sehr klein zu sein pflegt, so kann der Ausgleichsstrom den stationären Wechselstrom sehr erheblich überwiegen. In Fig. 15 ist der Verlauf des Gesamtstromes für einen ungünstigen Einschaltmoment dargestellt.

Wird die mehrfach erwähnte Kabelstrecke mit $2\,\mu$F Kapazität und $1\,\Omega$ Widerstand an ein 50 periodiges Wechselstromnetz geschaltet, so entsteht ein kurzdauernder Ausgleichsstrom vom

$$\frac{J''}{J} = \frac{1}{2\pi 50 \cdot 2 \cdot 10^{-6} \cdot 1} = 1600 \text{ fachen Betrage}$$

des regulären Ladestromes des Kabels.

Ist die stationäre Kondensatorspannung E_C bekannt, so errechnet man den Ausgleichsstrom nach Gleichung (34) am besten als ihren Quotienten mit dem Ohmschen Widerstand, ganz ähnlich wie bei der Gleichspannungsladung. Nicht nur bei großen Kapazitäten von Kabeln oder Fernleitungen, sondern auch bei kleinen Kapazitäten in Starkstromnetzen wie kurzen Leitungen, Sammelschienen usw., können diese Einschaltstöße sehr große Stärke annehmen. Ihre Zeitkonstante und daher ihre Dauer ist aber nach Gleichung (11) bei kleinen Widerständen und Kapazitäten so außerordentlich gering, daß sie dann praktisch nicht erheblich ins Gewicht fallen.

Im Schaltmoment tritt in jedem Falle eine so große Ausgleichsspannung auf, daß sie die stationäre Kondensatorspannung gerade zu null ergänzt. Bei $\varphi = \pm 90°$, also nach Gleichung (24) beim Stromdurchgang durch null, erreicht diese ihr Maximum, und daher entsteht hier auch die höchste Ausgleichsspannung von voller Höhe der stationären Kondensatorspannung. Fig. 16 stellt diesen ungünstigen Fall dar. Man erkennt aus Gleichung (31), daß für ausreichend große Zeitkonstante, also für ein erhebliches Produkt $C\,R$, eine halbe Periode nach dem Einschalten Überspannungen bis zum doppelten Wert der stationären Kondensatorspannung auftreten können. Der in Fig. 15 und 16 dargestellte ungünstige Fall großer Überströme und Überspannungen tritt bei kleinem Widerstande und großer Kapazität im Stromkreis auf, wenn beim Stromdurchgang durch null, also beim Höchstwert der eingeprägten Spannung e geschaltet wird, ein Fall, der in Hochspannungsanlagen wegen des Auftretens von Einschaltfunken die Regel ist. Während daher durch die Wirkung der Einschaltfunken die Überströme in induktiven Kreisen mehr oder weniger verschwinden, werden sie in kapazitiven Kreisen auf ihren Höchstwert gebracht.

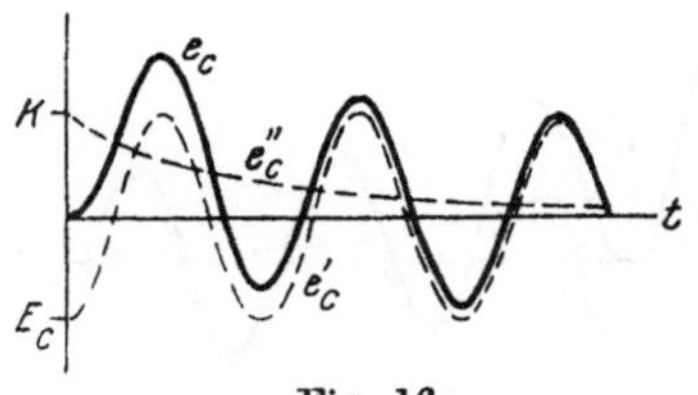

Fig. 16.

4. Allgemeines Schaltgesetz.

In den bisherigen Beispielen konnten wir die Differentialgleichung für den Verlauf des Stromes nach einem Schaltvorgang dadurch lösen, daß wir den Strom in zwei Teile zerspalteten. Der erste Teil befriedigte die Differentialgleichung bereits und stellte den stationären Strom dar, der sich unter der Wirkung der im Stromkreis vorhandenen Spannung entwickelt, sei diese eine Gleichspannung oder eine Wechselspannung. Der zweite Teil des Stromes richtete seinen Verlauf auch nach der Differentialgleichung für den Gesamtstrom, aber unter Abzug der eingeprägten Spannung. Er verlief also so, als ob an Stelle der elektromotorischen Kraft ein Kurzschluß bestände. Wegen des Fehlens der treibenden Spannung verlöscht dieser zweite Bestandteil des Stromes allmählich. Er stellt lediglich einen freien Ausgleichsstrom dar, der nur kurze Zeit nach dem Schalten fließt und den Übergang zwischen den Zuständen im Stromkreise unmittelbar vor und einige Zeit nach dem Schaltvorgang vermittelt. Entsprechend diesen Strömen können sich an einzelnen Teilen des Stromkreises auch Ausgleichsspannungen entwickeln, die unabhängig von der eingeprägten Spannung im gleichen Maße wie die Ausgleichsströme allmählich abklingen.

Für einfache Stromkreise, die aus Widerstand und Selbstinduktion oder Widerstand und Kapazität bestehen und auf Gleich- oder Wechselspannungen geschaltet werden, hatten wir die vollständigen Lösungen hergeleitet. Für zusammengesetzte Stromkreise irgendwelcher Art, beispielsweise für einen Stromkreis nach Fig. 17, der in beliebiger Weise aus Selbstinduktionen L, Wechselinduktionen M, Widerständen R und Kapazitäten C zusammengesetzt ist, die an irgendwelchen Stellen auf beliebige variable oder konstante Spannung e geschaltet werden, kann man für den Verlauf der Ströme stets eine Summe von Differentialgleichungen herleiten von der Form

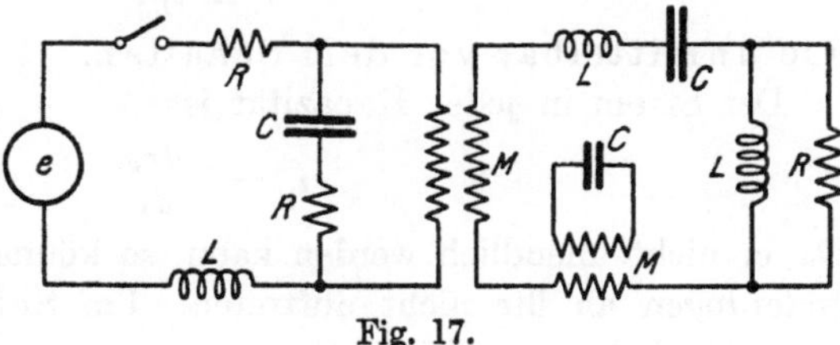

Fig. 17.

$$\sum\left(L\frac{di}{dt} + M\frac{di}{dt} + Ri + \frac{1}{C}\int i\,dt = e\right). \tag{1}$$

Die Summe Σ bedeutet dabei, daß die Differentialgleichungen für sämtliche geschlossenen Stromkreise entsprechend den bekannten Kirchhoffschen Gesetzen zu bilden sind. Wenn die Größen L, M, R und C konstant sind, kann man diese Differentialgleichungen durch Zerspalten der Ströme in zwei Teile

$$i = i' + i'' \tag{2}$$

in die folgenden beiden Sunmen von Differentialgleichungen zerlegen:

$$\left.\begin{aligned}\sum\left(L\frac{di'}{dt} + M\frac{di'}{dt} + Ri' + \frac{1}{C}\int i'\,dt = e\right)\\ \sum\left(L\frac{di''}{dt} + M\frac{di''}{dt} + Ri'' + \frac{1}{C}\int i''dt = 0\right).\end{aligned}\right\} \tag{3}$$

Es bedeutet alsdann i' den stationären Dauerstrom, der unter der Wirkung der Spannungen e längere Zeit nach dem Schalten in den Stromkreisen besteht, während i'' einen Ausgleichsstrom darstellt, der ohne Einwirkung einer eingeprägten äußeren Spannung verläuft und daher nach einiger Zeit verlöschen muß. Aus diesen Differentialgleichungen, deren Zahl mit der Zahl der verketteten Stromkreise übereinstimmt, läßt sich der Verlauf der Ströme durch Integration stets ausrechnen.

Die Größe der Ausgleichsströme bestimmt sich derart, daß der elektromagnetische Zustand der Stromkreise vor und nach dem Schalten ohne physikalische Unmöglichkeiten ineinander übergeht. Die Spannung an jeder Selbstinduktion ist

$$e_L = L \frac{d i_L}{dt}. \tag{4}$$

Eine unstetige, plötzliche Stromänderung in ihr würde also unendliche Spannung erzeugen. Daher kann sich der Strom in einer Selbstinduktion beim plötzlichen Schalten nicht plötzlich ändern. Im Augenblick des Schaltens, also zur Zeit $t = 0$, besitzt deshalb der Gesamtstrom jeder Selbstinduktion noch die gleiche Stärke

$$i_L = i_{L0} \tag{5}$$

wie unmittelbar vor dem Schalten.

Der Strom in jeder Kapazität ist

$$i_C = C \frac{d e_C}{dt}. \tag{6}$$

Da er nicht unendlich werden kann, so können plötzliche Spannungsänderungen an ihr nicht auftreten. Im Schaltaugenblick $t = 0$ besitzt daher auch die Spannung an jeder Kapazität noch die gleiche Größe

$$e_C = e_{C0} \tag{7}$$

wie vor dem Schalten. Entsprechend der Zerlegung der Ströme nach Gleichung (2) kann man auch die Kondensatorspannung in zwei Teile zerspalten

$$e_C = e_C' + e_C'', \tag{8}$$

die die stationäre Dauerspannung und die abklingende Ausgleichsspannung darstellen und nach Gleichung (6) mit ihren Strömen zusammenhängen.

Nach Verlauf langer Zeit sind die Ausgleichsströme und Ausgleichsspannungen abgeklungen, und es bestehen nur noch die stationären Werte, die sich entsprechend den Regeln der Gleich- oder Wechselstromtechnik nach der ersten Gleichung (3) bestimmen und daher bekannt sind. Bezeichnen wir diejenigen Werte, die diese stationären Ströme und Spannungen im Schaltmoment besitzen, mit i_{L0}' und e_{C0}', so müssen wir beim Vorhandensein von Selbstinduktion und Kapazität im Stromkreis die Anfangswerte der Ausgleichsströme und -spannungen so bestimmen, daß sie, zu diesen stationären Werten addiert, den Zustand vor dem Schalten ergeben. Sie sind daher nach Gleichung (2), (5), (7) und (8)

$$\left.\begin{aligned} i_{L0}'' &= i_{L0} - i_{L0}', \\ e_{C0}'' &= e_{C0} - e_{C0}'. \end{aligned}\right\} \tag{9}$$

Fehlt im Stromkreis entweder Selbstinduktion L oder Kapazität C, so fällt die eine oder die andere dieser Bedingungen fort. In Stromzweigen, die nur Widerstand R enthalten, können die Ströme und Spannungen im Schaltmoment unstetig ineinander übergehen. Dort können endliche Strom- und Spannungssprünge auftreten, ohne durch Ausgleichsströme gemildert zu werden.

Die Ausgleichsströme rufen naturgemäß Ausgleichsfelder und Ausgleichsspannungen in allen einzelnen Teilen des Stromkreises hervor, die nach denselben Gesetzen wie die Ströme abklingen und stets aus ihnen an Hand der einzelnen Glieder von Gleichung (3) berechnet werden können.

Wir können nach diesen Überlegungen folgende Zusammenhänge für elektrische Stromkreise aufstellen als

allgemeines Schaltgesetz:

Strom i, Feld Φ und Spannung e außerhalb der Schaltstelle gehen beim Schalten von Stromkreisen mit Selbstinduktion und Kapazität nicht momentan in die neuen Werte i', Φ' und e' über, sondern es tritt ein Ausgleichsstrom i'', ein Ausgleichsfeld Φ'' und eine Ausgleichsspannung e'' auf, die mit wachsender Zeit verlöschen und den allmählichen Übergang vom ursprünglichen in den neuen Zustand vermitteln.

Der Anfangswert der freien Ausgleichsgrößen wird durch die zu- oder abgeschalteten Werte bestimmt, die der Strom in allen Selbstinduktionen und die Spannung an allen Kapazitäten erhält. Die Anfangswerte sind gleich dem Unterschied der stationären Werte vor und nach dem Schalten. Die vorübergehenden Schaltwerte i'', Φ'' und e'' verlöschen so, als ob sie im endgültigen Stromkreise allein ohne äußere Spannung vorhanden wären.

In Stromkreisen, die nur Widerstand und Selbstinduktion oder nur Widerstand und Kapazität enthalten, tritt, wie wir gesehen haben, als Ausgleichsstrom abklingender Gleichstrom auf. In Kreisen, die gleichzeitig Widerstand, Selbstinduktion und Kapazität enthalten, tritt abklingender Wechselstrom auf. In den ersten Fällen wird die Ausgleichs oder Schaltenergie sehr bald im Widerstande vernichtet, im letzten Falle kann sie zunächst zwischen der Selbstinduktion und der Kapazität schwingen. In beiden Fällen können Strom- und Spannungserhöhungen auftreten.

Sind Widerstand R, Selbstinduktion L oder Kapazität C keine Konstanten, so sind die Differentialgleichungen (1) für den Stromverlauf nicht mehr linear und daher ist die Zerlegung in stationäre und Ausgleichswerte nach Gleichung (2) und (8) nicht mehr möglich, so daß diese Schaltgesetze nicht mehr streng gelten. Es können dann zusätzliche Störungen und damit erhebliche Überströme und Überspannungen auftreten.

Derartige Stromkreise, deren elektrische oder magnetische Charakteristik gekrümmt ist, erfordern eine andere Art der Behandlung.

Ausgleichsströme und die ihnen entsprechenden Felder und Spannungen treten nicht nur beim plötzlichen Einschalten, Ausschalten oder Kurzschließen von Stromkreisen oder sonstigen plötzlichen Änderungen der Schaltung oder des Stromverlaufes auf, sondern bei allen irgendwie gearteten Schwankungen in den Stromkreisen. Jede Zustandsänderung verursacht demnach ein Abweichen vom gewöhnlichen Verhalten nach den stationären Gleichstrom- und Wechselstromgesetzen. Wird beispielsweise ein Motor plötzlich belastet, so steigt sein stationärer Strom an. Die Differenz der Ströme im ersten und zweiten Zustand tritt als Ausgleichsstrom im gesamten Netz auf, der allmählich abklingt. Ist die Belastungsänderung groß und sehr plötzlich, so können hierdurch starke Ausgleichswirkungen hervorgerufen werden. Ist sie nur langsam, so kann man sich die Laständerung in vielen kleinen Sprüngen erfolgend denken und erkennt, daß die Ausgleichsströme der ersten Stufen schon längst abgelaufen sind, wenn die der letzten Sprünge einsetzen. Man gewinnt aus dieser Überlegung einen Anhalt, wann man bei Belastungsänderungen starke Ausgleichsvorgänge erwarten darf, nämlich stets dann, wenn die Zustandsänderung in kürzerer Zeit erfolgt als die Ausgleichszeitkonstanten der Stromkreise angeben. Nur bei Zustandsänderungen, die langsam sind gegenüber den Zeitkonstanten der gesamten Stromkreise, darf man die Gesetze der stationären Ströme ohne weiteres anwenden.

5. Resonanzspannungen.

Die meisten elektrischen Leitungen, Apparate und Maschinen besitzen außer dem Widerstand und der magnetischen Selbstinduktion des Stromkreises auch elektrostatische Kapazität einzelner spannungführender

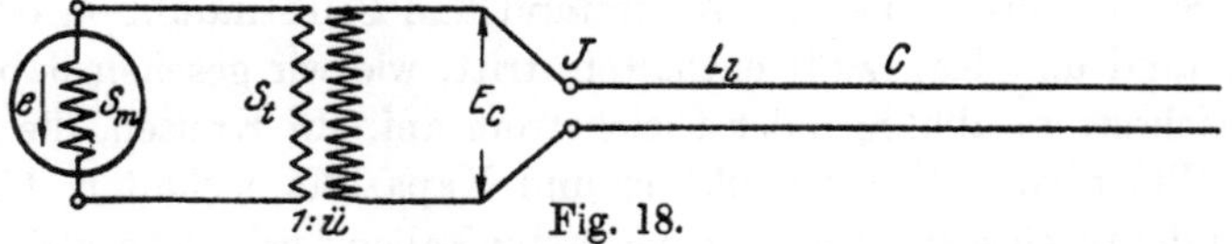

Fig. 18.

Teile gegeneinander. Beispielsweise besitzen häufig Kabel sowie Hochspannungsfreileitungen, aber auch manchmal Wicklungen von Transformatoren und Maschinen so viel Kapazität, daß sie nicht mehr vernachlässigt werden darf. Bevor wir die Verhältnisse beim Einschalten derartiger Leitungen verfolgen, wollen wir zunächst den stationären Betrieb der Anlage betrachten, weil auch dabei manchmal übermäßig große Ströme und Spannungen auftreten können.

Fig. 18 stellt einen derartigen Stromkreis dar, in dem von einem Wechselstromgenerator aus über einen Transformator ein Kabel oder eine lange Hochspannungsleitung gespeist wird. Diese Leitung hat vorwiegend Kapazität, der Transformator und die Maschinenwicklung vorwiegend Selbstinduktion. Auf die Einzelheiten der Strom- und Spannungsverteilung längs der Leitung wollen wir keine Rücksicht nehmen, sondern lediglich das Zusammenwirken ihrer Kapazität mit der Selbstinduktion von Transformator und Maschine betrachten. Wir denken uns deshalb die gesamte Kapazität C der Leitung einfach in einem Ersatzkondensator in der Mitte der Leitungslänge konzentriert. Die Selbstinduktion L_l der Leitung denken wir uns in angemessen verringerter Größe an ihren Anfang verlegt, so daß sie vom ganzen Ladestrom durchflossen wird und vereinigen sie mit der Streuinduktion von Transformator S_t und Maschine S_m. Beziehen wir alles auf den Hochspannungskreis des Transformators, der ein Übersetzungsverhältnis $1:ü$ besitzen möge, so haben wir mit einer wirksamen Selbstinduktion

$$L = S_m ü^2 + S_t + \tfrac{1}{2} L_l \tag{1}$$

zu rechnen.

Ganz entsprechend vereinigen wir sämtliche im Stromkreise vorhandenen Widerstände von Maschine, Transformator und Leitung zu dem wirksamen Widerstand

$$R = R_m ü^2 + R_t + \tfrac{1}{2} R_l . \tag{2}$$

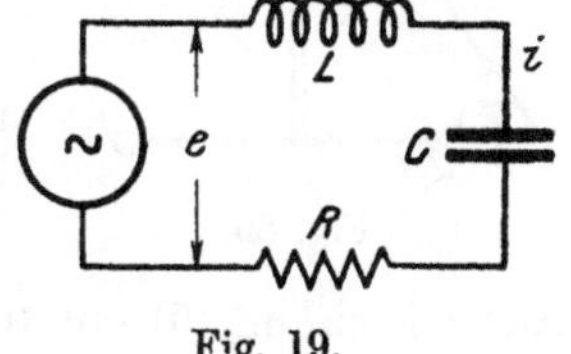

Fig. 19.

Die Ströme und Spannungen im wirklichen Netz verlaufen dann zeitlich in guter Annäherung so, wie in dem Ersatzstromkreis nach Fig. 19. Dabei haben wir den für unser Problem unerheblichen kleinen Magnetisierungsstrom des Transformators vernachlässigt. Auf den Stromkreis der Fig. 19, der Selbstinduktion L, Kapazität C und Widerstand R in Reihenschaltung enthält, wirkt die elektromotorische Kraft des Generators die von seinem rotierenden Magnetfelde in der Ständerwicklung erzeugt wird. Diese eingeprägte Spannung denken wir uns konstant gehalten, wozu unter Umständen eine Nachregulierung des Generators auf konstante magnetische Feldstärke erforderlich ist.

Der Generator erzeugt eine Wechsel-EMK, die im allgemeinen aus einer harmonischen Grundschwingung und einer Reihe ebensolcher Oberschwingungen besteht. Jede derselben können wir darstellen in der Form

$$e = E \varepsilon^{j\omega t} = E (\cos \omega t + j \sin \omega t) . \tag{3}$$

Sie entspricht einer Wechselspannung mit der Amplitude E und der Kreisfrequenz ω in 2π Sekunden. Will man nur die Grundschwingung untersuchen, so hat man unter E_0 deren eingeprägte Spannung und unter ω_0 ihre Frequenz, also die normale Maschinenfrequenz zu verstehen. Wünscht man die Wirkung irgendeiner Oberschwingung der Spannungskurve zu bestimmen, so muß man unter

E_n die EMK dieser Oberschwingung verstehen, die man einem Oszillogramm der Maschine entnehmen kann und muß als ω_n die Frequenz der betreffenden Oberschwingung betrachten, die meistens ein ganzes Vielfaches der Netzfrequenz ist.

Jede Wechselspannung, sei es Grundschwingung oder Oberschwingung, ruft im Leitungssystem einen ihr allein zugehörigen Wechselstrom

$$i = J\,\varepsilon^{j\omega t} \tag{4}$$

hervor, der mit derselben Frequenz ω variiert und dessen Amplitude J wir bestimmen wollen.

Für jede betrachtete Schwingung muß die Summe der Spannungen an der Selbstinduktion, dem Widerstande und der Kapazität mit der eingeprägten Spannung nach Gleichung (3) übereinstimmen. Es ist also

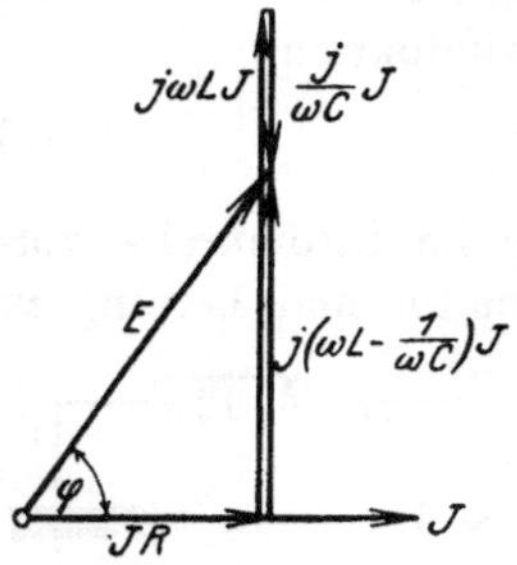

$$e_L + e_R + e_C = L\frac{di}{dt} + R\,i + \frac{1}{C}\int i\,dt = E\,\varepsilon^{j\omega t}. \tag{5}$$

Die Differentiation des Stromes von Gleichung (4) liefert

$$\frac{di}{dt} = j\,\omega\,J\,\varepsilon^{j\omega t} \tag{6}$$

und seine Integration

$$\int i\,dt = \frac{J}{j\omega}\,\varepsilon^{j\omega t}. \tag{7}$$

Fig. 20.

Aus Gleichung (5) entsteht daher nach Forthebung der harmonischen Funktion $\varepsilon^{j\omega t}$

$$j\,\omega\,L\,J + R\,J + \frac{1}{C}\,\frac{J}{j\omega} = E \tag{8}$$

oder, wenn man alle Glieder mit J zusammenfaßt, als Bestimmungsgleichung für die Stromamplitude

$$J\left[R + j\left(\omega L - \frac{1}{\omega C}\right)\right] = E. \tag{9}$$

Wir können diese Beziehung nach Fig. 20 graphisch darstellen, wenn wir beachten, daß in der komplexen Ebene jeder imaginäre Vektor senkrecht auf dem reellen steht. Wir erkennen dann, daß zwischen dem Strom J oder der ihm gleichphasigen Widerstandsspannung $J\,R$ und der ihn erzeugenden Spannung E, die die Hypotenuse des Dreiecks darstellt, eine Phasenverschiebung auftritt, die sich berechnet aus

$$\operatorname{tg}\varphi = \frac{\omega L - \frac{1}{\omega C}}{R}. \tag{10}$$

Um die Größe des Stromes zu bestimmen, bilden wir den absoluten Betrag der komplexen Klammergröße in Gleichung (9), der sich auch aus Fig. 20 nach dem pythagoräischen Lehrsatz bestimmt. Dann erhalten wir als Amplitude des Ladestromes

$$J = \frac{E}{\sqrt{R^2 + \left(\omega L - \frac{1}{\omega C}\right)^2}}. \tag{11}$$

In Fig. 21 ist die Abhängigkeit dieses Stromes für bestimmte Konstanten R, L und C des Stromkreises von der Frequenz ω dargestellt. Er nimmt mit zunehmender Frequenz anfangs langsam, dann sehr schnell zu und erreicht für eine ganz bestimmte Frequenz, nämlich für

$$\omega = \frac{1}{\sqrt{LC}} = \nu, \tag{12}$$

für die das Klammerglied unter der Wurzel in Gleichung (11) verschwindet, ein sehr hohes Resonanzmaximum

$$J_r = \frac{E}{R}, \tag{13}$$

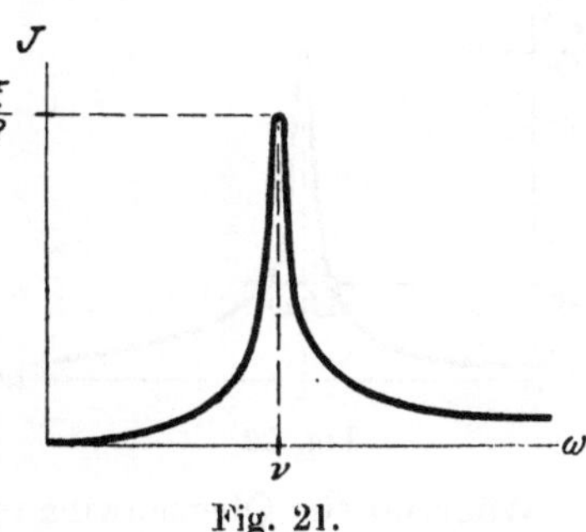

Fig. 21.

das ebenso groß ist, als wenn der Stromkreis nur Ohmschen Widerstand R und keine Selbstinduktion und Kapazität besäße. Deren Wirkungen heben sich für den Resonanzfall gegenseitig auf. Da der Widerstand in Wechselstromkreisen aus Gründen möglichst geringer Verluste meist sehr klein gehalten wird, so nimmt der Strom bei Resonanz sehr große Werte an, wenn die Spannung E derjenigen Grund- oder Oberschwingung erhebliche Werte besitzt, deren Frequenz ω nach Gleichung (12) der Resonanzbedingung genügt.

Die eigentümliche Frequenz ν nach Gleichung (12) nennt man die Eigenfrequenz des Stromkreises, da sich in einem widerstandsfreien Kreise aus Selbstinduktion L und Kapazität C nur Eigenschwingungen von dieser Höhe erhalten können. Mitschwingen oder Resonanz des Stromkreises und dementsprechend große Werte des Stromes treten also vor allem ein, wenn die Frequenz ω der aufgedrückten Spannung E mit dieser Eigenfrequenz ν des Stromkreises übereinstimmt.

Die hohen Resonanzströme sind mit dem Auftreten großer Spannungen im Stromkreise verknüpft. Die Spannungsamplitude an der Kapazität wird nach Gleichung (5), (7) und (11)

$$E_C = \frac{J}{\omega C} = \frac{E}{\sqrt{(R\omega C)^2 + \left[\left(\frac{\omega}{\nu}\right)^2 - 1\right]^2}}, \tag{14}$$

wobei in dem zweiten Wurzelglied die Eigenfrequenz nach Gleichung (12) eingeführt ist. Ihre Abhängigkeit von der erzwungenen Frequenz ω ist in Fig. 22 dargestellt. Für den Resonanzfall $\omega = \nu$ erhält man mit Gleichung (12) die Spannung

$$E_{Cr} = \frac{E}{R\nu C} = E\frac{\sqrt{\frac{L}{C}}}{R}, \tag{15}$$

die bei kleinen Widerständen und Kapazitäten sehr hohe Werte annehmen kann.

Den Quotienten $\sqrt{L/C}$ wollen wir den Schwingungswiderstand des Stromkreises nennen, da er die Dimension eines Widerstandes besitzt und sich in vieler Hinsicht analog verhält. Die Resonanzspannung an der Kapazität verhält sich dann zur eingeprägten Spannung wie der Schwingungswiderstand zum Ohmschen Widerstand des Stromkreises. Um zu einer Abschätzung der wirklichen Höhe der Resonanzspannungen zu kommen, muß man jedoch beachten, daß kleinen Kapazitäten nach Gleichung (12) sehr hohe Eigenfrequenzen entsprechen, und daß daher der Resonanzfall oft nur für hohe Oberschwingungen der Generatorspannung eintritt, für die die eingeprägten Spannungen schon gering sind.

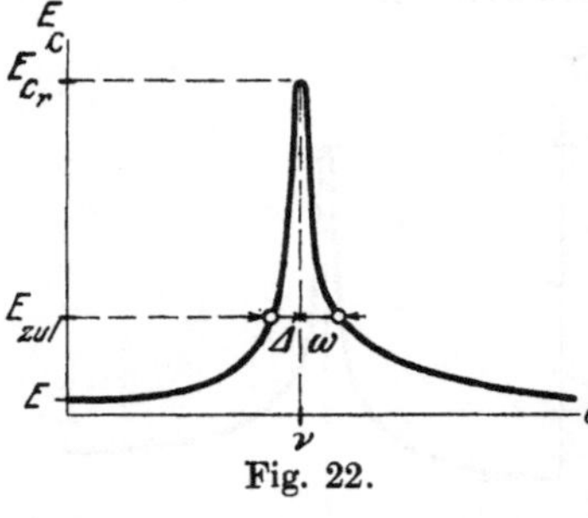

Fig. 22.

Während für Oberschwingungen, deren Frequenz genau der Eigenfrequenz des Stromkreises entspricht, extrem hohe Resonanzwerte von Strom und Spannung im Leitungsnetz auftreten, sinken dieselben nach Fig. 21 und 22 für Abweichungen $\Delta\omega$ der aufgedrückten Frequenz ω von der Eigenfrequenz ν sehr schnell herab. Immerhin behalten sie in der Resonanznähe noch Werte, die ihren normalen Betrag weit übersteigen können. Wir wollen daher die Breite des gefährlichen Resonanzbereiches berechnen. Während für genauen Isochronismus der Schwingungen und Verschwinden des zweiten Gliedes unter der Wurzel in Gleichung (14) der Wert des Widerstandes R den Ausschlag gibt, sinkt der Anteil des ersten Wurzelgliedes schon bei geringen Abweichungen der Frequenzen zur Bedeutungslosigkeit herab. Wir erhalten daher außerhalb des Isochronismus mit genügender Annäherung

$$E_C = \frac{E}{\left(\frac{\omega}{\nu}+1\right)\left(\frac{\omega}{\nu}-1\right)} \cong \frac{E}{2\frac{\Delta\omega}{\nu}} \tag{16}$$

und daraus für die beiderseitige Breite des Resonanzbereiches, abhängig von dem Verhältnis der höchstzulässigen Spannung E_{zul} zur eingeprägten Spannung E:

$$\frac{\Delta\omega}{\nu} = \pm\frac{E}{2E_{zul}}. \tag{17}$$

An den Grenzen eines Resonanzbereiches von beispielsweise $\pm$ 10% der Eigenfrequenz treten daher immer noch Resonanzspannungen von 5facher Größe der eingeprägten Spannung auf.

Einen bemerkenswerten Störungsfall zeigen die Oszillogramme der Fig. 23, die die Generatorspannung einer Fernkabelanlage und den Strom am Anfang des Kabels darstellen. Die Spannungswelle läßt eine erhebliche 7te Oberschwingung erkennen, die von der groben Nutung der Maschine herrührt. Zufällig traf die nach Gleichung (12) berechnete Eigenfrequenz der Kabelkapazität gegenüber den Selbstinduktionen des Stromkreises sehr nahezu mit der 7fachen Frequenz der Wechselspannung zusammen, so daß der Resonanzfall für die siebente Oberschwingung vorlag. Daher zeigte der Kabelstrom außer der Grundwelle noch einen stark ausgeprägten siebenten Oberstrom, der entsprechend starke Oberspannungen im Kabel im Gefolge hatte.

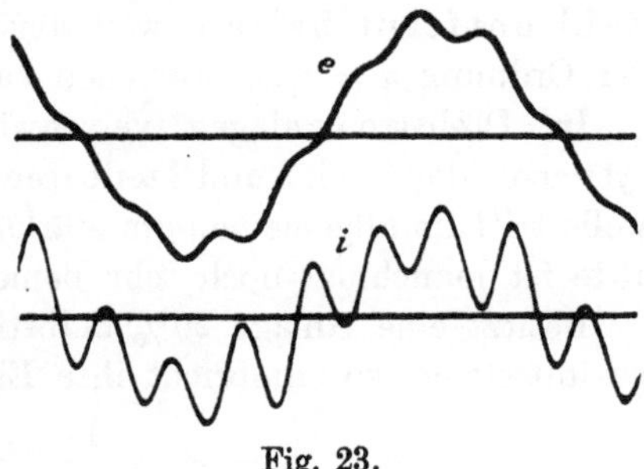

Fig. 23.

Besonders leicht können Resonanzen in gemischten Freileitungs- und Kabelnetzen auftreten. Wenn beispielsweise ein großes Kabelnetz mit überwiegender Kapazität durch eine lange Freileitung und Transformatoren mit überwiegender Selbstinduktion gespeist wird, was Fig. 24 darstellt, so kann die Eigenfrequenz nach Gleichung (12) leicht auf die Frequenz einer niederen Oberwelle der Spannung fallen, die dann starke Überspannungen im ganzen Netz bewirkt.

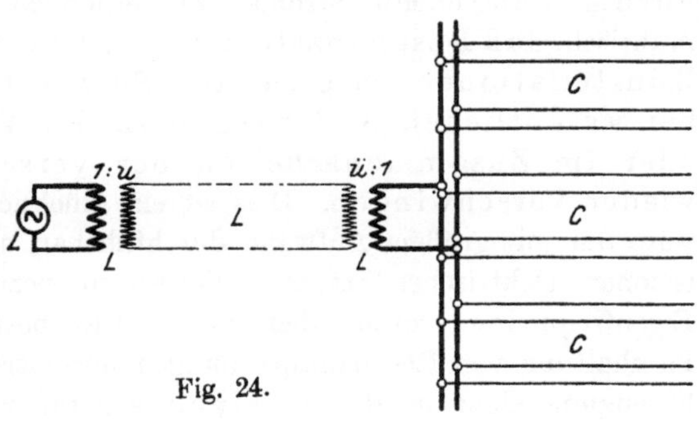

Fig. 24.

Für praktische Rechnungen ist es bequem, an Stelle der Selbstinduktion und Kapazität die induktive Spannung des Normalstroms J_0 und den Ladestrom bei der Normalspannung E_0 einzuführen, beide bei der Grundfrequenz ω_0. Die erstere ist

$$E_L = \omega_0 L J_0 \,, \tag{18}$$

der letztere beträgt

$$J_C = \omega_0 C E_0 \,. \tag{19}$$

Führt man L und C hieraus in Gleichung (12) ein, so erhält man die Eigenfrequenz des Netzes als Vielfaches der Grundfrequenz zu

$$\frac{\nu}{\omega_0} = \frac{1}{\sqrt{\frac{E_L}{E_0} \frac{J_C}{J_0}}}. \tag{20}$$

Dieser Quotient soll sich nach Möglichkeit von einer ganzen Zahl entfernt halten, weil sonst Resonanz mit der Oberwelle von der Ordnung $n = \nu/\omega_0$ entstehen kann.

In Drehstromanlagen verschwinden bei symmetrischen Stromsystemen alle durch 2 und 3 teilbaren Oberwellen. Die 5te und 7te Oberwelle tritt im allgemeinen am stärksten hervor, aber auch die 11te und 13te ist manchmal noch sehr bemerkbar.

Besitzt eine Anlage 20% Selbstinduktionsspannung und 10% Kapazitätsstrom, so entspricht ihre Eigenfrequenz dem

$$\frac{\nu}{\omega_0} = \frac{1}{\sqrt{0,2 \cdot 0,1}} = 7,1 \text{ fachen}$$

der Betriebsfrequenz, so daß Resonanznähe mit der 7ten Oberwelle vorhanden ist. Bei 20% Kapazitätsstrom würde genaue Resonanz mit der 5ten Oberwelle vorhanden sein.

Bei jeder Schaltungsänderung und sogar bei jeder Laständerung ändern sich nun meistens die Kapazitäten und Selbstinduktionen des wirklich vorliegenden Stromkreises erheblich. Man findet deshalb praktisch, daß Resonanzstörungen nur bei ganz bestimmten Konstellationen im gesamten Netz auftreten und daß sie bei wesentlichen Änderungen in der Verteilung der Last oder im Zusammenarbeiten der verschiedenen Strecken wieder verschwinden. Dies ist ein glücklicher Umstand, denn es wäre nur mit großem Aufwand durchführbar, alle denkbaren Konstellationen elektrischer Starkstromkreise in bezug auf ihre möglichen Eigenfrequenzen vorauszuberechnen. Das beste Mittel zur sicheren Fernhaltung von Resonanzspannungen und -strömen ist vor allem die Erzeugung einer möglichst reinen sinusförmigen Spannungskurve des Generators, die weder bei Leerlauf noch bei Belastung erhebliche Oberschwingungen enthalten soll. Dann fehlt jeder Anlaß zum Auftreten erheblicher Resonanzspannungen. Bei stark belasteten Netzen oder Netzteilen treten Resonanzen wesentlich schwächer hervor als bei schwach belasteten oder gar leerlaufenden Strecken, da die Belastung von Stromkreisen ebenso wie ein dämpfender Widerstand wirkt.

Sehr große Netze können so große Kapazität der Leitungen und Selbstinduktion der Transformatoren, Maschinen und Leitungen besitzen, daß ihre Eigenschwingungsdauer nach Gleichung (12) oder (20) in die Nähe der Betriebsfrequenz des Netzes fällt. Vor allem kann dies bei Störungen durch einpolige Erdschlüsse auftreten, die die Ladeströme stark vergrößern. Da zu der Grundfrequenz die normale Netzspannung gehört, so müssen derartige Resonanzfälle vermieden werden, da sonst gewaltige Spannungssteigerungen auftreten würden. Die Resonanz mit der Betriebsfrequenz führt nun aber stets auf so große Ladeströme in den Generatoren, daß unsere Annahme der konstant gehaltenen Feldstärke und elektromotorischen Kraft im allgemeinen nicht mehr zutreffend ist. Die Ladeströme üben vielmehr eine Rückwirkung auf das Feld im Generator aus und verändern seine Eisensättigung. Wir wollen dies in einem späteren Kapitel untersuchen.

Stark zu leiden hat man unter Resonanzvorgängen häufig bei Hochspannungsprüfungen von Maschinen, Kabeln oder Isolatoren, einerseits weil diese Prüfungen im allgemeinen ohne Nutzlast, also ohne Widerstandsdämpfung vorgenommen werden, andererseits weil man relativ kleine Prüftransformatoren zur Erzeugung sehr hoher Spannungen benutzt, die große Selbstinduktion und eine bereits bemerkbare Eigenkapazität ihrer Wicklungen besitzen. Zusammen mit der Kapazität des Prüfobjektes führt dies häufig auf Eigenfrequenzen, die ähnlich dem Falle der Fig. 23 mit einer niedrigen Oberschwingung des Generators in Resonanz stehen, die erhebliche Größe besitzt. Die Sekundärspannung in einem solchen Transformator kann dann Oberschwingungen enthalten, die die vom Primärkreis erzeugte Grundschwingung bei weitem übertreffen, so daß man die Höhe und Kurvenform der Sekundärspannung aus der Primärspannung auch nicht entfernt abschätzen kann.

6. Ausgleichsströme in Schwingungskreisen.

Um die Schaltvorgänge in Stromkreisen, die Selbstinduktion, Kapazität und Widerstand enthalten, vollständig zu beschreiben, ist außer der Kenntnis der stationären Vorgänge auch die der freien Ausgleichsströme erforderlich. Man kann derartige Kreise sehr häufig auf das Schaltschema der Fig. 25 bringen, in dem Widerstand, Selbstinduktion und Kapazität in Reihe geschaltet sind. Da wir dieselben jetzt *nur auf die Ausbildung der freien Ausgleichsströme untersuchen wollen*, die sich bei jedem Schaltvorgang über die stationären Ströme lagern, so ist die speisende elektromotorische Kraft des Stromkreises in Fig. 25 fortgelassen. Ihre Lage und Größe ist ohne Einfluß auf die vorübergehenden Ströme und Spannungen.

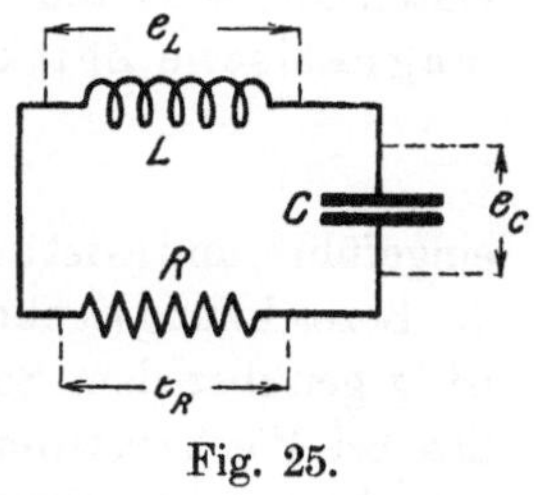

Fig. 25.

Nach unseren früheren allgemeinen Gesetzen ergänzen sich die freien Ausgleichsspannungen im Stromkreise zu null, es ist also

$$e_L'' + e_R'' + e_C'' = 0\,. \tag{1}$$

Setzt man darin die bekannten Werte für die Spannung der Selbstinduktion, des Ohmschen Widerstandes und der Kapazität ein, wobei jedoch statt i'' einfach i geschrieben werden soll, da dieses ganze Kapitel sich nur auf Ausgleichsströme bezieht, so erhält man

$$L\frac{di}{dt} + Ri + \frac{1}{C}\int i\,dt = 0\,. \tag{2}$$

Wenn man diese Gleichung zur Fortschaffung des Integrals differenziert und noch durch L dividiert, so entsteht die endgültige Differentialgleichung für den Strom

$$\frac{d^2 i}{dt^2} + \frac{R}{L}\frac{di}{dt} + \frac{i}{LC} = 0. \tag{3}$$

Dies ist eine lineare Differentialgleichung zweiter Ordnung mit konstanten Koeffizienten. Ihre Lösung wird gebildet durch den Ansatz

$$i = J\,\varepsilon^{\alpha t}. \tag{4}$$

Es ist dann

$$\frac{di}{dt} = \alpha J\,\varepsilon^{\alpha t} \tag{5}$$

und

$$\frac{d^2 i}{dt^2} = \alpha^2 J\,\varepsilon^{\alpha t}, \tag{6}$$

so daß man beim Einsetzen dieser Werte in Gleichung (3) und Fortheben des gemeinsamen Faktors $J\,\varepsilon^{\alpha t}$ erhält

$$\alpha^2 + \frac{R}{L}\alpha + \frac{1}{LC} = 0. \tag{7}$$

Dieser quadratischen Bedingungsgleichung muß also die Exponentialgröße α gehorchen, wenn Gleichung (4) eine Lösung der Differentialgleichung (3) sein soll. Die Auflösung von Gleichung (7) ergibt

$$\alpha = -\frac{R}{2L} \pm j\sqrt{\frac{1}{LC} - \left(\frac{R}{2L}\right)^2} = -\frac{1}{2T} \pm j\nu, \tag{8}$$

wenn wir das Vorzeichen unter der Wurzel nach ihrem wesentlichen ersten Gliede richten. Zur Abkürzung ist dabei wie früher die elektromagnetische Zeitkonstante des Stromkreises

$$T = \frac{L}{R} \tag{9}$$

eingeführt, und es ist außerdem für den Wurzelausdruck zur Vereinfachung die Bezeichnung ν gebraucht. Wenn der Ohmsche Widerstand R nur klein ist gegenüber dem Schwingungswiderstand $\sqrt{L/C}$ des Stromkreises, wie das bei Wechselstromkreisen meist der Fall ist, dann ist ν reell. Der charakteristische Exponent α ist dann doppelwertig und komplex. Der Exponentialausdruck aus Gleichung (4) läßt sich daher schreiben

$$\varepsilon^{\alpha t} = \varepsilon^{-\frac{t}{2T}}\varepsilon^{\pm j\nu t} = \varepsilon^{-\frac{t}{2T}}(\cos\nu t \pm j\sin\nu t), \tag{10}$$

wobei davon Gebrauch gemacht ist, daß die Größe

$$\varepsilon^{\pm j\nu t} = \cos\nu t \pm j\sin\nu t \tag{11}$$

trigonometrische Funktionen darstellt, und zwar sowohl die Cosinusfunktion als auch die Sinusfunktion.

Entsprechend der Doppelwertigkeit der Größe α erhalten wir zwei Lösungen für den Ausgleichsstrom, nämlich eine Cosinus- und eine Sinuslösung, deren Anfangsamplituden zunächst noch willkürliche Integrationskonstanten darstellen. Die Größe j und die Vorzeichen aus Gleichung (10) können wir mit in diese Konstanten hineinlegen. Der Ausgleichsstrom ist daher vollständig

$$i = \varepsilon^{-\frac{t}{2T}} (J_1 \cos \nu t + J_2 \sin \nu t) = J \varepsilon^{-\frac{t}{2T}} \cos(\nu t + \gamma) . \tag{12}$$

Der letzte Ausdruck dieser Gleichung ist durch Zusammenziehung der Cosinus- und Sinusfunktion in eine einheitliche Cosinusfunktion mit verschobener Phase entstanden. Als Integrationskonstanten dieses Ausdruckes gelten die Amplitude des Stromes J und sein Phasenwinkel γ. Diese Konstanten müssen aus den Anfangsbedingungen des jeweiligen Problems bestimmt werden.

Setzen wir den Phasenwinkel γ, um einen allgemeinen Überblick über den zeitlichen Verlauf des Stromes zu erhalten, zunächst gleich null, so ist für diesen willkürlich gewählten Anfangszustand

$$i = J \varepsilon^{-\frac{t}{2T}} \cos \nu t . \tag{13}$$

Der Ausgleichsstrom ist also im Falle gleichzeitig vorhandener Selbstinduktion und Kapazität kein exponentiell abnehmender Gleichstrom mehr, sondern er besteht in einer harmonischen Schwingung, deren Stärke exponentiell verlöscht, er stellt abklingenden Wechselstrom dar. In Fig. 26 ist der Verlauf des Stromes nach Gleichung (13) dargestellt. Die Amplituden selbst verlöschen, wie die gestrichelten Linien zeigen, nach einer Exponentialfunktion, die jedoch nur einen halb so großen Dämpfungsexponenten hat wie die in Kreisen ohne Kapazität verklingenden Gleichströme. Wegen des Auftretens von Ausgleichswechselströmen oder von freien elektrischen Schwingungen pflegt man Stromkreise, die Selbstinduktion und Kapazität gemeinsam enthalten, elektrische Schwingungskreise zu nennen.

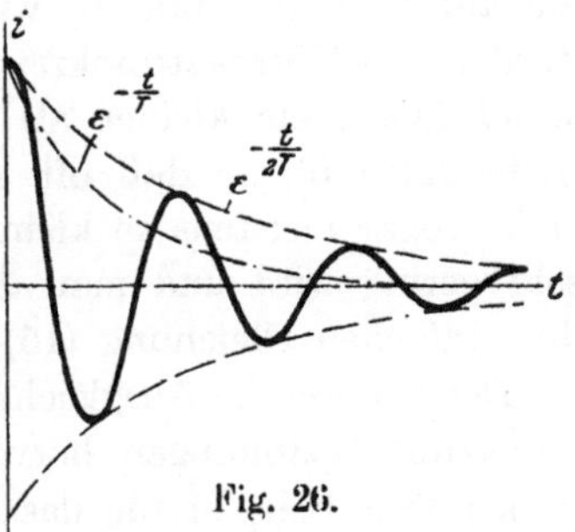

Fig. 26.

Die abklingenden Ausgleichswechselströme nach Gleichung (12) oder (13) haben eine Frequenz, deren Wert in 2π Sekunden durch ν gegeben ist, also nach Gleichung (8) durch

$$\nu = \sqrt{\frac{1}{LC} - \left(\frac{R}{2L}\right)^2} . \tag{14}$$

Sie ist völlig unabhängig von der Stärke der Ströme und allein gegeben durch die Konstanten L, C, R des Kreises. Für kleinen Widerstand gegenüber dem Schwingungswiderstand des Stromkreises wird sie mit guter Annäherung

$$\nu_0 = \frac{1}{\sqrt{LC}}. \tag{15}$$

Die Eigenfrequenz hängt dann nur von der Selbstinduktion und der Kapazität des Stromkreises ab und stimmt mit der Resonnanzschwingungszahl des vorigen Kapitels 5 Gleichung (12) überein.

Ist der Widerstand der Stromkreise nicht mehr gering, so daß das zweite Glied unter der Wurzel in Gleichung (14) eine Rolle spielt, so wird die Eigenschwingungszahl verkleinert, der Strom schwingt langsamer und langsamer, und wenn der Widerstand die Größe

$$R = 2\sqrt{\frac{L}{C}} \tag{16}$$

erreicht, wird die Eigenfrequenz null, die Schwingungen hören auf, der Strom verläuft dann nur noch aperiodisch. Der Ausdruck für ν unter der Wurzel der Gleichung (8) wird schließlich negativ, so daß die Wurzel selbst imaginär wird und dadurch wird α bei großen Widerständen rein reell, bleibt jedoch doppelwertig. Als Ausgleichsstrom erhält man dann nach Gleichung (4) zwei Exponentialfunktionen, die auf Lösungen führen, wie sie im späteren Kapitel 16 behandelt werden. Bei Starkstromkreisen, die geschaltet werden, ist der Widerstand fast stets kleiner als der aperiodische Grenzwert nach Gleichung (16), so daß oft ausgeprägte Schwingungen auftreten. Ja, er ist sogar meistens so klein, daß sein Einfluß auf die Eigenfrequenz sehr gering wird und man diese mit ausreichender Annäherung nach der einfachen Gleichung (15) bestimmen kann.

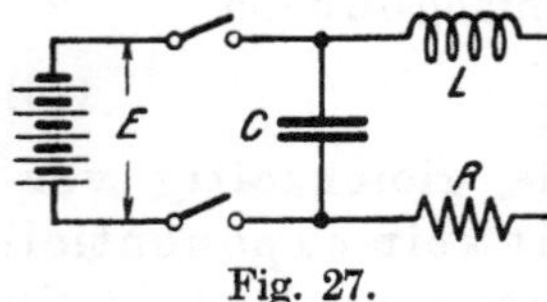

Fig. 27.

Der periodische Ausgleichsstrom ruft in der Selbstinduktion und der Kapazität Spannungen hervor, die sehr erheblich sein können. Als praktisches Beispiel für das Auftreten freier Ausgleichsströme wollen wir die Anordnung nach Fig. 27 zugrunde legen, in der durch einen Kondensator versucht wird, das Ausschalten eines selbstinduktiven Kreises zu erleichtern und Kontaktfeuer zu vermeiden. Dann fließt nach dem plötzlichen Öffnen des Schalters in dem jetzt gebildeten Schwingungskreise nur noch reiner Ausgleichsstrom nach Gleichung (13), der den Übergang des ursprünglichen Stromes J in den stromlosen Zustand vermittelt. Die Phase γ des Stromes nach Gleichung (12) können wir hierbei vernachlässigen, wenn wir annehmen, daß die ursprüngliche Ladespannung E des Kondensators nur klein ist.

Die Ausgleichsspannung an der Selbstinduktion erhalten wir durch Differenzieren des Stromes (13) zu

$$e_L = L\frac{di}{dt} = LJ\varepsilon^{-\frac{t}{2T}}\left(-\nu\sin\nu t - \frac{1}{2T}\cos\nu t\right). \quad (17)$$

Zieht man die Sinus- und Cosinusglieder zu einem gemeinsamen Sinusgliede mit verschobener Phase zusammen, so wird dies

$$e_L = -LJ\sqrt{\nu^2 + \left(\frac{1}{2T}\right)^2}\,\varepsilon^{-\frac{t}{2T}}\sin(\nu t + \delta), \quad (18)$$

wobei der Phasenwinkel durch

$$\operatorname{tg}\delta = \frac{1}{2\nu T} = \frac{R}{2\nu L} \quad (19)$$

bestimmt wird. Den Wurzelausdruck kann man noch vereinfachen. Er läßt sich, wie man aus Gleichung (14) erkennt, durch die reziproke Wurzel aus LC ersetzen. Man erhält dann für die Spannung an der Selbstinduktion endgültig

$$e_L = -J\sqrt{\frac{L}{C}}\,\varepsilon^{-\frac{t}{2T}}\sin(\nu t + \delta). \quad (20)$$

Die Kondensatorspannung des Ausgleichstromes ist nach Gleichung (1) die negative Summe aus Selbstinduktions- und Widerstandsspannung. Sie ist also nach Gleichung (17) und (13)

$$e_C = -e_L - Ri = LJ\varepsilon^{-\frac{t}{2T}}\left(\nu\sin\nu t + \frac{1}{2T}\cos\nu t - \frac{R}{L}\cos\nu t\right). \quad (21)$$

Darin ist Ri so eingesetzt, daß es sich dem gemeinsamen Faktor vor der Klammer unterordnet. Die beiden Cosinusglieder lassen sich an Hand von Gleichung (9) vereinigen, so daß man erhält

$$e_C = LJ\varepsilon^{-\frac{t}{2T}}\left(\nu\sin\nu t - \frac{1}{2T}\cos\nu t\right). \quad (22)$$

Auch hier kann man das Sinus- und Cosinusglied zu einem gemeinsamen Sinusgliede mit verschobener Phase δ zusammenziehen, die ebenfalls der Gleichung (19) gehorcht, und erhält ähnlich wie oben endgültig als Spannung an der Kapazität

$$e_C = +J\sqrt{\frac{L}{C}}\,\varepsilon^{-\frac{t}{2T}}\sin(\nu t - \delta). \quad (23)$$

Die Ausdrücke (20) und (23) für die Spannungen an der Selbstinduktion und an der Kapazität sind außerordentlich ähnlich aufgebaut. Sie unterscheiden sich lediglich durch das Vorzeichen des ganzen Ausdruckes und das Vorzeichen des Phasenwinkels δ, der bei kleinem Widerstand nach Gleichung (19) nur geringe Größe besitzt. Beide Spannungen verändern sich nach einer Sinusfunktion der Zeit, während der Strom in Gleichung (13) nach einer Cosinusfunktion verläuft. Die Spannungen sind also gegen den Strom bis auf den Winkel δ um eine Viertelperiode phasenverschoben und verlöschen nach demselben Exponentialgesetz wie der Strom. Ihre Größe läßt sich aus dem Strome durch Multiplikation mit dem Ausdruck $\sqrt{L/C}$ errechnen, den wir als Schwingungswiderstand des Stromkreises bezeichneten. Fig. 28 zeigt den Verlauf der Kondensatorspannung nach Gleichung (23), die dem Strom der Fig. 26 entspricht. In Fig. 29 ist der oszillographisch gemessene Verlauf einer Eigenschwingung wiedergegeben, die in einem Schwingungskreise von außen einmal angeregt wurde und dann allmählich bis auf null erlischt.

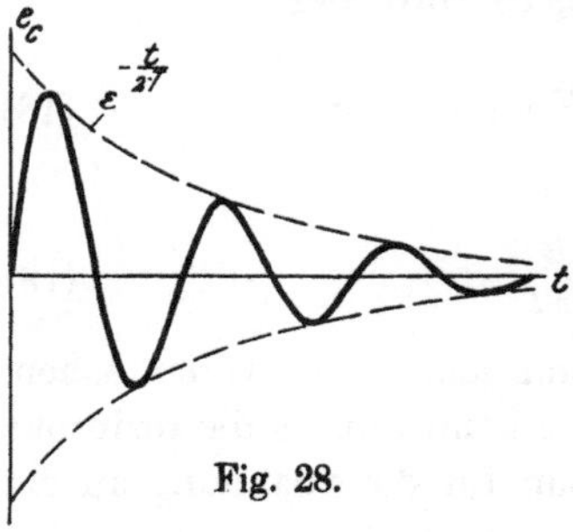

Fig. 28.

Für den Winkel δ, der durch Gleichung (19) analytisch gegeben ist und dessen doppelter Wert die Phasenabweichung der Selbstinduktions- und Kondensatorspannungen voneinander darstellt, kann man eine sehr einfache geometrische Konstruktion finden, die zu einem guten Überblick über die Spannungsverhältnisse im Stromkreise führt. In Fig. 30 ist über dem Widerstande R als Basis der induktive Widerstand der Selbstinduktion für Eigenschwingungen, also νL als Höhe eines gleichschenkligen Dreiecks aufgetragen. Dann stellt der halbe Zentriwinkel den Phasenwinkel δ nach Gleichung (19) richtig dar. Berechnet man nun nach dem pythagoräischen Lehrsatz die Länge der Schenkel des Dreiecks und setzt ν nach Gleichung (14) ein, so erhält man für dieselben den einfachen Ausdruck $\sqrt{L/C}$. Man kann daher durch Aufzeichnen des Dreiecks nach Fig. 30 aus dem Ohmschen Widerstande und dem Schwingungswiderstande des Stromkreises, die stets bekannt sind, den Phasenwinkel δ leicht graphisch bestimmen. Der Schwingungswiderstand ist im allgemeinen sehr viel größer als der Ohmsche Widerstand und der Winkel δ daher meist klein.

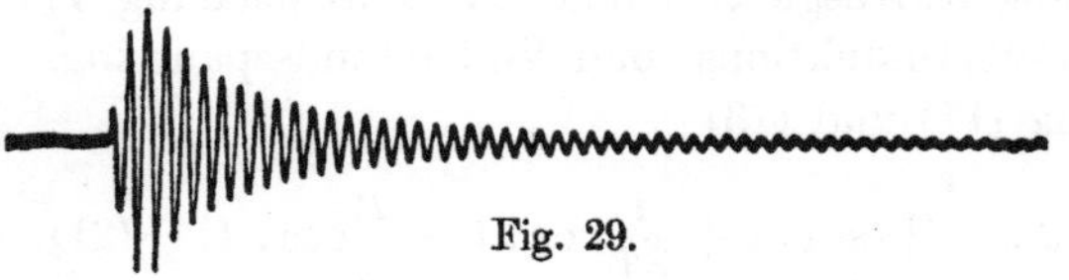

Fig. 29.

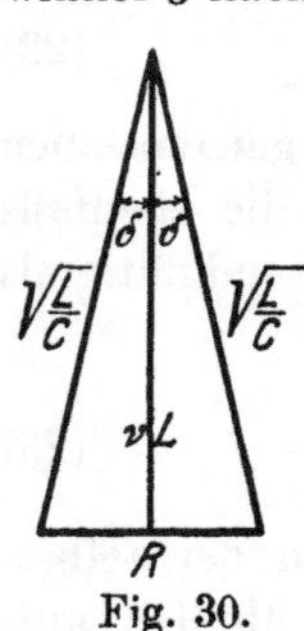

Fig. 30.

Multipliziert man die Seitenlängen des Dreiecks mit dem Strome J, so erhält man als Basis den Ohmschen Spannungsabfall $R J$, als einen Schenkel die Amplitude der Kondensatorspannung nach Gleichung (23) und als anderen Schenkel die Amplitude der Selbstinduktionsspannung nach Gleichung (20). Fig. 31 zeigt an Hand der Gleichungen (13), (20) und (23), daß in diesem Dreieck der Spannungen nicht nur die Größen, sondern auch die Phasen der Spannungsvektoren richtig zueinander liegen. E_C ist um etwas mehr, E_L um etwas weniger als 90° gegen die Phase des Stromes oder des Ohmschen Spannungsabfalles verschoben. Dies steht im Gegensatz zu den Phasenverschiebungen bei stationären Strömen, wo induktive und kapazitive Spannungen genau um 90° gegen den Strom versetzt sind. Es ist begründet durch die exponentielle Dämpfung aller Ausgleichsströme und -spannungen.

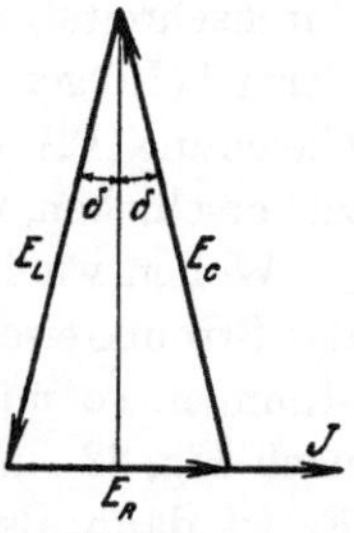

Man wird in der Praxis den Ohmschen Widerstand nicht immer außerhalb des Kondensators und vor allen Dingen nicht außerhalb der Selbstinduktion antreffen, sondern zum Teil innerhalb dieser Apparate liegend. Aus Fig. 31 können wir sofort abgreifen, wie groß die tatsächliche Ausgleichsspannung zwischen zwei beliebigen Punkten des Schwingungskreises ist, wenn wir nur wissen, in welchem Verhältnis der Widerstand durch diese Punkte aufgeteilt wird. Der Abstand des Teilpunktes der Strecke E_R von der Spitze des Dreiecks gibt die gewünschte Spannung an.

Fig. 31.

Alle Spannungen und Ströme sind außer ihrer periodischen Veränderung nach einem Cosinus- oder Sinusgesetz, die durch die Vektordarstellung der Fig. 31 wiedergegeben wird, außerdem noch exponentiell

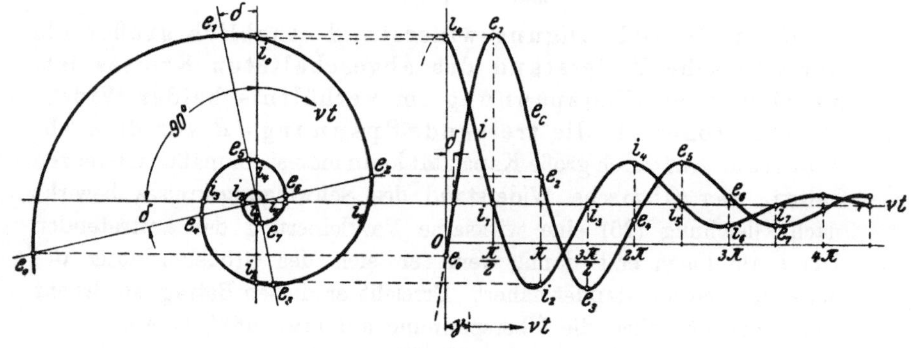

Fig. 32.

gedämpft. Beides läßt sich sehr anschaulich durch ein Spiraldiagramm zusammenfassen, das in Fig. 32 gezeichnet ist. Der Strom- oder Spannungsvektor rotiert hier entsprechend dem harmonischen Verlauf, seine Größe nimmt gleichzeitig exponentiell ab, so daß sein Endpunkt eine logarithmische Spirale beschreibt. Durch Projektion des polaren Vektors auf ein rechtwinkliges System erhält man den zeitlichen Verlauf der Strom- und Spannungsschwingungen. Ohne Rücksicht auf die wirkliche Größe sind in Fig. 32 die Kurven für den Strom i und die Kondensatorspannung e_C dargestellt, welch letztere dem Strome um $90^\circ + \delta$ nacheilt. Zusammengehörige Werte sind im polaren und rechtwinkligen Diagramm durch gleiche Indizes gekennzeichnet.

Man sieht, daß e_C stets dort ein Maximum oder Minimum hat, wo i durch null geht, jedoch gilt nicht auch das Umgekehrte, die Spannung e_C geht vielmehr um das Maß $2\,\delta$ später durch null als i sein Maximum durchschreitet. Die Kurven in Fig. 32 sind zunächst für die vereinfachte Formel (13) gezeichnet. Will man den Phasenwinkel γ in der allgemeinen Gleichung (12) mit berücksichtigen, so braucht man nur den Zeitmaßstab zu verschieben, wie es unter den rechten Kurven in Fig. 32 dargestellt ist.

Wollen wir in unserem Beispiel von Fig. 27 die nach dem Abschalten des Stromkreises am Kondensator auftretende höchste Spannung bestimmen, so müssen wir beachten, daß sie entsprechend dem Verlauf nach Fig. 32 eine Viertelperiode nach dem Abschaltaugenblick auftritt. Es ist dann also

$$\nu t = \frac{\pi}{2}. \tag{24}$$

Nimmt man relativ kleinen Widerstand des Stromkreises an, so daß man δ gegenüber $\pi/2$ vernachlässigen kann und daß man für ν die Gleichung (15) benutzen darf, so erhält man nach Gleichung (23) für die höchste Abschaltespannung am Kondensator durch Einsetzen der Zeit t aus Gleichung (24) auch in den Exponenten

$$E_{\max} = J\sqrt{\frac{L}{C}}\,\varepsilon^{-\frac{\pi}{4}R\sqrt{\frac{C}{L}}}. \tag{25}$$

W e n n d e r S c h w i n g u n g s w i d e r s t a n d e r h e b l i c h g r ö ß e r a l s d e r O h m s c h e W i d e r s t a n d d e s a b g e s c h a l t e t e n K r e i s e s i s t, s o w i r d d i e s e Ü b e r s p a n n u n g i m V e r h ä l t n i s b e i d e r W i d e r s t ä n d e g r ö ß e r a l s d i e t r e i b e n d e S p a n n u n g JR v o r d e m A b s c h a l t e n. Nur durch große Kapazität kann man sie in mäßigen Grenzen halten. Der Ohmsche Widerstand des Schwingungskreises bewirkt nach Gleichung (25) eine wirksame Verkleinerung der auftretenden Überspannungen erst dann, wenn er sich der Größenordnung des Schwingungswiderstandes nähert. Erreicht er dessen Betrag, so drückt das Exponentialglied die Überspannung auf etwa 45% herab.

Legt man parallel zu der früher betrachteten Magnetspule mit $L = 12$ H Selbstinduktion einen Kondensator vom 10fachen der früher betrachteten Größe, also von $C = 20\,\mu$F Kapazität, so erhält man einen Schwingungswiderstand

$$\sqrt{\frac{L}{C}} = \sqrt{\frac{12}{20 \cdot 10^{-6}}} = 775\,\Omega$$

und eine Eigenfrequenz

$$\nu = \frac{1}{\sqrt{12 \cdot 20 \cdot 10^{-6}}} = 65 \text{ in } 2\,\pi \text{ sec} \quad \text{oder} \quad f = 10{,}3 \text{ Per/sec.}$$

Durch diese relativ langsamen Schwingungen wird bei $J = 10$ Amp. Ausschaltestrom in der Spule mit $R = 11$ Ohm Widerstand eine Spannung

$$E_{\max} = 10 \cdot 775 \cdot \varepsilon^{-\frac{\pi}{4}\frac{11}{775}} = 7750 \text{ Volt}$$

erzeugt, also trotz der Größe des Kondensators doch ein hohes Vielfaches der Betriebsspannung von $RJ = 11 \cdot 10 = 110$ Volt. Das Dämpfungsglied ist hierbei noch außerordentlich gering.

Während Selbstinduktionen in Gleichstromkreisen oft die Größenordnung von 1 bis 100 H besitzen, führt man die Selbstinduktion in Wechselstromkreisen meistens möglichst klein aus, um die induktiven Spannungsverluste durch den Betriebsstrom gering zu halten. Liegt beispielsweise eine Schutzdrosselspule von $L = 5$ mH Selbstinduktion vor einem Kabel von $C = 2\ \mu$F Kapazität, so besitzt dies System Eigenschwingungen von der Frequenz

$$\nu = \frac{1}{\sqrt{5 \cdot 10^{-3} \cdot 2 \cdot 10^{-6}}} = 10000 \text{ in } 2\pi \text{ sec oder } f = 1600 \text{ Per/sec},$$

das ist ein hohes Vielfaches der meist üblichen Wechselstromfrequenz von 50 Per/sec.

Wirken schließlich sehr kleine Spulen, etwa Auslösespulen von Schaltern mit $L = 0{,}1$ mH Selbstinduktion und geringe Kapazitäten, wie sie Stromdurchführungen von Schaltern mit etwa $C = 10^{-4}\ \mu$F besitzen, zusammen, so ergeben sich Eigenfrequenzen von

$$\nu = \frac{1}{\sqrt{0{,}1 \cdot 10^{-3} \cdot 10^{-4} \cdot 10^{-6}}} = 10^7 \text{ in } 2\pi \text{ sec oder } f = 1{,}6 \cdot 10^6 \text{ Per/sec.}$$

Die in Starkstromanlagen möglichen Eigenfrequenzen von Schwingungskreisen überdecken demnach einen sehr weiten Bereich. Je nach der Größe der Selbstinduktion und Kapazität, zwischen denen die Eigenschwingungen auftreten, können sie sehr niedere bis sehr hohe Werte annehmen.

7. Einschalten von Schwingungskreisen.

Wenn wir den Verlauf der Ströme und Spannungen beim Einschalten von elektrischen Schwingungskreisen verfolgen wollen, so müssen wir die vollständige Formulierung für den Ausgleichsstrom, also Gleichung (12) des vorigen Kapitels 6 zu Hilfe nehmen, mit zwei Integrationskonstanten, deren Wert durch die Anfangsbedingungen zu bestimmen ist. Es ist also der Ausgleichsstrom

$$i'' = J''\, \varepsilon^{-\frac{t}{2T}} \cos(\nu t + \gamma), \tag{1}$$

und dementsprechend wird die Kondensatorausgleichsspannung nach Gleichung (23) des Kapitels 6

$$e_C'' = J'' \sqrt{\frac{L}{C}} \varepsilon^{-\frac{t}{2T}} \sin(\nu t + \gamma - \delta) \,. \qquad (2)$$

Die Integrationskonstanten, nämlich die Amplitude des Ausgleichsstromes J'' und sein Phasenwinkel γ bestimmen sich nach dem allgemeinen Schaltgesetz derart, daß zur Zeit $t = 0$ der Gesamtstrom — bestehend aus Ausgleichsstrom und stationärem Strom — mit dem vor dem Schalten bestehenden Strom übereinstimmt, und daß die gesamte Kondensatorspannung — ebenfalls bestehend aus Ausgleichsspannung und stationärer Kondensatorspannung — den Wert der Kondensatorspannung vor dem Schalten ergibt. Da wir das Einschalten des Schwingungskreises vom strom- und spannungslosen Zustande aus betrachten wollen, so haben wir nach Kapitel 4, Gleichung (9) die Bedingungsgleichungen zu erfüllen

$$\left.\begin{aligned} J'' \cos\gamma &= -i_0' \\ J'' \sqrt{\frac{L}{C}} \sin(\gamma - \delta) &= -e_{C0}' \end{aligned}\right\} \qquad (3)$$

Die linken Seiten stellen darin die Ausgleichswerte nach Gleichung (1) und (2) für $t = 0$ dar, die rechten Seiten die negativ genommenen stationären Werte, ebenfalls gerechnet für die Zeit $t = 0$.

a) Aufladung mit Gleichspannung.

Zuerst betrachten wir die Aufladung des Stromkreises nach Fig. 33 mit Gleichspannung von der Größe E. Nach beendetem Ausgleichsvorgang fließt kein Strom mehr in den Kondensator. Der stationäre Strom ist also

$$i' = 0. \qquad (4)$$

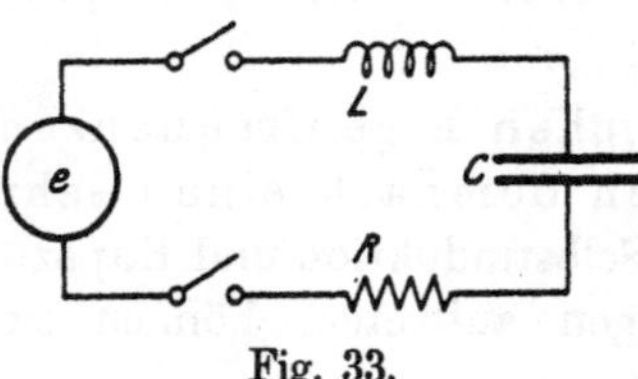

Fig. 33.

Die Kondensatorspannung ist nach beendetem Aufladen konstant gleich der Netzspannung. Sie ist also

$$e_C' = E. \qquad (5)$$

Setzt man diese Werte in die Gleichung (3) ein, so erhält man aus der ersten

$$\cos\gamma = 0; \qquad \gamma = \frac{\pi}{2} = 90^0, \qquad (6)$$

also den Ausgleichsstrom nach Gleichung (1)

$$i'' = J'' \varepsilon^{-\frac{t}{2T}} \sin \nu t. \qquad (7)$$

Er ist mit dem Sinus der Zeit veränderlich und verklingt exponentiell entsprechend Fig. 34. Seine Amplitude ergibt sich durch Einsetzen der Werte aus (5) und (6) in die zweite Gleichung (3) zu

$$J'' = -\frac{E}{\cos\delta} \sqrt{\frac{C}{L}}. \qquad (8)$$

Darin ist der Wert von $\cos\delta$ entsprechend Kapitel 6, Gleichung (19) für geringe Widerstände sehr nahezu gleich 1, und man erkennt, daß damit die Anfangsamplitude des Ausgleichstromes gleich der Netzspannung dividiert durch den Schwingungswiderstand des Kreises wird. Da kein stationärer Strom existiert, so stellt der Ausgleichsstrom gleichzeitig den Gesamtstrom i dar.

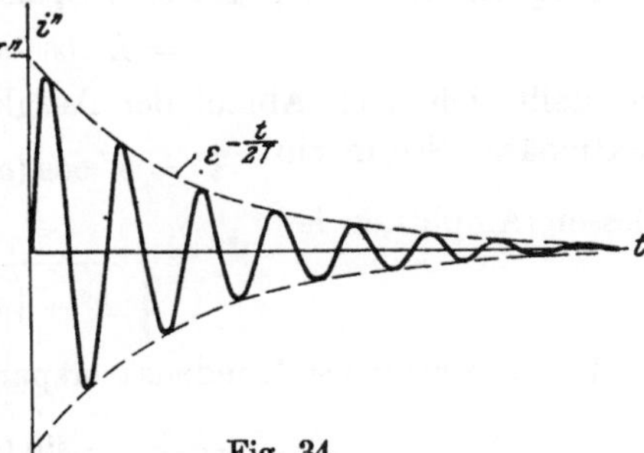

Fig. 34.

Die Kondensatorspannung ergibt sich durch Einsetzen von Gleichung (6) und (8) in Gleichung (2). Die Gesamtspannung am Kondensator als Summe von Netzspannung und Ausgleichsspannung wird damit

$$e_C = E\left[1 - \frac{\varepsilon^{-\frac{t}{2T}}}{\cos\delta}\cos(\nu t - \delta)\right]. \tag{9}$$

Ihren zeitlichen Verlauf stellt Fig. 35 dar.

Wir erkennen, daß das Einschalten eines Kondensators über einen induktiven Stromkreis stets in Form von Schwingungen erfolgt, daß die Spannung bis beinahe auf das doppelte Maß über den Endwert hinausschießt, und daß die Dämpfung der Schwingungen der doppelten Zeitkonstante der Selbstinduktion entspricht. Die größte Spannung am Kondensator ist für nicht gar zu starke Dämpfung nach Ablauf einer halben Periode vorhanden, also für

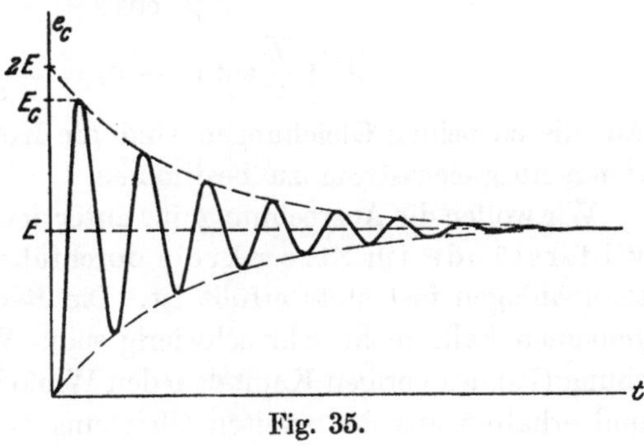

Fig. 35.

$$\nu t = \pi. \tag{10}$$

Sie beträgt alsdann nach Gleichung (9)

$$E_C = E\left(1 + \varepsilon^{-\frac{\pi}{2}R\sqrt{\frac{C}{L}}}\right). \tag{11}$$

Man kann also durch Einschalten eines passend bemessenen Dämpfungswiderstandes die auftretenden Überspannungen verringern.

b) Einschalten von Wechselstrom.

Schalten wir den Schwingungskreis nach Fig. 33 an eine Wechselstromquelle mit der gegebenen Spannung

$$e = E\cos(\omega t + \psi), \tag{12}$$

so stellt sich nach Ablauf der Ausgleichsvorgänge nach Kapitel 5 ein stationärer Strom ein

$$i' = J'\cos(\omega t + \varphi), \tag{13}$$

dessen Amplitude ist

$$J' = \frac{E}{\sqrt{R^2 + \left(\omega L - \frac{1}{\omega C}\right)^2}}, \tag{14}$$

und eine stationäre Kondensatorspannung

$$e_C' = \frac{J'}{\omega C}\sin(\omega t + \varphi), \tag{15}$$

wobei der Phasenwinkel des Stromes φ von dem der Spannung ψ abweicht nach der Beziehung

$$\operatorname{tg}(\varphi - \psi) = -\frac{\omega L - \frac{1}{\omega C}}{R}. \tag{16}$$

Um die vorübergehenden Ausgleichsströme und -spannungen zu bestimmen, müssen wir wieder gemäß den Gleichungen (3) ihre Werte für $t = 0$ mit diesen Dauerströmen und -spannungen für $t = 0$ vergleichen. Es ist also mit Gleichung (13) und (15)

$$\left.\begin{aligned} J''\cos\gamma &= -J'\cos\varphi \\ J''\sqrt{\frac{L}{C}}\sin(\gamma - \delta) &= -\frac{J'}{\omega C}\sin\varphi. \end{aligned}\right\} \tag{17}$$

Aus diesen beiden Gleichungen sind die Konstanten J'' und γ für den freien Ausgleichsstrom zu bestimmen.

Wir wollen die Ausrechnung nur unter der Voraussetzung kleiner Widerstände im Stromkreis durchführen, weil diese bei Wechselstromanlagen fast stets erfüllt ist. Die Rechnung würde auch im allgemeinen Falle nicht sehr schwierig sein. Wir dürfen dann nach Gleichung (19) des vorigen Kapitels 6 den Winkel δ als klein vernachlässigen und erhalten aus der zweiten Gleichung (17)

$$J''\sin\gamma = -\frac{J'}{\omega\sqrt{CL}}\sin\varphi = -\frac{\nu}{\omega}J'\sin\varphi. \tag{18}$$

Dabei ist noch die Näherungsgleichung (15) des vorigen Kapitels 6 für die Eigenfrequenz ν benutzt. Nach Division durch die erste Gleichung (17) ergibt sich dann als Beziehung zur Bestimmung des Phasenwinkels γ

$$\operatorname{tg}\gamma = \frac{\nu}{\omega}\operatorname{tg}\varphi, \tag{19}$$

und damit folgt aus der ersten Gleichung (17) die Anfangsamplitude des Ausgleichsstromes

$$J'' = -\frac{J'\cos\varphi}{\cos\gamma} = -J'\cos\varphi\sqrt{1 + \operatorname{tg}^2\gamma} = -J'\cos\varphi\sqrt{1 + \left(\frac{\nu}{\omega}\right)^2\operatorname{tg}^2\varphi}. \tag{20}$$

Bringt man darin $\cos\varphi$ unter die Klammer, so erhält man den übersichtlichen Ausdruck

$$J'' = -J'\sqrt{\cos^2\varphi + \left(\frac{\nu}{\omega}\right)^2 \sin^2\varphi}\,. \tag{21}$$

Die Anfangsamplitude E_C'' der Ausgleichsspannung, die aus Gleichung (2) entnommen werden kann, läßt sich damit unter Einführung der Eigenfrequenz ν nach Gleichung (15) des vorigen Kapitels 6 schreiben

$$E_C'' = J''\sqrt{\frac{L}{C}} = \frac{J''}{\nu C} = -\frac{J'}{\nu C}\sqrt{\cos^2\varphi + \left(\frac{\nu}{\omega}\right)^2 \sin^2\varphi}\,. \tag{22}$$

Führt man anstatt J' die Amplitude E_C' der stationären Kondensatorspannung nach Gleichung (15) ein und multipliziert unter der Wurzel aus, so entsteht

$$E_C'' = -E_C'\sqrt{\left(\frac{\omega}{\nu}\right)^2 \cos^2\varphi + \sin^2\varphi}\,. \tag{23}$$

Aus den Endgleichungen (19), (21) und (23) erkennen wir, daß die Phasen und vor allem die Amplituden des Ausgleichsstromes und der Ausgleichsspannung einerseits vom Schaltmoment abhängen, mit welcher Phase φ nämlich der stationäre Strom eingeschaltet wird, und daß sie andererseits stark vom Verhältnis der Eigenfrequenz ν des Schwingungskreises zur Frequenz ω des stationären Wechselstromes beeinflußt werden.

Für den Resonanzfall mit $\omega = \nu$ werden die Verhältnisse am einfachsten. Nach Gleichung (19) wird dann

$$\gamma = \varphi\,, \tag{24}$$

so daß der Phasenwinkel des Ausgleichsstromes mit dem Phasenwinkel des stationären Stromes genau übereinstimmt. Das gleiche gilt auch bei der Kondensatorspannung. Ferner wird nach Gleichung (21) und (23)

$$\left.\begin{aligned} J'' &= -J' \\ E_C'' &= -E_C'\,, \end{aligned}\right\} \tag{25}$$

so daß die Anfangsamplituden von Ausgleichsstrom und -kondensatorspannung genau entgegengesetzt gleich den stationären Werten im Schaltmoment werden, gleichgültig mit welcher Phase φ geschaltet wird.

Da die erzwungene Frequenz ω und die Eigenfrequenz ν übereinstimmen, so kann man die harmonischen Funktionen der stationären und der Ausgleichsströme hier zusammenfassen. Gesamtstrom und Gesamtspannung werden daher nach Gleichung (1) und (13) einerseits, (2) und (15) andererseits

$$\left.\begin{aligned} i &= J'\left(1 - \varepsilon^{-\frac{t}{2T}}\right)\cos(\omega t + \varphi) \\ e_C &= E_C'\left(1 - \varepsilon^{-\frac{t}{2T}}\right)\sin(\omega t + \varphi). \end{aligned}\right\} \tag{26}$$

Strom und Kondensatorspannung wachsen also außer der harmonischen Veränderung nach einer zeitlichen Exponentialkurve an. Fig. 36 stellt diesen Verlauf dar.

Die Ströme und Spannungen in einem Resonanzkreise stellen sich demnach nicht sofort nach dem Einschalten auf ihre früher berechneten extrem großen Werte ein, sondern sie wachsen nach dem Einschalten exponentiell an, also zu Anfang linear und später langsamer und langsamer, um erst nach einer Zeit, die einem Vielfachen der doppelten magnetischen Zeitkonstante des Stromkreises entspricht, also meist nach sehr vielen Perioden auf ihren Endwert zu gelangen. Überströme und Überspannungen durch den Einschaltvorgang selbst treten im Resonanzfalle nicht auf.

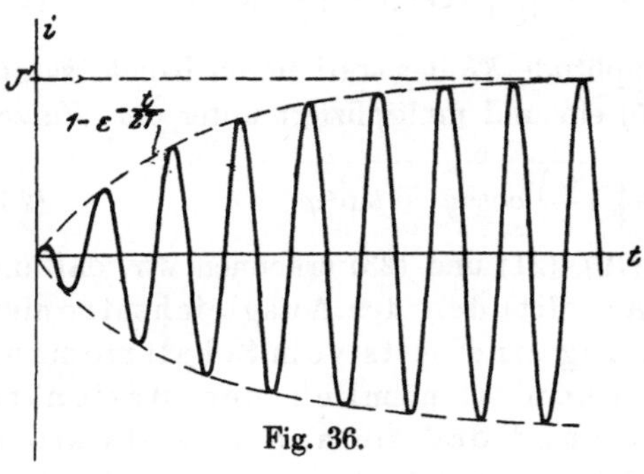

Fig. 36.

Stimmen Eigenfrequenz und erzwungene Frequenz nicht genau, aber nahezu überein, so bleiben die Gleichungen (24) und (25) näherungsweise gültig. Die Zusammenfassung der harmonischen Funktionen für die gesamten Ströme und Spannungen ist jetzt jedoch nicht mehr möglich. Man erhält vielmehr

$$\left.\begin{aligned} i &= J'\left[\cos(\omega t + \varphi) - \varepsilon^{-\frac{t}{2T}}\cos(\nu t + \varphi)\right] \\ e_C &= E_C'\left[\sin(\omega t + \varphi) - \varepsilon^{-\frac{t}{2T}}\sin(\nu t + \varphi)\right]. \end{aligned}\right\} \quad (27)$$

Da der abklingende Ausgleichsstrom hier eine etwas andere Frequenz besitzt als der stationäre Strom, so fallen die Wellen der erzwungenen und freien Schwingungen schon bald nach dem Einschalten nicht mehr genau aufeinander. Sie subtrahieren sich daher nicht mehr vollständig, sondern geraten allmählich in eine derartige Lage, daß sie sich sogar addieren. Fig. 37 stellt diesen Fall dar. Beim weiteren Fortschreiten der Zeit tritt abwechselnd Subtraktion und Addition der Teilwerte ein, so daß Schwebungen des Gesamtstromes entstehen. Da der Ausgleichsstrom mit seiner Zeitkonstante $2\,T$ abklingt, so werden die Schwebungen allmählich schwächer und sind nach Verlauf erheblicher Zeiten vollständig erloschen.

Es ist bemerkenswert, daß im Falle der Resonanznähe sowohl Strom wie Kondensatorspannung nach Fig. 37 schon bald nach dem Einschalten auf fast das Doppelte ihrer an sich großen Endwerte gesteigert werden, während im Falle der genauen Resonanz nach Fig. 36 eine derartige Überhöhung nicht auftritt. Es ergibt sich daraus, daß, besonders bei schwacher Dämpfung, das kurzzeitige Einschalten von Stromkreisen bei Resonanznähe viel gefährlicher ist als bei Resonanz selbst.

Um die Periodendauer oder die Frequenz der Einschaltschwebungen von Fig. 37 zu bestimmen, können wir die Dämpfung und die Phase φ

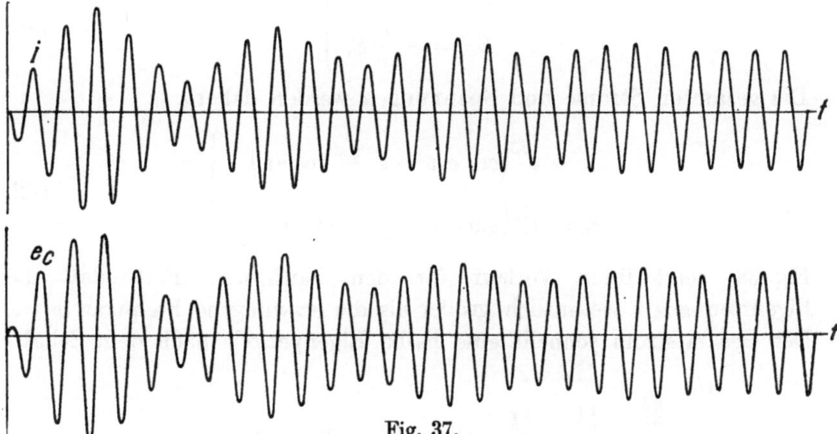

Fig. 37.

in Gleichung (27) außer acht lassen und erhalten dann nach einer bekannten trigonometrischen Formel

$$\left.\begin{aligned} i &= -2J'\sin\frac{\omega-\nu}{2}t\cdot\sin\frac{\omega+\nu}{2}t \\ e_C &= +2E'_C\sin\frac{\omega-\nu}{2}t\cdot\cos\frac{\omega+\nu}{2}t. \end{aligned}\right\} \tag{28}$$

Dies gibt natürlich nur den Zustand kurze Zeit nach dem Einschalten richtig wieder, solange die Wirkung der Dämpfung noch schwach ist. Man kann diesen Verlauf auffassen als schnelle Sinus- oder Cosinusschwingung mit einer mittleren Frequenz aus den sehr benachbarten ω und ν, deren Amplitude langsam sinusförmig veränderlich ist mit einer Schwebungsfrequenz

$$\sigma = \omega - \nu, \tag{29}$$

wenn man den Abstand je zweier Wellenberge oder -täler der Fig. 37 als eine vollständige Schwebung auffaßt. Der Höchstwert von Strom und Spannung besitzt dabei den doppelten Betrag des stationären Wertes.

Liegt die Eigenfrequenz des eingeschalteten Stromkreises weit außerhalb der Resonanz, so sind die Einschaltvorgänge verschieden je nach dem Augenblick φ, in dem geschaltet wird. Zwei Schaltmomente sind besonders charakteristisch:

Wird mit $\varphi = 0$ geschaltet, also in dem Augenblick, in dem der Dauerstrom nach Gleichung (13) sein Maximum besitzt und seine Kondensatorspannung durch Null geht, so erhält man nach Gleichung (19) auch den Phasenwinkel

$$\gamma = 0 \tag{30}$$

und für die Amplitude des Ausgleichsstromes nach Gleichung (21) und der Ausgleichsspannung nach Gleichung (23)

$$\left.\begin{aligned} J'' &= -J' \\ E_C'' &= -\frac{\omega}{\nu} E_C'. \end{aligned}\right\} \tag{31}$$

Die gesamten Ströme und Spannungen werden daher

$$\left.\begin{aligned} i &= J'\left(\cos\omega t - \varepsilon^{-\frac{t}{2T}}\cos\nu t\right) \\ e_C &= E_C'\left(\sin\omega t - \frac{\omega}{\nu}\varepsilon^{-\frac{t}{2T}}\sin\nu t\right). \end{aligned}\right\} \tag{32}$$

Fig. 38 zeigt ihren Verlauf für den häufigsten Fall, daß die Eigenfrequenz ν wesentlich größer als die erzwungene Frequenz ω ist. Der Gesamtstrom schnellt eine halbe Eigenperiode nach dem Schalt-

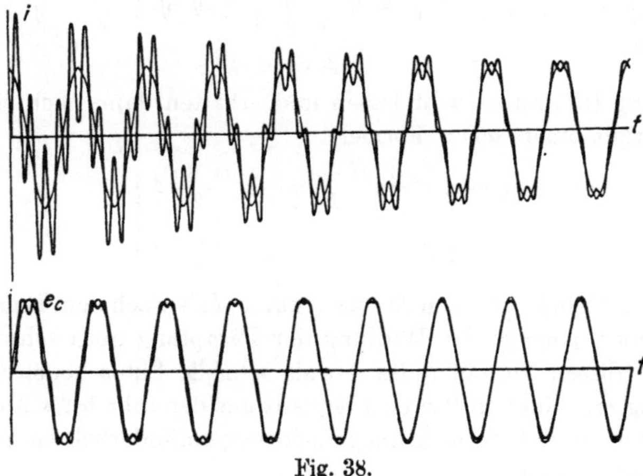

Fig. 38.

moment auf fast den doppelten Betrag des Dauerstromes. Die Spannung am Kondensator wird nach etwa einer viertel erzwungenen Periode ebenfalls größer, jedoch ist die Überspannung um so geringer, je höher die Eigenfrequenz ν liegt. Nur für sehr geringe Eigenfrequenzen, die wesentlich kleiner als ω sind, würden erhebliche Überspannungen auftreten. Jedoch erfordert dieser Fall so große Kapazität, daß die stationäre Spannung an ihr nach Gleichung (15) dann meistens nur gering ist.

Wird mit $\varphi = 90°$ eingeschaltet, also in dem Augenblick, in dem der Dauerstrom durch null gehen würde und die Kondensatorspannung ihr Maximum besäße, so wird nach Gleichung (19) auch

$$\gamma = 90° \tag{33}$$

und nach Gleichung (21) und (23)

$$\left.\begin{aligned} J'' &= -\frac{\nu}{\omega} J' \\ E''_C &= -E'_C . \end{aligned}\right\} \tag{34}$$

Für den zeitlichen Verlauf von Gesamtstrom und Gesamtspannung erhält man jetzt

$$\left.\begin{aligned} i &= J'\left(-\sin\omega t + \frac{\nu}{\omega}\varepsilon^{-\frac{t}{2T}}\sin\nu t\right) \\ e_C &= E'_C\left(\cos\omega t - \varepsilon^{-\frac{t}{2T}}\cos\nu t\right). \end{aligned}\right\} \tag{35}$$

Fig. 39 stellt diese Vorgänge dar, wieder für den Fall relativ hoher Eigenfrequenz. Strom und Spannung verhalten sich für diesen Schaltmoment nahezu umgekehrt wie beim vorher behandelten, wie man durch Vergleich der Gleichungen (35) und (32) erkennt. Die Konden-

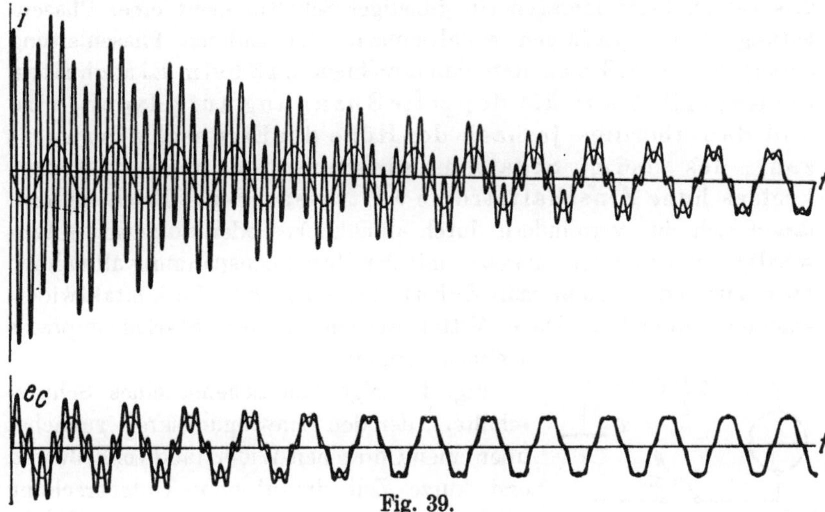

Fig. 39.

satorspannung wird jetzt eine halbe Eigenperiode nach dem Schaltmoment nahezu verdoppelt. Der Ausgleichsstrom dagegen nimmt für Eigenfrequenzen des Schwingungskreises, die erheblich oberhalb der Netzfrequenz liegen, ganz gewaltige Werte an, gegenüber denen der stationäre Strom anfangs nur eine untergeordnete Rolle spielt.

In Fig. 40 ist das Einschaltoszillogramm der Primärseite eines Hochspannungstransformators dargestellt, der sekundär plötzlich an eine lange Fernleitung geschaltet wurde. Ihre Kapazität ergab mit der Selbstinduktion des Stromkreises eine Eigenfrequenz, die wesentlich höher als die Netzfrequenz war und rief daher starke und schnelle Stromschwingungen nach dem Einschalten hervor. Die Spannung ist nur sehr viel weniger verzerrt.

In Starkstromanlagen kommen Stromkreise mit reiner Kapazität ohne Selbstinduktion kaum vor. Fast immer besitzt zum mindesten ein Teil des Kreises, besonders die Wicklungen der Maschinen und Transformatoren, überwiegende Selbstinduktion. Andere Teile des Kreises, besonders Kabel und Hochspannungsfreileitungen, enthalten überwiegende Kapazität. Beim Schalten aller derartigen Kreise treten daher stets die hier behandelten Erscheinungen auf. Da man nie sicher voraussagen kann, in welchem Augenblick eingeschaltet wird, und da überdies bei Drehstromanlagen ein günstiger Schaltmoment einer Phasenleitung dem ungünstigen Schaltmoment der anderen Phasenleitung entspricht, so muß man stets damit rechnen, daß beim Einschalten die Kapazität auf die doppelte Spannung aufgeladen wird und daß überdies je nach der Höhe der Eigenschwingungszahl des beim Schalten entstehenden Gesamtstromkreises hohe Einschaltströme auftreten. Beide Erscheinungen lassen sich nur vermindern durch allmähliches oder stufenweises Einschalten, indem man entweder mit der Maschinenspannung allmählich hochfährt, oder indem man Schutzschalter mit Vorkontaktwiderständen anwendet. Diese Mittel werden in der Starkstrompraxis vielfach benutzt.

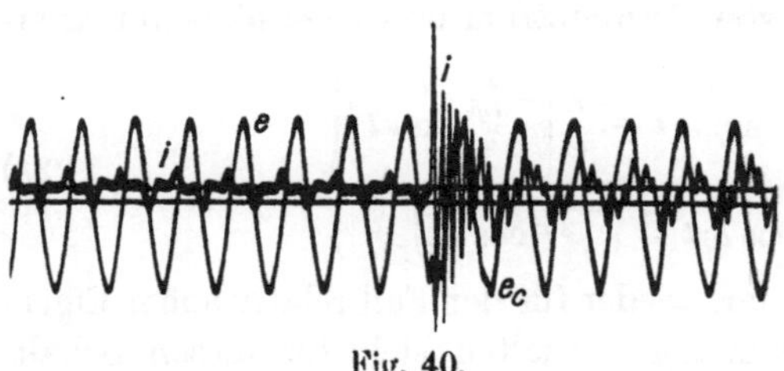

Fig. 40.

Fig. 41 zeigt das Schema eines Schutzschalters, der den Schwingungskreis zunächst über einen Ohmschen Widerstand schließt und erst kurze Zeit darauf ohne Unterbrechung direkt an die volle Spannung legt. Macht man den Schutzwiderstand nur gleich der Hälfte des Schwingungswiderstandes des Stromkreises, so werden die Ausgleichsströme und -spannungen entsprechend Gleichung (11) schon nach einer halben Eigenperiode abgedämpft auf das

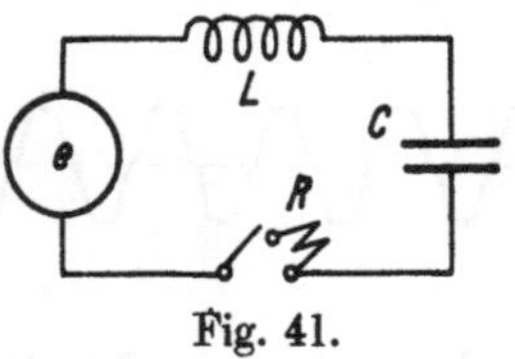

Fig. 41.

$$\varepsilon^{-\frac{\pi}{2}\frac{R}{\sqrt{L/C}}} = \varepsilon^{-\frac{\pi}{4}} = 0{,}45\,\text{fache},$$

beim ganzen Schwingungswiderstand gar auf das 0,2fache, so daß ihre Überspannungen und Überströme ungefährlich geworden sind. Natürlich darf man den Widerstand nicht gar zu groß machen, damit nicht beim Schalten auf die Hauptkontakte und Kurzschließen seines Spannungsabfalles nunmehr zu große Ausgleichsströme und -spannungen auftreten. Im Notfalle muß man zu mehreren Widerstandsstufen greifen.

8. Schwingungen beim Durchschlag von Kondensatoren.

Wird die Isolierung der Leitungen eines Stromkreises an irgendeiner Stelle durchbrochen, so entlädt sich durch den Überschlagfunken oder -Lichtbogen nicht nur die äußere Spannung, sondern auch die elektrische Ladung, die in der Kapazität der Leitungen aufgespeichert ist. Häufig ist es möglich, für diese Entladung einen Stromkreis herauszuschälen, dessen verschiedene Teile nach dem Schema der Fig. 42 vorwiegend Selbstinduktion oder Kapazität enthalten. Dann überlagert sich im Kurzschlußlichtbogen, dessen Widerstand wir zu null ansehen,

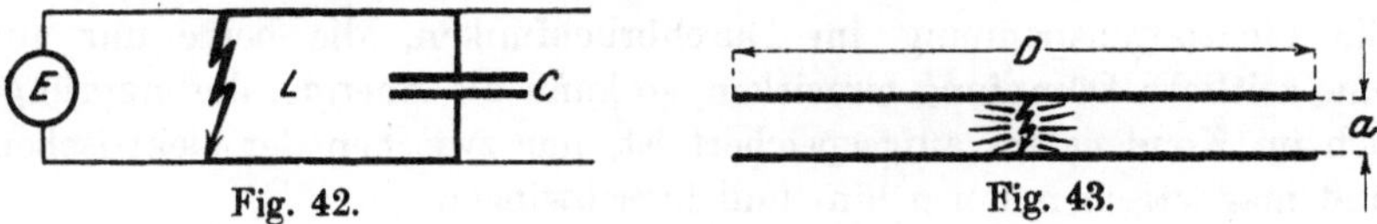

Fig. 42. Fig. 43.

dem Netzstrom noch ein Schwingungsvorgang, der sich nach den bisher entwickelten Gesichtspunkten verfolgen läßt. Er besteht aus einer Entladeschwingung der Kondensatorspannung, die mit der jeweiligen Spannung E des Netzes und dem Strom null beginnt. Für kleinen Widerstand im Schwingungskreise ist ihre Frequenz

$$\nu = \frac{1}{\sqrt{LC}}, \tag{1}$$

und ihr zeitlicher Verlauf wird nach Kapitel 6, Gleichung (13) und (23) gegeben durch

$$\left.\begin{aligned} e_C &= E\,\varepsilon^{-\frac{t}{2T}} \cos \nu t \\ i_C &= E\sqrt{\frac{C}{L}}\,\varepsilon^{-\frac{t}{2T}} \sin \nu t\,. \end{aligned}\right\} \tag{2}$$

Dabei ist der Widerstandswinkel δ vernachlässigt und die Stromamplitude ist aus der Spannung durch Division mit dem Schwingungswiderstand errechnet. Da man Selbstinduktion und Kapazität des Entladungskreises abschätzen kann, so läßt sich nicht nur die Frequenz, sondern auch die Stromstärke im Durchschlagsfunken berechnen. Sie liegt häufig in der gleichen oder sogar höheren Größenordnung wie die von der Spannungsquelle entwickelte Kurzschlußstromstärke, ist aber zeitlich gedämpft.

Es kommt nun manchmal vor, daß der Durchbruch des Isoliermaterials im Innern des Kondensators selbst erfolgt, und daß die auftretenden oszillatorischen Ströme ganz außerhalb der normalen Bahnen des Betriebsstromes verlaufen. Schlägt z. B. ein Plattenkondensator nach Fig. 43, der von außen geladen wurde, im Innern durch so verläuft der Ausgleichsstrom völlig unabhängig von den äußeren Stromkreisen lediglich in den Platten und in der kurzen Entfernung zwischen ihnen. Wir wollen den Verlauf des Schwingungsvorganges für diesen extremen Fall berechnen und dazu annehmen, daß der Kondensator aus zwei Kreisplatten besteht und in deren Mitte durchschlagen wird.

Nach den eben entwickelten Formeln gebrauchen wir zur Bestimmung der Amplitude und Frequenz der Ausgleichsströme die Werte von Kapazität und Selbstinduktion des Stromkreises. Die Kapazität des Plattenkondensators ist leicht zu berechnen, jedoch verliert die Selbstinduktion des Funkens, der hier einen ungeschlossenen Leitungsstrom bildet, ihre eigentliche Bedeutung. Man kann zu einer Lösung der Aufgabe gelangen, wenn man den Energieverlauf der Schwingung verfolgt. Vernachlässigen wir der Einfachheit wegen alle Widerstände des Stromkreises, sowohl den Leitungswiderstand in den Platten wie die Lichtbogenspannung im Durchbruchfunken, die beide nur auf eine zeitliche Dämpfung hinwirken, so kann die Energie, die ursprünglich im Kondensator aufgespeichert ist, nur zwischen der elektrischen und magnetischen Form hin- und herschwingen.

Die elektrische Energie ist stets proportional dem Quadrat der Spannung e zwischen den Platten, die magnetische Energie proportional dem Quadrat der Stromstärke i im Funken. Da keine Energie verschwinden kann, so muß die zeitliche Änderung der Gesamtenergie

$$\frac{d}{dt}\left(\tfrac{1}{2} L i^2 + \tfrac{1}{2} C e^2\right) = 0 \tag{3}$$

sein. Darin bedeuten $\frac{1}{2} L$ und $\frac{1}{2} C$ zunächst nur Proportionalitätsfaktoren für die Energie, die aus der Eigenart des jeweiligen Problems bestimmt werden müssen.

Differenziert man diese Energiegleichung aus, so erhält man

$$i L \frac{di}{dt} + e C \frac{de}{dt} = 0. \tag{4}$$

Daraus ersieht man, daß die Proportionalitätskonstanten für die magnetische und elektrische Energie nichts anderes als die Hälfte dessen darstellen, was man gewöhnlich als Selbstinduktion und Kapazität des Stromkreises bezeichnet. Jedes Glied der Gleichung (4) stellt das Produkt vom Strom und Spannung an Selbstinduktion oder Kapazität dar.

Der Ladestrom des Kondensators ist

$$i = C \frac{de}{dt}. \tag{5}$$

Schafft man damit e und seinen Differentialquotienten aus Gleichung (4) fort und hebt den Strom i heraus, so erhält man die bekannte Schwingungsgleichung

$$L \frac{di}{dt} + \frac{1}{C} \int i\, dt = 0. \tag{6}$$

Die Energiegleichung (3) sagt also dasselbe aus wie das Gleichgewicht der Spannungen an Selbstinduktion und Kapazität, und man erkennt nunmehr, daß sie ganz entsprechend den Gleichungen (1) und (2) als Lösung das Auftreten freier Ausgleichsströme ergibt mit einer Frequenz

$$\nu = \frac{1}{\sqrt{LC}} \tag{7}$$

und einer Stromamplitude

$$J = E\sqrt{\frac{C}{L}}, \tag{8}$$

die beide nur von den Proportionalitätsfaktoren der Energien abhängen.

Die elektrische und magnetische Energie im durchschlagenen Kondensator berechnen wir aus der elektrischen Feldstärke $\mathfrak{E}$ und der magnetischen Feldstärke $\mathfrak{B}$, die im Raume zwischen den Platten des **Luftkondensators** herrschen. In jeder Raumeinheit ist nach bekannten Gesetzen die elektrische Energie

$$w_e = \frac{1}{8\pi v^2}\mathfrak{E}^2 \tag{9}$$

und die magnetische Energie

$$w_m = \frac{1}{8\pi}\mathfrak{B}^2 \tag{10}$$

aufgespeichert, wobei $v = 3 \cdot 10^{10}$ cm/sec die Lichtgeschwindigkeit bedeutet. Wenn die Schwingung so langsam erfolgt, daß sich im Zwischenraum der ebenen Platten vom Durchmesser D und vom Abstande a nach Fig. 43 keine elektromagnetischen Raumwellen mit erheblichen Phasenunterschieden ausbilden, dann herrscht im ganzen Raum zwischen den Kondensatorplatten die gleiche elektrische Feldstärke

$$\mathfrak{E} = \frac{e}{a}. \tag{11}$$

Die Ausbauchung der Kraftlinien am Rande der Platten wollen wir vernachlässigen und rein achsialen Verlauf annehmen, wie er in Fig. 44a gestrichelt dargestellt ist. Das ist bei Plattenabständen, die erheblich kleiner als die Plattendurchmesser sind, zulässig. Die gesamte elektrische Energie erhalten wir dann durch Summation über den ganzen Plattenzwischenraum zu

$$W_e = \frac{1}{8\pi v^2}\frac{e^2}{a^2}\frac{a D^2 \pi}{4} = \frac{D^2 e^2}{32 v^2 a}. \tag{12}$$

Wenn wir dies gleich der elektrischen Energie von Gleichung (3) setzen, so erhalten wir für die Kapazität den Ausdruck

$$C = \frac{D^2}{16 v^2 a}, \tag{13}$$

was natürlich mit der üblichen Formel für einen Plattenkondensator übereinstimmt.

Die magnetische Feldstärke $\mathfrak{B}$ wird von den Ausgleichsströmen hervorgerufen. Wir nehmen an, daß der Funken im Zentrum der Platten einen kreisförmigen Querschnitt von der Dicke d hat. Er verursacht dann ein äußeres magnetisches Feld, das in konzentrischen Kreisen um ihn herum verläuft, wie es in Fig. 44a dargestellt ist. Die Stärke dieses Feldes $\mathfrak{B}_a$ erhalten wir aus dem magnetischen Grundgesetz, daß ihr Linienintegral gleich dem 4πfachen des umschlungenen Stromes ist. Bei symmetrischem Verlauf längs der kreisförmigen Bahn vom Radius ϱ ist also

$$2\pi\varrho\,\mathfrak{B}_a = 4\pi i \tag{14}$$

oder

$$\mathfrak{B}_a = \frac{2i}{\varrho}. \tag{15}$$

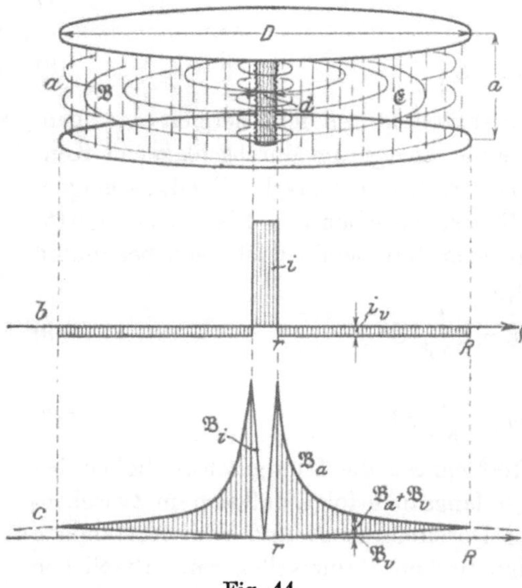

Fig. 44.

Fig. 44c stellt die Stärke des radial nach einer Hyperbel absinkenden Feldes dar.

Das Magnetfeld dieses Leitungsstromes i würde sich über den Plattenrand hinaus nach außen erstrecken. Nun tritt aber im Kondensator durch die Änderung der elektrischen Feldstärke auch ein Verschiebungsstrom auf, der ebenfalls magnetische Wirkungen äußert und der den Leitungsstrom im Funken zu einem geschlossenen Strom ergänzt. Da die elektrische Feldstärke $\mathfrak{E}$ gleichmäßig über den Plattenzwischenraum verteilt ist, so ist auch der Verschiebungsstrom gleichmäßig verteilt. Fig. 44b stellt sowohl den Leitungsstrom im Funken als auch den Verschiebungsstrom im Isoliermaterial dar. Die Stromdichte des Leitungsstromes, der auf eine enge Bahn konzentriert ist, ist sehr groß; die Dichte des Verschiebungsstromes, der den Rückfluß des Leitungsstromes bildet und sich auf die ganze Kondensatorfläche verteilt, ist sehr klein. Seine gesamte Stärke ist gleich dem negativ genommenen Leitungsstrom. Jede kreisförmige Kraftlinie vom Radius ϱ umschlingt nur den Verschiebungsfluß in ihrem Innern, der sich zum gesamten Verschiebungsstrom verhält wie die durchflossenen Querschnitte, also wie die Quadrate der Radien. Die vom Verschiebungsstrom i_v erzeugte Feldstärke $\mathfrak{B}_v$ ist daher nach dem magnetischen Grundgesetz bestimmt durch

$$2\pi\varrho\,\mathfrak{B}_v = -4\pi\left(\frac{\varrho}{R}\right)^2 i \tag{16}$$

oder

$$\mathfrak{B}_v = -\frac{2i\varrho}{R^2}. \tag{17}$$

In Fig. 44c ist die Größe dieses vom Verschiebungsstrome erzeugten Magnetfeldes aufgetragen. Es steigt linear nach außen an und besitzt am Plattenrande die gleiche, aber negative Größe wie das vom Funkenstrom erzeugte Feld, so daß es dieses hier zu null ergänzt. Der gesamte elektromagnetische Ausgleichsvorgang spielt sich also im wesentlichen im Innenraum der Kondensatorplatten ab.

Die vollständige magnetische Energiedichte außerhalb des Funkens ist nunmehr nach Gleichung (10), (15) und (17)

$$w_m^{(a+v)} = \frac{1}{8\pi}(\mathfrak{B}_a + \mathfrak{B}_v)^2 = \frac{i^2}{2\pi}\left(\frac{1}{\varrho} - \frac{\varrho}{R^2}\right)^2. \tag{18}$$

Die gesamte magnetische Energie erhalten wir daraus durch Integration über alle Volumenteile des Kondensatorraumes, den wir in Elementarzylinder von der Höhe a, der Breite $d\varrho$ und dem Umfang $2\pi\varrho$ zerlegen, zu

$$\left.\begin{aligned} W_m^{(a+v)} &= a\int_r^R w_m \cdot 2\pi\varrho\, d\varrho = a\,i^2\int_r^R\left(\frac{1}{\varrho} - \frac{2\varrho}{R^2} + \frac{\varrho^3}{R^4}\right)d\varrho \\ &= a\,i^2\left[\ln\frac{R}{r} - \frac{3}{4} + \left(\frac{r}{R}\right)^2 - \frac{1}{4}\left(\frac{r}{R}\right)^4\right]. \end{aligned}\right\} \tag{19}$$

Wäre der Leitungswiderstand der Funkenbahn verschwindend klein, so würde der Strom bei hochfrequenten Schwingungen ganz an den Außenrand gedrängt werden, so daß der Funke eine hohle Röhre bilden würde. Gleichung (19) gäbe dann die vollständige Energie des Magnetfeldes an. In Wirklichkeit ist der Widerstand im Funken wohl stets so groß, daß keine erhebliche Stromverdrängung stattfindet, sondern daß die Stromdichte einigermaßen gleichmäßig über den Querschnitt verteilt ist. Alsdann bildet sich auch im Innern der Funkenbahn durch den gleichmäßig verteilten Leitungsstrom ein Magnetfeld aus, das radial eine lineare Verteilung besitzt, ähnlich wie die vom gleichmäßig verteilten Verschiebungsstrom entwickelte. Sie ist in Fig. 44c ebenfalls dargestellt. Wir erhalten die Dichte dieses inneren Feldes $\mathfrak{B}_i$, wenn wir in Gleichung (17) den äußeren Radius R des Verschiebungsstromes durch den äußeren Radius r des Leitungsstromes ersetzen, zu

$$\mathfrak{B}_i = \frac{2i\varrho}{r^2}. \tag{20}$$

Dies Feld hat natürlich positive Richtung und schließt sich am Außenrand des Funkens an das Außenfeld $\mathfrak{B}_a$ an.

Die Energie dieses inneren Magnetfeldes erhalten wir durch Integration der wieder nach Gleichung (10) zu bestimmenden Energiedichte über den vom Funken erfüllten Raum mit dem Radius r zu

$$W_m^i = a\,i^2\int_0^r \frac{\varrho^3}{r^4}\,d\varrho = \frac{a\,i^2}{4}. \tag{21}$$

Addieren wir diesen Betrag zu Gleichung (19) und beachten dabei, daß für alle praktischen Verhältnisse der Funkenradius r stets so viel kleiner ist wie der Plattenradius R, daß man dort das Quadrat und erst recht die vierte Potenz ihres Verhältnisses vernachlässigen kann, so bleiben nur die beiden ersten Glieder übrig, und man erhält als gesamte magnetische Energie aller Ströme

$$W_m = a i^2 \left(\ln \frac{D}{d} - \frac{1}{2}\right). \tag{22}$$

Darin sind statt der Radien die Durchmesser nach Fig. 44a eingeführt.

Setzt man dies gleich der magnetischen Energie aus Gleichung (3), so erhält man für die wirksame Selbstinduktion der Anordnung den endgültigen Ausdruck

$$L = 2a \left(\ln \frac{D}{d} - \frac{1}{2}\right). \tag{23}$$

Aus den nunmehr bestimmten Schwingungskonstanten C und L nach Gleichung (13) und (23) erhält man die Frequenz der Entladeschwingungen des durchschlagenen Kondensators entsprechend Gleichung (7) zu

$$\nu = \frac{2v}{D} \sqrt{\frac{2}{\ln \frac{D}{d} - \frac{1}{2}}}. \tag{24}$$

Sie hängt also nur von wenigen Maßzahlen der Anordnung ab. Der Funkendurchmesser d ist schwer voraus zu bestimmen. Er richtet sich aber jedenfalls nach den auftretenden Strömen und damit nach der Kapazität und dem Durchmesser des Kondensators. Sein Verhältnis zum letzteren wird daher praktisch nicht sehr stark variieren, und da nur die Wurzel aus dem Logarithmus dieses Verhältnisses in Formel (24) hineinspielt, so sieht man, daß sein Einfluß auf die Schwingungszahl nur recht gering ist. Die Frequenz ist dann nur noch umgekehrt proportional dem Plattendurchmesser D, sie ist vollständig unabhängig vom Plattenabstand. Dies rührt daher, daß bei größerem Abstand a die Selbstinduktion im gleichen Maße vermehrt wird, wie die Kapazität sich vermindert.

Platten von 1 m Durchmesser ergeben bei einer Funkendicke von ungefähr 1 mm Frequenzen von

$$\nu = \frac{2 \cdot 3 \cdot 10^8}{1} \sqrt{\frac{2}{\ln \frac{1000}{1} - \frac{1}{2}}} = 6 \cdot 10^8 \cdot 0{,}56 = 3{,}36 \cdot 10^8 \text{ in } 2\pi \,\text{sec},$$

also $f = 53{,}5 \cdot 10^6$ Per/sec.

Wir hatten angenommen, daß die Spannung der Platten zwischen allen einander gegenüberliegenden Punkten die gleiche ist, und daß die Länge der von den Schwingungen erzeugten elektromagnetischen Wellen groß ist gegenüber den Kondensatordimensionen. Diese Wellenlänge ist gegeben durch den Quotient von Lichtgeschwindigkeit und Frequenz. Sie ist

$$\lambda = 2\pi \frac{v}{\nu} = \pi D \sqrt{\frac{\ln \frac{D}{d} - \frac{1}{2}}{2}} \tag{25}$$

und das ist, da die Wurzel einen Wert von der Größenordnung 2 besitzt, in der Tat stets ein erhebliches Vielfaches des Plattendurchmessers D. Unsere Voraussetzung ist also erfüllt.

Es sei darauf hingewiesen, daß in der Anordnung auch kürzere Wellen auftreten können, die wesentlich schnellere Oberschwingungen bilden. Deren Erforschung erfordert jedoch eine strenge Integration der Maxwellschen Feldgleichungen. Ihre Amplituden sind gegenüber der hier berechneten Grundschwingung stets so gering, daß sie praktisch nur eine untergeordnete Rolle spielen.

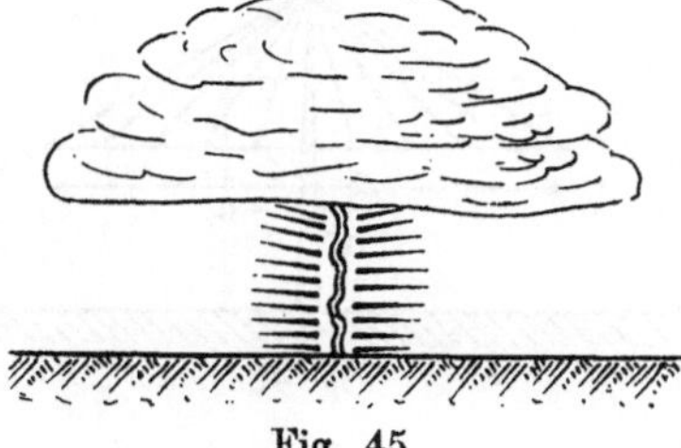
Fig. 45.

Nach Gleichung (8) läßt sich nunmehr auch die Größe der Stromamplitude im Funken bestimmen. Sie ist mit Gleichung (13) und (23)

$$J = \frac{DE}{8va} \sqrt{\frac{2}{\ln \frac{D}{d} - \frac{1}{2}}}. \tag{26}$$

Um E in Volt und J in Amp. zu erhalten, muß man noch mit 10^9 multiplizieren. Da der Wert E/a gleich der Durchbruchsfeldstärke der Luft, nämlich ca. 20 000 Volt/cm ist, so ist die Stromstärke unter Berücksichtigung des oben über das Durchmesserverhältnis Gesagten fast nur proportional dem Plattendurchmesser. Für 1 m Plattendurchmesser erhält man bereits die bemerkenswert hohe Stromstärke

$$J = \frac{100 \cdot 20\,000 \cdot 10^9}{8 \cdot 3 \cdot 10^{10}} \cdot 0{,}56 = 4660 \text{ Amp.}$$

Die hier berechneten Erscheinungen treten stets dann auf, wenn eine elektrische Entladung zwischen plattenartigen Gebilden ohne äußere Leitungswege stattfindet. Auch die großartigste Entladung, der natürliche Blitz, tritt entsprechend Fig. 45 häufig zwischen einer ausgedehnten Gewitterwolke und der Erdoberfläche auf und kann nach den entwickelten Beziehungen rechnerisch verfolgt werden. Man erkennt, daß seine Frequenz sowie seine Stromstärke unabhängig von der Höhe der geladenen Wolke ist, solange diese geringer als der Durchmesser bleibt, und lediglich durch deren räumliche Erstreckung bedingt ist. Eine Gewitterwolke von $D = 3$ km Durchmesser liefert bei einem Blitzdurchmesser von etwa $d = 30$ cm eine Eigenfrequenz von

$$\nu = \frac{2 \cdot 3 \cdot 10^5}{3} \sqrt{\frac{2}{\ln \frac{3000}{0{,}3} - \frac{1}{2}}} = 9{,}6 \cdot 10^4 \text{ in } 2\pi \sec = 15\,200 \text{ Per/sec.}$$

Die mittlere Feldstärke vor dem Einsetzen des Blitzes ist viel kleiner als die obengenannte Zahl für die Durchbruchsfestigkeit der Luft, weil die lange Blitzbahn nicht genau gleichzeitig durchbrochen wird. Die Durchbruchsfeldstärke pflanzt sich vielmehr in endlicher, wenn auch sehr kurzer Zeit durch die ganze Bahn fort. Man darf nach Beobachtungen mit einer mittleren Feldstärke von reichlich 1000 Volt/cm rechnen. Dafür ergibt sich mit den obengenannten Zahlen eine Stromstärke von 600000 Amp, also ein außerordentlich hoher Betrag. Da di Blitzbahn durch Luftströmungen stark abgekühlt und häufig sogar zerrissen wird, so kann ihr Widerstand beim Durchgang des Stromes durch null unter Umständen so groß werden, daß nur wenige oder gar nur eine einzige Halbwelle zur richtigen Ausbildung kommt.

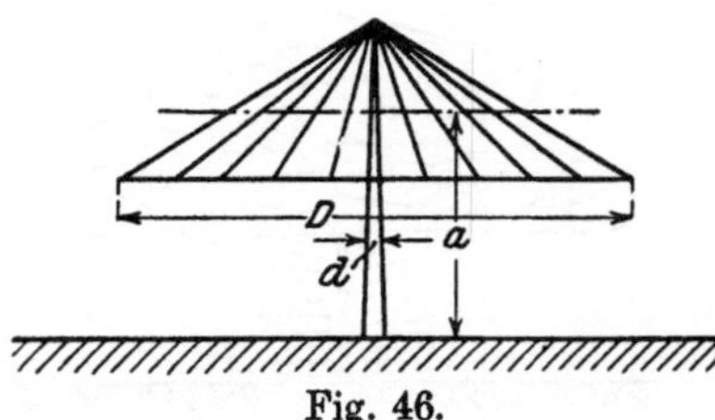

Fig. 46.

Ähnliche Verhältnisse wie im Plattenkondensator liegen bei flachen Schirmantennen für Funkentelegraphie vor. Man kann die Eigenfrequenz der Anordnung von Fig. 46 in guter Annäherung nach Gleichung (24), ihre Eigenwellenlänge nach Gleichung (25) berechnen, wenn man unter D den Durchmesser des Schirmdaches versteht, während d die Dicke des zentralen Turmes ist. Für Selbstinduktion und Kapazität selbst ergeben die Gleichungen (13) und (23) nur weniger gute Näherungswerte, weil die Abschätzung der mittleren Höhe a zweifelhaft ist, und weil der Aufbau des Schirmes aus einzelnen Drähten kleineres C und größeres L ergibt als bei einer vollen Platte. Für die Eigenfrequenz hebt sich dies jedoch alles heraus. Ein Schirm von $D = 200$ m Durchmesser auf einem Turm mit dem mittleren Durchmesser $d = 2$ m ergibt nach Gleichung (25) eine Eigenwellenlänge

$$\lambda = \pi\, 200 \sqrt{\frac{\ln 100 - 0{,}5}{2}} = 900 \text{ m}\,.$$

Elektromagnetische Schwingungen von dieser Wellenlänge, denen eine Frequenz von $3{,}33 \cdot 10^5$ Per/sec entspricht, werden in den Raum hinausgestrahlt, wenn man die Schirmantenne nach einmaligem Anstoß ihre eigenen freien Schwingungen ausführen läßt.

II. Magnetisch verkettete Stromkreise.

9. Ruhende Stromkreise mit Wechselinduktion.

Die dem Schaltprozeß unterworfenen Stromkreise sind bei den meisten elektrischen Anlagen nicht nur durch Leitung, sondern auch durch Wechselinduktion mit anderen Kreisen verkettet und wirken auf diese ein. Fig. 47 stellt einen typischen derartigen Fall dar, in dem die Spannung des Kreises I über einen Transformator auf den Belastungskreis II arbeitet. Wir wollen das Verhalten solcher magnetisch verketteter, ruhender Wicklungen unter der einfachsten Annahme betrachten, daß zwei Wicklungen durch ein Magnetfeld ohne starke Eisensättigung aufeinander einwirken, und daß die beiden Stromkreise gleiche Verhältnisse von Widerstand und Selbstinduktion besitzen, wenn wir sie auf gleiche Windungszahlen in der Wechselinduktion M reduzieren. Das letztere ist wegen der annähernd gleichen Kupfergewichte, die man den primären und sekundären Wicklungen von Magneten und Transformatoren im allgemeinen gibt, in vielen Fällen zutreffend. Wir erhalten dabei einen ausreichenden Überblick über den Charakter der auftretenden Erscheinungen und vereinfachen unsere Rechnungen sehr erheblich gegenüber dem allgemeinsten Falle ungleichartiger Kreise.

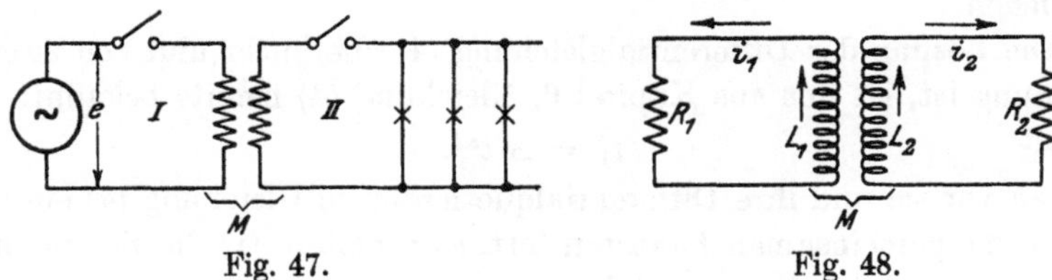

Fig. 47. Fig. 48.

Kapazitätswirkungen sollen in den Stromkreisen nicht auftreten. Wir betrachten zunächst den Verlauf der Ausgleichsströme für sich. die in den beiden verketteten Kreisen ohne die Wirkung äußerer elektromotorischer Kräfte fließen. Ihre Anfangswerte und die Gesamtströme bestimmen wir späterhin an Hand bestimmter Schaltfälle.

a) Die Ausgleichsströme.

Obgleich die beiden Kreise symmetrisch sind, können die Ausgleichsströme i_1'' und i_2'' in ihnen doch verschiedene Werte besitzen. Um ihren Verlauf zu bestimmen, müssen wir die Summen der von ihnen erzeugten Spannungen gleich null setzen. Mit den Bezeichnungen L, R und M für Selbstinduktion, Widerstand und Wechselinduktion der beiden gleichartigen Kreise nach Fig. 48 ergeben sich dann die gleichzeitig geltenden Differentialgleichungen

$$\left.\begin{aligned} L\frac{di_1''}{dt} + R i_1'' + M\frac{di_2''}{dt} &= 0 \\ L\frac{di_2''}{dt} + R i_2'' + M\frac{di_1''}{dt} &= 0\,. \end{aligned}\right\} \tag{1}$$

Dies sind zwei Beziehungen für die beiden Unbekannten i_1'' und i_2''.

Um zur Lösung für die Ströme zu gelangen, multiplizieren wir die erste Gleichung mit L, die zweite mit M und subtrahieren sie voneinander. Es entsteht dann

$$(L^2 - M^2)\frac{d i_1''}{d t} + L R i_1'' - M R i_2'' = 0\,. \tag{2}$$

Differenzieren wir diese Gleichung und setzen den Wert des letzten Gliedes

$$M R \frac{d i_2''}{d t} = (L^2 - M^2)\frac{d^2 i_1''}{d t^2} + L R \frac{d i_1''}{d t} \tag{3}$$

in die erste Gleichung (1) ein, so erhalten wir als endgültige Differentialgleichung für den Strom i_1''

$$(L^2 - M^2)\frac{d^2 i_1''}{d t^2} + 2 L R \frac{d i_1''}{d t} + R^2 i_1'' = 0\,. \tag{4}$$

Der zweite Strom ist nicht mehr in ihr enthalten. Da i_1'' und i_2'' in den Gleichungen (1) miteinander vertauschbar sind, so gehorcht i_2'' derselben Differentialgleichung, die wir nicht nochmals hinzuschreiben brauchen.

Die Lösung der Differentialgleichung (4), die linear und von zweiter Ordnung ist, ist uns aus Kapitel 6, Gleichung (4) bereits bekannt. Sie lautet

$$i_1'' = K \varepsilon^{\alpha t}. \tag{5}$$

Setzen wir sie und ihre Differentialquotienten in Gleichung (4) ein und heben die gemeinsamen Faktoren fort, so erhalten wir die Bedingungsgleichung für den Exponentialwert α

$$(L^2 - M^2)\alpha^2 + 2 L R \alpha + R^2 = 0\,. \tag{6}$$

Man kann diese quadratische Form in ein Produkt zerspalten

$$[(L + M)\alpha + R]\cdot[(L - M)\alpha + R] = 0\,, \tag{7}$$

wie man durch Ausmultiplizieren leicht erkennt und erhält daraus durch Nullsetzen jedes einzelnen Faktors

$$\alpha_1 = -\frac{R}{L + M} = -\frac{1}{T_h} \tag{8}$$

und

$$\alpha_2 = -\frac{R}{L - M} = -\frac{R}{S} = -\frac{1}{T_s}\,. \tag{9}$$

Es bestehen also zwei Möglichkeiten für den Verlauf des Ausgleichsstromes, wir müssen Gleichung (5) daher auf zwei Glieder erweitern, die verschiedene, nunmehr bestimmte Exponenten haben

$$i_1'' = K_1 \varepsilon^{-\frac{R}{L+M}t} + K_2 \varepsilon^{-\frac{R}{S}t}\,. \tag{10}$$

Da die Exponenten negativ sind, so klingen beide Teilströme allmählich ab, jedoch mit verschiedenen Zeitkonstanten, die wir nach Gleichung (8) und (9) mit T_h und T_s bezeichnen können. Dabei ist T_h ein großer Wert, der bei starker Verkettung der Kreise nahezu doppelt so groß ist, wie die Zeitkonstante des Primär- oder Sekundärkreises allein sein würde. Sie errechnet sich aus der Summe der Selbstinduktion und Wechselinduktion im Verhältnis zum Widerstand eines Kreises und stellt die Zeitkonstante des Hauptfeldes, das mit beiden Wicklungen verkettet ist, dar. Dagegen bestimmt sich T_s aus der Differenz der Selbstinduktion und Wechselinduktion, also aus der Streuinduktion S jeder Wicklung im Verhältnis zum Widerstande und stellt die Zeitkonstante des Streufeldes dar, die im allgemeinen recht geringe Größe hat.

Für den Strom im Kreise II ergibt sich, da er derselben Differentialgleichung (4) wie der im Kreise I genügt, auch die gleiche Form der Lösung mit den beiden Exponentialwerten α_1 und α_2. Die Anfangswerte K der Teilströme, die Integrationskonstanten darstellen, sind jedoch nicht unabhängig von den Konstanten K_1 und K_2 des Stromes i_1'' in Gleichung (10). Sie stehen zu diesen vielmehr in einer bestimmten Beziehung, die am bequemsten durch Einsetzen in die erste Gleichung (1) ausgerechnet wird. Man erhält alsdann

$$i_2'' = K_1 \varepsilon^{-\frac{R}{L+M}t} - K_2 \varepsilon^{-\frac{R}{S}t}. \tag{11}$$

Sämtliche Ausgleichsströme stellen demnach aperiodisch abklingende Gleichströme dar, unabhängig davon, welchen Wert die Konstanten der Stromkreise in der grundlegenden Differentialgleichung (4) besitzen.

Auf das Hauptfeld wirkt stets die Summe der beiden Wicklungsströme als Magnetisierungsstrom. Daher ist der vorübergehende Magnetisierungsausgleichsstrom mit Gleichung (10) und (11)

$$i_\mu'' = i_1'' + i_2'' = 2 K_1 \varepsilon^{-\frac{R}{L+M}t}. \tag{12}$$

Die beiden anderen Teilströme heben sich gegenseitig auf. Die Integrationskonstante K_1 bestimmt sich daraus als Anfangswert für $t = 0$ zu

$$K_1 = \frac{1}{2} J_\mu'', \tag{13}$$

wobei J_μ'' den für das Magnetfeld erforderlichen Ausgleichsmagnetisierungsstrom im Augenblick des Schaltens bedeutet. Der vorübergehende Magnetisierungsstrom von Magneten oder Transformatoren, deren Wicklungen primär und sekundär symmetrisch geschlossen sind, verteilt sich daher auf beide Wicklungen je zur Hälfte und klingt mit einer so großen Zeitkonstante ab, als ob die Wicklungen parallel geschaltet wären. Auch das Hauptfeld kann sich nur langsam nach dieser großen Zeitkonstante ändern. Die Einschaltüberströme von Wechselstromtransformatoren mit geschlossener Sekundärwicklung sind daher nur halb so groß als bei offener Sekundärwicklung, besitzen aber die doppelte Dauer. Dieses Resultat gilt auch in angemessen veränderter

Form für die Überströme bei unsymmetrischen Primär- und Sekundärstromkreisen.

Während die magnetisierenden Teilströme K_1 nach Gleichung (10) und (11) in beiden Wicklungen gleichgerichtet sind, was in Fig. 49 schematisch dargestellt ist, besitzen die Teilströme K_2 einander entgegengesetzte Richtung. Sie üben daher keine magnetisierende Wirkung auf das Hauptfeld aus, sondern sie stellen, wie man aus Fig. 49 erkennt, den vorübergehenden Teil des durchlaufenden Arbeitsstromes dar, sie bilden also den Ausgleichsstrom für die Belastungsströme von Transformatoren. Wir erkennen somit, daß **dieser Belastungs-Ausgleichsstrom lediglich vom Streufeld des Transformators beeinflußt wird, und zwar so, als wenn der Arbeitsstrom zwei Drosselspulen mit den Zeitkonstanten des primären und sekundären Streufeldes in Reihe durchflösse.**

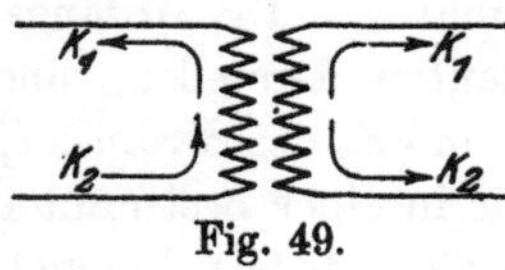

Fig. 49.

Bevor wir einzelne Schaltvorgänge aus der Starkstromtechnik betrachten, soll darauf hingewiesen werden, daß die Ausgleichsströme der Haupt- und Streufelder eine **sehr störende Rolle bei der Verwendung von Meßwandlern für die experimentelle Untersuchung von Schaltvorgängen** oder Laständerungen spielen können. Wenn man beispielsweise nach Fig. 50 das Ein- und Ausschalten, sowie das Kurzschließen und Öffnen eines Hochspannungskabels, das über einen Transformator gespeist wird, oszillographisch untersuchen will,

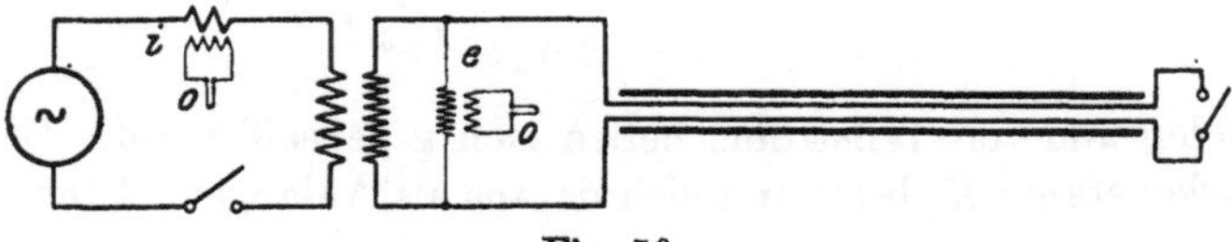

Fig. 50.

so erhält man von den Oszillographenschleifen o nicht etwa nur die Ströme angezeigt, die den Schaltvorgängen im Kabel und Transformator entsprechen, sondern auch die Ausgleichsströme, die von den Feldänderungen der Haupt- und Streufelder der Meßwandler verursacht werden. Diese abklingenden Störungsgleichströme sind gerade bei plötzlichen Strom- und Spannungsänderungen sehr groß. Man kann sie nachträglich von den Haupterscheinungen gar nicht mehr unterscheiden, so daß man nur ein sehr verwaschenes Bild derselben erhält. Um saubere Messungen zu erhalten, muß man daher die Zeitkonstanten der Meßwandler und ihrer beiden Stromkreise so klein machen, daß sie gering sind gegenüber den schnellsten zu messenden Schaltvorgängen. Das läßt sich für die Streufeld-Zeitkonstante fast immer, für die Hauptfeld-Zeitkonstante fast nie erreichen. Man ist daher meist gezwungen, die

Oszillographenschleifen über Nebenschluß- und Vorschaltwiderstände direkt an die Leitungen zu legen und muß auch jetzt noch für denkbar kleine Selbst- und Wechselinduktion der Meßstromkreise sorgen, wenn man bei starken Strömen einwandfreie Ergebnisse erzielen will.

b) Schalten von Gleichstrommagneten mit Dämpferwicklung.

Man pflegt manchmal Gleichstrommagnete zur Verhinderung allzu schneller Feldänderungen und der dadurch verursachten Überspannungen mit einer zweiten Wicklung zu versehen, in der sich Sekundärströme zur Aufrechterhaltung des Feldes ausbilden sollen. Der Gleichstrommagnet besitzt dann zwei verkettete Stromkreise, in denen sich bei Schaltprozessen vorübergehende Ströme entwickeln können, deren zeitlicher Verlauf durch Gleichung (10) und (11) bestimmt wird, sofern wir annehmen, daß die Hauptwicklung und die Dämpferwicklung, bezogen auf dieselbe Windungszahl, gleiche Konstanten R und L besitzen. Das ist allerdings nur der Fall, wenn die Kupfergewichte beider Wicklungen dieselbe Größenordnung haben, sonst ist die Wirkung des Dämpfers überhaupt nur sehr gering.

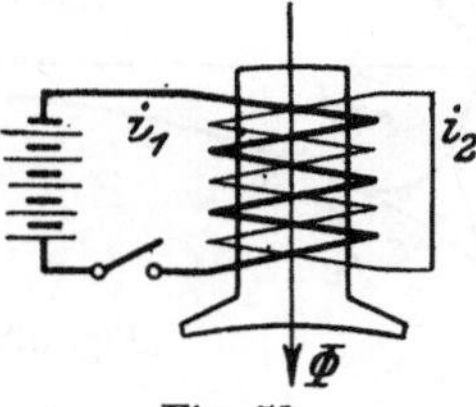

Fig. 51.

Beim Einschalten eines solchen Magneten nach Fig. 51 fließt in beiden Wicklungen bis zur Schaltzeit $t = 0$ kein Strom. Nach sehr langer Zeit, wenn die vorübergehenden Ströme abgeklungen sind, fließt nur in der Hauptwicklung der Gleichstrom J. Da alle Ströme stetig ineinander übergehen müssen, so muß im Schaltmoment die Summe von stationärem Strom J und Ausgleichsstrom i_1'' nach Gleichung (10) gleich null sein, und ebenso ist auch der sekundäre Ausgleichsstrom im Dämpfer i_2'' nach Gleichung (11) noch nicht entstanden. Es ist also für $t = 0$

$$\left.\begin{aligned} i_{10}'' &= K_1 + K_2 = -J \\ i_{20}'' &= K_1 - K_2 = 0\,. \end{aligned}\right\} \tag{14}$$

Daraus ergeben sich die Integrationskonstanten

$$K_1 = K_2 = -\frac{J}{2}, \tag{15}$$

wodurch die Größe der Ausgleichsströme von Gleichung (10) und (11) vollständig bestimmt sind.

Der zeitliche Verlauf der gesamten Ströme in den beiden Wicklungen wird daher gegeben durch

$$\left.\begin{aligned} i_1 &= J\left[1 - \frac{1}{2}\left(\varepsilon^{-\frac{t}{T_h}} + \varepsilon^{-\frac{t}{T_s}}\right)\right] \\ i_2 &= -\frac{1}{2} J \left(\varepsilon^{-\frac{t}{T_h}} - \varepsilon^{-\frac{t}{T_s}}\right). \end{aligned}\right\} \tag{16}$$

Ihr Verlauf ist in Fig. 52 dargestellt.

Wenn die Streuung zwischen beiden Wicklungen gering ist, was für eine günstige Wirkung der Dämpferwicklung erforderlich ist, so ist die Zeitkonstante des Streufeldes nach Gleichung (9) sehr klein und die ihr entsprechenden Stromanteile klingen außerordentlich schnell ab. Nach dem Einschalten springt dann der Gleichstrom sehr schnell auf ungefähr den halben Endwert an, während sich ein ebenso grosser entgegengesetzt fließender Strom fast sprunghaft in der Dämpferwicklung ausbildet. Alsdann nimmt der Dämpferstrom entsprechend der Zeitkonstante des Hauptfeldes allmählich wieder ab, während der Hauptstrom langsam bis auf seinen Endwert ansteigt.

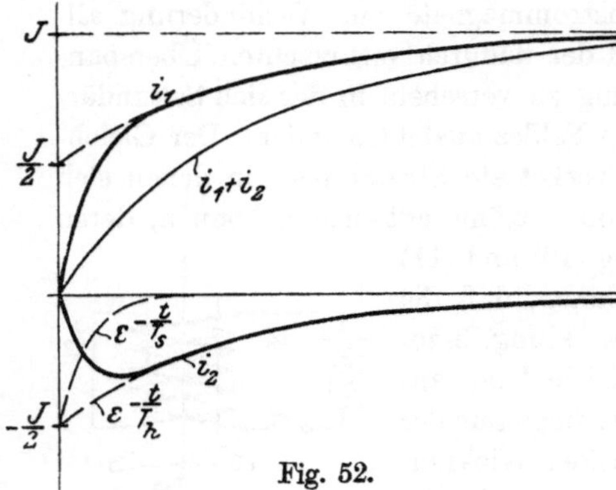

Fig. 52.

Der fast sprunghafte, schnelle Anstieg, den die Ströme besitzen, ist beim Hauptmagnetfelde nicht vorhanden. Dieses hat in jedem Augenblick eine Größe, die seinem Magnetisierungsstrom, also der Summe der beiden Wiklungsströme entspricht, nämlich nach Gleichung (16)

$$i_\mu = i_1 + i_2 = J\left(1 - \varepsilon^{-\frac{t}{T_h}}\right). \tag{17}$$

Es ändert sich also unter der Wirkung der Dämpfer- und der Erregerwicklung nur entsprechend der gemeinsamen großen Zeitkonstante T_h. Lediglich die Streufelder zwischen beiden Wicklungen ändern sich mit großer Geschwindigkeit, das Hauptfeld strebt nur langsam seinem neuen Zustande zu.

Schaltet man den Gleichstrom des Magneten dadurch ab, daß man die Erregerwicklung an ihren Klemmen kurzschließt, so fließen in den beiden Wicklungen die Ausgleichsströme nach Gleichung (10) und (11) noch einige Zeit weiter. Ihre Anfangswerte bestimmen sich jetzt durch die Bedingung, daß im Abschaltmoment der Primärstrom noch seinen ursprünglichen Wert J besitzt, während der Sekundärstrom null ist. Man hat also für $t = 0$

$$\left.\begin{aligned} i''_{10} &= K_1 + K_2 = J \\ i''_{20} &= K_1 - K_2 = 0, \end{aligned}\right\} \tag{18}$$

was sich nur durch das Vorzeichen von J von Gleichung (14) unterscheidet. Da nach dem Abschalten keine stationären Ströme mehr fließen, so stellen die Ausgleichsströme auch die Gesamtströme dar. Diese Ströme werden daher jetzt

$$\left.\begin{aligned} i_1 &= \frac{1}{2} J \left(\varepsilon^{-\frac{t}{T_h}} + \varepsilon^{-\frac{t}{T_s}} \right) \\ i_2 &= \frac{1}{2} J \left(\varepsilon^{-\frac{t}{T_h}} - \varepsilon^{-\frac{t}{T_s}} \right). \end{aligned}\right\} \tag{19}$$

Ihr Verlauf ist in Fig. 53 dargestellt.

Der Strom in der Hauptwicklung fällt sehr schnell auf die Hälfte seines ursprünglichen Betrages herab, der Dämpferstrom steigt rasch auf den gleichen Betrag an. Durch die Wechselinduktion der beiden Stromkreise wird also die Hälfte des Hauptstromes von der Erregerwicklung auf die Dämpferwicklung übertragen, und zwar in einer Zeit, die nur in der Größenordnung der Streufeldzeitkonstante liegt, also meist sehr klein ist. Alsdann klingen beide Ströme nach der gleichen Gesetzmäßigkeit ab.

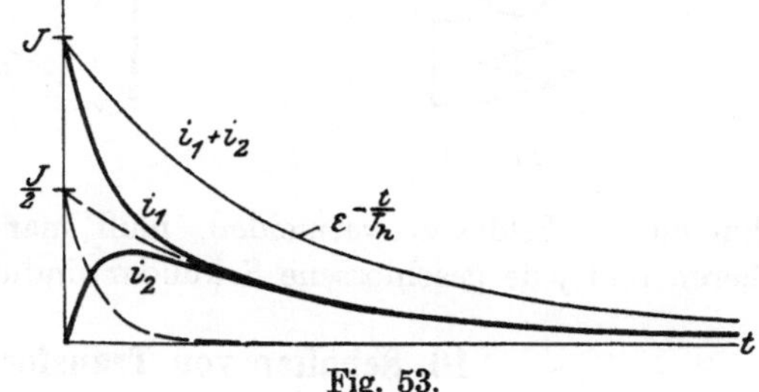

Fig. 53.

Das Hauptfeld, dessen Magnetisierungsstrom stets der Summe beider Ströme entspricht,

$$i_\mu = i_1 + i_2 = J \varepsilon^{-\frac{t}{T_h}}, \tag{20}$$

ändert sich auch jetzt nur mit seiner großen Zeitkonstante T_h und klingt so ab, als ob nur eine einzige entsprechend starke Wicklung vorhanden wäre. Die unvollkommene Verkettung erlaubt den Strömen in beiden Wicklungen ein Hin- und Herschießen mit großer Geschwindigkeit, die nur durch die Streuinduktion zwischen den Wicklungen begrenzt wird.

Schaltet man den Gleichstrom durch vollständige Unterbrechung ab, so können die beiden Stromkreise nicht mehr als symmetrisch angesehen werden, weil der Primärkreis unendlichen Widerstand besitzt. Die dann auftretenden Erscheinungen werden in einem späteren Kapitel behandelt.

Recht störende Wirkungen können Sekundärströme bei Gleichstrommagneten bewirken, wenn man, etwa zu Regulierzwecken, besonders schnelle Feldänderungen erzielen will. Führt man z. B. die Magnetkerne von Zusatzmaschinen oder von Wendepolen in Gleichstrommaschinen mit massivem Kern oder Joch, oder mit metallisch geschlossenen Spulenkästen aus, so können sich in diesen nach dem Schema der Fig. 54 Sekundärströme ausbilden. Dieselben hindern das Feld, sich ebenso schnell zu ändern wie der Hauptstrom, so daß im

Anker nur eine langsamer steigende Spannung als beabsichtigt induziert wird. Fig. 55 stellt den Verlauf der Ströme und des Feldes oder der erzeugten Ankerspannung e bei solchen Anordnungen dar. Um das Nachhinken des Feldes zu vermeiden, muß man den Magnetkreis lamellieren und jede geschlossene Sekundärwindung sorgfältig vermeiden.

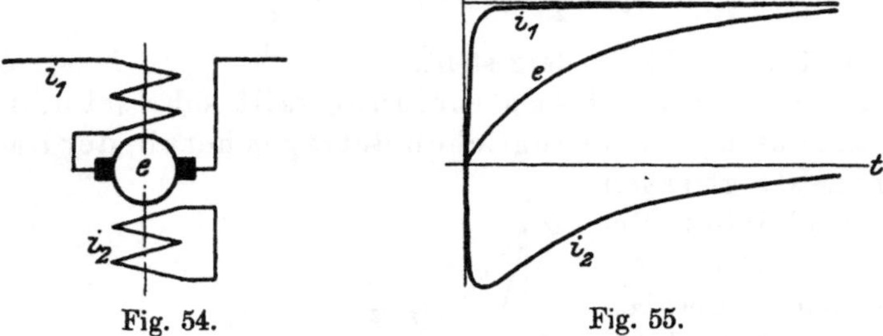

Fig. 54. Fig. 55.

10. Schalten von Transformatoren.

Da in allen Transformatoren die primären und sekundären Stromkreise durch Wechselinduktion gegenseitig verkettet sind, so treten bei jedem Schaltvorgang oder auch bei jeder plötzlichen Belastungsänderung stets die im vorigen Kapitel 9 in Gleichung (10) und (11) entwickelten Ausgleichsströme auf, nämlich

$$\left.\begin{aligned} i_1'' &= K_1\,\varepsilon^{-\frac{t}{T_h}} + K_2\,\varepsilon^{-\frac{t}{T_s}} \\ i_2'' &= K_1\,\varepsilon^{-\frac{t}{T_h}} - K_2\,\varepsilon^{-\frac{t}{T_s}}\,. \end{aligned}\right\} \quad (1)$$

Sie bilden sowohl im Ober- wie im Unterspannungskreise abklingende Gleichströme, die sich den Wechselströmen des normalen Betriebes überlagern und sie verzerren. Wir beziehen die folgenden Rechnungen wieder auf gleiche Windungszahl der beiden Kreise im Transformator und gleiche Verhältnisse von Selbstinduktion zu Widerstand. Die wirklichen Ströme im Hochspannungskreise sind dann nach Maßgabe der Übersetzung des Transformators kleiner, wenn wir die Verhältnisse der Niederspannungsseite zugrundelegen. Setzt man jedoch die Stärke der Ausgleichsströme in beiden Stromkreisen ins Verhältnis zu ihren normalen Betriebsströmen, so erhält man ohne besondere Umrechnung sofort richtige Werte.

Wir wollen zwei wichtige Schaltvorgänge des Transformators betrachten.

a) Primäres Einschalten unter Last.

Zunächst möge der belastete symmetrische Transformator primär plötzlich an ein Netz mit konstanter Wechselspannung geschaltet werden, entsprechend dem Schaltbild der Fig. 56. Der Dauerstrom im Primärkreise sei

$$i_1' = J_1' \varepsilon^{j\omega t} \tag{2}$$

und im Sekundärkreise

$$i_2' = -J_2' \varepsilon^{j\omega t}. \tag{3}$$

Beide Ströme variieren nach einer harmonischen Funktion der Zeit. Die Amplituden J_1' und J_2' stellen die Stärke der Ströme in den Außenleitungen nach Größe und Phase dar, die nach den Gesetzen der stationären Ströme zu bestimmen sind. Da wir die Ströme i_1' und i_2' im Innern der Transformatorwicklungen wieder gleichsinnig zählen wollen, so müssen wir in Gleichung (3) das negative Vorzeichen setzen.

Wenn wir annehmen, daß der Transformator im ungünstigsten Schaltmoment ans Netz gelegt wird, in dem die stationären Ströme ihr Maximum besitzen würden, dann wird der Wert der harmonischen Funktion zur Zeit $t = 0$ gleich 1, und da die vorübergehenden Ströme nach Kapitel 4, Gleichung (9) diese Dauerströme im Schaltmomente so ergänzen müssen, daß sich der Strom vor dem Einschalten, also null, ergibt, so erhält man mit Gleichung (1) die Bedingungen für den Anfangswert der Ausgleichsströme

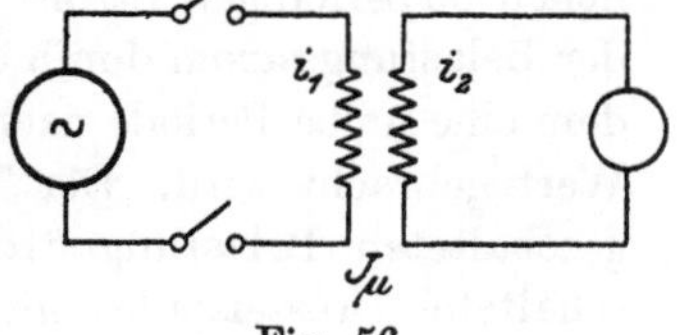

Fig. 56.

$$\left.\begin{aligned} i_{10}'' &= K_1 + K_2 = -J_1' \\ i_{20}'' &= K_1 - K_2 = J_2'. \end{aligned}\right\} \tag{4}$$

Daraus können die Integrationskonstanten K_1 und K_2 für die Ausgleichsteilströme bestimmt werden. Addiert man beide Gleichungen, so erhält man

$$K_1 = \frac{-J_1' + J_2'}{2} = -\frac{J_\mu'}{2}. \tag{5}$$

Dabei ist beachtet, daß die Summe der beiden Wicklungsströme von Gleichung (2) und (3) stets den Magnetisierungsstrom J_μ' des Transformators ergibt. Durch Subtraktion der Gleichungen (4) erhält man

$$K_2 = \frac{-J_1' - J_2'}{2} = -J', \tag{6}$$

wobei das Mittel des primären und sekundären Leitungsstromes gleich dem Belastungsstrome J' schlechthin gesetzt worden ist, der sich nur sehr wenig von den Einzelströmen J_1' und J_2' unterscheidet. Die Ausgleichsströme selbst erhält man hieraus durch Einsetzen der Konstanten von Gleichung (5) und (6) in Gleichung (1) zu

$$\left.\begin{aligned} i_1'' &= -\frac{J_\mu'}{2}\varepsilon^{-\frac{t}{T_h}} - J'\varepsilon^{-\frac{t}{T_s}} \\ i_2'' &= -\frac{J_\mu'}{2}\varepsilon^{-\frac{t}{T_h}} + J'\varepsilon^{-\frac{t}{T_s}}. \end{aligned}\right\} \tag{7}$$

Wir erkennen, daß **in diesem Falle Ausgleichsströme sowohl vom Magnetisierungsstrom als auch vom Belastungsstrom** her auftreten. Die Magnetisierungsausgleichsströme verschwinden langsam mit der Zeitkonstante des Hauptfeldes und fließen zur Hälfte in jeder Wicklung. Die Größe von J'_μ ist beim Vorhandensein von magnetischer Sättigung im Eisenkern aus der Charakteristik des Transformators zu entnehmen und kann, wie wir später in Kapitel 30 sehen werden, sehr gewaltige Werte annehmen. Diese Ströme fließen im Innern der beiden Wicklungen gleichsinnig um den Eisenkern und sind daher in den Außenleitungen entgegengesetzt gerichtet.

Die Belastungsausgleichsströme J' fließen nach Angabe der Vorzeichen von Gleichung (7) im Transformator in entgegengesetztem Sinne und sind daher in den Außenleitungen gleichgerichtet. Sie verlöschen entsprechend der Zeitkonstante der Streufelder des Transformators, also viel schneller als die Magnetisierungsströme. Da jedoch die Zeitkonstante der Streufelder im allgemeinen immer noch wesentlich größer ist als die Zeit einer halben Wechselstromperiode, die für den gebräuchlichen 50 periodigen Strom $^1/_{100}$ Sekunde beträgt, so erkennt man, daß der Belastungsstrom durch den vorübergehenden Ausgleichsstrom trotzdem eine halbe Periode nach dem Schalten nahezu auf seinen doppelten Wert gebracht wird. Der Transformator beeinflußt den plötzlich eingeschalteten Belastungsstrom also genau so wie ihn eine vorgeschaltete Drosselspule mit der Zeitkonstante des Streufeldes nach Kapitel 2, Fig. 6 umbilden würde.

Die Phase des Belastungsstromes J' stimmt für rein induktive Belastung mit der Phase des Magnetisierungsstromes J'_μ überein. In diesem Falle treten beide Ausgleichsströme von Gleichung (7) in voller Stärke auf und addieren sich primär. Dabei ist zur Bestimmung der Streufeldzeitkonstante die Selbstinduktion der Belastung nach Kapitel 9, Gleichung (9) mit zu berücksichtigen. Bei induktionsfreier Belastung ist der Strom J' dagegen im Schaltmoment gleich null, wenn J'_μ sein Maximum hat und umgekehrt. Für diese Belastungsart tritt also entweder nur für den Laststrom oder nur für den Magnetisierungsstrom der maximal mögliche Ausgleichsstrom auf. Da man jedoch bei Transformatoren nie im voraus weiß, mit welcher Phase und auf welche Belastungsart geschaltet wird, so muß man in der Praxis stets mit beiden Möglichkeiten rechnen.

b) Plötzlicher Kurzschluß der Sekundärwicklung.

Als zweiter Spezialfall soll der sekundäre plötzliche Kurzschluß eines leerlaufenden Transformators betrachtet werden, der nach dem Schema der Fig. 57 entweder durch einen Schaltfehler oder durch irgendeinen Isolationsdurchbruch oder -überschlag entstehen kann und in großen Anlagen erfahrungsgemäß nicht zu vermeiden ist.

Zuerst wollen wir den stationären Kurzschlußstrom berechnen, und zwar unter Vernachlässigung der Ohmschen Widerstände in den Stromkreisen, weil dieselben seine Größe nur wenig beeinflussen. Er kann dann aus den Gleichungen für den symmetrischen Transformator berechnet werden, die analog Kapitel 9, Gleichung (1), jedoch mit der primären Wechselspannung E und der sekundären Spannung null lauten

$$\left.\begin{aligned} L\frac{di_1'}{dt} + M\frac{di_2'}{dt} &= E\varepsilon^{j\omega t} \\ L\frac{di_2'}{dt} + M\frac{di_1'}{dt} &= 0\,. \end{aligned}\right\} \tag{8}$$

Setzt man die Stromänderung von i_2' aus der zweiten Gleichung in die erste ein und bedenkt, daß der Strom sich ebenso wie die Netzspannung nach der harmonischen Funktion

$$J\,\varepsilon^{j\omega t}$$

verändert, so erhält man

$$\left(L - \frac{M^2}{L}\right) j\,\omega\, J_1' = E\,. \tag{9}$$

Daraus ergibt sich die Amplitude des Primärstromes

$$J_1' = \frac{E}{\omega L\left[1 - \left(\frac{M}{L}\right)^2\right]} = \frac{E}{\omega S\left(1 + \frac{M}{L}\right)}, \tag{10}$$

worin der Unterschied von Selbst- und Wechselinduktion wieder als Streuinduktion S jeder Wicklung bezeichnet ist. Für die Amplitude des Sekundärstromes erhält man damit nach der zweiten Gleichung (8)

$$J_2' = -\frac{M}{L} J_1' = \frac{-E}{\omega S\left(1 + \frac{L}{M}\right)}. \tag{11}$$

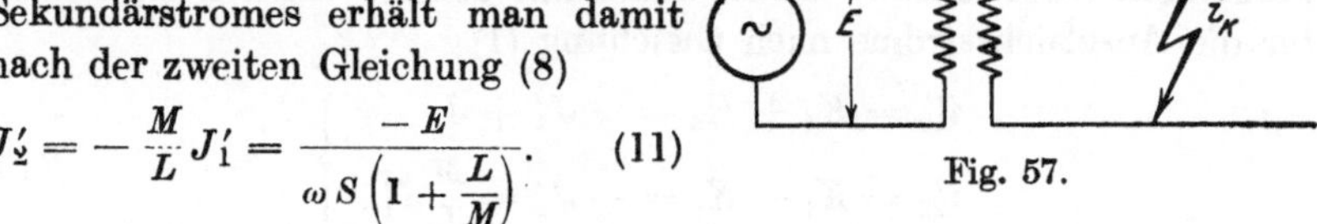

Fig. 57.

Vernachlässigt man in den Nennern dieser Gleichungen den Unterschied zwischen Selbstinduktion L und Wechselinduktion M, der hier keine wesentliche Rolle spielt, so wird die absolute Größe der primären und sekundären Kurzschlußströme in Annäherung einander gleich, und zwar

$$J_k' = \frac{E}{2\,\omega\, S} = \frac{E}{\omega\,(S_1 + S_2)} = \frac{E}{\omega\, S_t}. \tag{12}$$

Der stationäre Kurzschlußstrom des Transformators berechnet sich also als Quotient der Netzspannung und der doppelten Streuinduktanz jeder Transformatorwicklung, das ist die Summe der beiden Streuinduktanzen, also die gesamte Streuung des Transformators $\omega\, S_t$. Diese letzte Beziehung (12) behält auch für unsymmetrische Transformatoren ihre Gültigkeit. Das Verhältnis von Dauerkurzschlußstrom zu Normalstrom J_n ist damit

$$\frac{J_k'}{J_n} = \frac{E}{\omega\, S_t\, J_n} = \frac{E}{E_s}, \tag{13}$$

wenn mit E_s die Streuspannung des ganzen Transformators beim Normalstrom bezeichnet wird.

Beträgt diese Streuspannung für einen großen Transformator 3% der Netzspannung, so tritt ein Dauerkurzschlußstrom vom

$$\frac{J_k'}{J_n} = \frac{100}{3} = 33{,}3\text{fachen}$$

Betrage des Normalstromes auf.

Beim Aufstellen des Stromgleichgewichts für den Schaltmoment müssen wir beachten, daß der Transformator vor dem Schalten bereits seinen Leerlaufstrom aus dem Netz entnahm. Dessen Amplitude erhält man nach Einsetzen des harmonischen Stromes in die erste Gleichung (8), wenn man den Sekundärstrom verschwinden läßt, zu

$$J_\mu = \frac{E}{\omega L}. \tag{14}$$

Denken wir uns nun den Kurzschluß im ungünstigsten Augenblick eintreten, wenn nämlich der stationäre Primärstrom i_1' sein Maximum J_1' durchschreiten würde, dann muß für $t = 0$ die Summe dieses Stromes und des primären Ausgleichsstromes i_1'' mit dem Magnetisierungsstrome übereinstimmen, der dann auch gerade seinen Höchstwert nach Gleichung (14) durchschreitet. Denn Kurzschlußstrom und Magnetisierungsstrom sind beide fast rein induktiv und haben daher gleiche Phase. Der sekundäre Ausgleichsstrom i_2'' ergänzt für $t = 0$ den sekundären Dauerkurzschlußstrom zu null. Es ist daher mit den Konstanten K_1 und K_2 für die Ausgleichsströme nach Gleichnng (1)

$$\left.\begin{aligned} i_{10}'' &= K_1 + K_2 = -J_1' + J_\mu \\ i_{20}'' &= K_1 - K_2 = -J_2' = \frac{M}{L} J_1'. \end{aligned}\right\} \tag{15}$$

In der letzten Zeile ist dabei noch die Beziehung (11) verwandt. Durch Addition dieser Gleichungen erhält man die Konstante

$$K_1 = -\frac{J_1'}{2}\left(1 - \frac{M}{L}\right) + \frac{J_\mu}{2} = -\frac{J_1'}{2}\frac{S}{L} + \frac{J_\mu}{2} = -\frac{E}{2\omega(L+M)} + \frac{J_\mu}{2} \cong +\frac{1}{4}J_\mu \tag{16}$$

und durch Subtraktion die Konstante

$$K_2 = -\frac{J_1'}{2}\left(1 + \frac{M}{L}\right) + \frac{J_\mu}{2} = -\frac{E}{2\omega S} + \frac{J_\mu}{2} = -J_k' + \frac{1}{2}J_\mu \cong -J_k'. \tag{17}$$

Dabei ist in beiden Gleichungen der Strom J_1' durch Gleichung (10) ersetzt und es ist in Gleichung (16) zur Erlangung eines einfachen Endresultates der Unterschied von Selbst- und Wechselinduktion vernachlässigt, so daß man den Magnetisierungsstrom nach Gleichung (14) einführen kann. In Gleichung (17) ist ferner der Näherungswert für den stationären Kurzschlußstrom nach Gleichung (12) eingeführt und es wurde ihm gegenüber der halbe Magnetisierungsstrom gestrichen.

Man erhält nunmehr die Ausgleichsströme selbst durch Einsetzen der Konstanten von Gleichung (16) und (17) in Gleichung (1) zu

$$\left.\begin{aligned} i_1'' &= \frac{J_\mu}{4}\,\varepsilon^{-\frac{t}{T_h}} - J_k'\,\varepsilon^{-\frac{t}{T_s}} \\ i_2'' &= \frac{J_\mu}{4}\,\varepsilon^{-\frac{t}{T_h}} + J_k'\,\varepsilon^{-\frac{t}{T_s}}. \end{aligned}\right\} \qquad (18)$$

Der sekundäre Kurzschluß des Transformators bewirkt also einerseits eine Entladung der Magnetisierungsströme des Feldes mit der ihnen entsprechenden großen Zeitkonstante T_h, jedoch tritt in jeder Wicklung als Anfangswert nur der vierte Teil des normalen Transformatormagnetisierungsstromes auf, also ein recht geringer Strom. Vollständig beherrscht wird die Erscheinung dagegen durch das Auftreten der Kurzschlußströme J_k, die wegen der kleinen Streuung unserer heutigen Transformatoren von 3 bis 6% bereits im stationären Betriebe entsprechend Gleichung (13) gewaltige Größe besitzen. Eine halbe Periode nach dem plötzlichen Kurzschluß werden diese Ströme durch die von ihnen ausgelösten Ausgleichsströme, die nach Gleichung (18) mit der Zeitkonstante des Streufeldes abklingen, nochmals auf fast den doppelten Betrag gebracht. Bei 3% Streuspannung eines Transformators tritt beim plötzlichen Kurzschluß ein Stromstoß vom fast 66fachen Betrage des Normalstromes auf, sofern der Transformator von einem ergiebigen Netz konstanter Spannung gespeist wird und sein Widerstand gegenüber der Streuung vernachlässigt wird. Fig. 58 stellt den Verlauf des Kurzschlußstromes dar.

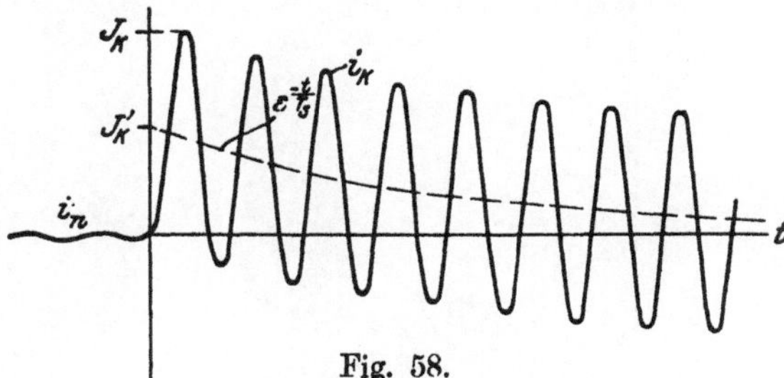
Fig. 58.

Bedenkt man, daß die elektrodynamischen Kraftwirkungen aller Ströme proportional dem Quadrat ihrer Stärke wachsen, so versteht man leicht, welchen enormen zerstörenden Wirkungen die Transformatoren beim Auftreten von Kurzschlüssen ausgesetzt sein können. Fig. 59 zeigt die Wicklungen eines nicht ausreichend versteiften Transformators nach einem derartigen Schaltvorgang.

Sieht man von der sehr geringfügigen Wirkung der Magnetisierungsausgleichsströme nach Gleichung (18) ab, und macht die in der Gleichungen (16) und (17) stehenden ebenso unerheblichen Vernachlässigungen, so erkennt man, daß der sekundäre Kurzschluß eines

Transformators genau so wirkt, als hätten wir den Stromkreis auf eine eisenfreie Drosselspule geschaltet, deren Selbstinduktion gleich der gesamten Streuinduktion des Transformators ist und deren Widerstand dem Widerstand beider Wicklungen gleichkommt, natürlich beides stets auf gleiche Windungszahl reduziert. Die Dauerströme sowohl wie die Ausgleichsströme, also der gesamte Verlauf der Erscheinung ist mit ausreichender Annäherung der gleiche, wie wir ihn im Kapitel 2 für das Schließen des Stromkreises auf eine Selbstinduktion kennenlernten.

Wir können zur Verfolgung der Kurzschlußvorgänge in einem beliebigen Netz daher jeden Transformator ersetzt

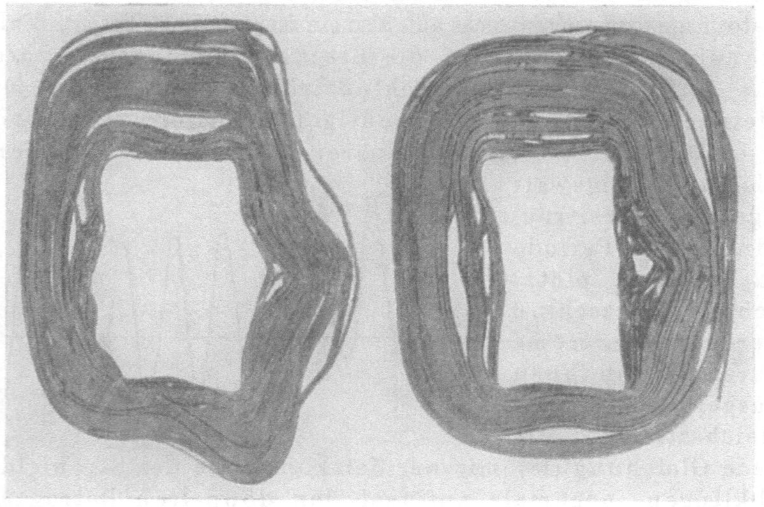

Fig. 59.

denken durch eine Drosselspule von einer Selbstinduktion und einem Widerstand, deren Werte mit der Streuinduktion und den Wicklungswiderständen des Transformators übereinstimmen. Dadurch wird eine sehr einfache Behandlung der Kurzschlußvorgänge auch in weitverzweigten Netzen mit verschiedenartigen Spannungen ermöglicht.

11. Wirbelströme in massiven Magnetkernen.

Wenn man Gleichstrommagnete ein- oder ausschaltet, deren massiver Eisenkern größere Querschnittsabmessungen besitzt, so können sich bei jeder magnetischen Änderung Sekundärströme im Eisen ausbilden, die die magnetischen Kraftlinien wie ein freier Wirbel umschlingen und die man daher Wirbelströme nennt. Diese Ströme wirken ganz ähnlich wie eine Sekundärwicklung auf den zeitlichen Verlauf der Schaltvorgänge ein. Da sie jedoch nicht in bestimmten von außen vorgeschriebenen Bahnen verlaufen, sondern sich im Innern des massiven Eisenkernes in verschiedenartiger Richtung und Dichte verteilen, so kann man den Bahnen der Wirbelströme nicht von vornherein bestimmte Widerstände und Selbstinduktionen zuordnen. Man muß vielmehr die elektromagnetische Verkettung jedes elementaren Wirbelfadens verfolgen und muß das Differentialgesetz der Erscheinung aufstellen, um den räumlichen und zeitlichen Verlauf der Wirbelströme berechnen zu können.

Wir stellen uns nach Fig. 60 einen Elektromagneten vor, der auf die Länge Δ massive Eisenkerne besitzt, in denen sich Wirbelströme ausbilden können. Ein zweiter Teil des magnetischen Kreises von der Länge δ besteht aus Luft und ein dritter Teil, die Joche, wird von fein unterteiltem Eisenblech gebildet, in dem sich keine merkbaren Wirbelströme bilden können. Wir zählen im Massiveisen die z-Richtung in Richtung der Kraftlinien und senkrecht dazu die x- und y-Richtung. Im Massiveisen wird dann lediglich die magnetische Induktion $\mathfrak{B}_z$ in der z-Richtung auftreten, während die den Magnetfluß erhaltenden Ströme $\mathfrak{i}$ und die Spannungen mit der Feldstärke $\mathfrak{E}$ nur in x- und y-Richtung auftreten können. Wir wollen alle diese Größen hier in absoluten elektromagnetischen Einheiten messen.

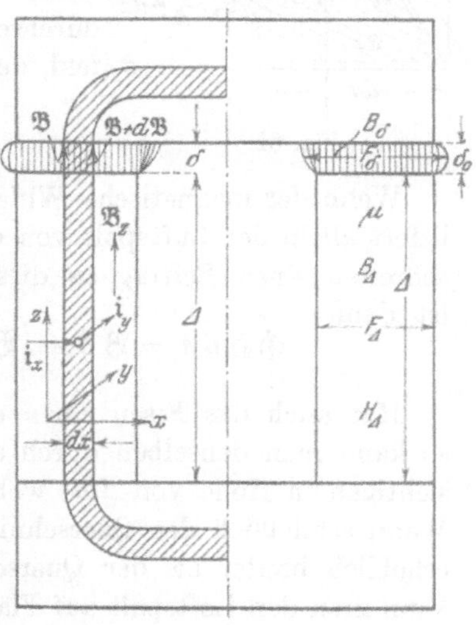

Fig. 60.

Wenn wir ein Flächenelement $dx\,dy$ betrachten, das von einem magnetischen Fluß

$$\Phi = \mathfrak{B}_z\,dx\,dy \tag{1}$$

durchsetzt wird, so erzeugt jede Änderung dieses Flusses elektrische Spannungen längs der x- und y-Achse, deren Umlaufspannung ist

$$\oint \mathfrak{E}\,ds = -\frac{d\Phi}{dt}. \tag{2}$$

Rechnet man dies Linienintegral nach Fig. 61 aus, so erhält man

$$\begin{aligned}\oint \mathfrak{E}\,ds &= \mathfrak{E}_x\,dx + \left(\mathfrak{E}_y + \frac{\partial \mathfrak{E}_y}{\partial x}\,dx\right)dy - \left(\mathfrak{E}_x + \frac{\partial \mathfrak{E}_x}{\partial y}\,dy\right)dx - \mathfrak{E}_y\,dy \\ &= \left(\frac{\partial \mathfrak{E}_y}{\partial x} - \frac{\partial \mathfrak{E}_x}{\partial y}\right)dx\,dy,\end{aligned} \tag{3}$$

und daher entsteht durch Einsetzen von Gleichung (1) und (3) in Gleichung (2)

$$\frac{\partial \mathfrak{E}_y}{\partial x} - \frac{\partial \mathfrak{E}_x}{\partial y} = -\frac{\partial \mathfrak{B}}{\partial t}. \tag{4}$$

Dabei ist anstatt $\mathfrak{B}_z$ einfach $\mathfrak{B}$ gesetzt, weil andere Komponenten der magnetischen Induktion nicht auftreten. Gleichung (4) stellt das elektromagnetische Induktionsgesetz in Differentialform dar, es gibt eine Beziehung zwischen der magnetischen Kraftliniendichte und der elektrischen Feldstärke an.

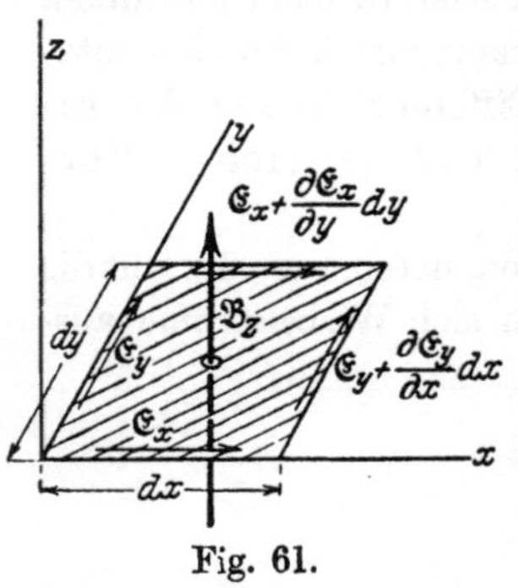

Fig. 61.

Betrachtet man andererseits ein langes Flächenelement, das in Fig. 60 schraffiert ist, und das gebildet wird aus zwei in z-Richtung nebeneinander verlaufenden Kraftlinien vom Abstande dx, so wird dasselbe von einer gesamten Wirbelstromstärke

$$J_y = \mathfrak{i}_y \Delta\, d x \tag{5}$$

durchsetzt. Dieser Strom erzeugt ein Magnetfeld, dessen Umlaufintegral ist

$$\oint \mathfrak{H}\, d s = 4\pi J\,. \tag{6}$$

Wenn der magnetische Widerstand des Eisens sehr klein ist, dann liefert allein der Luftspalt von der Länge δ beim zweimaligen Durchschreiten einen Beitrag zu diesem magnetischen Linienintegral. Es ist dann

$$\oint \mathfrak{H}\, d s = \mathfrak{B}\,\delta - \left(\mathfrak{B} + \frac{\partial \mathfrak{B}}{\partial x} d x\right)\delta = -\frac{\partial \mathfrak{B}}{\partial x}\,\delta\, d x\,. \tag{7}$$

Hat auch das Eisen einen erheblichen magnetischen Widerstand, so kann man denselben durch einen Zuschlag zum Luftspalt berücksichtigen in Höhe von Δ/μ, wobei μ die Permeabilität des Eisens ist. Wenn schließlich der Querschnitt des Luftspaltes und der Polflächen erheblich breiter als der Querschnitt des Massiveisens sein sollte, so kann man den Luftspalt auf Flächengleichheit reduzieren durch Multiplikation des wahren Luftspaltes δ_0 mit dem Flächenverhältnis von Kern und Spalt. Insgesamt hat man also unter dem Luftspalt δ in Gleichung (7) zu verstehen

$$\delta = \delta_0 \frac{F_\Delta}{F_\delta} + \frac{\Delta}{\mu}\,. \tag{8}$$

Anstatt des Querschnittsverhältnisses der Polflächen F kann man auch das reziproke Verhältnis der dort herrschenden Kraftliniendichten B einsetzen und anstatt der Permeabilität μ im Kerneisen das Verhältnis B/H. Dann erhält man aus Gleichung (8) für das Verhältnis der wirksamen Kraftlinienlängen

$$\frac{\delta}{\Delta} = \frac{1}{\Delta}\left(\delta_0 \frac{B_\delta}{B_\Delta} + \frac{H_\Delta \Delta}{B_\Delta}\right) = \frac{B_\delta\,\delta_0 + H_\Delta\,\Delta}{B_\Delta\,\Delta}\,, \tag{9}$$

was stets aus den geometrischen Abmessungen und der Magnetisierungskurve des Eisens für den stationären Zustand berechnet werden kann.

Setzt man nunmehr Gleichung (5) und (7) in Gleichung (6) ein, so erhält man

$$\mathfrak{i}_y = -\frac{1}{4\pi}\frac{\delta}{\Delta}\frac{\partial \mathfrak{B}}{\partial x}. \tag{10}$$

Das ist eine Beziehung zwischen der Wirbelstromdichte und der magnetischen Induktion, die *das Magnetisierungsgesetz in Differentialform* darstellt. Die Stromdichte in y-Richtung ist proportional der Abnahme der magnetischen Induktion in x-Richtung. Als Proportionalitätsfaktor tritt außer der Zahl 4π das eben erläuterte Längenverhältnis der Kraftlinien auf.

Eine ähnliche Beziehung läßt sich auf dem gleichen Wege für die Stromdichte in x-Richtung herleiten, nämlich

$$\mathfrak{i}_x = \frac{1}{4\pi}\frac{\delta}{\Delta}\frac{\partial \mathfrak{B}}{\partial y}. \tag{11}$$

Dabei tritt hier das positive Vorzeichen auf, was daher rührt, daß ein die z-Achse umkreisender Wirbelstrom nach Fig. 62 im positiven Quadranten im Sinne der x-Richtung, jedoch gegen die y-Richtung fließt.

Der Zusammenhang zwischen der Stromdichte $\mathfrak{i}$ und der elektrischen Feldstärke $\mathfrak{E}$ wird durch das *Ohm*sche Gesetz

$$\mathfrak{E}_x = s\,\mathfrak{i}_x, \quad \mathfrak{E}_y = s\,\mathfrak{i}_y \tag{12}$$

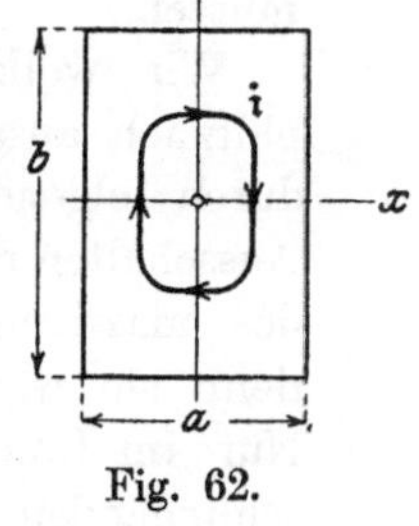

Fig. 62.

gebildet, in dem s den spezifischen Widerstand des Massiveisens bezeichnet. Differenziert man die hiernach sich ergebenden elektrischen Feldstärken aus Gleichung (10) und (11) nach x und y, so erhält man

$$\left.\begin{aligned} \frac{\partial \mathfrak{E}_y}{\partial x} &= -\frac{s}{4\pi}\frac{\delta}{\Delta}\frac{\partial^2 \mathfrak{B}}{\partial x^2} \\ \frac{\partial \mathfrak{E}_x}{\partial y} &= +\frac{s}{4\pi}\frac{\delta}{\Delta}\frac{\partial^2 \mathfrak{B}}{\partial y^2}, \end{aligned}\right\} \tag{13}$$

und wenn man dies in Gleichung (4) einsetzt, so erhält man als endgültige Differentialgleichung des Problems

$$\frac{\partial^2 \mathfrak{B}}{\partial x^2} + \frac{\partial^2 \mathfrak{B}}{\partial y^2} = \frac{4\pi\Delta}{s\,\delta}\frac{\partial \mathfrak{B}}{\partial t}. \tag{14}$$

Das ist eine Beziehung, die die *räumliche und zeitliche Änderung der Induktion* $\mathfrak{B}$ *im Eisenkern* miteinander verknüpft. Um zu einer einfachen Lösung dieser partiellen Differentialgleichung zweiter Ordnung zu gelangen, beschränken wir uns auf rechteckige Formen des Magnetkerns und legen den Nullpunkt unseres Koordinatensystems in die Mittellinie des Kernes, entsprechend Fig. 62.

Wir können nach den bisherigen Untersuchungen über das Abschalten von Gleichstromkreisen vermuten, daß das Magnetfeld auch hier nach einem Exponentialgesetze verklingt. Die räumliche Abhängigkeit von x und y versuchen wir durch trigonometrische Funktionen darzustellen, weil diese beim zweimaligen Differenzieren in ihrer Art ungeändert bleiben. Da sich das Magnetfeld symmetrisch zum Nullpunkt verteilen muß, so können nur Cosinusfunktionen in Betracht kommen. Wir versuchen daher den Ansatz

$$\mathfrak{B} = B \cos \alpha x \cos \beta y \, \varepsilon^{-\varrho t}, \tag{15}$$

in dem B eine später zu bestimmende Integrationskonstante ist, die die Anfangsstärke der Kraftliniendichte in der Kernmitte darstellt.

Die Differentialquotienten von Gleichung (15) lauten

$$\left.\begin{aligned} \frac{\partial^2 \mathfrak{B}}{\partial x^2} &= -\alpha^2 B \cos\alpha x \cos\beta y \, \varepsilon^{-\varrho t} \\ \frac{\partial^2 \mathfrak{B}}{\partial y^2} &= -\beta^2 B \cos\alpha x \cos\beta y \, \varepsilon^{-\varrho t} \\ \frac{\partial \mathfrak{B}}{\partial t} &= -\varrho B \cos\alpha x \cos\beta y \, \varepsilon^{-\varrho t}. \end{aligned}\right\} \tag{16}$$

Setzt man sie in Gleichung (14) ein, so heben sich die Funktionen von x, y und t sämtlich heraus, so daß unser Ansatz tatsächlich eine Lösung der Differentialgleichung darstellt. Es bleibt nur

$$\alpha^2 + \beta^2 = \frac{4\pi}{s} \frac{\varDelta}{\delta} \varrho \tag{17}$$

als Bedingungsgleichung, der die Größen α, β, ϱ des Ansatzes genügen müssen.

Wir wollen nun annehmen, daß der Gleichstrommagnet ganz plötzlich ausgeschaltet wird. Dann können die Werte von α und β durch folgende Überlegung bestimmt werden. Kurze Zeit nach dem Ausschalten der umgebenden Magnetwicklung haben die Randschichten des massiven Eisenkernes ihren Magnetismus vollständig verloren, denn sie werden von keinen erregenden Strömen mehr umschlungen. Nur im Innern kann das Feld noch durch die Wirkung der umschlingenden Wirbelstromfäden bestehen bleiben. Es ist daher für alle Zeiten nach dem Ausschalten

$$\mathfrak{B} = 0 \quad \text{für} \quad x = \pm \frac{a}{2} \quad \text{sowie für} \quad y = \pm \frac{b}{2}, \tag{18}$$

wenn mit a und b nach Fig. 62 die Seitenlängen des rechteckigen Kernquerschnitts bezeichnet werden.

Nun ist nach Einsetzen dieser Werte in Gleichung (15)

$$\left.\begin{aligned} \cos\left(\pm \alpha \frac{a}{2}\right) &= 0 \quad \text{für} \quad \alpha \frac{a}{2} = \frac{\pi}{2}, \frac{3\pi}{2}, \frac{5\pi}{2} \cdots \frac{n\pi}{2}, \\ \cos\left(\pm \beta \frac{b}{2}\right) &= 0 \quad \text{für} \quad \beta \frac{b}{2} = \frac{\pi}{2}, \frac{3\pi}{2}, \frac{5\pi}{2} \cdots \frac{m\pi}{2}, \end{aligned}\right\} \tag{19}$$

wobei n und m beliebige ungerade Zahlen sind. Die Differentialgleichung (14) hat daher nicht nur eine einzige, sondern eine ganze Reihe von möglichen Lösungen, die man alle erhält, wenn man n und m die Reihe der ungeraden Zahlen durchlaufen läßt und die hieraus entstehenden verschiedenen α und β in Gleichung (15) einsetzt.

Für irgendein bestimmtes n oder m ist dann entsprechend Gleichung (19)

$$\alpha_n = n\frac{\pi}{a}, \quad \beta_m = m\frac{\pi}{b}, \tag{20}$$

und der diesen Lösungen entsprechende zeitliche Dämpfungsfaktor wird nach Gleichung (17)

$$\varrho_{n,m} = \frac{s}{4\pi}\frac{\delta}{\Delta}\left[\left(\frac{n\pi}{a}\right)^2 + \left(\frac{m\pi}{b}\right)^2\right]. \tag{21}$$

Die vollständige Lösung für die Feldverteilung im Rechteckkern ist nunmehr in Erweiterung von Gleichung (15) durch die Summe aller Lösungen mit verschiedenen n und m gegeben durch

$$\mathfrak{B} = \sum_{n,m} B_{n,m}\cos\left(n\pi\frac{x}{a}\right)\cos\left(m\pi\frac{y}{b}\right)\varepsilon^{-\varrho_{n,m}t}, \tag{22}$$

wobei jedes besondere Feld seine eigene Amplitude $B_{n,m}$ besitzt.

Die Feldverteilung im Eisenkern nach dem Abschalten läßt sich also auffassen als Summe einer großen Reihe von Teilfeldern, von denen jedes cosinuswellenförmig nach x und y über den Eisenquerschnitt verteilt ist und zwar mit Wellenlängen, die um so kleiner sind, je gößer n und m gewählt werden, und die nach Maßgabe des Dämpfungsfaktors (21) um so schneller abklingen, je größer n und m sind. Die hohen Oberwellen verlöschen wegen des quadratischen Einflusses ihrer Ordnungszahl außerordentlich schnell, während die Grundwelle mit $n = m = 1$ am längsten bestehen bleibt.

Dieses Grundfeld besitzt nach Gleichung (21) den Dämpfungsfaktor

$$\varrho_{1,1} = \frac{\pi}{4}s\frac{\delta}{\Delta}\left(\frac{1}{a^2} + \frac{1}{b^2}\right). \tag{23}$$

Seine Zeitkonstante ist das Reziproke des Dämpfungsfaktors, also

$$T_{1,1} = \frac{4}{\pi s}\frac{\Delta}{\delta}\frac{a\,b}{\frac{a}{b} + \frac{b}{a}}, \tag{24}$$

sie ist also bei ähnlichen Verhältnissen proportional dem Querschnitt des Eisenkerns.

Für den Stahlgußpolkern einer großen Wechselstrommaschine mit den Seitenlängen $a = 30$ cm, $b = 60$ cm, einer Kernlänge $\Delta = 40$ cm und einem gleichwertigen Luftspalt $\delta = 0{,}6$ cm ergibt sich bei einem spezifischen Widerstand $s = 2 \cdot 10^4$ cm²/sec eine Zeitkonstante von

$$T_1 = \frac{4}{\pi \cdot 2 \cdot 10^4}\,\frac{40}{0{,}6}\,\frac{30 \cdot 60}{\frac{30}{60} + \frac{60}{30}} = 3{,}1 \text{ sec},$$

also ein recht langer Wert. Bei kleineren Abmessungen nimmt die Zeitkonstante ab und sinkt bei dünnen Magnetkernen auf Bruchteile einer Sekunde.

Das Grundfeld hat im Mittelpunkt des Eisenkernes sein örtliches Maximum und fällt gegen die Ränder cosinusartig bis auf null ab. Zur

Bestimmung der Amplituden $B_{n,m}$ der verschiedenen Grund- und Oberfelder müssen wir auf die Grenzbedingung im Schaltmoment eingehen und beachten, daß die Reihe (22) zur Schaltzeit $t = 0$ die ursprüngliche, vor dem Ausschalten bestehende Feldverteilung wiedergeben muß, die über dem ganzen Querschnitt die konstante Induktion B_0 besitzt. Ein solches nach zwei Richtungen konstantes Feld läßt sich nun in folgender Weise als Produkt zweier Cosinusreihen darstellen, von denen jede den Summenwert 1 besitzt:

$$\left.\begin{aligned}\mathfrak{B} = B_0 &\left[\frac{4}{\pi}\left(\cos\pi\frac{x}{a} - \frac{1}{3}\cos 3\pi\frac{x}{a} + \frac{1}{5}\cos 5\pi\frac{x}{a} - + \ldots\right)\right] \\ \times &\left[\frac{4}{\pi}\left(\cos\pi\frac{y}{b} - \frac{1}{3}\cos 3\pi\frac{y}{b} + \frac{1}{5}\cos 5\pi\frac{y}{b} - + \ldots\right)\right].\end{aligned}\right\} \quad (25)$$

Multipliziert man die Reihen aus, so erhält man sämtliche möglichen Cosinusprodukte mit allen ungeraden Zahlen im Argument. Das sind aber dieselben Produkte, die auch in Gleichung (22) aufgetreten sind. Die sämtlichen Feldamplituden dieses Ausdruckes bestimmen sich daher durch Vergleich mit diesen Reihen (25) zu

$$B_{n,m} = \pm\left(\frac{4}{\pi}\right)^2 \frac{B_0}{n\,m}. \quad (26)$$

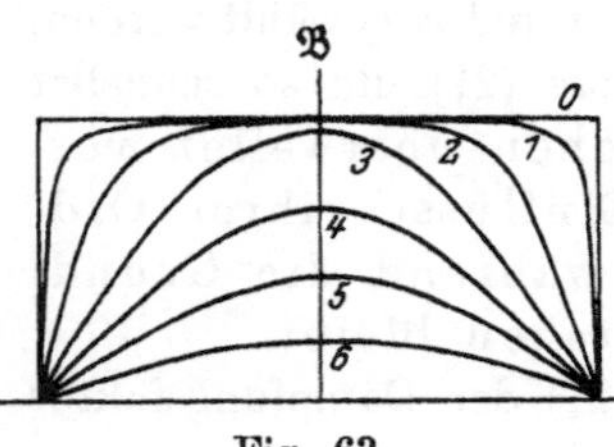

Fig. 63.

Insbesondere wird die **Amplitude der Grundwelle**, also des ersten Gliedes der Reihen (22) und (25)

$$B_{1,1} = \left(\frac{4}{\pi}\right)^2 B_0, \quad (27)$$

sie ist also 62% größer als das ursprüngliche konstante Feld, **während die Oberwellen nach Gleichung** (26) **mit wachsenden Ordnungszahlen schwächer und schwächer sind.**

Der Vorgang nach dem Ausschalten des Magneten spielt sich nach alledem folgendermaßen ab: Das bis zum Schaltmoment zeitlich und örtlich konstante Feld im Eisenkern zerfällt in eine Reihe von räumlichen Teilwellen, deren jede mit einer Amplitude nach Gleichung (26) beginnt und mit dem ihr eigenen Dämpfungsfaktor nach Gleichung (21) zeitlich verlöscht. Die hohen Oberwellen sind am schwächsten und verlöschen am schnellsten. Bereits kurze Zeit nach dem Ausschalten sind nur noch die niederen Oberwellen, und etwas später fast nur noch die Grundwelle vorhanden. Fig. 63 stellt die Verteilung der Induktion $\mathfrak{B}$ über den Querschnitt des Kernes für verschiedene Zeiten nach dem Ausschalten dar. Die Randschichten verlieren zuerst ihren Magnetismus, was dem Abklingen der hohen Oberwellen entspricht. Die mittleren Kernteile behalten ihr Feld am längsten, da es dort nur nach Maßgabe der Grundwelle und ihrer Zeitkonstante verlöscht. Wenn die Amplitude des Grundfeldes bis auf den Wert des ursprünglichen konstanten Feldes gesunken ist, dann sind sämtliche Oberwellen bereits bis auf wenige Prozente und Bruchteile davon abgeklungen.

Das gesamte Feld im Eisenkern wird daher einige Zeit nach dem Ausschalten im wesentlichen durch die Grundwelle bestimmt. Ihr Magnetfluß berechnet sich zu

$$\left.\begin{aligned} \Phi_1 &= \int_{-\frac{a}{2}}^{+\frac{a}{2}} \int_{-\frac{b}{2}}^{+\frac{b}{2}} B_1 \cos \alpha_1 x \cos \beta_1 y \, \varepsilon^{-\frac{t}{T_1}} \, dx\,dy \\ &= \left(\frac{4}{\pi}\right)^2 \left(\frac{2}{\pi}\right)^2 B_0 \, a \, b \, \varepsilon^{-\frac{t}{T_1}} = \frac{64}{\pi^4} \Phi_0 \, \varepsilon^{-\frac{t}{T_1}} = 0{,}66 \, \Phi_0 \, \varepsilon^{-\frac{t}{T_1}}, \end{aligned}\right\} \tag{28}$$

wenn Φ_0 den Fluß vor dem Abschalten bedeutet. Der Fluß der Grundwelle enthält also nur zwei Drittel des ursprünglichen Flusses, das andere Drittel setzt sich in Oberwellen um. Fig. 64 stellt das Abklingen des Flusses dar.

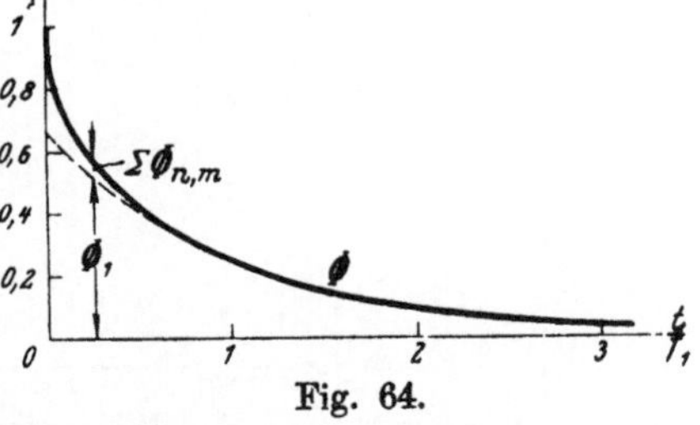

Fig. 64.

In der abgeschalteten Erregerspule wird von dem abklingenden Magnetfeld Spannung induziert. Im ersten Augenblick ist sie durch die außerordentlich schnell abklingenden Oberfelder sogar recht beträchtlich. Während wir zur Bestimmung dieser Oberfelder ein plötzliches Ausschalten der Spule und momentanes Freiwerden des Feldes vorausgesetzt haben, tritt dies in Wirklichkeit nicht ein, sondern die schnell verklingenden Oberfelder verursachen durch ihre hohe Spannung einen einige Zeit dauernden Ausschaltlichtbogen, so daß der Strom nicht momentan verlöscht. Dadurch wird der Verlauf der hohen Oberfelder natürlich beeinflußt, jedoch ist die Einwirkung des kurzzeitigen Auschaltefunkens auf die Grundwelle nur geringfügig.

Für die Windungsspannung des Grundfeldes erhält man

$$e_1 = -\frac{d\Phi_1}{dt} = \frac{64}{\pi^4} \frac{\Phi_0}{T_1} \varepsilon^{-\frac{t}{T_1}}, \tag{29}$$

das ist ebenfalls nur $^2/_3$ so viel, als wenn ein räumlich konstantes Feld mit gleicher Zeitkonstante abklingt. Führt man diese nach Gleichung (24) ein, so erhält man die Anfangsspannung des Grundfeldes

$$E_1 = \frac{16}{\pi^3} s \frac{\delta}{\Delta} \left(\frac{a}{b} + \frac{b}{a}\right) B_0 . \tag{30}$$

Diese Windungsspannung ist also nur von den Maß**verhältnissen** des Kernes abhängig, nicht von seiner absoluten Größe, sie wird für quadratische Pole am geringsten. Für den oben genannten Magnetkern erhält man bei einer Induktion $B_0 = 15\,000$ Gauss in 100 Windungen eine Anfangsspannung induziert von

$$E_1 = \frac{16}{\pi^3} 2 \cdot 10^4 \frac{0{,}6}{40} \left(\frac{30}{60} + \frac{60}{30}\right) 15000 \cdot 100 \cdot 10^{-8} = 5{,}7 \text{ Volt},$$

also nur einen recht geringen Betrag. Es ergibt sich daraus, daß die bei massiven Magnetkernen mit fast geschlossenem Eisenkreis beim Ausschalten auftretenden Überspannungen fast ganz von den schnell abklingenden Oberfeldern verursacht werden und daher nur geringe Energie enthalten, die man leichter durch die später beschriebenen Mittel beherrschen kann als die volle Energie von lamellierten Magnetkernen. Fig. 65 zeigt das Ausschalteoszillogramm eines großen Drehstromgenerators, in dem außer der Spannung an der Erregerwicklung auch die Spannung der offenen Wechselstromwicklung aufgenommen ist, die ein direktes Maß für

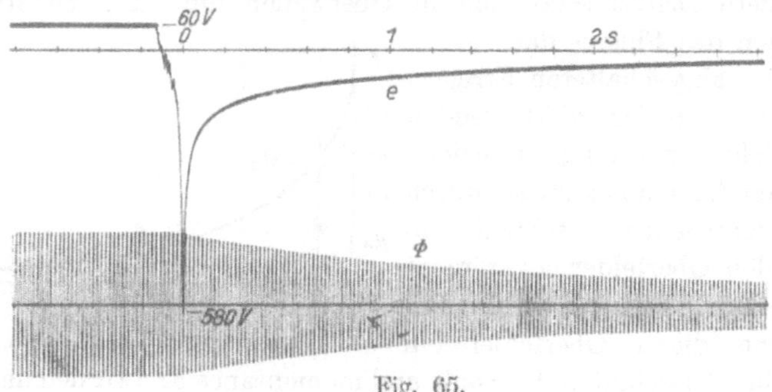

Fig. 65.

die Größe des abklingenden Magnetfeldes ist. Man erkennt deutlich die hohe, mit dem Verlöschen des Ausschaltefunkens einsetzende Oberfeldspannung, die schnell abklingt, so daß dann nur noch die langsam verlöschende Grundfeldspannung übrigbleibt.

Es hat Interesse, die Stromdichte der Wirbelströme im Eisen zu kennen, die sich nach Gleichung (10) durch Differenzieren von Gleichung (22) und Einsetzen von Gleichung (27) für das Grundfeld berechnet zu

$$\mathfrak{i}_y = \frac{4\,\delta\,B_0}{\pi^2 \Delta\, a} \sin \alpha_1 x \cos \beta_1 y \; \varepsilon^{-\frac{t}{T_1}}. \qquad (31)$$

Ist a die kleine Seite des Querschnittes von Fig. 62, so tritt die höchste Stromdichte $\mathfrak{i}_y$ auf für $x = a/2$, $y = 0$ und $t = 0$ und ist gleich dem ersten Faktor der Gleichung (31). Für die obengenannten Zahlenwerte errechnet sich eine höchste Stromdichte von

$$\mathfrak{i}_y = \frac{4 \cdot 0{,}6 \cdot 15000}{\pi^2 \cdot 40 \cdot 30} \cdot 10^{-1} = 0{,}3 \text{ A/mm}^2.$$

Wesentlich größere Werte ergeben sich zwar für die Oberfelder oder für kleinere Kernabmessungen a, da jedoch die Zeitdauer der Ströme dann nur sehr gering ist, so kann selbst eine hohe Stromdichte keine merkbare Wärmewirkung hervorbringen, falls nicht sehr häufig geschaltet wird.

Auch die Vorgänge beim Einschalten massiver Feldmagnete können wir jetzt übersehen. Würde der Erregerstrom momentan auf seine volle Stärke springen, so würden die Teilfelder als Ausgleichsfelder sämtlich genau so entstehen und vergehen wie beim momentanen Ausschalten und hätten nur entgegengesetzte Richtung. Sie überlagern sich dann dem konstanten stationären Felde und lassen das Gesamtfeld räumlich und zeitlich nach Maßgabe ihres Abklingens allmählich zur Entwicklung kommen. Im ersten Augenblick nach dem Schalten schwellen nur die hohen Oberfelder am Rande des Kernes an und lassen die Magnetisierung in ihn allmählich eindringen, wie Fig. 66 zeigt. Schließlich wächst auch das Feld in der Mitte an und treibt das abklingende Grundfeld immer mehr zurück.

In Wirklichkeit verläuft der Einschaltvorgang jedoch etwas anders, weil durch das anwachsende Feld auch in der Erregerspule Gegenspannungen induziert werden, die den Erregerstrom schwächen. Unmittelbar nach dem Einschalten, wenn die hohen ihm entgegenwirkenden Randströme der Oberfelder noch bestehen, schnellt der Erregerstrom auf einen bestimmten Wert herauf. Die Spule erzeugt noch nicht viel anderes als ein Streufeld außerhalb und in den Randschichten des Eisenkernes, das Hochschnellen entspricht der kleinen Zeitkonstante dieser Felder. Alsdann wächst der Erregerstrom nur langsam weiter und nähert sich seinem Endwert nach einer Zeitkonstante, die der Summe der Zeitkonstanten des Grundfeldes im Eisenkern und der Erregerspule selbst entspricht.

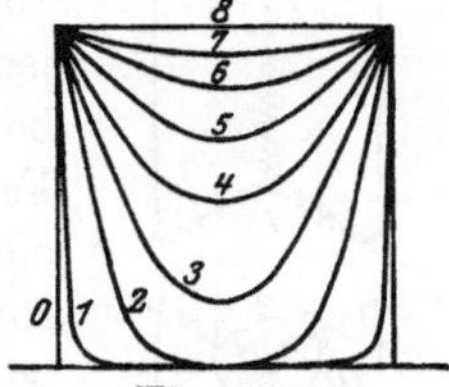

Fig. 66.

Die Erscheinungen beim Schalten massiver Magnetkerne ähneln sehr dem Schalten von Gleichstrommagneten mit Dämpferwicklung. Die Wirbelströme des Grundfeldes spielen hier die gleiche Rolle wie dort die Dämpferströme, die schnell abklingenden Oberfelder spielen eine ähnliche Rolle wie dort das Streufeld. Beim praktischen Vergleich muß man natürlich beachten, daß man für die Dämpferwicklung Kupfer hoher Leitfähigkeit verwenden kann, während das massive Feldeisen sowohl bei Stahlguß als besonders bei Gußeisen eine recht schlechte Leitfähigkeit besitzt. Einen quantitativen Vergleich der Wirkungen erhält man in jedem einzelnen Falle durch die Berechnung der Zeitkonstanten.

Die Zeitkonstante massiver Magnetkerne gibt auch stets einen Anhalt dafür, ob es erforderlich ist, das Eisen zur Ermöglichung schneller Feldänderungen zu lamellieren. Bei Haupt- und Wendepolen von Gleichstrommaschinen und anderen Magnetkernen und -jochen für Serienerregung ist das häufig erforderlich.

12. Freie Drehfelder in Mehrphasenmaschinen.

Man hat seit Jahren die unangenehme Erfahrung gemacht, daß das Schalten von Drehfeldmaschinen synchroner und asynchroner Bauart zu den gefährlichsten Vorgängen gehört, die die Elektrotechnik kennt, da bei dieser Gelegenheit Überströme in den Wicklungen auftreten können, die je nach Ausführung der Maschine und Art des Schaltprozesses bis zum 50fachen des normalen Betriebsstromes anwachsen und daher bei der Größe der meist benutzten Generatoren gewaltige Energiemengen in Freiheit setzen können.

In den gebräuchlichen Wechselstromgeneratoren und -motoren wird das Magnetfeld entweder von einer Gleichstromwicklung erzeugt und wirkt durch deren Rotation induzierend auf die Wechselstromwicklung ein, oder es wird von einer ruhenden Wechselstromwicklung erzeugt und wirkt sowohl auf diese zurück als auch auf die bewegte Wechselstromwicklung ein. In jedem Falle besitzt die Maschine ruhende Ständer- und bewegte Läuferwicklungen, die durch ein magnetisches Feld gekoppelt sind und daher induktiv aufeinander einwirken können. Wir wollen annehmen, daß Ständersowohl wie Läuferwicklung nach Art von Mehrphasenwicklungen ausgeführt sind, bei Synchronmaschinen entspricht das der Schaltung nach Fig. 67. Die Rechnungen werden für diesen symmetrischen Fall am einfachsten, und wir können die meisten praktisch vorkommenden Ausführungsformen auf ihn reduzieren.

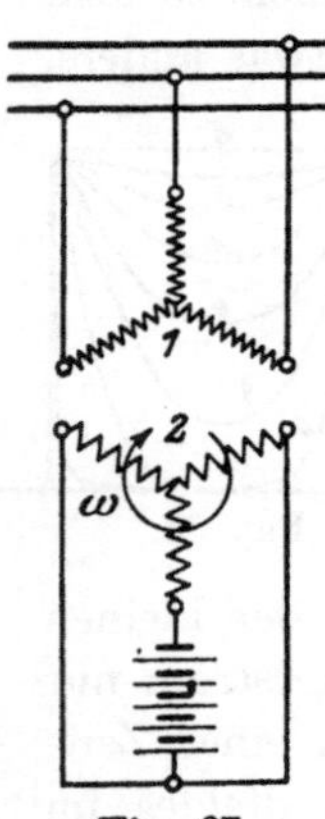

Fig. 67.

Würde die Wicklung des Läufers gegenüber dem Ständer stillstehen, so würden wir die nach dem Schalten auftretenden Ausgleichsströme nach Kapitel 9 berechnen können. Auch bei gegeneinander rotierenden Wicklungen werden Ausgleichsströme und ihnen entsprechende Ausgleichsmagnetfelder auftreten, die allmählich verlöschen. Diese Felder können jetzt aber auch Bewegungen ausführen, sie brauchen nicht am Ständer oder Läufer festzuhaften, sondern können sich gegenüber beiden bewegen. Stets werden sie dabei in den Wicklungen, gegen die sie rotieren, erhebliche Spannungen induzieren, die zum Auftreten starker Ausgleichsströme Anlaß geben.

Um die auftretenden Erscheinungen zu berechnen, müssen wir die Differentialgleichungen für das Gleichgewicht der Spannungen in den Ständer- und Läuferwicklungen der Mehrphasenmaschine aufstellen. Dabei muß berücksichtigt werden, daß wegen der Rotation der Läuferwicklung dauernd verschiedene Wicklungsphasen von Ständer und Läufer induktiv miteinander verkettet sind, was auf variable Koeffizienten der Wechselinduktion führt und schwerfällige Rechnungen verursacht. Wir können die Vorgänge nun aber durch einen Kunstgriff einfacher beschreiben, indem wir nämlich die Ströme nicht bestimmten Phasenwicklungen zuordnen, die ihre Lage im Raum ändern, sondern indem wir lediglich die Stromsysteme im Ständer und Läufer betrachten, die induktiv aufeinander einwirken und sich mit noch unbekannter Geschwindigkeit über ihre Wicklungen hinweg bewegen und dabei verlöschen.

In Fig 68 sind die Stromsysteme von Ständer und Läufer, die durch das Magnetfeld der Maschine miteinander verkettet sind, für eine zweipolige Anordnung schematisch dargestellt. Sie laufen in der Drehfeldmaschine gemeinsam um und besitzen eine räumliche Verteilung, die meist in guter Annäherung sinusförmig ist. Wie in jeder Transformatorwicklung liegen positive Ständerströme negativen Läuferströmen und negative Ständerströme positiven Läuferströmen gegenüber. Die Drehgeschwindigkeit der Stromsysteme gegenüber der Ständerwicklung, also die absolute Winkelgeschwindigkeit im Raume, sei α. Dann ist die Geschwindigkeit gegenüber der Läuferwicklung, die ihrerseits die mechanische Umdrehungsgeschwindigkeit ω besitzt,

$$\beta = \alpha - \omega . \tag{1}$$

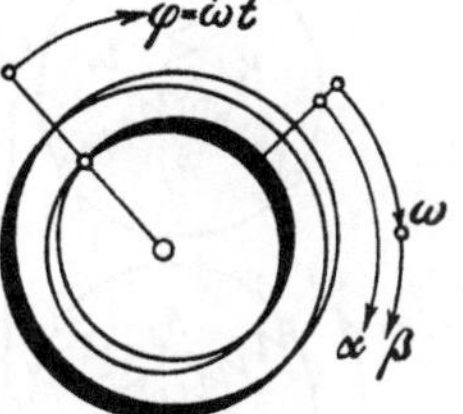

Fig. 68.

Wir wollen alle drei Größen der Gleichung (1) als elektrische Kreisfrequenz, also als Zahl der Perioden in 2π Sekunden messen, um unabhängig von der Polzahl der Drehfeldmaschine zu sein.

Um die Beziehungen für den Verlauf der Ausgleichsströme in den beiden Wicklungen zu erhalten, müssen wir diese über die wirklichen Leitungen als geschlossen betrachten und die äußeren Spannungen unberücksichtigt lassen. Die Spannungen der Selbstinduktion, der Wechselinduktion und des Widerstandes stehen dann in jeder Wicklung miteinander im Gleichgewicht. Es ist also

$$\left.\begin{aligned} L_1 \frac{d i_1}{d t} + R_1 i_1 + M \frac{d i_2}{d t'} = 0 \\ L_2 \frac{d i_2}{d t} + R_2 i_2 + M \frac{d i_1}{d t'} = 0 . \end{aligned}\right\} \tag{2}$$

Die erste dieser Gleichungen bezieht sich auf die feste Ständerwicklung und ihren Stromkreis, die zweite auf die bewegte Läuferwicklung. Mit i_1 und i_2 sind die lokalen Momentanwerte der Ströme, mit R, L und M die Widerstände, Selbst- und Wechselinduktionen der Wicklungen bezeichnet. Die Eigenzeiten sind mit t, die auf die jeweils andere Wicklung bezogenen Zeiten mit t' bezeichnet. In Fig. 69 sind die beiden Stromkreise schematisch dargestellt.

Wir wollen versuchen, die Differentialgleichungen durch den harmonischen Ansatz für die Ströme zu lösen

$$\left.\begin{aligned} i_1 &= J_1\,\varepsilon^{j(\alpha t+\varphi)} \\ i_2 &= J_2\,\varepsilon^{j(\beta t+\varphi)}\,. \end{aligned}\right\} \qquad (3)$$

Darin sind α und β die Frequenzen der Ströme, die unter sich in dem Zusammenhang nach Gleichung (1) stehen, und φ ist ein zunächst willkürlicher räumlicher Phasenwinkel, den wir im Ständer zu null ansetzen können und der im Läufer auch zu null gesetzt werden könnte, wenn man das Läuferstromsystem von einem mit der Läuferwicklung rotierenden Beobachter aus betrachtet. Will man die Läuferstromverteilung jedoch vom festen Raume aus betrachten, so muß man auch den Drehwinkel des Läufers, der gleich ωt ist beachten und daher φ gleich diesem Winkel setzen. Beide Ausdrücke (3) ergeben einen sinusförmigen Verlauf der Ströme nach Zeit und Ort, sie stellen also umlaufende Drehfeld-Stromverteilungen dar.

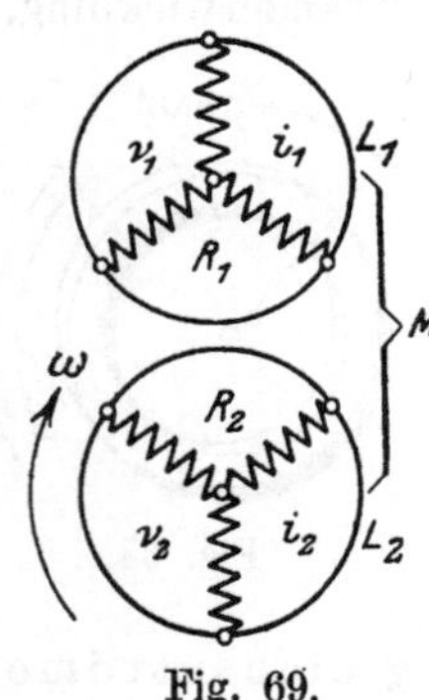

Fig. 69.

Für die Differentialquotienten der Ströme nach der Zeit, die die Selbstinduktionsspannungen in Gleichung (2) ergeben, erhält man aus Gleichung (3)

$$\left.\begin{aligned} \frac{d i_1}{dt} &= j\,\alpha\, i_1 \\ \frac{d i_2}{dt} &= j\beta\, i_2\,. \end{aligned}\right\} \qquad (4)$$

Bei den Differentialquotienten für die Wechselinduktion muß man jedoch beachten, daß sich beispielsweise $M\,d\,i_2/d\,t'$ zwar auf die zeitliche Veränderung des Rotorstromsystems bezieht, jedoch gesehen vom Stator, also vom festen Raum aus. Infolgedessen muß man die Bewegung des Läufers gegenüber dem Ständer mit berücksichtigen und für den totalen Differentialquotient schreiben

$$\frac{d i_2}{d t'} = \frac{\partial i_2}{\partial t} + \frac{\partial i_2}{\partial \varphi}\frac{d\varphi}{dt} = j\beta i_2 + j\omega i_2 = j\,\alpha\, i_2\,. \qquad (5)$$

Darin ist im zweiten Glied für $d\varphi/dt$ die Winkelgeschwindigkeit der Umdrehung ω eingeführt und dabei Gleichung (1) beachtet. Ebenso erhält man für die Spannung der Wechselinduktion im Läufer, von dem aus gesehen der Ständer mit der entgegengesetzten Winkelgeschwindigkeit $-\omega$ rotiert:

$$\frac{d i_1}{d t'} = \frac{\partial i_1}{\partial t} + \frac{\partial i_1}{\partial \varphi}\frac{d\varphi}{dt} = j\alpha i_1 - j\omega i_1 = j\beta i_2\,. \qquad (6)$$

Man hat also die Wechselinduktionswirkung des Läuferstromsystems auf den Ständer so aufzufassen, als ob sie mit der Ständerfrequenz α erfolgte, und umgekehrt wirkt das Ständerstromsystem mit der Frequenz β auf den Läufer ein, was beim Vorhandensein von Drehfeldern auch der Anschauung entspricht. Der Einfluß der Rotation des Läufers wird dadurch auf einfachste Weise vollständig und korrekt berücksichtigt, ohne daß man seine Zuflucht zu zeitlich veränderlichen Wechselinduktionen zwischen Ständer und Läufer nehmen müßte.

Durch Einsetzen aller Differentialquotienten von Gleichung (3) bis (6) in Gleichung (2) erhält man nunmehr für die Amplituden und die Frequenzen der freien Ströme die beiden Bedingungsgleichungen

$$\left.\begin{aligned} j\alpha L_1 J_1 + R_1 J_1 + j\alpha M J_2 &= 0 \\ j\beta L_2 J_2 + R_2 J_2 + j\beta M J_1 &= 0 . \end{aligned}\right\} \tag{7}$$

Wir wollen zunächst die Frequenzen der Ausgleichsströme bestimmen, um einen allgemeinen Überblick über deren zeitlichen Verlauf zu erhalten. Wir eliminieren dafür die Stromamplituden, indem wir ihr Verhältnis aus beiden Gleichungen (7) bestimmen zu

$$\frac{J_1}{J_2} = \frac{-j\alpha M}{R_1 + j\alpha L_1} = \frac{R_2 + j\beta L_2}{-j\beta M} . \tag{8}$$

Multiplizieren wir die beiden Brüche aus, so erhalten wir

$$\alpha\beta(L_1 L_2 - M^2) = R_1 R_2 + j(\alpha L_1 R_2 + \beta L_2 R_1) . \tag{9}$$

Wir wollen diese Gleichung durch $L_1 L_2$ dividieren und zur Abkürzung den Wert

$$\frac{L_1 L_2 - M^2}{L_1 L_2} = 1 - \frac{M^2}{L_1 L_2} = \sigma \tag{10}$$

setzen. Es ist dies der totale Streukoeffizient der Maschine. Ferner setzen wir die Verhältnisse

$$\frac{R_1}{\sigma L_1} = \varrho_1 , \quad \frac{R_2}{\sigma L_2} = \varrho_2 \tag{11}$$

und beachten, daß sie den Quotienten aus Wicklungswiderstand und Streuinduktion jeder Wicklung darstellen, und daher das Reziproke der Zeitkonstanten der Streufelder sind. Wir erhalten dann für Gleichung (9) die einfache Form

$$\alpha\beta - j(\alpha\varrho_2 + \beta\varrho_1) = \varrho_1\varrho_2\sigma , \tag{12}$$

die zusammen mit Gleichung (1) die Frequenzen α und β der freien Ströme zu berechnen gestattet.

Für symmetrische Wicklungen mit gleichen Zeitkonstanten im Ständer und Läufer, wie es bei den meisten Asynchronmaschinen mit ausreichender Näherung vorkommt, werden die Größen ϱ_1 und ϱ_2 der Gleichungen (11) identisch. Man erhält daher für die symmetrische Maschine

$$\alpha\beta - j\varrho(\alpha + \beta) = \varrho^2\sigma , \tag{13}$$

und wenn man nunmehr β durch Gleichung (1) herausschafft, als Bedingungsgleichung für α

$$\alpha^2 - \alpha(\omega + 2j\varrho) = \sigma\varrho^2 - j\omega\varrho . \tag{14}$$

Die Lösung dieser quadratischen Gleichung ist

$$\alpha = \left(\frac{\omega}{2} + j\varrho\right) \pm \sqrt{\left(\frac{\omega}{2} + j\varrho\right)^2 + \sigma\varrho^2 - j\omega\varrho} . \tag{15}$$

Darin heben sich unter der Wurzel nach dem Ausmultiplizieren die imaginären Werte fort, so daß man endgültig erhält

$$\alpha = j\varrho + \omega\left[\frac{1}{2} \pm \sqrt{\left(\frac{1}{2}\right)^2 - \left(\frac{\varrho}{\omega}\right)^2(1-\sigma)}\right] \tag{16}$$

und damit aus Gleichung (1)

$$\beta = j\varrho + \omega\left[-\frac{1}{2} \pm \sqrt{\left(\frac{1}{2}\right)^2 - \left(\frac{\varrho}{\omega}\right)^2(1-\sigma)}\right]. \tag{17}$$

Wir erkennen aus dieser Lösung, daß die Schwingungsfrequenzen α und β der freien Stromsysteme im Ständer und Läufer komplex sind. Solange die Widerstände, also ϱ, nicht unmäßig groß sind, bleiben die Wurzeln reell. Wir wollen die gesamten reellen Teile, also die zweiten Glieder der Gleichungen (16) und (17), die doppelwertig sind, für den Ständer mit

$$\nu_1 = \omega\left[\frac{1}{2} \pm \sqrt{\left(\frac{1}{2}\right)^2 - \left(\frac{\varrho}{\omega}\right)^2(1-\sigma)}\right] = \begin{cases}\nu_1'' \\ \nu_1'\end{cases} \tag{18}$$

und für den Läufer mit

$$\nu_2 = \omega\left[-\frac{1}{2} \pm \sqrt{\left(\frac{1}{2}\right)^2 - \left(\frac{\varrho}{\omega}\right)^2(1-\sigma)}\right] = \begin{cases}\nu_2'' \\ \nu_2'\end{cases} \tag{19}$$

bezeichnen. Setzen wir dann die Werte aus Gleichung (16) bis (19) in den Ansatz für die Ströme nach Gleichung (3) ein, wobei wir den willkürlichen Phasenwinkel φ streichen wollen, so erhalten wir

$$\left.\begin{aligned} i_1 &= J_1\,\varepsilon^{-\varrho t}\,\varepsilon^{j\nu_1 t} \\ i_2 &= J_2\,\varepsilon^{-\varrho t}\,\varepsilon^{j\nu_2 t}. \end{aligned}\right\} \tag{20}$$

Die freien Stromsysteme in symmetrischen Mehrphasenmaschinen klingen also zeitlich mit einem Dämpfungsfaktor ϱ ab, der für Ständer und Läufer gleich ist und sich nach Gleichung (11) aus dem Quotienten von Widerstand und Streuinduktion berechnet. In jeder Wicklung können zwei freie Stromsysteme auftreten, die mit verschiedenen Geschwindigkeiten umlaufen und die Frequenzen ν' und ν'' besitzen, deren genaue Größe sich für den Ständer aus Gleichung (18) und für den Läufer aus Gleichung (19) bestimmt. Dabei gibt nach Gleichung (18) die Summe der beiden Frequenzen des Ständerstromes genau die Umdrehungsfrequenz ω des Läufers wieder, während die Summe der beiden Läuferfrequenzen nach Gleichung (19) den entgegengesetzten Wert, also die scheinbare Umdrehungsfrequenz $-\omega$ des Ständers vom Läufer aus betrachtet, darstellt. Im allgemeinen ist die eine der Umlauffrequenzen der Stromsysteme groß, die andere klein. Da nach Gleichung (16) bis (19) die große Läuferfrequenz ν_2' aus der kleinen Ständerfrequenz ν_1' und die kleine Läuferfrequenz ν_2'' aus der großen Ständerfrequenz ν_1'' hervorging, so gehören auch die entsprechenden ein- oder zweifach gestrichenen Stromsysteme im Ständer und Läufer je für sich zusammen und laufen mit der gleichen Absolutgeschwindigkeit in der Maschine um. Fig. 70 stellt die Abhängigkeit der Frequenzen vom Widerstand für einen Streukoeffizient $\sigma = 10\%$ dar.

Für geringe Widerstände, also kleines ϱ, erhalten wir in Annäherung aus Gleichung (18) für den Ständer

$$\left.\begin{aligned} \frac{\nu_1'}{\omega} &= \left(\frac{\varrho}{\omega}\right)^2 (1-\sigma) \\ \frac{\nu_1''}{\omega} &= 1 - \left(\frac{\varrho}{\omega}\right)^2 (1-\sigma) \end{aligned}\right\} \qquad (21)$$

und aus Gleichung (19) für den Läufer

$$\left.\begin{aligned} \frac{\nu_2'}{\omega} &= -1 + \left(\frac{\varrho}{\omega}\right)^2 (1-\sigma) \\ \frac{\nu_2''}{\omega} &= -\left(\frac{\varrho}{\omega}\right)^2 (1-\sigma). \end{aligned}\right\} \qquad (22)$$

Den beiden Stromverteilungen, die im Raume mit den Frequenzen ν_1' und ν_1'' umlaufen, entsprechen auch zwei Drehfelder Φ' und Φ'', die von ihnen erzeugt werden. Wie die Gleichungen (21) und (22) zeigen, besitzt das Feld Φ' und seine Stromverteilungen im Ständer und Läufer nur eine sehr geringe Geschwindigkeit im Raume, deren Betrag durch ϱ, also durch die geringe Größe der Widerstände, gegeben ist. Es hängt nahezu fest am Ständer und durchschneidet den Läufer mit fast voller Geschwindigkeit. Das andere Drehfeld Φ'' hängt mit sehr kleiner Schlüpfung nahezu fest am Läufer und durchschneidet die Ständerwicklung mit fast voller Geschwindigkeit.

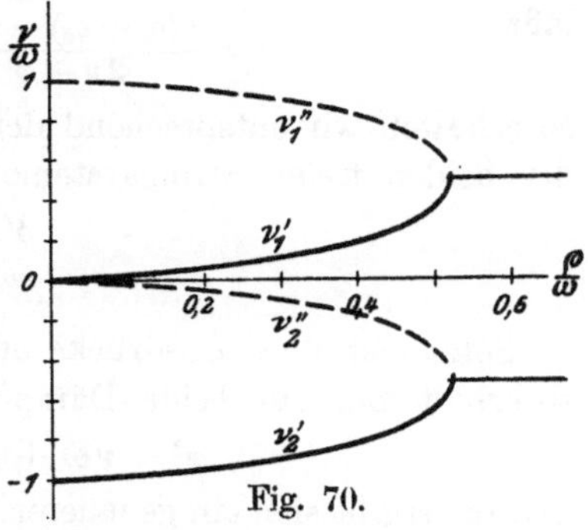

Fig. 70.

Für unsymmetrische Wicklungen im Ständer und Läufer, für die die Zeitkonstanten nach Gleichung (11) verschiedene Werte besitzen, ist die genaue Lösung der Gleichung (12) nicht so einfach. Schaffen wir β mit Hilfe von Gleichung (1) heraus, so erhalten wir die quadratische komplexe Gleichung

$$\alpha^2 - \alpha\,[\omega + j\,(\varrho_1 + \varrho_2)] = \sigma\,\varrho_1\,\varrho_2 - j\,\omega\,\varrho_1\,. \qquad (23)$$

α besitzt natürlich auch hier komplexe Form. Wir setzen es an zu

$$\alpha = j\,\delta + \nu\,. \qquad (24)$$

Nach Gleichung (3) bedeutet dann δ die Dämpfung, ν die Frequenz der freien Ständerströme. Führen wir den Ausdruck (24) in Gleichung

6*

(23) ein und trennen die reellen und imaginären Glieder, die unter sich gleich sein müssen, so erhalten wir die beiden Beziehungen

$$\left.\begin{aligned} \nu^2 - \delta^2 - \nu\,\omega + \delta\,(\varrho_1 + \varrho_2) - \sigma\,\varrho_1\,\varrho_2 &= 0 \\ 2\,\nu\,\delta - \delta\,\omega - \nu\,(\varrho_1 + \varrho_2) + \omega\,\varrho_1 &= 0\,. \end{aligned}\right\} \tag{25}$$

Wir wollen diese quadratischen Gleichungen für δ und ν nicht streng lösen, sondern uns wieder mit einer Näherung für kleine Widerstände begnügen, wodurch die praktisch vorkommenden Fälle im allgemeinen gedeckt werden. Wir wissen von der symmetrischen Maschine her, daß ein Drehfeld am Ständer, ein anderes am Läufer klebt, daß also ungefähr

$$\left.\begin{aligned} \nu' &\cong 0 \\ \nu'' &\cong \omega \end{aligned}\right\} \tag{26}$$

sein wird. Die Indizes 1 und 2 wollen wir weglassen und die Frequenzen nur für den Ständer berechnen, die für den Läufer sind nach Gleichung (1) naturgemäß um die Umdrehungsfrequenz ω davon verschieden.

Setzen wir die Näherungswerte der Gleichung (26) in die genaue zweite Gleichung (25) ein, die für δ linear ist und sich wahlweise schreiben läßt

$$\delta = \frac{\nu\,(\varrho_1 + \varrho_2) - \omega\,\varrho_1}{2\,\nu - \omega} = \frac{\nu\,\varrho_2 + (\nu - \omega)\,\varrho_1}{\nu + (\nu - \omega)}\,, \tag{27}$$

so erhalten wir entsprechend den beiden Frequenzen die Dämpfungen der beiden freien Stromsysteme in Näherung zu

$$\left.\begin{aligned} \delta' &= \varrho_1 \\ \delta'' &= \varrho_2\,. \end{aligned}\right\} \tag{28}$$

Setzt man diese Ausdrücke nunmehr in die erste Gleichung (25) ein, so erhält man für beide Dämpfungswerte die gleiche Beziehung

$$\nu^2 - \nu\,\omega + \varrho_1\,\varrho_2\,(1 - \sigma) = 0\,. \tag{29}$$

Daraus ergibt sich ein genauerer Wert für die beiden Umlauffrequenzen

$$\nu = \omega\left[\frac{1}{2} \pm \sqrt{\left(\frac{1}{2}\right)^2 - \frac{\varrho_1\,\varrho_2}{\omega^2}\,(1 - \sigma)}\,\right] \tag{30}$$

oder, wenn man konsequenterweise das zweite Glied unter der Wurzel als klein gegen das erste betrachtet, in Annäherung

$$\left.\begin{aligned} \frac{\nu'}{\omega} &= \frac{\varrho_1\,\varrho_2}{\omega^2}\,(1 - \sigma) \\ \frac{\nu''}{\omega} &= 1 - \frac{\varrho_1\,\varrho_2}{\omega^2}\,(1 - \sigma)\,. \end{aligned}\right\} \tag{31}$$

Die freien Drehfelder in der unsymmetrischen Maschine verhalten sich demnach sehr ähnlich wie in der symmetrischen. Auch hier kleben ein Drehfeld Φ' und die ihm entsprechenden Stromsysteme am Ständer und schlüpfen gegen ihn im Sinne der Läuferdrehung mit der sehr geringen, durch die erste Gleichung (31) ausgedrückten Geschwindigkeit. Diese berechnet sich aus den Widerständen beider Wicklungen, während die zeitliche Dämpfung dieses Feldes sich nach der ersten Gleichung (28) lediglich nach dem Widerstand der Ständerwicklung richtet. Das andere freie Drehfeld rotiert nach der zweiten Gleichung (31) fast mit der Geschwindigkeit des Läufers. Es schlüpft um denselben Betrag hinter dem Läufer her, um den das erste Feld sich gegen den Ständer bewegt. Seine zeitliche Dämpfung ist nach der zweiten Gleichung (28) lediglich durch den Läuferwiderstand bedingt.

Derartige freie Drehfelder, deren eines nahezu am Ständer, deren anderes nahezu am Läufer festhängt, und deren Schlupfgeschwindigkeit und Dämpfung im wesentlichen durch das Verhältnis von Widerstand und Streuinduktion der Wicklungen bestimmt wird, treten in allen Wechselstrommaschinen stets auf, wenn Schaltvorgänge oder Belastungsänderungen vorgenommen werden. Da größere Wechselstrommaschinen im allgemeinen sehr große Streuinduktionen und sehr kleine Widerstände besitzen, so pflegen diese Ausgleichsströme nur langsam zu verschwinden und können während vieler Sekunden die Vorgänge im Stromkreise vorherrschend bestimmen. Es ist charakteristisch, daß im Ständer wie auch im Läufer stets sowohl ein schneller als auch ein sehr langsamer Wechselstrom auftritt, die sich übereinanderlagern und zusammen mit dem stationären Strom das vollständige Bild der Erscheinung geben.

Da unsere Rechnung ergibt, daß für die Exponentialwerte α und β in Gleichung (3) und (24) je zwei Lösungen existieren, so müssen wir zur vollständigen Bestimmung des Stromverlaufs auch je zwei Konstanten für die Stromamplituden ansetzen. Wir erhalten dann für Ständer und Läufer die vollständigen Ausgleichsströme gegeben durch

$$\left.\begin{aligned} i_1 &= K_1 \varepsilon^{j\alpha' t} + K_2 \varepsilon^{j\alpha'' t} = K_1 \varepsilon^{-\varrho_1 t} \varepsilon^{j\nu_1' t} + K_2 \varepsilon^{-\varrho_2 t} \varepsilon^{j\nu_1'' t} \\ i_2 &= K_3 \varepsilon^{j\beta' t} + K_4 \varepsilon^{j\beta'' t} = K_3 \varepsilon^{-\varrho_1 t} \varepsilon^{j\nu_2' t} + K_4 \varepsilon^{-\varrho_2 t} \varepsilon^{j\nu_2'' t}, \end{aligned}\right\} \quad (32)$$

in denen nunmehr insgesamt 4 Integrationskonstanten vorhanden sind. Dieselben sind aber nicht unabhängig voneinander, wir können vielmehr eine Beziehung zwischen ihnen herleiten, durch die die Läuferströme auf die Ständerströme reduziert werden.

Wir haben in Gleichung (8) zwei Ausdrücke für das Verhältnis dieser beiden Ströme angeschrieben, die natürlich sowohl für die am Ständer wie für die am Läufer hängenden Stromsysteme für sich gelten. Beachtet man nun, daß für die am Ständer hängenden Stromsysteme mit den Amplituden K_1 und K_3 nach Gleichung (32) die Frequenz ν_1' und daher auch α' sehr klein, dagegen ν_2' und daher auch β' sehr groß, nämlich fast gleich der Umdrehungsfrequenz ω, ist, so sieht man, daß im Sinne unserer Näherungsrechnung in der zweiten Gleichung (8) R_2 gegen $j\beta' L_2$ vernachlässigt werden kann. Man erhält dann

$$\frac{K_1}{K_3} = \frac{+j\beta' L_2}{-j\beta' M} = -\frac{L_2}{M}. \quad (33)$$

Ebenso ist für die am Läufer hängenden Stromsysteme mit K_2 und K_4 nach Gleichung (32) zwar ν_2'' und daher β'' sehr klein, jedoch die Frequenz ν_1'' und daher α'' sehr groß, so daß jetzt in der ersten Gleichung (8) R_1 gegen $j\alpha'' L_1$ vernachlässigt werden kann, wodurch man erhält

$$\frac{K_2}{K_4} = \frac{-j\alpha'' M}{j\alpha'' L_1} = -\frac{M}{L_1}. \tag{34}$$

Dadurch kann das Läuferstromsystem vollständig auf das des Ständers bezogen werden. Es ist

$$\left.\begin{aligned} i_1 &= K_1 \varepsilon^{j\alpha' t} + K_2 \varepsilon^{j\alpha'' t} = K_1 \varepsilon^{-\varrho_1 t} \varepsilon^{j\nu_1' t} + K_2 \varepsilon^{-\varrho_2 t} \varepsilon^{j\nu_1'' t} \\ i_2 &= -\frac{M}{L_2} K_1 \varepsilon^{j\beta' t} - \frac{L_1}{M} K_2 \varepsilon^{j\beta'' t} = -\frac{M}{L_2} K_1 \varepsilon^{-\varrho_1 t} \varepsilon^{j\nu_2' t} - \frac{L_1}{M} K_2 \varepsilon^{-\varrho_2 t} \varepsilon^{j\nu_2'' t}. \end{aligned}\right\} \tag{35}$$

Diese Ausdrücke für die Ständer- und Läuferströme enthalten nur noch zwei Konstanten K_1 und K_2, deren Werte aus den Grenzbedingungen des jeweiligen Problems bestimmt werden müssen.

Vorher wollen wir einige Zahlenwerte für die Frequenzen und Dämpfungen bestimmen. Der Widerstand der Ständerstromkreise einer Drehfeldmaschine, der auch äußere Leitungen enthält, betrage 10% der Streuinduktanz des Ständers. Im Läufer sei der Widerstand 1% der Streuung. Dann ist nach Gleichung (11)

$$\frac{\varrho_1}{\omega} = \frac{R_1}{\omega\sigma L_1} = 10\%, \quad \frac{\varrho_2}{\omega} = \frac{R_2}{\omega\sigma L_2} = 1\%,$$

und daher wird die Schlupfgeschwindigkeit, mit der die freien Ausgleichsfelder über den Ständer oder Läufer wandern, wenn man einen Streukoeffizient $\sigma = 10\%$ annimmt, nach Gleichung (31)

$$\frac{\nu'}{\omega} = \frac{10}{100} \cdot \frac{1}{100}(1 - 0{,}1) = 0{,}09\,\%.$$

Das ist ein so geringer Betrag, daß man die Felder oft als fest am Ständer und Läufer hängend ansehen darf. Die Dämpfungszeitkonstanten werden für $\omega = 50$ Per/sec nach Gleichung (11) und (28)

$$T_1 = \frac{1}{\delta'} = \frac{1}{\varrho_1} = \frac{1}{\omega}\,\frac{\omega}{\varrho_1} = \frac{10}{2\pi 50} = \frac{1}{30}\,\text{sec}, \quad T_2 = \frac{1}{\varrho_2} = \frac{100}{2\pi 50} = \frac{1}{3}\,\text{sec}.$$

Das am Ständer hängende Feld verschwindet also nach einigen Wechselstromperioden, das am Läufer hängende wird noch nach einer Sekunde wahrzunehmen sein. Das erstere erzeugt nahezu Gleichstrom im Ständer und Wechselstrom von nahezu normaler Frequenz im Läufer, das letztere Wechselstrom im Ständer und Gleichstrom im Läufer.

13. Plötzlicher Kurzschluß von Drehstrommaschinen.

Die Gleichungen (35) des vorigen Kapitels 12 stellen den zeitlichen Verlauf aller Ausgleichsströme dar, die in rotierenden Mehrphasenmaschinen mit Drehfeldwicklungen in Ständer und Läufer möglich sind. Sie sind hier nochmals wiederholt

$$\left.\begin{aligned} i_1 &= K_1 \varepsilon^{-\varrho_1 t}\, \varepsilon^{j \nu_1' t} + K_2 \varepsilon^{-\varrho_2 t}\, \varepsilon^{j \nu_1'' t} \\ i_2 &= -\frac{M}{L_2} K_1 \varepsilon^{-\varrho_1 t}\, \varepsilon^{j \nu_2' t} - \frac{L_1}{M} K_2 \varepsilon^{-\varrho_2 t}\, \varepsilon^{j \nu_2'' t}. \end{aligned}\right\} \tag{1}$$

Solange die Ständer- und Läuferwicklungen geschlossen sind, wird der Übergang irgendeines Zustandes der Maschine in einen anderen stets durch derartige Ausgleichsströme vermittelt. Bei langsamen Zustandsänderungen, beispielsweise bei einer allmählichen Belastungszunahme der Maschine, sind die Ausgleichsströme nur gering, wenn die Zeitdauer der Änderung groß gegenüber den Zeitkonstanten $1/\varrho$ der Ausgleichsströme ist. Schnelle Zustandsänderungen jedoch wie Belastungsstöße, Regeln der Spannung, Pendelungen des Läufers beim Parallelbetrieb, rufen abklingende Ausgleichsströme hervor, die sich den normalen Betriebsströmen im Ständer und Läufer überlagern und dieselben während der Übergangszeit verändern, ja sogar in den Schatten stellen können.

Gewaltige Größe erhalten die Ausgleichsströme vor allem, wenn die Spannung an den Klemmen der Ständerwicklung plötzlich um erhebliche Beträge geändert wird, was bei Fehlschaltungen, aber auch im normalen Betriebe vorkommen kann. Die häufigsten Fälle sind plötzliches Kurzschließen der Wicklung durch einen Unglücksfall, schlechtes Parallelschalten in falscher Polstellung, oder auch Einschalten laufender Maschinen durch plötzliche Spannungssteigerung. In den letztgenannten Fällen sind die entstehenden Ausgleichsströme meistens viel stärker als die normalen Betriebsströme der Maschine. Ihre Größe soll für die wichtigsten Fälle durch Bestimmung der Konstanten K_1 und K_2 der Gleichungen (1) aus den jeweiligen Grenzbedingungen für den Schaltaugenblick ermittelt werden.

Auf die genaue Phase des Schaltmomentes brauchen wir dabei nicht zu achten, da wir ja die gesamten Stromsysteme in den Wicklungen betrachten. Deren Maximum liegt im Augenblick des Schaltens irgendwo am Umfange, eben dort, wo gerade das Maximum der durch das Schalten bewirkten stationären Stromänderung liegt. Für die dort liegenden Leiter und ihre ganze Wicklungsphase beginnt daher der Ausgleichsstrom mit seinem Höchstwerte, er verläuft cosinusförmig, so daß wir mit dem reellen Teil der harmonischen Funktionen der Gleichung (1) zu rechnen haben. Für diejenigen Leiter dagegen und ihre Wicklungsphase, die an den Nullstellen der Stromverteilung im Schaltmoment liegen, verläuft der Ausgleichsstrom sinusförmig, er wird also durch den imaginären Teil der harmonischen Funktionen dargestellt.

Die schnellen Ströme mit den großen Frequenzen ν_1'' und ν_2' nehmen an beiden Punkten der Wicklung fast gleich große Amplituden an und sind dort nur um 90° in der Phase verschieden. Dagegen kommt von den langsamen Strömen mit den Frequenzen ν_1' und ν_2'' nur der reelle Cosinusteil zur vollen Wirkung, der sinusförmige Teil ist durch die Wirkung des Dämpfungsgliedes längst verloschen, wenn die Zeit seiner Amplitude gekommen wäre. Wir wollen deshalb zunächst von den cosinusförmigen Strömen sprechen, weil diese durch das Zusammenwirken beider Teilströme die größte Wirkung ergeben. Diese Ströme sind demnach nach Gleichung (1)

$$\left.\begin{aligned} i_1 &= K_1 \varepsilon^{-\varrho_1 t} \cos \nu_1' t + K_2 \varepsilon^{-\varrho_2 t} \cos \nu_1'' t \\ i_2 &= -\frac{M}{L_2} K_1 \varepsilon^{-\varrho_1 t} \cos \nu_2' t - \frac{L_1}{M} K_2 \varepsilon^{-\varrho_2 t} \cos \nu_2'' t . \end{aligned}\right\} \quad (2)$$

a) Plötzlicher Kurzschluß von Asynchronmotoren.

Ein leerlaufender Asynchronmotor nimmt vom Netz, wenn wir seine Verluste vernachlässigen, lediglich den Magnetisierungsstrom J_μ auf. Sein Läuferstrom ist null. Entsteht in seiner Nähe entsprechend Fig. 71 plötzlich ein dreiphasiger Kurzschluß im Netz, so wird er weiterhin nicht mehr von außen gespeist und muß sein Feld, das im Schaltmoment noch in voller Größe bestand, allmählich verlieren. Er möge soviel Masse besitzen, daß er ohne allzu starken Geschwindigkeitsabfall weiterläuft. Der stationäre Strom wird bei kurzgeschlossenen Ständerklemmen sowohl im Ständer wie im Läufer gleich null sein. Der vorübergehende Ausgleichsstrom zur Zeit $t = 0$, also im Augenblick des Kurzschlusses, ist daher nach Kapitel 4 im Läufer gleich null, im Ständer gleich dem Magnetisierungsstrom. Es ist also nach Gleichung (2)

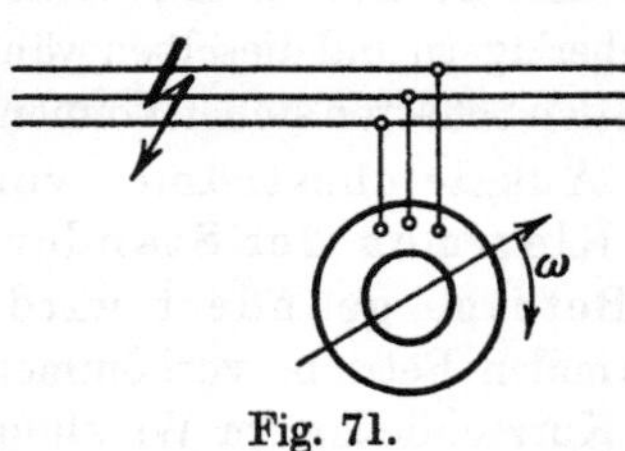

Fig. 71.

$$\left.\begin{aligned} i_{10} &= K_1 + K_2 = J_\mu \\ i_{20} &= -\frac{M}{L_2} K_1 - \frac{L_1}{M} K_2 = 0 . \end{aligned}\right\} \quad (3)$$

Daraus erhält man die Stromamplituden zu

$$\left.\begin{aligned} K_1 &= \frac{J_\mu}{1 - \dfrac{M^2}{L_1 L_2}} = \frac{J_\mu}{\sigma} \\ K_2 &= -\frac{1-\sigma}{\sigma} J_\mu , \end{aligned}\right\} \quad (4)$$

wenn man den Streukoeffizienten σ nach Gleichung (10) des vorigen Kapitels 12 einführt.

Es treten also im Ständer und Läufer zwei Systeme von abklingenden Stromverteilungen auf, die den oben besprochenen Verlauf nehmen und deren Größe in jedem Falle bei der Kleinheit des Streukoeffizienten σ ein hohes

Vielfaches des Magnetisierungsstromes ist. Der Strom mit der Amplitude K_2 des am Läufer hängenden Ausgleichsfeldes bildet für den Ständer einen abklingenden schnellen Wechselstrom mit der Frequenz ν_1''. Der Strom mit der Amplitude K_1 bildet im Ständer einen abklingenden langsamen Wechselstrom mit der außerordentlich kleinen Frequenz ν_1', er unterscheidet sich praktisch kaum von dem Verlauf eines abklingenden Gleichstromes. Fig. 72 zeigt das zeitliche Verlöschen beider Ständerströme. Für den Läufer stellt umgekehrt K_1 einen sehr schnellen, K_2 einen sehr langsamen verlöschenden Strom dar.

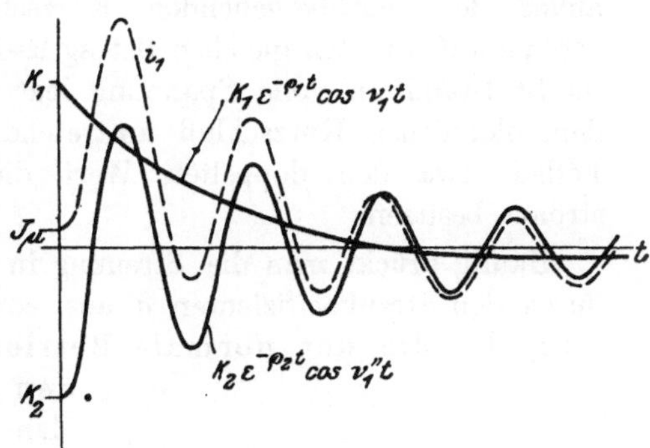

Fig. 72.

Wenn die Widerstände in den Wicklungen der Maschine und damit die Dämpfungen gering sind, so addieren sich die Stromamplituden, die für $t = 0$ nach Gleichung (3) und (4) entgegengesetzte Richtung haben, eine halbe Periode nach Eintritt des Kurzschlusses zu einem hohen Wert, denn die schnell veränderlichen Glieder der Gleichung (2) haben dann ihr Vorzeichen gewechselt, während die langsamen sich noch kaum geändert haben. Ohne Rücksicht auf die Dämpfung im Ständer und Läufer betragen die höchsten Stromstöße dann

$$\left.\begin{aligned} J_{s1} &= K_1 - K_2 = \left(\frac{2}{\sigma} - 1\right) J_\mu \\ J_{s2} &= -\frac{M}{L_2} K_1 + \frac{L_1}{M} K_2 = \frac{M}{L_2} \frac{2}{\sigma} J_\mu . \end{aligned}\right\} \quad (5)$$

In Fig. 73 sind die Ständer- und Läuferströme des plötzlichen Kurzschlusses oszillographisch aufgenommen, und zwar an einem 75 kW-Asynchronmotor, dessen Leerstrom 40% des Normalstromes betrug. Man erkennt, daß der Stoßkurzschlußstrom des Ständers auf den 17fachen Betrag des Magnetisierungsstromes, also den 7fachen Wert des Normalstromes ansteigt. Man erkennt auch deutlich, besonders im Ständerstrom, die Übereinanderlagerung der schnellen und sehr langsamen Schwingungen des Stromes. Fig. 74 zeigt den Stromverlauf im Motor, wenn er nur ein-

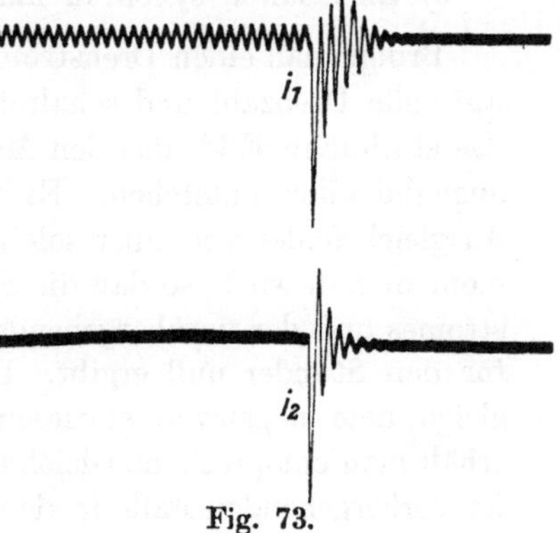

Fig. 73.

phasig kurzgeschlossen wird, und die nicht kurzgeschlossenen Phasenleitungen ihn vom Netz weiterspeisen. In diesem Falle treten außer den vorübergehenden Kurzschlußströmen noch stationäre Ströme auf, die den gleichen Betrag besitzen, als wenn man den Motor im Stillstand an volle Spannung legt. Man erkennt, daß die nach dem plötzlichen Kurzschluß auftretenden Ausgleichsströme in allen Fällen etwa den doppelten Wert dieser stationären Kurzschlußströme besitzen.

Häufig drückt man die Streuung in Wechselstrommaschinen nicht durch den Streukoeffizienten σ aus, sondern durch die Streuspannung E_s, die der normale Betriebsstrom der Maschine in den Wicklungen hervorruft. Man kann das in den Gleichungen (5) auftretende wesentliche Glied des Stoßkurzschlußstromes dann im Verhältnis zum Normalstrom schreiben

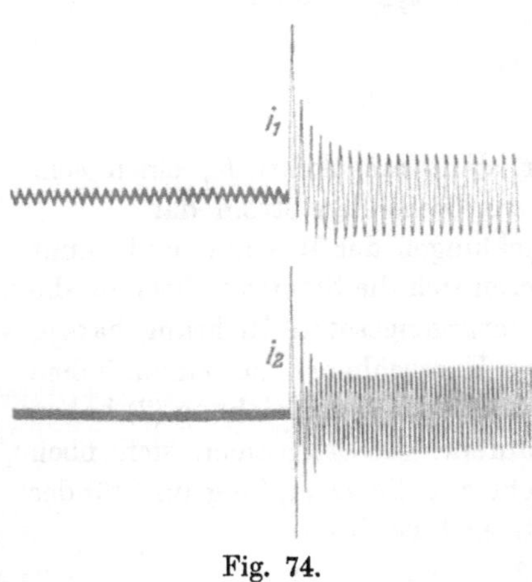

Fig. 74.

$$\frac{J_s}{J_n} = \frac{2}{\sigma} \frac{J_\mu}{J_n} = \frac{2\omega L_1 J_\mu}{\sigma \omega L_1 J_n} = 2 \frac{E}{E_s} \qquad (6)$$

und erkennt, daß es das Doppelte des Verhältnisses der Netzspannung zur Streuspannung darstellt. Da die Streuspannung bei Asynchronmotoren etwa $^1/_4$ bis $^1/_5$ der Netzspannung beträgt, so muß man beim plötzlichen Kurzschluß des Netzes mit dem Auftreten von vorübergehenden Stromstößen in den Wicklungen rechnen, die bis zum 8 bis 10fachen des normalen Motorstromes betragen.

b) Einschalten synchron laufender Drehstrommotoren.

Bringt man einen Drehstrommotor mit Kurzschlußanker von außen auf volle Drehzahl und schaltet ihn dann plötzlich ans Netz, so kann das stationäre Feld, das den Magnetisierungsstrom J_μ erfordert, nicht augenblicklich entstehen. Es treten vielmehr Ausgleichsströme und Ausgleichsfelder von einer solchen Stärke auf, daß das Feld im Schaltmoment null wird, so daß die Summe des stationären Magnetisierungsstromes und der vorübergehenden Ausgleichsströme nach Gleichung (2) für den Ständer null ergibt. Die Summe von K_1 und K_2 ist daher gleich dem negativen stationären Magnetisierungsstrome, und damit erhält man entsprechend Gleichung (3) die gleichen Ausgleichsströme wie im vorhergehenden Falle in den Gleichungen (4) bis (6), nur von entgegengesetzter Richtung. Auch dieser Schaltvorgang hat demnach sehr starke Stromstöße im Motor zur Folge, die das 8 bis 10 fache des Normalstromes betragen können.

Man kann die Stromstöße dämpfen, wenn man den Motor nicht direkt ans Netz schaltet, sondern ihn zunächst über einen Schutzschalter mit Vorkontaktwiderstand ans Netz legt entsprechend Fig. 75. Dann kann der Dämpfungsfaktor ϱ_1 nach Gleichung (11) des vorigen Kapitels einen so erheblichen Wert erhalten, daß die am Ständer hängende Stromverteilung mit K_1 nach einer halben Periode, also wenn die Ausgleichsströme sich addieren, schon nahezu abgeklungen ist. Die strenge Lösung der Gleichungen (25) des vorigen Kapitels für den Dämpfungsfaktor ergibt überdies, daß bei erheblichem Widerstand im Ständerkreis auch der Dämpfungsfaktor δ'' des Läuferfeldes etwas erhöht wird, so daß die auftretenden Überströme eine halbe Periode nach dem Schaltmoment keine so gewaltigen Werte mehr besitzen. Es tritt nunmehr wegen seiner relativ geringen Dämpfung nur das am Läufer hängende Ausgleichsfeld hervor, das eine etwas kleinere Frequenz als das stationäre Drehfeld besitzt und daher zu Interferenzen mit diesem und seinem stationären Strom Anlaß gibt. Aus Fig. 76, die die Ströme eines solchen Motors beim Einschalten über einen Schutzwiderstand zeigt, erkennt man deutlich die nach dem Schalten auftretenden Schwebungen.

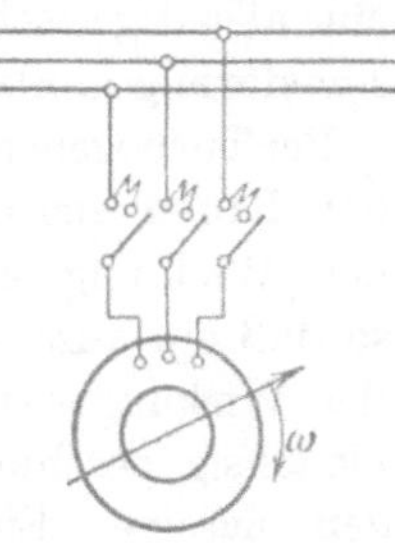

Fig. 75.

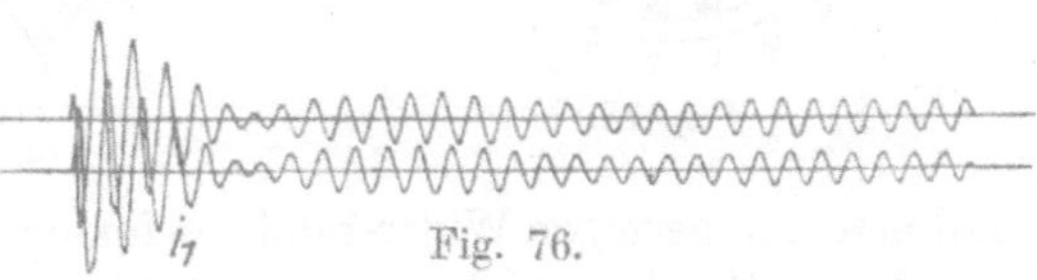

Fig. 76.

Drehstromkurzschlußmotoren läßt man häufig in Sternschaltung anlaufen und schaltet sie erst nach Erreichen der vollen Drehzahl auf Dreieckschaltung um. Ihr Anlauffeld ist dann geringer als das Feld im Dauerbetrieb und damit verringert sich auch ihr sonst sehr großer Anlaufstrom. Unterbricht man nun zum Umschalten auf volles Feld den Stromkreis kurzzeitig, so verliert der Motor dabei sein schwaches Feld sehr schnell und wird im laufenden Zustande feldlos an volle Spannung geschaltet. Die Stromstöße, die man für den Anlauf vermeiden wollte, treten daher beim Überschalten in verstärktem Maße auf, wie Fig. 77 für einen 7,5 kW-Motor zeigt. Um sie zu unterdrücken, muß man die Umschaltung über einen Schutzwiderstand vornehmen.

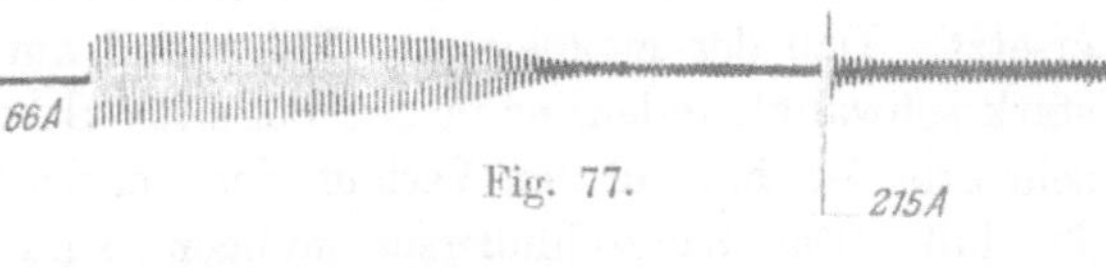

Fig. 77.

c) Kurzschluß von Synchronmaschinen.

Wir können unsere Beziehungen für die Ausgleichsströme, die sowohl im Ständer wie im Läufer mehrphasige Wicklungen voraussetzen, auch auf die Vorgänge in Synchronmaschinen anwenden, wenn dieselben im Ständer Zwei- oder Dreiphasenwicklung und im Läufer eine allseitig geschlossene Dämpferwicklung besitzen, die die Ausbildung sinusförmig umlaufender Stromsysteme ermöglichen.

Bei Turbogeneratoren mit Zylinderläufer nach Fig. 78 pflegt man den Läufer aus massivem Eisen aufzubauen und die Befestigungskeile der Wicklung in den Nuten aus gutleitendem Metall herzustellen, so daß ein allseitig geschlossenes Stromsystem entstehen kann. Unter der Wirkung der Ausgleichsfelder bilden sich dann nicht nur in der einachsig geschlossenen Erregerwicklung, sondern vor allem auch in den massiven Eisenteilen und den Keilen Ströme aus, die auf ihren

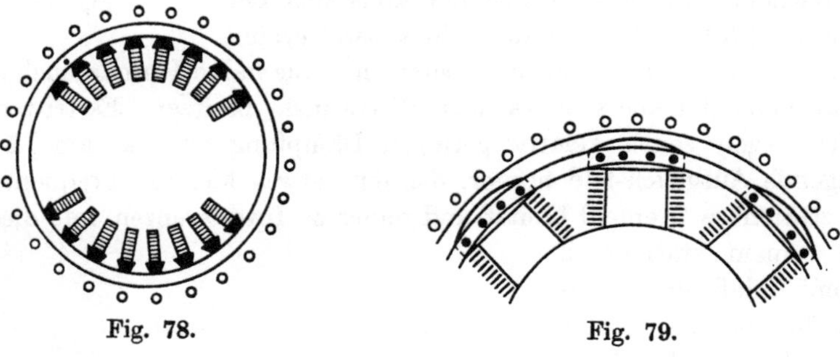

Fig. 78. Fig. 79.

Bahnen nur geringen Widerstand vorfinden und ein vollständiges, mit beliebiger Geschwindigkeit umlaufendes, vielphasiges Stromsystem bilden, das unseren Voraussetzungen vollkommen entspricht.

Auch Schenkelpolmaschinen, die in ihren Polschuhen nach Fig. 79 einen Dämpferkäfig besitzen, bilden durch ihn, gemeinsam mit der Erregerwicklung, ein vollständiges Mehrphasensystem aus. In den Pollücken, wo die Dämpferstäbe im allgemeinen fehlen, werden sie vollauf durch die Wirkung der hier konzentrierten Erregerwicklung ersetzt. Daß der magnetische Widerstand am Umfang der Maschine stark schwankt, indem er in der Polmitte klein und in den Pollücken sehr groß ist, hat auf den Verlauf der Ausgleichsströme nur geringen Einfluß. Die Kurzschlußerscheinungen sind im wesentlichen nur abhängig von der Stärke der Streuspannung im Verhältnis zur Hauptspannung, während die Größe des magnetischen Widerstandes für das Hauptfeld nur eine geringe Rolle spielt. Auch für derartige Maschinen gelten unsere Gleichungen daher mit ausreichender Genauigkeit.

Schenkelpolmaschinen ohne Dämpferwicklung können nur in ihrer einachsig wirkenden Erregerwicklung Läuferausgleichsströme entwickeln, die die Feldschwankungen in der Polachse beeinflussen. In der Pollücke können die Schwankungen sich dagegen ungehindert ausbilden, so daß zusätzliche Erscheinungen auftreten.

Wird eine Synchronmaschine mit Dämpferwirkung, die vom Läufer aus erregt ist, aber im übrigen leerlaufen möge, plötzlich an ihren Ständerklemmen kurzgeschlossen, so entwickeln sich in ihr nach alledem Ausgleichsströme, deren Verlauf durch Gleichung (1) oder (2) bestimmt ist. Um die Grenzbedingungen richtig aufzustellen, müssen wir beachten, daß die Maschine sowohl vor wie nach dem Kurzschluß im Läufer den magnetisierenden Erregergleichstrom J_μ führt, und daß nach Ablauf der Ausgleichserscheinungen im Ständer der stationäre Kurzschlußstrom J_k fließt, der häufig ein mehrfaches des Normalstromes ist. Der

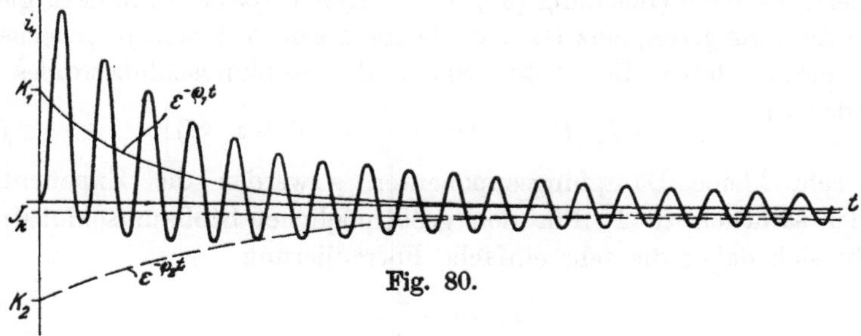

Fig. 80.

Ausgleichsstrom im Schaltmoment $t = 0$ ist gleich der Differenz der Ströme vor und lange nach dem Kurzschluß. Es ist also nach Gleichung (2)

$$\left.\begin{aligned} i_{10} &= K_1 + K_2 = -J_k \\ i_{20} &= -\frac{M}{L_2} K_1 - \frac{L_1}{M} K_2 = J_\mu - J_\mu = 0 \end{aligned}\right\} \tag{7}$$

und daraus bestimmen sich die Amplituden der Ausgleichsströme wie bei Gleichung (4) zu

$$\left.\begin{aligned} K_1 &= -\frac{J_k}{\sigma} \\ K_2 &= \frac{1-\sigma}{\sigma} J_k . \end{aligned}\right\} \tag{8}$$

Der gesamte Ständerstrom nach dem plötzlichen Kurzschluß setzt sich zusammen aus dem stationären Strom J_k, der mit der Umdrehungsfrequenz ω pulsiert und dem Ausgleichsstrom für die ungünstigste Phasenlage nach der ersten Gleichung (2). Er ist demnach

$$i_1 = J_k \left\{ \cos \omega t - \frac{1}{\sigma} \left[\varepsilon^{-\varrho_1 t} \cos \nu_1' t - (1 - \sigma)\, \varepsilon^{-\varrho_2 t} \cos \nu_1'' t \right] \right\}. \tag{9}$$

Sein Verlauf ist in Fig. 80 dargestellt, er liegt durch den Einfluß des gleichstromartigen Gliedes mit der geringen Frequenz ν_1' ganz einseitig der Nullinie.

Beim plötzlichen Kurzschluß treten demnach Ausgleichsströme auf, die wegen des kleinen Streukoeffizienten σ von Synchronmaschinen stets außerordentlich viel größer sind als der an sich schon erhebliche stationäre Kurzschlußstrom. Sie sinken erst nach Verlauf zahlreicher Perioden auf den Wert des Dauerkurzschlußstromes herab. Der höchste Augenblickswert des Stromes tritt etwa eine halbe Periode nach Entstehen des Kurzschlusses ein. In Gleichung (9) hat dann das erste Glied für den stationären Strom sein Vorzeichen gewechselt, das zweite Glied, das das am Ständer hängende Stromsystem darstellt, hat wegen der Kleinheit von ν_1' sein Vorzeichen noch beibehalten und die Größe des cos kaum geändert, das dritte Glied jedoch, das mit der Frequenz ν_1'' pulsiert, die nach Gleichung (31) des vorigen Kapitels 12 nahezu gleich der Umdrehungsfrequenz ist, hat ebenfalls sein Vorzeichen gewechselt. Man erhält daher die größte Spitze des Stoßkurzschlußstromes im Ständer zu

$$J_{s1} = -J_k\left[(1-\varepsilon^{-\varrho_3 t}) + \frac{1}{\sigma}\,(\varepsilon^{-\varrho_1 t} + \varepsilon^{-\varrho_2 t})\right]. \tag{10}$$

Für sehr kleine Dämpfungsexponenten ϱ werden die Exponentialglieder sämtlich zu 1. Für den größtmöglichen Stoßkurzschlußstrom ergibt sich daher die sehr einfache Formulierung

$$J_{s1} = -\frac{2}{\sigma}\,J_k. \tag{11}$$

Da der Dauerkurzschlußstrom J_k und der Streufaktor σ für jede Synchronmaschine bekannte Größen sind, so kann nach dieser Beziehung der höchstmögliche Wert des plötzlichen Ständerkurzschlußstoßes leicht bestimmt werden.

In Gleichung (2) für den Läuferausgleichsstrom tritt das Verhältnis der Selbst- und Wechselinduktionen auf, mit denen man in der Praxis selten rechnet. Man kann dieselben auf die Werte der Ständer- und Läuferströme im stationären Kurzschluß reduzieren, wenn man die Differentialgleichungen der Maschine, die in Gleichung (2) des vorigen Kapitels für den Kurzschlußzustand aufgestellt sind, für den normalen Betrieb ansetzt, bei dem die Spannungen E_1 und E_2 an den Ständer- und Läuferklemmen vorhanden sind. Da der normale Strom im Ständer mit der Frequenz ω pulsiert und im Läufer aus Gleichstrom besteht, also keine zeitliche Veränderung zeigt, so ist

$$\left.\begin{aligned} j\,\omega\,L_1 J_1 + R_1 J_1 + j\,\omega\,M\,J_2 &= E_1 \\ R_2 J_2 &= E_2\,. \end{aligned}\right\} \tag{12}$$

Im Leerlauf der Maschine ist der Ständerstrom null, im Läufer fließt der Magnetisierungsstrom J_μ. Daher ist nach der ersten Gleichung (12) die Leerlaufspannung in ihrem absoluten Betrage

$$E = \frac{E_1}{j} = \omega\,M\,J_2 = \omega\,M\,J_\mu\,. \tag{13}$$

Im stationären Kurzschluß ist die Ständerspannung null, im Läufer fließt der gleiche Strom J_μ. Daher ist, wenn wir den hierbei unerheblichen Widerstand der Ständerwicklung vernachlässigen, der Dauerkurzschlußstrom nach der ersten Gleichung (12) bestimmt durch

$$J_k = J_1 = -\frac{M}{L_1} J_2 = -\frac{M}{L_1} J_\mu . \tag{14}$$

Darin ist stets J_μ der magnetisierende Erregergleichstrom des Läufers und J_k der ihm entsprechende stationäre Kurzschlußstrom des Ständers.

Hiermit erhält man die Amplituden des Läuferausgleichsstromes nach der zweiten Gleichung (2) unter Beachtung von Gleichung (8), und von Gleichung (10) des vorigen Kapitels

$$\left.\begin{aligned} \frac{M}{L_2} K_1 &= \frac{L_1}{M} \frac{M^2}{L_1 L_2} K_1 = \frac{1-\sigma}{\sigma} J_\mu \\ \frac{L_1}{M} K_2 &= -\frac{1-\sigma}{\sigma} J_\mu . \end{aligned}\right\} \tag{15}$$

Der vollständige Läuferstrom nach dem Kurzschluß wird demnach unter Hinzurechnung des Magnetisierungstromes

$$i_2 = J_\mu \left[1 - \frac{1-\sigma}{\sigma} (\varepsilon^{-\varrho_1 t} \cos \nu_2' t - \varepsilon^{-\varrho_2 t} \cos \nu_2'' t) \right] . \tag{16}$$

Fig. 81 stellt seinen zeitlichen Verlauf nach dieser Beziehung dar.

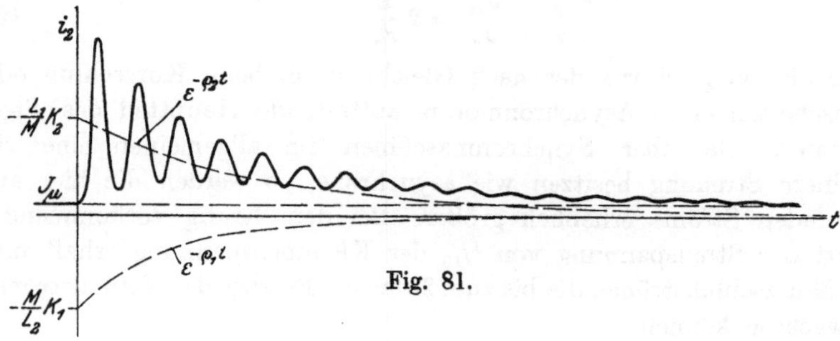

Fig. 81.

Eine halbe Periode nach dem Schalten ist der größte Stromstoß vorhanden. Das zweite Glied der Gleichung (16), das die am Ständer hängende Stromverteilung darstellt, hat dann sein Vorzeichen gewechselt, während das dritte Glied sein Vorzeichen beibehält, weil seine Stromverteilung sich nur außerordentlich langsam gegen den Läufer bewegt. Die Spitze des Stoßstromes im Läufer wird demnach

$$J_{s2} = J_\mu \left[1 + \frac{1-\sigma}{\sigma} (\varepsilon^{-\varrho_1 t} + \varepsilon^{-\varrho_2 t}) \right] \tag{17}$$

und in Näherung für sehr kleine Dämpfung

$$J_{s2} = \left(\frac{2}{\sigma} - 1 \right) J_\mu . \tag{18}$$

Auch dieser Wert für den höchstmöglichen Läuferkurzschlußstoß kann ebenso einfach wie der nach Gleichung (11) für den Ständerkurzschlußstoß ermittelt werden.

Für praktische Rechnungen ist es bequem, an Stelle des Streukoeffizienten σ die Streuspannung E_s einzuführen. Wir erhalten durch Vereinigung der Gleichungen (13) und (14) für den Absolutwert der Leerlaufspannung

$$E = \omega L_1 J_k . \tag{19}$$

Andererseits bezeichnen wir als Streuspannung der Maschine die vom normalen Ständerstrom J_n in der Selbstinduktion der Streuung σL_1 hervorgerufene Spannung, also

$$E_s = \omega \sigma L_1 J_n . \tag{20}$$

Durch Division erhalten wir für den Streukoeffizienten

$$\sigma = \frac{E_s}{E} \frac{J_k}{J_n} . \tag{21}$$

Er kann hiernach aus den für jede Synchronmaschine sowieso bekannten Werten von Streuspannung, Dauerkurzschlußstrom und normaler Leistung bestimmt werden. Der höchstmögliche Ständerkurzschlußstoß nach Gleichung (11) ergibt sich hierdurch im Verhältnis zum Normalstrom zu

$$\frac{J_{s1}}{J_n} = 2 \frac{E}{E_s} , \tag{22}$$

also ebenso groß wie der nach Gleichung (6) beim Kurzschluß oder Einschalten eines Asynchronmotors auftretende Hauptteil des Stoßstromes. Da aber Synchronmaschinen im allgemeinen eine viel kleinere Streuung besitzen wie asynchrone, so werden die hier auftretenden Ströme erheblich größer. Bei dem häufig vorkommenden Wert der Streuspannung von $^1/_{10}$ der Klemmenspannung erhält man Stoßkurzschlußströme, die bis zum 20fachen Betrage des Normalstromes anwachsen können.

Wir haben unsere Betrachtungen bisher auf die im Ständer und Läufer verlaufenden zeitlich cosinusförmigen Ausgleichsströme bezogen und erkennen, daß diese beim plötzlichen Kurzschluß oder ähnlichen Schaltvorgängen zu gewaltiger Größe anschwellen. Da die Ausgleichsstromsysteme eine räumlich sinusförmige Verteilung am Umfange der Maschine besitzen, so treten die Ströme nicht in sämtlichen Phasenleitungen gleichzeitig in voller Größe auf, sondern nur in derjenigen Wicklung, die im Schaltmoment den höchsten Augenblickswert des stationären Kurzschlußstromes haben sollte. Die anderen Wicklungen führen nur geringere Ströme, die sich mit dem maximalen Strom zu je einem vollständigen Mehrphasensystem zusammensetzen.

Diejenige Wicklung, deren stationärer Kurzschlußstrom im Schaltmoment gerade durch null geht, führt zeitlich sinusförmige Ausgleichsströme, von denen wir früher sahen, daß nur die Teilströme mit hoher Frequenz ν_1'' und ν_2' zur richtigen Ausbildung kommen, während die niederfrequenten, gleichstromartigen Teilströme mit ν_1' und ν_2'' von vornherein durch Dämpfung verschwinden. Wir können sie daher vernachlässigen und erhalten für die sinusförmigen Gesamtströme in Ständer und Läufer analog den Gleichungen (9) und (16)

$$\left.\begin{aligned} \bar{i}_1 &= J_k\left(\sin\omega t + \frac{1-\sigma}{\sigma}\varepsilon^{-\varrho_2 t}\sin\nu_1'' t\right) \\ \bar{i}_2 &= J_\mu\left(-\frac{1-\sigma}{\sigma}\varepsilon^{-\varrho_1 t}\sin\nu_2' t\right). \end{aligned}\right\} \tag{23}$$

In Fig. 82 ist der zeitliche Verlauf für i_1 dargestellt, der hier symmetrisch zur Nullinie ist. Schwebungen zwischen den erzwungenen und freien Strömen treten im allgemeinen weder hier noch in Fig. 80 für die Cosinusströme hervor, weil die Frequenzen ω und ν_1'' so nahe beieinander liegen, daß die erste Schwebung erst lange nach Ablauf der Ausgleichsströme erfolgen würde.

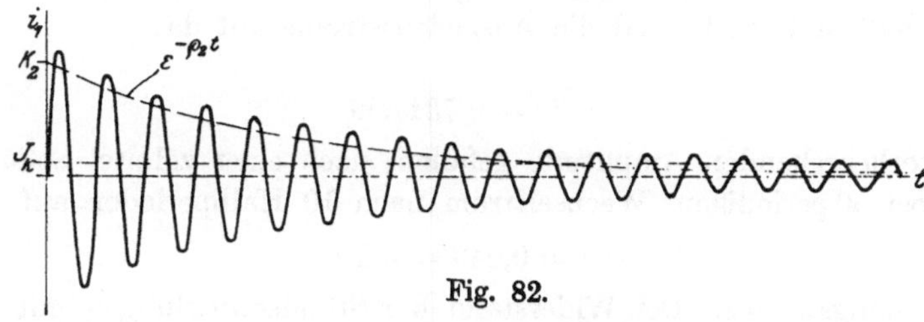

Fig. 82.

Im Ständer ist es Zufall, in welcher Phasenwicklung der unsymmetrische Strom mit dem gleichstromartigen Glied nach Gleichung (9) und Fig. 80 auftritt. Man muß daher der Sicherheit halber für sämtliche Wicklungszweige und Anschlußleitungen stets mit diesem höchstmöglichen Strom rechnen. Im Läufer führt im Augenblick des Schaltens, genau wie auch vorher, stets die Erregerwicklung den höchsten Strom am Umfange, während die Dämpferkreise stromlos sind. Daher bilden sich in der Erregerwicklung selbst stets die unsymmetrischen cosinusförmigen Ströme nach Gleichung (16) und Fig. 81 aus, während die Dämpferkreise den symmetrischen Strom nach Gleichung (23) und ähnlich Fig. 82 führen.

Die Amplituden der Ausgleichsströme richten sich im wesentlichen nach der Streuung der Maschinen, dagegen ist ihr zeitlicher Verlauf vor allem durch die Größe der Dämpfungen der beiden Stromanteile bestimmt, die nach Gleichung (11) des vorigen Kapitels 12 auch durch die Widerstände der Stromkreise mitbestimmt werden. Nach jeder Halbperiode des Normalstromes, und daher auch mit ausreichender Genauigkeit des schnellen Ausgleichsstromes, also nach einer Zeit

$$\omega t = \pi$$

vermindern sich die Amplituden der Ausgleichsströme um das Maß

$$\varepsilon^{-\varrho\frac{\pi}{\omega}} = \varepsilon^{-\pi\frac{R}{\omega\sigma L}} = \varepsilon^{-\pi\frac{E_r}{E_s}}, \tag{25}$$

worin wieder E_s die Streuspannung des normalen Stromes nach Gleichung (20) und E_r die Ohmsche Widerstandsspannung des Normalstromes im Ständer oder Läufer bedeutet, an dem das betreffende Feld hängt.

Beträgt die Streuspannung eines Synchrongenerators für den Ständer 10% der Netzspannung, der Ohmsche Spannungsabfall dagegen 1% der Netzspannung, also 10% der Streuung, so tritt beim plötzlichen Kurzschluß ein Strom auf, dessen Höchstwert nach Gleichung (22) etwas unterhalb des 20fachen Betrages des Normalstromes bleibt. Nach jeder halben Periode sind die Ausgleichsströme auf das

$$\varepsilon^{-\frac{\pi}{10}} = 0{,}73\,\text{fache}$$

der vorhergehenden Amplitude gefallen, nach einer zehntel Sekunde, also bei 50periodigem Wechselstrom nach 10 Halbperioden auf

$$\varepsilon^{-\pi} = 0{,}043 = 4{,}3\ \%$$

des Anfangswertes. Der Widerstand der Ständerwicklungen mit Leitungen pflegt von dieser Größenordnung zu sein, so daß die an ihr hängende Stromverteilung schnell verschwindet.

Dagegen ist der Widerstand der Läuferstrombahnen, besonders in Turbogeneratoren, wegen der großen zur Verfügung stehenden Kupfer- und Eisenquerschnitte meistens außerordentlich viel geringer, so daß sich das am Läufer hängende umlaufende Ausgleichsfeld sehr viel länger erhält. Beträgt der Läuferwiderstand 1% der Streuung, so klingen die Ströme auf den Betrag von 4,3% erst nach 100 Halbperioden, also nach einer vollen Sekunde ab. Praktisch darf man auf Grund zahlreicher Messungen damit rechnen, daß die Gesamtdämpfung von Ständer und Läufer die höchste Stromspitze eine halbe Periode nach dem Kurzschluß im Mittel auf etwa 90% herabdrückt. Der wirklich auftretende Stoßkurzschlußstrom wird damit aus Gleichung (22)

$$\frac{J_s}{J_n} = 1{,}8\,\frac{E}{E_s}. \tag{26}$$

Fig. 83 zeigt den oszillographisch aufgenommenen Verlauf der Kurzschlußströme in der Ständerwicklung und in der Erregerwicklung eines 3000 kVA leistenden 3000tourigen Turbogenerators. Dasjenige Ausgleichsfeld, das am Ständer hängt, erzwingt im Läufer einen Wechselstrom und im Ständer einen verlöschenden Gleichstrom, der schon nach wenigen Wechselstromperioden abgeklungen ist, jedoch verursacht, daß der Stoßkurzschlußstrom des Ständers zu Anfang einseitig von der Nullachse verläuft. Das Ausgleichsfeld, das am Läufer hängt, erzeugt in diesem einen gleichstromartig verlöschenden Überstrom und im Ständer einen schnellen abklingenden Wechsel-

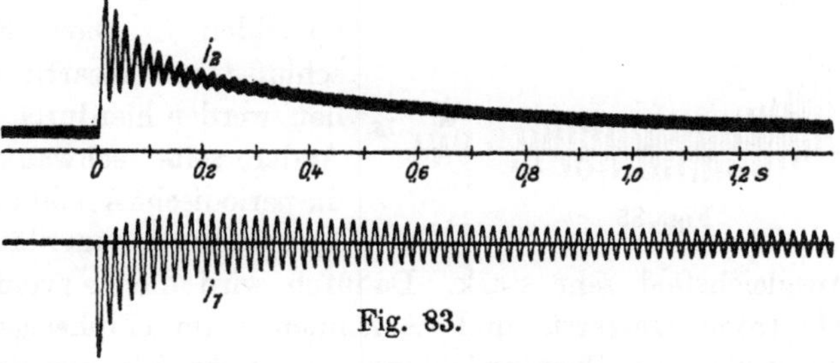

Fig. 83.

strom, der so schwach gedämpft ist, daß er erst nach vielen Sekunden auf den Betrag des normalen Kurzschlußstromes abgeklungen ist. Das Läuferfeld ist nach 1 sec erst auf 27% seines Anfangswertes gesunken.

Wird die Wicklung des Generators nicht mehrphasig, sondern nur einphasig kurzgeschlossen, so kann man die dann auftretenden Stromverteilungen der Ausgleichsfelder auffassen als Kombination je zweier in entgegengesetzter Richtung umlaufender Stromverteilungen sowohl

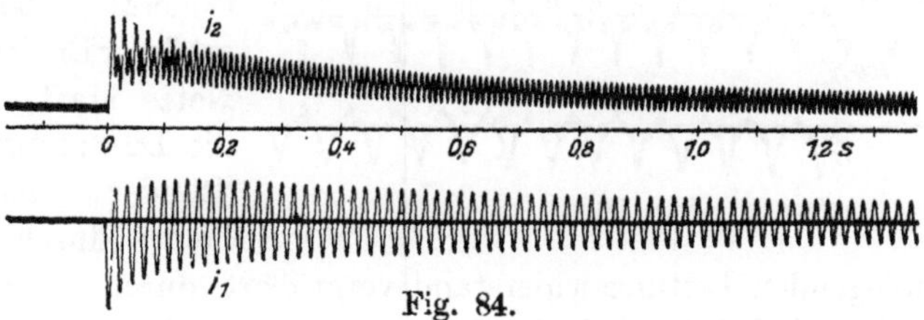

Fig. 84.

im Ständer wie im Läufer. Besitzt der Läufer eine Dämpferwicklung, so erzeugt das inverse Drehfeld in ihr einen doppeltperiodigen, also hochfrequenten Ausgleichsstrom, der dasselbe zum größten Teil abdämpft. Die höchsten praktisch auftretenden Kurzschlußströme können ebenfalls nach Gleichung (26) berechnet werden, die Dämpfungen sind jedoch wegen der kleineren Stromwärmeverluste nur etwa halb so groß. Fig. 84 stellt den Ständerstrom und den Strom der Erregerwicklung beim einphasigen Kurzschluß des oben genannten Turbogenerators dar. Das Läuferfeld ist nach 1 sec erst auf 40% seines Anfangswertes gefallen und erzeugt einen entsprechend langsam abklingenden Ständerstrom.

Die bei guten Generatoren auftretenden Größenverhältnisse von Normalstrom i_n, Stoßkurzschlußstrom i_s und Dauerkurzschlußstrom i_k sind in Fig. 85 maßstäblich und mit Zahlenangaben dargestellt.

Während bei Generatoren mit Dämpferstromkreisen im Läufer für die Streuspannung nur die zwischen Ständerwicklung und Dämpferwicklung verlaufenden Streukraftlinien in Rechnung zu ziehen sind, kann sich bei Schenkelpolmaschinen ohne Dämpferwicklung auch ein starkes Streufeld in den Pollücken ausbilden. Die Stoßkurzschlußströme derartiger Maschinen werden hierdurch geringer. Andererseits schwankt durch die periodische Ausbildung dieses Querflusses das am Ständer hängende Ausgleichsfeld sehr stark. Dadurch wird die Kurvenform der Ausgleichsströme verzerrt, und es können beim einphasigen Kurzschluß in derjenigen Phasenwicklung, die nicht kurzgeschlossen ist, hohe Überspannungen erzeugt werden. In Fig. 86 ist der Strom der kurzgeschlossenen und die Spannung der nicht kurzgeschlossenen Phasenwicklung eines großen Schenkelpolgenerators mit geringer Eisensättigung wiedergegeben. Starke Sättigung und große Streuung verhindern die Ausbildung dieser Überspannungen ebenso wie ein guter Dämpferkäfig.

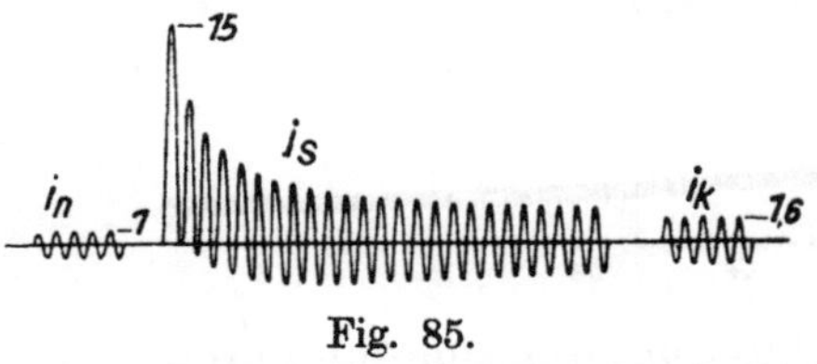

Fig. 85.

Findet der plötzliche Kurzschluß nicht an den Klemmen des Generators, sondern in größerer Entfernung im Netze statt, so wird die Dämpfung des am Ständer hängenden Feldes durch den dazwischenliegenden Leitungswiderstand vergrößert, durch die zwischenliegende Selbstinduktion jedoch wieder verkleinert. Dagegen bleibt die Dämpfung des Läuferfeldes ungeändert, so daß der Verlauf des Ausgleichswechselstromes im Netz ziemlich unabhängig von der Lage der Kurzschlußstelle ist.

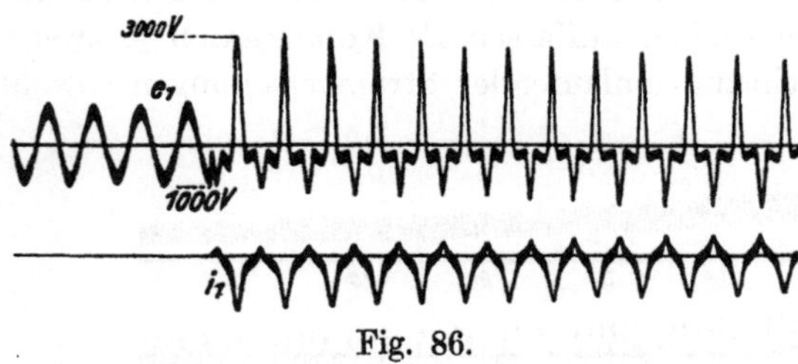

Fig. 86.

Die bei plötzlichen Kurzschlüssen auftretenden Stromstöße können gewaltige, zerstörende Wirkung haben. Die mechanischen Kräfte, denen vor allem die Wicklungsköpfe in den Generatoren unterliegen, wachsen mit dem Quadrat der Stromstärke an und betragen daher, wenn der Kurzschlußstrom das 20fache des Normalstromes ist, bereits das 400fache der normalerweise wirksamen Kräfte. Zur Aufnahme derselben müssen die Wicklungen von Wechselstrommaschinen sehr kräftig versteift werden, da sie sonst bei jedem Kurzschluß zerbrechen würden. Fig. 87 zeigt die Wirkung des Kurzschlusses in einer ungenügend versteiften Wicklung. Fig. 88 stellt dagegen eine Maschine mit gut versteifter Wicklung dar, die jeden Kurzschluß aushält.

Das beste und einzige Mittel zur Niedrighaltung der mechanischen Kräfte in der Maschine und auch der vielfachen Wirkungen, die zu starke Kurzschlußströme in den Außenleitungen ausüben, besteht darin, die Generatoren mit großer Streuspannung zu bauen, also mit

Fig. 87.

relativ vielen Windungen auf dem Ständer und relativ schwachem magnetischen Hauptfeld. Nur dadurch kann der Höchstwert der Stoßkurzschlußströme nach Gleichung (22) oder (26) vermindert werden, obwohl die Dauer des Ausgleichsvorganges sich dabei nach Gleichung (25) wohl etwas vergrößern kann.

Die starken Ausgleichsströme im Ständer und Läufer bewirken nicht nur zerstörende Kräfte in ihren Wicklungen, sondern sie verursachen auch gewaltige Drehmomente im Ständer und Läufer, die vor allem in der ersten Halbperiode so groß sind, daß sie einen bemerkbaren Drehzahlabfall hervorrufen können. Da die Stärke des gesamten Rotorfeldes sich sofort nach dem Kurzschluß nur unwesentlich gegen seinen Wert vor dem Kurzschluß geändert hat, und da es jetzt die

Kurzschlußströme anstatt der normalen Ströme erzeugt, so verhält sich der Drehmomentstoß zum normalen Drehmoment der Maschine genau so wie der Stoßkurzschlußstrom zum Normalstrom. Er kann also ebenfalls nach Gleichung (26) zahlenmäßig berechnet werden. Diese starken mechanischen Stöße können, soweit sie nicht von den eigenen Massen der Maschine abgefangen werden, zu Zerstörungen der Fundamente, der Kupplungen und sogar der Antriebsmaschinen führen.

Fig. 88.

Da das Magnetfeld der Wechselstrommaschine durch den Kurzschluß allmählich auf einen geringen Betrag herabgedrückt wird, so entsteht nach Aufheben des Kurzschlusses nicht sofort wieder die vorherige Klemmenspannung in der Ständerwicklung. Das Feld, und daher die Spannung, wächst vielmehr entsprechend der Zeitkonstante des Läufers allmählich vom Kurzschlußwerte auf den normalen Betrag an. Diese Änderung induziert in der Läuferwicklung eine Selbstinduktionsspannung, die ein Herabspringen des Läuferstromes auf den dem Kurzschlußfelde entsprechenden Betrag bewirkt. Mit dem Wiederaufbau des Feldes steigt alsdann auch sein Erregerstrom i_2 exponentiell bis zum stationären Werte wieder an. Fig. 89 zeigt den oszillographischen Verlauf von Ständerspannung und

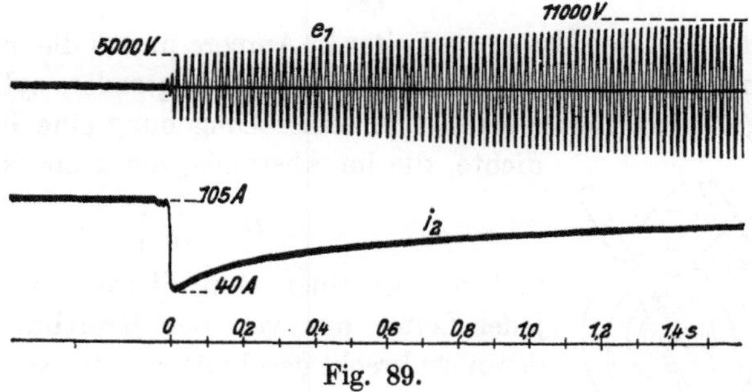

Fig. 89.

Läuferstrom nach plötzlicher Unterbrechung eines länger dauernden Kurzschlusses.

14. Wirkung von Kurzschlußströmen im Leitungsnetz.

In ausgedehnten elektrischen Netzen können Kurzschlüsse der Leitungen durch eine ganze Reihe von Ursachen bewirkt werden. Überspannungen können in Maschinen, Transformatoren und Schaltanlagen und auch in Kabeln oder Freileitungsstrecken zu Überschlägen zwischen verschiedenpoligen Leitungen führen. Durchhängende Freileitungen können bei starkem Wind zusammenschlagen; Baumäste, Vögel und andere Fremdkörper können zwischen die Leitungen geraten und Überschläge hervorrufen; Kabel können bei Bauarbeiten angehackt werden. Falsche Schalthandlungen bewirken häufig vollständige Kurzschlüsse; Überlastung von Einankerumformern kann Kollektorüberschläge und damit gleichzeitig Kurzschluß der Drehstromseite hervorrufen. Schließlich können Isolationsdefekte aller Art in den verschiedensten Teilen der Anlage Kurzschlüsse entstehen lassen.

In allen diesen Fällen tritt die Verbindung der spannungführenden Leitungen meistens innerhalb so kurzer Zeit ein, daß die Generatoren hohe Stoßkurzschlußströme in die gestörte Stelle treiben, die ein Vielfaches des normalen Leitungsstromes betragen. Man kann damit rechnen, daß moderne Generatoren bei plötzlichem Kurzschluß ihrer Klemmen Ströme entwickeln, deren einseitiger Ausschlag das 10- bis 20fache des normalen Betriebsstromes ist. Dieser Stoßstrom sinkt je nach Bauart der Generatoren nach 1 bis 3 Sekunden auf den Dauerkurzschlußstrom herab, der bei konstant gehaltener Erregung der Generatoren im allgemeinen das 2- bis 3fache des normalen Stromes beträgt.

Diese außerordentlich starken Stromstöße entwickeln in den Leitungen, die sie durchfließen, gewaltige mechanische Kräfte, die zu Deformationen und sogar zu vollständigen Zerstörungen der

Leitungen führen können. Die Kraft in kg, die auf jedes cm Leitungslänge wirkt, ist

$$k = \frac{10^{-6}}{9,81} B i. \tag{1}$$

Darin bedeutet i den Strom im Leiter in Ampere und B die magnetische Induktion in Gauss senkrecht zum Leiter. Ein gerader, zylindrischer, in Luft geführter Leiter erzeugt in seiner Umgebung eine Kraftliniendichte, die im Abstande von a cm ist

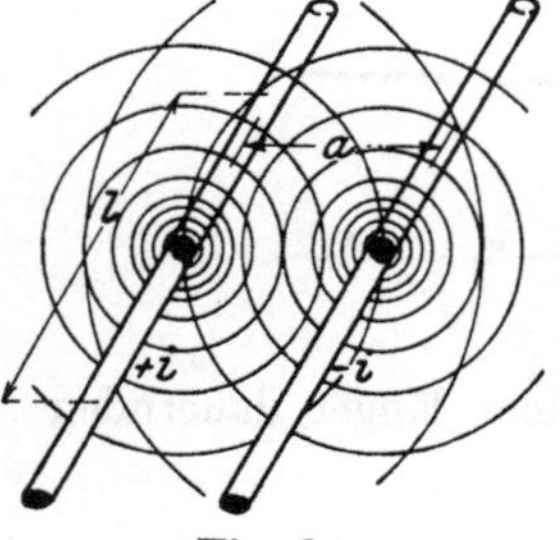

Fig. 90.

$$B = \frac{2}{10} \frac{i}{a} \tag{2}$$

und da bei einer Doppelleitung nach Fig. 90 jeder Leiter nur von den Kraftlinien des anderen senkrecht geschnitten wird, so erhält man die Anziehungskraft jeder solchen Leitung für die Länge l durch Einsetzen von Gleichung (2) in Gleichung (1) zu

$$K = k\,l = \frac{2 \cdot 10^{-7}}{9,81} \frac{l}{a} i^2. \tag{3}$$

Die Kräfte sind also vom Quadrat des Stromes abhängig und können daher bei plötzlichen Kurzschlüssen außerordentliche Werte erreichen.

Leitungen, die im Abstande von $a = 50$ cm geführt sind, erleiden beim Durchfluß eines Stoßkurzschlußstromes von $i = 100\,000$ Amp., der in größeren Zentralen auftreten kann, eine Kraftwirkung von

$$K = \frac{2 \cdot 10^{-7} \cdot 100 \cdot 100000^2}{9,81 \cdot 50} \cong 400 \text{ kg}$$

für jedes Meter Länge

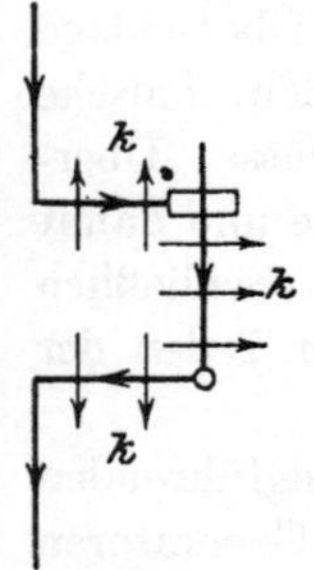

Fig. 91.

Man muß daher alle Starkstromleitungen zur Erzielung ausreichender Kurzschlußsicherheit sorgfältig lagern und versteifen. Das gilt sowohl für Sammelschienen mit ihren Abzweigleitungen zu Schaltern, Transformatoren und Maschinen, als auch für alle Arten von Durchführungen durch Wände und Verbindungsleitungen innerhalb der Apparate und in Kabelmuffen. Schalter selbst können bei ungünstiger Stromführung Kurzschlußkräfte erhalten, die ihre Kontakte zum Öffnen bringen, die Stromschleife sucht sich stets, wie in Fig. 91, zu vergrößern. Es ist deshalb zweckmäßig, Trennmesser entweder im glatten Zuge der Leitung anzubringen oder ihre Öffnungsrichtung entgegen den Stromkräften zu legen.

Besonders starke Kurzschlußkräfte treten in Transformatorwicklungen auf, in denen sich durch die gedrängte Führung der Stromleiter und durch die Nähe des wirksamen Eisens unter der Wirkung der hohen Kurzschlußströme sehr starke Streufelder entwickeln, deren Kräfte nach Gleichung (1) zum Zusammenbruch der ganzen Wicklung führen können. Fig. 92 veranschaulicht, in welcher Weise man bei großen Modellen rechteckige Wicklungen versteift, damit sie jeder bei Kurzschlüssen auftretenden mechanischen Beanspruchung gewachsen sind. Noch besser führt man die Wicklung mit kreisrunden Spulen aus, bei denen eine Deformation nicht auftreten kann, solange die Kräfte zentrisch sind.

Auch die Erwärmung der Leiter beim Kurzschluß kann zu schweren Zerstörungen führen. Wir bezeichnen mit $\mathfrak{w}$ die spezifische Wärme des Leitermaterials für die Raumeinheit und mit s seinen spe-

Fig. 92.

zifischen Widerstand, die wir beide als konstant betrachten wollen. Nennt man dann $d\vartheta$ die Erwärmung in der Zeit dt, so erzeugt ein Strom i mit der Stromdichte $\mathfrak{i}$ im Querschnitt q eine Wärmemenge in jeder Raumeinheit, die sich nach dem Energiegesetz ausdrücken läßt als

$$\mathfrak{w}\, d\vartheta = s\, \mathfrak{i}^2\, dt = s \left(\frac{i}{q}\right)^2 dt. \tag{4}$$

Eine erhebliche Abstrahlung oder Ableitung der Wärme aus den Leitungen darf man bei der kurzen Dauer der Kurzschlußerscheinungen nicht erwarten.

Würde ein Gleichstrom von zeitlich konstanter Stärke J durch den Leiter fließen, so könnten wir Gleichung (4) sofort integrieren und erhielten eine Erwärmung

$$\vartheta = \frac{s}{\mathfrak{w}}\left(\frac{J}{q}\right)^2 t, \tag{5}$$

die mit wachsender Zeit proportional zunähme. Da für warmes Kupfer $\mathfrak{w} = 3{,}5\,\frac{W\,\mathrm{sec}}{{}^\circ\mathrm{C\,cm}^3}$ und $s = \frac{1}{45}\,\frac{\Omega\,\mathrm{mm}^2}{\mathrm{m}}$ ist, so ruft eine Stromdichte von 10 Amp/mm² im Leiter in je 10 Sekunden eine Erwärmung um

$$\vartheta = \frac{10^2 \cdot 10}{45 \cdot 3{,}5} = 6{,}3\ {}^\circ\mathrm{C}$$

hervor.

Der Stoßkurzschlußstrom von Generatoren hat für den ungünstigsten Schaltmoment einen Verlauf, der nach Kapitel 13, Gleichung (9) proportional dem Dauerkurzschlußstrom J_k und einer Reihe von Zeitfunktionen ist. Der Anstieg der Leitererwärmung wird daher nach Einsetzen in Gleichung (4) bestimmt durch das Integral

$$\vartheta = \frac{s}{\mathfrak{w}}\left(\frac{J_k}{q}\right)^2 \int_0^t \left(\cos\omega t - \frac{1}{\sigma}\,\varepsilon^{-\varrho_1 t}\cos\nu_1' t + \frac{1-\sigma}{\sigma}\,\varepsilon^{-\varrho_2 t}\cos\nu_1'' t\right)^2 dt, \tag{6}$$

in dem drei verschiedenperiodige Cosinusfunktionen auftreten. Beim Ausquadrieren der Klammer entstehen drei Cosinusprodukte von verschiedenen Frequenzen, deren zeitlicher Mittelwert nahezu verschwindet. Da es uns im wesentlichen auf die Enderwärmung nach Ablauf der vorübergehenden Ströme ankommt, so können wir diese Glieder vernachlässigen und brauchen nur die Quadrate der drei einzelnen Glieder der Gleichung (6) zu integrieren.

Das erste Glied ist

$$\int_0^t \cos^2\omega t\,dt = \int_0^t \left(\frac{1}{2} + \frac{1}{2}\cos 2\omega t\right) dt = \frac{t}{2}, \tag{7}$$

wenn wir wieder von dem periodischen Glied mit $2\,\omega t$, dessen Mittelwert null ist, absehen. Ferner ist für das zweite Glied der Gleichung (6)

$$\begin{aligned} \int_0^\infty \varepsilon^{-2\varrho_1 t}\cos^2\nu_1' t\,dt &= \int_0^\infty \varepsilon^{-2\varrho_1 t}\left(\frac{1}{2} + \frac{1}{2}\cos 2\nu_1' t\right) dt \\ &= \frac{1}{4\varrho_1}\left(1 + \frac{\varrho_1^2}{\varrho_1^2 + \nu_1'^2}\right). \end{aligned} \tag{8}$$

Dabei ist die Integration von $t = 0$ bis ∞ erstreckt, weil man dabei einen bestimmten Grenzwert erhält, der praktisch bereits nach einer Zeit erreicht ist, in der dieser gleichstromartige Teil des Stoßkurzschlußstromes abgeklungen ist. Weil für diesen Stromanteil, dessen Feld am Ständer hängt, die Frequenz ν_1' sehr klein gegenüber der

Dämpfung ϱ_1 ist, so wird das zweite Glied in der Klammer nahezu gleich 1, und man erhält unter Beachtung von Kapitel 12, Gleichung (11)

$$\int_0^\infty \varepsilon^{-2\varrho_1 t} \cos^2 \nu_1' t\, dt = \frac{1}{2\varrho_1} = \frac{\sigma L_1}{2 R_1} = \frac{\sigma T_1}{2} = \frac{T_{\sigma 1}}{2}. \tag{9}$$

Das Integral ist also gleich der Hälfte der Streuungszeitkonstante $T_{\sigma 1}$ der Ständerwicklung des Generators. Für das dritte Glied der Gleichung (6) erhalten wir auf die gleiche Weise

$$\int_0^\infty \varepsilon^{-2\varrho_2 t} \cos^2 \nu_1'' t\, dt = \frac{1}{4\varrho_2}\left(1 + \frac{\varrho_2^2}{\varrho_2^2 + \nu_1''^2}\right) = \frac{1}{4\varrho_2} = \frac{T_{\sigma 2}}{4}, \tag{10}$$

worin $T_{\sigma 2}$ die Streuungszeitkonstante des Läufers ist. Dabei ist zu beachten, daß für dieses Wechselstromglied des Stoßkurzschlußstromes die Frequenz ν_1'' sehr groß gegenüber der Dämpfung ϱ_2 ist, so daß das zweite Glied in der Klammer der Gleichung (10) praktisch verschwindet. Die Streuungszeitkonstanten sind stets durch das reziproke der Dämpfungsziffern ϱ nach Kapitel 12, Gleichung (11) gegeben und können berechnet oder oszillographisch gemessen werden.

Für die Erwärmung der Leitung erhält man nunmehr durch Einsetzen der Integrale von Gleichung (7), (9) und (10) in Gleichung (6)

$$\vartheta = \frac{s}{\mathfrak{w}}\left(\frac{J_k}{\sqrt{2}\, q}\right)^2 \left[t + \frac{1}{\sigma^2} T_{\sigma 1} + \frac{1}{2}\left(\frac{1-\sigma}{\sigma}\right)^2 T_{\sigma 2}\right]. \tag{11}$$

Die Erwärmung besteht also aus drei Teilen. Der erste steigt proportional der laufenden Zeit t an und rührt vom Dauerkurzschlußstrom allein her, dessen effektive Stromdichte genau wie ein Gleichstrom nach Gleichung (5) wirkt. Diese Teilerwärmung ist

$$\vartheta_k = \frac{s}{\mathfrak{w}}\left(\frac{J_k}{\sqrt{2}\, q}\right)^2 t. \tag{12}$$

Die beiden anderen Teile rühren von den Gleichstrom- und Wechselstromgliedern des Ausgleichsstromes her. Ihr Endwert ergibt sich nach Gleichung (11), wenn man anstatt der Einschaltezeit t die Streuungszeitkonstanten, vergrößert nach Maßgabe des Streukoeffizienten σ der Maschine, ansetzt. Führt man dessen Wert nach Kapitel 13, Gleichung (21), mit

$$\sigma = \frac{E_s}{E}\frac{J_k}{J_n} \tag{13}$$

in Gleichung (11) ein, so kann man die Erwärmung allein durch die Stoßkurzschlußströme getrennt berechnen und auf eine bequeme Form bringen, weil der Dauerkurzschlußstrom J_k dann aus der Formel herausfällt. Man erhält für diese Teilerwärmungen

$$\vartheta_s = \frac{s}{\mathfrak{w}}\left(\frac{J_n}{\sqrt{2}\, q}\frac{E}{E_s}\right)^2 \left[T_{\sigma 1} + \frac{(1-\sigma)^2}{2} T_{\sigma 2}\right]. \tag{14}$$

Darin stellt das erste Glied der runden Klammer die Stromdichte des effektiven Normalstromes dar, die stets bekannt ist. Das zweite Glied ist durch die Spannung der Selbst- und Streuinduktion dieses Normalstromes im ganzen Kurzschlußkreise im Verhältnis zur normalen Spannung vor dem Kurzschluß bestimmt, und die letzte Klammer gibt einen Summenwert der Streuungszeitkonstanten an.

In der Praxis findet man meist die Zeitkonstante $T_{\sigma 1}$ für das abklingende Gleichstromglied in der Größenordnung von $^1/_{10}$ Sekunde, dagegen $T_{\sigma 2}$ für das abklingende Wechselstromglied in der Größenordnung von 1 Sekunde. Bei einer Stromdichte des Normalstromes von 3 Amp/mm², einer Streuspannung des Generators von 12% sowie einem Dauerkurzschlußstrom vom 2fachen Werte des Normalstromes erwärmen sich daher mit den oben genannten Zahlen für s und $\mathfrak{w}$ die Generatorwicklungen bei plötzlichem Klemmenkurzschluß durch die Ausgleichsströme um

$$\vartheta_s = \frac{1}{45 \cdot 3{,}5}\left(3\,\frac{100}{12}\right)^2\left[0{,}1 + \frac{(1-0{,}24)^2}{2}\,1\right] = 1{,}55^\circ\,\mathrm{C}.$$

Der Wert in der eckigen Klammer beträgt dabei etwa 0,4 sec. Bleibt der Kurzschluß bestehen, so steigt die Erwärmung durch den Dauerkurzschlußstrom nach Gleichung (12) in je 10 Sekunden um weitere

$$\vartheta_k = \frac{6^2 \cdot 10}{45 \cdot 3{,}5} = 2{,}30^\circ\,\mathrm{C}$$

an. Man erkennt aus diesen Zahlen, daß die Erwärmung von richtig bemessenen Maschinenwicklungen beim plötzlichen Kurzschluß trotz hoher Stoßströme nur unerheblich ist. Starke Erwärmungen können in Maschinen nur dann auftreten, wenn die Stromdichte oder der Widerstand an schlechten Kontaktstellen übermäßig gesteigert ist.

Für die Leitungen außerhalb der Generatoren können diese Verhältnisse aber viel ungünstiger werden. Wir wollen an Hand des typischen Schaltschemas eines Starkstromnetzes von Fig. 93 verschiedene Kurzschlußmöglichkeiten in der Nähe eines Kraftwerkes betrachten. Mehrere Generatoren G von verschiedener Größe arbeiten auf Niederspannungssammelschienen S', die über einige Transformatoren T die Hochspannungssammelschienen S speisen, von denen Fernleitungen L betrieben werden. Außerdem sei noch für den Bedarf der Zentrale und ihrer Umgebung eine Niederspannungssammelschiene s' mit den Verteilungsleitungen L' an die Hauptsammelschiene S' angeschlossen.

Wenn ein plötzlicher Kurzschluß an der Stelle k_1, also in der Niederspannungsschaltanlage, eintritt, dann speisen sämtliche Generatoren in die defekte Stelle hinein. Es entwickelt sich daher ein plötzlich auftretender Strom, der ein Vielfaches des normalen Zentralenstromes beträgt, für den die Schaltanlage bemessen ist, und der der mittleren Generatorstreuung entspricht. Er ruft gewaltige Kraftwirkungen auf seine Leitungen hervor, kann aber nach Gleichung (12) und (14) keine erhebliche Erwärmung außerhalb der Kurzschlußstelle erzeugen. Entsteht andererseits ein Kurzschluß in der Hochspannungsschaltanlage an der Stelle k_2, so tritt ein Stoßkurzschlußstrom auf, der wegen der Streuung der zwischengeschalteten Transformatoren T ein etwas geringeres Vielfaches des Hochspannungsstromes ist. Selbstverständlich ist der Absolutwert des Kurzschlußstromes im Hochspannungskreis nach Maßgabe der Spannung geringer als im Niederspannungskreis.

Ein gleich großer Kurzschlußstrom entwickelt sich auch, wenn die Störung in einer der drei Fernleitungen, etwa bei k_3, liegt. Da jede

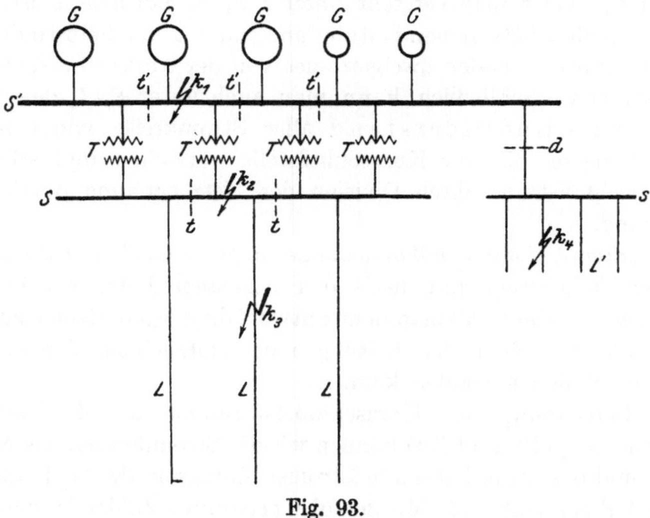

Fig. 93.

Leitung aber nur für $^1/_3$ des ganzen Hochspannungsstromes bemessen ist; so wird sie bei Kurzschluß im Verhältnis zu ihrer normalen Belastung *im dreifachen Maße stärker beansprucht* als die Sammelschienen durch den Kurzschluß bei k_2. Noch ungünstigere Wirkung hat ein Kurzschluß in einer der Niederspannungsleitungen L', etwa an der Stelle k_4. Da Selbstinduktion und Widerstand zwischen k_1 und k_4 nur unerheblich sind, so tritt an dieser Stelle der gleiche Kurzschlußstrom wie bei k_1 auf, auch wenn die Leitung L' nur für eine ganz schwache Leistung bemessen ist. Sie wird also in außerordentlichem Maße überlastet.

Man erkennt, daß die *Entwicklung der Kurzschlußströme ganz anders ist als die Verteilung der normalen Betriebsströme.* Während sich die Betriebsströme der einzelnen Zweigleitungen nach den Belastungen an den Verbrauchsstellen richten, ist die Größe der Kurzschlußströme lediglich bestimmt durch die gesamte Leistung der in den Kurzschluß speisenden Maschinen sowie durch die Selbstinduktion und ein wenig auch durch den Widerstand des gesamten Stromkreises von den Maschinen bis zur Kurzschlußstelle. Im Grenzfalle geringen Widerstandes ist der höchstmögliche Stoßkurzschlußstrom nach Kapitel 13, Gleichung (22)

$$J_s = 2\frac{E\,J_n}{E_s}. \tag{15}$$

Sowohl hierin wie auch in Formel (14) kann man entweder $E\,J_n$ als Gesamtleistung aller in den Kurzschluß speisenden Maschinen auffassen und E_s als Selbstinduktionsspannung des Gesamtstromes bis zur Kurzschlußstelle. Oder man versteht unter $E\,J_n$ die normale Leistung der vom Kurzschluß betroffenen Leitung und unter E_s die Selbstinduktionsspannung ihres normalen Zweigstromes von der Kurzschlußstelle bis in die Maschinen. Schließlich kann man auch unter E_s/J_n den resultierenden Blindwiderstand aller Stromkreise von den Generatorwicklungen bis zur Kurzschlußstelle verstehen und erhält den Stoßkurzschlußstrom durch Division der Netzspannung durch diesen Widerstand.

Man erkennt hieraus, daß man die Leitungs- und Schaltanlagen großer Zentralen keineswegs nur nach den normalen Betriebsströmen bemessen darf, sondern daß man dem Entwurf diejenigen Ströme zugrunde legen muß, die sich in den Leitungen bei plötzlichem Kurzschluß an beliebigen Stellen ausbilden können.

Zur Berechnung der Kurzschlußerwärmung der Zweigleitungen nach Gleichung (12) und (14) können wir die Stromdichten des Normalstromes und des Dauerkurzschlußstromes einführen, die beide für jeden Leitungsteil bekannt sind. Mit den obengenannten Zahlen ist die Stromdichte des Dauerkurzschlußstromes an der Kurzschlußstelle k_3 in einer der drei Fernleitungen der Fig. 93 annähernd $2 \cdot 3 = 6$ mal so groß wie die des Normalstromes, das ergibt bereits 36fache Erwärmung, also bei 2 Amp/mm² Normaldichte in den Leitungen 9 °C in je 10 Sekunden. Entsteht der Kurzschluß bei k_4 in einer Zweigleitung, die nur für 5% der gesamten Zentralenleistung bemessen ist, so wird diese Leitung durch den Dauerkurzschlußstrom bei sonst gleichen Zahlenwerten sogar auf das $(2 \cdot 100/5)^2 = 1600$ fache des Normalstromes, also um 410 °C in je 10 Sekunden erwärmt, was natürlich unzulässig ist. Ebenso ist auch die Teilerwärmung durch die Stoßkurzschlußströme, die sich noch darüberlagert, um so stärker, je geringer der absolute Querschnitt der Zweigleitung ist. Mit den eben genannten Zahlen würde ein plötzlicher Kurzschluß bei k_3 6,2 °C, bei k_4 275 °C zusätzliche Erwärmung ergeben.

Damit man nun die für schwache Leistung bestimmten Niederspannungsleitungen L' der Fig. 93 mit ihren gesamten Apparaten nicht ebenso stark bemessen muß wie die der Hochleistungsanlage, die an S' hängt, so pflegt man an der Stelle d eine Drosselspule zwischen die Schienen zu schalten, durch die man die Selbstinduktionsspannung E_s der Schwachleistungsanlage vergrößert und dadurch den Kurzschlußstrom in k_4 auf eine angemessene Stärke vermindert, so daß er keine übermäßigen Kraft- und Wärmewirkungen mehr hervorbringen kann.

Um auch in den Fernleitungen L und den Schaltanlagen S und S' das Auftreten von riesigen Kurzschlußströmen zu vermeiden, sucht man bei sehr großen Kraftwerken das Netz in mehrere möglichst selbständige Abschnitte zu unterteilen, indem man die Sammelschienen etwa an den Stellen t und t' auftrennt, so daß jede Fernleitung nur von einer oder wenigen Maschinen gespeist wird und ohne Zusammenhang mit den anderen Maschinen ist. Dann treten sowohl bei k_1 wie k_2 wie k_3 nur die Kurzschlußströme einer Generatorgruppe auf, so daß die Gefährdung wesentlich geringer wird. Häufig genügt es, die Netze lediglich an den Niederspannungsschienen, also an den Stellen t' aufzutrennen, weil auch dann nur immer eine Generatorgruppe direkt in den Kurzschluß k_1 speisen kann, während die fremden Generatoren über zwei in Reihe liegende Transformatoren T auf den Kurzschluß arbeiten, wodurch ihre Stoßströme wesentlich verringert werden.

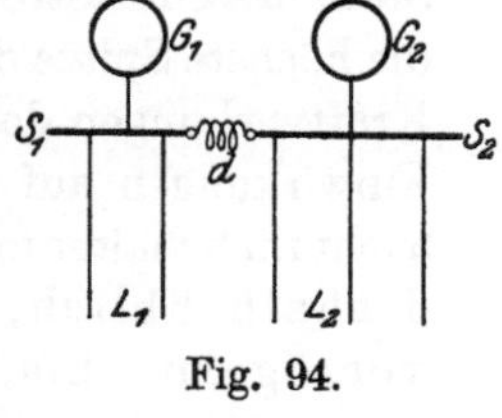

Fig. 94.

Ist eine vollständige Auftrennung der Netze in kleinere Abschnitte mit erträglichem Kurzschlußstrom nicht möglich, weil es nicht gelingt, die Belastung richtig auf die Transformatoren und Generatoren zu verteilen, so überbrückt man die Trennstelle der Sammelschienen S nach dem Schema der Fig. 94 durch eine Drosselspule d von erheblicher Selbstinduktion. Der Übertritt der Stoßströme wird dadurch stark vermindert, jedoch wird den Betriebsströmen ein Durchtritt ermöglicht, so daß man die Lastverteilung der Generatoren G_1 und G_2 unabhängig von den Belastungen der Leitungen L_1 und L_2 einstellen kann. Der Leistungsunterschied fließt durch die Drosselspule und erzeugt bei reinem Wattstrom in der Drosselspule eine phasensenkrechte Spannung, die lediglich eine Phasendifferenz zwischen den Spannungen der Schienen S_1 und S_2 hervorruft, ohne ihre Größe zu beeinflussen.

Das wirksamste Mittel zur Vermeidung hoher Kurzschlußströme ist natürlich stets der Bau von Transformatoren und vor allem von Synchronmaschinen mit möglichst großer Streuspannung E_s im Verhältnis zur Klemmenspannung E. Hierdurch wird die Ursache für die hohen Ströme bereits am Entstehungsorte vermindert, so daß man in Anlagen von mäßiger Leistung ohne künstliche Schutzmittel auskommen kann. Man kann für Synchronmaschinen 12% und für Transformatoren 3 % Streuung als einen Mindestwert ansehen, der sich stets erreichen läßt. Unter Berücksichtigung der Dämpfung durch Widerstand führt das auf Stoßkurzschlußströme, die bei Klemmenkurzschluß höchstens das 15fache des Normalstromes der Maschine betragen. Selbstverständlich werden dabei die Spannungsänderungen bei Belastungsschwankungen in der Anlage größer als bei geringer Streuung, jedoch lassen diese sich durch Nachregulieren der Erregung stets mit einfachen Mitteln ausgleichen.

Ist in einer Anlage ein Kurzschluß entstanden, so muß die defekte Leitung abgeschaltet werden. Würde man hierfür Schmelzsicherungen oder Selbstschalter verwenden, die die gestörte Leitung unmittelbar nach Eintritt des Kurzschlusses unterbrächen, so würden sie durch den Stoßkurzschlußstrom sehr stark beansprucht werden. Trotzdem würde die höchste Spitze des Stromes und die dadurch bewirkten mechanischen Kraftwirkungen doch nicht vermieden werden, lediglich die thermischen Einwirkungen auf die Leitungen würden verhindert. Sie können aber leicht im Schalter mit vergrößerter Gewalt zur Äußerung gelangen. Es ist deshalb üblich, die Abschaltung um einige Sekunden zu verzögern, bis der Stoßstrom abgeklungen ist und im wesentlichen nur noch der Dauerkurzschlußstrom besteht. Um auch diesen gering zu halten, kann man die Erregung der Generatoren beim Eintritt eines Kurzschlusses schwächen, zum mindesten aber muß verhindert werden, daß die selbsttätigen Spannungsregler die Erregung bis zum Äußersten verstärken.

Sehr zweckmäßig ist es, die Schalter mit kurzzeitig vorgeschalteten Schutzwiderständen zu versehen, die sowohl beim Ausschalten wie auch beim Wiedereinschalten den Stromkreis mit vermehrtem Widerstand versehen, wodurch alle vorübergehenden Ausgleichströme eine starke und schnelle Abdämpfung erfahren. Besonders beim Einlegen des Schalters auf eine kurzgeschlossene Strecke, was im praktischen Betriebe nicht immer zu vermeiden ist, wirken solche Schutzwiderstände günstig, indem sie den Stromkreis erst zum unmittelbaren Schluß gelangen lassen, wenn die vorübergehenden Ströme schon zum Teil abgeklungen sind. Der Widerstand muß so groß bemessen werden, daß er gegenüber den sonstigen Widerständen des Stromkreises erheblichen Einfluß auf den Stromverlauf erhält. Andererseits darf er nicht so groß werden, daß der in ihm entstehende Spannungsabfall beim vollständigen Einlegen des Schalters seinerseits erhebliche Ausgleichsströme hervorbringt. Schließlich muß die Wärmekapazität des Schutzwiderstandes ausreichend groß sein, um zu starke Erwärmungen auch bei mehrmaligem Schalten zu vermeiden.

III. Schalten von Motoren.

15. Anlauf von Motoren.

Motoren für Gleich- oder Wechselstrom nehmen beim Anschalten ihrer Wicklung an die konstante Spannung eines Verteilungsnetzes nicht sprunghaft ihre volle, stationäre Drehzahl an, sondern laufen vom Stillstand aus allmählich, in endlicher Zeit an. Im allgemeinen verringert man sogar die Anfahrbeschleunigung künstlich, um die Strom- und Energieaufnahme des Motors aus dem Netz während der Anlaufdauer nicht zu groß zu machen.

Während der Anlaßperiode spielen sich zwei Ausgleichsvorgänge ab, die einander überdecken. Das Einschalten der Wicklungen des Motors hat einen elektrischen Ausgleichsvorgang zur Folge, der im wesentlichen einen übergelagerten abklingenden Gleichstrom hervorruft. Dieser bewirkt bei Gleichstrommotoren ein exponentielles Ansteigen sowohl des Erregerstromes wie des Ankerstromes und ruft in Wechselstrom- oder Drehstrommotoren ein dem normalen Felde überlagertes abklingendes Gleichfeld hervor.

Gleichzeitig mit dem elektrischen Einschaltvorgang spielt sich der mechanische Anlaufvorgang des Ankers ab. Unter der Wirkung des Anlaufdrehmomentes setzt sich der Anker mitsamt seinem Getriebe allmählich in Bewegung und erreicht nach einer gewissen Anlaufzeit seine stationäre Geschwindigkeit. Die Dauer des elektrischen Einschaltvorganges richtet sich nach der elektromagnetischen Zeitkonstante, also nach Selbstinduktion und Widerstand des Stromkreises, die Dauer des mechanischen Anlaufvorganges nach dem Trägheitsmoment und Drehmoment des Ankers.

Wir wollen für die folgenden Betrachtungen annehmen, daß die elektrische Einschaltperiode so kurz gegenüber der mechanischen Anlaufperiode ist, daß die beiden Erscheinungen sich gegenseitig nicht stören. Die elektrischen Ausgleichsströme verlöschen dann so, als ob der Motor noch ruht; der mechanische Anlauf erfolgt so, als ob elektrischer Beharrungszustand vorhanden wäre. Um die Anlaufverhältnisse rechnerisch einfach verfolgen zu können, wollen wir außerdem annehmen, daß sowohl das vom Motor entwickelte Drehmoment als auch das von ihm überwundene Belastungsmoment allein von seiner Geschwindigkeit und von keiner anderen variablen Größe abhängen.

a) Stetiger Anlauf.

Man kann jeden Motor dadurch stetig anlassen, daß man einen Flüssigkeitswiderstand in seinen Ankerkreis schaltet, den man allmählich kurz schließt. Bei Gleichstrommotoren legt man ihn nach dem Schema der Fig. 95 zwischen Netz und Anker; bei Drehstrommotoren nach dem Schema der Fig. 96 an die Schleifringe des Läufers. Man kennt dann aus den speziellen Eigenschaften des Motors und der Anlasserbewegung für jede minutliche Drehzahl n oder jede Winkelgeschwindigkeit

$$\omega = \frac{2\pi n}{60} \tag{1}$$

das Drehmoment D, das er entwickeln kann. Ebenso ist für jedes Triebwerk das widerstehende Drehmoment M in Abhängigkeit von der Drehzahl bekannt. Zwei solche Kurven sind in Fig. 97 dargestellt.

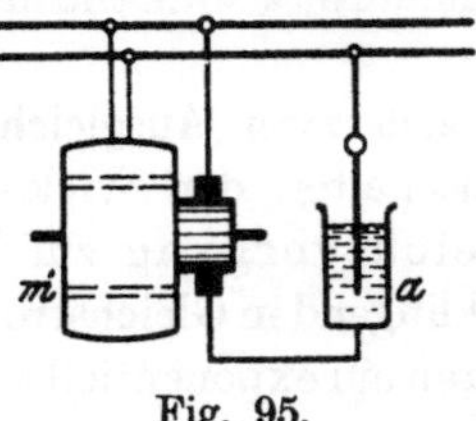

Fig. 95.

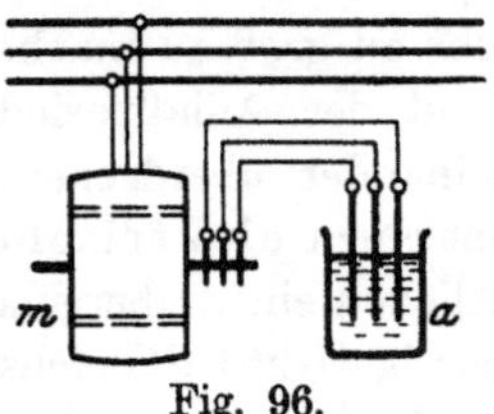

Fig. 96.

Nur die Differenz beider Drehmomente dient zur Beschleunigung des Ankers und der sämtlichen mit ihm verbundenen Schwungmassen des Getriebes und der Arbeitsmaschine. Der Motor beschleunigt sich daher solange, bis diese Differenz Δ zu Null geworden ist, dann hat er seine Beharrungsdrehzahl ω_0 erreicht. Das Beschleunigungsdrehmoment ist gleich dem Trägheitsmoment Θ mal der Winkelbeschleunigung des Ankers

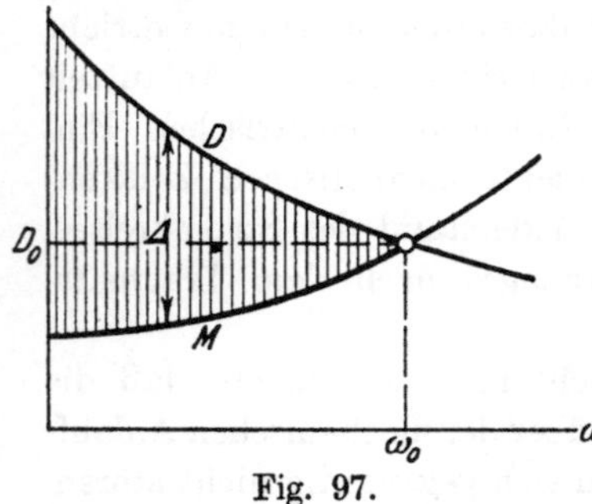

Fig. 97.

$$D - M = \Delta(\omega) = \Theta \frac{d\omega}{dt}, \tag{2}$$

wobei die Schwungmomente von Getriebe und Arbeitsmaschine auf den Anker reduziert sind. $\Delta(\omega)$ ist dabei das in Abhängigkeit von ω nach Fig. 97 bekannte Überschußdrehmoment des Motors.

Aus Gleichung (2) kann man die Beschleunigung und daraus die Geschwindigkeit des Motores für jeden gegebenen Drehmomentverlauf graphisch bestimmen. Dieser ist nun aber nicht als Funktion der Zeit, sondern als Funktion der Drehzahl ω gegeben, so daß man die Gleichung besser umstellt, indem man ω als unabhängige und t als abhängige Variable betrachtet. Es ist dann

$$dt = \Theta \frac{d\omega}{\Delta(\omega)}, \tag{3}$$

und da dies integrierbar ist, so erhält man die laufende Zeit t in Abhängigkeit von der Winkelgeschwindigkeit ω zu

$$t = \Theta \int \frac{d\omega}{\Delta(\omega)}. \tag{4}$$

Zur graphischen Auswertung ist es bequem, das Integral so zu schreiben, daß Zähler und Nenner reine Zahlenwerte werden. Wir führen dazu im Nenner das Verhältnis des jeweiligen Überschußmomentes zum normalen Drehmoment D_0 ein

$$\frac{\Delta(\omega)}{D_0} = \delta(\omega) \tag{5}$$

und erweitern den Zähler mit der normalen Winkelgeschwindigkeit ω_0. Dann erhalten wir aus Gleichung (4)

$$t = \frac{\Theta\,\omega_0}{D_0}\int\frac{d\,\frac{\omega}{\omega_0}}{\delta\left(\frac{\omega}{\omega_0}\right)} = T_a\int\frac{d\,\nu}{\delta(\nu)}\,. \tag{6}$$

Das Verhältnis der jeweiligen Geschwindigkeit ω zur normalen Winkelgeschwindigkeit ω_0 ist dabei mit ν bezeichnet.

Das Integral stellt hierin einen mit wachsender relativer Drehzahl ν ständig zunehmenden Zahlenwert dar, der lediglich von dem Verlauf der Drehmomentkurven abhängt, und den wir als numerische Anlaufzeit bezeichnen können, weil er nach Gleichung (6) der Zeit t direkt proportional ist. Der Faktor vor dem Integral

$$T_a = \frac{\Theta\,\omega_0}{D_0} \tag{7}$$

enthält lediglich Konstanten des Motors und besitzt die Dimension einer Zeit. Wir wollen ihn die mechanische Zeitkonstante für normales Drehmoment oder besser die Normalanlaufzeit des Motors nennen.

Führen wir statt des Drehmomentes D_0 in mkg die normale Leistung des Motors in Watt ein durch die Beziehung

$$W_0 = g\,\omega_0\,D_0\,, \tag{8}$$

in der g den Wert der Erdbeschleunigung bedeutet, und ersetzen wir das Trägheitsmoment Θ durch das technisch meist gebräuchliche Schwungmoment

$$GD^2 = 4\,g\,\Theta \tag{9}$$

in kgm^2, so erhalten wir für die Normalanlaufzeit in sec unter Beachtung von Gleichung (1)

$$T_a = \frac{\Theta\,g\,\omega_0^2}{W_0} = \left(\frac{\pi}{60}\right)^2\frac{n_0^2\,GD^2}{W_0}\,. \tag{10}$$

Für einen Motor von $W_0 = 10$ kW Leistung, der mit normal $n_0 = 1000$ U/min läuft und ein Schwungmoment $GD^2 = 6\ kgm^2$ besitzt, erhält man eine Normalanlaufzeit

$$T_a = \frac{1}{365}\,\frac{1000^2\cdot 6}{10\cdot 10^3} = 1{,}65 \text{ sec.}$$

Man findet für die meisten Motoren Werte, die zwischen 1 und 2 Sekunden liegen. Bei großen Getriebemassen wird die Normalanlaufzeit entsprechend größer.

Unsere Berechnungsformel (6) für die wirkliche Anlaufzeit enthält im Nenner unter dem Integral die relative Drehmomentsfunktion $\delta(\nu)$, die für alle Drehzahlverhältnisse ν bekannt ist. Wir wollen sie auf einen speziellen Fall anwenden, in dem der Anlaßwiderstand so geregelt werden möge, daß der Motor während der gesamten Anlaufzeit sein normales Drehmoment entwickelt, während kein widerstehendes Moment vorhanden ist. Dann ist nach Gleichung (2) und (5) $\delta = 1$, und wir erhalten nach Gleichung (6) die gesamte Anlaufzeit bis zur normalen Drehzahl mit $\nu = 1$ zu

$$t = T_a \int_0^1 \frac{d\nu}{1} = T_a. \tag{11}$$

Hierdurch ist die physikalische Bedeutung von T_a gegeben als **gesamte Anlaufzeit des Ankers, wenn auf ihn das normale Drehmoment lediglich beschleunigend wirkt.**

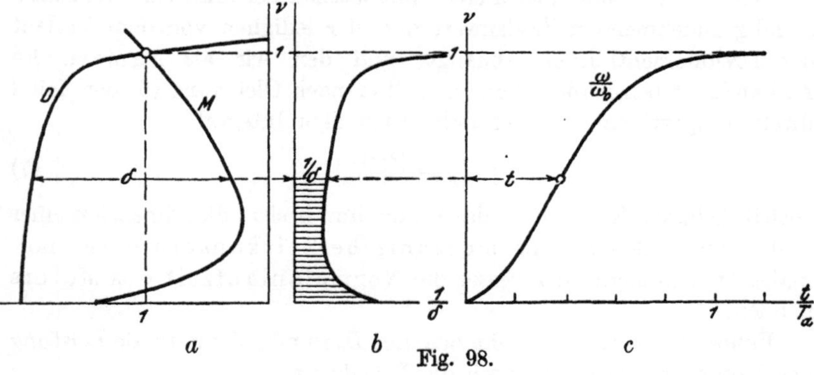

Fig. 98.

Im allgemeinen ist die Drehmomentsfunktion $\delta(\nu)$ nur graphisch gegeben. Zur Ausführung der Integration nach Gleichung (6) trägt man sich dann aus dieser Kurve, die man nach Fig. 98a am besten um 90° gedreht zeichnet, zunächst die reziproke Drehmomentsgröße $1/\delta$ in Fig. 98b abhängig von der relativen Drehzahl ν nach oben auf. Bildet man dann in Fig. 98c die **Integralkurve der schraffierten Fläche**, so gibt diese nach Gleichung (6) die **numerische Anlaufzeit** wieder und liefert durch Multiplikation mit der Normalanlaufzeit T_a nach Gleichung (10) die **wirkliche Anlaufzeit in Sekunden, die der Motor mit angehängter Last braucht, um die jeweilige Drehzahl zu erreichen.** Die Kurve nähert sich asymptotisch der stationären Drehzahl mit $\nu = 1$. Fig. 98 stellt die Anlaufverhältnisse eines Gleichstrommotors beim Antrieb einer Schleuderpumpe mit großer Reibung und quadratisch zunehmendem Widerstandsmoment dar.

Selbstverständlich gilt die allgemeine Gleichung (6) auch für den Fall, daß der Anlasser in irgendeiner Stellung verharrt, oder daß er gar nicht geregelt wird. In jedem Falle ist das relative Drehmoment δ abhängig von der relativen Drehzahl ν als bekannt anzusehen.

Man kann nach derselben Formel (6) auch die Auslaufkurve eines Motors nach dem Abschalten vom Netz durch graphische Integration erhalten, wenn das Reibungsmoment und etwaige sonstige bremsende Drehmomente als Funktion der Drehzahl bekannt sind.

b) Stufenweiser Anlauf.

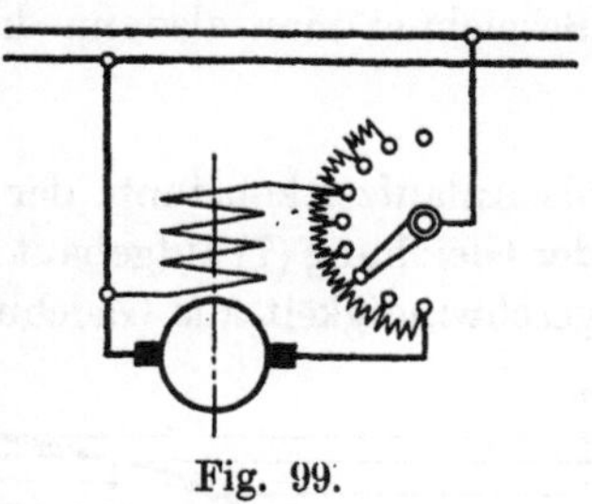
Fig. 99.

Sehr häufig läßt man die Motoren durch stufenweises Regeln des Anlaßwiderstandes anlaufen, beispielsweise durch Verwendung eines Metallanlassers mit zahlreichen Kontaktstufen, wie er für Gleichstrommotoren in Fig. 99 dargestellt ist und für Drehstrommotoren ganz entsprechend ausgeführt wird. Dann ist der Widerstand des Stromkreises auf jeder einzelnen Stufe konstant, während die Arbeit leistende Gegenspannung des Motors proportional der zunehmenden Drehzahl wächst. Der Strom und damit das Drehmoment des Motors nimmt dann bei den üblichen großen Anlaßwiderständen mit wachsender Drehzahl annähernd linear ab.

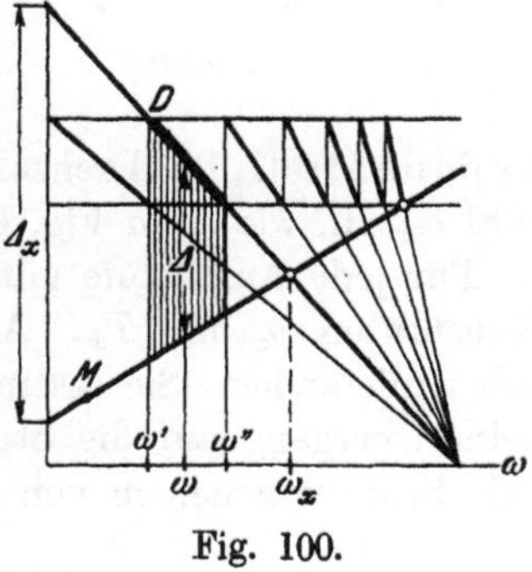

Fig. 100.

In Fig. 100 ist das Motordrehmoment D in Abhängigkeit von der Geschwindigkeit für verschiedene Kontaktstufen durch die schrägen Geraden dargestellt, die alle derselben Leerlaufsdrehzahl zustreben. Man sucht meistens derart anzulassen, daß das Drehmoment während der Anlaufzeit zwischen einer oberen und unteren Grenze bleibt, um die Stromschwankungen möglichst gleichmäßig zu halten. Dann muß man den Anlasser bei den in Fig. 100 durch die Drehmomentsprünge gekennzeichneten Drehzahlen immer um eine Stufe weiter bewegen.

Wenn wir annehmen, daß auch das widerstehende Drehmoment M linear verläuft, was für jede Stufe meist genau genug der Fall ist, so hat auch das Überschußmoment Δ für jede Stufe lineare Abhängigkeit von der Drehzahl, so daß wir die Beziehung ansetzen können

$$D - M = \Delta = \Delta_x \frac{\omega_x - \omega}{\omega_x}. \tag{12}$$

Darin bedeutet ω_x diejenige Winkelgeschwindigkeit des Ankers, die der belastete Motor auf der Widerstandsstufe x stationär annehmen würde, und Δ_x ist das Überschußmoment, das auf der gleichen Stufe bei Stillstand des Ankers vorhanden wäre. Beide Werte können aus dem für jeden Motor und Anlasser bekannten Diagramm nach Fig. 100 abgelesen werden.

Setzt man Gleichung (12) in Gleichung (2) ein, so erhält man

$$\Theta \frac{d\omega}{dt} = \frac{\Delta_x}{\omega_x}(\omega_x - \omega) . \tag{13}$$

Bezeichnet man alsdann die Größe

$$T_x = \frac{\Theta \omega_x}{\Delta_x} \tag{14}$$

als Anlaufzeitkonstante der Stufe x, die ganz entsprechend dem Werte der Gleichung (7) aufgebaut ist, so erhält man für den Anstieg der Ankergeschwindigkeit aus Gleichung (13) die Beziehung

$$\frac{d\omega}{dt} + \frac{\omega - \omega_x}{T_x} = 0 . \tag{15}$$

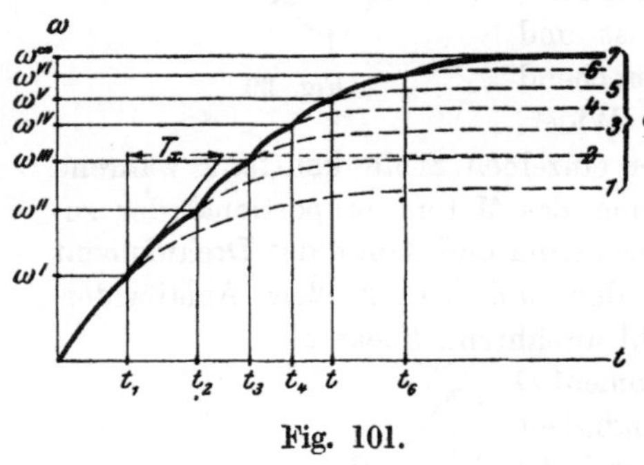

Fig. 101.

Diese lineare Differentialgleichung ist uns wohl bekannt. Sie hat die Lösung

$$\omega - \omega_x = K \varepsilon^{-\frac{t}{T_x}} . \tag{16}$$

Die Differenz zwischen der augenblicklichen Drehzahl und der stationären Drehzahl jeder Stufe verschwindet also exponentiell, die Drehzahl strebt asymptotisch der Beharrungsdrehzahl ω_x zu, wie es in Fig. 101 dargestellt ist.

Für jede Anlaßstufe gilt dieselbe Gleichung (16), nur mit anderen Konstanten ω_x und T_x. Auch die Integrationskonstante K wird für jede Stufe anders. Sie bestimmt sich aus der Drehzahl ω', die der Motor beim Übergang auf die Stufe x besaß, wenn man die Schaltzeit für jede Stufe von neuem von $t = 0$ an rechnet, zu

$$K = \omega' - \omega_x . \tag{17}$$

Damit wird die jeweilige Drehzahl nach Gleichung (16)

$$\omega = \omega_x - (\omega_x - \omega') \varepsilon^{-\frac{t}{T_x}} . \tag{18}$$

Wird nach Erreichen der Drehzahl ω'' auf die nächste Stufe übergeschaltet, so ergibt sich die gesamte Anlaufdauer auf Stufe x aus

$$\frac{\omega'' - \omega_x}{\omega' - \omega_x} = \varepsilon^{-\frac{t}{T_x}} \tag{19}$$

zu

$$t_x = T_x \ln \left(\frac{\omega_x - \omega'}{\omega_x - \omega''} \right) . \tag{20}$$

Diese Beziehung könnte man natürlich auch aus der allgemeinen Gleichung (6) für die Anlaufzeit erhalten, wenn man den Gleichung (12) entsprechenden linearen Wert für das Überschußmoment dort einsetzen würde.

Da in Gleichung (20) alle ω und auch T_x für jede Stufe bekannt sind, so kann man die gesamte Anlaufzeit des Motors durch Summation der Zahlenwerte von t_x für alle Stufen errechnen.

In Fig. 101 sind die sämtlichen Anlauf-Exponentialkurven für die verschiedenen Stufen übereinander gezeichnet. Die Drehzahl durchläuft nacheinander die stark gezeichneten Stücke jeder Kurve, bis sie sich schließlich auf der letzten Stufe der tatsächlichen Beharrungsdrehzahl des Motors asymptotisch nähert. Wendet man eine größere Stufenzahl an, etwa 8 bis 10, so werden die Ungleichmäßigkeiten des Anlaufs ziemlich gering, so daß er sich vom stetigen Anlauf nicht mehr erheblich unterscheidet.

Besonders groß sind die zu beschleunigenden Massen bei elektrischen Bahnen, bei denen außer der Motor- und Getriebemasse auch die vollständigen Fahrzeuge möglichst schnell in Bewegung gesetzt werden sollen. Zum Antrieb verwendet man fast stets Serienmotoren, deren Drehzahlcharakteristik wie in Fig. 97 stark gekrümmt verläuft. Da sie aber stets in mehreren Stufen geschaltet werden, so muß man mit dem vollständigen Bilde der Fig. 102 rechnen und erkennt, daß sich die wirklich benutzten Kurvenstücke auch hier mit ausreichender Genauigkeit durch Gerade ersetzen lassen. Man kann daher die gesamte Anlaufzeit nach Gleichung (20) berechnen, falls man es nicht vorzieht, die Arbeitsflächen entsprechend Gleichung (6) und Fig. 98 graphisch auszuwerten. Man kann dabei entweder bei gegebenem Schaltprogramm des Motors die genauen Kurvenstücke benutzen, oder aber man rechnet nach Fig. 102 mit einem Mittelwert D_m des Antriebsdrehmomentes, da die einzelnen Stufen doch stark von der Willkür des Fahrers abhängen.

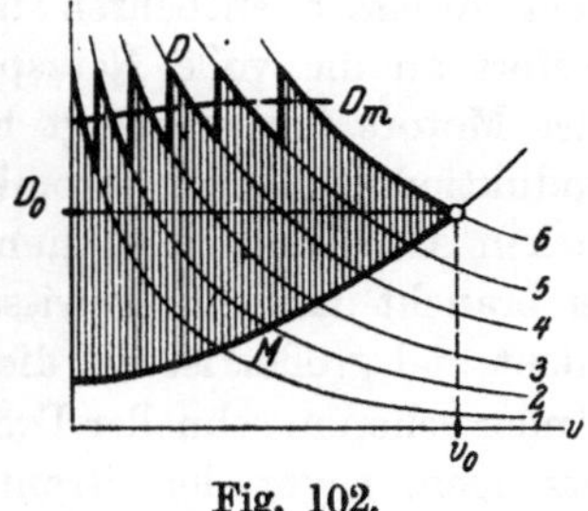

Fig. 102.

Die Anlaufzeitkonstante drückt man jetzt besser durch das Gewicht G und die normale Geschwindigkeit v_0 des Fahrzeugs aus, die auf den Schwerpunktsdurchmesser D^* des Motors bezogen, ist

$$v_0 = \frac{D^* \pi n_0}{60}. \tag{21}$$

Führt man diesen Durchmesser in das GD^2 der Gleichung (10) ein, so erhält man für die Normalanlaufzeit

$$T_a = \frac{G v_0^2}{W_0}. \tag{22}$$

Diese Größe ist charakteristisch für die Anlaufdauer des Fahrzeugs, während der Verlauf der Beschleunigungsperiode noch von der numerischen Anlaufzeit abhängt, die durch die Eigenschaften des Motors bestimmt wird und aus Fig. 102 nach Gleichung (6) zu bestimmen ist.

16. Grobschaltung von Gleichstromankern.

Durch Vorschalten eines Anlaßwiderstandes vor den Anker von Gleichstrommotoren verhindert man, daß die Netzspannung in dem stillstehenden Anker, der noch keine Gegenspannung erzeugt, einen übermäßig großen Strom hervorruft. Dies ist für die meisten Betriebe notwendig, um Stromstöße im Netz und Überschläge am Kollektor zu vermeiden. Bei solchen Motoren jedoch, die nur ihre eigene und eine geringe äußere Schwungmasse zu beschleunigen haben und während des Anlaufens durch keinen erheblichen Reibungs- oder ähnlichen Widerstand belastet werden, kann man den Anlasser entbehren und den Anker ohne Vorschaltwiderstand sofort an die volle Netzspannung legen, sofern man das Magnetfeld des Motors vorher erregt hat. Wegen der stets vorhandenen Selbstinduktion des Ankerstromkreises steigt der Gleichstrom beim plötzlichen Anlegen der Spannung nicht sofort auf seinen Endwert, sondern er braucht dazu eine gewisse Zeit, und wenn die Anlaufzeit des Motors nicht viel größer ist als diese Anstiegzeit des Stromes, dann wird der Anker schon in schneller Drehung sein und ausreichende Gegenspannung erzeugen, bevor der Strom unzulässige Werte angenommen hat. In diesem Fall überdecken sich also der elektrische und der mechanische Einschaltevorgang, so daß wir die strengen und vollständigen Gleichungen ansetzen müssen.

a) Anlauf.

Wir können den zeitlichen Verlauf des Stromes und auch der Drehzahl bestimmen, wenn wir die Differentialgleichungen für den Stromkreis mit Berücksichtigung seiner. Selbstinduktion aufstellen. Fig. 103 stellt das Schaltungsschema dar. Während des Anlaufs wird der konstanten Netzspannung E das Gleichgewicht gehalten von der Selbstinduktionsspannung, dem Ohmschen Spannungsabfall und der Gegenspannung des rotierenden Ankers e. Es ist also

$$E = L\frac{di}{dt} + Ri + e. \tag{1}$$

Die Gegenspannung des Ankers ist bei konstanter Feldstärke proportional seiner Winkelgeschwindigkeit ω

$$e = k\omega, \tag{2}$$

wobei k ein Proportionalitätsfaktor ist, der für jede Maschine bekannt ist.

Die in den Schwungmassen mit dem Trägheitsmoment Θ aufgespeicherte Arbeit ist

$$\tfrac{1}{2}\,\Theta g \omega^2 . \tag{3}$$

Der Wert der Erdbeschleunigung g ist hinzugesetzt, um die Schwung arbeit in Watt auszudrücken. Die im Motor mechanisch umgesetzte elektrische Leistung ist $e\,i$. Sie dient bei **reibungsfreiem Leeranlauf** lediglich zur Beschleunigung der Schwungmassen, also zur Änderung der Schwungarbeit. Es ist also nach dem Energiegesetz

$$e\,i = \frac{d}{dt}\left(\frac{1}{2}\,\Theta g \omega^2\right) = \Theta g \omega \frac{d\omega}{dt} . \tag{4}$$

Dividieren wir diese Beziehung durch Gleichung (2), so erhalten wir für den Strom

$$i = \frac{\Theta g}{k}\,\frac{d\omega}{dt} . \tag{5}$$

Wir sehen also, daß der Strom direkt proportional der Beschleunigung des Ankers ist, die andererseits seinem Drehmoment entspricht. Setzen wir diesen Ausdruck (5) und seinen Differentialquotienten und außerdem Gleichung (2) in unsere Gleichung (1) für das Gleichgewicht der Spannungen ein, so entsteht daraus

$$E = \frac{L\,\Theta g}{k}\,\frac{d^2\omega}{dt^2} + \frac{R\,\Theta g}{k}\,\frac{d\omega}{dt} + k\,\omega . \tag{6}$$

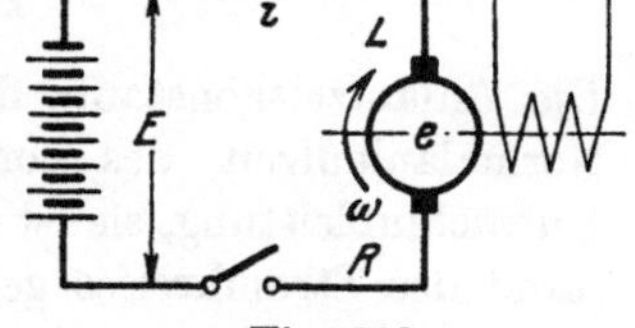

Fig. 103.

Wenn der Motor seine volle Geschwindigkeit ω_0 erreicht hat, tritt keine Beschleunigung mehr auf und der Strom ist daher null, so daß die Ankerspannung e mit der Netzspannung E identisch wird. Es ist dann nach Gleichung (2)

$$E = k\,\omega_0 . \tag{7}$$

Führen wir dies in Gleichung (6) ein, so erhalten wir als Differentialgleichung für den Verlauf der Geschwindigkeit endgültig

$$\frac{d^2\omega}{dt^2} + \frac{R}{L}\,\frac{d\omega}{dt} + \frac{k^2}{L\,\Theta g}\,(\omega - \omega_0) = 0 . \tag{8}$$

Eine ähnliche Gleichung können wir für den Verlauf des Stromes aufstellen. Wir integrieren dafür Gleichung (5) nach t und setzen den Wert von ω in Gleichung (2) ein, so daß wir erhalten

$$e = \frac{k^2}{\Theta g}\int i\,dt . \tag{9}$$

Damit wird aus Gleichung (1)

$$E = L\frac{di}{dt} + R\,i + \frac{k^2}{\Theta g}\int i\,dt , \tag{10}$$

und wenn wir dies zur Fortschaffung des Integrals differenzieren

$$\frac{d^2 i}{dt^2} + \frac{R}{L}\,\frac{di}{dt} + \frac{k^2}{L\,\Theta g}\,i = 0 . \tag{11}$$

Wir wollen die in den beiden Differentialgleichungen (8) und (11) stehenden konstanten Koeffizienten einheitlich bezeichnen. Wir setzen wie früher die elektromagnetische Zeitkonstante des Stromkreises

$$\frac{L}{R} = T. \tag{12}$$

Andererseits setzen wir

$$\frac{L\Theta g}{k^2} = T\,T_k \tag{13}$$

und bezeichnen unter Einführung von k nach Gleichung (7) mit

$$T_k = \frac{L\Theta g}{k^2 T} = \frac{R\,\Theta g\,\omega_0^2}{E^2} \tag{14}$$

die elektromechanische Anlaufzeitkonstante des Gleichstrommotors. Nennt man

$$W_k = \frac{E^2}{R} \tag{15}$$

die Kurzschlußleistung des Stromkreises die bei dauernd festgebremstem Anker auftreten würde, so läßt sich Gleichung (14) unter Einführung des Schwungmomentes GD^2 und der Leerlaufsdrehzahl n_0 nach den Gleichungen (1) und (9) des vorigen Kapitels 15 auch schreiben

$$T_k = \left(\frac{\pi}{60}\right)^2 \frac{n_0^2\,G D^2}{W_k}. \tag{16}$$

Die Anlaufzeitkonstante des Gleichstrommotors verhält sich also zur Normalanlaufzeit des vorigen Kapitels wie die Normalleistung zur Kurzschlußleistung, sie ist also stets erheblich kleiner, wenn der Widerstand des Stromkreises gering ist.

Unter Einführung dieser Größen lauten nunmehr die Differentialgleichungen (8) und (11) für den Verlauf der Geschwindigkeit und des Stromes

$$\left.\begin{aligned} \frac{d^2\omega}{dt^2} + \frac{1}{T}\frac{d\omega}{dt} + \frac{\omega - \omega_0}{T\,T_k} &= 0 \\ \frac{d^2 i}{dt^2} + \frac{1}{T}\frac{di}{dt} + \frac{i}{T\,T_k} &= 0. \end{aligned}\right\} \tag{17}$$

Sie haben beide die gleiche Form und ähneln vollständig den Gleichungen, die wir in Kapitel 6 für die Ausgleichsströme in Schwingungskreisen erhalten haben. Wir können diese Differentialgleichungen auch hier durch den Ansatz lösen

$$\left.\begin{aligned} \omega - \omega_0 &= K\,\varepsilon^{\alpha t} \\ i &= K'\,\varepsilon^{\alpha t}, \end{aligned}\right\} \tag{18}$$

worin K und K' Integrationskonstanten bedeuten, die wiederum aus den Grenzbedingungen des Problems zu bestimmen sind. Die Gleichungen (18) stellen dann die Ausgleichsströme und Ausgleichsgeschwindigkeiten des hier behandelten Problems dar.

Durch Differentiation dieser Ausdrücke entsteht

$$\left.\begin{aligned} \frac{d\omega}{dt} &= \alpha K\,\varepsilon^{\alpha t} & \qquad \frac{di}{dt} &= \alpha K'\,\varepsilon^{\alpha t} \\ \frac{d^2\omega}{dt^2} &= \alpha^2 K\,\varepsilon^{\alpha t} & \qquad \frac{d^2 i}{dt^2} &= \alpha^2 K'\,\varepsilon^{\alpha t}, \end{aligned}\right\} \tag{19}$$

und wenn man diese Werte in die Gleichungen (17) einsetzt und die gleichartigen Faktoren weghebt, so erhält man aus beiden die gemeinsame Bedingungsgleichung, der die Größe α genügen muß, wenn (18) ein vollständiges Lösungssystem sein soll

$$\alpha^2 + \frac{\alpha}{T} + \frac{1}{T T_k} = 0 . \tag{20}$$

Diese quadratische Gleichung ergibt für α

$$\alpha_{1,2} = -\frac{1}{2T}\left(1 \pm \sqrt{1 - \frac{4T}{T_k}}\right). \tag{21}$$

Dabei bleibt die Wurzel reell, solange die vierfache elektromagnetische Zeitkonstante kleiner ist als die mechanische Anlaufzeitkonstante. Diese Verhältnisse, die in Motoren häufig vorliegen, wollen wir zunächst betrachten.

Nach Gleichung (21) sind zwei Werte für die Exponentialziffer α möglich und dementsprechend müssen wir auch unsere Lösung (18) erweitern zu

$$\left.\begin{aligned} \omega - \omega_0 &= K_1 \varepsilon^{\alpha_1 t} + K_2 \varepsilon^{\alpha_2 t} \\ i &= K_1' \varepsilon^{\alpha_1 t} + K_2' \varepsilon^{\alpha_2 t}, \end{aligned}\right\} \tag{22}$$

in der die Ausgleichsgeschwindigkeit und der Ausgleichsstrom je zwei Konstanten besitzen. Dieselben bestimmen sich aus den Grenzbedingungen für den Augenblick des Einschaltens, also zur Zeit $t = 0$. Hier ist sowohl

$$\omega = 0 \quad \text{wie} \quad i = 0 , \tag{23}$$

weil der Motor noch nicht läuft und noch keinen Strom aufnimmt. Es ist ferner

$$\frac{d\omega}{dt} = 0 \quad \text{und} \quad \frac{di}{dt} = \frac{E}{L}, \tag{24}$$

weil die Beschleunigung nach Gleichung (5) zunächst null sein muß und weil für den Stromanstieg in Gleichung (1) die beiden letzten Glieder der rechten Seite verschwinden.

Diese vier Bedingungen (23) und (24) ergeben beim Anwenden auf die Gleichungen (22) vier Bedingungsgleichungen für die darin enthaltenen vier Konstanten, nämlich für die Drehzahl

$$\left.\begin{aligned} K_1 + K_2 &= -\omega_0 \\ \alpha_1 K_1 + \alpha_2 K_2 &= 0, \end{aligned}\right\} \tag{25}$$

und für den Strom

$$\left.\begin{aligned} K_1' + K_2' &= 0 \\ \alpha_1 K_1' + \alpha_2 K_2' &= \frac{E}{L}. \end{aligned}\right\} \tag{26}$$

Wertet man hieraus die Konstanten aus, so erhält man

$$\left.\begin{aligned} K_1 &= \frac{\alpha_2 \omega_0}{\alpha_1 - \alpha_2}, & K_1' &= \frac{E}{L(\alpha_1 - \alpha_2)}, \\ K_2 &= -\frac{\alpha_1 \omega_0}{\alpha_1 - \alpha_2}, & K_2' &= -\frac{E}{L(\alpha_1 - \alpha_2)}. \end{aligned}\right\} \tag{27}$$

Damit wird
$$\omega - \omega_0 = \frac{\omega_0}{\alpha_1 - \alpha_2}(\alpha_2 \varepsilon^{\alpha_1 t} - \alpha_1 \varepsilon^{\alpha_2 t}), \tag{28}$$
und wenn man noch den Wert der α nach Gleichung (21) beachtet, so entsteht für die Drehzahl der Ausdruck
$$\omega = \omega_0 + \frac{\omega_0}{2\sqrt{1-\frac{4T}{T_k}}}\left[\left(1-\sqrt{1-\frac{4T}{T_k}}\right)\varepsilon^{\alpha_1 t} - \left(1+\sqrt{1-\frac{4T}{T_k}}\right)\varepsilon^{\alpha_2 t}\right]. \tag{29}$$
Ebenso erhält man für den Strom die Beziehung

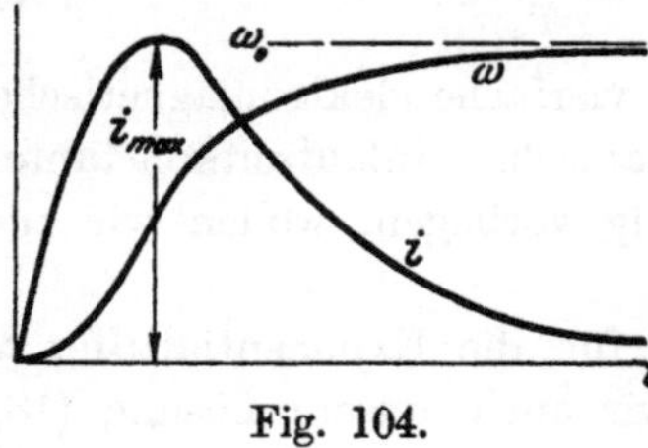

Fig. 104.

$$i = \frac{E}{R\sqrt{1-\frac{4T}{T_k}}}(\varepsilon^{\alpha_1 t} - \varepsilon^{\alpha_2 t}). \tag{30}$$

Da die beiden Werte α stets negativ sind, so verschwinden die Exponentialfunktionen allmählich mit wachsender Zeit. Die Drehzahl nähert sich daher dem Wert ω_0, der Strom wächst anfangs bis zu einem Maximum an und klingt dann wieder bis auf null ab, entsprechend dem Leerlaufzustand des Motors. In Fig. 104 ist der Verlauf der beiden Größen für einen bestimmten Fall gezeichnet.

Der Strom verläuft zu Anfang zwar rapide ansteigend, er gelangt aber doch nicht entfernt auf den großen Wert des Kurzschlußstromes E/R

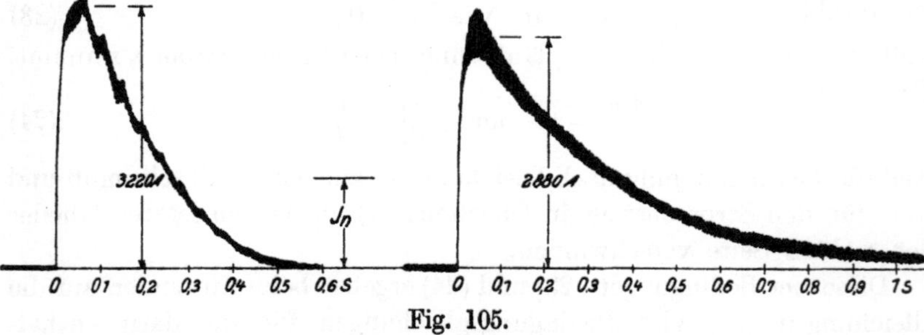

Fig. 105.

der bei stillstehendem oder selbstinduktionsfreiem Anker erreicht würde und verderblich für den Motor wäre. Durch Differenzieren von Gleichung (30) kann man den maximalen Strom bestimmen zu
$$i_{\max} = \frac{E}{L}\frac{-\alpha_2^{\frac{\alpha_2}{\alpha_1-\alpha_2}}}{-\alpha_1^{\frac{\alpha_1}{\alpha_1-\alpha_2}}} \tag{31}$$
und erkennt, daß die Größe der Selbstinduktion ausschlaggebenden Einfluß auf ihn hat. Durch Vorschalten einer geeigneten Drosselspule vor den Anker kann man den Anlauf beliebig sanft machen.

Fig. 105 gibt Oszillogramme des Einschaltstromes von einem 250-kW-Motor mit normal 1120 Amp. wieder, der in Grobschaltung zunächst auf 120 Volt und dann auf 240 Volt geschaltet wurde. Dabei war das Schwungmoment des Ankers durch Kuppeln mit einem zweiten gleichen Anker auf das Doppelte seines eigenen Wertes vergrößert.

Wenn die magnetische Zeitkonstante T des Ankerkreises, etwa durch vorgeschalteten Widerstand, sehr klein wird gegenüber der mechanischen T_k, dann kann man die Wurzel in Gleichung (21) nach dem binomischen Satz entwickeln und erhält

$$\left.\begin{aligned} \alpha_1 &= -\frac{1}{T} \\ \alpha_2 &= -\frac{1}{T_k}. \end{aligned}\right\} \tag{32}$$

Der elektrische und der mechanische Ausgleichsvorgang werden dann unabhängig voneinander. Der erstere mit seinem großen α_1 ist für sich schon abgelaufen, bevor der Motor recht in Bewegung gekommen ist und mit seinem kleinen α_2 allmählich der Leerlaufsdrehzahl zustrebt. Dieser Fall liegt stets beim Anlassen mit Widerstand vor, das im vorigen Kapitel 15 behandelt wurde.

b) Kapazitätswirkung.

Nicht immer haben die Konstanten der Maschine derartige Werte, daß die in Gleichung (21) auftretende Wurzel reell ist. Es kann vorkommen, daß die elektromagnetische Zeitkonstante so groß oder die elektromechanische Anlaufzeitkonstante so klein ist, daß die Wurzel imaginär und die Exponentialziffer α komplex wird. Dies ist der Fall, wenn

$$\frac{4\,T}{T_k} = \frac{4\,E^2\,L}{R^2\,\omega_0^2\,\Theta g} > 1 \tag{33}$$

wird, also bei sehr kleinen Widerständen R und Schwungenergien $\Theta\,\omega_0^2$, sowie bei beträchtlicher Selbstinduktion L im Stromkreise. Dann werden aus den Exponentialfunktionen gedämpfte Sinus- und Cosinusfunktionen, und es treten daher Schwingungserscheinungen im Gleichstrommotor auf. Die Drehzahl steigt zunächst über ihren Endwert hinaus und erreicht ihn erst nach mehreren Pendelungen, während der Strom nach seinem anfänglichen starken Anstieg zurück ins negative schwingt und unter entsprechenden Pendelungen allmählich abklingt. Wir wollen die Umformung der Gleichungen hierfür nicht vornehmen, weil sie mit denen des Kapitels 6 identisch würden, in dem das Zusammenwirken von Selbstinduktion und Kapazität untersucht wurde.

Es ist bemerkenswert, daß nach Gleichung (9) zwischen der Umdrehungsspannung e einer fremderregten, nur mit Schwungmassen belasteten Gleichstromdynamo und dem aufgenommenen Ankerstrom i eine Beziehung von genau der gleichen Form besteht, wie sie nach Kapitel 3, Gleichung (1) zwischen der Spannung und dem Ladestrom eines Kondensators herrscht. Die Spannung ist in beiden Fällen proportional dem Zeitintegral des Stromes, also proportional der durch die Maschine oder den Apparat geflossenen Elektrizitätsmenge. Beim Kondensator lädt diese Elektrizitätsmenge das Dielektrikum auf, bei der Dynamo lädt sie die Schwungmassen des Ankers auf.

Wir können daher jede fremderregte Dynamomaschine ohne weiteres als Starkstromkondensator verwenden, ihr Strom ist nach Gleichung (9) stets proportional der Veränderung der wirksamen Spanunng an ihren Ankerbürsten

$$i = \frac{\Theta g}{k^2} \frac{de}{dt}. \tag{34}$$

Sie besitzt daher eine äquivalente Kapazität, die sich durch Vergleich der eben genannten Formeln ergibt zu

$$C_{dyn} = \frac{\Theta g}{k^2} = \frac{\Theta g\, \omega_0^2}{E^2} = \left(\frac{\pi}{60}\right)^2 \frac{n_0^2 GD^2}{E^2}. \tag{35}$$

Darin sind die Beziehung (7) dieses und die Gleichungen (1) und (9) des vorigen Kapitels 15 benutzt, um eine für die technische Zahlenrechnung bequeme Formel zu erhalten. Es ist dabei zu beachten, daß E diejenige Spannung ist, die bei der Drehzahl n_0 im Anker erzeugt wird. Gegenüber den üblichen elektrostatischen Kondensatoren ist die Kapazität der durch Dynamomaschinen herstellbaren Kondensatoren außerordentlich groß. Sie ist ferner durch Feldregelung bequem einstellbar, weshalb man diese elektrodynamischen Kondensatoren bei Versuchen mit großen Kapazitäten gerne benutzt.

Ein kleiner Motor, der bei $E = 110$ Volt mit $n_0 = 1500$ U/min läuft und ein Schwungmoment von 5 kgm² besitzt, entwickelt eine dynamische Kapazität von

$$C_{dyn} = \left(\frac{\pi}{60}\right)^2 \frac{1500^2 \cdot 5}{110^2} = 2{,}5 \text{ Farad}.$$

Das ist so viel, wie man elektrostatisch nur schwer herstellen kann. Dabei ist es leicht möglich, die Wirkung durch Aufsetzen einer Schwungscheibe noch weitgehend zu vervielfachen.

Der Ohmsche Widerstand der Dynamoanker wirkt nach Gleichung (10) genau wie der Leitungswiderstand bei elektrostatischen Kondensatoren. Man kann auch zeigen, daß die Eisen- und Reibungsverluste des Dynamoankers völlig den Isolationsverlusten gewöhnlicher Kondensatoren entsprechen.

17. Anlauf von Drehstrom-Kurzschlußankern.

Man pflegt asynchrone Drehstrommotoren mit Kurzschlußanker, die beim Anlauf nur ein relativ geringes Drehmoment entwickeln, ohne Verwendung besonderer Anlaßwiderstände ans Netz zu schalten und sie in einem Zuge hochlaufen zu lassen. In Fig. 106 ist das Schaltbild hierfür gezeichnet. Durch das plötzliche Anlegen der Statorwicklung an die Netzspannung bildet sich im Motor außer dem normalen Drehfelde noch ein zusätzliches Einschaltefeld aus, das von abklingenden Gleichströmen erzeugt wird. Es steht im Raume still und ergänzt das Drehfeld im Einschaltmoment zu null, hat also die entgegengesetzte Richtung wie der Anfangswert des Drehfeldes. Ein treibendes Drehmoment entwickelt dies verlöschende Ausgleichsfeld nicht. Dieses rührt vielmehr lediglich von dem stationären Drehfelde her, das kurze Zeit nach dem Einschalten allein in den Eisenkreisen des Motors bestehen bleibt und in ihm umläuft.

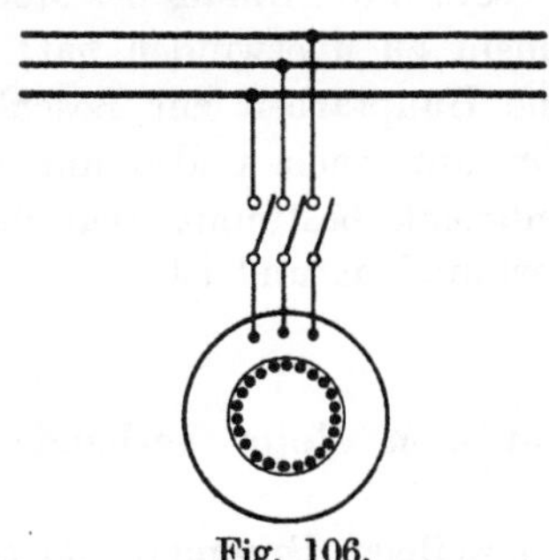

Fig. 106.

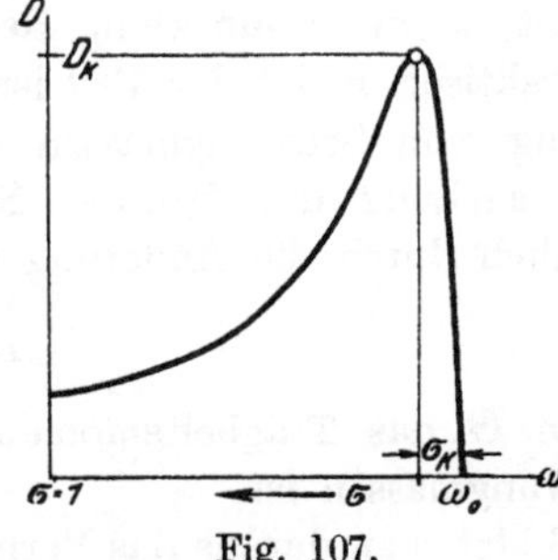

Fig. 107.

a) **Anlaufzeit.**

Der Anlauf der Kurzschlußmotoren erfolgt demnach stetig und ohne Stufen, so daß wir die im Kapitel 15 hergeleiteten Gesichtspunkte anwenden können. Das vom Kurzschlußanker entwickelte Drehmoment besitzt jedoch einen so eigentümlichen Verlauf, daß der Anlaufvorgang hierdurch eine besondere Prägung erhält. Das Drehmoment läßt sich aus dem wohlbekannten Kreisdiagramm des Motors ableiten und ist in Fig. 107 in Abhängigkeit von der Drehzahl n oder der Winkelgeschwindigkeit ω darstellt. Es beginnt mit relativ kleinen Werten, nimmt mit wachsender Drehzahl bis zu einem Höchstwerte, dem Kippmomente D_k, zu und sinkt alsdann mit dem Erreichen der synchronen Geschwindigkeit ω_0 bis auf null.

Der normale Arbeitsbereich des Motors im Lauf liegt zwischen Synchronismus und Kippunkt. Bezeichnet man die relative Abweichung der Drehzahl vom Synchronismus mit

$$\sigma = \frac{\omega_0 - \omega}{\omega_0} = 1 - \frac{\omega}{\omega_0} \tag{1}$$

als Schlüpfung des Motors, und nennt man diejenige Schlüpfung, bei der das maximale Kippmoment D_k erreicht wird, die Kippschlüpfung σ_k, so läßt sich der Verlauf der Drehmomentenkurve mit guter Annäherung durch die allgemeingültige Beziehung ausdrücken

$$\frac{D}{D_k} = \frac{2}{\frac{\sigma}{\sigma_k} + \frac{\sigma_k}{\sigma}}. \tag{2}$$

Das Verhältnis des jeweiligen Drehmomentes zum Kippmoment ist also nur abhängig vom Verhältnis der jeweiligen Schlüpfung zur Kippschlüpfung.

Die Kippschlüpfung jedes Motors läßt sich nach bekannten Gesetzen berechnen als Verhältnis des Spannungsabfalles des Läuferkurzschlußstromes J_{k2} in seinem Widerstand R_2 zur Stillstandspannung E_2 des Läufers

$$\sigma_k = \frac{R_2 J_{k2}}{E_2}. \tag{3}$$

Wir wollen berechnen, nach welchen Gesetzen der Anlauf des Motors erfolgt, wenn er nur wenig Reibungsmoment zu überwinden hat, wie es praktisch meist der Fall ist, und seine Hauptarbeit zur Beschleunigung von Schwungmassen dient. Wir untersuchen also nur den Leeranlauf des Motors. Sein Drehmoment bestimmt sich dann lediglich durch die Änderung der Geschwindigkeit und ist

$$D = \Theta \frac{d\omega}{dt}, \tag{4}$$

worin Θ das Trägheitsmoment aller mit dem Motor verbundenen Schwungmassen ist.

Bildet man daraus das Verhältnis des jeweiligen Drehmoments zum Kippmoment und ersetzt den zeitlichen Differentialquotient der Geschwindigkeit durch den der Schlüpfung nach Gleichung (1), so erhält man

$$\frac{D}{D_k} = \frac{\Theta \omega_0}{D_k} \frac{d}{dt}\left(\frac{\omega}{\omega_0}\right) = T_k \frac{d}{dt}\left(\frac{\omega}{\omega_0}\right) = - T_k \frac{d\sigma}{dt}. \tag{5}$$

Darin sind die für jeden Motor konstanten Werte vor dem Differentialzeichen zusammengefaßt zu der Anlaufzeitkonstante T_k, die eine ähnliche Bedeutung hat wie die Normalanlaufzeit des Motors nach Kapitel 15, Gleichung (7), nur steht hier im Nenner das Kippmoment, anstatt des normalen Drehmomentes dort. Um eine für die Zahlenrechnung bequemere Form zu erhalten, ersetzen wir auch hier das Kippmoment durch die synchrone Kippleistung in Watt

$$W_k = g\,\omega_0 D_k \tag{6}$$

und führen wieder statt der Winkelgeschwindigkeit ω_0 die synchrone Drehzahl n_0 und statt des Trägheitsmomentes Θ das Schwungmoment GD^2 in kgm² ein, entsprechend Gleichung (1) und (9) vom Kapitel 15. Dann erhalten wir für die Anlaufzeitkonstante den Ausdruck

$$T_k = \frac{\Theta \omega_0}{D_k} = \left(\frac{\pi}{60}\right)^2 \frac{n_0^2 G D^2}{W_k}, \tag{7}$$

was im Verhältnis der Kippleistung zur Normalleistung, also im Verhältnis der Überlastbarkeit des Motors kleiner ist als die Normalanlaufzeit nach Kapitel 15, Gleichung (10).

Wenn wir nunmehr das vom Motor entwickelte Drehmoment nach Gleichung (2) gleich dem für die Schwungmassenbeschleunigung erforderlichen Momente nach Gleichung (5) setzen, so ergibt sich eine **Differentialgleichung für die Schlüpfung des Läufers** während des Anlaufvorganges, nämlich

$$-T_k \frac{d\sigma}{dt} = \frac{2}{\dfrac{\sigma}{\sigma_k} + \dfrac{\sigma_k}{\sigma}}. \tag{8}$$

Diese Gleichung ist sofort integrierbar, wenn wir eine Trennung der Variablen vornehmen und schreiben

$$dt = -\frac{T_k}{2}\left(\frac{\sigma}{\sigma_k} + \frac{\sigma_k}{\sigma}\right) d\sigma. \tag{9}$$

Wir müssen dann beachten, daß als untere Integrationsgrenze die Schlüpfung bei Stillstand mit $\sigma = 1$ in Frage kommt und als obere

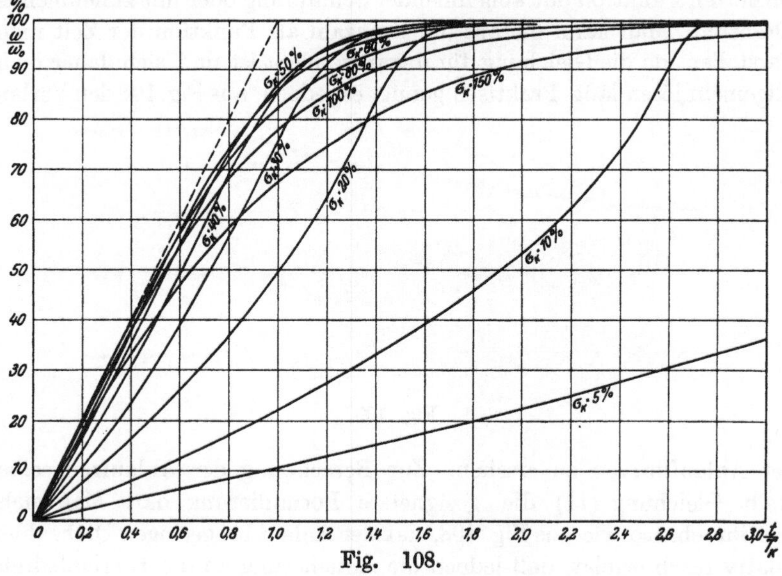

Fig. 108.

Grenze diejenige Schlüpfung σ, bis zu der man die Anlaufzeit zählen will. Durch Ausführung der Integration ergibt sich dann

$$t = -\frac{T_k}{2}\int_1^{\sigma}\left(\frac{\sigma}{\sigma_k} + \frac{\sigma_k}{\sigma}\right) d\sigma = -\frac{T_k}{2}\left[\frac{\sigma^2}{2\sigma_k} + \sigma_k \ln\sigma\right]_1^{\sigma} \tag{10}$$

oder nach Einsetzen der Grenzen

$$t_a = T_k\left(\frac{1-\sigma^2}{4\sigma_k} + \frac{\sigma_k}{2}\ln\frac{1}{\sigma}\right). \tag{11}$$

In dieser Formulierung ist die Anlaufzeit wieder zerfallen in das Produkt aus der **Zeitkonstante** T_k, die in Sekunden gemessen wird, und der **numerischen Anlaufzeit**, die durch den Klammerausdruck dargestellt wird und das zahlenmäßige Anwachsen der Zeit darstellt. In Fig. 108 ist dieser Zusammenhang der Schlüpfung oder vielmehr der relativen Drehzahl nach Gleichung (1) mit der seit dem Einschalten vergangenen numerischen Zeit t/T_k dargestellt, und zwar für Motoren mit verschieden großer Kippschlüpfung σ_k. Man erkennt, daß sowohl sehr kleine als auch sehr große Kippschlüpfungen — und nach Gleichung (3) die entsprechenden Läuferwiderstände des Kurzschlußankers — ein schleichendes Anlaufen bewirken, so daß man nur bei ganz bestimmten Zahlenwerten der Kippschlüpfung ein schnelles Hochlaufen des Motors erwarten darf. Fig. 109 stellt den oszillographisch aufgenommenen Verlauf von Drehzahl, Ständer- und Läuferstrom eines Kurzschlußmotors dar, der mit einer relativ großen Schwungmasse belastet war.

Die Anlaufzeit wächst nach Gleichung (11) nach einer ziemlich komplizierten Funktion mit abnehmender Schlüpfung oder mit zunehmender Drehzahl. Man kann hieraus die Drehzahl als Funktion der Zeit nicht darstellen, da die Gleichung für σ transzendent ist und sich daher nicht allgemein lösen läßt. Praktisch genügt es jedoch, aus Fig. 108 den Verlauf

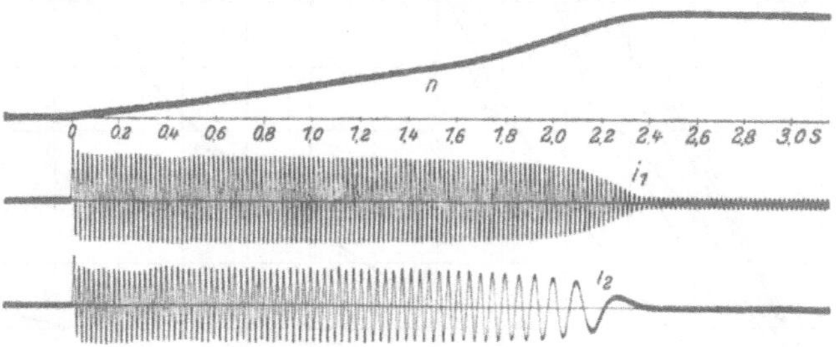

Fig. 109.

der Anlaufkurven zu ersehen. Zur Berechnung der Anlaufzeit selbst stellt Gleichung (11) die geeignetste Formulierung dar. Man sieht aus ihr ebenso wie aus Fig. 108, daß der Anlauf bei geringen Drehzahlen relativ rasch erfolgt, daß jedoch die Annäherung an die Leerlaufsdrehzahl mit $\sigma = 0$ asymptotisch nach einer Exponentialfunktion erfolgt. Man darf daher zur Berechnung einer bestimmten Anlaufzeit nur mit einer gewissen Annäherung an den Synchronismus rechnen und kann nur die Zeit bestimmen, die beispielsweise bis zur Schlüpfung $\sigma = 2$, 5 oder 10% vergeht. In Fig. 110 ist für diese Endschlüpfungen die erforderliche numerische Anlaufzeit abhängig von der Kippschlüpfung σ_k aufgetragen. Man erkennt, daß man zum möglichst schnellen Hochlaufen des Motors etwa $\sigma_k = 40\%$ ausführen muß.

Steuert man den Motor mit Gegenstrom durch Ändern des Umlaufsinnes des Drehfeldes auf entgegengesetzte Drehrichtung um, so gilt Gleichung (2) für das Drehmoment auch während des Abbremsens der Drehzahl, nur muß man beachten, daß dort die Schlüpfung σ größer als 1 ist. Es gilt daher auch für die Umsteuerzeit die Differentialgleichung (9). Läuft der Motor vor dem Umsteuern mit voller negativer Drehzahl, also mit $\omega/\omega_0 = -1$, so muß man nach Gleichung (1) die Integration mit der Schlüpfung $\sigma = 2$ beginnen und erhält daher als Umsteuerzeit

$$t = -\frac{T_k}{2}\int_2^\sigma \left(\frac{\sigma}{\sigma_k} + \frac{\sigma_k}{\sigma}\right) d\sigma = -\frac{T_k}{2}\left[\frac{\sigma^2}{2\sigma_k} + \sigma_k \ln \sigma\right]_2^\sigma \tag{12}$$

oder nach Einsetzen der Grenzwerte

$$t_u = T_k\left(\frac{4-\sigma^2}{4\sigma_k} + \frac{\sigma_k}{2}\ln\frac{2}{\sigma}\right). \tag{13}$$

In Fig. 111 sind die numerischen Umsteuerzeiten nach dieser Beziehung für verschiedene Endschlüpfungen abhängig von der Kippschlüpfung dargestellt. Das schnellste Umsteuern erfolgt bei $\sigma_k = 60$ bis 80%.

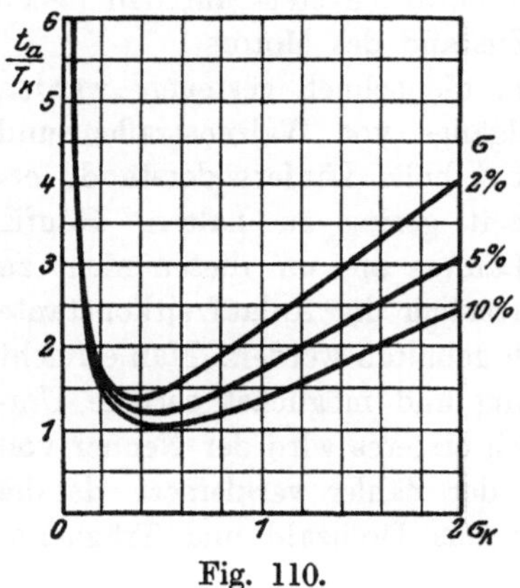

Fig. 110.

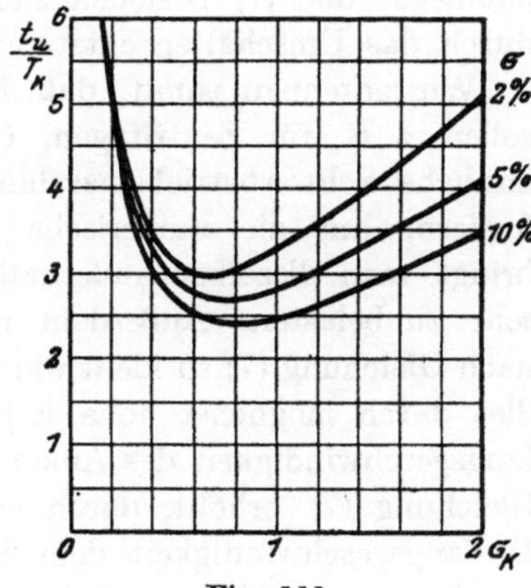

Fig. 111.

Da die meist gebräuchlichen Kurzschlußanker nur eine Kippschlüpfung von $\sigma_k = 10$ bis 20% besitzen, so erkennt man, daß für schnellstes Anlaufen oder Umsteuern mit viel höherem Läuferwiderstand gefahren werden muß, wenn die Steuerzeiten nicht nach Fig. 110 und 111 ein Vielfaches der geringstmöglichen betragen sollen. Es ist bemerkenswert, daß für den günstigsten Fall die numerische Anlaufzeit nicht viel größer ist als 1, die Umsteuerzeit nicht viel größer als 2, Werte, die auch nur erzielt werden könnten, wenn man vom Anfang bis zum Ende das volle Kippmoment des Läufers entwickeln könnte.

Soll der Motor abwechselnd anlaufen und mit Gegenstrom auf Stillstand abgebremst werden, so wird man die Summe von Anfahrzeit und Bremszeit möglichst klein halten wollen. Da sich nun der eben behandelte Umsteuervorgang aus der Summe von Brems- und Anfahrvorgang zusammensetzt, so sind die Umsteuerformeln für dies vollständige Arbeitsspiel, nämlich Anfahren und Bremsen zusammengenommen, ebenfalls gültig. Auch hierbei wendet man demnach zweckmäßig hohe Kippschlüpfungen an.

Die Bremszeit allein erhält man durch Integration der Gleichung (9) zwischen den Grenzen $\sigma = 2$ und 1 zu

$$t_b = T_k\left(\frac{3}{4\sigma_k} + \sigma_k\frac{\ln 2}{2}\right). \tag{14}$$

Die numerische Bremszeit besitzt ein Minimum von der Größe 1,02. Das schnellstmögliche Abbremsen erfordert dabei mit $\sigma_k = 147\%$ etwa den doppelten Läuferwiderstand wie das Umsteuern. Auch für andere Steuervorgänge, wie z. B. Stern-Dreieckumschaltung, Polumschaltung u. a. kann man stets durch Integration von Gleichung (9) die Anlauf- und Steuerzeiten bestimmen. Die aus den Motoreigenschaften zu berechnenden Werte σ_k und T_k nach Gleichung (3) und (7) beziehen sich dabei natürlich stets auf den neuen durch das Umschalten entstandenen Zustand des Motors.

Wir erkennen somit, daß Motoren, die schnell gesteuert werden sollen, z. B. für Zentrifugen, für Rollgänge von Walzenstraßen und ähnliche Schwerbetriebsmaschinen, recht hohe Läuferwiderstände erfordern, um die numerische Steuerzeit gering zu halten. Häufig bringt man dieselben außerhalb des Läufers an, um diesen nicht zu sehr zu belasten. Außerdem muß natürlich die Anlaufzeitkonstante nach Gleichung (7) so klein wie möglich gehalten werden. Man erreicht dies durch möglichst hohe Kippleistung und möglichst geringe Umfangsgeschwindigkeit des Ankers. Durch ersteres wird der Nenner von Gleichung (7) erhöht, durch letzteres der Zähler verkleinert, da die Umfangsgeschwindigkeit dem Produkt aus Drehzahl und Trägheitsdurchmesser direkt proportional ist.

b) Stromwärme.

Während des Anlaufens fließen in den Wicklungen des Drehstrommotors hohe Ströme, die den Normalstrom um ein Vielfaches überschreiten und daher erhebliche Wärmemengen produzieren, die die Wicklungen auf hohe Temperatur bringen können. Die gesamte, während des Anlaufvorganges durch Stromwärme verlorene elektrische Arbeit ist

$$A = \int_0^t J^2 R\, dt, \tag{15}$$

wobei die Integration nach der Zeit vom Einschaltmomente bis zur Beendigung des Anlaufes zu erstrecken ist. Für die Ständerwärme sind dabei Strom und Widerstand der Ständerwicklung, für die Läuferwärme die Werte für die Läuferwicklung einzusetzen.

Es würde sehr unbequem sein, wenn man den Strom J unter dem Integral der Gleichung (15) in Abhängigkeit von der Zeit darstellen müßte, da dies durch eine einfache Formulierung nicht möglich ist. Dagegen stehen die Ströme in einer relativ einfachen Beziehung zur Drehzahl oder zur Schlüpfung des Motors. Es ist nämlich

$$J = \frac{J_k}{\sqrt{1 + \left(\frac{\sigma_k}{\sigma}\right)^2}}, \tag{16}$$

wobei J_k den Kurzschlußstrom der betreffenden Wicklung bedeutet. Für den Läuferstrom gilt diese Beziehung sehr genau, für den Ständerstrom gilt sie angenähert unter Vernachlässigung des Magnetisierungsstromes, dessen Wirkung auf die Erwärmung der Wicklungen gegenüber den großen Arbeitsströmen hier vernachlässigt werden darf.

Wir können nun den Wert des Integrales in Gleichung (15) auf einfache Weise bestimmen, indem wir die Integration nach der Zeit in eine Integration nach der Schlüpfung überführen. Dazu drücken wir das Zeitelement dt nach Gleichung (9) durch das Schlüpfungselement $d\sigma$ aus und schreiben

$$dt = -\frac{T_k}{2}\left[1 + \left(\frac{\sigma_k}{\sigma}\right)^2\right]\frac{\sigma}{\sigma_k}\,d\sigma. \tag{17}$$

Setzen wir die beiden letzten Beziehungen in das Integral (15) ein, so heben sich die Schlüpfungsquadrate fort, und wenn wir noch die von σ unabhängigen Größen vor das Integral setzen, so erhalten wir die gesamte Stromwärme zu

$$A = -\frac{J_k^2 R T_k}{2}\int \frac{\sigma}{\sigma_k}\,d\sigma. \tag{18}$$

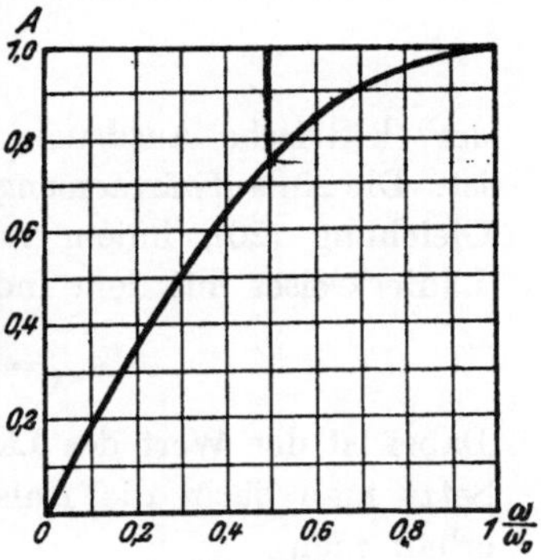

Fig. 112.

Um die während des Anlaufs entstehende Wärme zu erhalten, müssen wir die Integration vom Anlaufaugenblick mit $\sigma = 1$ bis zu der betrachteten Schlüpfung σ erstrecken und erhalten

$$A_\sigma = -\frac{J_k^2 R T_k}{2}\int_1^\sigma \frac{\sigma}{\sigma_k}\,d\sigma = J_k^2 R T_k \frac{1-\sigma^2}{4\sigma_k}. \tag{19}$$

In Fig. 112 ist die Zunahme der Stromwärme mit wachsender Drehzahl dargestellt, die nach einer Parabel erfolgt. Es ist bemerkenswert, daß die Wärmemenge für $\sigma = 0$, also für beendeten Anlauf einem endlichen Grenzwert zustrebt. Dies rührt daher, daß die Arbeitsströme nach Gleichung (16) für den Synchronismus verschwinden. Die gesamte Anlaufwärme ist daher

$$A_a = J_k^2 R \frac{T_k}{4\sigma_k}. \tag{20}$$

Beim Umsteuern des Drehstrommotors von voller negativer auf volle positive Drehzahl muß man das Integral der Gleichung (18) von $\sigma = 2$ bis 0 erstrecken und erhält daher die gesamte Wärmemenge zu

$$A_u = J_k^2 R \frac{T_k}{\sigma_k}. \tag{21}$$

Die Umsteuerwärme ist also viermal so groß wie die Anlaufstromwärme. Beim Abbremsen mit Gegenstrom hat man von $\sigma = 2$ bis 1 zu integrieren und erhält die dreifache Wärmemenge wie beim Anlauf. Man sieht somit, daß nicht nur beim Anlauf, sondern besonders beim Abbremsen und Umsteuern von Kurzschlußmotoren große Wärmemengen in den Wicklungen entstehen können, für deren Aufnahme und ausreichende Abführung Sorge getragen werden muß.

Man kann die letzten Beziehungen für die Stromwärme auf eine anschaulichere und für die praktische Zahlenrechnung bequemere Form bringen, wenn man die Kippschlüpfung nach Gleichung (3) einsetzt und beachtet, daß nach einer bekannten Beziehung

$$\frac{E_2 J_{k2}}{2} = W_k \tag{22}$$

der elektrische Ausdruck für die synchrone Kippleistung des Motors ist. Die Anlaufwärmemenge im Läuferstromkreis wird dann nach Gleichung (20), indem man Kurzschlußstrom und Widerstand des Läuferkreises mit dem Index 2 einsetzt

$$A_{a2} = \frac{1}{4} E_2 J_{k2} T_k = \frac{1}{2} W_k T_k. \tag{23}$$

Dabei ist der Wert des Läuferwiderstandes vollständig herausgefallen. Setzt man darin die Anlaufzeitkonstante nach Gleichung (7) ein, so erhält man

$$A_{a2} = \frac{1}{2} \left(\frac{\pi}{60}\right)^2 n_0^2 GD^2 \tag{24}$$

Die beim Anlauf entstehende Läuferwärmemenge ist also lediglich abhängig vom Schwungmomente der beschleunigten Massen und von ihrer Enddrehzahl, dagegen ganz unabhängig von der sonstigen mechanischen oder elektrischen Bauart des Drehstrommotors oder von seiner Betriebsführung.

Der Ausdruck (24) stellt bekanntlich auch die mechanische Arbeit dar, die in allen vom Motor beschleunigten Schwungmassen aufgespeichert ist. Wir erkennen daraus, daß beim Leeranlauf eines Asynchronmotors mit Schwungmassen stets die Hälfte der auf den Läufer übertragenen Arbeit dazu dient, seine Schwungmassen zu beschleunigen, während die andere Hälfte in seiner Wicklung als Wärme verloren geht. Weder durch elektrische Dimensionierung des Motors noch durch schnelles oder langsames Anfahren kann man an diesem Gesetz, das die gesamte Stromwärme im Läuferkreis beherrscht, irgend etwas ändern. Verlegt man einen Teil des Läuferwiderstandes nach außen, so verteilt sich die Wärme entsprechend den inneren und äußeren Widerständen auf Wicklung und Außenkreis. Die Brems- und Umsteuerwärme ist nach den obenstehenden Ausführungen stets das 3- und 4fache der Stromwärme von Gleichung (24).

Die in der Ständerwicklung entstehende Wärme läßt sich zu der Läuferwärme in eine einfache Beziehung setzen, wenn man bedenkt, daß in dem allgemeinen Ausdruck der Gleichung (18) nur J_k und R im Ständer und Läufer verschieden sind, daß dagegen alle anderen Werte für den ganzen Motor gelten. Das Verhältnis der Ständer- und Läuferwärmemengen ist daher durch das Verhältnis der beiden $J_k^2 R$ gegeben. Während sich an der Wärmemenge im gesamten Läuferstromkreis durch elektrische Dimensionierung nichts ändern läßt, kann man die beim Anfahren, Bremsen oder Umsteuern entstehende gesamte Ständerwärmemenge

$$A_1 = \frac{R_1}{R_2}\left(\frac{J_{k1}}{J_{k2}}\right)^2 A_2 \tag{25}$$

durch Anwendung kleinen Ständerwiderstandes im Verhältnis zum Läuferwiderstand auf ein geringes Maß bringen. Da wir oben sahen, daß man im Interesse schnellen Anlaufs auf ziemlich große Läuferwiderstände geführt wird, so erkennt man, daß hierdurch gleichzeitig die Ständerwärmemenge verringert wird und dabei die auf Erwärmung im allgemeinen empfindlichere Ständerwicklung vor weitgehender Überlastung geschützt wird.

18. Ausschalten von Gleichstromfeldern.

Wenn man einen einfachen Gleichstrommagnetkreis, der Widerstand und Selbstinduktion besitzt, durch schnelles Öffnen des Schalters von seiner Stromquelle abschaltet, so entstehen am Schalter außerordentlich hohe Spannungen, die häufig zu Durchschlägen in der Erregerwicklung geführt haben. Bei Anwendung unseres Schaltgesetzes nach Kapitel 4 erkennt man, daß ein singulärer Fall vorliegt. Durch Öffnen des Schalters wird nicht nur der Strom vor dem Schalten

$$i_0 = J = \frac{E}{R} \tag{1}$$

auf den stationären Wert

$$i'_\infty = 0 \tag{2}$$

gebracht, so daß ein Ausgleichsstrom mit dem Anfangswerte

$$i''_0 = i_0 - i'_\infty = J \tag{3}$$

auftreten muß, sondern es wird gleichzeitig der Widerstand des Stromkreises auf den Wert

$$R = \infty \tag{4}$$

gebracht, der nunmehr vollständig an der Schaltstelle konzentriert ist. Damit ergibt sich zwar nach Kapitel 2, Gleichung (9) eine unendlich kleine Zeitkonstante T, der Strom klingt also in äußerst kurzer Zeit ab, jedoch wird die Spannung, die im ersten Augenblick des Ausschaltens zwischen den Schaltkontakten auftritt, nach Gleichungen (3) und (4)

$$e'' = i_0'' R = \infty . \tag{5}$$

In Wirklichkeit wird diese rechnerisch unendliche Ausschaltspannung natürlich nicht erreicht, es ist vielmehr mit unseren gewöhnlichen Schaltern gar nicht möglich, den Widerstand innerhalb des Zeitraumes null von einem sehr kleinen Wert auf Unendlich zu bringen. Immerhin mißt man an induktiven Stromkreisen, die rapide abgeschaltet werden, hohe Spannungssteigerungen. Man benutzt diese Erscheinung sogar seit langer Zeit bei Funkeninduktoren und ähnlichen Apparaten zur Erzeugung starker Spannungsschläge.

a) Parallelwiderstand.

In Starkstromkreisen sind die hohen Spannungen meist unerwünscht. Man legt aus diesem Grunde gern parallel zum Schalter, oder besser noch parallel zum Stromkreise mit dem Widerstand R und der Selbstinduktion L einen höheren Widerstand r, so wie es in Fig. 113 gezeichnet ist. In diesem Falle ist der Widerstand des Stromkreises nach dem Öffnen des Schalters nicht wie in Gleichung (4) unendlich, sondern er ist $R + r$, so daß der Ausgleichsstrom, der nach dem Abschalten allein im Stromkreise abklingt, nach Gleichung (3) und Kapitel 2 Gleichung (8) dargestellt wird durch

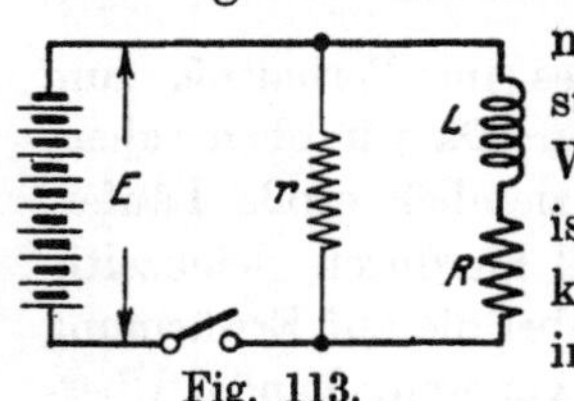

Fig. 113.

$$i'' = J \varepsilon^{-\frac{R+r}{L} t} . \tag{6}$$

Die Spannung am Parallel- oder Schutzwiderstand r wird demnach mit Benutzung von Gleichung (1)

$$e'' = i'' r = \frac{r}{R} E \varepsilon^{-\frac{R+r}{L} t} . \tag{7}$$

Ihr Anfangswert verhält sich also zur Betriebsspannung wie die Größe des Parallelwiderstandes zum Hauptwiderstand der Erregerwicklung. Die Spannung am Schalter ist noch um den Betrag E größer.

Da der Parallelwiderstand r beim Betrieb des Kreises dauernd von Strom durchflossen wird, so darf man ihn, wenn man erhebliche Energieverluste vermeiden will, nicht gar zu klein ausführen oder man schaltet ihn nur zeitweise ein. Meist wählt man ihn erheblich größer als den Magnetwiderstand, vielleicht zum fünffachen Werte desselben. Alsdann erhält man am Schalter immer noch eine Ausschaltespannung, die das sechsfache der normalen Spannung ist. Es sei erwähnt, daß die Anfangsspannung von Gleichung (7) auch auftritt, wenn der Magnetkreis beliebig starke Eisensättigung besitzt, so daß seine Selbstinduktion nicht mehr konstant ist. Auch dann fließt im ersten Augenblick nach dem Schalten der bisherige Gleichstrom einfach weiter durch den Widerstand r und erzeugt daher in ihm die angegebene Ausschaltespannung.

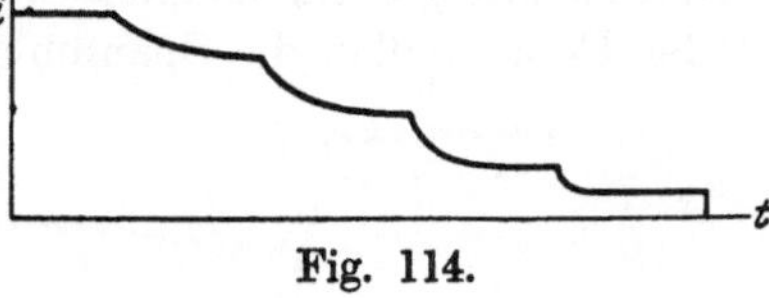

Fig. 114.

Die für das Abklingen maßgebende Selbstinduktion der Magnetwicklung, die den Kraftfluß Φ umschlingt und vom Strome J mit w Windungen erregt wird, berechnet man am einfachsten aus der bekannten Formel

$$L = \frac{w\,\Phi}{J}\,. \tag{8}$$

Die Zeitkonstante der Magnetwicklung selbst ergibt sich dann zu

$$T = \frac{w\,\Phi}{RJ} = \frac{w\,\Phi}{E}\,, \tag{9}$$

wobei E die elektromotorische Kraft des Stromes ist, der das Feld Φ erzeugt.

Geringere Abschaltespannungen erhält man, wenn man den Stromkreis nicht plötzlich ganz öffnet, sondern stufenweise mehr und mehr Widerstand einschaltet und das vollständige Öffnen erst vornimmt, wenn die letzte hohe Widerstandsstufe den Strom auf einen

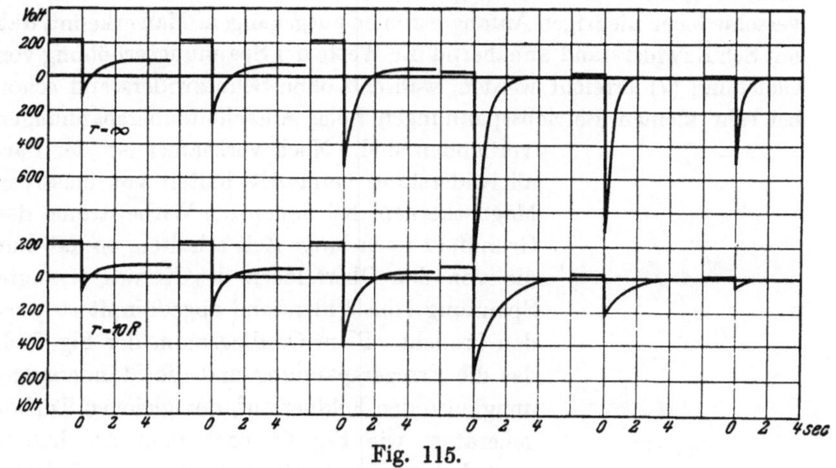

Fig. 115.

geringen Betrag herabgedrückt hat. Fig. 114 stellt dieses stufenweise Abnehmen dar. Die Stufen werden immer steiler, weil die Zeitkonstante des Kreises mit zunehmendem Widerstand und abnehmendem Magnetfluß immer geringer wird.

Oszillographische Aufnahmen bestätigen, daß hohe Überspannungen beim Ausschalten von Gleichstromfeldern auftreten. Fig. 115 stellt Ausschaltspannungen der Magnetspulen eines 400 kW-Gleichstrommotors für 220 Volt dar, die 4,5 Ω inneren Widerstand besaßen. Die Pole waren lamelliert, jedoch das Joch aus Gußeisen. Das Ausschalten erfolgte im magnetischen Blasfelde. Die drei linken Bilder jeder Reihe stellen die Spannung beim Schwächen des Stromes dar,

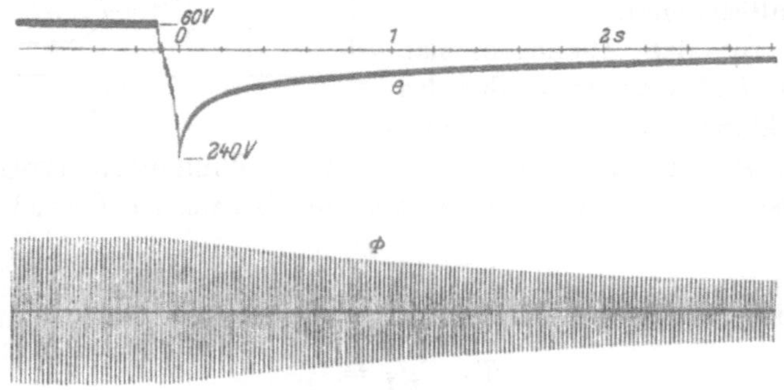

Fig. 116.

in der oberen Reihe ohne Parallelwiderstand, in der unteren Reihe mit Parallelwiderstand von 45 Ω. Die drei rechten Bilder jeder Reihe geben den Spannungsverlauf beim vollständigen Ausschalten des Stromes ohne und mit dem gleichen Parallelwiderstand wieder. Um nicht zu gefährliche Spannungen zu erreichen, ist im letzten Falle von verschiedenen niedrigen Anfangsströmen ausgegangen. Man erkennt, daß mit Schutzwiderstand annähernd die Werte der Spannungserhöhung von Gleichung (7) erreicht werden, während ohne Schutzwiderstand schon bei sehr kleinen Betriebsspannungen hohe Ausschalteüberspannungen vorhanden sind. Noch wirksamer ist der Parallelwiderstand beim Abschalten von massiven Magnetkernen, bei denen die Wirbelströme das Grundfeld noch lange Zeit erhalten, so daß nur die von den Oberfeldern des Kernes erzeugte Spannung vom Widerstand abgedämpft zu werden braucht. Beim Oszillogramm der Fig. 116, das die Erregerspannung und die Ständerspannung, also den Feldverlauf, des gleichen Turbogenerators wie Fig. 65 nach dem Abschalten zeigt, betrug der Parallelwiderstand das 8-fache des Spulenwiderstandes und ließ dabei die 4-fache Überspannung zur Entwicklung kommen.

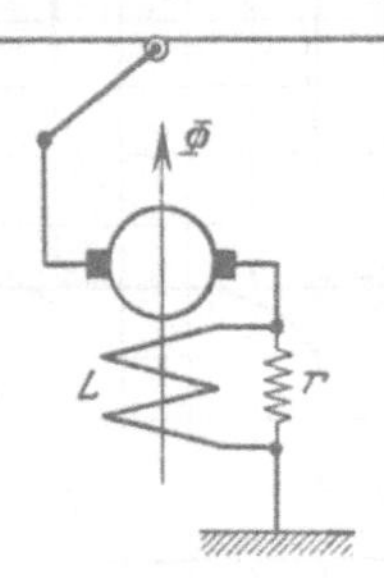

Fig. 117.

Bei Serienmotoren für Bahnbetrieb legt man manchmal nach der Schaltung von Fig. 117 einen Widerstand parallel zur Erregerwicklung der Feldmagnete, der zur bequemen Regulierung der Drehzahl dient. Derselbe unterdrückt zwar beim Abschalten des Stromkreises die Überspannungen, die wegen der geringen Windungszahl der Serienerregerspulen allerdings kaum gefährlich sind, er übt aber andererseits recht schädliche Wirkungen beim Wiedereinschalten des Stromes aus. Wenn der Stromabnehmerbügel vom Fahrdraht springt, so verlöscht das Magnetfeld unter Entwicklung eines Ausgleichsstromes durch den Parallelwiderstand. Ein gleich starker Ausgleichsstrom, nur von entgegengesetzter Richtung, tritt nun aber auch beim Wiederanschlagen des Bügels auf, der den Gesamtstrom hindert, sofort in ausreichender Stärke durch die Magnetspulen zu fließen und durch Erregen des Feldes eine Gegenspannung im noch laufenden Anker zu erzeugen. Während der Strom ohne Verwendung des Parallelwiderstandes vollständig durch die Magnetwicklung fließt und durch deren Selbstinduktion gering gehalten wird, bis sich das Feld entwickelt hat, nimmt er bei vorhandenem Parallelwiderstand seinen Weg zunächst fast vollständig durch diesen und kann sich bei der geringen Selbstinduktion der Ankerwicklung schnell zu so großer Stärke entwickeln, daß er einen Kollektorüberschlag des Motors hervorruft. Man pflegt zur Verhinderung dieser störenden Erscheinung derartige Parallelwiderstände auf einen lamellierten Eisenkern zu wickeln, so daß sie erhöhte Selbstinduktion und etwa die gleiche Zeitkonstante wie die Felderregerspulen besitzen. Dann teilen sie den Strom auch beim Einschalten im richtigen Verhältnis auf.

b) Parallelkapazität.

Außer dem Parallelwiderstand nach Fig. 113 stehen noch einige weitere Mittel zur Verfügung, um die Spannung beim Abschalten von Magnetfeldern in erträglichen Grenzen zu halten. Man kann nach dem Schema der Fig. 118 einen Kondensator parallel zur Selbstinduktion legen, der ein kurzzeitiges Weiterfließen des Stromes in der Spule nach dem Öffnen des Schalters ermöglicht. Für den Fall sehr kleiner Widerstände im Stromkreis läßt sich die auftretende Abschaltespannung aus einer einfachen Energiebetrachtung berechnen. Die in der Selbstinduktion L vom ursprünglichen Strom J aufgespeicherte magnetische Energie ist

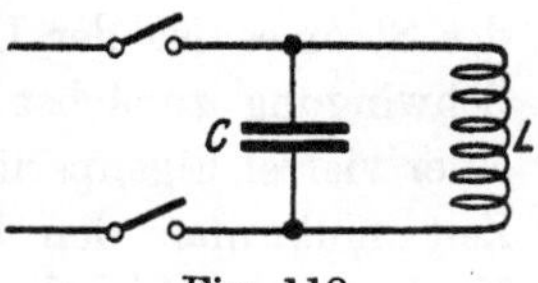

Fig. 118.

$$W_m = \tfrac{1}{2} L J^2. \qquad (10)$$

Da der Strom der Spule nach dem Abschalten durch den Kondensator mit der Kapazität C fließt, so wird dieser allmählich auf eine Spannung E geladen. Seine elektrostatische Energie ist dann

$$W_e = \tfrac{1}{2} C E^2. \qquad (11)$$

Sie kann im höchsten Falle gleich der magnetischen Energie der Selbstinduktion werden, wenn nämlich keine Energieverluste durch Widerstände aller Art vorhanden sind. Die Energie pulsiert dann zwischen der Selbstinduktion und der Kapazität, indem abwechselnd magnetische Energie in elektrostatische und umgekehrt übergeht. Es treten freie Schwingungen zwischen Selbstinduktion und Kapazität auf, wie wir sie schon früher betrachtet haben.

Da die beiden Energiemengen gleich sind, so ist

$$\tfrac{1}{2} C E^2 = \tfrac{1}{2} L J^2, \tag{12}$$

und daraus bestimmt sich die höchste auftretende Überspannung, die kurze Zeit nach dem Abschalten des Stromes J vorhanden ist, zu

$$E = J \sqrt{\frac{L}{C}}. \tag{13}$$

Schaltet man einen Strom von $J = 10$ Amp. aus einer Leitung aus, die $L = 0{,}1$ H Selbstinduktion hat und einen Parallelkondensator von 10 μ F besitzt, so erhält man eine Ausschaltespannung von

$$E = 10 \sqrt{\frac{0{,}1}{10 \cdot 10^{-6}}} = 1000 \text{ Volt.}$$

Man braucht daher zur Erzielung geringer Ausschaltespannungen Kondensatoren von beträchtlicher Größe.

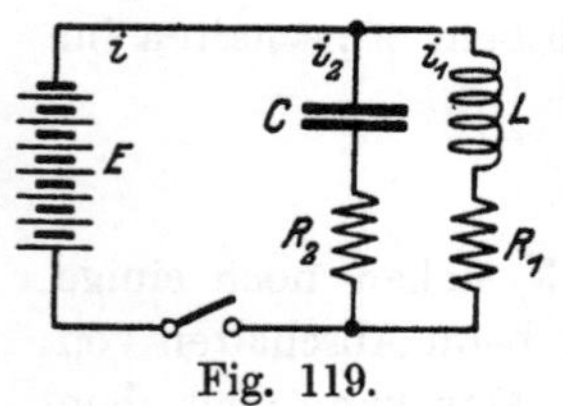

Fig. 119.

Besitzt der Stromkreis einen erheblichen Leitungswiderstand, so ist die auftretende Überspannung geringer als nach dieser Formel. Wir hatten in Kapitel 6, Gleichung (25) gesehen, daß die freie Schwingung dann nur auf eine Spannung

$$E = J \sqrt{\frac{L}{C}}\, \varepsilon^{-\frac{\pi}{4} R \sqrt{\frac{C}{L}}} = \frac{\sqrt{L/C}}{R} E_0\, \varepsilon^{-\frac{\pi}{4} \frac{R}{\sqrt{L/C}}} \tag{14}$$

führt, die je nach dem Verhältnis vom Ohmschen Widerstand zum Schwingungswiderstand des Kreises leicht bis zu 50% niedrigere Werte ergeben kann als die Näherungsformel (13). Günstig für das Abschalten des Stromes ist der Umstand, daß beim Parallelkondensator die freie Schwingung zunächst mit geringer Spannung einsetzt und erst nach einer viertel Eigenperiode auf den Höchstwert steigt. Innerhalb dieser Zeit muß man den Schalter weit genug geöffnet haben, um eine Funken- oder Lichtbogenbildung zu vermeiden.

Besonders eigenartige Verhältnisse für das Schalten erzielt man, wenn man nach dem Schema der Fig. 119 dem Parallelkondensator C noch einen Widerstand R_2 vorschaltet und diese beiden Größen bei gegebener Magnetspule mit der Selbstinduktion L und dem Widerstand R_1 so bemißt, daß

$$R_2 = \sqrt{\frac{L}{C}} = R_1 \tag{15}$$

ist. Dann ist für den aus L, R_1, R_2 und C gebildeten Stromkreis nach

Kapitel 6, Gleichung (16) gerade der aperiodische Dämpfungsfall vorhanden, so daß beim Abschalten keine Schwingungen mehr in ihm auftreten. Andererseits werden die Zeitkonstanten der beiden Stromzweige für sich nach Kapitel 2 und 3 einander gleich und dadurch werden die Ausgleichsströme i_1'' und i_2'' in beiden Zweigen bei beliebigen Änderungen des Hauptstromes i stets einander entgegengesetzt gleich, so daß der äußere Stromkreis von Ausgleichsströmen frei wird und beliebige, auch unstetige Änderungen vollführen kann. Die Wirkung der Selbstinduktion ist dadurch für ihn aufgehoben. Fig. 120 zeigt ein Oszillogramm der Ein- und Ausschalteströme in dieser Anordnung. Die Höhe der Ausschaltespannung entspricht natürlich Gleichung (7).

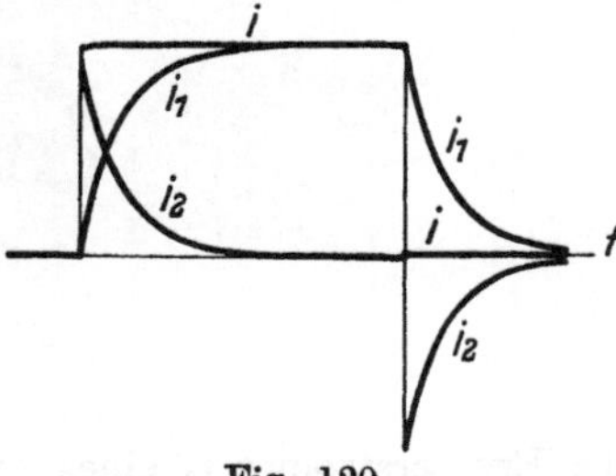

Fig. 120.

Bei Schwachstrommagneten wendet man häufig Parallelkondensatoren zur Unterdrückung der Kontaktfunken an. Bei Starkstromanordnungen, beispielsweise bei Magnetspulen von Dynamomaschinen, deren aufgespeicherte magnetische Energie recht erheblich ist, sind Kondensatoren nicht gebräuchlich, weil sie zur ausreichenden Eingrenzung der Überspannungen sehr große Abmessungen erhalten müssen. Man hat hier jedoch mit gutem Erfolg fremderregte Gleichstromdynamos an Stelle von Kondensatoren nach dem Schema der Fig. 121 als Ausschaltmotor verwendet. Setzt man ihre dynamische Kapazität nach Kapitel 16, Gleichung (35) und die Selbstinduktion der Feldwicklung nach Gleichung (8) ein, so ergeben sich bei dieser Anordnung Ausschaltespannungen, die nach Gleichung (13) höchstens den Wert

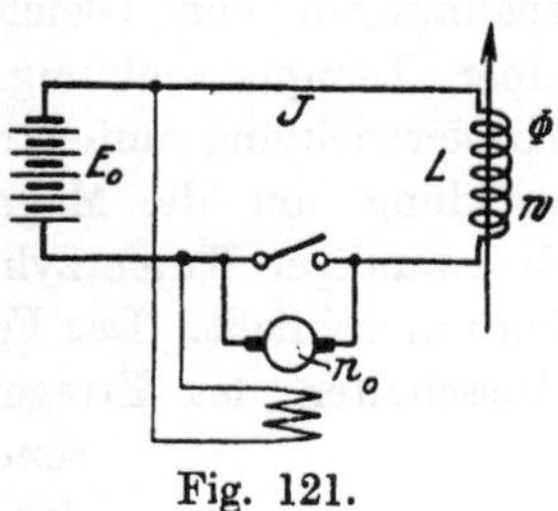

Fig. 121.

$$E = \frac{60}{\pi} \frac{E_0}{n_0} \sqrt{\frac{wJ\Phi}{GD^2}} \tag{16}$$

erreichen können und die wegen des Widerstandes der Stromkreise im allgemeinen sogar merkbar geringer sind.

Durch hohe Drehzahl n_0 und großes Schwungmoment GD^2 des Schaltmotors, kann man die Ausschaltespannung nach dieser Formel auf geringe Werte bringen. Nach dem Öffnen des Hauptschalters in Fig. 121 und Ablauf der Ausgleichsströme fließt durch den Schaltmotor nur noch der sehr geringe für seinen Antrieb erforderliche Leerlaufstrom, den man nunmehr gefahrlos unterbrechen kann. Während des Ausgleichsvorganges nimmt der Motor natürlich zeitweise eine durch die Größe der Spannung E gegebene hohe Überdrehzahl an, der er mechanisch gewachsen sein muß. Fig. 122 zeigt das Verlöschen der Ständerspannung e_1, der Erregerspannung e_2 und

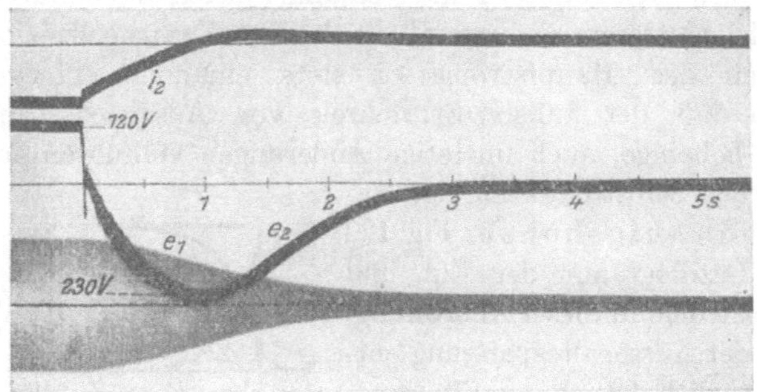

Fig. 122.

des Erregerstromes i_2 eines großen Drehstromgenerators, wenn seine Erregerwicklung durch einen Schaltmotor vom Netz getrennt wird.

c) Dämpferwicklung.

Eine andere Anordnung zur Unterdrückung hoher Ausschaltespannungen von Gleichstrommagneten besteht in der Verwendung einer Dämpferwicklung. Man legt eine in sich kurzgeschlossene Kupferwicklung unter möglichst guter Verkettung mit der Erregerwicklung um die Magnetschenkel, etwa nach Fig. 123, in der ein dickwandiger Kupferzylinder im Innern der Erregerspule den Magnetkern umschließt. Das Feld dieses Kernes braucht dann beim schnellen Ausschalten des Erregerstromes nicht momentan zu verschwinden, sondern kann entsprechend der Zeitkonstante T_2 der Dämpferwicklung allmählich verlöschen. Es ist

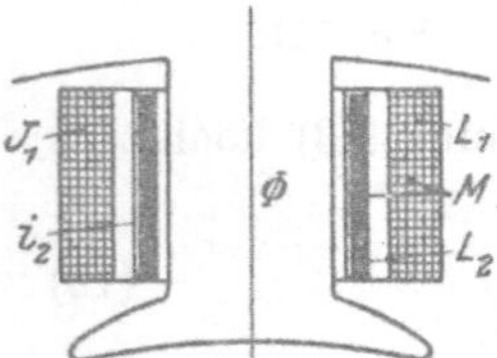

$$\Phi = \Phi_0 \, \varepsilon^{-\frac{t}{T_2}}. \tag{17}$$

Durch die Abnahme des Feldes wird eine Spannung an den Klemmen der Erregerspule induziert, die sich berechnet zu

Fig. 123.

$$e_1 = -w \frac{d\Phi}{dt} = \frac{w \Phi_0}{T_2} \varepsilon^{-\frac{t}{T_2}}. \tag{18}$$

Führt man hierin die Zeitkonstante T_1 der Erregerwicklung nach Gleichung (9) ein und bedenkt, daß der in ihr vorkommende Gesamtfluß der Erregerspule Φ nur sehr wenig größer ist als der Fluß des Magnetkernes Φ_0, so erhält man genau genug

$$e_1 = \frac{T_1}{T_2} E \, \varepsilon^{-\frac{t}{T_2}}. \tag{19}$$

Der Anfangswert der exponentiell abklingenden Ausschalteüberspannung ist also im wesentlichen durch das Verhältnis der Zeitkonstanten der beiden Wicklungen gegegeben. Dies entspricht vollständig der Gleichung (7) für Parallelwiderstand, da in jenem Falle das Widerstandsverhältnis gleich dem Verhältnis der Zeitkonstanten der Wicklung mit und ohne Parallelwiderstand ist. Man kann das Verlöschen des Magnetfeldes demnach verlangsamen und die Entstehung gefährlicher Spannungserhöhungen vermeiden, wenn man der Dämpferwicklung durch Anwendung genügender Querschnitte geringen Widerstand und damit große Zeitkonstante gibt.

Um ein so langsames Abklingen des Feldes zu erzielen, wie es beim Abschalten durch Kurzschluß der Erregerwicklung selbst stattfinden würde, müßte man die Zeitkonstante der Dämpferwicklung ebenso groß machen wie die der Erregerwicklung. Man müßte sie also mit demselben Verhältnis von Widerstand zu Selbstinduktion ausführen, was die gleiche Größenordnung der Kupfermenge erfordern würde. In der offenen Erregerwicklung würde dann durch das abklingende Hauptfeld keine Überspannung erzeugt. Da eine so starke Dämpferwicklung ähnlichen Querschnitt benötigt wie die Erregerwicklung, so führt man sie manchmal schwächer aus. Wendet man nur soviel Kupfer für die Dämpferwicklung auf, daß das Verhältnis der Zeitkonstanten gleich 3 ist, so erhält man nach Gleichung (19) die 3 fache Überspannung. Die Windungszahl der Erreger- und Dämpferwicklung ist dabei gleichgültig.

Der sekundäre Dämpferkreis umschließt nun aber in Wirklichkeit nicht das gesamte der Selbstinduktion L_1 entsprechende Feld des primären Erregerkreises, sondern nur einen um das Maß der Streuung zwischen beiden Wicklungen kleineren Betrag, der der Wechselinduktion M entspricht. Der Dämpferstrom kann daher beim Ausschalten des Erregerstromes nicht die volle Magnetisierung übernehmen. Er springt vielmehr während des Ausschaltens des Primärstromes J_1 nur auf den Betrag $J_1 M / L_2$ und verlöscht dann nach der Beziehung

$$i_2 = \frac{M}{L_2} J_1 \varepsilon^{-\frac{R_2}{L_2} t}. \tag{20}$$

Dieser Strom reicht gerade zur Magnetisierung des Hauptfeldes nach Gleichung (17) aus.

Der größte Teil der ursprünglich im gesamten Magnetfeld der Erregerwicklung vorhandenen Energie setzt sich in der Dämpferwicklung allmählich in unschädliche Stromwärme um. Wir wollen die Energiemenge berechnen, die noch übrig bleibt und die am Ausschalter schädlich wirken kann.

Die in der Erregerwicklung aufgespeicherte magnetische Energie ist

$$W_1 = \tfrac{1}{2} L_1 J_1^2. \tag{21}$$

Ein Teil davon wird im Schaltmoment auf die Dämpferwicklung übertragen und setzt sich alsdann dort in Stromwärme um. Dieser Betrag ist daher

$$W_2 = \int_0^\infty i_2^2 R_2 \, dt. \tag{22}$$

Setzt man den Dämpferstrom nach Gleichung (20) hier ein und integriert aus, so erhält man

$$W_2 = \left(\frac{M}{L_2}\right)^2 J_1^2 R_2 \int_0^\infty \varepsilon^{-2\frac{R_2}{L_2}t} \, dt = \frac{1}{2} \frac{M^2}{L_2} J_1^2. \tag{23}$$

Nur die Differenz zwischen diesen beiden Energiebeträgen, nämlich

$$W_s = W_1 - W_2 = \frac{1}{2} L_1 \left(1 - \frac{M^2}{L_1 L_2}\right) J_1^2 = \frac{1}{2} L_1 \sigma J_1^2 = \frac{1}{2} L_s J_1^2 \tag{24}$$

wird am Schalter frei und kann sich dort durch Entwicklung von Ausschaltefunken oder Lichtbögen betätigen, die stets mit erheblichen Überspannungen verknüpft sind.

Ohne Anwendung einer Dämpferwicklung wird die gesamte magnetische Energie des Stromkreises nach Gleichung (21) am Schalter frei. Da die Energiemengen nach Gleichungen (24) und (21) im Verhältnis der Streuinduktion L_s zwischen Erreger- und Dämpferwicklung zur Selbstinduktion L_1 der Erregerwicklung allein stehen, so erkennt man, daß die beim Ausschalten freiwerdende Energiemenge durch Anbringung einer Dämpferwicklung nach Maßgabe des Streufaktors σ der Wicklungen vermindert wird, und daß damit die Funken- oder Lichtbogenbildung und die entstehende Überspannung stark verringert werden kann.

Die anfänglichen Ausschaltespannungen richten sich jetzt nicht mehr nach der Stärke des gesamten Magnetfeldes, sondern nur noch nach der Stärke des Streufeldes zwischen beiden Wicklungen. Der weitere Verlauf richtet sich dagegen nach Gleichung (19) vor allem nach dem Verhältnis der Zeitkonstanten von Erreger- und Dämpferwicklung. Um die Überspannungen in geringen Grenzen zu halten, muß man daher einerseits ausreichende Kupfermengen aufwenden, beispielsweise durch massive kupferne Spulenkästen, andererseits ist es günstig, die Dämpferwicklung möglichst streuungsfrei mit der Hauptwicklung zu verketten, beispielsweise durch bifilare Aufwicklung eines Dämpferleiters gemeinsam mit den Erregerspulendrähten.

19. Ausschalten von Asynchronmotoren.

Es ist vielfach beobachtet worden, daß die Wicklung von asynchronen Drehstrommotoren durch Überspannungen zerstört wurde, wenn man zum Stillsetzen des Motors nach Fig. 124 zunächst den

Läuferkreis über den Anlaßwiderstand vollständig öffnete, um den Motor und damit den Hauptschalter vom Arbeitsstrom zu entlasten, und ihn alsdann durch Öffnen des Primärschalters vom Netz trennte. Die Durchschläge ließen sich vermeiden, wenn man den umgekehrten Schaltvorgang wählte und den Motor zunächst vom Netz löste, und erst darauf den Anlasser zur Vorbereitung für die nächste Inbetriebsetzung öffnete. Obgleich der Primärschalter beim letzteren Verfahren einen viel größeren Strom, nämlich auch den ganzen Belastungstrom des Motors, zu unterbrechen hat, sind die beim Ausschalten hervorgerufenen Überspannungen doch erheblich geringer.

Daß die Überspannungen beim Ausschalten eines sekundär offenen Asynchronmotors erheblich höhere Werte annehmen können als die Ausschaltespannungen von Transformatoren, liegt daran, daß die magnetische Feldenergie eines Asynchronmotors weit größer ist als die eines Transformators gleicher Leistung. Denn jener besitzt einen erheblichen Luftspalt, den Hauptsitz der magnetischen Energie, während letzterer stets fast eisengeschlossen ist. Die im Motor aufgespeicherte magnetische Energie kann im Ausschaltefunken frei werden und erzeugt dabei, wenn das Ausschalten schnell erfolgt, wegen der dann herrschenden rapiden Feldänderung sehr starke Spannungen in der Wicklung.

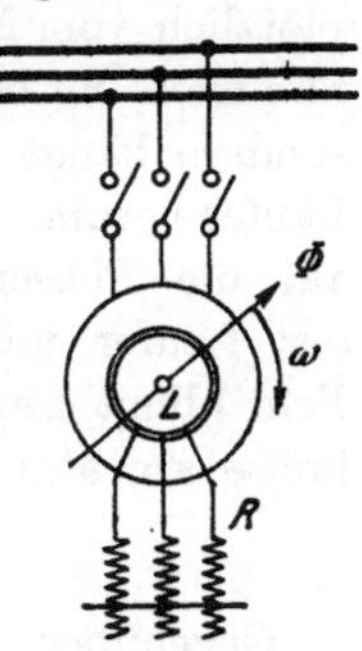

Fig. 124.

Ist jedoch die Läuferwicklung beim Abschalten geschlossen, so kann das im Schaltmoment im Motor vorhandene Magnetfeld durch seine Verkettung mit der Läuferwicklung eine Zeitlang weiter bestehen und braucht seine Energie nicht in den Ausschaltefunken zu liefern. Selbst wenn man den Ständerstrom plötzlich unterbrechen würde, bliebe das Feld im ersten Moment doch bestehen, da es durch Ströme, die im Läufer auftreten, weiter erhalten wird. Die Erscheinung ist ganz analog dem Ausschalten von Gleichstromfeldern mit Dämpferwicklung nach dem vorigen Kapitel 18. Das Drehfeld bleibt weiterhin fest an der Läuferwicklung hängen, es läuft mit ihr um und klingt nach Maßgabe ihrer Zeitkonstante langsam ab. Die Feldenergie braucht bei diesem Vorgange nicht plötzlich zu verschwinden, sondern wird langsam in dem Widerstande der Läuferwicklung aufgezehrt.

Im laufenden Motor besteht ein magnetisches Feld Φ, das mit der Kreisfrequenz ω des Netzes von Pol zu Pol wandert. Dieses Drehfeld verläuft räumlich und zeitlich annähernd sinusförmig, so daß man die veränderliche Kraftlinienzahl, die jede Windung der Ständerwicklung durchsetzt, darstellen kann durch die Beziehung

$$\Phi = \Phi_0 \, \varepsilon^{j\omega t}, \tag{1}$$

die eine zeitlich harmonische Schwingung ausdrückt. In der Ständerwicklung mit w wirksamen Windungen wird beim Betrieb des Motors eine Spannung induziert, die gleich der zeitlichen Abnahme des Feldes ist, die also durch Differenzierung des Ausdruckes (1) gewonnen wird zu

$$e_1 = -w \frac{d\Phi}{dt} = -w\,\Phi_0\, j\,\omega\, \varepsilon^{j\omega t}. \tag{2}$$

Wir wollen die magnetische Streuung des Motors in unseren Berechnungen nicht mit berücksichtigen und annehmen, daß das Magnetfeld des Ständers auch die Läuferwicklung vollständig durchsetzt. In Wirklichkeit verschwinden die Ständerstreufelder beim Ausschalten sehr schnell, da sie nicht vom Läufer unterhalten werden, und erzeugen gewisse Spannungssteigerungen, unabhängig davon, ob die Läuferwicklung offen oder geschlossen ist.

Schalten wir die Ständerwicklung bei geschlossener Läuferwicklung plötzlich vom Netz ab, so wird das Feld von den Läuferströmen übernommen. Es bewegt sich dann nicht mehr gegen die Läuferwicklung, sondern hängt an ihr fest und dreht sich mit dem noch rotierenden Läufer herum. Welche Lage das Feld im Abschaltemoment in bezug auf die Phasenwicklungen des Läufers hat, ist gleichgültig, sofern der Läufer mindestens zwei symmetrische Wicklungen besitzt. Das Feld klingt nunmehr entsprechend der Zeitkonstante der Läuferstromkreise ab, also nach der Beziehung

$$\Phi = \Phi_0\, \varepsilon^{-\frac{R}{L}t}. \tag{3}$$

Gegenüber der Ständerwicklung rotiert dieses abklingende Feld immer noch mit der Geschwindigkeit ω, wenn wir die geringfügige Schlüpfung des Läufers vernachlässigen und den ungünstigen Fall annehmen, daß er nach dem Abschalten keine sofortige Einbuße an Geschwindigkeit erleidet. Jede Ständerwindung wird daher jetzt von einem Felde durchsetzt, das außer der Abnahme nach Gleichung (3) noch sinusförmig veränderlich ist, das also dargestellt wird durch

$$\Phi = \Phi_0\, \varepsilon^{-\frac{R}{L}t}\, \varepsilon^{j\omega t} = \Phi_0\, \varepsilon^{\left(j\omega - \frac{R}{L}\right)t}. \tag{4}$$

Dies ist ein gedämpft harmonisches Feld. Es induziert in der Ständerwicklung eine Spannung, die wir wieder durch Differentiation erhalten zu

$$e_a = -w \frac{d\Phi}{dt} = -w\,\Phi_0 \left(j\omega - \frac{R}{L}\right) \varepsilon^{\left(j\omega - \frac{R}{L}\right)t}. \tag{5}$$

Ihr Anfangswert ist stets größer als die stationäre Spannung und hat daher den Charakter einer Überspannung. Diese nach dem Ausschalten auftretende Spannung steht zu der normalen Motorspannung nach Gleichung (2) im Verhältnis

$$\frac{e_a}{e_1} = \frac{j\omega - \frac{R}{L}}{j\omega}\, \varepsilon^{-\frac{R}{L}t} = \left(1 - \frac{R}{j\omega L}\right) \varepsilon^{-\frac{R}{L}t}. \tag{6}$$

Interesse besitzt vor allem der Anfangswert der entstehenden Überspannung zur Zeit $t = 0$, der durch den Klammerwert dieser Beziehung dargestellt wird und komplexe Form besitzt. Sein absoluter Betrag ist

$$\frac{E_{ü}}{E_1} = \sqrt{1 + \left(\frac{R}{\omega L}\right)^2}. \tag{7}$$

Es zeigt sich damit, daß **beim plötzlichen Ausschalten der Ständerwicklung erhebliche Überspannungen in ihr nur dann entstehen, wenn der Läuferwiderstand beträchtlich ist im Verhältnis zu seiner Induktanz.** Dies rührt daher, daß das Abklingen des Feldes nach Gleichung (3) alsdann so schnell erfolgt, daß es wesentlich größere Spannungen in der Ständerwicklung induziert, als sie durch die Rotation des Drehfeldes im normalen Betriebe auftreten.

Für das praktische Rechnen ist es bequemer, anstatt der Induktanz des Läufers den Magnetisierungsstrom J_μ des Motors, bezogen auf die Läuferwicklung, einzuführen. Speist man den Läufer mit seiner Stillstandsspannung E_2 bei normaler Frequenz ω, so nimmt er einen Strom auf, der zum Ständermagnetisierungsstrom im Verhältnis der Windungszahlen beider Wicklungen steht. Es gilt dann die Beziehung

$$E_2 = \omega L J_{\mu 2} \tag{8}$$

und damit erhält man das Überspannungsverhältnis nach Gleichung (7) endgültig zu

$$\frac{E_{ü}}{E_1} = \sqrt{1 + \left(\frac{R J_\mu}{E}\right)^2}, \tag{9}$$

wobei sich die Werte in der Klammer sämtlich auf die Läuferwicklung beziehen.

Der zweite Ausdruck unter dieser Wurzel stellt das Verhältnis von Ohmschem Spannungsabfall des Magnetisierungstromes zur Stillstandsspannung in der Läuferwicklung dar. Das ist für den kurzgeschlossenen Läufer, für den nur sein innerer Widerstand in Betracht kommt, ein außerordentlich kleiner Betrag. Beim Ausschalten eines laufenden Asynchronmotors mit betriebsmäßig kurzgeschlossenem Läufer erhält man daher nur verschwindend kleine Überspannungen vom Hauptfelde her. Diese Art des Ausschaltens ist also gefahrlos. Selbst wenn man vor dem Ausschalten des Ständers so viel Läuferwiderstand einschaltet, daß

$$R_2 = \frac{E_2}{J_\mu} \tag{10}$$

ist, was etwa der größten vorkommenden Widerstandsstufe praktischer Anlasser entspricht, so wird das zweite Wurzelglied in Gleichung (9) zu 1 und erzeugt eine Überspannung von 41%. Auch dann wird also durch den geschlossenen Läuferstromkreis das Abklingen des Feldes auf eine praktisch noch zulässige Geschwindigkeit verzögert. Erst wenn man noch viel größere Widerstände in den Läufer einschaltet, oder wenn man gar den Läuferkreis vollständig öffnet, entstehen beim Abschalten des Ständers vom speisenden Netz so hohe Überspannungen, daß die Wicklung durchschlagen kann. Motoren mit großem Magnetisierungsstrom sind hierbei, wie aus Gleichung (9) hervorgeht, stärker gefährdet. Die praktisch auftretenden Überspannungen des leerlaufenden Motors sind meist geringer als der Grenzwert nach Gleichung (9), weil das Schalten in Wirklichkeit niemals augenblicklich vorgenommen werden kann, sondern stets durch Vermittlung eines Ausschaltefunkens oder Lichtbogens eine gewisse, wenn auch kleine Zeit dauert. Der belastete Motor kann dagegen höhere Ausschaltespannungen ergeben, wenn sein Streufeld erhebliche Größe im Verhältnis zum Hauptfeld hat. Seine Energie wird am Ausschalter frei, ohne von der Läuferwicklung aufgenommen werden zu können.

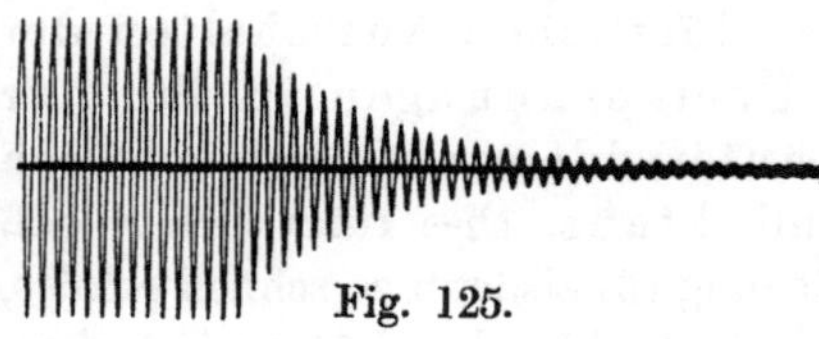

Fig. 125.

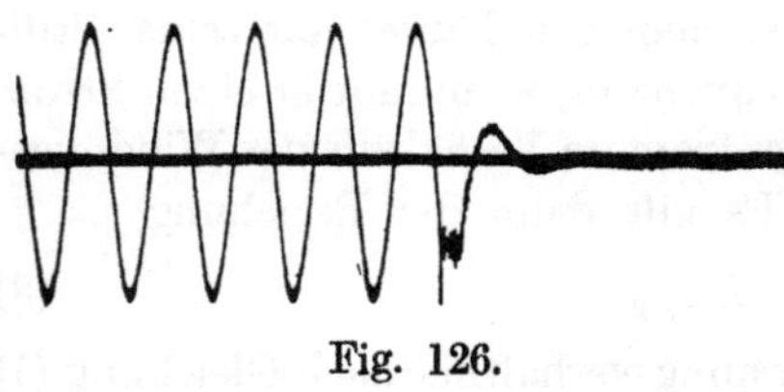

Fig. 126.

Fig. 125 zeigt das Oszillogramm der Ständerspannung eines Drehstrommotors von 40 kW bei 600 U/min und 500 Volt nach dem Ausschalten mit kurzgeschlossenem Läufer. Die Spannung verschwindet entsprechend der Zeitkonstante der Läuferwicklung, die hier 0,17 sec beträgt, nur langsam. Bei Fig. 126 war in den Läufer ein so großer Widerstand eingeschaltet, daß $R J_\mu / E = 0{,}7$ war. Die Spannung klingt außerordentlich viel schneller ab, es bildet sich schon eine geringe Überspannung aus. Die Zackenbildung während des Ausschaltens läßt dabei auf einen flackernden Lichtbogen im Ölschalter schließen. Fig. 127 zeigt zwei Phasenspannungen beim Ausschalten mit offener Läuferwicklung, wobei unter scharfen Spannungssprüngen erhebliche Überspannungen auftreten, die so stark sind, daß sogar ein öfteres Wiedereinsetzen des Stromes stattfindet.

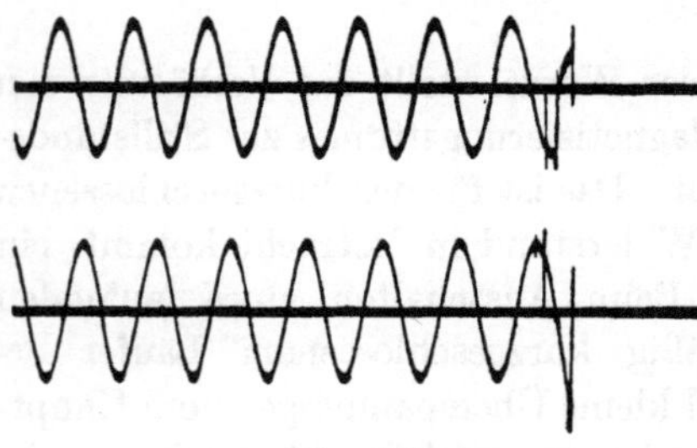

Fig. 127.

IV. Störung der Leitungsumgebung.

20. Ausbreitung von Erdschlußströmen.

In Wechselstromanlagen größerer Ausdehnung fließen außer den nutzbaren Strömen auch Kapazitätsströme in den Leitungen, die sich durch das Isoliermittel zwischen diesen als Verschiebungsströme schließen. Sie breiten sich sowohl zwischen den Leitungen ungleicher Spannung als auch zwischen den Leitungen und der Erde aus und erfüllen den ganzen Raum in der Umgebung der Wechselstromleitung mit ihrem Felde. Zur Berechnung der Ströme muß man die Kapazität der Leitungen gegeneinander, sowie ihre Kapazität gegen Erde bestimmen und erhält dann für Einphasenanlagen eine wirksame Schaltung nach Fig. 128. Darin ist die Teilkapazität zwischen den verschiedenphasigen Leitungen mit c, die jeder Leitung gegen Erde mit C bezeichnet.

Wenn eine derartige Wechselstromleitung an irgendeinem Punkte Schluß gegen Erde bekommt, so kann durch die Erdschlußstelle ein erheblicher Strom fließen, der sich durch die Erdkapazität der nicht geerdeten Leitungen als Ladestrom schließt. Im praktischen Betriebe von Wechselstromanlagen treten solche einpoligen Erdschlüsse häufig ein.

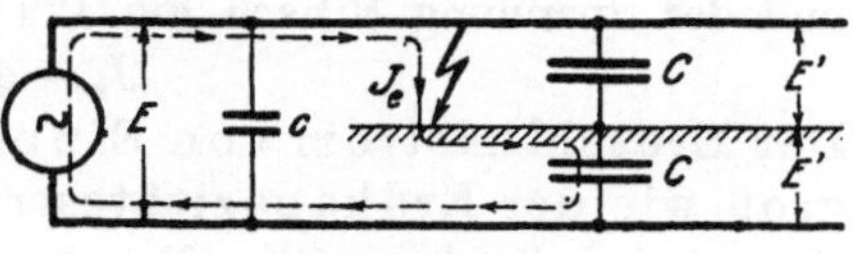

Fig. 128.

Sie entstehen meist durch Reißen von Leitungen, durch Überschlagen oder Durchbruch der Isolation, durch Staub und Schmutz, sowie durch Vögel, Äste und andere Fremdkörper, die in die Leitungen geraten. In Fig. 128 ist der Erdschluß durch einen Pfeil eingetragen. Bei Netzen mit großer Kapazität, also vor allem in Kabelnetzen oder Hochspannungsanlagen, können die Erdschlußströme bedeutende Größe erhalten. Sie breiten sich in den Leitungen selbst sowie in der Erde auf große Entfernungen aus und können zu schweren Störungen Anlaß geben. Wir wollen im folgenden die Erscheinungen verfolgen, die in den Leitungen und in der Erde auftreten, wenn ein bestimmter Punkt des Netzes metallischen Erdschluß erhält.

a) Verteilung in den Leitungen.

Der Verlauf des Erdschlußstromes im Einphasennetz ist in Fig. 128 gestrichelt eingetragen. Er fließt von der Stromquelle her über den Erdschlußpunkt der kranken Leitung zur Erde, breitet sich in ihr unter der Leitung aus und tritt durch die Kapazität C der gesunden Leitung von der Erdoberfläche als Verschiebungsstrom zu dieser über, um von dort zur Stromquelle zurückzufließen. Die Kapazität c zwischen den Leitungen wird vom Erdschluß nicht beeinflußt, und wenn der Erdschlußstrom nicht so groß ist, daß er die Spannung zwischen den

Leitungen erheblich beeinflußt, so bleibt der in c fließende Strom ungeändert. Dagegen ändert sich der Strom in den Erdkapazitäten C sehr erheblich. Die Spannung der kranken Leitung gegen Erde wird null, so daß durch ihre Kapazität kein Strom mehr fließt. Dagegen steht die Kapazität der gesunden Leitung nunmehr unter der doppelten Spannung wie bei gesundem Netz und wird daher vom doppelten Ladestrom durchflossen, der vollständig als Erdschlußstrom in Erscheinung tritt.

Für Freileitungsnetze oder Kabelnetze, deren Längenerstreckung nicht gar zu groß ist, kann die Wirkung der Selbstinduktion der Leitungen für die Erdschlußströme gegenüber ihrer Kapazität vernachlässigt werden. Auch die Wirkung der Streuinduktion der Generatoren und Transformatoren ist für die regulären Erdschlußströme im allgemeinen nur gering. Wenn wir beide Selbstinduktionswirkungen und außerdem den Einfluß der Leitungswiderstände vernachlässigen, so ist der Erdschlußstrom nur durch die Größe der Kapazität der gesunden Leitungen bestimmt. Wir erhalten ihn daher für Einphasennetze mit der Frequenz ω und der Spannung E nach Fig. 128 zu

$$J_e = \omega C E. \tag{1}$$

Der Erdschlußstrom von Einphasennetzen ist doppelt so groß wie der Erdkapazitätsstrom bei gesunden Leitungen. Daher wird die kapazitive Belastung des Generators bei Erdschluß wesentlich größer als beim normalen Betriebe.

Wir können den Erdschlußstrom noch auf einem anderen Wege bestimmen, der wohl nicht für Einphasenanlagen jedoch für Drehstromnetze einfacher ist, und der die Überlagerung zweier Zustände benutzt. Durch vollständigen Erdschluß eines Punktes der Anlage wird die Spannung zwischen der kranken Leitung und Erde an dieser Stelle von der gesunden Spannung E' auf null gebracht. Dem regulären System der Spannungen und Ströme überlagert sich daher eine Spannung von der Größe $-E'$ an der Erdschlußstelle. Die Summe beider Spannungen ist am Erdschlußpunkt null. Alle Abweichungen des geerdeten Systems vom ungeerdeten sind dann lediglich verursacht durch die Wirkung dieser Spannung $-E'$. Sie ist genau so wie die Netzspannung harmonisch veränderlich und erzeugt ihrerseits einen Wechselstrom, der, vom Erdschlußpunkt ausgehend, innerhalb der Erde zu den beiden Leitungskapazitäten C der Fig. 128 läuft, um von dort durch die kranke Leitung direkt, durch die gesunde Leitung indirekt über die Stromquelle zum Erdschlußpunkt zurückzukehren. Da für Einphasennetze nach Fig. 128 die gesunde Spannung am Erdschlußpunkte $E' = E/2$ ist und der überlagerte Erdschlußstrom die beiden parallel geschalteten Kapazitäten $2C$ durchläuft, so erhält man für seine Stärke wieder die Beziehung (1). Der in der Kapazität der kranken

Leitung fließende Teil des Erdschlußstromes hebt den dort fließenden regulären Kapazitätsstrom gerade auf, der andere Teil in der Kapazität der gesunden Leitung setzt sich zum regulären Kapazitätsstrom verdoppelnd hinzu.

Ganz ähnlich liegen die Verhältnisse beim Erdschluß in Drehstromanlagen, der in Fig. 129 dargestellt ist. An der Erdschlußstelle besteht bei gesundem Netz die Phasenspannung E' zwischen Erde und Leitungen. Fügt man dort die Spannung $-E'$ hinzu, so wird die gesamte Spannung an der Erdschlußstelle null, was einem metallischen Erdschluß entspricht. Unter der Wirkung dieser Spannung entsteht ein Erdschlußstrom J_e, der nach Fig. 129 in die Erde übertritt und sich in drei parallelen Zweigen auf die Erdkapazitäten der Drehstromleitungen verteilt. Er fließt in diesen zur Erdschlußstelle zurück, in der kranken Leitung direkt, in den beiden gesunden Leitungen über die Wicklungen des Transformators. In der kranken Leitung hebt der Erdschlußstrom den regulären Kapazitätsstrom auf, in den gesunden Leitungen verstärkt er ihn. Er erzeugt dabei eine übergelagerte einphasige Belastung des Transformators und des speisenden Generators.

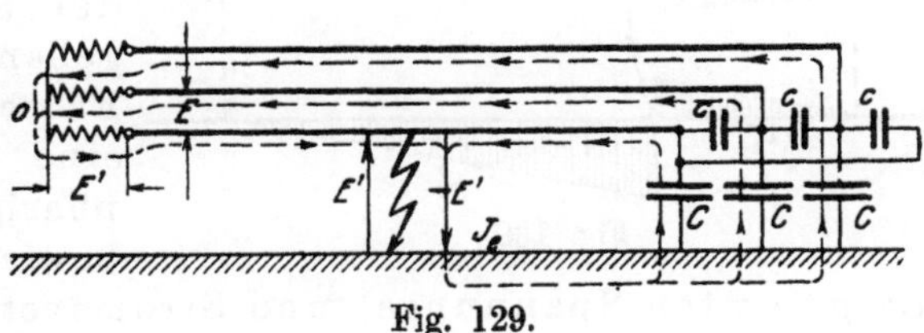

Fig. 129.

Die Stärke des Erdschlußstromes ist nach Fig. 129

$$J_e = 3\,\omega C E' = \sqrt{3}\,\omega C E, \tag{2}$$

wenn mit E die Größe der verketteten Drehspannung bezeichnet wird. **Der Erdschlußstrom in Drehstromnetzen ist daher dreimal so groß wie der Erdkapazitätsstrom jeder gesunden Leitung.** Die einphasige Blindleistung dieses Erdschlußstromes ist

$$W_e = E' J_e = 3\,\omega C E'^2 = \omega C E^2. \tag{3}$$

Sie muß von der Stromquelle zusätzlich geleistet werden.

In Fig. 130 ist dargestellt, in welcher Weise sich die Erdschlußströme auf die gesunden und kranken Leitungsteile einer Drehstromanlage und auf die Erde räumlich verteilen. Die Verschiebungsströme treten in die Leitungen gleichmäßig verteilt über ihre ganze Länge ein, so daß der Strom in allen drei Leitungen vom fernen Ende her linear zunimmt. In der kranken Leitung tritt am Erdschlußpunkte eine Unstetigkeit auf. Rechts von ihm verläuft der Strom wie in den gesunden Leitungen, links von ihm läuft der Erdschlußstrom der eigenen Leitung auf den Erdschlußpunkt zu, wächst also in entgegengesetzter Richtung an, und außerdem schließen sich die beiden Ströme der gesunden Leitungen über dieses Leitungsstück zur Erdschlußstelle zurück. In der Erde breitet sich ein Teil des Stromes längs der Leitungsstrecke nach rechts, ein anderer nach links aus. Beide besitzen einen ebenfalls linearen Anstieg, der in Fig. 130 dargestellt ist und das Spiegelbild der Summe der Ströme in den Leitungen darstellt.

Diese vom Erdschluß herrührende Stromverteilung überlagert sich den regulären Strömen des Leitungsnetzes, sowohl den Kapazitätsströmen des gesunden Zustandes wie den normalen Belastungsströmen. Während die regulären Kapazitätsströme bei gleichen Teilkapazitäten aller Leitungen eine symmetrische Mehrphasenbelastung der Stromquelle ergeben, erzeugen die Erdschlußströme stets eine vollständig einphasige Belastung und bewirken daher, daß die gesamten Spannungs- und Stromsysteme der Anlage stark unsymmetrisch verzerrt werden.

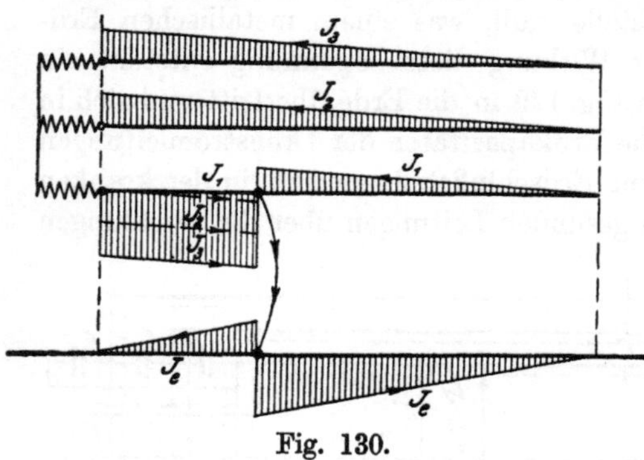

Fig. 130.

Es ist nicht immer zulässig, die Selbstinduktion der Erdschlußstrombahnen zu vernachlässigen. Maßgebend dafür ist die Höhe der Eigenfrequenz

$$\nu = \frac{1}{\sqrt{LC}}, \tag{4}$$

die der Erdschlußstromkreis besitzt. Nur wenn diese groß gegenüber der Netzfrequenz ist, spielt die Selbstinduktion eine untergeordnete Rolle, anderenfalls können sich bei Erdschluß gefährliche Resonanzzustände ausbilden. Sehr lange Leitungen, die in Kabelnetzen gegen 750 km und bei Freileitungen gegen 1500 km Länge besitzen, haben so große Selbstinduktion, daß ihre Eigenfrequenz bis auf die Größenordnung von 50 Per/sec heruntergeht. Derartige Leitungsstrecken kommen allerdings selten vor, sie würden auch ohne Erdschluß Resonanz mit der Betriebsspannung ergeben.

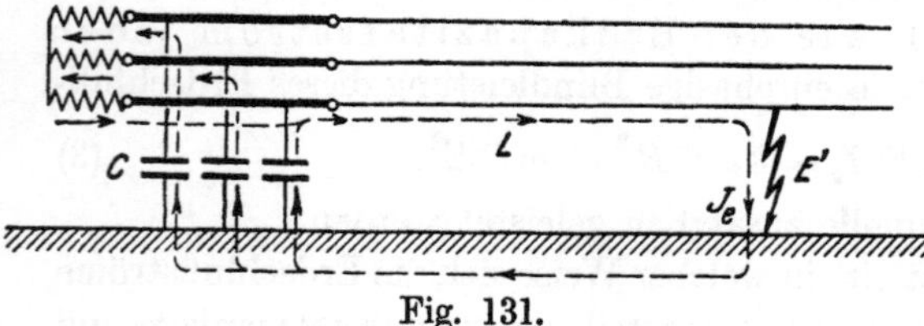

Fig. 131.

In Anlagen, bei denen Kabelnetze und Freileitungen zusammenarbeiten, ergeben sich niedrige Eigenfrequenzen bereits bei viel kleineren Leitungslängen. Fig. 131 stellt ein solches Drehstromnetz schematisch dar. Erhält eine der Freileitungen in erheblichem Abstand vom Kabelnetz Erdschluß, so entsteht ein Erdschlußstromkreis, der durch die Pfeile dargestellt ist. Die Selbstinduktion wird im wesentlichen von der kranken Freileitung gebildet, auch die Streuung der Maschinen und Transformatoren trägt mit zu ihr bei. Die Kapazität besteht im wesentlichen aus der Erdkapazität des gesamten Kabelnetzes, in dem die drei Phasenleitungen parallel wirken. Da der Erdschlußstromkreis unter einer treibenden Wechselspannung E' steht, die gleich der negativen Phasenspannung ist, so kann die Höhe der hier auftretenden Erdschluß-Resonanzspannungen berechnet werden. Arbeitet man nicht gerade in unmittelbarer Resonanz, so daß man die dämpfende Wirkung der Widerstände vernachlässigen kann, so erhält man nach Kapitel 5, Gleichung (14) als Kapazitätsspannung

$$E_C^* = \frac{E}{\sqrt{3}\left[1 - \left(\frac{\omega}{\nu}\right)^2\right]}. \qquad (5)$$

Ebenso ergibt sich der tatsächliche Erdschlußstrom unter dieser Spannung zu

$$J_e^* = \frac{J_e}{1 - \left(\frac{\omega}{\nu}\right)^2}, \qquad (6)$$

er wird durch die Resonanznähe wesentlich vergrößert.

Entseht der Erdschluß plötzlich, so können wie beim Einschalten eines Kondensators oder eines Schwingungskreises nach Kapitel 3 und 7 kurzzeitige Ausgleichsüberspannungen bis zum doppelten Betrage der eben berechneten entstehen,

Ein Drehstrom-Kabelnetz für 10 000 Volt bei 50 Per/sec, das eine gesamte Ausdehnung von 250 km besitzt, ergibt unter der Phasenspannung $E' = 5760$ Volt einen Erdkapazitätsstrom von 180 Amp. Dann hat es nach Gleichung (2) eine Kapazität von

$$3\,C = \frac{180 \cdot 10^6}{314 \cdot 5760} = 100\,\mu\,\mathrm{F}.$$

Entsteht in einer angeschlossenen Freileitung nach 45 km Länge ein vollständiger Erdschluß, so ist mit einer Selbstinduktion der kranken Leitung von etwa $L = 75$ mH zu rechnen, so daß der Erdschlußkreis eine Eigenfrequenz von etwa

$$\nu = \frac{1}{\sqrt{75 \cdot 10^{-3} \cdot 100 \cdot 10^{-6}}} = 365 \text{ in } 2\pi \text{ sec oder } f = 58 \text{ Per/sec}$$

erhält. Dies liegt bereits unzulässig nahe an der Betriebsfrequenz. Es würden an der Selbstinduktion und Kapazität, d. h. im größten Teile des Leitungsnetzes, hohe resonanzhafte Spannungen entstehen, die sich der normalen Betriebsspannung überlagern. Nach Gleichung (5) ergibt sich eine Erdschlußüberspannung von

$$E_C^* = \frac{10000}{\sqrt{3}\left[1-\left(\frac{50}{58}\right)^2\right]} = 23000 \text{ Volt},$$

also mehr als das Doppelte der regulären Netzspannung. Die Anlage würde durch diese Überspannungen, die kurz nach dem Durchbruch nochmals fast aufs Doppelte ansteigen können, wahrscheinlich zerstört werden. Der wirkliche Erdschlußstrom würde

$$J_e^* = \frac{180}{1-\left(\frac{50}{58}\right)^2} = 720 \text{ Amp.}$$

betragen, also das Vierfache des Kapazitätsstromes des Kabelnetzes allein.

Zur Abhilfe gegen derartige Gefährdungen, die bei ungünstiger Lage des Erdschlußpunktes im Freileitungsnetz auftreten können, muß man die Freileitungen von den Kabeln elektrisch isolieren, nötigenfalls durch Transformatoren mit der Übersetzung 1 : 1, so daß die Erdschlußströme des einen Netzteiles nicht in den anderen leitend übertreten können.

b) **Stromverlauf in der Erde.**

Entsteht ein Erdschluß in einer Kabelstrecke, so tritt der Erdschlußstrom meistens in die metallische Bewehrung des Kabels über und breitet sich nur allmählich im Erdboden aus. Ist die Leitfähigkeit dieses Mantels nicht der Stärke des Erdschlußstromes angemessen, sind vor allem schlechte Übergangsstellen an den Muffen zwischen mehreren Kabelstrecken vorhanden, so können starke Brandwirkungen entstehen. Man muß daher bei ausgedehnten Kabelnetzen für guten metallischen Schluß oder aber für vollständige Isolierung aller Kabelmäntel sorgen.

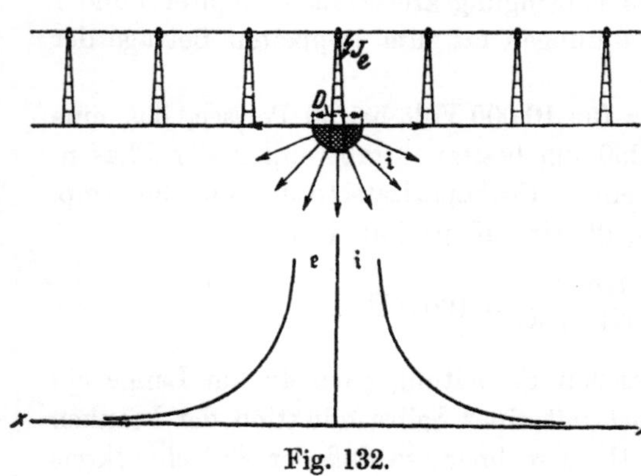

Fig. 132.

Bei Freileitungen tritt der Erdschlußstrom eines durch Bruch oder Überschlag zerstörten Isolators durch den Fuß von eisernen Masten in die Erde ein, so wie es in Fig. 132 dargestellt ist. Er breitet sich bei homogener Erde in der näheren Umgebung der Erdschlußstelle gleichmäßig nach allen Seiten und in die Tiefe aus und erzeugt im Erdboden, der den spezifischen Leitungswiderstand s besitzt, ein erhebliches Spannungsgefälle $\mathfrak{e}$, dessen Verlauf ebenfalls in Fig. 132 dargestellt ist.

Bei allseitig gleichmäßiger Ausbreitung des Stromes ist auf jeder Halbkugelfläche, die im Erdinnern um den Eintrittspunkt geschlagen wird, die gleichförmige Stromdichte $\mathfrak{i}$ vorhanden. Der Gesamtstrom ist daher für jeden Abstand x vom Mastfuß

$$J_e = 2\,\pi\,x^2\,\mathfrak{i}\,. \tag{7}$$

Die Stromdichte ist demnach

$$\mathfrak{i} = \frac{J_e}{2\,\pi\,x^2} \tag{8}$$

und die elektrische Feldstärke, das ist die Spannung pro Längeneinheit, ist

$$\mathfrak{e} = s\,\mathfrak{i} = \frac{s\,J_e}{2\,\pi\,x^2}\,. \tag{9}$$

Wir wollen für unsere Berechnung annehmen, daß der Strom durch eine gut leitende, in die Erdoberfläche versenkte Halbkugel vom Durchmesser D an Stelle des Mastfußes eintritt. Das entspricht der Wirklichkeit zwar nicht genau, jedoch kann man durch einfache Messungen für jede Elektrodenform leicht den gleichwertigen Kugeldurchmesser feststellen. Die durch den Erdwiderstand des Stromes J hervorgerufene Spannung E am Mast gegenüber einem beliebigen Punkte im Innern oder an der Oberfläche der Erde mit der Entfernung x ist dann

$$E = \int_{D/2}^{x} \mathfrak{e}\,d\,x = \frac{s\,J_e}{2\,\pi}\int_{D/2}^{x}\frac{d\,x}{x^2} = \frac{s\,J_e}{2\,\pi}\left[\frac{2}{D} - \frac{1}{x}\right]. \tag{10}$$

Für Entfernungen, die groß sind gegenüber dem Eintritts-Kugeldurchmesser, verschwindet das zweite Klammerglied gegenüber dem ersten. Man kann dort also schreiben

$$E = \frac{s\,J_e}{\pi\,D} = R\,J_e\,. \tag{11}$$

Darin ist

$$R = \frac{s}{\pi\,D} \tag{12}$$

eine Größe, die unabhängig vom Strom und von der Entfernung x ist und nur durch den spezifischen Widerstand der Erde und den Eintritts-Kugeldurchmesser gegeben ist. Man nennt sie den Ausbreitungswiderstand oder Übergangswiderstand der Erdung.

Für jede beliebige Form der Erdelektrode ist die Spannung gegenüber weit entfernten Punkten und daher der Übergangswiderstand durch eine ähnliche Formulierung gegeben. Er ist stets proportional dem spezifischen Leitungswiderstand s des Erdbodens und umgekehrt proportional der Hauptabmessung, z. B. D der Elektrode. So erhält man beispielsweise für kreisförmige Platten vom Durchmesser d, die auf dem Erdboden liegen, den Übergangswiderstand

$$r = \frac{s}{2d}. \tag{13}$$

Schreitet ein Mensch oder ein Tier entsprechend Fig. 133 die Umgebung der Erdschlußstelle ab, so erhält er vom Erdboden her Spannung aufgedrückt, die ihn unter Umständen beschädigen kann. Nennt man seine Schrittweite S, so ist die **Schrittspannung** gleich dem Linienintegral der Feldstärke über die Schrittweite, also mit Gleichung (9)

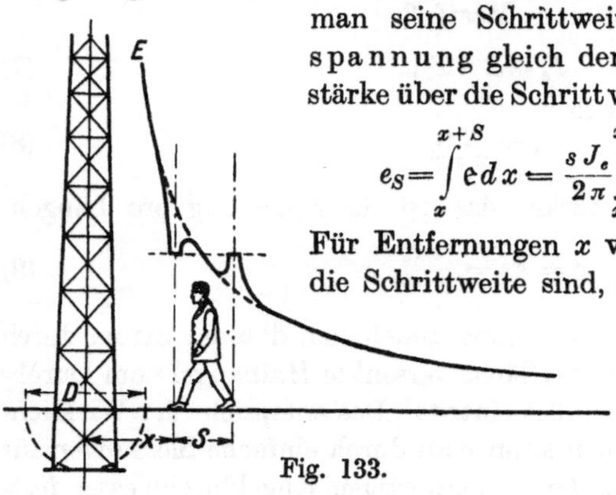

$$e_S = \int_x^{x+S} \mathfrak{e}\,dx = \frac{s J_e}{2\pi}\int_x^{x+S}\frac{dx}{x^2} = \frac{s J_e}{2\pi}\,\frac{S}{x(x+S)}. \tag{14}$$

Fig. 133.

Für Entfernungen x vom Mast, die groß gegen die Schrittweite sind, nimmt sie nach der Näherungsformel

$$e_S = \frac{s J_e}{2\pi}\frac{S}{x^2} \tag{15}$$

umgekehrt wie das Quadrat der Entfernung ab. In der Nähe des Mastes kann sie bis zu einem Höchstwert ansteigen, der mit $x = D/2$ gegeben ist zu

$$\ddot{e}_S = \frac{2}{\pi}\,\frac{S}{D(D+2S)}\,s J_e. \tag{16}$$

Die Schrittspannung ist nach diesen Beziehungen außer vom Erdstrom und der Mastentfernung noch abhängig von der Schrittweite und dem spezifischen Widerstand der Erde und wird um so stärker, je größer diese beiden Werte sind.

Für die Gefährdung der Lebewesen kommt nun aber in Wirklichkeit nicht die Höhe der Spannung in Betracht, sondern der Strom, der den Körper durchfließt. Seine Größe hängt erheblich vom Leitungswiderstande des Körpers ab, dessen Wert sehr variabel ist. Wir wollen daher den gefährlichsten Fall betrachten, daß der Körperwiderstand gleich null ist, so daß unter der Wirkung der Schrittspannung der denkbar größte Strom durch den Körper fließt.

Dieser Kurzschlußstrom beeinflußt natürlich die Spannungsverteilung in der Umgebung der Fußpunkte, und zwar muß er sich so groß einstellen, daß unter der Wirkung seines eigenen Feldes und des vom Mast ausgehenden Erdstromfeldes die Spannungsdifferenz zwischen den beiden Fußpunkten gleich null wird. Wenn wir zur Vereinfachung der Anschauung die Fußpunkte als Kreisplatten vom Durchmesser d auffassen, der klein gegenüber der Schrittweite sein möge, so verteilt sich der Strom jedes Fußes nach ganz ähnlichen Gesetzen wie der Maststrom im Erdboden und besitzt unter jedem Fuß einen Ausbreitungswiderstand nach Gleichung (13), durch dessen Wirkung der Spannungsverlauf unter den Füßen so weit gehoben oder gesenkt wird, daß kein Spannungsunterschied zwischen den Füßen mehr besteht. In Fig. 133 sind diese Verhältnisse dargestellt.

Da der Kurzschlußstrom i_S durch den Körper in den beiden Ausbreitungswiderständen r zusammengenommen der ursprünglichen Schrittspannung e_S das Gleichgewicht halten muß, so ist seine Größe gegeben durch die Bedingung

$$2 r i_S = e_S . \tag{17}$$

Er wird also nach Einsetzen von Gleichung (13) und (14)

$$i_S = \frac{S d}{x(x + S)} \frac{J_e}{2\pi} . \tag{18}$$

Das Verhältnis dieses gefährlichsten Körperstromes zum Erdstrom des Mastes hängt also lediglich ab von der Schrittweite S, dem gleichwertigen Fußplattendurchmesser d und der Entfernung x vom Mastmittelpunkt. Es ist dagegen gänzlich unabhängig von der Leitfähigkeit des Erdbodens.

Für Mastentfernungen, die groß gegen die Schrittweite sind, erhält man wieder die Näherungsformel

$$\frac{i_S}{J_e} = \frac{1}{2\pi} \frac{S d}{x^2} . \tag{19}$$

Für Berührung des einen Fußes mit dem gleichwertigen Mastfußdurchmesser D erhält man den Höchstwert

$$\frac{i_S}{J_e} = \frac{2}{\pi} \frac{S d}{D(D+2S)} . \tag{20}$$

Wenn der Strom nicht durch beide Füße in den Körper ein- und austritt, sondern wenn man in Schrittweite vom Mast steht und denselben mit der Hand berührt, so kann man deren Übergangswiderstand zum eisernen Mast vernachlässigen, so daß der Kurzschlußstrom nur durch einen einzigen Fußwiderstand bestimmt wird. In Gleichung (17) fällt dann der Faktor 2 fort und man erhält für Mastberührung mit der Hand den doppelten Strom der Gleichung (20). Steht man dabei nicht nur mit einem, sondern mit beiden Füßen um die Schrittweite vom Mast entfernt, so wird der den Körper durchfließende Strom wegen des verringerten Fußwiderstandes sogar noch größer. In all diesen Fällen kann jedoch andererseits der Eigenwiderstand des Körpers eine gewisse Abschwächung bewirken. Man kann dieselbe berücksichtigen, indem man den Strom nach diesen Formeln verringert im Verhältnis des Ausbreitungswiderstandes beider Füße nach Gleichung (13) zum Gesamtwiderstand von Körper und Füßen. Genaue Zahlenwerte hierfür sind aber schwer anzugeben.

Für einen gleichwertigen Mastfußdurchmesser von $D = 2$ m, eine Schrittweite $S = 1$ m und einen gleichwertigen Fußplattendurchmesser $d = 0{,}2$ m erhält man für den Fall der Gleichung (20) einen höchstmöglichen Körperstrom von

$$\frac{i_s}{J_e} = \frac{2 \cdot 1 \cdot 0{,}2}{\pi \cdot 2\,(2 + 2 \cdot 1)} = 1{,}6\,\%.$$

Sieht man einen Körperstrom von 0,1 Amp. als tödlich an, so muß der Erdschlußstrom im Maste unterhalb 6,3 Amp. bleiben, um gefahrlos zu sein.

Bisher haben wir angenommen, daß der spezifische Leitungswiderstand s der Erde in der näheren und weiteren Umgebung des geerdeten Mastes an jeder Stelle der Oberfläche und der Tiefe den gleichen Wert besitzt. Dies ist aber in Wirklichkeit fast nie der Fall. Im allgemeinen sind in der Nähe der Erdoberfläche Schichten verschiedener Leitfähigkeit vorhanden, die bewirken, daß der Strom sich nicht mehr so gleichförmig verteilt, wie es nach Fig. 132 in Gleichung (8) angesetzt wurde. Sehr häufig leitet die Schicht unmittelbar an der Erdoberfläche den Strom wesentlich schlechter als die tieferen Schichten, die stärker vom Grundwasser durchsetzt sind. Der Strom fließt dann vom Mastfuß aus zum größeren Teil nach unten in die gut leitenden Schichten und nur ein geringerer Teil, als eben berechnet, bleibt an der Erdoberfläche haften. Die Schrittspannung und damit auch der gefährliche Körperstrom kann dadurch erheblich verringert werden.

Es treten aber auch Fälle ein, in denen die Schichtung der Leitfähigkeit umgekehrt verläuft. Beispielsweise kann sich in einem gewissen Abstand unter der Oberfläche eine nicht leitende Horizontalschicht befinden. Der Erdstrom kann dann nur in der mehr oder weniger gut leitenden Oberschicht von begrenzter Tiefe fließen und entwickelt hier eine Stromdichte und damit ein Spannungsgefälle, das größer ist als es den bisherigen Formeln entspricht, so daß die Gefährdung der Lebewesen an der Erdoberfläche steigt. Besonders ungünstig liegen die Verhältnisse, wenn nur die äußerste Schicht der Erdoberfläche durch kräftige Regenschauer stark durchfeuchtet ist und verhältnismäßig hohe Leitfähigkeit besitzt, während sich darunter eine dickere, schlecht leitende Bodenschicht, etwa von ausgetrocknetem Sande, befindet. Der Erdstrom konzentriert sich dann zum großen Teil an der gut leitenden Oberfläche.

Wir wollen den gefährlichsten Grenzfall betrachten, daß nur eine dünne Oberflächenschicht von der Stärke h leitend ist, während der Widerstand der darunter liegenden Erdmasse sehr groß sein möge, so daß zum mindesten in der näheren Umgebung des Mastes keine erhebliche Strommenge in sie übertritt. Der

Erdstrom des Mastes breitet sich dann in dieser leitenden Schicht radial vom Maste aus, wie es in Fig. 134 dargestellt ist.

Auf jedem Kreis an der Erdoberfläche um den Mastfuß herum herrscht dann die gleichförmige Stromdichte $\mathfrak{i}$. Der Gesamtstrom ist daher für den Abstand x vom Mastmittelpunkt

$$J_e = 2\pi x h \mathfrak{i}, \tag{21}$$

Die Stromdichte ist
$$\mathfrak{i} = \frac{J_e}{2\pi h x}. \tag{22}$$

Sie nimmt ebenso wie auch die elektrische Feldstärke

$$\mathfrak{e} = s\mathfrak{i} = \frac{s J_e}{2\pi h x} \tag{23}$$

umgekehrt wie die erste Potenz der Entfernung x ab, also wesentlich langsamer als bei gleichförmigem Erdwiderstande, wo die Abnahme gemäß der zweiten Potenz der Entfernung erfolgte.

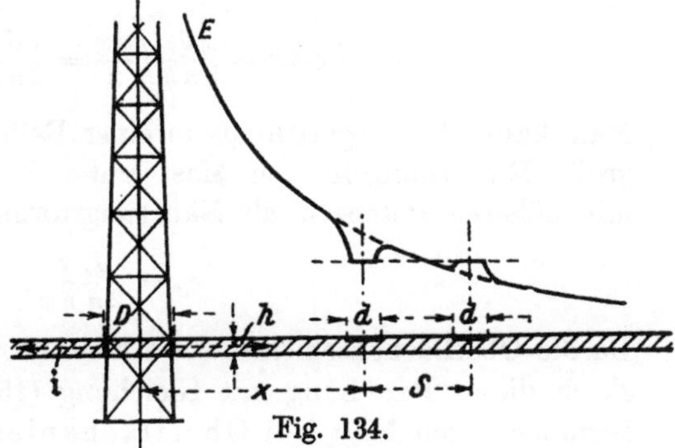

Fig. 134.

Wenn wir den Mastfuß für den Stromübergang zur leitenden Erdschicht durch einen gleichwertigen Kreiszylinder vom Durchmesser D ersetzt denken, so ist die durch den Erdstrom J_e hervorgerufene Spannung E am Mast gegenüber einem beliebigen Punkt der Erdoberfläche mit der Entfernung x

$$E = \int_{D/2}^{x} \mathfrak{e}\, dx = \frac{s J_e}{2\pi h} \int_{D/2}^{x} \frac{dx}{x} = \frac{s J_e}{2\pi h} \ln\left(\frac{2x}{D}\right). \tag{24}$$

Diese Spannung wird selbst für große Entfernungen niemals konstant, sondern wächst logarithmisch weiter an. Ein bestimmter Ausbreitungswiderstand eines **einzelnen** Mastes, der sich bei Tiefenwirkung des Stromes ergab, läßt sich daher bei Oberflächenverlauf des Stromes nicht mehr angeben. Der Widerstand hängt vielmehr hier von der Größe des gesamten Spannungsfeldes ab.

Legt man jedoch nicht nur eine sondern zwei Elektroden, etwa zwei Kreisplatten vom Durchmesser d, an die leitende Oberfläche, die die Entfernung S haben mögen, wodurch sich zwei Füße in Schrittweite darstellen lassen, durch die der gleiche Strom ein- und austritt, so ergibt sich natürlich ein bestimmter Übergangs- oder Ausbreitungswiderstand. Man findet auf ähnliche Weise wie bei der letzten Gleichung für beide Elektroden zusammen

$$2r = \frac{s}{\pi h} \ln\left(\frac{2S}{d}\right), \tag{25}$$

sofern S groß gegen d ist.

Dieser Widerstand ist nicht wie der Ausbreitungswiderstand nach Gleichung (13) bei Tiefenwirkung des Strome nur durch den Erdwiderstand s und Plattendurchmesser d gegeben, sondern er hängt auch von der Stärke h der leitenden Schicht und vor allem von der Entfernung S der beiden Plattenelektroden ab und wird selbst bei sehr großen Plattenabständen nicht konstant.

Obwohl die Spannung E am Mast sich nach Gleichung (24) nicht bestimmen läßt, ohne zu wissen, bis zu welchen Entfernungen x sich der Strom in der Oberflächenschicht ausbreitet, können wir das Spannungsgefälle, das der Erdstrom J in der Umgebung des Mastes hervorruft, nach Gleichung (23) doch berechnen. Die Schrittspannung zwischen 2 Füßen im Abstande x und $x + S$ ergibt sich daraus zu

$$e_S = \int_x^{x+S} \mathfrak{e}\, d x = \frac{s J_e}{2 \pi h} \int_x^{x+S} \frac{d x}{x} = \frac{s J_e}{2 \pi h} \ln\left(1 + \frac{S}{x}\right). \qquad (26)$$

Man kann den Logarithmus in einer Reihe entwickeln und erhält für große Entfernungen vom Mast unter Vernachlässigung der Glieder mit höheren Potenzen als Näherungsformel für die Schrittspannung

$$e_S = \frac{s J_e}{2 \pi} \frac{S}{h x}. \qquad (27)$$

Da die Oberflächenschichtdicke h klein ist, so erkennt man durch Vergleich dieser Beziehung mit Gleichung (15), daß in erheblichen Entfernungen vom Mast bei Oberflächenleitung eine viel größere Schrittspannung entsteht als bei Tiefenleitung.

Der größtmögliche Körperstrom ist wieder der Kurzschlußstrom, der sich bei widerstandsloser Verbindung der beiden Fußplatten unter der Wirkung der Schrittspannung entwickelt. Er berechnet sich wieder nach Gleichung (17) in Verbindung mit (25) und (26) zu

$$i_S = \frac{e_S}{2 r} = \frac{\ln\left(1 + \frac{S}{x}\right)}{\ln\left(\frac{2 S}{d}\right)} \frac{J_e}{2}. \qquad (28)$$

Das Verhältnis dieses gefährlichsten Körperstromes zum Erdstrom des Mastes hängt auch hier lediglich von geometrischen Längenverhältnissen ab, nämlich von dem Verhältnis Schrittweite zum Mastabstand und Schrittweite zum Fußdurchmesser. Es ist dagegen völlig unabhängig von der Dicke und dem spezifischen Widerstand der leitenden Oberflächenschicht. Für sehr große Entfernungen vom Mast erhält man als Näherungsformel für das Stromverhältnis entsprechend Gleichung (27)

$$\frac{i_S}{J_e} = \frac{1}{2} \frac{S}{x \ln\left(\frac{2 S}{d}\right)}. \qquad (29)$$

Für Berührung des einen Fußes mit dem Mastfußdurchmesser D erhält man den Höchstwert

$$\frac{\bar{i}_S}{J_e} = \frac{1}{2} \frac{\ln\left(1+\frac{2S}{D}\right)}{\ln\left(\frac{2S}{d}\right)}. \tag{30}$$

Eine direkte Berührung des Mastes mit den Händen vergrößert den Körperstrom noch weiter, während der tatsächlich stets vorhandene Körperwiderstand den Strom verkleinert. Durch Vergleich des Körperwiderstandes mit dem Fußwiderstand nach Gleichung (25) kann man unter Umständen auch hier das Maß der Verringerung abschätzen.

Der Logarithmus im Nenner der letzten drei Formeln wird nur durch Schrittweite und Fußgröße des Menschen bestimmt. Für eine Schrittweite $S = 1$ m und einen gleichwertigen Fußplattendurchmesser $d = 0{,}2$ m erhält man den Logarithmus zu 2,3. Nimmt man wieder einen gleichwertigen Mastfußdurchmesser von $D = 2$ m an, so erhält man für den Fall der Gleichung (30) einen höchstmöglichen Körperstrom von

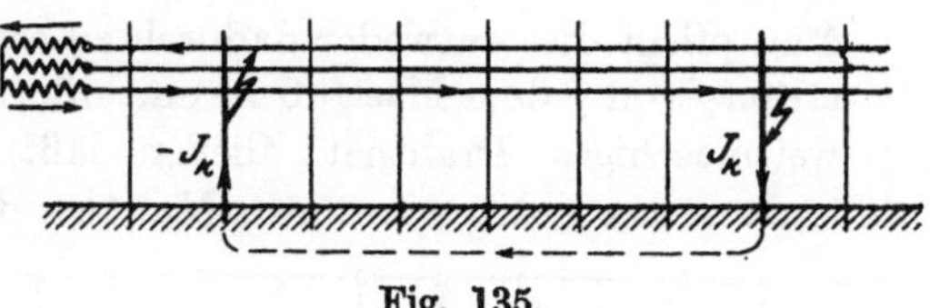

Fig. 135.

$$\frac{\bar{i}_S}{J_e} = \frac{\ln 2}{2 \ln 10} = 15\,\%.$$

Dies ist ein außerordentlich hoher Betrag, der fast das 10fache des nach Gleichung (20) für die Tiefenausbreitung berechneten Körperstromes darstellt. Er wird bedingt durch vollständge Flächenkonzentration des gesamten Maststromes an der Erdoberfläche, durch die die Gefährdung von Lebewesen auf ein hohes Maß gebracht werden kann.

Die bei einphasigem Erdschluß von Wechselstromleitungen sich entwickelnden Erdströme müssen durch die Kapazität der anderen gesunden Phasenleitungen ins Netz zurückfließen und können daher im allgemeinen nur mäßige Werte erreichen, falls nicht gerade Resonanz vorhanden ist. Dennoch können, wie die vorausgehenden Rechnungen zeigen, schon hierbei starke Gefährdungen in der Umgebung des Erdschlußpunktes eintreten. Außerordentlich starke Erdströme treten jedoch dann auf, wenn nach Fig. 135 gleichzeitig zwei Erdschlüsse auf verschiedenen Masten und in verschiedenen Phasenleitungen des Netzes auftreten. Dann ist nämlich die volle Netzspannung nur über die Erdwiderstände zweier Masten und die Selbstinduktion der Leitungen kurzgeschlossen. Dabei entwickeln sich sehr große plötzliche und dauernde Kurzschlußströme, deren Größe im allgemeinen ein Vielfaches der Kapazitätsströme ist. Sie können so stark sein, daß sie sogar die Feuchtigkeit in der Nähe der Masten zum Verdampfen bringen und die Erdoberfläche im weiten Umkreise von den Erdungsstellen unter gefährliche Spannungen setzen können.

21. Wirkung des Erdungsseiles bei Erdschlüssen.

Will man das Auftreten von gefährlichen Spannungen in der Nähe eines zufälligen Erdungspunktes von Freileitungen vermeiden, so muß man dafür sorgen, daß die Ströme in der Umgebung des mit Erdschluß behafteten Mastes, in der hohe Stromkonzentration auftritt, in metallischen Leitern fließen können und erst in größeren Abständen vom geerdeten Maste ihren Weg durch die Erde nehmen. Man pflegt dies entweder dadurch zu erreichen, daß man die Erdungsströme von jedem Mastfuß in ein unterirdisch möglichst ausgedehntes weitmaschiges Drahtnetz fließen läßt, das den Mast umgibt, oder indem man die eisernen Masten der Leitungsstrecke durch ein besonderes Erdungsseil miteinander verbindet, so daß den Erdschlußströmen nicht nur der kranke Mast selbst, sondern auch sämtliche anderen Masten zum Übertritt in die Erde zur Verfügung stehen. Da nun aber das Erdungsseil einen gewissen Leitungswiderstand besitzt, so wird durch weit entfernte Masten nicht so viel Strom in die Erde fließen als durch Masten, die dem Erdschluß naheliegen. Der größte Strom wird stets durch den Erdschlußmast selbst zur Erde übertreten.

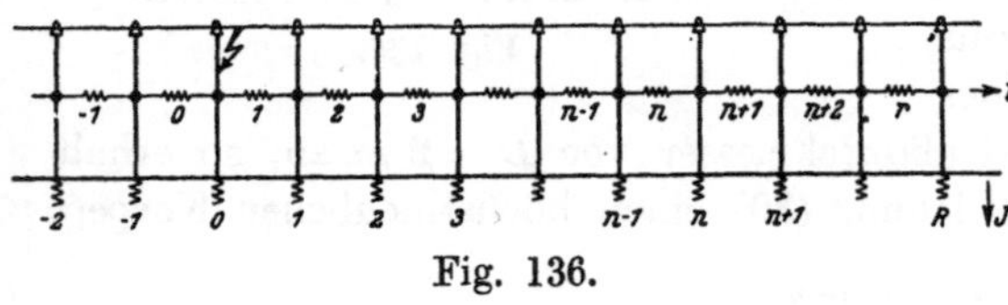

Fig. 136.

Um die Verteilung des Stromes zu finden, können wir entsprechend Fig. 136 für den n^{ten} Mast, vom Erdungspunkt aus gerechnet, aussagen, daß der in ihm zur Erde übertretende Strom J_n gleich sein muß der Differenz der Ströme i_n und i_{n+1} in den ihm benachbarten Teilen des Erdungsseiles

$$J_n = i_n - i_{n+1}. \tag{1}$$

Wir wollen den Widerstand des Erdseilabschnittes zwischen zwei Masten r und den Erdungswiderstand jedes Mastes R nennen und dabei annehmen, daß alle Masten gleichen Erdwiderstand und einen Abstand besitzen, der groß genug gegenüber dem Mastfuß ist, so daß ihre Stromverteilungen sich in der Erde gegenseitig nicht merklich beeinflussen. Dann können wir die Umlaufspannung für den Stromkreis ansetzen, der aus dem n^{ten} Teil des Erdungsseiles und dem n^{ten} und $n-1^{\text{ten}}$ Mast der Strecke gebildet wird zu

$$J_n R - J_{n-1} R + i_n r = 0. \tag{2}$$

Diese beiden Gleichungen (1) und (2) beherrschen das Gesetz der Stromverteilung auf alle Masten und Erdseilabschnitte vollständig, wenn man für n nacheinander die Zahlen 0, 1, 2, 3, 4, 5 usw. einsetzt, die angeben, den wievielten Mast vom Erdschlußmast aus man betrachten will.

Um die Unbekannten i und J in Gleichung (1) und (2) zu trennen, kann man nach Gleichung (2) schreiben

$$i_n = \frac{R}{r}(J_{n-1} - J_n). \tag{3}$$

Diese Gleichung gilt für den n^{ten} Streckenabschnitt des Erdseiles. Wendet man sie auf den $n+1^{\text{ten}}$ Abschnitt an, so muß man in ihr n durch $n+1$ ersetzen und erhält

$$i_{n+1} = \frac{R}{r}(J_n - J_{n+1}). \tag{4}$$

Durch Einsetzen von Gleichung (3) und (4) in Gleichung (1) entsteht alsdann

$$\frac{r}{R} J_n = J_{n+1} - 2 J_n + J_{n-1}. \tag{5}$$

Das ist eine Beziehung, die eine lineare **Differenzengleichung** zweiter Ordnung für den Maststrom J darstellt.

Eine ähnliche Beziehung erhält man für den Erdseilstrom i, wenn man die Gleichung (1) für den $n-1^{\text{ten}}$ Mast ansetzt zu

$$J_{n-1} = i_{n-1} - i_n. \tag{6}$$

Setzt man Gleichung (1) und (6) in Gleichung (2) ein, dann entsteht

$$\frac{r}{R} i_n = i_{n+1} - 2 i_n + i_{n-1}, \tag{7}$$

also dieselbe Differenzengleichung wie die Gleichung (5) für J.

Zur Lösung dieser Differenzengleichungen müssen wir einen Ansatz machen, in welcher Weise der Strom von der Ordnungszahl n der Masten abhängt. Wir versuchen den Ansatz

$$J_n = A\,\varepsilon^{\alpha n}; \tag{8}$$

in dem A eine willkürliche, noch zu bestimmende Konstante bedeutet und α ein Zahlenwert ist, dessen Größe sich durch Einsetzen in die Differenzengleichung (5) ergibt. Zu dem Zweck setzen wir $n+1$ und $n-1$ an Stelle von n in Gleichung (8) und erhalten

$$J_{n+1} = A\,\varepsilon^{\alpha(n+1)} = A\,\varepsilon^{\alpha}\,\varepsilon^{\alpha n} \tag{9}$$

und

$$J_{n-1} = A\,\varepsilon^{\alpha(n-1)} = A\,\varepsilon^{-\alpha}\,\varepsilon^{\alpha n}. \tag{10}$$

Damit wird aus Gleichung (5), wenn wir die gemeinsamen Faktoren aller Glieder streichen

$$\frac{r}{R} = \varepsilon^{\alpha} - 2 + \varepsilon^{-\alpha} = \left(\varepsilon^{\frac{\alpha}{2}} - \varepsilon^{-\frac{\alpha}{2}}\right)^2 = \left(2 \mathfrak{Sin} \frac{\alpha}{2}\right)^2, \tag{11}$$

und daraus erhält man für die Exponentialziffer α die Bestimmungsgleichung

$$\mathfrak{Sin} \frac{\alpha}{2} = \frac{1}{2}\sqrt{\frac{r}{R}}. \tag{12}$$

Mit deutschen Buchstaben werden dabei die hyperbolischen Funktionen bezeichnet.

Da die Widerstände r und R bekannt sind, so kann man α stets berechnen und erkennt aus Gleichung (8), daß der von den Masten in die Erde übertretende Strom J sich mit zunehmender Entfernung vom Erdschlußmaste nach einem Exponentialgesetz ändert. Da sowohl positive wie negative Werte von α der Bedingungsgleichung (11) genügen, so können wir als vollständige Lösung der Differenzengleichung in Erweiterung von Gleichung (8) schreiben

$$J_n = A\,\varepsilon^{\alpha n} + B\,\varepsilon^{-\alpha n}. \tag{13}$$

Die beiden willkürlichen Konstanten A und B entsprechen der Tatsache, daß in der Differenzengleichung (5) rechts die zweite Differenz von J_n steht, nämlich

$$J_{n+1} - 2J_n + J_{n-1} = (J_{n+1} - J_n) - (J_n - J_{n-1}) = \Delta^2 J_n. \tag{14}$$

Häufig ist der Widerstand r des Erdseiles zwischen 2 Masten relativ klein gegenüber dem Erdungswiderstand R jedes Mastes. Dann ist der Sinus der Gleichung (12) sehr klein und man kann für ihn sein Argument setzen. Man erhält damit die Näherungsformel

$$\alpha = \sqrt{\frac{r}{R}}, \tag{15}$$

die bis zu Werten von etwa $r/R = 0{,}1$ anwendbar ist. Die Wurzel aus dem Verhältnis vom Widerstand des Erdseiles zwischen zwei Masten zum Erdwiderstand jedes Mastes ist also charakteristisch für die Verteilung der Ströme in den Erdleitungen.

Da wir für den Erdseilstrom i_n in Gleichung (7) dieselbe Differenzengleichung gewonnen haben wie für den Maststrom J_n in Gleichung (5), so erhalten wir für ihn in Analogie mit Gleichung (13)

$$i_n = a\,\varepsilon^{\alpha n} + b\,\varepsilon^{-\alpha n}, \tag{16}$$

in der nur a und b andere Konstanten bedeuten.

Da die Ströme durch die Beziehung (1) miteinander verknüpft sind, so sind die Konstanten A, B und a, b nicht unabhängig voneinander. Man erhält vielmehr durch Einsetzen der Lösungen (13) und (16) in Gleichung (1)

$$A\,\varepsilon^{\alpha n} + B\,\varepsilon^{-\alpha n} = a\,\varepsilon^{\alpha n}(1 - \varepsilon^{\alpha}) + b\,\varepsilon^{-\alpha n}(1 - \varepsilon^{-\alpha}) \tag{17}$$

und daraus, weil diese Beziehung für jedes n gelten muß,

$$\left.\begin{aligned} A &= a(1 - \varepsilon^{\alpha}) \\ B &= b(1 - \varepsilon^{-\alpha}) \end{aligned}\right\}. \tag{18}$$

Der Erdseilstrom wird damit nach Gleichung (16)

$$i_n = \frac{A\,\varepsilon^{\alpha n}}{1 - \varepsilon^{\alpha}} + \frac{B\,\varepsilon^{-\alpha n}}{1 - \varepsilon^{-\alpha}}. \tag{19}$$

In den beiden Gleichungen (13) und (19) sind jetzt nur noch zwei Konstanten A und B enthalten, deren Größe aus den Grenzbedingungen des Problems bestimmt werden muß.

a) Erdschluß am Ende einer langen Leitungsstrecke.

Der Erdschlußstrom J_e gabelt sich nach Fig. 137 in den Mastfußstrom J_0 und den Erdseilstrom i_1. Es ist also

$$J_e = J_0 + i_1. \tag{20}$$

Dies ist die Grenzbedingung am einen Ende der Strecke mit $n = 0$.

Für sehr große Abstände n vom Erdschlußmast können die Ströme nicht über alle Maßen groß werden, sie müssen vielmehr mit wachsendem n kleiner und kleiner werden. Für den Grenzfall sehr langer Leitungen muß daher in Gleichung (13) und (19)

$$A = 0 \tag{21}$$

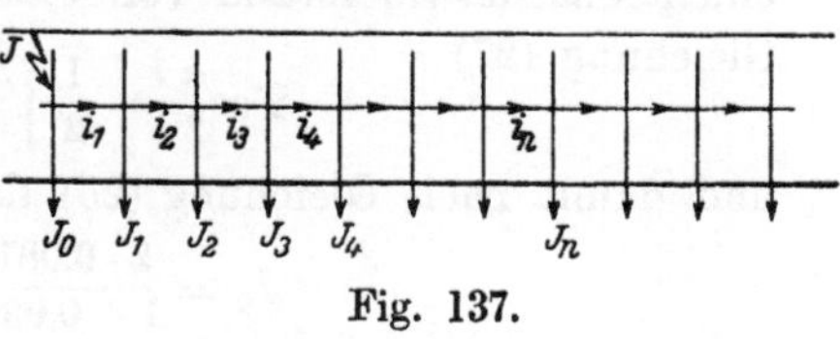

Fig. 137.

werden. Es bleibt dann in beiden Gleichungen nur das zweite Glied mit B stehen, es ist also

$$\left.\begin{aligned} J_n &= B\varepsilon^{-\alpha n} \\ i_n &= \frac{B\varepsilon^{-\alpha n}}{1-\varepsilon^{-\alpha}}. \end{aligned}\right\} \tag{22}$$

Durch Einsetzen dieser Werte in Gleichung (20), wobei $n = 0$ für J_n und $n = 1$ für i_n zu setzen ist, erhält man die Beziehung

$$J_e = B + \frac{B\varepsilon^{-\alpha}}{1-\varepsilon^{-\alpha}} = \frac{B}{1-\varepsilon^{-\alpha}}. \tag{23}$$

Die Konstante B ist also im Verhältnis zum Erdschlußstrom J_e

$$\frac{B}{J_e} = 1 - \varepsilon^{-\alpha} = 1 - \frac{1-\mathfrak{Tg}\frac{\alpha}{2}}{1+\mathfrak{Tg}\frac{\alpha}{2}} = \frac{2\,\mathfrak{Tg}\frac{\alpha}{2}}{1+\mathfrak{Tg}\frac{\alpha}{2}}. \tag{24}$$

Der größte in die Erde fließende Strom herrscht natürlich am Erdschlußmast mit $n = 0$. Es ist nach Gleichung (22) mit B nach Gleichung (24)

$$J_0 = \frac{2\,\mathfrak{Tg}\frac{\alpha}{2}}{1+\mathfrak{Tg}\frac{\alpha}{2}} J_e = (1-\varepsilon^{-\alpha})\,J_e. \tag{25}$$

Der größte Erdseilstrom ist in der am Erdschlußmast anliegenden Strecke vorhanden mit $n = 1$. Er ist aus Gleichung (20) oder (22) zu errechnen zu

$$i_1 = J_e - \frac{2\,\mathfrak{Tg}\frac{\alpha}{2}}{1+\mathfrak{Tg}\frac{\alpha}{2}} J_e = \frac{1-\mathfrak{Tg}\frac{\alpha}{2}}{1+\mathfrak{Tg}\frac{\alpha}{2}} J_e = \varepsilon^{-\alpha} J_e. \tag{26}$$

Zur Zahlenrechnung ist es bequem, die transzendenten Funktionen zu vermeiden. Man kann dazu unter Berücksichtigung von Gleichung (12) schreiben

$$\mathfrak{Tg}\,\frac{\alpha}{2} = \frac{\mathfrak{Sin}\,\frac{\alpha}{2}}{\sqrt{1+\mathfrak{Sin}^2\frac{\alpha}{2}}} = \frac{1}{2}\sqrt{\frac{\frac{r}{R}}{1+\frac{1}{4}\frac{r}{R}}} \tag{27}$$

und erhält dadurch für die am meisten interessierenden Ströme nach Gleichung (25) und (26) einfach zu berechnende Ausdrücke. Für einen Erdseilwiderstand von $r = 1{,}5\ \Omega$ zwischen zwei Masten und einen Mastfußwiderstand von $R = 50\ \Omega$ erhält man genau genug nach Gleichung (27)

$$\mathfrak{Tg}\,\frac{\alpha}{2} = \frac{1}{2}\sqrt{\frac{1{,}5}{50}} = 0{,}087$$

und damit nach Gleichung (25) den Mastfußstrom zu

$$J_0 = \frac{2\cdot 0{,}087}{1+0{,}087}\,J_e = 0{,}16\,J_e$$

und den größten Erdseilstrom nach Gleichung (26) zu

$$i_1 = \frac{1-0{,}087}{1+0{,}087}\,J_e = 0{,}84\,J_e\,.$$

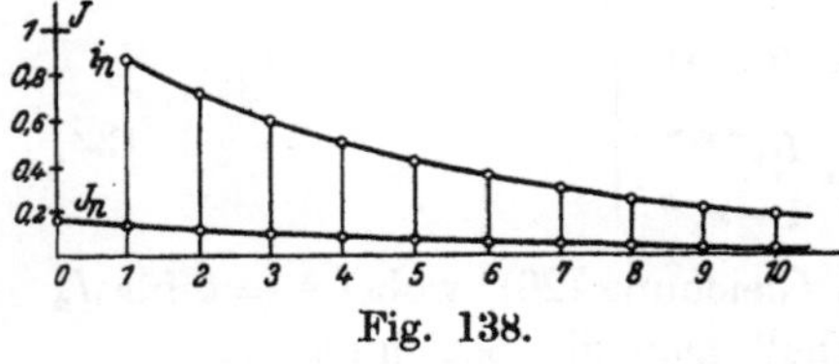

Fig. 138.

Man erkennt, daß man durch Verbinden der Masten durch ein Erdseil mit relativ kleinem Widerstande den vom Erdschlußmast in die Erde überfließenden Strom auf einen geringen Bruchteil vermindern kann, daß man daher durch Anwendung von Erdseilen die Gefährdung durch Erdströme erheblich verkleinert. Wesentlich ist dabei die richtige Wahl des Verhältnisses von Erdseilwiderstand zu Masterdungswiderstand. Nach unseren Rechnungen kommt die Wurzel dieses Verhältnisses als Maßstab in Betracht.

Das Erdseil entlastet den Erdschlußmast und führt die Erdströme auch den anderen Masten zu. Wie sie sich auf die einzelnen Masten und die einzelnen Erdseilabschnitte verteilen, geht aus den Formeln (22) hervor und ist in Fig. 138 für den Fall $r/R = 0{,}03$ bildlich dargestellt.

Wir wollen den Mastabstand n bestimmen, in dem der Erdstrom auf 1% des Anfangswertes abgeklungen ist. Dafür ist nach Gleichung (22)

$$\varepsilon^{-\alpha n} = \frac{1}{100} \tag{28}$$

und demnach

$$n_{1\%} = \frac{\ln 100}{\alpha} = 4{,}6\sqrt{\frac{R}{r}}\,. \tag{29}$$

Darin ist der Näherungswert (15) für α eingesetzt. Der Ausbreitungsbereich der Erdströme auf die Masten dehnt sich also nahezu umgekehrt wie die Wurzel aus dem Widerstand des Erdseiles aus. Für

$r/R = 0{,}03$ erhält man demnach am 26ten Mast vom Streckenende nur noch einen Erdstrom von 1% des Erdstromes am kranken Mast.

Hierdurch ist gleichzeitig ausgedrückt, wann man die Leitung als lang genug ansehen darf, um nach Gleichung (21) die ersten Glieder von Gleichung (13) und (19) zu streichen. Es muß, um keinen erheblichen Fehler in der Rechnung zu begehen, mindestens die durch Gleichung (29) gegebene Mastzahl vorhanden sein.

b) Erdschluß auf der freien Leitungsstrecke.

Findet der Erdschluß nicht am Ende, sondern an einer beliebigen Stelle auf der freien Strecke statt, so breitet sich der Erdschlußstrom zu beiden Seiten des gestörten Mastes im Erdseil aus, wie es Fig. 139 darstellt. Die Verteilung wird dann links und rechts vom Erdschlußmast die gleiche sein, so daß wir für beide Seiten die bisherige Lösung ansetzen können, wenn wir n in Gleichung (22) nach links und rechts positiv zählen. Nur die Grenzbedingung am Erdschlußmast wird jetzt anders.

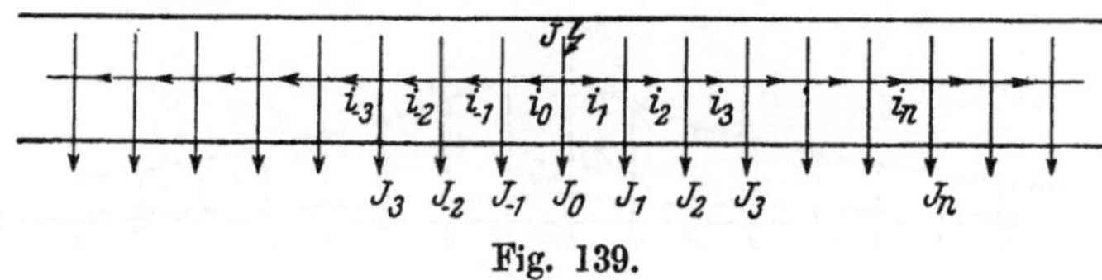

Fig. 139.

Der gesamte Erdschlußstrom J_e gabelt sich nach Fig. 139 in drei Teile. Ein Teil fließt durch den Mast direkt zur Erde, zwei andere unter sich gleiche Teile fließen in die Erdseile nach rechts und links. Es ist also jetzt

$$J_e = J_0 + 2\,i_1\,. \tag{30}$$

Setzt man darin die Werte von Gleichung (22) für die Ströme ein, so erhält man

$$J_e = B + 2\,\frac{B\,\varepsilon^{-\alpha}}{1-\varepsilon^{-\alpha}} = B\,\frac{1+\varepsilon^{-\alpha}}{1-\varepsilon^{-\alpha}} = B\,\mathfrak{Ctg}\,\frac{\alpha}{2} \tag{31}$$

und daher wird der Erdstrom des kranken Mastes nach Gleichung (22) mit $n = 0$

$$J_0 = \mathfrak{Tg}\,\frac{\alpha}{2}\,J_e\,. \tag{32}$$

Den größten Erdseilstrom erhält man aus Gleichung (30) zu

$$i_1 = \frac{J_e - J_0}{2} = \frac{1 - \mathfrak{Tg}\,\frac{\alpha}{2}}{2}\,J_e\,. \tag{33}$$

Durch Vergleich der beiden letzten Beziehungen mit Gleichung (25) und (26) erkennt man, daß die größten auftretenden Erdströme und Erdseilströme beim Erdschluß auf der freien Strecke wesentlich kleiner sind als beim Erdschluß am letzten Streckenmast. Sie sind nahezu, jedoch nicht ganz halb so groß geworden, da $\mathfrak{Tg}\,\alpha/2$ im allgemeinen ein kleiner Bruch ist.

Zur zahlenmäßigen Berechnung der Ströme kann man auch hier die Gleichung (27) benutzen. In allen Fällen, in denen r/R geringer als der oben bereits genannte Wert 0,1 ist, genügt es sogar die Näherungsformel (15) anzuwenden und in Gleichung (27) den Nenner unter der Wurzel gleich 1 zu setzen. Man erhält dann aus Gleichung (32) die Näherungsformel für den größten Masterdstrom

$$J_0 = \frac{1}{2}\sqrt{\frac{r}{R}}\,J_e \tag{34}$$

und aus Gleichung (33) für den größten Erdseilstrom

$$i_1 = \frac{1}{2}\left(1 - \frac{1}{2}\sqrt{\frac{r}{R}}\right)J_e\,. \tag{35}$$

Auch hier stellt sich wieder die Wurzel aus dem Widerstandsverhältnis als maßgebend für die Stärke der Mastströme heraus. In Fig. 140 ist die

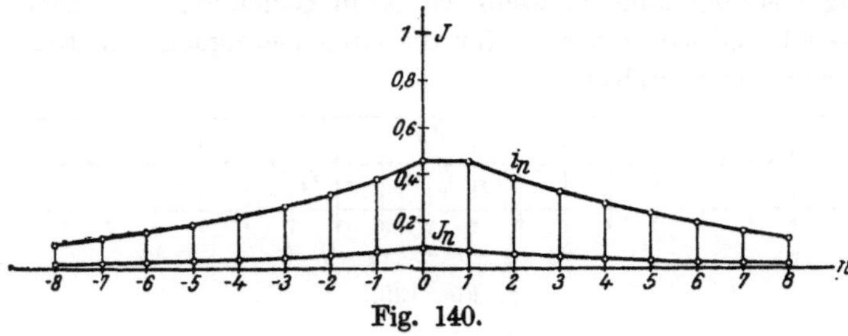

Fig. 140.

Verteilung der Mastströme und Erdseilströme längs der Leitung auf beiden Seiten des Erdschlußmastes für $r/R = 0{,}03$ bildlich dargestellt. Auch hier gilt das gleiche Abklingungsgesetz der Gleichung (29).

Mit den oben genannten Zahlenwerten für die Widerstände erhält man jetzt den Mastfußstrom zu

$$J_0 = \frac{1}{2}\sqrt{\frac{1{,}5}{50}}\,J_e = 0{,}086\,J_e$$

und den Erdseilstrom zu

$$i_1 = \tfrac{1}{2}\,(1 - 0{,}086)\,J_e = 0{,}457\;J_e\,.$$

Im allgemeinen ist der Erdstrom bei Erdschluß einer Phasenleitung eines größeren Netzes durch die Erdkapazität der gesunden Leitungen bestimmt, durch die er in das Netz zurückfließt. Der Widerstand der Erde und der Ausbreitungswiderstand der Masten ist meistens so gering, daß er gegenüber dem Blindwiderstand der Kapazität keine erhebliche Rolle spielt. Dennoch kann es Interesse haben, den Widerstand der hier betrachteten Anordnungen, bei dem zahlreiche Masten parallel geschaltet sind, zu kennen, da von seiner Größe die Höhe der Spannung im Erdschlußmast selbst abhängt. Da der Strom im Erdschlußmast durch die Wirkung des Erdseiles geringer wird als der gesamte Erdschlußstrom, und zwar je nachdem um das Maß der

Gleichung (25) oder (32), so wird auch die Spannung im Erdschlußmast und daher der Widerstand der Gesamtanordnung um das gleiche Maß geringer. Im zuletzt behandelten Falle des Erdschlusses auf der freien Strecke ist demnach der gesamte Widerstand der verketteten Stromleitung nach Fig. 139

$$\sum R,r = R\,\mathfrak{Tg}\frac{\alpha}{2} \cong \frac{1}{2}\sqrt{Rr}\,. \tag{36}$$

Er läßt sich also näherungsweise durch das halbe geometrische Mittel aus Mastwiderstand und Erdseilwiderstand bestimmen.

In dem Zahlenbeispiel mit einem Mastwiderstand von $R = 50\ \Omega$ und einen Erdseilwiderstand zwischen zwei Masten von $r = 1{,}5\ \Omega$ erhalten wir durch Anwendung des Erdseiles eine Reduktion des Erdstromes im gestörten Mast auf 8,6% des Stromes ohne Erdseil und ebenso sinkt auch der Widerstand der gesamten Leitungskette auf 8,6% des Übergangswiderstandes eines Mastfußes, er ist nach Gleichung (36)

$$\sum R,r = \tfrac{1}{2}\sqrt{50 \cdot 1{,}5} = 4{,}3\ \Omega\,.$$

Tritt in einem Leitungsnetz gleichzeitig Erdschluß an zwei verschiedenpoligen Leitungen auf, so stellt dieser Doppelerdschluß einen mehr oder weniger vollständigen Kurzschluß der Leitungen dar. Der Strom fließt aus der einen Leitung durch den einen Erdschlußmast in die Erde hinein und durch den anderen Erdschlußmast wieder aus der Erde heraus in die zweite Leitung. Für die Größe des entstehenden Kurzschlußstromes ist jetzt nicht mehr die Kapazität der Leitungen maßgebend, sondern nur noch die Selbstinduktion des gesamten Kurzschlußkreises bis in die Generatoren hinein in Verbindung mit seinem Widerstand. Ein erheblicher Teil desselben liegt dabei in der Erde.

Ist kein Erdungsseil vorhanden, so hat der Strom auf seinem Lauf durch die Erde nach Fig. 135 den doppelten Ausbreitungswiderstand $2\,R$ der beiden Erdschlußmasten zu überwinden, der ganz unabhängig von der Mastentfernung ist. Sind die Masten jedoch durch ein Erdseil verbunden, so fließen zahlreiche parallele Ströme auch durch dieses und die anderen Masten in die Erde hinein und aus ihr heraus, so daß der Widerstand der gesamten Leitungsverkettung wesentlich kleiner ist.

Bei großem Abstand der gleichzeitig geerdeten Masten, der größer ist als der doppelte Wert nach Gleichung (29), stören sich die beiden Stromausbreitungssysteme nicht. Man kann sie daher nach den bisherigen Gesichtspunkten behandeln und erhält als gesamten Erdwiderstand des Doppelerdschlusses das Doppelte der Gleichung (36), also näherungsweise das geometrische Mittel aus Erdwiderstand eines Mastes und Widerstand eines Erdseilabschnittes zwischen zwei Masten. Liegt der Mastabstand der Erdschlüsse über dieser Grenze, so ist seine wirkliche Größe ohne Einfluß. Der Strom breitet sich in den Erdschichten zwischen den Erdschlußmasten auf so große Querschnitte aus, daß deren Widerstand keinen erheblichen Beitrag liefert. Es ist beachtenswert, daß danach auch sehr entfernt auftretende Doppelerdschlüsse nur Erdwiderstände von wenigen Ohm besitzen.

Ist die Mastentfernung jedoch klein, so beeinflussen sich die Stromsysteme in den Erdungsseilen beider Erdschlußmasten erheblich. Der Widerstand wird dann geringer und kann bei Erdschlüssen auf Nachbarmasten bis unter den Widerstand eines Erdseilabschnittes selbst sinken. Die Erde wird dann vom Kurzschlußstrom entlastet, der hauptsächlich seinen Weg durch das Erdseil nimmt und keine so gefährlichen Fernwirkungen an der Erdoberfläche mehr verursachen kann.

22. Störung von Schwachstromleitungen.

Starkstromleitungen erzeugen in ihrer Umgebung elektromagnetische Felder, die benachbart verlaufende Schwachstromleitungen störend beeinflussen können. In die Ferne wirken hauptsächlich stärkere Erdströme, dagegen kann in einiger Nähe auch das elektrostatische Feld von Hochspannungsleitungen erhebliche Wirkungen ausüben und dabei in den Schwachstromleitungen Spannungen influenzieren, die zu unangenehmen Störungen in den empfindlichen Telephon- und Telegraphenapparaten führen können. Wir wollen deshalb die Fernwirkungen untersuchen, die von den stationären oder quasistationären elektrostatischen Feldern von Hochspannungsleitungen ausgehen.

a) Einfachleitungen.

Der einfachste Fall liegt vor, wenn eine Schwachstromleitung in der Nähe einer einphasigen Wechselstromleitung verläuft, deren Strom durch die Erde zurückgeleitet wird, entsprechend Fig. 141. Die Einphasenleitung sei in der Höhe h, die Schwachstromleitung in der Höhe k über dem Erdboden geführt. Die Hochspannungsleitung mit der Spannung E gegen Erde erzeugt ein elektrisches Feld im Luftraum, dessen Kraftlinen gestrichelt dargestellt sind und in ihrem Verlauf auch die isoliert gedachte Schwachstromleitung treffen und unter Spannung setzen.

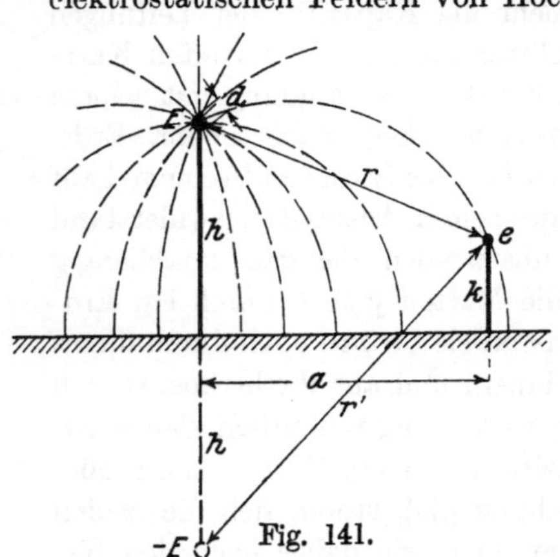

Fig. 141.

Die Feldlinien stehen senkrecht auf der gutleitenden Erdoberfläche, deren Einfluß sich daher durch ein Spiegelbild der Hochspannungsleitung im Abstande h unter der Erdoberfläche mit negativer Spannung E darstellen läßt. Leitet die Erdoberfläche schlecht, so tritt die Spiegelung erst am Grundwasser auf. Um zu erfahren, welche Spannung die Schwachstromleitung unter Berücksichtigung des Einflusses der nahen Erdoberfläche erhält, müssen wir das elektrostatische Potential bestimmen, das die Hochspannungsleitung und ihr Spiegelbild am Orte der Schwachstromleitung besitzen.

Das Potential in der Umgebung eines einzelnen langen zylindrischen Leiters ist bekanntlich

$$p_E = -2\,v^2 Q \ln \varrho\,. \tag{1}$$

Darin ist Q die elektrische Ladung der Längeneinheit des Leiters und v die Lichtgeschwindigkeit in dem umgebenden Raume, während ϱ den Abstand des betrachteten Punktes von der Leitung bezeichnet.

Da das wirksame elektrische Feld nicht nur von der Hochspannungsleitung selbst, sondern auch von ihrem Spiegelbild unter der Erde mit entgegengesetzter Ladung herrührt, so ist das gesamte Potential im Luftraum

$$p = p_E + p_{-E} = -2\,v^2 Q \ln \varrho + 2\,v^2 Q \ln \varrho' = 2\,v^2 Q \ln\left(\frac{\varrho'}{\varrho}\right), \tag{2}$$

dabei ist ϱ' der Abstand des betrachteten Punktes vom Spiegelbild der Leitung.

Für die Erdoberfläche selbst sind stets ϱ und ϱ' einander gleich, ihr Potential ist daher null. Das Potential der isolierten Schwachstromleitung mit den Abständen r und r' von der Hochspannungs-leitung und ihrem Spiegelbild ist dagegen

$$e = 2\,v^2 Q \ln\left(\frac{r'}{r}\right). \tag{3}$$

Es stellt gleichzeitig die Potentialdifferenz oder die Spannung der Schwachstromleitung gegenüber der Erde dar.

Den Ausdruck

$$g = \frac{e}{Q} = 2\,v^2 \ln\left(\frac{r'}{r}\right), \tag{4}$$

der eine Konstante des Leitungssystems darstellt, wollen wir die elektrische Wechselinfluenz der Längeneinheit zwischen der Stark- strom- und der Schwachstromleitung nennen. Sie gibt die Höhe der von der Ladung Q influenzierten Spannung e an.

Um die Größe der Ladung auf der Hochspannungsleitung zu bestimmen, kann man Gleichung (2) auf ihre eigene Oberfläche anwenden, deren Abstand ϱ' vom Spiegelbild im Mittel gleich $2\,h$ ist, während ihr Abstand ϱ vom Mittelpunkt des kreisförmigen Drahtes selbst gleich seinem halben Durchmesser d ist. Das Potential oder die Spannung E der Hochspannungsleitung selbst gegen Erde läßt sich daher nach Gleichung (2) ausdrücken durch

$$E = 2\,v^2 Q \ln\left(\frac{2\,h}{d/2}\right). \tag{5}$$

Hieraus kann die Ladung Q sofort bestimmt werden.

Die elektrostatische Selbstinfluenz der Längeneinheit der Leitung wird damit

$$q = \frac{E}{Q} = \frac{1}{c} = 2\,v^2 \ln\left(4\,\frac{h}{d}\right), \tag{6}$$

sie ist das Reziproke ihrer Kapazität c pro Längeneinheit gegen Erde.

Man erhält nunmehr aus Gleichung (3) oder (4) durch Einsetzen von Q aus (5) oder (6) für die Spannung in der Schwachstromleitung

$$e = \frac{g}{q}\,E = \frac{\ln\left(\frac{r'}{r}\right)}{\ln\left(\frac{4\,h}{d}\right)}\,E. \tag{7}$$

Da der Logarithmus im Zähler dieser Gleichung stets kleiner ist als der im Nenner, so wird auf die Schwachstromleitung nur ein Bruchteil der Hochspannung der Starkstromleitung übertragen. Bei geringen Abständen r kann derselbe immerhin erheblich werden.

Für Leitungen auf demselben Gestänge mit den Abständen $h = 10$ m und $k = 5$ m vom Erdboden, also entsprechend Fig. 141 mit $r = 5$ m und $r' = 15$ m wird bei einem Durchmesser der Starkstromleitung von $d = 8$ mm in der Schwachstromleitung eine Spannung von

$$\frac{e}{E} = \frac{\ln\frac{15}{5}}{\ln\frac{4\cdot 10}{0{,}008}} = \frac{1{,}1}{8{,}5} = 13\,\%$$

der Hochspannung, also ein recht hoher Betrag durch elektrostatische Influenz erzeugt.

Die Leitungsabstände r und r' drückt man bequemer durch den Abstand a und die Höhen h und k der Masten aus. Es ist nach Fig. 141

$$\left.\begin{aligned} r^2 &= a^2 + (h-k)^2 = a^2 + h^2 + k^2 - 2\,h\,k \\ r'^2 &= a^2 + (h+k)^2 = a^2 + h^2 + k^2 + 2\,h\,k \end{aligned}\right\} \tag{8}$$

und daher

$$r'^2 = r^2 + 4\,h\,k\,. \tag{9}$$

Für Abstände, die einigermaßen groß gegenüber den Masthöhen sind, erhält man daher in ausreichender Näherung

$$\ln\left(\frac{r'}{r}\right) = \frac{1}{2}\ln\left(\frac{r'}{r}\right)^2 = \frac{1}{2}\ln\left(1 + 4\,\frac{h\,k}{r^2}\right) \cong 2\,\frac{h\,k}{r^2} \cong 2\,\frac{h\,k}{a^2}\,. \tag{10}$$

Damit wird

$$e = \frac{2\,E}{\ln\left(\frac{4\,h}{d}\right)}\,\frac{h\,k}{a^2} \tag{11}$$

so daß die von der Starkstromleitung auf die Schwachstromleitung übertragene Spannung proportional dem Produkt der beiden Leitungshöhen über der Erde und umgekehrt proportional dem Quadrat ihrer Entfernung ist.

Führt man die Leitungen in derselben Höhe wie im eben genannten Beispiel, jedoch in einem Abstande $a = 30$ m, so sinkt die übertragene Spannung auf

$$\frac{e}{E} = \frac{2 \cdot 10 \cdot 5}{8{,}5 \cdot 30^2} = 1{,}3\,\%$$

der Hochspannung herab. Auch dies ist ein Betrag, der bei hoher Spannung E noch unzulässig sein kann, beispielsweise entwickeln 15000 Volt Hochspannung fast 200 Volt in der Schwachstromleitung.

Die starken Spannungen, die von Einfachleitungen, z. B. von einphasigen Wechselstrombahnleitungen in der Ferne influenziert werden, rühren daher, daß die wirksamen positiven und negativen Hochspannungsladungen den großen Abstand $2\,h$ besitzen, dem die Fernwirkung proportional ist. Die zur Fernleitung mit Hochspannung meistens verwandten Drehstromleitungen besitzen diesen Nachteil nicht. Man führt hier vielmehr die Hin- und Rückleitung des Stromes, der sich zyklisch auf die drei Leitungen verteilt, mit relativ geringem Abstande aus, so daß die entgegengesetzten Ladungen auf den Leitungen einander sehr benachbart sind und sich in der Ferne stärker aufheben.

b) Doppel- und Drehstromleitungen.

Wir können das Potential einer Doppelleitung aus dem der Einfachleitung entwickeln, wenn wir beachten, daß die Oberleitung allein das gleiche Feld ausbildet wie eine Einfachleitung einschließlich ihres Spiegelbildes. Nach Fig. 142 entspricht dabei der Leiterabstand s der Doppelleitung der doppelten Leitungshöhe bei der Einfachleitung, und die Spannung an der Doppelleitung ist E, während bei der Einfachleitung $2\,E$ zwischen Oberleitung und Spiegelbild auftrat. Das Potential der Doppeloberleitung in jedem Punkte des Raumes ist daher nach Gleichung (2) und (6)

$$p = \frac{\frac{E}{2}}{\ln\left(\frac{2s}{d}\right)} \ln\left(\frac{\varrho'}{\varrho}\right). \qquad (12)$$

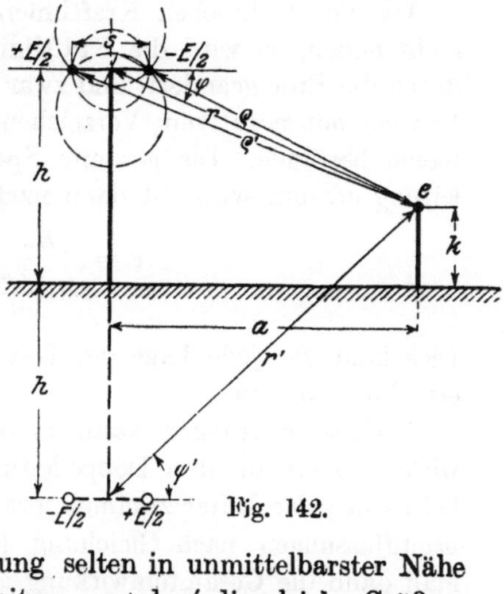

Fig. 142.

Da man die Schwachstromleitung selten in unmittelbarster Nähe der Starkstromleitung zieht, so besitzen ϱ und ϱ' die gleiche Größenordnung. Man kann für sie daher nach Fig. 142 schreiben

$$\left.\begin{aligned} \varrho &= r - \frac{s}{2}\cos\varphi \\ \varrho' &= r + \frac{s}{2}\cos\varphi\,, \end{aligned}\right\} \qquad (13)$$

wenn r den Abstand der Schwachstromleitung von dem Mittelpunkt der Starkstromleitung bezeichnet und φ den Winkel, um den die Schwachstromleitung von der Feldachse der Starkstromleitung absteht. Damit erhält man näherungsweise

$$\ln\left(\frac{\varrho'}{\varrho}\right) = \ln\left(\frac{1+\frac{s\cos\varphi}{2r}}{1-\frac{s\cos\varphi}{2r}}\right) \cong \frac{s\cos\varphi}{r} \tag{14}$$

und daher für das Potential der Doppeloberleitung

$$p = \frac{E s}{2\ln\left(\frac{2s}{d}\right)} \frac{\cos\varphi}{r}. \tag{15}$$

Die Beeinflussung der Schwachstromleitung hängt jetzt also nicht nur von der Entfernung, sondern auch von der Winkellage der Leitungen zueinander ab. Liegt die Schwachstromleitung in Richtung der Achse der Starkstromleitung mit $\varphi = 0$, so ist die Einwirkung am größten. Liegt sie auf der Mittelsenkrechten, also in Fig. 142 auf demselben Mast, so ist die Beeinflussung null. Das Potential der Doppeloberleitung nimmt nach Gleichung (15) umgekehrt proportional der Entfernung ab, also wesentlich schneller als das der Einfachoberleitung nach Gleichung (1), das nur logarithmisch sinkt.

Da die elektrischen Kraftlinien an der Erdoberfläche stets senkrecht enden, so wird die Kraftlinienverteilung der Starkstromleitung durch die Erde geändert, und zwar wieder so, als ob ein Spiegelbild der Leitung mit negativem Vorzeichen in der Tiefe h unter der Erdoberfläche bestände. Die gesamte Spannung, die in der Schwachstromleitung erzeugt wird, ist dann nach Fig. 142 und Gleichung (15)

$$e = \frac{E s}{2\ln\left(\frac{2s}{d}\right)} \left(\frac{\cos\varphi}{r} - \frac{\cos\varphi'}{r'}\right). \tag{16}$$

Dies kann für jede Lage der Leitung stets aus dem Querschnittsbild errechnet werden.

Drehstromleitungen kann man sich zur Bestimmung der Fernwirkung stets aus drei Doppelleitungen zusammengesetzt denken, wobei dann jeder Leiter zweimal gezählt ist. Durch Addition der Einzelbeeinflussungen nach Gleichung (16) und Division durch 2 erhält man dann die Gesamteinwirkung auf die Schwachstromleitung. Diese Bestimmung ist aber nicht ganz genau, weil man bei der Betrachtung der Doppelleitungen die jeweils dritte Leitung eigentlich auch mitbeachten muß, da sie mit ihrer Ladung den Feldverlauf beeinflußt. Nur bei Anordnung der Drehstromleiter im gleichseitigen Dreieck nach Fig. 143 fällt diese Erschwerung fort, da jeder Leiter gerade in der neutralen Zone des Feldes der beiden anderen Leiter liegt und daher die Spannung null besitzt, wenn die anderen ihre höchste Spannung gegeneinander haben.

Für diese Dreiecksanordnung der Leiter bildet sich in jeder Wechselstromperiode dreimal ein Feld aus, das identisch mit dem Feld der Doppelleitung ist, wie es in Fig. 143 dargestellt ist. In den zwischenliegenden drei Zeiträumen gehen die elektrischen Kraftlinien vom einen auf den anderen Leiter über. Das Feld hat dabei eine Verteilung nach Fig. 143 a. Die Achse des Feldes dreht sich demnach ziemlich gleichmäßig im Kreise herum und hat nach Ablauf einer Wechselstromperiode wieder die Anfangslage erreicht. Bezeichnen wir mit E die höchste Spannung und mit s den Abstand zweier Phasenleiter, so stellt Gleichung (15) das Drehpotential der Drehstromleitung in einiger Entfernung dar, wenn wir seine Achse mit wachsender Zeit t von einer Anfangslage ψ aus den Winkel

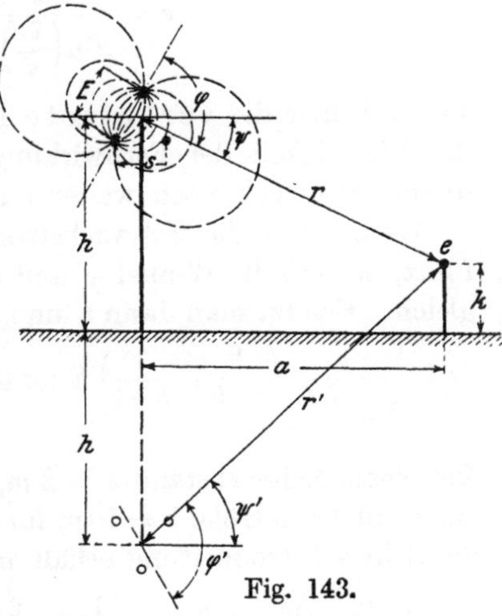

Fig. 143.

$$\varphi = \psi + \omega t \tag{17}$$

gleichmäßig durchlaufen lassen. Dabei verstehen wir unter r den mittleren Abstand der Schwachstrom- und Starkstromleitung, entsprechend Fig. 143.

Die Fernwirkungen einer Drehstromleitung und einer einphasigen Doppelleitung von gleicher Spannung und gleichem Leitungsabstand sind also einander gleich. Nur rotiert das dreiphasige Feld um die Leitungen herum, während das einphasige Feld lediglich an Größe pulsiert. Die Stärke der Beeinflussung von fremden Leitungen ist daher bei Drehstrom unabhängig vom Winkel φ, nur die Phase der influenzierten Spannung ändert sich mit ihm.

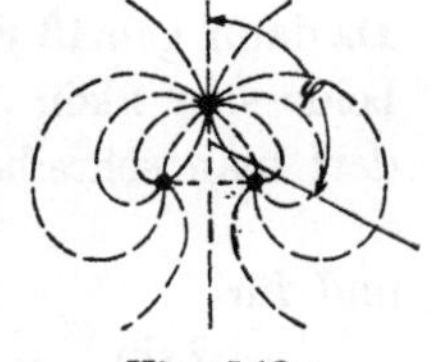

Fig. 143a.

Da auch die Kraftlinien der Drehstromleitung, die die Erdoberfläche erreichen, dort senkrecht einmünden, so muß man wieder ein Spiegelbild unter der Oberfläche hinzufügen, wenn man das vollständige elektrische Feld im Luftraum erhalten will. Das Spiegelbild muß nicht nur entgegengesetzte Spannung, sondern auch entgegengesetzte Drehrichtung haben wie die Oberleitung, was in Fig. 143 dargestellt ist. Dabei ist

$$\varphi' = \psi' + \omega t \tag{18}$$

der Winkel, den die Achse des gespiegelten Drehfeldes mit dem Abstande r' von der Schwachstromleitung bildet.

Die vom gesamten Drehstromsystem in der Schwachstromleitung influenzierte Spannung ist nunmehr ganz entsprechend Gleichung (16) für die Doppelleitung

$$e = \frac{E s}{2 \ln\left(\frac{2 s}{d}\right)} \left(\frac{\cos\varphi}{r} - \frac{\cos\varphi'}{r'}\right), \tag{19}$$

wobei E hier die **verkettete Drehspannung** bezeichnet. Wegen der Wichtigkeit der Fernwirkung von Drehstromleitungen wollen wir diesen Ausdruck noch weiter auswerten.

Wenn man die Schwachstromleitung am Hochspannungsgestänge führt, so sind die Winkel ψ und ψ' und daher auch φ und φ' einander gleich. Ersetzt man dann r und r' durch die Masthöhen, so erhält man

$$e = \frac{s}{2 \ln\left(\frac{2 s}{d}\right)} \left(\frac{1}{h-k} - \frac{1}{h+k}\right) E \cos\varphi = \frac{1}{\ln\left(\frac{2 s}{d}\right)} \frac{s k}{h^2 - k^2} E \cos(\omega t + \psi). \tag{20}$$

Bei einem Leiterabstand $s = 2$ m, einem Drahtdurchmesser $d = 8$ mm, einer mittleren Höhe $h = 10$ m für die Hochspannungs- und $k = 5$ m für die Schwachstromleitung erhält man

$$\frac{e}{E} = \frac{1}{\ln \frac{2 \cdot 2}{0{,}008}} \frac{2 \cdot 5}{10^2 - 5^2} = \frac{10}{6{,}2 \cdot 75} = 2{,}2\,\%$$

der Drehstromspannung in der Schwachstromleitung influenziert.

Für größere Entfernungen der Schwachstromleitung kann man in Gleichung (19) r' und r beide näherungsweise gleich dem Abstande a setzen und erhält durch Zusammenfassung der Winkelfunktionen

$$e = \frac{E s}{2 \ln\left(\frac{2 s}{d}\right)} \frac{2}{a} \sin\left(\frac{\varphi' + \varphi}{2}\right) \sin\left(\frac{\varphi' - \varphi}{2}\right). \tag{21}$$

Da dann gemäß Fig. 143 die Winkel ψ und ψ' in Gleichung (17) und (18) beide sehr klein und daher φ und φ' nahezu einander gleich sind, so darf man schreiben für

$$\sin\frac{\varphi' + \varphi}{2} \cong \sin\varphi \tag{22}$$

und für

$$2 \sin\frac{\varphi' - \varphi}{2} \cong \varphi' - \varphi = \psi' - \psi \cong \frac{h+k}{a} - \frac{h-k}{a} = \frac{2k}{a}. \tag{23}$$

Man erhält damit für die Spannung der Schwachstromleitung den Näherungsausdruck

$$e = \frac{1}{\ln\left(\frac{2 s}{d}\right)} \frac{s k}{a^2} E \sin(\omega t + \psi). \tag{24}$$

Auch hier ist die in der Schwachstromleitung induzierte Spannung umgekehrt proportional dem Quadrat der Ent-

fernung und proportional der Höhe der Schwachstromleitung über der Erde und ferner dem Drahtabstand der Starkstromphasenleitungen, jedoch unabhängig von der Höhe der Starkstromleitung über der Erde. Für einen Leitungsabstand $a = 30$ m und dieselben Zahlen wie eben erhält man in der Schwachstromleitung eine Spannung von

$$\frac{e}{E} = \frac{1}{6{,}2} \frac{2 \cdot 5}{30^2} = 0{,}16\%$$

der Hochspannung influenziert. Drehstromleitungen besitzen also nur eine 6 bis 8mal kleinere Fernwirkung wie einphasige. Die nach Gleichung (24) durch die Winkelfunktion angegebene Phase der influenzierten Spannung hat sich bei großem Mastabstand um 90° gegenüber der Spannung gedreht, die nach Gleichung (18) am gleichen Mast influenziert wird. Das entspricht der Richtungsänderung des Fahrstrahls r um 90° im Drehfeld der Spannungslinien.

c) Erdschluß von Drehstromleitungen.

Wesentlich stärkere Fernwirkungen als beim regulären Betriebe des Drehstromsystems entstehen, wenn ein Leiter Erdschluß erhält. Seine Spannung sinkt dann auf null und auch die Spannung der anderen Leiter ändert sich. Da die Relativspannung der drei Leiter gegeneinander die gleiche bleibt, so fassen wir den Zustand wieder so auf, als ob sich dem ganzen Leitersystem eine einphasige Spannung überlagert, die gleich dem negativen der vorherigen Spannung des geerdeten Leiters ist. Bei Erdschluß besteht dann die Fernwirkung der regulären Drehspannung nach wie vor weiter. Es tritt jedoch noch die Wirkung der überlagerten Spannung hinzu, die in allen Leitungen die gleiche Größe $-E/\sqrt{3}$ besitzt. Ihre Feldlinien sind in Fig. 144 gestrichelt dargestellt. Der Einfluß der Erde kann wieder durch ein Spiegelbild der Leitung mit entgegengesetzt gerichteter Spannung dargestellt werden.

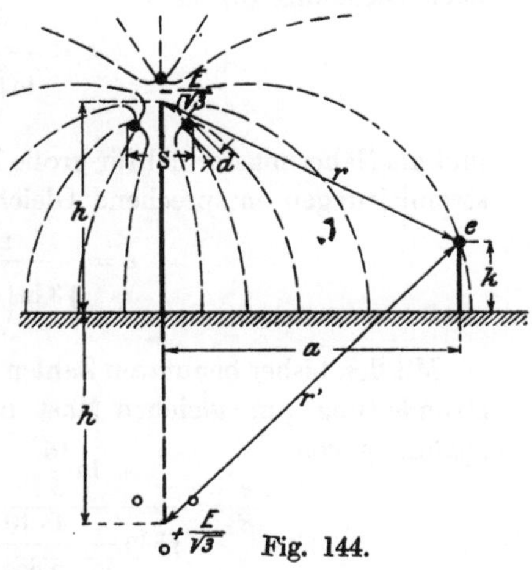

Fig. 144.

Die Feldlinien konzentrieren sich jetzt nicht mehr um einen einzigen geladenen Leiter wie in Fig. 141, sondern sie streben drei parallel geschalteten Leitungen mit den gegenseitigen Abständen s und den Durchmessern d zu, auf denen je $^1/_3$ der Gesamtladung Q sitzt. Um deren Größe zu bestimmen, beachten wir, daß das Potential oder die Spannung jedes der drei Leiter sowohl durch die eigene Ladung hervorgebracht wird, als auch durch die Summe der beiden anderen im Abstand s befindlichen Ladungen. Wir wenden daher Gleichung (2) auf die drei Leiter an und setzen für den Abstand der Spiegelbilder unter dem Logarithmus durchweg den Mittelwert $2h$, was eine vollständig ausreichende Näherung ergibt. Dann ist

$$\frac{E}{\sqrt{3}} = 2v^2 \frac{Q}{3} \ln\left(\frac{2h}{d/2}\right) + 2 \cdot 2v^2 \frac{Q}{3} \ln\left(\frac{2h}{s}\right), \tag{25}$$

und das läßt sich zusammenfassen zu

$$\frac{E}{\sqrt{3}} = 2v^2 Q \ln\left(\frac{4h}{\sqrt[3]{4ds^2}}\right). \tag{26}$$

Die Dreifachleitung nach Fig. 144 besitzt also gegenüber der Einfachleitung nach Fig. 141 und Gleichung (5) einen äquivalenten Leitungsdurchmesser, der durch die dritte Wurzel aus der Drahtstärke und dem Quadrat des Leitungsabstandes bedingt ist.

Die Spannung in der Schwachstromleitung erhält man nunmehr nach Gleichung (3) zu

$$e = \frac{\ln\left(\frac{r'}{r}\right)}{\ln\left(\frac{4h}{\sqrt[3]{4ds^2}}\right)} \frac{E}{\sqrt{3}} \tag{27}$$

und als Näherungsformel für große Entfernung der Stark- und Schwachstromleitungen entsprechend Gleichung (10)

$$e = \frac{2E}{\sqrt{3}\ln\left(\frac{4h}{\sqrt[3]{4ds^2}}\right)} \frac{hk}{a^2}. \quad (28$$

Mit den bisher benutzten Zahlen ergibt das für Führung der Schwachstromleitung am gleichen Mast nach Gleichung (27) eine Influenzspannung von

$$\frac{e}{E} = \frac{\ln\frac{15}{5}}{\sqrt{3}\ln\frac{4 \cdot 10}{\sqrt[3]{4 \cdot 0{,}008 \cdot 2^2}}} = \frac{1{,}1}{7{,}5} = 14{,}7\,\%$$

und für Führung in 30 m Abstand nach Gleichung (28)

$$\frac{e}{E} = \frac{2 \cdot 10 \cdot 5}{7{,}5 \cdot 30^2} = 1{,}47\,\%$$

der Hochspannung. Man sieht, daß diese Spannungen ein Vielfaches von denen sind, die beim regulären Betriebe der Drehstromleitung auftreten und daß sie die für Einfachleitungen berechneten sogar noch etwas übertreffen. Man wird daher Schwachstromstörungen vor allem bei Erdschluß im Drehstromsystem erwarten dürfen.

Um die Störungen durch den normalen Drehstrombetrieb zu vermeiden, ist es üblich, die Drehstromleitung auf ihrer ganzen Länge mehrfach zu verdrillen, so daß die einzelnen Phasenleitungen von Strecke zu Strecke ihre Lage wechseln. Dadurch erreicht man, daß die von je drei aufeinander folgenden Verdrillungsstrecken erzeugten Spannungen sich in der Schwachstromleitung gegenseitig aufheben, da sie um je 120° in der Phase versetzt sind. Es bleibt dann nur ein unerheblicher Rest bestehen, der von Unsymmetrien herrührt. Auf die Fernwirkung der bei Erdschluß auftretenden Spannungen hat diese Verdrillung jedoch keinerlei Einfluß, weil die drei Leitungen im Erdschlußzustand sämtlich gleichgerichtete Zusatzspannungen führen, die sich nicht aufheben können.

Sehr unangenehme Einwirkungen auf Schwachstromleitungen können durch Oberschwingungen der Spannungskurve von Drehstromleitungen hervorgerufen werden. Die dreifachen, neunfachen und entsprechend höheren Oberschwingungen besitzen nämlich in den drei Phasenwicklungen von Maschinen und Transformatoren, vom Sternpunkt aus gesehen, die gleiche Richtung. Erdet man daher den Nullpunkt von Drehstromwicklungen, die häufig solche Oberwellen von erheblicher Stärke enthalten, nach Fig. 145, so laden diese Oberspannungen die drei Leitungen gleichphasig auf. Ihre Fernwirkung ist daher erheblich und kann nach den letzten Formeln (27) und (28), natürlich unter Fortlassung des nur für Erdschluß geltenden Divisors $\sqrt{3}$ berechnet werden. Wegen ihrer hohen Frequenz wirken diese Oberwellen auf Telephone in viel stärkerem Maße störend als die Spannungen der Grundfrequenz. Sie treten manchmal auch bei isoliertem Neutralpunkt auf, wenn die Wicklungen eine erhebliche Erdkapazität besitzen, die ihren Übertritt, wenn auch in geschwächtem Maße, ermöglicht.

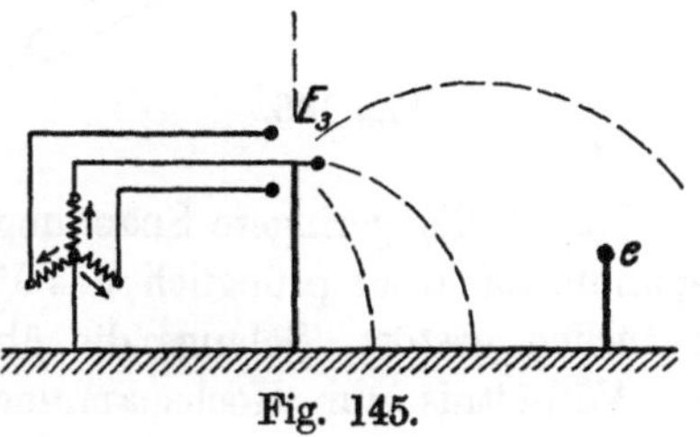

Fig. 145.

Wenn man bedenkt, daß bereits bei 10 000 Volt Spannung der Starkstromleitung jedes influenzierte Prozent einer Spannung von 100 Volt in der Schwachstromleitung entspricht, so erkennt man, daß ein ungestörter Betrieb derselben in der Nähe von Hochspannungsleitungen besondere Mittel erfordert. Von den früher benutzten Einfachleitungen mit Erdrückleitung für Telephon und Telegraphen kommt man daher immer mehr ab und benutzt für die Hin- und Rückleitung des Schwachstromes Doppelleitungen. Dadurch heben sich die influenzierten Spannungen für den Sprechkreis zum größten Teil auf. Es bleibt nur ein geringer durch den Leiterabstand der Schwachstromdoppelleitung bedingter Rest, den man durch vielfaches Kreuzen derselben noch weiter vermindern kann. Die Spannung der beiden Schwachstromdrähte gegen Erde bleibt natürlich bestehen und kann unter Umständen zur Gefährdung der Benutzer führen. **Schwachstromleitungen, die in großer Nähe von Hochspannungsleitungen geführt sind, müssen daher im allgemeinen für hohe Spannung isoliert werden.**

Laufen mehrere Hochspannungssysteme am gleichen Gestänge und schaltet man eines derselben von der Stromquelle ab, so wird es dadurch noch nicht spannungslos, da es starke Influenzspannungen von den anderen Leitungen erhält. Will man Arbeiten an ihm vornehmen, so muß man es daher vorher sehr sorgfältig erden.

Eine Verminderung der influenzierten Spannung von Schwachstromleitungen wird manchmal durch hohe Baumreihen oder durch die Schirmwirkung geerdeter Drähte bewirkt, die vor der Schwachstromleitung liegen und die Spannungslinien der Hochspannungsleitung von der Schwachstromleitung fortsaugen.

d) Ausdehnung und Erdung der Schwachstromleitung.

Nicht immer läuft die Schwachstromleitung auf ihrer ganzen Erstreckung der Hochspannungsleitung parallel, **häufig gerät sie nur streckenweise in ihre Störungszone**, wie es in Fig. 146 dargestellt ist. Dann wird nur auf einer kleinen Länge l Spannung in ihr influenziert, die ihre Ladung auf die große Länge λ ausbreitet und dabei im Verhältnis dieser Längen auf e_λ abgeschwächt wird. Es wird demnach

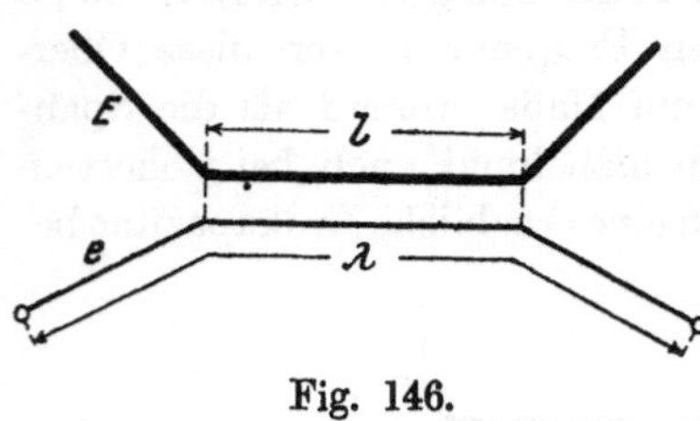

Fig. 146.

$$\frac{e_\lambda}{E} = \frac{e}{E}\,\frac{l}{\lambda}. \tag{29}$$

Durch die geringere Spannung e_λ an der Stelle, an der das Hochspannungsfeld ursprünglich das Potential e besitzt, wird dieses Feld natürlich gestört Solange die übertragene Spannung nur gering ist, im Verhältnis zur Hochspannung, übt die lokale Änderung in der Schwachstromleitung keine nennenswerte Rückwirkung auf die Starkstromleitung aus. Laufen jedoch beide Leitungen sehr nahe, etwa am gleichen Gestänge, so kann diese Rückwirkung erheblicher werden und die Spannung der Schwachstromleitung gegenüber Gleichung (29) erhöhen.

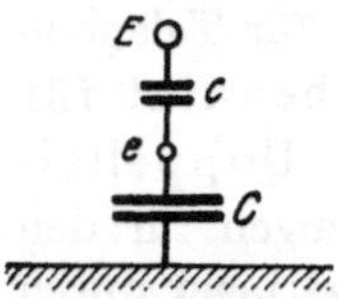

Fig. 147.

Man kann die Verhältnisse berechnen, wenn man beachtet, daß die beiden Leitungen nach Fig. 147 durch die Kapazitäten c und C unter sich und mit der Erde verkettet sind. Da die Spannungen sich stets verhalten wie

$$\frac{e}{E} = \frac{c}{c+C} = \frac{1}{1+\frac{C}{c}}, \tag{30}$$

so kann man daraus das Kapazitätsverhältnis für gleich lange Stark- und Schwachstromleitungen der Länge l, für die wir das Spannungsverhältnis e/E oben hergeleitet haben, bestimmen zu

$$\frac{C_l}{c} = \frac{E}{e} - 1. \tag{31}$$

Für längere Schwachstromleitungen wächst nun deren Erdkapazität proportional der Länge an

$$C = C_l \frac{\lambda}{l} \tag{32}$$

und wenn man das Verhältnis C/c als Produkt der beiden letzten Beziehungen in Gleichung (30) einsetzt, so erhält man für die Spannung in der Schwachstromleitung von der Länge λ

$$\frac{e_\lambda}{E} = \frac{1}{1+\frac{\lambda}{l}\left(\frac{E}{e}-1\right)} = \frac{\frac{e}{E}\frac{l}{\lambda}}{1-\frac{e}{E}\frac{\lambda-l}{\lambda}}. \tag{33}$$

Durch Vergleich mit Gleichung (29) erkennt man die durch die Rückwirkung des Feldes verursachte Korrektur. Wird entsprechend unserem ersten Beispiel von einer Einphasenleitung auf die Schwachstromleitung am gleichen Gestänge bei gleich langen Leitungen eine Spannung von 13% übertragen, so sinkt dieser Wert bei einem Längenverhältnis $\lambda/l = 3$ herab auf

$$\frac{e_\lambda}{E} = \frac{0{,}13 \cdot \frac{1}{3}}{1-0{,}13\left(1-\frac{1}{3}\right)} = 0{,}0475 = 4{,}75\,\%.$$

Eine ähnliche Erniedrigung kann man auch durch Anwendung künstlicher Parallelkondensatoren zur Schwachstromleitung erzielen.

Im allgemeinen ist die Schwachstromleitung nicht vollständig isoliert, sondern sie ist über die Telephon- oder Telegraphenapparate geerdet, die sie betreiben soll. Die influenzierte Spannung e erzeugt dann in diesen Apparaten Wechselströme, deren Stärke wir berechnen wollen. Die Kapazität der

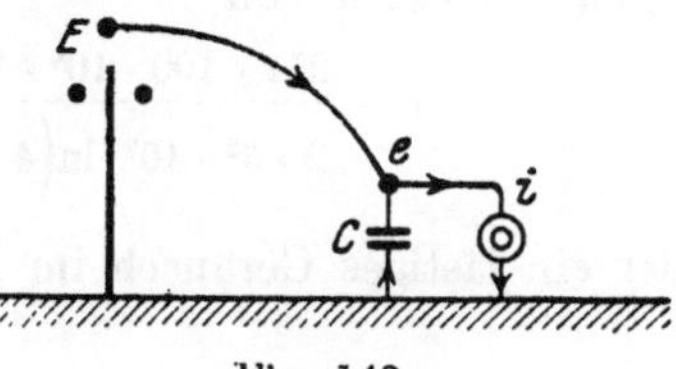

Fig. 148.

Schwachstromleitung gegen Erde ist recht gering, und daher ist die in ihr influenzierte Ladung so schwach, daß sie trotz Widerstand und Selbstinduktion des Sprechkreises vollständig zusammenbricht. Die Spannung verschwindet also fast ganz, die Apparate wirken wie ein Kurzschluß der Schwachstromleitung gegen Erde.

Der auftretende Erdstrom, der die Apparate durchfließt und sich nach Fig. 148 über die Kapazität C zur Schwachstromleitung zurückschließt, muß sich demnach so groß einstellen, daß unter seiner alleinigen Wirkung fast die entgegengesetzte Spannung von e_λ in der Kapazität erzeugt würde. Dann wird die Leitung unter der gemeinsamen Wirkung von Starkstrominfluenz und Erdstrom nahezu die Spannung null annehmen. Der Erdstrom wird demnach ohne Beachtung des Vorzeichens höchstens

$$i = \omega C e_\lambda, \tag{34}$$

worin ω die Frequenz der Influenzspannung ist. Die Länge λ der Schwachstromleitung hat bei einer Masthöhe k und dem Durchmesser δ entprechend Gleichung (6) eine Kapazität

$$C = \frac{\lambda}{2\, v^2 \ln\left(4 \frac{k}{\delta}\right)}. \tag{35}$$

Damit und mit Gleichung (26) ergibt sich der Erdstrom nach (31) zu

$$i = \frac{\omega e l}{2\, v^2 \ln\left(4 \frac{k}{\delta}\right)}. \tag{36}$$

Der Erdstrom ist nicht nur proportional der von der Hochspannung influenzierten Spannung und der beeinflußten Leitungslänge, sondern auch der Frequenz, so daß Oberwellen verhältnismäßig stärkere Wirkungen äußern. Da das Ohr für sie empfindlicher ist, so können sie erhebliche Störungen im Sprechkreise hervorrufen, auch wenn sie in der Hochspannungskurve nur schwach vertreten sind.

Eine Influenzspannung von $e = 100$ Volt ergibt bei $l = 10$ km Leitungslänge, $k = 5$ m Leitungshöhe und $\delta = 4$ mm Drahtdurchmesser bereits bei der Grundfrequenz von 50 Per/sec, also $\omega = 314$, einen Erdstrom von

$$i = \frac{314 \cdot 100 \cdot 10^8 \cdot 10 \cdot 10^5}{2 \cdot 3^2 \cdot 10^{20} \ln\left(4 \frac{5}{0{,}004}\right)} 10^{-1} = 2{,}05 \cdot 10^{-5}\ \text{Amp.},$$

der ein lästiges Geräusch im Hörer hervorruft.

B. Vorgänge in Stromkreisen mit gekrümmter Charakteristik.

V. Lichtbogenwirkung.

23. Ausschalten von Gleichstrom.

Wir haben bei unseren früheren Untersuchungen angenommen, daß es möglich ist, den Widerstand des Stromkreises ganz plötzlich zu ändern, daß man ihn insbesondere an der Schaltstelle beim Einschalten momentan von unendlich auf null, beim Ausschalten von null auf unendlich bringen kann. In Wirklichkeit trifft diese Voraussetzung nicht zu. Es ist stets eine endliche Zeit erforderlich, um diese große Widerstandsänderung an der Schaltstelle zu bewirken. Beim Einschaltvorgang spielt die allmähliche Änderung keine wesentliche Rolle, da der Strom durch die Wirkung der Selbstinduktion doch nur langsam anwächst und daher während der kurzen Schaltdauer der Kontakte keine merkbare Spannung an ihnen hervorruft. Beim Ausschalten dagegen besitzt der Strom zunächst noch seine volle Stärke und kann daher eine erhebliche Spannung am Schalter erzeugen, deren Veränderung den Ablauf des Ausschaltvorganges maßgebend beeinflußt. In der Tat erhielten wir im Kapitel 18 unendliche Ausschaltespannungen, wenn wir annahmen, daß der Schalterwiderstand momentan von null auf unendlich gesteigert wurde, und konnten nur dadurch eine Begrenzung der Ausschaltespannung erzielen, daß wir dem Strom einen Nebenweg zur Schaltstelle darboten.

Wenn der Kontaktwiderstand beim Ausschalten des Stromkreises veränderlich ist, dann sind unsere früheren einfachen Schaltgesetze nicht mehr anwendbar. Die Superposition des stationären Stromes i' und des Ausgleichstromes i'' hat konstanten Widerstand des Stromkreises zur ausdrücklichen Voraussetzung. Bei veränderlichem Widerstand erhält man für den Verlauf des Stromes keine lineare Differentialgleichung mit konstanten Koeffizienten mehr. Die Spannung des Gesamtstromes ist daher nicht mehr gleich der Summe der Spannungen irgendwelcher Teilströme. Man muß zur weiteren Untersuchung des Ausschaltvorganges bestimmte Gesetze für die Veränderung des Kontaktwiderstandes oder der Ausschaltspannung einführen, und die dann entstehende Differentialgleichung direkt lösen.

a) Widerstandsschalter.

Öffnet man den Schalter eines beliebigen Stromkreises, so wird während der Öffnungsdauer entweder der Kontaktdruck oder die Kontaktfläche immer geringer und nimmt schließlich bis auf null ab, so wie es in Fig. 149 dargestellt ist. Nimmt man gleichmäßige Bewegung der Schaltkontakte an und nennt die Öffnungsdauer τ, so vermindert sich die ursprüngliche Kontaktfläche F auf

$$f = F\left(1 - \frac{t}{\tau}\right), \qquad (1)$$

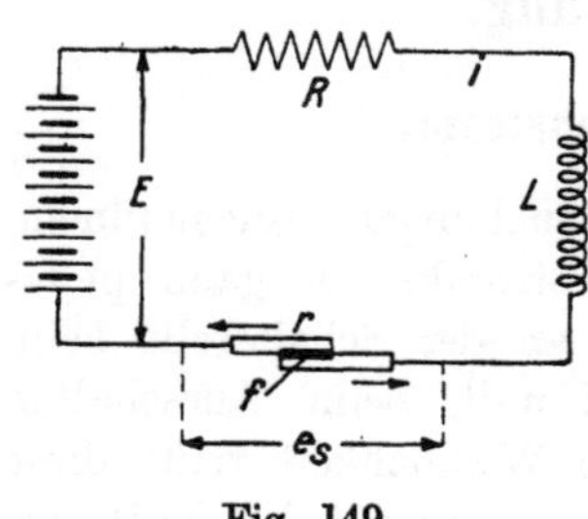

Fig. 149.

wenn man die laufende Zeit t vom Beginn der Öffnungsdauer an zählt. Der Kontaktwiderstand, der bei voller Fläche r ist, vergrößert sich daher auf

$$\frac{r}{1 - \frac{t}{\tau}} = \frac{r\tau}{\tau - t}. \qquad (2)$$

Dieser veränderliche Widerstand tritt zu dem konstanten Nutzwiderstand R des Stromkreises noch hinzu. Man erhält daher für den Ausschaltvorgang des Gleichstromkreises nach Fig. 149 die Differentialgleichung

$$L\frac{di}{dt} + Ri + \frac{r\tau}{\tau - t}i = E. \qquad (3)$$

Sie ist zwar linear in i, besitzt aber einen von der Zeit abhängigen Koeffizienten im dritten Glied.

Die Lösung dieser Gleichung in geschlossener Form ist möglich und würde uns den Verlauf des Stromes während der Ausschaltedauer τ liefern. Sie ist jedoch recht kompliziert, so daß wir uns mit einer partiellen Lösung begnügen wollen. Interesse hat für uns vor allen Dingen die Größe von Spannung und Stromdichte am Schalter im Augenblick des tatsächlichen Öffnens der Kontakte. Zu Beginn der Schalterbewegung, wenn die Kontaktfläche noch erheblich ist, ist die Schalterspannung e_s sicher gering, erst mit abnehmender Kontaktfläche und zunehmendem Kontaktwiderstand nach Gleichung (2) wird sie erheblich. Sie ist jederzeit gegeben durch

$$e_s = \frac{r\tau}{\tau - t}i. \qquad (4)$$

Entsprechend der Darstellung in Fig. 150 wird der Strom i im Verlauf des Ausschaltens immer geringer. Da er am Schluß der Schaltzeit, also für $t = \tau$, null werden soll, so kann man für die Nähe des Schaltendes setzen

$$\frac{di}{dt} = -\frac{i}{\tau - t}. \tag{5}$$

Setzt man dies in die Differentialgleichung (3) ein, so erhält man

$$-\frac{Li}{\tau - t} + Ri + \frac{r\tau}{\tau - t} i = E. \tag{6}$$

Für den letzten Schaltaugenblick wird der Strom selbst sehr klein, man darf daher das zweite Glied dieser Gleichung vernachlässigen. Der Widerstand R des Leitungskreises ist daher ohne Einfluß auf den letzten Ausschaltvorgang. Lediglich der Quotient $i/(\tau - t)$ behält eine endliche Größe. Ersetzt man ihn durch seinen Wert aus Gleichung (4), so erhält man

$$-\frac{L}{r\tau} e_s + e_s = E \tag{7}$$

und daher wird der Endwert der Ausschaltespannung

$$E_s = \frac{E}{1 - \frac{L}{r\tau}}. \tag{8}$$

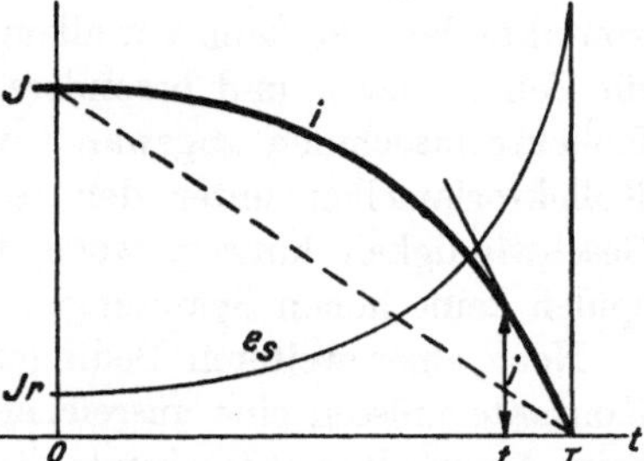

Fig. 150.

Aus dieser Beziehung, die die höchste Spannung des Ausschaltvorganges darstellt, erkennt man, daß große Selbstinduktion L und kleine Schaltdauer τ die Ausschaltespannung gegenüber der Betriebsspannung stark vergrößern. Hoher Kontaktwiderstand r ist dagegen zweckmäßig, um die Ausschaltspannung in geringen Grenzen zu halten. Für gewisse Werte von L, r und τ kann die Ausschaltespannung unendlich werden, und für noch größere Werte des Quotienten im Nenner der Gleichung (8) wird sie sogar negativ und würde gegen den Strom gerichtet sein. In diesem Fall darf die Differentialgleichung jedoch nicht mehr nach unserem Verfahren behandelt werden.

Als Bedingung für endliche Ausschaltespannung ergibt sich also, daß die Öffnungsdauer des Schalters

$$\tau > \frac{L}{r} \tag{9}$$

sein muß. Sie muß also größer sein als die Zeitkonstante der Schaltkontakte selbst, berechnet mit der gesamten Selbstinduktion des Stromkreises. Das Einhalten dieser Bedingung kann man im allgemeinen nur erreichen durch genügend große Öffnungszeiten und durch Wahl geeigneten Kontaktmaterials mit hohem Flächenwiderstand.

Der Verlauf des Stromes und der Schalterspannung während der Öffnungsdauer ist in Fig. 150 für einen bestimmten Fall eingetragen.

Der Ausschaltvorgang spielt sich physikalisch so ab, daß der mit dem Abgleiten der Kontaktflächen zunehmende Kontaktwiderstand den Strom nach der gestrichelten Geraden der Fig. 150 abscheren würde, wenn sich die Selbstinduktion des Kreises dem nicht widersetzte und ihn aufrecht zu erhalten suchte. Der Strom verlöscht deshalb anfangs nur langsamer und muß dies Zurückbleiben gegen Ende der Öffnungsdauer, wenn der Kontaktwiderstand überwiegend wird, einholen. Durch die alsdann schnellere Stromänderung entsteht eine entsprechend hohe Selbstinduktionsspannung nach Gleichung (8), die man als Öffnungsspannung des Stromkreises bezeichnet.

Gleichung (9) stellt eine Bedingung für gutes Abschalten aller Gleitkontakte dar. Sie kann vor allem für Stufenschalter von Widerständen, für Zellenschalter und besonders für das Kommutieren der Ströme in Kollektormaschinen angewandt werden. Dort streichen die einzelnen Kollektorlamellen unter den feststehenden Bürsten mit erheblicher Geschwindigkeit hinweg, wobei trotz der Selbstinduktion der Ankerspulen keine hohen Spannungen an der Ablaufkante entstehen dürfen.

Noch einer weiteren Bedingung muß der Schalter genügen. Seine Kontakte müssen eine ausreichende Wärmekapazität besitzen, um die beim Ausschalten entstehende Stromwärme aufnehmen zu können. Die während der gesamten Öffnungsdauer entstehende S c h a l t a r b e i t ist

$$A = \int_0^\tau e_s \, i \, dt. \tag{10}$$

Setzt man hierin die Spannung e_s an den Schaltkontakten ein, die nach Gleichung (4) durch das dritte Glied der Differentialgleichung (3) gegeben ist, so erhält man

$$A = \int_0^\tau \left(E - Ri - L\frac{di}{dt}\right) i \, dt = \int_0^\tau (E - Ri)\, i \, dt - \int_J^0 L \, i \, di. \tag{11}$$

Dabei sind im letzten Glied, in dem sich das Zeitdifferential forthebt und das Stromdifferential übrig bleibt, als Integralgrenzen die Werte des Stromes zur Zeit $t = 0$ und τ eingesetzt. Die Integration dieses Gliedes läßt sich alsdann ausführen, da wir die Selbstinduktion als konstant ansehen. Führt man außerdem unter dem ersten Integral an Stelle der Spannung E den Anfangsstrom J ein, so erhält man die Schaltarbeit zu

$$A = \frac{L J^2}{2} + R \int_0^\tau (J - i)\, i \, dt. \tag{12}$$

Das erste Glied stellt hierin die i n d e r S e l b s t i n d u k t i o n d e s S t r o m k r e i s e s a u f g e s p e i c h e r t e A r b e i t dar. D i e s e w i r d b e i m A u s s c h a l t e n v o l l s t ä n d i g d e m S c h a l t e r z u g e f ü h r t, d i e S t r o m q u e l l e e r h ä l t n i c h t s z u r ü c k. Die gesamte Schaltarbeit enthält außerdem noch einen zweiten Bestandteil, der vom Verlauf des verschwindenden Stromes i abhängt und dem Schalter von der Stromquelle zugeführt wird. Wir wollen diesen Überschuß für zwei extreme Fälle berechnen. Der Verlauf des Ausschaltestromes i wird nach Fig. 151 im allgemeinen zwischen dem Strome i_1 liegen, der bei geringer Selbstinduktion geradlinig während der Öffnungsdauer abfällt, und dem Strome i_2, der bei großer Selbstinduktion fast bis zum Schluß der Öffnungsdauer konstant bleibt.

Für den ersten Fall ist

$$i_1 = J\left(1 - \frac{t}{\tau}\right) = J - J\frac{t}{\tau}, \tag{13}$$

so daß das Integral der Gleichung (12) wird

$$\int_0^\tau (J - i)\, i\, d\,t = J^2 \int_0^\tau \frac{t}{\tau}\left(1 - \frac{t}{\tau}\right) d\,t = J^2 \frac{\tau}{6}. \tag{14}$$

Es hat hierbei seinen höchsten Wert. Die maximale Schaltarbeit wird daher

$$A_{\max} = \frac{L J^2}{2} + \frac{R J^2 \tau}{6}. \tag{15}$$

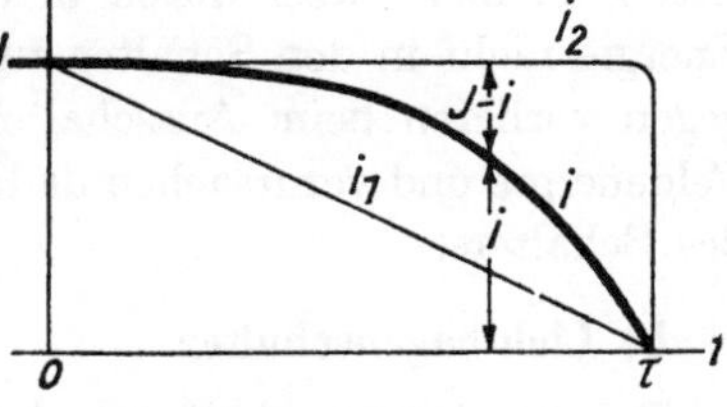

Fig. 151.

Führt man an Stelle des Widerstandes die Zeitkonstante des Stromkreises

$$T = \frac{L}{R} \tag{16}$$

ein, so kann man die Schaltarbeit auf die Form bringen

$$A_{\max} = \frac{L J^2}{2}\left(1 + \frac{1}{3}\frac{\tau}{T}\right) \tag{17}$$

und sieht, daß sie um so größer wird, je länger die Öffnungsdauer τ des Schalters im Verhältnis zur Zeitkonstante T ist.

Im zweiten Grenzfall ist der Strom i_2 bis zum letzten Augenblick gleich dem ursprünglichen Strome J, so daß die erste Klammer unter dem Integral der Gleichung (12) verschwindet und das ganze Integral gleich null wird. In diesem Fall tritt die geringstmögliche Schaltarbeit

$$A_{\min} = \frac{L J^2}{2} \tag{18}$$

auf, die nur gleich der Arbeit ist, die in der Selbstinduktion aufgespeichert war.

Trotz der geringeren Schaltarbeit werden die Kontakte in diesem Falle großer Selbstinduktion stärker beansprucht, weil die Arbeit sich nicht auf die ganze Öffnungsdauer verteilt, sondern im letzten Moment an der ablaufenden Kante der Kontakte frei wird und diese Ablaufkante stärker erhitzen kann als die größere Arbeit nach Gleichung (17), die sich auf die ganze Kontaktfläche verteilt.

Die Schaltkontakte müssen so bemessen sein, daß sie die Schaltarbeit durch ihre Wärmekapazität und innere Wärmeableitung aufnehmen können, ohne dabei zu schmelzen, damit keine Brandperlen entstehen. Das günstigste Material in dieser Hinsicht ist Kupfer. Es besitzt außerdem geringen Kontaktwiderstand, so daß auch die Erwärmung im Dauerbetrieb gering bleibt, jedoch ist es schwer, die Überspannungsbedingung (9) gleichzeitig zu erfüllen.

Wesentlichen Einfluß auf die Ausschaltespannung und die Schaltarbeit praktisch gebräuchlicher Stromkreise hat die Art ihrer Belastung. Glühlampen und ähnliche Widerstände sind fast ohne Selbstinduktion und lassen sich leicht abschalten. Batterien und Nebenschlußmotoren liefern eine vom Strom unabhängige Gegenspannung, so daß beim Öffnen des Schalters nur eine geringe wirksame Spannung unterbrochen wird, die keine erheblichen Ausschaltespannungen erzeugt. Die Erregerspulen dieser Motoren, die erhebliche Selbstinduktion besitzen, bleiben dabei durch den Anker geschlossen, so daß sich ihre Energie nicht in den Schalter zu entladen braucht. Serienmotoren dagegen verlieren beim Ausschalten ihre Gegenspannung und ihre volle Feldenergie und verursachen dadurch erheblich stärkere Beanspruchung des Schalters.

b) Lichtbogenschalter.

Bei Starkstromschaltern, die den ganzen Stromkreis von seiner vollen Spannung abtrennen müssen, läßt sich die Überspannungsbedingung (9) fast nie einhalten. Die Spannung am Schalter steigt dann beim Öffnen der Kontakte auf hohe Beträge und bewirkt, daß der Strom nicht abreißt, sondern weiterfließt. Die an den Kontakten entstehende Wärme erhitzt dieselben so stark, daß das zwischen ihnen befindliche Isoliermittel, Luft oder Öl, ionisiert wird, so daß sich ein Lichtbogen ausbilden kann. Dieser besitzt endlichen Widerstand, er erlaubt ein Weiterfließen des Stromes und verhindert das Zustandekommen unendlich großer Spannungen. Der Lichtbogen verlängert die wirkliche Ausschaltdauer über die Öffnungsdauer der Kontakte hinaus und gibt der Energie, die in der Selbstinduktion des Kreises aufgespeichert ist, ausreichende Zeit, sich zu entladen. Er hält solange an, bis hierbei die Spannung am Schalter unter die Lichtbogenspannung gesunken ist. Nur wenn man den Lichtbogen durch künstliche Mittel unterdrückt oder zerreißt, etwa durch Einbetten des Schalters in Öl oder durch starke magnetische Blasfelder, so entstehen beim Verstoß gegen die Bedingung (9) starke Überspannungen am Schalter, die man dann durch Parallelwiderstände und analoge Mittel verringern muß.

Wenn beim Öffnen des Schalters eine Stromdichte bestehen bleibt, die die Kontakte, vor allem den negativen Stromaustritt, zum Glühen oder gar Schmelzen bringt, so strömen von dieser Kathode Elektronen aus, die die Luftstrecke zwischen den Kontakten ionisieren und dadurch für den Strom leitend machen. Der Widerstand im Schalter ist jetzt nur noch durch den Mechanismus des Lichtbogens gegeben und läßt sich nicht mehr in eine einfache Beziehung zur laufenden Zeit bringen. Selbst wenn man die Kontakte schnell auseinanderreißt, gelingt es doch nicht, den Strom willkürlich zum Verschwinden zu bringen. Wir wollen daher unsere Aufgabe umkehren und danach fragen, innerhalb welcher Zeit dieser Ausschaltelichtbogen von selbst zum Verschwinden kommt.

Zwischen Spannung und Strom im Lichtbogen besteht ein Zusammenhang, der von gänzlich anderer Art wie bei einem festen Leiter ist. Während dort die Spannung dem Strome proportional ist, was durch die ansteigende Gerade e_R in Fig. 152 dargestellt wird, nimmt im Lichtbogen die Spannung zwischen den Elektroden mit zunehmender Stromstärke bis auf einen Grenzwert ab.

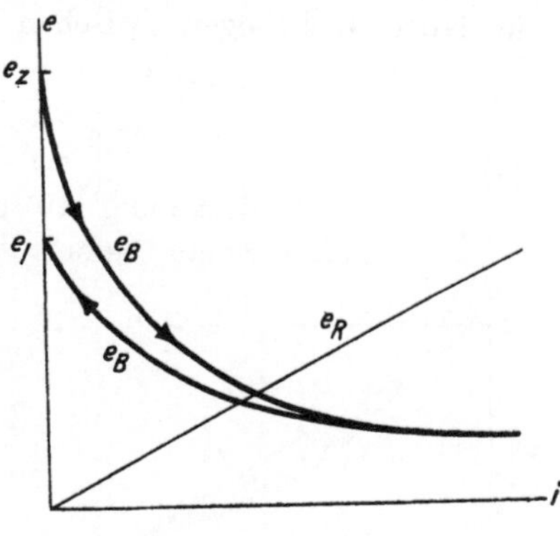

Fig. 152.

Zum erstmaligen Durchschlagen der Luftstrecke zwischen den Elektroden ist nach Fig. 152 eine Zündspannung e_z erforderlich. Der nachfolgende Strom bewirkt durch seine Erhitzung der Kathode einen immer stärkeren Austritt von Elektronen in die Luft und vergrößert dadurch deren Leitfähigkeit so stark, daß die Lichtbogenspannung e_B um so geringer wird, je mehr Strom durch den Bogen fließt. Den Zusammenhang von Spannung und Strom im Lichtbogen nennt man seine Charakteristik. Bei abnehmendem Strom vergrößert sich die Lichtbogenspannung wieder und erreicht beim Strome null den Wert der Löschspannung e_l, die bei schnell veränderlichem Strom wesentlich geringer als die Zündspannung ist, weil die Kathode beim Löschen eine erhebliche Temperatur besitzt, während sie beim Zünden kalt war. Der Unterschied zwischen der Zünd- und Löschcharakteristik des Lichtbogens ist um so geringer, je besser die Wärmeleitfähigkeit der Elektroden und der Lichtbogengase ist, da dann ein schnellerer Temperaturausgleich stattfindet. Für die Stromänderung beim Ausschalten induktiver Gleichstromkreise wollen wir die Löschcharakteristik als gegeben und unabhängig von der tatsächlichen Löschzeit des Lichtbogens ansehen.

Je länger der Lichtbogen zwischen den Elektroden ist, um so größer ist natürlich die Lichtbogenspannung, um so höher liegt also die Bogencharakteristik. Ihr Verlauf läßt sich näherungsweise durch die von Ayrton herrührende Gleichung wiedergeben

$$e_B = \frac{a}{i} + b\,, \tag{19}$$

wobei die Konstanten a und b ihrerseits linear von der Lichtbogenlänge l abhängen

$$\left.\begin{aligned} a &= \alpha + \gamma l \\ b &= \beta + \delta l\,. \end{aligned}\right\} \tag{20}$$

Für lange Lichtbögen zwischen Kupferelektroden in Luft ist

$$\alpha = 0 \qquad \beta = 60\,\mathrm{V}$$

$$\gamma = 35{,}5\,\frac{\mathrm{VA}}{\mathrm{cm}} \qquad \delta = 12{,}8\,\frac{\mathrm{V}}{\mathrm{cm}}\,.$$

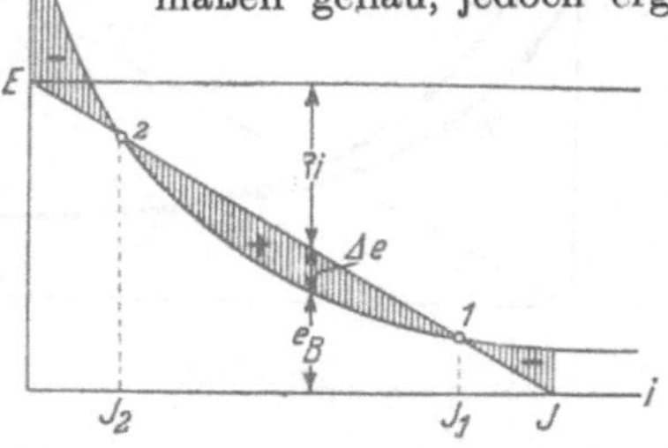

Fig. 153.

Die Beziehung (19) gilt für größere Stromstärken einigermaßen genau, jedoch ergibt sie für verschwindenden Strom unendliche Lichtbogenspannung, während die Löschspannung nach Fig. 152 in Wirklichkeit durchaus endlich bleibt. Wir können sie daher für unsere Betrachtungen nicht verwenden, sondern wollen die wirkliche Lichtbogencharakteristik, die an jedem Schalter durch Messung aufgenommen werden kann, unseren Berechnungen zugrunde legen.

Wir wollen die ungünstige Voraussetzung machen, daß beim Abschalten von Starkstromkreisen mit erheblicher Selbstinduktion die Bewegung der Schalterkontakte so schnell erfolgt, daß sie bereits ihre Endstellung erreicht haben, bevor der Strom sich noch merklich ändern konnte. Dann hat der Lichtbogen während der ganzen Brenndauer konstante Länge, so daß wir mit einer bestimmt gegebenen Charakteristik rechnen können, die in Fig. 153 dargestellt ist. Bezeichnen wir die vom Strom i abhängige Spannung des Lichtbogens mit

$$e_B = e_B(i)\,, \tag{21}$$

so erhalten wir als Differentialgleichung für den induktiven Gleichstromkreis der Fig. 154, der von der Spannung E gespeist wird,

$$L\frac{di}{dt} + Ri + e_B = E\,. \tag{22}$$

Wir können dieselbe auch schreiben

$$L\frac{di}{dt} = (E - Ri) - e_B(i) = \Delta e\,. \tag{23}$$

Darin sind auf der rechten Seite alle konstanten oder nur vom Strom i abhängigen Spannungen zu der Differenzspannung Δe zusammengefaßt, die sich aus der Charakteristik in Fig. 153 leicht abgreifen läßt, wenn man dort die Gerade $E - Ri$ einträgt. Bei stationärem Betrieb würde diese Linie die Spannung angeben, die nach Abzug der Widerstandsspannung von der EMK des Stromkreises noch für den Lichtbogen übrig bliebe. Da dieser jedoch nur die Spannung e_B gebraucht, so wirkt die Restspannung Δe auf eine Änderung des Stromes hin. Ihre Größe bestimmt nach Gleichung (23) die Selbstinduktionsspannung, also die Änderungsgeschwindigkeit des Stromes.

Rechts von Punkt 1 der Fig. 153 ist Δe negativ, der Strom sinkt also und nähert sich diesem Punkt. Links vom Punkt 1 ist Δe positiv, der Strom wächst also und nähert sich ebenfalls Punkt 1, der somit ein stationärer, stabiler Betriebspunkt des Lichtbogens ist. Für Verhältnisse in der näheren Umgebung des Punktes 1 wird der Lichtbogen also nicht erlöschen. Der Strom, der bei kurzgeschlossenem Lichtbogen den Wert

$$J = \frac{E}{R} \tag{24}$$

besessen hat, sinkt lediglich auf den Wert J_1 herab. Zum Löschen des Bogens ist ständig negatives Δe erforderlich, das nur links vom Punkt 2 der Fig. 153 vorhanden ist. Dort nimmt der Strom wegen des negativen Δe nach Gleichung (23) ständig ab bis zum vollständigen Verlöschen. Da die Lichtbogencharakteristik für jeden Schalter gegeben ist, so erkennt man, daß man nicht beliebige Ströme und Spannungen mit ihm abschalten kann. Er ist vielmehr nur für solche Stromkreise geeignet, deren Widerstandslinie zwischen E und J vollständig unterhalb der Charakteristik verläuft. Nur dann ist ständig negatives Δe und damit dauernde Abnahme des Stromes bis zum Verlöschen des Lichtbogens vorhanden. Dies ist die Bedingung für das Löschen des Ausschaltelichtbogens.

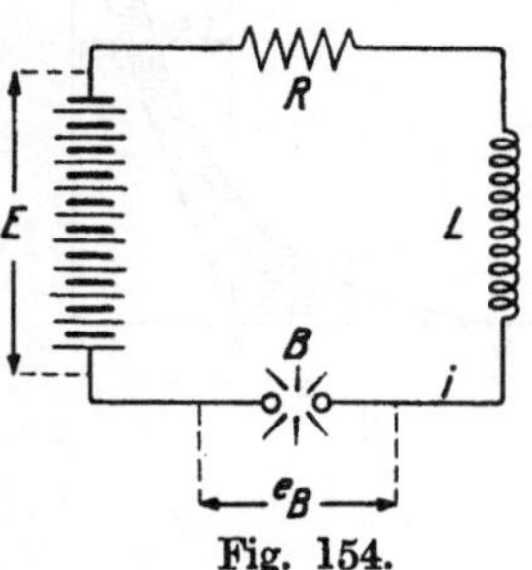

Fig. 154.

Um den zeitlichen Verlauf des Stromes zu erhalten, müssen wir die Differentialgleichung (23) lösen. Die Selbstinduktionsspannung Δe ist aus dem Charakteristikdiagramm graphisch gegeben und hängt allein vom Strom i ab. Wir können daher in Gleichung (23) die Variablen trennen und schreiben

$$dt = L\frac{di}{\Delta e}. \tag{25}$$

Das gibt integriert

$$t = L\int_J^i \frac{di}{\Delta e} \tag{26}$$

und damit ist die Bestimmung der laufenden Zeit t abhängig von der Stromstärke i auf ein Integral zurückgeführt, das sich graphisch leicht auswerten läßt. Das Integral beginnt zur Zeit $t = 0$ mit dem bisherigen Strom J als untere Grenze. Da Δe stets negativ ist, so ist auch di negativ, der Strom nimmt also mit wachsender Zeit dauernd ab.

In Fig. 155a ist in die Lichtbogencharakteristik e_B, die hier umgeklappt gezeichnet ist, die stationäre Spannungsgerade $E - Ri$ eingetragen, und es ist daraus das Reziproke der Differenzspannung, also $1/\Delta e$ abhängig von i in Fig. 155b aufgetragen. Die Integration dieser Kurve nach i liefert in Fig. 155c den Zusammenhang von Zeit und Strom, also die Ausschaltkurve des Stromes. Jedem Augenblickswert des Stromes kann man durch Eingehen in Fig. 155a die zugehörige Lichtbogen-

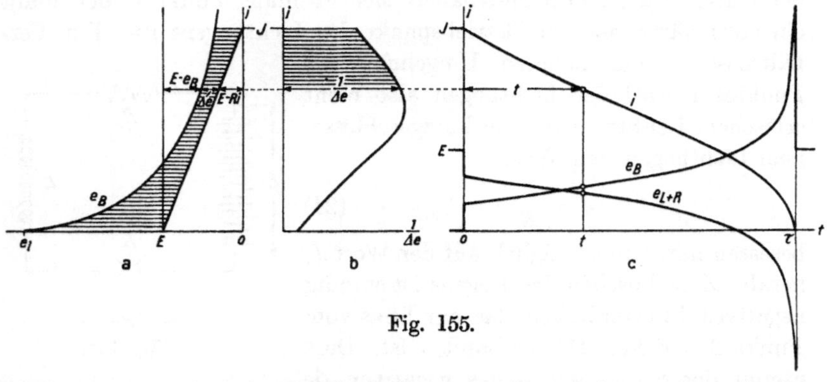

Fig. 155.

spannung e_B und auch die Spannung am abgeschalteten Stromkreise zuordnen, die sich nach Gleichung (22) ergibt zu

$$e_L + e_R = E - e_B \tag{27}$$

und daher auch direkt aus Fig. 155a entnommen werden kann.

Man erkennt aus Fig. 155c, daß der Strom sich zuerst allmählich und später immer schneller verkleinert, bis er im letzten Augenblick unter der Wirkung der Löschspannung e_l rapide verschwindet. Demgemäß nimmt die Spannung am Lichtbogen erst gegen Ende der ganzen Ausschaltezeit stark zu. Die Spannung an der Belastung springt beim Öffnen des Schalters um die Lichtbogenspannung herab, durchschreitet im Verlauf des Ausschaltens die Nullinie und erreicht zum Schluß einen hohen negativen Wert, dessen Absolutwert gegeben ist durch

$$\Delta e_l = e_l - E. \tag{28}$$

Die höchste Ausschaltspannung am Ende der Löschperiode ist also gar nicht mehr abhängig von den Eigenschaften des Stromkreises, sondern wird nur noch bestimmt durch die Löschspannung des Lichtbogens und die Netzspannung. Die Selbstinduktion und der Widerstand des Stromkreises haben keinerlei Einfluß auf die höchste Ausschaltespannung, sondern bestimmen lediglich die Dauer und den Verlauf des Ausschaltevorganges.

Die Überspannungen, die beim Ausschalten von Gleichstromkreisen auftreten, sind demnach außer durch die Größe der Netzspannung nur durch die Eigenschaften des Schalters bestimmt. Um sie gering zu halten, muß man Schalter mit denkbar kleinen Löschspannungen verwenden, was sich durch geringe Schaltwege erzielen läßt, die nur so groß sein müssen, daß das Löschen der Netzspannung überhaupt erfolgt und die gesamte Charakteristik über der Widerstandslinie des Stromkreises liegt. Schädlich ist es, den Lichtbogen weit auseinanderzureißen. Der Strom verschwindet dann zwar etwas schneller, aber nur unter Entwicklung sehr hoher Spannungen. Da der Widerstand R des Nutzstromkreises keinen Einfluß auf die Ausschaltespannung besitzt, so vermögen auch Vorschaltwiderstände nur insofern Einfluß auszuüben, als sie den stationären Strom J vermindern und damit nach Fig. 155a die Differenzspannung während des Ausschaltens vergrößern, wodurch das Ausschalten beschleunigt wird. Die Löschüberspannung nach Gleichung (28) wird durch sie jedoch nicht vermindert.

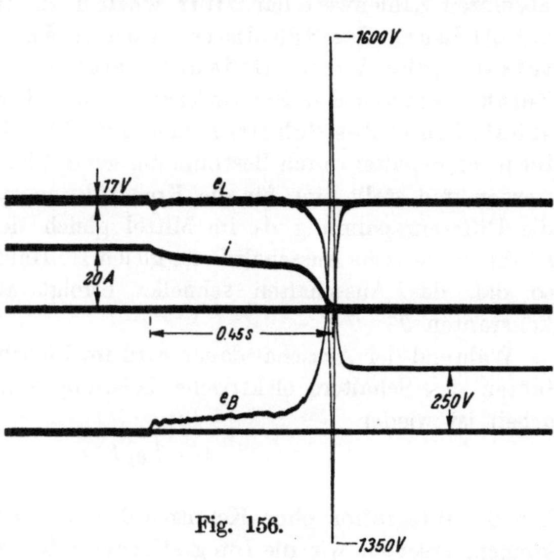

Fig. 156.

Fig. 156 stellt das Ausschaltoszillogramm eines hochinduktiven Stromkreises ohne jede Dämpfung dar. Der Strom verschwindet allmählich durch den erlöschenden Lichtbogen, die Spannung an der Selbstinduktion und am Schalter steigt währenddessen bis zu seiner Löschspannung an, die erheblich über der normalen Netzspannung liegt.

Man kann Gleichung (26) für die Ausschaltezeit auf eine übersichtlichere Form bringen, indem man ihre rechte Seite mit Gleichung (24) erweitert. Man erhält dann

$$t = \frac{L}{R} \int \frac{E}{\Delta e} d\left(\frac{i}{J}\right). \tag{29}$$

Darin stellt der Faktor vor dem Integral die magnetische Zeitkonstante des Belastungsstromkreises dar, die unabhängig vom Schalter ist, während das Integral eine Funktion darstellt, die unabhängig vom Aufbau des Stromkreises ist und nur durch die Lichtbogencharakteristik des Schalters sowie die Werte von Spannung und Strom bestimmt ist, die er abschalten soll. Für die gesamte Ausschaltdauer τ vom Öffnen der Kontakte bis zum Abreißen des Lichtbogens müssen wir über das Stromverhältnis i/J von 0 bis 1 integrieren und erhalten

$$\tau = T\int_0^1 \frac{E}{\varDelta e}\, d\left(\frac{i}{J}\right). \tag{30}$$

Dies Integral stellt die gesamte Fläche der Kurve von Fig. 155b als absoluten Zahlenwert dar. Wir wollen es die numerische Ausschaltdauer des Schalters nennen und erkennen, daß die tatsächliche Ausschaltdauer τ sich durch das Produkt der Zeitkonstante des Stromkreises mit der numerischen Ausschaltdauer des Schalters ausdrücken läßt. Diese Zahl kann für jeden Schalter durch Bestimmung seiner Charakteristik ausgerechnet werden und stellt eine für die Konstruktion typische Größe dar. Ist die Differenzspannung $\varDelta e$ im Mittel gleich der Netzspannung E, so ist die numerische Ausschaltdauer gleich 1. Häufig wird $\varDelta e$ größer sein, so daß das Ausschalten schneller erfolgt als während der Zeitkonstanten T.

Während der Ausschaltdauer wird im Lichtbogen und an den Kontakten des Schalters elektrische Leistung frei. Die gesamte Schaltarbeit ist wieder

$$A = \int_0^\tau e_B\, i\, dt. \tag{31}$$

Um die Integration ohne Kenntnis der Ausschaltezeit durchführen zu können, ersetzen wir die Integrationsvariable dt durch di nach Gleichung (25) und erhalten

$$A = L\int_J^0 \frac{e_B}{\varDelta e}\, i\, di. \tag{32}$$

Dies Integral kann nach Fig. 157 ausgewertet werden, da die Lichtbogenspannung e_B und die Differenzspannung $\varDelta e$ allein abhängig vom Strom sind. Es stellt ebenfalls einen Wert dar, der lediglich von den Eigenschaften des Schalters und seinen Spannungen und Strömen abhängt, während der Faktor vor dem Integral nur durch den Stromkreis selbst bestimmt ist.

Erweitert man die Beziehung (32) mit dem halben Quadrat des ursprünglichen Stromes, so erhält man in

$$A = \frac{L J^2}{2}\int_0^1 \frac{e_B}{\varDelta e}\, 2\, \frac{i}{J}\, d\left(\frac{i}{J}\right) \tag{33}$$

einen Ausdruck, der vor dem Integral die in der Selbstinduktion des Stromkreises aufgespeicherte Arbeit angibt, während das Integral selbst einen absoluten Zahlenwert darstellt, den wir als numerische Schaltarbeit bezeichnen wollen, und der eine für jeden Schalter eigentümliche Ziffer darstellt, die nur von seiner Bauart, jedoch nicht von den Eigenschaften des Stromkreises abhängt. Für sehr lange Lichtbögen wird im ganzen Strombereich Δe nahezu gleich e_B. Das ergibt die geringste Schaltarbeit vom numerischen Betrage 1. Für sehr kurze Lichtbögen hält sich Δe nach Fig. 157 in der Größenordnung von $\frac{1}{2} e_B$, so daß sich eine numerische Schaltarbeit gleich 2 ergibt. Kleinere Differenzspannungen wird man im Interesse der Sicherheit der Abschaltung kaum anwenden. Die Schaltarbeit liegt also stets zwischen dem ein- und zweifachen der in der Selbstinduktion aufgespeicherten Energie. Man kann demnach durch übermäßig lange Lichtbögen die Schaltarbeit keineswegs beliebig verkleinern, das Integral bleibt stets ein wenig größer als 1. Daß die Schaltarbeit stets größer ist als die in der Selbstinduktion aufgespeicherte Arbeit rührt daher, daß nach Gleichung (12) während des Ausschaltens auch von der Stromquelle her Leistung in den Schalter geliefert wird.

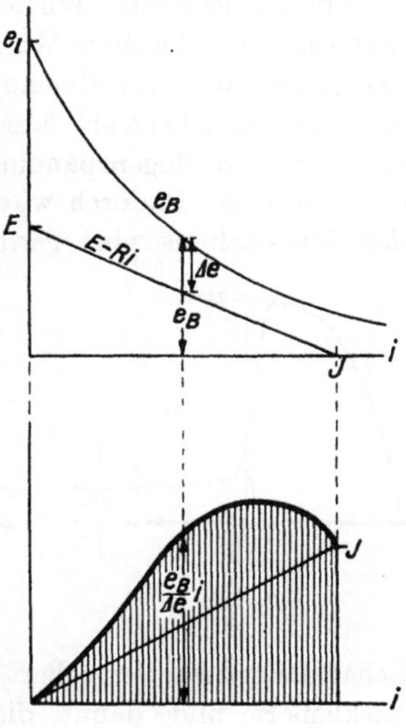

Fig. 157.

Die Schaltarbeit wird zum Teil im Lichtbogen, zum Teil an den Kontakten frei und kann diese im ganzen auf hohe Temperatur und sogar zum Schmelzen bringen. Sie müssen daher eine Wärmekapazität besitzen, die ausreicht, um die Arbeit aufzunehmen, die beim jedesmaligen Ausschalten nach Gleichung (33) als Wärme auftritt. Dies muß um so mehr beachtet werden, als man den Lichtbogen gewöhnlich an besonderen, schwächer gebauten Funkenziehern brennen läßt, um den Abbrand der Hauptkontakte zu vermeiden.

Kühlt man die Schaltkontakte und den Lichtbogen durch Einbetten in Öl sehr stark ab, so vermindert man die Menge der Elektronen, die von der Kathode ausgesandt werden und den Lichtbogen leitend erhalten. Infolgedessen ist die Spannung des Lichtbogens unter Öl wesentlich größer als in Luft. Vor allem gilt dies von der Löschspannung e_l des

Bogens. Die Ausschaltdauer des Gleichstromes wird daher durch Anwendung von Ölschaltern zwar wesentlich verkleinert, die Ausschaltspannung wird jedoch sehr groß, die Schaltarbeit wird nicht wesentlich vermindert. Fig. 158 stellt ein Ausschaltoszillogramm eines Magnetkreises dar, in dem hohe Überspannungen mit sehr starker Spitzenbildung durch den Ölschalter erzeugt werden. Man verwendet deshalb zum Schalten von starken Gleichströmen ausschließlich Luftschalter.

Entgegengesetzte Wirkung hat die Verwendung von Kontaktmaterial mit schlechter Wärmeleitung, vor allem von Kohlekontakten. Dieselben halten bei abnehmendem Strom ihre Temperatur länger aufrecht, liefern dabei mehr Elektronen in den Lichtbogen und besitzen daher eine geringere Bogenspannung als Metallkontakte, auch im Augenblick des Löschens. Dadurch wird, wie man an Fig. 155 verfolgt, während des Ausschaltens eine geringere Restspannung Δe erzeugt, die die

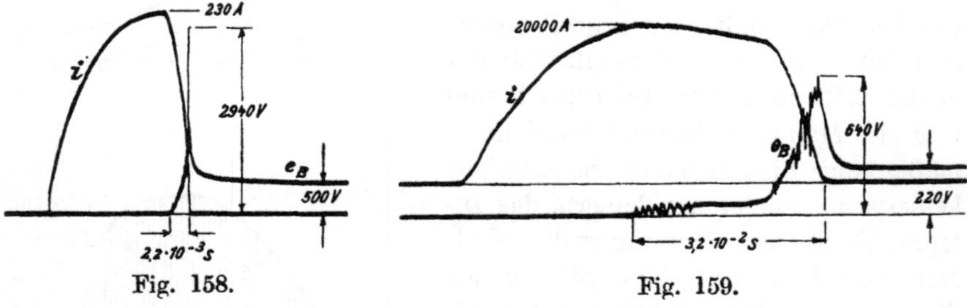

Fig. 158. Fig. 159.

Schaltdauer zwar vergrößert, dafür aber die Löschspannung e_l erheblich verkleinert und damit die Abreißüberspannung vermindert. Für schwierige Fälle sind deshalb Schalter mit Kohlekontakten sehr nützlich.

Starkstromschalter müssen natürlich nicht nur die normalen Betriebsströme der Anlage abschalten, sondern sie müssen auch den bei Störungen auftretenden Kurzschlußströmen gewachsen sein, die bei Gleichstromkreisen nur durch die Betriebsspannung und den zwischen der Stromquelle und der Kurzschlußstelle liegenden Leitungswiderstand bestimmt werden. Die Lichtbogencharakteristik des Schalters muß so hoch liegen, daß nicht nur für den Normalstrom, sondern auch für diesen Kurzschlußstrom ein stabiles Weiterbrennen des Lichtbogens nach Fig. 153 vermieden wird. Danach richtet sich die Bogenlänge, die zwischen den Kontakten erforderlich ist. Fig. 159 zeigt das Ausschalten des Kurzschlusses einer Zentrale von 220 Volt bei 20000 Amp. Hier blieb der Lichtbogen zunächst stabil stehen und erlosch erst durch das Aufsteigen zwischen den Hörnerkontakten. Der Kurzschluß bedeutet für Gleichstromschalter nicht notwendig eine erhöhte Beanspruchung. Es werden zwar die Integrale der Gleichung (30) und

(33) durch das kleinere $\varDelta e$ etwas größer, dafür wird aber im allgemeinen die Selbstinduktion des Kurzschlußkreises sehr viel geringer als die des Betriebsstromkreises, so daß die Schaltarbeit und vor allem die Ausschaltdauer sowohl größer, wie auch geringer werden können.

Zum Abschalten von Überlastungsströmen und Kurzschlüssen verwendet man oft Schmelzsicherungen, bei denen ein hochbelasteter Draht von vermindertem Querschnitt zum Abschmelzen kommt. Dies leitet einen Ausschaltelichtbogen ein, der zwischen den Elektroden des Schmelzstückes überspringt und als Bogen konstanter Länge genau nach den eben erläuterten Gesetzen allmählich verlöscht. Man erkennt, wie wichtig es ist, nicht nur den Schmelzdraht selbst sondern auch seine Elektroden auf Wärmekapazität und Abstand zu dimensionieren. Fig. 160 zeigt oszillographische Aufnahmen von Stromverlauf und Spannung des Durchbrennens einer 20 Amp.-Sicherung beim Schalten einer Batterie auf einen Kurzschluß mit 110 Volt. Der Strom steigt in sehr kurzer Zeit bis auf 1100 Amp. an und fällt dann so schnell ab, daß trotz der geringen Selbstinduktion des Kurzschlußkreises eine Ausschaltespannung von 800 Volt entsteht, die als Löschspannung durch den Lichtbogen der Sicherung bedingt ist.

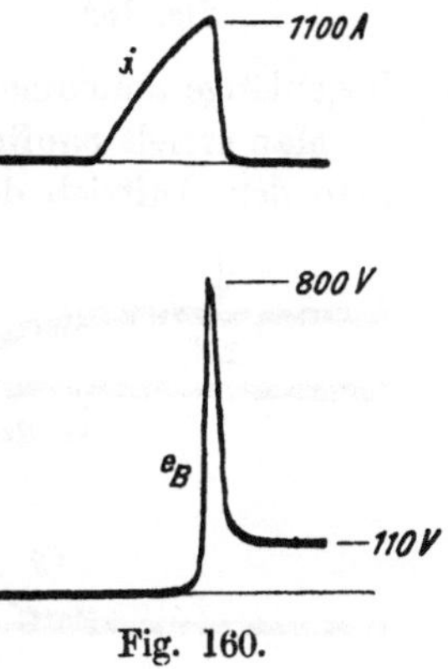

Fig. 160.

Öffnet man die Kontakte eines Schalters so langsam, daß sie sich während des Löschens des Lichtbogens noch bewegen, so ist die bisherige Rechnung mit konstanter Bogenlänge und fester Charakteristik nicht mehr korrekt. Man kann dann für die verschiedenen Kontaktabstände, die zu bestimmten Zeiten nach Beginn des Öffnens vorhanden sind, die jeweiligen Charakteristiken auftragen und die Integration derselben schrittweise vornehmen, wie es in Fig. 161 gezeichnet ist. Man erkennt dann, daß der Strom im Anfange, bei sehr kleiner Kontaktöffnung, nur wenig abnimmt, weil die Differenzspannung $\varDelta e$ nur äußerst gering ist. Erst bei erheblichen Abständen beginnt diese Differenzspannung zu wirken und den Strom zum schnelleren Verschwinden zu bringen. Solange $\varDelta e$ sehr klein ist, ist die numerische Durchführung der Integration nach Gleichung (26) unbequem. Es ist

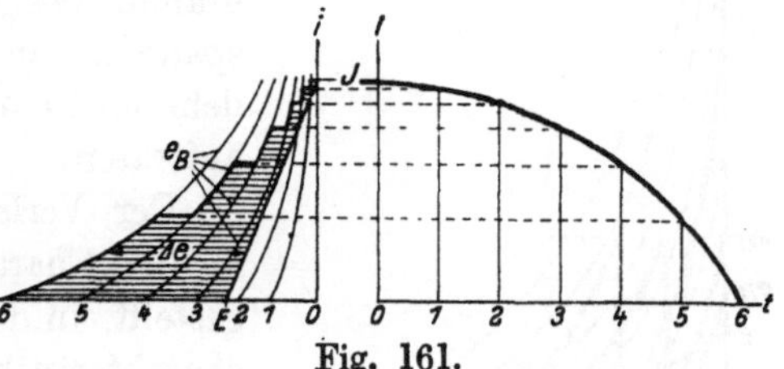

Fig. 161.

dann besser, die mittlere Neigung der Stromkurve in den anfänglichen Zeitabschnitten auszurechnen, die sich nach Gleichung (23) ergibt zu

$$\frac{di}{dt} = \frac{\Delta e}{L}. \tag{34}$$

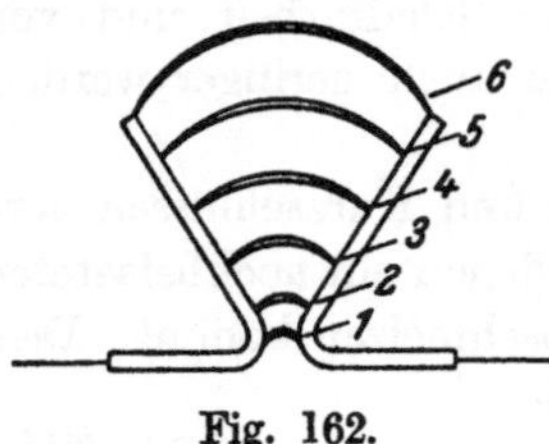

Fig. 162.

Wie man aus Fig. 161 erkennt, nimmt der Strom bei variabler Lichtbogenlänge im Anfang verzögert, gegen Ende der Ausschaltezeit beschleunigt ab. Demgemäß kann die Ausschaltespannung sehr viel größere Werte als bei begrenzter Lichtbogenlänge annehmen, ohne daß irgendein Vorteil hiermit verknüpft ist.

Man erzielt häufig eine veränderliche Lichtbogenlänge dadurch, daß man den Auftrieb der heißen Lichtbogenluft benutzt, um den Bogen zwischen Hörnerkontakten nach Fig. 162 mehr und mehr zu verlängern. Der kleinste Kontaktabstand darf dabei von der Netzspannung natürlich nicht durchschlagen werden. Da aber die Spannung während des Hochsteigens des Lichtbogens wesentlich größer als die Netzspannung werden kann, so ist ein Überschlag und daher ein mehrfaches Zünden an der engsten Stelle der Hörner möglich. Fig. 163 stellt ein Oszillogramm des Stromes und der Lichtbogenspannung an einem Hörnerschalter dar, bei dem mehrere solcher Rückzündungen auftraten.

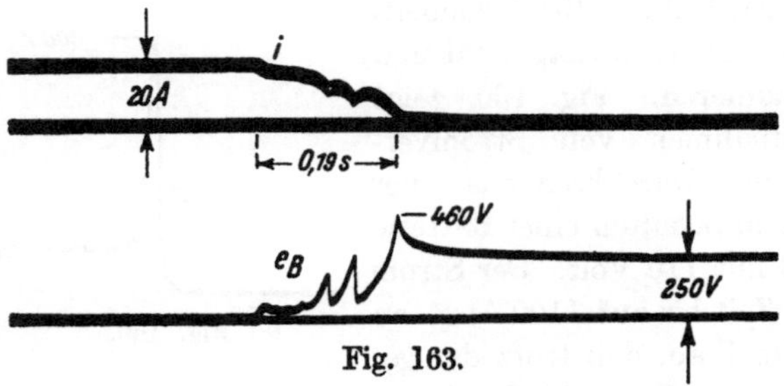

Fig. 163.

Der Verlauf von Strom und Spannung in der Charakteristik ist in Fig. 164 dargestellt, in der außer der Zünd- und Löschcharakteristik e_{B1} der engsten Stelle noch die Löschcharakteristiken für die längeren hochgetriebenen Lichtbögen eingetragen sind. Nach dem Öffnen der Kontakte wandert der Lichtbogen sofort hoch, so daß der charakteristische Stromspannungspunkt auf der stark gezeichneten Linie e_B bei abnehmendem Strom schnell auf hohe Spannungen kommt. Sobald hierdurch die Zündspannung e_{z1} der engsten Stelle überschritten wird, setzt dort

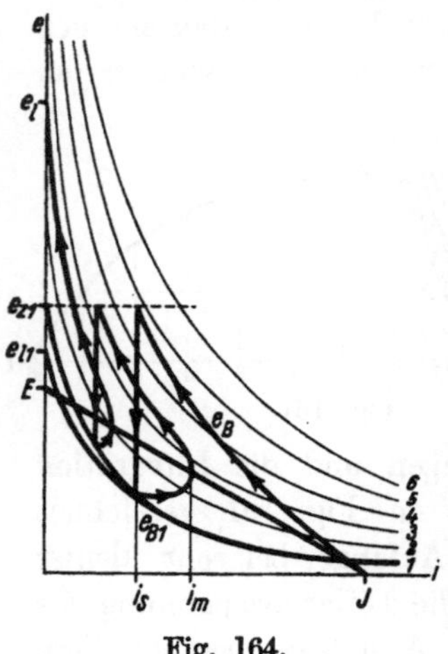

Fig. 164.

ein neuer Lichtbogen ein. Er übernimmt sofort den noch vorhandenen Strom i_s, so daß die Spannung plötzlich auf die tiefste Charakteristik e_{B1} springt. Liegt diese unter der Widerstandslinie des Stromkreises wie in Fig. 164, so nimmt der Strom des von neuem aufsteigenden Lichtbogens zunächst zu. Er erreicht ein Maximum i_m beim Durchtritt des charakteristischen Punktes durch die Widerstandslinie und nimmt alsdann durch die steigende Spannung und die wachsende Lichtbogenlänge wieder ab. Die Neuzündung an der engsten Stelle und das sprungweise Zusammenbrechen der Spannung kann sich beim Hochwandern des Lichtbogens noch häufiger wiederholen. Im Oszillogramm 163 treten zwei Rückzündungen auf, die auch in Fig. 164 eingetragen sind. Sie bewirken Schleifen in der Charakteristik und damit eine Zunahme der Schaltarbeit Die Rückzündung setzt schließlich aus, wenn durch allmähliche Abkühlung der Elektroden an der engsten Stelle deren Zündspannung stark anwächst.

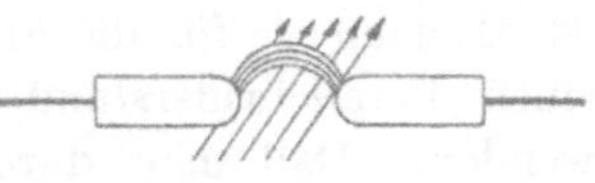

Fig. 165.

An Stelle des thermischen Auftriebes verwendet man zur Erzielung verlängerter Lichtbögen auch magnetische Blaswirkung, indem man quer zum Lichtbogen ein Magnetfeld erzeugt, dessen dynamische Wirkung den Bogen nach außen treibt, wie es in Fig. 165 dargestellt ist. Die Blaswirkung und damit die Verlängerung des Lichtbogens ist um so stärker, je größer das Produkt aus Feldstärke und Strom ist. Starke Felder können den Lichtbogen daher auf sehr große Längen auseinanderreißen. Dabei treten im allgemeinen zahlreiche Rückzündungen auf, die den Strom und vor allem die Spannung am Lichtbogen zum schnellen Flattern bringen. Fig. 166 stellt ein Oszillogramm von Strom und Spannung bei der Unterbrechung eines eben entstandenen starken Kurzschlusses dar, die durch die Wirkung des Blasfeldes unter heftigen Spannungssprüngen erfolgt.

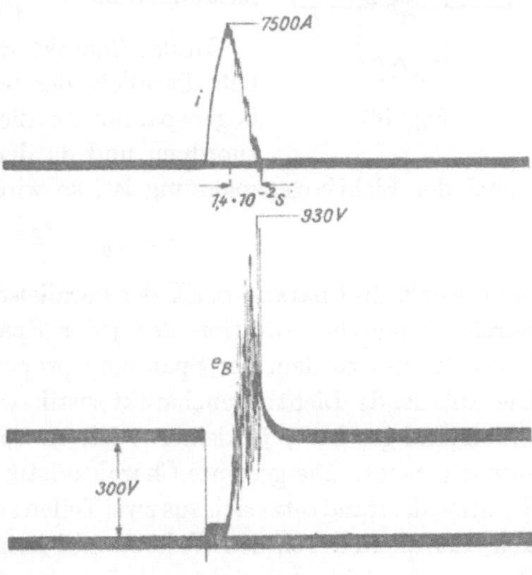

Fig. 166.

Die Blaswirkung durch Auftrieb oder Magnetfelder hat den Vorteil, daß die tiefste Charakteristik des Schalters nach Fig. 164 unterhalb der

Widerstandslinie des Stromkreises liegen darf, was besonders beim Abschalten von Kurzschlüssen für die Dimensionierung des Schalters wertvoll sein kann. Sie hat dagegen den Nachteil, daß **zahlreiche schnelle Spannungssprünge** auftreten, die schädliche Wirkungen auf die Wicklungen des Stromkreises ausüben können.

c) Parallelwiderstand zum Lichtbogen.

Wenn die Ausschaltüberspannung eines Lichtbogenschalters größer ist als man sie für die Anlage zulassen will, so kann man mit Vorteil einen Parallelwiderstand zum Lichtbogen oder zum Stromkreis anwenden. Daß man durch solche Widerstände die Spannung beim momentanen Abschalten begrenzen kann, hatten wir schon in Kapitel 18 gesehen. In einem Lichtbogenstromkreise nach Fig. 167 gilt für den Verlauf des Stromes i dieselbe Differentialgleichung wie früher

$$L\frac{di}{dt} + Ri + e_B = E. \tag{35}$$

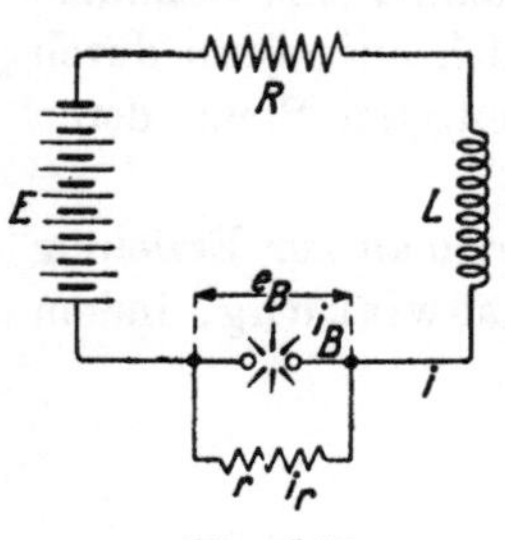

Fig. 167.

Der Gesamtstrom, der den Belastungskreis durchfließt, setzt sich jetzt aber aus dem Lichtbogenstrom i_B und dem Strom i_r im Parallelwiderstand zusammen zu

$$i = i_B + i_r. \tag{36}$$

In der Charakteristik des Schalters einschließlich Parallelwiderstand muß man jeder Lichtbogenspannung e_B die Summe dieser beiden Ströme zuordnen und da der Parallelstrom stets proportional der Lichtbogenspannung ist, so wird sie dargestellt durch

$$i = i_B + \frac{e_B}{r}. \tag{37}$$

Man erhält die Charakteristik der Parallelschaltung daher nach Fig. 168 durch graphische Addition des jeder Spannung zugeordneten Lichtbogenstromes zu dem der Spannung proportionalen Widerstandsstrom. Die abfallende Lichtbogencharakteristik wird also durch den Parallelwiderstand geschert, je kleiner er ist, um so flacher ist die Widerstandsgerade geneigt. Die gesamte Charakteristik des Lichtbogenschalters mit Schutzwiderstand setzt sich aus zwei Teilen zusammen: einem geradlinigen Teil, der allein durch den Widerstand bestimmt ist und dem erloschenen Bogen entspricht und einem gekrümmten durch den brennenden Lichtbogen gegebenen Ast. Beide sind in Fig. 168 stark hervorgehoben.

Um den zeitlichen Verlauf der Ausschaltströme und Spannungen zu erhalten, muß man mit dieser resultierenden Charakteristik die Konstruktion nach Fig. 155 durchführen. Die Differenzspannung Δe wird dadurch für große Ströme verstärkt und kann für einen mittleren Strombereich sogar löschende Werte erhalten, wenn der Lichtbogen ohne Parallelwiderstand stationär weiterbrennen würde. Ist der Strom bis zu einem bestimmten Werte i_l gesunken, so löscht der Lichtbogen aus, der Strom fließt nur noch durch den Parallelwiderstand, der auf eine entsprechend hohe Spannung geladen wird, die sich aus Fig. 168 abgreifen läßt. Der Strom sinkt weiter, wobei sich die Spannung am Schalter geradlinig verringert, bis sie einen dem Dauerstrom i_∞ entsprechenden Betrag erreicht. Unter diesen Wert, der dem Schnittpunkt der beiden Widerstandslinien in Fig. 168 und daher ihrer Reihenschaltung entspricht, kann der Strom nicht sinken.

Die höchste Spannung tritt hier nicht am Ende der Ausschaltperiode auf, sondern beim Löschen des Lichtbogens, sie ist in Fig. 168 ebenso groß wie ohne Parallelwiderstand. Wendet man aber einen geringeren Parallelwiderstand an, so kann die Lichtbogencharakteristik, wie es

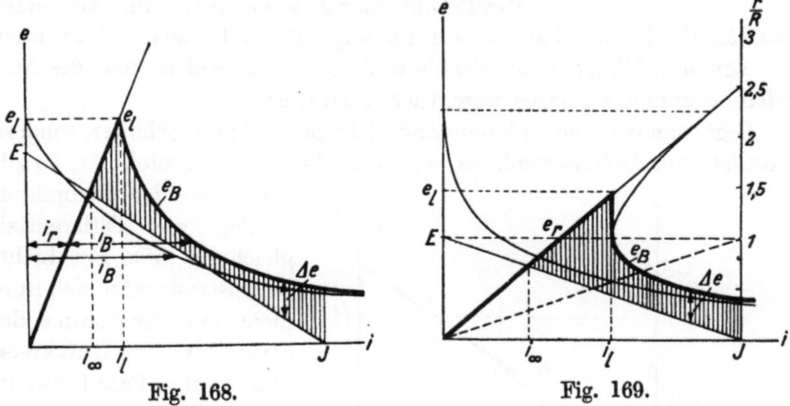

Fig. 168. Fig. 169.

in Fig. 169 gezeigt ist, in ihrem oberen Teil so stark abgebogen werden, daß sie eine senkrechte Tangente erhält. Die Lichtbogenspannung kann dann beim Abnehmen des Stromes an diesem Punkte nicht weiter wachsen, weil sonst der Strom wieder zunehmen würde, der Lichtbogen löscht daher plötzlich aus. Der ganze Strom i_l springt auf den Parallelwiderstand über und erhöht dessen Spannung bis zum Werte e_l, der kleiner ist als die Löschspannung des Bogens selbst. Durch einen geeignet bemessenen Parallelwiderstand zum Lichtbogen gelingt es somit, die Löschspannung sehr erheblich zu verringern und damit die höchste im Stromkreis auftretende Ausschalteüberspannung auf unschädliche Werte zu bringen. Nach dem Löschen des Lichtbogens sinkt die Differenzspannung Δe linear mit dem Strome, so daß die Zeit nach Gleichung (26) logarithmisch mit ihm ansteigt. Der Strom klingt daher von diesem Augenblick an exponentiell mit der Zeit bis auf seinen Endwert ab.

Wenn man den Parallelwiderstand zum Schalter ebenso groß macht wie den Widerstand des äußeren Stromkreises, so hat seine Widerstandslinie in Fig. 169 auch dieselbe Stärke der Neigung wie die EJ-Gerade. Aus dem dort eingetragenen Maßstab für r/R kann man daher ablesen, wie groß der Parallelwiderstand zur Erzielung des soeben behandelten nützlichen Effektes sein muß. Würde man den Strom J nicht über den Lichtbogen ausschalten, sondern parallel zum Widerstand r momentan unterbrechen, so würde die Spannung bis zum Schnitt der Widerstandslinie e_r mit diesem Maßstab anschnellen. Man erhielt also recht erhebliche Spannungen von einer Größe, wie sie in Kapitel 18 berechnet wurden. Durch gemeinsame Anwendung von Lichtbogenschalter und Parallelwiderstand kann man die Ausschaltcharakteristik auf eine überaus günstige Form bringen. Man kann die Leistungsfähigkeit des Schalters dadurch vergrößern und die Ausschaltespannungen dabei wesentlich verringern.

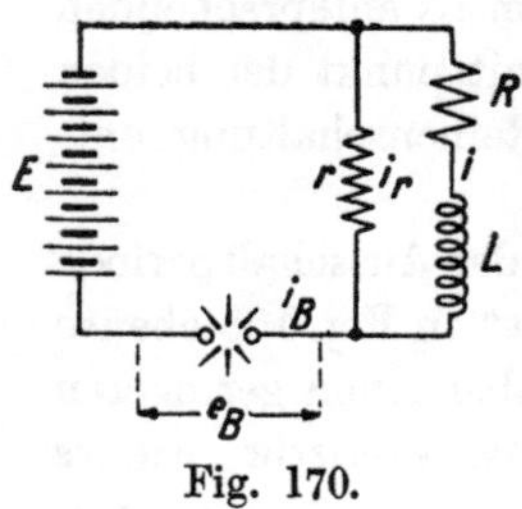

Fig. 170.

Legt man den Schutzwiderstand nicht parallel zum Schalter, sondern parallel zum Außenstromkreis, wie es in Fig. 170 dargestellt ist, so gilt für den Nutzstromkreis wieder die Differentialgleichung (35). Der Lichtbogenstrom setzt sich nunmehr aus der Summe der Ströme i im Nutzkreise und i_r im Parallelzweige zusammen. Es ist also

$$i_B = i + i_r. \tag{38}$$

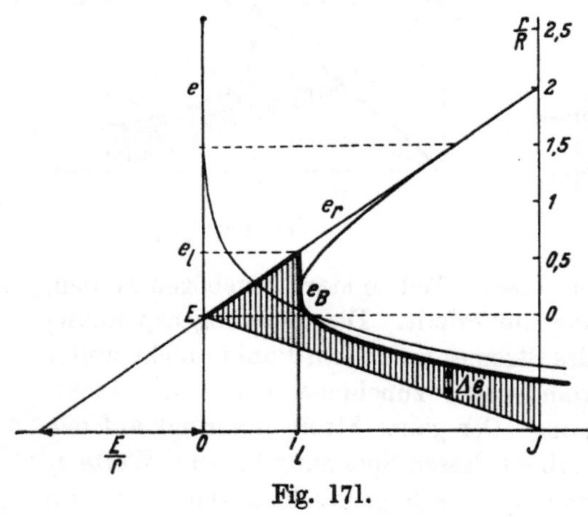

Fig. 171.

Der Parallelstrom bestimmt sich andererseits aus der Netzspannung und Lichtbogenspannung zu

$$i_r = \frac{E - e_B}{r}, \tag{39}$$

so daß man für den Nutzstrom in Abhängigkeit von der Lichtbogenspannung erhält

$$i = i_B + \frac{e_B}{r} - \frac{E}{r}, \tag{40}$$

ein Ausdruck, der sich nur um ein konstantes Glied von Gleichung (37) unterscheidet.

Die wirksame Schaltercharakteristik wird daher jetzt durch Fig. 171 dargestellt. Die Widerstandslinie des Parallelwiderstandes hat die gleiche Neigung wie im letzten Falle, sie schneidet jedoch auf der rückwärts verlängerten i-Achse die Strecke E/r ab, was aus Gleichung (40) sofort hervorgeht, wenn man i_B und $e_B = 0$ setzt. Durch einen Parallelwiderstand zum Nutzstromkreise wird also der gleiche günstige Einfluß auf die Löschspannung des Lichtbogens erzielt. Nach erfolgtem Löschen klingt der Strom hier sogar exponentiell vollständig bis auf null ab. Allerdings wird die löschende Spannung Δe für größere Ströme geringer als im vorigen Fall.

Zum Abschalten von Nutzlasten wird man daher zweckmäßig einen Parallelwiderstand zum Hauptstromkreise verwenden. Zum Unterbrechen von Kurzschlüssen legt man den Schutzwiderstand dagegen besser parallel zum Schalter, da er dann für jede zufällige Lage der Kurzschlußstelle wirksam ist. Die nachträgliche Unterbrechung des geringen

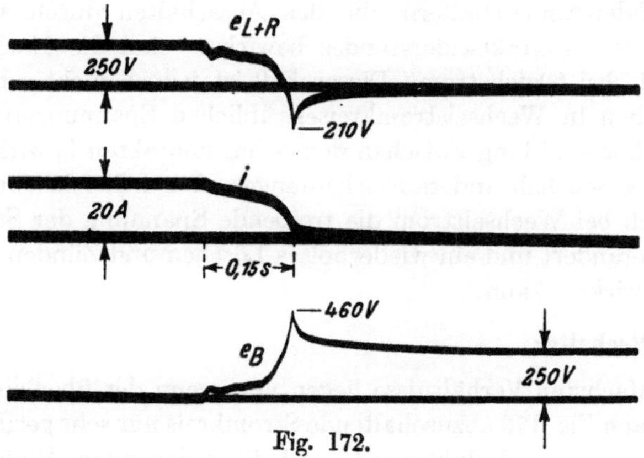

Fig. 172.

Stromes durch den Parallelwiderstand verursacht dabei keine besonderen Schwierigkeiten.

In Fig. 172 ist das Ausschaltoszillogramm des gleichen selbstinduktiven Stromkreises wie in Fig. 156, jedoch mit Parallelwiderstand vom 5fachen Betrage dargestellt. Man erkennt die gewaltige Verringerung der Ausschaltespannung und gleichzeitig damit das langsame Nachklingen der Spannung durch den Widerstand. Daß die Überspannung auch bei allen Oszillogrammen ohne Schutzwiderstand nicht sofort nach dem Abreißen des Lichtbogens vollständig verschwindet, rührt von den sekundären Wirbelströmen her, die sich bei den meisten Gleichstrommagneten ausbilden können und die genau wie ein entsprechend großer Parallelwiderstand dämpfend wirken.

24. Ausschalten von Wechselstrom.

Wechselstrom läßt sich im Prinzip wesentlich leichter ausschalten als Gleichstrom, weil er in seinem regulären Verlauf sowieso nach jeder Halbperiode durch null hindurchgeht. Wenn es gelänge, den Schalter mit solcher Präzision zu betätigen, daß er den Stromkreis im Augenblick des natürlichen Nulldurchganges des Stromes unterbricht, so bliebe der Kreis von da ab stromlos, ohne daß irgendwelche Überspannungs- oder Erwärmungserscheinungen an der Schaltstelle aufträten. Praktisch ist ein solches Präzisionsschalten bisher nicht möglich, weil die Massenwirkung der Schaltkontakte und ihrer Antriebsorgane keine so genaue Einstellung und so hohe Schaltgeschwindigkeit erlaubt. Bei 50 periodigem Wechselstrom müßte die Genauigkeit Zeiten von der Größenordnung einiger zehntausendstel Sekunden erreichen. Bei den heute üblichen Schaltern erstreckt sich die Ausschaltdauer dagegen über einen wesentlich längeren Zeitraum, der größere Bruchteile oder Vielfache der Periodendauer beträgt.

Bei Widerstandsschaltern, die das Ausschalten durch allmähliche Zunahme des Kontaktwiderstandes bewirken, sind die Erscheinungen ähnlich wie bei Gleichstrom. Dieser Fall ist jedoch nicht sehr wichtig, da die hohen in Wechselstromkreisen üblichen Spannungen fast stets eine Lichtbogenbildung zwischen den Schaltkontakten bewirken. Hierbei treten wesentlich andere Erscheinungen als bei Gleichstromschaltern auf, da sich bei Wechselstrom die treibende Spannung der Stromquelle dauernd verändert und ein wiederholtes Löschen und Zünden des Lichtbogens bewirken kann.

a) Luftschalter.

Die einfachsten Verhältnisse liegen vor, wenn der über einen Lichtbogen B nach Fig. 173 abzuschaltende Stromkreis nur sehr geringe Selbstinduktion L und überwiegenden Widerstand R besitzt. Es mögen z. B. Glühlampen von einem Netz konstanter Wechselspannung e abgeschaltet werden. Dann geht der Strom i gleichzeitig mit der Spannung e durch null, und hierbei erlischt der Lichtbogen zwischen den Schaltkontakten jedesmal. Unmittelbar nach dem Löschen sinkt die Temperatur der Kontakte und die Zündspannung e_z steigt sehr schnell an, nach einer Kurve, die in Fig. 174 gestrichelt eingetragen ist. Bei sehr kleinem Lichtbogen wird sie bald von der ebenfalls ansteigenden Wechselspannung eingeholt, so daß der Strom unter Neuzündung des Bogens schnell auf seinen stationären Wert springt. I s t d i e K o n t a k t e n t f e r n u n g b e i m n ä c h s t e n N u l l d u r c h g a n g v o n S t r o m u n d S p a n n u n g a u s r e i c h e n d g r o ß, u m d i e Z ü n d s p a n n u n g u n d i h r e n A n s t i e g s o z u v e r g r ö ß e r n, d a ß s i e d a u e r n d ü b e r d e r W e c h s e l s p a n n u n g d e r S t r o m q u e l l e b l e i b t, s o z ü n d e t d e r B o g e n n i c h t w i e d e r, s o n d e r n b l e i b t e r l o s c h e n. Der Strom bleibt dann nach Erreichen des Nullwertes dauernd null.

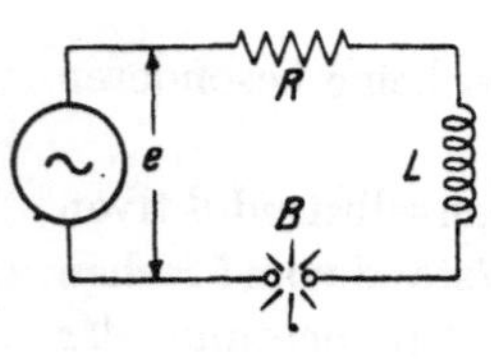

Fig. 173.

Bei Metallkontakten mit guter Wärmeleitung, vor allem bei Kupferkontakten, tritt die Löschwirkung sehr schnell ein, so daß nur geringe Kontaktwege erforderlich sind. Bei höheren Spannungen, die entsprechend der zweiten Halbwelle in Fig. 174 leichter einen Überschlag der Kontakte bewirken können, empfiehlt es sich, dies durch Verwendung mehrerer in Serie liegender Unterbrechungsstellen zu verhindern. Da es sich demnach bei Wechselstrom weniger darum handelt, den Strom zu unterbrechen als vielmehr ein Neuzünden des Lichtbogens zu verhindern, so kann man durch relativ kleine Schalter ganz erhebliche induktionsfreie Leistungen beherrschen. Noch leichter lassen sich Maschinen mit selbständiger Gegenspannung, wie Synchronmotoren und Einankerumformer, abschalten, vor allem wenn ihre Leitungen vorwiegend Ohmschen Widerstand besitzen, weil dieser nur unter der Wirkung der geringen Differenz der Spannungen steht. Tatsächlich ist aber auch ihre Streuinduktion zu beachten.

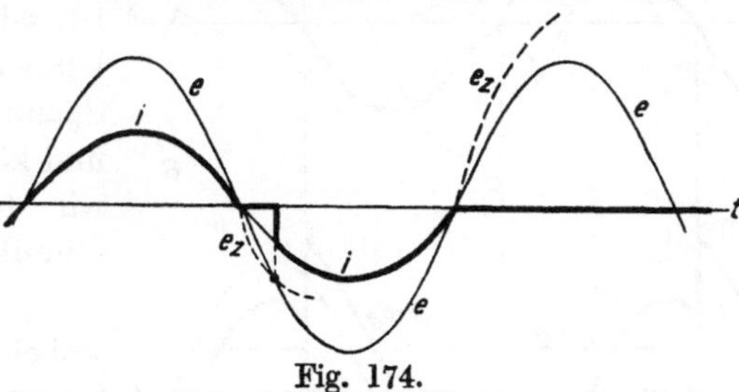

Fig. 174.

Ungünstiger werden die Erscheinungen beim Ausschalten von induktiven Wechselstromkreisen, von Transformatoren, Asynchronmotoren und ähnlichen Maschinen und vor allem in dem gefährlichen Falle des Abschaltens von Kurzschlußströmen. Der Widerstand R des Stromkreises ist dann meist gering gegenüber der Induktanz, so daß die Phasenverschiebung des Stromes gegenüber der Spannung erheblich wird. Der Nulldurchgang des Stromes findet dann nicht mehr wie in Fig. 174 bei geringer Spannung statt, diese ist vielmehr beim Löschen des Lichtbogens so groß, daß sie ihn sofort wieder zünden kann und den Strom in entgegengesetzter Richtung durchtreibt.

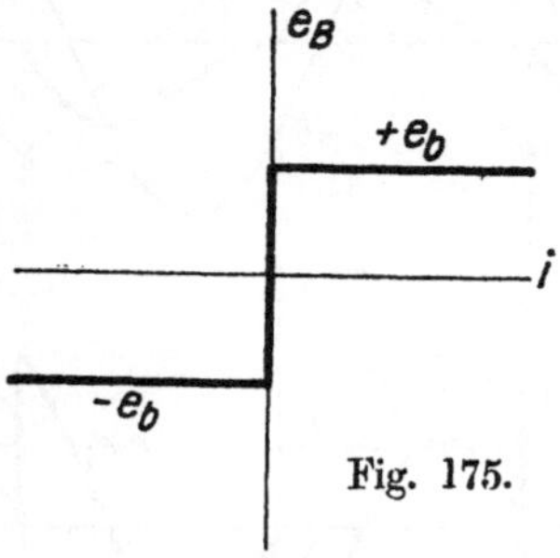

e_B
$+e_b$
i
$-e_b$

Fig. 175.

In jedem Falle ist der Stromverlauf im induktiven Kreise durch die Beziehung bestimmt

$$L\frac{di}{dt} + Ri + e_B = e\,, \qquad (1)$$

die durch die Lichtbogenspannung e_B ihr charakteristisches Gepräge erhält. Wir wollen die Vorgänge, die beim Brennen des Wechselstromlichtbogens in einem induktiven Kreise auftreten, zunächst unter der einfachen Annahme verfolgen, daß der Lichtbogen konstante Länge hat und eine rechteckige Charakteristik besitzt, daß seine Spannung daher nach Fig. 175

$$e_B = \pm e_b \qquad (2)$$

ist, wobei das positive Vorzeichen für positive Ströme und das negative Vorzeichen für negative Ströme gilt. Vom Einfluß der Zünd- und Löschspannung am Lichtbogen, der nur für sehr kleine Ströme erheblich ist, und vom Einfluß des Ohmschen Spannungsabfalles, der für praktische Wechselstromkreise gering ist, sehen wir vorläufig ab. Dann können wir in Gleichung (1) die Spannung Ri vernachlässigen und können sie integrieren, wenn wir für die Wechselspannung schreiben

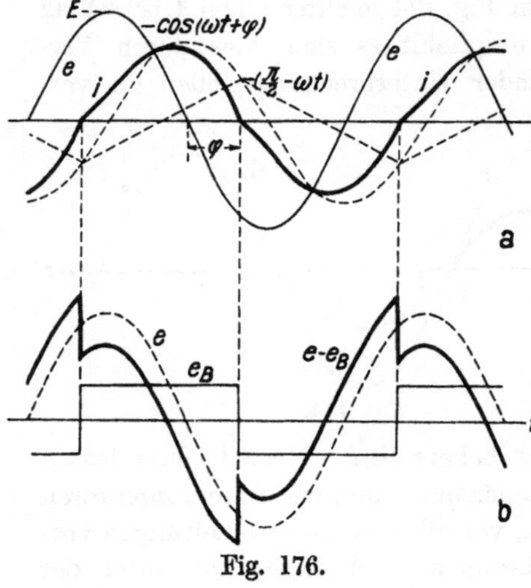

Fig. 176.

$$e = E \sin(\omega t + \varphi) \quad (3)$$

wobei φ der Phasenwinkel der Spannung im Augenblick des Nulldurchganges des Stromes, also zur Zeit $t = 0$ sein soll. Für die positive Halbwelle des Stromes erhalten wir dann aus Gleichung (1)

$$i = \frac{1}{L}\int_0^t (e - e_B)\,dt = \frac{E}{L}\int_0^t \sin(\omega t + \varphi)\,dt - \frac{e_b}{L}\int_0^t dt \quad (4)$$

oder integriert

$$i = -\frac{E}{\omega L}\cos(\omega t + \varphi) + \frac{E}{\omega L}\cos\varphi - \frac{e_b}{\omega L}\omega t\,. \quad (5)$$

Nach Ablauf einer Halbperiode $\mathfrak{T}/2$, also für

$$\omega t = \pi \quad (6)$$

muß der Strom bei stationärem Verlauf wieder durch null gehen. Es ist daher nach Gleichung (5)

$$-E[\cos(\pi + \varphi) - \cos\varphi] = e_b \pi \quad (7)$$

und daraus ergibt sich

$$\cos\varphi = \frac{\pi}{2}\frac{e_b}{E}\,. \quad (8)$$

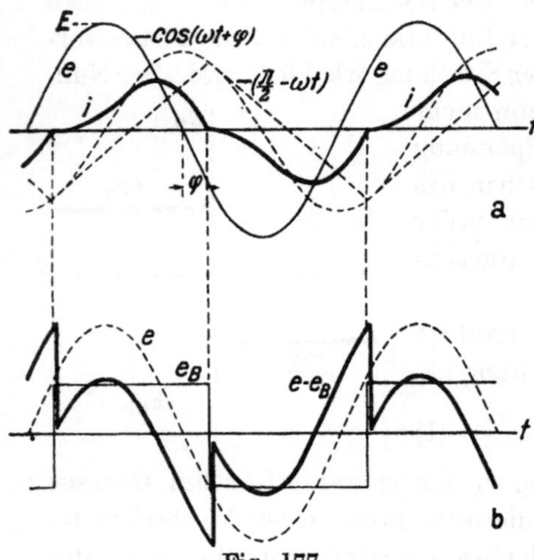

Fig. 177.

Die Phasenverschiebung in einem rein induktiven Kreise, in dem ein Lichtbogen brennt, ist also keineswegs 90°, sondern sie ist nach Gleichung (8) durch das Verhältnis der Lichtbogenspannung zur Spannungsamplitude der Stromquelle gegeben. Sie nähert sich mit größer werdender Lichtbogenspannung, also mit zunehmender Entfernung der Schaltkontakte, immer mehr dem Werte null.

Führt man den Wert von $\cos\varphi$ in Gleichung (5) ein, so erhält man für den Verlauf des Stromes den übersichtlicheren Ausdruck

$$i = -\frac{E}{\omega L}\cos(\omega t + \varphi) + \frac{e_b}{\omega L}\left(\frac{\pi}{2} - \omega t\right). \tag{9}$$

Der Strom besteht also aus zwei Komponenten, von denen die erste den stationären Blindstrom bei ganz geschlossenem Schalter darstellt, der 90° Phasenverschiebung gegenüber der Spannung nach Gleichung (3) besitzt. Die zweite Komponente stellt einen zeitlich geradlinigen Strom dar, dessen Bedeutung mit wachsender Lichtbogenspannung zunimmt. Fig. 176a zeigt diese Teilströme und auch den Gesamtstrom für geringe, Fig. 177a für große Lichtbogenspannung e_B im Vergleich zur treibenden Spannung E. Die Stromkurven sind für beide Halbperioden gezeichnet, sie setzen sich stets aus einer Cosinuslinie und einer Dreiecklinie zusammen, so daß sich mit zunehmender Lichtbogenspannung stark verzerrte Kurvenformen ergeben. In Fig. 176b und 177b ist zu diesem Stromverlauf auch die Spannung am Lichtbogen und die für den Außenstromkreis übrigbleibende Spannung $e - e_B$ dargestellt, die mit zunehmender Lichtbogenlänge einen immer verzerrteren Verlauf mit immer größeren Spannungssprüngen erhält. Fig. 178 gibt ein Oszillogramm von Strom und Spannungen eines induktiven Lichtbogenkreises wieder, in dem man die charakteristische Verzerrung der Stromkurve erkennt.

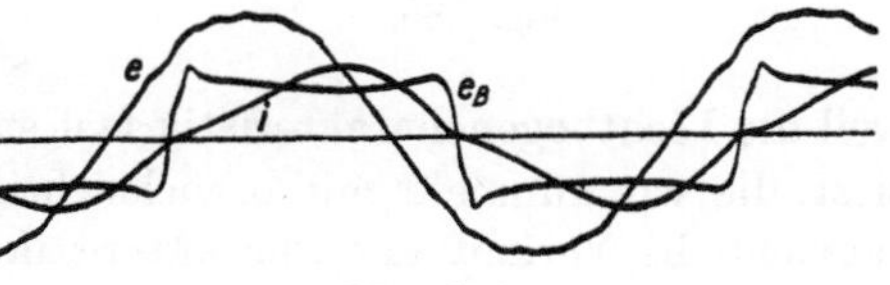

Fig. 178.

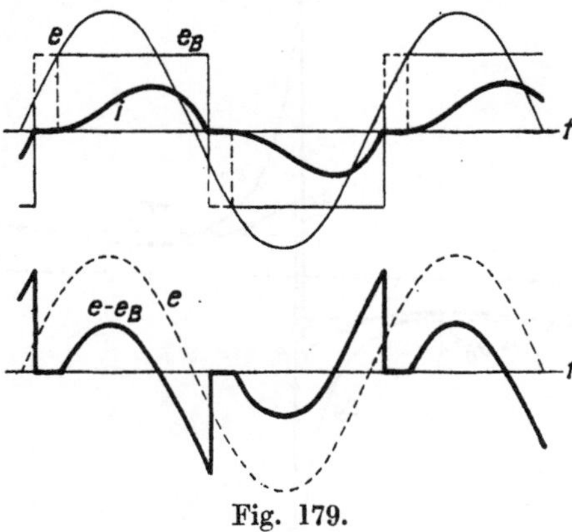

Fig. 179.

Aus Gleichung (8) ergibt sich, daß die Phasenverschiebung des verzerrten Stromes für einen bestimmten Wert der Lichtbogenspannung, nämlich das $2/\pi$fache der Netzspannung, zu null wird. Dies tritt jedoch in Wirklichkeit nicht ein, denn schon vorher wird nach Fig. 179 die Lichtbogenspannung beim Nulldurchgang des Stromes gleich oder größer als der Augenblickswert der Netzspannung, so daß der Lichtbogen nach dem Erlöschen nicht sofort neu zündet. Es tritt vielmehr eine stromlose Pause ein, die solange dauert, bis die Netzspannung e die Lichtbogenspannung e_B wieder erreicht hat. Auch die Spannung im Außenkreis verschwindet während dieser Pause. Sie besitzt außerordentlich verzerrten Verlauf, der in Fig. 179 ebenfalls dargestellt ist. Fig. 180 gibt ein Oszillogramm eines solchen Stromes wieder.

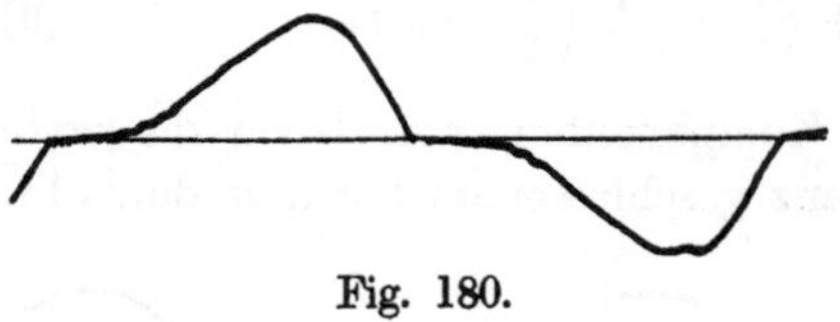

Fig. 180.

In Wirklichkeit tritt diese stromlose Pause nur selten auf, weil die Lichtbogencharakteristik fast stets ausgeprägte Zündspitzen besitzt, die wir nunmehr mit berücksichtigen wollen. In Fig. 181 ist der tatsächliche Verlauf der Charakteristik dargestellt. Bei abnehmendem Strom wächst die Lichtbogenspannung bis zur Löschspannung e_l an, steigt bei Umkehrung der Stromrichtung auf den höheren Wert der Zündspannung e_z, um mit zunehmendem, entgegengerichtetem Strom schnell geringer zu werden. Dasselbe Spiel wiederholt sich dann beim nochmaligen Richtungswechsel des Stromes. Enthält der Stromkreis erheblichen Ohmschen Widerstand R, so kann man dessen Spannungsabfall zur Lichtbogenspannung addieren, so daß Fig. 181 die gemeinsame Spannungscharakteristik des Stromkreises darstellt. Da die Lichtbogenspannung bei großen Strömen etwas sinkt, die Widerstandsspannung dagegen zunimmt, so erhält man für größere Ströme einen schwach gekrümmten Verlauf der Charakteristik.

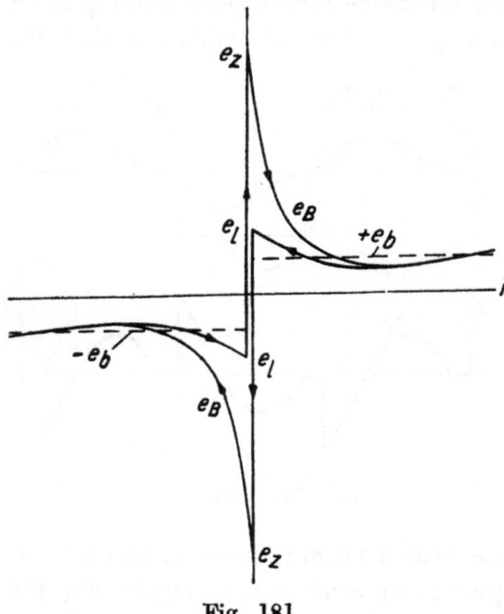

Fig. 181.

Wir können in Fig. 181 die mittlere Lichtbogen- und Widerstandsspannung e_b eintragen und daraus nach Gleichung (8) mit ausreichender Genauigkeit die Phasenverschiebung des Stromes berechnen. Die Stromstärke ist dann in der Nähe des Nulldurchganges ein wenig kleiner, in der Nähe des Maximums ein wenig größer als es Gleichung (9) und die Fig. 176 und 177 angeben. Ihren genaueren Verlauf könnte man durch schrittweise graphische Integration des ersten Ausdruckes der Gleichung (4) auswerten, im allgemeinen lohnt sich das aber nicht, solange die Charakteristik nicht sehr genau bekannt ist.

Fig. 182 stellt den tatsächlichen Verlauf des Stromes und der Lichtbogenspannung dar. Die Zündspitze verändert den Verlauf der Erscheinungen nur wenig, solange sie unterhalb der speisenden Spannung bleibt. Sie wird jedoch bei zunehmender Kontaktentfernung schon bei recht geringen mittleren Lichtbogenspannungen und daher bei einer Phasenverschiebung φ, die sich von $90°$ noch nicht weit entfernt hat, gleich oder größer als die Netzspannung. Im allgemeinen überschreitet sie die Netzspannung bereits, während der Stromwechsel noch fast bei deren Scheitel stattfindet und verhindert dadurch von einem bestimmten Kontaktabstand an vollständig das Wiederzünden des Lichtbogens.

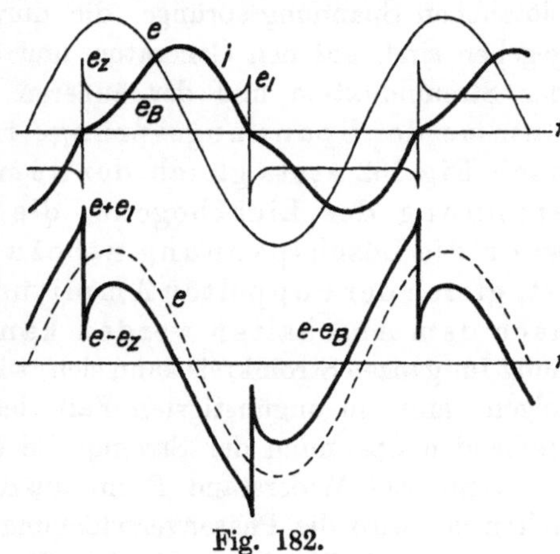

Fig. 182.

Die Selbstinduktion L umfaßt nicht nur die im äußeren abzuschaltenden Stromkreis liegenden magnetischen Felder, sondern auch die Streufelder der speisenden Wechselstromquelle. Besonders bei Kurzschlüssen wird die Selbstinduktion zum großen Teil im Generator liegen, während die der äußeren Leitungen nur geringfügig ist. Infolgedessen tritt an den Klemmen des Generators eine Spannung auf, die sich aus der treibenden Spannung e und einem Teil der Selbstinduktionsspannung $e - e_B$ zusammensetzt. Nennt man S die Streuinduktion der Stromquelle, so ist ihre Klemmenspannung

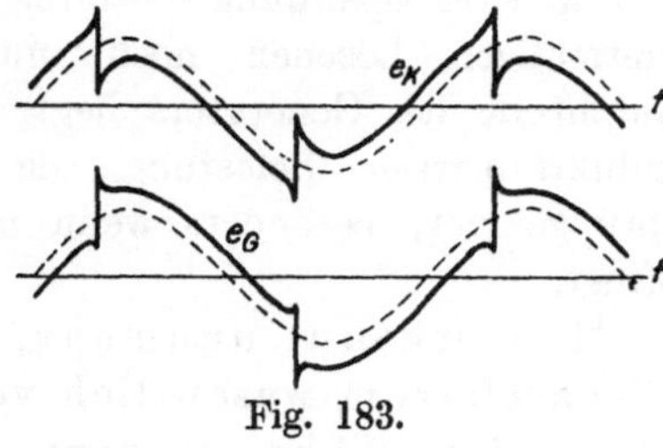

Fig. 183.

$$e_G = e - \frac{S}{L}(e - e_B) = \left(1 - \frac{S}{L}\right) e + \frac{S}{L} e_B . \qquad (10)$$

Sie wird also von einem Teil der elektromotorischen Kraft und einem anderen Teil der Lichtbogenspannung aufgebaut. Dagegen ist die Spannung am Außenkreis

$$e_K = (L - S)\frac{di}{dt} = \left(1 - \frac{S}{L}\right)(e - e_B) . \qquad (11)$$

Sie wird also durch die Generatorstreuung lediglich in ihrer Größe vermindert. Fig. 183 stellt die Spannungen nach dem in Fig. 182

gezeichneten Verlauf für Generatorklemmen und Außenkreis dar, wenn die Streuinduktion des Generators gleich der Hälfte der ganzen Selbstinduktion des Kreises angenommen wird.

Aus den Gleichungen (10) und (11) folgt, daß sich die Höhe der plötzlichen Spannungssprünge, die durch die Lichtbogenspannung e_B gegeben sind, auf den Generator- und den Außenkreis nach Maßgabe der Streuinduktion und der äußeren Selbstinduktion aufteilt. Die Summe der Spannungssprünge im ganzen Stromkreise ist nach Fig. 182 stets gleich der Summe von Zünd- und Löschspannung des Lichtbogens, die im ungünstigsten Falle, wenn die Löschspannung nahezu gleich der Zündspannung ist, gleich der doppelten Amplitude der Generatorspannung nach dem Abschalten werden kann. Der Absolutwert der Spannung im ganzen Stromkreis kann sich, wie man an Fig. 182 ebenfalls verfolgen kann, im ungünstigsten Falle bis auf den doppelten Wert der treibenden Spannung der Stromquelle erheben.

Wenn viel Widerstand R im auszuschaltenden Stromkreise enthalten ist, wird die Phasenverschiebung von Strom und Spannung geringer als nach Gleichung (8). Die Zündspitze e_z durchschneidet nach Fig. 182 die Spannung e dann schon früher, der Lichtbogen löscht schon bei kleinerem Kontaktabstand. Die Spannungssprünge sowohl wie die Überspannungen werden geringer, und zwar, wie man aus Fig. 182 ersieht, proportional dem Sinus der tatsächlichen Phasenverschiebung. Es können dann aber stromlose Pausen und darauf Rückzündungen mit höherer Spannung eintreten, wenn die Zündspannung nach dem erstmaligen Löschen noch unterhalb der treibenden Spannungsamplitude des Generators liegt. Es liegt also auch beim Abschalten induktionsfreier Belastung die Möglichkeit stärkerer Spannungssprünge vor, besonders wenn man den Schalter nur sehr langsam öffnet.

Man erkennt nunmehr, daß der Ausschaltvorgang bei Wechselstrom wesentlich verschieden von dem bei Gleichstrom ist. Während dort der Ausschaltlichtbogen, auch bei festem Kontaktabstand, in einem Zuge verlöscht und dabei Überspannungen erzeugen kann, die durch die Höhe der Löschspitze gegeben sind, löscht und zündet der Ausschaltlichtbogen bei Wechselstrom während der Bewegung der Schalterkontakte, die hier notwendig ist, im dauernden Wechsel bei jedem Nulldurchgang des Stromes. Die Lösch- und Zündspannungen werden immer größer, die Zündspannung erreicht schließlich bei zunehmender Kontaktentfernung und Lichtbogenlänge als Grenzwert die Größe der Spannungsamplitude E. Dann zündet der Lichtbogen nicht mehr von neuem und dadurch wird die völlige Ausschaltung bewirkt. In Fig. 184 ist der Verlauf der Spannung am Lichtbogen, am Generator und am Außenkreise während des Ausschaltens durch zunehmende Lichtbogenlänge entsprechend Gleichung (10) und (11) dargestellt. Fig. 185 zeigt ein Oszillogramm der Ausschaltespannung an einem induktiven Stromkreis, der durch einen Luftschalter von der Stromquelle getrennt wurde.

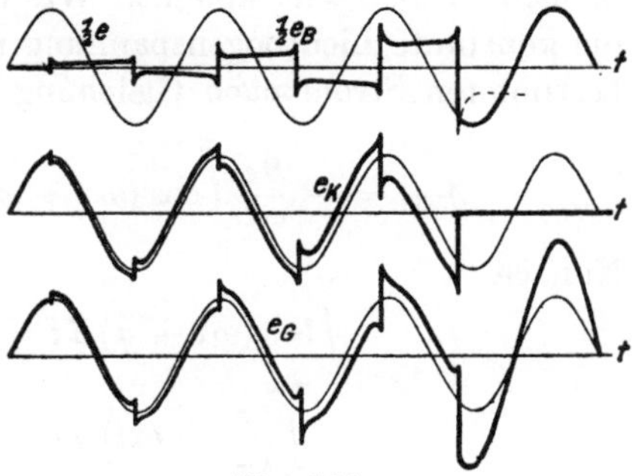

Fig. 184.

Wir wollen die während einer Halbperiode des Stromes am Lichtbogen freiwerdende Arbeit berechnen, die im Schalter in Wärme umgesetzt wird. Sie ist

$$A_{\mathfrak{T}/2} = \int_0^{\pi/\omega} e_B\, i\, dt. \qquad (12)$$

Setzt man hierin e_B nach Gleichung (1) ein, so entsteht

$$A_{\mathfrak{T}/2} = \int_0^{\pi/\omega} (e - Ri)\, i\, dt - L \int_0^{0} i\, di = \int_0^{\pi/\omega} e\, i\, dt - \int_0^{\pi/\omega} Ri^2\, dt. \qquad (13)$$

Dabei ist in dem Gliede mit L sowohl die untere als die obere Integrationsgrenze mit null einzusetzen, weil der Strom i, nach dem integriert wird, sowohl bei Beginn wie beim Ende der betrachteten Halbwelle verschwindet. Dies Integral ist daher Null. Die magnetische Energie des Stromkreises, die beim Ausschalten von Gleichstrom den Hauptbetrag der freiwerdenden Arbeit darstellte, liefert also beim Wechselstromausschalten keinen

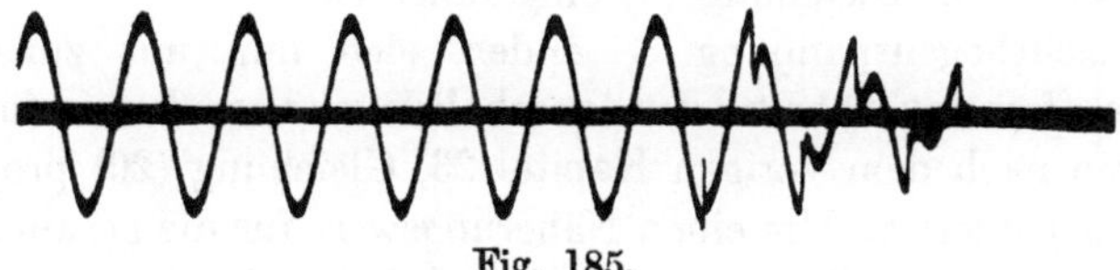

Fig. 185.

Beitrag zur Schaltarbeit. Die in der Selbstinduktion aufgespeicherte Arbeit wird vielmehr vollständig an die Stromquelle zurückgeliefert und braucht nicht am Schalter in Wärme umgesetzt zu werden. Es bleibt nur die Differenz der von der Stromquelle gelieferten und im sonstigen Stromkreise verbrauchten Arbeitsmengen für den Schalter übrig. Das Ausschalten von Wechselstrom ist daher viel leichter als das von Gleichstrom derselben Leistung.

Für die wirkliche Ausrechnung der Schaltarbeit ist es bequemer, die Gleichung (12) direkt zu integrieren, besonders da wir den geringen Einfluß der Lösch- und Zündspitzen bei der Integration vernachlässigen wollen. Sie bewirken zwar, daß während der sehr kleinen Lösch- und Zündzeit die Spannung e_B am Bogen sehr groß ist, jedoch ist gleichzeitig der Strom i sehr gering, so daß ihr Produkt unter dem Integral nicht erheblich in Betracht kommt. Wir dürfen demnach in Gleichung (12) die konstante Lichtbogenspannung nach Gleichung (2) und den daraus bestimmten Strom nach Gleichung (9) einsetzen und erhalten

$$A_{\mathfrak{T}/2} = -\frac{E e_b}{\omega L}\int_0^{\pi/\omega} \cos(\omega t + \varphi)\, dt + \frac{e_b^2}{\omega L}\int_0^{\pi/\omega}\left(\frac{\pi}{2} - \omega t\right) dt. \quad (14)$$

Nun ist

$$\left.\begin{aligned} &\int_0^{\pi/\omega} \cos(\omega t + \varphi)\, dt = -\frac{2}{\omega}\sin\varphi \cong -\frac{2}{\omega} \\ &\int_0^{\pi/\omega}\left(\frac{\pi}{2} - \omega t\right) dt = 0 . \end{aligned}\right\} \quad (15)$$

Der Beitrag des zweiten Integrales verschwindet daher.

Dagegen können wir im ersten Ausdruck den Sinus des Phasenwinkels für induktive Stromkreise unbedenklich gleich 1 setzen, weil sein Cosinus nach Gleichung (8) stets eine kleine Zahl ist. Denn die konstante Lichtbogenspannung e_b ist stets erheblich kleiner als die Zündspannung e_z, die ja höchstens gleich der Generatorspannung werden kann. Somit wird die Schaltarbeit während einer Halbperiode

$$A_{\mathfrak{T}/2} = 2\frac{E e_b}{\omega^2 L} = \frac{2}{\omega} J e_b , \quad (16)$$

wobei die Amplitude J des noch nicht unterbrochenen Wechselstromes als Quotient von Spannung und Blindwiderstand entsprechend dem ersten Gliede von Gleichung (9) eingeführt ist.

Die Lichtbogenspannung e_b ändert sich nun mit zunehmender Kontaktentfernung während der Ausschaltdauer τ, und zwar für längere Lichtbögen nach dem vorigen Kapitel 23, Gleichung (20) proportional der Lichtbogenlänge. Um einen Näherungswert für die gesamte Schaltarbeit zu erhalten, wollen wir annehmen, daß die Lichtbogenspannung e_b stets proportional der Zündspannung e_z bleibt, und daß diese während des Ausschaltens mit wachsender Zeit linear bis zum Endwert E ansteigt. Dann ist die Lichtbogenspannung

$$e_b = \frac{t}{\tau} E \frac{e_b}{e_z} , \quad (17)$$

wobei der Quotient e_b/e_z einen Wert darstellt, der bei Metallkontakten in der Größenordnung einiger Prozente liegt. Da die Zeit einer Halbperiode nach Gleichung (6) gleich π/ω ist, so wird während der Ausschaltdauer τ eine Zahl von $\tau\omega/\pi$ Halbwellen durchlaufen. Wenn wir dann noch zur Bestimmung der mittleren Lichtbogenspannung in

Gleichung (17) für t/τ den Wert $\frac{1}{2}$ einsetzen, so erhalten wir die gesamte Schaltarbeit nach Gleichung (16) zu

$$A = \frac{1}{\pi} \frac{e_b}{e_z} \tau E J. \tag{18}$$

Die Schaltarbeit wird daher bestimmt durch die unterbrochene Leistung, berechnet aus den Amplituden des Stromes vor der Unterbrechung und der Spannung nach der Unterbrechung, durch die Schaltdauer τ und durch das Verhältnis der Lichtbogenspannung bei vollem Strom zur Zündspannung beim Stromdurchgang durch null. Geringe Schaltarbeit erhält man vor allem, wenn man die Schaltkontakte so baut, daß sie durch möglichst hohe Zündspannung e_z eine kurze Ausschaltdauer τ ergeben. Dies führt auf Kontakte mit hoher spezifischer Wärme und guter Wärmeleitfähigkeit, die eine so große gesamte Wärmekapazität besitzen müssen, daß sie die auf die Elektroden entfallende Schaltarbeit aufnehmen können, ohne sich stark zu erhitzen. Dann verlieren sie beim Stromdurchgang durch null schnell die Fähigkeit zur Emission von Elektronen und erzeugen hohe Zündspannungen.

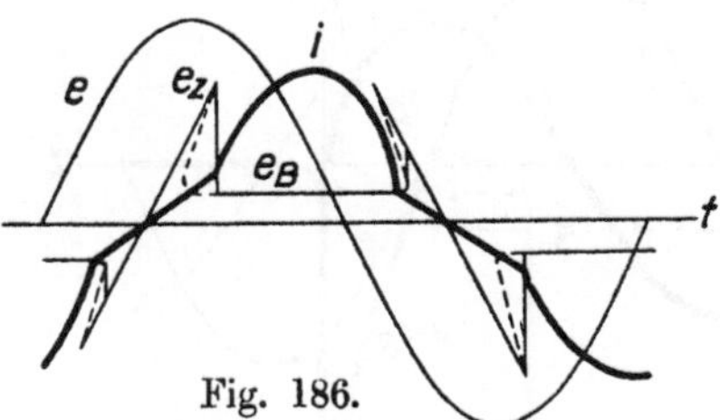

Fig. 186.

Auch bei Wechselstromschaltern wirkt ein Parallelwiderstand zum Lichtbogen oder zur Selbstinduktion günstig auf den Schaltvorgang ein. Er verändert die Form der wirksamen Charakteristik des Schalterlichtbogens ebenso wie bei Gleichstrom nach Kapitel 23, Fig. 169 und 171 und verursacht, daß die Lichtbogenspannung beim Stromwechsel nicht unstetig durch null geht, sondern geradlinig, so wie es in Fig. 186 dargestellt ist. Dadurch wird der Spannungssprung von der Löschspitze bis zur Zündspitze vermieden und durch einen allmählichen Übergang ersetzt. Nach Erreichen der Zündspannung e_z fällt die Spannung am Bogen allerdings unstetig bis auf die kleine Lichtbogenspannung e_b herab, jedoch ist dieser steile Spannungsfall erheblich geringer als die ohne Widerstand auftretenden Sprünge. Der Strom springt dabei vom Schutzwiderstand plötzlich auf den Lichtbogen über.

Auch beim Löschen bewirkt das Überspringen des Stromes vom Lichtbogen auf den Schutzwiderstand einen steilen Spannunganstieg, jedoch auch hier von geringer Höhe, wie Fig. 186 zeigt. Dort ist auch die jetzt auftretende Form der Stromkurve eingetragen. Die Sprunghöhe der Spannung ist selbst unter ungünstigsten Umständen immer kleiner als E, das ist die Hälfte des ohne Schutzwiderstand auftretenden Betrages. Verwendet man einen sehr kleinen Schutzwiderstand parallel zum Lichtbogen, so kann man die Zündspitze so stark von ihrer ursprünglichen Lage abbiegen, daß sie ganz außerhalb der Spannungskurve e fällt, so daß ein Neuzünden unmöglich ist.

Schutzwiderstände am Lichtbogen vermindern also nicht nur die Sprungspannungen, sondern sie beschleunigen auch die Löschwirkung des Lichtbogens beim Richtungswechsel des Stromes, und schließlich nehmen sie sogar einen Teil der Schaltarbeit auf und entlasten dadurch die Kontakte. Ebenso günstig wirken natürlich auch Belastungskreise parallel zur abzuschaltenden Selbstinduktion, wenn sie hauptsächlich Ohmsche Widerstände von geeigneter Größe enthalten.

Bisher haben wir den Ausschaltvorgang von Wechselstrom so behandelt, als ob der Kontaktabstand für jede Halbwelle des Stromes nahezu konstant bleibt und sich nur allmählich von Halbperiode zu Halbperiode vergrößert, bis die Zündspannung des Lichtbogens die dem Stromkreis aufgedrückte Spannung überschreitet. Da nun Gleichung (18) zeigt, daß die gesamte Schaltarbeit um so geringer wird, je kürzer die Ausschaltdauer ist, so wird man versuchen, die Ausschaltgeschwindigkeit so hoch als möglich zu steigern. Am günstigsten ist es, wenn man die Ausschaltdauer ungefähr gleich der Dauer einer Halbperiode macht. Geht man noch weiter und schaltet so schnell aus, daß der Lichtbogen in geringerer Zeit als einer halben Periode verschwindet, so treten zusätzliche Überspannungen im Stromkreise auf. Gleichung (18) verliert dann ihre Gültigkeit, weil e_B bei der Integration nicht mehr als konstant angesehen werden darf. Fig. 187 stellt diese Verhältnisse dar, wobei die Ausschaltdauer τ zu zwei Dritteln der Halbperiodendauer angenommen ist. Der Strom verschwindet vor seinem natürlichen Nulldurchgang unter der Wirkung der schnell wachsenden Lichtbogenspannung e_B, die bis zur Löschspitze e_l ansteigt.

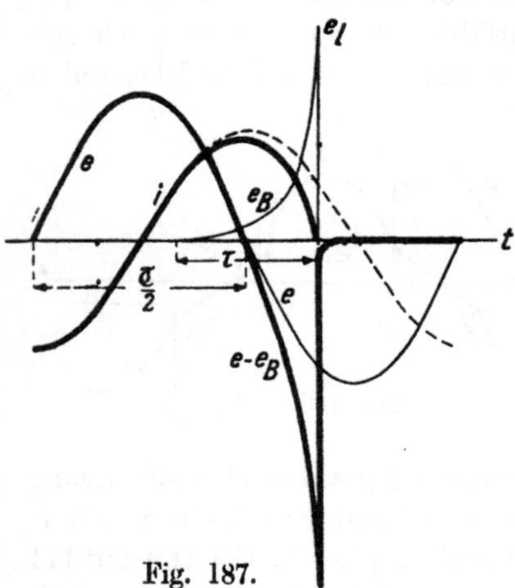

Fig. 187.

Der Vorgang ist jetzt ähnlich wie beim Ausschalten von Gleichstrom. Dort war jedoch die eingeprägte Spannung E konstant, hier ist sie veränderlich und wechselt während der Ausschaltdauer ihr Vorzeichen, so daß die höchste Spannung im Stromkreise, die bei Gleichstrom durch die Differenz $e - e_B$ gegeben war, hier als absolute Summe beider Größen in Erscheinung tritt und eine hohe Überspannungsspitze erzeugt. Man kann durch überschnelles Schalten auf Spannungsspitzen vom vielfachen Betrage der normalen Spannungsamplitude kommen. Fig. 188 gibt ein Oszillogramm von Spannung und Strom beim Schnellausschalten eines induktiven Wechselstromkreises durch Ölschalter wieder, das über den stationären Verlauf geschrieben wurde.

Derartige Löschspitzen der Spannung können auch bei Schaltern auftreten, deren Schaltdauer mehrere Halbperioden beträgt, wenn die Schaltgeschwindigkeit zunächst gering ist und in der letzten Halbperiode so groß wird, daß durch die schnell zunehmende Kontaktentfernung die Löschspannung wesentlich größer wird als die vorhergehende Zündspannung. Bei solchen Schaltmechanismen wäre die Verwendung von Kontaktmaterial mit schlechter Wärmeleitung nützlich, um geringe Löschspannung zu erhalten. Zweckmäßiger ist es aber, man verwendet Kupferkontakte mit guter Wärmeleitung zur Erzielung hoher Zündspannung und regelt die Kontaktgeschwindigkeit so, daß die endgültige Stromunterbrechung stets durch das Ausbleiben der Zündung des Lichtbogens erfolgt.

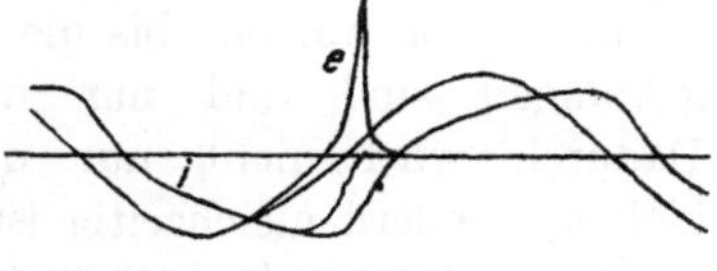

Fig. 188.

b) Ölschalter.

Durch Eintauchen der Schaltkontakte in Öl kann man die Entstehung eines Lichtbogens zwischen ihnen beim Ausschalten zwar nicht völlig verhindern, jedoch kühlt das Öl die Kontakte und den Bogen selbst so stark ab, daß er bei gleicher Länge wesentlich höhere Spannung als beim Brennen in Luft entwickelt. Sowohl die Löschspannung, besonders aber die Zündspannung, läßt sich durch Einbetten in Öl auf ein hohes Vielfaches der entsprechenden Spannung in Luft steigern, so daß Ölschalter vor allem geeignet sind, Wechselstromkreise hoher Spannung zu unterbrechen. Sie werden denn auch hierbei fast ausschließlich angewandt.

Alle Einzelheiten, die wir für den Ausschaltvorgang von Luftschaltern hergeleitet haben, lassen sich ausnahmslos auf den Schaltvorgang in Ölschaltern übertragen. Es treten jedoch noch einige Erscheinungen hinzu, die für Ölschalter besonders charakteristisch sind, und deren Wirksamkeit in Frage stellen können, wenn sie nicht genügend beachtet werden.

Da von der gesamten Schalterspannung nur ein gewisser Teil auf den Lichtbogen selbst entfällt und ein anderer beträchtlicher Teil an den Fußpunkten des Lichtbogens auftritt, so pflegt man bei sehr hohen Spannungen mehrere Unterbrechungsstellen in Serie zu verwenden. Man erzielt dadurch den weiteren Vorteil einer stärkeren Kühlung des gesamten Bogens durch die Kontaktmassen, und man erhält kürzere

Einzellichtbögen, die sich räumlich weniger deformieren als ein einziger sehr langer Lichtbogen und daher leichter in vorgeschriebenen Bahnen zu erhalten sind.

Die höchste Beanspruchung erleiden die Ölschalter nicht im normalen Betriebe, sondern dann, wenn sie einen Kurzschluß abschalten müssen. Vor allem können Stoßkurzschlußströme, die beim plötzlichen Kurzschluß auftreten, verderblich wirken, da ihre Stromstärke auf ein hohes Vielfaches des Normalstromes anschnellt und die Schaltarbeit, die die Kontakte und das Öl aufnehmen müssen, nach Gleichung (18) entsprechend vergrößert. Dabei wirkt nicht nur der hohe Strom, sondern auch die durch den heißeren Lichtbogen verkleinerte Zündspannung und dadurch verlängerte Schaltdauer ungünstig auf die Schaltarbeit ein. Man pflegt deshalb die Stoßkurzschlußströme nicht sofort nach ihrem Entstehen auszuschalten, sondern einige Sekunden zu warten, bis die Ausgleichströme zum größten Teil abgeklungen sind und nur noch der Dauerkurzschlußstrom fließt. Dadurch wird nicht nur der auszuschaltende Strom wesentlich kleiner, sondern gleichzeitig ist auch die treibende Spannung des Generators durch die Rückwirkung des Kurzschlußstromes nahezu bis auf seine Streuspannung herabgesunken, so daß das Produkt EJ beim Dauerkurzschlußstrom nur einen geringen Bruchteil des Wertes beim Stoßkurzschlußstrom beträgt.

Zum leichteren Ausschalten versieht man Ölschalter für schwere Betriebe, in denen häufig Kurzschlüsse auftreten, mit Schutzwiderständen, die für die erste Schaltstufe als Parallelwiderstand zum Lichtbogen, für die zweite Schaltstufe als Serienwiderstand dienen und in beiden Fällen den Strom im Lichtbogen herabdrücken und die früher beschriebene günstige Wirkung auf den Unterbrechungsvorgang äußern.

Bei Ölschaltern ist es besonders erstrebenswert, mit einem Minimum an Schaltarbeit nach Gleichung (18) auszukommen, da die freiwerdende Wärme eine starke Zersetzung und Verkohlung des Öles bewirkt. Man bemüht sich daher, durch Verwendung von Schnellschaltern die Ausschaltdauer τ auf die Zeit einer halben Periode herabzudrücken. Bei längerer Lichtbogendauer wird mehr und mehr Öl zu Gas zersetzt, so daß die entstehende heiße Gasblase ganz gewaltige Dimensionen erreichen kann.

Brennt der Lichtbogen nicht tief genug im Öl, so kühlen sich die Gase beim Hochsteigen nicht ausreichend ab und können die Öloberfläche in Brand setzen. Selbst bei großer Ölhöhe über dem Lichtbogen kann eine Explosion der Lichtbogengase, die sich über dem Ölspiegel ansammeln, erfolgen, wenn sie durch herumspritzende Metallperlen oder durch Spannungsüberschläge über dem Ölraum entzündet werden. Diese Störungen können vor allem eintreten, wenn Bauart und Abmessungen des Schalters seiner Schaltarbeit nicht entsprechen.

Die heißen Gase, die zum Brennen des Lichtbogens dienen, entstehen innerhalb eines Bruchteiles einer Halbperiode, also bei 50-periodigem Wechselstrom in viel weniger als einer hundertstel Sekunde. Die plötzliche Verdampfung und Zersetzung des Öles wirkt daher wie eine Explosion und entwickelt einen hohen Gasdruck im Lichtbogen, der bis zu einigen hundert Atmosphären beträgt. Dieser Druck eilt als Kugelwelle im Öl nach außen. Er vermindert sich zwar entsprechend der Zunahme der kugelförmigen Wellenfläche, jedoch kann er beim Erreichen der Wandung des Ölgefäßes noch so groß sein, daß er starke Ausbauchungen oder gar Risse hervorruft. Beim Eintreffen an der Öloberfläche schleudert die Druckwelle eine Ölfontäne heraus, was sich bei schwerer Beanspruchung des Schalters jede Halbperiode wiederholen kann und zu unerwünschten Nebenerscheinungen führt.

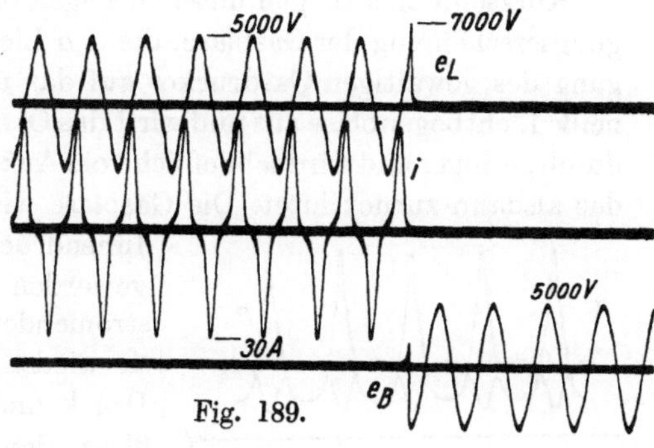

Fig. 189.

Will man die Ausschaltvorgänge in einem Kurzschlußlichtbogen unter Öl zahlenmäßig vorausbestimmen, so darf man die auftretenden Spannungen nicht aus Versuchen mit geringen Strömen entnehmen. Die S p a n n u n g e n a m L i c h t b o g e n w e r d e n v i e l m e h r d u r c h d e n i m B o g e n a u f t r e t e n d e n D r u c k s e h r v e r g r ö ß e r t u n d k ö n n e n d a h e r n u r d u r c h e i n e n w i r k l i c h e n K u r z s c h l u ß v e r s u c h f e s t g e s t e l l t w e r d e n. Für das Ausschalten ist es günstig, daß mit zunehmendem Strom und zunehmender Schaltarbeit auch der Druck und damit die Lichtbogenspannung anwächst. Jedoch kann dieser Druck wegen der nur periodisch freiwerdenden Schaltarbeit beim Übergang auf die nächste Halbperiode schon verschwunden sein, so daß die Z ü n d s p a n n u n g u n d d a m i t d i e D a u e r d e s g a n z e n A u s s c h a l t v o r g a n g e s s i c h d o c h n u r n a c h d e n n o r m a l e n D r u c k v e r h ä l t n i s s e n r i c h t e n.

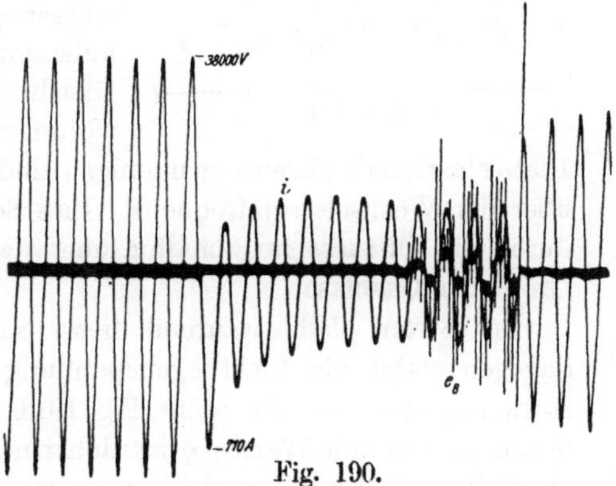

Fig. 190.

Fig. 189 stellt Oszillogramme von Spannung und Strom beim Abschalten geringer Leistung durch einen Ölschalter dar. Fig. 190 gibt dagegen Oszillogramme des Einsetzens und Ausschaltens eines schweren Kurzschlusses wieder. Während die Normallast von den Schaltern im allgemeinen innerhalb einer einzigen Halbperiode bewältigt wird, brennt der Lichtbogen beim Ausschalten von Kurzschlüssen häufig während einer ganzen Reihe von Perioden.

Kurzschlußlichtbögen unter Öl zeigen oft eine eigentümliche Schwingungserscheinung der Gasblase, die den Lichtbogen bildet. Bei Übertragung des gewaltigen Gasdruckes auf das umgebende Öl dehnt sich die heiße Lichtbogenblase aus und wirft das Öl nach oben. Ihr Druck wird dadurch geringer und wird schließlich vom Außendruck des Öls überwunden, das alsdann zurückflutet. Die Gasblase wird dadurch komprimiert, ihr Innendruck steigt wieder, bis er so groß geworden ist, daß er den Druck der zuströmenden Ölmassen überwindet und sie wieder nach außen schleudert. Da Druck und Volumen der Lichtbogenblase den thermodynamischen Gasgesetzen gehorchen, so wächst der Druck mit abnehmendem Volumen rapide an. Es entstehen bei der elastischen Schwingung der Ölmasse gegen die Lichtbogengasblase starke Druckspitzen p im Innern, die in Fig. 191a abhängig von der Zeit dargestellt sind. Gleichzeitig ist auch das pendelnde Volumen v der Gasblase eingetragen.

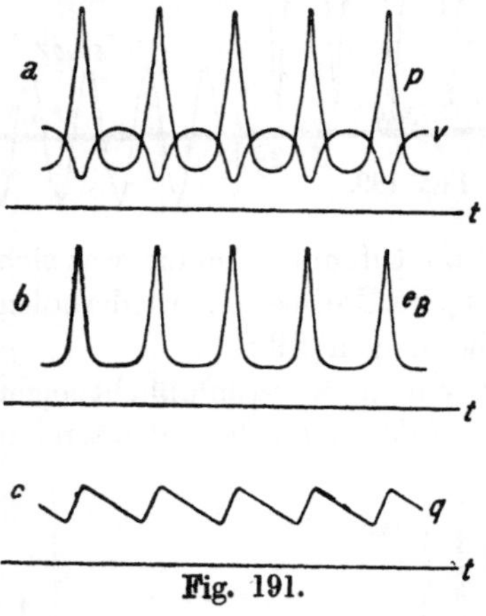

Fig. 191.

Diese elastischen Eigenschwingungen sind im allgemeinen schnell gegenüber der Wechselstromfrequenz. Ihre Schwingungsdauer ist bestimmt durch die Ölmasse im Schalter über dem Lichtbogen und durch die Größe der Gasblase.

Der Strom bleibt während dieser Schwingungen nahezu konstant, dagegen steigt die Lichtbogenspannung e_B mit zunehmendem Druck stark an, etwa so, wie es in Fig. 191b dargestellt ist. Die im Lichtbogen auftretende Wärme q ist daher nicht konstant, sondern pulsiert ebenfalls mit der Eigenschwingungsdauer des Lichtbogens. Sie steigt durch die Spannungsspitzen schnell an und fällt während der Zwischenzeit durch die Wärmeableitung nach außen wieder ab. Wie man aus Fig. 191c erkennt, hat sie eine solche Phase, daß sie das Volumen des Lichtbogens genau in seinem Eigentakte zu vergrößern und zu verkleinern strebt. Die mechanischen Eigenschwingungen können sich hierdurch selbst erregen und auf hohe Beträge heraufarbeiten, so daß starke Druckstöße und scharfe Spannungsspitzen im Lichtbogen entstehen, die ihn schließlich zum Verlöschen bringen. Diese Spannungsspitzen sind während der Brenndauer des Kurzschlußlichtbogens im Oszillogramm Fig. 190 durch photographische Verstärkung herausgeholt und daher deutlich zu erkennen. Die hohen Drucke im Lichtbogen sind für den Ausschaltvorgang wesentlich. Man versucht, sie durch Einbetten der Kontakte in geschlossene Räume länger zusammenzuhalten und dadurch das Löschen zu begünstigen.

Außer den Kräften, die durch den Gasdruck im Lichtbogen und durch das Hin- und Herschleudern der Ölmassen bewirkt werden, treten bei Kurzschlüssen starke elektrodynamische Kräfte sowohl auf den Lichtbogen wie auf alle stromführenden Teile auf. Sie suchen die durch den Strom im Schalter gebildete Schleife zu vergrößern und können bei plötzlichen Kurzschlüssen so stark werden, daß sie die Schaltkontakte auseinandertrennen. Man verwendet hiergegen Anordnungen, bei denen nach dem Schema der Fig. 192 die Bewegung beim Öffnen des Schalters entgegen den Stromkräften erfolgt. Dann pressen die Kurzschlußkräfte die Kontakte stets fest aufeinander und können kein ungewolltes Ausschalten bewirken.

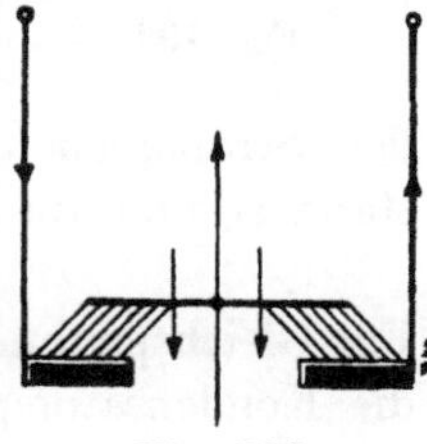

Fig. 192.

25. Rückzündung von Kapazitätskreisen.

Wenn man einen Wechselstromkreis, der erhebliche Kapazität enthält, durch Ziehen eines Lichtbogens am Schalter außer Betrieb setzt, so löscht der Bogen ganz ähnlich wie beim Ausschalten von Selbstinduktionskreisen beim Durchgang des Stromes durch null aus. Er kann aber hier nicht sofort wieder zünden, weil die Spannung an der abgeschalteten Kapazität nicht sofort verschwindet, sondern sich eine Zeit lang erhält, so daß zwischen den Schaltkontakten zunächst keine Spannung mehr herrscht. Erst allmählich, wenn die Wechselspannung des Netzes sich ändert, oder wenn die Kapazitätsspannung abfällt, entsteht wieder Spannung zwischen den Schaltkontakten, die dann, nach einer stromlosen Pause, zum Rückzünden des Lichtbogens führen kann. Da der jetzt einsetzende Einschaltstrom der Kapazität sich sehr schnell entwickelt und auf hohe Beträge anschwillt, so entstehen scharfe Stöße und Sprünge von Strom und Spannung, die die Anlage in gefährlicherer Weise beanspruchen können als die langsam verlaufenden Sinusspannungen des regulären Betriebes.

Da alle Hochspannungsanlagen erhebliche Kapazität der Leitungen besitzen, so ist ihr Ausschalten, vor allem in unbelastetem Zustande, kein ungefährlicher Vorgang. Wir wollen die dabei auftretenden Erscheinungen im einzelnen verfolgen.

a) Ladung durch Gleichspannung.

Als Vorfrage behandeln wir das Aufladen einer Kapazität von einer Gleichspannungsquelle aus über einen Funken, was in Fig. 193 schematisch dargestellt ist. Bei Hochspannung tritt dieser Funken in Wirklichkeit stets auf. Dem Kondensator C ist dann außer dem konstanten Widerstande R noch der Widerstand des Zündfunkens oder Lichtbogens B vorgeschaltet, dessen Größe mit dem Strome stark veränderlich ist.

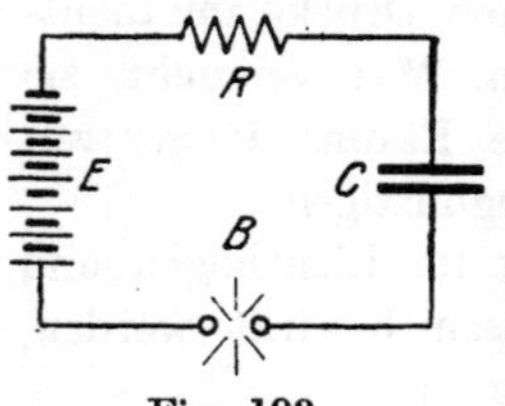

Fig. 193.

In jedem Augenblick hält die Spannung e der Stromquelle den Spannungen an der Kapazität e_C, am Widerstand e_R und am Lichtbogen e_B das Gleichgewicht

$$e = e_C + e_R + e_B. \tag{1}$$

Für Gleichspannungsladung mit der konstanten Spannung E ist daher die Kondensatorspannung

$$e_C = \frac{1}{C}\int i\,dt = E - Ri - e_B. \tag{2}$$

Da außer dem Ohmschen Spannungsabfall auch die Lichtbogenspannung e_B nur vom Strome abhängt und durch die Bogencharakteristik nach Fig. 194 gegeben ist, so ist auch die Kondensatorspannung als Differenzspannung

$$e_C = (E - Ri) - e_B = \Delta e \tag{3}$$

vollständig bekannt und läßt sich nach Eintragen der Widerstandslinie $(E - Ri)$ in Fig. 194 als Differenz zwischen dieser Linie und der Charakteristik für jeden Strom i abgreifen.

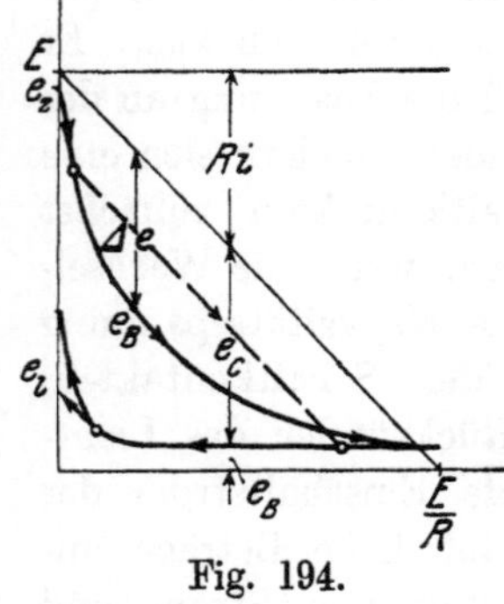

Fig. 194.

Der Überschlag des Ladefunkens setzt ein, wenn die mit Annäherung der Kontakte kleiner werdende Zündspannung e_z gerade mit der Spannung E übereinstimmt. Der Ladestrom i beginnt daher ebenso wie die Kondensatorspannung e_C mit dem Wert null. Beide wachsen unter gegenseitiger Steigerung sehr schnell an. Zur Berechnung des Anstieges erhalten wir aus Gleichung (2) durch Differentiation

$$\frac{de_C}{dt} = \frac{i}{C} \tag{4}$$

oder nach Trennung der Variablen

$$dt = C\frac{de_C}{i}. \tag{5}$$

Durch Integration erhält man für die laufende Zeit

$$t = C\int_0^{e_C}\frac{de_C}{i}, \tag{6}$$

und da auf der rechten Seite e_C nur vom Strome i abhängt, so läßt sich die Integration graphisch ausführen, so daß man die jedem Strom und jeder Kondensatorspannung zugehörige Ladezeit t bestimmen kann.

In Fig. 195 ist diese Integration durchgeführt. Fig. 195a stellt die aus Fig. 194 erhaltene Kondensatorspannung e_C abhängig vom Strome i dar. In Fig. 195b ist der reziproke Strom $1/i$ abhängig von der Kondensatorspannung aufgetragen, und in Fig. 195c ist dieser Kurvenverlauf nach e_C integriert. Es ergeben sich dabei mehrere Äste der Integralkurve, da bei der Integration der Kurve 195b abwechselnd positive und negative Flächenstücke entstehen. Die Zeit t nach Gleichung (6) schreitet daher beim vollständigen Durchlaufen der Charakteristik mathematisch nicht nur voran, sondern zeitweise auch zurück. Physikalisch haben diese rückläufigen Kurvenäste keine Bedeutung, die entsprechenden Teile der Charakteristik werden vielmehr übersprungen. Die Spannung verläuft stetig längs der stark gezeichneten Kurve der Fig. 195c bis auf ihren Endwert, der etwas geringer als die Spannung E der Stromquelle ist. In Fig. 195d ist der jeder Zeit und jeder Kondensatorspannung nach Fig. 195a zugehörige Strom i aufgetragen, der ebenfalls zeitlich positiv und negativ verlaufende Äste besitzt. I n W i r k l i c h k e i t s p r i n g t e r b e i m Ü b e r g a n g d e r S p a n n u n g u n s t e t i g a u f s e i n e n n ä c h s t e n A s t u n d b e s i t z t d a h e r d e n i n Fig. 195d s t a r k g e z e i c h n e t e n z e i t l i c h e n V e r l a u f. Die Sprünge des Stromes sind in Fig. 194 und 195a durch gestrichelte Linien wiedergegeben.

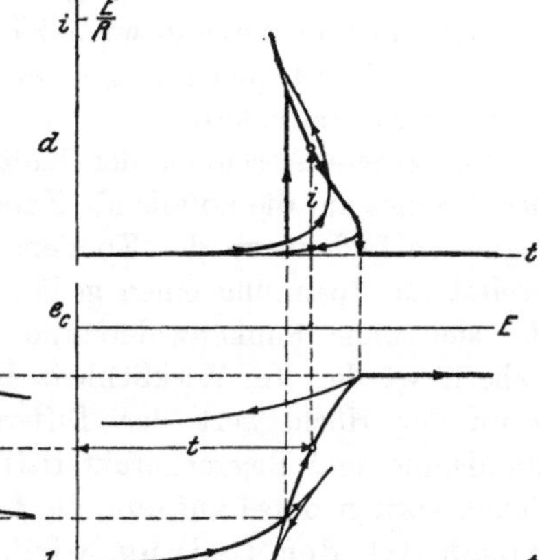

Fig. 195.

Es treten somit bei der Funkenladung eines Kondensators mehrere scharf getrennte Abschnitte auf. Zunächst steigen Strom und Spannung beide vom Nullwert aus allmählich an. Für kleine Ströme, für die nach Fig. 194 und 195a Proportionalität zwischen Kondensatorspannung und Strom besteht, erfolgt der Anstieg nach einer Exponentialkurve, er ist also stark beschleunigt. Das entspricht dem mit wachsendem Strom verstärkten Austritt von Elektronen aus der Kathode. Hauptsächlich von dieser Erscheinung und dem dadurch bedingten Abfall der Zündcharakteristik hängt die Zeitdauer des ersten Abschnittes ab, die man Entladeverzug oder Funkenverzögerung nennt. Da die Zündcharakteristik für kleine Ströme sehr steil verläuft, so ist dieser Entladeverzug nur wenig abhängig vom Widerstand R des Stromkreises. Nur für sehr große Widerstände, bei denen die Widerstandslinie in Fig. 194 ebenfalls sehr steil nach unten verläuft, verkleinert der Widerstand den Entladeverzug merklich. Da die zeitlichen Strom- und Spannungskurven anfänglich langsam ansteigende Exponentialkurven sind, so ist ein gewisser Überschuß der Ladespannung E über die Zündspannung e_z erforderlich, um geringen Ladeverzug zu erhalten.

Der zweite Abschnitt der Ladung beginnt mit dem Überspringen des Stromes auf die abfallende Exponentialkurve der Fig. 195d, die der regulären Ladekurve des Kondensators entspricht. Dementsprechend besitzt die Spannung einen gedämpft ansteigenden zeitlichen Verlauf, der sich ohne Funkenwiderstand asymptotisch der Spannung E annähern würde. In Wirklichkeit bricht die Kurve schon vorher ab, wenn der Höchstwert der Differenzspannung Δe zwischen Widerstandslinie und Bogencharakteristik nach Fig. 195a erreicht ist. Der Strom springt dabei auf null, die Ladung ist beendet. Dieser zweite Abschnitt der Ladung wird durch die Lage der Widerstandslinie in Fig. 194 wesentlich beeinflußt. Die Lichtbogenspannung e_B ist während dieses Abschnittes nur gering, die Dauer des Vorganges ist hauptsächlich durch das Produkt RC, also durch die Zeitkonstante des Stromkreises gegeben.

In Wirklichkeit ist die Lichtbogencharakteristik, die wir in Fig. 194 als gegeben angesehen haben, nicht unabhängig von dem zeitlichen Verlauf des Stromes, weil die Temperatur und damit die Elektronenemission dem Strom nicht momentan folgen, sondern durch die Wärmekapazität etwas verzögert werden. Bei Metallelektroden mit guter Wärmeleitfähigkeit ist der Einfluß nicht so erheblich, daß wir ihn für unser Problem in Rechnung ziehen müßten. Es kommt hinzu, daß der größte Teil der Lichtbogencharakteristik beim Anstieg des Stromes längs der gestrichelten Pfeillinie der Fig. 194 doch übersprungen wird.

Die Dauer des Entladeverzuges ist in Fällen, wo sie wirklich gemessen wurde, außerordentlich gering und beträgt höchstens einige zehntausendstel Sekunden. Wir wollen daher im folgenden von dieser Nebenerscheinung gänzlich absehen und eine Lichtbogencharakteristik annehmen, die in Fig. 196 dargestellt ist: nach Überschreiten der Zündspannung e_z beim Strom $i = 0$ sinkt die Bogenspannung sofort bis auf den konstanten Betrag e_b, den sie unabhängig vom Strom beibehält. Auch bei abnehmendem Strom bleibt diese konstante Spannung e_b bis zum Löschen des Lichtbogens erhalten. Diese unveränderliche Lichtbogenspannung e_b ist in guter Näherung vorhanden, wenn der Widerstand R so gering ist, daß sich bei flacher Neigung der Widerstandslinie sehr große Ladeströme ausbilden.

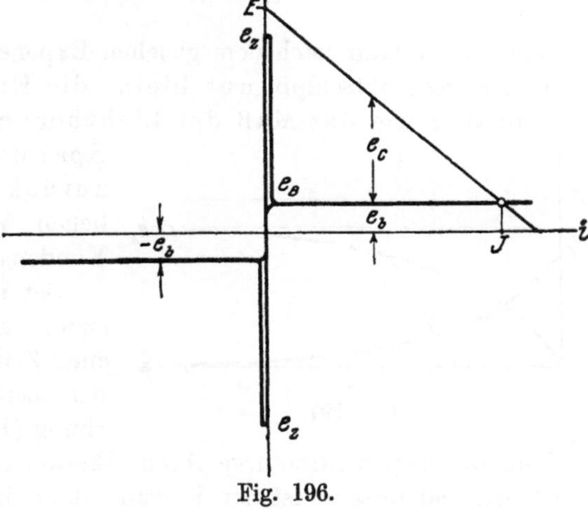

Fig. 196.

Erreicht oder überschreitet die Spannung der Stromquelle E die Zündspannung e_z der Charakteristik nach Fig. 196, so springt der Strom nunmehr nach der verschwindend kurzen Zeit des Entladeverzuges auf einen Anfangswert J. Da nach Gleichung (3)

$$e_C = (E - e_b) - Ri \tag{7}$$

ist, so ergibt sich der Anfangsstrom für $e_C = 0$ zu

$$J = \frac{E - e_b}{R}. \tag{8}$$

Der weitere Verlauf berechnet sich nach Gleichung (6) durch Einsetzen des Zusammenhangs von e_C und i. Bei konstantem e_b bildet man dafür aus Gleichung (7) das Differential

$$de_C = -R\,di, \tag{9}$$

denn die anderen Spannungen auf der rechten Seite sind konstant. Man erhält damit

$$t = -RC\int_J^i \frac{di}{i} = -RC\ln\left(\frac{i}{J}\right) \tag{10}$$

und daraus

$$i = J\varepsilon^{-\frac{t}{RC}}. \tag{11}$$

Der Ladestrom verläuft also nach dem gleichen Gesetz wie bei metallischem Schluß der Kontakte in Kapitel 3. Vor allem ist die Zeitkonstante des Stromkreises

$$T = RC \tag{12}$$

unverändert geblieben. Nur der Anfangsstrom J ist nach Gleichung (8) durch die Lichtbogenspannung etwas geringer geworden.

Die Spannung am Kondensator erhält man durch Einsetzen des Stromes von Gleichung (11) und (8) in die Beziehung (7) zu

$$e_C = (E - e_b)\left(1 - \varepsilon^{-\frac{t}{RC}}\right). \tag{13}$$

Auch sie verläuft nach dem gleichen Exponentialgesetz wie bei metallischem Kontaktschluß, nur bleibt die Endspannung am Kondensator um das Maß der Lichtbogenspannung hinter der Spannung der Stromquelle zurück. Fig. 197 stellt den zeitlichen Verlauf von Strom und Kondensatorspannung dar.

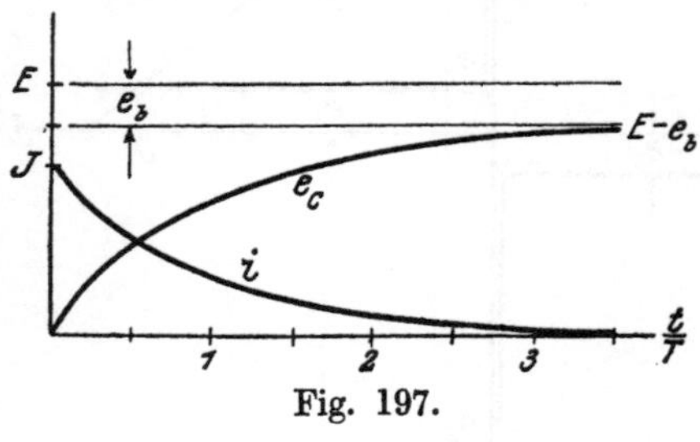

Fig. 197.

Der Ladevorgang kann als beendet angesehen werden nach einer Zeit, die gleich dem π fachen der Zeitkonstante T nach Gleichung (12) ist. Einerseits hat sich dann die Exponentialkurve ihrem Endwerte bis auf $\varepsilon^{-\pi} = 4{,}3\%$ genähert, andererseits ist der Vorgang dann in Wirklichkeit durch die Wirkung der gekrümmten Charakteristik nach Fig. 195d sicher abgebrochen.

b) Umladung durch Wechselspannung.

In Wechselstromkreisen für Starkstrom, die erhebliche Kapazität C enthalten, ist der Leitungswiderstand R im allgemeinen so gering, daß sein Spannungsabfall sehr viel kleiner als die Kapazitätswechselspannung ist. Das Verhältnis dieser beiden Spannungen ist

$$\frac{E_R}{E_C} = \frac{J\,R}{J/\omega\,C} = \omega\,RC = \frac{\pi\,T}{\mathfrak{T}/2}, \tag{14}$$

wobei mit

$$\frac{\mathfrak{T}}{2} = \frac{\pi}{\omega} \tag{15}$$

die Dauer einer Halbwelle der Wechselspannung bezeichnet wird. Man erkennt daraus nach den letzten Bemerkungen, daß in derartigen Kreisen nach Fig. 198 die Ladedauer durch einen Funkenüberschlag stets gering ist im Vergleich zur Dauer einer halben Periode der Betriebsfrequenz.

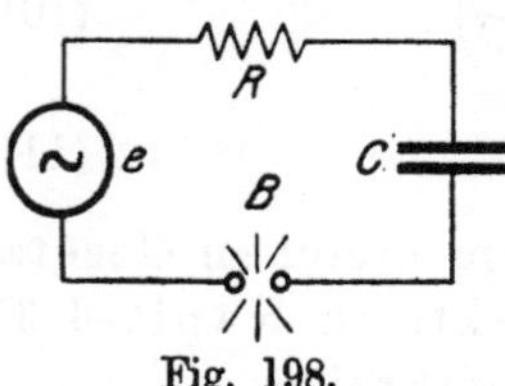

Fig. 198.

Die Wechselspannung der Stromquelle ändert sich daher während der kurzen Dauer des Ladevorganges nicht wesentlich, so daß wir die Funkenladung des Kondensators mit Wechselstrom in ausreichender Annäherung nach denselben Gesetzen behandeln dürfen, die wir soeben für die Gleichstromfunkenladung erhalten haben. Ob dabei der Funkenüberschlag unter positiver oder negativer Spannung der Stromquelle erfolgt, ist gleichgültig, weil die Lichtbogencharakteristik bei symmetrischen Kontakten nach Fig. 196 für positive und negative Spannungen und Ströme genau gleichartig verläuft.

Stellt man die Funkenstrecke B des Stromkreises der Fig. 198 so ein, daß die Wechselspannung e der Stromquelle ausreicht, sie zu durchschlagen, so wird beim jedesmaligen Erreichen der Zündspannung e_z ein Ladefunken zwischen den Kontakten überspringen und den Kondensator in kurzer Zeit nach dem Gesetz der Gleichung (13) auf eine Spannung laden, die nur um das Maß der geringen Bogenspannung e_b unter der jeweiligen Spannung e der Stromquelle liegt. Nach dem Löschen des Ladefunkens, das praktisch innerhalb der sehr kleinen Zeit πT erfolgt, behält der Kondensator seine Spannung. Die Spannung e der Stromquelle ändert sich jedoch und schwingt nach einiger Zeit in die entgegengesetzte Richtung. Zwischen den Kontakten entsteht daher eine Spannung, die größer und größer wird und schließlich wiederum ausreicht, die Funkenstrecke zu durchschlagen. Der Kondensator lädt sich in kurzer Zeit nahezu auf die jetzt herrschende Spannung der Stromquelle und behält sie nach dem Löschen des Funkens bei, bis er beim abermaligen Wechsel der Spannung e nochmals umgeladen wird.

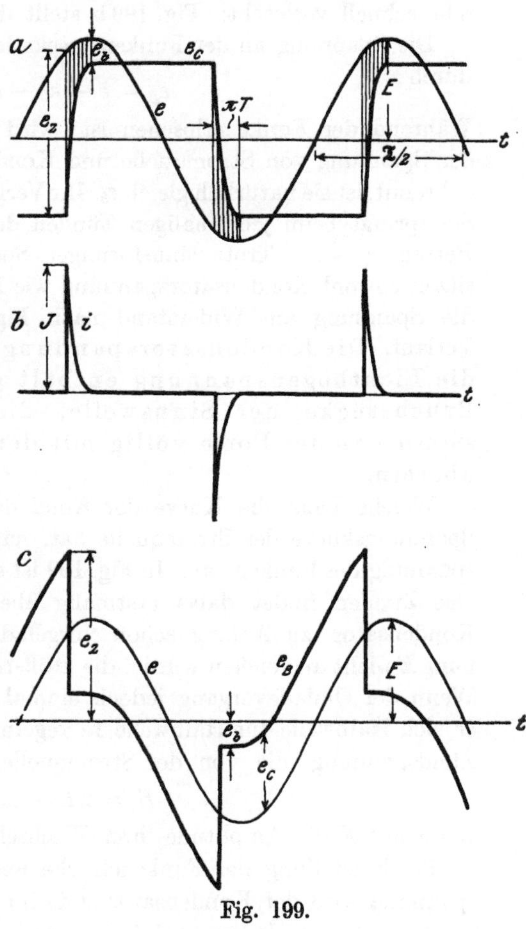

Fig. 199.

In Fig. 199 sind diese Vorgänge dargestellt. Immer wenn die Differenz zwischen der veränderlichen Netzspannung e und der Kondensatorspannung e_C die Höhe der Zündspannung e_z erreicht hat, wird der Kondensator umgeladen und behält diese neue Spannung bis zur nächsten

Rückzündung bei. Lediglich während der in Fig. 199a schraffierten Zeit fließt somit Strom im Kreise, der jetzt keineswegs mehr sinusähnlicher Wechselstrom ist, sondern der aus einzelnen scharfen Stromstößen besteht, deren Anfangswert nach Gleichung (8) wegen des geringen Widerstandes R kurzschlußartigen Charakter hat und der entsprechend der geringen Zeitkonstante nach Gleichung (11) und (12) sehr schnell verlöscht. Fig. 199b stellt diesen Stromverlauf dar.

Die Spannung an der Funkenstrecke ist nach Gleichung (1) gegeben durch

$$e_B = e - e_C - e_R. \tag{16}$$

Während der Funke erloschen ist, wird sie also durch die Differenz der Spannung von Stromquelle und Kondensator bestimmt. Während er brennt, ist sie natürlich gleich e_b. Ihr Verlauf ist in Fig. 199c dargestellt. Sie springt beim jedesmaligen Zünden des Funkens plötzlich um den Betrag $e_z - e_b$. Trotz sinusförmiger Spannung der Stromquelle besitzen sowohl Kondensatorspannung wie Lichtbogenspannung als auch die Spannung am Widerstand nach Fig. 199 einen stark verzerrten Verlauf. Die Kondensatorspannung ist fast rechteckförmig, die Lichtbogenspannung enthält gegeneinander versetzte Bruchstücke der Sinuswelle, die Widerstandsspannung stimmt in der Form völlig mit der Stoßkurve des Stromes überein.

Welche Lage die Kurve der Kondensatorspannung gegenüber der Spannungskurve der Stromquelle hat, hängt von der Höhe der Zündspannung des Funkens ab. In Fig. 199 ist e_z fast gleich $2E$ angenommen. Das Zünden findet dabei erstmalig überhaupt nur statt, wenn der Kondensator zu Anfang schon vorgeladen war, da sonst die Spannung E nicht ausreichen würde, die größere Spannung e_z zu überwinden. Wenn der Umladevorgang jedoch einmal eingeleitet ist, so wiederholt er sich Halbwelle für Halbwelle in regelmäßigem Wechsel. Die größte Zündspannung, die von der Stromquelle noch überwunden wird, ist

$$E_z = 2E - e_b, \tag{17}$$

wenn mit E die Amplitude ihrer Wechselspannung bezeichnet wird.

Bei Einstellung der Funkenstrecke auf eine derartige Durchschlagspannung wird der Kondensator stets im Maximum der Spannung der Stromquelle umgeladen, so daß seine rechteckige Spannungswelle genau eine viertel Periode gegen die sinusförmige Spannungswelle der Stromquelle versetzt ist. Die Stromstöße sind daher bei dieser Einstellung in Phase mit der Amplitude der Spannung der Stromquelle. Die üblichen Regeln über die Phasenverschiebung von Ladeströmen werden also durch die Wirkung der intermittierenden Funkenstrecke vollständig durchbrochen. Gleichzeitig treten nach Gleichung (17) Überspannungen im Stromkreise auf von einer Höhe bis zur doppelten Spannung der Stromquelle, die sich bis zum Augenblick des Zündens an der Funkenstrecke B entwickeln und durch den stoßartig einsetzenden Strom ganz plötzlich auf den Widerstand R des Leitungskreises übertragen werden.

In Fig. 200 und 201 sind oszillographische Aufnahmen der Funkenumladung eines Kondensators wiedergegeben. Fig. 200 stellt die Spannung am Kondensator und 201 die am Lichtbogen dar. Die Zündspannung des Funkens lag dabei etwas unterhalb der doppelten Generatorspannung, so daß die Kondensatorspannung etwas unter der Netzspannung bleibt. Ihr geringes Absinken nach jeder Umladung rührt von dem Meßstrom des Oszillographen her.

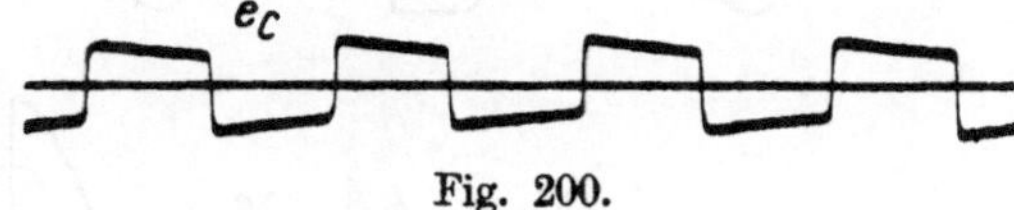

Fig. 200.

Sind die Kontakte B auf noch kleinere Zündspannung eingestellt, so schlägt der Ladefunken schon eher über und kann sie bei geringer Entfernung sogar mehrfach in jeder Halbwelle überbrücken, wobei dann natürlich nur geringere Spannungs- und Stromstöße auftreten.

Beim Ausschalten von Kapazitäten wird der Wechselstromlichtbogen mit zunehmender Entfernung der Kontakte länger und länger. Bereits bei kleiner Bogenlänge wird der reguläre Ladestrom des Kondensators, der gering gegenüber den hier behandelten Stromstößen ist, beim ersten Nulldurchgang nach dem Beginn des Öffnens abreißen. Erst nachdem sich die Wechselspannung um einen endlichen Betrag geändert hat, erfolgt ein kurzes Rückzünden, das die Kondensatorspannung auf den neuen Wert der Wechselspannung bringt. Dies wiederholt sich bei zunehmender Bogenlänge zwischen den Schalterkontakten fortwährend und bringt die Kondensatorspannung in treppenförmigen Stufen zunehmender Größe immer wieder auf die Spannung der Stromquelle. In Fig. 202 ist der Verlauf der Kondensatorspannung, der Lichtbogenspannung und des Stromes während des Ausschaltvorganges dargestellt. Es ist dabei zur Vereinfachung der Zeichnung angenommen, daß sowohl die Zeitkonstante T als die Lichtbogenspannung e_b sehr gering sind, so daß die rechteckförmige Kondensatorspannung im Augenblick des Zündens stets genau auf die Spannung der Stromquelle gebracht wird.

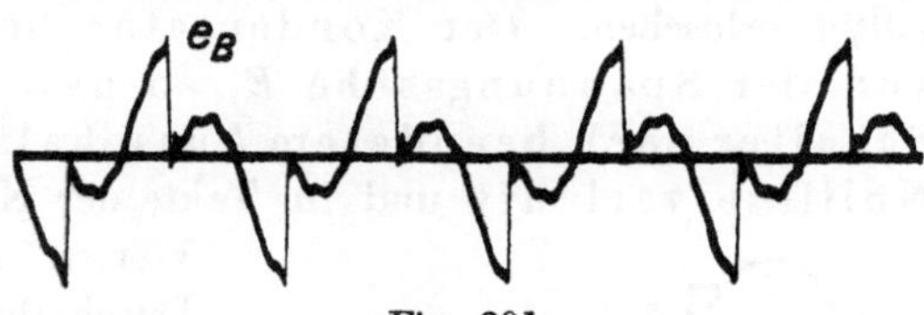

Fig. 201.

Man erkennt, daß mit zunehmender Kontaktentfernung Spannungssprünge am Kondensator und Schalter auftreten, die größer und größer werden und stets mit der Zündspannung des Lichtbogens zwischen den Schaltkontakten übereinstimmen. Sie wachsen dauernd an, bis sie nach Gleichung (17) die Höhe der doppelten Betriebsspannung erreicht haben. Dann bleibt der Lichtbogen end-

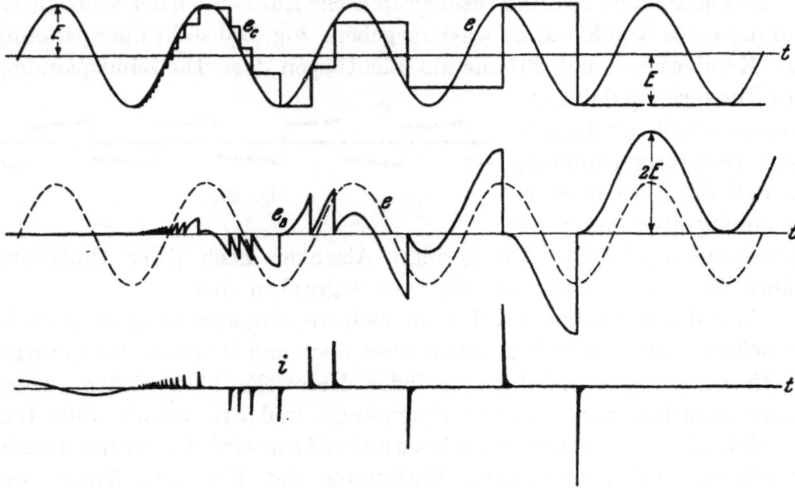

Fig. 202.

gültig erloschen. Der Kondensator behält eine Restladung von der Spannungshöhe E, so daß die Spannung e_B am Schalter nach beendetem Ausschalten ganz einseitig der Nullinie verläuft und im Takte der Netzfrequenz zwischen den Werten null und $2\,E$ schwingt. Durch die im Kondensator liegenbleibende Ladung mit der Gleichspannung E wird daher der Schalter gegen Ende der Schaltdauer und auch nach dem Ausschalten mit der Spannung $2\,E$ beansprucht, die doppelt so groß ist wie sie beim Ausschalten nicht kapazitiver Wechselstromkreise auftritt. Außer dieser unerwünschten Höhe kann auch die Kurvenform der

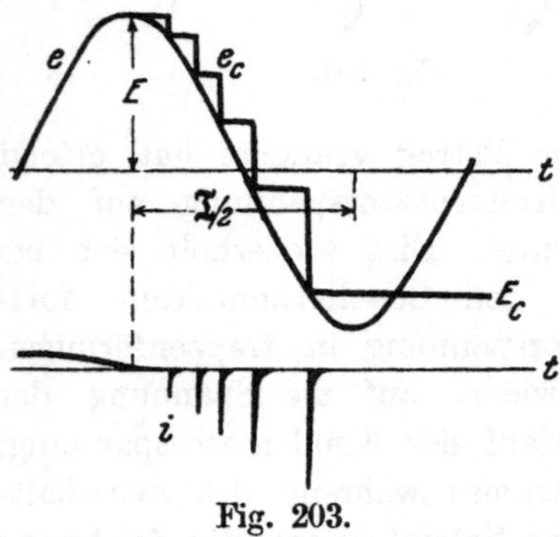

Fig. 203.

Spannung zu Störungen Anlaß geben, die anstatt der glatt verlaufenden Sinuswelle während des Ausschaltens scharfe Spitzen und Sprünge besitzt.

Je langsamer das Ausschalten erfolgt, um so leichter können sich die Spannungssprünge bis zur Größe $2\,E$ heraufarbeiten. Fig. 202, in der die Ausschaltdauer nur drei Wechselstromperioden dauert, zeigt, daß diese Zeit bereits ausreicht, um die Spannung durch vielfaches

Rückzünden auf diesen schädlichen Wert zu bringen. Ist die Ausschaltdauer jedoch geringer, beträgt sie etwa, wie in Fig. 203, nur die Zeit einer einzigen Halbwelle, so bleiben die Spannungssprünge wesentlich geringer als $2E$, so daß sowohl die Zahl, als auch die Höhe der verzerrten Spannungsstöße und daher die Möglichkeit sekundärer Gefährdungen nur gering ist. An der Restladung des Kondensators mit nahezu voller Spannung und der Beanspruchung des Schalters mit doppelter Spannung nach dem Ausschalten ändert die kurze Schaltdauer jedoch nicht viel. Diese Wirkungen würden sogar auftreten, wenn man die Kontakte beim letzten Durchgang des regulären Ladestromes durch Null plötzlich auseinanderrisse, ohne daß irgendeine Rückzündung stattzufinden braucht.

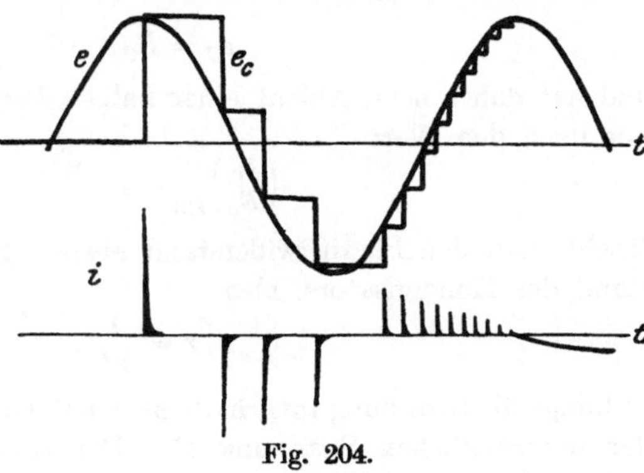

Fig. 204.

Auch beim Einschalten des Stromkreises durch Annähern der Kontakte treten bei Hochspannung Schaltfunken auf, sowie die Zündspannung zwischen den Kontakten gering genug geworden ist, um einen Überschlag der Betriebsspannung zu ermöglichen. Besitzt die Kapazität keine Vorladung, so findet die erste Zündung bei langsamem Einschalten im Spannungsmaximum der Sinuswelle statt. Die darauf folgenden Zündsprünge werden mit abnehmender Funkenlänge kleiner und kleiner entsprechend der Darstellung in Fig. 204. Man erkennt daraus, daß das Einschalten ungeladener Kapazitäten nicht entfernt so gefährlich ist wie das langsame Ausschalten derselben.

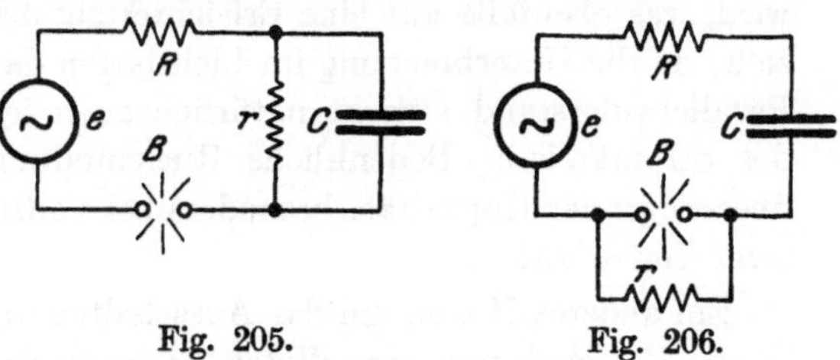

Fig. 205. Fig. 206.

Die hohen Stromstöße und Spannungssprünge beim Lichtbogenschalten sind vor allem dadurch bedingt, daß die Kapazität nach dem Löschen des Stromes noch einige Zeit geladen bleibt. Dies ist natürlich nur der Fall, wenn sie keine merkliche Ableitung besitzt. Gibt man ihrer Spannung jedoch Gelegenheit zum Ausgleich, etwa durch einen parallel geschalteten Ableitungswiderstand nach Fig. 205 oder 206, so kann nach einer halben Periode, wenn die höchste Rückzündungsspannung der Stromquelle auftritt, schon ein so starker Abfall der Kondensatorspannung erfolgt sein, daß die am Schalter auftretende Summenspannung nicht mehr ausreicht, um seine Kontakte zu überbrücken.

Durch den Parallelwiderstand r zum Kondensator entlädt sich dessen Spannung exponentiell. Sie ist also

$$e_C = E_C \varepsilon^{-\frac{t}{rC}} \tag{18}$$

und hat daher nach Ablauf einer halben Periode nach Gleichung (15) nur noch den Wert

$$\left(\frac{e_C}{E_C}\right)_{\mathfrak{T}/2} = \varepsilon^{-\frac{\pi}{\omega r C}}. \tag{19}$$

Macht man den Parallelwiderstand ebenso groß wie den Blindwiderstand des Kondensators, also

$$r = \frac{1}{\omega C}, \tag{20}$$

so klingt die Spannung innerhalb einer halben Periode auf $\varepsilon^{-\pi} = 4{,}3\,\%$ der ursprünglichen Spannung ab. Die Entladung bis zur nächsten Zündung ist demnach praktisch vollständig. Ein doppelt so hoher Widerstand würde nur eine Entladung auf 20% verursachen, was schon einen erheblichen Überrest bedeutet. Ein Schutzwiderstand nach Gleichung (20) verbessert also den Ausschaltvorgang wesentlich. Er verursacht natürlich die Entstehung eines Belastungsstromes von gleicher Größe wie der reguläre Kapazitätsstrom, so daß die Phasenverschiebung des Gesamtstromes gegenüber der Spannung von 90° auf 45° verringert wird, was ebenfalls auf eine Erleichterung des Ausschaltvorganges hinzielt, da die Unterbrechung im Lichtbogen dann günstiger verläuft. Als Parallelwiderstand r wirkt natürlich auch jeder Belastungswiderstand des Stromkreises. Bedenkliche Rückzündungen treten daher nur bei überwiegender Kapazität, besonders bei vollständigem Leerlauf kapazitiver Netze auf.

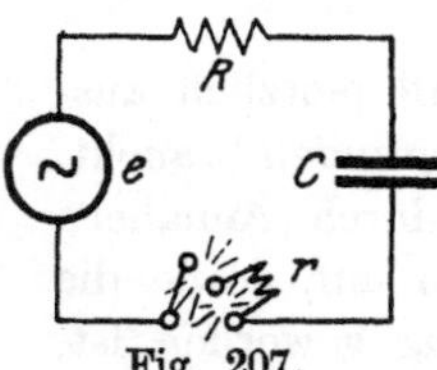

Fig. 207.

Ein anderes Mittel, um das Ausschalten ungefährlicher zu gestalten, ist die Einschaltung eines Widerstandes in Serie zum Lichtbogen, etwa von derselben Größenordnung wie nach Gleichung (20). Dadurch wird die Dauer jedes Ladefunkens, wie man aus Gleichung (14) erkennt, in die Größenordnung einer halben Periode gebracht. Ein Abreißen des Lichtbogens findet dann kaum noch statt, so daß die Kondensatorspannung sich den Änderungen der Betriebsspannung fast vollständig anschmiegt. Beide Wirkungen des Widerstandes r vereinigt man, wenn man den Kondensator über einen Schutzwiderstand nach Fig. 207 ein- und ausschaltet, der als Parallelwiderstand zum Lichtbogen für die erste und als Serienwiderstand für die letzte Ausschaltstufe wirkt.

Man pflegt aus diesen Gründen Starkstromkreise, die erhebliche Kapazität enthalten, stets über Schutzwiderstände zu schalten.

26. Funkenentladung von Schwingungskreisen.

Wir fanden früher im Kapitel 6, daß die elektrischen Ausgleichsströme in Schwingungskreisen mit Selbstinduktion und Kapazität durch die Wirkung des Ohmschen Leitungswiderstandes exponentiell gedämpft werden und dadurch je nach der Höhe des Widerstandes und der dadurch bedingten Größe der Zeitkonstante nach Durchlaufen einer großen Zahl von Schwingungen allmählich erlöschen. Die Schwingungen können dadurch einsetzen, daß die Isolierung der Leitungen an irgendeiner Stelle durchbrochen wird, sei es durch Auftreten von Überspannungen, sei es durch zu schwaches oder durch anderweitig zerstörtes Material oder durch Annähern von Kontakten aneinander. Die Entladung verläuft dann nach erfolgtem Durchbruch im Isoliermittel und erhält je nach den auftretenden Energiemengen einen Charakter, der vom schwachen Funken bis zum gewaltigen Lichtbogen wechseln kann. Manchmal ist in solchen Fällen der Ohmsche Spannungsabfall in den Leitungen geringfügig gegenüber der im Lichtbogen auftretenden widerstehenden Spannung. Wir wollen daher zunächst verfolgen, welche Form der Verlauf der Entladeeigenschwingung in einem Stromkreise nach Fig. 208 annimmt, wenn lediglich im Funken oder Lichtbogen Widerstandsspannungen bestehen.

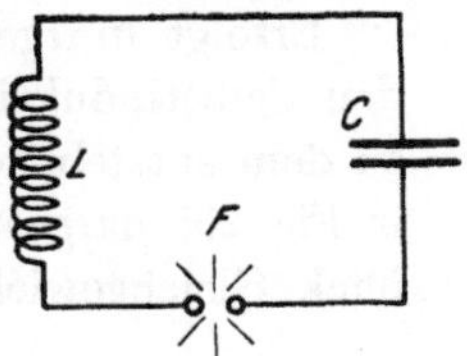

Fig. 208.

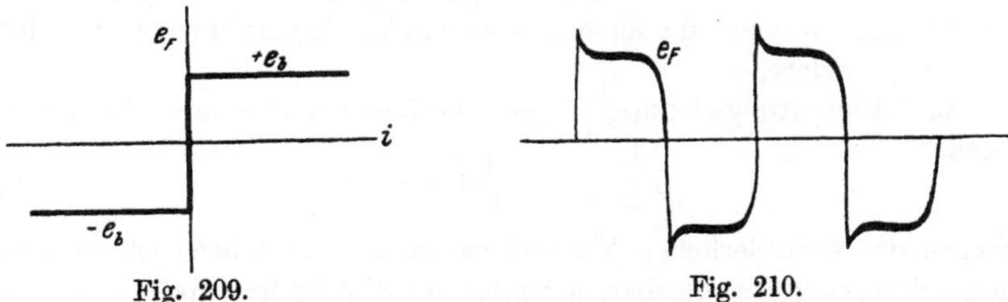

Fig. 209. Fig. 210.

Für Entladungen von hoher Frequenz, die bei derartigen Durchschlägen oft auftreten, verändert sich die Temperatur des Lichtbogens und vor allem der Elektroden innerhalb einer Schwingung nur wenig. Die Spannung zwischen den Elektroden, die im wesentlichen durch die Elektrodentemperatur bestimmt wird, ist daher nahezu unabhängig von der Größe der momentanen Stromstärke, sie wechselt nur bei Umkehrung der Stromrichtung ihr Vorzeichen. Der Zusammenhang der Funkenspannung e_F mit dem Strom i wird dann in guter Annäherung durch Fig. 209 dargestellt. Das Oszillogramm der Funkenspannung einer derartigen hochfrequenten Entladeschwingung zeigt Fig. 210. Man sieht, daß die Spannung unmittelbar nach dem Einsetzen auf einen gewissen Wert springt, den sie während des ganzen einseitigen Verlaufs des Stromes nahezu beibehält, um nach Stromumkehr einen ebenso großen negativen Wert anzunehmen. Die Spannung dieses Funkens ist also tatsächlich unabhängig vom Strom. Lediglich zur Zündung ist ein kleiner Spannungsüberschuß erforderlich, der durch die Spitze nach jedem Nulldurchgang dargestellt wird.

Erfolgt in irgendeinem Stromkreise ein Isolationsdurchbruch, durch den Selbstinduktion und Kapazität einen Schwingungskreis in Serie zu dem entstehenden Funken oder Lichtbogen bilden, was schematisch in Fig. 208 dargestellt ist, so herrscht in diesem Kreise in jedem Augenblick Gleichgewicht aller Spannungen. Es ist also

$$e_L + e_F + e_C = 0 . \qquad (1)$$

Die Spannung an der Selbstinduktion e_L und an der Kapazität e_C können wir durch den Differentialquotienten und das Integral des Stromes nach der Zeit in geschlossener Form ausdrücken

$$\left.\begin{aligned} e_L &= L\frac{di}{dt} \\ e_C &= \frac{1}{C}\int i\,dt . \end{aligned}\right\} \qquad (2)$$

Dagegen ist für den Verlauf der Funkenspannung e_F ein geschlossener Ausdruck nicht bekannt. Wir schreiben sie daher nach Fig. 209

$$e_F = \pm e_b \qquad (3)$$

und müssen als Vorzeichen dieser Spannung in jedem Augenblick das des Stromes wählen, da sie mit wechselnder Stromrichtung auch ihre Richtung ändert.

Als Differentialgleichung für den Verlauf des Stromes erhalten wir dann

$$L\frac{di}{dt} \pm e_b + \frac{1}{C}\int i\,dt = 0 . \qquad (4)$$

Wegen des veränderlichen Vorzeichens im zweiten Gliede ist sie nicht in geschlossener Form lösbar, wir müssen vielmehr jede Halbperiode des Stromes für sich betrachten, innerhalb deren die Stromrichtung und daher das Vorzeichen von e_b konstant bleibt.

Differenzieren wir Gleichung (4), so erhalten wir für den Verlauf des Stromes in jeder dieser Halbperioden

$$\frac{d^2 i}{dt^2} + \frac{i}{LC} = 0 \qquad (5)$$

und daher als Lösung einen sinusförmigen Verlauf nach dem Gesetz

$$i = J\varepsilon^{j\nu t} = J\sin\nu t \qquad (6)$$

mit der Frequenz

$$\nu = \frac{1}{\sqrt{LC}} . \qquad (7)$$

Innerhalb jeder Halbwelle des Stromes verläuft demnach der Strom, und damit auch die Spannung an der Selbstinduktion, die entsprechend der ersten Gleichung (2) und Gleichung (6) ist

$$e_L = j\nu L J \varepsilon^{j\nu t} = \nu L J \cos \nu t \tag{8}$$

nach den selben Gesetz, als wenn gar keine Funkenstrecke im Kreise vorhanden wäre. Die Eigenfrequenz ν und damit die Dauer der Halbschwingung ist genau so groß wie im völlig widerstandslosen Stromkreis. Sie ist nicht nur unabhängig von der Amplitude des Stromes, sondern auch von der Größe der Funkenspannung.

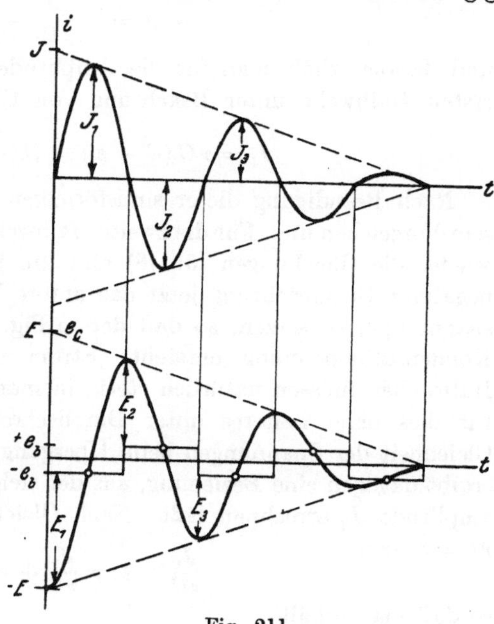

Fig. 211.

Die Amplitude J der Schwingung ist für jede Halbperiode konstant. Sie kann jedoch, da die Integration der Differentialgleichung nur innerhalb einer Halbperiode durchführbar war, für die verschiedenen Halbwellen, aus denen sich die oszillatorische Entladung zusammensetzt, verschiedene Werte besitzen. Bevor wir ihren Verlauf bestimmen, berechnen wir erst die Kondensatorspannung nach der zweiten Gleichung (2) und Gleichung (6) und beachten, daß wir beim Integrieren noch eine Konstante hinzufügen dürfen, die so groß gewählt werden muß, daß die Grundgleichung (1) befriedigt wird. Wir schreiben demnach

$$e_C = \frac{1}{j\nu C} J \varepsilon^{j\nu t} \mp e_b = -\frac{1}{\nu C} J \cos \nu t \mp e_b. \tag{9}$$

Dann ist nämlich, wenn man Gleichung (7) und (8) beachtet

$$e_C = -(e_L \pm e_b), \tag{10}$$

was unter Beachtung von Gleichung (3) mit Gleichung (1) identisch ist.

Die Kondensatorspannung besteht also aus einem cosinusförmig verlaufenden und einem konstanten Teil. Ihr absoluter Betrag ist stets um das Maß der Funkenspannung von der Selbstinduktionsspannung verschieden. In Fig. 211 ist der Verlauf des Stromes und der Kondensatorspannung für die erste und auch die folgenden Halbperioden aufgetragen.

Die Halbwelle der Kondensatorspannung liegt unsymmetrisch zur Nullachse, sie ist um den jeweils konstanten Betrag der Funkenspannung $\pm e_b$ verschoben.

Die Amplituden von Strom und Spannung erhalten wir wie immer aus den Grenzbedingungen. Zur Zeit $t = 0$ erfolgt der Durchbruch und der Strom setzt ein. Der Kondensator war vorher auf eine Spannung geladen, die wir gleich $-E$ setzen wollen, um mit positivem Strom zu beginnen. Es ist also nach Gleichung (9) für $t = 0$

$$-E = -\frac{J}{\nu C} - e_b \tag{10}$$

und daraus erhält man für die Amplitude J_1 der Stromstärke in der ersten Halbwelle unter Beachtung von Gleichung (7)

$$J_1 = \nu C (E - e_b) = (E - e_b)\sqrt{\frac{C}{L}}. \tag{12}$$

Nach Beendigung dieser sinusförmigen Halbwelle kehrt der Strom sein Vorzeichen um. Für die zweite Halbwelle gelten für die Spannungen wieder die Gleichungen (6), (8) und (9), jedoch ist entsprechend der negativen Stromrichtung jetzt das untere Vorzeichen vor die Funkenspannung e_b zu setzen, so daß der in Fig. 211 gezeichnete Verlauf der Kondensatorspannung entsteht. Strom und Spannung der beiden Halbwellen müssen natürlich stetig ineinander übergehen. Der Strom tut dies ohne weiteres unter Durchschreitung des Nullwertes. Die Gleichheit der Spannungen beim Übergang auf die zweite Halbperiode ergibt dagegen eine Beziehung, aus der sich die für sie geltende Stromamplitude J_2 errechnen läßt. Nach Gleichung (9) muß nämlich für $\nu t = \pi$ sein

$$\frac{J_1}{\nu C} - e_b = \frac{J_2}{\nu C} + e_b, \tag{13}$$

so daß man erhält

$$J_2 = J_1 - 2 e_b \nu C = J_1 - 2 e_b \sqrt{\frac{C}{L}}. \tag{14}$$

Die Amplitude der zweiten Stromhalbwelle ist demnach um ein Maß geringer als die der ersten, das sich ergibt als Quotient der doppelten Funkenspannung durch den Schwingungswiderstand des Stromkreises.

Dementsprechend ist auch die Amplitude der cosinusförmigen Wechselspannung in der zweiten Halbperiode geringer als in der ersten. Man kann sie aus Fig. 211 direkt ablesen zu

$$E_2 = E_1 - 2 e_b. \tag{15}$$

Ganz die gleichen Überlegungen für den Zusammenhang der Ströme und Spannungen beider Halbperioden gelten auch beim Übergang auf die 3te, 4te und $n$te Halbperiode. Stets wird die Spannungs- sowie die Stromamplitude um das gleiche Maß verringert, weil die Funkenspannung e_b ihr Vorzeichen in bezug auf die Kondensatorspannung wechselt. Es ist daher, wenn n die Ordnungszahl der Halbwellen bedeutet,

$$\left.\begin{aligned} J_n &= J_1 - 2(n-1)\,e_b\sqrt{\frac{C}{L}} \\ E_n &= E_1 - 2(n-1)\,e_b = (E - e_b) - 2(n-1)\,e_b. \end{aligned}\right\} \quad (16)$$

Während die Strom- und Spannungsamplituden in Schwingungskreisen mit lediglich Ohmschem Leitungswiderstand exponentiell gedämpft und erst nach sehr langer Zeit ganz abgeklungen sind, nehmen sie hiernach in Stromkreisen mit vorwiegender Lichtbogen- oder Funkendämpfung linear ab und erreichen daher nach einer endlichen, im allgemeinen kurzen Zeit ihr Ende. In jenem Fall hat man geometrische Abnahme, im hier behandelten Fall arithmetrische Abnahme der Strom- und Spannungsamplituden. In Fig. 211 ist der vollständige Verlauf dieser Schwingungen dargestellt.

Die Schwingung dauert so lange an und führt so viele Halbwellen N aus, bis die ursprüngliche Kondensatorspannung E durch die dauernd von ihr subtrahierte doppelte Funkenspannung $2\,e_b$ bis auf deren eigenen Betrag herabgesunken ist und nicht mehr zum Durchtreiben des Stromes ausreicht, bis also

$$E - 2\,N\,e_b = e_b \quad (17)$$

oder kleiner geworden ist. Die Zahl der auftretenden Halbwellen wird damit

$$N = \frac{E - e_b}{2\,e_b}, \quad (18)$$

aufgerundet auf die nächste ganze Zahl. Der Kondensator behält daher im allgemeinen eine gewisse Restspannung.

Ist die Funkenspannung e_b sehr klein gegenüber der Kondensatorspannung E, die zum erstmaligen Durchbrechen der Isolation bei kalten Elektroden nötig war, so erhält man zahlreiche Wellen. Bildet die Funkenspannung jedoch einen erheblichen Bruchteil der Durchbruchspannung, so entstehen nur wenige Halbwellen. Ist sie ein Drittel der Durchbruchspannung oder mehr, so erhält man nur eine einzige Halbwelle von Strom und Spannung, nach deren Ablauf der Kondensator eine entgegengesetzte Ladung bis zu einem Drittel der Größe wie vorher behält.

Wenn die Spannung am Lichtbogen nicht entsprechend Fig. 209 vollständig konstant ist, sondern für sehr kleine Ströme anwächst, so wie es nach dem Oszillogramm der Fig. 210 tatsächlich der Fall ist und vor allem bei Schwingungen auftritt, die mittelhohe Frequenz besitzen, so stellt unsere Rechnung und insbesondere die Gleichung (6) doch noch eine ausreichende Annäherung für den Stromverlauf in jeder Halbwelle dar. Auch die Spannungen und ihre Amplituden gehorchen dann noch genau genug den Gleichungen (9), (15) und (16), jedoch findet das Ende des Schwingungsvorganges nunmehr früher statt, wenn nämlich die Kondensatorspannung nicht mehr in der Lage ist, die Zündspannung e_z des Lichtbogens zu überwinden, die in Fig. 212 dargestellt ist. Man muß daher jetzt diese Zündspannung auf der rechten Seite von Gleichung (17) ansetzen und erhält daraus für die Zahl der auftretenden Halbwellen

$$N_z = \frac{E - e_z}{2\,e_b}\,. \tag{19}$$

Bei mäßig hohen Frequenzen ν der Schwingungen ergibt sich hierdurch meistens nur eine kleine Zahl von Wellen, so daß eine erhebliche Restladung bestehen bleibt.

Man versteht jetzt auch, daß beim natürlichen Blitz häufig nur ein einziger Schlag beobachtet worden ist. Die sehr lange Blitzbahn kühlt so schnell ab, daß für die zweite Halbwelle eine nicht viel geringere Zündspannung als für die erste notwendig wäre.

Besitzt der Stromkreis entgegen unserer bisherigen Annahme auch in den Leitungen erheblichen Widerstand, so läßt sich dieser nunmehr leicht mit berücksichtigen. Man erhält dann für jede Halbschwingung nicht eine reine Sinuswelle, sondern eine entsprechend der Zeitkonstante des Leitungskreises gedämpfte Halbwelle die von der Sinusform etwas abweicht. An Stelle von Gleichung (6) wird der Strom

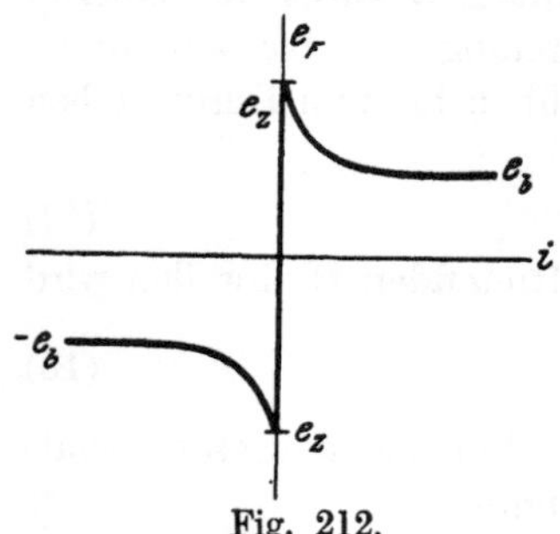

Fig. 212.

$$i = J\,\varepsilon^{-\frac{t}{2T}} \sin \nu t\,, \tag{20}$$

wobei sich Zeitkonstante T und Frequenz ν wie in Schwingungskreisen ohne Funken nach Kapitel 6 bestimmen. Für mäßig großen Leitungswiderstand bleibt die erste Stromamplitude nach Gleichung (12), die sich aus der Grenzbedingungen des ersten Durchbruchs ergibt, bestehen. Bei den nächsten Halbwellengrenzen entsprechend Gleichung (13) oder (15) muß jedoch die Abnahme der Spannung durch Widerstandsdämpfung berücksichtigt werden. Anstatt des Wertes $E - 2\,e_b$ für die Kondensatorspannung am Ende der ersten Halbwelle nach Fig. 211 erhält man jetzt für $t = \pi/\nu$ nur

$$E_C = (E - e_b)\,\varepsilon^{-\frac{\pi}{2\nu T}} - e_b\,, \tag{21}$$

so daß die Amplitude der zweiten Halbschwingung geringer wird. Die Schwingungen verlöschen daher mit gemeinsamen Funken- und Leitungswiderstand schneller als mit nur einem von beiden. Sie erreichen auch hier durch den Einfluß der Funkenspannung und vor allem durch deren Zündspannung bald ein vollständiges Ende.

Man benutzt die Erscheinung der Funkenentladung häufig zur Erzeugung hochfrequenter Schwingungen. Ein Kondensator C

wird nach Fig. 213 von einer Gleich- oder Wechselstromquelle über eine große Selbstinduktion L^* aufgeladen und entlädt sich, wenn seine Spannung die Durchbruchspannung der Funkenstrecke F erreicht hat, über die kleine Selbstinduktion L. Die Eigenschwingungen des linken Ladekreises und des rechten Entladeschwingungskreises sind dann sehr verschieden und stören sich gegenseitig nicht erheblich. Verwendet man Gleichstrom zur Ladung, so schwingt die Kondensatorspannung fast bis aufs Doppelte über die speisende Spannung E hinaus. Benutzt man Wechselstrom, so kann man sie durch Abstimmung des Ladekreises auf Resonanz auf noch viel höhere Werte treiben. Die Funkenstrecke wird in beiden Fällen auf diese hohe Spannung eingestellt, und löst nach dem Durchbruch unter Entwicklung starker Ströme kräftige Eigenschwingungen des Entladekreises aus, deren Frequenz sich durch Regeln der Selbstinduktion leicht in weiten Grenzen ändern läßt. Die Schwingungen verlöschen nach Maßgabe der Widerstands- und Funkendämpfung und entladen den Kondensator nahezu, worauf er sich unter Ladeschwingungen wiederum bis zur Durchbruchspannung des Funkens lädt. Dieser Vorgang kann unter ungünstigen Umständen auch als ungewollte Erscheinung in Starkstromkreisen für Gleichstrom oder Wechselstrom eintreten.

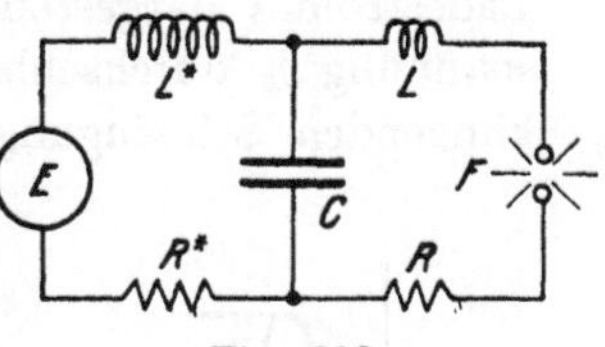

Fig. 213.

27. Ausschalten von Schwingungskreisen.

Wechselstromkreise der Starkstromtechnik enthalten fast immer erhebliche Selbstinduktion, die die Erscheinung des Rückzündens von Kapazitäten beim Ausschalten wesentlich beeinflussen kann. Vor allem besitzen Wechselstromgeneratoren und Transformatoren erhebliche Streuinduktion, aber auch die Leitungen selbst können bei großer Länge einen beträchtlichen Beitrag zur gesamten Selbstinduktion L liefern. Wir wollen daher untersuchen, in welcher Weise das Schalten von Wechselstrom in einem Schwingungskreise nach Fig. 214 über einen Lichtbogen B vor sich geht. An Stelle der abklingenden Gleichstrom-Aufladungen des Kapitels 25 treten dann bei jedem Funkenüberschlag Eigenschwingungen des Kreises ein, die den Funkenentladungen nach dem vorigen Kapitel 26 entsprechen und daher bald zum Verlöschen kommen. Die Spannung am Kondensator schießt bei dieser schwingenden Ladung auf fast das doppelte Maß übers Ziel, ähnlich wie wir es beim metallischen Einschalten von Schwingungskreisen mit Gleichspannung in Kapitel 7

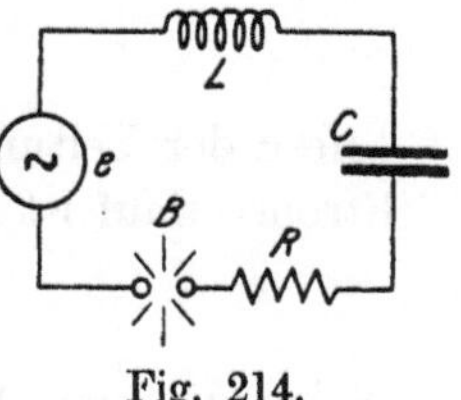

Fig. 214.

kennengelernt hatten. Der Strom setzt nicht mehr unstetig ein, sondern entwickelt sich allmählich ohne Sprünge. Wir setzen auch hier voraus, daß der ganze Ladevorgang schon nach einem geringen Bruchteil der Halbperiode der regulären Wechselspannung abgelaufen ist, so daß wir deren Veränderung für den Verlauf der Eigenschwingungen außer acht lassen können. Praktisch ist dies meistens der Fall.

a) Rückzündungsspannung.

In Fig. 215 ist der Verlauf von Kondensatorspannung e_C und Ladestrom i dargestellt, wenn die Schaltkontakte von der Zündspannung e_z durchschlagen werden. Die Spannung pendelt in abklingenden Schwingungen um den Wert der Ladespannung E. Der

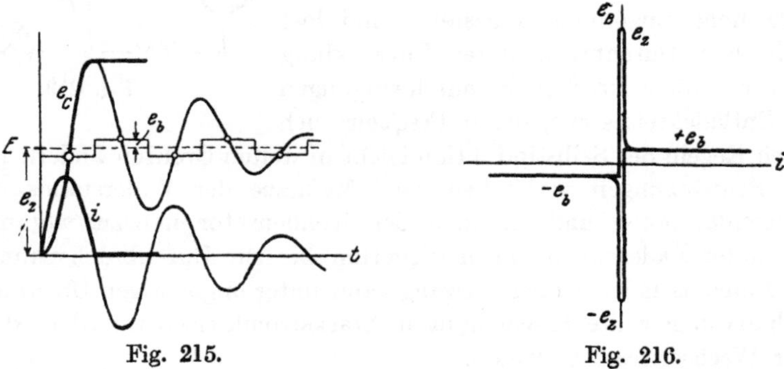

Fig. 215. Fig. 216.

Strom besitzt abwechselnd positive und negative Halbwellen. Dabei ist wieder eine Lichtbogencharakteristik nach Fig. 216 angenommen, bei der die Spannung nach Überwindung der großen Zündspannung e_z schon für mäßige Ströme auf die konstante Bogenspannung e_b sinkt.

Die Frequenz der Ladeschwingungen ist

$$\nu = \frac{1}{\sqrt{LC}}, \tag{1}$$

sofern der Leitungswiderstand R sich in mäßigen Grenzen hält. Der Stromverlauf ist dann bestimmt durch

$$i = J \varepsilon^{-\frac{R}{2L}t} \sin \nu t, \tag{2}$$

wobei die erste Stromamplitude nach Kapitel 26, Gleichung (12) ist

$$J = (e_z - e_b)\sqrt{\frac{C}{L}}. \tag{3}$$

Die Spannung am Kondensator verläuft dann während der ersten Halbwelle nach der Beziehung

$$e_C = (E - e_b) - (e_z - e_b)\,\varepsilon^{-\frac{R}{2L}t} \cos \nu t. \tag{4}$$

Für die folgenden Halbwellen ist das Vorzeichen der Lichtbogenspannung e_b immer umzukehren.

Je nach der Höhe der Eigenfrequenz, also der Größe von Selbstinduktion und Kapazität in Gleichung (1), und den Wärmeeigenschaften der Elektroden können sich nun zwei wesentlich verschiedene Erscheinungen ausbilden. Ist die **Eigenfrequenz sehr groß**, was beispielsweise bei kleinen Kapazitäten der Fall ist, so erfolgen die Ladeschwingungen so schnell, daß der Lichtbogen beim Stromdurchgang durch null in Fig. 215 seine Temperatur beibehält und die Zündspannung für die zweiten und folgenden Halbwellen nur gering ist. Die Schwingung klingt dann nahezu vollständig aus und **bringt den Kondensator auf eine Endspannung, die nach Fig. 215 nur um das recht geringe Maß der Lichtbogenspannung $\pm e_b$ von der Ladespannung E der Stromquelle verschieden ist.** Diese Spannung behält der Kondensator bis zur nächsten Rückzündung bei. Seine mittlere Spannung verläuft daher genau wie beim Ausschalten von Kapazitätskreisen in Kapitel 25. Darüber ist jedoch noch die schnelle **Zündschwingung** gelagert, die die Kondensatorspannung für kurze Zeit fast auf den doppelten Wert der Netzspannung bringen kann. Fig. 217 stellt diesen Vorgang für das Einsetzen der Zündung kurz vor dem Maximum der Wechselspannung bildlich dar.

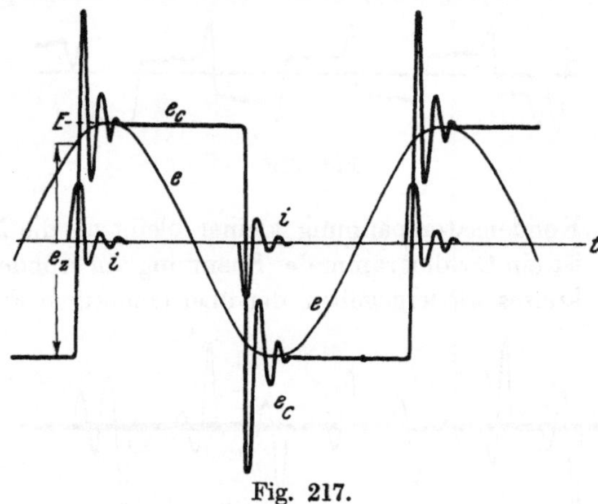

Fig. 217.

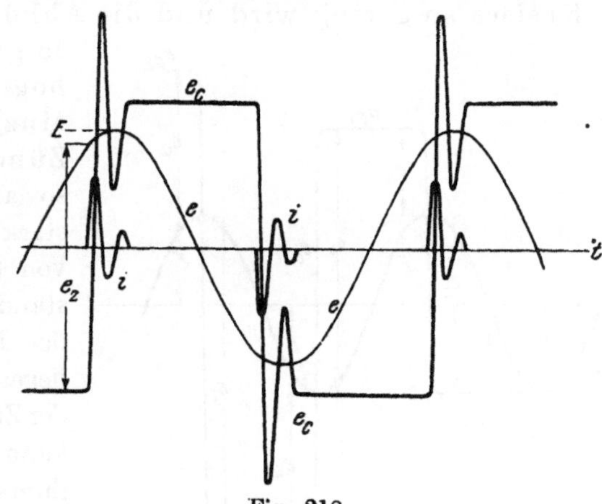

Fig. 218.

Ist die **Eigenfrequenz geringer**, so reißt die Zündschwingung schon nach einer kleinen Zahl von Halbwellen ab, sowie nämlich die Zündspannung beim Nulldurchgang des abklingenden Stromes durch Abkühlung der Elektroden größer wird als die Differenz der abklingenden Kondensatorspannung und der Netzspannung. In Fig. 218 ist der Fall dargestellt, daß nur drei Halbwellen der Zündschwingung zustande kommen. Man sieht, daß dann auf dem Kondensator eine Spannung liegen bleibt, die wesentlich größer ist als die ladende Amplitude E der Wechselspannung. Dies tritt stets dann ein, wenn die Zahl der Halbwellen der Zündschwingung **ungerade** ist, während bei gerader Zahl der Halbwellen die Kondensatorspannung kleiner bleibt als die Netzspannung. In Fig. 219 ist ein Oszillogramm der Spannung am Kondensator eines Schwingungskreises wiedergegeben, der über eine kurze Funkenstrecke mit Wechselspannung gespeist wurde. Es treten neben den häufigen Zündschwingungen mit 2 Halbwellen auch einige mit 1, 3 und 4 Halbwellen hervor, die vollständig die soeben hergeleitete Form besitzen. Fig. 220 zeigt den oszillographierten Stromverlauf verschiedener derartiger Schwingungen.

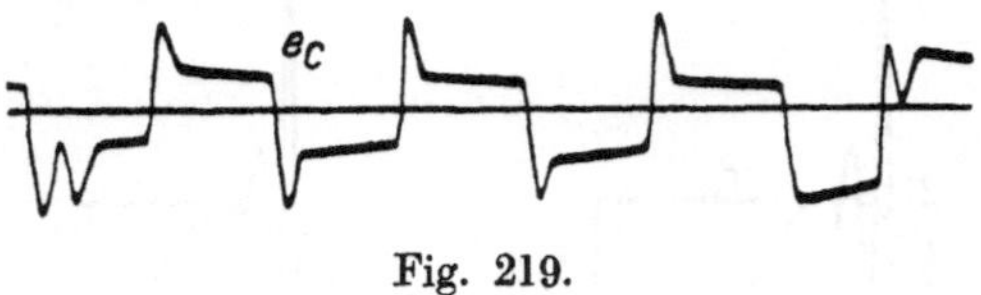

Fig. 219.

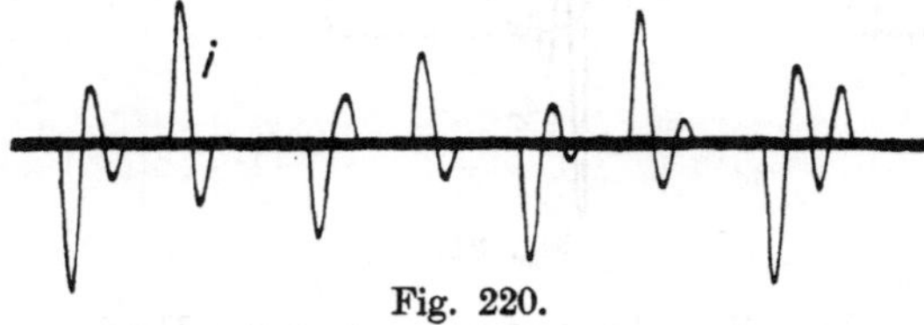

Fig. 220.

Der ungünstigste Fall tritt ein, wenn die **Eigenfrequenz des Kreises so gering** wird und die **Abkühlung der Elektroden so groß** ist, daß der **Lichtbogen bereits nach einer einzigen Halbwelle der Zündschwingung erlischt**, so daß nur die erste, in Fig. 215 stark gezeichnete Halbperiode von Strom und Spannung zustande kommt. Dann bleibt auf der Kapazität eine Spannung liegen, die bis an das Doppelte der Zündspannung heranreichen kann. Die Zündspannung wird ihrerseits am größten, wenn die Rückzündung stets im Scheitel der Netzspannung erfolgt. Diese Verhältnisse sind in Fig. 221 dargestellt. Da nun die Spannung in der nächsten Halbperiode der Wechselspannung nach dem Rückzünden durch die Höhe der vorherigen Kondensatorspannung bestimmt wird, so erkennt man aus Fig. 221, daß sich die Kondensatorspannung bei mehreren aufeinander folgenden

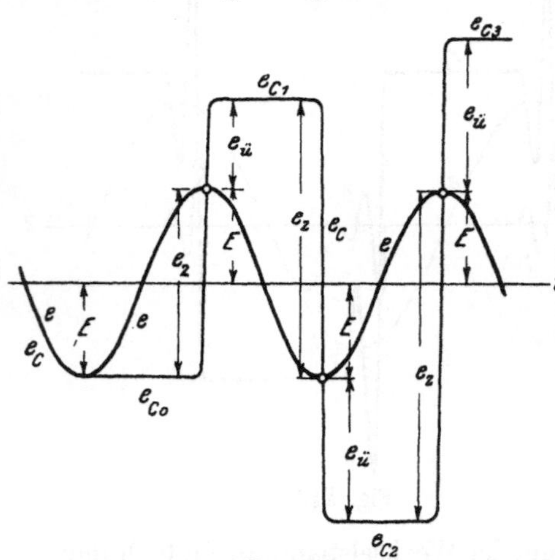

Fig. 221.

Rückzündungen **zu immer höheren Werten heraufschwingen kann.** Wäre keine Dämpfung der Zündschwingung vorhanden, so würde die Überspannung $e_ü$ über die Netzspannung bei jedem Rückzündungsstoß gleich der Zündspannung e_z sein. Man erhielte also in Fig. 221 für die Kondensatorspannung, die beim erstmaligen Verlöschen des Stromes gleich der Netzspannung bleibt, nach der ersten Rückzündung im Scheitelwert der Netzspannung die dreifache, bei der zweiten Rückzündung die fünffache, bei der dritten Rückzündung die siebenfache Amplitude der Netzspannung, und so fort. Die Spannung am Kondensator und ebenso natürlich die an der Selbstinduktion könnte sich also mit rapider Geschwindigkeit auf enorme Werte emporarbeiten, wenn man gleichzeitig die Zündspannung so vergrößern würde, daß der Durchschlag stets im Scheitel der Netzspannung erfolgt. Durch die Dämpfung des Stromkreises wird jedoch bewirkt, daß die Spannung nicht über alle Maßen wachsen kann.

Bei geringer Eigenfrequenz ν, die natürlich trotzdem erheblich größer als die Netzfrequenz ω ist, darf die Dämpfung sehr gering sein, ohne daß unsere Voraussetzung über die Dauer des ganzen Zündvorganges hinfällig wird, die kurz gegenüber der Halbwellendauer der regulären Wechselspannung sein sollte. Denn wie man aus der starken Kurve in Fig. 215 erkennt, richtet sich die Brenndauer eines Zündfunkens, der nach der ersten Halbwelle auslöscht, gar nicht mehr nach der Dämpfung, sondern nur noch nach der Eigenfrequenz des Stromkreises.

Wir wollen zunächst annehmen, daß die Lichtbogenspannung e_b nur gering ist gegenüber der Widerstandsspannung, so daß die Spannung am Schalter nach dem Zünden auf null sinkt. Dann liegt nach der Zeit einer Halbwelle

$$t = \frac{\pi}{\nu} \tag{5}$$

eine Spannung auf dem Kondensator, die die Netzspannung um einen Betrag übertrifft, der sich durch Einsetzen in Gleichung (4) mit $e_b = 0$ ergibt zu

$$e_ü = e_z \varepsilon^{-\frac{\pi}{2}\frac{R}{\nu L}} = ü\, e_z. \tag{6}$$

Würde der Lichtbogen nicht nach der ersten, sondern nach der dritten, fünften oder einer späteren **ungeraden** Halbwelle abreißen, so würde $ü$ einen den späteren Spannungswerten entsprechenden Betrag haben, der nach Fig. 215 zwar kleiner als nach Gleichung (6), aber stets **positiv** ist. Reißt der Lichtbogen dagegen nach der zweiten, vierten, sechsten oder einer späteren **geraden** Halbwelle ab, so nimmt $ü$ nach Fig. 215 **negative** Werte an.

In Fig. 221 ist dargestellt, welche Erscheinungen beim Ausschalten im ungünstigsten Falle auftreten können. Dieser Fall liegt vor, wenn die Schaltkontakte sich mit einer solchen Geschwindigkeit voneinander entfernen, daß ihre Zündspannung nach jeder halben Wechselstromperiode gerade um das gleiche Maß gewachsen ist, um das die Kondensatorüberspannung nach Gleichung (6) über die vorherige Spannung hinausgeschossen ist. Dann tritt die Rückzündung genau im Scheitel der Wechselspannung ein, was wir für unsere weiteren Berechnungen annehmen wollen. Das erstmalige Öffnen des Stromkreises erfolgt beim Durchgang des regulären Wechselstromes durch null, also nahe am Scheitel der Wechselspannung, so daß nach Fig. 221 z. B. die Spannung $-E$ auf dem Kondensator liegen bleibt. Die erste Rückzündung unter der nunmehrigen Zündspannung $e_z = 2E$ bringt ihn dann nach Gleichung (6) auf eine Spannung

$$e_{C1} = E + e_{ü} = E + (2E)\,ü = (1 + 2ü)\,E\,, \tag{7}$$

die bei geringem Widerstand, mit $ü$ nach Gleichung (6) in der Nähe von 1, schon erheblich über der Betriebsspannung liegen kann.

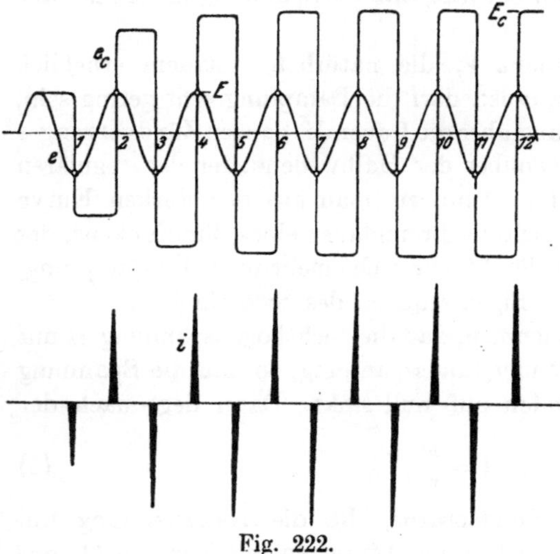

Fig. 222.

Haben sich nach der nächsten Halbperiode die Kontakte so weit entfernt, daß ihre Zündspannung gerade wieder von der an ihnen herrschenden Spannung $e_{C1} + E$ überwunden wird, dann setzt eine neue Rückzündung ein, durch die die Kondensatorspannung wiederum übers Ziel hinaus schießt und nach Fig. 221 nunmehr auf den Wert

$$e_{C2} = E + (e_{C1} + E)\,ü = (1 + ü)\,E + ü\,e_{C1} \tag{8}$$

kommt. Sie wird also noch weiter verstärkt. Nach der dritten und den späteren Halbwellen entsteht unter gleichen Umständen eine noch höhere Überspannung. Die Kondensatorspannung der $(n + 1)$ten Rückzündung ist stets

$$e_{C(n+1)} = E + (e_{Cn} + E)\,ü = (1 + ü)\,E + ü\,e_{Cn}\,. \tag{9}$$

Sie arbeitet sich also allmählich immer weiter herauf. In Fig. 222 ist dies für einen bestimmten Fall dargestellt, dessen Widerstandsdämpfung so erheblich angenommen ist, daß $ü = 0{,}5$ wird. Es entwickelt sich dann allmählich die dreifache Betriebsspannung an der Kapazität, falls man den Lichtbogen am Schalter derart verlängert, wie es die zunehmende Zündspannung gerade erlaubt.

Zieht man den Lichtbogen langsamer auseinander, so findet die Rückzündung schon vor dem Scheitel der sinusförmigen Betriebsspannung statt und erreicht nur so hohe Beträge, wie sie der jeweiligen Zündspannung des Schalterlichtbogens entsprechen. Die erreichbare Endspannung ist jedoch schließlich die gleiche, wenn der Lichtbogen nur lang genug geworden ist. Man erhält also das eigentümliche Ergebnis, daß die Spannung am Kondensator und dadurch auch am Lichtbogen sich mit zunehmender Länge des letzteren durch eine Art Selbsterregung immer weiter heraufarbeitet und schließlich auf einem Grenzwert anlangt, der ein erhebliches Vielfaches der Netzspannung ist. Nur wenn man den Kontaktabstand noch weiter vergrößert, oder wenn man ihn schneller verlängert als sich die Überspannungen heraufarbeiten, kann man den Lichtbogen zum Verlöschen bringen.

Die Höhe der bei langsamem Ausziehen des Lichtbogens erreichbaren Überspannung läßt sich dadurch berechnen, daß sie schließlich einem Grenzwert zustrebt. Dann muß für sehr großes n der Wert der $n$ten und $(n+1)$ten Ladespannung übereinstimmen. Ihr Endwert E_C ist somit nach Gleichung (9) bestimmt durch

$$E_C = (1 + ü)E + ü E_C \qquad (10)$$

und wird

$$E_C = \frac{1+ü}{1-ü} E. \qquad (11)$$

Für positives Überspannungsverhältnis $ü$, also für Löschen des Lichtbogens nach einer ungeraden Zahl von Halbwellen des Stromes, wird die Kondensatorspannung demnach stets größer als die Netzspannung. Für gerade Halbwellenzahl, bei der das Verhältnis $ü$ negativ ist, bleibt sie dagegen unter der Netzspannung. Die Abweichung wird nach Gleichung (11) um so erheblicher, je mehr sich das positive $ü$ dem Werte 1 nähert. Unter ungünstigen Umständen kann sich die Kondensatorspannung daher beim Ausschalten auf enorme Beträge heraufarbeiten. Beispielsweise erhält man bei einer Dämpfung der Eigenschwingungen auf das $ü = 0{,}9$ fache den 19 fachen Wert der Betriebsspannung und bei schwächeren Dämpfungen noch wesentlich höhere Überspannungen.

Durch diese Erscheinungen erklären sich die riesigen Lichtbögen, die man beim Ausschalten großer Kapazitäten durch Luftschalter beobachtet, und die eine Länge von vielen Metern erreichen können. Die Bögen lösen sich oft aus dem Zwischenraum der Schaltkontakte los und wandern in die freie Luft, wobei sie sich durch Luftströmungen entsprechend der eben berechneten Zunahme der Zündspannung immer weiter verlängern und leicht durch Überschlagen auf andere Leitungen zu schweren Kurzschlüssen führen können.

Fig. 223 stellt ein Bild eines derartigen Lichtbogens bei 20000 Volt Netzspannung an einer Hörnerstrecke dar. Um diese außerordentlichen Überspannungen zu vermeiden, muß man für möglichst schnelles Löschen des Kapazitätslichtbogens sorgen, am besten schon nach einer Halbperiode der regulären Wechselspannung. Das erreicht man vor allem durch Anwendung von Ölschaltern mit schnell bewegten Kontakten.

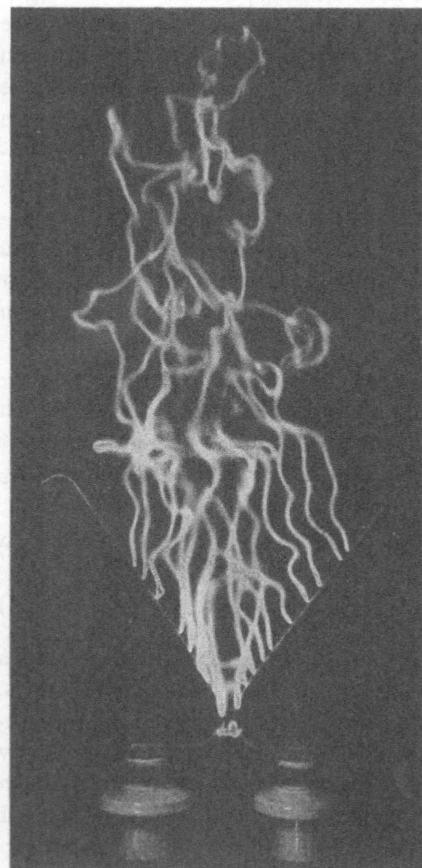

Fig. 223.

Findet das Löschen des Rückzündungslichtbogens nach einer einzigen Halbwelle der Eigenschwingung statt — und mit diesen ungünstigen Verhältnissen muß man häufig rechnen — so erhält man das Überspannungsverhältnis nach Gleichung (6) durch Einführung der Eigenfrequenz aus Gleichung (1) zu

$$\ddot{u} = \frac{e_{\ddot{u}}}{e_z} = \varepsilon^{-\frac{\pi}{2}\frac{R}{\sqrt{L/C}}}. \qquad (12)$$

Es ist also lediglich vom Verhältnis des Ohmschen Widerstandes zum Schwingungswiderstand des Kreises abhängig. Führt man diesen Wert in Gleichung (11) ein, so erhält man als Verhältnis der höchstmöglichen Kapazitätsspannung zur treibenden Spannung der Stromquelle

$$\frac{E_C}{E} = \frac{1 + \varepsilon^{-\frac{\pi}{2}\frac{R}{\sqrt{L/C}}}}{1 - \varepsilon^{-\frac{\pi}{2}\frac{R}{\sqrt{L/C}}}} = \mathfrak{Ctg}\left(\frac{\pi}{4}\frac{R}{\sqrt{\frac{L}{C}}}\right). \qquad (13)$$

Für kleinen Widerstand R im Verhältnis zum Schwingungswiderstand $\sqrt{L/C}$ kann man aus der bekannten Reihenentwicklung für die hyperbolische Funktion die Näherungsformel herleiten

$$\frac{E_C}{E} = \frac{4}{\pi}\frac{\sqrt{L/C}}{R}, \qquad (14)$$

aus der man sieht, **daß die höchsten Überspannungen nahezu umgekehrt proportional dem Ohmschen Widerstand sind,** daß sie also in praktischen Wechselstromkreisen mit kleinen Widerständen sehr groß werden können. Beträgt das Widerstandsverhältnis 5%, so kann sich eine Spannung vom

$$\frac{E_C}{E} = \frac{4}{\pi}\,\frac{100}{5} = 25{,}4 \text{ fachen Betrage}$$

der Netzspannung entwickeln.

Bei kürzeren Lichtbögen darf man die Spannung e_b am Bogen wohl vernachlässigen, bei langen Bögen spielt sie jedoch eine wesentliche Rolle und hält auch ihrerseits die Überspannungen in endlichen Grenzen. In Fig. 224 ist ihr Einfluß dargestellt. Die Spannung schwingt jetzt entsprechend Fig. 215 um die Kurve $e - e_b$ als Nullinie, so daß man bei Rückzündung im ungünstigsten Augenblick, also im Scheitel der Wechselspannung, für die $(n+1)$te Kondensatorspannung an Stelle von Gleichung (9) erhält

$$\begin{aligned} e_{C(n+1)} &= (E - e_b) + (e_{Cn} + E - e_b)\,\ddot{u} \\ &= (1 + \ddot{u})(E - e_b) + \ddot{u}\, e_{Cn}. \qquad (15) \end{aligned}$$

Den Grenzwert dieser Spannung nach völligem Heraufarbeiten erhält man daraus durch Gleichsetzen des $n$ten und $(n+1)$ten Wertes von e_C zu

$$E_C = \frac{1 + \ddot{u}}{1 - \ddot{u}}(E - e_b)\,. \qquad (16)$$

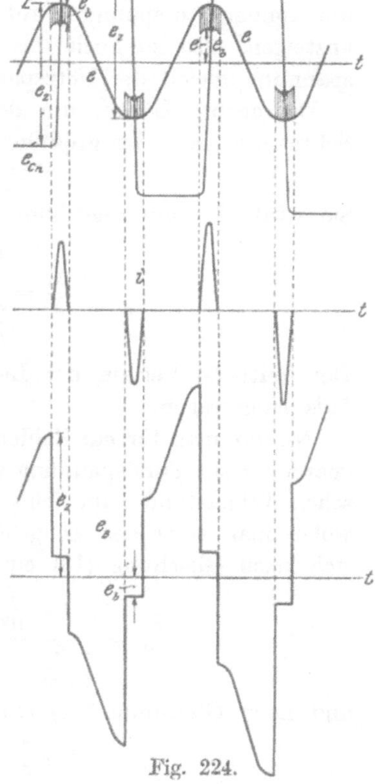

Fig. 224.

Die Lichtbogenspannung e_b verändert sich nun aber selbst mit zunehmender Bogenlänge. Einigermaßen konstant bleibt lediglich ihr Verhältnis zur Zündspannung, die sich ihrerseits nach Fig. 224 stets aus Kondensatorspannung und Netzspannung zusammensetzt. Es ist daher für den Endzustand

$$e_b = \frac{e_b}{e_z} E_z = \frac{e_b}{e_z}(E_C + E)\,. \qquad (17)$$

Setzt man dies in Gleichung (16) ein und löst nach E_C auf, so erhält man unter Einführung der hyperbolischen Funktion für den Quotienten mit $\ddot{u}$ die Kapazitätsspannung

$$\frac{E_C}{E} = \frac{1 - \frac{e_b}{e_z}}{\mathfrak{Tg}\left(\frac{\pi}{4}\frac{R}{\sqrt{L/C}}\right) + \frac{e_b}{e_z}}\,. \qquad (18)$$

Aus dieser Beziehung geht hervor, daß **die höchste Kondensatorspannung durch die endliche Lichtbogenspannung ebenfalls begrenzt wird.** Wäre der Widerstand des Stromkreises null, so würde der Tangens verschwinden und man erhielte

$$\frac{E_C}{E} = \frac{e_z}{e_b} - 1 . \tag{19}$$

Beträgt die Bogenspannung 5% der Zündspannung, so läßt sie die Kondensatorspannung auf den 19fachen Betrag der Netzspannung ansteigen, also so hoch, bis der konstante Teil e_b der Lichtbogenspannung gleich der Netzspannung selbst geworden wäre.

Die größte Länge, die der Ausschaltlichtbogen erreichen kann, richtet sich nach der größten Zündspannung. Diese ist nach Abb. 221

$$E_z = E_C + E . \tag{20}$$

Sie wird also mit Gleichung (18)

$$\frac{E_z}{E} = \frac{1 + \mathrm{Tg}\left(\frac{\pi}{4}\frac{R}{\sqrt{L/C}}\right)}{\frac{e_b}{e_z} + \mathrm{Tg}\left(\frac{\pi}{4}\frac{R}{\sqrt{L/C}}\right)} . \tag{21}$$

Der zeitliche Verlauf der Lichtbogenspannung ist in Fig. 224 ebenfalls eingetragen.

Nimmt man für ein Zahlenbeispiel das Verhältnis von Lichtbogenspannung zur Zündspannung zu 5% und das Verhältnis vom Ohmschen Widerstand zum Schwingungswiderstand zu ebenfalls 5% an, wobei man statt des Tangens sein Argument setzen darf, so ergibt sich nach Gleichung (18) eine höchste Kapazitätsspannung vom

$$\frac{E_C}{E} = \frac{1 - \frac{5}{100}}{\frac{\pi}{4}\frac{5}{100} + \frac{5}{100}} = 10{,}6 \text{ fachen Betrage}$$

und nach Gleichung (21) eine höchste Zündspannung vom

$$\frac{E_z}{E} = \frac{1 + \frac{\pi}{4}\frac{5}{100}}{\frac{5}{100} + \frac{\pi}{4}\frac{5}{100}} = 11{,}6 \text{ fachen Betrage}$$

der Netzspannung. Das sind Überspannungen von einer Höhe, wie sie durch andere Erscheinungen nicht leicht hervorgerufen werden. **Die Störungen, die beim Lichtbogenschalten von Kapazitäten aller Art auftreten können, gehören daher zu den gefährlichsten, die die Elektrotechnik kennt.**

b) Schaltstrom und Schaltarbeit.

Der Strom verläuft beim Ausschalten von Schwingungskreisen über einen Lichtbogen nicht mehr nach einer regulären Sinuswelle, die 90° gegen die Spannungswelle versetzt ist, sondern er besteht aus einzelnen Stromstößen großer Stärke, die je nach der Funkenlänge auch im Maximum der Spannungskurve auftreten können, und deren zeitlicher Verlauf durch Gleichung (2) und (3) bestimmt ist. Löscht der Lichtbogen nach jeder ersten Halbwelle der Rückzündungsschwingung aus, so treten, wie es in Fig. 222 dargestellt ist, nur einzelne durch lange Pausen getrennte Stromstöße auf, die gut in Phase mit der Netzspannung liegen und daher erhebliche Leistung entwickeln.

Wenn wir annehmen, daß für den regulären Betrieb Leitungswiderstand und Blindwiderstand der Selbstinduktion gering sind gegen den Blindwiderstand der Kapazität des Stromkreises, was bei Starkstromkreisen im allgemeinen zutrifft, dann wird der reguläre Wechselstrom, solange der Schalter geschlossen ist, im wesentlichen bestimmt durch das Produkt von Kapazitätsblindwiderstand und Netzspannung. Das Verhältnis der im Widerstand entwickelten mittleren Leistungen oder der Arbeiten vom Zündstrom beim Ausschalten und regulärem Wechselstrom vor dem Ausschalten ist daher für jede Halbwelle

$$\frac{w_z}{w} = \frac{\int\limits_0^{\pi/\nu} R i^2 \, dt}{\frac{1}{2} R J_w^2 \frac{\mathfrak{T}}{2}} = \frac{\int\limits_0^{\pi/\nu} i^2 \, dt}{\frac{\pi}{2} \omega C^2 E^2} . \tag{22}$$

Dabei sind für den regulären Wechselstrom J_w und seine Periodendauer $\mathfrak{T}$ die bekannten Werte aus Kapazität, Spannung und Frequenz eingesetzt. Führt man hierin Gleichung (2) und (3) ein und ersetzt dann das Produkt von Selbstinduktion und Kapazität durch die Eigenfrequenz nach Gleichung (1), so erhält man

$$\frac{w_z}{w} = \frac{2}{\pi} \frac{(e_z - e_b)^2}{E^2} \frac{\nu^2}{\omega} \int\limits_0^{\pi/\nu} \varepsilon^{-\frac{R}{L} t} \sin^2 \nu t \, dt . \tag{23}$$

Das darin auftretende Integral ist

$$\int\limits_0^{\pi/\nu} \varepsilon^{-\frac{R}{L} t} \sin^2 \nu t \, dt = \frac{L}{2R} \left(1 - \varepsilon^{-\pi \frac{R}{\sqrt{L/C}}} \right) \cong \frac{L}{2R} \frac{\pi R}{\sqrt{L/C}} = \frac{\pi}{2\nu} , \tag{24}$$

wobei der Näherungswert für das meist geringe Verhältnis von Widerstand zu Schwingungswiderstand gilt. Man erhält damit für den Effektivwert des jeweiligen Zündstromes im Verhältnis zu dem des regulären Wechselstroms

$$\frac{\bar{i}_z}{\bar{J}_w} = \sqrt{\frac{w_z}{w}} = \sqrt{\frac{\nu}{\omega}} \frac{e_z - e_b}{E} . \tag{25}$$

Wegen der hohen Eigenfrequenz ist dieser Wert stets größer als 1.

Der Höchstwert ergibt sich durch Einsetzen der höchstmöglichen Zündspannung nach Gleichung (21) bei lang ausgezogenem Bogen zu

$$\frac{J_z}{J_w} = \sqrt{\frac{\nu}{\omega}}\left(1 - \frac{e_b}{e_z}\right) \frac{1 + \mathfrak{Tg}\left(\frac{\pi}{4}\frac{R}{\sqrt{L/C}}\right)}{\frac{e_b}{e_z} + \mathfrak{Tg}\left(\frac{\pi}{4}\frac{R}{\sqrt{L/C}}\right)}. \tag{26}$$

Mit den oben genannten Zahlen und einer Eigenfrequenz von 10facher Höhe der Netzfrequenz erhält man ein Verhältnis der Effektivströme vom

$$\frac{J_z}{J_w} = \sqrt{10}\left(1 - \frac{5}{100}\right) \cdot 11{,}6 = 35\text{fachen Betrage.}$$

Durch das Abschalten von Kapazitäten über einen Lichtbogen wird daher der Effektivwert des Stromes während des Schaltvorganges zunächst nicht verkleinert, wie man erwarten sollte, sondern durch die Wirkung der stoßweise auftretenden Rückzündungsströme ganz gewaltig vergrößert. Man hat dabei öfter das Durchschmelzen von Sicherungen beobachtet.

Die Schaltarbeit, die im Lichtbogen selbst während einer Halbperiode frei wird, berechnet sich bei ebenfalls nur einer einzigen Halbwelle der Zündschwingung mit Gleichung (2) und (3) zu

$$a_{\frac{\mathfrak{T}}{2}} = \int_0^{\pi/\nu} e_B\, i\, dt = e_b (e_z - e_b)\sqrt{\frac{C}{L}} \int_0^{\pi/\nu} \varepsilon^{-\frac{R}{2L}t} \sin \nu t\, dt. \tag{27}$$

Das Integral hat darin den Wert

$$\int_0^{\pi/\nu} \varepsilon^{-\frac{R}{2L}t} \sin \nu t\, dt = \frac{1}{\nu}\left(1 + \varepsilon^{-\frac{\pi}{2}\frac{R}{\sqrt{L/C}}}\right) = \sqrt{LC}\,(1 + \ddot{u}), \tag{28}$$

wobei das Dämpfungsverhältnis $\ddot{u}$ nach Gleichung (12) eingeführt ist. Damit erhält man die maximale Halbwellen-Schaltarbeit bei ausgezogenem Bogen durch Einführen der Zündspannung E_z nach Gleichung (21) zu

$$A_{\frac{\mathfrak{T}}{2}} = \frac{e_b}{e_z}\left(1 - \frac{e_b}{e_z}\right) E_z^2 C (1 + \ddot{u})$$

$$= \frac{e_b}{e_z}\left(1 - \frac{e_b}{e_z}\right) C (1 + \ddot{u}) \left[\frac{1 + \frac{1 - \ddot{u}}{1 + \ddot{u}}}{\frac{e_b}{e_z} + \mathfrak{Tg}\left(\frac{\pi}{4}\frac{R}{\sqrt{L/C}}\right)}\right]^2 E^2. \tag{29}$$

Darin ist der Tangens im Zähler nach Gleichung (11) und (13) durch $\ddot{u}$ ausgedrückt. Durch Ausmultiplizieren entsteht

$$A_{\frac{\mathfrak{T}}{2}} = \frac{e_b}{e_z}\left(1 - \frac{e_b}{e_z}\right) \frac{CE^2}{1 + \ddot{u}} \left[\frac{2}{\frac{e_b}{e_z} + \mathfrak{Tg}\left(\frac{\pi}{4}\frac{R}{\sqrt{L/C}}\right)}\right]^2. \tag{•30}$$

Wenn man nun beachtet, daß häufig mit ausreichender Genauigkeit

$$\frac{1-\frac{e_b}{e_z}}{1+\ddot{u}}=\frac{1}{2} \tag{31}$$

ist, weil die Abweichungen von 1 im Zähler und von 2 im Nenner dieses Bruches sich nahezu die Wage halten, so erhält man für die maximale Schaltarbeit die Näherungsformel

$$A_{\frac{\mathfrak{T}}{2}}=\frac{4\frac{e_b}{e_z}}{\left[\frac{e_b}{e_z}+\mathfrak{Tg}\left(\frac{\pi}{4}\frac{R}{\sqrt{L/C}}\right)\right]^2}\frac{CE^2}{2}. \tag{32}$$

Die Schaltarbeit im Lichtbogen konzentriert sich während jeder Halbwelle der Netzspannung auf die kurze Zeitspanne einer Halbwelle der Zündschwingung. Sie ist nach Gleichung (32) ein bestimmtes Vielfaches der Arbeit, die in der abgeschalteten Kapazität unter der Netzspannung aufgespeichert war. Für das obengenannte Zahlenbeispiel mit 5% Lichtbogenspannung und 5% Ohmschem Spannungsabfall ist sie das

$$\frac{4\cdot\frac{5}{100}}{\left(\frac{5}{100}+\frac{\pi}{4}\frac{5}{100}\right)^2}=25\text{fache}$$

dieser Ladearbeit. Trotz der mäßigen am Lichtbogen herrschenden Spannung nach dem Zünden wird dort eine sehr große Leistung frei, die bei erheblichen Kapazitäten und hohen Spannungen gewaltige Brandwirkungen erzeugen kann.

Würde kein Widerstand im Stromkreis vorhanden sein, so wäre die Schaltarbeit nach Gleichung (30) mit $\ddot{u}=1$

$$A_{\frac{\mathfrak{T}}{2}}=4\left(\frac{e_z}{e_b}-1\right)\frac{CE^2}{2}. \tag{33}$$

Sie wäre also fast im vierfachen Verhältnis von Zündspannung zu konstanter Bogenspannung größer als die reguläre Kondensatorarbeit. In Wirklichkeit bleibt sie durch den Einfluß des Leitungswiderstandes erheblich unter dieser Grenze.

Während beim Ausschalten von Gleichstromkreisen die in der Selbstinduktion aufgespeicherte Arbeit im Schalterlichtbogen frei wird, sahen wir, daß diese beim Ausschalten induktiver Wechselstromkreise vollständig an die Stromquelle zurückgeliefert wird und nicht in den Lichtbogen übergeht. Beim Ausschalten kapazitiver Wechselstromkreise wird, wie wir jetzt sehen, nicht nur die reguläre in der Kapazität aufgespeicherte Arbeit im Schalterlichtbogen frei, sondern diese Arbeit kann sich durch mehrfaches Rückzünden und Heraufklettern der Spannung auf einen hohen Wert vervielfachen, so daß der Schalter unter äußerst ungünstigen Bedingungen arbeitet. Um diese gewaltige Schaltarbeit zu vermeiden, muß man trachten, Kapazitätsströme mit möglichst großer Geschwindigkeit zu unterbrechen, so daß die Spannung sich nicht hocharbeiten kann.

c) Aussetzender Erdschluß.

Lichtbögen mit Kapazitätslast treten nicht nur beim gewollten Ausschalten von Leitungen oder Kabeln auf, sondern sie bilden sich in Starkstromnetzen oft als ungewollte Erscheinungen beim Erdschluß einer Leitung aus. Fig. 225 stellt die Kapazitäten dar, die die Leitungen einer Drehstromanlage gegen Erde besitzen. Zwischen einer Leitung und der Erde ist außerdem ein Erdschluß über einem Lichtbogen B eingezeichnet. Wäre der Erdschluß metallisch, so würde durch ihn die kranke Leitung gegen Erde und damit auch ihre Kapazität c kurzgeschlossen, und den gesunden Leitungen würde sich die ursprüngliche Spannung der kranken Leitung überlagern, so daß ihre Kapazitäten C von verstärkten Strömen durchflossen würden. Wenn jedoch der Erdschluß nicht metallisch ist, sondern über eine Luftstrecke erfolgt, in der der Erdschlußfunke oder -lichtbogen nach dem Nulldurchgang des Stromes auslöschen kann, so entstehen die soeben besprochenen Rückzündungserscheinungen. Ändern die Fußpunkte des Lichtbogens ihren Abstand nicht, so bleibt die entwickelte Spannung konstant. Entfernen sie sich jedoch voneinander, etwa beim Fortbrennen eines Fremdkörpers an der Leitung, so können sich an den gesunden wie an den kranken Leitungen sehr hohe Überspannungen entwickeln.

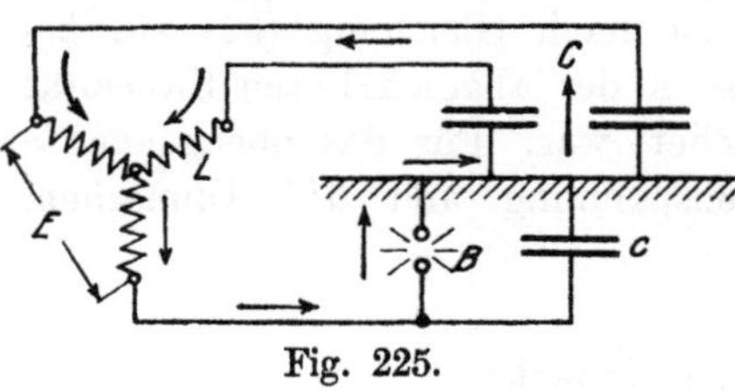

Fig. 225.

Der Strom im Erdschlußfunken B fließt vom Generator oder Transformator her zur Erde, tritt von dort in die Kapazitäten der gesunden Leitungen über und fließt durch diese Leitungen zur Stromquelle zurück. Die reguläre Spannung zwischen den beiden gesunden Leitungen und der reguläre Strom in ihnen beeinflussen den Verlauf des Erdschlußstromes nicht, weil in diesen Teilen Widerstand, Selbstinduktion und Kapazität konstant sind und daher vollkommene Superposition herrscht. Die gesunden Leitungen sind für den Erdschlußstromkreis parallel geschaltet, so daß die Summe ihrer Kapazitäten gegen Erde wirksam ist. Der ganze Kreis steht unter der mittleren Spannung der beiden gesunden Leitungen gegen die kranke, also unter

$$E' = \frac{\sqrt{3}}{2} E, \tag{34}$$

wenn mit E die Drehstromnetzspannung bezeichnet wird. Die wirklichen Verhältnisse werden daher durch den Ersatzstromkreis der Fig. 226 dargestellt, in dem die Kapazität c der kranken Phase parallel zum Lichtbogen liegt. Durch diese Nebenkapazität c, die bei Drehstromnetzen nach Fig. 225 die halbe Größe der Hauptkapazität C hat und bei Einphasennetzen sogar volle Größe besitzt, unterscheidet sich demnach der intermittierende Erdschluß von den vorher behandelten Ausschaltvorgängen.

Die Wirkung der Nebenkapazität ist dreifach. Sie sendet einerseits beim jedesmaligen Zünden des Lichtbogens einen Entladestrom in denselben, der sich dem Strome der Zündschwingung überlagert und die Wärmeproduktion vergrößert. Solange im Kreise der Nebenkapazität keine überwiegenden Widerstände oder Selbstinduktionen vorhanden sind, erlischt diese Entladung sehr rasch gegenüber der ersten Halbwelle der Zündschwingung des Hauptkreises, so daß ihr Einfluß nur gering ist. Nach dem Löschen des Lichtbogens bewirkt die Nebenkapazität andererseits einen kapazitiven Schluß des Hauptstromkreises, so daß die auf der Hauptkapazität im Augenblick des Löschens befindliche Ladung nicht voll auf ihr liegen bleibt, sondern zum Teil auf die Nebenkapazität herüberströmt, mit der sie ja über die Selbstinduktion L des Generators leitend verbunden ist. Der Ausgleich erfolgt über Eigenschwingungen des Systems C, c, L, durch die die Spannung an der Nebenkapazität von null an dauernd steigt und fällt, während die Spannung an der Hauptkapazität um entsprechende Beträge schwankt. Wenn diese Schwingungen nach Ablauf einer halben Periode der regulären Wechselspannung noch nicht abgeklungen sind, so erfolgt die nächste Rückzündung des Lichtbogens vorwiegend zu einer Zeit, in der die Hauptkapazität das Maximum, die Nebenkapazität das Minimum ihrer Spannung besitzt, denn in diesem Augenblick ist die Spannung am Lichtbogen, die ja inzwischen ihr Vorzeichen gewechselt hat, am größten.

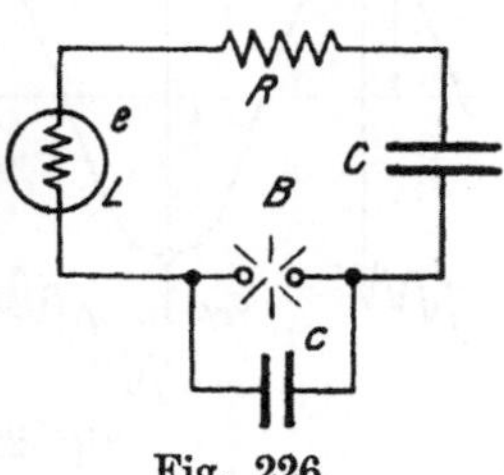

Fig. 226.

Schließlich bewirkt die Nebenkapazität, daß sich die reguläre Wechselspannung nach dem Löschen nicht vollständig auf den Lichtbogen legt, sondern sich im umgekehrten Verhältnis der Kapazitäten auf Haupt- und Nebenkapazität aufteilt. Die mittlere Spannung an der Hauptkapazität bleibt daher nicht konstant bis zur nächsten Rückzündung, sondern folgt dem Wechsel der Netzspannung mit einem gewissen Anteil, der durch das Verhältnis $c/(c + C)$ gegeben ist. Fig. 227 zeigt den Verlauf der Spannung e_C an der Hauptkapazität.

Während der halben Wechselstromperiode, die zwischen zwei Rückzündungen vergeht, sinkt daher die Spannung an der Hauptkapazität um d n Betrag $2Ec/(C+c)$. Damit wird die $(n+1)$te Kapazitätsspannung nach Fig. 227

$$e_{C(n+1)} = E + \left(e_{Cn} - 2E\frac{c}{C+c} + E\right)\ddot{u} = \left(1 + \frac{C-c}{C+c}\ddot{u}\right)E + \ddot{u}e_{Cn}, \quad (35)$$

sofern man der einfachen Übersicht halber nur dämpfende Einflüsse durch Widerstände während der einen Halbwelle der Zündschwingung in Rechnung zieht. Den Endwert der Spannung nach vollständigem Heraufarbeiten erhält man wieder durch Gleichsetzen des $n$ten und $(n+1)$ten Wertes von e_C zu

$$E_C = \frac{1 + \frac{C-c}{C+c}\ddot{u}}{1-\ddot{u}}E'. \quad (36)$$

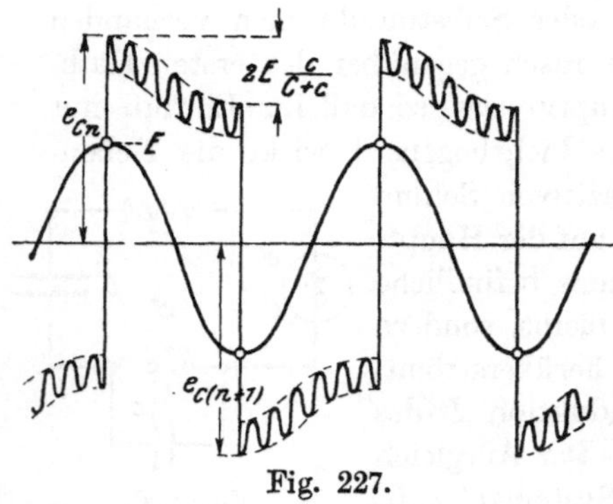

Fig. 227.

Gegenüber Gleichung (11) für den einfachen Stromkreis erkennt man, daß die Wirkung der Nebenkapazität die Endspannung zwar verkleinert, daß sie jedoch das starke Heraufarbeiten, das vor allem durch die Differenz im Nenner dieser Gleichung bedingt wird, nicht zu verhindern vermag. Für Dreiphasensysteme mit $c = \frac{1}{2}C$ erhält man unter Benutzung der Gleichung (34) die bei Erdschluß übergelagerte Kapazitätsspannung an den gesunden Leitungen im Höchstfalle zu

$$E_C = \frac{\sqrt{3}}{2}\frac{1+\frac{\ddot{u}}{3}}{1-\ddot{u}}E \quad (37)$$

und für Einphasensysteme mit $c = C$ zu

$$E_C = \frac{1}{1-\ddot{u}}E. \quad (38)$$

Für eine Dämpfung der Zündschwingung auf das $\ddot{u} = 0{,}9$fache erhält man nach diesen Beziehungen bei Drehstromnetzen das 11,3fache, bei Einphasennetzen das 10fache der Betriebsspannung, während wir ohne Nebenkapazität das 19fache errechnet hatten. Die Dämpfung der Kapazitätsschwingungen nach dem Löschen und die Lichtbogenspannung selbst bewirken natürlich, daß diese Formeln nur als Grenzwerte aufzufassen sind, die ein Erdschlußlichtbogen beim allmählichen Auseinanderwandern seiner Fußpunkte erreichen kann.

Die höchsten auf einer Leitung auftretenden Überspannungen werden im allgemeinen durch die Durchschlag- oder Überschlagspannung der schwächsten Stelle der Isolierung begrenzt, die bei ihrem Durchbruch einen nahezu vollständigen Schluß hervorruft. Tritt dabei in Wechselstromnetzen ein aussetzender Erdschlußlichtbogen oder eine ähnliche Schwingungserscheinung auf, so kann sich die Spannung alsdann auf viel höhere Beträge wie vorher hocharbeiten und bringt dabei nacheinander auch die nächstschwächste und weitere Isolationsstellen zum Durchschlag.

Durch die hohen Überspannungen beim aussetzenden Erdschluß wird es ermöglicht, daß Erdschlußlichtbögen, die durch Überschläge oder Durchschläge der Isolation oder durch Fremdkörper zwischen den Leitungen eingeleitet werden, ihre Ausdehnung ungeheuer vergrößern können. Der unter seiner Eigenwärme oder durch Wind abtreibende Erdschlußlichtbogen arbeitet sich selbst durch Anwachsen der Zündspannung auf immer höhere Spannungen hinauf und erreicht dabei gewaltige Dimensionen. Häufig kommt er in Berührung mit den gesunden Leitungen des Netzes und verursacht dadurch direkten Kurzschluß zwischen den Phasenleitungen.

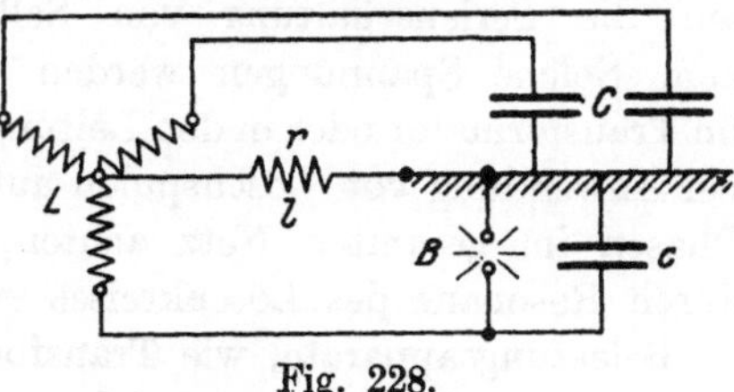

Fig. 228.

Als Schutzvorkehrung gegen das Heraufarbeiten der Spannung bei Erdschlüssen verwendet man vorwiegend zwei Mittel. Passend bemessene Widerstände können parallel zur Kapazität oder zum Lichtbogen angeordnet und durch Funkenstrecken, etwa mit Hörnerlöschung, eingeschaltet werden, sowie Überspannungen auftreten. Noch wirksamer ist es bei Drehstromanlagen, den Widerstand zwischen Erde und Wicklungssternpunkt der Stromquelle anzubringen, so wie es in Fig. 228 dargestellt ist, da bei dieser Schaltung nicht die regulären Ströme und Spannungen, sondern nur die Fehlerspannungen auf den Widerstand r wirken. Das Hinüberschießen der Kondensatorspannung über die Netzspannung um das Maß $\ddot{u}$ beim Rückzünden wird durch jeden Widerstand im Stromkreise oder parallel zu ihm wesentlich gedämpft, und außerdem bewirkt jeder Parallelwiderstand zur Kapazität oder zum Lichtbogen ein Absinken der Spannung bis zur nächsten Rückzündung. Durch beide Einflüsse wird das Anwachsen der Kondensatorspannung verlangsamt oder gar verhindert und ihr Endwert auf ein erträgliches Maß begrenzt.

Ein anderes sehr wirksames Mittel besteht in dem Ersatz der Widerstände, z. B. des Nullpunktwiderstandes in Fig. 228 durch eine Drosselspule l, die so bemessen wird, daß sie einen phasennacheilenden Strom von möglichst gleicher Größe in den Erdschlußpunkt fließen läßt, wie er als phasenvoreilender Strom von der regulären Wechselspannung in der Kapazität C erzeugt wird. Diese beiden Ströme heben sich unmittelbar nach dem Erdschluß im Erdschlußpunkte auf, so daß sich gar kein Erdschlußlichtbogen zu entwickeln braucht. Bei der Gleichheit des Selbstinduktionsstromes mit dem Ladestrom der Kapazität herrscht Resonanz der Netzspannung mit der Eigenschwingung dieses Kreises aus l und C. Die Spannung an der kranken Stelle, die nach ihrem Durchbruch plötzlich auf null gesunken war, arbeitet sich daher nur allmählich wieder auf den früheren Wert herauf. Besteht die Störungsursache weiter, so wiederholt sich das Spiel alsbald, ist sie inzwischen verschwunden, z. B. bei Zweigen oder Vögeln zwischen den Leitungen, so tritt der ordentliche Zustand der Anlage wieder ein.

Bei gesundem Zustande des Netzes bilden bei Anordnungen nach Fig. 228 die Erdungsdrosselspule l und alle Netzkapazitäten zusammen mit Erde, Leitungen und Transformator einen elektrischen Schwingungskreis, der auf alle Spannungen anspricht, die in seinem Innern auf die Serienschaltung von Selbstinduktion und Kapazität wirken. Solche Spannungen werden vornehmlich von Unsymmetrieen im Transformator oder in den Leitungen hervorgerufen. Man muß daher bei Anwendung von Löschspulen auf vollkommene Symmetrie der drei Phasen im gesamten Netz achten, um keine Spannungserhöhungen durch Resonanz des Löschkreises zu erhalten.

Belastungsapparate, wie Transformatoren und Motoren wirken bei aussetzenden Erdschlüssen nicht so sehr durch den Widerstand als durch die Selbstinduktion ihrer Wicklungen. Sie üben daher keine erhebliche Dämpfung aus, sondern verringern nur die Frequenz der Eigenschwingungen des Systems, da ihre Selbstinduktion parallel zu der der Stromquelle liegt. Alle Strom- und Spannungsstöße werden dabei über die Transformatoren auf die Niederspannungskreise übertragen und können auch hier starke Störungen hervorbringen.

28. Lichtbogenschwingungen.

Bei elektrischen Stromkreisen mit konstanten charakteristischen Werten von Selbstinduktion, Widerstand und Kapazität sahen wir in Kapitel 4, daß die nach jeder Gleichgewichtsstörung oder jedem Schaltvorgang auftretenden Ströme und Spannungen sich zusammensetzen lassen aus einem stabilen, stationären Werte, der dauernd erhalten bleibt, und einem zusätzlichen Betrag, der als freier Ausgleichswert mit wachsender Zeit allmählich verlöscht. Dieser Ausgleichsstrom verläuft wie in einem Stromkreise ohne eingeprägte elektromotorische Kraft und kann sich daher nicht dauernd erhalten.

Für veränderlichen Widerstand des Stromkreises, vor allem beim Auftreten von Lichtbögen, haben wir in den letzten Kapiteln die Vorgänge für den speziellen Fall des Ausschaltens behandelt. Wir wollen jetzt untersuchen, was für Erscheinungen sich entwickeln, wenn stationäre Lichtbögen im Stromkreise auftreten. Vor allem wollen wir nach der Stabilität der Ströme in solchen Lichtbogenkreisen fragen und wollen dazu untersuchen, welche Wirkungen durch kleine Abweichungen des Stromes vom regulären Verlaufe hervorgerufen werden.

In Stromkreisen nach Fig. 229, die Selbstinduktion L, Widerstand R, Kapazität C und einen Lichtbogen B in beliebiger Zusammenstellung enthalten und von einer Stromquelle mit der Spannung e gespeist werden, richtet sich der Verlauf des Stromes nach der Differentialgleichung

$$L\frac{di}{dt} + Ri + \frac{1}{C}\int i\,dt + e_B(i) = e. \tag{1}$$

Dabei sind L, R und C konstante Größen, während die Abhängigkeit der Lichtbogenspannung e_B vom Strom durch die Bogencharakteristik nach Fig. 230 dargestellt wird. Diese Gleichung ergibt als Lösung einen stationären Strom i', der dauernd im Stromkreise fließt, und der je nach der Art der eingeprägten Spannung e ein Gleichstrom oder Wechselstrom

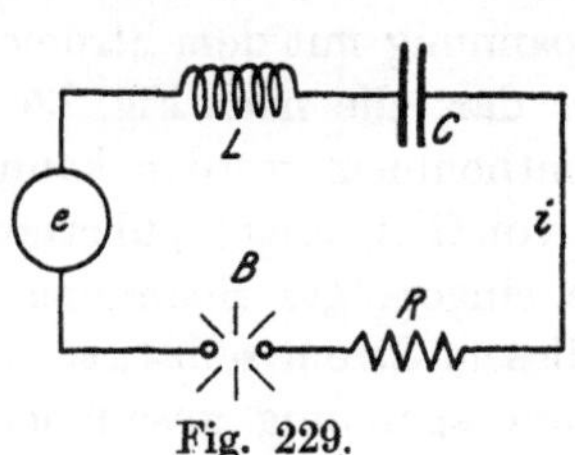

Fig. 229.

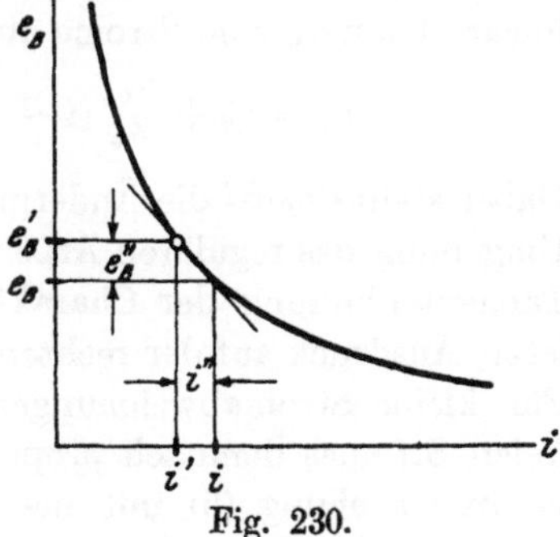

Fig. 230.

von vorgeschriebener Frequenz sein kann. Wenn nun der tatsächliche Strom eine gewisse Abweichung i'' von seinem regulären Verlauf besitzt, so daß der wirkliche Strom

$$i = i' + i'' \tag{2}$$

ist, so werden die Spannungen der Selbstinduktion, des Widerstandes und der Kapazität proportional vergrößert. Die Spannung am Lichtbogen verringert sich jedoch wegen der abfallenden Charakteristik auf das Maß

$$e_B = e_B' - e_B''. \tag{3}$$

Setzt man diese Ströme und Spannungen in die Differentialgleichung (1) ein, so zerfällt diese in zwei getrennte Gleichungen, nämlich

$$\left.\begin{aligned} L\frac{di'}{dt} + Ri' + \frac{1}{C}\int i'\,dt + e_B' &= e \\ L\frac{di''}{dt} + Ri'' + \frac{1}{C}\int i''\,dt - e_B'' &= 0. \end{aligned}\right\} \tag{4}$$

Die erste ergibt den regulären Strom i', den wir hier nicht weiter betrachten wollen, die zweite stellt die Beziehung dar, nach der der freie

Strom i'' verläuft, der durch irgendeine Gleichgewichtsstörung im Stromkreise eingeleitet werden kann. Schreibt man dieselbe in der Form

$$L\frac{di''}{dt} + Ri'' + \frac{1}{C}\int i''\,dt = e_B'', \tag{5}$$

so erkennt man, daß der freie Strom nicht mehr wie in einem kurzgeschlossenen Stromkreise aus L, R und C verläuft, sondern daß er unter der Wirkung einer eingeprägten Spannung e_B'' steht, die ihren Sitz im Lichtbogen hat und in ihrer Größe durch den Verlauf der Bogencharakteristik bestimmt wird. Es ist daher möglich, daß die freien Ströme hier überhaupt nicht mehr zum Verschwinden kommen, sondern dauernd weiter bestehen bleiben.

Für geringe Abweichungen vom regulären Verlauf, die wir zunächst untersuchen wollen, können wir die Veränderung der Spannung als linear abhängig vom Strome ansehen und daher nach Fig. 230 schreiben

$$e_B = e_B' + \frac{\partial e_B}{\partial i}(i - i') = e_B' + \frac{\partial e_B}{\partial i}i'' = e_B' - e_B''. \tag{6}$$

Dabei stellt $\partial e_B/\partial i$ die Änderung der Spannung mit dem Strome in der Umgebung des regulären Arbeitspunktes dar, die nach Fig. 230 durch Tangentenbildung der Charakteristik entnommen werden kann. Der letzte Ausdruck auf der rechten Seite ist von Gleichung (3) übernommen. Für kleine Stromabweichungen ist die eingeprägte Spannung e_B'' des freien Stromes demnach proportional diesem Strom selbst, so daß wir sie in Gleichung (5) mit der Widerstandsspannung zusammenfassen können, indem wir schreiben

$$L\frac{di''}{dt} + \left(R + \frac{\partial e_B}{\partial i}\right)i'' + \frac{1}{C}\int i''\,dt = 0. \tag{7}$$

Aus dieser Beziehung sieht man, daß der freie Strom i'' im Lichtbogen nach einer ähnlichen Differentialgleichung verläuft, wie sie früher im Kapitel 6, Gleichung (2) für die freien Ausgleichsströme ohne Lichtbogen hergeleitet war. Lediglich der Widerstand erscheint durch das Zusatzglied $\partial e_B/\partial i$ verändert. Da nun dieses Glied wegen der abfallenden Charakteristik für normale Lichtbögen nach Fig. 230 einen negativen Wert besitzt, so wird der resultierende Widerstand des Kreises dadurch vermindert. Die freien Ströme, die bei jedem Schaltvorgang einsetzen, verlöschen daher in Stromkreisen mit Lichtbögen langsamer, da ihre Dämpfung geringer ist.

Wenn die Verhältnisse im Lichtbogen und im Schwingungskreise so liegen, daß der Abfall der Charakteristik zahlenmäßig gleich dem Ohmschen Widerstande des Stromkreises wird, also

$$\frac{\partial e_B}{\partial i} = -R, \tag{8}$$

dann verschwindet das Dämpfungsglied für die freien Ströme in Gleichung (7) vollständig. Dieselben verlöschen dann mit wachsender Zeit nicht mehr, sondern können ungedämpft als selbsterregte Wechselströme weiter bestehen. Die Differentialgleichung (7) geht dann über in die einfachere Beziehung

$$L\frac{di''}{dt} + \frac{1}{C}\int i''\,dt = 0\,. \tag{9}$$

Ihre Lösung für den freien Strom im Schwingungskreise ist

$$i'' = J''\sin\nu t\,, \tag{10}$$

wobei seine Frequenz

$$\nu = \frac{1}{\sqrt{LC}} \tag{11}$$

lediglich durch Selbstinduktion und Kapazität im Stromkreise bestimmt wird und mit der Frequenz der freien Eigenschwingung identisch ist.

Dieser freie, ungedämpfte und sinusförmige Wechselstrom stellt sich in Schwingungskreisen, die irgendwelche Lichtbögen enthalten, immer dann ein, wenn die Selbsterregungsbedingung (8) für sein Entstehen erfüllt ist. Er überlagert sich dem regulären Strom und verzerrt dadurch dessen Verlauf. Welche Amplitude der freie Strom besitzt, geht aus diesen Betrachtungen noch nicht hervor. Wir haben lediglich angenommen, daß sie klein gegenüber dem gesamten Lichtbogenstrom ist.

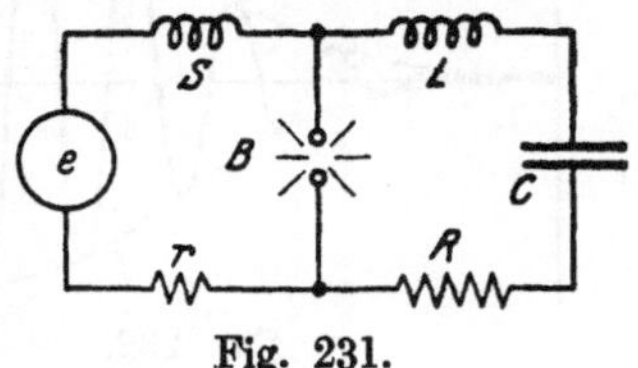

Fig. 231.

Der in Fig. 229 dargestellte Stromkreis mit Serienschaltung aller einzelnen Glieder eignet sich vor allem zur Speisung mit Wechselstrom. Besitzt die Kapazität jedoch noch einen Parallelzweig, oder ist der reguläre Strom nicht konstant, wie bei Schaltvorgängen, so kann man ihn auch mit Gleichstrom betreiben. Stets ist in den Gleichungen (4) für den regulären und den freien Strom der tatsächlich wirksame **Ohm**sche Widerstand für die beiden Stromarten maßgebend für die Stärke und die Ausbildung der Ströme.

In der Praxis treten häufig Stromkreise auf, bei denen der Lichtbogen nicht in Serie, sondern in Parallele geschaltet ist, wie es Fig. 231 darstellt. Auch in derartigen verzweigten Stromkreisen kann man den regulären und den freien Strom im Lichtbogen nach Gleichung (2) und (3) trennen und erhält dieselben Gleichungen (4). L, R und C bedeuten dann die resultierenden Selbstinduktionen, Widerstände und Kapazitäten für die beiden Ströme. Der reguläre Strom steht stets unter dem Einfluß der eingeprägten Spannung der Stromquelle, die Lichtbogenspannung e_B' wirkt ihr entgegen. Der freie Strom steht unter der eingeprägten Spannung e''_B, die ihren Sitz im Lichtbogen hat und eine Selbsterregung von Schwingungen ermöglichen kann.

Speist man die Anordnung nach Fig. 231 mit Gleichstrom, so ist der reguläre Strom i' konstant und fließt daher lediglich durch den Lichtbogen B. Ist die Selbstinduktion S der Stromquelle sehr groß, so hindert sie den freien Wechselstrom am Übertritt in diese, so daß er lediglich in dem dem Lichtbogen parallel geschalteten Schwingungskreise $L\,C\,R\,B$ zirkuliert, andernfalls verzweigt er sich auch in die Stromquelle. Er erhält seine Leistung, die im Widerstande R vernichtet wird, aus dem Lichtbogen zugeführt, der sie seinerseits aus der Gleichstromquelle entnimmt. Der Lichtbogen arbeitet bei geringen freien Strömen in der Umgebung des regulären in Fig. 230 eingezeichneten Punktes. Er besitzt für den freien Strom einen negativen Widerstand nach Gleichung (8), der durch die Stärke der Charakteristikneigung gegeben ist und dem positiven Belastungswiderstand im Schwingungskreise entgegenwirkt.

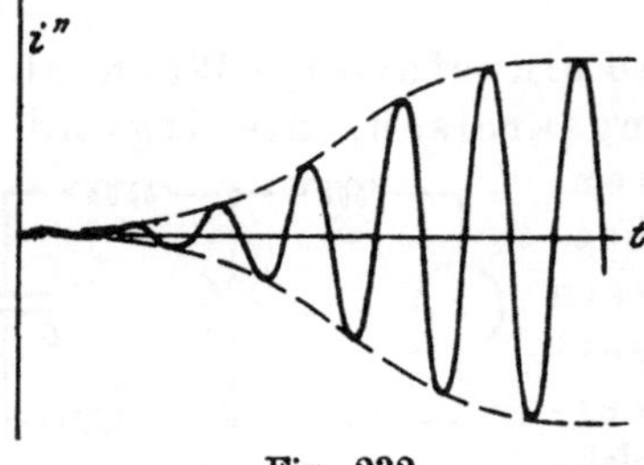

Fig. 232.

Wenn der Abfall der Charakteristik größer ist als der Widerstand des Schwingungskreises, so wird das Dämpfungsglied der Differentialgleichung (7) negativ. Der freie Strom wächst daher ebenso stark exponentiell an, wie er bei positivem Dämpfungsgliede abgeklungen wäre. Seine Amplitude J'' nach Gleichung (10) und damit die Schwankung des gesamten Lichtbogenstromes wird dann mit zunehmender Zeit größer und größer. Sie wächst jedoch in Wirklichkeit nicht bis ins Unendliche, weil die Neigung der Charakteristik innerhalb des Schwingungsbereiches nicht mehr konstant bleibt. Für große Schwingungen verändert sie sich, wie man aus Fig. 230 erkennt, vielmehr so, daß die eingeprägte Lichtbogenspannung e''_B nicht mehr proportional dem Strome i'' ist. Sie ändert sich zwar immer noch im Takte des Stromes, aber der Mittelwert von $\partial e_B/\partial i$ wird immer geringer und verhindert dadurch ein beliebig starkes Anwachsen des Stromes. Der freie Schwingungsstrom erreicht daher bald einen Endwert, was in Fig. 232 dargestellt ist.

Der Grenzwert des freien Stromes, der in einem beliebigen Schwingungskreise entstehen kann, ohne daß der Lichtbogen auslöscht, ist durch den regulären Strom J' im Bogen gegeben. Es ist also stets

$$J'' \leqq J', \tag{12}$$

denn sonst würde nach Gleichung (2) der gesamte Lichtbogenstrom zeitweise negativ, wofür eine große Rückzündungsspannung erforderlich wäre, die vom freien Strom im allgemeinen nicht geliefert werden kann.

Der Lichtbogenstrom schwankt daher äußerstenfalls zwischen null und seinem doppelten regulären Wert.

Durch die veränderliche Neigung der Charakteristik bei großen freien Strömen wird auch der Verlauf der Schwingungen etwas verändert, so daß sie nicht mehr genau sinusförmig bleiben. Der Lichtbogen kann sogar auf kurze Zeit ganz verlöschen. Der Strom zwischen den Elektroden hat dann nicht mehr den Charakter eines normalen Lichtbogens, sondern den eines plötzlich einsetzenden und aussetzenden Funkens.

Die höchste Spannung an der Kapazität, deren Kenntnis für die Beurteilung von Überspannungserscheinungen wichtig ist, ergibt sich bei sinusförmigen Schwingungen zu

$$E_C'' = \frac{J''}{\nu C} = J''\sqrt{\frac{L}{C}} \leqq J'\sqrt{\frac{L}{C}}, \tag{13}$$

wobei der Grenzwert des Stromes von Gleichung (12) eingesetzt ist. Mit dem Entstehen derartiger selbsterregter Spannungen, die bei großen Selbstinduktionen hohe Werte annehmen können, muß man beim Auftreten von Lichtbögen in schwach gedämpften Schwingungskreisen häufig rechnen.

Gefährlich werden diese Erscheinungen besonders dann, wenn die Eigenfrequenz des Schwingungskreises nicht zu hoch ist und der Lichtbogen zwischen Metallelektroden brennt, da seine Spannung dann den Stromschwankungen fast vollständig folgt, so daß bei kleinen Strömen große Spannungen und bei großen Strömen geringe Spannungen vorhanden sind. Dieser Verlauf bleibt bis zu der Größenordnung von etwa 1000 Per/sec erhalten. Ist die Frequenz der Lichtbogenschwingung dagegen größer, so folgt die Temperatur im Bogen und an den Elektroden dem schwingenden Strom nicht mehr vollständig nach, sie schwankt nur noch weniger und kann daher keinen starken Abfall der Charakteristik mehr bewirken. Die Lichtbogenspannung wird dann mehr und mehr konstant, so daß die Fähigkeit zur Erzeugung ungedämpfter Eigenschwingungen schwächer wird und bei sehr hohen Eigenfrequenzen sogar vollständig aufhört. Hierdurch wird es bewirkt, daß die nach Gleichung (13) entwickelte höchstmögliche Spannung nicht mit abnehmender Kapazität immer größer wird, daß vielmehr mit geringerer Kapazität auch die Eigenfrequenz ν nach Gleichung (11) ansteigt und der Lichtbogen damit schließlich seine Fähigkeit zur Anregung von Schwingungen verliert.

Wird der Lichtbogen mit Wechselstrom gespeist, so wandert der reguläre Arbeitspunkt auf der Charakteristik hin und her und durchläuft in jeder Wechselstromperiode einmal den ganzen Zyklus von

Strom und Lichtbogenspannung, der in Fig. 233 dargestellt ist und sich auf den ersten und dritten Quadranten erstreckt. Fig. 234 zeigt den entsprechenden oszillographischen Verlauf von Strom und Spannung an einem Wechselstromlichtbogen. Die Neigung der Charakteristik, deren Stärke nach Gleichung (7) für das Anwachsen oder Abklingen der freien Ströme maßgebend ist, ändert sich jetzt fortwährend. Sie ist jedoch, wie Fig. 233 zeigt, fast während des ganzen Verlaufes negativ, so daß die eingeprägte Spannung e_B'' des Lichtbogens im zeitlichen Mittel über eine Periode des regulären Wechselstromes einen erheblichen Wert besitzt, der durch eine mittlere Neigung der gesamten Charakteristik gegeben ist. Die Eigenschwingungen können sich daher bei Wechselstromspeisung des Lichtbogens in ganz der gleichen

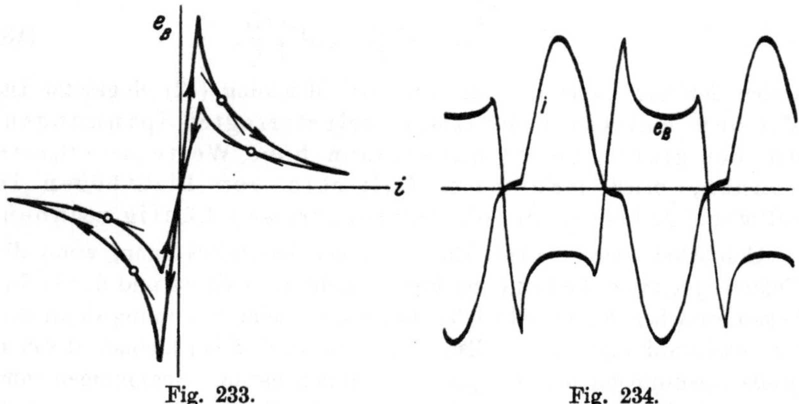

Fig. 233. Fig. 234.

Weise wie bei Gleichstromspeisung entwickeln, nur ist in der Bedingung für die Selbsterregung nach Gleichung (8) die mittlere Neigung der Charakteristik des Wechselstromlichtbogens einzuführen. Da der Schwingungswiderstand des Kreises meistens sehr viel größer ist als der Ohmsche Widerstand und die ihn überwindende Lichtbogenspannung, so ist das mittlere Glied der Gleichung (7), das bei Wechselstromspeisung um null herum schwankt, stets klein gegenüber den beiden anderen Gliedern, so daß sich der Verlauf der freien Schwingung trotz veränderlicher Neigung der Charakteristik doch mit guter Annäherung nach den Gleichungen (9), (10) und (11) richtet. Die freien Ströme verlaufen daher auch hier mit der Eigenfrequenz des Schwingungskreises und lagern sich dem regulären Wechselstrom einfach über.

Man sieht daraus, daß die Existenz von freien Lichtbogenschwingungen, die man als Unstabilität des gesamten Bogenzustandes auffassen kann, nicht an eine bestimmte Schaltung oder Stromart des Kreises gebunden ist. Sie können vielmehr stets dann auftreten, wenn sich parallel oder in Serie zu Schwingungskreisen Lichtbögen entwickeln, deren Charakteristik der Selbsterregungsbedingung nach Gleichung (8) genügt. Will man das Hocharbeiten der Schwingungen verhindern, zu dem nach Fig. 232 eine gewisse Zeit erforderlich ist, so muß man dafür sorgen, daß der Lichtbogen so schnell als möglich nach seinem Entstehen wieder unterdrückt wird, am besten indem man seinen Stromkreis schleunigst spannungslos macht.

Gefährliche Wirkungen können Lichtbogenschwingungen im Gefolge von Kurzschlüssen in großen Netzen hervorrufen. Fig. 235 stellt dar, wie ein Wechselstromgenerator über einen Transformator mit Streuinduktion ein Leitungsnetz speist, das erhebliche Kapazität aufweist. Entsteht beispielsweise im Unterspannungskreise des Generators ein Kurzschlußlichtbogen, so erhält man genau das Schema der Fig. 231, wenn man alle Werte von Selbstinduktion, Kapazität und Widerstand auf einen einzigen Kreis reduziert. Die Netzkapazität ist über die Selbstinduktion von Leitungen und Transformator parallel zum Lichtbogen geschaltet.

Der Stoßkurzschlußstrom des Generators im Lichtbogen, der nach einem plötzlichen Kurzschluß einige Zeit anhält, ist bei Vernachlässigung aller Widerstände äußerstenfalls

$$J_p = \frac{2E}{\omega S}, \qquad (14)$$

wobei E die Netzspannung des Generators und S die Streuinduktion von Generator und Leitungen bis zur Kurzschlußstelle bedeuten. Da die Eigenfrequenz der Leitungen und Transformatoren in Wechselstromnetzen meist viel größer ist als die Betriebsfrequenz, so pulsiert der Kurzschlußstrom sehr langsam gegenüber den freien Strömen, so daß sich diese, entsprechend den Erläuterungen an Fig. 233, ihm überlagern.

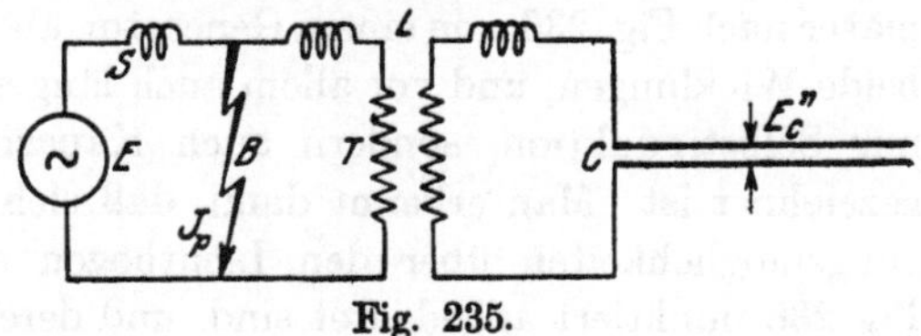

Fig. 235.

Setzt man zur Bestimmung der Hochfrequenzspannung an der Kapazität diesen Kurzschlußstrom in Gleichung (13) ein, so erhält man mit Gleichung (11)

$$E_C'' \leq J_p \sqrt{\frac{L}{C}} = \frac{2E}{\omega S}\sqrt{\frac{L}{C}} = 2\frac{L}{S}\frac{\nu}{\omega}E. \qquad (15)$$

Man erkennt hieraus, daß die äußerstenfalls auftretende Überspannung vom Verhältnis der Selbstinduktionen hinter und vor der Kurzschlußstelle, sowie vom Verhältnis der Eigenfrequenz der kurzgeschlossenen Netzteile zur Betriebsfrequenz abhängt. Die Spannung kann um so größer werden, je näher der Kurzschluß am Generator liegt.

A u s d i e s e m Z u s a m m e n h a n g e r k l ä r e n s i c h d i e g e w a l t i g e n Ü b e r s p a n n u n g e n, d i e m a n a l s F o l g e v o n K u r z s c h l u ß l i c h t b ö g e n m a n c h m a l a n t r i f f t, und die zu starken Zerstörungen in großen Netzen führen können. Bemerkenswert ist der Umstand, daß die höchsten Überspannungen in Netzteilen auftreten können, die von der Kurzschlußstelle am weitesten entfernt sind, und von denen man eigentlich annehmen sollte, daß sie durch den Kurzschluß nahezu spannungslos gemacht wären. Da jede Belastung des Stromkreises wie ein dämpfender Widerstand wirkt, erreichen die Überspannungen der Lichtbogenschwingung dann ihre größte Höhe, wenn die hinter dem Kurzschluß liegenden Netzteile nicht oder nur schwach belastet sind, oder wenn sie etwa ihre Belastung beim Eintritt der Störung selbsttätig abschalten.

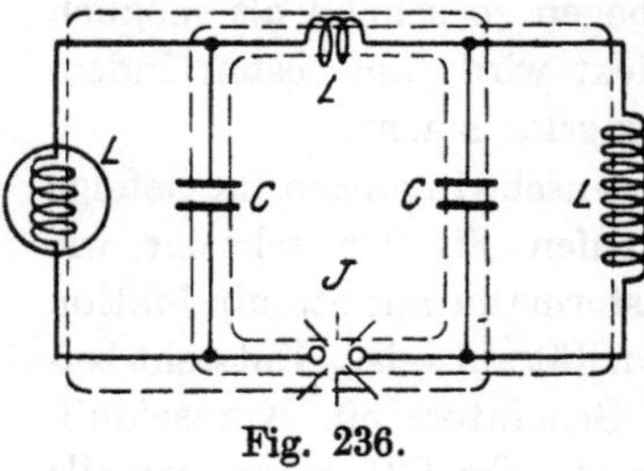

Fig. 236.

Selbsterregte Lichtbogenschwingungen können auch **beim Unterbrechen von Stromkreisen** auftreten, solange der Strom während des Öffnens als regulärer Gleichstrom oder Wechselstrom weiterfließt und der Schalterlichtbogen auf irgendwelche Schwingungskreise geschlossen ist. Schaltet man beispielsweise einen Motor oder Transformator nach Fig. 236 von einem Generator ab, so muß man beachten, daß beide Wicklungen, und vor allem auch längere Zwischenleitungen, nicht nur Selbstinduktion, sondern auch Kapazität besitzen, die mit eingezeichnet ist. Man erkennt dann, daß sich verschiedenartige Schwingungsmöglichkeiten über den Lichtbogen ergeben, deren Bahnen in Fig. 236 punktiert angedeutet sind, und deren Ströme sich alle im Lichtbogen überlagern. Sind die Kapazitäten nicht gar zu klein und daher die Frequenzen nicht gar zu hoch, so erregt der Lichtbogen alle oder einige dieser Schwingungen und erzeugt dadurch während des Ausschaltens störende Spannungsschwankungen. Fig. 237 gibt ein Abschaltoszillogramm eines laufenden Drehstrommotors wieder, an dem man scharfe und schnelle Zackenbildungen erkennt, die der regulären Ausschaltespannung überlagert sind. Wegen der mehrfachen Schwingungen, die durch den Ausschaltelichtbogen angeregt werden, haben diese Zacken meist sehr unregelmäßige Form. Besonders bei schwachen Strömen, also gegen Ende des Ausschaltvorganges, sind die Bedingungen der Selbsterregung günstig, da dann die Lichtbogencharakteristik am steilsten verläuft. Man kann den Grenzwert der Spannungsschwingungen nach Gleichung (13) abschätzen.

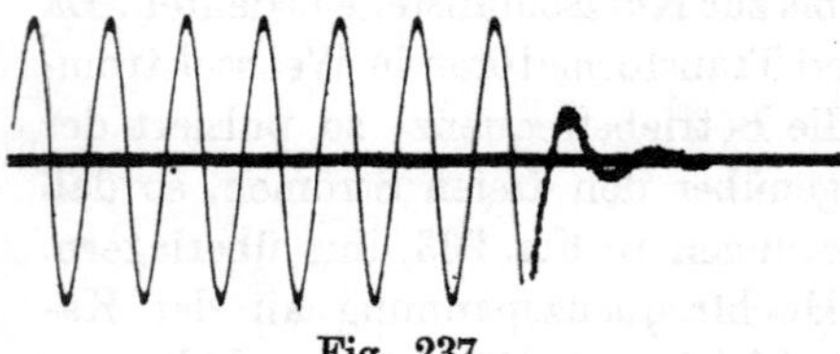
Fig. 237.

Wendet man Schutzkapazitäten an, um die beim schnellen Ausschalten entstehenden regulären Überspannungen zu vermeiden, so darf man diese nicht zu gering wählen, weil sich sonst beim zufälligen langsamen Schalten durch selbsterregte Schwingungen höhere Überspannungen ausbilden können als ohne diese Kapazität. Um die Schwingungsmöglichkeiten zu vermindern, ist es zweckmäßig, die Schutzkondensatoren parallel zum Schalter zu legen und nicht zu den Selbstinduktionen des Stromkreises.

Auch beim nichtmetallischen einpoligen Erdschluß von Leitungsnetzen besteht die Möglichkeit von Lichtbogenschwingungen, wie man aus Fig. 238 erkennt, in der mit C die Kapazität, mit L die Selbstinduktion der Leitungen und zwischengeschalteten Transformatoren bezeichnet ist. Es treten auch hier zwei Schwingungskreise mit verschiedenen Eigenfrequenzen auf, von denen der eine in Serie, der andere parallel zum Lichtbogen liegt. Beide können mit ihrer jeweiligen Eigenfrequenz vom Lichtbogen angeregt werden und sich auf hohe Spannungen an den Leitungen heraufarbeiten, falls der Lichtbogen stationär brennt und die Bedingung (8) für die Selbsterregung der freien Schwingungen erfüllt ist.

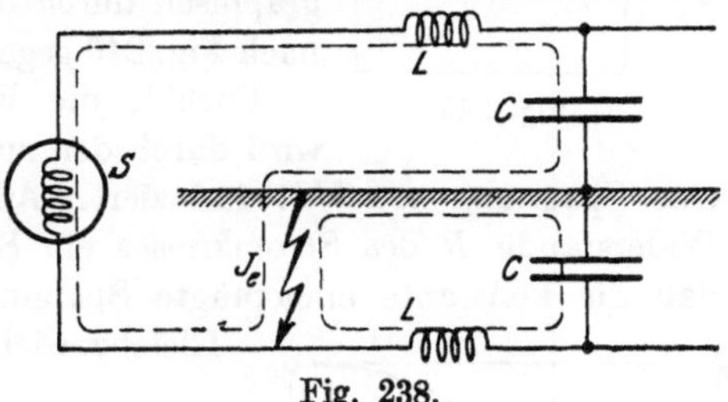

Fig. 238.

Werden die freien Schwingungen bei irgendwelchen Schaltanordnungen so stark, und ist der Lichtbogen so gut gekühlt, daß er unter ihrem Einfluß zum vollständigen Verlöschen kommt, so hält sich die Charakteristik nach Fig. 233 längere Zeit auf dem Punkte $i = 0$. Es hat dann keinen Sinn mehr, mit einer mittleren Neigung der Charakteristik zu rechnen. Die freien Ströme gehorchen dann nicht mehr den Differentialgleichungen (7) und (9), so daß man keinen Vorteil mehr von der Zerteilung des Gesamtstromes in den regulären und freien Bestandteil erhält. Um die Erscheinungen an derartigen aussetzenden Lichtbögen zu verfolgen, ist es zweckmäßiger, den Gesamtstrom nicht aufzuteilen, sondern seinen Verlauf in geschlossener Form zu berechnen, so wie es im vorhergehenden Kapitel 27 erläutert wurde.

VI. Magnetische Sättigung.

29. Schalten gesättigter Gleichstromkreise.

Unsere allgemeinen Regeln über das Auftreten von zusätzlichen Ausgleichsströmen kurz nach dem Einschalten von Stromkreisen hatten zur Voraussetzung, daß Widerstand, Selbstinduktion und Kapazität der Stromkreise konstant Werte besitzen. In technisch verwendeten Eisenkreisen tritt nun ab bei starken magnetischen Feldern stets

Sättigung des Eisens auf, die bewirkt, daß die Selbstinduktion der das Feld umschließenden Spulen keineswegs konstant ist, sondern sich mit der Stromstärke stark verändert. Es ist deshalb zweckmäßig, bei derartigen Kreisen gar nicht mehr mit dem Begriff der Selbstinduktion zu rechnen, sondern die Erzeugung der induzierten Spannung durch das magnetische Feld direkt anzusetzen.

a) Fremderregung von Magnetfeldern.

Wir wollen zunächst verfolgen, in welcher Weise Strom und Feld ansteigen, wenn wir einen Gleichstrommagneten mit hoher Eisensättigung nach dem Schema der Fig. 239 an eine konstante Spannung schalten. Es bildet sich dann unter der Wirkung des ansteigenden Stromes ein ebenfalls anwachsendes Magnetfeld Φ aus, dessen Abhängigkeit vom Strom im allgemeinen nur graphisch durch die magnetische Charakteristik nach Fig. 240 gegeben ist.

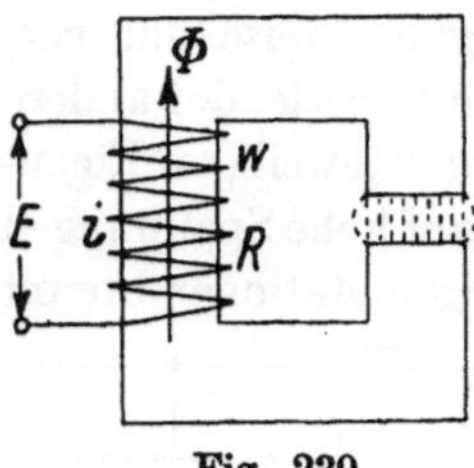

Fig. 239.

Enthält die Erregerspule w Windungen, so wird durch den zunehmenden Magnetfluß in ihr eine Spannung $w\,d\Phi/dt$ induziert. Außerdem findet im Ohmschen Widerstande R des Stromkreises ein Spannungsverlust Ri statt, so daß die konstante eingeprägte Spannung E der Summe beider das Gleichgewicht halten muß

$$E = w\frac{d\Phi}{dt} + Ri. \qquad (1)$$

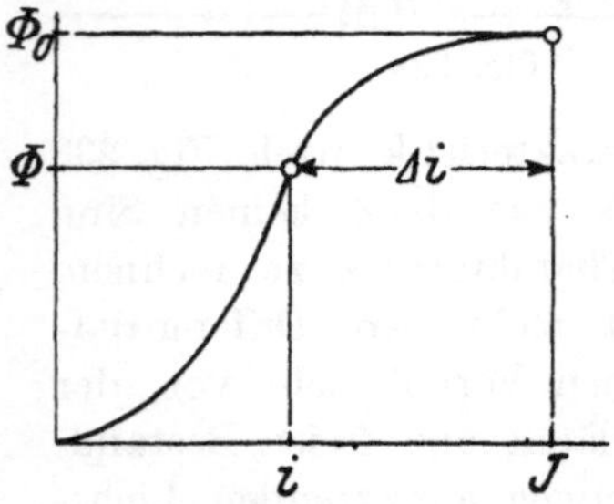

Fig. 240.

Nach sehr langer Zeit wird der Strom und das Feld konstant geworden sein, so daß der Differentialquotient in dieser Gleichung verschwindet. Der stationäre Dauerstrom wird daher

$$J = \frac{E}{R}, \qquad (2)$$

so daß man Gleichung (1) auch schreiben kann

$$w\frac{d\Phi}{dt} = E - Ri = R(J - i) = R\Delta i. \qquad (3)$$

Aus der magnetischen Charakteristik der Fig. 240 kann man nicht nur den Strom i als Funktion des magnetischen Kraftflusses Φ entnehmen, sondern man kann in ihr auch den in Gleichung (3) stehenden Differenzstrom Δi zwischen dem Endstrom und dem jeweiligen Strom als Funktion des jeweiligen Flusses ansehen. Gleichung (3) ist daher integrierbar, wenn man sie schreibt

$$dt = \frac{w\,d\Phi}{R\Delta i}. \qquad (4)$$

Das ergibt die Zeit, die seit Beginn des Einschaltens vergangen ist, zu

$$t = \frac{w}{R} \int_{\Phi_a}^{\Phi} \frac{d\,\Phi}{\Delta i}. \tag{5}$$

Als untere Grenze des Integrals ist dabei der Anfangsfluß Φ_a zur Zeit $t = 0$ gesetzt, der beim Einschalten und Erregen entweder zu null, oder besser als Remanenzfluß anzunehmen ist, und der beim Entregen den Fluß vor der Vornahme des Schaltprozesses angibt.

Da auf der rechten Seite der Gleichung (5) Windungszahl und Widerstand der Erregerwicklung bekannte Größen sind und der Zusammenhang von Φ und Δi nach der Charakteristik bekannt ist, so läßt sich durch graphisches Auswerten des Integrals für jeden Fluß Φ die seit dem Einschalten vergangene Zeit t finden.

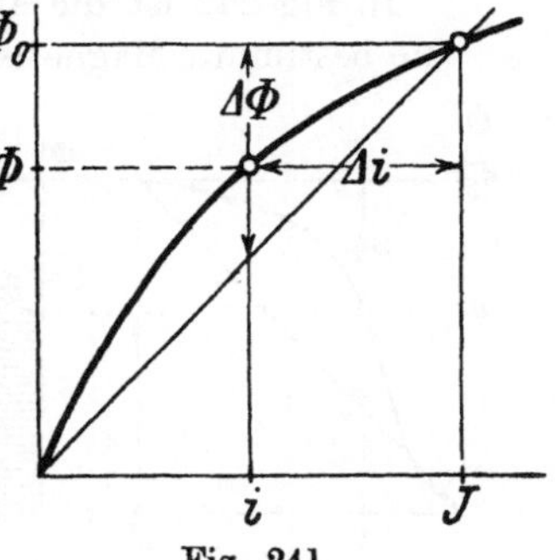

Fig. 241.

Man kann die Gleichung (5) auf eine für die graphische Integration bequemere Form bringen, wenn man anstatt des Stromes Δi den in Fig. 241 dargestellten Fluß $\Delta\,\Phi$ einführt, der die Differenz darstellt zwischen dem Endfluß Φ_0 und einem proportional mit dem Strome sich ändernden Flußbetrage. Dieser kann nach Ziehen der in Fig. 241 gezeichneten Hilfsgeraden zwischen dem Nullpunkt und dem stationären Punkt von Fluß und Strom ebenso bequem graphisch abgegriffen werden wie der Differenzstrom. Es verhält sich nach Fig. 241

$$\frac{\Delta\,\Phi}{\Phi_0} = \frac{\Delta i}{J}. \tag{6}$$

Wenn man diesen Wert für Δi in das Integral der Gleichung (5) einführt und die Konstanten Φ_0 und J vor das Integral setzt, wobei noch Gleichung (2) beachtet werden kann, so erhält man zur Bestimmung der Erregungszeit die für die graphische Integration bequeme Form

$$t = \frac{w\,\Phi_0}{E} \int_{\Phi_a}^{\Phi} \frac{d\,\Phi}{\Delta\,\Phi}. \tag{7}$$

Darin stellt das Integral eine dimensionslose Zahl dar, weil im Zähler und Nenner nur Flußdifferenzen stehen. Wir wollen sie die numerische Erregungszeit nennen. Sie ist lediglich durch die Form der magnetischen Charakteristik zwischen Anfangs- und Endfluß bestimmt und kann ohne Zuhilfenahme der sonstigen Konstanten des Stromkreises ausgewertet werden.

Der Quotient vor dem Integral ist dagegen durch die drei Bestimmungsgrößen des Stromkreises, nämlich Windungszahl, gewünschter

Fluß und Netzspannung gegeben. Er hat die Dimension einer Zeit und soll die Zeitkonstante T des gesättigten Gleichstromkreises genannt werden. In der Tat erhält man für sie den Ausdruck

$$T = \frac{w\,\Phi_0}{E} = \frac{L_0 J}{R J} = \frac{L_0}{R}, \tag{8}$$

wenn man den Fluß Φ_0 durch eine ideelle Selbstinduktion L_0 ersetzt, die dem Betriebspunkt des Magneten entspricht. Die Größe dieser Zeitkonstante ist für jeden Erregungsvorgang konstant, jedoch hängt ihr Wert von dem gewünschten Endflusse und der aufgedrückten Spannung ab, sie ist also nicht mehr, wie bei ungesättigten Magnetkreisen, eine absolute Konstante des Kreises.

In Fig. 242 ist die Auswertung des Integrals nach Gleichung (7) für eine bestimmte Magnetisierungskurve durchgeführt. Man trägt zunächst

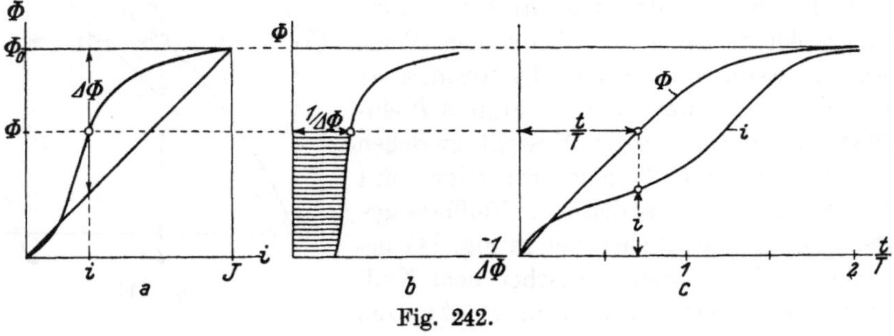

Fig. 242.

aus der Charakteristik den Wert $1/\Delta\,\Phi$ über Φ auf, integriert diese Kurve nach Φ und findet dadurch nach Gleichung (7) die zu jedem Fluß gehörige Zeit t im Verhältnis zur Zeitkonstante T. Dadurch erhält man den kurvenmäßigen Zusammenhang des Kraftflusses mit der Zeit und kann nun zu jeder Zeit durch Eingehen in die Charakteristik die jeweilige Stromstärke i zuordnen. Auf diese Weise entsteht der in Fig. 242 rechts gezeichnete Fluß- und Stromverlauf abhängig von der Zeit.

Man erkennt aus dieser Figur, daß das Feld wohl mit einer gewissen Näherung nach einer Exponentialkurve ansteigt, wenn es sich auch in seinem oberen Bereiche dem Endwerte wesentlich schneller nähert, als dies ohne Sättigung der Fall wäre, so daß die Erregungszeiten kürzer sind. Dagegen besitzt die Stromstärke gänzlich anderen Verlauf, indem sie in zwei deutlich ausgeprägten Treppenstufen anwächst. Dies rührt daher, daß in einem großen Bereiche der Feldstärke eine geringe Änderung des Stromes schon eine starke Feldänderung hervorruft und daher eine Spannung erzeugt, die ausreicht, um der aufgedrückten

Spannung unter Abzug des Ohmschen Spannungsabfalles das Gleichgewicht zu halten.

In Fig. 243 ist nach derselben Gleichung (7) der Vorgang des Abklingens oder Entregens eines Magnetfeldes ausgewertet, wenn

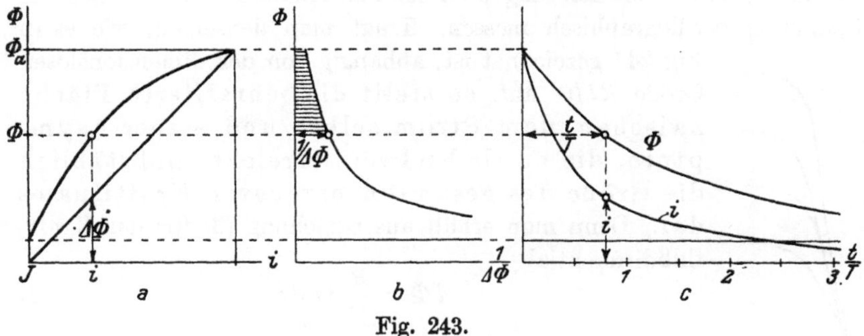

Fig. 243.

die Magnetwicklung auf ihren eigenen oder einen äußeren Widerstand kurzgeschlossen wird. Man sieht, daß auch hier das Magnetfeld einigermaßen gleichmäßig abklingt, während der Strom zuerst, im Bereiche hoher Sättigung, sehr rasch und späterhin, bei kleinen Feldstärken, nur sehr langsam und schleichend geringer wird. Von einem exponentiellen Abklingen ist die Stromstärke recht weit entfernt.

Dieses wäre nur dann vorhanden, wenn Fluß und Strom proportional wären, was für abnehmendes Feld entsprechend Fig. 243

$$\Delta\Phi = -\Phi \tag{9}$$

ergäbe. Dann erhielte man nach Gleichung (7)

$$t = T\int_{\Phi_a}^{\Phi} \frac{d\Phi}{-\Phi} = -T \ln \frac{\Phi}{\Phi_a} \tag{10}$$

oder

$$\Phi = \Phi_a \varepsilon^{-\frac{t}{T}}, \tag{11}$$

was mit der früheren Lösung für konstante Selbstinduktion in Kapitel 2 übereinstimmt. Für Annäherung an den Endzustand bis auf 5% ergibt das nach Gleichung (10) eine numerische Erregungszeit von

$$\left(\frac{t}{T}\right)_{5\%} = -\ln \frac{5}{100} = 3.$$

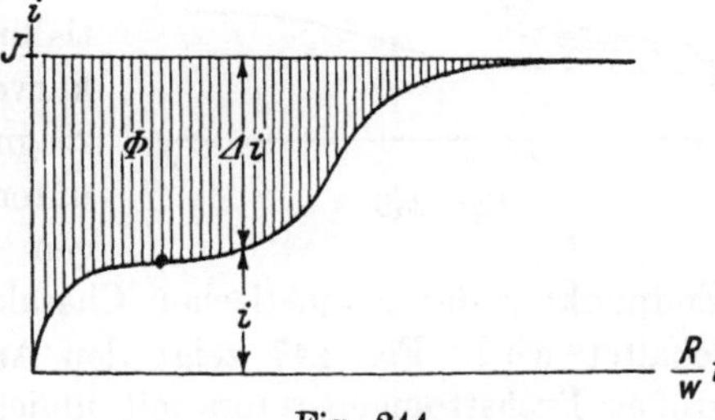

Fig. 244.

Größere Feldmagnete, wie sie in Dynamomaschinen benutzt werden, besitzen sehr lange Erregungs- und Entregungszeiten, die bis zu größeren

Bruchteilen einer Minute betragen können. Es ist deshalb schwierig, die Stärke ihres Magnetflusses genau festzustellen, denn die Messung mit dem ballistischen Galvanometer ist wegen dessen zu geringer Schwingungsdauer nicht durchführbar. Man kann aber leicht den Verlauf des Stromes in einem solchen Magneten beim Anschalten an eine konstante Spannung oszillographisch messen. Trägt man denselben, wie es in Fig. 244 gezeichnet ist, abhängig von der dimensionslosen Größe Rt/w auf, so stellt die schraffierte Fläche zwischen dem Strom selbst und seiner Asymptote, die er als Endwert erreicht, maßstäblich die Größe des gesamten erzeugten Kraftflusses dar. Denn man erhält aus Gleichung (3) für das Kraftflußdifferential

$$d\Phi = \frac{R}{w} \Delta i \, dt \tag{12}$$

und daher durch Integration für den gesamten Fluß

$$\Phi = \frac{R}{w} \int_0^t \Delta i \, dt. \tag{13}$$

0 1s

Fig. 245.

Dieses Integral ist aber nichts anderes als die eben genannte Fläche.

In Fig. 245 und 246 sind einige oszillographische Aufnahmen für den Erregerstrom eines Gleichstrommagneten mit kleinem Luftspalt dargestellt. Die Kurven sind für verschiedene Endwerte des Stromes aufgenommen. Fig. 245 stellt das Erregen vom feldfreien Zustande aus dar, Fig. 246 den Strom beim Reversieren des Feldes. Im Gegensatz zu den Einschaltströmen bei konstanter Selbstinduktion, die stets die gleiche Form einer Exponentiallinie haben, sind die Einschaltkurven beim Vorhandensein von magnetischer Sättigung nicht mehr untereinander ähnlich, sondern hängen sehr von den Anfangs- und Endpunkten der magnetischen Charakteristik ab, zwischen denen geschaltet wird. Fig. 247 zeigt den Anstieg des Erregerstromes eines großen Drehstromgenerators mit üblicher Eisensättigung im Leerlaufzustande nach dem plötzlichen Einschalten.

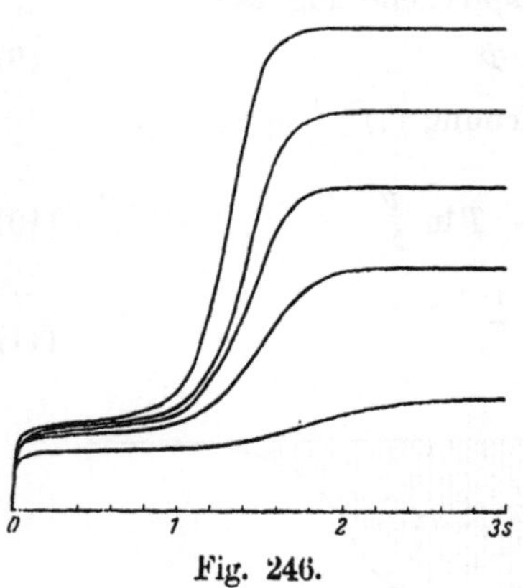

Fig. 246.

Will man möglichst schnelle Erregung erzielen, was besonders für Regulierdynamos erwünscht ist, so erkennt man aus Gleichung (7) und (8), daß man bei gegebenem Kraftfluß mit möglichst wenig Windungen der Erregerspule, also mit großem Strome, und mit möglichst hoher Spannung arbeiten muß. Es kann zur Erzielung kurzer Erregungszeiten notwendig sein, die Erregerspulen aus schlechtleitendem Material herzustellen oder einen großen Teil des Widerstandes des Gesamtkreises außerhalb der Magnetspulen zu legen, um diese Forderungen weitgehend zu erfüllen. Diese Gesichtspunkte wendet man bei Anordnungen zur Schnellerregung stets an.

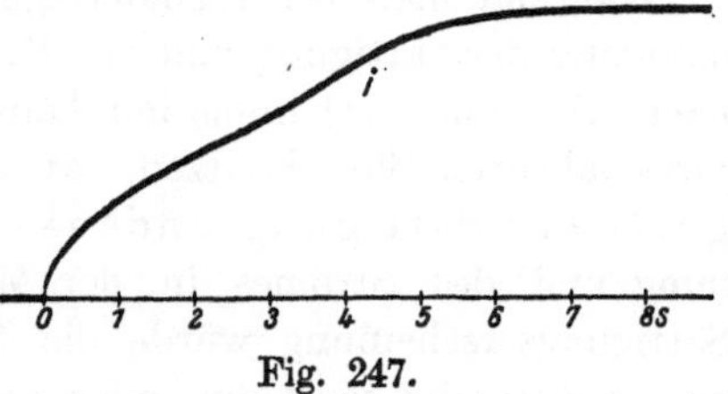

Fig. 247.

Wie man aus Fig. 242 erkennt, beträgt der Wert der numerischen Erregungszeit bis zur Annäherung an den stationären Fluß auf 95% etwa 2. Für die verschiedensten Formen von magnetischen Charakteristiken findet man Werte, die stets zwischen 1 und 3 liegen, wobei sich die niederen Werte für hoch gesättigte, die höheren für ungesättigte Kreise entsprechend Gleichung (10) ergeben.

Die Größe der Zeitkonstante hängt in jedem Falle vom Betriebe der Erregerspule ab. Führt der Feldmagnet einer großen Dynamo einen Fluß $\Phi_0 = 25 \cdot 10^6$ Kraftlinien und erregt man ihn bei einer Spannung $E = 110$ Volt mit insgesamt $w = 1900$ Windungen, so ist seine magnetische Zeitkonstante nach Gleichung (8)

$$T = \frac{1900 \cdot 25 \cdot 10^6}{110 \cdot 10^8} = 4{,}3 \text{ sec}.$$

Seine gesamte Auferregungszeit wird also bei mittleren Sättigungen des Eisens mindestens 9 Sekunden betragen. Die Entregungszeit ist wegen des schleichenden Verlöschens nach Fig. 243 noch viel länger.

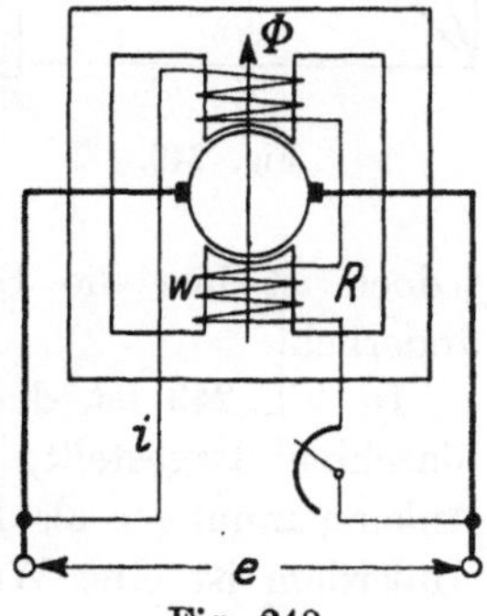

Fig. 248.

b) Selbsterregung von Gleichstromdynamos.

Zum Erregen größerer Gleich- oder Wechselstrommaschinen werden fast stets Gleichstromerregermaschinen benutzt, die ihr Magnetfeld nach dem Schema der Fig. 248 selbst erregen. Diese Erregermaschinen müssen in weitem Bereiche ihrer Feldstärke und Spannung reguliert werden, wenn man erreichen will, daß die von ihnen gespeiste Hauptmaschine bei veränderlicher Belastung konstante Spannung behält, sie müssen daher starke magnetische Sättigung erhalten, um stabil zu arbeiten. Auch für viele andere Regulierzwecke werden in der Technik selbsterregte Gleichstrom-Dynamomaschinen verwendet. Wir wollen untersuchen, nach welchen zeitlichen Gesetzen das Erregen und Entregen dieser Maschinen erfolgt.

Während man bei Fremderregung von Magneten durch Vernachlässigung der Sättigung und der Krümmung der Magnetisierungskurve nach Gleichung (11) immerhin Annäherungsergebnisse erhält, die einen physikalischen Sinn besitzen, ist die Selbsterregung ohne magnetische Sättigung undenkbar, da keine Stabilität der Spannung und des Stromes in der Maschine herrschen würden. Ohne Sättigungserscheinung würde die Maschine entweder ihren Magnetismus vollständig verlieren, oder die Magnetfelder und mit ihnen die Spannungen und Ströme würden so stark ansteigen, daß sie verbrennt. Die Bestimmung der Selbsterregungsvorgänge ist daher nur unter voller Berücksichtigung der Sättigungserscheinungen möglich.

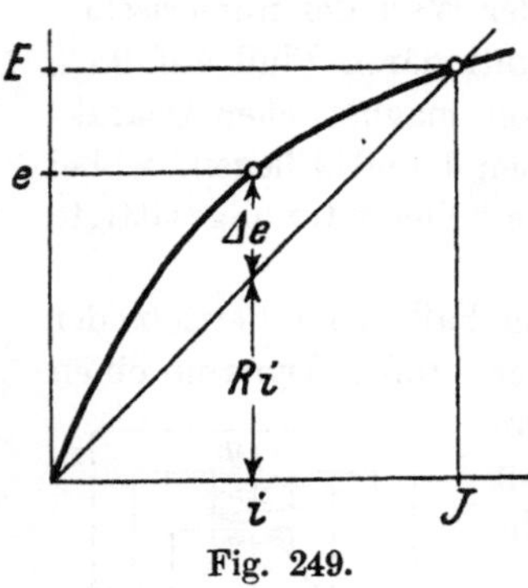

Fig. 249.

Wir nehmen an, daß die elektrische und magnetische Rückwirkung des Stromes im Anker so gering ist, daß seine Spannung dadurch nicht wesentlich verändert wird. Dann ist die elektromotorische Kraft des Ankers identisch mit der Klemmenspannung e und hält im Erregerkreis jederzeit dem Ohmschen Spannungsabfall und der durch Feldänderung induzierten Spannung das Gleichgewicht. Es ist also ganz ähnlich der Gleichung (1)

$$e = w\frac{d\Phi}{dt} + Ri\,, \tag{14}$$

jedoch ist hier die Spannung e an der Erregerwicklung selbst veränderlich.

In Fig. 249 ist die magnetische Charakteristik der selbsterregten Maschine dargestellt, wobei an Stelle des magnetischen Flusses die Ankerspannung e als Funktion des Erregerstromes i aufgetragen ist. Außerdem ist eine Widerstandslinie eingetragen, die den Ohmschen Spannungsabfall Ri in der Erregerwicklung abhängig vom Strom darstellt. Sie ist eine Gerade, die vom Nullpunkt ansteigt und die Charakteristik in ihrem stationären Betriebspunkte schneidet.

Wenn nach Ablauf sehr langer Zeit völliges Gleichgewicht in der Maschine herrscht und die Feldänderung in Gleichung (14) verschwunden ist, dann stimmt der Ohmsche Spannungsabfall des Dauererregerstromes J mit der stationären Klemmenspannung E überein. Daher ist

$$J = \frac{E}{R}. \tag{15}$$

Man kann somit in dem Bilde der Charakteristik die Widerstandslinie ziehen, wenn nur der gewünschte Betriebspunkt mit seinem

E und J bekannt ist, ohne daß man den Widerstand selbst errechnen muß.

Wir können nunmehr Gleichung (14) auf die Form bringen

$$w \frac{d\Phi}{dt} = e - Ri = \Delta e \tag{16}$$

und erkennen, daß die Änderung des Kraftflusses nur gegeben ist durch die Differenzspannung Δe, die zwischen der Charakteristik und der Widerstandslinie der Fig. 249 eingeschlossen ist. Diese Spannung kennen wir aber für jeden Punkt der Kurve, also auch als Funktion der jeweiligen Spannung e der Maschine.

Die Klemmenspannung e der Dynamo ist jederzeit dem Fluß Φ proportional. Es ist also

$$\frac{\Phi}{\Phi_0} = \frac{e}{E}, \tag{17}$$

wobei mit Φ_0 und E die stationären Werte von Fluß und Spannung bezeichnet sind. Die Flußänderung läßt sich daher in eine Spannungsänderung umrechnen durch

$$\frac{d\Phi}{dt} = \frac{\Phi_0}{E} \frac{de}{dt}. \tag{18}$$

Setzt man dieses in Gleichung (16) ein, so erhält man

$$\Delta e = \frac{w \Phi_0}{E} \frac{de}{dt} = T \frac{de}{dt}, \tag{19}$$

wobei der aus bekannten Werten bestehende Quotient

$$T = \frac{w \Phi_0}{E} \tag{20}$$

wieder als Zeitkonstante der Maschine bezeichnet werden soll.

Da die Differenzspannung Δe eindeutig von der Klemmenspannung e abhängt, so läßt sich Gleichung (19) nach Trennung der Variablen integrieren und ergibt die seit der Vornahme des Einschaltens vergangene Zeit

$$t = T \int \frac{de}{\Delta e}. \tag{21}$$

Das Integral in dieser Beziehung wollen wir wieder die numerische Erregungszeit nennen. Es ist ebenso wie das Integral der Gleichung (7) lediglich von dem Verlauf der Charakteristik abhängig und stellt einen dimensionslosen Zahlenwert dar. Das Bildungsgesetz ist jedoch von jenem dadurch verschieden, daß der Nenner Δe hier nur den kleinen Wert der Abweichung von Charakteristik und Widerstandslinie besitzt, während er früher in $\Delta \Phi$ die Abweichung des entsprechenden Punktes der Widerstandsgeraden vom Endwerte des Flusses enthielt. Die numerische Erregungszeit für Selbsterregung ist daher stets wesentlich größer als die für Fremderregung.

Dagegen stimmt die Zeitkonstante nach Gleichung (20) in ihrer Formulierung mit jener nach Gleichung (8) vollständig überein. Während dieselbe aber bei Fremderregung für verschiedene Erregungsstärken veränderlichen Wert besaß, denn Fluß Φ_0 und Spannung E änderten sich unabhängig voneinander, ist die Zeitkonstante beim Vorgang der Selbsterregung eine absolute Konstante der Maschine. Dies rührt daher, daß die stationäre Spannung E bei gegebener Drehzahl der selbsterregten Maschine stets genau proportional dem stationären Fluß Φ_0 ist, ganz unabhängig davon, mit welchem Widerstande

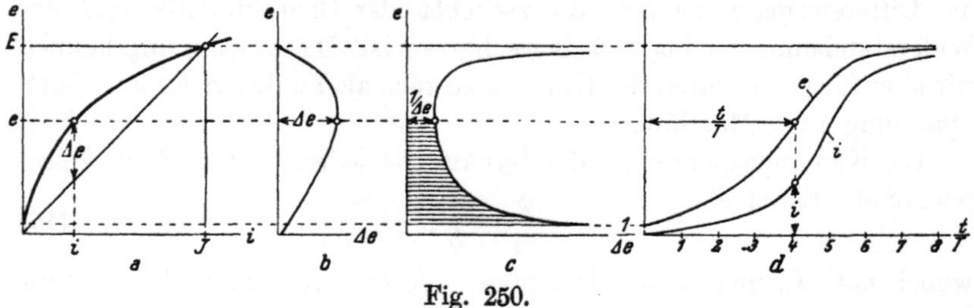

Fig. 250.

im Erregerkreise, also mit welcher Sättigung oder Ankerspannung, oder auf welchem Punkt der Charakteristik gearbeitet wird.

In Fig. 250 ist für die Charakteristik einer bestimmten Maschine das Integral der Gleichung (21) ausgewertet, indem zuerst die Kurve für Δe und $1/\Delta e$ aufgezeichnet und dann nach e integriert wurde. Die Integralkurve gibt direkt den Verlauf der Spannung abhängig von der Zeit t im Verhältnis zur Zeitkonstante T an. Zu jeder Zeit kann man alsdann auch den zur Spannung gehörigen Erregerstrom auftragen und

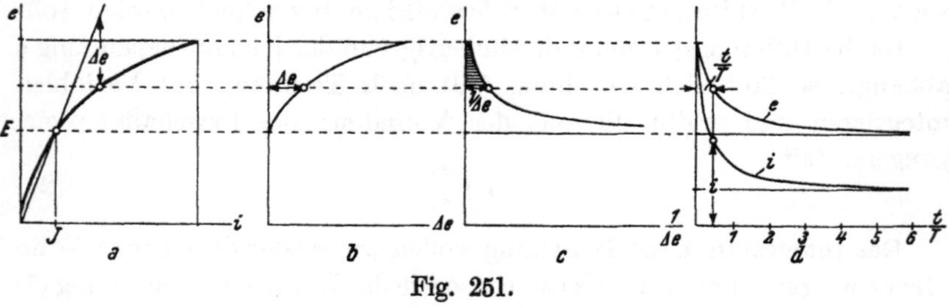

Fig. 251.

erhält so auch dessen Verlauf in Abhängigkeit von der Zeit. Man sieht, daß die Maschine sich, ausgehend von ihrer geringen Remanenzspannung, zunächst sehr langsam, dann schneller und schneller erregt und sich schließlich wieder verzögert ihrer stationären Spannung asymptotisch nähert.

Die numerische Erregungszeit bis auf 95% der stationären Spannung ist je nach der Krümmung der Charakteristik gleich 5 bis 15, wobei die niederen Zahlen für starke, die hohen für schwache Krümmung und Sättigung gelten. Dies ist ein Vielfaches der Erregungszeit für Fremderregung. In Fig. 251 ist der Verlauf der Entregung dargestellt, die durch einen vergrößerten Widerstand im Erregerkreise hervorgerufen wird. Sie verläuft wesentlich rascher als die Auferregung.

Man kann ein einfacheres Näherungsgesetz für den Vorgang der Selbsterregung finden, wenn man die Annahme macht, daß die Differenzspannung Δe in Abhängigkeit von der Ankerspannung nach einer symmetrischen Parabel verläuft, wodurch nach Fig. 250 der prinzipielle Verlauf der Charakteristik gut wiedergegeben wird. Wir setzen demnach

$$\frac{\Delta e}{E} = 4\mathfrak{e}(1-\mathfrak{e})\Delta\mathfrak{e}. \tag{22}$$

Dabei ist $\Delta\mathfrak{e}$ das Verhältnis der größten Differenzspannung zur stationären Spannung, das für den Selbsterregungsvorgang maßgebend ist, und

$$\mathfrak{e} = \frac{e}{E} \tag{23}$$

bedeutet das Verhältnis der jeweiligen Spannung zur stationären Spannung. Man erhält damit aus Gleichung (21)

$$t = T\int\frac{de}{E\,4\mathfrak{e}(1-\mathfrak{e})\Delta\mathfrak{e}} = \frac{T}{4\Delta\mathfrak{e}}\int\frac{d\mathfrak{e}}{\mathfrak{e}(1-\mathfrak{e})}, \tag{24}$$

und dieses gibt integriert

$$t = \frac{T}{4\Delta\mathfrak{e}}\ln\left(\frac{\mathfrak{e}}{1-\mathfrak{e}}\right). \tag{25}$$

Die Erregungszeit von einer relativen Spannung $\mathfrak{e}_1$ bis zu einer anderen $\mathfrak{e}_2$ ergibt sich damit zu

$$t = \frac{T}{4\Delta\mathfrak{e}}\ln\left[\frac{\mathfrak{e}_2(1-\mathfrak{e}_1)}{\mathfrak{e}_1(1-\mathfrak{e}_2)}\right]. \tag{26}$$

Die Selbsterregungszeit hängt also außer von der Zeitkonstante noch sehr wesentlich von der größten Überschußspannung $\Delta\mathfrak{e}$ und von der relativen Anfangs- und Endspannung des Selbsterregungsvorganges ab.

Bei einer höchsten Überschußspannung von $\Delta\mathfrak{e} = 1/5$ der stationären Spannung erhält man als numerische Selbsterregungszeit von einer Remanenzspannung $\mathfrak{e}_1 = 5\%$ bis zu einer Endspannung $\mathfrak{e}_2 = 95\%$ des stationären Wertes

$$\left(\frac{t}{T}\right)_{5/95\%} = \frac{5}{4}\ln\left(\frac{95\cdot 95}{5\cdot 5}\right) = 7{,}4\,.$$

Das ergibt mit der jeweiligen Zeitkonstante multipliziert die Erregungszeit in Sekunden.

Um den zeitlichen Verlauf der Selbsterregungskurve zu überblicken ist es bequemer, Gleichung (25) umzukehren. Dann erhält man die Abhängigkeit der relativen Spannung von der Zeit zu

$$\mathfrak{e} = \frac{1}{1+\varepsilon^{-4\Delta\mathfrak{e}\frac{t}{T}}}. \tag{27}$$

In Fig. 252 ist diese Kurve dargestellt, die typisch für den allgemeinen Spannungsverlauf ist. Der Nullpunkt der Zeit ist dabei willkürlich in die Mitte des ganzen Vorganges gelegt. Für sehr kleine Spannung e und dementsprechend große negative Zeit der Gleichung (27) überwiegt das zweite Glied im Nenner, so daß man den Näherungswert erhält

$$e_0 = \varepsilon^{4 \Delta e \frac{t}{T}}. \tag{28}$$

Für große Spannung dagegen und positive Zeit überwiegt das erste Glied im Nenner, so daß man als asymptotische Näherung erhält

$$e_\infty = 1 - \varepsilon^{-4 \Delta e \frac{t}{T}}. \tag{29}$$

Die selbsterregte Maschine zeigt also im Anfangszustand labiles exponentielles Anwachsen der Spannung, im Endzustand stabiles

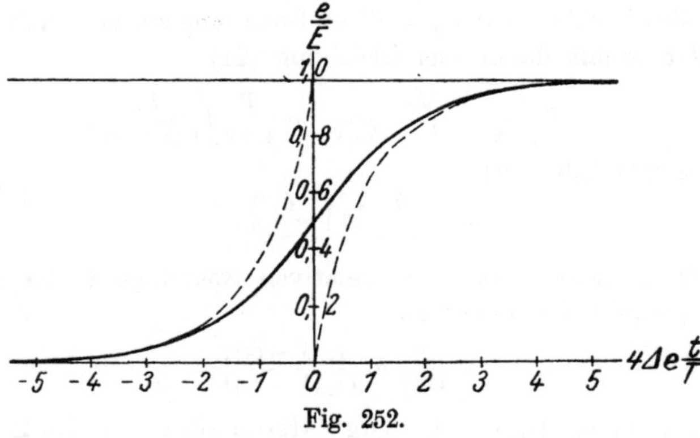

Fig. 252.

exponentielles Erreichen der stationären Spannung. Das letztere ist der Fremderregung ähnlich, jedoch ist die Zeitkonstante im reziproken Verhältnis von $4 \Delta e$ größer, der Vorgang dauert also viel länger. In Fig. 252 sind die asymptotischen Näherungskurven gestrichelt eingetragen.

Man erkennt aus diesen Formeln und Kurven einerseits den ausschlaggebenden Einfluß der Anfangsspannung, also im allgemeinen der Remanenzspannung, auf die zeitliche Dauer des Vorganges. Man sieht andererseits, daß derselbe nur noch von dem dimensionslosen Exponenten $4 \Delta e\, t/T$ abhängt, daß man also für schnellen Selbsterregungsvorgang außer der Wahl einer geeigneten Anfangsspannung noch eine große Überschußspannung Δe, also stark gekrümmte Charakteristik, und eine kleine Zeitkonstante T verwenden muß.

Die Zeitkonstante läßt sich in Beziehung setzen zu der minutlichen Drehzahl n der Gleichstrommaschine. Deren Ankerspannung ist nämlich

$$E = \frac{\Phi_0}{\sigma} N \frac{n}{60} \frac{p}{a}, \tag{30}$$

wobei σ den Streuungsfaktor der Polschenkel, N die Drahtzahl des Ankers und p/a das Verhältnis der Zahl der Pole zur Zahl der Ankerstromzweige bedeutet. Setzt man diesen Wert in Gleichung (20) ein, so erhält man für die Zeitkonstante der Maschine

$$T = \sigma \frac{a}{p} \frac{w}{N} \frac{60}{n}. \tag{31}$$

Sie ist also vollständig bestimmt durch das Verhältnis der wirksamen Windungs- oder Drahtzahlen von Magnetschenkeln und Anker und durch die Drehzahl der Maschine. Um kleine Zeitkonstante und damit einen schnellen Erregungsvorgang zu erhalten, muß man entweder schnellaufende Maschinen oder relativ geringe Erregerwindungszahl im Verhältnis zur Ankerleiterzahl verwenden. Von der Einstellung des Regulierwiderstandes im Erregerkreise und damit vom jeweiligen Betriebszustand der Maschine ist die Zeitkonstante der Selbsterregung dagegen völlig unabhängig.

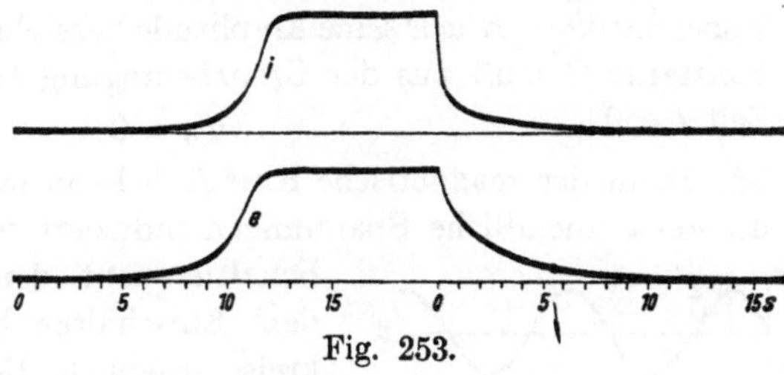

Fig. 253.

Für eine Erregermaschine von 500 Umd/min mit $a/p = \frac{1}{2}$, die bei einem Streufaktor von $\sigma = 1{,}25$ auf den Polen insgesamt $w = 1360$ Windungen und im Anker $N = 146$ Leiter besitzt, ergibt sich nach Gleichung (31) eine Zeitkonstante

$$T = 1{,}25 \frac{1}{2} \frac{1360}{146} \frac{60}{500} = 0{,}70 \text{ sec}$$

Die gesamte Erregungszeit zwischen den oben genannten Grenzwerten beträgt daher je nach der Sättigung des Eisens etwa 5 Sekunden. Fig. 253 stellt eine oszillographische Aufnahme von Spannung und Erregerstrom beim Erregen und Entregen einer solchen Maschine dar.

30. Sättigungsstoß beim Schalten von Wechselstrom.

Wir hatten im Kapitel 2 gefunden, daß beim Einschalten einer Wechselspannung auf ungesättigte Drosselspulen mit konstanter Selbstinduktion Überströme vom doppelten Betrage des normalen Stromes auftreten können. Dieser ungünstige Fall tritt dann ein, wenn in einem Augenblick geschaltet wird, in dem die Wechselspannung ihren Nullwert durchschreitet. Wir wollen nunmehr die Wirkung der Eisensättigung auf die Einschaltströme betrachten und dabei von vornherein diesen ungünstigen Schaltmoment zugrunde legen. Die Wechselspannung ist dann

$$e = E \sin \omega t \tag{1}$$

und es wird zur Zeit $t = 0$ geschaltet.

Würde der magnetisch gesättigte Stromkreis, beispielsweise ein leerlaufender eisengeschlossener Transformator nach Fig. 254, keinen Ohmschen Widerstand der Wicklungen besitzen, so würde seine Flußschwankung jederzeit genau proportional der Klemmenspannung sein. Es wäre also

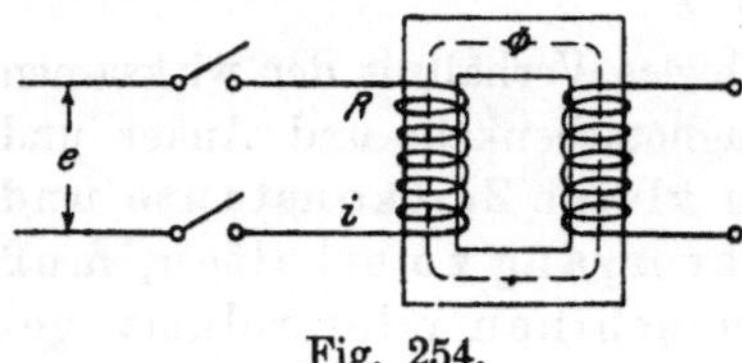

Fig. 254.

$$w \frac{d\,\Phi}{d\,t} = E \sin \omega t, \tag{2}$$

wenn w die Windungszahl der Wicklung ist. Den Fluß selbst erhält man dann durch Integration der Gleichung (2) zu

$$\Phi = -\,\Phi_1 \cos \omega t + C, \tag{3}$$

wobei mit $\Phi_1 = E/\omega\, w$ seine Amplitude bezeichnet wird. Die Integrationskonstante C muß aus der Grenzbedingung bestimmt werden, daß zur Zeit $t = 0$

$$\Phi_0 = 0 \tag{4}$$

ist. Denn der magnetische Kraftfluß kann sich nicht plötzlich ändern, da sonst unendliche Spannungen induziert würden, er muß daher im Schaltmoment den gleichen Wert wie vor dem Einschalten besitzen. Hat der Eisenkreis erheblich Remanenz, was bei technischen Transformatoren wohl vorkommt, so ist der Remanenzfluß als Anfangsfluß zu betrachten. Vernachlässigen wir ihn zunächst, so ist der Anfangsfluß gleich null und wir erhalten durch Einsetzen von Gleichung (4) in (3) die Integrationskonstante zu

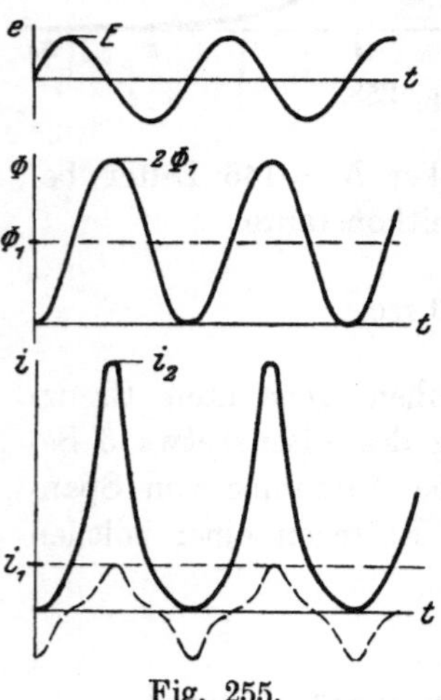

Fig. 255.

$$C = \Phi_1 . \tag{5}$$

Für den Verlauf des Flusses ergibt sich daher die Beziehung

$$\Phi = \Phi_1 (1 - \cos \omega t). \tag{6}$$

In Fig. 255 ist der zeitliche Verlauf der Spannung nach Gleichung (1) und des magnetischen Flusses nach Gleichung (6) dargestellt. Da der Stromkreis widerstandsfrei angenommen wurde, so findet kein Verlöschen des Einschaltzustandes statt, derselbe erhält sich vielmehr sehr lange Zeit. Wir sehen, daß der magnetische Fluß nicht wie im stationären Zustand mit der Amplitude Φ_1 um den Nullwert herumschwingt, sondern daß er im Takte der Wechselspannung zwischen den Werten 0 und 2 Φ_1 hin- und herschwankt.

Welcher Strom nun in jedem Augenblick in der Magnetwicklung fließt, um diesen durch die Wechselspannung erzwungenen Fluß zu unterhalten, geht aus der magnetischen Charakteristik des Stromkreises nach Fig. 256 hervor. Arbeitet man bei dem beabsichtigten stationären Fluß Φ_1 in der Nähe des Knies der Charakteristik mit einem mäßigen Magnetisierungsstrom i_1, so wächst der Strom beim Überschreiten dieses Flusses im allgemeinen außerordentlich stark an und besitzt in den Augenblicken, in denen der höchste Fluß Φ_2 erreicht wird, ganz extrem große Werte i_2. Der dieser Charakteristik punktweise entnommene Verlauf des Stromes ist in Fig. 255 ebenfalls dargestellt. Der Strom besitzt zu Zeiten der größten Feldstärke stark ausgebildete Spitzen, die ein hohes Vielfaches des normalen Stromes darstellen. Der normale Magnetisierungstrom ist in Fig. 255 zum Vergleich gestrichelt eingetragen.

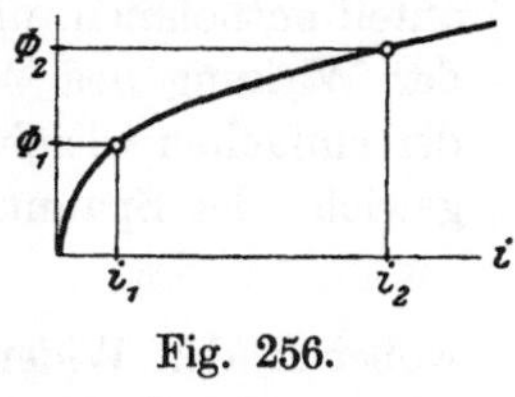

Fig. 256.

Wenn der magnetische Kreis vollständig eisengeschlossen ist, so besitzt er im allgemeinen vor dem Einschalten ein erhebliches Remanenzfeld. Das Einschaltfeld zur Zeit $t = 0$ ist dann nicht wie in Gleichung (4) null, sondern entspricht diesem Felde Φ_r. Da durch das Wirken der äußeren Wechselspannung nach Gleichung (2) ein cosinusförmiges Schwanken des Flusses nach Gleichung (3) erzwungen wird, so lagert sich die volle Flußschwankung vom Betrage des doppelten Normalflusses noch über das Remanenzfeld. Falls dieses zufällig die gleiche Richtung besitzt wie das erzwungene Feld, womit man der Sicherheit halber natürlich rechnen muß, addieren sich beide, im anderen Falle subtrahieren sie sich. Fig. 257 zeigt das magnetische Verhalten des Stromkreises im ungünstigsten Falle, in dem noch weit größere Einschaltestromspitzen entstehen wie bei Vernachlässigung der Remanenz.

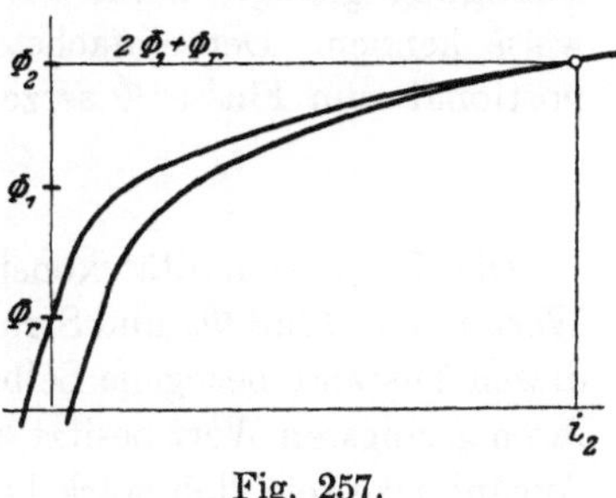

Fig. 257.

In jedem praktisch vorliegenden Falle kann man die höchste Stromspitze, die eine halbe Periode nach dem Einschalten der Spannung bei widerstandslosem Stromkreise auftreten würde, aus der magnetischen Charakteristik des Transformators oder Wechselstrommagneten abgreifen, indem man den Strom bestimmt, der zur Erzeugung des doppelten stationären Feldes, nötigenfalls unter Hinzufügung des Remanenzfeldes, erforderlich ist. Wegen des flachen Verlaufs der Magnetisierungslinie im Bereiche höherer Sättigungen werden diese Einschaltströme bei modernen, stark gesättigten Transformatoren von außerordentlicher Größe und können sogar die Höchststromschalter im Augenblick des Einschaltens zum sofortigen Wiederauslösen bringen.

In Wirklichkeit bleiben die ganz einseitig von der Nullachse verlaufenden Ströme nach Fig. 255, die der Stromquelle nicht nur Wechselstrom von verzerrter Kurvenform, sondern auch einen Gleichstromanteil entnehmen, nicht beliebig lange bestehen, sondern klingen unter der Wirkung des Widerstandes allmählich ab. Es gilt dann anstatt der einfachen Gleichung (2) die vollständige Beziehung für das Gleichgewicht der Spannungen

$$w\frac{d\Phi}{dt} + Ri = e\,, \tag{7}$$

wobei R den Widerstand des Stromkreises bezeichnet. Die strenge Lösung des Problems ist nicht einfach, weil Feld und Strom in dieser Differentialgleichung, wie man schon aus Fig. 255 erkennt, sehr verschiedenen zeitlichen Verlauf besitzen.

Wir können jedoch zu einer Näherungslösung gelangen, wenn wir beachten, daß der Ohmsche Spannungsabfall in technischen Transformatoren stets sehr klein ist gegenüber der Klemmenspannung E und der ihr entsprechenden Flußschwankung $w\,d\Phi/dt$. Selbst bei erheblichen Einschaltströmen i ist das zweite Glied der Gleichung (7) daher immer noch geringfügig im Vergleich zum ersten, so daß es bei seiner Berücksichtigung genügt, wenn wir den Verlauf des Stromes i näherungsweise kennen. Der einfachste Ansatz ist, daß wir den Strom i proportional zum Flusse Φ setzen nach der Beziehung

$$i = \frac{w}{L}\Phi\,. \tag{8}$$

Die Proportionalitätskonstante L möge hierbei aus den höchsten Werten von Fluß Φ_2 und Strom i_2 bestimmt werden. Sie stellt die auf diesen Zustand bezogene Selbstinduktion des Magneten dar, die dabei ihren geringsten Wert besitzt, so daß der Einfluß des Stromes für andere Augenblicke reichlich stark berücksichtigt wird. Führt man den Näherungsverlauf des Stromes nach Gleichung (8) in die Beziehung (7) ein, so erhält man mit Gleichung (1) als Differentialgleichung des Problems

$$\frac{d\Phi}{dt} + \frac{R}{L}\Phi = \frac{E}{w}\sin\omega t\,. \tag{9}$$

Diese Beziehung für den Verlauf des Feldes ist uns wohlbekannt, sie stimmt mit der Differentialgleichung für den Verlauf des Stromes beim Einschalten einer sättigungsfreien Selbstinduktion nach Kapitel 2, Gleichung (25) im Prinzip überein. Genau wie dort den Strom, zerlegen wir hier den Fluß in zwei Teile

$$\Phi = \Phi' + \Phi''\,, \tag{10}$$

worin

$$\Phi' = -\Phi_1 \cos\omega t \tag{11}$$

den stationären Fluß nach Ablauf der Einschaltvorgänge darstellt. Für den vorübergehenden Fluß erhalten wir dann durch Lösung der Gleichung (9) ohne rechtes Glied und Bestimmung der Amplitude aus der Grenzbedingung, wonach der Gesamtfluß zur Zeit $t = 0$ verschwindet,

$$\Phi'' = \Phi_1 \varepsilon^{-\frac{R}{L}t}. \qquad (12)$$

Die Remanenz haben wir hierbei wieder unberücksichtigt gelassen.

Der gesamte Fluß wird somit nach Gleichung (10)

$$\Phi = \Phi_1 \left(- \cos \omega t + \varepsilon^{-\frac{R}{L}t}\right). \qquad (13)$$

Sein Verlauf ist in Fig. 258 dargestellt.

Wir erkennen nunmehr, daß der Fluß in seiner ersten Halbperiode nicht mehr ganz auf den doppelten Betrag des stationären Flusses steigt, sondern um ein gewisses Maß darunter bleibt. Aus der Cha-

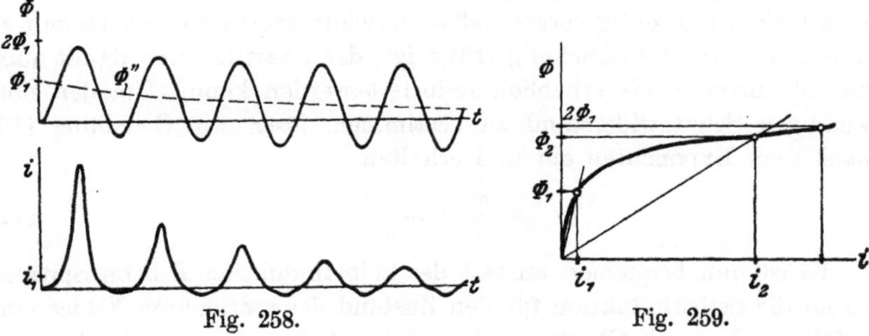

Fig. 258. Fig. 259.

rakteristik in Fig. 259 sind die zu jedem Fluß gehörigen und daher in jedem Augenblick auftretenden Ströme entnommen und in Fig. 258 aufgetragen. Man sieht, daß die erste Stromspitze durch die Abdämpfung des Feldes unter seinen doppelten Normalwert erheblich geringer geworden ist, was der Wirkung des Wicklungswiderstandes zuzuschreiben ist. In dem Maße, wie das im Einschaltmoment entstehende Ausgleichsfeld Φ'' im Eisen abklingt, verschwinden auch die Stromspitzen mehr und mehr, und wenn das Feld nach einiger Zeit zu einem reinen Wechselfeld geworden ist, hat auch der Strom seinen stationären Verlauf mit der bei Magnetisierungsströmen üblichen Kurvenform erreicht.

Der größte Fluß tritt nahezu eine halbe Periode nach dem Einschalten auf, also für

$$\omega t = \pi, \qquad t = \frac{\pi}{\omega}. \qquad (14)$$

Setzt man dies in Gleichung (13) ein, so erhält man für das Verhältnis $\varkappa$ des maximalen Kraftflusses Φ_2 zum stationären Normalfluß Φ_1

$$\varkappa = \frac{\Phi_2}{\Phi_1} = 1 + \varepsilon^{-\pi\frac{R}{\omega L}}. \qquad (15)$$

Es kann für bekannte Werte von R und L berechnet werden. Aus der magnetischen Charakteristik kann man nunmehr entsprechend Fig. 259 die zugehörigen Ströme und daher auch das Verhältnis σ des höchsten Einschaltstromes zum normalen Magnetisierungsstrom

$$\sigma = \frac{J_2}{J_1} \tag{16}$$

bestimmen. Man sieht, daß es nur vom Verlauf der Charakteristik und vom Verhältnis Widerstand zu Induktanz abhängig ist. Beträgt dies Verhältnis nur 5%, so wird der höchste Fluß bereits vom zweifachen auf das

$$1 + \varepsilon^{-\frac{\pi \cdot 5}{100}} = 1{,}86\text{fache}$$

reduziert, was eine ganz beträchtliche Stromverringerung zur Folge hat.

Für größere Transformatoren sind diese Stromstöße meistens unerwünscht groß. Man pflegt sie deshalb über einen Vorkontaktschalter mit kurzzeitig vorgeschaltetem Schutzwiderstand einzuschalten, durch den, wie die Gleichung (15) zeigt, der Kraftfluß und damit auch das Stromverhältnis erheblich reduziert werden kann. Um den notwendigen Schutzwiderstand zu bestimmen, lösen wir Gleichung (15) nach dem Exponenten auf und erhalten

$$\pi \frac{R}{\omega L} = \ln \frac{1}{\varkappa - 1}. \tag{17}$$

Es ist nun bequemer, anstatt der Selbstinduktion L beim Spitzenstrom die Selbstinduktion für den Zustand des stationären Feldes einzuführen, die nach Gleichung (8) und Fig. 259 unter Berücksichtigung von Gleichung (15) und (16) in dem Verhältnis stehen

$$\frac{L}{L_1} = \frac{\Phi_2/J_2}{\Phi_1/J_1} = \frac{\Phi_2}{\Phi_1}\frac{J_1}{J_2} = \frac{\varkappa}{\sigma}. \tag{18}$$

Damit berechnet sich nach Gleichung (17) das Verhältnis von Widerstand zu Leerlaufsinduktanz oder auch vom Ohmschen Spannungsabfall des Magnetisierungsstromes zur Netzspannung zu

$$\frac{R}{\omega L_1} = \frac{R J_\mu}{\omega L_1 J_\mu} = \frac{E_R}{E} = \varrho = \frac{\varkappa}{\pi \sigma} \ln \frac{1}{\varkappa - 1}. \tag{19}$$

Das Verhältnis des höchsten beim Einschalten noch zulässigen Stromstoßes zum normalen Magnetisierungsstrome des Transformators, also der Zahlenwert von σ, ist für jeden praktischen Fall bekannt, er richtet sich nach der Größe des Netzes und der Einstellung der vorgeschalteten Stromauslöser. Aus der magnetischen Charakteristik des Transformators kann damit nach Fig. 259 das zugehörige Verhältnis $\varkappa$ der Kraftflüsse direkt entnommen werden, und aus beiden Größen zusammen kann man nunmehr nach der Endgleichung (19) das erforderliche Widerstandsverhältnis ϱ bestimmen. Der Gesamtwiderstand des.

Stromkreises, also Wicklungswiderstand und Schutzwiderstand, ergibt sich dann zu

$$R = \varrho \frac{E}{J_\mu}. \tag{20}$$

Es genügt im allgemeinen, wenn der Schutzwiderstand nur während weniger Wechselstromperioden wirkt. Der Einschaltstrom ist dann schon so stark abgeklungen und das Feld hat sich dem normalen Verlauf

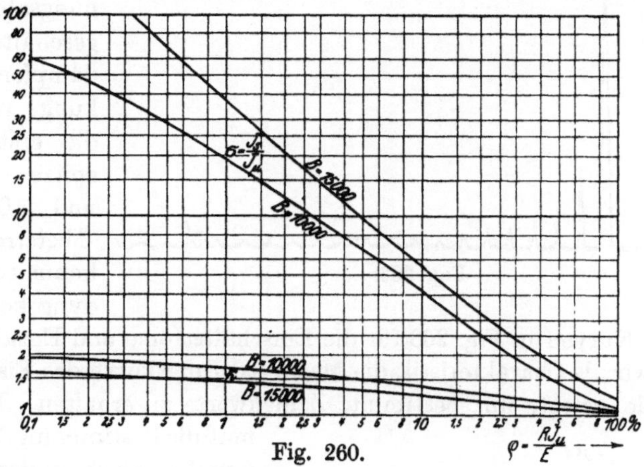

Fig. 260.

soweit genähert, daß das Überschalten auf volle Netzspannung keine erheblichen Störungen mehr bewirkt.

In Fig. 260 ist die relative Größe σ des Sättigungsstromes J_s beim Einschalten im Verhältnis zum Magnetisierungsstrom J_μ, und auch die Kraftflußerhöhung $\varkappa$ über das stationäre Maß in Abhängigkeit von dem relativen Spannungsabfall ϱ des Magnetisierungsstromes dargestellt, und zwar für übliches hochlegiertes Transformatorblech, das mit einer

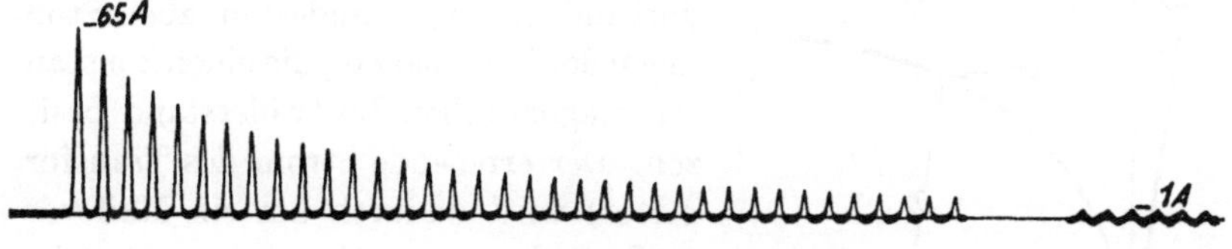

Fig. 261.

normalen Induktion von 10000 oder 15000 Gauß beansprucht wird. *Man erkennt, daß man schon bei 4% Gesamtspannungsabfall nur noch Ströme vom 8- bis 12fachen Betrage des Magnetisierungsstromes erhält, daß es also ausreicht, im Schutzwiderstand nur wenige Prozente des Magnetisierungsstromes verzehren zu lassen.*

Fig. 261 stellt das Oszillogramm des Einschaltstromes eines großen, aber mäßig gesättigten Transformators dar, der direkt ans Netz geschaltet wurde, was zu hohen und lange dauernden Überströmen Anlaß gibt. Bei Fig. 262 wurde ein kleiner hochgesättigter Transformator ans Netz geschaltet; seine Überströme sind zwar auch sehr groß, verlöschen aber ziemlich schnell. In Fig. 263 ist der gleiche Transformator über einen Schutzwiderstand von 3% Spannungsabfall eingeschaltet. Seine dämpfende Wirkung verkleinert die erste Stromspitze erheblich und läßt weitere Überstromspitzen kaum zur Ausbildung kommen.

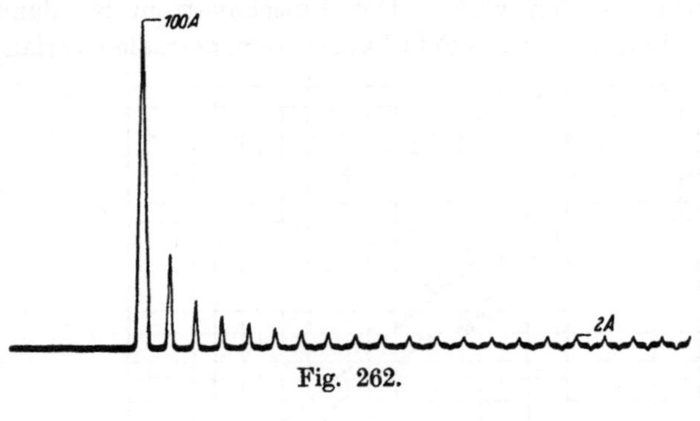

Fig. 262.

Den Kurven in Fig. 260 für die Einschaltströme und Einschaltfelder haben wir als Charakteristik die Magnetisierungskurve des Eisenbleches zugrunde gelegt, um bestimmte Zahlenwerte zu erhalten. Eigentlich muß die Bestimmung der Größen $\varkappa$ und σ jedoch an der magnetischen Charakteristik des ganzen Transformators vorgenommen werden, die sich von der des Bleches in mehrfacher Hinsicht unterscheidet. Fig. 264 zeigt, bezogen auf das dünn gezeichnete Koordinatenkreuz, die Magnetisierungskurve des Bleches selbst. Häufig sind im magnetischen Kreise Luftspalte vorhanden, zum mindesten aber Stoßfugen der Blechpakete, die einen konstanten magnetischen Luftwiderstand besitzen. Der erregende Strom des Transformators wird dadurch um ein Maß vergrößert, das proportional dem Fluß ist, so daß als Ordinatenachse die gescherte dicke Linie der Fig. 264 zu gelten hat.

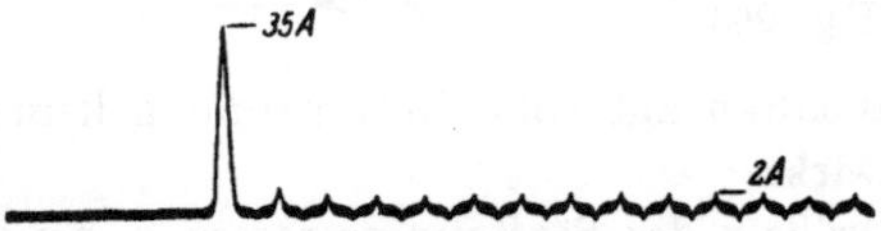

Fig. 263.

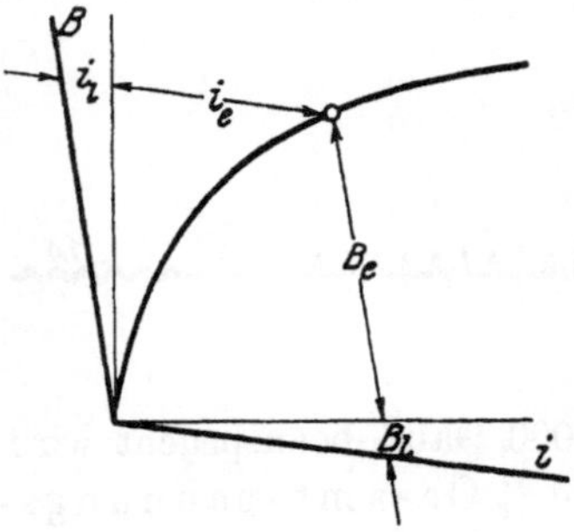

Fig. 264.

Außer dem Feld im Eisen erzeugt die an Spannung geschaltete Wicklung des Transformators noch ein erhebliches Feld in der Luft. Dasselbe ist größer als das gewöhnlich als Streufeld bezeichnete Luftfeld, da die Rückwirkung der sekundären Ströme auf dasselbe fortfällt, wenn bei offener Sekundärwicklung eingeschaltet wird. Dieses primäre Luftfeld erzeugt einen Fluß, der proportional dem

Strom ist und der zu dem Eisenfluß addiert werden muß. In der Charakteristik berücksichtigt man dies dadurch, daß man den Fluß nicht von der ursprünglichen Abszissenachse aus rechnet, sondern von einer um das Maß des Luftfeldes gescherten schrägen Linie, die ebenfalls in Fig. 264 dick eingetragen ist. Äußere, vor dem Transformator liegende Selbstinduktionen, die von Leitungen oder anderen Transformatoren und Maschinen herrühren können, lassen sich natürlich durch die gleiche Scherung wie das Luftfeld berücksichtigen.

Die beiden zuletzt genannten Einflüsse wirken auf eine merkliche Verminderung der Sättigungsstöße beim Einschalten von Wechselstrommagneten oder Transformatoren hin, da die Scherungen eine erhebliche Streckung der Charakteristik bewirken. Andererseits vergrößert die Remanenzerscheinung, wie wir an Hand von Fig. 257 sahen, die Stöße nicht unwesentlich. Da es auf die genaue Einhaltung eines ganz bestimmten Schutzwiderstandes nach dem flachen Verlauf der Kurven in Fig. 260 nicht ankommt, wenn man nur aus dem Bereich extrem hoher Einschaltstöße herausbleibt, so kann man diese Kurven für die Bemessung von Schutzschaltern häufig als Anhalt benutzen.

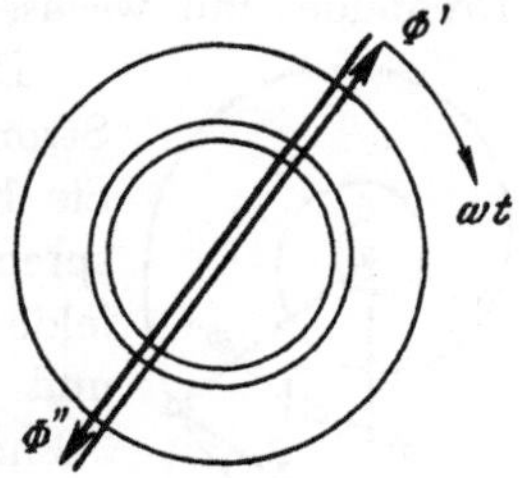

Fig. 265.

Das Luftstreufeld von Transformatoren bewirkt übrigens, daß die Sättigungsströme beim Einschalten niemals größer werden können als die beim plötzlichen sekundären Kurzschluß auftretenden Stoßströme, deren mechanischen Kräften die Festigkeit der Wicklungen stets gewachsen sein muß. Sie sind daher weniger für den Transformator gefährlich, als störend für die Auslöseapparate und Sicherungen der Anlage, die sie zum Ansprechen bringen können.

Ganz ähnliche Erscheinungen wie beim Einschalten von Transformatoren treten beim plötzlichen Einschalten von stillstehenden Drehfeldmotoren auf. Im Einschaltmoment sollte eigentlich das stationäre Feld Φ' vorhanden sein, das nach Fig. 265 je nach dem Augenblick des Schaltens eine beliebige Lage im Motor haben kann. Wegen der Stetigkeit des Überganges vom stromlosen Zustande her ist das tatsächliche Feld im Einschaltmoment jedoch null. Dem stationären Feld Φ', das sich im Raume dreht, überlagert sich daher im Einschaltaugenblick ein Feld Φ'', das entgegengesetzt gleiche Größe besitzt. Beide Teilfelder zusammen bilden das gesamte Magnetfeld des Motors.

Kurze Zeit nach dem Einschalten hat sich der stationäre Feldbestandteil Φ' im Motor vorwärtsgedreht. Das Ausgleichsfeld dagegen hat seine Lage im Raume beibehalten, es hängt als Gleichfeld fest an der Ständerwicklung und klingt allmählich nach Gleichung (12) ab.

In dem Maße, wie sich Φ' von seiner ursprünglichen Lage entfernt, schwillt das tatsächliche Motorfeld an. Nach einer halben Periode hat sich Φ' so weit gedreht, daß es die gleiche Richtung wie das stehengebliebene Feld Φ'' erhält, so daß sich beide Feldstärken addieren. Würde Φ'' nicht im Abklingen begriffen sein, so bestände in diesem Augenblick das doppelte der stationären Feldstärke im Motor. In Wirklichkeit bleibt der Wert der Feldstärke kleiner und ist durch Gleichung (15) gegeben. Für die Zwischenzeiten zeichnet man die Felder am besten relativ zu dem Drehfelde Φ' auf. Dieses selbst wird dann durch einen konstanten Vektor dargestellt, während Φ'' sich gleichförmig rückwärts dreht und dabei exponentiell verlöscht, so daß sein Vektor auf einer logarithmischen Spirale läuft, wie es in Fig. 266 dargestellt ist. Die Summe beider Vektoren gibt die Größe und Richtung des Gesamtfeldes Φ zu jeder Zeit an. Es pulsiert um den Wert des stationären Drehfeldes mit wechselnder Geschwindigkeit und Größe.

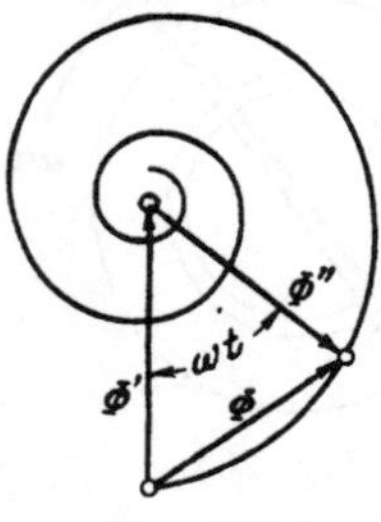

Fig. 266.

Die zur Erzeugung des Feldes erforderlichen Ströme werden dem Drehstromnetz entnommen. Sie besitzen einen dem abklingenden Stehfelde entsprechenden Gleichstromteil und einen vom Drehfelde verursachten Wechselstromteil. Es ist Zufall und hängt vom Schaltmomente ab, welche der 3 Phasenwicklungen den größten Strom führt. Jedenfalls erkennen wir, daß durch das ständige Rotieren des normalen Feldes Φ' und durch das allmähliche Abklingen des stillstehenden Einschalte- oder Ausgleichsfeldes Φ'' abwechselnd Verstärkungen und Schwächungen des Gesamtfeldes zustande kommen, und daß dementsprechend Ströme aus dem Drehstromnetz entnommen werden, die in der am meisten beanspruchten Phasenwicklung eine Kurvenform ähnlich der Fig. 258 besitzen. Der Mechanismus der Feldausbildung im Drehstrommotor mit offenem Läuferkreis gehorcht also denselben Beziehungen, die wir für ruhende Transformatoren hergeleitet haben.

Die Sättigungsstöße beim Einschalten von Drehstrommotoren können daher auf die gleiche Weise nach Gleichung (19) berechnet werden wie bei Transformatoren. Wegen des stets vorhandenen erheblichen Luftspaltes im magnetischen Kreise zwischen Ständer und Läufer, sowie wegen der relativ großen Streuspannung dieser Maschinen, ist jedoch der Einfluß der beiden Scherungen der Charakteristik nach Fig. 264 sehr erheblich, so daß die ohne Schutzschalter auftretenden Überströme bei Motoren nicht so gewaltige Dimensionen annehmen können wie bei eisengeschlossenen Transformatoren mit ihren geringen Luftfeldern. Fig. 267 zeigt die Einschaltströme der drei Phasenwicklungen eines größeren Drehstrommotors bei offenem Läuferkreis.

Ist der Läufer des noch stillstehenden Motors während des Einschaltens geschlossen, oder ist der eingeschaltete Transformator belastet, so treten im Schaltaugenblick dieselben Ausgleichsfelder wie bei offener Sekundär-

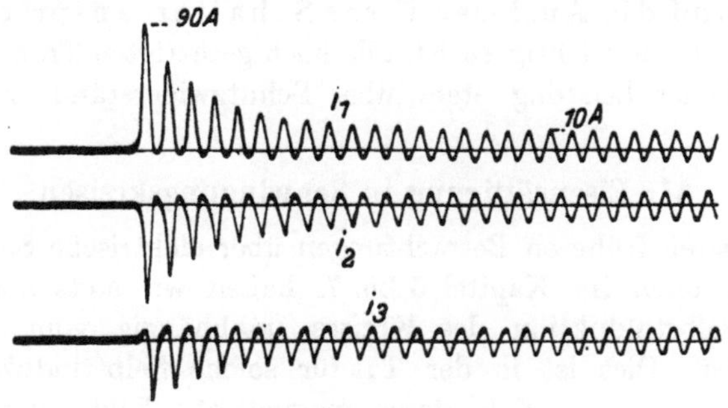

Fig. 267.

wicklung auf, die dem stationären Felde entgegengesetzt sind. Das Ausgleichsfeld verlöscht jetzt aber langsamer, weil auch die sekundäre Wicklung mit ihrer Zeitkonstante am Abklingen beteiligt ist. Die Stärke der primären Stromstöße geht dagegen zurück, weil ein erheblicher Teil des gesamten magnetisierenden Ausgleichsstromes jetzt in der Sekundärwicklung fließt. Die Erscheinung der Vervielfachung der Stromspitzen durch die Sättigung des Eisens bleibt jedoch bestehen, so daß die Magnetisierungsströme bei sekundärem Schluß der Wicklungen ebenfalls die eigentümlich verzerrte Kurvenform nach Fig. 258 behalten und nur in ihrer Größe verringert und in ihrer Dauer verlängert werden, etwa in dem gleichen Maße, wie es für sättigungsfreie Stromkreise im Kapitel 10 gefunden wurde.

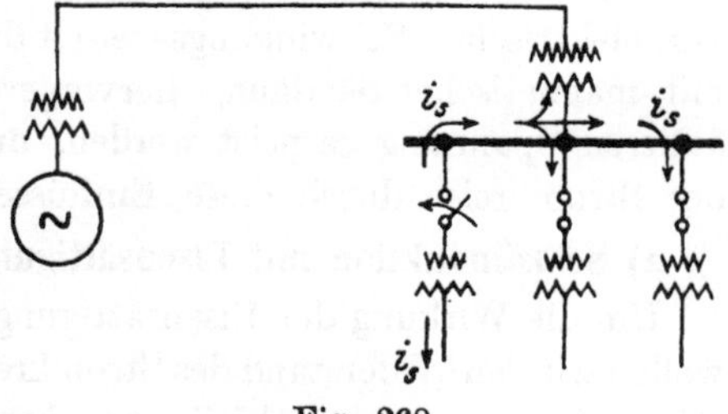

Fig. 268.

Die starken Sättigungsstromstöße werden mit ihrem Gleich- und Wechselstromglied dem Netz entnommen, das wir bisher als sehr ergiebig angesehen haben. Ist das nicht der Fall, so können sie in ihm starke Rückwirkungen ausüben, wenn noch andere magnetisch gesättigte Eisenkreise angeschlossen sind. Wird der eingeschaltete Transformator z. B. an ein Netz gelegt, das vom Kraftwerk aus mit erheblichem Spannungsabfall betrieben wird und das in seiner Nähe ähnliche Transformatoren speist, wie es in Fig. 268 gezeichnet ist, so fließen die

Magnetisierungsausgleichsströme auch in diese hinein und bewirken dort ein über das Wechselfeld der stationären Magnetisierung gelagertes Gleichfeld. Dies gibt Anlaß zu einer Vergrößerung und Spitzenbildung des Magnetisierungsstromes auch in den fremden Transformatoren, die je nach der Stärke des abklingenden Gleichstromes und der Sättigung ihres Eisens so groß werden kann, daß auch diese überlastet werden und die Auslöser ihrer Schalter ansprechen. Wir sehen daraus, wie wichtig es ist, alle hoch gesättigten Transformatoren von erheblicher Leistung stets über Schutzwiderstände zu schalten.

31. Eisensättigung in Schwingungskreisen.

Bei unseren früheren Betrachtungen über elektrische Schwingungskreise, vor allen im Kapitel 5 bis 7, haben wir stets angenommen, daß die Selbstinduktion des Kreises unabhängig vom Strom und konstant ist. Dies ist in der Tat für solche Selbstinduktionen der Fall, deren magnetische Felder vorwiegend in Luft verlaufen, also beispielsweise für die Magnetfelder, die sich um Freileitungen oder in Kabeln ausbilden, sowie für die Streufelder von Maschinen und Transformatoren. Solche Stromkreise jedoch, deren Magnetfelder ganz oder zum größten Teil in Eisen verlaufen, besitzen keine konstante Selbstinduktion mehr, dieser Wert ist vielmehr bei großen Strömen und Feldstärken wesentlich geringer als bei kleinen.

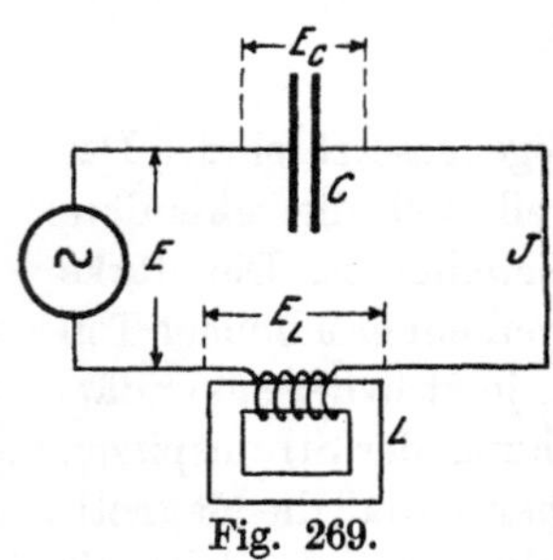

Fig. 269.

Wir wollen untersuchen, was für Abweichungen im Stromverlauf von elektrischen Schwingungskreisen durch die Anwesenheit von Eisen mit magnetischer Sättigung hervorgerufen wird, wenn sie von einer äußeren Spannung gespeist werden, und wie die Resonanzverhältnisse der Stromkreise durch diese Einflüsse geändert werden.

a) Selbstinduktion mit Eisensättigung.

Um die Wirkung der Eisensättigung in voller Reinheit zu erkennen, wollen wir den Widerstand des Stromkreises und den ihm entsprechenden Ohmschen Spannungsabfall zunächst vernachlässigen. Wir nehmen also an, daß eine gegebene elektromotorische Kraft E von sinusförmigem Verlauf nach dem Schema der Fig. 269 auf einen Stromkreis wirkt, der eine konstante Kapazität C und eine magnetisch eisengeschlossene Spule L in Reihenschaltung besitzt. Die eingeprägte Spannung muß dann in jedem Augenblick den Spannungen an der Kapazität und an der Selbstinduktion das Gleichgewicht halten. Wenn wir auf die Kurvenverzerrungen, die sich unter dem Einfluß der Eisensättigung in jeder Wechselstromperiode ausbilden können, nicht achten, sondern nur die sinusförmige Grundschwingung von Strom und Spannung weiter verfolgen, so gilt auch für deren Amplitude die Gleichgewichtsbedingung

$$E = E_L + E_C. \tag{1}$$

Die Spannung an der Selbstinduktion ist nun nicht proportional dem Strome, sondern sie ist durch die magnetische Charakteristik des Eisenkreises in Abhängigkeit vom Strom J graphisch gegeben und in Fig. 270 dargestellt. Die Charakteristik der Amplituden von E_L und J ist natürlich etwas davon abhängig, ob man sie mit sinusförmiger Spannung und verzerrtem Strom oder mit sinusförmigem Strom und verzerrter Spannung oder mit verzerrten Strömen und Spannungen aufnimmt. Auf diese Unterschiede wollen wir aber hier nicht eingehen, sondern denken uns die Kurve so gegeben, wie sie in dem Schwingungskreise wirklich vorhanden ist.

Die Spannung der Drosselspule ist bei veränderlicher Frequenz stets dieser proportional und kann daher dargestellt werden durch den Ausdruck

$$E_L = \omega \cdot f(J), \tag{2}$$

wobei $f(J)$ eine der Eisenspule eigentümliche Funktion von der Form der Charakteristik ist, die nur von der Windungszahl und dem Eisenkern abhängt. Die Spannung am Kondensator ist in bekannter Weise proportional dem Strom und umgekehrt proportional der Frequenz und Kapazität. Sie steht in Gegenphase zur Spannung an der Selbstinduktion und ist daher

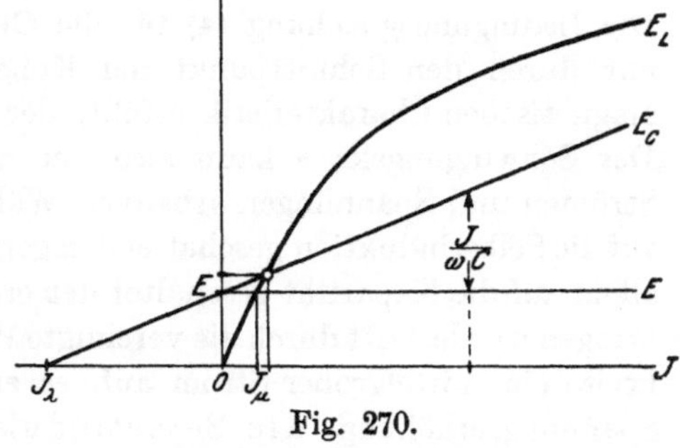

Fig. 270.

$$E_C = -\frac{J}{\omega C}. \tag{3}$$

Das Gleichgewicht der Spannungen im Stromkreise ist also nach Einsetzen von Gleichung (2) und (3) in Gleichung (1) gegeben durch

$$E_L = \omega f(J) = E + \frac{J}{\omega C}. \tag{4}$$

Diese Beziehung führt zu einer sehr einfachen graphischen Lösung des Problems, denn sie zeigt, daß die Spannung E_L der eisengesättigten Selbstinduktion stets gleich sein muß der Summe aus der konstanten Netzspannung E und der dem Strom proportionalen Kapazitätsspannung. In Fig. 270 sind beide Spannungen abhängig vom Strome eingetragen. Die Netzspannung E wird durch eine horizontale Linie dargestellt, die Kapazitätsspannung E_C lagert sich als ansteigende Gerade darüber. Ihr Neigungswinkel γ wird bestimmt durch

$$\operatorname{tg} \gamma = \frac{1}{\omega C}. \tag{5}$$

Die Neigung ist also um so stärker, je kleiner die Kapazität des Kondensators ist. Verlängert man die Gerade E_C, die nichts anderes ist als die geradlinige Charakteristik des Kondensators mit konstanter Kapazität, nach links, so schneidet sie die ins Negative verlängerte Stromachse in einem Abstande vom Nullpunkt, der gleich

$$J_\lambda = -\frac{E}{\operatorname{tg}\gamma} = -\omega C E \tag{6}$$

ist, der also den Ladestrom des Kondensators unter alleiniger Wirkung der Netzspannung E darstellt. Andererseits wird der Magnetisierungsstrom J_μ der Drosselspule unter alleiniger Einwirkung der Netzspannung gegeben durch den Schnittpunkt der E-Linie mit der magnetischen Charakteristik, er ist in Fig. 270 ebenfalls dargestellt.

Durch die einfache graphische Konstruktion der Fig. 270 sind wir in der Lage, die Strom- und Spannungsverhältnisse in eisengesättigten Schwingungskreisen zu übersehen. Die Bedingungsgleichung (4) für die Gleichheit der Spannungen wird nur durch den Schnittpunkt der Kondensatorcharakteristik mit der magnetischen Charakteristik erfüllt, der in Fig. 270 hervorgehoben ist. Der Schwingungskreis kann also nur mit den hierdurch bestimmten Strömen und Spannungen arbeiten. Während die Netzspannung, allein auf die Selbstinduktion geschaltet den geringen Magnetisierungsstrom J_μ, allein auf die Kapazität geschaltet den erheblichen Ladestrom J_λ hervorbringen würde, tritt durch die vereinigte Wirkung beider im Schwingungskreise ein mittelgroßer Strom auf, es entwickelt sich dabei aber eine Spannungserhöhung, die Selbstinduktionsspannung steigt um das durch den Schnittpunkt der Charakteristiken bedingte Maß über die Netzspannung hinaus an. Verkleinert man die Kapazität und damit den Ladestrom J_λ bei konstant gehaltener Netzspannung, so wird die Neigung der Kondensatorgeraden größer und größer, die Spannung an der Selbstinduktion nimmt dadurch erheblich zu.

In Fig. 271 ist der Verlauf des charakteristischen Punktes für konstant gehaltene gesättigte Drosselspule und veränderte Größe der Kapazität dargestellt. Man erkennt, daß sehr große Kapazität, also sehr großer Ladestrom J_λ, wie eine leitende Verbindung wirkt. Die Selbstinduktionsspannung ist dabei gleich der eingeprägten Spannung E. Abnehmende Kapazität bewirkt, daß der Betriebspunkt auf der magnetischen Charakteristik auf höhere und höhere Spannungen rückt, jedoch tritt durch die Krümmung der Charakteristik schließlich eine Grenze ein, wenn nämlich die Kondensatorlinie die magnetische Charakteristik nicht mehr schneidet, sondern nur noch berührt. Für noch kleinere Kapazität ist ein Betriebszustand im rechten Quadranten mit positiver Selbstinduktionsspannung und Aufnahme von nacheilendem Magnetisierungsstrom aus der Stromquelle nicht mehr möglich.

Nun schneidet aber die Kondensatorlinie, die in Fig. 271 vollständig durchgezeichnet ist, die magnetische Charakteristik noch in einem weiteren Punkte, nämlich auf der negativen Seite der Ströme und Spannungen. Dieser Betriebszustand stellt sich daher für kleine Kapazitäten tatsächlich ein. Er bewirkt, daß der bisher der Spannung nacheilende Magnetisierungsstrom im Schwingungskreise seine Richtung wechselt und zu einem der Spannung voreilenden Ladestrom wird, dessen Größe entsprechend dem weit außen liegenden Schnittpunkte sehr hohe Werte annehmen kann. Dementsprechend ist auch die Spannung

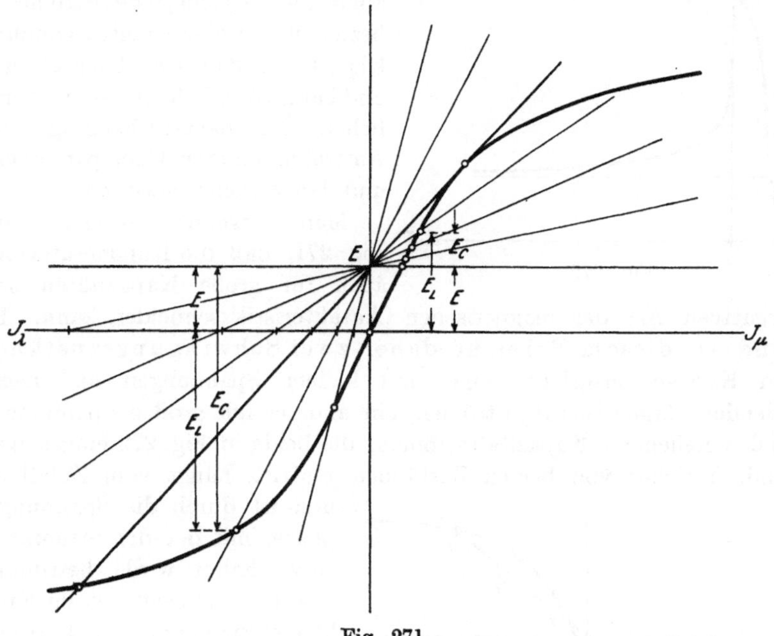

Fig. 271.

an der Selbstinduktion, die von der J-Achse aus zu rechnen ist, und noch mehr die Spannung am Kondensator, die von der E-Linie aus zählt, außerordentlich vergrößert, es treten hohe Überspannungen im Stromkreise auf. Verkleinert man die Kapazität noch weiter, so rückt der Betriebspunkt auf dem negativen Ast der Charakteristik herauf, die Spannungen an der Selbstinduktion und Kapazität werden kleiner, bis bei außerordentlich kleiner Kapazität die Selbstinduktionsspannung schließlich verschwindet und die Kondensatorspannung mit der eingeprägten Spannung übereinstimmt.

In Fig. 272 ist die Größe der Spannung an der Drosselspule abhängig von der Größe der Kapazität graphisch dargestellt, wobei keine Rücksicht auf die Richtung oder Phase der Spannung genommen ist. Man erkennt, daß bei eisengesättigter Selbstinduktion kein ausgeprägter Resonanzpunkt mit unendlichen Spannungen mehr auftritt, daß vielmehr im ganzen dargestellten Bereiche nur endliche Spannungen vorhanden sind. Dagegen tritt durch die Wirkung der Sättigung ein Unstetigkeitspunkt auf, bei dem die Spannung bei Verkleinerung der Kapazität von einem geringen auf einen höheren Wert springen muß. Der Schwingungszustand des Stromkreises und vor allem die Phasenlage des Stromes in bezug auf die eingeprägte Spannung kippt in diesem Punkt um und kann trotz Fehlens jeder eigentlichen Resonanzerscheinung das Auftreten starker Überspannungen und Überströme bewirken.

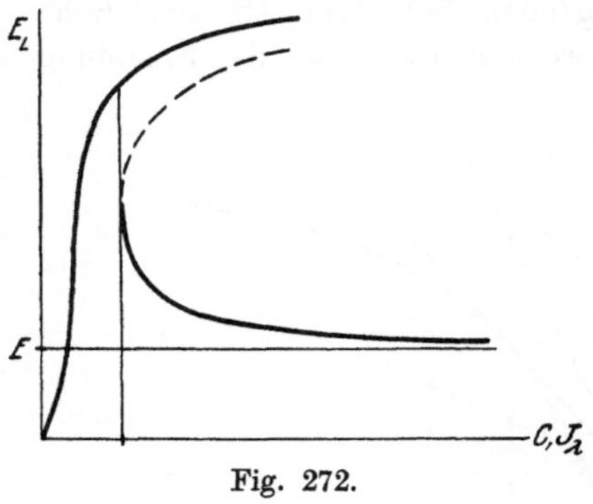

Fig. 272.

Man erkennt übrigens aus Fig. 271, daß die Kondensatorlinie auch für große Kapazitäten den negativen Ast der magnetischen Charakteristik schneiden kann. Es sind in diesem Bereiche daher zwei Schwingungszustände im Kreise möglich, einer mit kleinen Spannungen und nacheilenden Magnetisierungsströmen, ein anderer mit großen Spannungen und voreilenden Kapazitätsströmen, die beide in Fig. 272 eingetragen sind. Welcher von beiden Zuständen eintritt, hängt vom Zufall ab und ist durch die Spannungsphase, mit der der Stromkreis eingeschaltet wird, bestimmt. Wie Fig. 271 zeigt, ist im Falle kleiner Spannungen und Ströme auf dem positiven Ast der Charakteristik, den man im allgemeinen zu erhalten wünscht, die Selbstinduktionsspannung um das Maß der Netzspannung größer als die Kondensatorspannung, während sie im Falle großer Spannungen und Ströme auf dem negativen Ast um dasselbe Maß kleiner ist.

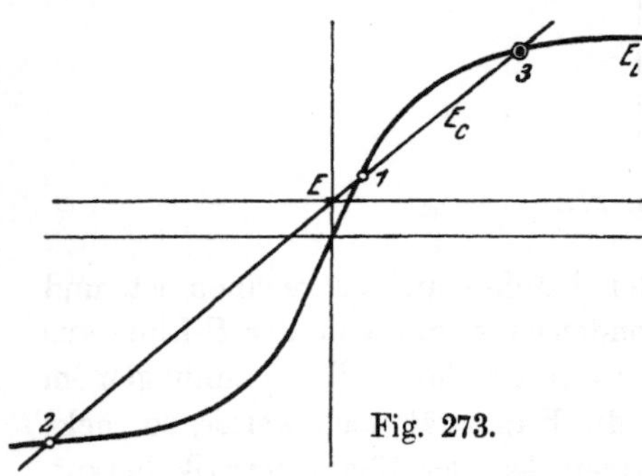

Fig. 273.

Tatsächlich schneidet die Kondensatorlinie die magnetische Charakteristik im allgemeinen noch in einem dritten Punkte, der ebenso wie die beiden anderen in Fig. 273 dargestellt ist. Lediglich die Punkte 1 und 2 entsprechen jedoch stabilen Betriebszuständen des Stromkreises, während Punkt 3 ein unstabiles Verhalten zeigt. Man erkennt dies durch folgende Überlegung: Wenn durch Ansteigen oder Abfallen des Stromes eine kleine Abweichung von Punkt 1 entstehen würde, so ändert sich die in Richtung der eingeprägten Spannung E wirkende Kondensatorspannung E_C linear mit dem Strom. Die entgegengesetzt wirkende Selbstinduktionsspannung E_L ändert sich jedoch stärker mit dem Strom, da sie steiler ansteigt, so daß der Strom wieder auf seinen ursprünglichen Betrag zurückgeht. Ebenso würde sich beim Abweichen des Stromes von Punkt 2 die der treibenden Spannung E hier gleichgerichtete Selbstinduktionsspannung E_L nicht so schnell ändern wie die entgegengesetzt wirkende Spannung E_C, daher geht der Strom auch hier wieder auf den Schnittpunkt 2 zurück. Anders liegen die Verhältnisse bei Punkt 3. Hier ändert sich bei jeder Abweichung des Stromes vom Schnittpunkt die der treibenden Spannung E gleichgerichtete Kondensatorspannung E_C stärker als die entgegenwirkende Spannung E_L, so daß der Strom sich stärker ändert und sich vom Punkt 3 weiter und weiter entfernt. Der Übersicht halber ist der dem Schnittpunkt 3 entsprechende labile Ast der Spannungskurve in Fig. 272 gestrichelt eingetragen.

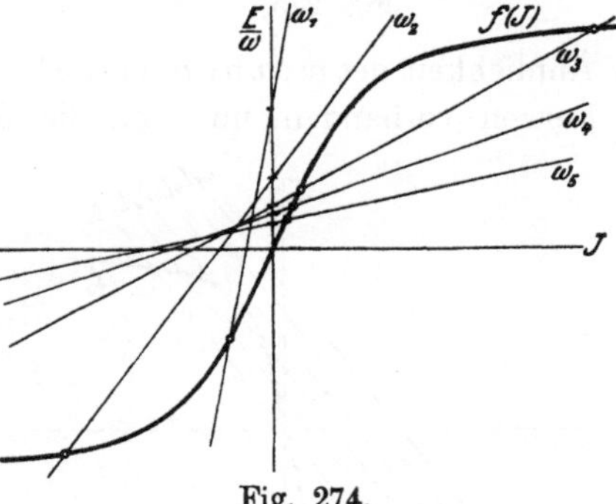

Fig. 274.

Um einen direkten Vergleich mit den Resonanzkurven für konstante Selbstinduktionen nach Kapitel 5 zu erhalten, in dem der Verlauf von Strom und Kondensatorspannung abhängig von der speisenden Frequenz ω betrachtet ist, dividieren wir Gleichung (4) durch diese Größe und erhalten

$$f(J) = \frac{E}{\omega} + \frac{J}{\omega^2 C}. \tag{7}$$

In der zugehörigen Fig. 274 bleibt die magnetische Charakteristik $f(J)$ dann für alle Frequenzen die gleiche, nur die Lage und Neigung der Kondensatorlinie ändert sich mit der Frequenz. Für niedrige Frequenz ω_1 arbeitet man auf dem negativen Teil der Charakteristik, also mit voreilenden Ladeströmen im Kreise, der Zustand ist eindeutig. Mit wachsender Frequenz berührt und schneidet die Kondensatorlinie schließlich auch den positiven Teil der Charakteristik, so daß man bei hoher Frequenz, etwa ω_3, mehrere mögliche Zustände erhält und schließlich bei ω_5 auf dem positiven Teil der Charakteristik mit nacheilenden Magnetisierungsströmen im Kreise arbeitet. Fig. 275 und 276 stellen die Abhängigkeit des Stromes und der Kondensatorspannung von der Frequenz dar und sind direkt mit Kapitel 5, Fig. 21 und 22 für konstante Selbstinduktion vergleichbar.

In den Figuren 275 und 276 sind auch die Äste gestrichelt eingetragen, die den labilen Schnittpunkten entsprechen. Es ist dann eine weitgehende

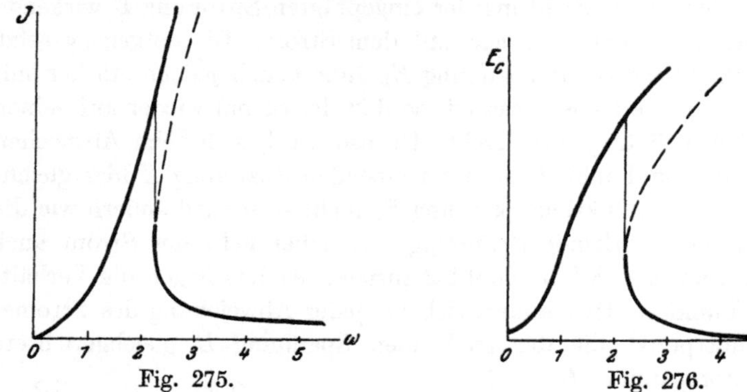

Fig. 275. Fig. 276.

Ähnlichkeit des mathematischen Kurvenverlaufs mit den Resonanzkurven vorhanden, nur sind die Resonanzspitzen durch die Wirkung

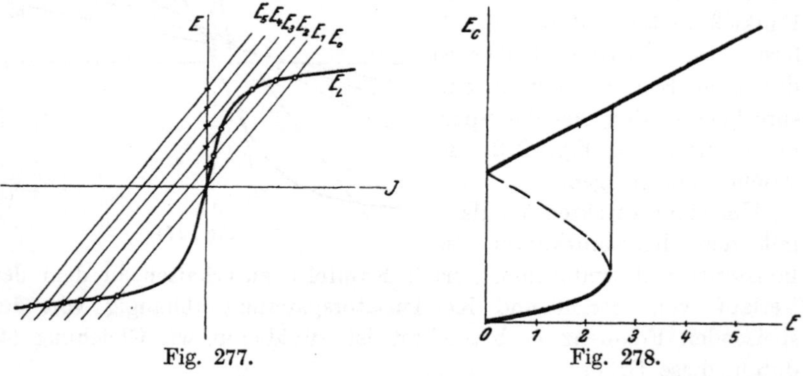

Fig. 277. Fig. 278.

der Sättigung weit abgebogen. Das physikalische Bild wird dadurch völlig anders, es tritt Mehrdeutigkeit der Erscheinungen auf, so daß die hohen Resonanzspitzen gar nicht durchschritten zu werden brauchen.

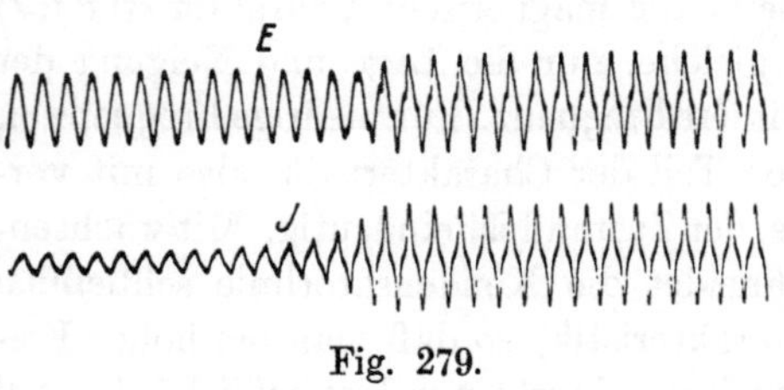

Fig. 279.

Auch durch Änderung der erregenden Spannung, durch die sich bei ungesättigten Kreisen alle Ströme und Spannungen einfach proportional ändern würden, kann man hier den Schwingungszustand des Kreises vollständig verschieben. In Fig. 277 sind mehrere Kondensatorlinien für verschiedene Spannungen E eingezeichnet und in Fig. 278 ist die Spannung an der Kapazität abhängig davon aufgetragen. Fig. 279

stellt ein Oszillogramm des Umkippens auf größere Ströme bei geringer Steigerung der Spannung dar, aus dem man gleichzeitig die typische Kurvenverzerrung ersehen kann.

Den Zusammenhang mit den früher behandelten Resonanzspannungen für sättigungsfreie Kreise, deren Höhe im wesentlichen durch die Eigenfrequenz des Stromkreises bestimmt wurde, erkennt man, wenn man in Fig. 280 eine geradlinige Charakteristik E_L aufzeichnet und die Kondensatorlinie nach dem Schema der bisherigen Diagramme für verschieden große Kapazitätswirkung einträgt, wobei wir vom Ohmschen Widerstand absehen wollen. Die Selbstinduktionsspannung nach Gleichung (2) wird dann proportional dem Strom, und zwar

$$E_L = \omega f(J) = \omega L J, \quad (8)$$

wenn mit L der nunmehr konstante Wert der Selbstinduktion bezeichnet wird.

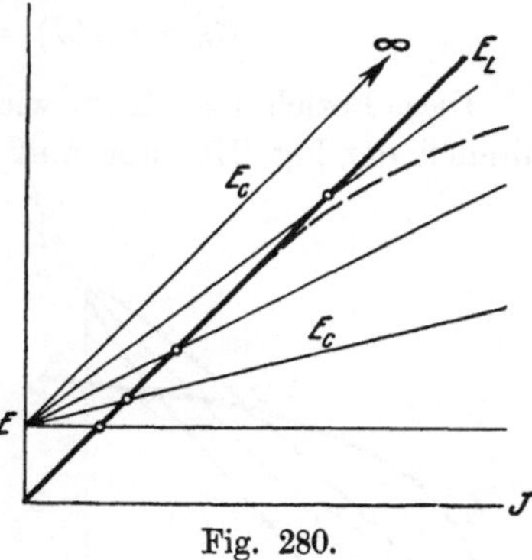

Fig. 280.

Der charakteristische Schnittpunkt beider Linien rückt jetzt mit zunehmender Kapazitätswirkung erst langsam und dann schneller auf der Selbstinduktionsgeraden herauf und läuft schließlich ins Unendliche, wenn die Kondensatorlinie und Selbstinduktionslinie gleiche Neigung besitzen, wenn also nach Gleichung (5) und (6)

$$\frac{1}{\omega C} = \frac{\omega f(J)}{J} = \omega L \quad (9)$$

und daher

$$\omega = \frac{1}{\sqrt{CL}} = \nu_L \quad (10)$$

wird. Dies ist genau unsere frühere Bedingung für den Eintritt der Resonanz bei Übereinstimmung der erzwungenen und der Eigenfrequenz von sättigungsfreien Stromkreisen. Bei Schwingungskreisen mit Eisensättigung kann bei der gestrichelten Charakteristik in Fig. 280, die gleiche Anfangsneigung besitzt, schon lange vor der Resonanz ein Umkippen in den gefährlicheren Schwingungszustand mit hohen Strömen n und Spannungen eintreten. Die Resonanzbedingung (10) darf also auf solche Kreise auch nicht mit der Einschränkung angewandt werden, daß man die Selbstinduktion für geringe Magnetisierung unterhalb der Sättigung einsetzt. Man muß vielmehr stets die graphische Untersuchung auf Grund der wirklichen magnetischen Charakteristik vornehmen.

b) Einfluß von Widerstand und Streuung.

Es könnte scheinen, als ob es möglich wäre, mit dem stabilen Punkte 2 der Fig. 273 auf außerordentlich hohe Werte der Ladeströme und

Überspannungen zu gelangen, wenn der Einfluß der Kapazität den der Selbstinduktion erheblich überwiegt. In Wirklichkeit ist dem Anwachsen der Ströme jedoch eine Grenze gesetzt durch den bisher vernachlässigten Ohmschen Spannungsabfall im Stromkreise, der sich phasensenkrecht zu der Summe von Selbstinduktions- und Kondensatorspannung addiert. Die Gesamtspannung am Schwingungskreise wird dann

$$E = \sqrt{(E_L + E_C)^2 + (RJ)^2}\,, \tag{11}$$

so daß man mit Gleichung (2) und (3) für die Spannung an der eisengesättigten Drosselspule erhält

$$E_L = \omega \dot{f}(J) = \sqrt{E^2 - (RJ)^2} + \frac{J}{\omega C}\,. \tag{12}$$

Diese Beziehung erlaubt wieder eine einfache graphische Darstellung ähnlich der Fig. 270, nur muß man anstatt der konstanten Spannungslinie für E hier die Wurzel der Gleichung (12) auftragen. Dieselbe stellt bekanntlich eine Ellipse dar, deren Hauptachsen in den Koordinatenrichtungen liegen und die in Fig. 281 eingezeichnet ist. Für kleinen Strom ist der Einfluß des Widerstandes demnach sehr gering, die Wurzel ist fast gleich E, für größere Ströme verringert er die Wirkung der eingeprägten Spannung, um sie vollständig aufzuzehren, wenn J bis auf E/R angewachsen ist und die Wurzel zu null macht. Dies ist der höchste Grenzwert für den Strom, der auftreten kann. Die Hauptachsen der Ellipse haben daher die Größe E und E/R und sind in jedem Falle gegeben.

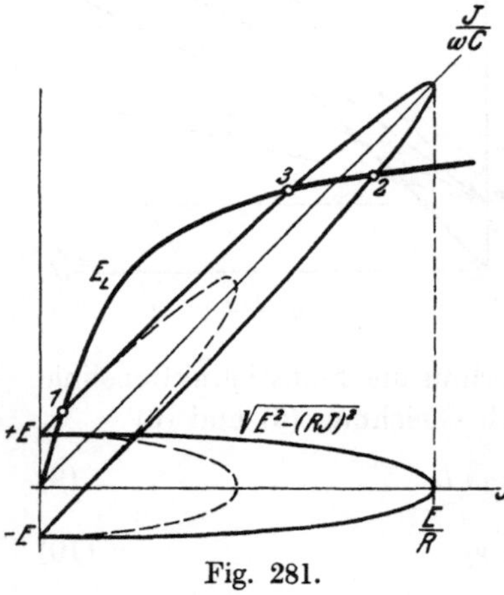

Fig. 281.

Addiert man in Fig. 281 zu dieser Ellipse die Kondensatorlinie entsprechend dem letzten Gliede der Gleichung (12), so erhält man die schräg liegende Ellipse als Darstellung für die gesamte rechte Seite dieser Gleichung. Ihre Schnittpunkte mit der Charakteristik für E_L stellen die drei möglichen Schwingungszustände des Stromkreises dar. Da wir in Gleichung (11) die Spannung ohne Rücksicht auf ihre Phasenlage stets mit dem positiven Vorzeichen eingesetzt haben, so liegen in Fig. 281 alle drei Schnittpunkte im positiven Quadranten, obgleich der Punkt 2 eigentlich zum negativen Ast gehört. Auch hier stellen die Schnittpunkte 1 und 2 stabile, dagegen 3 instabile Schwingungszustände des Kreises dar.

Man erkennt aus diesem Diagramm, daß geringer Widerstand nur schwachen Einfluß auf den Schnittpunkt 1 für kleine Ströme und Spannungen hat, daß er aber bei großen Ladeströmen das Überhandnehmen der Ströme und Spannungen im Schnittpunkt 2 verhindert. Großer Widerstand dagegen kann die Ellipse so verkürzen, daß der Schnittpunkt 2 überhaupt verschwindet, so daß nur ein einziger Schwingungszustand mit geringen Strömen und Spannungen möglich ist und ein Umkippen nicht mehr erfolgen kann. Die gestrichelte Ellipse in Fig. 281 stellt diesen Fall dar. *Das Einfügen Ohmschen Widerstandes ist daher das sicherste Mittel, um Stromkreise, die zum Umkippen neigen, zu stabilisieren.*

Aus allen diesen Überlegungen geht hervor, daß in Schwingungskreisen mit Eisensättigung eine eigentliche Resonanz der Kapazität mit der Selbstinduktion gar nicht auftreten kann, sondern daß nur ein Wechsel im Schwingungszustand durch Überspringen von einem Punkt der Charakteristik auf einen anderen weit entfernten statt-

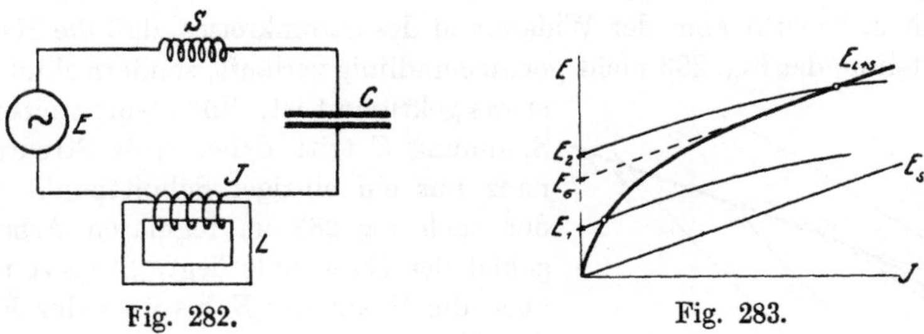

Fig. 282. Fig. 283.

findet. *Es läßt sich jedoch keine bestimmte Frequenz angeben, die für den Schwingungskreis ganz besonders gefährlich wäre.* Dies rührt davon her, daß Schwingungskreise mit magnetischer Sättigung keine ausgesprochene Eigenschwingungszahl mehr besitzen, daß diese vielmehr veränderlich ist und von der Stärke der Magnetisierung und der Ausbildung der Ströme selbst abhängt. Würde sich ein resonanzhafter Strom ausbilden wollen, weil die erzwungene Frequenz für irgendeine Magnetisierungsstärke nahe bei der Eigenfrequenz liegt, so würde diese durch den zunehmenden Strom und die abnehmende Selbstinduktion sofort verlagert werden und den Kreis außer Resonanz bringen.

Ist in dem Schwingungskreise nach dem Schema der Fig. 282 außer der eisengesättigten noch *eine konstante Selbstinduktion* S vorhanden, etwa die Streuung von Maschinen und Transformatoren oder das Luftstreufeld der Eisenspule selbst, so kann man die magnetische Charakteristik für beide zusammenfassen, indem man ihre Spannungen addiert. Fig. 283 zeigt, daß die beiden Äste der resultierenden Charakteristik dann für sehr große Ströme eine konstante Neigung erhalten, die gleich der Neigung der Streuinduktion S ist. Hierdurch wird an den Erscheinungen der Mehrwertigkeit und des Umkippens der Schwingungszustände nichts geändert. Jedoch kann jetzt der Schnittpunkt der Kondensatorlinie mit der Magnetcharakteristik unter Umständen ins Unendliche rücken. Ihre Neigung muß dafür nach Gleichung (5) sein

$$\frac{1}{\omega C} = \omega S, \tag{13}$$

so daß richtige Resonanz eintreten kann, wenn

$$\omega = \frac{1}{\sqrt{C S}} = \nu_s \tag{14}$$

ist, wenn also die Eigenfrequenz aus Kapazität und Streuinduktion mit der Betriebsfrequenz übereinstimmt. Dies erfordert sehr viel größere Kapazität, als sie nach Gleichung (10) für das Umkippen äußerstenfalls nötig ist.

Nun bewirkt aber der Widerstand des Stromkreises, daß die Kapazitätslinie der Fig. 283 nicht genau geradlinig verläuft, sondern elliptisch etwas gekrümmt ist. Für kleine treibende Spannung E tritt daher trotz Streuresonanz nur ein einziger Schnittpunkt auf, der nach Fig. 283 im regulären Arbeitsgebiet der Eisenspule liegt. Steigert man aber die Spannung E bis über das Knie der Magnetcharakteristik, so rückt der Schnittpunkt ganz plötzlich auf sehr große Werte von Spannung und Strom, die nunmehr fast nur noch durch den Widerstand des Kreises begrenzt sind.

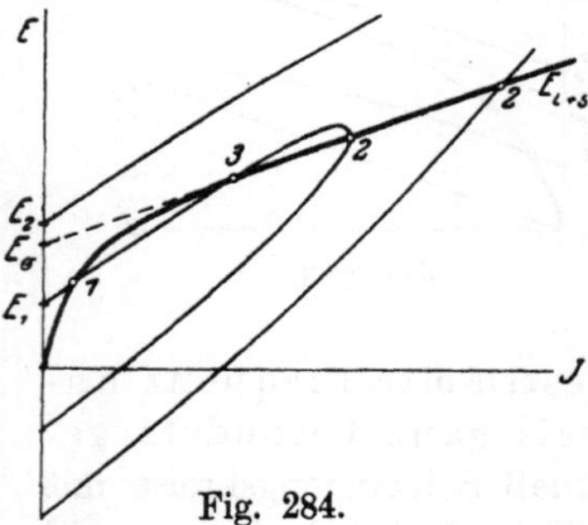

Fig. 284.

Diejenige Spannung E_σ, die nach Fig. 283 vollständiger Sättigung des Eisenkerns entspricht, scheidet zwei wesentlich verschiedene Gebiete voneinander. Ist E kleiner als E_σ, so können, wie Fig. 284 zeigt, außerhalb der Streuresonanz zwei stabile Zustände auftreten. Dagegen tritt bei Streuresonanz nach Gleichung (14) kein singulärer Zustand ein, im Gegenteil, die hohen Ströme und Spannungen sind dabei unmöglich. Wenn jedoch E größer als E_σ ist, so ist nach Fig. 284 stets nur ein einziger Schwingungszustand möglich, der auf große resonanzhafte Ströme und Spannungen führt, wenn die Streuresonanzbedingung (14) erfüllt ist. Im ersteren Falle überwiegt die Sättigungserscheinung, im letzteren die Streuung. Je höher die treibende Spannung E über der Sättigungsspannung E_σ liegt, um so bedeutungsloser wird die Sättigung für den Verlauf des Schwingungszustandes. Bei kleiner Kapazität vergrößert sie, bei großer Kapazität verkleinert sie dann nur die bei sättigungsfreiem Kreise auftretenden Spannungen und Ströme.

c) Einpolige Stromunterbrechung.

Die hier geschilderten Kipperscheinungen treten beim regulären Betrieb von Starkstromnetzen im allgemeinen nicht auf. Zwar besitzen sämtliche Transformatoren hohe Eisensättigung und stark gekrümmte Charakteristik, jedoch pflegt man niemals Kondensatoren in Serie in den Verlauf des Hauptstromkreises einzuschalten. Die Erscheinungen können jedoch bei Störungen im Netz und bei unzweckmäßigen Schalthandlungen eintreten. In Fig. 285 ist schematisch dargestellt, in welcher Weise der Strom in einem Hochspannungsleitungsnetze verläuft, wenn eine Phase durch Leitungsbruch oder durch nur einpoliges Ausschalten unterbrochen wird. Die beiden getrennten Leitungsteile besitzen eine gewisse Kapazität gegen Erde, so daß trotz der Unterbrechung noch ein Strom im Kreise zirkulieren kann. Derselbe durchläuft nunmehr den eisengesättigten Transformator und die beiden Erdkapazitäten der Leitung in Serie, so daß wir tatsächlich den in Fig. 269 zugrunde gelegten Fall vor uns haben.

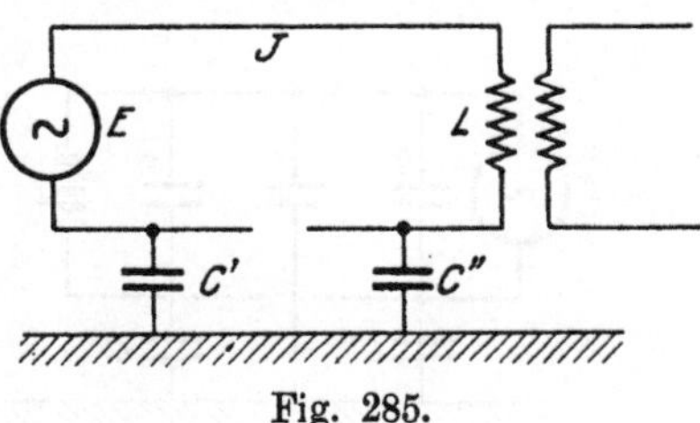

Fig. 285.

Läuft der Transformator leer oder nur schwach belastet, so sind die dämpfenden Widerstände des Stromkreises gering und können nach Fig. 281 in erster Näherung vernachlässigt werden. Je nach dem Verhältnis des Ladestromes J_λ, der die unterbrochenen Leitungsteile unter der unmittelbaren Wirkung der Netzspannung durchfließen würde, zum normalen Magnetisierungsstrom J_μ des Transformators stellt sich ein Schnittpunkt der Kapazitätsgeraden mit der Transformatorcharakteristik ein, der eine geringe oder große Spannungserhöhung am Transformator und an der unterbrochenen Leitung hervorrufen kann. Sind die Ladeströme der Leitung außerordentlich groß, liegen also beiderseits der Unterbrechung große Kabelnetze oder ausgedehnte Hochspannungsnetze, so erkennt man an Hand von Fig. 270, daß die Spannungserhöhung in erträglichen Grenzen bleibt, weil die Kapazitätsgerade sehr flach verläuft. Sind die Ladeströme J_λ jedoch geringer und liegen sie in der Größenordnung der Magnetisierungsströme der angeschlossenen Transformatoren, so wird die Neigung der Kapazitätsgeraden so steil, daß eine erhebliche Spannungssteigerung am Transformator eintritt, wenn nicht der Netzzustand sogar umkippt, womit nach Fig. 271 noch erheblichere Überspannungen verknüpft sind.

Das Eisen der Transformatoren sättigt sich dann vollständig bis auf eine Kraftliniendichte von etwa 25 000 Gauß, während man im normalen Betrieb nur mit etwa 14 000 Gauß arbeitet. Die Transformatoren erhalten dadurch eine Überspannung vom etwa

$$\frac{25000}{14000} = 1{,}8 \text{fachen Betrage}$$

der Netzspannung E, und an der Unterbrechungsstelle der Leitung tritt eine Spannung von etwa $1{,}8 + 1 = 2{,}8\,E$ auf, die sich nach Maßgabe der Größe der in Serie liegenden Leitungskapazitäten zwischen diese und die Erde aufteilt. Die gesunden und kranken Leitungen, die bei regulärem Betrieb nur eine geringe Spannung gegen Erde besitzen, erhalten dadurch starke Überspannungen, durch die Überschläge und weitgehende Zerstörungen der Isolation hervorgerufen werden können.

Ist der Ladestrom J_λ der unterbrochenen Leitungsteile sehr gering, so kippt der Stromkreis notwendig auf den entgegengesetzten Schwingungszustand wie im normalen Betriebe um, jedoch tritt dann,

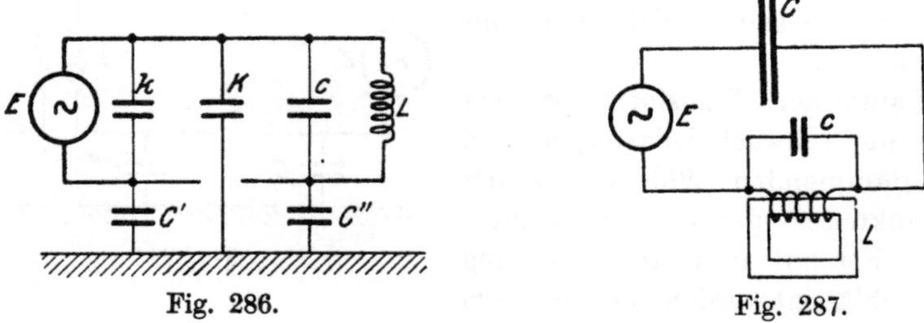

Fig. 286. Fig. 287.

wie man aus Fig. 271 ersieht, wegen der sehr steilen Kapazitätsgeraden am Transformator doch nur eine geringe Spannung auf, die, zur Netzspannung addiert, die Spannung an der Unterbrechungsstelle ergibt. Gegen Erde wird die Spannung auch in diesem Falle stets vergrößert.

Das Schaltungsschema der Fig. 285 stellt die Stromverteilung im unterbrochenen Stromkreise in Wirklichkeit nicht ganz vollständig dar. Es treten vielmehr noch weitere Kapazitätsströme auf, sowohl zwischen der gesunden Leitung und Erde, als auch zwischen gesunder und kranker Leitung. Der vollständige Stromverlauf wird durch Fig. 286 dargestellt. Abgesehen von Kapazitätsströmen in K und k, die durch den Generator direkt geliefert werden, ist der Transformator noch durch einen gewissen Kapazitätsstrom in c überbrückt. Fig. 287 stellt diesen Stromkreis in einfachster Form dar.

Die Spannung am Hauptkondensator C ist hierbei

$$E_C = -\frac{J + J_c}{\omega C} = -\frac{J - \omega c E_L}{\omega C} = -\frac{J}{\omega C} + \frac{c}{C} E_L, \tag{15}$$

wenn mit c die Kapazität des Nebenkondensators bezeichnet wird, und J nach wie vor den Strom im Transformator bedeutet. Setzt man diesen Wert anstatt des Ausdruckes (3) in die Gleichung (1) für das Spannungsgleichgewicht ein, so erhält man

$$E = \left(1 + \frac{c}{C}\right) E_L - \frac{J}{\omega C}, \tag{16}$$

oder nach Einführung der magnetischen Charakteristik aus Gleichung (2)

$$E_L = \omega f(J) = \frac{E}{1 + \frac{c}{C}} + \frac{J}{\omega (C + c)}. \tag{17}$$

Man hat danach, um zu der in Fig. 288 dargestellten graphischen Lösung zu gelangen, entweder die magnetische Charakteristik im Verhältnis $1 + c/C$ vergrößert zu zeichnen, oder einfacher die Kapazitätslinie unter Beibehaltung ihres Fußpunktes J_λ im gleichen Verhältnis flacher zu neigen. Durch den Nebenkondensator c werden demgemäß die Spannungserhöhungen am Transformator beim Arbeiten im regulären Zustand verkleinert, beim Umkippen jedoch vergrößert. Die Wirkung dieser Netzkapazität kann also unter Umständen recht ungünstig sein.

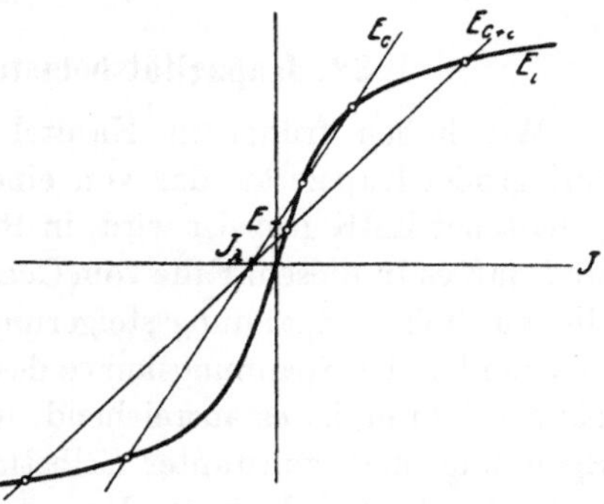

Fig. 288.

Man erkennt aus allen diesen Betrachtungen, daß das einpolige Schalten und ebenso das einpolige Durchschmelzen von Sicherungen und schließlich auch einpolige Leitungsbrüche zu gefährlichen Überspannungen in schwach belasteten Leitungsteilen mit Transformatoren führen können, wenn die Kapazitätsströme in der Größenordnung der Magnetisierungsströme liegen. Als Mittel dagegen wendet man häufig Funkenableiter mit vorgeschaltetem Dämpfungswiderstand an, die die überanspruchte Leitung über einen Widerstand von angemessener Größe erden, sowie Überspannungen auftreten. Die gefährlichen Kipperseheinungen kommen dann durch die Widerstandsdämpfung zum Verschwinden.

In Drehstromanlagen wird durch das Umkippen der Phasenspannung von Transformatoren bei Unterbrechung einer einzigen Zuleitung eine sehr eigentümliche Erscheinung verursacht. Während beim regulären Betrieb die Spannungen der drei Klemmen des Transformators identisch sind mit den drei Klemmenspannungen des speisenden Generators, kann sich bei Unterbrechung einer Phasenleitung deren Transformatorspannung von der zugehörigen Generatorspannung entfernen.

Fig. 289 stellt diesen Schaltungsfall im Schema dar. Ist das Verhältnis der Lade- und Magnetisierungsströme so groß, daß ein Umkippen der Spannung stattfindet, so ändert diese an der unterbrochenen Phasenleitung im Transformator nicht nur ihre Größe, sondern sie wird auch um 180° in der Phasenrichtung herumgeworfen. Der Spannungsverlauf an den drei Klemmen des Transformators hat dann die umgekehrte zeitliche Phasenfolge wie vorher. Kleinere an den Transformator geschlossene Drehstrommotoren, die noch keine ernsthafte, das Umkippen zerstörende Belastung darstellen, kehren alsdann ihre Drehrichtung um. Dies ist bei Leitungsbrüchen in Drehstromanlagen öfter beobachtet worden.

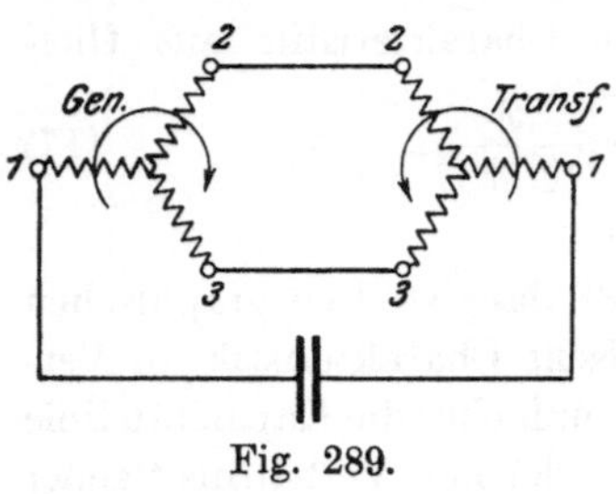

Fig. 289.

32. Kapazitätsbelastung von Generatoren.

Wir haben früher in Kapitel 5 gesehen, daß ein Leitungsnetz mit großer Kapazität, das von einer Wechselstromquelle mit konstant gehaltener EMK gespeist wird, in Resonanzschwingungen geraten kann, und daß es in diesem Falle vom Generator starke Ladeströme entnimmt, die zu hohen Spannungssteigerungen Anlaß geben können. Für alle Oberwellen der Spannungskurve des Generators, die auf derartige Resonanzen führen, ist es ausreichend, wenn man mit konstanter treibender Spannung und konstanter Selbstinduktion der Maschinenwicklungen rechnet. Tritt jedoch der Resonanzfall für die Grund- oder Betriebsfrequenz des Generators ein, was bei sehr großen Netzen vorkommen kann, so üben die auftretenden Ladeströme eine so starke Rückwirkung auf das Generatorfeld selbst aus, daß dessen Sättigungszustand erheblich verändert wird. Man darf dann nicht mehr mit einer konstanten Selbstinduktion des Generators rechnen, sondern muß die Einwirkung auf die magnetische Charakteristik der Maschine betrachten, die den Zusammenhang ihrer Klemmenspannung mit dem Magnetisierungsstrom darstellt.

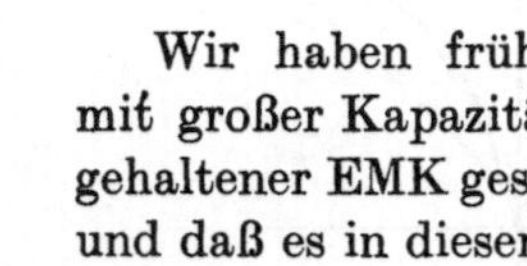

Fig. 290.

a) Magnetische Sättigung im Generator.

Ein Wechselstromgenerator, der einphasig oder dreiphasig nach dem Schema der Fig. 290 auf eine Kapazität arbeitet, besitzt im Leerlauf, also bei abgeschaltetem Netz, eine Spannungscharakteristik, die in Fig. 291 durch die gekrümmte Kurve dargestellt ist. Die Spannung steigt bei kleinen Erregerströmen proportional zu diesen an, bei großen Erregerströmen nimmt sie wegen der magnetischen Sättigung im Eisen nur noch langsam zu. Zur Erzeugung der Leerlaufsspannung E_0 in der Ständerwicklung ist ein magnetisierender Erregerstrom J_μ erforderlich, der dem Läufer von einer Gleichstromquelle zugeführt wird. Würden wir die Klemmenspannung der Maschine bei Belastung mit der Kapazität des Netzes durch geschicktes Regulieren des Erregerstromes stets auf dem festen Wert E_0 halten, so würden wir die einfachen Voraussetzungen des Kapitels 5 erfüllen und würden den Resonanzfall erhalten, wenn die Kapazität des Netzes so groß ist, daß sie mit der Selbstinduktion zwischen Generator und Kapazität eine Eigenfrequenz der ganzen Anlage ergibt, die gleich der Betriebsfrequenz der Maschine ist.

In Wirklichkeit läßt sich eine solche Regulierung nicht durchführen. Nicht die Klemmspannung der Maschine, auch nicht etwa ihre elektromotorische Kraft ist gegeben und bleibt konstant, sondern der Erregergleichstrom J_μ für das Magnetfeld ist bei stationärem Betrieb als primär gegebene Größe zu betrachten. Wir wissen nun, daß jeder vom Generator abgegebene Ladestrom, der eine Viertelperiode Voreilung zur Wechselspannung besitzt, magnetisierend auf das Feld der Maschine wirkt. Rechnen wir den in der Wechselstromwicklung fließenden Ladestrom der Kapazität im Verhältnis der wirksamen Ständerwindungszahl zur Läuferwindungszahl um, so können wir ihn im Maßstab des Erregerstromes in Fig. 291 zusätzlich zu J_μ eintragen und erhalten so durch Eingehen mit dem Summenstrom $J_\mu + J_C$ in die Charakteristik die nunmehrige vom Magnetfeld induzierte treibende Spannung. Sie ist durch die Rückwirkung des Ladestromes auf das Magnetfeld größer geworden, jedoch nicht proportional dem Ladestrom, wie es ohne Sättigung der Maschine sein würde, sondern um ein geringeres, dem flachen Verlauf der wirklichen Charakteristik entsprechendes Maß.

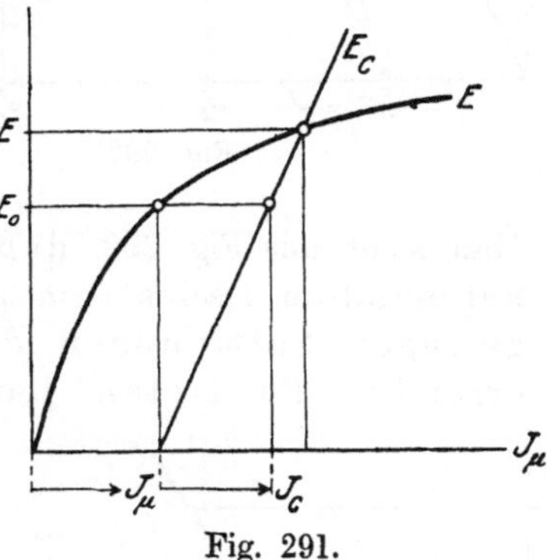

Fig. 291.

Hat man den Ladestrom der Belastungskapazität für die ursprüngliche Leerlaufspannung E_0 bestimmt, so wird er in Wirklichkeit wegen der durch ihn selbst erhöhten Spannung etwas größer. Man erhält die tatsächliche Maschinen- und Kondensatorspannung, sowie den auftretenden Ladestrom exakt, wenn man in Fig. 291 diejenige Gerade einträgt, die den Zusammenhang von Ladestrom und Kapazitätsspannung darstellt, und die wir als Kapazitätscharakteristik der Leitung bezeichnen wollen. Da die Leitung nur auf dieser Geraden und die Maschine nur auf ihrer gekrümmten magnetischen Charakteristik arbeiten kann, so gibt der Schnittpunkt beider Linien nach Fig. 291 den tatsächlichen Betriebszustand an.

Vergrößert man die Kapazität des Netzes, so ändert sich die Neigung seiner Charakteristik, was in Fig. 292 für verschiedene Betriebszustände dargestellt ist. Man zeichnet die Kapazitätscharakteristik am besten so, daß man denjenigen Ladestrom J_C des Netzes, der bei gegebener Leerlaufsspannung E_0 vorhanden wäre, vom Leerlaufspunkt der Charakteristik ab nach rechts, also zusätzlich zum Erregergleichstrom J_μ aufträgt, und die Gerade durch die Punkte J_C und J_μ zieht.

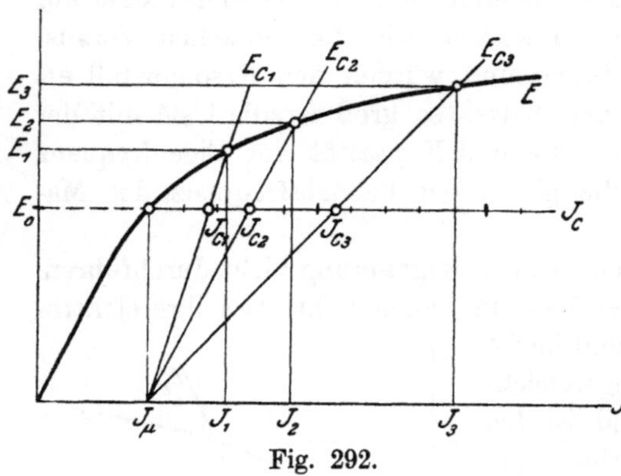

Fig. 292.

Man sieht aus Fig. 292, daß die Spannung im Netz mit zunehmendem Ladestrom größer und größer wird und bei geringen Sättigungen des Generators bald hohe Werte erreicht. Es treten jedoch auch bei außerordentlich starken Ladeströmen keine eigentlich resonanzartigen Erscheinungen ein. Durch die magnetische Sättigung ist auch hier jede Möglichkeit zur Resonanzausbildung vernichtet.

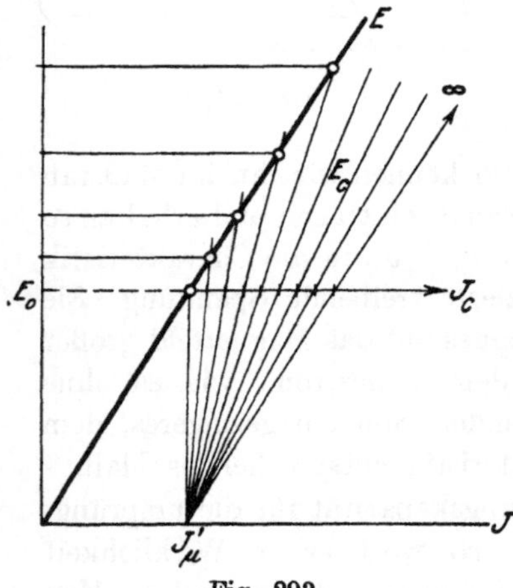

Fig. 293.

Wenn keine Sättigung im Generator vorhanden wäre, so wäre der Magnetisierungsstrom J'_μ proportional der Spannung und die magnetische Charakteristik würde wie in Fig. 293 geradlinig sein. Alsdann würde die Maschinenspannung mit zunehmendem Ladestrom J_C größer und größer werden, um schließlich ins Unendliche zu wachsen, wenn die Maschinen- und Netzcharakteristiken parallel laufen. Es würde also für

$$J_C = J'_\mu \tag{1}$$

richtige Resonanz auftreten. Beachtet man, daß der Ladestrom sich aus der Leerlaufspannung und Netzkapazität C berechnet zu

$$J_C = \omega C E_0 , \tag{2}$$

und daß die Leerlaufspannung ihrerseits durch den Magnetisierungsstrom und die Wechselinduktion M zwischen Ständer und Läufer gegeben ist zu

$$E_0 = \omega M J'_\mu, \tag{3}$$

wobei ωM als Leerlaufreaktanz der Maschine bezeichnet wird, so erhält man durch Einsetzen in Gleichung (1) als Bedingung für das Auftreten der Resonanz

$$\omega = \frac{1}{\sqrt{C M}} = \nu_m. \tag{4}$$

Hierbei müssen C und M beide entweder auf den Ständer- oder Läuferkreis bezogen sein.

Wenn also der aus Netzkapazität und Leerlaufreaktanz der Maschine gebildete Schwingungskreis die Betriebsfrequenz als Eigenfrequenz besitzt, so tritt bei der sättigungsfreien Maschine Resonanz auf. Bei der wirklichen Maschine dagegen erkennt man aus der durch J_{C2} gehenden Geraden in Fig. 292, daß dieser Fall keinerlei Ausnahmestellung einnimmt und keinerlei Hochschnellen der Spannung bewirkt, die **Eisensättigung hat jegliche Resonanzneigung unterdrückt.** Führt man daher Wechselstromgeneratoren, die zum Speisen ausgedehnter Kabelnetze oder langer Hochspannungsfreileitungen mit großen Ladeströmen dienen, mit genügender Eisensättigung aus, so halten sich die Spannungserhöhungen, die bei reiner Kapazitätsbelastung auftreten, stets in beherrschbaren Grenzen.

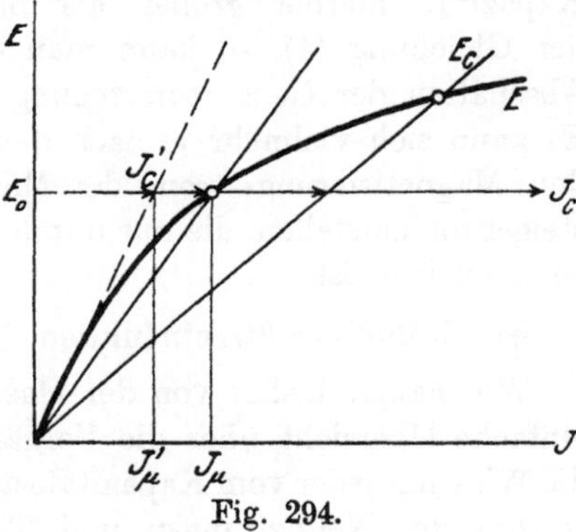

Fig. 294.

Verringert man den Erregergleichstrom J_μ des Generators bei gegebener Belastungskapazität, so rückt die Kapazitätslinie weiter nach links und dadurch verringert sich die Maschinenspannung mehr und mehr. Sie nimmt jedoch, wie man aus Fig. 294 erkennt, mit verschwindendem Erregerstrom nur dann bis auf null ab, wenn der Ladestrom J_C kleiner als der Leerlauferregerstrom J'_μ der ungesättigten Maschine gewesen ist. Im anderen Falle ist der von der Kapazität erzeugte Ladestrom ausreichend groß, **um die Magnetisierung der Maschine vollständig zu übernehmen** und das Magnetfeld am Verlöschen zu verhindern. Die Anordnung ist selbsterregend geworden und entwickelt eine Spannung, die nach Fig. 294 durch den Schnittpunkt der beiden Charakteristiken von Maschine und Kapazität gegeben ist.

Diese Selbsterregung kann nur dann auftreten, wenn die Kapazitätscharakteristik eine flachere Neigung hat als der geradlinige Teil der magnetischen Charakteristik, wenn also die Kapazität C größer ist als es der Bedingung (4) entspricht, oder wenn die Eigenfrequenz vom Netz und sättigungsfreier Maschine geringer ist als die Betriebsfrequenz. Die Resonanzbedingung der sättigungsfreien Anordnung ist daher für die wirkliche Maschine zum Kriterium für die Selbsterregung geworden. Da man bei derartig selbsterregten Wechselstrommaschinen keinen Erregerstrom im Läufer mehr braucht, so kann die Selbsterregung nicht nur bei synchronen, sondern ebenso auch bei asynchronen Maschinen eintreten.

Große Ladeströme treten nach Kapitel 20 bei Erdschlüssen im Leitungsnetz auf, weil dann die Erdkapazitäten der gesunden Phasenleitungen unter stark vergrößerter Spannung stehen. Wird die wirksame Kapazität hierbei größer als nach dem Selbsterregungskriterium der Gleichung (4), so kann man das leerlaufende Netz selbst durch Abschalten der Generatorerregung nicht mehr spannungsfrei machen. Es kann sich vielmehr je nach dem Überschuß des Ladestromes über den Magnetisierungsstrom der Maschinen eine dauernde Spannungssteigerung einstellen, die nur durch Unterbrechen des Erdschlußstromes zu beseitigen ist.

b) Einfluß der Streuinduktion.

Wir haben bisher von der Maschinenstreuung abgesehen, um eine einfache Übersicht über die Vorgänge zu erhalten. Man kann jedoch die Wirkung jeder vom Kapazitätsstrom durchflossenen Selbstinduktion sowohl der Netzleitungen und Transformatoren, als vor allem die Streuung des Generators mit berücksichtigen, wenn man bedenkt, daß ihre Spannung dem Strome proportional ist und ihm um 90° voreilt, während die Kapazitätsspannung um 90° nacheilt. Die Streuspannung liegt also stets in Gegenphase zur Kapazitätsspannung. In Fig. 295 ist daher vom Punkte J_μ aus die geradlinige Charakteristik der Streuspannung nach unten aufgetragen und über ihr als Grundlinie die ebenfalls geradlinige Kapazitätscharakteristik wie bisher nach oben. Gleichgewicht herrscht im Stromkreis nur dann, wenn die treibende Spannung E, die der gekrümmten Magnetcharakteristik der Maschine folgt, mit der Differenz von Kapazitätsspannung E_C und Streuspannung E_S übereinstimmt. Dies ist in dem in Fig. 295 hervorgehobenen Schnittpunkt 1 der Fall. Dort ist

$$E = E_C - E_S. \tag{5}$$

Mit diesen Verhältnissen arbeitet also die Anordnung.

Man erkennt, daß sich die wirksame Kapazitätslinie durch die Wirkung der Streuung flacher neigt, so daß die Maschine mit stärkerem Felde und höherer Spannung als ohne Streuung arbeitet. Die Spannung an der Kapazität wird außerdem noch um das Maß der Streuspannung selbst vergrößert und kann bei großer Maschinenstreuung und großen Ladeströmen sehr erheblich über den Normalwert anwachsen. Ausgeprägte Resonanzerscheinungen mit ihren steilen Spannungsspitzen stellen sich aber auch jetzt nicht ein.

Selbsterregung der Maschine tritt wieder auf, wenn die Neigung der Kapazitätsgeraden mindestens mit der Ursprungsneigung der magnetischen Charakteristik übereinstimmt. Da die Streuspannung

$$E_S = \omega S J_C \tag{6}$$

ist, wobei S die Streuinduktion der Maschine, gegebenenfalls unter Ein-

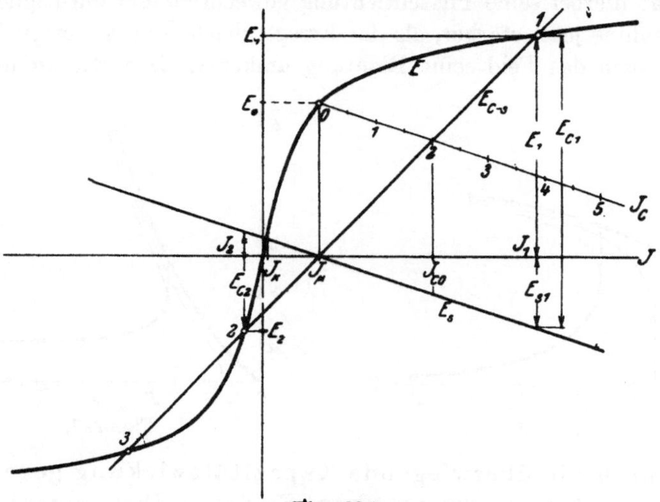

Fig. 295.

schluß von Transformatorstreuung und Selbstinduktion der Leitungen bedeutet, so muß nunmehr nach Gleichung (5) sein

$$\omega M J'_\mu = \frac{J_C}{\omega C} - \omega S J_C, \tag{7}$$

was unter Beachtung der Bedingung (1) ergibt

$$\frac{1}{\omega C} = \omega (M + S) = \omega L_k. \tag{8}$$

Darin ist die Summe von Wechsel- und Streureaktanz zur Kurzschlußreaktanz ωL_k des Generators zusammengefaßt, die sich aus Leerlauf- und Kurzschlußversuch als Quotient von Leerlaufspannung und Kurzschlußstrom bei ungesättigter Erregung leicht berechnen läßt. Als Grenzbedingung für die Selbsterregung erhält man hiermit

$$\omega = \frac{1}{\sqrt{C L_k}} = \nu_k, \tag{9}$$

was sich im Zahlenwert nicht sehr stark von Gleichung (4) unterscheidet. Durch die Wirkung der Streuung tritt die Selbsterregung *schon bei einer etwas kleineren Kapazitätsbelastung des Generators* auf.

Vergrößert man die Belastungskapazität des Generators von kleinen Werten an mehr und mehr, so neigt sich ihre charakteristische Linie in Fig. 295 immer weiter und schneidet schließlich auch den negativen Ast der Magnetcharakteristik in zwei Punkten, von denen zwar der äußere labile, der innere jedoch stabile Betriebszustände ergibt, was sich ähnlich wie im vorigen Kapitel 31 zeigen läßt. Der kapazitive Wechselstrom der Maschine, der vorher im Sinne des Erregerstromes floß, hat hierbei seine Phasenrichtung gewechselt und entmagnetisiert die Maschine jetzt stärker, als der Erregergleichstrom sie magnetisiert, so daß auch das Feld seine Richtung umkehrt. *Die Maschine hat*

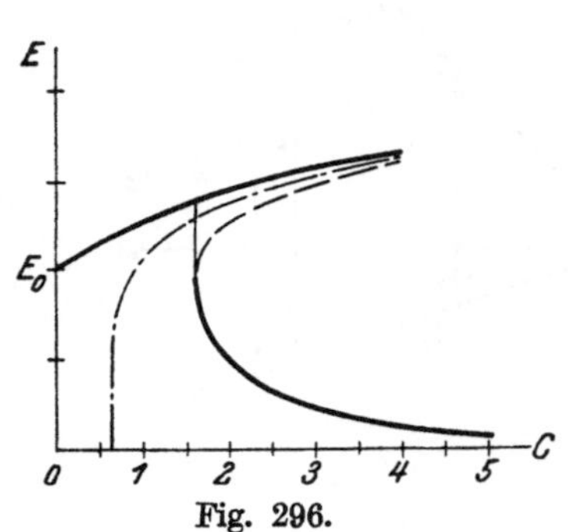

Fig. 296.

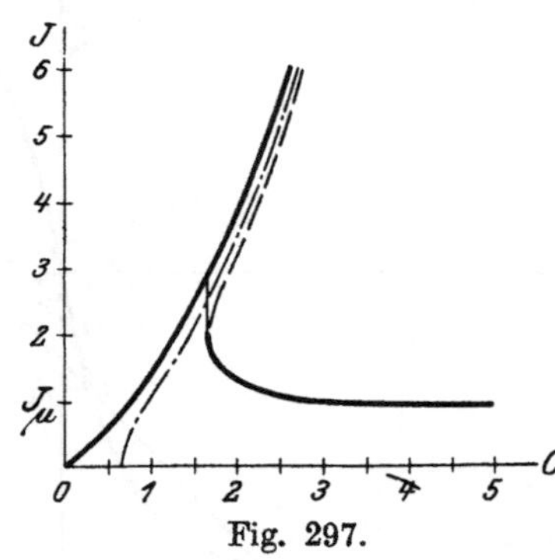

Fig. 297.

sich durch die überwiegende Kapazitätswirkung gegen die Richtung des ursprünglichen Feldes selbst erregt. Die Spannung ist dabei auf einen relativ geringen Betrag gesunken, der durch den Schnittpunkt auf dem negativen Ast angegeben wird.

In Fig. 296 und 297 sind elektromotorische Kraft und Strom des Generators ohne Rücksicht auf ihre Phase in Abhängigkeit von der Belastungskapazität aufgetragen. Beide steigen zunächst an und werden bei einer bestimmten Kapazität, die merklich größer als die für Selbsterregung erforderliche ist, doppelwertig. Mit welchem Zustande die Anlage dann arbeitet, hängt vom Zufall ab, oder besser gesagt, von der Spannungsphase, mit der der Stromkreis eingeschaltet wurde. Auch der labile Kurvenast ist gestrichelt eingetragen und zeigt, daß man den gesamten Linienzug wieder als verbogene Resonanzkurve auffassen kann. In Fig. 298 ist der Verlauf der Spannung an der Kapazität dargestellt, die ebenfalls durchweg positiv aufgetragen ist.

Während die ausgezogenen Kurven der Fig. 296 bis 298 für einen bestimmten Erregergleichstrom im Läufer gelten, ist strichpunktiert auch der Zustand eingetragen, der sich entsprechend Fig. 294 bei Selbsterregung ohne Gleichstrom ergibt. Bei derjenigen Kapazität, die in der sättigungsfreien Maschine Resonanz hervorrufen würde, beginnt die Möglichkeit der Selbsterregung. Diese klettert schnell auf erhebliche Spannungen herauf und verläuft bei großen Kapazitäten zwischen dem stabilen und labilen Ast der Fremderregung weiter. Der Selbsterregungszustand ist natürlich stets eindeutig und unabhängig davon, ob die Kapazitätslinie den positiven oder negativen Ast der Magnetcharakteristik schneidet, durch deren Nullpunkt sie läuft.

Steigert man die Kapazitätsbelastung in Fig. 295 noch weiter als bisher, so nimmt die Spannung auf dem negativen Ast ab. Die treibende Spannung auf dem hochgesättigten Ast der Charakteristik dagegen wächst schließlich nicht mehr erheblich an, sondern bleibt nahezu konstant. Dann liegen aber Verhältnisse vor, die ähnlich dem früher in Kapitel 5 behandelten Falle mit konstanter EMK sind, so daß man das Auftreten von Resonanzen erwarten darf. Tatsächlich läuft die Kapazitätslinie für große Belastung sehr flach und durchschneidet bei einem bestimmten Wert schließlich die Nullinie. Der Schnittpunkt mit der Charakteristik rückt dann ins unendliche, und sowohl E_C wie E_S werden daher unendlich groß.

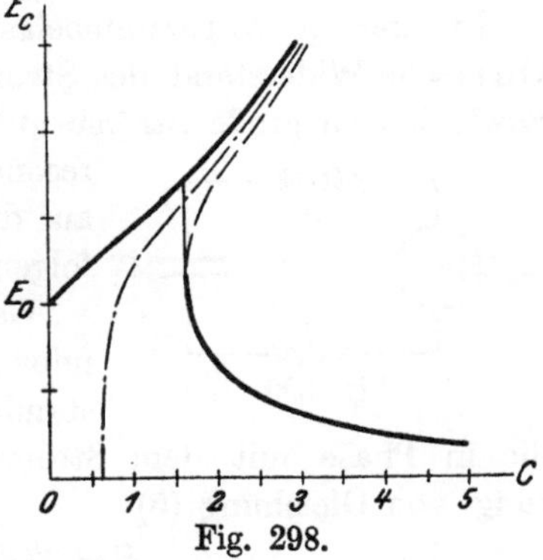

Fig. 298.

Man erhält aus Gleichung (5) allgemein

$$E = J_C\left(\frac{1}{\omega C} - \omega S\right), \quad (10)$$

was für diesen Zustand bei konstanter Spannung E einen extrem großen Ladestrom ergibt, wenn die Streuresonanzbedingung

$$\omega = \frac{1}{\sqrt{C\,S}} = \nu_s \quad (11)$$

erfüllt wird, wenn also die Eigenfrequenz zwischen Streuinduktion und Kapazität mit der Betriebsfrequenz übereinstimmt.

Für noch größere Ladeströme wird die Neigung der Kapazitätslinie negativ, weil jetzt die Wirkung der Streuspannung überwiegt. Sie schneidet nur noch mit ihrem rückwärtigen Ast die Magnetcharakteristik in einem einzigen Punkte auf der positiven Seite, so daß ein abermaliger Phasenwechsel der Spannungen eingetreten ist, der jetzt aber nicht sprunghaft, sondern unter allmählichem Nulldurchgang der treibenden Spannung erfolgt.

Schließt man die Leitungen kurz, was einem unendlichen Wert der Kapazität entspricht, so arbeitet man schließlich nach Fig. 295 auf dem Punkt, in dem die Streuungsgerade die magnetische Charakteristik rückwärts schneidet. Der sich hierbei in der Ständerwicklung einstellende Kurzschlußstrom entmagnetisiert den Generator so stark, daß er nur noch eine Spannung entwickelt, die gerade zur Überwindung der Streuspannung des Kurzschlußstromes ausreicht.

Man sieht aus diesen Entwicklungen, daß resonanzhafte Zustände des Generators nur bei solchen Kapazitäten auftreten, die zusammen mit der Streuinduktion des Stromkreises eine Eigenfrequenz gleich der Betriebsfrequenz ergeben. Das bedingt so große Kapazität, wie es in Niederfrequenzkreisen kaum vorkommt, da die Ladeströme dann auch ohne Resonanz schon eine erhebliche Überlastung des Generators hervorrufen würden. Für Hochfrequenzmaschinen jedoch, die sehr große Streuspannung haben, verwendet man diese Erscheinung mit gutem Erfolg, um die stark drosselnde Wirkung der Streuinduktion zu kompensieren.

c) Einfluß von Widerstand und Magnetisierungswechselstrom.

Für geringe Kapazitätsbelastung besitzt der bisher vernachlässigte Ohmsche Widerstand des Stromkreises kaum bemerkbare Wirkungen. Sowie jedoch große Ströme auftreten, vor allem im Falle der Streuresonanz, gewinnt er erheblichen Einfluß auf die Erscheinungen, den wir genauer verfolgen wollen.

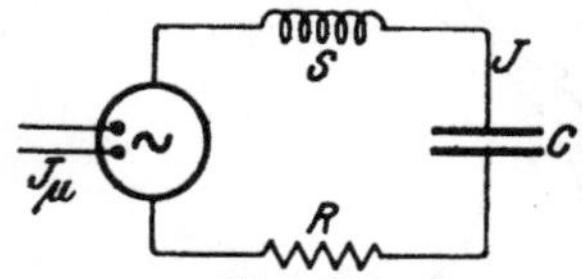

Fig. 299.

Gemäß Fig. 299 muß die treibende Spannung E des Generators jetzt auch der Widerstandsspannung E_R das Gleichgewicht halten, die in Phase mit dem Strome liegt. Sie ist daher in Erweiterung von Gleichung (5)

$$E = \sqrt{(E_C - E_S)^2 + E_R^2}. \tag{12}$$

Alle drei Spannungen, sowohl die der Kapazität, der Streuinduktion wie des Widerstandes, sind proportional dem Strom, so daß die Belastungscharakteristik

$$E = J\sqrt{\left(\frac{1}{\omega C} - \omega S\right)^2 + R^2}, \tag{13}$$

die den Zusammenhang von Spannung und Strom des Kreises angibt, auch jetzt geradlinig verläuft. Der Strom J wirkt aber nicht mehr voll magnetisierend auf den Generator, da er durch den Widerstand eine Phasenverschiebung erleidet, deren Größe nach Kapitel 5, Gleichung (10) ist

$$\operatorname{tg}\varphi = \frac{\frac{1}{\omega C} - \omega S}{R} = \frac{E_C - E_S}{E_R}. \tag{14}$$

Die der treibenden Spannung phasengleiche Stromkomponente übt keine Rückwirkung auf das Magnetfeld des Generators aus. Lediglich der phasensenkrechte Blindstrom, der sich mit Gleichung (14) und (12) ergibt zu

$$J_b = J\sin\varphi = J\frac{E_C - E_S}{E}, \tag{15}$$

wirkt magnetisierend auf den Generator zurück. Diesen Blindstrom müssen wir daher in Abhängigkeit von der Spannung zum Magnetisierungsgleichstrom J_μ des Generators hinzufügen, um die wirksame Belastungscharakteristik zu erhalten, die in Fig. 300 dargestellt ist. Die Neigung dieser Netzcharakteristik wird dann unter Benutzung von Gleichung (15) und (12) oder (13)

$$\operatorname{tg} \alpha = \frac{E}{J_b} = \frac{E^2}{J\,(E_C - E_S)} = \left(\frac{1}{\omega C} - \omega S\right) + \frac{R^2}{\left(\frac{1}{\omega C} - \omega S\right)}, \tag{16}$$

wenn man anstatt der Spannungen und Ströme die unveränderlichen Reaktanzen einführt.

Das letzte Glied dieser Beziehung spiegelt den Einfluß des Leitungswiderstandes wider, der stets dahin wirkt, den Neigungswinkel α der Netzcharakteristik zu vergrößern, so daß sie die Magnetisierungscharakteristik bei geringerer Spannung schneidet als bei Abwesenheit von Widerstand. Bei kleinen Widerständen ist sein Einfluß gering, da das erste Klammerglied der Gleichung (16) im allgemeinen weit überwiegt. Wenn sich jedoch die Kapazitätsspannung der Streuspannung nähert, so wird das erste Glied immer kleiner, das zweite immer größer, so daß die Netzcharakteristik schließlich nicht mehr flacher wird, sondern wieder steiler.

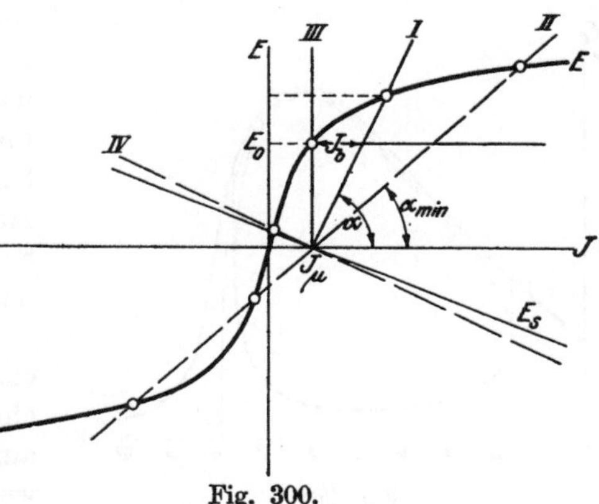

Fig. 300.

Für den Fall der Streuresonanz nach Gleichung (11) verschwindet das erste Glied vollständig, während das zweite Widerstandsglied unendlich wird und bewirkt, daß die Netzcharakteristik sich vollständig senkrecht stellt. Die Spannung E hat daher bei Resonanz wieder ihren Leerlaufswert und treibt einen Strom vom Betrage E_0/R durch die Leitung, der sich nach dem einfachen Ohmschen Gesetz berechnet, weil die Streuungs- und Kapazitätswirkungen sich aufheben.

Durch den Einfluß des Widerstandes wird also die Netzcharakteristik, die sich bei wachsender Kapazität von der senkrechten Leerlaufslage aus mehr und mehr neigen will, wieder gehoben. Die Neigung null, also der horizontale Verlauf mit seinen Ausartungen von Strom und Spannung, wird niemals erreicht. Die geringste Neigung tritt vielmehr bei Gleichheit der beiden rechten Glieder von Gleichung (16) auf, also bei

$$\frac{1}{\omega C} - \omega S = R.. \tag{17}$$

Dann ist die Eigenfrequenz

$$\frac{1}{\sqrt{CS}} = \nu_s = \omega \sqrt{1 + \frac{R}{\omega S}}, \tag{18}$$

sie liegt also etwas höher als die Betriebsfrequenz, und es wird

$$\operatorname{tg} \alpha_{\min} = 2R. \tag{19}$$

Bei diesem Werte, der lediglich vom Widerstand des Kreises abhängt, tritt die stärkste Steigerung der Maschinenerregung ein. Bei größerer Kapazität hebt sich die Netzcharakteristik in Fig. 300 wieder, durchschreitet bei Streuresonanz schnell die Senkrechte, um sich alsdann bei überwiegender Streuung mit entmagnetisierend wirkendem Strom nach der anderen Seite zu neigen und sich allmählich der reinen Streuungslinie zu nähern, und zwar von der entgegengesetzten Seite wie ohne Berücksichtigung des Widerstandes.

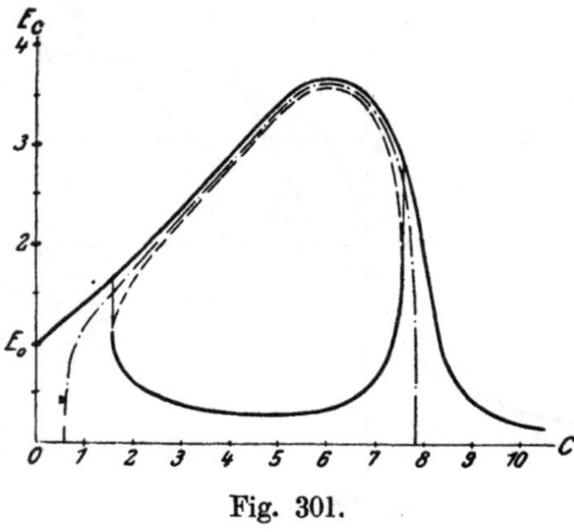

Fig. 301.

Der Schnittpunkt der Netzcharakteristik mit der Magnetcharakteristik wandert demnach auf dieser Kurve vom Leerlaufswerte aus erst auf sehr große Werte herauf und dann rückwärts wieder herunter bis auf einen geringen Endwert. Aus der so bestimmten treibenden Spannung E läßt sich der Strom nach Gleichung (13) und daraus die Spannung an der Kapazität jederzeit bestimmen. Für einen gewissen Bereich von Kapazitäten ergeben sich nach Fig. 300 auch jetzt wieder Schnittpunkte auf der negativen Seite der Charakteristik, so daß der Zustand mehrdeutig wird. Fig. 301 stellt den Verlauf der Kapazitätsspannung mit wachsender Größe der Kapazität dar, die Kurven verlaufen sämtlich im Endlichen. Die reguläre Spannung des positiven Charakteristikastes besitzt einen resonanzartigen Verlauf, jedoch mit äußerst breitem Rücken, die anormale Spannung des negativen Astes, die ohne Rücksicht auf das Vorzeichen eingetragen ist, zerfällt in einen stabilen und einen labilen Teil, welch letzterer gestrichelt gezeichnet ist und den ersteren zu einem geschlossenen Kurvenzuge ergänzt.

In Fig. 301 ist außerdem die Spannung der Selbsterregung eingetragen, die sich ergibt, wenn man keinen Erregergleichstrom aufwendet, sondern den Generator nur durch äußeren Kapazitätsstrom erregt. Es ist bemerkenswert, daß diese Selbsterregung nur in einem bestimmten Kapazitätsbereiche möglich ist, der mit dem Werte für die Kurzschlußresonanz der ungesättigten Maschine beginnt und unterhalb der Streuresonanz endigt. Bei genauer Abstimmung auf den letztgenannten Zustand erfolgt keine Selbsterregung mehr, weil die senkrechte Netzcharakteristik in Fig. 300 ohne Erregergleichstrom J_μ die Magnetcharakteristik nicht mehr schneidet. Stärkste Selbsterregung erhält man für die flachste Neigung der Netzcharakteristik nach Gleichung (19). Sie hat den doppelten Wert der Neigung, die selbsterregende Gleichstrommaschinen nach Kapitel 29, Fig. 249 besitzen. Der Unterschied ist dadurch bedingt, daß die selbsterregende Wechselstrommaschine außer dem Ohmschen Widerstand in diesem Grenzfall auch noch die gleich große Reaktanzspannung überwinden muß, die von Kapazität und Streuinduktion verursacht wird.

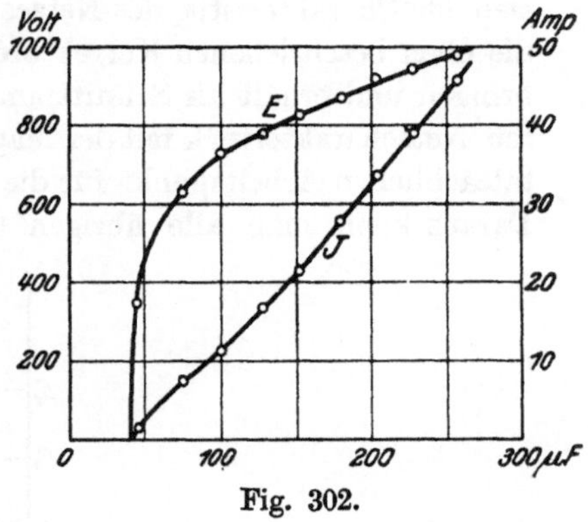

Fig. 302.

In Fig. 302 sind Meßwerte von Spannung und Strom einer derartigen selbsterregten Asynchronmaschine von 15 kVA Leistung bei 50 Per/sec und 625 Volt normaler Spannung in Abhängigkeit von der Belastungskapazität aufgetragen. Erst oberhalb der Kapazitätslast von 40 μF beginnt die Möglichkeit der Erregung.

Ähnlich wie der in Reihe zur Kapazität liegende Leitungswiderstand wirkt auch jeder Parallelwiderstand, der eine Belastung des Netzes und des Generators verursacht. Er bewirkt eine kräftige Hebung der Netzcharakteristik und damit eine Verringerung der Überspannungen gegenüber Leerlauf. Schaltet man daher von einer Leitung mit großer Kapazität die Belastung plötzlich ab, so muß man stets mit einer Senkung der Netzcharakteristik und daher mit einem starken Emporschnellen der Spannung am Generator rechnen.

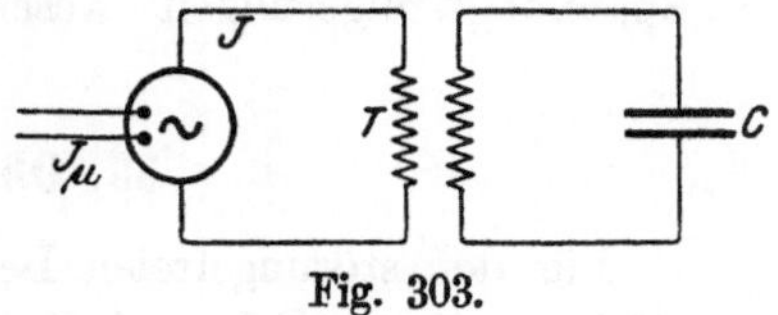

Fig. 303.

Erheblichen Einfluß übt der nacheilende Magnetisierungsstrom von Transformatoren aus, die meistens nach dem Schema der Fig. 303 zwischen Generator und kapazitiver Hochspannungsleitung liegen. Weil dieser Strom durch die Sättigung des Transformatoreisens schneller als proportional mit der Spannung steigt, so kann er bei hohen Spannungen den voreilenden Kapazitätsstrom schließlich übersteigen. Wie in Fig. 304 dargestellt ist, zieht man den Transformator-Magnetisierungsstrom J_T für jede Spannung E von dem Kapazitätsstrom J_C ab, um die resultierende Charakteristik des Netzes zu erhalten. Man kann an ihr noch die oben beschriebenen Korrekturen für Streuung und Widerstand anbringen und erhält als Schnittpunkt der nunmehr ebenfalls gekrümmten Netzcharakteristik mit der Magnetcharakteristik der Maschine den tatsächlichen Arbeitspunkt für die treibende Spannung des Generators. Daraus kann man alle übrigen Spannungen und Ströme nach den

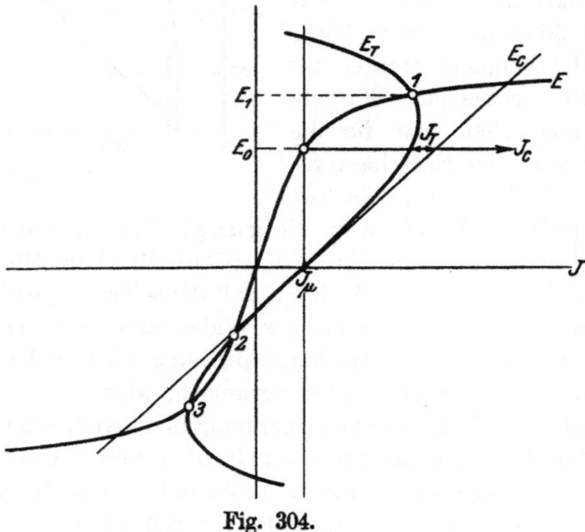

Fig. 304.

üblichen Regeln berechnen. Man sieht, daß die Transformatorsättigung die Netzcharakteristik außerordentlich stark abbiegt und daher die Spannungssteigerungen wesentlich ermäßigt.

33. Oberschwingungen.

Für den störungsfreien Betrieb elektrischer Anlagen ist es zweckmäßig, mit möglichst einfachem zeitlichen Verlauf von Strom und Spannung zu arbeiten. In Gleichstromanlagen wünscht man Strom und Spannung von genau konstanter Stärke zu besitzen, weil bei Zufuhr schwankenden Stromes alle Motoren doch nur den Mittelwert ausnützen würden und überdies Geschwindigkeitsänderungen erleiden würden. In Wechselstromanlagen sollte der Verlauf der Spannung und des Stromes rein sinusförmig erfolgen, weil die wichtigsten Stromverbraucher, die asynchronen Drehstrommotoren, durch Vermittlung ihres Drehfeldes nur sinusförmige Spannungen und Ströme verarbeiten können. Jede

Abweichung von der reinen Sinusform erzeugt parasitäre Felder in diesen Motoren, die nicht nur unnützen Energieverbrauch verursachen, sondern auch das nutzbare Drehmoment des Motors erheblich schwächen können.

Schließlich können alle Abweichungen vom glatten Verlauf des Gleichstromes oder Wechselstromes, die dann Spannungen und Ströme von höherer Frequenz bilden, zu zahlreichen Störungen innerhalb und außerhalb der Leitungsnetze führen. Sie können im Innern erhebliche Überspannungen und Überströme erzeugen, mit ihren gefährlichen Wirkungen auf Durchschlag und Durchbrennen, sie können zum Brummen und Pendeln von Maschinen, zum Feuern der Kollektoren Anlaß geben und können in benachbarten Leitungen, besonders für Schwachstrom, starke Beeinflussungen hervorrufen.

Die Störungen des konstanten Verlaufs von Gleichstrom und -spannung und des sinusförmigen Verlaufs von Wechselstrom und -spannung bezeichnen wir als Oberschwingungen. In Fig. 305 und 306 sind

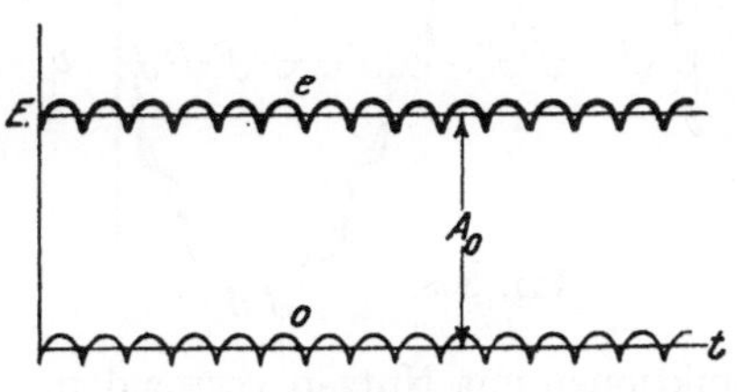

Fig. 305.

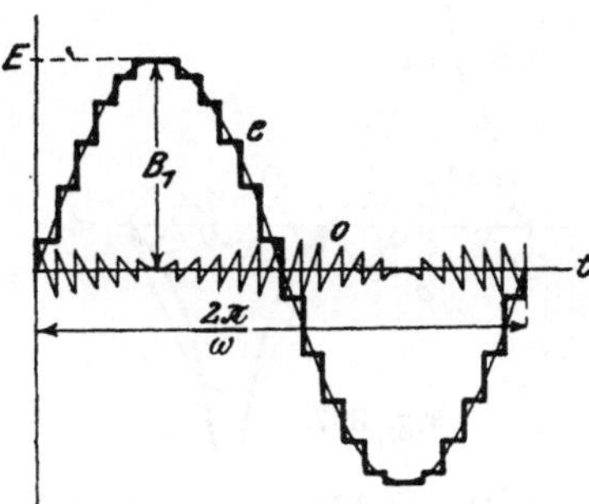

Fig. 306.

Grundwerte und typische Oberschwingungen *o* für beide Fälle dargestellt. Sie verdanken ihre Entstehung der Eigenart des Aufbaues und der Wirkungsweise unserer Dynamomaschinen, Transformatoren und Leitungen.

Rein periodische Kurvenformen, also solche, die sich nach einer bestimmten Zeit formgetreu wiederholen, kann man nach einem Lehrsatz von Fourier auffassen als eine Summe von Sinus- und Cosinuswellen, deren Frequenzen im Verhältnis der ganzen Zahlen zueinander stehen. Man kann also die Funktion $f(\omega t)$ mit der periodischen Grundfrequenz ω zerlegen in

$$\left.\begin{aligned} f(\omega t) = A_0 + A_1 \cos \omega t + A_2 \cos 2\,\omega t + A_3 \cos 3\,\omega t + A_4 \cos 4\,\omega t \ldots \\ + B_1 \sin \omega t + B_2 \sin 2\,\omega t + B_3 \sin 3\,\omega t + B_4 \cos 4\,\omega t \ldots \end{aligned}\right\} \quad (1)$$

A_0 tritt natürlich nur auf, wenn ein Gleichstromglied in der Kurve enthalten ist. A_n und B_n sind die Amplituden der Teilwellen, ω ist die Frequenz der Grundschwingung, $2\,\omega$, $3\,\omega$ usw. sind die Frequenzen der Oberschwingungen. Bei einigermaßen glatt verlaufenden Kurven nehmen die Amplituden der Oberwellen mit wachsender Ordnungszahl schnell ab, so daß nur die niederen Oberwellen wichtig sind. Bei zackigen Kurven treten auch höhere Oberwellen in bemerkbarem Maße auf. Fig. 307 zeigt eine Kurve, die nur eine dritte Oberwelle von 25% und eine fünfte von 12% besitzt. Fig. 308 stellt eine Kurve mit nur einer dreizehnten Oberwelle von 10% dar Besitzen die positiven und negativen Halbwellen der Kurven gleiche Form, so fallen alle geradzahligen Oberwellen fort. Verläuft die Kurve symmetrisch zur Nullordinate, wie in Fig. 307, so treten nur Cosinusglieder auf, verläuft sie spiegelungssymmetrisch zur Nullordinate, wie in Fig. 308, so treten nur Sinusglieder auf.

Die Zerlegung einer gegebenen Kurve in harmonische Teilwellen nach Gleichung (1) ist völlig willkürlich. Man könnte in Einzelfällen

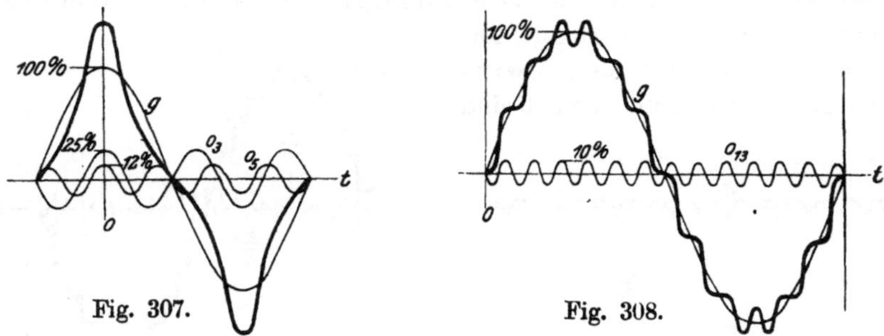

Fig. 307. Fig. 308.

auch Entwicklungen nach anderen Funktionen mit Nutzen verwenden. Die harmonische Zerlegung bietet jedoch besondere Vorteile bei der Betrachtung von Schwingungserscheinungen, weil sich deren lineare Differentialgleichungen für harmonische Funktionen besonders bequem lösen lassen. Und da diese Schwingungsgleichungen viele Probleme der Elektrotechnik beherrschen, so besitzt die harmonische Zerlegung eine sehr weitgehende Verwendbarkeit. Man muß jedoch im Auge behalten, daß es vielerlei Erscheinungen gibt, bei denen eine Zerlegung in harmonische Teilwellen keine tiefere physikalische Erkenntnis vermittelt, bei denen man vielmehr das Gesamtbild des Kurvenverlaufes oder einzelne Abschnitte desselben der Betrachtung unterwerfen muß.

a) Kurvenform von Dynamomaschinen.

In Gleichstrommaschinen und Wechselstromkollektormaschinen werden durch den Kollektor Oberschwingungen erzeugt, die von dem Hinwegstreichen der einzelnen Kollektorlamellen unter den Bürsten, sowie von dem Auftreten von Kommutierungskurzschlußströmen unter ihnen herrühren. Durch die nur endliche Zahl von

Kollektorlamellen werden bei der Drehung des Ankers dauernd kleine Unsymmetrien des Stromkreises hervorgerufen, die sich in schnellen Schwankungen der Spannung und des Stromes bemerkbar machen. Die Frequenz dieser Schwankungen ist gegeben durch die Lamellenzahl des Kollektors und seine Drehzahl.

Da man ferner die wirksamen Leiter in sämtlichen Gleichstrom- und Wechselstrommaschinen am Umfange der Maschine in Nuten einbettet,

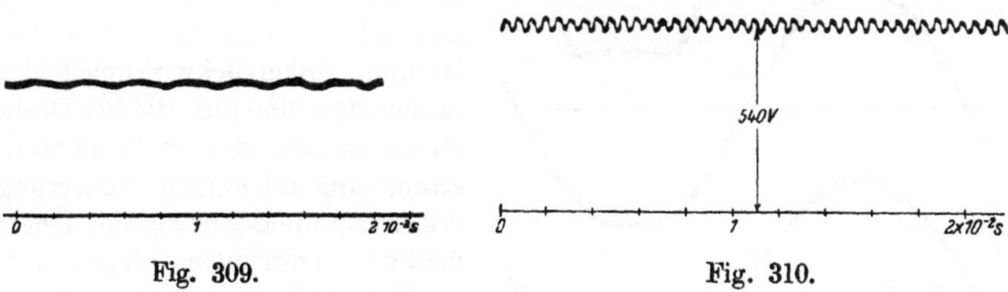

Fig. 309. Fig. 310.

die durch Zähne getrennt sind und daher eine ungleichmäßige Oberfläche ergeben, so entstehen außer der gewollten Spannung noch Zahn- oder Nutenschwankungen, die von der nur endlichen Zahl der Nuten herrühren, und deren Frequenz durch die Nutenzahl und die Drehzahl der Maschine bestimmt wird. Durch eine große Zahl von feinen Nuten oder durch angemessene Schrägung der Nuten lassen sich diese Störungen erheblich vermindern.

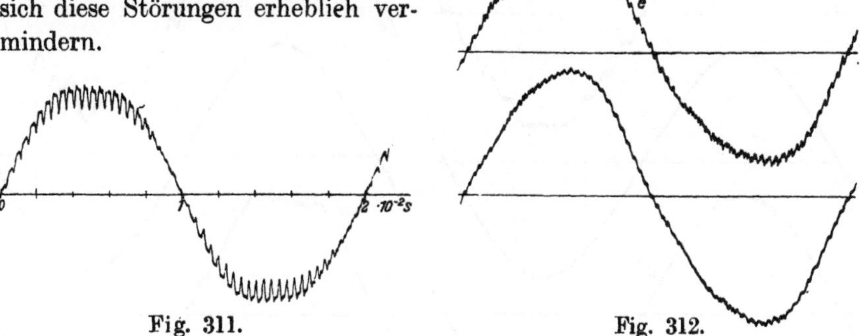

Fig. 311. Fig. 312.

Fig. 309 zeigt ein Oszillogramm der Leerlaufspannung eines Gleichstromgenerators, in dem die groben Nutenschwingungen deutlich hervortreten. Fig. 310 gibt die Spannungskurve eines Umformers bei Betrieb mit normaler Last wieder. Fig. 311 zeigt die in einem asynchronen Drehstrommotor induzierte Spannung, und Fig. 312 stellt den Verlauf von Strom und Spannung eines Einphasenbahnmotors im Betriebe dar. Überall erkennt man außer den Grundwerten noch schnelle Oberschwingungen, die den glatten Verlauf erheblich stören.

Synchronmaschinen zur Erzeugung von Wechselströmen erfordern für gute Spannungskurven einen **sinusförmigen Verlauf der magnetischen Feldstärke am wirksamen Umfange des Ankers.** Selbst wenn es gelingt, durch geeignete Formgebung der Feldpole den Verlauf des Feldes am Ankerumfang bei Leerlauf sinusförmig zu machen, so treten doch bei Belastung Ankerrückwirkungsfelder in der Maschine auf, die bei Drehstrom und besonders bei Einphasenstrom eine erhebliche Verzerrung des Leerlauffeldes bewirken. Übermäßige Verzerrungen pflegen auch bei Kurzschlüssen aufzutreten, vor allem, wenn sie einphasig erfolgen und die Klemmenspannung nicht vollständig auf null bringen. Es gelingt nur durch **geeignet ausgebildete Wicklungen,** die sich von der Feldverzerrung nicht beeinflussen lassen, die Spannungskurven sowohl bei Leerlauf als auch bei Belastung und Überlast wirklich sinusförmig zu machen. Bei schlechter Feldform und bei ungünstiger Wicklungsanordnung von Synchrongeneratoren können Oberschwingungen von sehr erheblichem

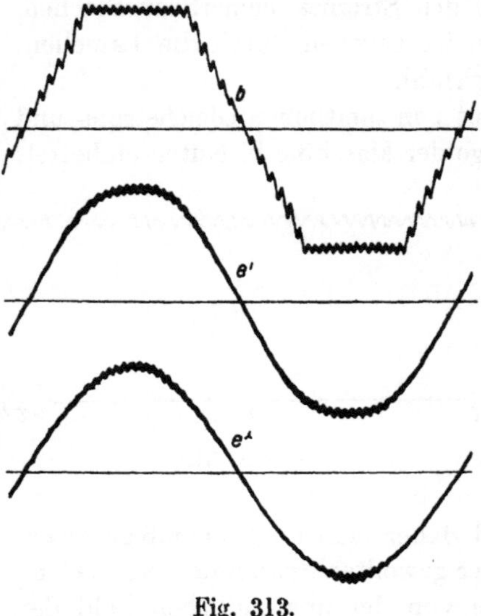

Fig. 313.

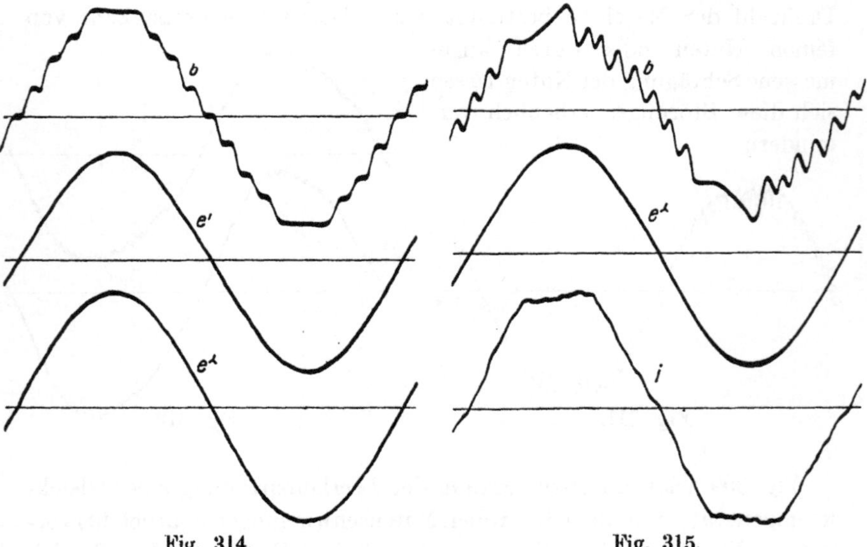

Fig. 314. Fig. 315.

Betrage erzeugt werden. Sie besitzen bei harmonischer Zerlegung Frequenzen, die bei symmetrischen Magnetpolen nur ungerade Vielfache

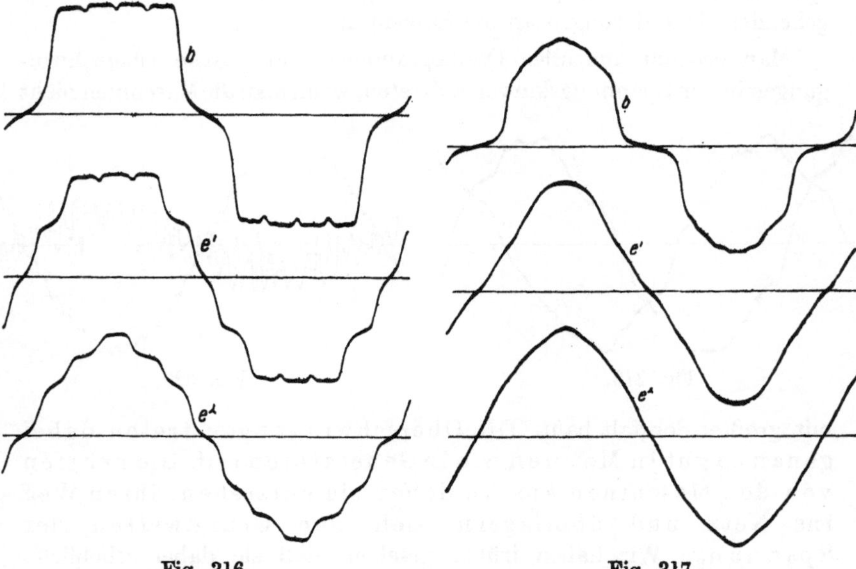

Fig. 316. Fig. 317.

der Grundfrequenz sind, die also das 3-, 5-, 7-, 9fache usw. derselben betragen.

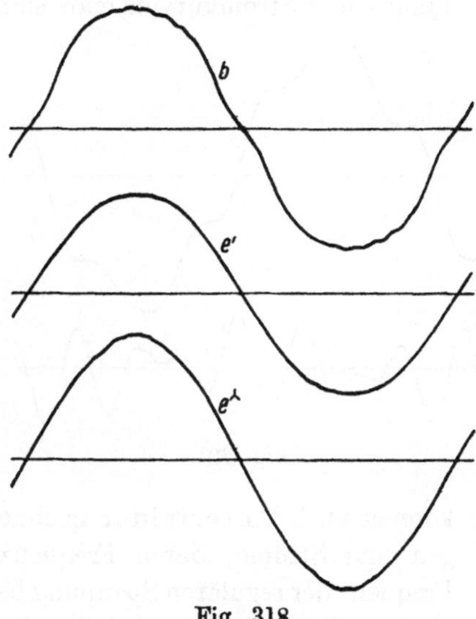

Fig. 318.

In Fig. 313 bis 318 sind Oszillogramme wiedergegeben, die für verschiedenartige Drehstromgeneratoren sowohl den Verlauf der Feldkurve b darstellen, als auch die Phasenspannung e' und die Netzspannung e^{λ}, die in den Wicklungen induziert wird. Fig. 313 stellt diese Kurven für einen Turbogenerator mit fein genutetem Läufer dar, der eine Reihe schneller Oberschwingungen der Spannung hervorruft. Fig. 314 gibt die Kurven bei Leerlauf eines grobnutigen Turbogenerators wieder, der eine so günstige Wicklung besitzt, daß seine Netzspannung nach Fig. 315 auch bei Belastung mit stark verzerrtem Strome i und schiefer Feldkurve völlig sinusförmig bleibt. In Fig. 316 ist eine ungünstige, in Fig. 317 eine bessere und in Fig. 318 eine gut sinusförmige Feldkurve von Drehstrom-Schenkelpolgeneratoren wiedergegeben. Die zugehörigen Phasenspannungen und Netzspannungen genügen nur im letzten Falle weitgehenden Anforderungen an die Sinusform.

Man erkennt aus allen Oszillogrammen, daß starke Oberschwingungen in den Spannungskurven auftreten, wenn man die Maschinen nicht

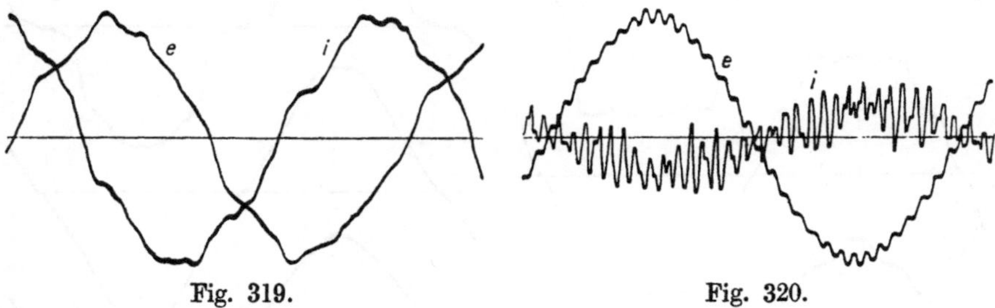

Fig. 319. Fig. 320.

mit größter Sorgfalt baut. Die Oberschwingungen treten dabei genau so gut in Motoren wie in Generatoren auf. Sie nehmen von den Maschinen aus, in denen sie entstehen, ihren Weg ins Netz und überlagern sich den Grundwerten der Spannung. Wir haben früher gesehen, daß sie dabei erhebliche Störungen verursachen können. Fig. 319 zeigt, was für verzerrte Spannungs- und Stromkurven man manchmal in Verbrauchsanlagen findet. In Fig. 320 und 321 sind die Kurvenformen zweier Drehstrom-Überlandnetze wiedergegeben, die so starke Oberschwingungen der Spannung aufweisen, daß in der Kapazität der Hochspannungsleitungen gewaltige Oberströme entwickelt werden, die den Grundstrom zum Teil in den Schatten stellen und nutzlose Stromwärmeverluste hervorrufen.

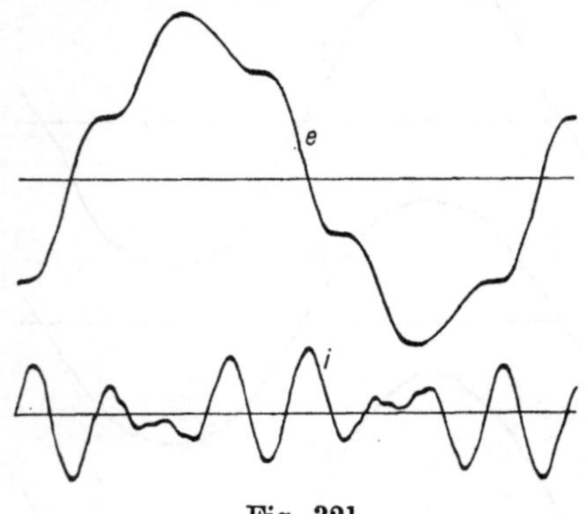

Fig. 321.

Durch Unsymmetrie der Wicklungen von Dynamomaschinen können auch Unterfelder in ihnen auftreten. Sie erzeugen Spannungen und Ströme, deren Frequenz einen ganzzahligen Bruchteil der Frequenz der regulären Spannung beträgt, und können zu starken mechanischen Rüttelkräften Anlaß geben. Bei wichtigen Maschinen pflegt man deshalb symmetrische Wicklungen anzuwenden.

Parallel arbeitende Wechselstrommaschinen sind durch die in ihnen wirkenden elektromagnetischen Kräfte elastisch miteinander gekuppelt. Sie können durch ungleichförmigen Antrieb ihrer Kraftmaschinen in taktmäßiges Pendeln geraten und erzeugen dadurch Spannungs- und Stromschwankungen von einer Frequenz, die im allgemeinen wesentlich kleiner als die Wechselstromfrequenz selbst ist und daher lediglich eine periodische Schwankung der Spannungs- und Stromamplituden bewirkt, ohne den Kurvenverlauf innerhalb jeder Periode wesentlich zu beeinflussen.

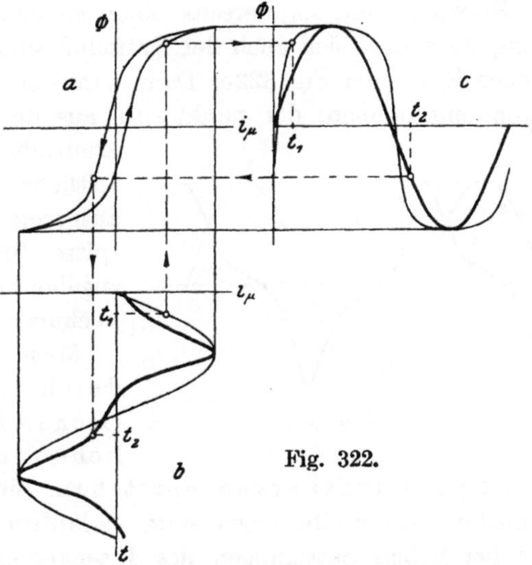

Fig. 322.

b) Verzerrung in Transformatoren und Leitungen.

Während die bisher genannten störenden Schwingungen ihre Entstehung sämtlich den Unregelmäßigkeiten in umlaufenden Dynamomaschinen verdanken, können auch ruhende Transformatoren und Drosselspulen zu Oberschwingungen Anlaß geben, wenn ihr Eisenkern in erheblichem Maße magnetisch gesättigt ist. In Fig. 322a ist der Zusammenhang des magnetischen Flusses Φ im Eisen mit dem magnetisierenden Strome i_μ dargestellt. Erzwingt man einen zeitlich sinusförmigen Verlauf dieses Stromes nach der in Fig. 322b dünn gezeichneten Kurve, so ändert sich der Kraftfluß zeitlich nach einer abgeflachten Kurvenform, die durch Eingehen mit den verschiedenen Werten des Stromes in die Charakteristik für aufeinanderfolgende Zeiten punktweise ermittelt werden kann und in Fig. 322c dünn ausgezogen ist. Die in der Transformatorwicklung hierdurch induzierte Spannung ist gegeben durch die zeitliche Änderung $d\Phi/dt$ des Flusses, die aus der letzten Kurve durch Differentiation erhalten wird. Sie hat einen spitzen Verlauf, der zusammen mit dem Stromverlauf in Fig. 323 aufgezeichnet ist.

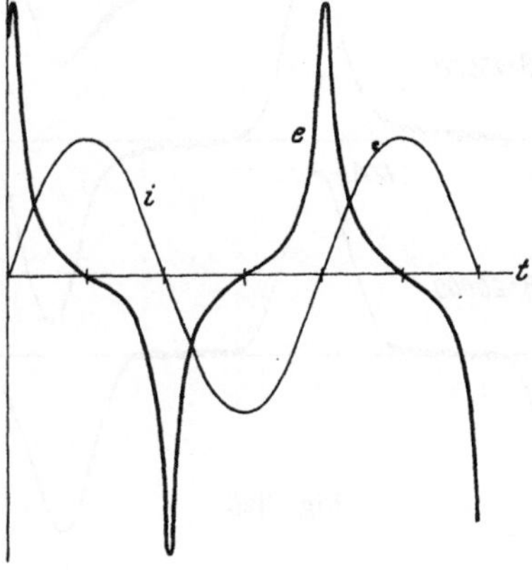

Fig. 323.

Erzwingt man andererseits einen sinusförmigen Verlauf der Spannung, so ändert sich auch der Kraftfluß sinusförmig, entsprechend der dicken Kurve der Fig. 322c. Dann wird dem Netz ein Magnetisierungsstrom entnommen, der punktweise aus der Charakteristik Fig. 322a ermittelt werden kann, und dessen zeitlicher Verlauf in Fig. 322b stark ausgezogen ist. Es ergibt sich eine spitze Stromkurve, die mit der zugehörigen Spannung in Fig. 324 nochmals zusammen dargestellt ist.

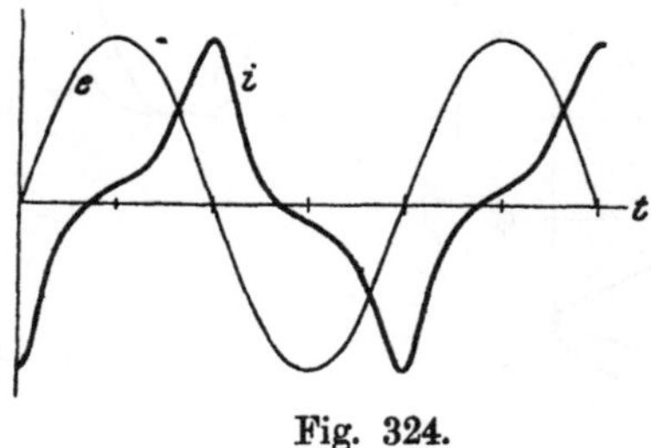

Fig. 324.

Man sieht hieraus, daß **durch die Wirkung der magnetischen Eisensättigung erhebliche Verzerrungen der Strom- und Spannungskurven entstehen.** Sinusförmige Spannung am Transformator ergibt einen spitz verlaufenden Magnetisierungsstrom, der bei hohen Sättigungen des Eisenkernes und stark gekrümmter Charakteristik erhebliche Oberschwingungen enthält, deren Frequenz bei harmonischer Zerlegung die 3-, 5-, 7fache usw. der Grundschwingung ist. Sinusförmiger Verlauf des Magnetisierungsstromes ergibt dagegen eine spitze Spannungskurve, die nunmehr ihrerseits harmonische Oberschwingungen von 3-, 5-, 7facher usw. Frequenz der Grundspannung besitzt. Diese Oberschwingungen können die gleichen schädlichen Wirkungen im Leitungsnetz hervorrufen wie die Oberwellen von Dynamomaschinen.

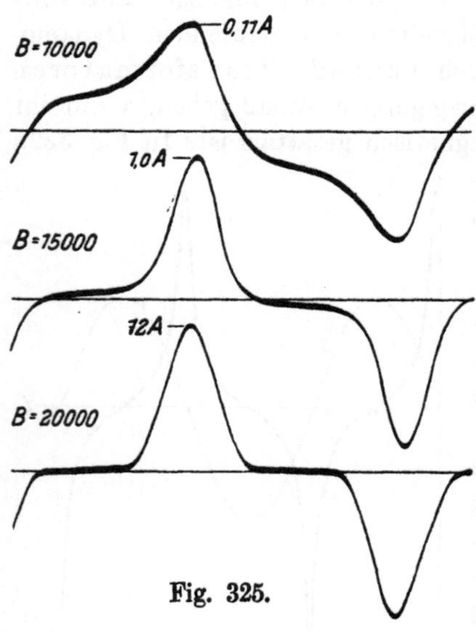

Fig. 325.

Die Hysteresis des Eisens, die in Fig. 322 den auf- und absteigenden Ast der Magnetisierungskurve auseinanderzieht, wirkt auf eine kleine Unsymmetrie der spitzen Strom- und Spannungskurven hin, ohne sonstige störende Folgen zu haben.

In Fig. 325 ist der oszillographisch aufgenommene Verlauf des Magnetisierungsstromes eines leerlaufenden Transformators mit vollständig geschlossenem Eisenkern wiedergegeben, der von einer nahezu sinusförmigen Spannung gespeist wird. Der Strom ist bei drei verschiedenen höchsten Kraftliniendichten aufgenommen. Dichten von 10000 bis 15000 Gauß werden in üblichen Transformatoren verwendet, bei 20000 Gauß wird das Knie der Magnetisierungskurve schon erheblich überschritten, was starke Stromspitzen verursacht.

Die Oberwellen des Magnetisierungsstromes, die nach Fig. 324 bei gegebener Spannungskurve auftreten, schließen sich über die Netzleitungen und vor allem über die Stromquelle, die sie dabei ungünstig belasten, so daß eine gewisse Rückwirkung auf deren Spannungskurve

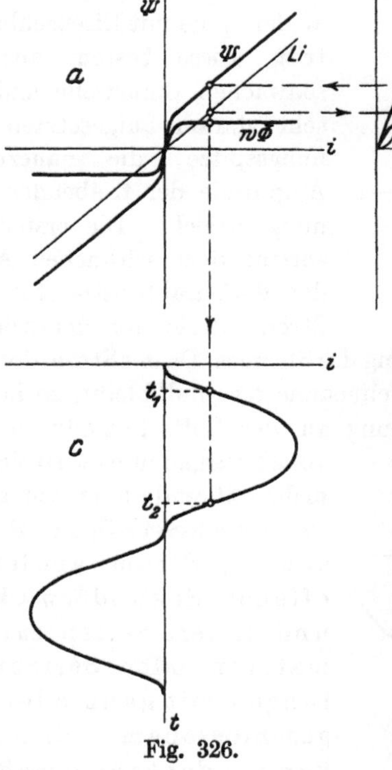

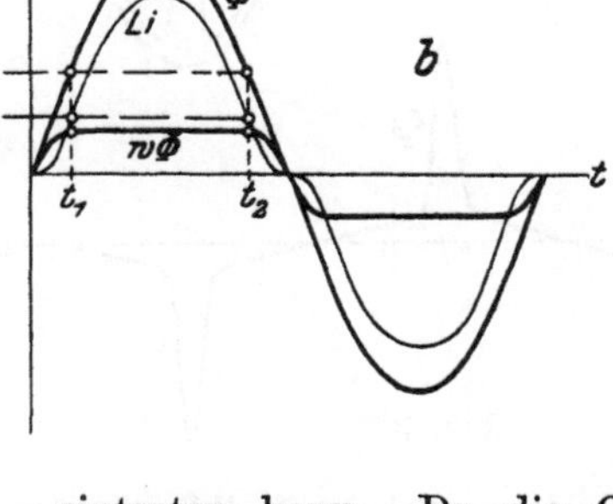

Fig. 326.

eintreten kann. Da die Oberwellen nur von den Eisenmagnetisierungsströmen herrühren und daher im allgemeinen gering sind im Vergleich zum Gesamtstrom der Anlage, so hält sich die durch sie bewirkte Verzerrung von Strom und Spannung meist in mäßigen Grenzen.

Stärkere Wirkungen können auftreten, wenn der Verlauf des Stromes gegeben ist, und nach Fig. 323 erhebliche Spannungsoberwellen erzeugt werden. Jedoch ist rein sinusförmiger Strom nicht leicht zu verwirklichen, er wird unter der Wirkung der Spannungsspitzen im allgemeinen etwas verzerrt.

Häufig ist der eisengeschlossene Kreis mit einer konstanten Selbstinduktion in Serie geschaltet, deren Spannung genau proportional der Stromänderung ist. In Fig. 326a ist die magnetische Charakteristik Ψ eines solchen Stromkreises dargestellt, die sich aus einer Geraden Li und der Eisenkurve $w\,\Phi$ additiv zusammensetzt, welch letztere bei hoher Sättigung schon für sehr geringe Ströme nahezu ihren Endwert erreicht. Bei sinusförmig aufgedrückter Spannung verläuft auch der Gesamtfluß Ψ entsprechend Fig. 326b sinusartig, so daß man einen abgesetzten Stromverlauf nach Fig. 326c erhält. Man kann ferner in Fig. 326b die beiden Teilflüsse durch punktweises Übertragen aus der Charakteristik eintragen und erhält durch Differentiation in Fig. 327a außer der Gesamtspannung e auch die Spannung an der Selbstinduktion e_L, während Fig. 327b die Restspannung e_Φ darstellt, die an der Spule mit Eisenschluß auftritt. Diese besteht aus einer schwachen Sinuswelle und einer sehr starken aufgesetzten Spannungsspitze, die nahezu die Amplitude der treibenden Spannung erreicht. Die erstere entspricht dem schwachen Anstieg der Φ-Charakteristik für große Ströme, die letztere dem schnellen Wechsel von Φ beim Nulldurchgang des Stromes. Da der Strom dort nach Fig. 326c während einer kurzen Zeitspanne fast null bleibt, so herrscht alsdann keine erhebliche Spannung an der Luftselbstinduktion, die volle Netzspannung wirft sich vielmehr während dieser Zeit auf die eisengeschlossene Spule. **Relaisspulen, Stromwandler bei offener Sekundärwicklung und andere Serientransformatoren oder Serienwicklungen mit ganz oder fast geschlossenem Eisenkern können daher enorme Spannungsspitzen in ihren Wicklungen erhalten, wenn sie von starken Kurzschlußströmen durchflossen werden, die ihr Eisen übersättigen** und sonst nur durch die proportionale Selbstinduktion des Stromkreises eingedämmt werden.

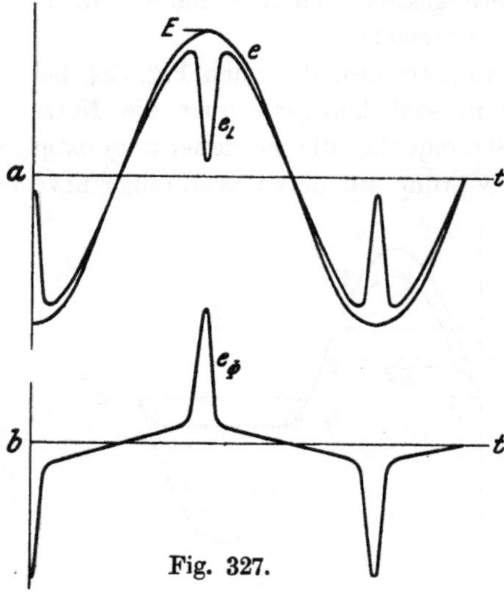

Fig. 327.

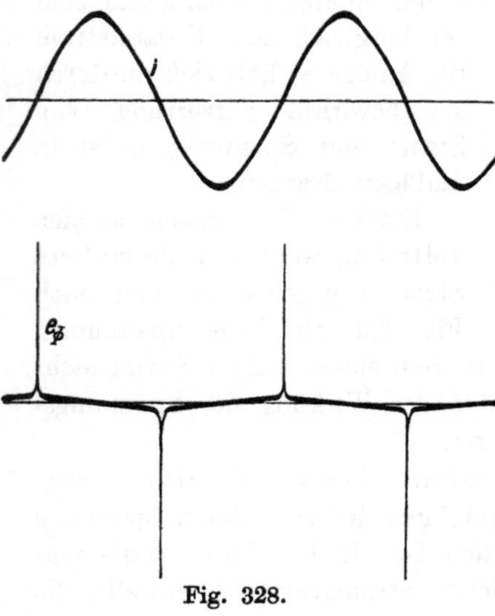

Fig. 328.

Fig. 328 zeigt den oszillographierten Spannungsverlauf an einer derartigen Serienspule, der oft zum Durchschlag der Isolierung führt. Nur durch Öffnen des Eisenschlusses und Einfügen eines Luftspaltes in den Magnetkreis oder durch Schließen einer Sekundärwicklung läßt sich diese Erscheinung vermeiden.

Wird ein Transformator durch eine Niederspannungsleitung mit überwiegender Selbstinduktion gespeist, die auch in der Streuung von Generator und Transformator bestehen kann, wie es Fig. 329 darstellt, so erhält die Spannung am eisengesättigten Transformator hiernach selbst bei guter Generatorspannung eine spitze Kurvenform, wenn auch nicht ganz so schroff wie in Fig. 327. Trifft die Eigenfrequenz des Hochspannungskreises gerade mit einer der hierdurch erzeugten Oberwellen zusammen, so tritt eine starke hochfrequente Spannungssteigerung auf, die der Anlage gefährlich werden kann.

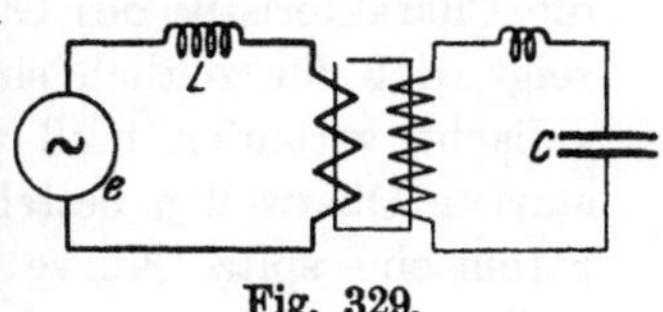

Fig. 329.

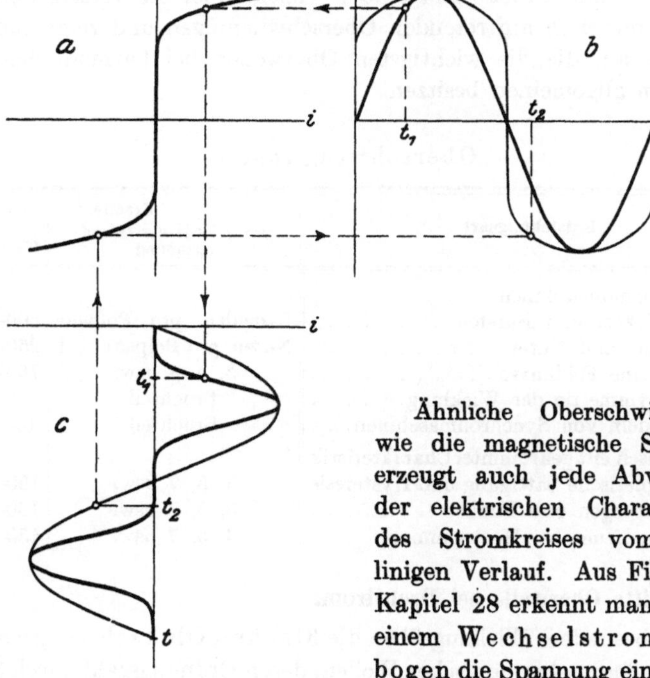

Fig. 330.

Ähnliche Oberschwingungen wie die magnetische Sättigung erzeugt auch jede Abweichung der elektrischen Charakteristik des Stromkreises vom geradlinigen Verlauf. Aus Fig. 234 in Kapitel 28 erkennt man, daß in einem W e c h s e l s t r o m l i c h t - b o g e n die Spannung eine flache, der Strom eine spitze Kurvenform hat, daß also beide erhebliche Oberwellen besitzen. Hierdurch werden unter Umständen Eigenschwingungen von höherer Frequenz angeregt, die beispielsweise beim Lichtbogenschalten von kapazitiven Kreisen zu bedeutenden Überspannungen führen können.

Auch das Glimmfeuer, das bei Leitungen sehr hoher Spannung von einer bestimmten Grenzspannung ab auftritt und darüber ein rapides Anwachsen des Stromes bewirkt, verursacht Oberschwingungen im Strom oder in der Spannung der Hochspannungsleitung. Fig. 330 stellt die Charakteristik des Glimmstromes einer solchen Leitung dar und zeigt, daß für zeitlich sinusförmigen Glimmstrom die Spannung abgeflacht verlaufen muß und daher außer der Grundwelle auch aus starken Oberwellen besteht, während bei sinusförmiger Spannung der Strom eine spitze Kurve besitzt und jetzt seinerseits erhebliche Oberwellen enthält.

Allgemein erkennt man, daß jede Abweichung der elektrischen oder magnetischen Charakteristik des Stromkreises vom linearen, proportionalen Verlauf Oberschwingungen im Kreise erzeugt, die zu erheblichen Störungen Anlaß geben können.

Die folgende Tabelle gibt eine Übersicht über die verschiedenen in Starkstromkreisen auftretenden Oberschwingungen und zeigt auch die Frequenz an, die die wichtigsten Oberwellen bei harmonischer Zerlegung im allgemeinen besitzen.

Oberschwingungen.

Entstehungsart	Frequenz pro Periode der Grundspannung	Frequenz pro Sekunde
I. In Dynamomaschinen		
1. Kollektor und Bürsten	Lamellen pro Polpaar	500—3000
2. Zähne und Nuten	Nuten pro Polpaar ± 1	250—3000
3. Unreine Feldkurve	3, 5, 7 usw.	150—1000
4. Unsymmetrie der Wicklung	Bruchteil	5—25
5. Pendeln von Synchronmaschinen	Bruchteil	0,5—3
II. In Kreisen mit gekrümmter Charakteristik		
6. Magnetische Sättigung und Hysteresis	3, 5, 7 usw.	150—1000
7. Lichtbogen und Funken	3, 5, 7 usw.	150—5000
8. Glimmfeuer bei Hochspannung	3, 5, 7 usw.	150—1000

c) Dritte Oberwelle bei Drehstrom.

Eine besondere Wirkung üben die 3fachen Oberschwingungen und alle höheren harmonischen Wellen, deren Ordnungszahl durch 3 teilbar ist, in Drehstromnetzen aus. Die drei sinusförmigen Grundwellen des regulären Dreiphasensystems sind zeitlich um je eine drittel Periode gegeneinander versetzt, wie es Fig. 331 darstellt. Um genau denselben Zeitabstand eilen auch die Oberschwingungen der 3 Phasenleitungen einander nach, die in Fig. 331 getrennt voneinander gezeichnet sind. Da nun die Zeit einer drittel Periode der Grundschwingung gleich der vollen Periodendauer der dritten Oberschwingung ist, so sieht man, daß die dritten Oberwellen von Strom oder Spannung in allen drei Phasenwicklungen von Drehstromkreisen sämtlich gleichphasig sind. Ihre Wechselspannungen oder -ströme sind also bei Sternschaltung nach Fig. 332 in allen drei Leitungen gleichphasig, entweder vom Sternpunkt fort oder auf ihn zu gerichtet. Die 3fachen Oberspannungen setzen daher das gesamte Drehstromnetz gegenüber dem

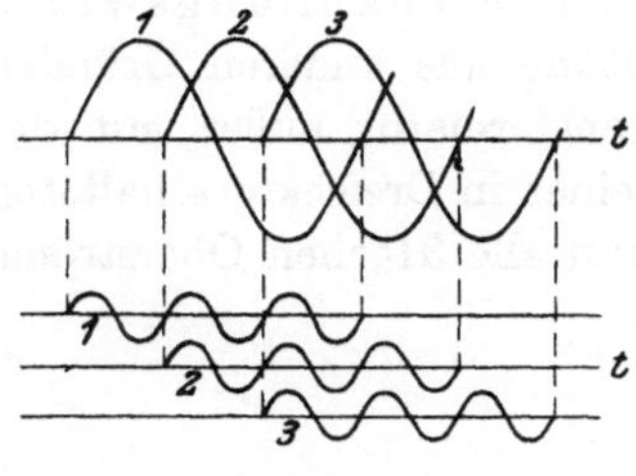

Fig. 331.

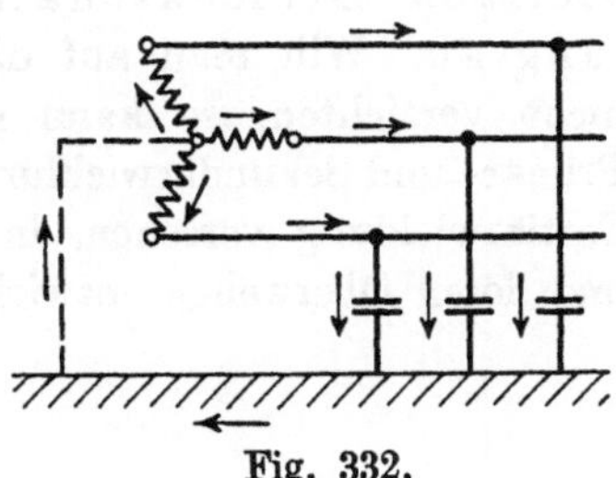

Fig. 332.

Neutralpunkt der Wicklungen unter Wechselspannung, während zwischen den Phasenleitungen keine von ihnen herrührende Spannung auftritt. Für den normalen Stromverlauf sind sie daher nicht bemerkbar, solange der Nullpunkt isoliert ist.

Erdet man jedoch nach Fig. 332 den Nullpunkt des Drehstromsystems direkt oder über einen Ohmschen oder induktiven Widerstand, so erzeugen die 3fachen Oberspannungen Ladeströme in der Kapazität des Gesamtnetzes gegen Erde und können dabei nach Kapitel 22 starke Fernwirkungen auf benachbarte Schwachstromleitungen ausüben. Da die Oberströme auch die Selbstinduktion der Wicklungen durchfließen, so kann wegen ihrer hohen Frequenz bei großer Kapazität der Netzleitungen unter Umständen Resonanz mit derjenigen Eigenschwingung des Netzes eintreten, die dem in Fig. 332 dargestellten Stromverlauf entspricht. Derartige Erscheinungen sind vor allem in Netzen mit hochgesättigten Transformatoren beobachtet worden, die nach dem Kurvenverlauf der Fig. 323 starke 3fache Oberwellen der Spannung erzeugen. Sie können auch nach Fig. 330 bei Leitungen mit starkem Glimmstrom auftreten.

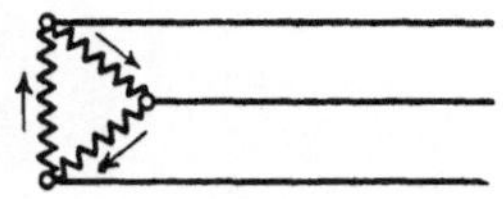

Fig. 333.

Schaltet man die drei Phasenwicklungen entsprechend Fig. 333 in Dreieck, so wirken die 3fachen Oberspannungen wegen ihrer Gleichphasigkeit alle in derselben Umlaufrichtung. Sie sind also auf die Selbstinduktion der Wicklung kurzgeschlossen und erzeugen nur innere Ströme. In Generatoren sind dieselben schädlich, da sie außer nutzlosen Stromwärmeverlusten das Erregerfeld in ungünstiger Weise verzerren. In Transformatoren sind sie nützlich, weil sie einen Zusatz-Magnetisierungsstrom bilden, der der gesamten Stromkurve einen beliebigen Verlauf gestattet und daher nach Fig. 322 bis 324 einen sinusförmigen Verlauf von Feldstärke und Spannung in allen Wicklungen ermöglicht. Zur Vermeidung von 3fachen Oberwellen der Spannung wendet man daher bei Transformatoren für Hochspannung vielfach Dreieckschaltung der Unterspannungswicklung an. Will man auf die Sternschaltung aus anderen Gründen nicht verzichten, so kann man den Transformator außer mit der Primär- und Sekundärwicklung noch mit einer in Dreieck geschalteten Tertiärwicklung versehen, in der sich dann alle 3fachen Oberströme und deren Oberwellen entwickeln können.

C. Schnelle Wanderwellen auf Leitungen.

VII. Homogene Leitungen.

34. Fortpflanzungsgesetze für Wanderwellen.

Alle elektrischen Erscheinungen breiten sich im freien Luftraum oder längs metallischer Leitungen mit einer außerordentlich großen, aber doch endlichen Geschwindigkeit aus, die mit der Lichtgeschwindigkeit von 300 000 km/sec übereinstimmt. Zum Durchlaufen einer Strecke von 3000 km braucht die elektrische Spannung daher eine Zeit von

$$\frac{3000\,\text{km}}{300\,000\,\text{km/sec}} = \frac{1}{100}\,\text{sec},$$

was gerade einer Halbperiode des gebräuchlichen 50 periodigen Wechselstromes entspricht. Die Spannung hat daher am Leitungsende 180° Phasennacheilung gegenüber dem Anfang. Für andere Leitungslängen gibt die nachstehende Tabelle die Phasendifferenz bei einer Frequenz von 50 Per/sec an. Bei Kabeln mit ölgetränkter Papierisolierung ist die Ausbreitungsgeschwindigkeit wegen der elektrisch dichteren Isolierung nur etwa halb so groß wie in Luft. Die entsprechenden Werte sind ebenfalls in der Tabelle eingetragen. Bei höherer Frequenz sind die Leitungsstrecken in umgekehrtem Verhältnis der Frequenzen kleiner.

Durchlaufene Leitungslänge		Phasendifferenz bei Wechselstrom von 50 Per/sec	
Freileitung	Kabel		
km	km	Grad	Periode
6000	3000	360	1
3000	1500	180	$^1/_2$
1500	750	90	$^1/_4$
1000	500	60	$^1/_6$
500	250	30	$^1/_{12}$

Nur für Leitungslängen, die erheblich unter 500 km bei Freileitungen oder unter 250 km bei Kabeln liegen, darf man daher bei der Frequenz von 50 Per/sec die regulären Spannungen oder Ströme als gleichphasig längs der Leitung betrachten. Die Anordnungen verhalten sich dann quasistationär. Wendet man jedoch Leitungslängen von der Größenordnung an, die in der Tabelle genannt sind, so beeinflußt die endliche

Ausbreitungsgeschwindigkeit den regulären Betrieb von Maschinen, Apparaten und Leitungen störend und kann insbesondere bei Leitungslängen, die 90° Phasendifferenz oder einem Vielfachen davon entsprechen, zu höchst gefährlichen Resonanzerscheinungen führen.

Wird der elektrische Stromkreis geschaltet, so daß irgendwelche Zustandsänderungen auftreten, so breiten sich diese ebenfalls mit Lichtgeschwindigkeit über die Leitungen aus. Bei sehr rapiden Änderungen, vor allem beim plötzlichen Einschalten eines Leitungszweiges, kann derselbe daher am Anfang bereits Spannung führen, während sein Ende noch spannungsfrei ist. Wird etwa eine längere Freileitung, auf deren Strecke gearbeitet werden soll, nur mit ihren Enden geerdet, wie Fig. 334 zeigt, so bietet dies keine genügende Sicherheit gegen eine plötzliche atmosphärische Entladung, da sich diese nur mit Lichtgeschwindigkeit ausbreitet und daher zunächst die Arbeitsstrecke unter hohe Spannung setzt, bevor sie an den Enden zur Erde abfließt. Durch die endliche Ausbreitungsgeschwindigkeit können weiterhin Störungen an Wicklungen und Spulen von Maschinen, Transformatoren und Apparaten auftreten, die darauf beruhen, daß an räumlich naheliegenden Punkten der Leitung kurzzeitig große Spannungsunterschiede auftreten, die ein Vielfaches der regulären Spannung zwischen diesen Punkten sind und daher zu Durchschlägen der Isolation führen. Alle diese Erscheinungen wären bei plötzlicher Ausbreitung der Spannung mit unendlicher Geschwindigkeit nicht denkbar, da dann alle Punkte der Leitung stets die gleiche Spannung hätten. Sie werden lediglich durch die endliche Geschwindigkeit der Elektrizität verursacht.

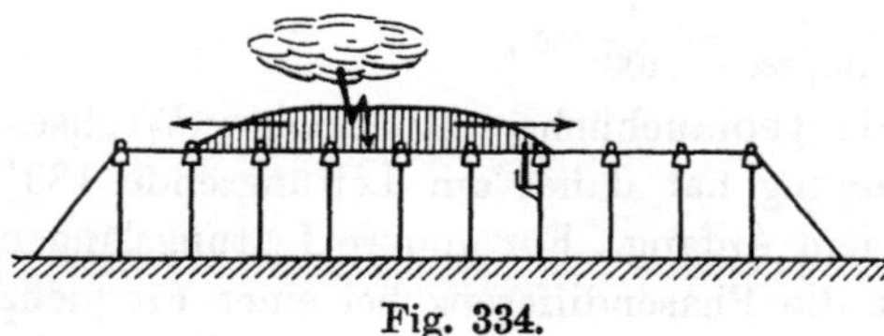

Fig. 334.

a) Ausbreitung von Strom und Spannung.

Zur Verfolgung der Fortpflanzung elektrischer Störungen wollen wir den praktisch meist vorkommenden Fall betrachten, daß Hin- und Rückleitung des Stromkreises nahe beieinander liegen und parallel geführt sind. Den Widerstand der Leitungen, sowie die Leitfähigkeit des Isoliermaterials zwischen ihnen, die Ableitung, vernachlässigen wir zunächst. Dann wird die Ausbreitung von Strom und Spannung nur durch die Induktions- und Kapazitätsgesetze auf der Leitung bestimmt.

In jedem Leitungselement von der Länge Δx wird entsprechend Fig. 335 in dem Rechteck, das von den Leitungsströmen i und den Spannungen e zwischen den Leitungen gebildet wird, ein kleiner Teil des magnetischen Flusses eingeschlossen, der die ganze Leitung umgibt. Seine Veränderung bewirkt eine Umlaufspannung in dem genannten Elementarrechteck und daher eine Zunahme der Spannung längs der Leitung vom Betrage

$$e_1 - e_2 = -\Delta e = l\Delta x \cdot \frac{\partial i}{\partial t}, \tag{1}$$

wenn mit l die Selbstinduktion der Leitungsschleife pro Längeneinheit bezeichnet wird. Daraus ergibt sich die räumliche Änderung der Spannung durch Übergang zum Differential zu

$$\frac{\partial e}{\partial x} = -l\frac{\partial i}{\partial t}. \tag{2}$$

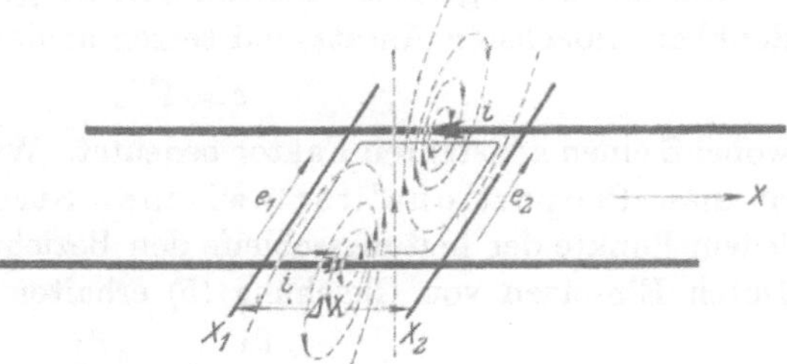

Fig. 335.

Verändert sich die Spannung e zwischen den Leitungen zeitlich, so fließt längs der Kraftlinien in Fig. 336 ein Verschiebungsstrom zwischen ihnen, der der Spannungsänderung proportional ist. In dem Elementarrechteck fließt daher ein Teil des eintretenden Stromes als Verschiebungs- oder Ladestrom quer zur anderen Leitung herüber, so daß in dem Leitungselement eine Zunahme des Stromes entsteht vom Betrage

$$i_1 - i_2 = -\Delta i = c\Delta x \cdot \frac{\partial e}{\partial t}, \tag{3}$$

wobei c die Kapazität der Längeneinheit der Leitungsschleife bezeichnet. Daraus ergibt sich die räumliche Änderung des Stromes zu

$$\frac{\partial i}{\partial x} = -c\frac{\partial e}{\partial t}. \tag{4}$$

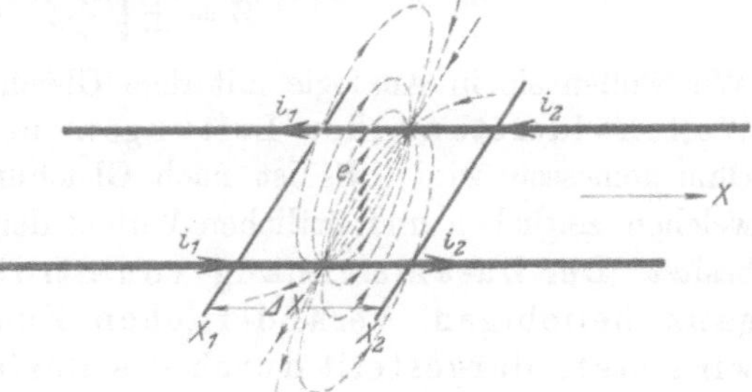

Fig. 336.

Die Beziehungen (2) und (4) zeigen, daß jede zeitliche Veränderung des Stromes in den Leitungen eine räumliche Änderung der Spannung längs der Leitung bewirkt, und daß jede zeitliche Veränderung der Spannung zwischen den Leitungen eine räumliche Änderung des Stromes längs der Leitung verursacht. Dabei sind die örtlichen Änderungen proportional den zeitlichen, und sind um so stärker, je größer die Selbstinduktion und Kapazität der Leitung pro Längeneinheit ist.

Wir wollen die Veränderungen von Strom und Spannung längs der Leitung nicht für den regulären Betrieb, sondern lediglich für die freien Ausgleichsströme untersuchen, die als Folge irgendwelcher Schaltprozesse oder Zustandsänderungen auftreten können. Der räumliche, sowie auch der zeitliche Verlauf dieser Ausgleichsvorgänge auf den Leitungen wird dann lediglich durch die beiden Gleichungen (2) und (4) bestimmt und muß außerdem noch den Grenzbedingungen des jeweiligen Problems Genüge leisten.

Um die Lösung dieser Gleichungen zu gewinnen, machen wir den denkbar einfachsten Ansatz und setzen analog dem Ohmschen Gesetz

$$e = Z i , \tag{5}$$

wobei Z einen konstanten Faktor bedeutet. Wir müssen dann probieren, ob diese Proportionalität zwischen Strom und Spannung an jedem Punkte der Leitungsschleife den Beziehungen (2) und (4) genügt. Durch Einsetzen von Gleichung (5) erhalten wir aus Gleichung (2)

$$Z \frac{\partial i}{\partial x} = - l \frac{\partial i}{\partial t} \tag{6}$$

und aus Gleichung (4)

$$\frac{\partial i}{\partial x} = - c Z \frac{\partial i}{\partial t}. \tag{7}$$

Dividieren wir dieselben durcheinander, so heben sich die zeitlichen und räumlichen Veränderungen fort, und es bleibt lediglich

$$Z = \frac{l}{c Z}. \tag{8}$$

Der Ansatz (5) löst demnach unsere Differentialgleichungen, wenn wir für die Größe Z setzen

$$Z = \pm \sqrt{\frac{l}{c}}. \tag{9}$$

Wir wollen sie in Analogie mit dem Gleichstromwiderstand hier den Wellenwiderstand der Leitungen nennen, der ebenfalls in Ohm gemessen wird. Es ist nach Gleichung (5) ganz gleichgültig, welchen zeitlichen und örtlichen Verlauf der Strom in den Leitungen besitzt. Der Zusammenhang von Strom und Spannung bei ganz beliebigen veränderlichen Zuständen der Leitung wird stets dargestellt durch die Beziehung

$$e = \pm \sqrt{\frac{l}{c}}\, i, \tag{10}$$

der Kurvenverlauf der Spannung ist also stets proportional dem des Stromes.

Während in Gleichstromkreisen eine bestimmte Spannung nur einen einzigen Strom hervorbringen konnte, erhalten wir für Ausgleichsströme in Leitungen zwei verschiedene Lösungen, die dem Plus- oder Minuszeichen der Gleichung (10) entsprechen. Nehmen wir einmal an, wir hätten in einem bestimmten Bereiche einer langen Fernleitung eine Spannung zwischen den Leitungen, die einen räumlichen Verlauf nach Fig. 337a oder 337b besitzt, dann kann dieser Spannungsverteilung nach der Aussage der Gleichung (10) sowohl eine positive Stromwelle nach Fig. 337a, als auch eine negative Stromwelle nach Fig. 337b entsprechen. Beide Lösungen genügen den Differentialgleichungen der Leitung vollständig und können daher in Wirklichkeit auftreten. Ihre Unterschiede erkennen wir erst, wenn wir auf die zeitlichen und räumlichen Veränderungen der Spannungs- und Stromwellen achten.

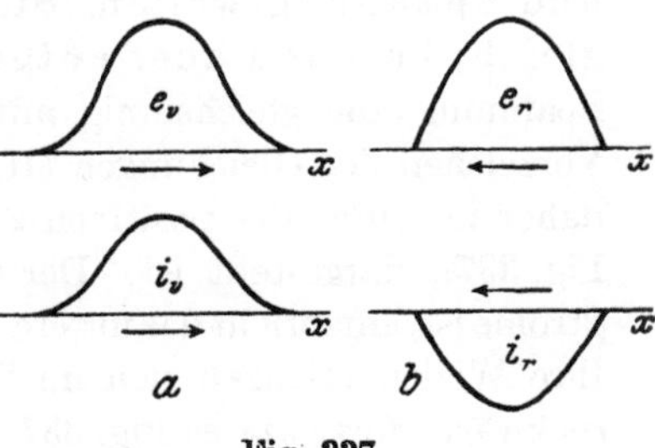

Fig. 337.

Aus Gleichung (6) erhalten wir die Stärke der zeitlichen Stromveränderung, wenn wir den Wellenwiderstand nach Gleichung (9) einsetzen, zu

$$-\frac{\partial i}{\partial t} = \frac{Z}{l}\frac{\partial i}{\partial x} = \pm\frac{1}{\sqrt{lc}}\frac{\partial i}{\partial x}. \quad (11)$$

Die zeitliche Änderung des Stromes an einer beliebigen Stelle der Leitung ist also proportional dem dort herrschenden räumlichen Gefälle. Eine Zunahme des Stromes längs der x-Achse an irgendeiner Stelle nach Fig. 338 bewirkt eine proportionale zeitliche Zunahme an der gleichen Stelle; eine räumliche Abnahme längs der x-Achse bewirkt ganz ebenso eine proportionale zeitliche Abnahme. Nach einer kleinen Zeit Δt ist daher jeder Punkt der Stromkurve ein wenig nach links gerückt, und zwar mit einer Geschwindigkeit, die durch den Quotienten des Weg- und Zeitelementes gegeben ist und negativ gezählt werden muß, weil sie im Sinne abnehmender x erfolgt. Es ist also

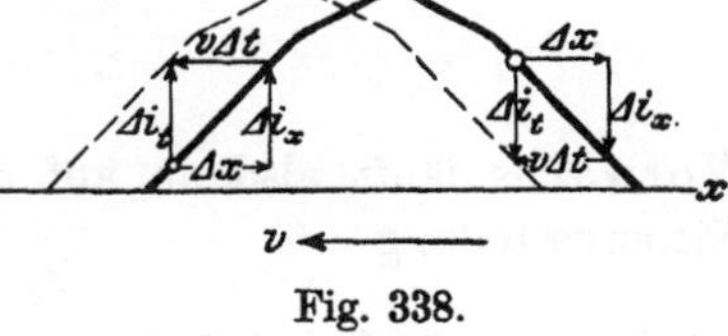

Fig. 338.

$$-v = \frac{\Delta x}{\Delta t} = \frac{\frac{1}{\Delta t}}{\frac{1}{\Delta x}} = \frac{\frac{\partial i}{\partial t}}{\frac{\partial i}{\partial x}}. \quad (12)$$

Dabei ist für den Quotienten des Weg- und Zeitelements der ihm gleiche Quotient der zeitlichen und räumlichen Veränderung des Stromes gesetzt, so daß man durch Einsetzen von Gleichung (11) erhält

$$v = \pm\frac{1}{\sqrt{lc}}. \quad (13)$$

Mit dieser Geschwindigkeit pflanzen sich sämtliche einzelnen Punkte der Stromverteilung längs der Leitung fort, und da Spannung und Strom proportional sind, auch sämtliche einzelnen Punkte der Spannungsverteilung. Die Geschwindigkeit v ist unabhängig von der jeweiligen Größe von Strom und Spannung und ist nach Gleichung (13) nur durch die Konstanten l und c der Leitung bestimmt. Daher besitzen sämtliche Punkte des Kurvenverlaufes von Strom und Spannung die gleiche Geschwindigkeit. Die räumlichen Strom- und Spannungskurven behalten deshalb ihre Form bei und pflanzen sich unverzerrt fort.

Entsprechend den beiden Vorzeichen der Gleichung (10) für den Zusammenhang von Strom und Spannung erhält man in Gleichung (13) zwei Werte für die Ausbreitungsgeschwindigkeit der Strom- und Spannungswellen. Sie sind in ihrem Betrage einander gleich, besitzen aber entgegengesetzte Richtung. Derjenigen Spannung, die gleichsinnig mit dem Strom ist, entspricht das obere Vorzeichen der Gleichungen (10) und (13). Diese Wellen pflanzen sich daher im Sinne der positiven x-Achse, also nach vorwärts fort, was in Fig. 337a dargestellt ist. Der Spannung jedoch, die gegensinnig zum Strome ist, entspricht das untere Vorzeichen der Gleichungen (10) und (13). Ihre Wellen pflanzen sich im Sinne der negativen x-Achse, also nach rückwärts fort, wie es Fig. 337b zeigt. Welche spezielle Gestaltung die Wellen von Strom und Spannung haben, ist hierbei ganz gleichgültig, nur besitzen Strom- und Spannungswellen unter sich nach Gleichung (10) stets die gleiche Form.

Sowohl die vorwärts wie die rückwärts laufenden Wellen besitzen beide die absolute Geschwindigkeit

$$v = \frac{1}{\sqrt{l c}}. \tag{14}$$

Wir wollen ihre Laufrichtung durch den Index v und r unterscheiden. Dann können wir in Gleichung (9) die beiden Vorzeichen fortlassen und für den Wellenwiderstand schlechtweg setzen

$$Z = \sqrt{\frac{l}{c}}. \tag{15}$$

Vorwärts läuft alsdann auf der Leitung nur die Spannungs- und Stromverteilung

$$e_v = +Z i_v, \tag{16}$$

rückwärts läuft lediglich

$$e_r = -Z i_r. \tag{17}$$

Die Form beider Strom- oder Spannungswellen ist dabei noch ganz beliebig und läßt sich erst für ein bestimmtes Problem aus den jeweiligen Grenzbedingungen herleiten. Da der Wellenwiderstand sich nach Gleichung (15) aus den charakteristischen Größen von Selbstinduktion und Kapazität der Leitung berechnet, so bezeichnet man ihn manchmal auch als Leitungscharakteristik.

Die Spannungen der vorwärts und rückwärts laufenden Wellen sind nur proportional ihren eigenen Strömen, jedoch unabhängig von dem anderen entgegenlaufenden Strome. Sie können sich daher ungestört einander überlagern. Die gesamte Spannung an der Leitung setzt sich im allgemeinen Falle aus beiden Spannungswellen additiv zusammen und wird durch

$$e = e_v + e_r \tag{18}$$

dargestellt. Ebenso setzen sich die b iden Stromwellen zum gesamten Strom der Leitung

$$i = i_v + i_r \tag{19}$$

zusammen. Jeder beliebige elektrische Zustand auf der Leitung läßt sich stets durch diese beiden Wellensysteme darstellen, die in entgegengesetzter Richtung fortwandern und daher Wanderwellen genannt werden.

Für Leitungen von 8 mm Durchmesser, also 50 qmm Querschnitt, mißt man bei den praktisch üblichen Abständen von Hin- und Rückleitung etwa

bei Ausführung als	Selbstinduktion in mH/km	Kapazität in μF/km
Freileitung	1,67	0,0067
Kabel	0,33	0,133

Damit berechnet sich für die Freileitung ein Wellenwiderstand nach Gleichung (15) von

$$Z = \sqrt{\frac{1{,}67 \cdot 10^{-3}}{0{,}0067 \cdot 10^{-6}}} = 500\ \Omega$$

und eine Wellengeschwindigkeit nach Gleichung (14) von

$$v = \frac{1}{\sqrt{1{,}67 \cdot 10^{-3} \cdot 0{,}0067 \cdot 10^{-6}}} = 300\,000\ \text{km/sec},$$

während man beim Kabel mit Ölpapierisolierung für den Wellenwiderstand erhält

$$Z = \sqrt{\frac{0{,}33 \cdot 10^{-3}}{0{,}133 \cdot 10^{-6}}} = 50\ \Omega$$

und für die Wellengeschwindigkeit

$$v = \frac{1}{\sqrt{0{,}33 \cdot 10^{-3} \cdot 0{,}133 \cdot 10^{-6}}} = 150\,000\ \text{km/sec}.$$

Man kann für jede Leitung zwei Zahlenangaben als charakteristisch betrachten, entweder die Werte von Selbstinduktion l und Kapazität c für die Längeneinheit oder besser die Werte von Wellenwiderstand Z und Wellengeschwindigkeit v. Die ersteren sind von Leitung zu Leitung beide sehr verschieden. Die Geschwindigkeit v ist dagegen eine fast reine Konstante des Isolierstoffes und hat daher bei Luftleitungen oder bei Kabeln mit Ölpapier stets den gleichen eben genannten Wert und bei anders isolierten Kabeln eine nur wenig abweichende Größe. Der Wellenwiderstand hängt von den Abmessungen der Leitungen ab, jedoch so wenig, daß er auch für andere Ausführungen von Freileitungen oder Kabeln in der Größenordnung der eben berechneten Werte bleibt.

Den Zusammenhang der vier charakteristischen Größen von Gleichung (14) und (15) kann man auf die einfache Form bringen

$$l v = Z \tag{20}$$

und

$$c v = \frac{1}{Z}, \tag{21}$$

wodurch man l und c leicht aus Z und v berechnen kann. Da die Wellengeschwindigkeit v im allgemeinen bekannt ist, so kann man den Wellenwiderstand Z nach diesen Beziehungen aus einer einzigen Messung, entweder der Selbstinduktion l oder der Kapazität c der wirklichen Leitung bestimmen.

b) Energie und Dämpfung.

Jede forteilende Wanderwelle besitzt einen bestimmten Energieinhalt A, der sich aus einem elektrostatischen und einem elektromagnetischen Teil zusammensetzt. Der erstere bestimmt sich aus Kapazität und Spannung und ist pro Längeneinheit

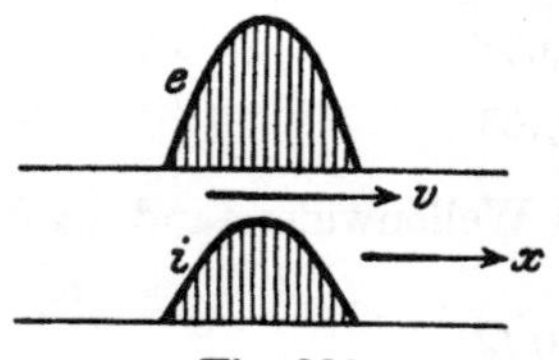

Fig. 339.

$$a_s = \tfrac{1}{2} c e^2 . \tag{22}$$

Der letztere ist durch Selbstinduktion und Strom gegeben zu

$$a_m = \tfrac{1}{2} l i^2 . \tag{23}$$

Weil nun nach Gleichung (10) das Verhältnis

$$\frac{e^2}{i^2} = \frac{l}{c} = Z^2 \tag{24}$$

ist, so sind beide Energieanteile einander gleich, und man erhält die ganze Energie pro Längeneinheit zu

$$a = 2 a_s = 2 a_m . \tag{25}$$

Die gesamte Wellenenergie erhält man dann durch Integration über die Leitungslänge zu

$$A = \int a\, dx = c \int e^2 dx = l \int i^2 dx , \tag{26}$$

sie ist also durch die Form der Strom- und Spannungswellen bestimmt und kann nach Fig. 339 leicht ausgewertet werden.

Die Leistung der Wellen, die den Leitungsquerschnitt durchströmt, ist gegeben durch das Produkt aus Energieinhalt und Geschwindigkeit. Sie ist also

$$W = a v = i^2 l \frac{1}{\sqrt{l c}} = i^2 Z = \frac{e^2}{Z} . \tag{27}$$

Bei gleicher Spannung ist die Leistung demnach in Kabeln viel größer als in Freileitungen, da diese größeren Wellenwiderstand haben.

Alle diese Beziehungen wendet man für die vorlaufenden und rückläufigen Wellen getrennt an.

Bei einer Freileitung mit $Z = 500\ \Omega$ Wellenwiderstand besitzt eine Wanderwelle von $e = 100\,000$ Volt eine Leistung von

$$W = \frac{100\,000^2}{500} \cdot 10^{-3} = 20\,000 \text{ kW} .$$

Ihr Strom ist nach Gleichung (16)

$$i = \frac{100\,000}{500} = 200 \text{ Amp.}$$

In einem Kabel mit $Z = 50\,\Omega$ entwickelt bereits eine Welle von $e = 10\,000$ Volt die Leistung

$$W = \frac{10\,000^2}{50} \cdot 10^{-3} = 2000 \text{ kW},$$

bei einem Strom von ebenfalls

$$i = \frac{10\,000}{50} = 200 \text{ Amp.}$$

Diese enormen Leistungen, die von Wanderwellen mitgeführt werden, können in Hochspannungsnetzen sehr starke Wirkungen auslösen. Eingedämmt werden sie nur durch die hohe Geschwindigkeit der Wanderwellen, die bewirkt, daß die großen Leistungen an jeder Stelle nur während kurzer Zeit in Wirkung bleiben.

Bisher haben wir den Ohmschen Widerstand der Leitungen und der Isolierung vernachlässigt. Die Leistung W, die die Wanderwelle mit sich führt, und die nacheinander alle Querschnitte der Leitung durchströmt, bleibt dabei konstant, die Welle selbst bleibt unverzerrt. In Wirklichkeit bedingen aber die Widerstandsverluste, sowohl im Leitungswiderstand r der Längeneinheit als auch im Isolationswiderstand p der Längeneinheit, eine Verminderung der elektromagnetischen Leistung der Welle durch Umwandlung eines Teiles derselben in Wärme.

Die gesamte Verlustwärme für jedes Leitungselement dx ist

$$V = i^2 r \cdot dx + \frac{e^2}{p} \cdot dx \tag{28}$$

oder, wenn man Gleichung (24) beachtet,

$$V = i^2 \left(r + \frac{Z^2}{p}\right) dx. \tag{29}$$

Die in das Leitungselement eintretende elektromagnetische Wellenleistung ist nach Gleichung (27) für die vorwärtslaufende Welle

$$W = i^2 Z. \tag{30}$$

Diese Beziehung bleibt allerdings nur gültig, solange die Widerstände so gering sind, daß sie das durch Selbstinduktion und Kapazität bedingte Verhältnis von Strom und Spannung nach Gleichung (24) nicht erheblich ändern.

Durch Differentiation von Gleichung (30) erhält man die Leistungsabnahme der Welle in jedem Leitungselement zu

$$-dW = -2\,i\,di\,Z \tag{31}$$

und da dies gleich dem Energieverlust nach Gleichung (29) ist, so wird

$$i^2 \left(r + \frac{Z^2}{p}\right) dx = -2\,Z\,i\,di. \tag{32}$$

Diese Beziehung enthält als Variable nur i und x. Nach ihrer Trennung erhält man die Differentialgleichung

$$\frac{di}{i} = -\frac{1}{2}\left(\frac{r}{Z} + \frac{Z}{p}\right) dx. \tag{33}$$

Durch Integration ergibt sich daraus die Veränderung des Stromes längs der Leitung zu

$$i = i_0 \varepsilon^{-\frac{1}{2}\left(\frac{r}{Z} + \frac{Z}{p}\right)x} \tag{34}$$

Darin ist i_0 die Größe der Stromwelle an irgendeiner willkürlichen Anfangsstelle. Für die Spannungswelle erhält man ganz entsprechend die Veränderung zu

$$e = e_0 \varepsilon^{-\frac{1}{2}\left(\frac{r}{Z} + \frac{Z}{p}\right)x}. \tag{35}$$

Leitungs- und Isolationswiderstand bewirken also, daß die Strom- und Spannungswellen ihre Größe beim Forteilen längs der Leitung nicht voll beibehalten, sondern eine exponentielle Abdämpfung erleiden, wie es in Fig. 340 für eine vorwärtslaufende Welle dargestellt ist. Da der Dämpfungsexponent nur die Größen des Wellenwiderstandes und des Ohmschen Widerstandes der Leitung und der Isolation enthält, also lauter Konstanten des Stromkreises, so ist die relative Dämpfung unabhängig von der momentanen Größe der Ströme und Spannungen und nur durch die durchlaufene Strecke bedingt. Die Wellen bleiben daher formgetreu und unverzerrt, nur ihre absolute Größe klingt allmählich ab. Auf die Fortpflanzungsgeschwindigkeit haben die Widerstände keinen Einfluß.

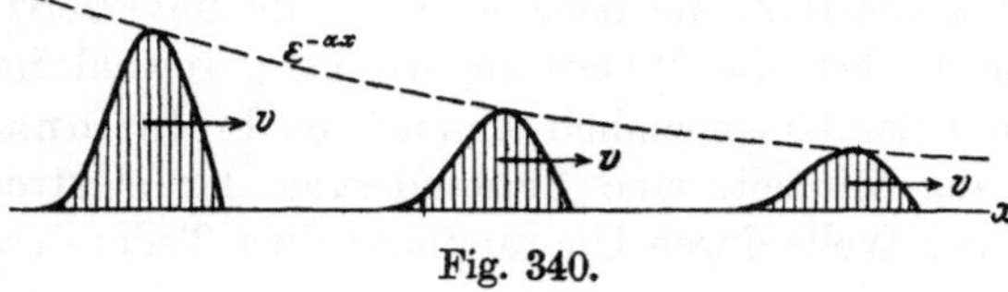

Fig. 340.

Bei Starkstromleitungen spielt der Isolationsverlust gegenüber den Verlusten im Leitungswiderstand im allgemeinen keine Rolle, da der Isolationswiderstand p außerordentlich groß ist. Es genügt daher fast stets, nur mit dem ersten Gliede im Exponenten der Gleichungen (34) und (35) zu rechnen und zu schreiben

$$\frac{e}{e_0} = \frac{i}{i_0} = \varepsilon^{-\frac{r x}{2 Z}}. \tag{36}$$

Man sieht daraus, daß die Dämpfung um so geringer ist, je kleiner der Leitungswiderstand und je größer der Wellenwiderstand der Leitung ist. Sie ist also bei Kabeln sehr viel größer als bei Freileitungen.

Für die oben genannte Leitung von 50 qmm Querschnitt beträgt der mit Gleichstrom gemessene Widerstand für Hin- und Rückleitung $r = 0,7\ \Omega$/km. Daher sind die Strom- und Spannungswellen mit den früheren Zahlen für den Wellenwiderstand bei der Freileitung nach Durchlaufen von 1000 km Länge auf das

$$\varepsilon^{-\frac{0{,}7 \cdot 1000}{2 \cdot 500}} = \varepsilon^{-0{,}7} = 0{,}5\,\text{fache},$$

bei dem Kabel nach Durchlaufen von 100 km Leitungslänge auf das

$$\varepsilon^{-\frac{0{,}7 \cdot 100}{2 \cdot 50}} = \varepsilon^{-0{,}7} = 0{,}5\,\text{fache},$$

in beiden Fällen also auf die Hälfte ihres ursprünglichen Wertes abgeklungen.

Nun ist allerdings für diese schnellen Vorgänge der Leitungswiderstand erheblich größer als für Gleichstrom, weil die Strömung der Wanderwellen nur die Oberfläche der Leiter durchsetzt und in das Innere ihres Querschnittes nur wenig eindringt. Diese Widerstandsvermehrung durch Stromverdrängung läßt sich für sinusförmig verlaufende Ströme zwar berechnen, ist aber für beliebige Wellenformen, wie wir sie hier behandeln, nicht bekannt. Man muß annehmen, daß sie ein Vielfaches des Gleichstromwiderstandes ausmacht, so daß die wirklichen Strecken, die zur Abdämpfung der Wellen auf die Hälfte nötig sind, nur einen Bruchteil der eben genannten Leitungslängen betragen. Selbst wenn der Ohmsche Widerstand für schnell verlaufende Wellen 100 mal so groß wie der Gleichstromwiderstand wäre, würde ein Abklingen der Wellen auf die Hälfte ihres Anfangswertes erst nach Durchlaufen von 10 km der Freileitung oder von 1 km des Kabels eintreten. Für kürzere Strecken, um die es sich häufig bei der Betrachtung von Wanderwellenerscheinungen handelt, kann die Wirkung des Leitungswiderstandes auf den anfänglichen Verlauf der Erscheinungen daher in erster Näherung ganz vernachlässigt werden. Längere Leitungsstrecken verursachen jedoch eine wesentliche Abdämpfung der Wellen.

Verlaufen die Wanderwellen nicht zwischen zwei Leitungsdrähten, sondern zwischen einer Leitung und Erde, so ist für die Abdämpfung der Widerstand der Leitung und der oberen Erdschichten maßgebend. Der Wellenstrom erstreckt sich in ihnen zwar auf eine erhebliche Zone in die Breite, jedoch nur auf eine sehr geringe Tiefe, so daß der Erdwiderstand bei seiner schlechten spezifischen Leitfähigkeit ein Vielfaches des Leitungswiderstandes ist. Die Erde leitet die Wanderwellen nur so schlecht wie ein Kupferdraht von etwa 0,2 mm Durchmesser.

Zum Durcheilen der meist gebräuchlichen Leitungslängen ist wegen der großen Fortpflanzungsgeschwindigkeiten der Wellen nur sehr kurze Zeit erforderlich. Es hat Interesse, diejenige Zeitspanne zu berechnen, nach der die Wanderwellenerscheinungen ganz abgeklungen sind. Dazu setzen wir in Gleichung (36) anstatt der durchlaufenen Strecke x die fortlaufende Zeit t ein nach der Beziehung

$$x = vt \tag{37}$$

und erhalten bei alleiniger Dämpfung durch den Leitungswiderstand mit Gleichung (20)

$$\frac{e}{e_0} = \frac{i}{i_0} = \varepsilon^{-\frac{r v t}{2 Z}} = \varepsilon^{-\frac{r}{2 l} t}. \tag{38}$$

Da der Exponent den Quotienten aus Selbstinduktion und Widerstand der Leitung enthält, also ihre Zeitkonstante, so erfolgt die zeitliche Dämpfung nach der gleichen Beziehung wie bei langsamen Schaltvorgängen in elektrischen Schwingungskreisen nach Kapitel 6.

Nach Ablauf der dreifachen Zeitkonstante sind die Vorgänge bis auf 5 % abgeklungen. Rechnet man nur mit einer Widerstandsvermehrung auf den zehnfachen Gleichstrombetrag, also mit einem Ohmschen Widerstand der oben genannten Leitungen von $r = 7\ \Omega/\text{km}$ für Wanderwellen, so sind diese im wesentlichen erloschen nach einer Zeit, die mit den Zahlenwerten der letzten Tabelle beträgt

bei der Freileitung

$$3\frac{2l}{r} = 3\,\frac{2 \cdot 1{,}67 \cdot 10^{3}}{7} = 1{,}43 \cdot 10^{-3}\,\text{sec}$$

und beim Kabel

$$3\frac{2l}{r} = 3\,\frac{2 \cdot 0{,}33 \cdot 10^{-3}}{7} = 0{,}28 \cdot 10^{-3}\,\text{sec}.$$

Man erkennt daraus, daß alle durch die Wellenausbreitung hervorgerufenen Erscheinungen nur ganz unmittelbar nach einem Schaltvorgang auftreten, im allgemeinen innerhalb einer Zeit von der Größenordnung einer tausendstel Sekunde. Nach Verlauf einer Halbwelle unserer normalen Wechselströme von 50 Per/sec, also nach einer hundertstel Sekunde, sind sie meist vollständig abgeklungen. Eine oszillographische Messung der Einzelheiten von Wanderwellenvorgängen ist daher mit heutigen Mitteln nur unter besonders günstigen Umständen möglich.

Um einen möglichst einfachen Überblick über alle Wanderwellenerscheinungen zu erhalten, wollen wir bei unseren folgenden Betrachtungen von der Wirkung der Leitungswiderstände von vornherein absehen. Wir können sie jederzeit nachträglich berücksichtigen, indem wir eine exponentielle Dämpfung nach den soeben ermittelten Zahlenwerten hinzufügen.

35. Entstehung einfacher Wanderwellen.

Da nach dem vorigen Kapitel 34 vorwärts und rückwärts laufende Wanderwellen die allgemeinste Lösung für den Strom- und Spannungsverlauf auf Leitungen darstellen, so kann man mit ihrer Hilfe jeden beliebigen elektrischen Vorgang auf der Leitung wiedergeben. Stets gelten für den Zusammenhang von Strom und Spannung der vor- und rückläufigen Wellen die Gleichungen

$$e_v = Z i_v \tag{1}$$

$$e_r = -Z i_r \tag{2}$$

und die gesamten Spannungen und Ströme werden wiedergegeben durch

$$e = e_v + e_r \tag{3}$$

$$i = i_v + i_r. \tag{4}$$

Dabei sind Wellenwiderstand und Geschwindigkeit der Wanderwellen Konstanten der Leitung, während die Form und Größe der Wellen sich erst aus den Bedingungen des jeweiligen Problems bestimmen läßt.

a) Statische Ladung.

Zuerst wollen wir zeigen, in welcher Weise sich eine statische Ladung der Leitung, obwohl sie keinerlei Bewegungsvorgang besitzt, doch durch das Zusammenwirken von Wanderwellen darstellen läßt.

Eine beiderseits offene Leitung sei auf die Spannung e geladen. Da bei ruhender Ladung kein Strom vorhanden ist, so gilt für jedes x

$$i = 0. \tag{5}$$

Es muß also nach Gleichung (4) überall

$$i_r = -i_v \tag{6}$$

sein. Daher sind nach Gleichung (1) und (2) die Spannungen der beiden Teilwellen einander gleich und besitzen nach Gleichung (3) die Größe

$$e_v = e_r = \tfrac{1}{2} e, \tag{7}$$

und zwar für jeden Punkt der Leitung. Die Wellen besitzen also konstante Höhe längs der Leitung.

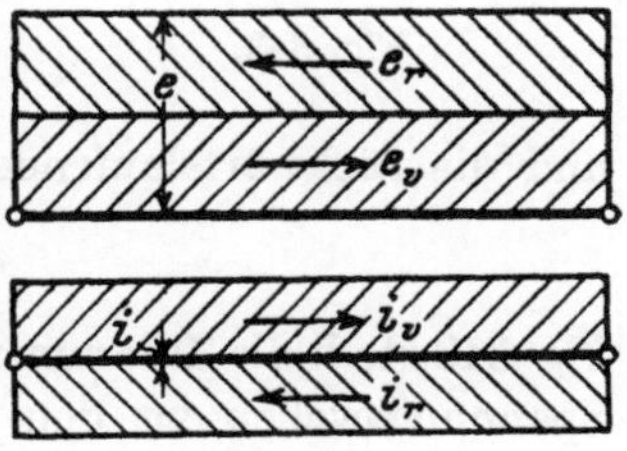

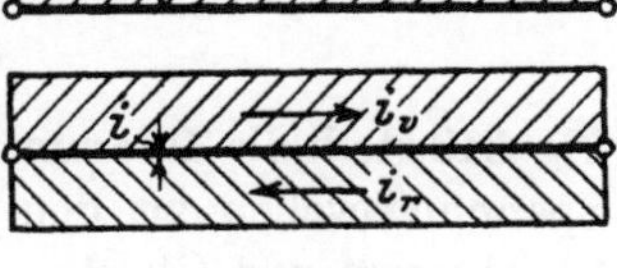

Fig. 341.

Fig. 341 stellt diese Auflösung der Ladung in zwei mit Lichtgeschwindigkeit wandernde Wellen bildlich dar. Die vor- und rücklaufenden Stromverteilungen entgegengesetzten Vorzeichens heben sich vollständig auf, die beiden Spannungsverteilungen von gleicher Größe summieren sich, und da immer die eine vorwärts, die andere rückwärts läuft, so ist keine resultierende Geschwindigkeit wahrzunehmen.

Wir können also tatsächlich jede statische Ladung als zwei mit Lichtgeschwindigkeit entgegengesetzt laufende Wanderwellen von konstanter Höhe auffassen.

b) Stationärer Gleichstrom.

Eine Gleichstromquelle möge nach Fig. 342 über eine Leitung den Widerstand R speisen. Dann ist der Strom längs der Leitung konstant, und zwar

$$i = \frac{e}{R}. \tag{8}$$

Aus Gleichung (4) erhält man daher

$$i_r = \frac{e}{R} - i_v, \tag{9}$$

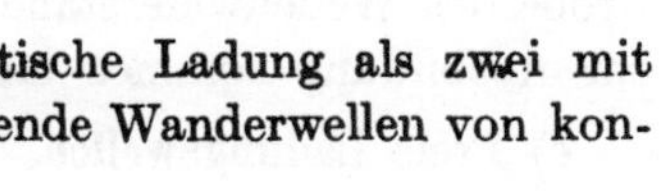

und wenn man dies in Gleichung (2) ein-

Fig. 342.

setzt und dann zu Gleichung (1) addiert, so erhält man mit Gleichung (3)

$$e = 2 Z i_v - \frac{Z}{R} e. \tag{10}$$

Daraus ergibt sich die vorwärtslaufende Stromwelle mit Einführung von Gleichung (8) zu

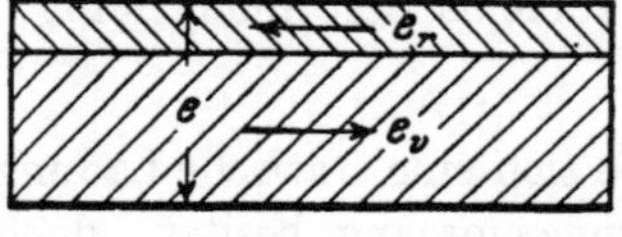

$$i_v = \left(1 + \frac{Z}{R}\right)\frac{e}{2Z} = \left(1 + \frac{R}{Z}\right)\frac{i}{2} \tag{11}$$

und die rückwärtslaufende Stromwelle nach Gleichung (9) zu

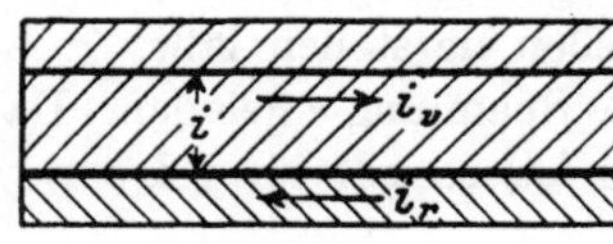

Fig. 343.

$$i_r = -\left(1 - \frac{Z}{R}\right)\frac{e}{2Z} = \left(1 - \frac{R}{Z}\right)\frac{i}{2}. \tag{12}$$

Die vorwärtslaufende Spannungswelle wird dann entsprechend Gleichung (1)

$$e_v = \left(1 + \frac{Z}{R}\right)\frac{e}{2} \tag{13}$$

und die rückwärtslaufende Spannung nach Gleichung (2)

$$e_r = \left(1 - \frac{Z}{R}\right)\frac{e}{2}. \tag{14}$$

Fig. 343 stellt die Zusammensetzung der beiden fortlaufenden Strom- und Spannungswellen zu den längs der Leitung konstanten Werten von Gleichstrom und Gleichspannung dar. Die Teilwellen haben konstante Höhe, aber unter sich verschiedene Größen, die alle nur vom Verhältnis Z/R abhängen.

Stimmt der Belastungswiderstand R mit dem Wellenwiderstand Z der Leitung überein, so verschwinden die rückläufigen Strom- und Spannungswellen nach Gleichung (12) und (14) vollständig. Die vorwärtslaufenden Wellen nach Gleichung (11) und (13) mit $Z = R$ stellen dann allein den vollen Gleichstrom und die volle Gleichspannung dar. Man erkennt daraus, daß ein Ohmscher Belastungswiderstand von der Größe des Wellenwiderstandes der Leitung keine rückläufigen Wellen zur Ausbildung kommen läßt.

c) Freie Ladungswellen.

Wenn durch einen atmosphärischen Vorgang, etwa durch Blitzschlag in einer benachbarten Wolke nach Fig. 344, eine vorher in der Leitung gebundene Ladung plötzlich frei wird, so kann sich diese nicht mehr in einem begrenzten Gebiet erhalten, sondern breitet sich auf der Leitung aus. Zur Zeit $t = 0$ entsteht in dem der Wolke gegenüberliegenden Leitungsbereich eine statische Ladung von einer

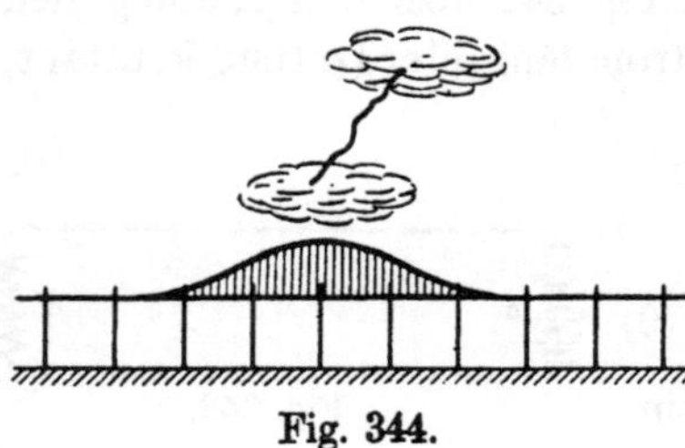

Fig. 344.

bestimmten räumlichen Verteilung, jedoch noch kein Strom. Es ist also dann

$$i = 0 \tag{15}$$

und daher nach Gleichung (4)

$$i_r = -i_v. \tag{16}$$

Die vor- und rückläufigen Spannungswellen sind also nach Gleichung (1) und (2) gleich groß und betragen nach Gleichung (3)

$$e_v = e_r = \tfrac{1}{2} e. \tag{17}$$

Sie haben dieselbe Form wie die Ladung und sind halb so groß wie deren freigewordene Spannung. Die Ströme selbst bestimmen sich nunmehr aus Gleichung (1) und (2) zu

$$i_v = -i_r = \frac{1}{2} \frac{e}{Z}, \tag{18}$$

sie besitzen ebenfalls die räumliche Verteilung der Ladung, ihre Stärke bestimmt sich aus dem Quotient von Spannung und Wellenwiderstand.

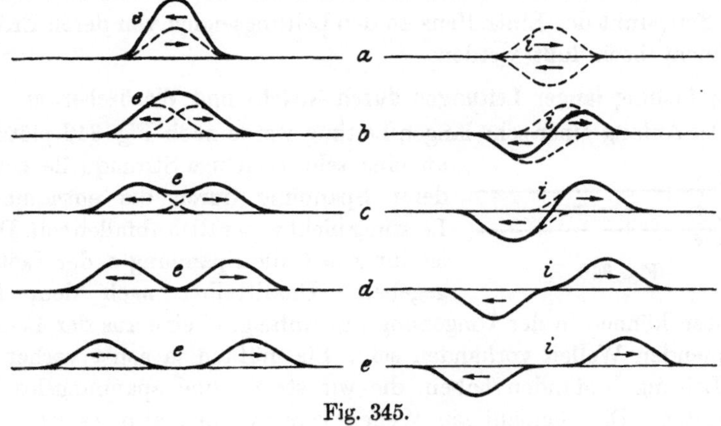

Fig. 345.

In Fig. 345a ist der Vorgang unmittelbar nach dem Freiwerden der Ladung dargestellt. Die plötzlich entstandene Spannung bedeckt nur ein begrenztes Stück der Leitung, und daher sind auch nur in diesem Gebiet die vor- und rückläufigen Spannungswellen nach Gleichung (17) und die ihnen entsprechenden Stromwellen nach Gleichung (18) vorhanden. Im Augenblick $t = 0$ heben sich die beiden Ströme auf, die Spannungen addieren sich zur tatsächlich vorhandenen Ladespannung. Für wachsende Zeiten wandern nun alle Teilwellen formgetreu nach beiden Seiten fort. Kurze Zeit nach Beginn des Vorganges sind die vorwärts laufenden Wellen e_v und i_v nach rechts, die rückwärtslaufenden Wellen e_r und i_r nach links gerückt. Die Addition der Teilwellen an jedem Punkt der Leitung ergibt das in Fig. 345b dargestellte Bild. Noch einige Zeit später sind die Wellen noch weiter vorwärts und rückwärts gewandert und überdecken sich, wie Fig. 345c zeigt, kaum noch, und nach einem weiteren Zeitraum sind die Teilwellen vollständig auseinander gelaufen, jede Welle eilt für sich mit Lichtgeschwindigkeit von der Entstehungsstelle fort nach außen. Dies ist in Fig. 345d und 345e dargestellt.

Wir sehen somit, daß jede freiwerdende Ladung, welche räumliche Verteilung sie auch haben mag, unmittelbar nach ihrer Entstehung in zwei Teilladungen zerfällt, deren jede die Hälfte der ursprünglichen Elektrizitätsmenge mit sich führt, und daß diese Teilladungen mit Lichtgeschwindigkeit unverzerrt vom Entstehungsorte nach beiden Seiten forteilen unter Erzeugung der nach Gleichung (17) und (18) zu berechnenden Spannungen und Ströme. Wir verstehen jetzt, wie es kommt, daß bei dem in Kapitel 34, Fig. 334 gezeichneten Falle starke Spannungen auf der Leitung auftreten können, obgleich ihre Enden vollkommen geerdet sind. Es laufen Einzelwellen auf der Leitung hin, die bis zum Zeitpunkt des Eintreffens an den Leitungsenden von deren Erdung gar nicht beeinflußt werden.

d) Ladung langer Leitungen durch Gleich- und Wechselstrom.

Der Anfang einer sehr langen Leitung werde nach Fig. 346 plötzlich an eine sehr ergiebige Stromquelle gelegt, deren Spannung durch die entnommene Leistung nicht wesentlich abfallen soll. Dann ist für $x = 0$ die Spannung e der Leitung gegeben. Unmittelbar nach dem Einschalten können in der Umgebung des Anfanges keine aus der Leitung kommenden Wellen vorhanden sein. Sie müßten ja sonst vorher auf der Leitung bestanden haben, die wir strom- und spannungslos einschalteten. Die rückläufigen Wellen verschwinden also, es ist

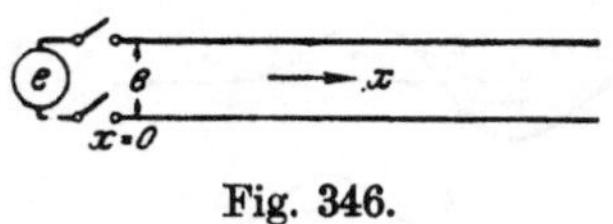

Fig. 346.

$$e_r = i_r = 0\,. \tag{19}$$

Es bleibt allein eine vorwärts in die Leitung hineinlaufende Welle übrig, deren Spannung daher ist

$$e_v = e\,, \tag{20}$$

und die den Strom entwickelt

$$i_v = i = \frac{e}{Z}\,. \tag{21}$$

Die Welle trägt also die Spannungswerte des Leitungsanfanges, die durch die Stromquelle bestimmt sind, mit Lichtgeschwindigkeit über die Leitung hinweg und entwickelt dabei einen Strom, der sich nur noch nach dem Wellenwiderstand der Leitung richtet. Die Leitung wird durch diese Welle geladen.

Wird die Leitung mit Gleichspannung gespeist, so breitet sich diese vom Einschaltmomente an mit gleichmäßiger

Geschwindigkeit und konstanter Höhe von der Stromquelle aus über die Leitung aus, so wie es in Fig. 347 für Strom und Spannung dargestellt ist. Die Welle hat dabei rechteckige Form und wird immer länger und länger.

Wird Wechselspannung auf die Leitung geschaltet, so verlaufen Spannung und Strom nicht mit räumlich konstanter Stärke längs der Leitung, sondern der jeweilige Zustand am Anfange der Leitung eilt mit Lichtgeschwindigkeit voraus. Spannung und Strom quellen in auf- und abschwingender Größe im Takte der Wechselfrequenz ω aus der Stromquelle heraus, was in Fig. 348 dargestellt ist. Wechselspannung breitet sich daher vom Schaltmoment an in periodischen Wellen über die Leitung aus. Die Wellenlänge einer vollen Schwingung ist gegeben durch das Verhältnis von Laufgeschwindigkeit und sekundlicher Frequenz $\omega/2\pi$ zu

$$\lambda = 2\pi \frac{v}{\omega}. \qquad (22)$$

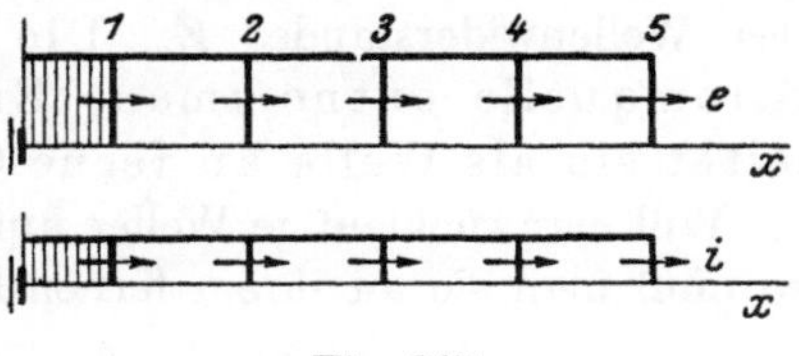

Fig. 347.

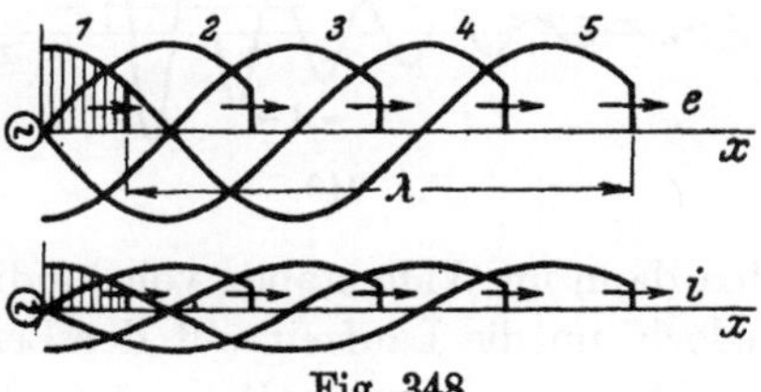

Fig. 348.

Die Leitung muß natürlich lang hiergegen sein, wenn sich die Wellen vollständig ausbilden sollen, sie müßte daher bei Wechselstromfreileitungen für 50 Per/sec lang sein gegenüber

$$\lambda = \frac{300\,000}{50} = 6000 \text{ km}.$$

Der Kopf dei vorwärts laufenden Spannungswelle ist stets gleich der im Einschaltmoment vorhandenen Spannung der Stromquelle. Nicht nur bei Gleichstrom, sondern im allgemeinen auch bei Wechselstrom wird der Wellenkopf von einem scharfen Spannungssprung gebildet, wenn die Leitung plötzlich an die Stromquelle geschaltet wird. Die Sprunghöhe wird bei Wechselspannung am größten, wenn im Augenblick der Spannungsamplitude, etwa durch einen Schaltfunken, eingeschaltet wird.

An Stelle einer Gleichstrombatterie oder eines Wechselstromgenerators kann man als Stromquelle auch einen Schwingungskreis mit Selbstinduktion und Kapazität verwenden. Da dessen Spannung und Strom zeitlich nach einer exponentiell gedämpften harmonischen Funktion verläuft, so sendet er Wellenzüge von ebensolchem räumlichen Verlauf in die Leitung. Fig. 349 stellt derartige Verhältnisse dar. Es ist dabei im Prinzip gleichgültig, ob der Schwingungskreis in Parallelschaltung oder in Serienschaltung zur Leitungsschleife angeschlossen wird. Die Wellenlänge auf der

Leitung wird auch hier durch Gleichung (22) bestimmt, wobei ω jetzt die Eigenfrequenz des Schwingungskreises in 2π Sekunden bezeichnet. Hochfrequente Schwingungen von 10^6 Per/sec bilden Wellenzüge aus, deren einzelne Wellen auf Freileitungen

$$\lambda = \frac{3 \cdot 10^8}{10^6} = 300 \text{ m}$$

lang sind.

Der Stromquelle wird unmittelbar nach dem Schalten ein Strom nach Gleichung (21) entnommen, dem eine Leistung entspricht

$$W = e\,i = \frac{e^2}{Z} = i^2 Z. \tag{23}$$

Lange Leitungen, auf denen nach dem Einschalten nur vorwärtslaufende Wellen wie in Fig. 347 bis 349 auftreten, wirken daher auf die Stromquelle genau so zurück wie ein Ohmscher Widerstand von der Größe des Wellenwiderstandes Z. Die Leitung vernichtet die der Stromquelle entnommene Energie jedoch nicht, sondern leitet sie als Welle an ferne Orte fort.

Will man rückläufige Wellen auf der Leitung vollständig vermeiden, so muß man sie an ihrem fernen Ende mit einem Ohmschen Widerstande belasten, dessen Größe

$$R = Z \tag{24}$$

sein muß, da dann nach Gleichung (12) und (14) keine rückläufigen Wellen auftreten. Alle vorwärtslaufenden Wellen werden dann im Widerstande vollständig verschluckt, er erhält die Energie jedoch um die Laufzeit auf der Leitung später, als wenn er direkt an die Stromquelle geschaltet wäre. Eine solche Anordnung ermöglicht ein gutes experimentelles Studium von Wanderwellenerscheinungen auf Leitungen.

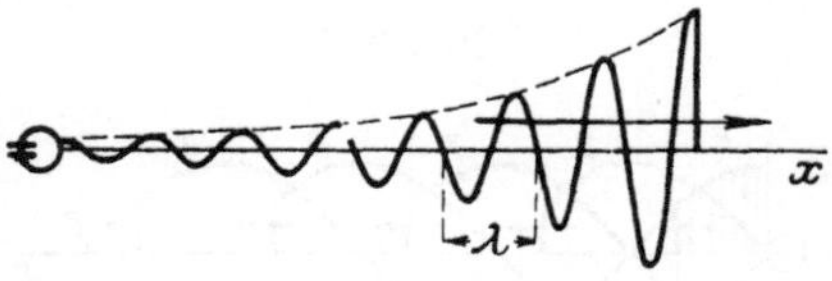

Fig. 349.

e) Zusammenschalten homogener Leitungen.

Wir stellen uns eine nach beiden Seiten verlaufende sehr lange Leitung vor, die durch einen Schalter in zwei Teile getrennt ist, von denen der linke Teil auf die Spannung e geladen, der rechte ungeladen ist, wie es Fig. 350a darstellt. Wir wollen den Spannungs- und Stromverlauf nach dem plötzlichen Einlegen des Schalters zur Zeit $t = 0$ verfolgen.

Für $t < 0$ ist die Leitung links vom Schalter statisch geladen. In diesem Bereiche verlaufen also nach Gleichung (7) die beiden Spannungswanderwellen

$$e_v = e_r = \tfrac{1}{2}\, e \tag{25}$$

und die ihnen entsprechenden Stromwellen

$$i_v = -\,i_r = \frac{1}{2}\,\frac{e}{Z}\,. \tag{26}$$

Rechts vom Schalter sind die Spannungen und Ströme gleich null.

Im Augenblick $t = 0$ wird durch Einlegen des Schalters eine einheitliche Leitung hergestellt. Die in diesem Moment vorhandenen Wellenformen aller vorwärts und rückwärts laufenden Strom- und Spannungswellen bleiben infolgedessen für $t > 0$ erhalten, die Wellen eilen unverzerrt mit Lichtgeschwindigkeit weiter. Kurze Zeit nach dem Einschalten ist daher der Kopf der vorwärtslaufenden Spannungs- und Stromwelle über den Schalter hinaus gelangt, die rückwärtslaufenden Wellen ziehen sich mit ihrem Ende vom Schalter zurück. Kopf und Ende behalten die Form bei, die sie im Schaltmoment besaßen, sie haben also bei momentanem Einschalten eine reine Rechteckform.

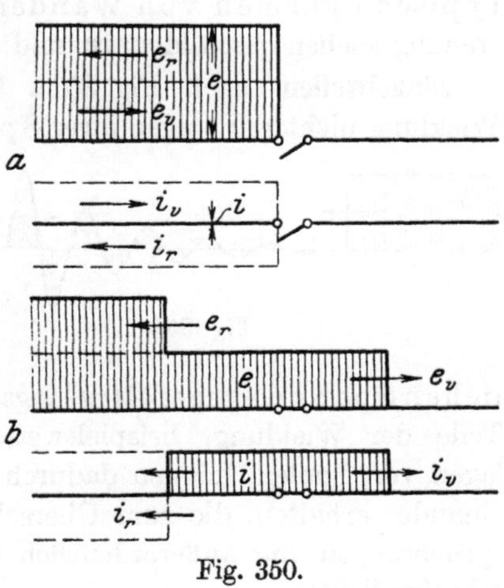

Fig. 350.

In Fig. 350b ist die Übereinanderlagerung der Wellen kurze Zeit nach dem Schalten durchgeführt. Eine Ladewelle vom Betrage der halben ursprünglichen Spannung eilt in die rechte Leitung hinein, und eine Entladewelle vom gleichen Betrage senkt die Spannung der linken Leitung ab. Gleichzeitig laufen von der Schaltstelle aus Stromwellen sowohl in die rechte wie in die linke Leitung hinein. In beiden Fällen ist der Strom positiv, in der rechten Leitung ist er mit der vorwärtslaufenden Spannungswelle verknüpft, in der linken entsteht er durch das Fehlen der rückläufigen Spannungswelle hinter deren Ende. Kopf und Ende des durchweg positiv gerichteten Stromes breiten sich von der Schaltstelle fort über beide Leitungsteile mit der gleichen Lichtgeschwindigkeit aus, mit der die Lade- und Entladespannungen nach außen eilen.

Die Stromquelle erfährt das Einlegen des Schalters erst nach einer endlichen Zeit, wenn nämlich die Entladespannung von halber Höhe nach ihrem Lauf über die Leitung bei ihr angelangt ist und sie durch ihren Spannungsabfall und auch durch den gleichzeitig eintreffenden Strom zur Abgabe von Leistung veranlaßt. Ebenso trifft die voreilende Ladewelle von Strom und Spannung halber Größe erst endliche Zeit nach dem Einlegen des Schalters bei dem Verbraucher ein und übt dort ihre elektromagnetische Wirkung aus. Die vorwärts- und rückwärtslaufenden Wellen melden also das Schließen des Schalters erst nach einer kleinen Zeitspanne den Apparaten an den Leitungsenden, die erst dann, auf Grund des nunmehr auch bei ihnen geänderten elektromagnetischen Zustandes, auf die Schalthandlung reagieren.

f) Wanderwellen in Wicklungen.

Treten Wanderwellen in die Wicklungen von Transformatoren, Maschinen oder Apparaten ein, so können sie Erscheinungen auslösen, die sehr verschieden sind von denen der regulären Spannungen und Ströme, die in ihnen wirken sollen. Man kann im wesentlichen drei typische Formen von Wanderwellen unterscheiden, deren Entstehung soeben geschildert ist und die in Fig. 351 dargestellt sind.

Einzelwellen nach Fig. 351a beanspruchen die Isolierung der Wicklung nicht nur wegen ihrer Spannungshöhe, die bei atmosphärischen Entladungen sehr erheblich sein kann und ähnlich wie die reguläre Spannung wirkt, sondern auch wegen ihres stärkeren räumlichen Spannungsgefälles längs der Wicklung. Benachbart liegende Teile der Wicklung, beispielsweise übereinanderliegende Windungslagen von Spulen, können dadurch hohe Spannungsdifferenzen gegeneinander erhalten, die zum Überschlag führen. Die Dauer der Beanspruchung ist nur außerordentlich kurz, die Spannung wirkt wie ein scharfer Schlag.

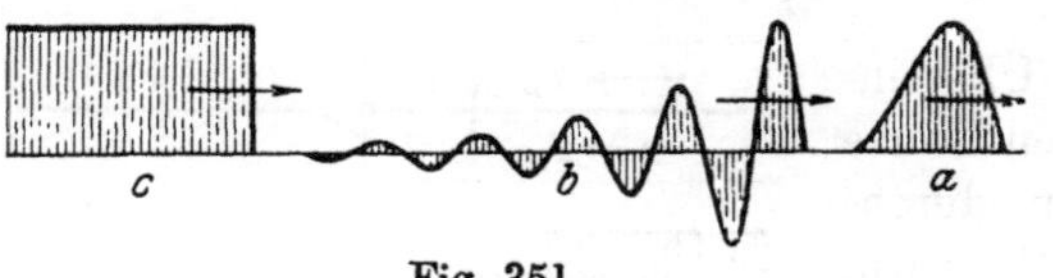

Fig. 351.

Wellenzüge nach Fig. 351b beanspruchen die Isolation der Wicklung in derselben Weise und sind besonders dann gefährlich, wenn die größten Spannungsunterschiede in Entfernungen von einer halben Wellenlänge gerade auf Windungen fallen, die räumlich nahe benachbart sind, wie z. B. die Wicklungsenden nebeneinanderliegender Teilspulen eines Transformators. Jede Wicklung, die in Einzelspulen unterteilt ist, kann daher durch Wellenzüge von bestimmter Frequenz starke Überanstrengungen oder Durchschläge der Spulenisolierung erleiden. Während des Durchlaufs eines langen Wellenzuges wiederholt sich diese Beanspruchung viele Male.

Sprungwellen nach Fig. 351c besitzen ein besonders starkes Spannungsgefälle an ihrem Kopf, das dort auf eine sehr kurze Leitungsstrecke konzentriert ist, die, wenn sie auch nicht gerade null ist, doch nur nach einigen Zentimetern oder Metern zählt. Je nach der Kopflänge der Sprungwelle tritt daher das ganze Spannungsgefälle innerhalb einer oder mehrerer einzelner Windungen auf und beansprucht die Isolation jeder Windung auf Durchschlag gegen die Nachbarwindung. Da die Windungsisolation von Wicklungen nur eine sehr geringe reguläre Spannung auszuhalten braucht, so sind Sprungwellen selbst von mäßiger Spannungshöhe die gefährlichsten Feinde aller Wicklungsspulen.

Wir wollen unsere Berechnungen vorwiegend für Sprungwellen von Spannung und Strom durchführen, einerseits weil sie dann mathematisch ziemlich einfach und durchsichtig werden, andererseits weil man entsprechend Fig. 352 jede beliebige Wellenform durch Auflösen nach einer Treppenkurve in eine Summe oder Reihe von Sprungwellen zerlegen kann, und schließlich, weil Sprungwellen für viele Wicklungen die gefährlichste Beanspruchung ergeben, gegen die man die Isolierung bemessen muß. Wir werden jedoch auch die spezifischen Wirkungen von Einzelwellen und Wellenzügen für solche Fälle betrachten, in denen diese besonders bemerkenswerte Erscheinungen hervorrufen.

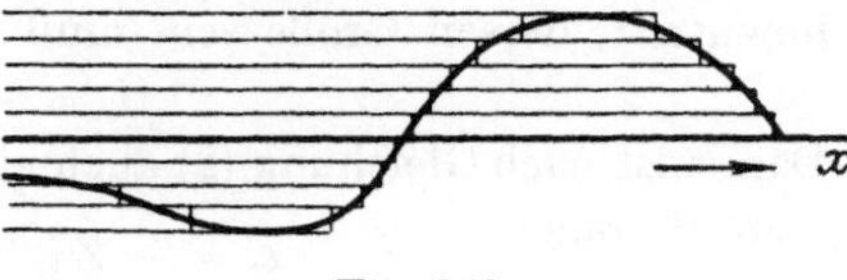

Fig. 352.

36. Einfluß der Leitungsenden.

Wenn eine Wanderwelle beliebiger Form auf das Ende einer Leitung trifft, so kann sie sich über dasselbe hinaus nicht fortpflanzen, sie muß vielmehr eine Umbildung erleiden. Zur Verfolgung dieser Erscheinung verwenden wir wieder unsere einfachen Beziehungen für den Zusammenhang von Strom und Spannung der vorwärts und rückwärts laufenden Wellen nach Kapitel 34, Gleichung (16) bis (19). Es ist für die Teilwellen

$$e_v = Z i_v, \tag{1}$$

$$e_r = -Z i_r \tag{2}$$

und für die gesamten Spannungen und Ströme

$$e = e_v + e_r, \tag{3}$$

$$i = i_v + i_r. \tag{4}$$

Wir wollen zunächst zwei typische Fälle betrachten, daß nämlich das Leitungsende offen ist, oder daß es durch Kurzschluß der Hin- und Rückleitung gebildet wird. Dabei wollen wir unsere Entwicklungen zunächst für beliebige Wellenformen durchführen und sie graphisch sowohl für Einzelwellen veranschaulichen, wie sie bei atmosphärischen Störungen auftreten, als auch für Sprungwellen, die sich bei Schalthandlungen ausbilden können.

a) Offene Leitungsenden.

Solange eine Einzelwelle, etwa von der in Fig. 353a dargestellten Form, auf einer homogenen Leitung vorwärts läuft, sind rückläufige Wellen nicht vorhanden. Sie allein stellt vielmehr die gesamten Spannungen und Ströme dar. Trifft sie auf ein offenes Leitungsende, so kann sich dort zwar eine beliebige Spannung entwickeln, jedoch muß der Strom in der Leitung zum Verschwinden kommen. Diese Grenzbedingung

$$i = 0 \tag{5}$$

kann nach Gleichung (4) nur dadurch erfüllt werden, daß zu dem vorwärtslaufenden Strom i_v am Leitungsende noch ein rückläufiger Strom i_r hinzutritt, dessen Größe sein muß

$$i_r = -i_v . \tag{6}$$

Damit ist nach Gleichung (2) auch eine rückläufige Spannung verknüpft vom Betrage

$$e_r = -Z i_r = Z i_v = e_v , \tag{7}$$

wobei die Beziehungen (6) und (1) benutzt sind. Die gesamte Spannung am Leitungsende, die sich nach Gleichung (3) aus den vorwärts und rückwärts laufenden Teilspannungen zusammensetzt, wird damit

$$e = e_v + e_r = 2 e_v . \tag{8}$$

Es tritt also am offenen Leitungsende in jedem Augenblick eine doppelt so große Spannung auf als die vorwärtslaufende Spannungswelle beim Durchschreiten des Leitungsendes allein ergeben würde. Die Verdoppelung ist dadurch bedingt, daß durch die Grenzbedingung (5) und (6) eine rückläufige Welle erzwungen wird, deren Strom der vorlaufenden entgegengerichtet, deren Spannung ihr gleichgerichtet ist, und die am offenen Ende stets die gleiche Größe besitzt wie die vorlaufende Welle. Die rückwärtslaufende Welle stellt demnach das genaue *Spiegelbild* der vorwärtslaufenden Welle dar und quillt aus dem offenen Leitungsende im gleichen Maße heraus, wie die vorwärtslaufende Welle in ihm versinkt. Die einfallende Welle wird demnach am offenen Leitungsende vollständig reflektiert, und zwar mit gleichem Vorzeichen der Spannung und entgegengesetztem Vorzeichen des Stromes.

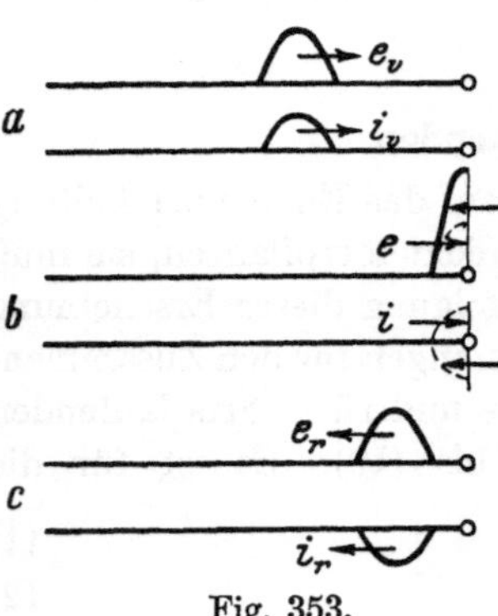

Fig. 353.

In Fig. 353 b ist der Augenblick herausgegriffen, in dem die vorlaufende Welle zur Hälfte über das Leitungsende gelaufen ist, die rückläufige Welle zur Hälfte aus ihm herausgequollen ist. Fig. 353 c stellt den Vorgang nach beendetem Austritt der vorlaufenden Welle aus der Leitung dar. Es ist allein die rückläufige Wanderwelle übrig geblieben, die nunmehr für sich auf der homogenen Leitung unverzerrt nach links läuft und die gespiegelte oder reflektierte Form der ursprünglichen rechtslaufenden Welle besitzt.

Die Gleichungen (5) bis (8) sind ohne Bezugnahme auf eine bestimmte Wellenform hergeleitet und gelten daher nicht nur für Einzelwellen nach Fig. 353, sondern genau so auch für Sprungwellen, die in Fig. 354 dargestellt sind. Fig. 354a zeigt eine Sprungwelle von Spannung und Strom kurz vor dem Erreichen eines offenen Leitungsendes. Sie kann durch Einschalten von Leitungen entsprechend dem vorigen Kapitel 35 entstanden sein. In dem Augenblick, wo sie das freie Ende erreicht, tritt zur Erzwingung des Leitungsstromes null eine rückläufige Welle auf, die die gleiche aber gespiegelte Form der ursprünglichen Sprungwelle besitzt, und deren Vorzeichen wieder durch die Gleichungen (6) und (7) bestimmt ist. Die rückläufige Welle besteht genau wie die vorlaufende aus einem steilen Kopf und einem langen konstanten Rücken, so daß die Grenzbedingung (5) für alle Zeiten erfüllt wird. Sie bewirkt hier, daß der Strom nicht nur am Leitungsende selbst zu null wird, sondern sie überlagert sich dem Rücken der ursprünglichen Welle fortlaufend, so daß nach der Darstellung in Fig. 354b der Zustand $i = 0$ und damit auch der Zustand $e = 2\,e_v$ sich mit der Geschwindigkeit des rückläufigen Wellenkopfes auf der ganzen Leitung ausbreitet. Es wird also beim Auftreffen einer Sprungwelle mit langem Rücken nicht nur das Leitungsende, sondern die gesamte Ausdehnung der Leitung durch Reflexion der Welle am offenen Ende unter doppelte Spannung gesetzt.

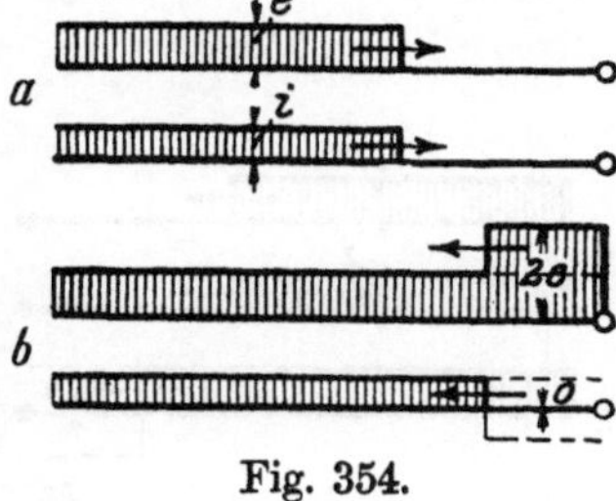

Fig. 354.

Diese Spannungserhöhung auf das Zweifache der normalen Wellenspannung tritt an jedem offenen Leitungsende immer ein. Wie weit sich die Überspannung alsdann nach rückwärts auf die homogene Leitung ausbreitet, hängt vollständig von der Form der auftretenden Welle ab. In jedem Falle wird die einfallende Spannungswelle mit gleichem, die einfallende Stromwelle mit entgegengesetztem Vorzeichen unter Beibehaltung der sonstigen Form vollständig reflektiert.

b) Kurzgeschlossene Leitungsenden.

Findet die homogene Leitung durch einen Kurzschluß zwischen Hin- und Rückleitung ihr Ende, so kann an dieser Stelle keine Spannung zwischen den Leitungen bestehen. Es gilt demnach als Grenzbedingung

$$e = 0 \tag{9}$$

und daher ist nach Gleichung (3)

$$e_r = -\,e_v\,. \tag{10}$$

Auch hier tritt also eine rückläufige Spannungswelle auf, jedoch mit dem negativen Vorzeichen der vorlaufenden Welle. Ihr entspricht nach Gleichung (2) ein rückläufiger Strom, den man unter Beachtung von Gleichung (10) und (1) erhält zu

$$i_r = -\frac{e_r}{Z} = \frac{e_v}{Z} = i_v. \qquad (11)$$

Er ist also gleichgerichtet mit dem vorlaufenden Strom. Der Gesamtstrom am Kurzschlußende wird

$$i = i_v + i_r = 2\,i_v \qquad (12)$$

und ist damit doppelt so groß wie der ursprüngliche Strom der vorwärts laufenden Welle.

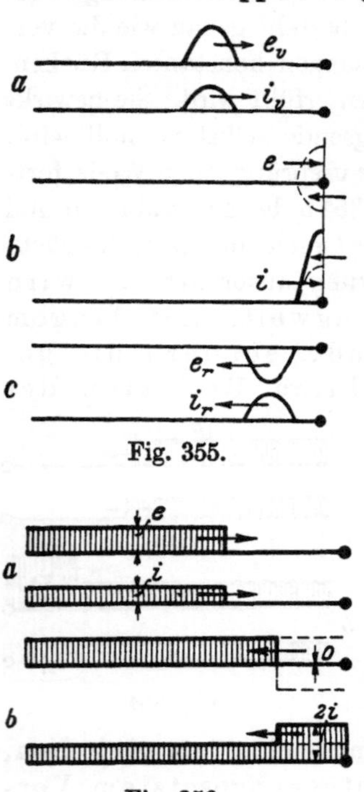

Fig. 355.

Fig. 356.

In Fig. 355a, b und c ist dieser Reflexionsvorgang für eine Einzelwelle dargestellt, in Fig. 356a und b für eine lange Sprungwelle. Beim Einfallen auf das Kurzschlußende quellen aus diesem rückläufige Strom- und Spannungswellen heraus, die gegenüber den Vorgängen am offenen Leitungsende ihre Rollen vollständig vertauscht haben. Auch am kurzgeschlossenen Leitungsende werden demnach alle einfallenden Wellen unter Beibehaltung ihrer Form vollständig reflektiert, und zwar die Stromwellen mit gleichem Vorzeichen, die Spannungswellen mit entgegengesetztem Vorzeichen. Am Kurzschlußende tritt dadurch eine vollständige Entspannung ein unter Verdoppelung des Stromes. Einige Zeit nach dem Auftreffen der ursprünglichen Welle auf das Leitungsende wandern die Einzelwellen entsprechend Fig. 355c mit gleicher Form und lediglich geändertem Vorzeichen der Spannung zurück. Die Ladung der Welle tritt also an der Kurzschlußstelle einfach auf die jeweils andere Leitung über. Bei Sprungwellen dagegen tritt nach Fig. 356b auch hier eine Umbildung der Werte auf der ganzen Leitung ein. Die Spannung bricht, vom Kurzschlußende ausgehend, nach rückwärts vollständig auf null zusammen, der Strom schwillt in der ganzen Leitung auf das Doppelte des ursprünglichen Wertes an.

c) Freie Schwingungen endlicher Leitungen.

Läuft eine Wanderwelle auf einer Leitungsstrecke mit beiderseits offenen Enden, beispielsweise eine Einzelwelle in Fig. 357, so wird die Spannungswelle, die wir nunmehr allein betrachten wollen, an jedem Ende unter zeitweiliger Verdoppelung ihres Wertes vollständig reflektiert. Hat die Welle bei Beginn der Betrachtung die augenblickliche Lage 1, so läuft sie mit Lichtgeschwindigkeit über die Lage 2 hinaus ans Leitungsende, läuft nach Reflexion zurück über Lage 3 und erreicht über 4 hinaus das andere Leitungsende. Dort wird sie abermals reflektiert und läuft unter Durchschreitung der ursprünglichen Form und Lage 1 wieder nach rechts. Die Welle eilt also auf der offenen Leitung dauernd mit Lichtgeschwindigkeit hin und her.

Berücksichtigt man auch den Ohmschen Widerstand der Leitungen und der Isolierung, so verlöscht die Welle entsprechend den Beziehungen von Kapitel 34 allmählich nach einer räumlichen oder zeitlichen Exponentialfunktion. Ihre Ladung breitet sich dabei ebenso wie die Stromwärmeverluste gleichmäßig auf der Leitung aus.

Sind beide Leitungsenden kurzgeschlossen, was in Fig. 358 dargestellt ist, so wird das Vorzeichen der Spannung bei jeder Reflexion umgekehrt.

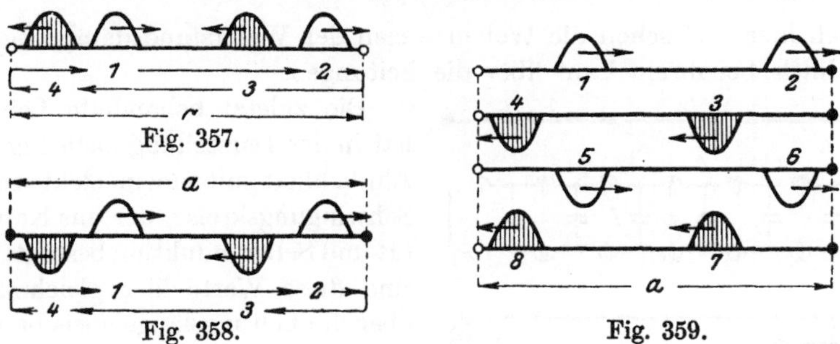

Fig. 357.

Fig. 358.

Fig. 359.

Der sonstige Verlauf wird gegenüber der Leitung mit offenen Enden jedoch nicht geändert. Nach doppelter Reflexion, sowohl am rechten als auch am linken Ende der Leitung, ist die Spannung wieder positiv, so daß sich das Spiel auch hier nach zweimaligem Durchlaufen der Leitungsstrecke zyklisch wiederholt.

Bezeichnet man die Periode des Vorganges mit $\mathfrak{T}$, das ist die Dauer eines vollständigen Hin- und Rücklaufes der Welle über die doppelte Leitungslänge a mit der Geschwindigkeit v, so ist

$$v\mathfrak{T} = 2a\,, \tag{13}$$

und damit wird die Schwingungsdauer einer beiderseits offenen oder beiderseits kurzgeschlossenen Leitungsstrecke

$$\mathfrak{T} = \frac{2a}{v}\,. \tag{14}$$

Die Frequenz dieser Schwingungen in 2π Sekunden ist

$$\nu = \frac{2\pi}{\mathfrak{T}} = \pi\frac{v}{a}\,, \tag{15}$$

man nennt sie die Eigenfrequenz oder Grundfrequenz der Leitung.

Ist die Leitung an einer Seite offen und an der anderen Seite kurzgeschlossen, so verlaufen die Wellen nach Art der Fig. 359. Eine Spannungseinzelwelle wandert von der Stelle 1 mit Lichtgeschwindigkeit nach 2, wird am Kurzschlußende unter Umkehrung des Vorzeichens reflektiert, läuft über 3 nach 4, wird am offenen Ende mit gleichem Vorzeichen reflektiert und behält daher beim Lauf über 5 nach 6 negativen Wert. Bei abermaliger Reflexion am rechten Ende wird die Spannung wieder positiv, die Welle läuft über 7 nach 8 und wird nunmehr positiv gespiegelt, so daß sie beim nochmaligen Durchschreiten der Lage 1 wieder ursprüngliche Form, Laufrichtung und Vorzeichen besitzt. Auch dieser Vorgang ist also periodisch, jedoch wiederholt sich das Spiel erst nach Durchlaufen von 4 Leitungslängen. *Die Schwingungsdauer eines Leitungsabschnittes von der Länge a, der an einer Seite kurzgeschlossen, an der anderen Seite offen ist, beträgt daher*

$$\mathfrak{T} = \frac{4a}{v}. \tag{16}$$

Auch hier verlöschen die Wellen wegen der Widerstandsdämpfung allmählich bei ihrem Lauf über die Leitungen.

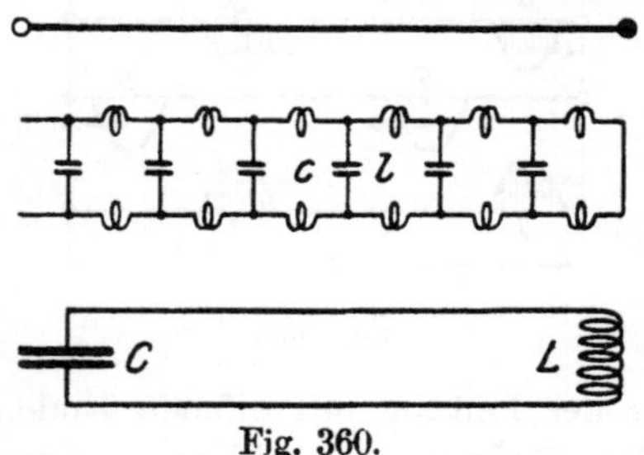

Fig. 360.

Die zuletzt behandelte Leitung hat in der Darstellung nach Fig. 360 Ähnlichkeit mit einem elektrischen Schwingungskreise, der aus Kapazität und Selbstinduktion besteht, nur sind diese Werte hier gleichmäßig über die Leitungslänge ausgebreitet. Würde man sich die Kapazität der Leitung am offenen Ende, die Selbstinduktion dagegen am kurzgeschlossenen Ende konzentriert denken, so wäre die Eigenfrequenz dieses Schwingungskreises nach Kapitel 6 Gleichung (15)

$$\nu = \frac{1}{\sqrt{LC}}. \tag{17}$$

Die Eigenfrequenz unserer Leitung mit verteiltem l und c ist dagegen nach Gleichung (16)

$$\nu = \frac{2\pi}{\mathfrak{T}} = \frac{\pi v}{2a}. \tag{18}$$

Führt man darin die Wellengeschwindigkeit v nach Kapitel 34, Gleichung (14) ein und ersetzt sodann die Selbstinduktion l und Kapazität c pro Längeneinheit durch die gesamten Werte L und C für die ganze Leitung, so erhält man

$$\nu = \frac{\pi}{2} \frac{1}{\sqrt{al \cdot ac}} = \frac{\pi}{2} \frac{1}{\sqrt{LC}}. \tag{19}$$

Wir erkennen hieraus, daß die Eigenfrequenz der wirklichen einseitig offenen Leitungsschleife mit verteilter Kapazität und Selbstinduktion im Verhältnis $\pi : 2$ größer ist als die eines Schwingungskreises mit konzentrierten Spulen und Kondensatoren. Gleichzeitig haben wir in Gleichung (18) eine einfache Berechnungsformel für die wirkliche Eigenfrequenz von solchen Leitungen gewonnen, die nur von der Leitungslänge und der Wellengeschwindigkeit abhängt.

Eine Freileitung von $a = 10$ km Länge, die einseitig offen, anderseitig geschlossen ist, besitzt danach eine Eigenfrequenz

$$\nu = \frac{\pi \cdot 3 \cdot 10^5}{2 \cdot 10} = 47\,000 \text{ in } 2\,\pi \text{ sec} \quad \text{oder} \quad f = 7500 \text{ Per/sec.}$$

Ein ebensolches Kabel von 1 km Länge ergibt

$$\nu = \frac{\pi \cdot 1{,}5 \cdot 10^5}{2 \cdot 1} = 235\,000 \text{ in } 2\,\pi \text{ sec} \quad \text{oder} \quad f = 37\,500 \text{ Per/sec.}$$

Die Grundfrequenz mäßig langer Leitungen liegt also in der Größenordnung etlicher Tausend Perioden in der Sekunde.

d) Einschalten kurzer Leitungen.

Setzt man eine beliebige Leitung plötzlich unter Spannung, so breitet sich der Einschaltzustand immer in Form einer Sprungwelle mit steilem Kopf auf der Leitung aus. Der Verlauf ist dabei zunächst ganz unabhängig vom Zustand des fernen Leitungsendes. Die Wellen eilen mit Lichtgeschwindigkeit auf dieses zu, sie werden an ihm reflektiert und dabei umgebildet und können erst jetzt nach Zurücklaufen und Wiedereintreffen an der speisenden Stromquelle dieser melden, ob dort ein offenes oder kurzgeschlossenes Ende oder etwas anderes besteht. Die Meldung wird dabei durch die Gestalt der zurückkommenden Wanderwellen bewirkt. Der Zustand von Strom und Spannung, der im stationären Betriebe auf der ganzen Leitung vorhanden ist, stellt sich daher nicht sofort nach Anlegen der Stromquelle an die Leitung ein, sondern wird erst durch das Hin- und Zurücklaufen der Einschaltwellen allmählich eingeleitet.

Wir wollen untersuchen, in welcher Weise sich die Spannungen und Ströme in einer offenen und in einer kurzgeschlossenen Leitung kurze Zeit nach dem Einschalten einer sehr ergiebigen Stromquelle ausbilden, deren Spannung durch die ihr entnommenen Ströme nicht abfallen soll. Die Leitung möge so kurz sein, daß die Dämpfung der Wellen für die ersten Perioden des Hin- und Herlaufens keine erhebliche Rolle spielt. Sie ist dann nach den früher genannten Zahlen sicher auch kurz gegenüber der räumlichen Wellenlänge von 50periodigem Wechselstrom. Die zu betrachtenden Zeiträume betragen daher nur kleine Bruchteile der Wechselstromperiode, so daß wir die Veränderung der niederfrequenten Wechselspannung der Stromquelle außer acht lassen können. Wenn die Wechselspannung sich erheblich geändert hat, etwa nach Ablauf einer zehntel Periode in $^2/_{1000}$ Sekunde, sind die Wanderwellen nach den früher genannten Zahlen bereits abgeklungen. Es genügt daher für alle Fälle, nicht nur beim Einschalten von Gleichspannung, sondern auch von Wechselspannung, wenn wir mit einer großen Stromquelle von konstanter Spannung rechnen, die durch einen sehr großen Kondensator oder eine Akkumulatorenbatterie verwirklicht werden kann.

Am Anfang der Leitung wird dann von dieser Stromquelle stets eine konstante Spannung E erzwungen. Jede auf die Stromquelle fallende rückläufige Spannungswelle e_r muß daher nach Gleichung (3) eine neue, ihr entgegengesetzt gerichtete vorlaufende Spannungswelle

$$e_v = -e_r \tag{19}$$

hervorrufen, denn sonst würde die Spannung e am Leitungsanfange nicht gleich E bleiben. Dem entspricht ein vorlaufender Strom, der nach Gleichung (1) stets gleichgerichtet mit der Spannung ist und sich mit Gleichung (2) aus dem einfallenden Strom ergibt zu

$$i_v = i_r. \tag{20}$$

Damit sind die Reflexionsgesetze an der Stromquelle gegeben, die vollständig denen nach Gleichung (10) und (11) an einer Kurzschlußstelle entsprechen.

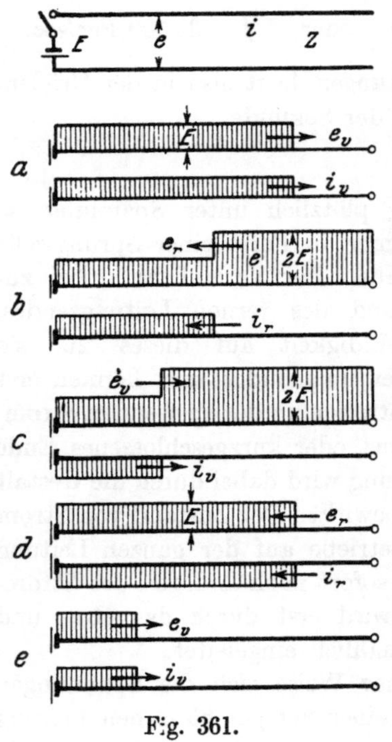

Fig. 361.

In Fig. 361 sind eine Reihe aufeinander folgender Momente der Aufladung einer offenen Leitung dargestellt. Fig. 361 a zeigt das erstmalige Einfallen der Wellen von der Stromquelle aus in die Leitung. Fig. 361 b stellt die bereits bei Fig. 354 besprochene Reflexion am offenen Ende dar, die doppelte Spannung $2E$ und verschwindenden Strom ergibt. Die rückläufige positive Spannungswelle trifft alsdann auf die Stromquelle und wird nach Gleichung (19) mit entgegengesetztem Vorzeichen reflektiert, so daß sich in Fig. 361 c eine vorlaufende negative Spannungswelle über den vorherigen Zustand lagert und die Leitung von der doppelten Spannung wieder auf die Spannung E der Stromquelle herabsetzt. Dieser negativen Spannungswelle entspricht ein vorlaufender Ladestrom, der ebenfalls negativ ist, und der nach Gleichung (20) aus dem rückläufigen Entladestrom entstanden ist. Beim abermaligen Erreichen des offenen Leitungsendes wird die negative Spannungswelle mit gleichem Vorzeichen reflektiert und entlädt jetzt die Leitung vollständig. Der Strom reflektiert mit entgegengesetztem Vorzeichen und entlädt dadurch die Leitung ebenfalls, so daß sie nach Fig. 361d nach zweimaligem vollständigen Hin- und Herlaufen des Wellenkopfes wieder strom- und spannungsfrei ist. Beim Wiedererreichen der Stromquelle wird die negative Spannungswelle mit positivem Vorzeichen reflektiert und lädt die Leitung wieder auf die Spannung E. Die positive Stromentladewelle wird mit gleichem Vorzeichen reflektiert und ergibt ebenfalls einen Ladestrom, so daß der Zustand von Fig. 361e wieder vollständig mit Fig. 361a übereinstimmt. Alsdann wiederholt sich das ganze Spiel.

Wir erkennen aus dieser Darstellung, daß die offene Leitung sich nach dem Einschalten unter der Wirkung der wandernden Wellen abwechselnd auf das Doppelte der gewollten Spannung auflädt und vollständig wieder entlädt, und daß sie dabei abwechselnd von positivem und negativem Strom durchflossen wird. Spannung und Strom pendeln also um ihren Sollwert herum, und zwar mit einer Schwingungsdauer oder Frequenz, die sich nach Gleichung (16) oder (18) berechnen läßt. Im großen Mittel verhält sich die offene Leitung also ähnlich wie ein plötzlich eingeschalteter Schwingungskreis aus L und C. Die feineren, vor allem die räumlichen Vorgänge auf der Leitung verlaufen jedoch nach wesentlich verwickelteren Gesetzen. Vor allem ist die Schwankung von Spannung und Strom hier nicht mehr sinusförmig, sondern erfolgt in scharf ausgeprägten Rechteckwellen.

Die wirkliche Leitung besitzt im Gegensatz zu der Darstellung in Fig. 361 auch Ohmschen Widerstand, so daß die Sprungwellen in ihrem Verlaufe immer schwächer werden. Die Spannung nähert sich dadurch immer mehr dem Mittelwerte zwischen den beiden Grenzen $2E$ und 0, sie geht schließlich in die Spannung E der Stromquelle über. Die Stromwellen werden gleichzeitig kleiner und kleiner und verschwinden schließlich ganz.

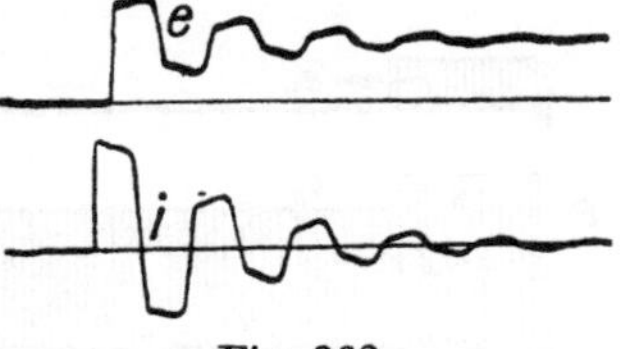

Fig. 362.

Würde man den zeitlichen Verlauf des Stromes am Anfang der Leitung, und der Spannung am Ende der Leitung messen, so erhielte man nach Fig. 361a bis 361e Wellen von rechteckiger Form, die mit plötzlichen Übergängen zwischen positiven und negativen Werten des Stromes und zwischen 0 und $2E$ der Spannung hin- und herschwanken. Fig. 362 zeigt derartige oszillographische Aufnahmen, die K. W. Wagner an einer künstlichen Leitung herstellte, auf der Selbstinduktion und Kapazität pro Längeneinheit so groß genommen war, daß die Wanderwellenschwingungen mit dem Oszillographen verfolgbar wurden. Das allmähliche Abklingen des Vorganges durch die Dämpfung der Leitungen ist hier sehr deutlich zu sehen. Man erkennt, daß sich zeitliche Wellenzüge von rechteckiger Form der Halbwellen ausbilden.

In Fig. 363 ist das Einschalten einer kurzgeschlossenen Leitung dargestellt. Das erstmalige Einfallen der Wellen nach Fig. 363a unterscheidet sich nicht von Fig. 361a. Beim Auftreffen auf das Leitungsende entwickeln sich jedoch wie in Fig. 356 durch Reflexion rückläufige Wellen, die die Leitung von Spannung entladen und den Strom auf den doppelten Betrag der ursprünglichen Einschaltwelle bringen. In Fig. 363b wandert daher eine negative Spannungs- und positive Stromwelle zurück. Fällt diese Spannungswelle auf die Stromquelle, so wird sie nach Gleichung (19) positiv reflektiert und lädt die Leitung von neuem. Die Stromwelle wird nach Gleichung (20) ebenfalls positiv reflektiert, sie lagert sich nach Fig. 363c über den bestehenden Zustand und ruft dadurch den dreifachen Wert des ursprünglichen Stromes hervor. Die zweite Reflexion am kurzgeschlossenen Ende ergibt nach Fig. 363d wiederum eine Entladung der Leitung von Spannung durch Auftreten einer rückläufigen negativen Spannungswelle. Sie hat eine neue positive rückläufige Stromwelle im Gefolge, so daß der Strom jetzt auf den 4fachen ursprünglichen Wert ansteigt. Beim Eintreffen dieses Zustandes an der Stromquelle bilden sich nach Fig. 363e nochmals vorlaufende positive Spannungs- und Stromwellen aus, die die Leitung auf einfache Spannung, jedoch auf 5fachen Anfangsstrom bringen. Der gleiche Vorgang wiederholt sich nach jedem Hin- und Herlauf der Wellen, die Spannung pendelt dabei zwischen 0 und E, der Strom steigt immer weiter an.

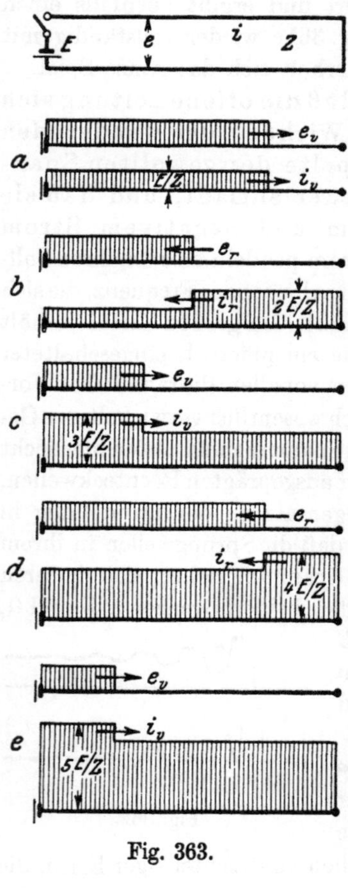

Fig. 363.

Aus diesem Spiel der Wellen erkennen wir, daß die Stromquelle dauernd versucht, die Leitung auf ihre Spannung zu laden, daß ihr dies jedoch nicht gelingt, weil das Kurzschlußende ihr durch die zurückkehrende Entladewelle immer wieder meldet, daß die Aufladung unmöglich ist. Die Stromquelle beantwortet die Meldung mit fortgesetzter Entsendung neuer Stromstöße, die alle gleichgerichtet sind und ein stufenweises Anwachsen des gesamten Stromes bewirken, der bei widerstandsfreier Leitung immer weiter zunehmen würde. Der Kurzschlußstrom jeder beliebigen Leitung entwickelt sich daher weder ganz plötzlich wie in einem idealen Widerstande, noch stetig und allmählich wie in einer idealen Selbstinduktion, sondern er steigt in Wirklichkeit in endlichen Schritten von Stufe zu Stufe an.

Auch hier wird das Bild des Wellenverlaufs durch den Widerstand oder die Dämpfung der Leitungen dahin geändert, daß die hin- und herlaufenden Strom- und Spannungswellen allmählich kleiner und kleiner werden. Die Stufen des Stromanstieges werden dadurch immer geringer, der Leitungsstrom nähert sich schließlich einer Grenze, nämlich dem konstanten Werte des stationären Kurzschlußstromes, der durch den Leitungswiderstand bestimmt ist. Fig. 364 stellt diesen Anstieg des Kurzschlußstromes nach einer oszillographischen Aufnahme von K. W. Wagner an einer künstlichen Leitung dar.

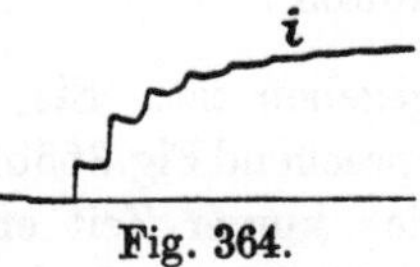

Fig. 364.

37. Funkenentladung und Öffnung von Leitungen.

Zahlreiche Schaltvorgänge werden durch das Entstehen von Funken oder Lichtbögen in elektrischen Leitungskreisen eingeleitet. Nach unseren früheren Betrachtungen, vor allem in Kapitel 24 und 25, setzen dieselben außerordentlich schnell ein, so daß wir mit einem ganz plötzlichen Einschalten durch Funkenbildung rechnen können. Sie löschen jedoch wegen der Wärmewirkung der Elektroden nicht mit gleicher Geschwindigkeit aus, hierfür vergeht vielmehr im allgemeinen einige Zeit. Beides ist für die Art der Ausbildung von Wellen maßgebend.

a) Plötzlicher Erd- oder Kurzschluß.

Wird die Isolierung einer Spannung führenden Leitung plötzlich durchschlagen, etwa durch Beschädigung des Isoliermittels oder durch irgend eine Überspannung, so stellt der Durchbruchfunken wegen der meist geringen Funkenspannung im Vergleich zur Hochspannung der Leitung einen nahezu vollständigen Kurzschluß dar. Als Beispiel ist in Fig. 365 der Überschlag eines Freileitungsisolators dargestellt, wodurch die Leitung in plötzlichen Kontakt mit dem eisernen Mast und der Erde kommt und daher ihre Spannung gegenüber dieser verliert.

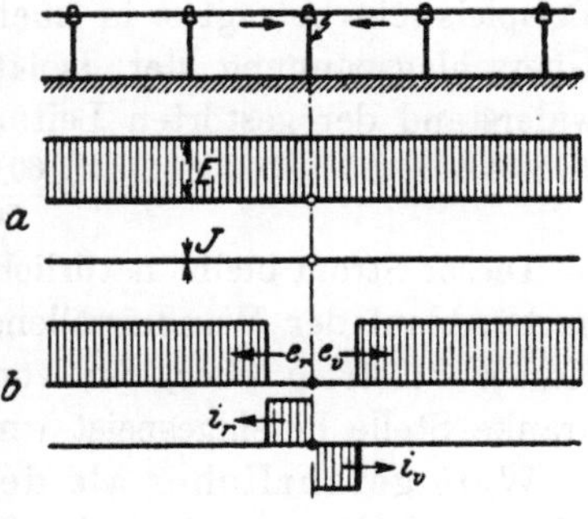

Fig. 365.

Unmittelbar vor dem Überschlag, also zur Zeit $t < 0$, ist die Spannung der Leitung gegen Erde gleich E, ihr Betriebsstrom J sei der Einfachheit wegen gleich null gesetzt, entsprechend Fig. 365a. Die Höhe von E ist durch die Überschlag- oder Durchbruchspannung des Isolators gegeben. Nach dem Durchschlagen, also für $t > 0$ ist an der Durchschlagstelle

$$e = 0\,. \tag{1}$$

Die Spannung sinkt also plötzlich herab. Es bilden sich daher Entladewellen auf der Leitung aus, die mit Lichtgeschwindigkeit von der Durchschlagstelle forteilen, und deren Größe durch

$$e_r = e_v = -E \tag{2}$$

gegeben ist. Sie überlagern sich der ursprünglichen Spannung entsprechend Fig. 365b. Da der Isolationsdurchbruch meistens in außerordentlich kurzer Zeit erfolgt, so verursachen diese Entladewellen ein sehr steiles, sprunghaftes Verschwinden der Spannung, wie es in Fig. 365b dargestellt ist.

Den fortwandernden Spannungswellen entsprechen Stromwellen in der Leitung, deren Größe nach Kapitel 34, Gleichung (16) und (17) durch ihren Wellenwiderstand gegeben ist zu

$$i_r = -i_v = \frac{E}{Z}\,. \tag{3}$$

Der Strom im Durchschlagsfunken wird durch die Summe der von beiden Seiten kommenden Ströme gebildet und ist daher

$$i_f = 2\frac{E}{Z}\,. \tag{4}$$

Er kann bei hohen Netzspannungen recht erhebliche Werte erreichen. Beispielsweise beträgt er in einem 20 000 Volt-Netz mit $E = 60\,000$ Volt Überschlagspannung der Isolatoren gegen Erde und einem Wellenwiderstand der gestörten Leitung gegenüber Erde von $Z = 500$ Ohm

$$i_f = 2\,\frac{60\,000}{500} = 240 \text{ Amp.}$$

Dieser Strom bleibt natürlich nicht dauernd bestehen, sondern geht nach Ablauf der Wanderwellenerscheinungen in den Erdschluß- oder Kurzschlußstrom über, der von den Generatoren des Netzes in die kranke Stelle hineingespeist wird.

Weit gefährlicher als der Strom im Durchschlagfunken oder -lichtbogen sind die Sprungwellen der Spannung, die von derartigen Überschlägen erzeugt werden. Wird der Durchschlag von der normalen Netzspannung bewirkt, etwa als Folge eines Isolationsfehlers, so ist die Höhe der Sprungwellen gleich dieser Spannung. Häufig treten jedoch Überschläge von Isolatoren oder auch Durchschläge von Kabeln unter der Wirkung irgendwie entstandener Überspannungen auf, die von atmosphärischen Ladungen oder aus der Anlage selbst herrühren können, und die einen vielfachen Betrag der Netzspannung ausmachen. Die hierbei entstehenden Entladesprungwellen werden nicht von allen Überspannungsschutzapparaten beeinflußt, da sie ja eine Entladung der Leitung, also ein Verschwinden der Spannung darstellen, während jene Schutzapparate im wesentlichen auf Spannungssteigerungen ansprechen. Sie können alsdann unbeeinflußt in die Stationen einfallen und hier schwere Zerstörungen hervorrufen.

Genau die gleichen Erscheinungen wie beim Erdschluß treten beim plötzlichen Kurzschluß zweier Leitungen ein. Nur beziehen sich dann alle Werte von Spannung und Wellenwiderstand auf die beiden kranken Leitungen, anstatt auf eine Leitung und Erde.

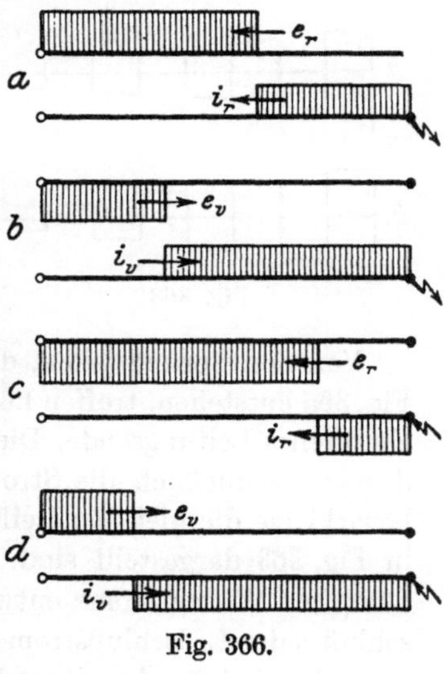

Fig. 366.

b) Oszillatorische Entladung.

Trifft die Entladewelle des Kurz- oder Erdschlußfunkens einer Leitung nach Fig. 366 auf ein offenes Ende, so werden Spannung und Strom dort nach den Gesetzen des vorigen Kapitels 36 reflektiert, und zwar die Spannungswelle mit gleichem, die Stromwelle mit entgegengesetztem Vorzeichen. Dadurch verschwindet der Strom, und die Spannung wird negativ, so wie es in Fig. 366b dargestellt ist. Beim Wiedereintreffen der Welle an der Kurzschlußstelle tritt ebenfalls eine Reflexion ein, unter Umkehr der Spannungsladewelle und gleichbleibender Richtung der Stromentladewelle. Während der Strom im Funken bis zu diesem Augenblick positive Richtung besaß, entsprechend der ursprünglichen positiven Stromwelle, und beispielsweise aus der Leitung nach der Erde übertrat, wechselt er bei der nunmehrigen Reflexion der Wellen am Kurzschlußpunkte wegen der entstehenden negativen Stromwelle seine Richtung und behält sie bis zum dritten Wiederauftreffen der Welle am Funken bei. In Fig. 366 sind einige weitere Stadien des Wellenverlaufes gezeichnet.

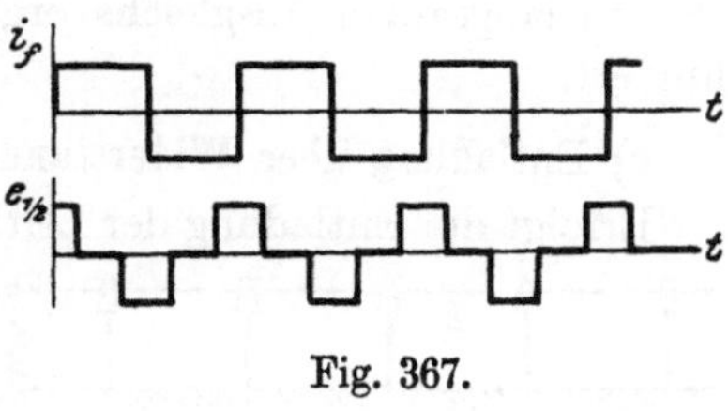

Fig. 367.

Der Strom i_f im Funken am kurzgeschlossenen Ende besitzt daher einen zeitlich rechteckartigen Verlauf nach Fig. 367. Den gleichen Verlauf erhält man auch für die Spannung am offenen Ende der Leitung, wie man aus Fig. 366 ablesen kann. Dagegen besitzen Strom und Spannung an anderen Leitungsstellen eine ebenfalls rechteckige, aber öfter wechselnde Kurvenform, in der Leitungsmitte erhält man z. B. einen Verlauf von e nach Fig. 367. Jede kurzschlußartige Entladung von Leitungen, die durch einen plötzlichen Funkendurchbruch eingeleitet wird, besitzt einen derartigen zeitlich rechteckigen oszillatorischen Verlauf. Ihre Frequenz ist durch Gleichung (18) des vorigen Kapitels 36 gegeben.

Berücksichtigt man den Widerstand der Leitungen, so erhält man eine exponentielle Dämpfung der oszillatorischen Rechteckwellen nach einer geometrischen Reihe, entsprechend Fig. 368 a. Überwiegt dagegen die Lichtbogenspannung des Funkens, so erhält man eine Dämpfung der Rechteckschwingungen durch die stets gleichbleibende Funkenspannung nach einer arithmetischen Reihe, was in Fig. 368 b dargestellt ist. In beiden Fällen bilden sich sprunghafte Wellenzüge aus.

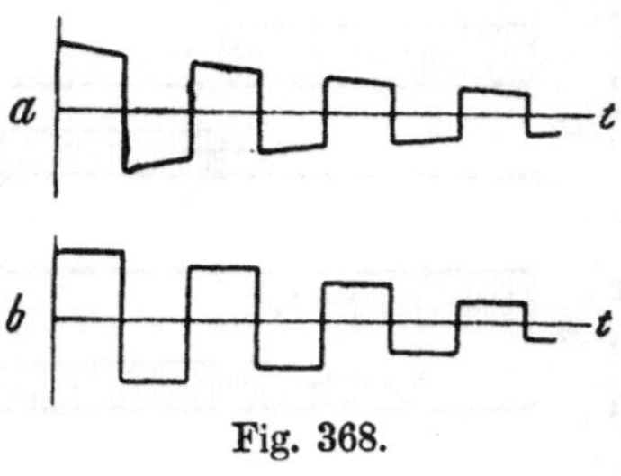

Fig. 368.

Von den Sprungwellen, die durch Kurzschluß oder Erdschluß nach Fig. 365 entstehen, treffen höchstens die nach einer Seite laufenden auf ein offenes Leitungsende. Die nach der anderen Seite eilenden erreichen dagegen schließlich die Stromquelle. Wenn diese ergiebig genug ist, bewirkt sie die gleichen Reflexionsvorgänge, die im vorigen Kapitel 36 in Fig. 363 dargestellt sind. Durch dauernde Addition der etwas gedämpften Wellenströme entwickelt sich alsdann stufenweise der Kurzschluß- oder Erdschlußstrom der Zentrale, den ihre Stromerzeuger in die Durchbruchstelle hineinsenden. Da die Dauer der Wanderwellenerscheinungen nur nach Tausendsteln von Sekunden zählt, so sind diese Treppenkurven nur am allerersten Anfange der zeitlichen Gleich- oder Wechselstromkurven vorhanden und werden vom Oszillographen im allgemeinen nicht mitgezeichnet. Der Verlauf der früher besprochenen langsamen Ausgleichsvorgänge wird daher durch sie nicht behindert.

c) Entladung über Widerstand.

Erfolgt die Entladung der Leitungsstrecke mit der Spannung E nicht durch einen Kurzschluß, sondern nach Fig. 369 über einen Ohmschen Widerstand R am einen Ende, so sinkt die Spannung dort nicht auf null, sondern auf den Wert, den der auftretende Entladestrom i_r im Widerstande hervorruft. Da sich die Spannung der Leitung aus der ursprünglichen Spannung E und der entstehenden rückläufigen Schaltwelle zusammensetzt, so ist

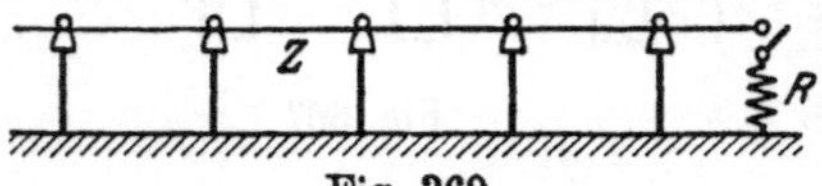

Fig. 369.

$$E + e_r = R i_r. \tag{5}$$

Drückt man darin die Spannung durch Wellenwiderstand und Strom aus

$$e_r = -Z i_r, \tag{6}$$

so kann man diesen bestimmen zu

$$i_r = \frac{E}{Z + R}. \tag{7}$$

Der Entladestrom wird also durch den Widerstand geschwächt, der sich einfach zu dem Wellenwiderstand der Leitung addiert. Die Spannung der Entladewelle wird nach Gleichung (6)

$$e_r = -\frac{Z}{Z + R} E. \tag{8}$$

Sie wird ebenfalls mit zunehmendem Widerstand kleiner. Macht man $R = Z$, so entlädt sich die Leitung gerade auf die Hälfte.

Ist die Leitung nach Fig. 370 am anderen Ende offen, so wird die Entladewelle dort in voller Höhe reflektiert, die Spannung mit gleichem, der Strom mit entgegengesetztem Vorzeichen. Für $R = Z$ findet dann entsprechend Fig. 370a eine vollständige Entladung der Leitung von Strom und Spannung statt, für $R > Z$ nach Fig. 370b eine unvollständige Entladung, für $R < Z$ nach Fig. 370c eine überstürzte Umladung auf entgegengesetzte, wenn auch kleinere Spannung.

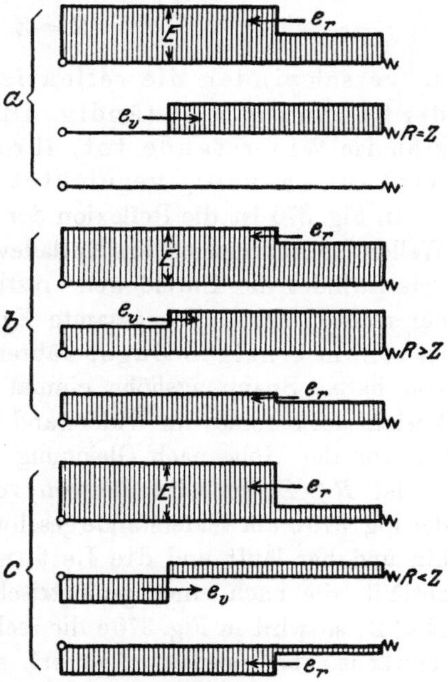

Fig. 370.

Beim Wiederauftreffen auf das mit Widerstand belastete rechte Leitungsende werden diese vorlaufenden Wellen reflektiert. Das Reflexionsgesetz erhalten wir aus der Bedingung, daß am Leitungsende stets

$$e = R i \tag{9}$$

ist. Wir setzen darin für die Gesamtspannung und den Gesamtstrom die Summe der vor- und rücklaufenden Teilwellen ein und ersetzen sodann die Spannungswellen entsprechend Gleichung (6) durch die Stromwellen. Dann entsteht

$$Z(i_v - i_r) = R(i_v + i_r). \tag{10}$$

Daraus folgt für die reflektierte Stromwelle

$$i_r = \frac{Z - R}{Z + R} i_v \tag{11}$$

und für die reflektierte Spannungswelle mit Gleichung (6)

$$e_r = \frac{R - Z}{R + Z} e_v. \tag{12}$$

Mit $R = \infty$ oder $R = 0$ ergeben sich hieraus für offene oder kurzgeschlossene Leitungsenden sofort die Reflexionsgesetze des vorigen Kapitels 36, bei denen die Wellen in voller Höhe zurückgeworfen werden. Da der Endwiderstand den Nenner in Gleichung (11) und (12) vergrößert, so verringert er die reflektierten Wellen in jedem Falle. Für $R > Z$ wird die Spannung mit gleichem, für $R < Z$ mit vertauschtem Vorzeichen reflektiert. Die Ströme verhalten sich natürlich stets entgegengesetzt. Wird der Ohmsche Widerstand genau gleich dem Wellenwiderstand gemacht,

$$R = Z = \sqrt{\frac{l}{c}}, \tag{13}$$

so verschwinden die reflektierten Wellen des Stromes wie der Spannung vollständig. Die einfallenden Wellen laufen sich im Widerstande tot, ihre elektromagnetische Energie wird in ihm völlig vernichtet und in Wärme umgewandelt.

In Fig. 370 ist die Reflexion der vom freien Ende zurückkehrenden Wellen für drei verschiedene Entladewiderstände dargestellt. In Fig. 370a verschwindet die Entladewelle restlos im reflexionsfreien Widerstand der rechten Seite. Die gesamte Entladung der Leitung erfolgt in einem einzigen Zuge, während dessen Dauer eine Entladewelle von halber Spannungshöhe einmal hin- und herläuft. Der zeitliche Verlauf des Stromes im Widerstand besteht aus einem einzigen Rechteck von der Höhe nach Gleichung (7).

Ist $R > Z$, so wird die von vornherein nur kleine Entladewelle der Fig. 370b am Widerstande geschwächt reflektiert, so daß sie dauernd hin und her läuft und die Leitung in lauter kleinen Staffeln entlädt, die nach einer geometrischen Reihe abnehmen. Ist jedoch $R < Z$, so wird in Fig. 370c die rechts eintreffende negative Welle geschwächt, aber positiv reflektiert, so daß man ähnliche Verhältnisse wie bei vollständigem Kurzschluß nach Fig. 366 erhält. Die Entladung überstürzt sich hier dauernd und verläuft oszillatorisch. Sie wird durch die Energievernichtung im Belastungswiderstande jedoch gedämpft und klingt ebenfalls nach einer geometrischen Reihe ab.

Die Grenze der oszillierenden Entladung ist hier durch Gleichung (13) gegeben, während sie für quasistationäre Schwingungskreise nach Kapitel 6, Gleichung (16) durch das Doppelte dieses Wertes bestimmt wurde. Dort dauerte die vollständige Entladung auch in diesem Grenzfalle des aperiodischen Verlaufes unendlich lange. Hier besitzt sie dagegen nach zweimaligem Durchlaufen der Welle durch die Leitung ein scharfes Ende.

In ähnlicher Weise bilden sich auch die Wellen beim Einschalten einer Leitung aus, deren anderes Ende über einen Ohmschen Widerstand geschlossen ist. In Fig. 371 sind oszillographische Messungen von

K. W. Wagner wiedergegeben, die das Ansteigen des Stromes am Anfang, und der Spannung in der Mitte einer derart belasteten künstlichen Leitung zeigen. Bei Fig. 371 a beträgt der Endwiderstand den 9. Teil des Wellenwiderstandes, bei Fig. 371 b ist er gleich dem Wellenwiderstand, und bei Fig. 371 c gleich dem 7 fachen Wellenwiderstand der Leitung. Nur im Falle der Abgleichung der Widerstände entsprechend Formel (13) tritt keine Reflexion am Ende und daher auch keine rückläufige Welle auf, die die Leitung wiederholt durchläuft. Die Aufladung mit Strom und Spannung erfolgt vielmehr in einem einzigen Zuge. Dagegen bewirkt nach Gleichung (11) und (12) der kleinere Widerstand durch stärkere Entladung des Leitungsendes ein treppenförmiges Ansteigen, während der größere Widerstand durch Reflexion einer Überspannungswelle eine oszillatorisch gedämpfte Aufladung verursacht.

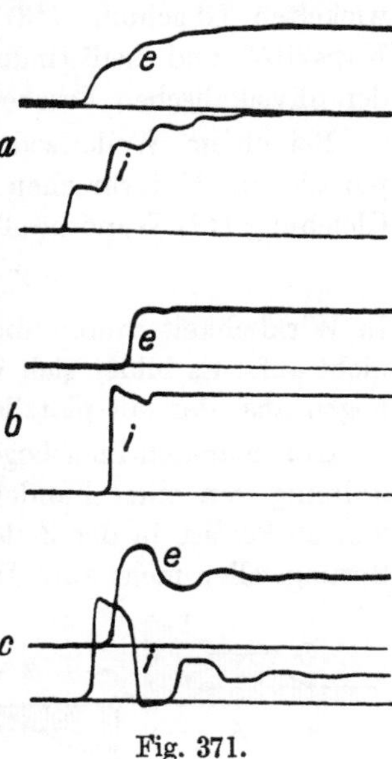

Fig. 371.

d) Plötzliches Öffnen der Leitung.

Wird die Leitung nach Fig. 372 an irgendeiner Stelle plötzlich unterbrochen, so kann die zur Zeit $t < 0$ bestehende stationäre Spannung E und der stationäre Strom J nicht weiter fließen. Es ist vielmehr für $t > 0$ im Schalter stets

$$i = 0. \tag{14}$$

Der stationäre Strom J muß daher durch Entladestromwellen aufgehoben werden, die alsdann vom Schalter nach rechts und links fließen. Ihre Größe ist

$$i_r = i_v = -J. \tag{15}$$

Diese Stromwellen sind mit vor- und rücklaufenden Spannungswellen verknüpft, die sich über die stationäre Spannung lagern. Ihre Größe bestimmt sich bei gegebenem Wellenwiderstand nach Kapitel 34, Gleichung (16) und (17) zu

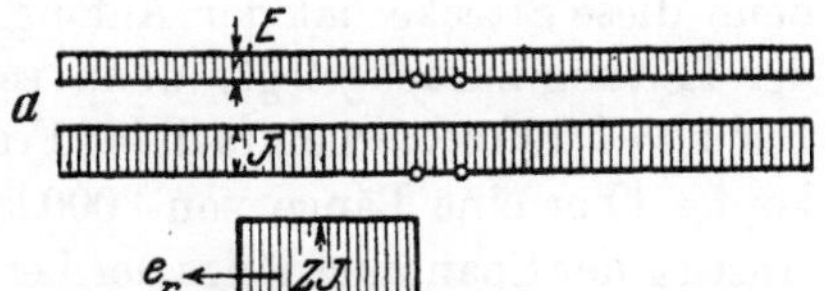

Fig. 372.

$$e_r = -e_v = ZJ = \sqrt{\frac{l}{c}}\,J. \tag{16}$$

Sie haben rechts und links vom Schalter entgegengesetztes Vorzeichen, so daß am Schalter das Doppelte dieser Überspannung auftritt, nämlich

$$e_s = 2ZJ. \tag{17}$$

In Fig. 372 b sind diese Verhältnisse dargestellt.

Aus diesen Formeln sowie aus Fig. 365 und 372 erkennt man eine weitgehende Analogie zwischen dem Kurzschließen und Öffnen von Leitungen; Strom und Spannung haben nur ihre Rolle vertauscht. Die Beziehung (16) hat große Ähnlichkeit mit der in Kapitel 18 entwickelten Gleichung (13) für die Überspannung bei konzentrierter Kapazität und Selbstinduktion. Dies rührt von der Gleichartigkeit der physikalischen Erscheinungen her.

Bei einem Wellenwiderstand von $Z = 500\ \Omega$ würden sich beim plötzlichen Unterbrechen eines Stromes von $J = 100$ Amp. nach Gleichung (17) Wanderwellenüberspannungen am Schalter ergeben von

$$e_s = 2 \cdot 500 \cdot 100 = 100\,000 \text{ Volt.}$$

In Wirklichkeit treten diese hohen Überspannungen im allgemeinen nicht auf. Es bildet sich vielmehr beim Öffnen der Leitung ein Lichtbogen aus, der ein plötzliches Abreißen des Stromes verhindert.

Läßt man den Lichtbogen in einer Zeit verlöschen, die in der Größenordnung von einer hundertstel Sekunde liegt, also bei Wechselstrom von 50 Per/sec in der Zeit einer Halbperiode, so treten keine scharfen Sprungwellen mehr auf. Der Abfall des Stromes und daher der Anstieg der Spannung verteilt sich vielmehr auch räumlich, entsprechend Fig. 373, und zwar auf eine Strecke k, die gegeben ist durch das Produkt von Unterbrechungszeit τ und Lichtgeschwindigkeit v. Die Kopflänge der Welle ist also

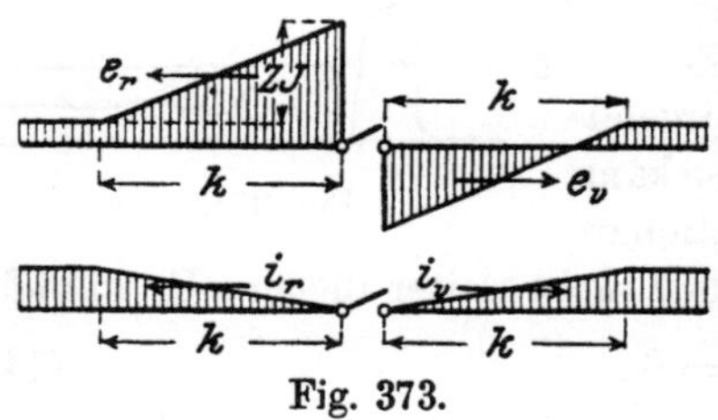

Fig. 373.

$$k = v\tau, \tag{18}$$

denn diese Strecke hat der Anfang des Ausschaltvorganges bereits auf der Leitung zurückgelegt, wenn sein Ende sich am Schalter abspielt. Für $\tau = 1/100$ sec erhält man bei Freileitungen einen Anstieg des Wellenkopfes über eine Länge von 3000 km. Dies bewirkt einen sehr sanften Anstieg der Spannung längs der Leitung. Selbst wenn man den Strom durch künstliche Mittel, etwa durch verstärkte Elektrodenkühlung unter Öl, außerordentlich schnell unterbricht, so daß man auf Ausschaltezeiten von $\tau = 1/10\,000$ sec kommen sollte, ist die Kopflänge der entstehenden Schaltwelle immer noch 30 km. Auch in diesem Falle verläuft der Spannungsanstieg im Wellenkopf noch recht sanft.

Nur auf Leitungen, deren Länge in der Größenordnung der Kopflänge liegt, können sich nach Fig. 373 die durch Gleichung (17) bestimmten Überspannungen ungestört ausbilden. Für Leitungslängen jedoch, die klein gegenüber der Kopflänge der Welle sind, werden die Überspannungswellen, bevor sie sich bis zu ihrem Höchstwert entwickelt haben, durch mehrfaches Hin- und Herreflektieren an den Leitungsenden und an der

Schaltstelle an ihrer vollen Ausbildung gehindert. Man erkennt hieraus, daß der reguläre Ausschaltvorgang bei kurzen Leitungen keine gefährlich großen oder schroffen Wanderwellen hervorruft. Diese entstehen meistens durch Störungen oder Nebenerscheinungen des Ausschaltvorganges. Findet das Ausschalten bei Wechselstrom in einem Augenblick statt, wo derselbe sowieso durch null geht, so fällt die Ursache für die Ausbildung von Wanderwellen überhaupt vollständig fort.

e) Rückzündungen.

Sprungwellen der Spannung sind um so gefährlicher, je steiler ihr Anstieg, je kürzer also ihre Kopflänge ist, die nach Gleichung (18) unmittelbar von der Schaltzeit τ abhängt. Wie wir sahen, verläuft der reguläre Ausschaltvorgang fast immer so langsam, daß die Kopflänge nach vielen Kilometern zählt. Das Einschalten von Leitungen erfolgt jedoch im allgemeinen außerordentlich viel schneller, da es, zum mindesten bei Hochspannung, durch das Überspringen eines Funkens eingeleitet wird, der zu seiner Entwicklung nur Zeiträume braucht, die weit unterhalb einer millionstel Sekunde liegen und daher Sprungwellen mit Kopflängen von wenigen Metern und sogar Zentimetern erzeugen kann. Nun sahen wir aber früher, in Kapitel 24 bis 27, daß auch während des Ausschaltens von Wechselstrom fast stets eine Reihe von Neuzündungen auftritt. Diese pflanzen sich daher jedesmal als neuer Einschaltvorgang mit schroffen Wanderwellen in die Leitungen hinein fort.

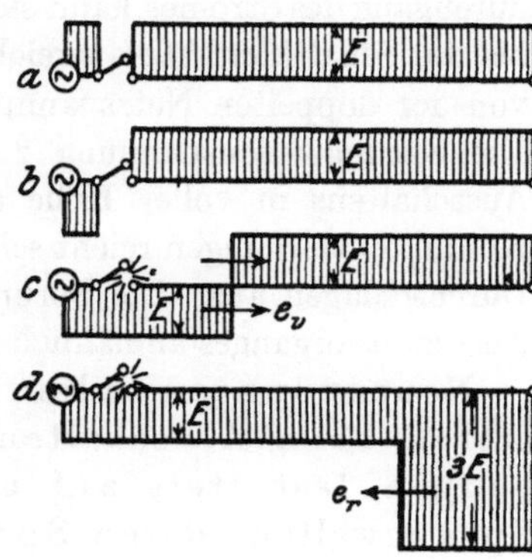

Fig. 374.

Schaltet man eine offene Wechselstromleitung mit nicht gar zu kleiner Kapazität langsam von der Stromquelle ab, so löscht der Lichtbogen des Ladestromes im Schalter in einem Augenblick aus, in dem der Strom durch null geht und in dem die Spannung daher ihren Höchstwert besitzt. Auf der abgeschalteten Strecke bleibt daher die Amplitude der Spannung als Ladespannung bestehen, wie es Fig. 374a zeigt. Wanderwellen treten hierbei nicht auf. Die Wechselspannung der Stromquelle links vom Schalter nimmt nun mehr und mehr ab und erreicht nach Verlauf einer halben Periode ihr negatives Maximum, entsprechend Fig. 374b. Wenn der Isolationswiderstand der abgeschalteten rechten Leitung groß genug ist, um während dieser kurzen Zeit die Spannung aufrecht zu erhalten, so herrscht alsdann am Schalter die doppelte Netzspannung zwischen den Kontakten. Sind sie beim Schalten noch nicht allzu weit auseinandergerückt, so reicht diese Spannung aus, um die Luft- oder Ölstrecke zu durchschlagen und die rechte Leitung erneut auf die entgegengesetzte Spannung zu laden, und zwar mit einer voreilenden Ladewelle von der Sprunghöhe $-2E$, wie es in Fig. 374c dargestellt ist.

Diese Sprungwelle wird am offenen Leitungsende unter Spannungssteigerung auf die doppelte Höhe, also auf $-4E$ reflektiert und erzeugt dadurch einen Spannungsüberschuß über die ursprüngliche Ladespannung E vom Betrage $-3E$. Fig. 374d zeigt die Spannung nach der Reflexion. Die Sprungwelle läuft nunmehr zur Stromquelle zurück, wird an ihr und später auch am Leitungsende mehrfach reflektiert und ist nach einiger Zeit so stark abgedämpft, daß die gesamte Leitung nur noch unter der Spannung der Stromquelle $-E$ steht. Beim nächsten Nulldurchgang des Stromes kann sich das Spiel wiederholen, und zwar so oft, bis die Schaltkontakte ausreichend weit auseinander gezogen sind, um von der doppelten Netzspannung nicht mehr überschlagen zu werden. Die Sprungwellenspannung $2E$ tritt natürlich nur gegen Ende des Ausschaltens in voller Höhe auf. Zu Beginn desselben bei geringen Kontaktentfernungen reicht schon eine kleinere Spannung zum früheren Durchschlagen aus. Die Sprungwellenhöhe nimmt daher während des Ausschaltvorganges allmählich zu.

Neuzündungen oder Rückzündungen der Spannung treten beim Ausschalten von offenen Wechselstromleitungen fast stets auf und bewirken das Auftreten von Sprungwellen, deren Spannungshöhe bis zum Doppelten der Einschaltwellen beträgt. Während man beim Einschalten von ungeladenen Leitungen nur Reflexionen auf die doppelte Netzspannung erhält, kann beim Ausschalten die 3fache Spannung an den Enden auftreten. Zur Vermeidung dieser Gefährdungen sind schnelles Schalten und Ableitungswiderstände zwischen den Leitungen erforderlich.

Wir haben hier ähnliche Verhältnisse vorliegen, wie wir sie in Kapitel 25 und 27 für langsame Schwingungsvorgänge verfolgt haben. Findet ein vorzeitiges Löschen des Ausschaltefunkens statt, etwa in dem Augenblick, in dem die rückläufige Welle mit der Spannung $3E$ am Schalter eintrifft, so kann sich die Spannung der Leitung auch hier durch wiederholte Rückzündungen auf sehr hohe Beträge heraufarbeiten.

VIII. Zusammengesetzte Leitungen.

38. Reflexion und Brechung.

Treffen Wanderwellen von beliebiger Form auf einen Knotenpunkt, an dem zwei verschiedenartige Leitungen aneinanderstoßen, so können sie diesen Punkt nicht störungsfrei durchlaufen, wenn der Wellenwiderstand der Leitungen verschieden ist. Denn das Verhältnis von Spannung und Strom der Wanderwellen ist durch den Wellenwiderstand gegeben und muß sich infolgedessen am Knotenpunkt ändern. Wir wollen die Veränderung der Wellen für verschiedenartige Knotenpunkte verfolgen.

a) Leitungsübergang.

In Fig. 375 ist ein einfacher Leitungsübergang dargestellt. Zur Unterscheidung wollen wir alle Werte der beiden verschiedenen Leitungen mit den Indizes 1 und 2 versehen. Es möge eine Leitung mit dem Wellenwiderstand Z_1, beispielsweise ein Kabel, in eine Leitung mit dem Wellenwiderstand Z_2, vielleicht eine Freileitung, übergehen. Am Knotenpunkt müssen sowohl die Spannungen wie die Ströme beider Leitungen übereinstimmen, es ist also dort

$$e_1 = e_2 \tag{1}$$

und

$$i_1 = i_2 \,, \tag{2}$$

Gegeben sei eine in der Leitung 1 vorlaufende Spannungswelle e_{v1} Wenn die Leitung rechts von ihr spannungsfrei ist, so können unmittelbar nach dem Durchgang der Welle durch den Knotenpunkt in der rechten Leitung 2 nur vorlaufende Wellen e_{v2} auftreten. Dagegen können in der Leitung 1 am Knotenpunkt auch reflektierte rückläufige Wellen e_{r1} entstehen. Zerspalten wir die Gesamtspannungen der Gleichung (1) daher in vor- und rücklaufende Teilwellen, so erhalten wir

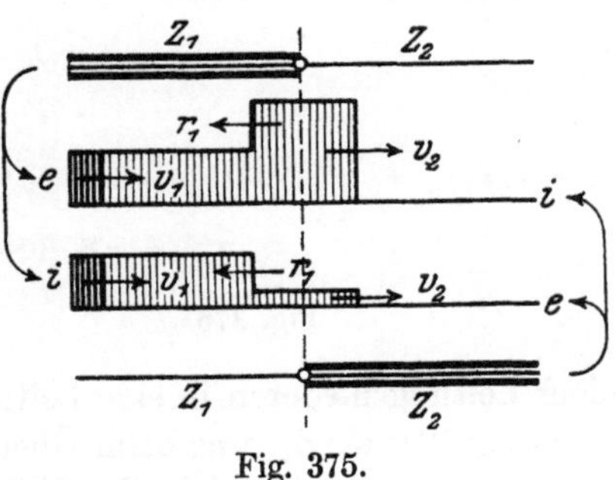

Fig. 375.

$$e_{v1} + e_{r1} = e_{v2} \,. \tag{3}$$

Ebenso erhalten wir aus Gleichung (2) durch Aufspaltung des Stromes in seine Teilwellen i_{v1}, i_{v2} und i_{r1} und Ersetzen derselben durch den Quotienten aus Spannung und Wellenwiderstand

$$\frac{e_{v1}}{Z_1} - \frac{e_{r1}}{Z_1} = \frac{e_{v2}}{Z_2} \,. \tag{4}$$

Aus diesen beiden Gleichungen können wir die reflektierte und die durchlaufende Welle berechnen. Multiplizieren wir Gleichung (4) mit Z_1 und addieren wir sie zu Gleichung (3), so entsteht

$$2\,e_{v1} = e_{v2}\left(1 + \frac{Z_1}{Z_2}\right), \tag{5}$$

und daraus erhält man die Größe der vorwärtslaufenden Spannungswelle in Leitung 2 zu

$$e_{v2} = \frac{2\,Z_2}{Z_1 + Z_2}\,e_{v1} \,. \tag{6}$$

Die ihr entsprechende Stromwelle errechnet sich daraus durch beiderseitige Division mit dem jeweiligen Wellenwiderstand zu

$$i_{v2} = \frac{2 Z_1}{Z_1 + Z_2} i_{v1}. \tag{7}$$

Es entsteht ferner in der Leitung 1 eine am Knotenpunkt reflektierte rückläufige Spannungswelle e_{r1}. Ihre Größe bestimmt man aus Gleichung (3) durch Einsetzen von Gleichung (6) zu

$$e_{r1} = \frac{Z_2 - Z_1}{Z_1 + Z_2} e_{v1}. \tag{8}$$

Die entsprechende rückläufige Stromwelle wird durch Division mit den Wellenwiderständen

$$i_{r1} = \frac{Z_1 - Z_2}{Z_1 + Z_2} i_{v1}. \tag{9}$$

Die Gleichungen (6) bis (9) stellen die *Brechungs- und Reflexionsgesetze elektrischer Wanderwellen* dar. Wir sehen, daß für die Ausbildung der durchlaufenden und reflektierten Wellen lediglich die Größe der Wellenwiderstände der beiden Leitungen maßgebend ist. *Die durchlaufende Welle hat stets das gleiche Vorzeichen wie die einfallende, bei der reflektierten Welle hat entweder Strom oder Spannung das entgegengesetzte Vorzeichen.*

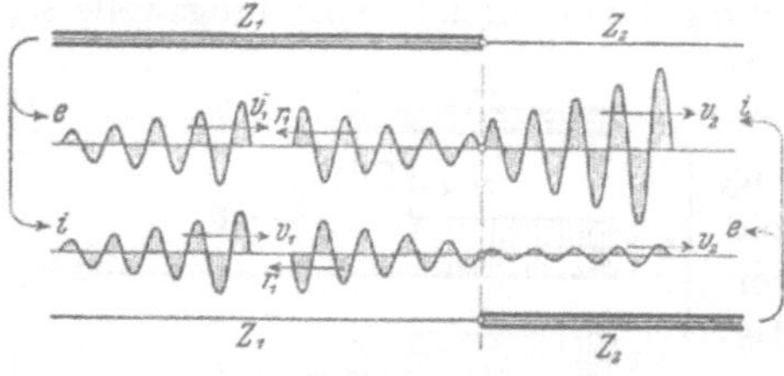

Fig. 376.

Läuft eine Wanderwelle aus einer Leitung niederen in eine Leitung höheren Wellenwiderstandes, ist also Z_2 größer als Z_1, was beim Übertritt von einem Kabel auf eine Freileitung der Fall ist und in Fig. 375 oben schematisch dargestellt ist, so wird die Spannungswelle nach Gleichung (6) beim Durchtritt durch den Knotenpunkt verstärkt, die Stromwelle nach Gleichung (7) geschwächt. *Im Grenzfalle, wenn das Verhältnis Z_2/Z_1 sehr groß ist, wird die Spannung verdoppelt, der Strom wird außerordentlich klein.* Der Knotenpunkt wirkt dann auf Leitung 1 nahezu wie ein offenes Leitungsende. Er reflektiert jedoch nicht nur starke rückläufige Spannungswellen nach Gleichung (8) und (9), sondern es läuft auch eine Spannungswelle von doppelter Sprunghöhe in die zweite Leitung hinein, wie es Fig. 375 darstellt.

Wenn der Wellenwiderstand Z_2 der zweiten Leitung kleiner als Z_1 der ersten ist, beispielsweise beim Übergang von einer Freileitung auf ein Kabel, was in Fig. 375 unten gezeichnet ist, so wird beim Durchgang durch den Knotenpunkt die Spannung nach Gleichung (6) verkleinert und der Strom nach Gleichung (7) verstärkt. *Im Grenzfalle sehr kleinen Wellenwiderstandes Z_2 bildet die Leitung 2* *nahezu einen Kurzschluß für Leitung* 1. Die Spannung sinkt fast bis auf null, der Strom steigt bis auf den doppelten Wert.

Beide Fälle der Änderung des Wellenwiderstandes sind in Fig. 375 für den Durchtritt rechteckiger *Sprungwellen* durch einen Knotenpunkt bildlich dargestellt. Fig. 376 zeigt die Reflexion und Brechung von *Wellenzügen* beim Übertritt auf eine Leitung anderen Wellenwiderstandes, und ähnliche Bilder ergibt auch eine einfallende Einzelwelle. Die beiden Wellenbilder, die Spannung und Strom für $Z_2 > Z_1$ darstellen, geben immer gleichzeitig auch Strom und Spannung für $Z_2 < Z_1$ wieder, was aus der Reziprozität der Gleichungen (6) und (7) einerseits, (8) und (9) andererseits folgt.

Die Energie der vorlaufenden Wanderwellen wird beim Durchgang durch den Knotenpunkt geschwächt, da stets ein Teil reflektiert wird. Die einfallende Energie ist nach Kapitel 34, Gleichung (27)

$$W_1 = \frac{e_{v1}^2}{Z_1}, \tag{10}$$

die durchlaufende Energie

$$W_2 = \frac{e_{v2}^2}{Z_2}. \tag{11}$$

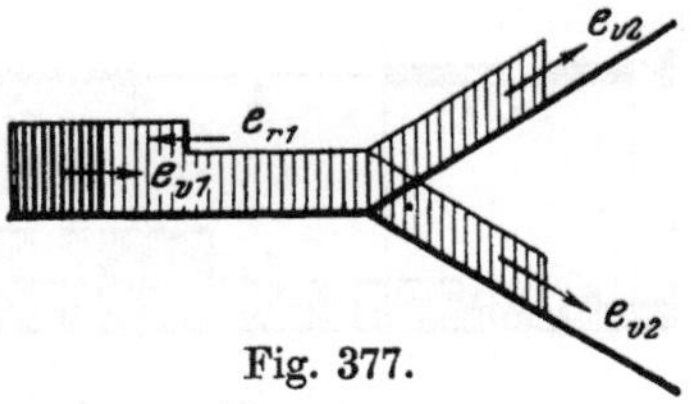

Fig. 377.

Ihr Verhältnis ist daher mit Gleichung (6)

$$\frac{W_2}{W_1} = \frac{Z_1}{Z_2}\left(\frac{2\,Z_2}{Z_1 + Z_2}\right)^2 = \left(\frac{2}{\sqrt{\frac{Z_1}{Z_2}} + \sqrt{\frac{Z_2}{Z_1}}}\right)^2. \tag{12}$$

Da dieser Ausdruck beim Vertauschen von Z_1 mit Z_2 den gleichen Wert behält, *so ist es für den Energieverlust gleichgültig, in welcher Richtung die Wanderwellen den Knotenpunkt der beiden Leitungen durchlaufen.*

Die reflektierte Energie ist

$$W_r = \frac{e_{r1}^2}{Z_1}. \tag{13}$$

Ihr Verhältnis zur einfallenden wird mit Gleichung (8)

$$\frac{W_r}{W_1} = \left(\frac{Z_1 - Z_2}{Z_1 + Z_2}\right)^2. \tag{14}$$

Sie ist stets positiv und hängt *vom Quadrat des Unterschiedes der Wellenwiderstände* ab. Für geringe Abweichungen der Leitungen untereinander darf man daher die Reflexion der Energie vernachlässigen.

Durch Anwendung der Reflexionsgesetze nach den Gleichungen (6) bis (9) können wir den Verlauf von Wanderwellen in beliebigen Leitungsnetzen verfolgen. Läuft eine Welle nach Fig. 377 auf eine Verzweigungsstelle sonst gleichartiger Leitungen, so teilt sie sich am Knotenpunkt in mehrere Teile. Die durchtretenden Wellen verlaufen parallel auf ihren Leitungen. Deren Wellenwiderstand ist daher gleich dem der Parallelschaltung von zwei gleichen Widerständen, also bei Fig. 377 halb so groß, wie der Wellenwiderstand jeder einzelnen Leitung. Durch den Knotenpunkt wird außerdem eine reflektierte Welle verursacht, die eine teilweise Entladung der ankommenden Leitung hervorruft. Sind drei, vier oder mehr Leitungen am Knotenpunkt zusammengeschaltet und kommt in einer eine Wanderwelle an, so bricht sie durch den Knotenpunkt hindurch in sämtliche Leitungen ein und erscheint nur auf der ursprünglichen Leitung als reflektierte Welle. Ist die Summe der parallel geschalteten Wellenwiderstände aller anderen Leitungen geringer als der Wellenwiderstand der Leitung, auf der die Welle ankommt, und das ist im allgemeinen der Fall, so tritt stets eine nach Gleichung (6) berechenbare Erniedrigung der Spannungshöhe ein. Im Falle der einfachen Verzweigung nach Fig. 377 sinkt die Spannung auf

$$e_{v2} = \frac{2 \cdot 1/2}{1 + 1/2} e_{v1} = \frac{2}{3} e_{v1}.$$

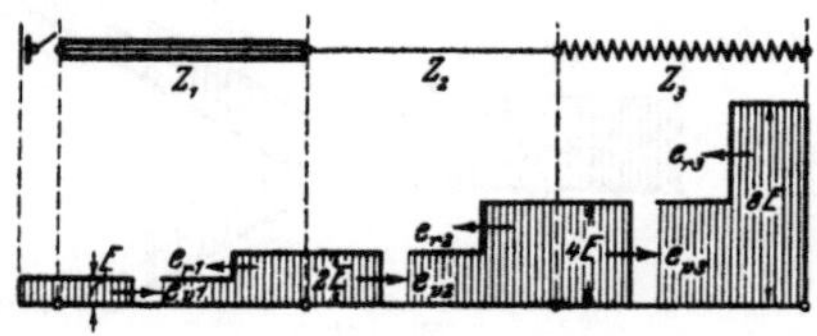

Fig. 378.

Drehstromwicklungen erhalten daher bei Dreieckschaltung niedrigere Wanderwellenspannung als bei Sternschaltung.

Gefährlicher ist der Fall der **Hintereinanderschaltung verschiedenartiger Leitungen.** In Fig. 378 ist dargestellt, wie zunächst ein Kabel aus einer ergiebigen Stromquelle mit der Spannung E geladen wird, so daß sich eine Sprungwelle in ihm ausbreitet. Am Ende des Kabels möge sie in eine Freileitung übertreten, deren Wellenwiderstand ein Vielfaches von dem des Kabels ist, so daß der Spannungssprung nahezu auf $2\,E$ verdoppelt wird. Ans Ende der Freileitung sei schließlich eine Spule mit großer Selbstinduktion geschlossen, etwa die Wicklung eines Transformators, dessen Wellenwiderstand meistens groß gegen den der Freileitung ist, so daß eine abermalige Brechung fast bis zur Spannung $4\,E$ eintritt. Wenn die Welle schließlich bis ans offene Ende der Spule gelaufen ist, wird sie hier reflektiert und erreicht dadurch bis zu $8\,E$, also das 8fache der ursprünglichen Spannungshöhe, wenn man von Dämpfung und den Reflexionsverlusten absieht. **Diese starke Steigerung der Wanderwellenspannung findet stets statt, wenn hintereinander Leitungsteile mit fortlaufend zunehmendem Wellenwiderstand durchlaufen werden.** Bei abnehmendem Wellenwiderstand wird die Spannung dagegen kleiner.

Wanderwellen, deren Spannung E nach Fig. 379 zwischen dem gesamten Leitungssystem und der Erde verläuft, wie es bei atmosphärischen Entladungen der Fall ist, besitzen auf allen 3 Drehstromleitungen gleichsinnige Ladungen. Sie dringen gemeinsam in die 3 Spulen des Transformators ein und kommen gleichzeitig am Sternpunkt der Wicklung an, der deshalb für sie ein offenes Leitungsende bildet. Diese Wellen erzeugen nicht nur am Eingang der Transformatorwicklung, sondern besonders auch im Sternpunkt hohe Überspannungen. Dagegen bildet der Sternpunkt des Transformators für solche Wanderwellen, deren Spannung e nach Fig. 379 zwischen zwei Leitungen des Systems verläuft, einen Kurzschluß. Diese Wellen, die vornehmlich beim gleichzeitigen Schalten der Phasenleitungen auftreten, können daher nur beim Eintritt in den Transformator erhebliche Spannungssteigerungen erzeugen.

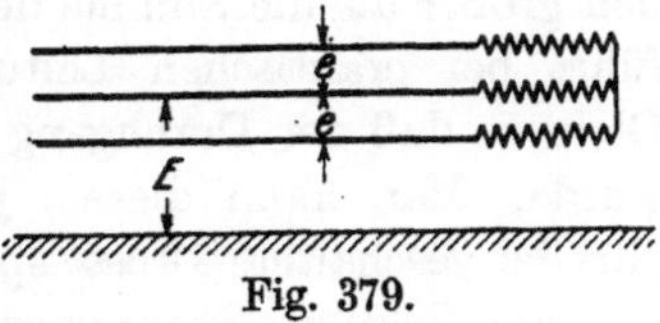

Fig. 379.

b) Serienwiderstand zwischen den Leitungen.

Um hohe Reflexionsspannungen der Wanderwellen an Leitungsknotenpunkten zu vermeiden, kann man nach Fig. 380 einen Ohmschen Widerstand R zwischen die Leitungen schalten. Dadurch wird das Stromgleichgewicht am Knotenpunkte nicht geändert. Es ist nach wie vor in Leitung 1 und 2

$$i_1 = i_2 \tag{15}$$

Dagegen sind die Spannungen beider Leitungen nicht mehr gleich, sondern um den Spannungsabfall im Widerstand verschieden. Es ist

$$e_1 = e_2 + R\, i_2 . \tag{16}$$

Dabei ist angenommen, daß der Widerstand räumlich so kurz gegenüber der Längenerstreckung der Welle ist, so daß man ihn als konzentriert betrachten kann.

Zerspaltet man die Wellen auf Leitung 1 wieder in vor- und rückläufige Teilwellen, während auf Leitung 2 nur vorlaufende Wellen vorhanden sind, so erhält man für die Spannung aus Gleichung (16)

$$e_{v1} + e_{r1} = e_{v1} + R\,\frac{e_{v2}}{Z_2} \tag{17}$$

und für den Strom aus Gleichung (15)

$$\frac{e_{v1}}{Z_1} - \frac{e_{r1}}{Z_1} = \frac{e_{v2}}{Z_2} . \tag{18}$$

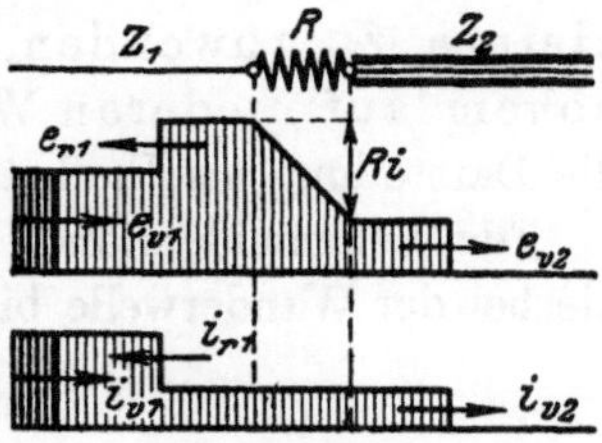

Fig. 380.

Durch Multiplikation der letzten Gleichung mit Z_1 und Addition zu Gleichung (17) erhält man für die vorwärts laufende Spannungswelle der Leitung 2

$$e_{v2} = \frac{2\,Z_2}{Z_1 + Z_2 + R}\, e_{v1} . \tag{19}$$

Man erkennt, daß die durchtretende Welle auch bei großem

Wellenwiderstand Z_2 durch einen passend bemessenen Serienwiderstand auf beliebig kleine Werte gebracht werden kann. Der Ohmsche Widerstand muß dafür allerdings wesentlich größer als die Summe der beiden Wellenwiderstände sein, und das führt bei praktischen Leitungen zu Werten von mehreren hundert Ohm, so daß der Durchgang des Betriebsstromes stark darunter leiden würde. Man kann diesem jedoch durch eine große dem Widerstand parallel geschaltete Drosselspule einen bequemen Nebenweg bieten.

Die reflektierte Spannungswelle kann man nunmehr aus Gleichung (17) berechnen zu

$$e_{r1} = \frac{Z_2 - Z_1 + R}{Z_2 + Z_1 + R} e_{v1}. \tag{20}$$

Sie läßt sich selbst durch großen Widerstand R nicht beliebig schwächen, sondern wird schließlich gleich der einfallenden Welle, wie an einem offenen Leitungsende.

Die in der ankommenden Sprungwelle enthaltene Energie ist durch Gleichung (10) gegeben. Der Energieverlust im Widerstand ist andererseits

$$V = R i_2^2 = R \frac{e_{v2}^2}{Z_2^2}. \tag{21}$$

Das Verhältnis beider Energiebeträge stellt den Wirkungsgrad des Schutzwiderstandes dar. Es ist mit Gleichung (19)

$$\frac{V}{W} = \eta = \frac{4 R Z_1}{(Z_1 + Z_2 + R)^2}. \tag{22}$$

Der Wirkungsgrad besitzt ein Maximum, wenn der Schutzwiderstand

$$R = Z_1 + Z_2 \tag{23}$$

genommen wird. Dafür ist

$$\eta_{\max} = \frac{Z_1}{Z_1 + Z_2}. \tag{24}$$

Will man der Wanderwelle möglichst viel Energie beim Durchtritt durch den Knotenpunkt entziehen, so kann man diese Anordnung mit Nutzen für großes Z_1 und kleines Z_2 anwenden, also für Übertritt der Wellen von hohem auf niederen Wellenwiderstand, was in Fig. 380 durch die Darstellung als Freileitung und Kabel angedeutet ist.

Für Wellenwiderstände von $Z_1 = 500\ \Omega$ und $Z_2 = 50\ \Omega$ kann man hierbei der Wanderwelle bis zu

$$\eta_{\max} = \frac{500}{500 + 50} = 91\,\%$$

Energie entziehen. Bei Einschaltung in eine homogene Leitung mit gleichem Z vor und hinter dem Widerstande lassen sich nur 50 % absorbieren. Für die umgekehrte Durchtrittsrichtung der Wellen dagegen und entsprechend vertauschte Zahlenwerte von Z_1 und Z_2 würde man nur höchstens

$$\eta_{\max} = \frac{50}{50 + 500} = 9{,}1\,\%$$

Wellenenergie vernichten können, was praktisch unerheblich ist.

Bei Anwendung des günstigsten Schutzwiderstandes nach Gleichung (23) wird die durchlaufende Spannung

$$e_{v2} = \frac{Z_2}{Z_1 + Z_2} e_{v1}, \tag{25}$$

und daher gerade halb so groß wie ohne Schutzwiderstand nach Gleichung (6).

c) Parallelwiderstand am Knotenpunkt.

Für die eben genannte ungünstige Laufrichtung der Wellen verwendet man besser einen Parallelwiderstand, der nach Fig. 381 am Knotenpunkt zwischen Hin- und Rückleitung geschaltet ist. Hierbei ist die Knotenpunktspannung an beiden Leitungen

$$e_1 = e_2, \tag{26}$$

während die Ströme sich um das Maß des Stromes im Parallelwiderstand P unterscheiden

$$i_1 = i_2 + \frac{e_2}{P}. \tag{27}$$

Das Spannungsgleichgewicht für die Teilwellen ergibt daher nach Gleichung (26)

$$e_{v1} + e_{r1} = e_{v2} \tag{28}$$

und das Stromgleichgewicht nach Gleichung (27)

$$\frac{e_{v1}}{Z_1} - \frac{e_{r1}}{Z_1} = \frac{e_{v2}}{Z_2} + \frac{e_{v2}}{P}. \tag{29}$$

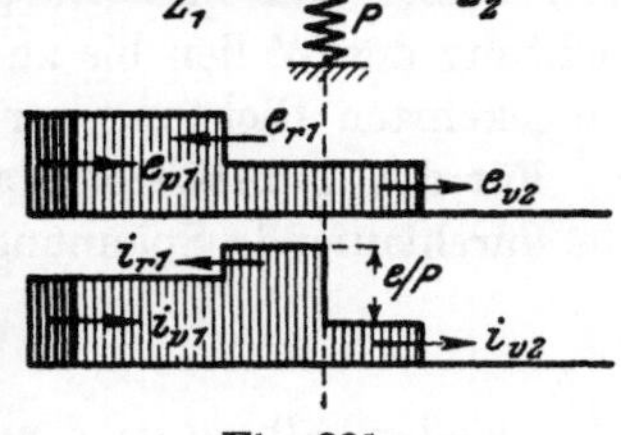

Fig. 381.

Multipliziert man die letzte Gleichung mit Z_1 und addiert sie zu Gleichung (28), so erhält man für die vorwärtslaufende Spannungswelle in Leitung 2

$$e_{v2} = \frac{2\frac{1}{Z_1}}{\frac{1}{Z_1} + \frac{1}{Z_2} + \frac{1}{P}} e_{v1}. \tag{30}$$

Die reflektierte Welle wird damit nach Gleichung (28)

$$e_{r1} = \frac{\frac{1}{Z_1} - \frac{1}{Z_2} - \frac{1}{P}}{\frac{1}{Z_1} + \frac{1}{Z_2} + \frac{1}{P}} e_{v1}. \tag{31}$$

Macht man den Parallelwiderstand klein genug, so kann man nach Gleichung (30) die durchlaufende Welle auf beliebig geringe Beträge bringen. Man muß dann aber durch einen dem Widerstand vorgeschalteten Kondensator dafür sorgen, daß der Betriebsstrom ihn nicht auch durchfließen kann.

Der Energieverlust im Parallelwiderstand ist bei dieser Anordnung

$$V = \frac{e^2}{P} = \frac{e_{v2}^2}{P}. \tag{32}$$

Sein Verhältnis zur Energie der einfallenden Welle wird nach Gleichung (10) mit Benutzung von Gleichung (30)

$$\frac{V}{W} = \eta = \frac{4\frac{1}{Z_1 P}}{\left(\frac{1}{Z_1} + \frac{1}{Z_2} + \frac{1}{P}\right)^2}. \tag{33}$$

Für einen bestimmten Wert des Parallelwiderstandes, nämlich für

$$\frac{1}{P} = \frac{1}{Z_1} + \frac{1}{Z_2} \tag{34}$$

wird sein Wirkungsgrad ein Maximum, und zwar

$$\eta_{\max} = \frac{Z_2}{Z_1 + Z_2}. \tag{35}$$

Der Wirkungsgrad wird also gut für großen Wellenwiderstand Z_2, so daß man Parallelwiderstände zur Vernichtung der Energie von Wanderwellen mit Nutzen verwenden kann, wenn die Wellen von Leitungen mit kleinem auf großen Wellenwiderstand übertreten, so wie es in Fig. 381 dargestellt ist.

Für die oben genannten Zahlenverhältnisse der Wellenwiderstände von Kabel und Freileitung kann man jetzt bei dieser Durchgangsrichtung der Wellen bis zu 91% Energie vernichten, dagegen bei der umgekehrten Richtung nur bis zu 9,1%.

Für den günstigsten Parallelwiderstand nach Gleichung (34) wird die durchlaufende Spannung nach Gleichung (30)

$$e_{v2} = \frac{Z_2}{Z_1 + Z_2} e_{v1}, \tag{36}$$

also wieder halb so groß wie ohne Schutzwiderstand.

Da beim widerstandsfreien Übertritt von Wanderwellen von kleinem auf großen Wellenwiderstand eine starke Spannungssteigerung auftritt, so kann man den Widerstand P in Fig. 381 sehr bequem durch eine Funkenstrecke in Tätigkeit setzen, die auf erhebliche Überspannung eingestellt ist. Sie spricht vor allem auf Überspannungswellen an, die von Kabeln auf Freileitungen oder von Kabeln und Freileitungen auf Wicklungsspulen übertreten, und erstickt durch den hinter ihr liegenden Widerstand sehr schnell die Entwicklung hoher Spannungen, deren Energie nunmehr in Wärme verwandelt wird.

Eine vollständige Energievernichtung der einfallenden Wellen ist weder durch Serienwiderstand noch durch Parallelwiderstand erzielbar. Bei stark verschiedenen Wellenwiderständen kann man den Wirkungsgrad, wie die eben genannten Zahlen zeigen, immerhin durch richtige Schaltung und Bemessung in die Nähe von 100% bringen. Will man dagegen homogene Leitungen mit $Z_1 = Z_2$ durch Widerstände schützen, so kann man in beiden Fällen nach Gleichung (24) und (35) nur höchstens 50% der Wanderwellenenergie in Wärme umsetzen, wenn man den

Serienwiderstand gleich dem doppelten, den Parallelwiderstand gleich dem halben Wellenwiderstand ausführt. Gänzliche Vernichtung der Wellenenergie würde man nur erzielen können, wenn man in Gleichung (24) für den Serienwiderstand $Z_2 = 0$ macht, also die Leitung hinter dem Widerstand kurzschließt, oder in Gleichung (35) für den Parallelwiderstand $Z_2 = \infty$ macht, also die Leitung hinter dem Parallelwiderstand öffnet. Beides ergibt die in Kapitel 37 behandelte einfache Anordnung, in der eine Leitung vom Wellenwiderstand Z an ihrem Ende lediglich über einen Ohmschen Widerstand R geschlossen ist.

Schon damals hatten wir gesehen, daß Wanderwellen in einen Ohmschen Widerstand, der mit dem Wellenwiderstand der Leitung übereinstimmt, ohne Reflexion hineinlaufen und in ihm vernichtet werden. Wir erkennen jetzt, daß dies die einzige Möglichkeit ist, um Wanderwellen auf Leitungen restlos zu vernichten. Man muß sie an einem Leitungsende in einen dort allein angeschlossenen und richtig bemessenen Ohmschen Widerstand hineinlaufen lassen. Wie dies auch für durchlaufende Leitungen praktisch verwirklicht werden kann, soll später gezeigt werden.

Wir haben die reflektierten und gebrochenen Wanderwellen in den letzten Abbildungen als Sprungwellen dargestellt, um eine einfache Vorstellung von ihren Größenverhältnissen zu gewinnen. Da in unseren Rechnungen jedoch keine Voraussetzung über die Wellenform gemacht ist, so gelten alle Formeln ohne weiteres auch für andere Wanderwellen, etwa für Einzelwellen oder Wellenzüge. Auch diese werden sowohl durch Serien- wie durch Parallelschaltung von Ohmschem Widerstand erheblich abgeschwächt und setzen einen Teil ihrer Energie in ihm in Wärme um.

39. Schalten von Leitungen über Schutzwiderstand.

Die abschwächenden Wirkungen, die konzentrierte Ohmsche Widerstände auf den Verlauf von Wanderwellen ausüben, lassen sich in besonders starkem Maße erzielen, wenn man die Widerstände unmittelbar zum Schalten der Stromkreise heranzieht. Es ist dann häufig möglich, die beim Einschalten, Ausschalten oder Kurzschließen von Leitungen entstehenden Wanderwellen, die wir in den letzten Kapiteln betrachtet haben, von vornherein so stark abzudämpfen, daß sie keine gefährlichen Wirkungen hervorbringen können. Natürlich ist dies nur an solchen Stellen möglich, wo Schalthandlungen wirklich beabsichtigt sind, also beim willkürlichen Ein- und Ausschalten und bei Überspannungsableitern, während unbeabsichtigte Fehlschaltungen an beliebigen Orten, z. B. bei Spulen- oder Isolatorüberschlägen, bei Kabel- oder Windungsdurchschlägen, sich auf diese Weise nicht beeinflussen lassen.

a) Funkenableiter.

Man pflegt Fernleitungen zur Verhütung ihrer Aufladung auf hohe Spannung, die die reguläre Netzspannung erheblich übertrifft, mit Funkenableitern zu versehen, die der Überspannung durch eine eingestellte Funkenstrecke einen Nebenweg zur Erde öffnet, sobald sie ein bestimmtes Maß, etwa das 1,5fache der höchsten Netzspannung überschreitet. Den Lichtbogen des Betriebsstromes, der dem Überschlag nachfolgt, muß man durch Hörnerwirkung oder ähnliche Vorkehrungen möglichst bald wieder löschen. Beim Einsetzen des Funkens nimmt die Leitung plötzlich die Spannung der Erde an. Es breitet sich daher nach Kapitel 37 Fig. 365 eine Spannung von voller Höhe der Durchschlagspannung als Entladewelle nach beiden Seiten aus.

Um diese gefährlichen Sprungwellen zu verringern und gleichzeitig auch die Stromstärke im Funken oder Lichtbogen zu begrenzen, muß man vor den Funkenableiter einen Widerstand P schalten, wie es in Fig. 382 dargestellt ist. Der den Widerstand durchfließende Funkenstrom i erzeugt dann in ihm eine Spannung

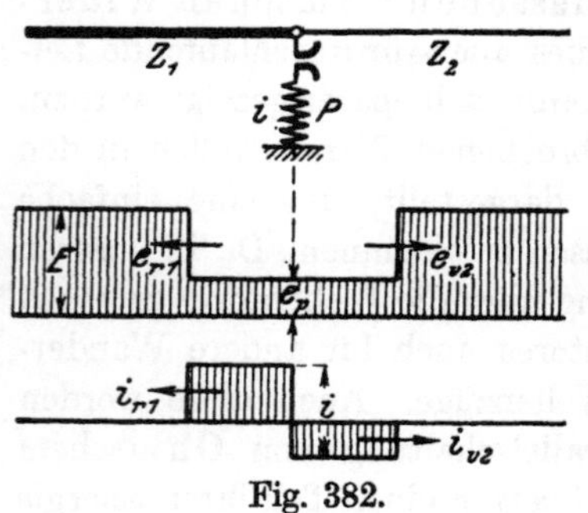

Fig. 382.

$$e_p = P i\,, \tag{1}$$

die bewirkt, daß die Leitung sich von der ursprünglichen Überschlagspannung E nur bis auf diese Spannung e_p entlädt. Infolgedessen ziehen nur Entladesprungwellen von der geringeren Größe

$$e = e_{v2} = e_{r1} \tag{2}$$

nach rechts und links in die angeschlossenen Leitungsteile ein. Der Strom im Dämpfungswiderstand ist gleich der Differenz der beiden in den benachbarten Leitungen fließenden Ströme

$$i = i_{v2} - i_{r1}\,, \tag{3}$$

er tritt in die Erde ein, deren Ausbreitungswiderstand in P mit einzurechnen ist.

Der Verlauf der Spannungen und Ströme unmittelbar nach dem Einsetzen des Funkens ist in Fig. 382 dargestellt. Um für die Sprungwellen der Spannungen nicht dauernd negative Vorzeichen anschreiben zu müssen, wollen wir die Entladewellen nach Gleichung (2) ruhig positiv rechnen und uns das Vorzeichen bereits durch die Zeichnung berücksichtigt denken. Dann ist die Spannung E vor der Entladung gleich der Summe der Sprungwellen- und Widerstandspannung, also

$$E = e + e_p\,. \tag{4}$$

Setzt man hierin e_p nach Gleichung (1) und darin i nach Gleichung (3) ein und ersetzt hierin die Ströme durch die Quotienten aus Spannung und Wellenwiderstand, so erhält man unter Beachtung von Gleichung (2)

$$E = e + P\left(\frac{e}{Z_2} + \frac{e}{Z_1}\right), \tag{5}$$

dabei sind die Wellenwiderstände der Leitungen rechts und links vom Ableiter zunächst verschieden groß angenommen. Die Höhe der Entladewellen folgt daraus zu

$$e = \frac{E}{1 + P\left(\frac{1}{Z_1} + \frac{1}{Z_2}\right)}, \tag{6}$$

während sich die Spannung am Widerstand aus Gleichung (4) zu

$$e_p = \frac{E}{1 + \frac{1}{P\left(\frac{1}{Z_1} + \frac{1}{Z_2}\right)}} \tag{7}$$

errechnet. Den Strom im Widerstand erhält man hieraus nach Gleichung (1) zu

$$i = \frac{E}{P + \frac{Z_1 Z_2}{Z_1 + Z_2}}. \tag{8}$$

Die Höhe der auftretenden Sprungwellen richtet sich also entsprechend dem Nenner von Gleichung (6) nach dem Verhältnis des Dämpfungswiderstandes P zu dem Verzweigungswiderstande der beiden Wellenwiderstände Z_1 und Z_2 der angrenzenden Leitungsteile, und kann durch passende Bemessung von P beliebig eingeschränkt werden.

Liegt der Funkenableiter am Übergang einer Freileitung mit $Z_1 = 500\ \Omega$ auf eine Transformatorwicklung mit $Z_2 = 2000\ \Omega$ Wellenwiderstand, so daß der Verzweigungswiderstand der beiden Leitungsteile

$$\frac{Z_1 Z_2}{Z_1 + Z_2} = \frac{500 \cdot 2000}{500 + 2000} = 400\ \Omega$$

ist, so werden die beim Funkenüberschlag entstehenden Entladesprungwellen durch Verwendung eines Ohmschen Dämpfungswiderstandes von ebenfalls 400 Ω nach Gleichung (6) auf

$$\frac{e}{E} = \frac{1}{1 + \frac{400}{400}} = 0{,}5,$$

also gerade auf die Hälfte reduziert. Bei einem Dämpfungswiderstande von 1600 Ω erhielte man nur $^1/_5$ der Höhe, die ohne Widerstand auftreten würde, so daß der Nutzen des Widerstandes recht erheblich ist. Er ermöglicht es erst, Funkenableiter anzuwenden, ohne durch die beim Ansprechen entstehenden Sprungwellen die Anlage zu zerstören.

Gleichzeitig wird nach Gleichung (8) auch der Strom im Funken, der durch den Widerstand in die Erde übertritt, auf einen entsprechenden

Bruchteil reduziert, wodurch die Gefährdung der Umgebung des Erdschlußpunktes geringer wird. Ist die Funkenstrecke auf $E = 40\,000$ Volt Überschlagspannung eingestellt, so würde der anfängliche Erdstrom mit den eben genannten Zahlenwerten für Z_1 und Z_2 ohne Dämpfungswiderstand 100 Amp. betragen. Bei 400 Ω Dämpfungswiderstand geht er nach Gleichung (8) bereits auf

$$i = \frac{40\,000}{400 + 400} = 50 \text{ Amp}$$

und bei 1600 Ω Widerstand auf 20 Amp zurück.

Wendet man sehr großen Dämpfungswiderstand an, so schwächt dieser die Sprungwellen von Strom und Spannung, die beim Ansprechen entstehen, zwar erheblich ab, jedoch verhindert er eine genügend schnelle Abführung der Überspannungsladung der Leitung. Man baut deshalb möglichst zahlreiche Ableiter in die Anlage ein, durch deren Zusammenwirken eine rasche Entladung erfolgt, ohne daß der einzelne Ableiter zu starke Sprungwellen erzeugt.

Benutzt man Funkenableiter für homogene Leitungen, was vor allem bei Freileitungen üblich ist, so ist in Fig. 382 und Gleichung (6) bis (8) $Z_1 = Z_2 = Z$ zu setzen, so daß man einfachere Beziehungen erhält, und zwar für die Sprungwellen

$$e = \frac{E}{1 + \frac{2P}{Z}} \tag{9}$$

und für den Strom im Funken

$$i = \frac{E}{P + \frac{Z}{2}} \,. \tag{10}$$

Vergleicht man dies mit Kapitel 37, Gleichung (7) und (8), so sieht man, daß die durchlaufende Leitung gerade so auf die Entladung wirkt, als ob eine einfache Leitung von halbem Wellenwiderstand am Ende entladen würde. Diesen halben Betrag besitzt tatsächlich der Wellenwiderstand zweier parallel geschalteter Leitungen. Die Leitung kann sich daher hier am schnellsten und ohne Schwingungen entladen, wenn man

$$P = \tfrac{1}{2} Z \tag{11}$$

macht.

Bei Anwendung von n Ableitern auf der Strecke liegen deren Widerstände alle parallel an der Leitung. Es genügt dann, dem einzelnen Dämpfungswiderstand den größeren Wert

$$P = n \frac{Z}{2} \tag{12}$$

zu geben. Dann wirkt die Summe aller Ableiter beim gleichzeitigen Ansprechen auf eine ähnlich schnelle Entladung wie nach Gleichung (11) hin, jedoch erhält man anstatt eines großen Spannungssprunges nunmehr viele kleine, deren Betrag wir durch Einsetzen von Gleichung (12) in Gleichung (9) erhalten zu

$$e = \frac{E}{n+1}. \tag{13}$$

Sie entstehen an weit auseinander liegenden Stellen und treffen daher an den Stationen zu sehr verschiedenen Zeiten ein, so daß ihre Wirkung sich nicht so leicht summieren kann.

Gleichzeitig mit der Verminderung der Spannungssprünge wird auch der Erdstrom in jedem Funken geringer. Er ist nach Gleichung (10) und (12) nur

$$i = \frac{2}{n+1}\frac{E}{Z}. \tag{14}$$

Mit größerer Zerteilung n löscht daher der entstandene Lichtbogen immer besser, und die Gefährdung durch die Erdströme in der Umgebung wird immer geringer.

Bei Freileitungen mit $Z = 500\ \Omega$ Wellenwiderstand gegen Erde ergibt sich bei 6 Ableitern nach Gleichung (12) ein zweckmäßiger Dämpfungswiderstand für jeden einzelnen von

$$P = 6\,\frac{500}{2} = 1500\,\Omega,$$

der bei einer Durchschlagspannung von $E = 40\,000$ Volt nach Gleichung (14) einen Wellenstrom von

$$i = \frac{2}{6+1}\,\frac{40\,000}{500} = 23 \text{ Amp}$$

führt und nach Gleichung (13) Sprungwellen von

$$\frac{e}{E} = \frac{1}{6+1} = \frac{1}{7} = 14\,\%$$

der ursprünglichen Spannung erzeugt, was im allgemeinen ungefährlich ist.

b) Schutzschalter.

Bei jedem Einschalten von Leitungen treten Sprungwellen der Spannung auf, die in die Leitungen hineinziehen und bis zur Höhe der vollen Netzspannung betragen können. Wir sahen sogar in Kapitel 37, Fig. 374, daß beim Ausschalten von offenen Leitungen durch Rückzündung Sprungwellen von der doppelten Höhe der Netzspannung und mehr entstehen können. Wir wollen untersuchen, in welcher Weise diese vorlaufenden und rückläufigen Sprungwellen von den Wellenwiderständen der Leitungen abhängen und wollen verfolgen, ob es durch Einfügen eines Widerstandes in den Schalter möglich ist, die Höhe der Sprungwellen zu vermindern.

In Fig. 383 ist dargestellt, wie eine Leitung vom Wellenwiderstand Z_1, die auf die Spannung E geladen ist, über einen Ohmschen

Schutzwiderstand R an eine andere Leitung mit dem Wellenwiderstand Z_2 geschaltet wird. Die Längenausdehnung des Widerstandes nehmen wir wieder so kurz an, daß er als konzentriert betrachtet werden kann. Vor dem Schalten besaß die Leitung 2 weder Spannung noch Strom. Daher kann in ihr nach dem Schalten nur eine von der Schaltstelle ausgehende vorlaufende Ladewelle auftreten. In Leitung 1 wollen wir uns nicht den gesamten Zustand in vorwärts und rückwärts laufende Wellen zerlegt denken, sondern wir wollen nur die Veränderung aufsuchen, die sich über den Zustand der statischen Ladung lagert und die durch den Schaltprozeß mit seinen Wellen entsteht. Dann können in der Leitung 1 nur rückläufige Wellen auftreten, die vom Schalter selbst ausgehen. In Fig. 383 ist der Verlauf der Spannungs- und Stromwellen unmittelbar nach dem Einlegen des Schalters dargestellt. In der ursprünglich geladenen Leitung 1 entsteht eine Entladewelle der Spannung, in der ursprünglich ungeladenen Leitung 2 eine Ladewelle der Spannung und des Stromes. Da die Entladewelle rückläufig, die Ladewelle vorlaufend ist, so rufen beide positive Stromwellen hervor.

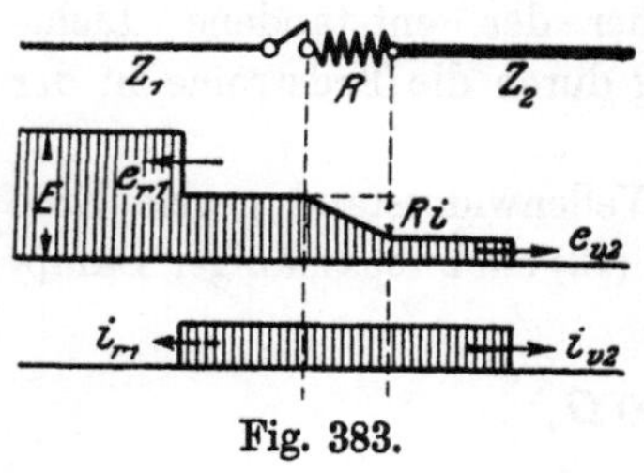

Fig. 383.

Die Stärke des Stromes muß nach dem Schalten in beiden Leitungen gleich sein. Es ist daher

$$i_{v2} = i_{r1} = i. \tag{14}$$

Setzt man für die Ströme die Quotienten von Spannung und Wellenwiderstand ein, und berücksichtigt man die Vorzeichen wieder durch die Zeichnung, so wird

$$\frac{e_{v2}}{Z_2} = \frac{e_{r1}}{Z_1} = i, \tag{15}$$

wofür man auch schreiben kann

$$e_{v2}\frac{Z_1}{Z_2} - e_{r1} = 0. \tag{16}$$

Für die vor- und rücklaufenden Spannungswellen in beiden Leitungen gilt nach Fig. 383, daß ihre Summe, vermehrt um den Ohmschen Spannungsabfall Ri im Schutzwiderstand, gleich der ursprünglichen Spannung E am Schalter sein muß. Daher ist

$$e_{v2} + Ri + e_{r1} = E. \tag{17}$$

Addieren wir Gleichung (16) und (17), so erhalten wir

$$e_{v2}\left(1 + \frac{Z_1}{Z_2}\right) + Ri = E, \tag{18}$$

und wenn wir hierin den Strom i nach Gleichung (15) durch die vorwärtslaufende Spannungswelle auf der Leitung 2 ausdrücken, so entsteht für diese die Beziehung

$$e_{v2} = \frac{Z_2}{Z_1 + Z_2 + R} E. \tag{19}$$

Die rückwärtslaufende Entladewelle auf der Leitung 1 erhält man nunmehr aus Gleichung (16) zu

$$e_{r1} = \frac{Z_1}{Z_1 + Z_2 + R} E \tag{20}$$

und der Ladestrom, der sich von der Schaltstelle aus in beiden Leitungen ausbreitet, wird nach Gleichung (15)

$$i = \frac{E}{Z_1 + Z_2 + R}. \tag{21}$$

Es ist bemerkenswert, daß der Spannungssprung beim Einschalten der Leitung 2 nach Gleichung (19) genau halb so groß ist, als wenn die Sprungwelle nicht durch den Schalter erzeugt würde, sondern aus Leitung 1 eingefallen wäre, wie man durch Vergleich mit Kapitel 38, Gleichung (19) erkennt. Die Formel für die rückwärtslaufende Welle ist dagegen hier in Gleichung (20) ganz anders aufgebaut als dort in Gleichung (20).

Läßt man den Schutzwiderstand R fort und schaltet die Leitungen durch einen gewöhnlichen Schalter direkt aneinander, so erhält man mit $R = 0$ für die vorwärtslaufende Ladewelle aus Gleichung (19)

$$e_{v2} = \frac{Z_2}{Z_1 + Z_2} E, \tag{22}$$

für die rückwärtslaufende Entladewelle aus Gleichung (20)

$$e_{r1} = \frac{Z_1}{Z_1 + Z_2} E \tag{23}$$

und für den Schalterstrom nach Gleichung (21)

$$i = \frac{E}{Z_1 + Z_2}. \tag{24}$$

Aus diesen Gleichungen für den einfachsten Schaltprozeß erkennt man, daß der Strom im Schalter unmittelbar nach dem Einlegen lediglich durch die geschaltete Spannung und die Summe der beiden Wellenwiderstände der Leitungen gegeben ist, dagegen von allen sonstigen Größen des Stromkreises unabhängig ist. Die Spannung teilt sich durch das Schalten in zwei Teile. Diejenige Spannungswelle ist am größten, die in die Leitung mit dem größeren Wellenwiderstand hineinwandert. Für gleiche Wellenwiderstände beider Leitungen werden Lade- und Entladespannung einander gleich und jede gleich der halben Schaltspannung. Dies stimmt mit den früher in Kapitel 35 erhaltenen Formeln (25) und (26) für diesen symmetrischen Fall überein.

Für ungleiche Wellenwiderstände wird entweder die vorwärts- oder die rückwärtslaufende Schaltwelle der Spannung größer. Störungen durch solche Schaltwellen sind also vor allem zu erwarten, wenn sehr ungleiche Leitungen aneinander geschaltet werden. In Fig. 384 sind einige typische Fälle für den Verlauf der Schaltwellen gezeichnet. In

Fig. 384a werden gleiche Leitungen aneinander geschaltet, die Spannung wird halbiert. In Fig. 384b wird eine Freileitung an ein geladenes Kabel geschaltet. Da die Freileitung den größeren Wellenwiderstand besitzt, so ist ihre Ladewelle nach Gleichung (22) fast gleich der Schalterspannung und eine nur geringe Entladewelle zieht in das Kabel hinein. Es ist mit $Z_1 = 50\,\Omega$ und $Z_2 = 500\,\Omega$

$$\frac{e_{v2}}{E} = \frac{500}{50 + 500} = 91\,\%,$$

und

$$\frac{e_{r1}}{E} = \frac{50}{50 + 500} = 9{,}1\,\%.$$

Die Spannung am Kabelende fällt also durch das Anlegen der Freileitung nur sehr wenig ab.

In Fig. 384c wird ein Kabel an eine geladene Freileitung geschaltet. Da das Kabel kleinen Wellenwiderstand besitzt, so ist seine Ladewelle gering, dagegen zieht nach Gleichung (23) jetzt eine sehr starke Entladewelle, die fast die Größe der Schalterspannung besitzt, rückläufig in die speisende Freileitung hinein und läuft zur Stromquelle zurück. Mit $Z_1 = 500\,\Omega$ und $Z_2 = 50\,\Omega$ wird

$$\frac{e_{v2}}{E} = \frac{50}{500 + 50} = 9{,}1\,\%,$$

und

$$\frac{e_{r1}}{E} = \frac{500}{500 + 50} = 91\,\%.$$

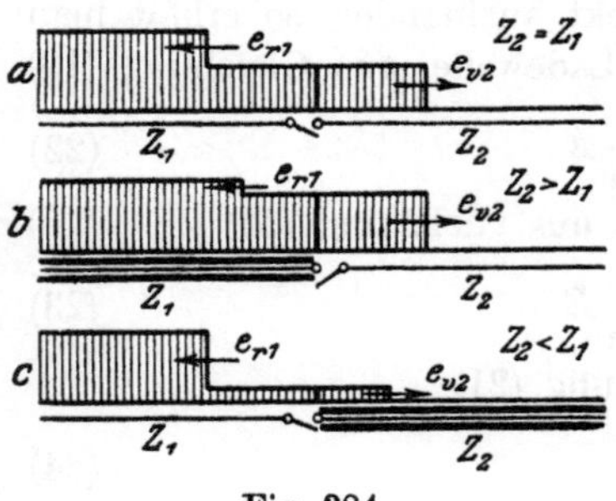

Fig. 384.

Die Verhältnisse haben sich also gerade umgekehrt. Das Anschalten des Kabels wirkt auf die Freileitung fast so, als ob sie kurzgeschlossen würde. Alle diese unterschiedlichen Wirkungen kommen durch die verschiedene Selbstinduktion und Kapazität der Leitungen zustande, die ihren einfachsten Ausdruck in den Wellenwiderständen finden.

Wendet man einen Schutzwiderstand R am Schalter an, so ändert sich das Verhältnis der vorwärts- und rückwärtslaufenden Spannungswellen nicht. Es bleibt stets nach der allgemeinen Gleichung (16)

$$\frac{e_{v2}}{e_{r1}} = \frac{Z_2}{Z_1}, \tag{25}$$

so daß die größere Schaltwelle ohne oder mit Schutzwiderstand stets in der Leitung mit größerem Wellenwiderstande auftritt. Dagegen wirkt der Widerstand nach den Gleichungen (19) bis (21) stark vermindernd auf die Größe beider Sprungwellen und auch auf den Strom im Schalter ein. Der Ohmsche Widerstand ist der Summe der Wellenwiderstände im Nenner noch additiv hinzuzuzählen und hat daher nur dann erhebliche Wirkung, wenn er mindestens deren Größenordnung besitzt, besser aber ein Vielfaches davon beträgt.

Schaltet man eine Freileitung von 500 Ω Wellenwiderstand und ein Kabel von 50 Ω Wellenwiderstand in beliebiger Reihenfolge zusammen, so entsteht ohne Schutzwiderstand stets die eben berechnete höchste Schaltwelle im Betrage von 91% der ursprünglichen Schalterspannung. Verwendet man jedoch einen Schutzwiderstand von beispielsweise 2000 Ω, so wird die größte Schaltwelle auf

$$\frac{500}{500 + 50 + 2000} = 20\,\%,$$

der Schalterspannung reduziert.

Die vom Schalter erzeugten Wellen laufen in die beiden Leitungsteile hinein und melden an deren Enden die Herstellung des Stromschlusses. Sie werden dort und an sonstigen Übergangsstellen reflektiert und gebrochen und verlöschen allmählich durch die Wirkung der Widerstände der Leitungen. Kurze Zeit nach dem Einlegen des Schalters sind die Einschaltwellen abgeklungen, und es herrscht dann nur noch die Verteilung von Strom und Spannung auf der Leitung, die dem stationären Dauerzustand entspricht.

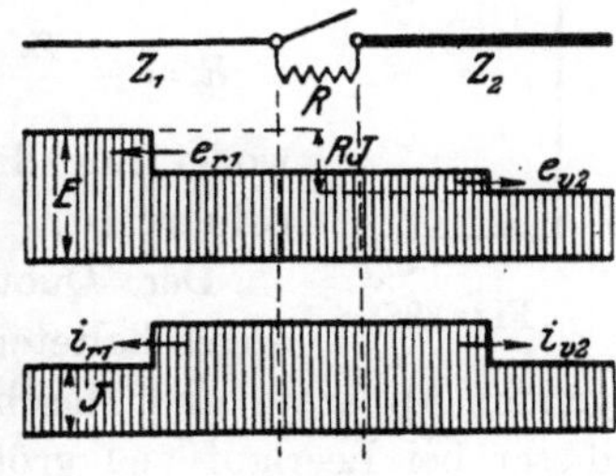

Fig. 385.

Ist die eingeschaltete Leitung am anderen Ende offen, und besitzt sie keine erheblichen Ladeströme, so hat sie nach Ablauf der Schaltwellen die gleiche Spannung wie vor dem Schalter, so daß man den Schutzwiderstand nunmehr ohne erneute Störung kurzschließen kann. Arbeitet die eingeschaltete Leitung jedoch auf irgendwelche Verbraucher, dann bildet sich in ihr nach Verlöschen der Einschaltwellen ein stationärer Strom J aus, der einen erheblichen Spannungsabfall RJ im Schutzwiderstand verursacht, was Fig. 385 veranschaulicht. Das Kurzschließen des Widerstandes gibt dann erneuten Anlaß zum Auftreten von Schaltwellen, die jetzt nach den Gleichungen (22) bis (24) zu berechnen sind, wobei man unter E die stationäre Spannung an den Klemmen des Schutzwiderstandes verstehen muß, die von der zweiten Schaltstufe kurzgeschlossen wird. In Fig. 385 sind die nunmehr entstehenden Wellen eingetragen.

Die Größe des zweckmäßigen Schutzwiderstandes wird hierdurch begrenzt, denn wenn man ihn sehr groß wählen würde, so könnte man zwar die Schaltwellen der ersten Stufe sehr klein halten, jedoch würde die zweite Gruppe von Schaltwellen, die beim Kurzschließen des Widerstandes auftritt, beträchtliche Werte erhalten. Am besten wählt man ihn so groß, daß die Schaltwellen beider Stufen gleich stark werden. Das läßt sich sowohl für die vorlaufenden Wellen nach Gleichung (19) und (22) als auch für die rücklaufenden Wellen nach Gleichung (20) und (23) erfüllen. Beide Bedingungen ergeben übereinstimmend

$$\frac{E}{Z_1 + Z_2 + R} = \frac{R J}{Z_1 + Z_2}, \tag{26}$$

man erhält also gleiche Wellenströme nach Gleichung (21) und (24) für beide Stufen.

Wenn man auf leerlaufende Leitungen, Maschinen oder Transformatoren schaltet, die im wesentlichen Blindstrom aufnehmen, so hängt der Strom J bei mäßig großem Schutzwiderstand nur wenig von dessen Betrage ab, wie Fig. 386 zeigt. Man kann dafür in Annäherung den normalen Strom J_n setzen, der nach vollständiger Einschaltung des Stromkreises in diesem fließt und daher bekannt ist. Zur Bestimmung des Widerstandes erhält man dann aus Gleichung (26)

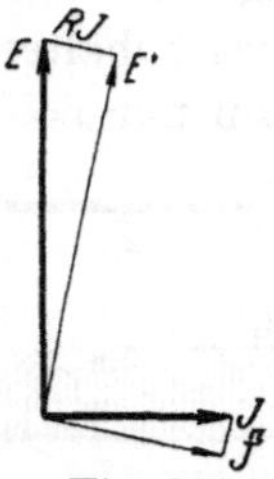

$$R^2 + R\,(Z_1 + Z_2) = \frac{E}{J_n}(Z_1 + Z_2)\,, \tag{27}$$

und damit wird der günstigste Schutzwiderstand

$$R = -\frac{Z_1 + Z_2}{2} + \sqrt{\left(\frac{Z_1 + Z_2}{2}\right)^2 + \frac{E}{J_n}(Z_1 + Z_2)}\,, \tag{28}$$

wobei nur die Wurzel mit positivem Vorzeichen angeführt ist.

Fig. 386.

Der Quotient E/J_n ist der Blindwiderstand der angeschalteten Leitung mit Einschluß der daran hängenden Apparate und Maschinen. Für Hochspannungsanlagen kann dieser bei Leerlauf viel größer als die Summe der Wellenwiderstände sein. Dann überwiegt das letzte Glied unter der Wurzel alle anderen Glieder, so daß man diese vernachlässigen kann und als einfachen Näherungswert für den *günstigsten Schutzwiderstand* erhält

$$R = \sqrt{\frac{E}{J}(Z_1 + Z_2)}\,. \tag{29}$$

Er ist also gleich dem geometrischen Mittel aus Blindwiderstand der Belastung und Summe der Wellenwiderstände der Leitungen. Je größer der Belastungswiderstand ist, um so größer darf man den günstigsten Schutzwiderstand ausführen, und um so geringere Werte für die Schaltwellen der Spannung erhält man alsdann.

Eine Kabelstrecke mit $Z_2 = 50\,\Omega$ Wellenwiderstand, die von einer Freileitung mit $Z_1 = 500\,\Omega$ gespeist wird und bei $E = 20000$ Volt einen regulären Ladestrom von $J = 5$ Amp aufnimmt, wird am besten über einen Schutzwiderstand von

$$R = \sqrt{\frac{20\,000}{5}(500 + 50)} = 1480\,\Omega$$

ein- und ausgeschaltet. Ein Transformator für $E = 50\,000$ Volt mit $Z_2 = 5000\,\Omega$, der einen Magnetisierungsstrom von $J = 0{,}5$ Amp besitzt und über eine Freileitung von $Z_1 = 500\,\Omega$ betrieben wird, erhält einen günstigsten Schutzwiderstand von

$$R = \sqrt{\frac{50\,000}{0{,}5}(5000 + 500)} = 23\,400\,\Omega\,.$$

Die Näherungsformel (29) gibt bei diesen Verhältnissen noch praktisch ausreichende Werte.

Da die erste Gruppe der Schaltwellen nach dem Einschalten des Schutzwiderstandes schon nach sehr kurzer Zeit abgeklungen ist, weil dieser Widerstand das Eintreten des stationären Zustandes beschleunigt, so ist es nicht erforderlich, zwischen dem Einschalten und Kurzschließen des Widerstandes längere Zeit vergehen zu lassen. Man pflegt die Schaltmesser vielmehr in einer einzigen durchlaufenden Bewegung zuerst einen Vorkontakt zum Einschalten des Schutzwiderstandes und dann den Hauptkontakt zum Kurzschließen desselben schließen zu lassen. Bei mehrpoligen Schaltern strebt man an, die zwei oder drei vorhandenen Schaltmesser möglichst gleichzeitig zum Eingriff zu bringen. Ist dies nicht der Fall, so entstehen die größten Schaltwellen in jedem Stromzweige natürlich beim Einlegen seines letzten Schaltmessers, weil an diesem dann die größte Spannung geschaltet wird.

Beim Anschluß elektrischer Motoren oder Transformatoren an Kabelleitungen legt man manchmal den Schalter nach Fig. 387 unmittelbar an das Ende des Kabels und zieht zwischen Schalter und Maschine für die verschiedenen Pole getrennte Luftleitungen von mäßiger Länge, die nur geringe Kapazität besitzen und daher erheblichen Wellenwiderstand haben. Beim Einschalten entsteht dann nur eine geringe Entladewelle der Spannung im Kabel, dagegen läuft eine Ladewelle von fast voller Spannungshöhe vom Schalter nach vorn. Da die Wicklung des Transformators oder Motors große Selbstinduktion besitzt, so ist ihr Wellenwiderstand im allgemeinen groß gegen den der Anschlußleitung, so daß beim Übertritt der Schaltwelle auf die Wicklung eine Spannungssteigerung auf fast das Doppelte der Schaltspannung eintritt.

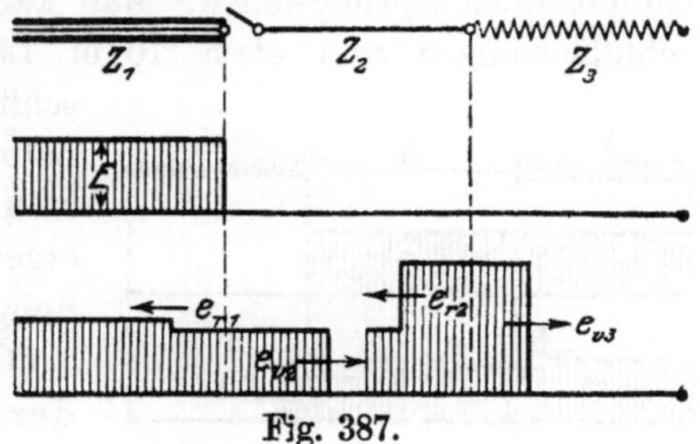

Fig. 387.

Ähnliche Erscheinungen treten auf, wenn gemäß Fig. 388 ein Kabel von einem Generator oder Transformator gespeist wird, und zwischen der Wicklung und dem am Kabel liegenden Schalter eine kurze Strecke

Luftleitung liegt. Beim Einlegen des Schalters wird das Kabel nur wenig aufgeladen. Dagegen läuft eine Entladewelle von fast voller Spannungshöhe durch die Anschlußleitung zur Maschinenwicklung. Sie wird an deren Anfang auf fast das Doppelte ihres Wertes reflektiert und zieht mit dieser Große in die Wicklung ein, die sie dadurch zur Abgabe von Strom veranlaßt.

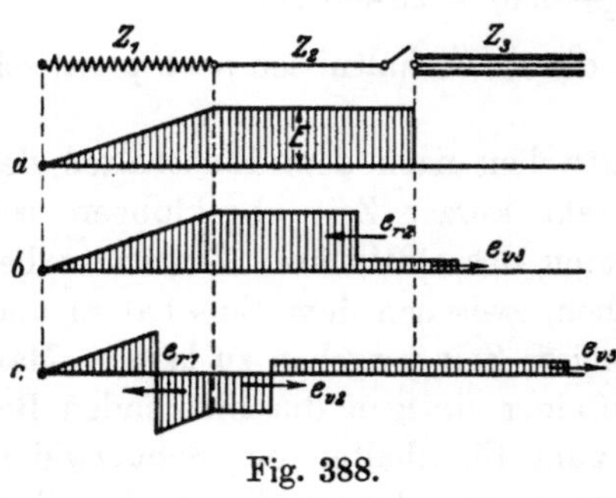

Fig. 388.

Diese doppelten Spannungen kann man bei Schaltanordnungen nach Fig. 387 und 388 häufig an den ersten Spulen von Transformatoren und Maschinen messen. Bei Motoren oder Primärwicklungen von Transformatoren nach Fig. 387 erhalten die Wicklungen nicht nur Spannungssprünge von doppelter Höhe der Schaltspannung, sondern sie werden auch auf doppelte Spannung gegen Erde geladen. Bei Generatoren oder Sekundärwicklungen von Transformatoren nach Fig. 388 erhalten sie Sprungwellen von doppelter Höhe, während die Spannung gegen Erde ins Negative umgekehrt wird und dafür am Sternpunkt der Wicklung bis zum Doppelten gegen Erde ansteigt.

Die in Fig. 387 und 388 dargestellte Spannungsverdoppelung der Schaltwellen tritt in reiner Form nur auf, wenn die Leitung zwischen Kabel und Wicklung länger ist als die Kopflänge der beim Schalten entstehenden Sprungwellen. Man kann sie praktisch bereits bei Anschlußleitungen von etwa 10 m Länge beobachten, woraus man schließen kann, daß Kopflängen innerhalb dieser Größenordnung vorkommen. Kürzere Anschlußleitungen ergeben meist nur geringere Spannungen.

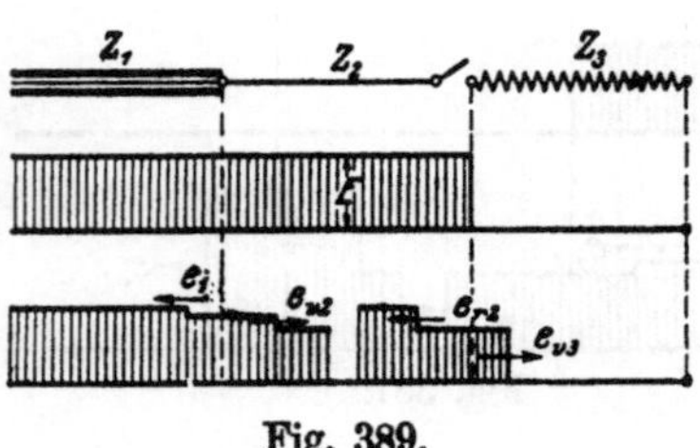

Fig. 389.

Ganz vermeiden kann man derartige Spannungserhöhungen, wenn man die Luftleitungsstrecke zwischen Wicklung und Kabel entweder ganz fortläßt, oder wenn man den Schalter nach Fig. 389 nicht zwischen Kabel und Luftleitung, sondern zwischen Luftleitung und Wicklung anordnet. Dann bilden sich nur Sprungwellen von einfacher Spannungshöhe in der Wicklung aus, und die Reflexion der rückläufigen Freileitungswellen am Kabel ergibt auch keine Erhöhung, sondern eine Erniedrigung dieser Spannungssprünge, die dadurch unschädlich werden. Ist diese günstige

Lage des Schalters aus Gründen der räumlichen Anordnung nicht durchführbar, so ist zur Eindämmung der Schaltwellen die Anwendung von Schutzschaltern zweckmäßig.

40. Beeinflussung von Nachbarleitungen.

Fortwandernde elektrische Wellen setzen den Raum in ihrer Umgebung in einen starken und schnell veränderlichen elektromagnetischen Spannungszustand und können daher auf benachbarte Leitungen in erheblichem Maße einwirken. Da die magnetische Energie der Wellen der elektrischen genau gleich ist, so werden im allgemeinen so starke Wellenströme mitgeführt, daß wir uns nicht wie im Kapitel 22 auf die elektrostatische Beeinflussung beschränken dürfen, sondern auch die elektromagnetische Einwirkung auf die Nachbarleitungen mitbetrachten müssen. Wir wollen untersuchen, welche Spannungen und Ströme in einer zweiten Leitung erzeugt werden, die nach Fig. 390 streckenweise mit der Starkstromleitung parallel läuft, wenn in dieser eine Wanderwelle, beispielsweise eine Sprungwelle von der Spannung E und dem zugehörigen Strom J, einfällt.

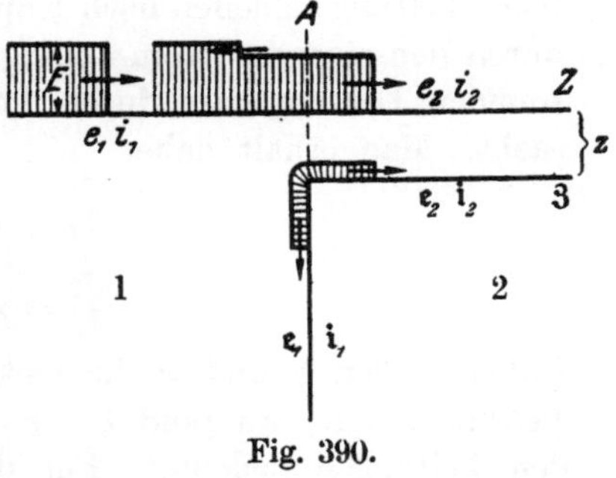

Fig. 390.

Die Starkstromleitung besitzt für sich allein den Wellenwiderstand Z, die Nachbarleitung für sich den Wellenwiderstand $\mathfrak{Z}$. Links vom Treffpunkt A der Leitungen, also im Abschnitt 1, verläuft die gegebene Wanderwelle $e_1\, i_1$ auf der Starkstromleitung ungestört, die Nachbarleitung ist wanderwellenfrei. Rechts vom Treffpunkt, im Abschnitt 2, laufen beide Leitungen einander parallel und beeinflussen sich gegenseitig. Das elektromagnetische Feld der ursprünglichen Wanderwelle erzeugt dabei Ströme und Spannungen in der Nachbarleitung, und diese üben eine Rückwirkung auf die Welle in der Starkstromleitung aus. Laufen die Leitungen später wieder auseinander, so stören sich die Wellen in diesem Abschnitt nicht mehr, sondern verlaufen unabhängig voneinander weiter. Wir wollen verfolgen, in welcher Weise die Wellen in dem Abschnitt 2 der beiden Leitungen aufeinander einwirken und bezeichnen dabei nach Fig. 390 die Wellen in der Hauptleitung mit lateinischen, die in der Nebenleitung mit gotischen Buchstaben.

Die räumliche Änderung der Spannung in jeder Leitung, die für einfache Leitungsschleifen nach Kapitel 34, Gleichung (2) nur von der zeitlichen Veränderung des eigenen Stromes und ihrem selbstinduzierten Magnetfeld abhing, wird hier auch von der zeitlichen Änderung des fremden Stromes beeinflußt. Es ist daher in Erweiterung jener Gleichung

$$\left.\begin{aligned} -\frac{\partial e}{\partial x} &= l\frac{\partial i}{\partial t} + m\frac{\partial \mathfrak{i}}{\partial t} \\ -\frac{\partial \mathfrak{e}}{\partial x} &= \lambda\frac{\partial \mathfrak{i}}{\partial t} + m\frac{\partial i}{\partial t}. \end{aligned}\right\} \qquad (1)$$

Darin sind mit l und λ die Selbstinduktionen der beiden Leitungen und mit m ihre Wechselinduktion bezeichnet, alles bezogen auf die Längeneinheit.

Die zeitliche Änderung der Spannung jeder Leitung, die für einfache Leitungsschleifen nach Kapitel 34, Gleichung (4) von der Ladung durch den eigenen Strom abhing, wird hier auch durch die Ladung der fremden Leitung, also durch deren räumliche Stromänderung, verursacht. Man erhält daher

$$\left.\begin{aligned} -\frac{\partial e}{\partial t} &= q\frac{\partial i}{\partial x} + g\frac{\partial \mathfrak{i}}{\partial x} \\ -\frac{\partial \mathfrak{e}}{\partial t} &= \varkappa\frac{\partial \mathfrak{i}}{\partial x} + g\frac{\partial i}{\partial x}. \end{aligned}\right\} \qquad (2)$$

Dabei stellen q und $\varkappa$ die elektrischen Selbstinfluenzen der beiden Leitungen dar, während g die elektrische Wechselinfluenz zwischen den Leitungen bedeutet. Für den einfachsten Fall zweier Einfachleitungen mit Erdrückleitung kann die letztere aus Kapitel 22, Gleichung (4) berechnet werden. In jedem Falle stellen diese Koeffizienten das Reziproke der entsprechenden Leitungskapazitäten dar und können daher stets angegeben werden. Je näher die Haupt- und Nebenleitungen benachbart sind, um so größer wird die Bedeutung der wechselseitigen Werte m und g.

Die Lösung dieser vier Differentialgleichungen können wir ganz entsprechend unserem früheren Ansatz für einfache Leitungen in Kapitel 34 gewinnen, wenn wir einen linearen Zusammenhang für die Spannungen und Ströme ansetzen und schreiben

$$\left.\begin{aligned} e &= Z i + z \mathfrak{i} \\ \mathfrak{e} &= \mathfrak{Z} \mathfrak{i} + z i. \end{aligned}\right\} \qquad (3)$$

Darin ist außer den eigenen Wellenwiderständen Z und $\mathfrak{Z}$ der beiden Leitungen noch ein wechselseitiger Wellenwiderstand z derselben eingeführt, der den Strom der einen Leitung immer mit der Spannung der anderen verknüpft. Da die Differentialgleichungen (1) und (2) sowie unser Lösungsansatz (3) linear in Strom und Spannung sind, so überlagern sich diese Werte additiv und ohne gegenseitige Störung. Zur Bestimmung des Zusammenhanges der Wellenwiderstände mit den Induktions- und Influenzziffern können wir daher den einen oder den anderen Strom vorübergehend gleich null setzen, wodurch die Ausrechnung vereinfacht wird.

Läßt man zunächst den Nachbarstrom verschwinden, so erhält man aus den ersten Zeilen der Gleichungen (1), (2) und (3) mit $\mathfrak{i} = 0$

$$\left.\begin{aligned} -\frac{\partial e}{\partial x} &= l\,\frac{\partial i}{\partial t} \\ -\frac{\partial e}{\partial t} &= q\,\frac{\partial i}{\partial x} \\ e &= Z\,i \end{aligned}\right\} \tag{4}$$

und aus den zweiten Zeilen derselben Gleichungen

$$\left.\begin{aligned} -\frac{\partial \mathfrak{e}}{\partial x} &= m\,\frac{\partial i}{\partial t} \\ -\frac{\partial \mathfrak{e}}{\partial t} &= g\,\frac{\partial i}{\partial x} \\ \mathfrak{e} &= z\,i\,. \end{aligned}\right\} \tag{5}$$

Läßt man dagegen den Hauptstrom verschwinden, so erhält man aus den ersten Zeilen der Gleichungen (1), (2) und (3) mit $i = 0$

$$\left.\begin{aligned} -\frac{\partial e}{\partial x} &= m\,\frac{\partial \mathfrak{i}}{\partial t} \\ -\frac{\partial e}{\partial t} &= g\,\frac{\partial \mathfrak{i}}{\partial x} \\ e &= z\,\mathfrak{i}\,. \end{aligned}\right\} \tag{6}$$

und aus den zweiten Zeilen dieser Gleichungen

$$\left.\begin{aligned} -\frac{\partial \mathfrak{e}}{\partial x} &= \lambda\,\frac{\partial \mathfrak{i}}{\partial t} \\ -\frac{\partial \mathfrak{e}}{\partial t} &= \varkappa\,\frac{\partial \mathfrak{i}}{\partial x} \\ \mathfrak{e} &= \mathfrak{Z}\,\mathfrak{i}\,. \end{aligned}\right\} \tag{7}$$

Die 4 Gleichungssysteme (4) bis (7) haben alle denselben Typus. Dieser stimmt mit dem früher in Kapitel 34 für Einzelleitungen behandelten völlig überein, der ja selbst durch Gleichung (4) gegeben ist. Setzt man daher ebenso wie früher stets die dritte Gleichung jedes Systems in die beiden ersten Gleichungen ein und multipliziert diese miteinander, so erhält man als Bestimmungsgleichung für die Wellenwiderstände

$$\left.\begin{aligned} Z &= \pm\sqrt{\frac{l}{1/q}} \\ \mathfrak{Z} &= \pm\sqrt{\frac{\lambda}{1/\varkappa}} \\ z &= \pm\sqrt{\frac{m}{1/g}}\,. \end{aligned}\right\} \tag{8}$$

Die dritte dieser Beziehungen ergibt sich sowohl aus Gleichung (5) als auch aus Gleichung (6). In den Gleichungen (8) sind die Influenzziffern stets in reziproker Form geschrieben, da sie dann Kapazitäten pro

Längeneinheit gleichwertig sind. Man erkennt, daß sowohl die eigenen wie auch die wechselseitigen Wellenwiderstände der Leitungen allein durch die Wurzel des Quotienten aus Selbstinduktion und Kapazität gegeben sind, sie sind also bestimmte Konstanten der Zweifachleitungsanordnung. Dabei ist der wechselseitige Wellenwiderstand z bei erheblichem Abstand der Leitungen stets klein gegen die Eigenwerte Z und $\mathfrak{Z}$, weil seine Induktions- und Influenzziffern nur relativ kleine Werte besitzen.

Genau wir früher in Kapitel 34, Gleichung (12) kann man auch hier die Geschwindigkeit der verzerrungsfrei wandernden Wellen bestimmen als das Verhältnis der zeitlichen und räumlichen Veränderung des Zustandes auf jeder Leitung. Man erhält dann

$$v = \frac{\pm 1}{\sqrt{l \cdot 1/q}} = \frac{\pm 1}{\sqrt{\lambda \cdot 1/\varkappa}} = \frac{\pm 1}{\sqrt{m \cdot 1/g}}. \tag{9}$$

Die Gleichheit der drei Ausdrücke wird durch den bekannten Zusammenhang der Induktions- und Influenzkoeffizienten bestätigt.

Die positiven Vorzeichen in Gleichung (8) und (9) entsprechen vorwärtslaufenden, die negativen Vorzeichen rückwärtslaufenden Teilwellen von Spannung und Strom. Den vollständigen elektromagnetischen Zustand auf den benachbart verlaufenden Leitungen erhält man durch Addition aller dieser Teilwellen nach Gleichung (3).

Wir können nunmehr die Erscheinungen verfolgen, die beim Einfallen einer Wanderwelle auf der Starkstromleitung nach Fig. 390 auftreten. Auf den Leitungsstrecken 1 links vom Annäherungspunkt A gilt für die Hauptleitung die letzte Gleichung (4), für die Nebenleitung die letzte Gleichung (7), da dort keine gegenseitige Einwirkung vorhanden ist. Auf der Leitungsstrecke 2 dagegen gelten für die benachbarten Leitungen die beiden vollständigen Beziehungen der Gleichung (3). Da jede Leitung für sich homogen ist, so lauten die Grenzbedingungen am Übergangspunkt:

für die Hauptleitung
$$\left.\begin{aligned} e_1 &= e_2 \\ i_1 &= i_2 \end{aligned}\right\} \tag{10}$$

und für die Nachbarleitung
$$\left.\begin{aligned} \mathfrak{e}_1 &= \mathfrak{e}_2 \\ \mathfrak{i}_1 &= \mathfrak{i}_2 . \end{aligned}\right\} \tag{11}$$

Im Leitungsabschnitt 2 können nur vorwärtslaufende Wellen auftreten, da wir die rechts liegenden Leitungsteile als bisher frei von Wellen ansehen. Im Leitungsabschnitt 1 können dagegen außer der einfallenden Welle der Hauptleitung auch reflektierte Wellen in beiden Leitungen entstehen, die vom Annäherungspunkt A ausgehen. Daher erhält man für die Spannung der Hauptleitung durch Aufteilung der ersten Gleichung (10) in vorwärts- und rückwärtslaufende Teilwellen die Bedingung

$$e_{v1} + e_{r1} = e_{v2} . \tag{12}$$

Drückt man dies durch die Ströme aus, und zwar für die linke Seite nach der letzten Gleichung (4), für die rechte Seite nach der ersten Gleichung (3), und berücksichtigt man das negative Vorzeichen der Wellenwiderstände nach Gleichung (8) für die rückläufigen Wellen gleich mit, so entsteht

$$Z\, i_{v1} - Z\, i_{r1} = Z i_{v2} + z\, \mathfrak{i}_{v2}. \tag{13}$$

Aus der zweiten Gleichung (10) erhält man andererseits für die Teilströme in der Hauptleitung

$$i_{v1} + i_{r1} = i_{v2}. \tag{14}$$

In der Nachbarleitung, die keine einfallende Welle besitzt, erhält man für die Teilspannungen aus der ersten Gleichung (11)

$$\mathfrak{e}_{r1} = \mathfrak{e}_{v2}, \tag{15}$$

und nach Einsetzen der Ströme, im linken Abschnitt nach der letzten Gleichung (7), im rechten nach der zweiten Gleichung (3),

$$-\mathfrak{Z}\, \mathfrak{i}_{r1} = \mathfrak{Z}\, \mathfrak{i}_{v2} + z\, i_{v2}. \tag{16}$$

Aus der zweiten Gleichung (11) erhält man schließlich für die Ströme der Nachbarleitung die weitere Bedingung

$$\mathfrak{i}_{r1} = \mathfrak{i}_{v2}. \tag{17}$$

Diese vier Gleichungen (13), (14), (16) und (17) reichen zur Bestimmung der vom Punkt A forteilenden vier Stromwellen der beiden Leitungen aus. Durch Addition von (13) und (14) und Einsetzen der gegebenen Werte der Starkstromwanderwelle

$$\left.\begin{aligned} i_{v1} &= J \\ e_{v1} &= E, \end{aligned}\right\} \tag{18}$$

erhält man

$$2\,J = 2\,i_{v2} + \frac{z}{Z}\,\mathfrak{i}_{v2} \tag{19}$$

und durch Addition von (16) und (17)

$$0 = 2\,\mathfrak{i}_{v2} + \frac{z}{\mathfrak{Z}}\,i_{v2}. \tag{20}$$

Löst man die beiden letzten Gleichungen auf, so ergibt sich schließlich für den durchlaufenden Strom auf der Hauptleitung

$$i_{v2} = \frac{J}{\left(1 - \frac{z^2}{4 Z \mathfrak{Z}}\right)} \cong J \tag{21}$$

und für die Ströme auf der Nachbarleitung unter Beachtung von Gleichung (17)

$$\mathfrak{i}_{r1} = \mathfrak{i}_{v2} = -\frac{z}{2\mathfrak{Z}}\,\frac{J}{\left(1 - \frac{z^2}{4 Z \mathfrak{Z}}\right)} \cong -\frac{z}{2\mathfrak{Z}}\,J. \tag{22}$$

Der Strom in der Hauptleitung wird also nach Gleichung (21) durch die Anwesenheit der Nachbarleitung etwas vergrößert. Gleichzeitig tritt in dieser nach Gleichung (22) ein Strom entgegengesetzten Vorzeichens auf, der die Vergrößerung nach außen hin kompensiert, und der sich nach vorwärts und rückwärts vom Eintrittspunkt A aus als sekundäre Wanderwelle des Stromes ausbreitet. Für Leitungen mit erheblichem Abstande ist z nur gering gegenüber Z und $\mathfrak{Z}$, so daß das zweite Glied in der Klammer der beiden letzten Gleichungen vernachlässigt werden kann. Dann entstehen die hinzugefügten einfachen Näherungsausdrücke.

Die Spannungswellen in der Nachbarleitung erhält man nunmehr durch Multiplikation des Stromes $\mathfrak{i}_{r1}$ nach Gleichung (22) mit seinem Wellenwiderstand unter Beachtung von Gleichung (15) zu

$$\mathfrak{e}_{v2} = \mathfrak{e}_{r1} = -\mathfrak{Z}\,\mathfrak{i}_{r1} = \frac{z}{2}\,\frac{J}{\left(1 - \frac{z^2}{4Z\mathfrak{Z}}\right)} = \frac{z}{2Z}\,\frac{E}{\left(1 - \frac{z^2}{4Z\mathfrak{Z}}\right)} \cong \frac{z}{2Z}E. \quad (23)$$

Darin ist der einfallende Strom durch seine Spannung ausgedrückt, und es ist wieder ein Näherungswert gebildet. Beim Eintreffen der Wellen auf der Hauptleitung laufen also vom Annäherungspunkt A aus auch in der Nachbarleitung Spannungswellen nach beiden Seiten, die das gleiche Vorzeichen wie die Hauptwelle haben. Die übertragene Spannung verhält sich zur Spannung der einfallenden Welle schon für mäßige Abstände wie der halbe wechselseitige Wellenwiderstand zum Wellenwiderstand der Hauptleitung.

Der reflektierte Strom in der Hauptleitung ergibt sich nach Gleichung (14) unter Beachtung von Gleichung (18) und (21) zu

$$i_{r1} = \frac{z^2}{4Z\mathfrak{Z}}\,\frac{J}{\left(1 - \frac{z^2}{4Z\mathfrak{Z}}\right)} \cong \frac{z^2}{4Z\mathfrak{Z}}J, \quad (24)$$

und damit wird nach Multiplikation mit $-Z$ die reflektierte Spannung in der Hauptleitung

$$e_{r1} = \frac{-z^2}{4Z\mathfrak{Z}}\,\frac{E}{\left(1 - \frac{z^2}{4Z\mathfrak{Z}}\right)} \cong -\frac{z^2}{4Z\mathfrak{Z}}E. \quad (25)$$

Beide Wellen sind nur gering, wenn die Leitungen erheblichen Abstand besitzen.

Schließlich wird die durchlaufende Spannungswelle auf der Hauptleitung nach Gleichung (12) unter Beachtung von Gleichung (18) und (25)

$$e_{v2} = \frac{\left(1 - 2\frac{z^2}{4Z\mathfrak{Z}}\right)}{\left(1 - \frac{z^2}{4Z\mathfrak{Z}}\right)}E \cong E, \quad (26)$$

sie wird also nur wenig geringer als die einfallende Welle.

Aus diesen Beziehungen erkennt man, daß sich beim Durchwandern von Wellen auf einer Leitung, in deren Nähe andere Leitungen verlaufen, auch auf diesen Strom- und Spannungswellen von gleicher Form ausbilden. Sie lösen sich vom Annäherungspunkte der beiden Leitungsstrecken los und eilen von ihm aus nach beiden Seiten auf der Nachbarleitung fort. Die Energie der Nachbarwellen ist als Produkt von Strom und Spannung nach Gleichung (22) und (23)

$$\mathfrak{w}_{v2} = \mathfrak{w}_{r1} = \frac{z^2}{4Z\mathfrak{Z}} \frac{W}{\left(1 - \frac{z^2}{4Z\mathfrak{Z}}\right)^2} \simeq \frac{z^2}{4Z\mathfrak{Z}} W, \tag{27}$$

sie ist also durch das Produkt der Verhältnisse vom wechselseitigen zu den eigenen Wellenwiderständen bestimmt.

Die Größe der übertragenen Spannung $\mathfrak{e}$ kann für eng benachbarte Leitungen sehr beträchtlich werden. Liegen die Leitungen nach Fig. 391 außerordentlich nahe, so darf man im Grenzfalle die Ziffern für Wechsel- und Selbstinduktion sowie für Wechsel- und Selbstinfluenz als gleich betrachten. Dann wird nach Gleichung (8)

$$z = Z = \mathfrak{Z}, \tag{28}$$

so daß die übertragene Spannung nach den strengen Gleichungen (23) und (26) dem Grenzwert zustrebt

$$\mathfrak{e}_{v2} = \mathfrak{e}_{r1} = e_{v2} = \tfrac{2}{3}E. \tag{29}$$

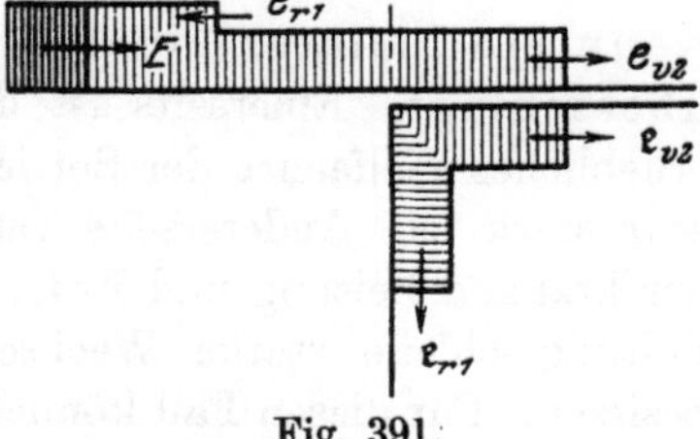

Fig. 391.

Dies ist die gleiche Spannung, die sich nach Kapitel 38, Fig. 377 ergibt, wenn die Welle auf eine Leitungsverzweigung fällt. Auch dort wird die Welle in zwei Teile von je $^2/_3$ Höhe gebrochen.

Für den Verlauf von Wanderwellen ist es demnach ganz gleichgültig, ob die Leitungen metallischen Kontakt haben oder nicht. Sie übertragen ihre Spannung und Energie lediglich nach Maßgabe der Wellenwiderstände und können daher mit erheblichen Beträgen auf Nachbarleitungen übertreten. Verursacht wird diese Erscheinung durch die rapide Änderung des elektromagnetischen Feldes in der Umgebung der Leitungen, demgegenüber der Einfluß des Ohmschen Widerstandes und daher auch ihre leitende Verbindung gar nicht mehr in Betracht kommt.

Für größere Entfernung der Nachbarleitungen wird die übertragene Spannung schnell kleiner. Man kann das Verhältnis der Wellenwiderstände in dem Näherungsausdruck der Gleichung (23) durch die Abmessungen der Leitungen ausdrücken. Dividiert man nämlich die dritte und erste der Gleichungen (8) durcheinander und schafft m und l durch die Beziehung (9) heraus, so entsteht

$$\frac{z}{Z} = \frac{g}{q}. \tag{30}$$

Die Selbst- und Wechselinfluenz kann stets aus den Querschnitten und Abständen der Leitungen ermittelt werden. Vergleicht man nunmehr die übertragene Spannung nach Gleichung (23) mit der nach Kapitel 22,

Gleichung (7), so erkennt man, daß die Höhe der Wanderwellenspannung genau halb so groß ist wie die in einer langen Leitung statisch influenzierte Spannung. Dies rührt daher, daß nur ein Teil der sekundären Spannungswelle in Richtung der Hauptwelle weiterläuft, während ein zweiter, ebenso großer Teil nach rückwärts in die Nebenleitung abwandert.

Wir haben unsere Rechnungen in den Figuren an einfachen Sprungwellen veranschaulicht. Da wir aber lauter lineare Beziehungen für die sekundären Wellen erhalten haben, so werden auch andere primäre Wellen formgetreu übertragen. Unsere Beziehungen gelten daher ganz allgemein, auch für Einzelwellen oder Wellenzüge von beliebigem Verlauf.

Die stärksten Sprungwellen werden in Nachbarleitungen erzeugt, wenn ein Isolator einer Hochspannungsanlage gegen Erde überschlägt. Einerseits ist die Überschlagspannung meistens ein erhebliches Vielfaches der Betriebsspannung, so daß die primäre Welle sehr stark ist. Andererseits verlaufen solche Wanderwellen zwischen der kranken Leitung und Erde, so daß sie wegen der großen primären Leitungsschleife starke Wechselinfluenz gegenüber Nachbarleitungen besitzen. Für diesen Fall können wir das Verhältnis der Influenzziffern von Gleichung (30) aus Kapitel 22, Gleichung (7) entnehmen und erhalten nach Gleichung (23) eine Spannung der sekundären Wanderwellen von

$$\mathfrak{e} = \frac{\ln\left(\frac{r'}{r}\right)}{\ln\left(\frac{4h}{d}\right)} \frac{E}{2}. \tag{31}$$

Darin ist wie früher mit r und r' der Abstand der Nachbarleitung von der Hauptleitung und ihrem Spiegelbild bezeichnet, mit d und h der Durchmesser der Hauptleitung und ihre Erdhöhe. Für den Strom der sekundären Wanderwellen ergibt sich ebenso nach Gleichung (22)

$$\mathfrak{i} = \frac{\ln\left(\frac{r'}{r}\right)}{\ln\left(\frac{4k}{\delta}\right)} \frac{J}{2}, \tag{32}$$

worin jetzt δ und k Durchmesser und Erdhöhe der Nachbarleitung bedeuten.

Für Leitungen auf gleichem Mast mit den Erdhöhen $h = 10$ m und $k = 5$ m, also mit den Abständen $r = 5$ m und $r' = 15$ m erhält man bei Drahtdurchmessern von $d = 8$ mm und $\delta = 4$ mm nach Gleichung (31) eine sekundäre Spannungswelle von

$$\frac{\mathfrak{e}}{E} = \frac{\ln\left(\frac{15}{5}\right)}{2\ln\frac{4\cdot 10}{0{,}008}} = 6{,}5\,\%$$

und nach Gleichung (32) auch eine sekundäre Stromwelle von

$$\frac{\mathfrak{i}}{J} = \frac{\ln\left(\frac{15}{5}\right)}{2\ln\frac{4\cdot 5}{0{,}004}} = 6{,}5\,\%.$$

Die übertragene Leistung ist daher

$$\frac{\mathfrak{w}}{W} = 0{,}065^2 = 0{,}42\,\%$$

der Leistung der einfallenden Wanderwelle. Besitzt diese bei Erdschluß einer Freileitung von 20 000 Volt mit 3facher Überschlagspannung einen Spannungssprung von $E = 60\,000$ Volt, was bei einem Wellenwiderstand von $Z = 500\ \Omega$ einer Stromstärke von $J = 120$ Amp. entspricht, also einer Leistung von $W = 7200$ kW, so erhält die Welle in der Nachbarleitung $\mathfrak{e} = 3900$ Volt Spannung, $\mathfrak{i} = 7{,}8$ Amp. Strom und $\mathfrak{w} = 30$ kW Leistung. Das sind Beträge, die trotz ihrer kurzen Wirkungsdauer zu Störungen führen können.

In Schwachstromleitungen sind die von Wanderwellen induzierten Störungen besonders unangenehm, einerseits, weil die Stärke der Ströme weit über dem noch zulässigen Maß liegen kann, wie die eben berechneten Zahlen zeigen, und andererseits, weil die sehr plötzlich auftretenden Sprungwellen in Fernsprechleitungen sehr viel unzuträglichere Geräusche verursachen als die Betriebsspannung mit ihrer geringen Frequenz.

Ähnliche Erscheinungen, wie sie bei Annäherung einer Nachbarleitung an die Wanderwellen führende Leitung entstehen, treten auch beim Abbiegen der Nachbarleitung von der Hauptleitung auf. Auch hier bildet die Trennstelle einen Knotenpunkt, an dem sich vorwärts- und rückwärtslaufende Wellen ausbilden können. Welche der Leitungen in Wirklichkeit abbiegt, ist dabei gleichgültig, es kommt nur auf die Änderung des wechselseitigen Wellenwiderstandes an. Erfolgt die Annäherung oder auch die Abführung der Nachbarleitungen an die Hauptleitung nicht wie in Fig. 390 plötzlich, sondern nähern oder entfernen sich die Leitungen allmählich mehr und mehr, so kann man sich die Wirkung der Beeinflussung der Nachbarleitung als Aufeinanderfolge vieler kleiner Elementarwellen vorstellen, die durch allmähliche Verkleinerung des wechselseitigen Wellenwiderstandes z nacheinander übertragen werden. Sie bauen die sekundäre Welle allmählich auf und verleihen ihr insgesamt eine Kopflänge, die der Annäherungs- oder Abführungsstrecke der beiden Leitungen entspricht. Sprungwellen auf der Hauptleitung werden dann nur mit verschleiften Formen übertragen.

Sehr störende Wirkungen können durch Wanderwellen entstehen, die zwischen den primären und sekundären Spulen von **Transformatorwicklungen übertragen werden.** Fig. 392 zeigt, wie eine Sprungwelle in die Oberspannungswicklung einzieht. Liegt die Unterspannungswicklung ihr sehr nahe, so ist das Verhältnis der Wellenwiderstände nach Gleichung (23) oder der Influenzziffern nach Gleichung (30) relativ groß. Infolgedessen bilden sich auch in der Unterspannungswicklung sekundäre Wanderwellen aus, die zum Teil in die Wicklung hineinziehen, zum Teil aus ihr heraus in die äußere Leitung eilen. Den höchsten, allerdings nie erreichbaren Grenzwert der übertragenen Spannung gibt Gleichung (29) an. Im allgemeinen ist die Spannung erheblich niedriger, weil die Wicklungen um das Maß ihres gegenseitigen Isolierabstandes auseinander liegen. Immerhin kann **eine Spannungswelle, die von der Oberspannungswicklung ohne Schaden ertragen wird, in der Unterspannungswicklung und den angeschlossenen Leitungen, in die sie hineinläuft, ernsten Schaden anrichten.** Will man die Beeinflussung vollständig vermeiden, so kann man einen metallischen Schirm zwischen beide Wicklungen legen.

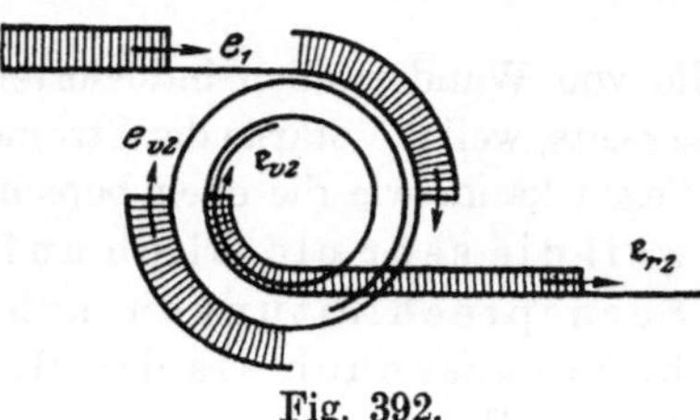

Fig. 392.

Auch zwischen Schwachstromleitungen unter sich, die streckenweise parallel laufen, findet eine starke Übertragung der aus Wellenzügen bestehenden Telegraphen- und Fernsprechströme statt. Besonders in Telephonkabeln, deren Leitungen dicht nebeneinander liegen, ist die nach Gleichung (27) übertretende Energie relativ groß, so daß man durch besondere Verdrillungen und Kreuzungen dieses Nebensprechen verhindern muß.

IX. Spulen und Kondensatoren.

41. Umbildung der Wellenform.

Man benutzt seit langer Zeit Drosselspulen und Kondensatoren als Schutz gegen Überspannungen, und geht dabei von der Vorstellung aus, daß Spannungs- und Stromschwankungen mit sehr hoher Frequenz durch Drosselspulen nicht hindurchdringen und durch Kondensatoren von der Leitung abgefangen werden, indem diese sich aufladen und den Überspannungswellen Energie entziehen. Auch sonst müssen Wanderwellen häufig Spulen und Kondensatoren im Leitungszuge durchlaufen, die von Stromwandlern und Auslösespulen, von Sammelschienen und Isolatoren gebildet werden. Wir wollen zunächst untersuchen, in welcher Weise diese Mittel auf Sprungwellen wirken, die durch einen plötzlichen Schaltvorgang entstanden sind und sich auf der Leitung ausbreiten. Späterhin betrachten wir die Wirkung auf Einzelwellen und Wellenzüge.

a) Wirkung von Selbstinduktion.

Zwei Leitungen mit den Wellenwiderständen Z_1 und Z_2 seien entsprechend Fig. 393 über eine Drosselspule aneinandergeschaltet, und es falle eine Sprungwelle von der Spannung E und dem Strom J auf der Leitung 1 ein. Die Längenerstreckung der Drosselspule nehmen wir so kurz an, daß wir sie als konzentriert betrachten dürfen. Sie soll dabei keinerlei Kapazität oder Widerstand, sondern lediglich Selbstinduktion besitzen. Dann werden alle ihre Windungen von dem gleichen Strom durchflossen, der auch an ihren Klemmen in den Leitungen fließt. Es ist also an den Leitungsenden

$$i_1 = i_2 . \tag{1}$$

Die Spannung an beiden Leitungen unterscheidet sich dagegen um die an der Selbstinduktion vorhandene Spannung, die ihrerseits der Selbstinduktion L und der zeitlichen Veränderung des Stromes proportional ist. Daher ist

$$e_1 = e_2 + L \frac{d i_2}{d t} . \tag{2}$$

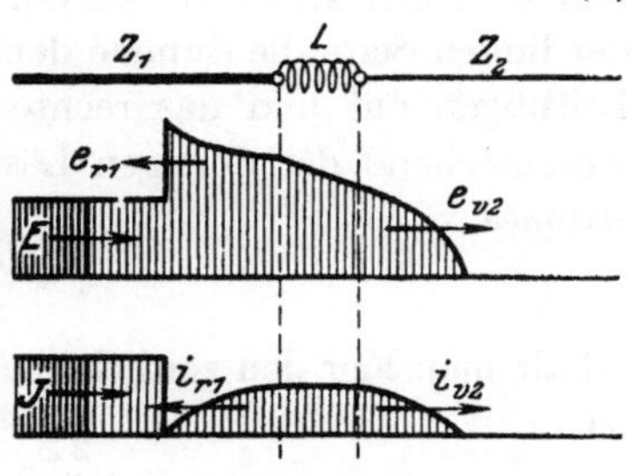

Fig. 393.

In Leitung 2 können nach dem Einfallen der Welle nur vorwärts laufende Wellen bestehen, in Leitung 1 dagegen vor- und rücklaufende. Durch Aufspalten von Spannung und Strom in Teilwellen erhält man daher aus Gleichung (2) die Spannungsgleichung

$$e_{v1} + e_{r1} = e_{v2} + \frac{L}{Z_2} \frac{d e_{v2}}{d t} . \tag{3}$$

Dabei ist anstatt des Stromes der Quotient von Spannung und Wellenwiderstand eingesetzt. Durch dasselbe Verfahren erhält man aus der Stromgleichung (1) nach Multiplikation mit Z_1 die Beziehung

$$e_{v1} - e_{r1} = \frac{Z_1}{Z_2} e_{v2} . \tag{4}$$

Addiert man die Gleichungen (3) und (4), so fällt die rückwärts laufende Spannung heraus und es bleibt lediglich eine Gleichung zwischen den vorwärts laufenden Spannungswellen der Leitung 1 und 2 übrig, die man nach Multiplikation mit Z_2/L schreiben kann

$$\frac{d e_{v2}}{d t} + \frac{Z_1 + Z_2}{L} e_{v2} = 2 \frac{Z_2}{L} e_{v1} . \tag{5}$$

Diese Beziehung für den zeitlichen Verlauf der Spannung am Anfang der Leitung 2 ist eine lineare Differentialgleichung erster Ordnung mit konstanten Koeffizienten und bekannter Störungsfunktion. Für gegebenen zeitlichen Verlauf der Spannung e_{v1} vor der Drosselspule läßt sich daraus die Spannung e_{v2} hinter der Drosselspule stets ausrechnen.

Fällt eine rechteckige Spannungswelle von der Sprunghöhe E auf die Drosselspule, so ist vom Zeitpunkte des Auftreffens an

$$e_{v1} = E, \tag{6}$$

und daher ist die rechte Seite der Differentialgleichung konstant. Für diesen Fall wird die Lösung der Gleichung (5) besonders einfach, da sie vollständig der Differentialgleichung in Kapitel 2, Gleichung (14) entspricht, die das Einschalten eines Gleichstromes in eine Drosselspule beschreibt und die lautete

$$\frac{di}{dt} + \frac{R}{L} i = \frac{E}{L}. \tag{7}$$

Nur tritt hier an Stelle des Ohmschen Widerstandes im zweiten Glied der linken Seite die Summe der Wellenwiderstände der angeschlossenen Leitungen auf und das rechte Störungsglied hat eine andere Größe. Entsprechend der dortigen Lösung (22) für das Ansteigen des Gleichstromes

$$i = \frac{E}{R}\left(1 - \varepsilon^{-\frac{R}{L}t}\right) \tag{8}$$

erhält man hier den zeitlichen Anstieg der Spannung auf der Leitung 2 zu

$$e_{v2} = \frac{2 Z_2}{Z_1 + Z_2} E \left(1 - \varepsilon^{-\frac{Z_1 + Z_2}{L} t}\right). \tag{9}$$

Man erkennt daraus, daß Sprungwellen von konstanter Höhe, die auf eine Drosselspule mit konzentrierter Selbstinduktion fallen, nicht mit einem unstetigen Spannungssprung auf die zweite Leitung übertreten, daß die Spannung dort vielmehr von null beginnend allmählich und sanft ansteigt und erst nach einiger Zeit ihren Endwert erreicht. Die Geschwindigkeit des Anstieges kann durch den Exponenten der Gleichung (9), also durch die Wanderwellen-Zeitkonstante

$$T_L = \frac{L}{Z_1 + Z_2} \tag{10}$$

gemessen werden. Sie ist um so größer, je größer die Selbstinduktion der Drosselspule und je kleiner die Summe der Wellenwiderstände der Leitungen ist. Diese wirken durch die in ihnen forteilenden Wellen ganz ähnlich wie ein energieverzehrender Widerstand im Stromkreise.

Liegt eine Drosselspule mit $L = 3$ mH Selbstinduktion zwischen einer Freileitung von $Z_1 = 500\ \Omega$ und einer Maschinenwicklung von $Z_2 = 5000\ \Omega$ Wellenwiderstand, so ist ihre Zeitkonstante

$$T_L = \frac{3 \cdot 10^{-3}}{500 + 5000} = 0{,}55 \cdot 10^{-6}\,\text{sec}.$$

Während dieser Zeit legt die Welle einen Weg

$$v\,T_L = 3 \cdot 10^8 \cdot 0{,}55 \cdot 10^{-6} = 163 \text{ m}$$

zurück. Da der räumliche Verlauf der Spannungswelle längs der Leitung 2 dem zeitlichen Verlauf der Spannung am Anfang der Leitung genau entspricht, wie es früher in Kapitel 34 an Hand der Ausbreitungsgesetze der Wanderwellen erläutert wurde, so läuft der aus Leitung 1 auf die Drosselspule eingefallene scharfe Spannungssprung als exponentiell abgeflachte Welle in die Leitung 2 hinein. In Fig. 393 ist dies bildlich dargestellt.

Die vorwärts laufende Stromwelle der Leitung 2 erhält man durch Division der Spannungswelle von Gleichung (9) durch Z_2 zu

$$i_{v2} = \frac{2\,Z_1}{Z_1 + Z_2}\,J\left(1 - \varepsilon^{-\frac{t}{T}}\right). \tag{11}$$

Dabei ist die Spannung E durch das Produkt des einfallenden Sprungwellenstromes J mit dem Wellenwiderstand Z_1 ersetzt.

Auch der Strom in Leitung 2 steigt also nicht unstetig, sondern sanft und allmählich an. Während das Klammerglied in den Ausdrücken (9) und (11) für Spannung und Strom der Leitung 2 für den Anfangsaugenblick mit $t = 0$ null ergibt, nähert es sich mit zunehmender Zeit asymptotisch dem Werte 1. Spannung und Strom gehen dann in die gleichen Ausdrücke über, die sich in Kapitel 38, Gleichung (6) und (7) für den Durchtritt von Sprungwellen durch einen Leitungsknotenpunkt ergaben. Die Drosselspule wirkt daher nur auf den Kopf der Wellen abflachend ein. Nach einer Zeit jedoch, die groß gegen die Zeitkonstante der Anordnung nach Gleichung (10) ist, sind Spannung und Strom im Knotenpunkt von Leitungen mit verschiedenem Wellenwiderstand unabhängig davon, ob eine Spule zwischengeschaltet ist oder nicht. Diese Wirkung der Drosselspulen wird dadurch verursacht, daß ihre Selbstinduktion sich beim Auftreffen der Wellen zunächst mit magnetischer Energie auflädt und diese Energie dem Kopfe der Welle entzieht. Die konstanten Rückenteile der Wellen können dagegen ungeschwächt hindurchtreten.

Auf der Leitung 1 löst das Aufprallen der Sprungwelle auf die Drosselspule eine rückwärtslaufende Spannungswelle aus. Ihre Größe errechnet sich am einfachsten aus Gleichung (4), in der nunmehr e_{v1} nach Gleichung (6) und e_{v2} nach Gleichung (9) bekannt sind. Es ergibt sich

$$e_{r1} = E - \frac{2\,Z_1}{Z_1 + Z_2}\,E\left(1 - \varepsilon^{-\frac{t}{T}}\right) \tag{12}$$

und daraus erhält man für den rücklaufenden Strom durch Division mit $-Z_1$

$$i_{r1} = -J + \frac{2\,Z_1}{Z_1 + Z_2}\,J\left(1 - \varepsilon^{-\frac{t}{T}}\right). \tag{13}$$

Im ersten Augenblick nach dem Einfallen der Sprungwelle, also für $t = 0$, ist der Klammerausdruck und daher das ganze zweite Glied der letzten beiden Gleichungen verschwindend klein. Es bleibt lediglich das erste Glied übrig, das anzeigt, daß die Drosselspule im ersten Augenblick die gesamte Spannung auf der einfallenden Leitung verdoppelt und den gesamten Strom in ihr zu null macht. Sie wirkt also auf den Kopf der Sprungwelle wie ein offenes Leitungsende. Mit wachsender Zeit jedoch wird das zweite Glied der Gleichungen (12) und (13) immer größer. Die Spannung sinkt vom doppelten Wert allmählich wieder herab, der Strom steigt von null allmählich wieder an. Nach sehr langer Zeit ist der Klammerwert gleich 1 geworden. Die rückwärtslaufende Spannungswelle nähert sich daher am Leitungsende dem Werte

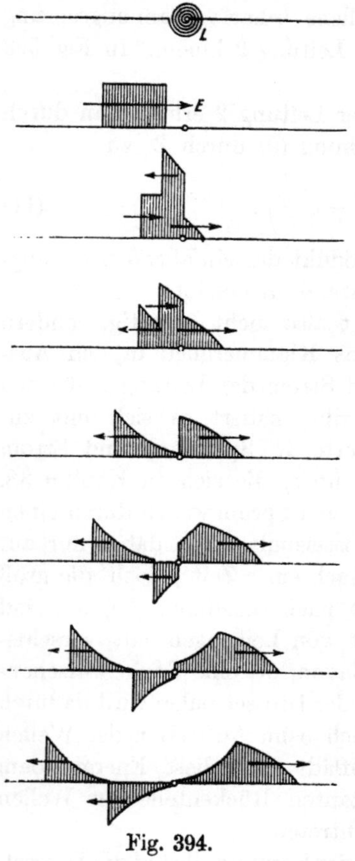

Fig. 394.

$$(e_{r1})_\infty = \frac{Z_2 - Z_1}{Z_1 + Z_2} E \tag{14}$$

und die rückwärtslaufende Stromwelle dem Werte

$$(i_{r1})_\infty = \frac{Z_1 - Z_2}{Z_1 + Z_2} J. \tag{15}$$

Die Wellen gehen demnach einige Zeit nach dem Aufprallen in diejenigen Werte über, die sich in Kapitel 38, Gleichung (8) und (9) für Knotenpunkte ohne Drosselspule ergeben haben. In Fig. 393 ist der räumliche Verlauf der reflektierten Strom- und Spannungswellen eingetragen, dessen Form dem zeitlichen Verlaufe gleicht.

Man erkennt aus diesen Gesetzen, daß konzentrierte Selbstinduktionen geeignet sind, die schroffen Spannungssprünge, die sich bei beabsichtigten Schaltvorgängen oder unbeabsichtigten Überschlägen ergeben, in wirksamer Weise umzubilden, so daß die Sprungwellen von empfindlichen Teilen der Anlage und vor allem von Maschinen und Transformatoren ferngehalten werden können. Die Abflachung der durchlaufenden Sprungwellen ist um so stärker, je größer die Selbstinduktion der Drosselspule ist. Die reflektierte Welle wird dagegen nicht in derart günstiger Weise umgebildet. Im Gegenteil, die Drosselspule bewirkt, daß eine reflektierte Sprungwelle mit doppelter Spannungshöhe erscheint, die erst allmählich auf den Wert abklingt, der ohne Einschalten der Drosselspule vorhanden wäre.

Wenn die Leitungen zu beiden Seiten der Drosselspule gleichen Wellenwiderstand besitzen, so werden alle Formeln etwas einfacher. Die Erscheinungen behalten aber denselben Charakter, nur der Endwert, dem die Ströme und Spannungen zustreben, wird dann genau gleich den Werten der einfallenden Welle.

Fällt eine Einzelwelle auf eine Drosselspule im Leitungszuge entsprechend der obersten Zeile in Fig. 394, so kann man diese als Übereinanderlagerung einer positiven Rechteckwelle und einer kurz darauf folgenden negativen Rechteckwelle auffassen. Man erhält dann für einige aufeinander folgende Zeiten Bilder des Wellenverlaufes der Spannung in der Nähe der Drosselspule, die in Fig. 394 für den Fall gleichartiger Leitungen gezeichnet sind. Es ist bemerkenswert, daß eine abgeflachte Einzelwelle hindurchläuft, daß jedoch eine sprunghafte Doppelladung reflektiert wird.

b) Wirkung von Kapazität.

Wenn am Knotenpunkt zweier Leitungsstrecken entsprechend Fig. 395 ein Kondensator liegt, der zwischen Hin- und Rückleitung geschaltet ist und den wir als konzentriert, also selbstinduktions- und widerstandsfrei ansehen wollen, so stört dieser die Gleichheit der Spannungen beider Leitungen nicht. Es ist daher auf den Leitungen mit den Wellenwiderständen Z_1 und Z_2 am Übergangspunkt

$$e_1 = e_2\,. \tag{16}$$

Der Kondensator entnimmt den Leitungen jedoch Strom, dessen Stärke proportional der Kapazität des Kondensators und der zeitlichen Veränderung der Knotenpunktsspannung ist. Daher wird

$$i_1 = i_2 + C\frac{d e_2}{d t}\,. \tag{17}$$

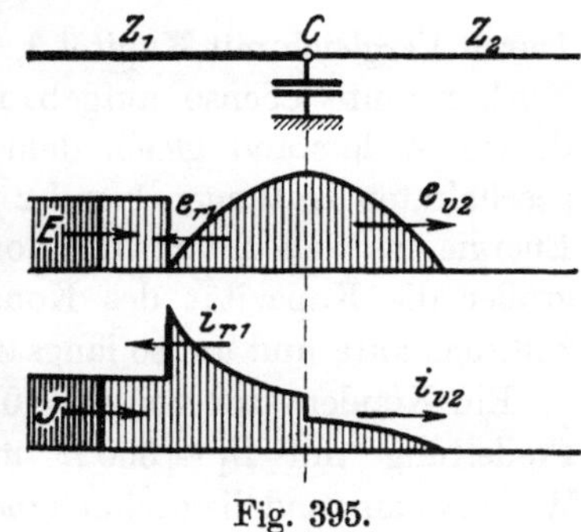

Fig. 395.

Auch hier treten in Leitung 2 nur vorwärtslaufende, in Leitung 1 jedoch vorwärts- und rückwärtslaufende Wellen auf. Durch Zerspalten der Spannungen und Ströme erhält man daher aus Gleichung (16)

$$e_{v1} + e_{r1} = e_{v2} \tag{18}$$

und aus Gleichung (17), wenn man die Ströme durch die Spannungen ausdrückt und schließlich mit Z_1 multipliziert

$$e_{v1} - e_{r1} = \frac{Z_1}{Z_2}\,e_{v2} + Z_1 C\frac{d e_{v2}}{d t}\,. \tag{19}$$

Durch Addition der beiden letzten Gleichungen erhält man

$$\frac{de_{v2}}{dt} + \frac{\frac{1}{Z_1} + \frac{1}{Z_2}}{C} e_{v2} = \frac{2}{Z_1 C} e_{v1}, \tag{20}$$

was wieder eine lineare Differentialgleichung erster Ordnung für den Verlauf der Spannungswelle in der Leitung 2 darstellt.

Genau wie oben an Hand von Gleichung (7) und (8) erhält man für das Einfallen eines Spannungssprunges von der konstanten Höhe

$$e_{v1} = E \tag{21}$$

die Lösung der Differentialgleichung zu

$$e_{v2} = \frac{2 Z_2}{Z_1 + Z_2} E \left(1 - \varepsilon^{-\frac{\frac{1}{Z_1} + \frac{1}{Z_2}}{C} t}\right). \tag{22}$$

Wie man durch Vergleich mit der Beziehung (9) erkennt, hat der Verlauf der Spannung hinter einem Kondensator und hinter einer Drosselspule sehr weitgehende Ähnlichkeit. Auch hier steigt die Spannung nicht sprunghaft, sondern sanft und allmählich exponentiell an und nähert sich nach langer Zeit demselben Grenzwert, der auch ohne Kondensator vorhanden wäre. Die Schnelligkeit des Anstieges ist ebenfalls durch eine Wanderwellen-Zeitkonstante bestimmt, die sich aus dem Exponenten von Gleichung (22) berechnet zu

$$T_C = \frac{C}{\frac{1}{Z_1} + \frac{1}{Z_2}} = \frac{Z_1 Z_2 C}{Z_1 + Z_2}. \tag{23}$$

Durch Vergleich mit Kapitel 3, Gleichung (11) erkennt man, daß diese Zeitkonstante ebenso aufgebaut ist wie die eines Kapazitätskreises, dessen Widerstand gleich dem Wellenwiderstand der beiden parallel geschalteten Leitungen 1 und 2 ist. Auf diesen wandert hier die gleiche Energie in Wellen fort, die dort im Widerstand vernichtet wird. Je größer die Kapazität des Kondensators ist, um so größer ist seine Zeitkonstante und um so langsamer steigt die Spannung hinter ihm an.

Ein Kondensator von $C = 0{,}003\,\mu\mathrm{F}$ Kapazität, der zwischen einer Freileitung mit $Z_1 = 500\,\Omega$ und einer Wicklung mit $Z_2 = 5000\,\Omega$ Wellenwiderstand liegt, hat eine Zeitkonstante von

$$T_C = \frac{500 \cdot 5000}{500 + 5000} \cdot 0{,}003 \cdot 10^{-6} = 1{,}36 \cdot 10^{-6}\,\mathrm{sec}.$$

Der Wellenkopf läuft während dieser Zeit über eine Leitungslänge

$$v\,T_C = 3 \cdot 10^8 \cdot 1{,}36 \cdot 10^{-6} = 410\,\mathrm{m}.$$

In Fig. 395 ist der räumliche Anstieg der Spannung auf der Leitung 2 dargestellt, der dem zeitlichen Verlauf vollständig gleicht. Man erkennt, daß eine parallel zur Leitung geschaltete Kapazität für den Übertritt von Sprungwellen in die zweite Leitung genau so wirkt wie eine im Zuge der Leitung liegende Selbstinduktion.

Der Strom in Leitung 2 berechnet sich aus Gleichung (22) durch Division mit Z_2 und Einführen des ursprünglichen Sprungwellenstromes J zu

$$i_{v2} = \frac{2 Z_1}{Z_1 + Z_2} J \left(1 - \varepsilon^{-\frac{t}{T}}\right). \tag{24}$$

Die Beziehung stimmt genau mit Gleichung (11) für den Strom hinter der Drosselspule überein bis auf den anderen Wert der Zeitkonstante T. Die reflektierte Spannungswelle ist am bequemsten aus Gleichung (18) zu errechnen. Sie ist

$$e_{r1} = -E + \frac{2 Z_2}{Z_1 + Z_2} E \left(1 - \varepsilon^{-\frac{t}{T}}\right) \tag{25}$$

und die reflektierte Stromwelle ergibt sich daraus zu

$$i_{r1} = J - \frac{2 Z_2}{Z_1 + Z_2} J \left(1 - \varepsilon^{-\frac{t}{T}}\right). \tag{26}$$

Im Augenblick des Auftreffens der Welle, also zur Zeit $t = 0$, verschwinden die Klammerglieder, daher sinkt die gesamte Spannung am Knotenpunkt auf null, der Strom steigt auf das Doppelte an. Die Kapazität wirkt also auf den Wellenkopf genau so wie ein Kurzschluß des Leitungsendes. Erst allmählich steigt die Spannung wieder an, der Strom sinkt vom doppelten Wert herunter, und nach unendlich langer Zeit haben beide den gleichen Grenzwert erreicht, der schon in Gleichung (14) und (15) errechnet wurde. Auch die Kapazität lädt sich beim Auftreffen einer Sprungwelle zunächst auf und entzieht der Welle die Ladeenergie. Erst dann können Spannung und Strom ungehindert an ihr vorbeifließen.

Das Bild des räumlichen Verlaufes aller Wellen ist in Fig. 395 dargestellt. Man erkennt aus Fig. 393 und 395, sowie auch aus den zugehörigen Formeln, daß der Spannungsverlauf bei Drosselspulen dem Stromverlauf beim Kondensator genau gleicht, und daß der Stromverlauf bei Drosselspulen dem Spannungsverlauf beim Kondensator entspricht.

Für gleichartige Leitungen zu beiden Seiten des Kondensators vereinfachen sich auch hier die Formeln beträchtlich, ohne daß wesentlich andere Erscheinungen auftreten. In welcher Weise eine Einzelwelle der Spannung dabei durch die Wirkung des Kondensators umgebildet wird, ist nach der gleichen Methode wie oben für eine Reihe von Zeiten in Fig. 396 dargestellt. Auch hier läuft eine abgeflachte Welle auf die zweite Leitung hinüber, während eine sprunghafte Doppelwelle reflektiert wird.

Während bei der Drosselspule die reflektierte Spannungswelle das gleiche Vorzeichen hat wie die einfallende und daher die tatsächliche

Spannung auf der Leitung erhöht, ist dies beim Kondensator nicht der Fall, im Gegenteil, er erniedrigt die Spannung zunächst, indem er sie verschluckt. Will man Isolationsdurchschläge durch Spannungserhöhung auf der einfallenden Leitung vermeiden, so wirken Kondensatoren als Schutzmittel günstig. Will man dagegen erreichen, daß Funkenableiter auf Wanderwellen ansprechen, so wirken Drosselspulen günstig. Auf Lade- und besonders Entladesprungwellen geringer Höhe, die nur durch ihren steilen Kopf und nicht durch die absolute Spannungshöhe gefährlich sind, vermögen Funkenableiter sonst nicht anzusprechen.

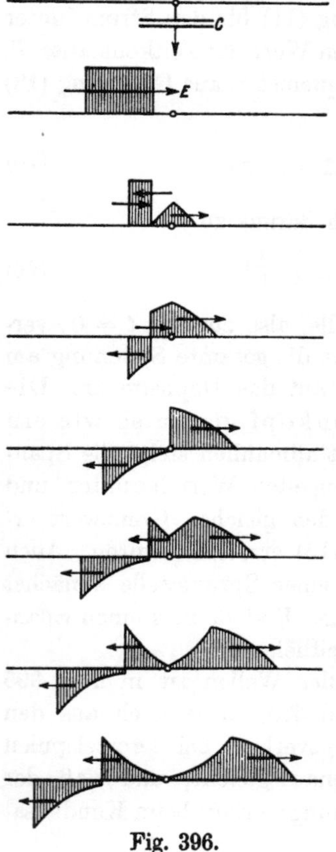

Fig. 396.

Wenn es nur darauf ankommt, durchlaufenden Sprungwellen mit steilem Wellenkopf eine bestimmte Abflachung zu erteilen, so sind Drosselspulen und Kondensatoren gleich günstig, wenn man sie so bemißt, daß beide gleiche Zeitkonstante besitzen. Man erhält daher nach Gleichung (10) und (23) gleichen Schutzwert von Selbstinduktion oder Kapazität, wenn man die Werte im Verhältnis

$$\frac{L}{C} = Z_1 Z_2 \tag{27}$$

ausführt. Diese äquivalenten Selbstinduktionen und Kapazitäten sind also nur vom Produkt der Wellenwiderstände der anschließenden Leitungen abhängig, irgendwelche sonstigen Verhältnisse der Anlage spielen keine Rolle.

Will man eine Maschinenwicklung mit 2000 Ω Wellenwiderstand, die von einer Freileitung mit 500 Ω Wellenwiderstand gespeist wird, durch Drosselspulen oder Kondensatoren gegen Sprungwellen schützen, so erhält man hiernach als Äquivalenzgesetz

$$L = 10^6 C .$$

Man muß also, um gleiche Wirkung beider Schutzapparate für diese Leitungen zu erhalten, die Selbstinduktion der Schutzdrosselspule in Henry gerade so groß machen wie die Kapazität des Schutzkondensators in Mikrofarad.

c) Selbstinduktion oder Kapazität am Leitungsende.

Aus unseren allgemeinen Beziehungen wollen wir die Reflexionsgesetze entwickeln, die am Ende einer langen Leitung bestehen, wenn diese nur mit einer Spule oder einem Kondensator belastet ist, Schaltungen, die in Fig. 397 oben und unten dargestellt sind.

Machen wir in Fig. 393 den Wellenwiderstand der abziehenden Leitung 2 sehr klein, so wirkt sie wie eine leitende Verbindung, so daß das Ende der einfallenden Leitung nur über die Drosselspule geschlossen erscheint. Wir setzen daher für diesen Fall

$$\left.\begin{aligned} Z_2 &= 0 \\ Z_1 &= Z \end{aligned}\right\} \tag{28}$$

und erhalten bei Einfallen einer Sprungwelle für die reflektierte Spannung nach Gleichung (12)

$$e_r = -E + 2E\,\varepsilon^{-\frac{t}{T}} \tag{29}$$

und für den reflektierten Strom nach Gleichung (13)

$$i_r = J - 2J\,\varepsilon^{-\frac{t}{T}}. \tag{30}$$

Darin ist die Wanderwellen-Zeitkonstante des Leitungsendes nach Gleichung (10)

$$T_L = \frac{L}{Z}. \tag{31}$$

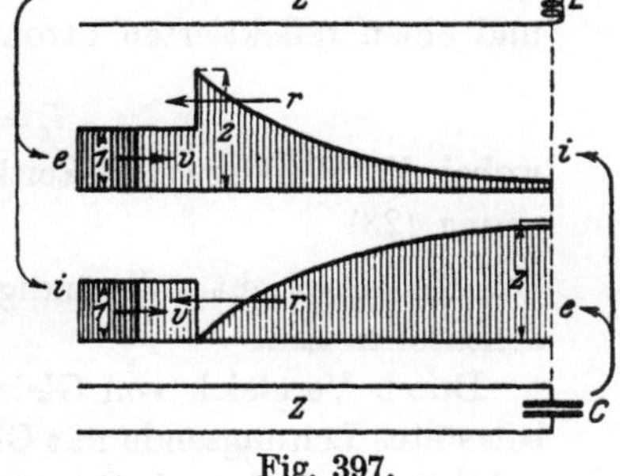

Fig. 397.

Sie stimmt im Aufbau ganz mit der Widerstandszeitkonstante von Drosselspulen überein.

Die gesamte Spannung am Leitungsende nach der Reflexion ist als Summe von vorwärts und rückwärts laufender Welle

$$e_L = E + e_r = 2E\,\varepsilon^{-\frac{t}{T}}, \tag{32}$$

der gesamte Strom ist ebenso

$$i_L = J + i_r = 2J\left(1 - \varepsilon^{-\frac{t}{T}}\right). \tag{33}$$

Beide Formeln geben auch Spannung und Strom in der Drosselspule an.

In Fig. 397 sind die reflektierten Wellen dargestellt. Man sieht, daß die Spannung im Augenblick der Reflexion auf den doppelten Wert, der Strom auf null gebracht wird, und daß sich alsdann beide exponentiell allmählich ändern. Einige Zeit nach der Reflexion entstehen dadurch die entgegengesetzten Verhältnisse, die Spannung ist auf null gesunken, der Strom dagegen bis auf den doppelten ursprünglichen Wert angestiegen. **Ein Leitungsende mit Selbstinduktion wirkt daher im ersten Moment des Aufprallens langer Sprungwellen wie ein offenes Ende, späterhin jedoch wie ein kurzgeschlossenes Ende.** Nur der steile Kopf wird unverändert reflektiert, der Wellenrücken erleidet eine starke Umbildung seiner Form und Größe.

Wenn wir in Fig. 395 den Wellenwiderstand der zweiten Leitung unendlich groß werden lassen, so beeinflußt diese die Erscheinungen nicht mehr. Die einfallende Leitung ist dann lediglich auf den Kondensator geschlossen, wie es in der unteren Schaltung von Fig. 397 gezeichnet ist. Für diesen Fall setzen wir daher

$$\left.\begin{aligned} Z_2 &= \infty \\ Z_1 &= Z\,. \end{aligned}\right\} \tag{34}$$

Dann erhalten wir beim Auftreffen eines Spannungssprunges auf den Kondensator eine reflektierte Spannung nach Gleichung (25)

$$e_r = E - 2E\varepsilon^{-\frac{t}{T}} \tag{35}$$

und einen reflektierten Strom nach Gleichung (26)

$$i_r = -J + 2J\varepsilon^{-\frac{t}{T}}, \tag{36}$$

wobei die Wanderwellen-Zeitkonstante des Leitungsendes nach Gleichung (23)

$$T_C = ZC \tag{37}$$

ist. Sie entspricht vollständig der Widerstandszeitkonstante von Kondensatorkreisen.

Durch Vergleich von Gleichung (35) und (36) für ein kondensatorbelastetes Leitungsende mit Gleichung (29) und (30) für eine mit Selbstinduktion belastete Leitung erkennt man, daß die Spannungen und Ströme der reflektierten Wellen in beiden Fällen völlig reziprok sind. Die Wellenbilder der Fig. 397 gelten daher für beide Fälle, nur mit anderen Bezeichnungen von Spannung und Strom.

Die gesamte Spannung am Leitungsende und Kondensator ist

$$e_C = E + e_r = 2E\left(1 - \varepsilon^{-\frac{t}{T}}\right) \tag{38}$$

und der gesamte Kondensatorstrom wird

$$i_C = J + i_r = 2J\varepsilon^{-\frac{t}{T}}. \tag{39}$$

Die Spannung sinkt daher beim Aufprallen der Welle zunächst auf null und steigt dann exponentiell auf das Doppelte des Spannungssprunges an. Der Strom springt zunächst auf den doppelten Wert und klingt dann bis auf null ab. Ein Leitungsende mit Kondensator verhält sich daher gegen lange Sprungwellen im ersten Augenblick wie ein kurzgeschlossenes Ende und späterhin wie ein offenes Leitungsende. Auch hier wird nur der steile Kopf unverändert reflektiert, während der Wellenrücken exponentiell verschleift wird.

Es ist bemerkenswert, daß sich Spannung und Strom in Selbstinduktionen oder Kondensatoren am Ende langer Leitungen beim Einfallen von Sprungwellen nach denselben Gesetzen verändern, als wenn man diese Apparate plötzlich an eine Gleichspannung von der Größe $2E$

legt unter Vorschaltung eines Ohmschen Widerstandes, der die Größe des Wellenwiderstandes Z der Leitung besitzt. Man kann sich durch Beachtung dieses Gesetzes häufig einen Überblick über die Erscheinungen verschaffen, die beim Aufprallen von Wanderwellen auf kompliziertere Apparate eintreten.

Ist das linke Ende der Leitungen nach Fig. 397 offen oder kurzgeschlossen, oder wird es von einer Stromquelle völlig konstanter Spannung gespeist, so werden die rückläufigen Wellen hier unter teilweiser Umkehrung ihres Vorzeichens, jedoch völlig formgetreu, reflektiert und erreichen das mit Spule oder Kondensator belastete Leitungsende zum zweitenmal. Der sprunghafte Wellenkopf wird wiederum in voller Höhe reflektiert, der Wellenrücken erleidet jedoch eine nochmalige Umbildung oder Verzerrung. Man kann sie berechnen, wenn man z. B. in die Differentialgleichung (20) für die Spannung am Kondensator die einfallende Sprungwelle e_{v1} nicht mit konstantem, sondern mit exponentiell abfallendem Rücken einführt. Man erhält dann durch Integration der Gleichung reflektierte Wellen, die außer den Exponentialgliedern mit $\varepsilon^{-\alpha t}$ noch Glieder von der Form $-\alpha t \varepsilon^{-\alpha t}$ besitzen, so daß der Wellenrücken schneller abklingt und Spannung und Strom hinter dem sprunghaften Kopfe sich schneller dem Endwerte nähern.

Beim dauernden Hin- und Herlaufen der Wellen auf der Leitung bleibt von der ursprünglichen langen Sprungwelle nur der Kopf stets unverzerrt, der Rücken dagegen wogt auf und ab und stellt dadurch Schwingungen dar, die von der Selbstinduktion oder Kapazität am rechten Leitungsende gegenüber der am linken Ende offenen oder kurzgeschlossenen Leitung ausgeführt werden. Über die schnellen Eigenschwingungen der Leitung selbst, deren Periode durch das Hin- und Herlaufen des Wellenkopfes bestimmt wird, lagern sich hierdurch Eigenschwingungen zwischen Spule oder Kondensator und der Leitung, die viel längere Periodendauer besitzen. Die Spannung auf der Leitung kann durch diese Erscheinungen auf ein hohes Vielfaches der ursprünglichen Sprungspannung gesteigert werden.

d) Wellenzüge.

Wird ein durch Selbstinduktion oder Kapazität geschützter Leitungsübergang nach Fig. 398 von periodischen Wellenzügen getroffen, so werden auch diese zum Teil reflektiert, zum anderen Teil laufen sie auf die zweite Leitung durch. Wir können ihre umgebildeten Formen durch wiederholte Summierung von positiven und negativen Sprungwellen finden, ähnlich wie bei Fig. 394 und 396 für Einzelwellen. Um aber einfache Ergebnisse in geschlossener Form zu erhalten, ziehen wir es vor, lange sinusförmige Wellenzüge zu betrachten, wir wollen uns außerdem auf die Verfolgung der durchlaufenden Wellen beschränken.

Ein einfallender Wellenzug auf der Leitung 1 von der Spannung E und der Frequenz ω wird dann dargestellt durch

$$e_{v1} = E\cos(\omega t + \psi). \tag{40}$$

Dabei ist die meistens vorhandene räumliche und zeitliche Dämpfung des Wellenzuges außer acht gelassen, so daß wir die maximal möglichen Wirkungen errechnen. Die durchlaufende Spannungswelle richtet sich bei Belastung des Knotenpunktes mit Selbstinduktion nach Gleichung (5), mit Kapazität nach Gleichung (20). Führen wir in beiden Beziehungen anstatt der Selbstinduktion L oder Kapazität C die zugehörige Zeitkonstante T nach Gleichung (10) und (23) ein, so erhalten wir für beide Fälle dieselbe Differentialgleichung, nämlich

$$T\frac{d e_{v2}}{dt} + e_{v2} = \frac{2 Z_2}{Z_1 + Z_2} e_{v1}. \tag{41}$$

Die Lösung dieser Differentialgleichung erster Ordnung für eine eingeprägte harmonische Wechselspannung nach Gleichung (40) hatten wir schon in Kapitel 2 bei Gleichung (25) durchgeführt. Sie enthält ein ebenfalls harmonisches Glied, das der Dauerschwingung entspricht, und ein abklingendes Glied, das den gleichen Verlauf wie beim Einfallen von Sprungwellen besitzt. Es ist entsprechend Kapitel 2, Gleichung (29) und (34)

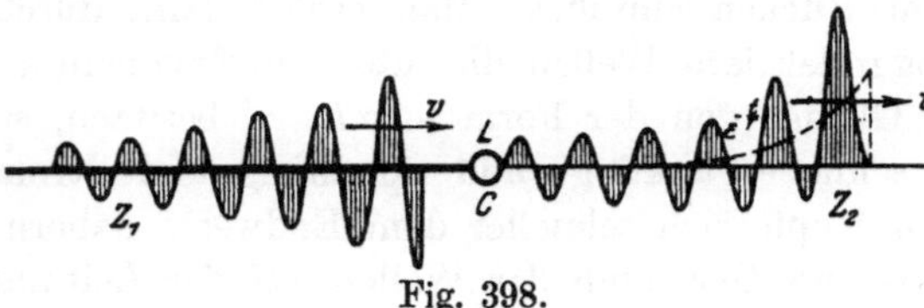

Fig. 398.

$$e_{v2} = \frac{2 Z_2}{Z_1 + Z_2} \frac{E}{\sqrt{1 + (\omega T)^2}} \left[\cos(\omega t + \varphi) - \cos\varphi\, \varepsilon^{-\frac{t}{T}}\right]. \tag{42}$$

Darin bedeutet φ die Phase, mit der der Wellenzug seinen Übertritt auf die zweite Leitung beginnt. In Fig. 398 ist er für $\varphi = 180°$ dargestellt, seine Spannung schießt dann zu Beginn fast auf den doppelten Betrag übers Ziel hinaus. Dies tritt immer auf, wenn der einfallende Wellenzug mit einem scharfen sprunghaften Kopf beginnt. Da die durchlaufende Spannung stets stetig von null an verlaufen muß, so bildet sich dann eine Ausgleichswelle aus, die die zweite Amplitude der Dauerwelle bis zum doppelten Wert vergrößert und dadurch unerwünschte Überspannungen hervorruft.

Die Amplitude der durchlaufenden Dauerwelle wird natürlich geringer, als wenn keine Selbstinduktion oder Kapazität vorhanden wäre, die Wurzel im Nenner von Gleichung (42) gibt die Verminderung an. Wellenzüge mit einer Frequenz von 10^6 Per/sec werden durch Drosselspulen von $L = 3$ mH Selbstinduktion bei der oben berechneten Zeitkonstante von $T = 0{,}55 \cdot 10^{-6}$ sec abgeschwächt auf

$$\frac{1}{\sqrt{1 + (2\pi\, 10^6 \cdot 0{,}55 \cdot 10^{-6})^2}} = 28\,\%$$

der ohne Spulen übertretenden Dauerwellen. Bei niederer Frequenz ist diese Schwächung sehr viel geringer als bei hoher, bei 10^5 Per/sec erhält man z. B. nur eine Abschirmung auf 95 %, so daß diese Selbstinduktion dabei fast wirkungslos ist.

Der absolute Wert der übertretenden Spannung muß natürlich aus allen drei Faktoren der Gleichung (42) berechnet werden.

42. Schutzwert von Spulen und Kondensatoren.

Drosselspulen und Kondensatoren formen Wanderwellen auf Leitungen nach den Berechnungen des vorigen Kapitels 41 in mehrfacher Hinsicht um. Einerseits bewirken sie eine Abflachung jedes sprunghaft verlaufenden Wellenkopfes und sonstiger steiler Hebungen oder Senkungen der Spannung, so daß der Anstieg der Spannung pro Längeneinheit der Leitung vermindert wird. Andererseits ziehen sie einfallende Einzelwellen unter Verzerrung ihrer Form der Länge nach auseinander und bewirken dadurch eine Verminderung ihrer Spannungshöhe, und schließlich drücken sie die Intensität von Wellenzügen erheblich herab. Alle diese Eigenschaften sind nützlich für den Überspannungsschutz der hinter den Drosselspulen und Kondensatoren liegenden Leitungsteile. Die Abflachung der Spannungssprünge bewirkt eine Verminderung der Windungsspannung von Maschinen und Transformatoren. Die Verzerrung und Brechung der Wellen vermindert die in den Wicklungen auftretenden Höchstspannungen.

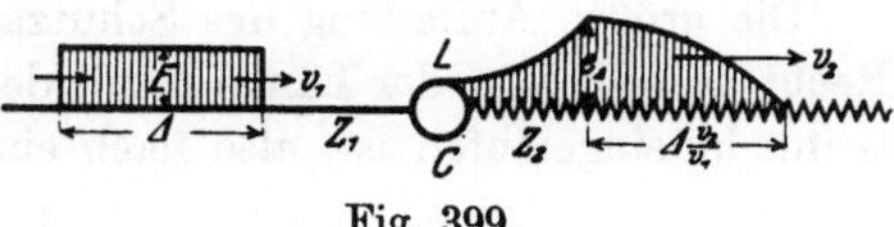

Fig. 399.

a) Aufladung durch Einzelwellen.

Wir wollen verfolgen, welche Überspannung eine Einzelwelle, die etwa von einer atmosphärischen Entladung herrührt, in der Wicklung eines durch Drosselspulen oder Kondensatoren geschützten Transformators hervorruft. Zur Vereinfachung der Rechnung nehmen wir die Einzelwelle von rechteckiger Form an, entsprechend Fig. 399, es steht aber nichts im Wege, kompliziertere Formen aus mehreren derartigen Rechtecken zusammenzusetzen. Ihre Längenerstreckung Δ und ihre Spannungshöhe E ist durch die Verhältnisse bei der Blitzentladung bedingt und soll hier als gegeben betrachtet werden.

Bevor die Welle aus der Leitung mit dem Wellenwiderstand Z_1 in die Wicklung des Transformators mit dem Wellenwiderstand Z_2 eindringt, trifft sie auf den Schutzapparat, der entweder als Drosselspule eine bestimmte Selbstinduktion L enthält, oder als Kondensator eine bestimmte Kapazität C besitzt, und lädt denselben auf. Erst nach Maßgabe seiner zunehmenden Aufladung fließt die Überspannungswelle auch in die Transformatorwicklung hinein. Da wir nicht die reflektierte, sondern nur die durchlaufende Welle betrachten wollen, so ist ihre Form, wie Fig. 394 und 396 des vorigen Kapitels 41 zeigen, sowohl für Selbstinduktions- als für Kapazitätsschutz die gleiche. Sie ist in Fig. 399 eingezeichnet und ergibt nach vollständiger Aufladung des Schutzapparates durch die einfallende Welle die Spannung e_Δ als höchste im Transformator auftretende Spannung, die auf Durchschlag seiner Isolierung wirkt. Nach Gleichung (9) und (22) des vorigen Kapitels 41 ist die Höhe der durchlaufenden Ladungswelle in Leitung 2

$$e_{v2} = \frac{2 Z_2}{Z_1 + Z_2} E \left(1 - \varepsilon^{-\frac{t}{T}}\right), \tag{1}$$

wobei die Zeitkonstante T den Wert besitzt

$$\left.\begin{aligned} &\text{für Selbstinduktion} \quad T_L = \frac{L}{Z_1 + Z_2} \\ &\text{und für Kapazität} \quad T_C = \frac{Z_1 Z_2 C}{Z_1 + Z_2}. \end{aligned}\right\} \tag{2}$$

Die größte Aufladung des Schutzapparates ist erreicht, wenn die Rechteckwelle von der Länge Δ mit der Geschwindigkeit v_1 vollständig in ihn hineingelaufen ist, also nach einer Zeit

$$t = \frac{\Delta}{v_1} \tag{3}$$

gerechnet vom Eintreffen des Wellenkopfes ab. Setzt man dies in Gleichung (1) ein, so erhält man für die größte Spannung hinter dem Schutzapparat

$$e_\Delta = \frac{2 Z_2}{Z_1 + Z_2} E \left(1 - \varepsilon^{-\frac{\Delta}{v_1 T}}\right), \tag{4}$$

die nun mit der Geschwindigkeit v_2 in die Wicklung des Transformators hineinläuft. Da die Geschwindigkeit der Welle in der Wicklung 2 im allgemeinen anders ist als in der Leitung 1, so ist die Länge des durchlaufenden Wellenkopfes gegenüber der Länge der ursprünglichen Welle im Verhältnis der Geschwindigkeiten geändert. Sie ist also

$$\Delta_2 = \frac{v_2}{v_1} \Delta . \tag{5}$$

Bis zum Eintritt der Höchstspannung e_Δ am Ende dieses Wellenkopfes nimmt die Spannung an jeder Stelle der Wicklung nach einem Exponentialgesetz allmählich zu. Nach dem Durchlaufen der Höchstspannung nimmt sie nach der gleichen Exponentialfunktion mit entgegengesetztem Vorzeichen allmählich wieder ab.

Will man nur eine begrenzte Spannungshöhe e_Δ in der Wicklung zulassen, so muß man den Schutzapparat mit seiner Selbstinduktion L oder Kapazität C so bemessen, daß eine ganz bestimmte Zeitkonstante T erreicht wird. Denn dieses ist die einzige Größe in Gleichung (4), deren

Wahl noch freisteht, alle anderen Einzelwerte dieser Gleichung sind fest gegeben. Der Schutzapparat muß daher mit einer Zeitkonstante

$$T = \frac{\frac{\Delta}{v_1}}{\ln\left(\frac{1}{1 - \frac{e_\Delta}{E}\frac{Z_1 + Z_2}{2 Z_2}}\right)} \tag{6}$$

ausgeführt werden. Die dafür nötige Größe der Selbstinduktion oder Kapazität ergibt sich dann aus Gleichung (2).

Will man einen starken Schutz erzielen, soll also das Verhältnis der Spannungen e_Δ/E nur geringe Werte erhalten, so ist der Subtrahend unter dem Logarithmus der Gleichung (6) im allgemeinen klein, denn Z_2 pflegt meistens viel größer zu sein als Z_1. Man kann den Logarithmus daher in eine Reihe entwickeln und sich auf die Berücksichtigung des ersten Gliedes beschränken. Dann erhält man

$$T = \frac{\Delta}{v_1}\frac{E}{e_\Delta}\frac{2 Z_2}{Z_1 + Z_2}, \tag{7}$$

und daraus folgt mit Gleichung (2) in Annäherung

für die Schutzselbstinduktion $L = \frac{2\Delta\, Z_2}{v_1}\frac{E}{e_\Delta}$ (8)

und für die Schutzkapazität $C = \frac{2\Delta}{v_1 Z_1}\frac{E}{e_\Delta} = 2\, c_1\, \Delta \frac{E}{e_\Delta}$. (9)

Dabei ist in der letzten Gleichung noch die Kapazität c_1 der Längeneinheit der Fernleitung nach Kap. 34 Gleichung (21) eingeführt, die im Produkt mit der Länge Δ und der Spannung E die gesamte Ladung der einfallenden Welle ergibt.

Es ist bemerkenswert, daß man durch richtige Bemessung der Selbstinduktion oder Kapazität genau die gleiche Schutzwirkung erzielen kann. Dabei ist die Kapazität lediglich von den Konstanten der Fernleitung, die Selbstinduktion jedoch auch von den Konstanten der zu schützenden Wicklung abhängig.

Will man eine Transformatorwicklung mit dem Wellenwiderstande $Z_2 = 2000\ \Omega$ gegen eine einfallende Welle von der Länge $\Delta = 1$ km und der Spannungshöhe $E = 50\,000$ Volt schützen, die aus einer Freileitung vom Wellenwiderstande $Z_1 = 500\ \Omega$ mit der Geschwindigkeit $v_1 = 3 \cdot 10^5$ km/sec einfällt, und zwar so, daß keine höhere Spannung als $e_\Delta = 25\,000$ Volt, also die Hälfte der Wellenspannung, in der Wicklung auftritt, so muß man dafür nach Gleichung (8) und (9) entweder eine Selbstinduktion von

$$L = \frac{2 \cdot 1 \cdot 2000}{3 \cdot 10^5} \cdot \frac{50\,000}{25\,000} = 27\,\mathrm{mH},$$

oder eine Kapazität von

$$C = \frac{2 \cdot 1}{3 \cdot 10^5 \cdot 500} \cdot \frac{50\,000}{25\,000} = 0{,}027\,\mu\mathrm{F}$$

im Schutzapparat verwenden. Nach der genauen Formel (6) würden sich bei diesem großen Spannungsverhältnis 15% kleinere Werte ergeben. Diese Zahlenwerte bedingen eine recht erhebliche Größe der Schutzapparate zur Aufnahme der Wellenladung und sind größer, als man sie in der Praxis meistens antrifft.

Für eine Drehstromstation, die mit 25 000 Volt Phasenspannung und 50 Per/sec betrieben wird, ergeben sich bei dieser Größe der Schutzapparate für den regulären Betriebsstrom induktive Spannungsabfälle an der Schutzdrosselspule oder Ladeströme im Schutzkondensator, die in Bruchteilen der normalen Spannung oder des normalen Stromes für zwei verschiedene Fälle die folgenden Werte besitzen:

Leistung der Station	Strom	Selbstinduktionsspannung in der Drosselspule	Kapazitätsstrom im Kondensator
5000 kVA	67 Amp.	2,3 %	0,32%
500 „	6,7 „	0,23%	3,2 %

Im allgemeinen ist der Schutz durch Drosselspulen leichter durchzuführen bei hohen Spannungen und kleinen Strömen, der durch Kondensatoren bei großen Stromstärken und niedrigen Spannungen. Dies gilt wegen des Äquivalentgesetzes ganz allgemein.

b) Abflachung von Sprungwellen.

Die Beanspruchung der Isolation zwischen den Windungen einer einfachen Spule oder zwischen den Lagen einer schichtenweis gewickelten Spule oder auch zwischen mehreren benachbarten Spulen selbst ist davon abhängig, welche Spannung durch eine einfallende Wanderwelle in einer Windung, einer Lage oder einer Spule erzeugt wird.

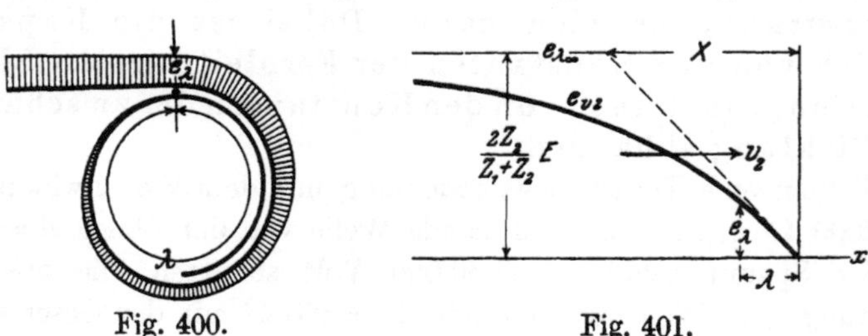

Fig. 400. Fig. 401.

In Fig. 400 ist ein solches Wicklungselement dargestellt, das die Drahtlänge λ besitzt. Die Spannungsbeanspruchung der Isolation quer zu den Windungen ist e_λ. Läuft eine abgeflachte Wanderwelle von der Form nach Fig. 401 in diese Wicklung hinein, so erzeugt sie in dem Augenblick die größte Spannungsbeanspruchung am Wicklungsanfang, wenn die Spitze des Wellenkopfes das erste Wicklungselement, also beispielsweise die erste Windung, gerade durchlaufen hat. Die Größe der Spannung können wir aus dem Bilde des Wellenkopfes in Fig. 401 abgreifen, wenn wir die Länge λ des Wicklungselementes von seiner Spitze aus abtragen. Diese Beanspruchung läuft mit dem Wellenkopf in das Innere der Wicklung hinein. Wir können sie aus Gleichung (1) berechnen, die die exponentielle Veränderlichkeit der Spannung allerdings mit der Zeit angibt und nicht mit dem Weg. Wenn wir beachten, daß zum Durchlaufen der Drahtlänge λ in der Wicklung mit der Wellengeschwindigkeit v_2 eine Zeit

$$t_\lambda = \frac{\lambda}{v_2} \tag{10}$$

erforderlich ist, so erhalten wir die räumliche Spannungsänderung zu

$$e_\lambda = \frac{2 Z_2}{Z_1 + Z_2} E \left(1 - \varepsilon^{-\frac{\lambda}{v_2 T}}\right). \tag{11}$$

Darin ist der Exponent

$$\left.\begin{aligned} &\text{für Selbstinduktion} \quad \frac{\lambda}{v_2 T_L} = \frac{Z_1 + Z_2}{v_2} \frac{\lambda}{L} \\ &\text{und für Kapazität} \quad \frac{\lambda}{v_2 T_C} = \frac{Z_1 + Z_2}{v_2 Z_1 Z_2} \frac{\lambda}{C}. \end{aligned}\right\} \tag{12}$$

Abgesehen von den Konstanten der Fernleitung und der Wicklung ist der Exponent also umgekehrt proportional der Größe der Selbstinduktion oder Kapazität, die im Schutzapparat wirksam ist. Je größer L und C sind, um so kleiner ist der Exponent, um so geringer daher der Klammerwert in Gleichung (11) und die Beanspruchung der Wicklung durch den Wellenkopf.

Fig. 402 stellt den Verlauf des Klammergliedes der Gleichung (11), also die Schutzwirkung von Drosselspulen und Kondensatoren gegen Sprungwellen abhängig von Selbstinduktion oder Kapazität dar. Man erkennt, daß man durch Wahl eines ausreichend großen Schutzapparates die Isolationsbeanspruchung der Windungen, Lagen oder Spulen gegen Sprungwellen auf einen geringen Bruchteil derjenigen herabdrükken kann, die ohne Einschalten des Schutzapparates, also beim direkten Einfallen eines scharfen Spannungssprunges auf die Wicklung, vorhanden wäre.

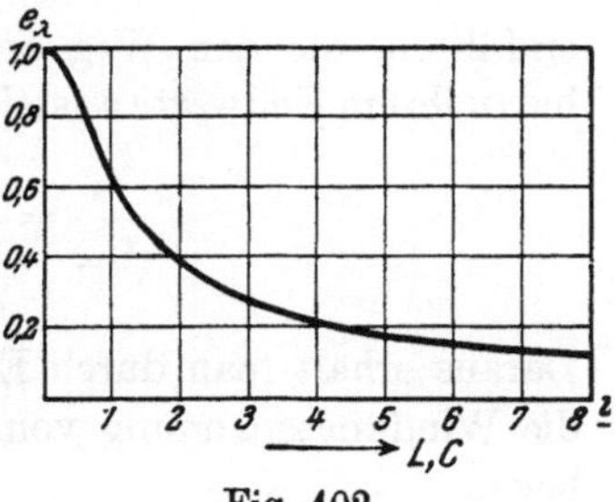

Fig. 402.

Als Maß für die Abszisse der Fig. 402 ist die dimensionslose Zahl $v_2 T/\lambda$ gewählt, die als reziproker Wert von Gleichung (12) berechnet werden kann und direkt proportional der Selbstinduktion oder Kapazität des Schutzapparates ist. Für die zahlenmäßige Berechnung muß man beachten, daß sich die Wellenwiderstände und Wellengeschwindigkeiten zwar in der Fernleitung ausreichend genau bestimmen lassen, daß für die entsprechenden Werte Z_2 und v_2 von Transformator- und Maschinenwicklungen jedoch nur wenig Messungen vorliegen, und daß diese daher meist nur schätzungsweise bekannt sind.

Daß Gleichung (11) und Fig. 402 gut mit praktischen Messungen übereinstimmt, zeigt Fig. 403, in der die Spannung, die beim Einschalten eines Transformators in den ersten Spulen auftritt, abhängig von der Größe der Selbstinduktion einer vorgeschalteten Drosselspule aufgetragen ist. Der Transformator hatte bei 30000 Volt Spannung insgesamt 2000 Windungen. Die Sprungwellenspannung wurde über 200 Windungen gemessen, so daß beträchtliche Selbstinduktion erforderlich war, um sie erheblich zu verringern.

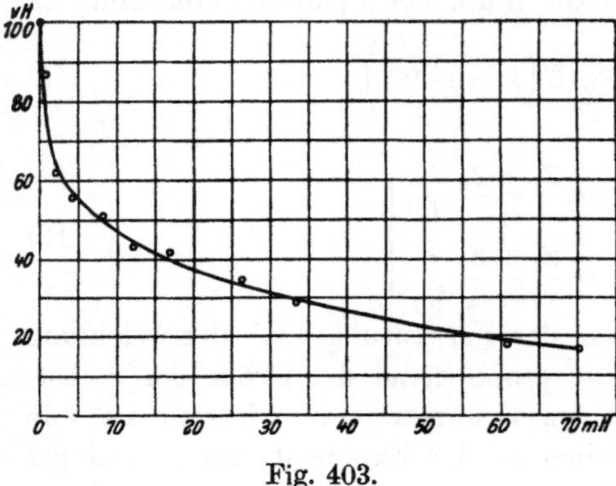

Fig. 403.

Die Beanspruchung e_λ der einzelnen Windungen, Lagen oder Spulen darf für gewöhnliche Wicklungen nur ein kleiner Bruchteil der einfallenden Sprungspannung E sein. Dafür muß die Welle so stark abgeflacht werden, daß e_λ nahe an ihrer Spitze liegt, also in dem annähernd geradlinig ansteigenden Kurventeil von Fig. 401. Man kann dann eine einfache Näherungsformel herleiten und dafür entsprechend der Zeitkonstante T eine Raumkonstante für die Wicklung

$$X = v_2 T \tag{13}$$

einführen, die den Weg angibt, auf welchem die Spannung e linear bis zu ihrem Endwerte ansteigen würde. Dann verhält sich nach Fig. 401

$$\frac{e_\lambda}{e_{j\infty}} = \frac{e_\lambda}{\frac{2\,Z_2}{Z_1 + Z_2} E} = \frac{\lambda}{X} = \frac{\lambda}{v_2 T}. \tag{14}$$

Daraus erhält man durch Einsetzen der Werte von Gleichung (12) für die Windungsspannung von Wicklungen, die hinter einer Drosselspule liegen,

$$\frac{e_\lambda}{E} = \frac{2\,Z_2 \lambda}{v_2 L} \tag{15}$$

und hinter einem Kondensator

$$\frac{e_\lambda}{E} = \frac{2\,\lambda}{v_2 Z_1 C}. \tag{16}$$

Da man die zulässige Beanspruchung e_λ je nach der Stärke der Isolierung, die man den Windungen, Lagen oder Spulen gibt, bestimmen kann, so erhält man nunmehr zur Größenbestimmung des Schutzapparates die erforderliche Selbstinduktion aus Gleichung (15) zu

$$L = \frac{2 Z_2 \lambda}{v_2} \frac{E}{e_\lambda} \qquad (17)$$

oder die erforderliche Kapazität aus Gleichung (16) zu

$$C = \frac{2 \lambda}{v_2 Z_1} \frac{E}{e_\lambda}. \qquad (18)$$

Der Schutzapparat wird also um so größer, je kleiner man die Windungsspannung pro Meter Drahtlänge e_λ/λ zu erhalten wünscht.

Will man für einen Transformator mit dem Wellenwiderstand $Z_2 = 5000\,\Omega$ und der Wellengeschwindigkeit $v_2 = 3 \cdot 10^8$ m/sec bei einer Windungslänge von $\lambda = 10$ m nur eine Windungsspannung von $e_\lambda = 5000$ Volt zulassen, während aus der Fernleitung mit dem Wellenwiderstand $Z_1 = 500\,\Omega$ Sprungwellen mit der Spannung $E = 50\,000$ Volt einfallen, so muß man Schutzdrosselspulen mit einer Selbstinduktion

$$L = \frac{2 \cdot 5000 \cdot 10}{3 \cdot 10^8} \frac{50\,000}{5000} = 3{,}3\,\mathrm{mH}$$

oder Schutzkondensatoren mit einer Kapazität

$$C = \frac{2 \cdot 10}{3 \cdot 10^8 \cdot 500} \frac{50\,000}{5000} = 0{,}0013\,\mu\mathrm{F}$$

vor die Klemmen des Transformators schalten.

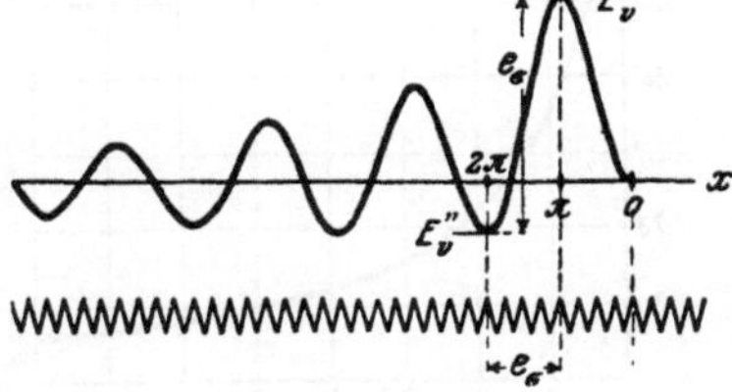

Fig. 404.

Schutzdrosselspulen und Schutzkondensatoren werden in der Praxis seit langer Zeit verwendet, um schnell veränderliche Überspannungen von Transformatoren, Maschinen und Apparaten fernzuhalten. Will man Spannungswellen der gefährlichsten Form, nämlich rechteckige Sprungwellen für die durchlaufende Leitung unschädlich machen, so ist es erforderlich, ihre Größe entsprechend den Gleichungen (17) und (18) zu bestimmen. Willkürlich kleine Abmessungen dieser Schutzapparate können die Gefährdung durch Wanderwellen jedoch nicht beseitigen. Wir werden später sehen, daß außer dieser Bedingung noch eine weitere Vorschrift erfüllt sein muß, wenn die Wirkung der Apparate vollkommen sein soll.

c) Abschirmung von Wellenzügen.

Periodische Wellenzüge rufen hohe Spannungsunterschiede zwischen denjenigen Windungen von Spulenwicklungen hervor, die um eine halbe Wellenlänge des Zuges auseinanderliegen. Da die räumliche Lage dieser Windungen sehr benachbart sein kann, so kann die Spulenisolierung dadurch hoch beansprucht werden.

In Fig. 404 ist eine solche Spulenwicklung dargestellt, in die ein Wellenzug mit einseitig verlagertem Kopfe einfällt, wie er durch Drosselspulen oder Kondensatoren ausgebildet wird. Die höchste Spannung gegen Erde oder gegen die anderen Phasenwicklungen tritt eine halbe Periode nach Beginn der Welle, also zur Zeit π/ω auf, wenn der Wellenzug nach Kapitel 41, Gleichung (42) mit dem Phasenwinkel $\varphi = 0$ oder $180°$ einsetzt. Sie ist dann nach dieser Gleichung

$$E'_{v2} = \frac{2 Z_2}{Z_1 + Z_2} \frac{-1 - \varepsilon^{-\frac{\pi}{\omega T}}}{\sqrt{1 + (\omega T)^2}} E. \tag{19}$$

Noch größere Spannung kann zwischen zwei ungünstig gelegenen Spulen auftreten, nämlich der Unterschied der soeben berechneten und der nach einer ganzen Periode $2\pi/\omega$ vorhandenen Spannung, die nach Kapitel 41, Gleichung (42) ist

$$E''_{v2} = \frac{2 Z_2}{Z_1 + Z_2} \frac{+1 - \varepsilon^{-\frac{2\pi}{\omega T}}}{\sqrt{1 + (\omega T)^2}} E. \tag{20}$$

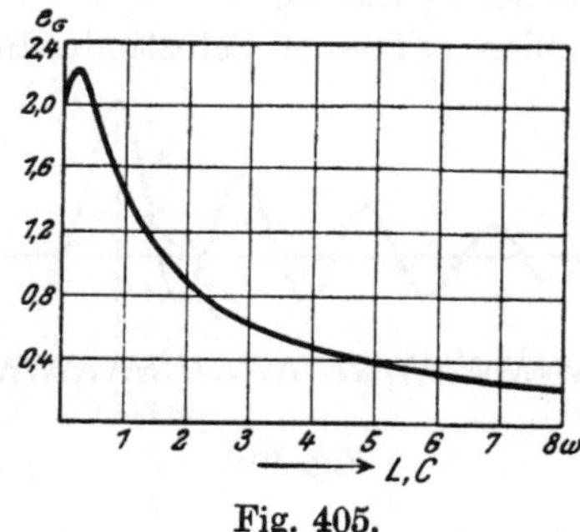

Fig. 405.

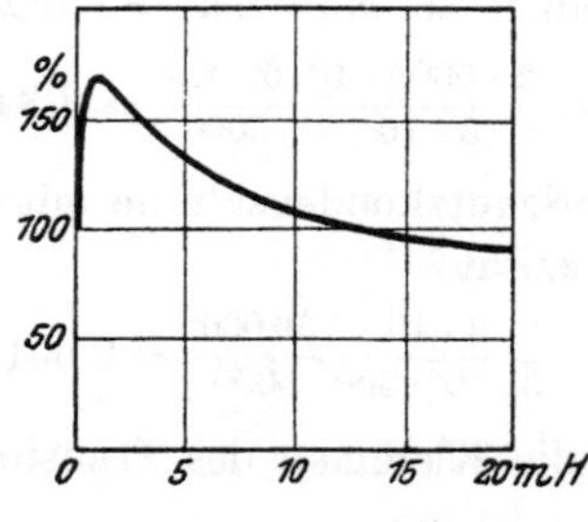

Fig. 406.

Die höchstmögliche Spulenspannung e_σ ist daher

$$e_\sigma = E''_{v2} - E'_{v2} = \frac{2 Z_2}{Z_1 + Z_2} \frac{2 + \varepsilon^{-\frac{\pi}{\omega T}}\left(1 - \varepsilon^{-\frac{\pi}{\omega T}}\right)}{\sqrt{1 + (\omega T)^2}} E. \tag{21}$$

Der hier auftretende zweite Faktor ist eine Funktion, die lediglich vom Produkt der Frequenz des einfallenden Wellenzuges mit der Zeitkonstante der Drosselspule oder des Kondensators abhängt. Dies Produkt ist

$$\left.\begin{aligned} &\text{für Selbstinduktion} \quad \omega T_L = \frac{\omega L}{Z_1 + Z_2} \\ &\text{und für Kapazität} \quad \omega T_C = \frac{Z_1 Z_2}{Z_1 + Z_2} \omega C. \end{aligned}\right\} \tag{22}$$

Fig. 405 stellt den Verlauf der Funktion abhängig von der dimensionslosen Größe ωT dar, die der Selbstinduktion oder Kapazität direkt proportional ist. Man erkennt, daß man durch Anwendung ausreichend großer Schutzapparate die Spulenspannung auf kleine Werte herabdrücken kann, daß man sie jedoch durch zu geringe Größe derselben nicht verkleinert, sondern sogar vergrößern kann. Unterhalb $\omega T = 0{,}5$ tritt stets eine Steigerung der Gefährdung ein. Das wird durch praktische Versuche bestätigt, wie Fig. 406 zeigt, in der die Spannung, die an den Spulen eines Transformators beim Auffallen von Wellenzügen gemessen wurde, abhängig von der vorgeschalteten Selbstinduktion aufgetragen ist.

Um geringe Spulenspannung zu erhalten, muß man ωT so groß wählen, daß sein Einfluß im Zähler der Gleichung (21) verschwindet und im Nenner überwiegt. Dann erhält man näherungsweise

$$e_\sigma = \frac{2 Z_2}{Z_1 + Z_2} \frac{2}{\omega T} E, \tag{23}$$

und daraus ergibt sich durch Einsetzen der Werte von Gleichung (22) die Spulenspannung

hinter einer Selbstinduktion $$\frac{e_\sigma}{E} = \frac{4 Z_2}{\omega L}, \tag{24}$$

und hinter einer Kapazität $$\frac{e_\sigma}{E} = \frac{4}{Z_1 \omega C}. \tag{25}$$

Da die zulässige Spulenspannung je nach der Bauart und Isolierung der Wicklung bekannt ist, so erhält man nunmehr die erforderliche Schutzselbstinduktion zu

$$L = \frac{4 Z_2}{\omega} \frac{E}{e_\sigma} \tag{26}$$

und die notwendige Schutzkapazität zu

$$C = \frac{4}{Z_1 \omega} \frac{E}{e_\sigma}. \tag{27}$$

Der Schutzapparat muß also um so größer sein, je geringer die Frequenz der einfallenden Wellenzüge ist, die er abschirmen soll. Von wesentlichem Einfluß sind ferner die Größen der Wellenwiderstände, und zwar bei Schutzdrosselspulen nur die der zu schützenden Wicklung, bei Schutzkapazitäten nur die der ankommenden Fernleitung.

Zum Schutze einer Transformatorwicklung mit $Z_2 = 5000\ \Omega$ Wellenwiderstand gegen Wellenzüge von $E = 50\,000$ Volt, die mit einer Frequenz von 10^6 Per/sec, also mit $\omega = 2\pi\, 10^6 = 6{,}3 \cdot 10^6$, aus einer Leitung mit $Z_1 = 500\ \Omega$ Wellenwiderstand einfallen, benötigt man zur Erzielung einer Spulenspannung von höchstens $e_\sigma = 25\,000$ Volt eine Selbstinduktion von etwa

$$L = \frac{4 \cdot 5000}{6{,}3 \cdot 10^6} \frac{50\,000}{25\,000} = 6{,}4\,\mathrm{mH}$$

oder eine Kapazität von etwa

$$C = \frac{4}{500 \cdot 6{,}3 \cdot 10^6} \frac{50\,000}{25\,000} = 0{,}0025\,\mu\mathrm{F}.$$

Bei geringerer Frequenz der Wellenzüge sind umgekehrt proportional größere Schutzapparate erforderlich, die dann unter Umständen größere Kosten verursachen können als eine verstärkte Isolierung der Wicklung des Transformators.

43. Wellenwiderstand von Zwischenleitungen.

Bisher haben wir die Wirkung von Selbstinduktion oder Kapazität auf den Verlauf von Wanderwellen so behandelt, als ob diese Eigenschaften auf eine einzige Stelle der Leitung konzentriert wären, so daß sich Strom und Spannung durch die ganze Längserstreckung der Spule oder des Kondensators mit unendlicher Geschwindigkeit ausbreiten. In Wirklichkeit ist dies nicht der Fall, sondern jede praktisch herstellbare Spule besitzt außer ihrer Selbstinduktion gleichzeitig etwas Kapazität und jeder praktisch hergestellte Kondensator besitzt außer seiner Kapazität auch etwas Selbstinduktion, so daß die elektrischen Vorgänge sich in beiden niemals unendlich schnell, sondern wie in jedem anderen Leitergebilde mit endlicher Lichtgeschwindigkeit fortpflanzen. In zweiter Annäherung können wir daher sowohl Spulen wie Kondensatoren als Leitungen mit verteilter Selbstinduktion und Kapazität betrachten, wobei nur bei der Spule die Selbstinduktion, beim Kondensator die Kapazität bei weitem überwiegt. Beide Apparate besitzen daher in zweiter Näherung einen gewissen Wellenwiderstand, der bei der Spule sehr groß, beim Kondensator sehr klein ist.

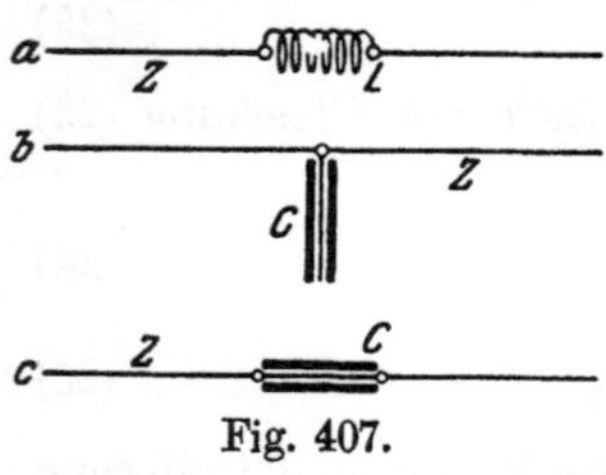

Fig. 407.

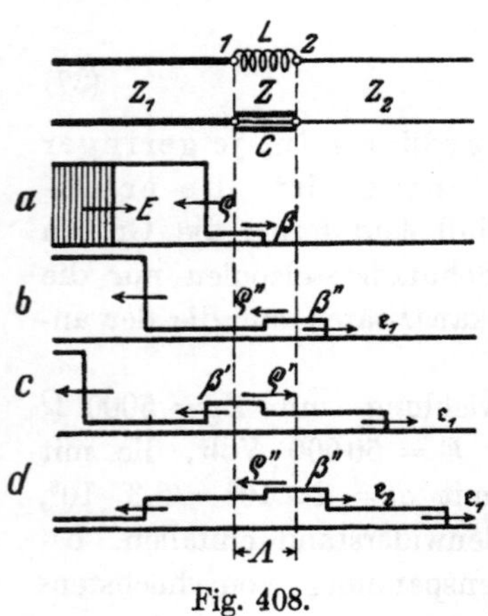

Fig. 408.

Wir wollen untersuchen, welchen Einfluß der endliche Wellenwiderstand solcher Zwischenleitungen oder Schutzapparate auf ihr Verhalten gegenüber Sprungwellen besitzt. Drosselspulen pflegt man stets in Serie zu den Leitungen einzuschalten, während man Kondensatoren häufig parallel zur Leitung anschließt, so wie es in Fig. 407a und b dargestellt ist. Man kann jedoch Kondensatoren auch nach Fig. 407c mit ihren Belegungen ebenfalls in Serie zu den Leitungen legen, wobei diese dann, etwa in der Ausführung als Kabel, vom Betriebsstrom durchflossen werden. Die Wirkungsweise der Serienschaltungen nach Fig. 407a und c läßt sich gemeinsam behandeln, die der Parallelschaltung nach Fig. 407b muß getrennt betrachtet werden.

a) Serienschaltung.

Wenn eine lange Spannungssprungwelle von der Höhe E auf den Übergang zweier Leitungen mit den Wellenwiderständen Z_1 und Z_2 fällt, die durch eine Drosselspule L oder einen Kondensator C mit dem

Wellenwiderstand Z getrennt sind, so tritt sowohl beim Eintritt als beim Austritt aus der Zwischenleitung eine Brechung und Reflexion der Spannungswelle ein. Zum Zeichnen des Wellenbildes in Fig. 408 wollen wir den Wellenwiderstand Z beispielsweise als klein gegenüber Z_1 und Z_2 ansetzen, um erhebliche Reflexionen zu erhalten. Beim Auffallen der Sprungwelle auf den Eintrittspunkt 1 tritt eine reflektierte Welle auf, deren Größe nach Kapitel 38, Gleichung (8), durch den Reflexionsfaktor

$$\varrho = \frac{Z - Z_1}{Z + Z_1} = \frac{1 - \frac{Z_1}{Z}}{1 + \frac{Z_1}{Z}} \tag{1}$$

bestimmt wird, während die durchlaufende Welle nach Kapitel 38, Gleichung (6), durch den Brechungsfaktor

$$\beta = \frac{2Z}{Z + Z_1} = \frac{2}{1 + \frac{Z_1}{Z}} \tag{2}$$

gegeben ist. Durch Multiplikation dieser Faktoren mit der Spannung der einfallenden Sprungwelle erhält man die tatsächliche Spannung der reflektierten und der gebrochenen Wanderwelle.

Beim Austrittspunkt 2 aus der Zwischenleitung tritt eine nochmalige Zerspaltung der Welle ein. An diesem Punkt ist nach denselben Gleichungen des Kapitels 38 der Reflexionsfaktor

$$\varrho'' = \frac{Z_2 - Z}{Z_2 + Z} = \frac{1 - \frac{Z}{Z_2}}{1 + \frac{Z}{Z_2}} \tag{3}$$

und der Brechungsfaktor

$$\beta'' = \frac{2Z_2}{Z_2 + Z} = \frac{2}{1 + \frac{Z}{Z_2}}. \tag{4}$$

In die zweite Leitung tritt daher insgesamt ein Spannungssprung ein von der Größe

$$\frac{e_1}{E} = \beta\beta'' = \frac{4}{\left(1 + \frac{Z_1}{Z}\right)\left(1 + \frac{Z}{Z_2}\right)}, \tag{5}$$

während vom Punkt 2 aus in den Schutzapparat eine Spannungswelle von der Größe

$$\frac{r_1}{E} = \beta\varrho'' \tag{6}$$

zurückläuft. Diese wird beim Auftreffen auf den Eintrittspunkt 1 abermals zerspalten, entsprechend dem jetzigen Reflexionsfaktor

$$\varrho' = \frac{Z_1 - Z}{Z_1 + Z} = \frac{1 - \frac{Z}{Z_1}}{1 + \frac{Z}{Z_1}} \tag{7}$$

und dem Brechungsfaktor

$$\beta' = \frac{2Z_1}{Z_1 + Z} = \frac{2}{1 + \frac{Z}{Z_1}}. \tag{8}$$

Die durchlaufende Welle wandert rückwärts in die ursprüngliche Leitung hinein und soll nicht weiter verfolgt werden. Die reflektierte Welle läuft wieder nach vorn und hat die Größe

$$\frac{v_1}{E} = \frac{r_1}{E}\varrho' = \beta\varrho''\varrho'. \tag{9}$$

Diese Spannungswelle trifft wiederum auf den Übergangspunkt 2 und wird zum dritten Male gebrochen, und zwar wieder entsprechend den Faktoren der Gleichungen (3) und (4). Die durchlaufende Welle ist daher

$$\frac{e_2}{E} = \frac{v_1}{E}\beta'' = \beta\varrho''\varrho'\beta'' \tag{10}$$

und die reflektierte Welle

$$\frac{r_2}{E} = \frac{v_1}{E}\varrho'' = \beta\varrho''\varrho'\varrho''. \tag{11}$$

Die durchlaufende Welle eilt in die Leitung 2 hinein und bewirkt eine zweite Ladungsstaffel derselben. Die reflektierte Welle durchläuft wiederum den Schutzapparat, wird am Anfangspunkt 1 abermals reflektiert, sendet einen Teil in die ursprüngliche Leitung zurück und erzeugt eine vorlaufende Welle

$$\frac{v_2}{E} = \frac{r_2}{E}\varrho' = \beta(\varrho''\varrho')^2. \tag{12}$$

Am Endpunkt 2 wird dadurch eine weitere Ladungsstaffel

$$\frac{e_3}{E} = \frac{v_2}{E}\beta'' = \beta(\varrho''\varrho')^2\beta'' \tag{13}$$

in die zweite Leitung hineingesandt, der Rest wird nochmals reflektiert.

Das Hin- und Herlaufen der Wellen in der Zwischenleitung zwischen den Punkten 1 und 2 wiederholt sich nunmehr dauernd weiter. Die Spannung in ihr arbeitet sich immer mehr herauf, während lauter neue kleine Staffelwellen in die Leitungen 1 und 2 entsandt werden. Die ersten drei Ladungsstaffeln der durchlaufenden Wellen sind durch die Gleichungen (5), (10) und (13) gegeben. Die folgenden errechnen sich durch dauernde Multiplikation mit dem Produkt der beiden Reflexionsfaktoren ϱ' und ϱ''. Da nun diese beiden Größen nach Gleichung (3) und (7) stets kleiner als 1 sind, so werden die Ladungsstaffeln in geometrischer Reihe immer kleiner und kleiner. Sie setzen sich zu einer gesamten durchlaufenden Welle zusammen, die für das Beispiel von Fig. 408 in Fig. 409 dargestellt ist.

Die Spannung hinter dem Schutzapparat verläuft also bei endlichem Wellenwiderstand desselben nicht mehr nach einer Exponentialkurve, sondern nach einem Treppenzuge, dessen Mittelwert zwar ähnliche Form besitzt wie die Exponentiale, der aber in Wirklichkeit aus einer ganzen Reihe von endlichen Spannungssprüngen besteht, die sich zu

einer gestaffelten Kurve zusammensetzen. Für die $n$te Staffel erhält man in Fortsetzung der Gleichungen (5), (10) und (13) den Spannungssprung zu

$$\frac{e_n}{E} = \beta (\varrho'' \varrho')^{n-1} \beta''. \tag{14}$$

Die Gesamtspannung als Summe aller Einzelsprünge wird daher

$$\frac{e_n}{E} = \sum_1^n \frac{e_n}{E} = \beta \beta'' [1 + \varrho' \varrho'' + (\varrho' \varrho'')^2 + \cdots (\varrho' \varrho'')^{n-1}] = \beta \beta'' \frac{1 - (\varrho' \varrho'')^n}{1 - \varrho' \varrho''}, \tag{15}$$

wobei die auftretende geometrische Reihe durch ihre Summenformel ersetzt ist.

Nach langer Zeit, also nach einer sehr großen Zahl von Staffeln n wird der Zähler des letzten Bruches zu 1, da das Produkt der ϱ kleiner als 1 ist. Der Endwert, auf den sich die zweite Leitung allmählich heraufarbeitet, ist also

$$\frac{e_\infty}{E} = \frac{\beta \beta''}{1 - \varrho' \varrho''}. \tag{16}$$

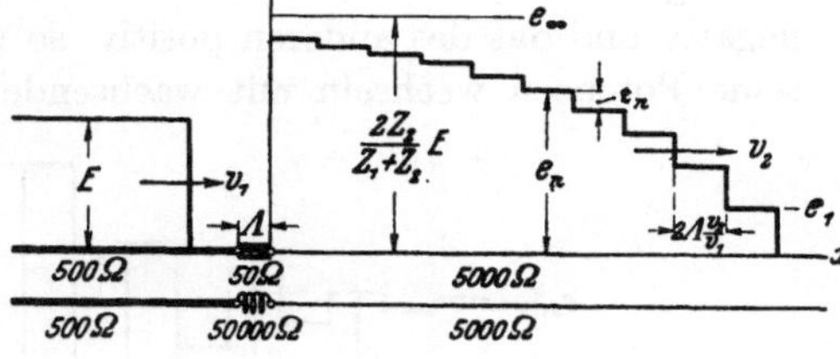

Fig. 409.

Setzt man hierin die Werte nach Gleichung (2), (3), (4) und (7) ein und vereinfacht den entstehenden algebraischen Ausdruck, so erhält man schließlich

$$\frac{e_\infty}{E} = \frac{2 Z_2}{Z_1 + Z_2}. \tag{17}$$

Damit wird der Verlauf der staffelförmigen Ladungswelle nach Gleichung (15) in Abhängigkeit von der Stufenzahl n

$$e_n = \frac{2 Z_2}{Z_1 + Z_2} E [1 - (\varrho' \varrho'')^n]. \tag{18}$$

Einen ganz entsprechenden stufenhaften Verlauf besitzt natürlich auch die gesamte in die ursprüngliche Leitung hinein reflektierte Welle. Vergleicht man den zeitlichen Verlauf der Spannung von Gleichung (18) mit dem Verlauf hinter einer konzentrierten Drosselspule oder Kapazität nach Kapitel 41, Gleichung (9) und (22), so erkennt man, **daß der Endwert der Spannung nach Gleichung (17) genau derselbe ist, und daß nur an Stelle des dortigen stetigen Anstieges nach einer Exponentialfunktion hier der gestaffelte Anstieg der Spannung nach einer geometrischen Stufenreihe getreten ist.** Das Beispiel der Fig. 409 stellt die Staffelform der durchlaufenden Welle dar, die entsteht, wenn eine Sprungwelle aus einer Freileitung mit dem Wellenwiderstand $Z_1 = 500\ \Omega$ über ein kurzes Kabelstück mit dem Wellenwiderstand $Z = 50\ \Omega$ in eine Maschinenwicklung mit dem Wellenwiderstand $Z_2 = 5000\ \Omega$

einfällt. Der erste Sprung beträgt dabei nach Gleichung (5) das

$$\frac{e_1}{E} = \frac{4}{\left(1+\frac{500}{50}\right)\left(1+\frac{50}{5000}\right)} = 0{,}36\text{fache}$$

der einfallenden Spannungswelle. Genau die gleichen Verhältnisse für die durchlaufenden Wellen treten auf, wenn man statt des Kabels mit 50 Ω eine Drosselspule mit 50 000 Ω Wellenwiderstand zwischenschaltet.

Wenn die Reflexionsfaktoren ϱ' und ϱ'' beide positiv oder beide negativ sind, so ist ihr Produkt und seine Potenzen stets positiv, so daß die Spannung nach Gleichung (18) mit wachsendem n dauernd ansteigt. Ist jedoch das Vorzeichen eines der Reflexionsfaktoren negativ und das des anderen positiv, so wird ihr Produkt negativ, und seine Potenzen wechseln mit wachsendem n dauernd ihr Vorzeichen. Die in die zweite Leitung gesandten Staffelwellen sind dann nach Gleichung (14) abwechselnd positiv und negativ. Der erste Spannungssprung für $n = 1$ wird sogar nach Gleichung (18) erheblich größer als der Endwert e_∞. Dieser ungünstige, oszillatorische Verlauf tritt ein, wenn die Größe der Charakteristik Z der Zwischenleitung zwischen Z_1 und Z_2 liegt, da dann die Vorzeichen von Gleichung (3) und (7) verschieden werden. In der Tat hatten wir schon früher in Kapitel 38, Fig. 378 gesehen, daß dann starke Spannungserhöhungen auftreten können. Jetzt erkennen wir, daß sie mit kräftigen Wellenzügen von rechteckiger Form verknüpft sind, deren Frequenz direkt durch die Länge der Zwischenleitung bestimmt wird, die sich fast wie eine einseitig kurzgeschlossene, anderseitig offene Leitung verhält.

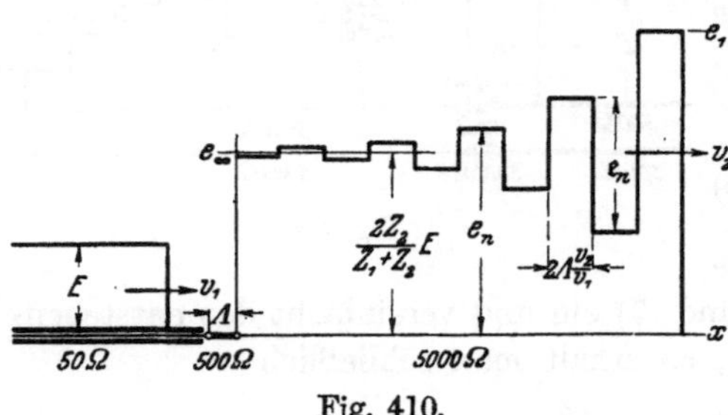

Fig. 410.

Fig. 410 zeigt die durchtretende Welle, die sich ausbildet, wenn eine Sprungwelle aus einem Kabel mit dem Wellenwiderstand $Z_1 = 50\ \Omega$ über ein kurzes Stück Freileitung mit dem Wellenwiderstand $Z = 500\ \Omega$ in eine Transformatorwicklung mit dem Wellenwiderstand $Z_2 = 5000\ \Omega$ einfällt. Es entsteht dabei nicht nur ein sehr hoher erster Spannungssprung von

$$\frac{e_1}{E} = \frac{4}{\left(1+\frac{50}{500}\right)\left(1+\frac{500}{5000}\right)} = 3{,}3\text{facher}$$

Höhe der ursprünglichen Sprungwelle, sondern es zieht ein periodischer Wellenzug in die Transformatorwicklung ein, der aus einer großen

Reihe starker, allmählich abklingender positiver und negativer Sprünge besteht. Hat die Zwischenleitung eine Länge von $\Lambda = 75$ m, so besitzt der Wellenzug nach Kapitel 36, Gleichung (18) eine Kreisfrequenz von

$$\nu = \frac{\pi}{2}\frac{v}{\Lambda} = \frac{\pi \cdot 3 \cdot 10^8}{2 \cdot 75} = 6{,}3 \cdot 10^6 \text{ in } 2\pi \sec \quad \text{oder} \quad f = 10^6 \text{ Per/sec.}$$

Wanderwellenschwingungen nach Art der Fig. 410 können eintreten, wenn Auslösespulen oder Stromwandler oder zu klein bemessene Drosselspulen vor Transformator- oder Maschinenwicklungen liegen, oder auch wenn die Zuführungskabel nicht direkt, sondern über kürzere Freileitungsstrecken an Transformator- oder Maschinenwicklungen geschaltet werden. Stets wenn in einem Leitungszuge drei verschieden große zu- oder abnehmende Wellenwiderstände aufeinanderfolgen, können derartige rechteckige Eigenschwingungen auftreten, die als Wellenzüge nach vorwärts und rückwärts in das Leitungsnetz hineinwandern. Diese Hochfrequenzwellen können zu Resonanzausbildung in anderen lokalen Schwingungskreisen Veranlassung geben, wenn deren Eigenfrequenz mit der Frequenz der gedämpft periodischen Rechteckwellen in Übereinstimmung steht. Sie können vor allem die Spulenisolation von Transformator- und Maschinenwicklungen auf Durchschlag beanspruchen und sollten deshalb nach Möglichkeit vermieden werden.

Um möglichst geringe Wanderwellen in der Leitung 2 zu erhalten, muß man bereits den ersten Spannungssprung $\mathfrak{e}_1$ nach Gleichung (5) so klein wie möglich halten. Dies läßt sich auf zwei Wegen erreichen. Entweder man macht Z möglichst groß, so daß es ein Vielfaches von Z_2 wird. Dann wird die erste Klammer im Nenner der rechten Seite von Gleichung (5) von der Größenordnung 1, die zweite Klammer aber sehr groß, so daß der gesamte Bruch einen geringen Wert annimmt. Oder man macht Z möglichst klein, so daß es einen Bruchteil von Z_1 beträgt. Dann wird die erste Klammer des Nenners sehr groß und die zweite Klammer von der Größenordnung 1, so daß der ganze Bruch wiederum sehr klein wird. In beiden Fällen wird die durchtretende erste Sprungwelle $\mathfrak{e}_1$ gering gegenüber E, so daß der Schutzapparat seine Wirkung richtig ausübt.

Je größer man den Wellenwiderstand der Schutzdrosselspule oder je kleiner man den Wellenwiderstand des Schutzkondensators machen kann, um so geringer werden die hindurchtretenden Sprungwellen. In praktischen Anlagen dürfen diese höchstens so groß werden, daß sie die Isolierfestigkeit der einzelnen Spulen, Lagen oder Windungen der zu schützenden Wicklung nicht übertreffen. Der erste und größte durchtretende Spannungssprung ist also als zulässige Windungsspannung oder Lagenspannung

$$e_1 = e_\lambda \tag{19}$$

als gegeben anzusehen. Daraus folgt nach Gleichung (5) in Annäherung für den großen Wellenwiderstand von Schutzdrosselspulen der Mindestwert

$$Z_L \geqq 4 Z_2 \frac{E}{e_\lambda} \tag{20}$$

und für den kleinen Wellenwiderstand von Schutzkondensatoren der Höchstwert

$$Z_C \leqq \frac{1}{4} Z_1 \frac{e_\lambda}{E}. \tag{21}$$

Solche Schutzapparate müssen also einen bestimmten Wellenwiderstand besitzen, dessen Größe vom Wellenwiderstand der einfallenden oder der zu schützenden Leitung und von der zulässigen Windungsspannung abhängt.

Gleich starke Wirkung von Drosselspule oder Kondensator erzielt man für

$$Z_L Z_C = Z_1 Z_2, \tag{22}$$

wie man durch Einsetzen in Gleichung (5) erkennt. Denn diese Gleichung geht in sich selbst über, wenn man Z_L oder Z_C nach der letzten Beziehung in sie einsetzt. Diese Gestalt nimmt demnach das Äquivalentgesetz von Drosselspulen und Kondensatoren bei Berücksichtigung ihres Wellenwiderstandes an.

Will man eine Sprungwelle von der Spannung $E = 50\,000$ Volt, die von einer Freileitung mit dem Wellenwiderstand $Z_1 = 500\ \Omega$ in eine Transformatorwicklung mit dem Wellenwiderstand $Z_2 = 5000\ \Omega$ einfällt, so stark absenken, daß der erste Sprung nur noch $e_\lambda = 5000$ Volt beträgt, so muß man nach Gleichung (20) eine Drosselspule mit einem Wellenwiderstand von mindestens

$$Z_L = 4 \cdot 5000 \frac{50\,000}{5000} = 200\,000\ \Omega$$

verwenden oder nach Gleichung (21) einen Kondensator mit einem Wellenwiderstande von höchstens

$$Z_C = \frac{1}{4} \cdot 500 \frac{5000}{50\,000} = 12{,}5\ \Omega.$$

Es ist schwierig, Drosselspulen mit so hohem Wellenwiderstande herzustellen, während sich Kondensatoren oder Kabel mit so niedrigem Wellenwiderstande leicht bauen lassen. Die Bestimmung des erforderlichen Drosselspulen-Wellenwiderstandes nach Gleichung (21) setzt überdies die Kenntnis des Wellenwiderstandes Z_2 der zu schützenden Wicklung voraus, für die man vorläufig auf Schätzungen angewiesen ist, während die Beziehung (22) für den Kondensator- oder Kabel-Wellenwiderstand nur den Wellenwiderstand Z_1 der einfallenden Leitung enthält, der im allgemeinen bekannt ist. Es bürgert sich daher mehr und mehr ein, Maschinen und Transformatoren gegen Sprungwellen nicht durch Drosselspulen, sondern durch vorgeschaltete Kabelstrecken zu schützen, da man die Schutzwirkung dann sicherer vorausberechnen kann.

Die Kapazität von Drosselspulen und die Selbstinduktion von Kondensatoren sind also recht ungünstig für deren Schutzwirkung. Beide Eigenschaften bewirken, daß der Kopf auffallender Sprungwellen nicht glatt abgeflacht wird wie nach Kapitel 41, Fig. 393 und 395, sondern nur in eine Reihe mehr oder weniger großer Treppenstufen zerlegt wird.

Die richtige Bestimmung des Wellenwiderstandes von Schutzapparaten ist noch nicht ausreichend, um einen vollständigen Sprungwellenschutz von Maschinen- oder Transformatorwicklungen zu erzielen. Wie man aus Fig. 409 erkennt, ist es möglich, daß mehrere Sprünge der Staffelkurve auf eine Windung oder eine Lage der Wicklung fallen, so daß die Windungsspannung e_λ größer als der erste Sprung wird. Der Abstand zweier Staffelsprünge der Spannung ist bestimmt durch die Zeit, die die reflektierte Welle im Innern des Schutzapparates gebraucht, um dessen Länge Λ einmal hin und her zu durchlaufen. Er muß andererseits mindestens gleich der Länge λ der gefährdeten Windung, Lage oder Spule sein. Da die Wellengeschwindigkeit v_2 in der Wicklung und v im Schutzapparat verschieden ist, so erhält man für diese Zeitspanne

$$t_\lambda = \frac{2\Lambda}{v} \geqq \frac{\lambda}{v_2}. \tag{23}$$

Die Leitungslänge des Schutzapparates muß daher mindestens betragen

$$\Lambda \geqq \frac{1}{2} \frac{v}{v_2} \lambda, \tag{24}$$

wenn nur immer ein Staffelsprung auf die zu schützende Wicklungslänge λ fallen soll. Diese Bedingung für die Längenausdehnung der Schutzeinrichtung kommt zu den Gleichungen (20) und (21) für ihren Wellenwiderstand noch hinzu und bestimmt nunmehr die Mindestabmessungen der Drosselspulen oder Kondensatoren zwangläufig.

Aus beiden Bedingungen zusammen läßt sich die erforderliche gesamte Selbstinduktion oder die gesamte Kapazität des Schutzapparates errechnen. Man muß dazu beachten, daß nach Kapitel 34, Gleichung (20) und (21) die Selbstinduktion l jeder Leitung pro Längeneinheit gegeben ist durch den Quotienten von Wellenwiderstand und Wellengeschwindigkeit, während die Kapazität c pro Längeneinheit durch das reziproke Produkt von Wellenwiderstand und Wellengeschwindigkeit bestimmt wird. Die gesamte Selbstinduktion der Drosselspule muß daher nach Gleichung (20) und (24) mindestens sein

$$L = l\Lambda = \frac{Z_L}{v}\Lambda = \frac{2 Z_2 \lambda E}{v_2 e_\lambda}, \tag{25}$$

während die gesamte Kapazität des Kondensators bei Benutzung von Gleichung (21) und (24) mindestens wird

$$C = c\Lambda = \frac{\Lambda}{v Z_C} = \frac{2\lambda E}{v_2 Z_1 e_\lambda}. \tag{26}$$

Dies sind genau die gleichen Formeln, die im Kapitel 42, Gleichung (17) und (18) für konzentrierte Selbstinduktion und Kapazität hergeleitet wurden. Wir erkennen jetzt, daß sie zur richtigen Bestimmung wirklicher Schutzapparate nicht ausreichend sind, daß vielmehr außerdem noch die Bedingungen (20) und (21) für ausreichenden Wellenwiderstand oder die Bedingungen (23) und (24) für eine ausreichende Durchlaufzeit oder eine ausreichende Leitungslänge erfüllt sein müssen.

Es ist zweckmäßig, Schutzapparaten mit großer Selbstinduktion oder großer Kapazität eine solche Form zu geben, daß sie einen bestimmt definierten Wellenwiderstand besitzen, der unabhängig von der Form der auftreffenden Wanderwellen ist und damit auch unabhängig von der Frequenz periodischer Wellen. Diese Forderung wird vor allem von Kabeln und ähnlichen gestreckt gebauten Schutzeinrichtungen erfüllt, während aufgewickelte Drosselspulen durch die Verkettung ihrer einzelnen Windungen eine starke Abhängigkeit des Wellenwiderstandes von der Frequenz zeigen können und dadurch für steile Sprungwellen oder hohe Frequenzen oft geringeren Schutzwert besitzen als für langsame Wellen. Dies soll in einem späteren Kapitel betrachtet werden.

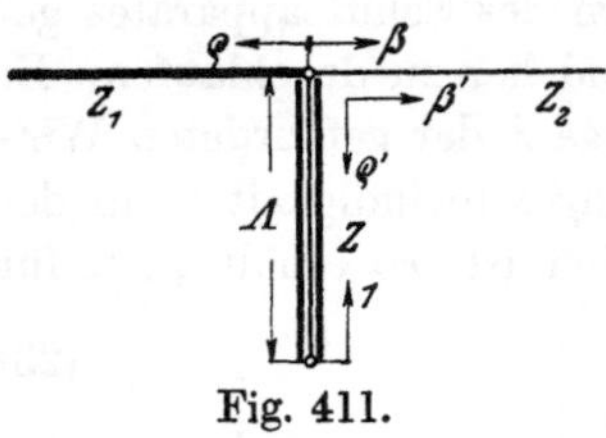

Fig. 411.

b) Parallelschaltung.

Schaltet man nach Fig. 411 ein Leitungsstück mit dem Wellenwiderstand Z, das als Schutzeinrichtung dienen soll, parallel zum Übergangspunkt zweier Leitungen mit den Wellenwiderständen Z_1 und Z_2, so erleidet eine aus Leitung 1 einfallende Sprungwelle im Knotenpunkt der drei Leitungen eine Zerspaltung. Auf Leitung 1 läuft eine reflektierte Welle zurück, und zwei an Spannung gleich große Wellen laufen in Leitung 2 und die Nebenleitung hinein. Für die durchlaufenden Wellen kommt der Wellenwiderstand P_1 der Parallelschaltung von Z und Z_2 in Betracht, dessen reziproker Wert ist

$$\frac{1}{P_1} = \frac{1}{Z} + \frac{1}{Z_2}. \tag{27}$$

Der Brechungsfaktor für die von links einfallenden Wanderwellen ist daher entsprechend Gleichung (2)

$$\beta = \frac{e_1}{E} = \frac{2}{1 + \frac{Z_1}{P_1}} = \frac{2}{1 + \frac{Z_1}{Z} + \frac{Z_1}{Z_2}}. \tag{28}$$

Er gibt gleichzeitig die relative Höhe des ersten in die Leitung 2 übertretenden Spannungssprunges an.

Der in die Nebenleitung laufende Spannungssprung von gleicher Höhe wird an deren offenem Ende mit gleichbleibendem Vorzeichen vollständig reflektiert und erreicht den Knotenpunkt nach nochmaligem Durchlaufen der Schutzstrecke von der Länge Λ zum zweitenmal. Er zerfällt hierbei in zwei durchlaufende Wellen von unter sich gleicher Spannung in den Leitungen 1 und 2, und eine reflektierte im Schutzapparat zurücklaufende Welle. Der Wellenwiderstand P der parallel geschalteten Leitungen 1 und 2 bestimmt sich aus

$$\frac{1}{P} = \frac{1}{Z_1} + \frac{1}{Z_2}. \tag{29}$$

Daher ist der Reflexionsfaktor für die betrachtete Welle entsprechend Gleichung (3)

$$\varrho' = \frac{1 - \frac{Z}{P}}{1 + \frac{Z}{P}} = \frac{1 - \frac{Z}{Z_1} - \frac{Z}{Z_2}}{1 + \frac{Z}{Z_1} + \frac{Z}{Z_2}} \tag{30}$$

und der Brechungsfaktor entsprechend Gleichung (4)

$$\beta' = \frac{2}{1 + \frac{Z}{P}} = \frac{2}{1 + \frac{Z}{Z_1} + \frac{Z}{Z_2}}. \tag{31}$$

Der zweite Spannungssprung, der in die Leitungen 2 und 1 hineinläuft, ist daher

$$\frac{\mathfrak{e}_2}{E} = \frac{\mathfrak{e}_1}{E}\beta' = \beta\beta', \tag{32}$$

und der in dem Schutzapparat reflektierte Spannungssprung ist

$$\frac{\mathfrak{r}_2}{E} = \frac{\mathfrak{e}_1}{E}\varrho' = \beta\varrho'. \tag{33}$$

Diese letztere Welle wird am Ende der Schutzstrecke wiederum ohne Schwächung reflektiert und fällt auf den Knotenpunkt zurück, wobei sie sich in einen durchlaufenden dritten Stoß

$$\frac{\mathfrak{e}_3}{E} = \frac{\mathfrak{r}_2}{E}\beta' = \beta\varrho'\beta' \tag{34}$$

in Leitung 2 und 1 und in eine reflektierte Welle

$$\frac{\mathfrak{r}_3}{E} = \frac{\mathfrak{r}_2}{E}\varrho' = \beta\varrho'^2 \tag{35}$$

im Schutzapparat zerteilt.

Dies Spiel wiederholt sich wieder und wieder, es laufen fortdauernd kleinere Sprungwellen in Leitung 2 und 1 hinein, deren Größe nach Maßgabe des Reflexionsfaktors ϱ' immer weiter abnimmt und für den n^{ten} Stoß in Fortsetzung von Gleichung (28), (32) und (34) beträgt

$$\frac{\mathfrak{e}_n}{E} = \beta(\varrho')^{n-2}\beta'. \tag{36}$$

Auch hier läuft also hinter dem Schutzapparat eine staffelförmige Wanderwelle in die zweite Leitung hinein. Die gesamte Spannung am Knotenpunkt wird als Summe aller Einzelsprünge nach den letzten Gleichungen

$$\frac{e_n}{E} = \sum_1^n \frac{e_n}{E} = \beta + \beta\beta'[1 + \varrho' + \varrho'^2 + \dots (\varrho')^{n-2}] = \beta + \beta\beta' \frac{1-(\varrho')^{n-1}}{1-\varrho'}. \quad (37)$$

Dabei ist die geometrische Reihe wieder durch ihre Summenformel ersetzt.

Nach langer Zeit wird der Zähler dieses Bruches für große n zu 1, weil ϱ' nach Gleichung (30) stets kleiner als 1 ist. Der Endwert der Spannung wird daher

$$\frac{e_\infty}{E} = \beta\left(1 + \frac{\beta'}{1-\varrho'}\right) = \frac{2}{1 + \frac{Z_1}{Z_2}}. \quad (38)$$

Darin sind die Werte von Gleichung (28), (30) und (31) eingesetzt und der entstehende algebraische Ausdruck ist auf eine möglichst einfache Form gebracht, die zeigt, daß man auch hier genau den gleichen Endwert erhält wie bei Parallelschaltung einer konzentrierten Kapazität oder auch bei einfacher Aneinanderschaltung zweier Leitungen mit verschiedenen Wellenwiderständen. Der gesamte Verlauf der staffelförmigen Ladungswellen, die mit gleicher Form sowohl in die fortlaufende als die ursprüngliche Leitung hineinziehen, wird nunmehr durch Einführung von Gleichung (38) in (37) gegeben zu

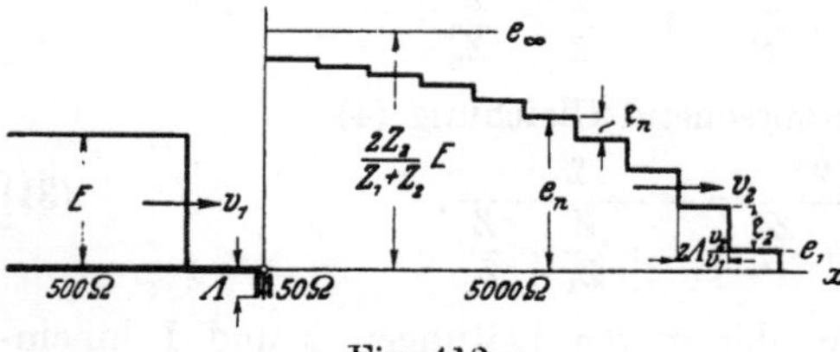

Fig. 412.

$$e_n = e_1 + (e_\infty - e_1)[1 - (\varrho')^{n-1}], \quad (39)$$

wobei mit e_1 die erste Staffel nach Gleichung (28) bezeichnet ist.

In Fig. 412 ist die Wellenform dargestellt, die sich ergibt, wenn man den Übergang einer Leitung vom Wellenwiderstand $Z_1 = 500\ \Omega$ auf eine Maschine mit dem Wellenwiderstand $Z_2 = 5000\ \Omega$ durch ein parallelgeschaltetes kurzes Kabelstück mit dem Wellenwiderstand $Z = 50\ \Omega$ schützt. Die Spannung wächst staffelweise an, und zwar nach einer Kurve, die mit Ausnahme der ersten Stufe durch eine geometrische Reihe gegeben ist.

Auch im Falle der Parallelschaltung können periodische Schwingungen auftreten, nämlich dann, wenn der Wellenwiderstand der Nebenleitung größer ist als der gemeinsame Wellenwiderstand beider Leitungen nach Gleichung (29), denn dann wird ϱ' nach Gleichung (30) negativ und die Staffeln nach Gleichung (36) wechseln dauernd das Vorzeichen. Dieser Fall kann bei Leitungsverzweigungen unter Umständen auftreten. Bei Schutzapparaten wird man jedoch den Wellenwiderstand Z immer sehr klein wählen, da sonst der erste Sprung $\mathfrak{e}_1$ nach Gleichung (28) schon zu groß wird. Dann erhält ϱ' stets positive Werte und daher steigt die Spannung e_n nach Gleichung (39) mit lauter gleichsinnigen Staffeln entsprechend Fig. 412 dauernd an.

Für diesen Fall der Schutzapparate mit $Z < P$ ist nach Gleichung (31) stets $\beta' > 1$, und daher wird nach Gleichung (32) der zweite Spannungssprung $\mathfrak{e}_2$ größer als der erste $\mathfrak{e}_1$, was auch in Fig. 412 zu erkennen ist. Beim Parallelschutz ist also im Gegensatz zum Serienschutz der zweite Spannungssprung der durchlaufenden Welle am gefährlichsten für die Windungsisolierung von Spulen. Seine Größe ist nach Gleichung (32), wenn man Gleichung (28) und (31) einsetzt

$$\frac{\mathfrak{e}_2}{E} = \beta\beta' = \frac{4}{\left(1 + \frac{Z_1}{Z} + \frac{Z_1}{Z_2}\right)\left(1 + \frac{Z}{Z_1} + \frac{Z}{Z_2}\right)}. \tag{40}$$

Um die durchtretende größte Sprungwelle $\mathfrak{e}_2$ möglichst gering gegenüber E zu erhalten, muß man den Wellenwiderstand Z des parallel liegenden Schutzapparates denkbar klein machen, denn dann wird die erste Klammer im Nenner der Gleichung (40) sehr groß. Würde man die zweite Klammer dieser Gleichung durch großen Wellenwiderstand Z sehr groß machen, so würde zwar der zweite Spannungssprung gering sein, jedoch würde der erste nach Gleichung (28) dann erheblich überwiegen. Ein guter Parallelschutz ist daher nur mit Kapazitäten von geringem Wellenwiderstand zu erzielen.

Wenn die größte Windungs- oder Lagenspannung der zu schützenden Wicklung

$$e_\lambda = \mathfrak{e}_2 \tag{41}$$

klein gegenüber dem auftreffenden Spannungssprung E sein soll, so folgt aus Gleichung (40) für den kleinen Wellenwiderstand des Parallelkondensators in Annäherung der Höchstwert

$$Z_C \leqq \frac{1}{4} Z_1 \frac{e_\lambda}{E}. \tag{42}$$

Dies ist genau dieselbe Beziehung, die wir für Serienkondensatoren in Gleichung (21) gefunden hatten. Es ist deshalb für den Sprungwellenschutz gleichgültig, ob man Schutzkabel in Serie oder parallel zu den Leitungen schaltet.

Da der Abstand zweier Staffelsprünge nach den Überlegungen an Fig. 411 durch die Zeit gegeben ist, die eine Spannungswelle braucht, um die Nebenleitung einmal hin und zurück zu durchlaufen, so muß man auch hier die doppelte Länge des Schutzkabels größer ausführen, als die Länge einer Windung oder Lage der Wicklung beträgt. Die notwendige Länge des Parallelkabels bestimmt sich daher ebenfalls nach Gleichung (24) und seine gesamte Kapazität nach Gleichung (26). Die letztere stimmt wieder mit dem Werte überein, der für konzentrierte

Parallelkapazitäten früher berechnet worden ist. Für einen wirksamen Parallelschutz durch Kondensatoren oder Kabel müssen demnach ebenfalls zwei Bedingungen erfüllt sein, außer richtiger Gesamtkapazität muß die Länge oder der Wellenwiderstand klein genug sein.

Noch ungünstiger als ein parallel zum Knotenpunkt angeschlossenes Kabel wirkt ein Kondensator, der nicht unmittelbar, sondern über eine Leitung von merkbarer Länge an die Hauptlinie geschaltet ist, wie nach Fig. 413. Er kann seine Wirkung erst ausüben, nachdem die Welle die Anschlußleitung einmal hin und her durchlaufen hat. Ist daher deren doppelte Länge größer als die zu schützende Wicklungslänge, so kommt seine Wirkung zu spät, die Windungen können durch den ersten durchlaufenden Spannungssprung schon durchschlagen sein, wenn die Spannungserniedrigung durch den Kondensator auf die Wicklung einwirkt. Man erkennt aus alledem, daß auch beim Parallelschutz jede Selbstinduktion des Kondensators schädlich wirkt, sowohl bei Verteilung über seine eigene Erstreckung, als besonders bei Vorschaltung durch die Zuleitung wie im letzten Beispiel.

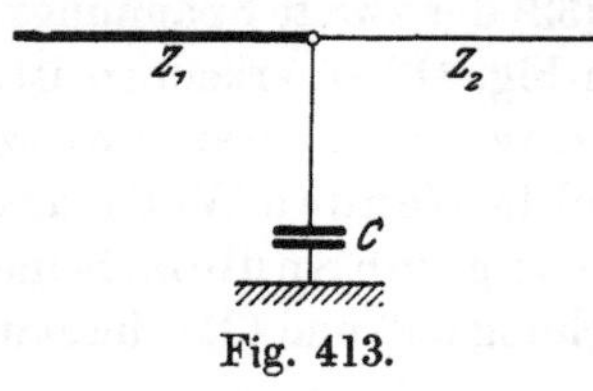

Fig. 413.

44. Zusammenwirkung von Drosselspulen und Kondensatoren.

Konzentrierte Selbstinduktion oder Kapazität wirkt in gleichartiger Weise auf die gebrochenen, die Trennstelle der Leitungen durchlaufenden Wanderwellen ein, ungleichartig dagegen auf die reflektierten Wanderwellen, deren Spannung durch Selbstinduktion erhöht, durch Kapazität jedoch erniedrigt wird. Es hat daher Interesse, die Wirkung von gemeinsam an den Knotenpunkt geschalteter Selbstinduktion und Kapazität auf den Verlauf von Wanderwellen zu verfolgen und zu untersuchen, ob etwa eine Aufhebung der entgegengesetzten Wirkungen bei der Reflexion, oder gar eine Verstärkung eintritt. Man muß dabei zwei verschiedene Schaltungen unterscheiden, die Wellen können erst die Selbstinduktion und dann die Kapazität durchlaufen, oder erst in die Kapazität und dann in die Selbstinduktion eintreten. Beide Anordnungen, und sogar noch kompliziertere Schaltungen, treten in praktischen Anlagen vielfach auf, wirkt doch jede Auslösespule, jeder Stromwandler als Selbstinduktion, jede Sammelschiene, jede Durchführung als Kapazität.

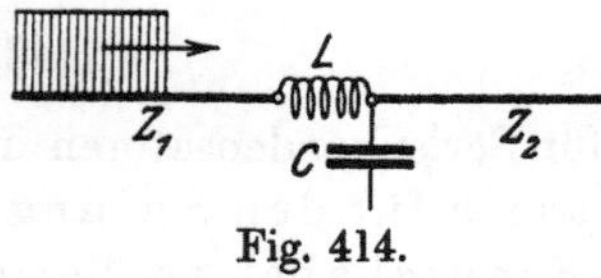

Fig. 414.

a) Selbstinduktion vor der Kapazität.

Eine Wanderwelle soll nach Fig. 414 aus der Leitung mit dem Wellenwiderstand Z_1 über eine konzentrierte Selbstinduktion L und eine konzentrierte Kapazität C in die Leitung mit dem Wellenwiderstand Z_2 einfallen. Die Spannungen an den Enden der Leitungen 1 und 2 unterscheiden sich dann um die Spannung an der Drosselspule. Es ist

$$e_1 = e_2 + L\frac{d\,i_1}{d\,t}\,. \tag{1}$$

Die Ströme an den Leitungsenden unterscheiden sich um den Kondensatorstrom, daher ist

$$i_1 = i_2 + C\frac{d\,e_2}{d\,t}\,. \tag{2}$$

Differenziert man diese Gleichung und setzt den Wert in Gleichung (1) ein, so entsteht

$$e_1 = e_2 + L\frac{d\,i_2}{d\,t} + LC\frac{d^2 e_2}{d\,t^2}\,. \tag{3}$$

Die rechten Seiten der Gleichungen (2) und (3) enthalten nur die Ströme und Spannungen der zu bestimmenden Wanderwellen auf Leitung 2. Da auf dieser Leitung nur vorlaufende Wellen entstehen, während auf Leitung 1 vor- und rücklaufende Wellen bestehen können, so erhält man durch Aufspaltung in Teilwellen aus Gleichung (3), wenn man den Strom durch die Spannung ausdrückt,

$$e_{v1} + e_{r1} = e_{v2} + \frac{L}{Z_2}\frac{d\,e_{v2}}{d\,t} + LC\frac{d^2 e_{v2}}{d\,t^2}\,. \tag{4}$$

Ebenso erhält man aus Gleichung (2) nach Multiplikation mit Z_1

$$e_{v1} - e_{r1} = \frac{Z_1}{Z_2}e_{v2} + Z_1 C\frac{d\,e_{v2}}{d\,t}\,. \tag{5}$$

Durch Addition der beiden letzten Gleichungen fällt die rückwärts laufende Spannungswelle e_{r1} heraus und es entsteht

$$LC\frac{d^2 e_{v2}}{d\,t^2} + \left(\frac{L}{Z_2} + Z_1 C\right)\frac{d\,e_{v2}}{d\,t} + \left(1 + \frac{Z_1}{Z_2}\right)e_{v2} = 2\,e_{v1}\,. \tag{6}$$

Diese Beziehung stellt eine lineare Differentialgleichung zweiter Ordnung für die durchlaufende Spannungswelle e_{v2} dar und zeigt an, daß die Anordnung unter Umständen zu Schwingungen Anlaß geben kann. In der Tat hat sie ganz ähnlichen Bau wie die Beziehung für den Stromverlauf in Schwingungskreisen nach Kapitel 6, Gleichung (3).

Wir wollen den Vorgang nach dem Aufprallen einer rechteckigen Spannungswelle von der Sprunghöhe

$$e_{v1} = E \tag{7}$$

bestimmen, die im Zeitpunkt $t = 0$ auf den Knotenpunkt fällt und von da an konstant bleibt. Dann sind nach einiger Zeit die veränderlichen Ausgleichsspannungen, die durch die Differentialquotienten der Gleichung (6) charakterisiert werden, abgeklungen, und es bleibt auf der linken Seite lediglich das dritte Glied mit der nunmehr konstanten Spannung e_{v2} bestehen. Sie ergibt sich demnach zu

$$e'_{v2} = \frac{2}{1 + \frac{Z_1}{Z_2}}e_{v1} = \frac{2\,Z_2}{Z_1 + Z_2}E = e_\infty\,, \tag{8}$$

sie ist also ebenso groß, als wenn nach Kapitel 38, Gleichung (6) keine Selbstinduktion und Kapazität am Knotenpunkt vorhanden wäre. Diese Apparate vermögen daher auch bei gemeinsamer Wirkung nur den Wellenkopf unmittelbar nach dem Eintreffen der Sprungwelle zu beeinflussen.

Für die vorübergehende Spannung e_v'', die den Ausgleich der Spannungen vermittelt, erhält man aus Gleichung (6) durch Subtraktion von Gleichung (8) die homogene Differentialgleichung

$$\frac{d^2 e_{v2}''}{dt^2} + \left(\frac{1}{Z_2 C} + \frac{Z_1}{L}\right)\frac{d e_{v2}''}{dt} + \frac{Z_1 + Z_2}{Z_2 L C} e_{v2}'' = 0 . \tag{9}$$

Sie hat die Lösung

$$e_{v2}'' = K \varepsilon^{\alpha t} \tag{10}$$

mit der Integrationskonstanten K, wobei man für den Exponenten α durch Einsetzen in Gleichung (9) und Auflösen der quadratischen Beziehung die Bedingungsgleichung erhält

$$\alpha = -\frac{1}{2}\left(\frac{1}{Z_2 C} + \frac{Z_1}{L}\right) \pm \sqrt{\frac{1}{4}\left(\frac{1}{Z_2 C} - \frac{Z_1}{L}\right)^2 - \frac{1}{LC}} . \tag{11}$$

Der Radikand ist dabei durch Zusammenfassung möglichst vereinfacht.

Wenn der Ausdruck unter der Wurzel positiv ist, so erhält man reelle Werte von α und daher aperiodischen Verlauf der Spannung mit zwei verschiedenen Konstanten K, die den beiden Wurzeln der Gleichung (11) entsprechen. Wird der Ausdruck unter der Wurzel jedoch negativ, so erhält man für den Exponenten α komplexe Werte, so daß die Spannung periodisch verläuft. Die Bedingung hierfür ist

$$\frac{4}{LC} > \left(\frac{1}{Z_2 C}\right)^2 - 2\frac{Z_1}{Z_2 C L} + \left(\frac{Z_1}{L}\right)^2 \tag{12}$$

oder nach Division mit dem mittleren Bruche der rechten Seite

$$\frac{L}{Z_1 Z_2 C} + \frac{Z_1 Z_2 C}{L} < 2 + 4\frac{Z_2}{Z_1} . \tag{13}$$

Die Art des zeitlichen Verlaufes der Spannung hängt also vor allem vom Verhältnis der äquivalenten Werte von Selbstinduktion und Kapazität ab, die wir im Kapitel 41, Gleichung (27) definiert hatten. Überwiegt die Wirkung der einen oder der anderen, ist also das genannte Verhältnis sehr groß oder sehr klein, so erhält man stets aperiodischen Verlauf. Sind die Wirkungen der Selbstinduktion und Kapazität in der Größe ähnlich, so ergeben sich meist Schwingungen, da dann die linke Seite der Ungleichung (13) in der Nähe von 2 liegt. Gleichheit der äquivalenten Werte, also

$$\frac{L}{Z_1 Z_2 C} = 1 , \tag{14}$$

bewirkt stets periodischen Verlauf der Spannung.

Da periodische Schwingungen meistens Überspannungen ergeben, so wollen wir diesen ungünstigsten Fall weiter verfolgen. Gleichung (10) läßt sich dann bei komplexem α schreiben

$$e''_{v2} = K\,\varepsilon^{-\varrho t}\cos(\nu t - \delta)\,, \tag{15}$$

wobei nach Gleichung (11) der Dämpfungsfaktor

$$\varrho = \frac{1}{2}\left(\frac{1}{Z_2 C} + \frac{Z_1}{L}\right) \tag{16}$$

ist und die Eigenfrequenz der Anordnung bestimmt wird durch

$$\nu = \sqrt{\frac{1}{LC} - \frac{1}{4}\left(\frac{1}{Z_2 C} - \frac{Z_1}{L}\right)^2}\,. \tag{17}$$

K und δ sind dabei zwei Integrationskonstanten, deren Werte sich aus den Grenzbedingungen des Problems bestimmen. Für $t = 0$ muß die gesamte Spannung auf der Leitung 2, die sich aus der endgültigen und der Ausgleichsspannung zusammensetzt

$$e_{v2} = e'_{v2} + e''_{v2}\,, \tag{18}$$

gleich null sein. Daher ist mit Gleichung (8) und (15)

$$K\cos\delta = -\frac{2Z_2}{Z_1 + Z_2}E\,. \tag{19}$$

Ferner beginnt zur Zeit $t = 0$ der Strom in der Drosselspule erst zu fließen. Es ist also dann $i_1 = 0$, und da natürlich auch der Strom $i_2 = 0$ ist, so wird nach Gleichung (2) zu Beginn des Vorganges

$$\frac{d e_2}{dt} = 0\,. \tag{20}$$

Der Differentialquotient der konstanten Teilspannung von Gleichung (18) verschwindet. Daher ist lediglich der Differentialquotient von Gleichung (15) zu bilden. Er ist

$$\frac{d e''_{v2}}{dt} = K\varepsilon^{-\varrho t}[-\varrho\cos(\nu t - \delta) - \nu\sin(\nu t - \delta)] \tag{21}$$

und daraus erhält man für $t = 0$ nach Gleichung (20)

$$\operatorname{tg}\delta = \frac{\varrho}{\nu}\,. \tag{22}$$

Damit sind Phasenwinkel δ und Amplitude K der Ausgleichsschwingung bestimmt, und man erhält aus Gleichung (18) durch Einsetzen von Gleichung (8), (15) und (19) die Gesamtspannung der Leitung 2 zu

$$e_{v2} = \frac{2Z_2}{Z_1 + Z_2}\left[1 - \frac{\varepsilon^{-\varrho t}}{\cos\delta}\cos(\nu t - \delta)\right]E\,. \tag{23}$$

Diese Spannung verläuft qualitativ ebenso, als wenn ein Kondensator über eine Drosselspule mit Widerstand an eine Gleichspannung geschaltet wird, wie man durch Vergleich mit Kapitel 7, Gleichung (9) erkennt. Sie steigt also anfangs sehr langsam und dann schneller in Schwingungen an. In Fig. 415 ist der Verlauf der durchlaufenden

Wanderwelle nach Gleichung (23) für einen bestimmten Fall aufgezeichnet. Man sieht, daß die Spannung erheblich über den Endwert hinausschießt, wenn auch die Schwingungen ziemlich stark gedämpft sind.

Durch gleichzeitiges Einschalten von Selbstinduktion und Kapazität in die Leitungen haben wir ein schwingungsfähiges Gebilde erhalten, das auf Stoßwellen anspricht, und zwar mit einer Eigenfrequenz, die nach Formel (17) im wesentlichen durch das Produkt von Selbstinduktion und Kapazität gegeben ist, entsprechend der Thomsonschen Formel. Für genaue Äquivalenz von Selbstinduktion und Kapazität nach Gleichung (14) verschwindet das Korrektionsglied unter der Wurzel der Gleichung (17) vollständig, anderenfalls tritt im periodischen Bereich durch die Wirkung der Wellenwiderstände Z_1 und Z_2 eine kleine Verringerung der Eigenfrequenz ein, deren Größe aus Gleichung (17) zu erkennen ist.

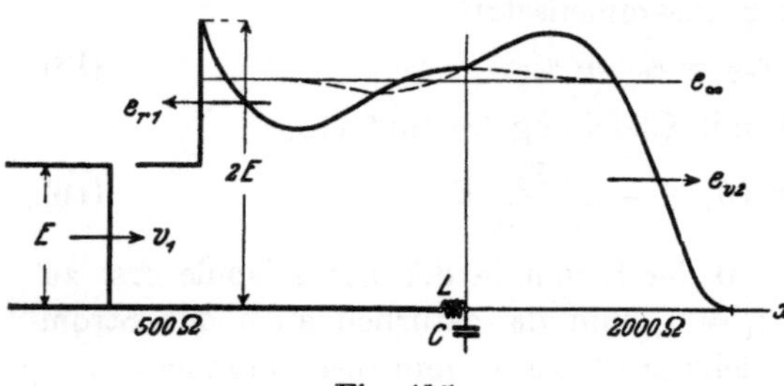

Fig. 415.

Den Haupteinfluß der Wellenwiderstände der Leitungen spiegelt jedoch Gleichung (16) wieder, die eine starke Dämpfung der Eigenschwingungen erkennen läßt, in ähnlicher Weise wie sie bei einfachen Schwingungskreisen ohne angeschaltete Fernleitungen durch Ohmschen Widerstand verursacht wird. In unserem Fall haben wir von derartigem Widerstand ganz abgesehen und erhalten dennoch eine erhebliche Schwingungsdämpfung. Sie wird verursacht durch die vom Schwingungskreis in beide Leitungen hineingesandten Wellen, deren Energie dem Kreise entzogen wird und durch die Leitungen in die Ferne wandert.

Die höchste Spannung entwickelt sich bei Anregung der Schwingung durch einen Spannungssprung nach Ablauf einer halben Periode, also für

$$\nu t = \pi \tag{24}$$

und beträgt dann nach Gleichung (23) mit dem Endwert von Gleichung (8)

$$E_{v2} = e_\infty\left(1 + \varepsilon^{-\frac{\varrho\pi}{\nu}}\right). \tag{25}$$

Zur Auswertung des Exponentialgliedes berechnen wir den Quotienten der Gleichungen (16) und (17) und erweitern ihn mit

$$\sqrt{\frac{Z_2}{Z_1} L C}\,. \tag{26}$$

Wir erhalten dann

$$\frac{\varrho}{\nu} = \frac{\sqrt{\frac{L}{Z_1 Z_2 C}} + \sqrt{\frac{Z_1 Z_2 C}{L}}}{2\sqrt{\frac{Z_2}{Z_1} - \frac{1}{4}\left(\sqrt{\frac{L}{Z_1 Z_2 C}} - \sqrt{\frac{Z_1 Z_2 C}{L}}\right)^2}}\,. \tag{27}$$

Dieser Wert wird am geringsten und daher die Spannung nach Gleichung (25) am höchsten, wenn Selbstinduktion und Kapazität äquivalent sind, entsprechend Gleichung (14). Dann sind die beiden Wurzeln in Gleichung (27) einander gleich. Ihre Summe ergibt im Zähler den geringsten Wert 2, ihre Differenz im Nenner den geringsten Wert 0, so daß der ganze Ausdruck in diesem ungünstigsten Falle wird

$$\operatorname{tg}\delta = \frac{\varrho}{\nu} = \sqrt{\frac{Z_1}{Z_2}}\,. \tag{28}$$

Dadurch ist auch der Phasenwinkel nach Gleichung (22) bestimmt.

Die höchstmögliche Überspannung, die beim Auftreffen einer Sprungwelle hinter dem schwingungsfähigen Gebilde von Selbstinduktion und Kapazität auftreten kann, ist daher nach Gleichung (25)

$$E_{\ddot{u}} = \frac{2}{1 + \frac{Z_1}{Z_2}}\left(1 + \varepsilon^{-\pi\sqrt{\frac{Z_1}{Z_2}}}\right)E\,. \tag{29}$$

Sie ist also lediglich abhängig von dem Verhältnis der Wellenwiderstände der beiden Leitungen, zwischen die der Schwingungskreis geschaltet ist.

Für gleiche Leitungen mit $Z_1 = Z_2$ ist

$$\frac{E_{\ddot{u}}}{E} = 1 + \varepsilon^{-\pi} = 1{,}045\,.$$

Die Überspannung ist also praktisch unbedeutend. Für $Z_1 > Z_2$, also beim Übertritt des Spannungssprunges von großem auf kleinen Wellenwiderstand, ist die Überspannung noch viel geringer, dagegen kann sie für $Z_1 < Z_2$, also beim Übertritt von kleinem auf großen Wellenwiderstand, erhebliche Werte erhalten. Will man beispielsweise eine Transformatorwicklung mit $Z_2 = 5000\,\Omega$, die von einem Kabel mit $Z_1 = 50\,\Omega$ gespeist wird, durch gleichwertige Selbstinduktion und Kapazität nach Gleichung (14) in der Schaltungsanordnung nach Fig. 414 gegen Sprungwellen schützen, so erhält man in Wirklichkeit an Stelle des Schutzes eine Schwingungsüberspannung, die das

$$\frac{E_{\ddot{u}}}{E} = \frac{2}{1 + \frac{50}{5000}}\left(1 + \varepsilon^{-\pi\sqrt{\frac{50}{5000}}}\right) = 3{,}46\text{fache}$$

der Sprunghöhe im Kabel beträgt. Die Schwingungen klingen natürlich ab, so daß nach 10 Halbwellen nur noch

$$\varepsilon^{-10\pi\sqrt{\frac{50}{5000}}} = \varepsilon^{-\pi} = 4{,}5\,\%$$

der Anfangsamplitude vorhanden ist.

Die hier betrachtete Schaltungsanordnung der Drosselspule vor dem Kondensator darf demnach nur für solche Leitungsübergänge verwendet werden, bei denen entsprechend Fig. 416 die der Selbstinduktion anliegende Leitung höheren, die der Kapazität anliegende Leitung geringeren Wellenwiderstand hat. Für die umgekehrte Anordnung nach Fig. 417 können sich unter der Wirkung von Spannungsstößen starke Schwingungen und Überspannungen ausbilden, während diese bei der Schaltung nach Fig. 416 auch bei ungünstigsten Verhältnissen so stark gedämpft sind, daß sie unschädlich bleiben. Der Grund für diese verschiedenartige Wirkung liegt darin, daß bei Fig. 417 die Gebilde mit hoher Kapazität, nämlich Kabel und Kondensator, durch eine zwischenliegende Drosselspule, die Gebilde mit hoher Selbstinduktion, nämlich Wicklung und Drosselspule, durch einen zwischenliegenden Kondensator getrennt werden, während sie bei Fig. 416 beide direkt aneinander liegen. Die Anordnung nach Fig. 417 ist daher zu stärkeren Schwingungen befähigt als die der Fig. 416.

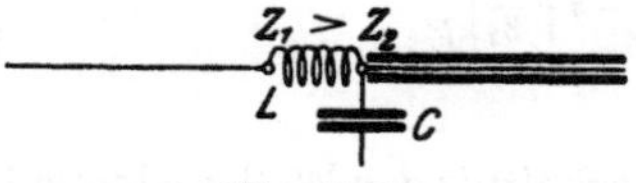

Fig. 416.

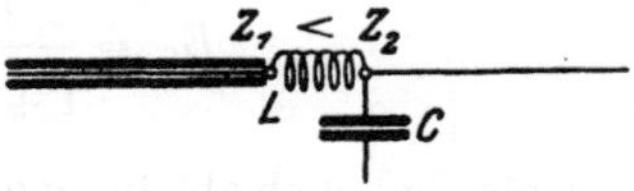

Fig. 417.

Die ungünstige Anordnung nach Fig. 417 tritt häufig von selbst auf, wenn man beispielsweise vor Transformatoren mit ihren kapazitiven Durchführungen Stromwandler oder Auslösespulen schaltet. Bei deren geringem L und C ist zwar die entwickelte Eigenfrequenz und Dämpfung nach Gleichung (16) und (17) sehr groß, das verhindert jedoch nach Gleichung (29) nicht die Entstehung einer hohen Überspannung, falls L und C ungefähr äquivalente Werte entsprechend Gleichung (14) besitzen.

Die rückläufige Spannungswelle auf Leitung 1 läßt sich am einfachsten aus Gleichung (5) bestimmen zu

$$e_{r1} = e_{v1} - \frac{Z_1}{Z_2} e_{v2} - Z_1 C \frac{d e_{v2}}{dt}. \tag{30}$$

Man braucht darin nur die Spannungen nach Gleichung (7) und (23) einzusetzen und den Differentialquotienten, der bereits in Gleichung (21) gebildet ist, mit der Amplitude nach Gleichung (19) zu benützen. Man erhält dann nach passender Zusammenfassung

$$e_{r1} = \frac{Z_2 - Z_1}{Z_2 + Z_1} E + \frac{2 Z_1}{Z_1 + Z_2} E \frac{\varepsilon^{-\varrho t}}{\cos\delta} \left\{ \cos(\nu t - \delta) - Z_2 C \left[\varrho \cos(\nu t - \delta) + \nu \sin(\nu t + \delta) \right] \right\}. \tag{31}$$

Der erste auf die Selbstinduktion aufprallende Spannungsstoß wird in voller Höhe reflektiert, denn für $t = 0$ verschwindet das zweite und dritte Glied der rechten Seite von Gleichung (30), so daß der reflektierte Wellenkopf stets gleich dem einfallenden wird. Der weitere Verlauf der Schwingung regelt sich nach Gleichung (31) und ist ebenfalls in Fig. 415 für einen bestimmten Fall dargestellt. Nach einiger Zeit ist das zweite Glied der Gleichung (31) durch die Wirkung der Wellendämpfung abgeklungen, und es bleibt allein der erste Ausdruck bestehen, der nach Kapitel 38, Gleichung (8) dieselbe Größe besitzt, als wenn die Leitungen ohne Selbstinduktion und Kapazität zusammengeschlossen wären.

Man sieht aus diesen Betrachtungen, daß Drosselspulen und Kondensatoren beim Zusammenwirken den Verlauf des Kopfes von durchtretenden Sprungwellen in äußerst günstiger Weise umzubilden vermögen, indem sie den sprunghaften Anstieg in einen sehr allmählichen verwandeln, daß sie dabei aber durch Ausbildung von Schwingungserscheinungen gefährliche Spannungserhöhungen erzeugen können, wenn man sie in unzweckmäßiger Weise zwischen Leitungen von verschiedenen Wellenwiderständen zusammenschaltet.

Noch größere Überspannungen können entstehen, wenn ein Schwingungskreis aus L und C am Ende einer einzigen Leitung vorhanden ist. Fig. 418 stellt beispielsweise dar, wie die Kapazität von Sammelschienen und die Selbstinduktion von Schutzdrosseln oder anderen Spulen einen solchen Schwingungskreis bilden kann. Wenn die zweite Leitung fehlt, so hat man $Z_2 = \infty$ und $Z_1 = Z$ zu setzen und erhält damit aus Gleichung (16) den Dämpfungsfaktor zu

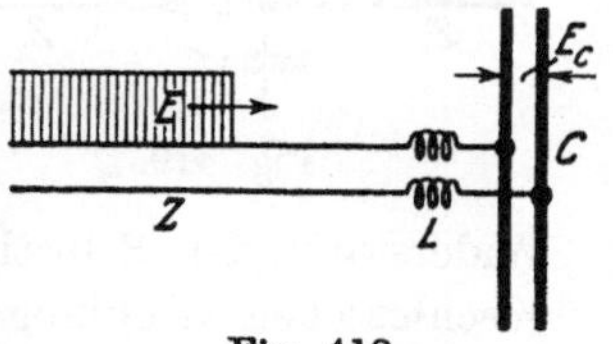

Fig. 418.

$$\varrho = \frac{1}{2} \frac{Z}{L} \tag{32}$$

und aus Gleichung (17) die Eigenfrequenz zu

$$\nu = \sqrt{\frac{1}{LC} - \left(\frac{Z}{2L}\right)^2}\,. \tag{33}$$

Die Dämpfung ist also geringer als bei Anschluß einer zweiten Leitung. Die Eigenfrequenz ist im wesentlichen durch L und C gegeben und wird durch den Wellenwiderstand der ankommenden Leitung ein wenig verkleinert. Die Spannung verläuft periodisch, wenn in Gleichung (33)

$$\sqrt{\frac{L}{C}} > \tfrac{1}{2} Z \tag{34}$$

ist, was bei geringen Kapazitäten häufig der Fall ist. Vernachlässigt man dann das zweite Korrekturglied unter der Wurzel von Gleichung (33), so wird die höchste Überspannung an der Kapazität nach Gleichung (8) und (25) nach Ablauf einer halben Eigenperiode

$$E_C = 2E\left(1 + \varepsilon^{-\frac{\pi}{2}\frac{Z}{\sqrt{L/C}}}\right). \tag{35}$$

Sie wird also wesentlich durch das Verhältnis vom Wellenwiderstand der einfallenden Leitung zum Schwingungswiderstand des Endkreises bestimmt. Ist der letztere erheblich, so nähert sich die Spannung dem vierfachen Werte der einfallenden Sprungwelle, wobei der Schwingungskreis zu kräftigen Eigenschwingungen angeregt wird, die sich allmählich rückwärts in die Leitung entladen und dabei nach Maßgabe von Gleichung (32) gedämpft werden. Die Form dieser rückläufigen Sinuswelle mit sprunghaftem Kopf ergibt sich leicht aus Gleichung (31), wenn man auch hier $Z_2 = \infty$ setzt.

Auf noch höhere Spannungen kann sich ein Schwingungskreis am Ende einer Leitung oder auch zwischen zwei Leitungen heraufarbeiten, wenn anstatt des einfallenden Spannungssprunges Züge von periodischen Wellen aus der Leitung einfallen, deren Frequenz in der Nähe seiner Eigenfrequenz liegt. Sie erregen ihn bis zu Grenzwerten, die außer durch den Wellenwiderstand der Leitungen auch durch den Ohmschen Widerstand der Selbstinduktion begrenzt werden und dabei in angeschlossenen Wicklungen von Maschinen und Transformatoren hohe Spannungen zwischen benachbarten Spulen entwickeln können.

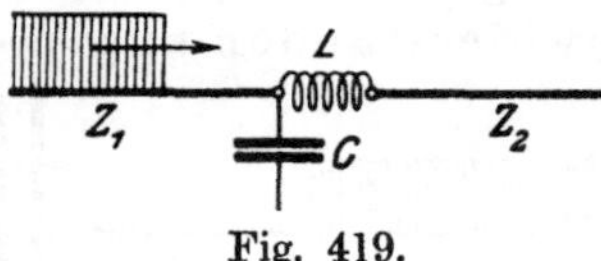

Fig. 419.

b) Selbstinduktion hinter der Kapazität.

Fällt eine Wanderwelle auf Drosselspulen und Kondensatoren, die in der Schaltung nach Fig. 419 verbunden sind, so ist das Spannungsgleichgewicht gegeben durch

$$e_1 = e_2 + L\frac{di_2}{dt} \tag{36}$$

und das Gleichgewicht der Ströme durch

$$i_1 = i_2 + C\frac{de_1}{dt}. \tag{37}$$

Setzt man die erste Beziehung in den Differentialquotienten der letzten Gleichung ein, so erhält man

$$i_1 = i_2 + C\frac{de_2}{dt} + LC\frac{d^2 i_2}{dt^2}. \tag{38}$$

Durch Einführen der vorwärts- und rückwärtslaufenden Spannungsteilwellen in die Gleichungen (36) und (38) entsteht dann

$$\left.\begin{aligned} e_{v1} + e_{r1} &= e_{v2} + \frac{L}{Z_2}\frac{de_{v2}}{dt} \\ e_{v1} - e_{r1} &= \frac{Z_1}{Z_2}e_{v2} + Z_1 C\frac{de_{v2}}{dt} + \frac{Z_1}{Z_2}LC\frac{d^2 e_{v2}}{dt^2}. \end{aligned}\right\} \tag{39}$$

Hieraus erhält man durch Addition

$$\frac{Z_1}{Z_2} L C \frac{d^2 e_{v2}}{d t^2} + \left(\frac{L}{Z_2} + Z_1 C\right) \frac{d e_{v2}}{d t} + \left(1 + \frac{Z_1}{Z_2}\right) e_{v2} = 2\, e_{v1}\,. \tag{40}$$

Das ist eine lineare Differentialgleichung zweiter Ordnung für die Bestimmung der durchlaufenden Spannungswelle e_{v2}, die sehr ähnlichen Bau wie die frühere Gleichung (6) besitzt.

Beim Auftreffen eines rechteckigen Spannungssprunges nach Gleichung (7) erhält man auch hier nach Abklingen der Ausgleichsspannung die endgültige Spannung aus dem dritten Gliede der linken Seite

$$e_{v2}' = \frac{2}{1 + \frac{Z_1}{Z_2}} e_{v1} = \frac{2 Z_2}{Z_1 + Z_2} E = e_\infty\,, \tag{41}$$

und es verbleibt für die vorübergehende Ausgleichsspannung die homogene Differentialgleichung

$$\frac{d^2 e_{v2}''}{d t^2} + \left(\frac{1}{Z_1 C} + \frac{Z_2}{L}\right) \frac{d e_{v2}''}{d t} + \frac{Z_1 + Z_2}{Z_1 L C} e_{v2}'' = 0\,. \tag{42}$$

Diese Beziehung kann man leicht in die frühere Gleichung (9) überführen, wenn man durchweg Z_1 und Z_2 vertauscht. Das entspricht der Tatsache, daß bei der jetzigen Schaltung nach Fig. 419 Z_1 an der Kapazität und Z_2 an der Selbstinduktion liegt, während früher nach Fig. 414 die umgekehrte Zuordnung vorhanden war. Wir können daher für die Spannung der durchlaufenden Welle, die wir auch hier nur für den periodischen Fall betrachten wollen, die gleiche Lösung wie früher ansetzen

$$e_{v2}'' = K \varepsilon^{-\varrho t} \cos(\nu t - \delta) \tag{43}$$

und haben nunmehr für Dämpfung und Frequenz die Wellenwiderstände von Gleichung (16) und (17) unter sich zu vertauschen. Damit entsteht der Dämpfungsfaktor

$$\varrho = \frac{1}{2}\left(\frac{1}{Z_1 C} + \frac{Z_2}{L}\right) \tag{44}$$

und die Eigenfrequenz

$$\nu = \sqrt{\frac{1}{C L} - \frac{1}{4}\left(\frac{1}{Z_1 C} - \frac{Z_2}{L}\right)^2}\,. \tag{45}$$

Die Bedingung für periodischen Verlauf wird jetzt entsprechend Gleichung (13)

$$\frac{L}{Z_1 Z_2 C} + \frac{Z_1 Z_2 C}{L} < 2 + 4 \frac{Z_1}{Z_2}\,. \tag{46}$$

Sie führt auch hier zu dem Resultat, daß *bei ganz oder nahezu äquivalenter Selbstinduktion und Kapazität* nach Gleichung (14) *stets periodische Schwingungen entstehen.*

Für die Integrationskonstanten K und δ der Gleichung (43) ergeben sich aus den Grenzbedingungen dieselben Formeln (19) und (22) wie früher, so daß man für die gesamte durchtretende Welle nach Gleichung (41) und (43) die Beziehung erhält

$$e_{v2} = \frac{2 Z_2}{Z_1 + Z_2}\left[1 - \frac{\varepsilon^{-\varrho t}}{\cos\delta} \cos(\nu t - \delta)\right] E\,. \tag{47}$$

Das stimmt vollständig mit dem Aufbau von Gleichung (23) überein. Die höchste Spannung nach Verlauf einer halben Periode ist wieder

$$E_{v2} = e_\infty\left(1 + \varepsilon^{-\frac{\varrho\pi}{\nu}}\right), \tag{48}$$

wobei der Exponent sich aus Gleichung (44) und (45) berechnen läßt zu

$$\frac{\varrho}{\nu} = \frac{\sqrt{\frac{L}{Z_1 Z_2 C}} + \sqrt{\frac{Z_1 Z_2 C}{L}}}{2\sqrt{\frac{Z_1}{Z_2} - \frac{1}{4}\left(\sqrt{\frac{L}{Z_1 Z_2 C}} - \sqrt{\frac{Z_1 Z_2 C}{L}}\right)}}. \tag{49}$$

Für äquivalente Selbstinduktion und Kapazität nach Gleichung (14) wird der Dämpfungsexponent auch hier am kleinsten, nämlich

$$\operatorname{tg}\delta = \frac{\varrho}{\nu} = \sqrt{\frac{Z_2}{Z_1}}. \tag{50}$$

Er besitzt den reziproken Wert wie früher nach Gleichung (28). Die höchstmögliche Überspannung ist demnach jetzt nach Gleichung (48)

$$E_{ü} = \frac{2}{1 + \frac{Z_1}{Z_2}}\left(1 + \varepsilon^{-\pi\sqrt{\frac{Z_2}{Z_1}}}\right) E. \tag{51}$$

Für gleichartige Leitungen mit $Z_1 = Z_2$ steigt die Spannung genau wie früher nur um 4,5% über den Endwert hinaus und für den Übergang von geringem Wellenwiderstand Z_1 auf hohen Wellenwiderstand Z_2 ergeben sich noch viel kleinere Werte. Geht man jedoch von hohem Wellenwiderstand Z_1 auf niedrigen Wellenwiderstand Z_2 über, so kann das Exponentialglied der Gleichung (47) erhebliche Überschüsse bewirken. Bereits beim Übergang von einer Freileitung mit $Z_1 = 500\,\Omega$ auf ein Kabel mit $Z_2 = 50\,\Omega$ erhält man eine Überspannung vom

$$1 + \varepsilon^{-\pi\sqrt{\frac{50}{500}}} = 1{,}37\,\text{fachen}$$

Werte der endgültigen Spannung e_∞. Da diese beim Übergang von der Freileitung auf das Kabel allerdings nur das

$$\frac{2}{1 + \frac{500}{50}} = 0{,}182\,\text{fache}$$

des ursprünglichen Spannungssprunges beträgt, so ist die höchstmögliche Überspannung nach Gleichung (51) doch nur das $1{,}37 \cdot 0{,}182 = 0{,}25$fache der ursprünglichen Sprungwelle.

Man erkennt nunmehr, daß die Anordnung der Selbstinduktion hinter der Kapazität, die für den Übergang von niedrigem auf hohen Wellenwiderstand der Leitungen in Fig. 420 dargestellt ist, nur geringe Schwingungsüberspannungen ergibt, daß diese Anordnung also ungefährlich ist. Dagegen ergibt die umgekehrte Anordnung nach Fig. 421 zwar relativ hohe Schwingungsspannungen, jedoch ist der Absolutwert der von hohem auf niedrigen Wellenwiderstand übergehenden Spannungswelle nur so gering, daß ernstliche Gefährdungen hierbei nicht auftreten können. Auch hier wird die größere Schwingungsmöglichkeit der Schaltung nach Fig. 421 dadurch verursacht, daß die Gebilde mit hoher Kapazität durch eine Drosselspule und die Gebilde mit hoher Selbstinduktion durch einen Kon-

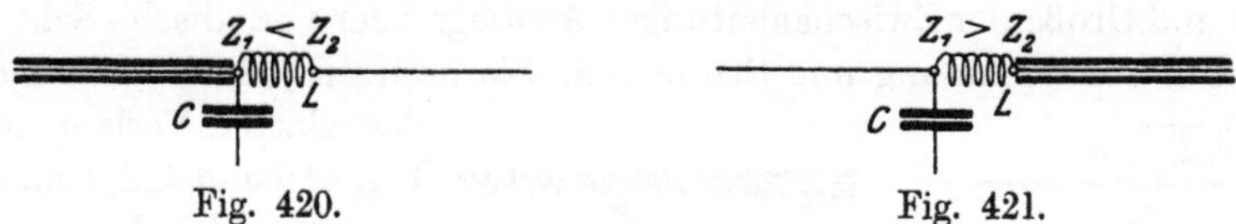

Fig. 420. Fig. 421.

densator voneinander getrennt werden, so daß sich eine ausgeprägte Schwingungsmöglichkeit zwischen Drosselspule und Kondensator ergibt.

Auch die reflektierte Welle auf der Leitung 1 läßt sich nunmehr aus der ersten Gleichung (39) formelmäßig berechnen. Anstatt sie auszuwerten, ist in Fig. 422 der Verlauf der durchlaufenden und reflektierten Wellen für einen bestimmten ungünstigen Fall dargestellt, der der Schaltung nach Fig. 420 entspricht. Man sieht, daß ein fast aperiodischer Verlauf der Spannungen vorhanden ist, und daß die durchlaufende Welle auch hier sehr sanft ansteigt. Dagegen wird der einfallende Spannungssprung auf seiner Leitung durch die Wirkung des Kondensators zunächst als sprunghafter Entladestoß reflektiert. Erst allmählich geht die Spannung auf die endgültigen Werte über.

Als Regel über die gemeinsame Benutzung von Selbstinduktion und Kapazität zum Schutze gegen Sprungwellen ergibt sich aus diesen Betrachtungen, daß man stets die Drosselspule an die Leitung mit hohem Wellenwiderstand, den Kondensator an die Leitung mit niedrigem Wellenwiderstand legen soll, entsprechend den Schaltungen der Fig. 416 und 420. Man erhält dann den Vorteil, daß die Eigenschwingungen des Systems durch die in den Leitungen forteilenden Wellen stets so stark gedämpft sind, daß keine merkbaren Spannungserhöhungen durch sie entstehen, gleichgültig von welcher Seite die Wanderwellen auf den Leitungsknotenpunkt einfallen.

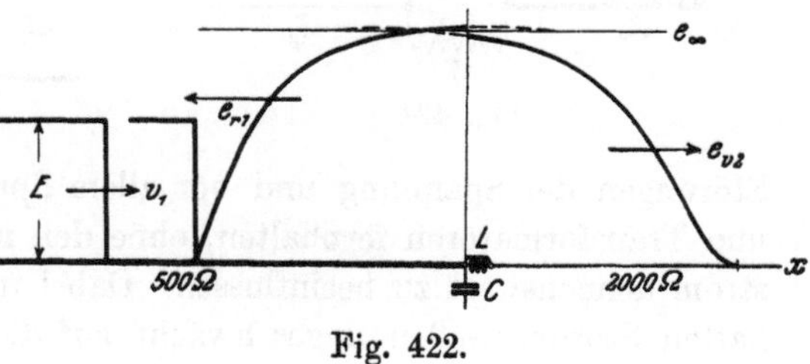

Fig. 422.

Wenn die Drosselspulen und Kondensatoren nicht vollständig konzentriert sind, wie wir es bisher angenommen haben, sondern endliche

Länge und daher einen endlichen Wellenwiderstand besitzen, wie es in Fig. 423 dargestellt ist, so lassen sich die ersten durchlaufenden und reflektierten Spannungssprünge leicht durch wiederholte Anwendung der Brechungsgesetze von Kapitel 38 bestimmen. Der durchlaufende Wellenkopf kann sehr klein werden, weil er mehrfach gebrochen wird, der reflektierte Kopf wird dann erheblich. Durch vielfache innere Reflexion der Wellen bilden sich auch hier je nach der gegenseitigen Art und Größe der Zwischenleitungen Anstiege oder periodische Schwingungen von Spannung und Strom aus. Sie besitzen jedoch nicht mehr den glatten Verlauf nach Fig. 415 und 422, sondern steigen und sinken in einzelnen Treppenstufen, so wie es für einfache Zwischenleitungen im vorigen Kapitel 43 ausführlich besprochen wurde.

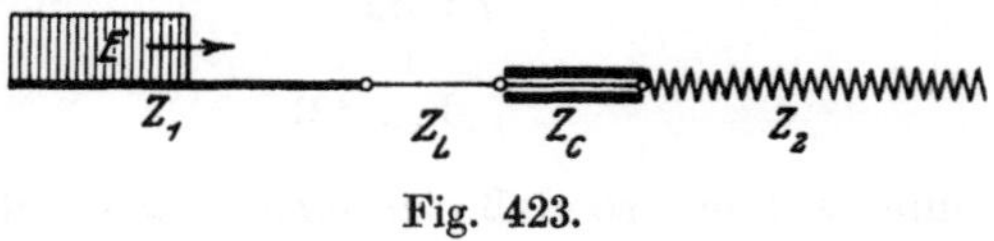

Fig. 423.

Da sich die Staffeln der Reflexionen an den verschiedenen Leitungsübergängen hier vielfach überschneiden können, so besitzt man in der gleichzeitigen Anwendung von Drosselspulen und Kondensatoren mit ausgeprägtem Wellenwiderstand ein Mittel, um zu große durchlaufende Sprungwellen des einen Schutzapparates, etwa der Drosselspulen, durch Hinzufügen des anderen weiter zu zerteilen.

c) Schutzschaltungen mit Widerständen.

Schutzdrosselspulen und Schutzkondensatoren können sowohl bei einzelner als bei gemeinsamer Verwendung alle schnell verlaufenden

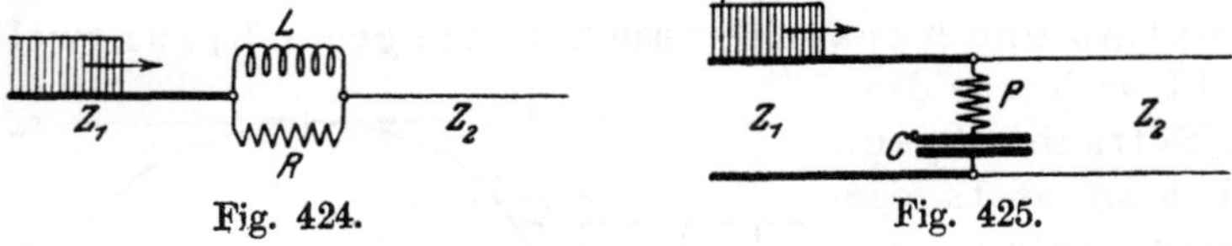

Fig. 424. Fig. 425.

Störungen der Spannung und vor allem Sprungwellen von Maschinen und Transformatoren fernhalten, ohne den niedrigperiodigen Betriebsstrom nennenswert zu beeinflussen. Dabei reflektieren sie alle sprunghaften Störungswellen ungeschwächt auf die Leitung und bilden erst den weiteren Verlauf der Wellen in erheblichem Maße um. Die Störungswellen wandern daher auf den Leitungen unter vielfacher Reflexion hin und her, bis sie schließlich durch den Leitungswiderstand aufgezehrt werden.

Will man die Störungswellen nicht nur reflektieren, sondern ihre Energie vernichten, so ist es erforderlich, Widerstände anzuwenden. Man kann zu dem Zweck nach Fig. 424 einen Ohmschen Widerstand R parallel zu einer Drosselspule L in Serie zur Leitung legen, oder nach Fig. 425 einen Widerstand P parallel zur Leitung und in Serie zu einem Kondensator C schalten. Beide Anordnungen beeinflussen den langsamperiodigen Betriebsstrom nicht wesentlich, weil dieser nach Fig. 424 durch die Drosselspule mit sehr geringem Widerstand fließen kann und nach Fig. 425 durch den Kondensator am Übertritt in die andere Leitung verhindert wird. Von der Wirkung dieser Anordnung auf Sprungwellen kann man sich ein Bild machen, wenn man bedenkt, daß nach unseren bisherigen Betrachtungen der Kopf der Sprungwelle an einer Drosselspule wie an einem offenen Leitungsende abprallt, dagegen in einen Kondensator wie in eine kurzgeschlossene Leitungsstelle hineinfließt. Für den Spannungssprung selbst ist daher die Drosselspule als offen, der Kondensator als kurzgeschlossen zu betrachten Ihre sonstige Wirkung äußert sich erst auf den hinter dem Spannungssprung liegenden Rücken der Welle.

Für den Wellenkopf wirken daher die Anordnungen der Fig. 424 und 425 genau so wie die reinen Serien- oder Parallelwiderstände in Kapitel 38, Fig. 380 und 381. Die Spannung der Sprungwelle wird daher entsprechend den Gleichungen (14) und (25) jenes Kapitels durch den Serienwiderstand R oder den Parallelwiderstand P zwar vermindert, sie tritt jedoch mit scharfem Wellenkopf auf die zweite Leitung über. Bemißt man die Widerstände R oder P derart, daß die größtmögliche Energie der Wanderwelle in ihnen vernichtet wird, so wird der durch den Knotenpunkt hindurchtretende Spannungssprung nur auf die Hälfte des Wertes verringert, der ohne Schutzeinrichtung vorhanden wäre. Bei solchen Anordnungen tritt demnach zwar eine Energievernichtung und damit eine Schwächung der reflektierten Wellen ein, jedoch tritt ein erheblicher Teil der einfallenden Wellen nunmehr in sprunghafter Form auf die zweite Leitung über. Der Nutzen dieser Widerstandsschaltungen ist also nur beschränkt.

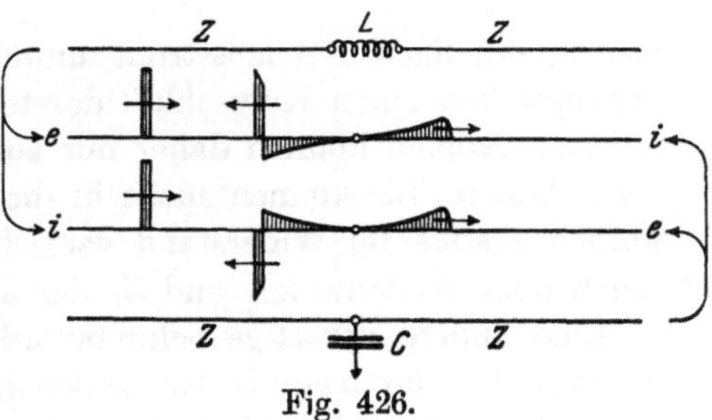

Fig. 426.

Fig. 426 zeigt für den Fall gleicher Wellenwiderstände der aneinander geschlossenen Leitungen die durchtretenden und reflektierten Spannungen einer kurzen Einzelwelle, wenn zunächst nur Selbstinduktion in die Leitung oder Kapazität an die Leitung geschaltet ist. Die reflektierte Welle besitzt volle Sprunghöhe, die durchlaufende Welle erhält verschleiften Kopf. Fig. 427 zeigt die Wellenform bei Anwendung der eben beschriebenen Widerstände, wenn diese für größte Energievernichtung bemessen sind. Die reflektierten Wellensprünge sind zwar verringert, jedoch besitzen die durchlaufenden Wellen nunmehr auch sprunghafte Köpfe.

Vollständige Energievernichtung der Sprungwellenköpfe kann man erreichen, wenn die drei Elemente Selbstinduktion, Kapazität und Widerstand in bestimmter gegenseitiger Anordnung und Größe gleichzeitig angewandt werden. Es gibt zwei Schaltungsanordnungen zur Erreichung dieses Zieles. Fig. 428 zeigt eine Schutzanordnung, bei der ein Widerstand R in Parallele zur Selbstinduktion L in die Leitung eingeschaltet ist. Der niedrigperiodige Betriebsstrom durchfließt im wesentlichen die Selbstinduktion, Spannungssprünge dagegen durcheilen ausschließlich den Widerstand. Hinter diesem ist eine Kapazität C parallel zu den Leitungen gelegt, die für den niedrigperiodigen Betriebsstrom unüberbrückbar ist, jedoch für die Sprungwellen einen Kurzschluß darstellt. Alle Spannungssprünge mit scharfen Köpfen können daher nur auf dem durch Pfeile dargestellten Wege laufen. Sie können nicht in die zweite Leitung übertreten und werden restlos im Widerstand vernichtet, wenn man seinen Wert R gleich dem Wellenwiderstand Z_1 der ankommenden Leitung ausführt.

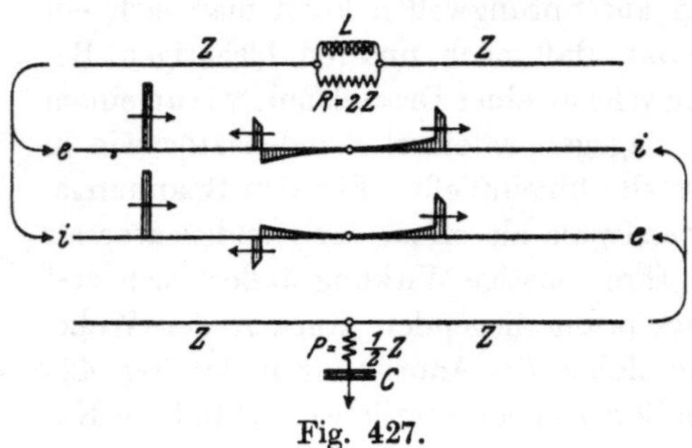

Fig. 427.

Eine andere derartige Schutzanordnung zeigt Fig. 429, in der die Sprungwellen durch eine Selbstinduktion L am Übertritt in die zweite Leitung gehindert werden. Sie treten vollständig in den Kondensator ein und durchlaufen dabei den Vorschaltwiderstand P, der sie restlos vernichtet, wenn man ihm die Größe des Wellenwiderstandes Z_1 gibt. Bei beiden Anordnungen nach Fig. 428 und 429 wird die vollständige Vernichtung der Energie der Sprungwellenköpfe dadurch ermöglicht, daß für diese Wellen ein künstliches Ende der

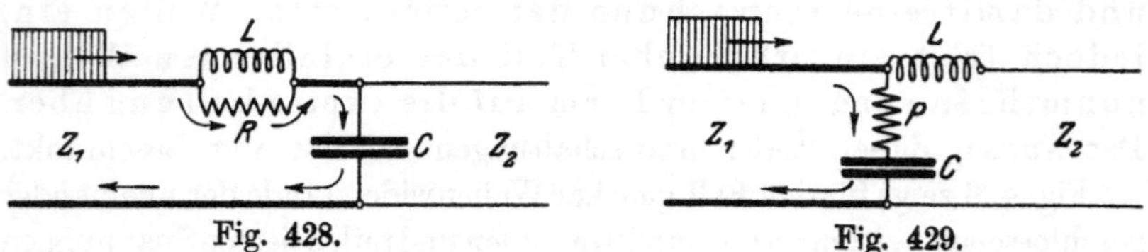

Fig. 428. Fig. 429.

Leitung geschaffen wird, so daß sie sich im Endwiderstande totlaufen können, ohne irgendwelche Brechungen oder Reflexionen zu erleiden. Wir hatten früher am Schluß von Kapitel 38 gesehen, daß dies die einzige Möglichkeit zur restlosen Vernichtung von Wanderwellen ist. Natürlich vermögen diese Anordnungen nur unstetige Spannungssprünge vollständig zu verzehren. Langsame Änderungen, vor allem die späteren Teile der Wanderwellen, werden durch mäßig große Selbstinduktion und Kapazität nicht vollständig abgefangen, sondern treten entsprechend den früheren Betrachtungen unter Ladung und Entladung der Kondensator- und Drosselspulenenergie allmählich auf die zweite Leitung über. Da jedoch für die Wicklungen von Maschinen und Transformatoren scharfe Spannungssprünge die gefährlichsten Feinde sind, so können diese Anordnungen mit Nutzen verwendet werden, um Sprungwellen den Weg zu verlegen und sie gleichzeitig vollständig zu vernichten.

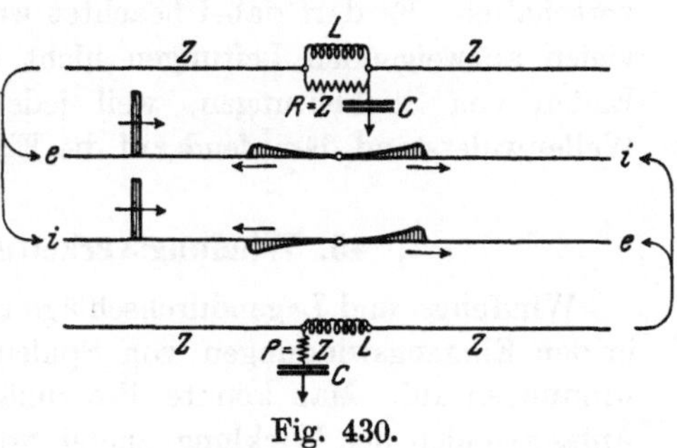

Fig. 430.

In Fig. 430 ist für gleiche Wellenwiderstände der ankommenden und abführenden Leitungen dargestellt, in welche Wellenformen einfallende Einzelwellen durch derartige energieverzehrende Schutzapparate umgebildet werden. Die Strom- und Spannungssprünge verschwinden vollständig. Sowohl die durchlaufenden wie die reflektierten Wellen besitzen an ihrem Kopf sehr sanften Anstieg, der nur geringe Höhe erreicht, und sind nach kurzer Zeit vollständig abgeklungen. Freie Eigenschwingungen von merkbarer Stärke treten bei diesen Schutzanordnungen nach Fig. 428 und 429 nicht auf, weil sie nicht nur durch die Wellenwiderstände der Leitungen, sondern auch durch die energieverzehrenden Widerstände R oder P wirksam unterdrückt werden.

Bei Leitungen, auf denen Sprungwellen von beiden Seiten einfallen können und vernichtet werden sollen, muß man diese Absorptionsschaltungen doppelt ausführen und die beiden Ohmschen Widerstände den Wellenwiderständen der verschiedenen Leitungszweige anpassen. Fig. 431 zeigt eine derartige Doppelschaltung, durch die man an gefährdeten Leitungsstellen, besonders auch an Übergängen verschiedener Leitungen, alle durch Schaltvorgänge irgendwelcher Art auftretenden Spannungssprünge weitgehend vernichten kann.

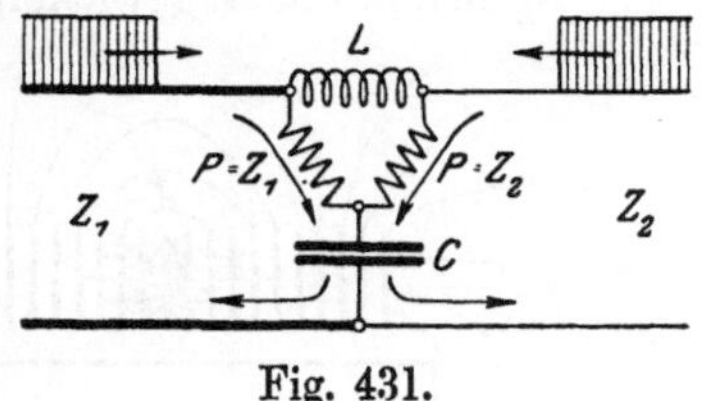

Fig. 431.

Alle Leitungsnetze und Schaltanlagen besitzen zahlreiche schwingungsfähige Gebilde in der Aufeinanderfolge von Auslösespulen, Durchführungen, Verbindungsleitungen, Isolatoren, Stromwandlern, Sammelschienen und ähnlichen Abweichungen vom homogenen Leitungsverlauf. Viele dieser Schwingungskreise können durch einfallende Wanderwellen zu Eigenschwingungen angeregt werden und erzeugen dabei schwer vorherzusehende sekundäre Überspannungen. Um sie zu vermindern und gleichzeitig Energie der Wellen zu vernichten, ist es ratsam, alle Selbstinduktionen durch passende Widerstände zu überbrücken, und wenn möglich, allen Kapazitäten geeignete Vorschaltwiderstände zu geben. Stromwandlern wird man z. B. Parallelwiderstände geben, Spannungswandlern Serienwiderstände vorschalten. Es darf dabei beachtet werden, daß Sammelschienen mit vielen abzweigenden Leitungen nicht so stark gefährdet sind wie die Enden von Stichleitungen, weil jede einzelne Leitung durch ihren Wellenwiderstand dämpfend auf die Eigenschwingungen einwirkt.

45. Windungsverkettung in Spulen.

Windungs- und Lagendurchschläge treten in der Praxis viel häufiger in den Eingangswindungen von Spulenwicklungen als in den Innenwindungen auf. Man könnte dies zunächst dadurch erklären, daß die Anfangsspulen der Wicklung zuerst von den Wellen getroffen werden und durch ihren Durchschlag einen Ausgleich der Spannung bewirken, der die inneren Windungen schützt. Man findet jedoch experimentell beim Einfallen schneller Wanderwellen in dicht gewickelte Spulen, daß die Eingangswindungen wesentlich höhere Spannung erhalten als die Innenwindungen und daß ihre Isolation stärker beansprucht wird. Unser früheren Betrachtungen, bei denen wir die Spule entweder als konzentrierte Selbstinduktion oder als homogene Leitung mit verteilter Selbstinduktion und Kapazität behandelten, geben keine Erklärung für diese Erscheinung, dort waren vielmehr alle Windungen untereinander gleichwertig. Wir wollen daher die Annäherung unserer Rechnung an die Wirklichkeit noch einen Schritt weiter treiben.

a) Ausbreitung von Wellen.

Spulen mit dicht gewickelten Windungen, die nach Art der Fig. 432 flach aufeinander liegen, besitzen nicht nur äußere Kapazität gegenüber der Erde und dem Eisenkern, sondern von den Schmalseiten der einzelnen Windungen gehen auch elektrische Feldlinien zu den weiter entfernten Windungen durch die Luft, und schließlich können auch im Innern der Spule Feldlinien von der Breitseite jeder Windung zur benachbarten übertreten, wenn die Spannung naheliegender Windungen verschieden ist. Da schnelle oder sprunghafte Wanderwellen sehr starkes

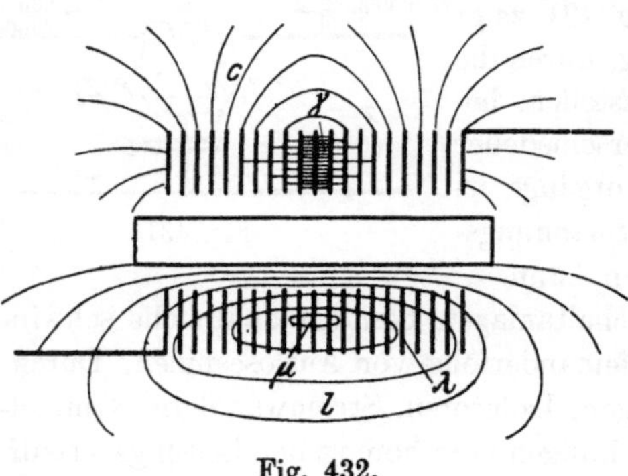

Fig. 432.

Spannungsgefälle längs der Leitung besitzen, so rufen sie Ladeströme zwischen den einzelnen Windungen hervor, die sogar überwiegend werden, wenn die zuletzt erwähnte Windungskapazität durch die Ausdehnung und Nähe der benachbarten Leiterflächen erheblich größer ist als die Erdkapazität der Windung.

Der Ladestrom jedes Leiterelementes Δx der n^{ten} Windung, der nach außen, hauptsächlich also zur Erde fließt, ist

$$i_{cn} = c\,\Delta x\,\frac{\partial e_n}{\partial t} \tag{1}$$

wenn mit c wie bisher die Erdkapazität der Längeneinheit des Spulenleiters bezeichnet wird. Sie soll auch die Kapazität gegen entfernte Leiter mit enthalten. Nennt man die Windungskapazität der Längeneinheit zwischen benachbarten Leitern γ, so fließt von der n^{ten} Windung ein Ladestrom zur $n - 1^{ten}$ Windung herüber vom Betrage

$$i'_{\gamma n} = \gamma\,\Delta x\,\frac{\partial\,(e_n - e_{n-1})}{\partial t} = \gamma\,\Delta x\,\frac{\partial\,\Delta' e_n}{\partial t} \tag{2}$$

und zur $n + 1^{ten}$ Windung ein Strom vom Betrage

$$i''_{\gamma n} = \gamma\,\Delta x\,\frac{\partial\,(e_n - e_{n+1})}{\partial t} = -\gamma\,\Delta x\,\frac{\partial\,\Delta'' e_n}{\partial t}\,. \tag{3}$$

Der gesamte innere Kapazitätstrom jedes Leiterelementes ist daher als Summe dieser beiden Ströme

$$i_{\gamma n} = -\gamma\,\Delta x\,\frac{\partial}{\partial t}\,(\Delta'' e_n - \Delta' e_n) = -\gamma\,\Delta x\,\frac{\partial\,\Delta^2 e_n}{\partial t}\,. \tag{4}$$

Darin ist die Differenz benachbarter Spannungen mit $\Delta\,e$ und die Differenz der Differenzen, also die zweite Differenz mit $\Delta^2\,e$ bezeichnet. Die Spannungsdifferenzen beziehen sich dabei auf eine Leitungserstreckung Δx, die gleich der Windungslänge w ist

$$\Delta x = w\,, \tag{5}$$

so daß man für die zweite Spannungsdifferenz auch schreiben kann

$$\Delta^2 e = w^2\,\frac{\Delta^2 e}{\Delta x^2} = w^2\,\frac{\partial^2 e}{\partial x^2}\,, \tag{6}$$

wenn man von den Differenzen zu Differentialen übergeht. Dies ist zulässig, sofern die Spule zahlreiche Windungen besitzt, und wenn man auf die genaue Verfolgung von Wellenausbildungen im Innern jeder einzelnen Windung verzichtet. Der gesamte äußere und innere Ladestrom jeder Windung nach Gleichung (1) und (4) ist nun gleich der Abnahme $-\Delta\,i_n$ des Stromes in der n^{ten} Windung. Man hat also mit Gleichung (6)

$$-\Delta\,i_n = c\,\Delta x\,\frac{\partial e_n}{\partial t} - \gamma\,w^2\,\Delta x\,\frac{\partial^3 e_n}{\partial t\,\partial x^2}\,, \tag{7}$$

und daraus wird der Differentialquotient für die räumliche Veränderung des Stromes

$$\frac{\partial i}{\partial x} = -c\,\frac{\partial e}{\partial t} + \gamma\,w^2\,\frac{\partial^3 e}{\partial t\,\partial x^2}\,. \tag{8}$$

Sie hängt also nicht nur von der zeitlichen Änderung der Spannung ab, sondern auch von ihrer räumlichen Variation. Für schnelle Wanderwellen, deren Spannung längs der Leitung stark veränderlich ist, kann das zweite Glied dieser Gleichung erhebliche Bedeutung erhalten, besonders wenn die Windungskapazität γ wesentlich größer als die Erdkapazität c wird, was bei praktischen Wicklungen häufig der Fall ist.

Ebenso wie die Spannung ist auch die Stromstärke in der Spule von Windung zu Windung verschieden. In der n^{ten} Windung mit der eigenen Selbstinduktion λ pro Längeneinheit wird daher die Spannung

$$e_{\lambda n} = \lambda \Delta x \frac{\partial i_n}{\partial t} \tag{9}$$

vom eigenen Strom induziert. Die beiden Nachbarwindungen mit der Wechselinduktion μ pro Längeneinheit fügen noch die Spannung

$$e_{\mu n} = \mu \Delta x \frac{\partial i_{n+1}}{\partial t} + \mu \Delta x \frac{\partial i_{n-1}}{\partial t} \tag{10}$$

hinzu, was man auch nach Erweiterung mit dem eigenen Strom schreiben kann

$$e_{\mu n} = \mu \Delta x \frac{\partial}{\partial t}[(i_{n+1} - i_n) - (i_n - i_{n-1}) + 2 i_n] = 2 \mu \Delta x \frac{\partial i_n}{\partial t} + \mu \Delta x \frac{\partial \Delta^2 i_n}{\partial t}. \tag{11}$$

Die Wechselinduktion der Nachbardrähte liefert also einen Beitrag zur induzierten Spannung, der aufgefaßt werden kann als Summe eines dem Strom der n^{ten} Windung selbst proportionalen Teiles und eines von der zweiten Differenz der Ströme abhängenden Teiles. Auch die übernächsten und die noch weiter entfernten Windungen induzieren die betrachtete n^{te} Windung. Ihr Beitrag läßt sich auf dieselbe Form wie Gleichung (11) bringen, nur wird die Wechselinduktion μ mit zunehmender Windungsentfernung immer geringer. Alle dem Windungsstrom i_n selbst proportionalen Spannungen lassen sich zusammenfassen und werden nach Gleichung (9) und (11)

$$e_{l n} = (\lambda + \Sigma \mu) \Delta x \frac{\partial i_n}{\partial t} = l \Delta x \frac{\partial i_n}{\partial t}. \tag{12}$$

Dabei ist mit l die Selbstinduktion der Spule pro Längeneinheit bezeichnet, die sich aus der Induktionswirkung sämtlicher Windungen zusammen ergibt, die also zu berechnen ist als Selbstinduktion der ganzen Spule, dividiert durch ihre Drahtlänge.

Im letzten Gliede der Gleichung (11) kann man unter Beachtung von Gleichung (5) schreiben

$$\Delta^2 i = w^2 \frac{\Delta^2 i}{\Delta x^2} = w^2 \frac{\partial^2 i}{\partial x^2}, \tag{13}$$

wenn man bei zahlreichen Windungen wieder zu den Differentialen übergeht. Wir wollen bei diesem Gliede nur den Einfluß der unmittelbar benachbarten Windungen berücksichtigen, da für die weiter entfernten Windungen nicht nur die Wechselinduktion geringer wird, sondern die zweiten Differenzen der Ströme sich auch vielfach entgegenwirken und daher zum großen Teil aufheben. Die gesamte in der n^{ten} Windung induzierte Spannung nach Gleichung (12) und (11), die gleich der Abnahme $-\Delta e_n$ der meßbaren Spannung ist, wird dann mit Gleichung (13)

$$-\Delta e_n = l \Delta x \frac{\partial i_n}{\partial t} + \mu w^2 \Delta x \frac{\partial^3 i_n}{\partial t \partial x^2}, \tag{14}$$

und damit wird der räumliche Spannungsanstieg längs der Wicklung

$$\frac{\partial e}{\partial x} = - l \frac{\partial i}{\partial t} - \mu w^2 \frac{\partial^3 i}{\partial t \partial x^2}. \tag{15}$$

Er hängt also außer von der zeitlichen Stromänderung auch von dessen räumlichen Variation ab. Für schnelle Wanderwellen kann der dritte Differentialquotient im zweiten Gliede erhebliche Werte erhalten, sein Einfluß ist hier jedoch nicht so stark wie bei der Spannung in Gleichung (8), weil die Wechselinduktion zweier Windungen μ im allgemeinen nur gering gegenüber der Selbstinduktion l der ganzen Spule ist.

Durch die beiden Differentialgleichungen (8) und (15) ist der räumliche und zeitliche Verlauf der Spannungen und Ströme in Spulenwicklungen verknüpft. Sie besitzen keine so einfache Lösung für beliebige Formen der Wellen, wie wir sie früher in Kapitel 34 bei homogenen Leitungen ansetzen konnten. Wir wollen die Rechnung daher nur für zeitlich sinusartig veränderliche Spannung durchführen, die der Spule aufgedrückt wird. Da man sich jede beliebige Wellenform in eine Reihe von sinusförmigen Wellen zerlegt denken kann, so läßt sich durch Summation der erhaltenen Lösungen das Verhalten der Spule gegenüber jeder aufgedrückten Wellenform darstellen.

Wenn wir die Spannung und damit auch den Strom in der Spule zeitlich harmonisch variieren lassen, so dürfen wir bei der linearen Form der Differentialgleichungen (8) und (15) das gleiche auch für die räumliche Variation ansetzen. Wir machen daher die Annahme

$$\left.\begin{aligned} e &= E \varepsilon^{j\omega t} \varepsilon^{j\alpha x} \\ i &= J \varepsilon^{j\omega t} \varepsilon^{j\alpha x}. \end{aligned}\right\} \tag{16}$$

Darin ist ω die Frequenz der aufgedrückten Schwingung, während α eine noch unbestimmte reziproke Länge ist. Differenziert man diese Gleichungen nach x und t und setzt die Differentialquotienten in Gleichung (8) und (15) ein, so erhält man nach Fortheben alles Überflüssigen die beiden reellen Beziehungen

$$\left.\begin{aligned} \alpha J &= - c \omega E - \gamma w^2 \omega \alpha^2 E \\ \alpha E &= - l \omega J + \mu w^2 \omega \alpha^2 J. \end{aligned}\right\} \tag{17}$$

Bevor wir auf den Zusammenhang der Konstanten E und J eingehen, wollen wir die Bestimmungsgleichung für die Exponentialziffer α

weiter entwickeln. Dazu bilden wir aus beiden Gleichungen (17) den Quotienten

$$-\frac{E}{J} = \frac{\alpha}{\omega(c + \gamma w^2 \alpha^2)} = \frac{\omega(l - \mu w^2 \alpha^2)}{\alpha}. \tag{19}$$

Durch Ausmultiplizieren erhalten wir daraus die biquadratische Gleichung

$$\alpha^4 w^4 \mu \gamma + \alpha^2 w^2 \left[\frac{1}{w^2 \omega^2} - (l\gamma - c\mu)\right] - lc = 0, \tag{20}$$

die so geschrieben ist, daß nur das Produkt von αw vorkommt, das einen absoluten Zahlenwert darstellt. Die Lösung für sein Quadrat ist dann

$$(\alpha w)^2 = -\frac{1}{2}\left[\frac{1}{\mu\gamma w^2 \omega^2} - \left(\frac{l}{\mu} - \frac{c}{\gamma}\right)\right] \pm \sqrt{\frac{1}{4}\left[\frac{1}{\mu\gamma w^2\omega^2} - \left(\frac{l}{\mu} - \frac{c}{\gamma}\right)\right]^2 + \frac{lc}{\mu\gamma}}. \tag{21}$$

Man kann diese Gleichung vereinfachen, wenn man bedenkt, daß die Windungskapazität γ mindestens in der Größenordnung der Erdkapazität c liegt, daß dagegen die Wechselinduktion μ benachbarter Windungen stets sehr klein gegenüber der ganzen Spulenselbstinduktion l ist, daß man daher c/γ gegenüber l/μ vernachlässigen darf. Wir wollen außerdem mit

$$\nu_1 = \frac{1}{w\sqrt{\mu\gamma}} \tag{22}$$

eine ideelle Eigenfrequenz bezeichnen, die der wechselseitigen Kapazität und Selbstinduktion je zweier Windungen entspricht, die also sehr groß ist und in der Größenordnung der Eigenfrequenz zweier Windungen für sich liegt. Dann erhalten wir

$$(\alpha w)^2 = -\frac{1}{2}\left[\left(\frac{\nu_1}{\omega}\right)^2 - \frac{l}{\mu}\right] \pm \sqrt{\frac{1}{4}\left[\left(\frac{\nu_1}{\omega}\right)^2 - \frac{l}{\mu}\right]^2 + \frac{lc}{\mu\gamma}}. \tag{23}$$

Diese quadratische Gleichung hat wegen des doppelten Vorzeichens vor der Wurzel zwei reelle und zwei imaginäre Wurzeln

$$\left.\begin{aligned} \alpha^{I} &= +\alpha_1 \qquad & \alpha^{III} &= +j\alpha_2 \\ \alpha^{II} &= -\alpha_1 \qquad & \alpha^{IV} &= -j\alpha_2, \end{aligned}\right\} \tag{24}$$

darin sind α_1 und α_2 positive reelle Zahlen, die den Wert besitzen

$$\left.\begin{aligned} w\alpha_1 &= \sqrt{\sqrt{\frac{1}{4}\left[\left(\frac{\nu_1}{\omega}\right)^2 - \frac{l}{\mu}\right]^2 + \frac{lc}{\mu\gamma}} - \frac{1}{2}\left[\left(\frac{\nu_1}{\omega}\right)^2 - \frac{l}{\mu}\right]} \\ w\alpha_2 &= \sqrt{\sqrt{\frac{1}{4}\left[\left(\frac{\nu_1}{\omega}\right)^2 - \frac{l}{\mu}\right]^2 + \frac{lc}{\mu\gamma}} + \frac{1}{2}\left[\left(\frac{\nu_1}{\omega}\right)^2 - \frac{l}{\mu}\right]}. \end{aligned}\right\} \tag{25}$$

Ihre Größe hängt bei gegebenen Spulenkonstanten nur von der Frequenz ω der aufgedrückten Spannung ab.

Entsprechend den vier möglichen Werten für α nach Gleichung (24) müssen wir die Lösung nach Gleichung (16) erweitern, indem wir für jedes α eine besondere Integrationskonstante einführen. Die Spannung ist dann

$$e = \varepsilon^{j\omega t}\left(E_1' \varepsilon^{j\alpha_1 x} + E_1 \varepsilon^{-j\alpha_1 x} + E_2 \varepsilon^{-\alpha_2 x} + E_2' \varepsilon^{+\alpha_2 x}\right). \tag{26}$$

Wir wollen nun lediglich den Verlauf der Wellen in der Umgebung des Spulenanfanges verfolgen und nehmen dementsprechend an, daß die Spule in x-Richtung sehr lang ist und keine Wellen vom fernen Ende herkommen. Dann muß das erste und letzte Glied der Gleichung (26) wegen der positiven Exponenten verschwinden. Es bleibt nur bestehen

$$e = E_1 \varepsilon^{j(\omega t - \alpha_1 x)} + E_2 \varepsilon^{j\omega t} \varepsilon^{-\alpha_2 x}, \tag{27}$$

und ein entsprechender Ausdruck ergibt sich für den Strom

$$i = J_1 \varepsilon^{j(\omega t - \alpha_1 x)} + J_2 \varepsilon^{j\omega t} \varepsilon^{-\alpha_2 x}. \tag{28}$$

Diese Beziehungen zeigen, daß zwei verschiedene Spannungs- und Stromverteilungen gleichzeitig durch die Spule laufen können. Die eine hat die Amplituden E_1 und J_1, sie verläuft harmonisch, nicht nur zeitlich, sondern auch längs der Wicklung und bildet eine in die Spule hineinlaufende ungedämpft fortschreitende Sinuswelle. Der zweite Bestandteil mit den Amplituden E_2 und J_2 hat keineswegs wellenförmigen Verlauf, sondern bildet eine zeitlich harmonische, räumlich jedoch feststehende Spannungsverteilung aus, die mit zunehmendem x exponentiell abklingt. Dieser Spannungsverlauf bewirkt, daß das Innere der Spule nur einen Teil der aufgedrückten Klemmenspannung erhält, so daß der andere Teil in den vorhergehenden Windungen reflektiert ist. Wir wollen die Ausbreitung der Spannungen für verschieden hohe Frequenzen näher verfolgen.

Für kleine Frequenz ω überwiegt in den eckigen Klammern der Gleichung (25) der Quotient ν_1/ω das zweite Glied. Man erhält dann mit großer Annäherung durch Entwicklung der Wurzeln

$$\left.\begin{aligned} \alpha_1 &= \omega \sqrt{lc} \\ \alpha_2 &= \frac{\nu_1}{w\omega}. \end{aligned}\right\} \tag{29}$$

Die abklingende Spannung E_2 von Gleichung (27) verlöscht mit einer Raumkonstante, die als Reziprokes der Exponentialziffer ist

$$X = \frac{1}{\alpha_2} = \frac{\omega}{\nu_1} w. \tag{30}$$

Das ist wegen des großen ν_1 nach Gleichung (22) nur ein kleiner Bruchteil der Windungslänge w, so daß die abklingende Spannungsverteilung praktisch hier nicht in Betracht kommt.

Die wellenförmige Spannung von Gleichung (27) schreitet mit der Geschwindigkeit

$$v = \frac{\omega}{\alpha_1} = \frac{1}{\sqrt{lc}} \tag{31}$$

längs des Spulendrahtes fort, die Spule verhält sich also genau wie eine gewöhnliche Leitung. Da aber die Selbstinduktion der ganzen Spule pro Längeneinheit des Leiters ein Vielfaches der Selbstinduktion einer einzelnen Windung ist, so wird die Wellengeschwindigkeit geringer als auf einer freigespannten Leitung, sofern die Erdkapazität in der gleichen Größenordnung bleibt. Wird diese dagegen durch das Aufwickeln einer Leitung zur Spule erheblich geringer, was ganz von der Lage der Spule zum geerdeten Eisenkern abhängt, so kann sie die Wellengeschwindigkeit wieder auf den früheren Wert bringen.

Nennt man die ideelle Eigenfrequenz der Erdkapazität jeder Windung mit der anteiligen Selbstinduktion jeder Windung

$$\nu_2 = \frac{1}{w\sqrt{lc}}, \tag{32}$$

ein Betrag, der sehr viel tiefer liegt als die Eigenfrequenz ν_1 der wechselseitigen Werte nach Gleichung (22), so ergibt sich aus Gleichung (31)

$$v = \nu_2 w. \tag{33}$$

ν_2 gibt daher die Laufgeschwindigkeit der Wellen in Windungen pro Sekunde an, die ebenso wie die absolute Geschwindigkeit nach Gleichung (31) unabhängig von der aufgedrückten langsamen Frequenz ist.

Die räumliche Wellenlänge der Schwingungen in der Spule ergibt sich mit Gleichung (29) und (32) zu

$$\Lambda = \frac{2\pi}{\alpha_1} = 2\pi\frac{\nu_2}{\omega}w. \tag{34}$$

Sie ist also ein hohes Vielfaches der Windungslänge w und nimmt mit zunehmender Frequenz ab.

Laufen die Wellen frei über eine endliche Spule, die an beiden Enden offen ist, so werden sie dort vollständig reflektiert, gerade so wie auf einer beiderseits offenen homogenen Leitung. Die Eigenschwingungsdauer der ganzen Spule, das ist die Dauer eines vollständigen Hin- und Herlaufs über ihre Drahtlänge a, ist dann mit Gleichung (31)

$$\mathfrak{T} = \frac{2a}{v} = 2a\sqrt{lc}. \tag{35}$$

Ersetzt man die spezifischen Werte für die Längeneinheit durch die Selbstinduktion L und Erdkapazität C der ganzen Spule, so erhält man

$$\mathfrak{T} = 2\sqrt{al \cdot ac} = 2\sqrt{LC}. \tag{36}$$

Die Eigenfrequenz oder Grundfrequenz der ganzen Spule, also ihre Schwingungszahl in 2π Sekunden, ist daher

$$\nu_0 = \frac{2\pi}{\mathfrak{T}} = \frac{\pi}{a\sqrt{lc}} = \frac{\pi}{\sqrt{LC}} \tag{37}$$

oder auch, wenn man mit N die immer große Windungszahl der Spule bezeichnet, mit Gleichung (32)

$$\nu_0 = \pi\frac{w}{a}\nu_2 = \frac{\pi}{N}\nu_2. \tag{38}$$

Die Grundfrequenz ist also nur durch die Gesamtkonstanten der Spule bestimmt und ist ein sehr geringer Bruchteil der Windungsfrequenz von Gleichung (32) und daher erst recht von der nach Gleichung (22), so daß die Voraussetzung für die Näherungsausdrücke (29) für sie erfüllt ist, aus deren erster Gleichung wir sie entwickelt haben.

Die Wellenlänge dieser Eigenschwingung der Spule erhält man durch Einsetzen von Gleichung (38) in (34) zu

$$\Lambda = 2\pi \frac{\nu_2}{\nu_0} w = 2a. \tag{39}$$

Die beiderseits endliche Spule schwingt also in einer halben Wellenlänge.

Die Eigenfrequenz einer Spule nach Gleichung (37) ist π mal so groß wie die eines Schwingungskreises mit örtlich konzentrierter Selbstinduktion und Kapazität vom gleichen Werte. Das liegt daran, daß beide über die Wicklung verteilt sind und daher nicht mit vollem Strom oder voller Spannung beansprucht werden, sondern durchweg nur mit einem Teil derselben. Die Formel stimmt genau überein mit der Eigenfrequenz einer homogenen Leitung mit beiderseits offenen Enden. Wickelt man eine solche Leitung zu einer Luftspule auf, so vergrößert man zwar ihre Selbstinduktion sehr stark, verkleinert aber gleichzeitig ihre Erdkapazität erheblich, so daß die Eigenfrequenz sich im allgemeinen nur wenig ändert.

Für außerordentlich hohe Frequenz ω verschwindet der Quotient ν_1/ω in den eckigen Klammern der Gleichungen (25) gegenüber den anderen Gliedern. Man erhält dann mit guter Annäherung aus den Wurzeln

$$\left.\begin{aligned} \alpha_1 &= \frac{1}{w}\sqrt{\frac{l}{\mu}} \\ \alpha_2 &= \frac{1}{w}\sqrt{\frac{c}{\gamma}}. \end{aligned}\right\} \tag{40}$$

Die Wellengeschwindigkeit der ersten Teilspannung wird daher

$$v = \frac{\omega}{\alpha_1} = \omega w \sqrt{\frac{\mu}{l}}. \tag{41}$$

Sie wächst mit zunehmender Frequenz und entwickelt eine Wellenlänge auf dem Spulendrahte von

$$\Lambda = \frac{2\pi}{\alpha_1} = 2\pi w \sqrt{\frac{\mu}{l}}. \tag{42}$$

Diese hängt jetzt nicht mehr von der Frequenz ab und ist wegen des geringen Wertes von μ wesentlich kleiner geworden als die Windungslänge w. Wir werden später sehen, daß diese Spannung jetzt bedeutungslos geworden ist.

Die Raumkonstante der abklingenden Spannungsverteilung wird

$$X = \frac{1}{\alpha_2} = w\sqrt{\frac{\gamma}{c}}. \tag{43}$$

Sie hängt lediglich vom Verhältnis der Kapazitäten ab und wird ein Mehrfaches der Windungslänge, wenn die Windungskapazität γ die Erdkapazität c erheblich übertrifft, was bei dicht gewickelten Spulen meistens der Fall ist. Diese stehende Spannungsverteilung breitet sich demnach nicht bis ins tiefe Innere der Wicklung aus, das Zusammenwirken von Erdkapazität und Windungskapazität schirmt das Innere vielmehr gegen einfallende Wellen, die dadurch auf die Leitung zurückgeworfen werden.

Die Spulenwicklung zeigt für langsame und schnelle Schwingungen durchaus verschiedenartiges Verhalten, was durch die verschiedenen Größen von α_1 und α_2 nach Gleichung (25) bedingt ist. Für langsame Schwingungen hat man vorwiegende Wellenausbreitung ins Innere, entsprechend dem Vorherrschen von α_1 in Gleichung (27) und (28), für schnelle Schwingungen hat man vorwiegende Reflexion am Eingang, entsprechend dem Vorherrschen von α_2. Fig. 433 stellt den Verlauf der beiden α mit zunehmender Frequenz dar, und zwar für ein Kapazitätsverhältnis $c/\gamma = 1/10$ und ein Induktionsverhältnis $\mu/l = 1/100$.

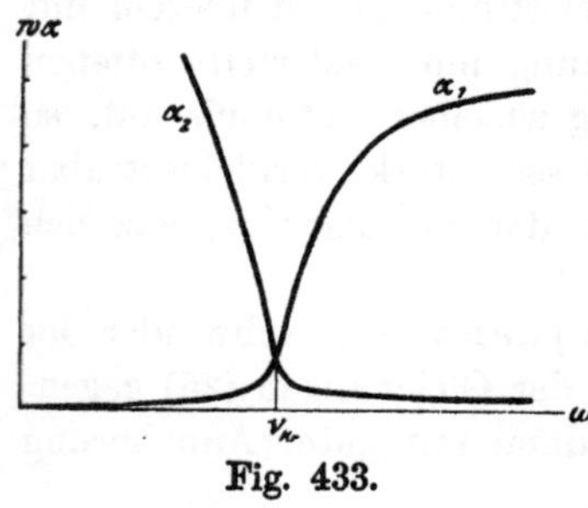

Fig. 433.

Beide Spannungsverteilungen erhalten gleiche Bedeutung für

$$\alpha_1 = \alpha_2. \tag{44}$$

Dafür müssen in Gleichung (25) die zweiten Glieder unter der großen Wurzel verschwinden, so daß eine Frequenz erforderlich ist, die sich bestimmt aus

$$\left(\frac{\nu_1}{\omega}\right)^2 = \frac{l}{\mu}. \tag{45}$$

Wir nennen sie die kritische Frequenz, da sie zwei verschiedenartige Gebiete der Spannungsverteilung voneinander trennt und erhalten ihren Wert aus Gleichung (45) unter Benutzung von (22) zu

$$\omega = \nu_{kr} = \frac{1}{w\sqrt{l\gamma}}. \tag{46}$$

Für diesen Fall verschwinden in Gleichung (25) auch die ersten Glieder unter der kleinen Wurzel, so daß die beiden unter sich gleichen Exponentialziffern lauten

$$\alpha_{kr} = \frac{1}{w}\sqrt[4]{\frac{lc}{\mu\gamma}}. \tag{47}$$

Damit erhält man die Wellengeschwindigkeit zu

$$v_{kr} = \frac{\nu_{kr}}{\alpha_{kr}} = \frac{1}{\sqrt{lc}}\sqrt[4]{\frac{\mu c}{l\gamma}}. \tag{48}$$

Das ist viel kleiner als die Geschwindigkeit langsamer Schwingungen nach Gleichung (31), weil μ stets sehr gering ist gegenüber l.

Die Wellenlänge der sinusförmigen Stromverteilung ist

$$\Lambda_{kr} = \frac{2\pi}{\alpha_{kr}} = 2\pi w \sqrt[4]{\frac{\mu\gamma}{lc}} \tag{49}$$

und die Raumkonstante der gedämpften Stromverteilung ist

$$X_{kr} = \frac{1}{\alpha_{kr}} = w \sqrt[4]{\frac{\mu\gamma}{lc}}\,. \tag{50}$$

Beide werden im kritischen Zustande größer als die Windungslänge w, wenn das Kapazitätsverhältnis γ/c größer ist als das Selbstinduktionsverhältnis l/μ. Ist jedoch die Windungskapazität nur gering gegen die Erdkapazität, so sind kritische Wellenlänge und Raumkonstante kürzer als eine Windung, so daß die Spannung innerhalb jeder Windung sehr stark schwankt. Solche Verhältnisse hatten wir zu Beginn unserer Untersuchung ausgeschlossen, die Erscheinungen in der Nähe der kritischen Frequenz werden bei ihnen verschleift.

Man kann die kritische Frequenz nach Gleichung (46) auf eine übersichtlichere Form bringen, wenn man das Verhältnis von Windungskapazität und Erdkapazität herauszieht. Dann ist nämlich mit Gleichung (32)

$$\nu_{kr} = \sqrt{\frac{c}{\gamma}}\,\frac{1}{w\sqrt{lc}} = \sqrt{\frac{c}{\gamma}}\,\nu_2\,, \tag{51}$$

und wenn man nunmehr Gleichung (38) und (37) beachtet

$$\nu_{kr} = \frac{N}{\pi}\sqrt{\frac{c}{\gamma}}\,\nu_0 \doteq \sqrt{\frac{c}{\gamma}}\,\frac{N}{\sqrt{LC}}\,. \tag{52}$$

Die kritische Frequenz ist also bei Spulen mit großer Windungszahl N ein hohes Vielfaches der Eigenfrequenz ν_0 der ganzen Spule.

Ist die Windungskapazität γ groß, so kann die kritische Frequenz durchaus im Bereiche solcher Frequenzen liegen, wie sie in praktisch vorkommenden Wanderwellen enthalten sind. Ein Teil dieser Wellen wird dann bereits in den Eingangswindungen reflektiert. Ist die Windungskapazität jedoch gering, so liegt die kritische Frequenz so außerordentlich hoch, daß auch schnelle Wanderwellen in der Spule ebenso unverzerrt verlaufen wie auf homogenen Leitungen.

b) Spannungsverteilung.

Die Größe der beiden Teilspannungen, die in die Wicklung einziehen, bestimmt sich aus den Grenzbedingungen des Problems. Für den Spulenanfang, also für $x = 0$, wollen wir die Amplitude E der sinusförmigen Spannung als gegeben ansehen, indem wir ihn von einer großen Wechselstromquelle speisen. Daher ist nach Gleichung (27)

$$E_1 + E_2 = E\,. \tag{53}$$

Am Spulenanfang ist die elektromagnetische Verkettung der ersten Windung mit den übrigen nur einseitig und daher unvollkommen. Zur Aufstellung der Differentialgleichungen hatten wir eine Windung aus dem Spuleninnern betrachtet. Wenn wir unsere Lösung jetzt auch auf den Spulenanfang anwenden wollen, so müssen wir durch eine geeignete Grenzbedingung der geringeren Beeinflussung der Anfangswindung Rechnung tragen. Die Stromstärke in ihr wird sich ohne die starke Wirkung beider Nachbarwindungen räumlich nur sehr langsam ändern, wir setzen daher in erster Annäherung für $x = 0$ ·

$$\frac{\partial i}{\partial x} = 0\,. \tag{54}$$

Aus Gleichung (28) erhalten wir dann durch Differentiation nach x für den Spulenanfang

$$-j\alpha_1 J_1 - \alpha_2 J_2 = 0\,. \tag{55}$$

Die Stromamplituden J_1 und J_2 sind von den Spannungsamplituden E_1 und E_2 abhängig und lassen sich am bequemsten nach der ersten Gleichung (17) berechnen, wobei die Wurzeln α entsprechend den Gleichungen (24) und (26) einzusetzen sind. Dann wird

$$\left.\begin{aligned} J_1 &= -\frac{\omega}{\alpha^{\mathrm{II}}}(c + \gamma w^2 \alpha^{\mathrm{II}\,2}) E_1 = \frac{\omega}{\alpha_1}(c + \gamma w^2 \alpha_1^2) E_1 \\ J_2 &= -\frac{\omega}{\alpha^{\mathrm{III}}}(c + \gamma w^2 \alpha^{\mathrm{III}\,2}) E_2 = j\frac{\omega}{\alpha_2}(c - \gamma w^2 \alpha_2^2) E_2\,. \end{aligned}\right\} \tag{56}$$

Setzt man dies in die Bedingung (55) ein, so erhält man als zweite Gleichung für die Teilspannungen die reelle Beziehung

$$(c + \gamma w^2 \alpha_1^2) E_1 + (c - \gamma w^2 \alpha_2^2) E_2 = 0\,. \tag{57}$$

Aus den Bestimmungsgleichungen (53) und (57) erhält man nunmehr die beiden Teilspannungen

$$\left.\begin{aligned} E_1 &= \frac{w^2\alpha_2^2 - \dfrac{c}{\gamma}}{w^2\alpha_1^2 + w^2\alpha_2^2} E \\ E_2 &= \frac{w^2\alpha_1^2 + \dfrac{c}{\gamma}}{w^2\alpha_1^2 + w^2\alpha_2^2} E\,. \end{aligned}\right\} \tag{58}$$

Für kleine Frequenz ω ist nach Fig. 433 und Gleichung (29) α_1 klein und α_2 groß. Vernachlässigt man daher das Quadrat von α_1, so erhält man mit Gleichung (29) unterhalb der kritischen Frequenz in guter Näherung

$$\left.\begin{aligned} E_1 &= \left[1 - \frac{c}{\gamma}\left(\frac{\omega}{\nu_1}\right)^2\right] E \\ E_2 &= \frac{c}{\gamma}\left(\frac{\omega}{\nu_1}\right)^2 E\,. \end{aligned}\right\} \tag{59}$$

Die durchlaufende sinusförmige Spannungswelle überwiegt also außerordentlich, während die reflektierte gedämpfte Spannungsverteilung nur sehr gering ist. Mit wachsender Frequenz wird die Wellenspannung kleiner, die reflektierte Spannung größer.

Bei der kritischen Frequenz, wo nach Gleichung (44) die beiden α übereinstimmen, wird mit Gleichung (47)

$$\left.\begin{aligned} E_{1\,kr} &= \frac{1-\sqrt{\dfrac{c\,\mu}{\gamma\,l}}}{2}\,E \\ E_{2\,kr} &= \frac{1+\sqrt{\dfrac{c\,\mu}{\gamma\,l}}}{2}\,E\,. \end{aligned}\right\} \tag{60}$$

Die Teilspannungen werden also im kritischen Zustande nahezu einander gleich, da die Wurzel im Zähler meist nur einen sehr geringen Betrag hat. Für höhere Frequenzen sinkt die Wellenspannung weiter herab, die gedämpfte Spannung wird immer größer.

Für sehr hohe Frequenz, bei der nach Gleichung (40) α_1 sehr groß gegenüber α_2 ist, erhält man aus Gleichung (58) in asymptotischer Näherung

$$\left.\begin{aligned} E_1 &= 0 \\ E_2 &= E\,. \end{aligned}\right\} \tag{61}$$

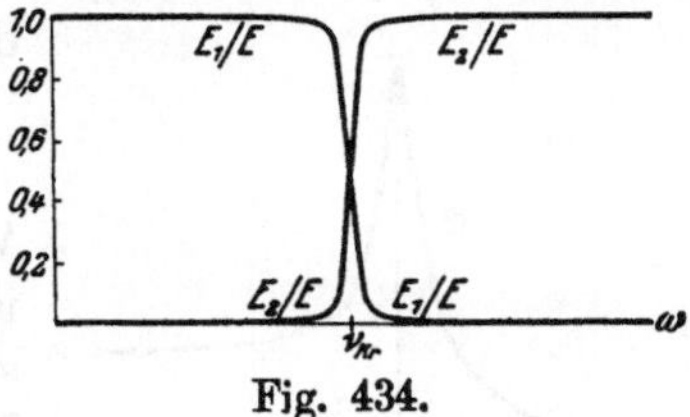

Fig. 434.

Die sinusförmig in die Wicklung einziehende Welle ist verschwunden, nur die gedämpfte Spannungsverteilung ist allein übrig geblieben. Fig. 434 zeigt den Verlauf der beiden Teilspannungen abhängig von der aufgedrückten Frequenz, und zwar wieder für $c/\gamma = 1/10$ und $\mu/l = 1/100$.

Wir können nunmehr die Windungsspannung berechnen, die von den beiden in die Spule einziehenden Spannungsverteilungen hervorgerufen wird und die Windungsisolation auf Durchschlag beansprucht. Sie ist mit Gleichung (5)

$$\mathfrak{e} = -\Delta e = -w\frac{\partial e}{\partial x}\,. \tag{62}$$

Ihre Amplitude ist daher nach Gleichung (27) für den Wicklungsanfang

$$\mathfrak{E}_0 = w\,(j\,\alpha_1 E_1 + \alpha_2 E_2)\,. \tag{63}$$

Es interessiert vor allem der absolute Betrag dieser Spannung

$$\mathfrak{E}_0 = w\sqrt{\alpha_1^2 E_1^2 + \alpha_2^2 E_2^2}\,, \tag{64}$$

der sich durch Einsetzen von Gleichung (58) und Streichung des hier unerheblichen Quotienten c/γ bestimmt zu

$$\mathfrak{E}_0 = w\,E\sqrt{\frac{\alpha_1^2\,\alpha_2^2}{\alpha_1^2+\alpha_2^2}} = E\,\frac{\sqrt{\dfrac{l\,c}{\mu\,\gamma}}}{\sqrt[4]{\left[\left(\dfrac{\nu_1}{\omega}\right)^2-\dfrac{l}{\mu}\right]^2+4\,\dfrac{l\,c}{\mu\,\gamma}}}\,. \tag{65}$$

Darin ist auf der rechten Seite das Produkt und die Summe der Quadrate von α nach Gleichung (25) ausgewertet.

Man erkennt aus dem Nenner dieser Gleichung, daß die Spannung in Abhängigkeit von der Frequenz nach Art einer Resonanzkurve verläuft, und daß für die kritische Frequenz nach Gleichung (45) oder (46) ein hohes Maximum der Windungsspannung auftreten kann.

Für geringe Frequenz, also kleines α_1 gegenüber α_2 nach Gleichung (29), wird nach dem ersten Ausdruck in Gleichung (65) mit (29) und (31)

$$\mathfrak{E}_0 = wE\,\alpha_1 = \omega\, w\sqrt{lc}\,E = \frac{\omega w}{v}E. \tag{66}$$

Darin ist das Produkt aus Frequenz und Windungslänge stets sehr klein gegenüber der Wellengeschwindigkeit. Die Windungsspannung ist daher für langsame Wechselströme relativ gering.

Sie wächst jedoch mit zunehmender Frequenz an und wird für die kritische Frequenz mit gleichen α_1 und α_2 aus dem ersten Ausdruck der Gleichung (65) mit (47)

$$\mathfrak{E}_{0kr} = wE\frac{\alpha_{kr}}{\sqrt{2}} = \frac{E}{\sqrt{2}}\sqrt[4]{\frac{lc}{\mu\gamma}}. \tag{67}$$

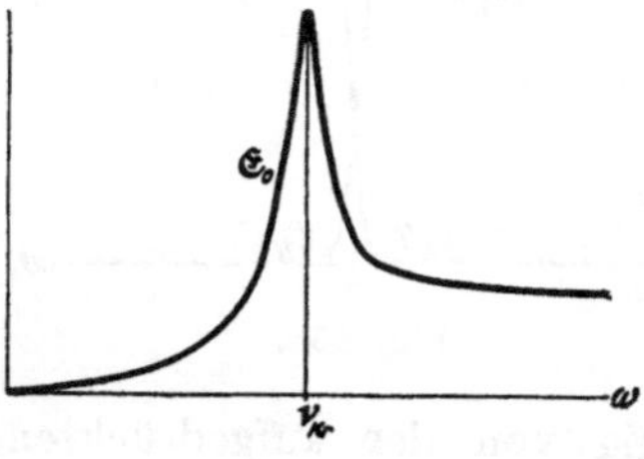

Fig. 435.

Wenn das Induktionsverhältnis l/μ größer ist als das Kapazitätsverhältnis γ/c, so steigt die Windungsspannung auf ein Mehrfaches der aufgedrückten Spannung an. Durch starke Windungsverkettung, also relativ großes γ und μ, kann man sie jedoch in erträglichen Grenzen halten.

Für noch größere Frequenz wird die Spannung wieder geringer und erreicht für sehr hohe Frequenzen, bei denen α_2 klein gegenüber α_1 ist, mit dem zweiten Ausdruck der Gleichung (40) den Wert

$$\mathfrak{E}_0 = wE\,\alpha_2 = E\sqrt{\frac{c}{\gamma}}. \tag{68}$$

Die Windungsspannung wird also unabhängig von der Frequenz und ist nur noch durch das Kapazitätsverhältnis bestimmt. Für alle Frequenzen, die erheblich über der kritischen liegen, ist daher die gleiche Windungsspannung vorhanden, die sich durch große Windungskapazität erheblich herabdrücken läßt. In Fig. 435 ist der Verlauf der Spannung zwischen den ersten Windungen abhängig von der Frequenz dargestellt. Man erkennt das der kritischen Frequenz eigentümliche Resonanzmaximum.

Sehr flache Wellen, die in die Spule einfallen, enthalten im wesentlichen nur so niedrige harmonische Frequenzen, daß sie alle auf dem unterkritischen Ast dieser Kurve liegen. Sie laufen daher in die Spule genau so wie in eine gewöhnliche Leitung ohne Windungsverkettung hinein. Steile Sprungwellen der Spannung bestehen jedoch bei harmonischer Zerlegung in periodische Wellen zum großen Teil aus überaus schnellen Schwingungen, so daß man die Beziehung (68) allgemein für die Windungsspannung benutzen darf, die von auftreffenden Sprungwellen hervorgerufen wird. E ist dabei die Spannung zwischen den Leitungen, die von den Sprungwellen am Anfange der Wicklung durch Brechung erzeugt wird. Nur bei sehr ergiebigen Leitungen stimmt sie direkt mit der Spannung der einfallenden Sprungwellen überein. Ist der Kopf der Wanderwellen, die auf die Spule fallen, abgeflacht, so treten bei der harmonischen Zerlegung auch Wellen von mittlerer Frequenz hervor, von denen einige nahe bei der kritischen Frequenz der Spule liegen können. Diese Teilwellen können dann für ihren Anteil an der Gesamtspannung nach Fig. 435 und Gleichung (67) eine höhere Windungsspannung hervorrufen.

Die gleiche Formulierung (68) für die Spannung am ersten Glied erhält man auch, wenn man die Spannungsverteilung einer Kondensatorkette berechnet, die nach Fig. 436 aus einer Reihe von Serienkondensatoren der Kapazität γ und von Parallelkondensatoren der Kapazität c besteht. Auch hier nimmt die Spannung an den entfernteren Kondensatoren exponentiell ab mit einer Raumkonstante entsprechend Gleichung (43). Dicht gewickelte Spulen verhalten sich daher gegenüber sehr hochfrequenten Spannungen und vor allem gegenüber scharfen Sprungwellen im wesentlichen so, als ob die einzelnen Windungen gar nicht miteinander leitend verbunden wären, sondern nur unter sich und gegen Erde kapazitiv verkettet wären. Der Stromverlauf richtet sich nicht mehr nach den leitenden Bahnen, er erfolgt vielmehr im wesentlichen quer zu den Windungen als Verschiebungsstrom durch die Isolation der Leiter, die die Windungs- und Erdkapazität der Wicklung bildet.

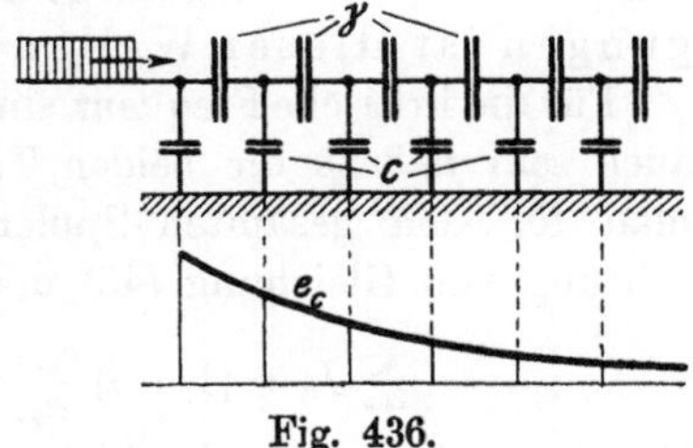

Fig. 436.

Man kann die Größe des Querstromes durch die Windungskapazität nach Gleichung (3) unter Erweiterung mit Gleichung (5) bestimmen zu

$$\mathfrak{i} = -\gamma w^2 \frac{\partial^2 e}{\partial t\,\partial x}. \tag{69}$$

Durch Differentiation der Spannung von Gleichung (27) nach t und x erhält man auch für den Querstrom eine wellenförmige und eine gedämpfte Verteilung, deren Amplituden betragen

$$\left.\begin{aligned} J_1 &= -\gamma w^2 \omega \alpha_1 E_1 \\ J_2 &= +j\gamma w^2 \omega \alpha_2 E_2. \end{aligned}\right\} \tag{70}$$

Dieses ist der gleiche Betrag, jedoch mit negativem Vorzeichen, den das zweite Glied in der Klammer der Gleichungen (56) für den Leitungsstrom besitzt. Addiert man daher Windungsstrom und Querstrom nach Gleichung (56) und (70), so bleibt für den Gesamtstrom nur das erste Glied von (56) stehen. Für den Spulenanfang bei $x = 0$ wird daher

$$\sum J_0 = \omega c \left(\frac{1}{\alpha_1} E_1 + \frac{j}{\alpha_2} E_2\right). \tag{71}$$

Für kleine Frequenz kommt nur das erste Glied mit E_1 in Betracht. Der Gesamtstrom wird dann mit Gleichung (29)

$$\sum J_0 = \frac{\omega c}{\alpha_1} E = \sqrt{\frac{c}{l}}\, E. \tag{72}$$

Die Spule nimmt also unter der Spannung E einen Strom auf, der gleichphasig mit ihr ist und nur durch die Größe des Wellenwiderstandes

$$Z = \sqrt{\frac{l}{c}} = \sqrt{\frac{L}{C}} \tag{73}$$

bestimmt ist. Dieser läßt sich aus Selbstinduktion und Erdkapazität der Längeneinheit berechnen, oder auch sämtlicher Windungen der Spule zusammen, wie bei einer homogenen Leitung. Für langsame Schwingungen ist dieser Wellenwiderstand reell und konstant.

Für die kritische Frequenz sind die beiden α, und nach Gleichung (60) auch sehr nahezu die beiden Teilspannungen einander gleich, so daß man für den gesamten Spulenstrom aus Gleichung (71) unter Beachtung von Gleichung (46) und (47) erhält

$$\sum J_0 = (1 + j) \frac{\nu_{kr} c}{\alpha_{kr}} \frac{E}{2} = \frac{1 + j}{2} \sqrt{\frac{c}{l}} \sqrt[4]{\frac{\mu c}{\gamma l}}\, E. \tag{74}$$

Der Strom ist wegen des kleinen Quotienten unter der vierten Wurzel sehr viel kleiner geworden und außerdem in der Phase um 45° gegenüber der Spannung verschoben.

Für sehr hohe Frequenz verschwindet nach Gleichung (61) die Teilspannung E_1, und es wird mit Gleichung (40) aus (71)

$$\sum J_0 = j \frac{\omega c}{\alpha_2} E = j \omega w \sqrt{\gamma c}\, E. \tag{75}$$

Der Strom eilt der Spannung um 90° vor und hat eine solche Stärke, als wenn er in eine konstante Kapazität

$$K = w \sqrt{\gamma c} \tag{76}$$

flösse, die das geometrische Mittel aus der Windungs- und Erdkapazität einer Windung darstellt. Gerade diesen Wert besitzt die resultierende Kapazität einer Kondensatorkette nach Fig. 436.

Wir erkennen hieraus, daß Spulen sich gegenüber Wechselspannungen geringer und mäßiger Frequenz genau wie homogene Leitungen mit einem bestimmten Wellenwiderstand verhalten, während sie auf äußerst hohe Frequenzen, die oberhalb ihrer kritischen Frequenz liegen, wie Kondensatorketten mit einer bestimmten Kapazität ansprechen. Für geringe Frequenz verläuft der Strom im wesentlichen als Leitungsstrom in den Windungen, für sehr hohe Frequenz im wesentlichen als Verschiebungs- oder Kapazitätsstrom quer zu den Windungen durch die Isolierung. Für die kritische Frequenz nimmt die Spule nur geringen Strom von außen auf, jedoch ist für diesen Fall sowohl der Leitungsstrom wie der Verschiebungsstrom innerhalb der Spule sehr groß. Es ist Resonanz mit einer inneren Eigenschwingung der Spulenteile vorhanden.

Man erkennt dies am einfachsten durch Vergleich von Gleichung (69) mit (62), wonach der Querstrom ist

$$\mathfrak{i} = \gamma w \frac{\partial \mathfrak{e}}{\partial t} = j \omega w \gamma \mathfrak{e}, \tag{77}$$

so daß die Resonanzformel (65) nach Multiplikation mit $j \omega w \gamma$ ohne weiteres auch für den Querstrom und damit für das zweite Glied des Leitungsstromes der Gleichung (56) gilt. Benachbarte Spulenbezirke, deren Ausdehnung aus der kritischen Wellenlänge nach Gleichung (49) hervorgeht, schwingen jetzt mit großer Stärke gegeneinander, während nur ein geringer Außenstrom nach Gleichung (74) zur Unterhaltung dieser Schwingungen erforderlich ist. Durch den in Wirklichkeit vorhandenen Ohmschen Widerstand der Spulendrähte wird die tatsächliche Stärke der Resonanzwirkung natürlich stets vermindert.

Wenn sehr kurze Spannungswellen, vor allem scharfe Spannungssprünge, die von Schaltvorgängen herrühren, in eine Spule einfallen, so rufen sie nach diesen Berechnungen im wesentlichen eine exponentiell gedämpfte Spannungsverteilung hervor. Sie beanspruchen daher vorwiegend die Eingangswindungen der Spule auf Durchschlag von Windung zu Windung oder Lage zu Lage. Treffen jedoch periodische Wellenzüge mit sinusförmig verlaufender Spannung von unterkritischer Frequenz auf die Spule, die von Eigenschwingungen lokaler Schwingungskreise an irgendwelchen Stellen des Leitungsnetzes herrühren können, so laufen sie mit ihren Bergen und Tälern räumlich ungedämpft über die Windungen hinweg. Sie beanspruchen die Innenwindungen der Spule daher ebenso stark wie die Eingangswindungen. Die Windungsspannung dieser Wellen ist aber nur gering, so daß die Isolation zwischen den Windungen von ihnen nicht erheblich beansprucht wird. Die volle Spannung tritt erst zwischen Windungen auf, die um eine halbe Wellenlänge voneinander entfernt liegen. Dem entspricht nach Gleichung (34) und (38) eine Windungszahl von

$$N_{\Lambda/2} = \frac{\Lambda}{2\,w} = \pi \frac{\nu_2}{\omega} = \frac{\nu_0}{\omega} N\,. \tag{78}$$

Bei hochfrequenten Wellenzügen, deren Frequenz ω größer als die Eigenfrequenz ν_0 der ganzen Spule ist, liegen hochbeanspruchte Punkte also nur einen Bruchteil der gesamten Windungszahl voneinander entfernt.

Man baut die Wicklung von Hochspannungstransformatoren meistens aus einer Reihe von Einzelspulen auf, die nach dem Schema der Fig. 437 angeordnet sind. Räumlich naheliegende Wicklungsteile besitzen dann nur eine geringe reguläre Betriebsspannung gegeneinander. Dagegen tritt beim Einfallen periodischer Hochfrequenzwellen die volle Spannung e_σ dieser Wellen zwischen naheliegenden Spulenteilen auf, wenn die Windungszahl zweier Teilspulen von Fig. 437 mindestens den eben in Gleichung (78) berechneten Wert besitzt. Diese Wellen rufen daher leicht Spulenüberschläge hervor.

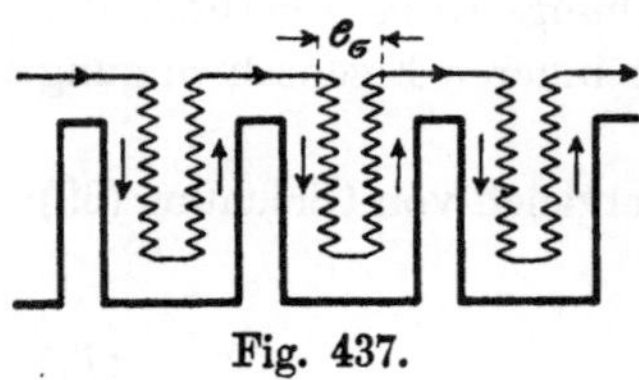

Fig. 437.

Fig. 438 zeigt den Verlauf der Spannung e_λ zwischen den Spulen eines größeren Drehstrommotors beim Einschalten und Ausschalten mit 5000 Volt effektiver Betriebsspannung von einem Kabel her. Die maximale Windungsspannung wurde durch eine Funkenstrecke gemessen, die an Anzapfungen der Wicklung gelegt wurde, und zwar einmal an die Ein-

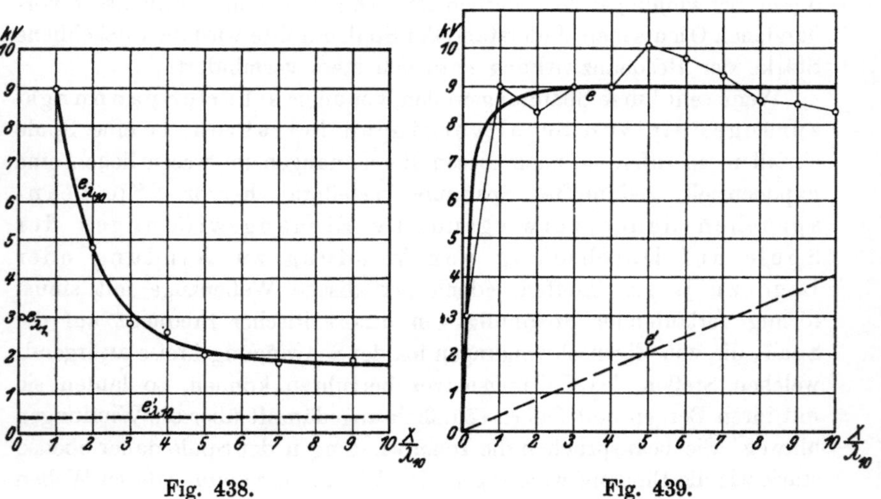

Fig. 438. Fig. 439.

gangswindung selbst, $e_{\lambda 1}$, und dann an jede Spule, die aus zehn aufeinanderfolgenden Windungen bestand, $e_{\lambda 10}$. Bei diesen plötzlichen Schaltvorgängen wirft sich ein beträchtlicher Teil der ganzen Spannung auf die erste Windung, während die Innenspulen nur viel geringer beansprucht werden als die Eingangsspule. In Fig. 439 ist die Spannung der verschiedenen Anzapfungen gegen den Wicklungsanfang aufgetragen, die nach innen hin nicht mehr erheblich zunimmt. In beiden Figuren ist die reguläre Spannung e' der Spulen gestrichelt hinzugefügt.

In Fig. 440 ist nach Messungen von Böhm das Eindringen einer periodischen Hochfrequenzwelle in eine Transformatorwicklung dargestellt, an der die Spannung ebenfalls gegen den Wicklungsanfang durch eine Reihe von Anzapfungen gemessen wurde. Man erkennt, wie sich durch Übereinanderlagerung der räumlich gedämpften und der räumlich fortschreitenden Spannung abklingende Wellenberge und Täler längs der Wicklung ausbilden.

Bei Wicklungsspulen von Maschinen, Transformatoren und Apparaten wünscht man beim Aufprallen von Sprungwellen eine möglichst geringe Beanspruchung der Windungsisolierung zu erhalten. Es ist deshalb nach Gleichung (67) und (68) zweckmäßig, die Windungskapazität γ möglichst groß gegenüber der Erdkapazität c zu machen. Man erreicht dies durch Anwendung von Spulenleitern, die möglichst breitflächig nebeneinander liegen und ihre Schmalseiten der Erde oder dem Eisenkern zukehren. Geht man hierin gar zu weit, so kann es allerdings vorkommen, daß die Raumkonstante X

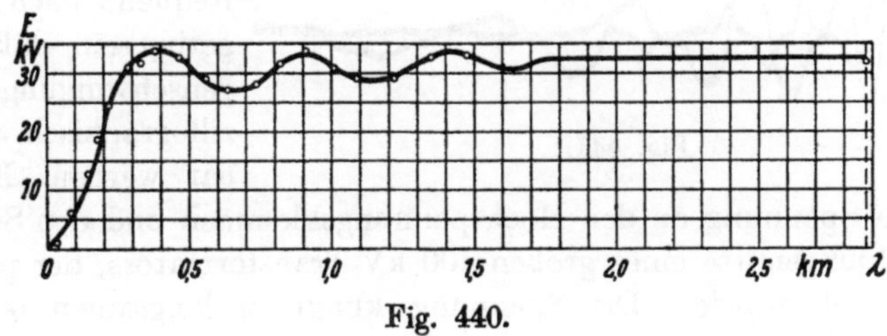

Fig. 440.

nach Gleichung (43) übermäßig groß wird. Die Sprungwellen, die in den hoch isolierten Eingangswindungen abgefangen werden sollen, dringen dann bis zu den schwächer isolierten Innenwindungen vor und beanspruchen diese unnötig.

Bei Schutzdrosselspulen, die zum Abschirmen von Wanderwellen dienen sollen, verlangt man, daß sie auch gegen sehr schnelle Schwingungen und Sprünge wirksam sind. Es ist daher angebracht, Schutzspulen mit recht geringer Windungskapazität auszuführen. Dann liegt einerseits die kritische Frequenz nach Gleichung (46) so hoch, daß ein großer Bereich aller auftreffenden Teilschwingungen unterhalb derselben fällt und daher durch die Wirkung des Wellenwiderstandes nach Gleichung (73) geschwächt wird, andererseits werden die wenigen überkritischen Teilwellen, die die gefährlichen Spannungssprünge aufbauen, wegen der kleinen Raumkonstante nach Gleichung (43) innerhalb der Spule vollständig abgedämpft. Ist diese Raumkonstante X dagegen größer als die Drahtlänge der ganzen Spule, so ist deren Schutzwirkung nur gering, da die gefährlichsten Wellen dann im wesentlichen quer durch die Spule hindurchlaufen.

Der Eisenkern technischer Transformatoren wirkt auf hohe und niedrige Frequenzen sehr verschieden ein. In jedem Falle vergrößert er durch seine Nähe die Erdkapazität der Wicklung beträchtlich. Sehr schnellen Schwingungen kann sein Magnetfeld wegen der dämpfenden Wirkung der Wirbelströme nur in geringem Maße folgen. Für hohe Frequenz muß man daher die Selbstinduktion l im wesentlichen aus dem Luftfelde der Wicklung bestimmen, so daß sie eine ähnliche Größenordnung wie die Streuinduktion der Wicklung erhält. Langsamen Schwingungen im stark unterkritischen Bereiche folgt das Magnetfeld dagegen in voller Stärke, so daß die Selbstinduktion L der ganzen Spule, und daher auch l pro Längeneinheit durch die Wirkung des Eisenfeldes sehr hohe Werte erhält. Damit wird die Wellengeschwindigkeit in der Wicklung nach Gleichung (31) außerordentlich gering und der Wellenwiderstand nach (73) außerordentlich groß. Die Eigenschwingungsdauer nach Gleichung (35) kann dann so groß und die Eigenfrequenz nach (37) so gering sein, daß die Eigenschwingungen oszillographisch verfolgbar werden. Fig. 441 zeigt die Spannung an den Hochspannungsklemmen und den Strom in der Wicklungsmitte eines großen 100 kV-Transformators, der plötzlich abgeschaltet wurde. Die Spannung klingt in langsamen rechteckähnlichen Schwingungen ab, deren Frequenz sogar geringer ist als die reguläre Betriebsfrequenz.

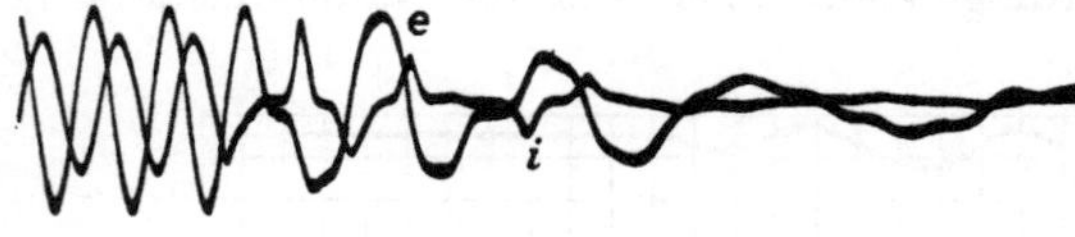

Fig. 441.

X. Leitungsnetze und Wicklungen.

46. Wanderwellen im Leitungsnetz.

Die zahlreichen Einzelvorgänge, die wir in den vorhergehenden Kapiteln betrachtet haben, wirken in den Leitungsnetzen der Praxis zusammen und begleiten jede Änderung des elektromagnetischen Zustandes der ganzen Anlage oder eines ihrer Teile. Erfolgt an irgendeiner Stelle des Netzes eine Belastungsänderung, eine Schalthandlung, oder tritt irgendeine Störung auf, so breiten sich ihre Wirkungen als Wanderwellen im ganzen Netze aus und können sich auch in entfernten Leitungsteilen bemerkbar machen. Wir wollen daher die Entstehung und den Verlauf von Wanderwellen in ihrem Zusammenhang mit dem praktischen Betriebe verfolgen.

a) Entstehung von Wanderwellen.

Die Luft über der Erdoberfläche ist im allgemeinen schwach elektrisch geladen. Die Stärke der Ladung wächst jedoch bei Änderungen des meteorologischen Zustandes erheblich an und kann so groß werden, daß die Durchbruchfestigkeit der Luft von etwa 20 kV/cm an einigen Stellen überschritten wird, wobei die elektrischen Spannungen sich dann über lange Strecken durch den Blitz ausgleichen. Derartige Verhältnisse wirken auf elektrische Freileitungen in starkem Maße ein.

Bei ruhigem Zustande der Atmosphäre nimmt ihre elektrische Spannung von der Erdoberfläche nach oben um etwa 150 Volt/m zu, bei Gewittern wächst diese Feldstärke jedoch bis zu Beträgen von vielen Tausend Volt/m an, in der Blitzbahn erreicht sie nach Messungen *Norinders* bis zu 400 kV/m. Fig. 442 stellt den Verlauf atmosphärischer Äquipotentiallinien über der Erdoberfläche dar und zeigt, daß Freileitungen in Gewitterzeiten auf erhebliche Spannung geladen werden können. Diese Spannung ist natürlich um so stärker, je größer der Abstand der Leitung von der Erdoberfläche ist.

Um die Leitungsanlage dem Einfluß dieser wechselnden atmosphärischen Spannung zu entziehen, muß man

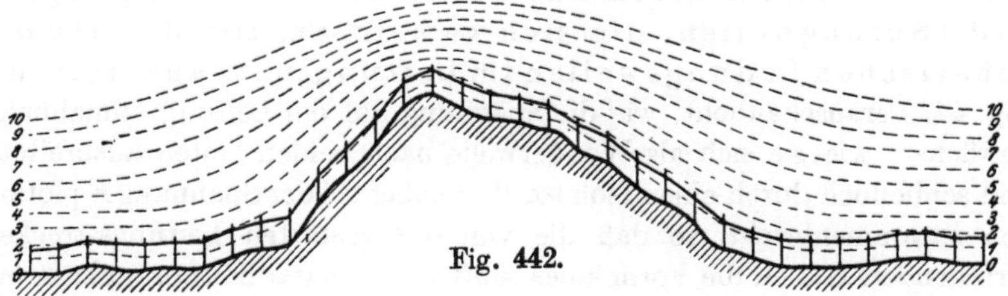

Fig. 442.

sie in einem oder mehreren Punkten erden. Man schaltet zu diesem Zweck Widerstände zwischen Leitung und Erde, die einen Ausgleich der Ladungen ermöglichen. Entweder benutzt man Wasserwiderstände, die einen hohen *Ohm*schen Widerstand besitzen, besser aber verwendet man Erdungsdrosselspulen, die zwar großen induktiven, aber geringen *Ohm*schen Widerstand haben und daher den Übertritt der Betriebswechselspannung zur Erde verhindern, während sie statischen Ladungen der Leitung den Abfluß gestatten. Ihre Selbstinduktion darf nicht so groß sein, daß die Zeitdauer der Entladung an die Dauer der Spannungsschwankungen auf der Leitung heranreicht. Vielfach erdet man bei Drehstromanlagen den Neutralpunkt des Netzes an einer oder mehreren Stellen, wodurch die gleiche Wirkung erzielt wird.

Bei Fernleitungen wendet man manchmal *Erdungsseile* an, die über den Hauptleitungen gezogen sind und an jedem Maste gute Erdverbindung besitzen. Sie würden große Spannungsverschiebungen der Leitungen bei atmosphärischen Zustandsänderungen nur verhindern können, wenn sie die Hauptleitungen wie mit einem Käfig umgäben. Sonst ist ihr Einfluß nach dieser Richtung nur gering.

Gefährlich wird die atmosphärische Ladung erst dann, wenn schnelle Änderungen des elektrischen Zustandes eintreten. Die Leitung kann dann in der Nähe von Gewitterwolken, die in 1 bis 4 km Höhe von der Erdoberfläche zu enden pflegen, außerordentlich rasch sehr hohe Spannungen gegen Erde erhalten, die sich nach den Gesetzen des Kapitels 35 in dynamischen Wanderwellen nach beiden Seiten auf der Leitung ausbreiten. Derartige Störungen können die Form von Einzelwellen oder auch von periodischen oder unregelmäßigen Wellenzügen besitzen. Am gefährlichsten ist natürlich ein direkter Blitzschlag in die Leitung, jedoch gehört dieser Fall immerhin zu den Seltenheiten.

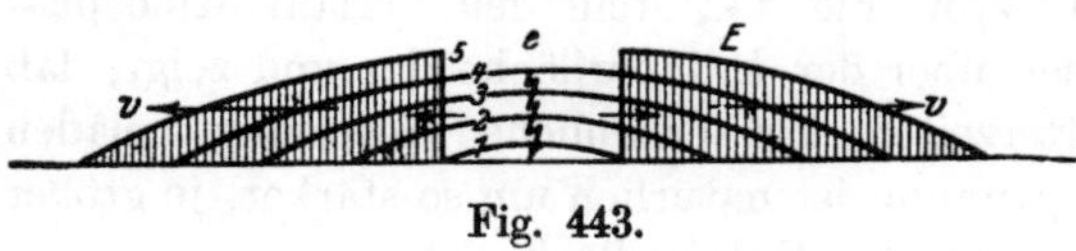

Fig. 443.

Wächst die Spannung der freiwerdenden Ladung auf der Leitung so hoch an, daß Durchschläge oder Überschläge an den Isolatoren erfolgen, so *entstehen durch diese plötzlich einsetzenden Entladestöße der Leitung gegen Erde Sprungwellen, die sich gemeinsam mit den atmosphärischen Ladungswellen im Leitungsnetz ausbreiten.* Fig. 443 veranschaulicht, wie die Spannung auf der Leitung allmählich anwächst, wie sie sich als Wanderwelle nach beiden Seiten ausbreitet und schließlich durch einen Isolatorüberschlag bei der Spannung E plötzlich zusammenbricht, so daß die von der gestörten Leitungsstrecke forteilenden Wellen die Form eines sanften Anstieges mit sprunghaftem Ende erhalten. Wenn die der Leitung benachbarte Blitzentladung der Wolke periodisch ist, so können derartige Aufladungen und Entladungen in jeder Halbwelle des Blitzes entstehen und führen zu einem Zuge von Wanderwellen in den Leitungen, der in Fig. 444 dargestellt ist und die Periodendauer $\mathfrak{T}_v$ des Blitzes besitzt.

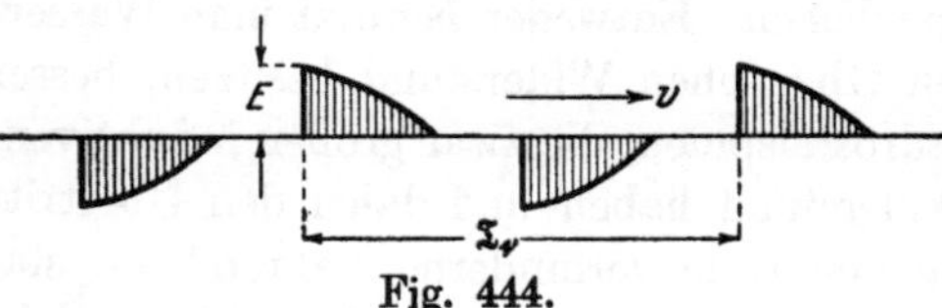

Fig. 444.

Da die Überschlagspannung von Isolatoren stets ein Vielfaches der normalen Spannung der Anlage beträgt, so stellen derartige Wanderwellen atmosphärischen Ursprunges sehr beträchtliche Überspannungen über die Betriebsspannung dar. Es könnte daher scheinen, als ob es zweckmäßig wäre, die Überschlagspannung nur wenig über der Betriebsspannung zu wählen. Die Praxis hat sich aber nach der entgegengesetzten Seite entwickelt. Man pflegt heute die Überschlagspannung der Isolatoren bis zum Dreifachen der Betriebsspannung festzusetzen und erreicht hierdurch, daß die gesamte Zahl der Überschläge stark reduziert wird und daß nicht bei jeder kleinen Überspannung im Netz diese gefährlichen Wanderwellen auftreten.

Auch durch viele andere Ursachen können Wanderwellen in den Leitungsnetzen entstehen. Jedes Einlegen eines Schalters entwickelt Sprungwellen, deren Höhe am Entstehungsort bis zur Größe der eingeschalteten Spannung betragen kann. Jedes Ausschalten von Wechselstrom mit Funkenbildung erzeugt wegen der wiederholten Zündungen und Rückzündungen der Spannung Sprungwellen, die bei Stromkreisen mit Widerstand und Selbstinduktion bis zur zweifachen Höhe der Betriebsspannung, bei Stromkreisen mit Widerstand und Kapazität sogar bis zur dreifachen Höhe betragen können, und beim Ausschalten von Schwingungskreisen mit Selbstinduktion und Kapazität noch erheblich über diesen Wert hinauswachsen können.

Viel unangenehmer als diese Wellen, die bei beabsichtigten Schalthandlungen entstehen, sind Wanderwellen, die infolge ungewollter Störungen im Netz auftreten, da man bei ihnen, ebenso wie auch bei zufälligen Fehlschaltungen, keine Möglichkeit besitzt, bereits am Entstehungsorte dämpfend auf sie einzuwirken. Besonders verderblich sind Durchschläge von Kabeln oder Überschläge bei Freileitungen gegen Erde, wenn die Kapazität des Netzes groß ist, denn dann erfolgt nicht nur während jeder Wechselstromperiode eine Neuzündung des Erdschlußlichtbogens, sondern es entwickeln sich, wie wir in Kapitel 27 sahen, im Verlaufe des aussetzenden Erdschlusses sehr hohe Spannungen durch dauernde Umladung der Leitung, die hoch über der ersten Durchschlag- oder Überschlagspannung liegen können. Es entstehen daher dauernd hohe Spannungssprünge an der Erdschlußstelle, die nach allen Seiten in die Leitungen hineinwandern.

Der elektrische Durchbruch im Funken erfolgt mit so großer Geschwindigkeit, daß die von ihm verursachten Sprungwellen am Ent-

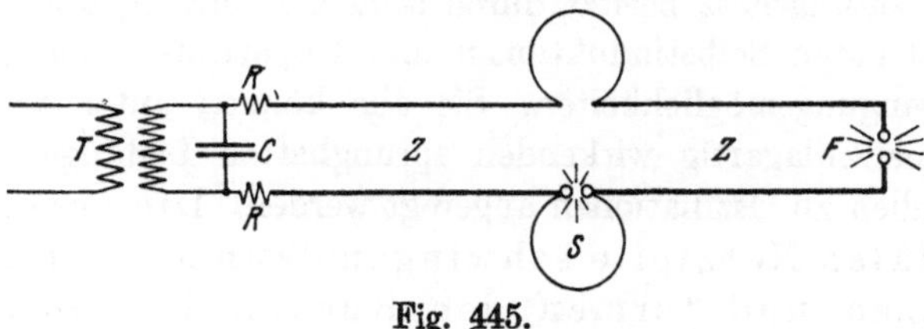

Fig. 445.

stehungsort einen außerordentlich steilen Wellenkopf besitzen, der zwar nicht mathematisch unstetig ist, aber doch nur wenige Meter oder Zentimeter Leitungslänge einnimmt. Man kann den Spannungsanstieg im Kopf solcher Sprungwellen mit einiger Sicherheit durch eine Versuchsanordnung nach Fig. 445 messen. Ein Kabel oder eine Freileitung Z wird von einem Transformator T mit Hochspannung gespeist. In die Leitung wird eine Meßstrecke S von veränderlicher Länge eingeschaltet, deren Enden durch eine verstellbare Funkenstrecke überbrückt werden. Erzeugt man am Ende der Hauptleitung durch langsames Nähern der Funkenkontakte F einen Kurzschluß, so schlägt die Funkenstrecke an der Meßleitung bei einem gewissen Abstande über, der bei sehr kurzer Meßleitung gering ist und sich mit zunehmender Meßlänge schon nach mehreren Metern seinem Endwert nähert. Durch passende Widerstände und Kondensatoren vor dem Transformator kann man die Reflexion von Wanderwellen am Anfang der Leitung verhindern und erzielt gleichzeitig einen Schutz des Transformators gegen den vollständigen Kurzschluß. Fig. 446 stellt den Verlauf der Spannung im Wellenkopf bei einer ähnlichen Anordnung etwa 100 m hinter der Schaltstelle dar. Man sieht, daß der größte Teil der Spannung sich auf etwa 20 bis 30 m konzentriert.

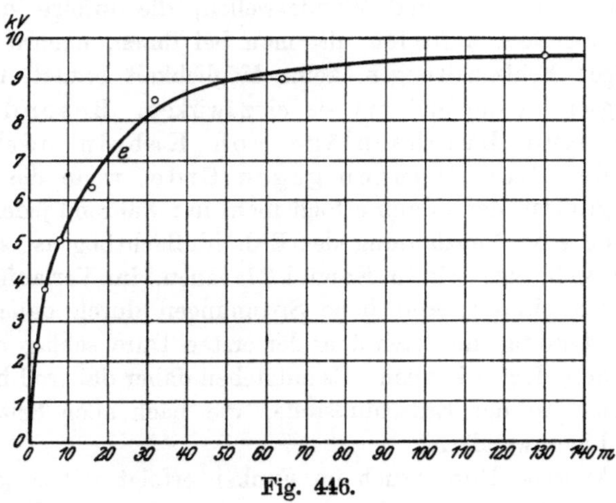

Fig. 446.

Jedes Leitungsnetz besitzt durch seine zahlreichen, über das ganze Netz verstreuten Selbstinduktionen und Kapazitäten eine große Zahl von Schwingungsmöglichkeiten. Sie alle können unter dem Einfluß der hammerschlagartig wirkenden sprunghaften Ladungs- oder Entladungswellen zu Oszillationen angeregt werden. Die verschiedensten lokalen Netzteile schwingen dann mit ihren Eigenfrequenzen und formen den Rücken der einfallenden Sprungwellen in periodische Wellenzüge um. Die Wanderwellen werden dadurch zerspalten, ihre Energie zerteilt sich in viele kleine Beträge. Die Oszillationen der lokalen Schwingungskreise werden durch die Wellenzüge, die von ihnen nach allen Seiten ausstrahlen, ebenfalls stark gedämpft. Ihre Frequenz kann je nach der Länge der schwingenden Leitungsteile oder nach der Größe der lokalen Kapazität und Selbstinduktion von wenigen Tausend bis zu etlichen Millionen Perioden in der Sekunde betragen.

Bei Starkstromanlagen höherer Spannung wird der Kontakt zwischen den Leitungen sowohl beim willkürlichen wie beim unwillkürlichen Schalten fast stets durch einen Funken eingeleitet, der die Isolierung durchbricht, wenn die Spannung hoch genug und der Kontaktabstand gering genug geworden ist. In Luft und anderen Gasen wird die Stromleitung dabei durch ionisierte Moleküle vermittelt, und da deren Zerspaltung erst unter dem Einfluß der elektrischen Feldstärke erfolgt, so vergeht zwischen dem Einsetzen der Spannung und dem Übertritt des Stromes eine gewisse, allerdings sehr kleine Zeit, die man Entladeverzug oder Funkenverzögerung nennt. In homogenen elektrischen Feldern erfolgt die Zertrümmerung der Gasmoleküle längs der ganzen Funkenbahn gleichzeitig. Der Entladeverzug ist in solchen Feldern außerordentlich gering. Bei relativ kurzen Luftstrecken zwischen großen Metallkugeln ist er kaum meßbar.

In inhomogenen elektrischen Feldern erfolgt die Ionisierung der Moleküle zuerst an den Stellen höchster Feldstärke, sobald dort die Ionisierungsspannung überschritten wird, und breitet sich von dort unter Veränderung der Feldlinien weiter und weiter aus. Bei Elektroden mit starker Krümmung im Verhältnis zum Abstande, besonders natürlich bei Spitzen, tritt daher ein merklicher zeitlicher Entladeverzug auf. Seine Dauer liegt in der Größenordnung einiger Millionstel bis zu einigen hundert Millionstel Sekunden, je nach Schärfe und Abstand der Spitzen.

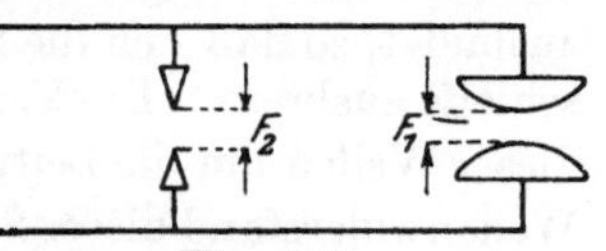

Fig. 447.

Man kann den Entladeverzug auch bei inhomogenen Feldern verringern oder ganz beseitigen, wenn man die Funkenstrecke mit ultraviolettem Licht, mit Röntgen- oder Radiumstrahlen bestrahlt und dadurch eine starke Vorionisierung hervorruft. Die Ionisierungsarbeit braucht dann nicht mehr von der elektrischen Feldstärke geleistet zu werden, die Spannung kann vielmehr sofort einen Strom erzeugen. In festen Körpern und in Flüssigkeiten scheint der Entladeverzug größer zu sein als in Gasen, das Verhalten beim elektrischen Durchbruch ist in beiden Fällen noch wenig geklärt.

Schaltet man zwei Funkenstrecken mit großem und kleinem Entladeverzug nach Fig. 447 parallel, beispielsweise eine Kugel- und eine Nadelfunkenstrecke, und stellt sie derart ein, daß bei stationärer Spannung die Nadelfunkenstrecke F_2 etwas geringere Durchbruchsfestigkeit besitzt als die Kugelfunkenstrecke F_1, so tritt beim Aufprallen von Sprungwellen auf die Anordnung der Durchschlag trotzdem zuerst an der Kugelstrecke auf, weil sie eben geringeren Entladeverzug besitzt. Ebenso können auch feste und flüssige Isoliermaterialien durch Wanderwellen früher durchbrochen werden als parallel geschaltete Luftstrecken.

Man muß daher Schutzfunkenstrecken mit möglichst geringem Entladeverzug ausführen, was sich durch Anwendung von Homogenfeldern stets erreichen läßt.

Wegen der endlichen Laufgeschwindigkeit von Wanderwellen kann man den zeitlichen Entladeverzug in einen räumlichen Verzögerungsabstand umrechnen. Beträgt der Entladeverzug der Nadelfunkenstrecke von Fig. 447 etwa $3 \cdot 10^{-6}$ sec, so läuft die Spannungswelle während dieser Zeit über eine Strecke von 100 m Länge. Eine so lange Strecke müßte also zwischen den beiden Funkenstrecken mit und ohne Entladeverzug eingeschaltet sein, wenn sie gleichzeitig ansprechen sollten. Man erkennt daraus, daß parallel geschaltete Funkenstrecken mit bemerkbarem Entladeverzug zum Schutze von Leitungs- oder Wicklungsisolierungen unbrauchbar sind.

b) Verlauf von Wanderwellen.

Wanderwellen, die von beabsichtigten Schaltvorgängen herrühren, verlaufen hauptsächlich zwischen 2 Leitern der Anlage. Dies rührt daher, daß sich nicht nur bei Einphasenleitungen, sondern auch bei Drehstromanlagen zuerst ein Funkenüberschlag an zwei Kontakten ausbildet, so daß sich die Spannung zunächst in einer einzigen Leitungsschleife ausbreitet. Der Verlauf des elektrischen und magnetischen Feldes dieser Wellen um die Leitung herum ist in Fig. 448 dargestellt. Für den Wellenwiderstand dieser Schaltwellen kommt im wesentlichen die Selbstinduktion und Kapazität der zweidrähtigen Leitungsschleife in Betracht.

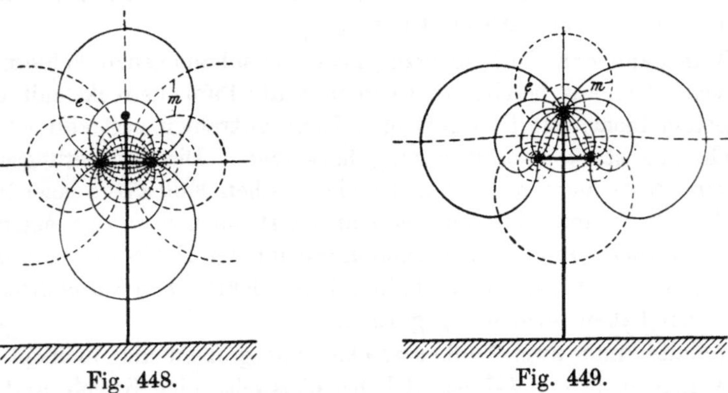

Fig. 448. Fig. 449.

Wenn bei Drehstromanlagen etwa nach $^1/_4$ der Wechselstromperiode auch die dritte Leitung durch Funkenüberschlag ihres Kontaktmessers Spannung erhält, so verlaufen Wanderwellen zwischen dieser und den beiden ersten Leitungen. Die Feldlinien für diese Wellen stellt Fig. 449 dar, der Wellenwiderstand ist nicht sehr verschieden von dem nach Fig. 448.

Entsteht in einer Anlage Erdschluß einer Leitung, so bilden sich Wanderwellen zwischen der kranken Leitung und der Erde aus, deren Feldlinien in Fig. 450 dargestellt sind. Der Wellenwiderstand dieses Zustandes ist merklich größer als der für Fig. 448. Dieser Wellenverlauf tritt auch bei beabsichtigten Schalthandlungen dann auf, wenn die Anlage einen geerdeten Nullpunkt hat oder wenn sie große Gesamtkapazität besitzt, denn dann springt der erste Ladefunke am Schalter bereits nach einer einzigen Leitung über und schließt sich durch die Erde zurück. Da in den anderen Phasenleitungen sekundäre Wanderwellen induziert werden, wie wir in Kapitel 40 sahen, so wird der tatsächliche Feldverlauf gegenüber Fig. 450 durch deren Rückwirkung ein wenig verändert.

Wenn schließlich in der Nähe einer Drehstromfernleitung schnelle atmosphärische Entladungen auftreten, die Wanderwellen in Freiheit setzen, so besitzen diese Wellen auf allen drei Leitungen nahe-

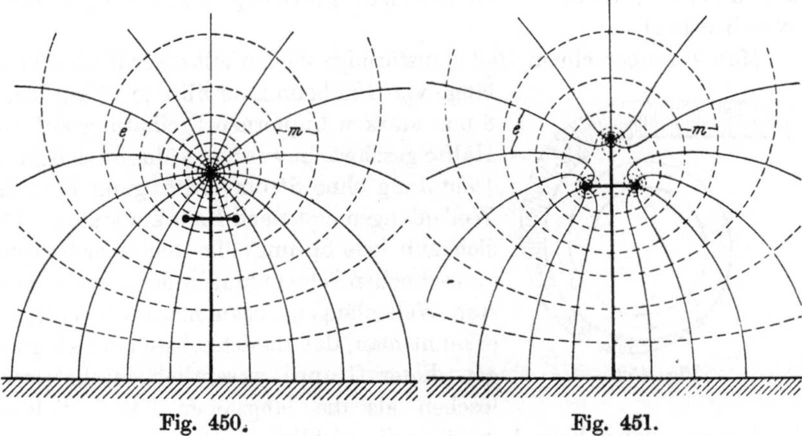

Fig. 450. Fig. 451.

zu dieselbe Spannung gegen Erde und erzeugen daher Feldlinien, die nach Fig. 451 zwischen allen drei Leitungen und der Erde verlaufen. Der Wellenwiderstand hierfür ist größer als der für Fig. 448, jedoch kleiner als der für Fig. 450.

Auch in Drehstromkabeln können diese vier verschiedenen Wellenformen zwischen den Leitern und zwischen Leitern und Mantel auftreten. Die Feldlinien der Wellen im Querschnitt gestreckter Leitungen besitzen den gleichen Verlauf wie bei stationären Spannungen und Strömen. Daher kann der Wellenwiderstand in allen Fällen aus den bekannten Formeln für Selbstinduktion und Kapazität der Leitungsschleifen, wenn nötig unter Berücksichtigung des Einflusses der benachbarten Erde, berechnet werden. Für andere Leitungsführungen können die Feldlinien von bewegten Ladungen jedoch ganz andere Gestalt erhalten als die von stationären Spannungen und Strömen.

Wenn Wanderwellen über längere Strecken homogener Leitungen laufen, so tritt durch den Widerstand der Leitungen eine Abdämpfung ihrer Energie und Spannungshöhe ein, die wir in Kapitel 34 berechnet hatten. Die prinzipielle Form der Wellen blieb dabei erhalten. Während Gleichstrom oder sehr langsamer Wechselstrom den vollen Querschnitt aller Leiter durchsetzt, fließen hochfrequente Wechselströme und ebenso auch unregelmäßig schnelle oder sprunghaft verlaufende Ströme nur in den äußersten Randschichten der metallischen Leiter. Sie werden um so mehr an die Oberfläche der Leiter gedrängt, je höher ihre Änderungsgeschwindigkeit ist, so daß der wirksame Widerstand für Wanderwellen durch diese Stromverdrängung viel größer wird als der Gleichstromwiderstand der Leitung. Er wächst mit der Wurzel aus der Änderungsgeschwindigkeit an. *Schnelle Wellenzüge und vor allem Sprungwellen werden daher beim Lauf über die Leitung wesentlich stärker gedämpft als langsamer Wechselstrom.*

Man kann berechnen, daß sinusförmige Wellen mit einer Halbwellenlänge von 1 m beim Lauf über je 10 km einer 8 mm starken kupfernen Freileitung auf die Hälfte geschwächt werden, während sich diese Dämpfung ohne Stromverdrängung für alle Wellenlängen erst nach 1000 km ergäbe. Da sich nun jede Sprungwelle aus einer Gruppe von schnellen Schwingungen der verschiedensten Wellenlängen zusammensetzen läßt, so erkennt man, daß die schnellsten Schwingungen dieser Gruppe wesentlich rascher verlöschen als die langsamen. Der Wellenkopf ändert daher beim Lauf über die wirkliche Leitung dauernd seine Form, die sehr schnellen räumlichen Änderungen der Spannung verschwinden, es bleiben nur die langsameren übrig, *so daß der ursprünglich steile Kopf sich allmählich mehr und mehr abflacht.*

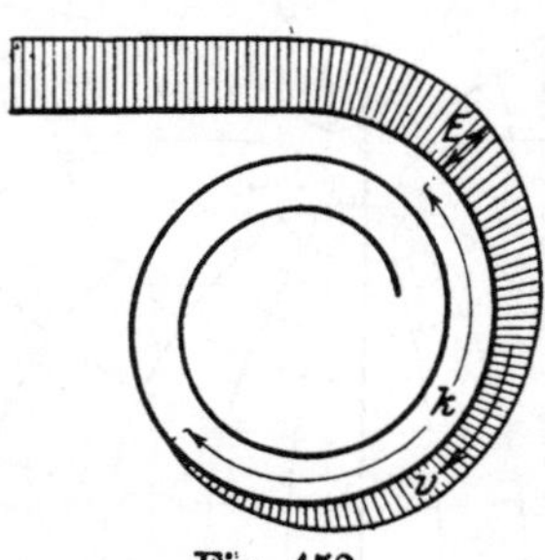

Fig. 452.

Solange die Kopflänge der Wellen kleiner ist als die Windungslänge der Spule, in die sie einfallen, ist die wirkliche Länge k des Kopfes, wie Fig. 452 zeigt, ohne Einfluß auf die Beanspruchung der Windungsisolation. Die Windungsspannung ist vielmehr gleich der größten Spannung E der Sprungwelle hinter dem Kopf. Erst wenn die Kopflänge größer wird als die Windungslänge, tritt eine Verminderung der Beanspruchung der Windungsisolierung ein. Die Abschleifung des Wellenkopfes durch Stromverdrängung und Widerstandsvermehrung nützt daher erst, wenn auch Teilwellen, deren Größenordnung die Windungslänge übertreffen, erheblich beeinflußt und abgedämpft werden. Das ist nach den eben genannten Zahlen bei 5 m Windungslänge erst beim Lauf über etwa 50 km Leitungslänge der Fall.

Für Wellen zwischen den Leitungen nach Fig. 448 und 449 kommt im wesentlichen nur der Widerstand und die Stromverdrängung in den Leitungen selbst in Betracht. Dagegen wird der Verlauf von Wellen zwischen Leitung und Erde nach Fig. 450 und 451 auch durch die Beschaffenheit der Erdoberfläche beeinflußt. Die Wellenströme verlaufen hier einerseits in der Fernleitung, andererseits durchströmen sie die Erdoberfläche in einem Bande unter der Leitungsstrecke, dessen Breite durch die Verteilung der elektrischen Kraftlinien über die Oberfläche gebildet wird und dessen Tiefe durch die Stromverdrängung im Erdboden begrenzt ist. Breite und Tiefe des Strombandes in der Erde sind nur von mäßiger Ausdehnung und daher tritt bei schlechter Leitfähigkeit des Erdbodens ein erheblicher Dämpfungswiderstand für diese Wellen auf. Sie werden dann bereits nach einem kürzeren Laufweg abgedämpft als die Wellen zwischen den Leitungen nach Fig. 448 und 449.

Die Isolatoren und Masten von Freileitungen und die Verbindungsmuffen von Kabeln stellen eine lokale Änderung der Kapazität oder des Wellenwiderstandes der Leitung dar und geben daher zu schwachen Reflexionen Anlaß. Jeder ursprünglich einheitliche Spannungssprung wird dadurch nach den Entwicklungen von Kapitel 43 in eine Treppe von kleinen Sprüngen zerlegt, so daß seine Schroffheit erheblich gemildert wird. Auch alle anderen Ungleichmäßigkeiten im Leitungszuge, die ja bei wirklichen Leitungen stets zahlreich vorhanden sind, bewirken eine Verschleifung und Abflachung des Wellenkopfes, die um so stärker ist, je längere Strecken die Wellen von ihrem Entstehungsorte aus durchlaufen haben.

Jede Verzweigung gleichartiger Leitungen verringert die Höhe der Spannung aller einfallenden Wanderwellen durch Brechung und Reflexion in Teilwellen auf $^2/_3$ des ursprünglichen Betrages. Dagegen kann

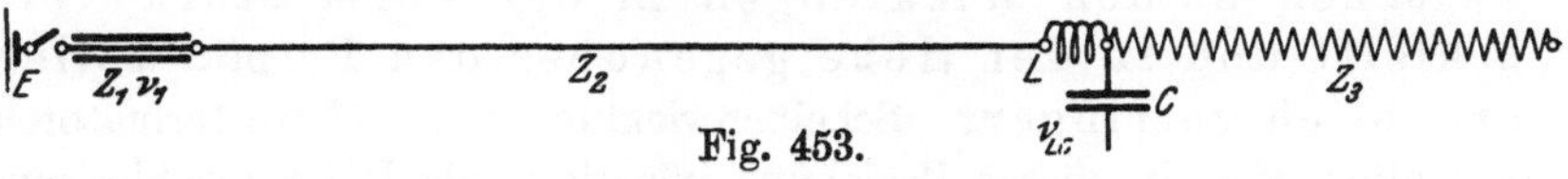

Fig. 453.

ein Übergang auf andere Arten von Leitungen die Spannungshöhe sowohl verringern wie auch verstärken, je nachdem der Wellenwiderstand kleiner oder größer wird. In stark verzweigten Netzen lösen sich die Wanderwellen durch wiederholte Zerspaltung bald in unschädliche kleine Kräuselungen auf.

Sind in einem Netz mehrere lokale Leitungsteile oder Kreise vorhanden, die unter sich gleiche Eigenfrequenz besitzen, so können sie sich auch bei großer Entfernung dieser schwingungsfähigen Gebilde im Gefolge von Schaltvorgängen auf erhebliche Spannungswerte heraufarbeiten. Fig. 453 stellt dar, wie ein kurzes Kabelstück Z_1 von einer ergiebigen Stromquelle mit der Spannung E gespeist wird und über eine längere Freileitungsstrecke Z_2 eine Transformatorwicklung Z_3 speist, die durch eine vorgeschaltete Kombination von Drosselspule L und Kapazität C geschützt werden soll. Das Kabel Z_1 lädt sich nach dem Einschalten an seinem Ende abwechselnd auf Spannungen von angenähert $2E$ und 0, so daß ein periodischer Wellenzug von dieser Stärke in die Freileitung Z_2 hineinläuft. Seine Schwingungszahl ν_1 ist durch die Länge des Kabels Z_1 gegeben, er klingt durch die Rückwirkung der Widerstände allmählich ab. Der Wellenzug fällt beim Eintritt in die Transformatorwicklung auf den Schwingungskreis LC und kann diesen bei Übereinstimmung mit dessen Eigenfrequenz ν_{LC} auf eine resonanzhafte Spannung erregen, deren Größe von den Wellenwiderständen und Leitungswiderständen der Anordnung abhängig ist. Sie kann ein hohes Vielfaches der Betriebsspannung betragen, wenn der Schwingungswiderstand des angeregten Kreises gering ist gegenüber dem Wellenwiderstand des erregenden Leitungsteiles, der dann eine sehr ergiebige Quelle für die Wellenzüge darstellt. Der Schwingungskreis schützt in diesem Falle den Transformator nicht, sondern gefährdet ihn.

Wanderwellen aller Art können nach den Rechnungen von Kapitel 40 zwischen den Wicklungen eines Transformators wechselseitig bis zu einem gewissen Maße übertragen werden. Wenn die Drähte der Primär- und Sekundärwicklung fortlaufend parallelgeführt sind, so werden die Wellen formgetreu übertragen und bleiben stets erheblich unter $^2/_3$ der Spannung der Primärwellen. Nun werden aber bei Starkstromtransformatoren stets die Primärwindungen und Sekundärwindungen für sich zu einzelnen Spulen vereinigt, so daß die Verkettung der einzelnen Windungen unregelmäßiger ist als in jenem Idealfall. In Wirklichkeit werden die Wanderwellen daher bei der Übertragung zwischen beiden Wicklungen in der Form stark verschleift und in der Höhe gegenüber den Primärwellen erheblich verringert. Scheibenwicklungen von Transformatoren verhalten sich in dieser Beziehung günstiger als Röhrenwicklungen, weil die primären und sekundären Windungen stärker verschachtelt sind.

Den besten Überblick über die Entstehung und den Verlauf von Wanderwellen längs einfacher Leitungen und Leitungsübergängen erhält man durch Aufzeichnung von Strom- und Spannungswellen für eine Reihe fortlaufender Zeiten. Noch anschaulicher wird der raumzeitliche Verlauf durch kinematographische Darstellung solcher Bilder. In Fig. 454 sind verschiedene typische Vorgänge aus einem derartigen Film dargestellt. Fig. 454a zeigt das Entstehen von Einschaltwellen beim Schließen eines Schalters sowohl mit als auch ohne Schutzwiderstand, die von der Schaltstelle nach draußen wandern und am rechten offenen Leitungsende reflektiert werden. Fig. 454b zeigt die Umbildung

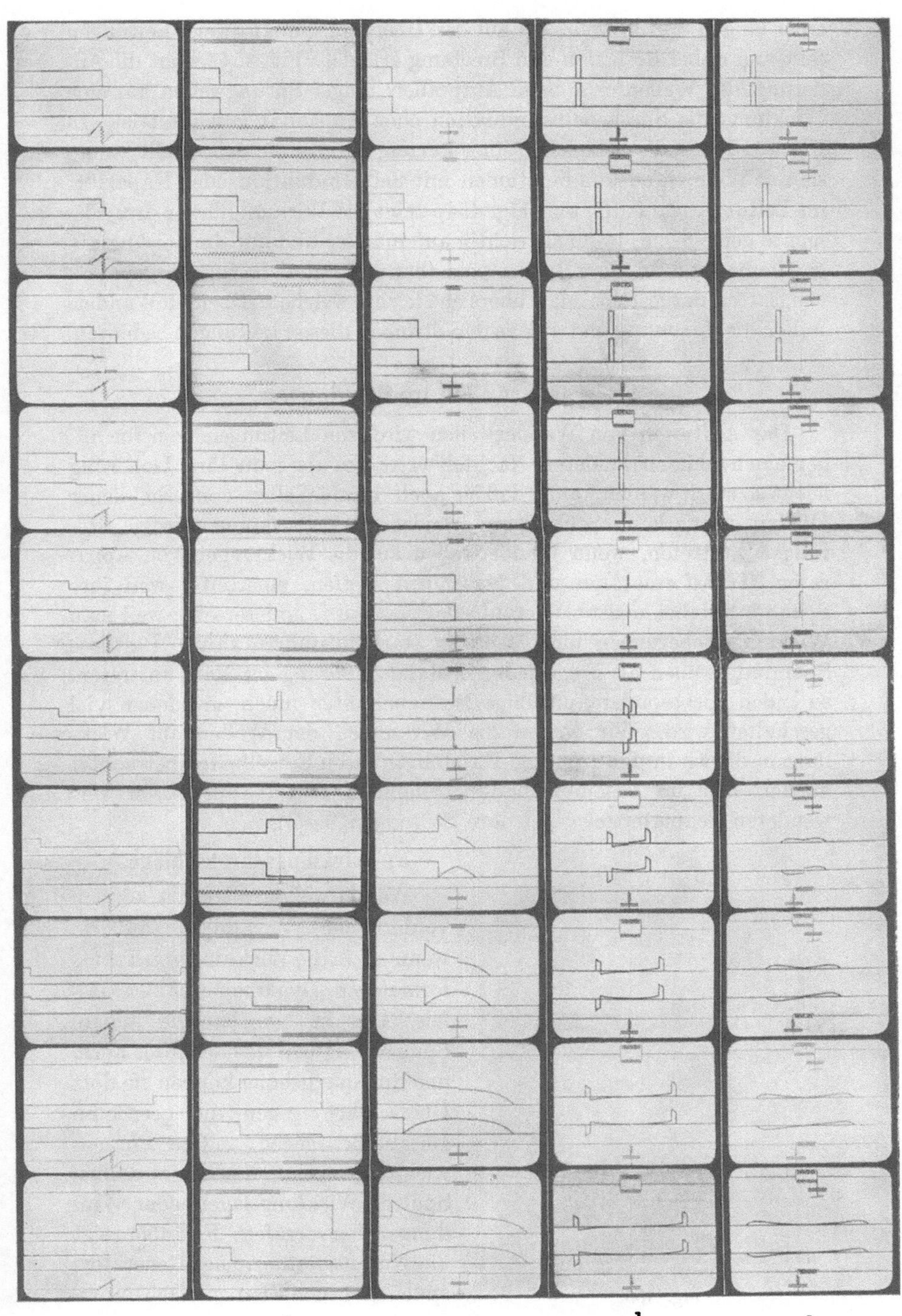

a b c d e

Fig. 454.

einer langen Sprungwelle, die auf den Übergangspunkt zweier Leitungen fällt und dabei Reflexion und Brechung erleidet. Fig. 454c zeigt die Änderung der Wellenform beim Aufprallen langer Sprungwellen auf eine Wicklung, die durch Selbstinduktion oder Kapazität geschützt ist. In Fig. 454d sind die Schicksale einer kurzen Einzelwelle dargestellt, wenn sie auf Widerstandskombinationen mit Selbstinduktion oder Kapazität im Leitungszuge trifft, und Fig. 454e zeigt die Wirkung dieser drei Elemente gemeinsam, wenn sie richtig aufeinander und auf die Leitung abgestimmt sind. In allen Bildern sind oben und unten die zugehörigen Leitungsarten dargestellt. Man übersieht leicht, welche der beiden Wanderwellen die Spannung und welche den Strom in diesen Leitungen bedeuten.

47. Wanderwellen in Wicklungen.

Das Auftreten von Wanderwellen wird von Leitungsnetzen im allgemeinen ohne besonderen Nachteil ertragen, da man ihre Isolierung leicht so stark wählen kann, daß sie auch durch Wellen von erheblicher Überspannung keine Schädigung erleidet. Dagegen können ernste Störungen auftreten, wenn Wanderwellen auf die Wicklungen von Apparaten, Transformatoren und Maschinen treffen, einerseits, weil ihre Spannung dabei meistens heraufreflektiert wird, andererseits, weil man Wicklungsisolierungen nicht beliebig stark ausführen kann. Da diese Spannungswellen als Folge jeder Zustandsänderung im Netz auftreten, so leiden insbesondere unruhige Betriebe unter ihnen, in denen viel geschaltet wird. Wir wollen die Wirkungen der Wellen auf Wicklungen, die wir in den früheren Kapiteln in ihren Einzelheiten betrachtet hatten, hier im Zusammenhange behandeln und die praktisch verwendeten Schutzmittel gegen ihre Störungen besprechen.

a) Wicklungsdurchschläge.

Fig. 455.

Wanderwellen aller Art können verderbliche Wirkungen äußern, wenn sie in die Wicklung von Transformatoren, Dynamomaschinen, Relais oder in irgendwelche andere Spulen einfallen. Je nach ihrer Form und Spannungshöhe können sie dort Überschläge gegen die geerdeten Metallteile, gegen andere Phasenwicklungen oder zwischen einzelnen Spulen, Wicklungslagen oder Windungen hervorrufen. Fig. 455 zeigt die Nutenisolation einer Generatorspule, die gegen Eisen vielfach durchschlagen ist. Ist die Kopflänge einer Sprungwelle kürzer als die Länge der ersten Windung, so kann sie deren Isolierung durchschlagen, wenn diese nur nach der Windungsspannung des regulären Betriebes der Spule bemessen ist und die Sprungwelle etwa die Höhe der Netzspannung besitzt. Ist der Wellenkopf nicht so schroff, sondern über eine längere Strecke abgeflacht, etwa wie in Fig. 456 über die Länge von 8 Windungen, so ist die Spannungsbeanspruchung der Isolation zwischen je zwei Windungen geringer, und zwar gleich dem Spannungsgefälle des Wellenkopfes längs der Drahtlänge der Windung zwischen den betrachteten Punkten. Das maximale Gefälle, also die größte Windungsspannung, kann nach Fig. 456 aus dem Wellenbild abgegriffen werden.

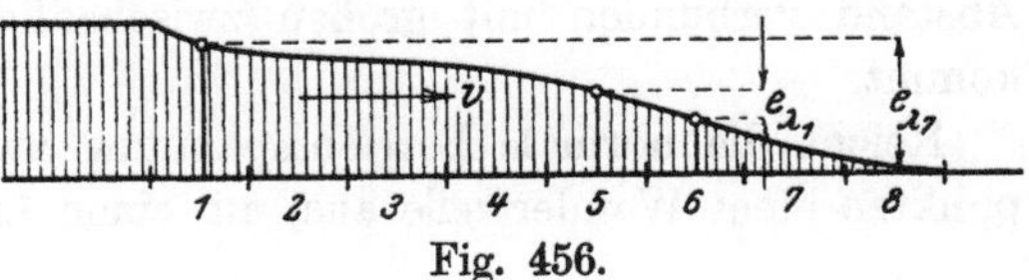

Fig. 456.

Bei kurzen Windungslängen reicht das Spannungsgefälle flacher Wellenköpfe häufig nicht aus, um die Isolierung von Windung zu Windung zu durchschlagen. Ist die Spule lagenweise gewickelt, so kann jedoch leicht ein Durchschlag von Lage zu Lage auftreten. Hat jede Lage wie in Fig. 457 vier Windungen, so tritt zwischen den direkt übereinanderliegenden Windungen 1 und 8 eine Spannung auf, die wesentlich höher ist als die Spannung zwischen nebeneinanderliegenden Windungen. Sie kann bis zur vollen Sprungspannung der ankommenden Welle betragen, wenn deren Kopflänge ähnlich wie in Fig. 456 nicht über das 7fache der Windungslänge hinausgeht, wenn die Kopflänge also gleich oder kleiner ist als die zwischen Windung 1 und 8 liegende Drahtlänge der Wicklung. Der Durchbruch der Leiterisolierung wird dann nicht von Windung zu Windung, sondern von Lage zu Lage erfolgen. Bei noch längeren Wellenköpfen kann auch die Lagenisolierung von Durchschlägen verschont bleiben, während Überschläge von der ersten zur zweiten Spule jeder Phasenwicklung erfolgen, sofern die Isolierung hier schwächer ist, als es der vollen Spannung der einfallenden Sprungwellen entspricht.

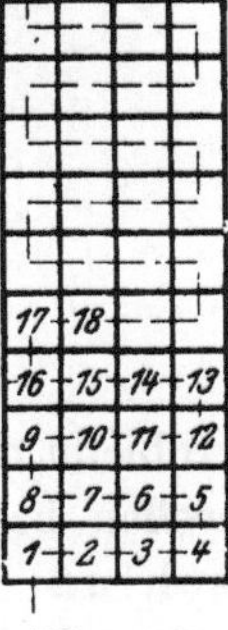

Fig. 457.

Während Überschläge durch Sprungwellen meistens in den Eingangswindungen, Eingangslagen oder Eingangsspulen der Wicklung auftreten, können periodische Wellenzüge ebensogut Überschläge an inneren Spulen der Wicklung hervorrufen. Das rührt daher, daß Sprungwellen bei Spulen von Transformatoren, Relais und ähnlichen Apparaten durch die Windungsverkettung, bei Maschinenspulen auch infolge der vielfachen inneren Reflexionen zwischen Nuten und Wicklungsköpfen, nicht tief in die Wicklung eindringen können, während

Wellenzüge selbst bei erheblicher Frequenz fast ungeschwächt durch die ganze Wicklung laufen können. Reicht die Isolierung zwischen irgendwelchen Windungen, die im Abstande einer halben Wellenlänge des Wellenzuges liegen, nicht aus, um seiner Spannung standzuhalten, so erfolgt hier ein Durchschlag. Diese Überschläge finden im allgemeinen von Spule zu Spule statt, weil nur dort geringer räumlicher Abstand verbunden mit großen zwischenliegenden Drahtlängen vorkommt.

Reicht die normale Betriebsspannung zwischen den Durchschlagspunkten einer Wanderwelle aus, um einen Lichtbogen zu unterhalten,

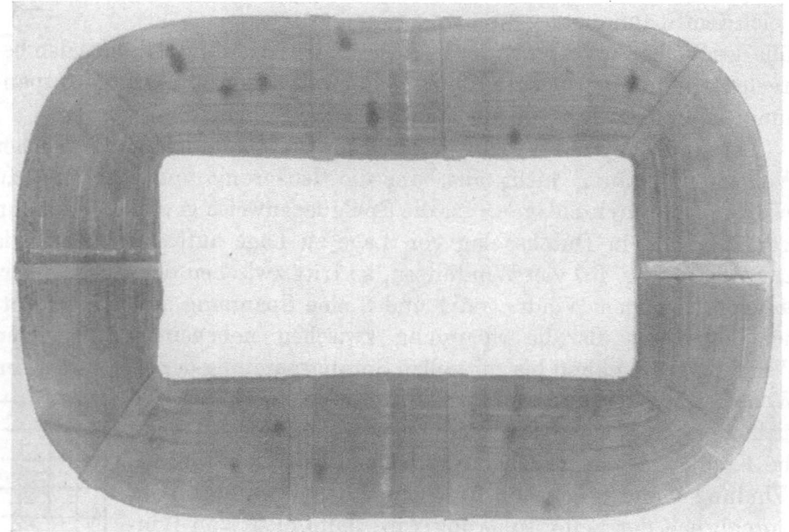

Fig. 458.

so bleibt dieser auch nach Ablauf der schnell vorübergehenden Wanderwellen bestehen. Er verursacht einen **inneren Wicklungskurzschluß, der sehr bald zum Ausbrennen der Windungen oder der Spulen führt**, um so mehr als er plötzlich entsteht und daher gewaltige Stoßkurzschlußströme auslöst. Ist die reguläre Spannung zwischen den Punkten des Wanderwellendurchschlages jedoch so gering, daß kein Lichtbogen stehen bleibt, was hauptsächlich bei Durchschlägen einzelner Windungen vorkommt, so wird **die Isolation nur punktiert, die Spule kann noch lange Zeit betriebsfähig bleiben.**

Fig. 458 zeigt die Eingangsspule eines kleinen Transformators, an der zahlreiche Überschlagstellen von Lage zu Lage zu erkennen sind. Hier haben sich nur Punktierungen und verkohlte Stellen ausgebildet, da die reguläre Lagenspannung gering war. Fig. 459 zeigt dagegen die Eingangsspule eines großen Transformators, in der Wanderwellenüber-

Fig. 459.

schläge einen Lichtbogen der regulären Spannung einleiteten, der sich durch sämtliche Windungen der Spule fortsetzte, und ein großes Stück aus ihr herausbrannte.

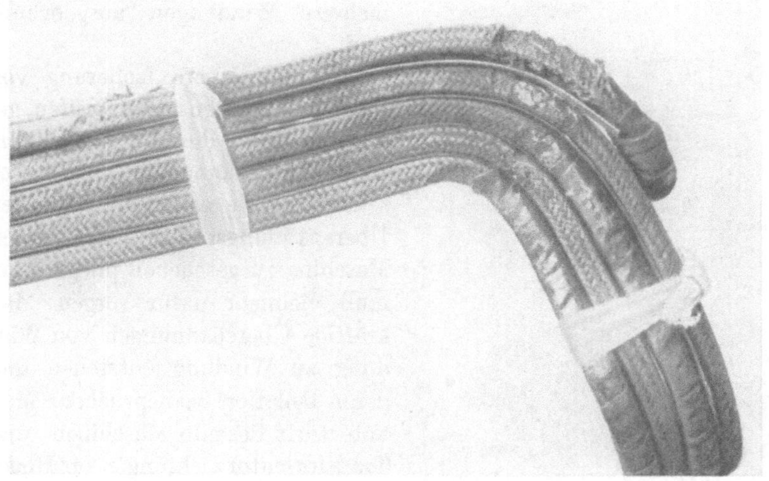

Fig. 460.

Fig. 460 zeigt den Wicklungskopf der Eingangsspule eines mittelgroßen Generators, an dem man nicht nur an der ersten, sondern

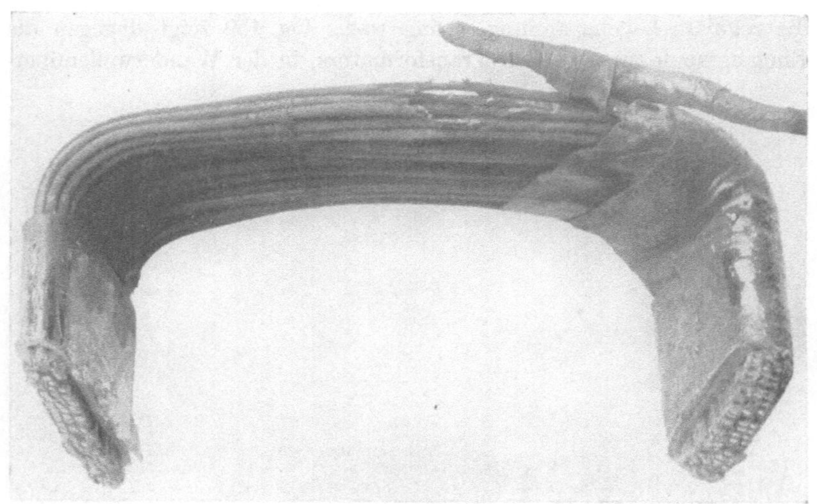

Fig. 461.

auch an der zweiten und dritten Windung starke Schmelzspuren erkennt. Auch hier folgte der Betriebsstrom nicht nach. Dagegen stellt Fig. 461 die Eingangsspule eines Drehstrommotors dar, in der die ersten Windungen durch den Sprungwellenüberschlag ausbrannten. Fig. 462 zeigt die Auslösespule eines Relais, in der durch Wanderwellen ebenfalls mehrere Windungen ausgebrannt sind.

Fig. 462.

Um die innere Isolierung von Spulenwicklungen nachzuprüfen, genügt es nicht, die ganze Wicklung unter hohe Spannung gegen Erde zu setzen, so wie es bei der regulären Überspannungsprobe jeder neuen Maschine zu geschehen pflegt. Man muß vielmehr dafür sorgen, daß kräftige Überspannungen von Windung zu Windung entstehen und deren Isolation beanspruchen. Man unterwirft deshalb Maschinen- und Transformatorwicklungen für Hochspannung einer Sprungwellenprobe, die am besten darin besteht, daß man die Wicklung durch ihr reguläres Magnetfeld auf volle

Spannung erregt und sie nach Fig. 463 über eine einstellbare Funkenstrecke auf ein Kabel oder einen Kondensator schaltet. Durch die Einstellung der Funkenstrecke ist die Höhe der bei jedem Überschlag in die Wicklung einziehenden Sprungwellen gegeben. Da die Belastungskapazität dauernd umgeladen wird und daher Rückzündungen verursacht, so läßt sich die Funkenstrecke bis zum Doppelten der Spannung ausziehen, auf die die Wicklung regulär erregt ist.

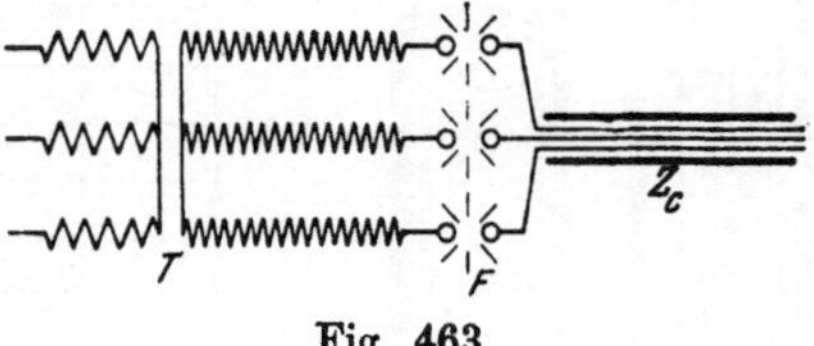

Fig. 463.

b) Schutzmittel gegen Wanderwellen.

Da man das Aufprallen starker Wanderwellen auf die Wicklungen von Maschinen und Transformatoren im praktischen Betriebe nicht vollständig verhindern kann, so pflegt man die ersten 5 bis 10% der Wicklung mit außerordentlich verstärkter Windungsisolierung zu versehen. Dort, wo Wanderwellen zwischen Leitung und Erde einfallen können, ist es zweckmäßig, auch die Neutralpunktswindungen verstärkt zu isolieren. Die Isolierung der Endwindungen pflegt man so stark zu machen, daß sie auch von der vollen Netzspannung noch nicht durchschlagen wird. Um Platz hierfür zu schaffen, wickelt man die Endspulen

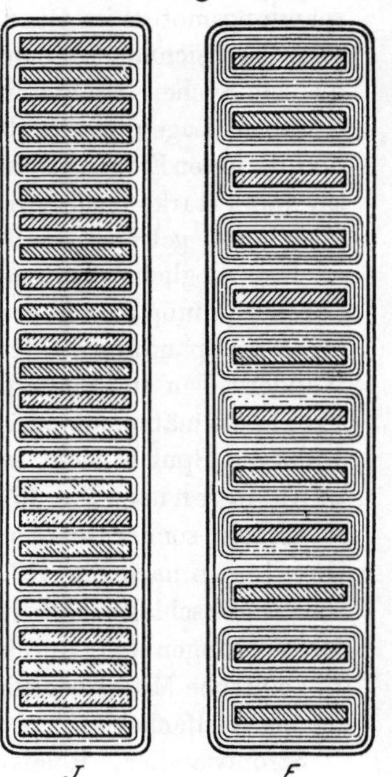

Fig. 464.

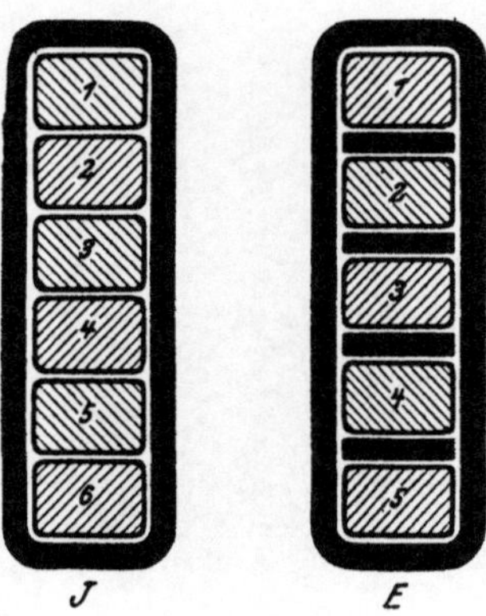

Fig. 465.

mit etwas weniger Windungen. Fig. 464 zeigt den Querschnitt der Innenspulen J und der Eingangsspulen E eines Hochspannungstransformators. In der Eingangsspule sind die einzelnen Leiter mit vielfach verstärkter Papierumbandelung versehen. Fig. 465 stellt den Querschnitt der

Innenspulen und der Eingangsspulen eines Drehstromgenerators für Hochspannung dar. Die einzelnen Windungen sind in den Eingangsspulen durch dicke Isolierzwischenlagen voneinander getrennt. Alle verbleibenden Hohlräume werden dabei durch eine Asphaltmasse ausgefüllt, um alle Luft aus dem starken elektrischen Felde der Wicklung auszuschließen, das sie chemisch zersetzt und dabei stark ätzende Produkte bilden würde. In Fig. 466 sind die Innen- und Eingangsspulen eines mittelgroßen Hochspannungsmotors im Querschnitt gezeichnet, bei dem die zahlreichen Drähte in einzelnen Lagen gewickelt sind, die in den Eingangsspulen durch starke Isolierzwischenlagen getrennt sind.

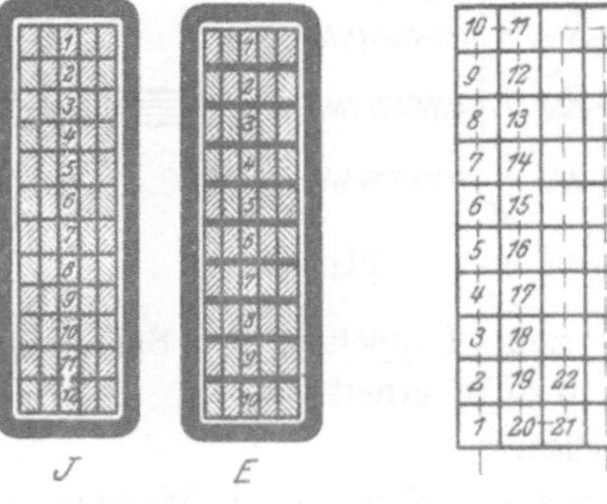

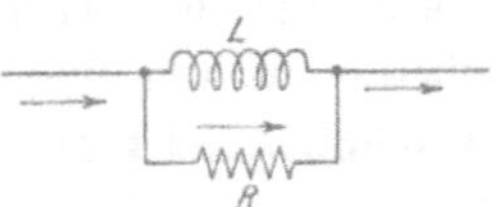

Fig. 466. Fig. 467. Fig. 468.

Um möglichst geringe Lagenspannung sowohl der regulären Spannung wie der Wanderwellen zu erhalten, ist es zweckmäßig, alle vieldrähtigen Spulen nicht in L ä n g s l a g e n nach Fig. 467 zu wickeln, sondern stets in Q u e r l a g e n nach Fig. 457. Die Durchschlagsicherheit der Windungen steigt durch dies einfache Mittel bereits auf ein Vielfaches an.

Fig. 469.

Stromwandler, Relaisspulen und ähnliche Apparate, die in Serie zu den Starkstromleitungen liegen, kann man häufig nicht so stark von Windung zu Windung isolieren, daß sie ausreichende Sprungwellensicherheit besitzen. Denn die auf sie treffende Wanderwellenspannung kann ein Vielfaches der Netzspannung sein, besonders wenn die Spulen in der Nähe von Kapazitäten, wie Sammelschienen oder Durchführungen liegen, mit denen sie Schwingungskreise bilden. Man pflegt sie dann nach Fig. 468 durch einen geringen Widerstand zu überbrücken, der den Wanderwellen einen leichten Übertritt ermöglicht und sie sogar abdämpft, während der langsam veränderliche Betriebsstrom nur wenig von ihm beeinflußt wird. Fig. 469 zeigt einen so geschützten Stromwandler. Will man den Verlust an Betriebsstrom vollständig vermeiden, so verwendet man anstatt des Widerstandes nach Fig. 470 einen Kondensator, der allen schroffen Spannungssprüngen einen restlosen Durchtritt gestattet, so daß sie die Spulen nicht beanspruchen können. Diese Anordnung ist vor allem bei Serientransformatoren empfehlenswert, um dauernde Energieverluste zu vermeiden.

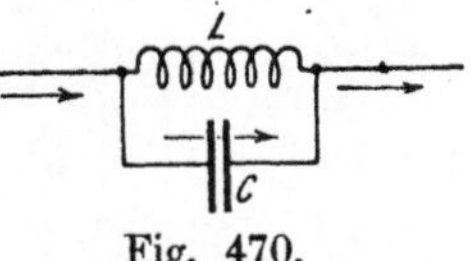

Fig. 470.

Die Entstehung gefährlicher Wanderwellen beim Ein- und Ausschalten von Maschinen, Transformatoren und Leitungen verhindert man am sichersten durch Anwendung eines Schutzschalters, der mit seinen Funkenziehern und dem Vorkontaktwiderstand in Fig. 471 dargestellt ist. Beim Einschalten vermindert der Schutzwiderstand die Größe der sonst auftretenden Sprungwellen, was in Fig. 472 an Hand der Windungsspannung $e_{\lambda e}$ für die Einschaltestufe und $e_{\lambda k}$ für die Kurz-

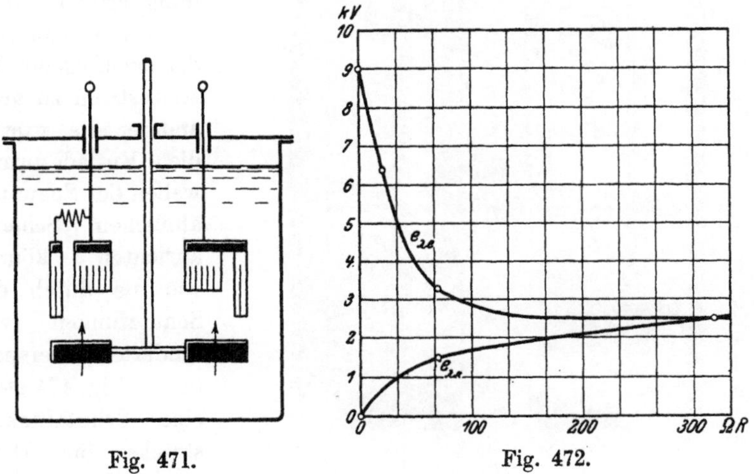

Fig. 471. Fig. 472.

schlußstufe des Widerstandes vor dem früher erwähnten Drehstrommotor dargestellt ist. Beim Ausschalten dämpft er die durch Rückzündung entstehenden Sprungwellen und verringert die Größe und Gefahr des Ausschaltelichtbogens. Durch ausgiebige Anwendung von Schutzschaltern hat man die vielfachen Schädigungen, die das Ein- und Ausschalten von Hochspannungsanlagen früher mit sich brachte, fast vollständig vermieden. Fig. 473 stellt das Innere eines solchen einpoligen Schutzschalters für Arbeiten unter Öl dar.

Um das Auftreten erheblicher Spannungserhöhungen auf Leitungen zu verhindern, werden seit langer Zeit Schutzfunkenstrecken angewendet, die zwischen Leitung und Erde und auch zwischen Leitung und Leitung geschaltet werden, und deren engster Luftspalt bei 1,5- bis 2facher Betriebsspannung durchbrochen werden soll. Man muß ihnen stets einen Dämpfungswiderstand vorschalten, damit durch den Funkenüberschlag keine zu starke Absenkung der Spannung erfolgt. Denn sonst wäre einerseits der nachfolgende Betriebsstrom zu groß, andererseits würden die Entladesprungwellen der Spannung ähnlichen Schaden anrichten können wie die durch den Schutzfunken verhinderte Überspannung. Fig. 474 stellt eine Schutzfunkenstrecke für Drehstromanlagen dar, deren Elektroden als Hörner ausgebildet sind, an denen der entstehende Lichtbogen aufsteigt und verlöscht. Auch Funkenableiter, deren Isolierung an Stelle der Luftstrecke durch ein Oxydhäutchen auf wasserbenetzten Blei- oder Aluminiumplatten gebildet wird, müssen mit Dämpfungswider-

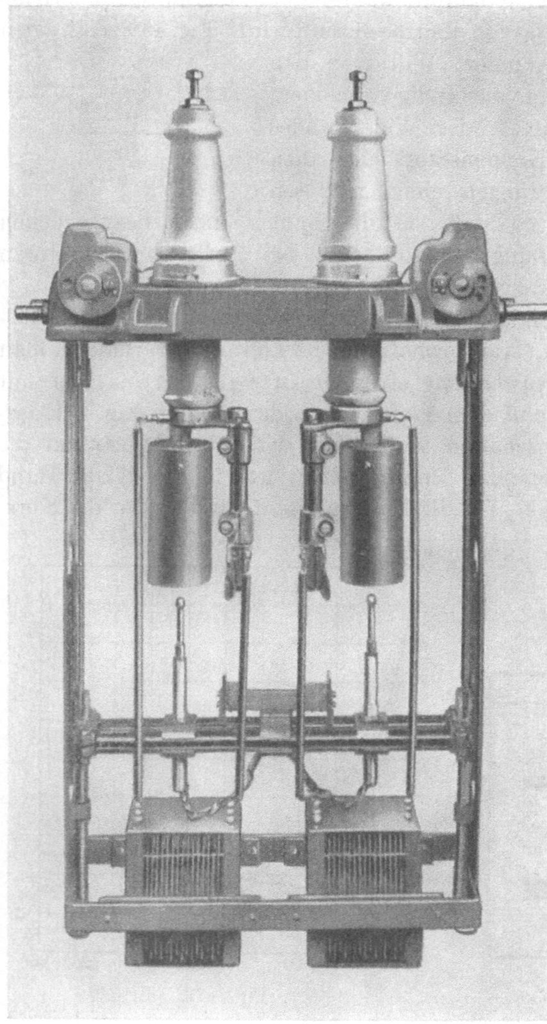

Fig. 473.

ständen versehen werden, wenn sie nicht als Sprungwellenerzeuger arbeiten sollen.

Schutzfunkenstrecken bilden ein wirksames Sicherheitsventil für alle länger dauernden Überspannungen im Leitungsnetz, wie sie durch Ladungsvorgänge irgendwelcher Art, durch Resonanzvorgänge oder ähnliche Erscheinungen erzeugt werden. Die Ursachen der Überspannungen vermögen sie allerdings nicht zu unterdrücken. Auf Wanderwellen und vor allem auf Sprungspannungen sprechen sie überdies nur unter günstigen Umständen an. Entladespannungen der Leitung können natürlich niemals zu einem Überschlag führen, aber auch sprunghafte Ladewellen laufen häufig an ihnen vorbei, wenn ein erheblicher Entladeverzug vorhanden ist und können die Wicklungen schon zerstört haben, wenn die Funkenstrecke in Wirksamkeit tritt. Man pflegt deshalb Funkenableiter mit Dämpfungswiderstand vor allem gegen dauernde Überspannungen vorzusehen, dagegen Wanderwellenspannungen durch Selbstinduktion oder Kapazität abzuschirmen.

Fig. 474.

Richtig bemessene Drosselspulen oder Kondensatoren wirken auf durchlaufende Wanderwellen unter sich gleichartig ein, ihr sonstiges Verhalten ist aber stark verschieden. Besonders an Leitungsübergängen, bei denen Sprungwellen von geringerem auf höheren Wellenwiderstand übertreten und dabei ihre Spannung fast verdoppeln, pflegt man einen Wanderwellenschutz einzubauen. Fig. 475 zeigt eine Hochspannungsschutzdrosselspule, die aus stark isoliertem Kupferband spiralig

Fig. 475.

aufgewickelt ist. Da bei dieser Wicklungsart große Windungskapazität vorhanden ist, so entspricht der Schutzwert solcher Flachdrosselspulen gegen Sprungwellen keineswegs der vollen Größe ihrer Selbstinduktion. Ein sehr wirksamer Wanderwellenschutz läßt sich dagegen durch ein kurzes Stück Kabel erzielen, das einen möglichst niedrigen Wellenwiderstand besitzen soll und dadurch alle Wanderwellen, sowohl zwischen den Leitungen als zwischen Leitungen und Erde fast vollständig reflektiert. Fig. 476 stellt einen derartigen Kabelschutz für Transformatoren im Schema dar.

In Verteilungsnetzen mit zahlreichen Knotenpunkten und Abzweigungen zerspalten sich alle Wanderwellen an jedem Leitungsknoten und verlieren daher beim Lauf über zahlreiche Knotenpunkte sehr bald ihre Stärke und Gefahr. Bei größeren Hochspannungsnetzen dagegen, die lange unverzweigte Übertragungsleitungen besitzen, kann es nützlich sein, die Fortpflanzung von Wanderwellen bis in die Stationen dadurch zu verhindern, daß man eine gewisse Zahl von Schutzvorrichtungen auf die Leitungen verteilt, die geeignet kombinierte Selbstinduktion, Kapazität und Widerstand besitzen, um die Energie der Sprungwellen zu absorbieren.

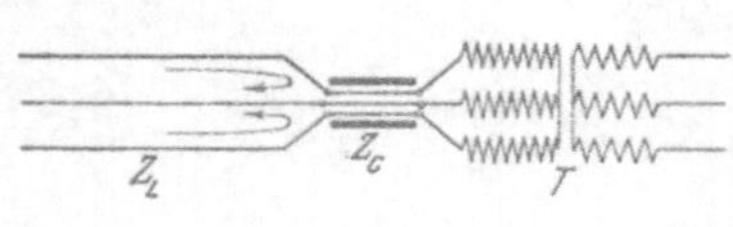

Fig. 476.

Gefährliche Überspannungen und Wanderwellen können in ausgedehnten Hochspannungsanlagen mit großer Erdkapazität durch Auftreten von intermittierendem Erdschluß einer Leitung entstehen. Am einfachsten begrenzt man diese Spannungen durch Erdung des Neutralpunktes des Drehstromsystems. Bei widerstandsloser Erdung ist dann allerdings jeder Erdschluß gleichzeitig ein Kurzschluß einer Phasenleitung, durch den gewaltige Ströme ausgelöst werden, so daß man die gestörte Leitung abschalten muß. Will man in Netzen mit häufig vorkommenden Erdschlüssen diese Betriebsstörung vermeiden, so erdet man den Nullpunkt des Systems über einen Widerstand oder eine Drosselspule nach Fig. 477. Hierdurch wird das Anwachsen der Spannung des ganzen Leitungssystems gegenüber Erde durch den intermittierenden Erdschlußlichtbogen zwar nicht vollständig verhindert, aber doch auf ein geringes Maß begrenzt.

Durch passende Bemessung der Drosselspule, die man anstatt in den Nullpunkt auch direkt zwischen die Leitungen und Erde schalten kann, läßt sich der einmal entstandene Erdschlußlichtbogen sogar selbsttätig zum Verlöschen bringen. Dafür muß man die Löschspule so abstimmen, daß ihr induktiver Strom, der sich durch den Erdschlußpunkt schließt, gerade so groß ist wie der ursprüngliche kapazitive Erdschlußstrom, der durch die Netzkapazitäten fließt. Da beide um 180° phasenverschoben sind, so heben sie sich dann vollständig auf, so daß der Erdschlußlichtbogen verlöscht.

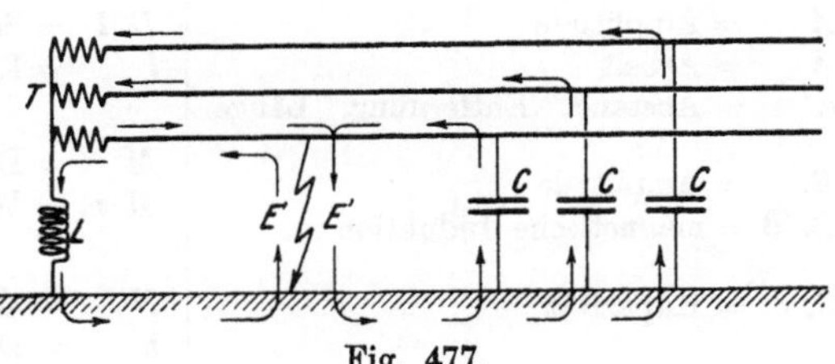

Fig. 477.

Die Ursache vieler Erdschlüsse in großen Netzen ist vorübergehender Natur, sie werden häufig durch Vögel oder Zweige, die in die Leitung geraten, oder durch Schwingen von Leitungen gegeneinander, oder durch ähnliche Ursachen eingeleitet. Die Leitung ist dann nach dem ersten Löschen des Lichtbogens wieder gesund. Bleibt die Erdschlußursache jedoch bestehen, etwa durch einen gesprungenen Isolator, so wiederholt sich das Zünden und Löschen des Erdschlußlichtbogens dauernd in kurzer Folge, jedoch können bei geerdetem Nullpunkt des Systems keine so hohen Überspannungen entstehen, als wenn seine Spannung frei beweglich wäre.

Formelzeichen

der am meisten benutzten Begriffe.

Lateinische und deutsche Zeichen.

A = Amplitude
A = Arbeit
a = Abstand, Entfernung, Länge

B = Amplitude
$B, \mathfrak{B}$ = magnetische Induktion

C, c = Kapazität

D, d = Durchmesser
D = Drehmoment

E = Spannung, elektromotorische Kraft, Höchstwert der Wechselspannung
$\mathfrak{E}$ = elektrische Feldstärke
$e, \mathfrak{e}$ = Augenblickswert der Spannung

F = Fläche
f = Frequenz in der Sekunde

GD^2 = Schwungmoment
g = elektrostatische Wechselinfluenz

H = magnetische Feldstärke
h = Höhe, Dicke

J = Stromstärke, Höchstwert des Stromes
$\mathfrak{J}$ = Querstrom in Spulen
i = Augenblickswert oder Lokalwert der Stromstärke
i = Stromdichte
j = $\sqrt{-1}$ = imaginäre Einheit

K = Integrationskonstante
K, k = mechanische Kraft
k = Höhe, Länge

L, l = Selbstinduktion
l = Länge

M = Drehmoment
M, m = Wechselinduktion

N = Windungszahl
n = Drehzahl in der Minute
n = Ordnungszahl

P, p = Parallelwiderstand, Isolationswiderstand
p = elektrostatisches Potential

Q = elektrische Ladung
q = elektrostatische Selbstinfluenz
q = Leiterquerschnitt

R, r = Ohmscher Widerstand
R, r = Radius
r = Abstand

S = Schrittweite
S = Streuinduktion von Wicklungen
s = Abstand, Länge
s = spezifischer Widerstand

T = Zeitkonstante
$\mathfrak{T}$ = Dauer einer Wechselstromperiode
t = laufende Zeit

$ü$ = Übersetzungsverhältnis
$ü$ = Überspannungsverhältnis

V = Verlustwärme
v = Geschwindigkeit, Lichtgeschwindigkeit

W = Leistung, Energie
w = Windungslänge
w = Windungszahl
$\mathfrak{w}$ = spezifische Wärme der Raumeinheit

X = räumliche Abklingungskonstante
x = Längenerstreckung
y = Längenerstreckung
Z, $\mathfrak{Z}$ = Wellenwiderstand von Leitungen
z = wechselseitiger Wellenwiderstand

Griechische Zeichen.

α = Exponentialziffer
α = Winkel

β = Exponentialziffer
β = Brechungsfaktor

γ = Phasenwinkel
γ = Windungskapazität

Δ = Differenz
Δ = Länge
δ = Dämpfungsziffer
δ = Luftspalt
δ = Winkel
δ = relatives Drehmoment

ε = 2,718 = Basis der natürlichen Logarithmen

η = Wirkungsgrad

Θ = Trägheitsmoment
ϑ = Erwärmung

$\varkappa$ = elektrostatische Selbstinfluenz
$\varkappa$ = Flußverhältnis

Λ, λ = Länge
Λ, λ = Wellenlänge
λ = Selbstinduktion

μ = Wechselinduktion

ν = Eigenfrequenz in 2π Sekunden
ν = relative Drehzahl

π = 3,1416

ϱ = Abstand
ϱ = Dämpfungsziffer
ϱ = Reflexionsfaktor

Σ = Summe
σ = Schlüpfung
σ = Streukoeffizient
σ = Stromverhältnis

τ = Ausschaltdauer

Φ = magnetischer Fluß
φ = Phasenwinkel

ψ = Phasenwinkel

ω = Kreisfrequenz in 2π Sekunden
ω = Winkelgeschwindigkeit

Literaturverzeichnis
nach Kapiteln geordnet.

1. Einleitung und Allgemeines.

A. Vaschy: Traité d'électricité et de magnétisme. Paris 1890.

J. J. Thomson: Recent researches on electricity and magnetism. Oxford 1893.

O. Heaviside: Electromagnetic theory. Bd. 1—3. London 1899, 2. Aufl. 1922.

K. W. Wagner: Elektromagnetische Ausgleichsvorgänge in Freileitungen und Kabeln. Leipzig 1908.

Ch. P. Steinmetz: Theory and calculation of transient electric phenomena and oscillations. New York 1908, 3. Aufl. 1920.

E. Arnold, J. L. la Cour und O. S. Bragstad: Theorie der Wechselströme. 2. Aufl. Berlin 1910.

F. Breisig: Theoretische Telegraphie. Braunschweig 1924, 2. Aufl.

W. Hort: Technische Schwingungslehre. Berlin 1910, 2. Aufl. 1922.

G. Brion: Überspannungen in elektrischen Anlagen. Helios 1911, S. 53.

W. Petersen: Hochspannungstechnik. Stuttgart 1911.

W. Linke: Über Schaltvorgänge bei elektrischen Maschinen und Apparaten. Dissertation Hannover 1911.

E. J. Berg: Advanced course in electrical engineering. Gen. El. Rev. 1912, S. 156.

W. Petersen: Überspannungen und Überspannungsschutz. ETZ 1913, S. 167.

K. W. Wagner: Kabelerscheinungen. Handwörterbuch der Naturwissenschaften. Jena 1913.

J. Landry: Stationäre Zustände und Zustandsänderungen in elektrischen Stromkreisen. Bulletin des Schweizer. Elektr. Vereins 1914, S. 33.

K. Kuhlmann: Grundzüge des Überspannungsschutzes in Theorie und Praxis. Bulletin des Schweizer. Elektr. Vereins 1914, S. 142.

W. Dudell: Pressure rises. Journ. Inst. El. Eng. 1914, S. 1.

A. Fraenckel: Theorie der Wechselströme. Berlin 1914, 2. Aufl. 1921.

J. Biermanns: Magnetische Ausgleichsvorgänge in elektrischen Maschinen. Berlin 1919.

J. Biermanns: Der heutige Stand der Überspannungsfrage. ETZ 1922, S. 305.

F. Schrottke: Zur Überspannungsfrage. ETZ 1922, S. 1425.

A. Roth: Beiträge zur Frage des Schutzes von Wechselstromanlagen gegen Überspannungen. Bulletin des Schweizer. Elektr. Vereins 1924, S. 348.

R. Rüdenberg: Kurzschlußströme in Großkraftwerken. Berlin 1925.

J. Biermanns: Überströme in Hochspannungsanlagen. Berlin 1926.

2. Einschalten und Abschalten von Stromkreisen mit Selbstinduktion.

H. Helmholtz: Über die Dauer und den Verlauf der durch Stromschwankungen induzierten elektrischen Ströme. Ann. Physik 1851 Bd. 83, S. 505 und Wissenschaftl. Abhandlg. Bd. 1, S. 429.

3. Ladung und Entladung von Kapazitätskreisen.

W. Siemens: Über die elektrostatische Induktion und die Verzögerung des Stroms in Flaschendrähten." Ann. d. Phys. 1857, Bd. 102, S. 66 und Wissenschaftl. u. techn. Arbeiten Bd. 1, S. 82.

4. Allgemeines Schaltgesetz.

A. Potier, Sur les phénomènes de surtension dans les réseaux à courants alternatifs. Eclair. Electr. 1904, Bd. 40, S. 1904.

J. R. Carson: Theory of the transient oscillations of electrical networks and transmission systems. Proc. Am. Inst. El. Eng. 1919, S. 407.

5. Resonanzspannungen.

C. Feldmann: Ursache, Wirkung und Bekämpfung von Überspannungen. ETZ 1908, S. 605.

6. Ausgleichsströme in Schwingungskreisen.

C. Feldmann, und J.Herzog: Über Schwingungen mit hoher Spannung und Frequenz in Gleichstromnetzen. ETZ 1906, S. 897.

I. Döry: Praktische Überspannungsanalogien. ETZ. 1908, S. 686.

F. Punga: Das Vektordiagramm für transiente elektrische Erscheinungen. El. u. Maschinenb. 1915, S. 386.

D. Robertson: A mode of studying damped oscillations by the aid of shrinking vectors. Journ. Inst. El. Eng. 1915, S. 24.

7. Einschalten von Schwingungskreisen.

C. P. Steinmetz: Theoretical investigation of some oscillations of extremely high potential in alternating high-potential transmissions. Trans. Am. Inst. El. Eng. 1901, S. 705.

K. Kuhlmann: Gesichtspunkte hinsichtlich Schutz und Sicherheit gegen Überspannungen. ETZ 1908, S. 1095.

G. Faccioli: Electric line oscillations. Proc. Am. Inst. El. Eng. 1911, S. 1621.

8. Schwingungen beim Durchschlag von Kondensatoren.

F. Emde: Die Schwingungszahl des Blitzes. ETZ 1910, S. 675.

L. A. Blois: Some investigations on lightning protection for buildings. Proc. Am. Inst. El. Eng. 1914, S. 563.

M. Toepler: Gewitter und Blitze. Verb.-Mitt. Dresden. Bez.-V. d. I. 1917.

H. Norinder: Untersuchungen über das luftelektrische Feld bei Gewittern. Auszug ETZ 1921, S. 764.

H. Norinder: Gewitterforschung und Überspannungsschutz. Auszug ETZ 1924, S. 935.

9. Ruhende Stromkreise mit Wechselinduktion.

K. W. Wagner: Über die Wirkungsweise von Dämpferwicklungen auf Gleichstrommagneten. El. u. Maschinenb. 1909, S. 804.

O. R. Schurig: Short circuit windings in direct-current solenoids. Gen. El. Rev. 1918, S. 560.

N. B. Hill: The damping effect of solid rotors. Electrician 1924, Bd. 42, S. 511.

10. Schalten von Transformatoren.

W. Linke: Über Schaltvorgänge bei elektrischen Maschinen und Apparaten. Arch. f. Elektrot. 1912, Bd. 1, S. 69.

K. Kuhlmann: Die Rückwirkung des Einschaltstromes von Transformatoren auf das Netz. Arch. f. El. 1913. Bd. 1, S. 527.

J. Biermanns: Kurzschlußkräfte an Transformatoren. Bulletin des Schweizer. Elektr. Vereins 1923, S. 212.

F. Müllner: Stromkräfte in Transformatorwicklungen. Elektrot. u. Maschinenbau 1924. S. 679.

11. Wirbelströme in massiven Magnetkernen.

W. Rayleigh: Rate of decay of a magnetic field.. Scientific Papers. Bd. 2, S. 128, Bd. 4, S. 563.

L. Dreyfus: Zusätzliche Kommutierungsverluste bei Gleichstrommaschinen. El. u. Maschinenb. 1914, S. 281.

K. W. Wagner: Über eine Formel von Heaviside zur Berechnung von Einschaltvorgängen. Arch. f. El. 1916, Bd. 4, S. 159.

12. Freie Drehfelder in Mehrphasenmaschinen.

L. Fleischmann: Über Stromstöße beim Einschalten von Induktionsmotoren bei synchron laufendem Rotor. El. u. Maschinenb. 1908, S. 45.

P. Boucherot: Les phénomènes électro magnetiques qui resultent de la mise en court-circuit brusque d'un alternateur. Internationaler Elektrotechniker-Kongreß. Turin 1911.

L. Dreyfus: Freie magnetische Energie zwischen verketteten Mehrphasensystemen. El. u. Maschinenb. 1911, S. 891.

L. Dreyfus: Ausgleichvorgänge in der symmetrischen Mehrphasenmaschine. El. u. Maschinenb. 1912, S. 25.

L. Dreyfus: Ausgleichvorgänge beim plötzlichen Kurzschluß von Synchrongeneratoren. Arch. f. El. 1916, Bd. 5, S. 103.

W. V. Lyon: Transient conditions in electric machinery. Journ. Am. Inst. El. Eng. 1923, S. 388.

13. Plötzlicher Kurzschluß von Drehstrommaschinen.

F. Punga: Der plötzliche Kurzschluß von Drehstromdynamos. ETZ 1906, S. 827.

M. Walker: Short-circuiting of large electric generators and the resulting forces on armature windings. Journ. Inst. El. Eng. 1910, S. 295.

R. F. Schuchardt u. O. E. Schweitzer: The use of power-limiting reactances with large turbo-alternators. Proc. Am. Inst. El. Eng. 1911, S. 1669.

A. B. Field: Operating characteristics of large turbo-generators. Proc. Am. Inst. El. Eng. 1912, S. 968.

W. A. Durgin und R. H. Whitehead: The transient reactions of alternators. Proc. Am. Inst. El. Eng. 1912. S. 897.

C. M. Davis: Alternator short circuits. Gen. El. Rev. 1914, S. 805.

S. H. Weaver: Mechanical effects of electrical short-circuits. Gen. El. Rev. 1915, S. 1066.

N. S. Diamant: Calculation of sudden short circuit phenomena of alternators. Proc. Am. Inst. El. Eng. 1915, S. 2043.

J. Biermanns: Der plötzliche einphasige Kurzschluß der Drehstrom-Synchronmaschine. Arch. f. El. 1915, Bd. 3, S. 354.

J. Biermanns: Der plötzliche Kurzschluß der Drehstrom-Synchronmaschine. ETZ 1916, S. 579.

F. Niethammer: Der plötzliche Kurzschlußstrom von mehrphasigen Synchronmaschinen. El. u. Maschinenb. 1916, S. 437.

F. Niethammer: Kurzschlußreaktanz von ein- und mehrphasigen Maschinen. El. u. Maschinenb. 1916, S. 401.

F. Niethammer: Mechanische Wellenschwingungen elektrischer Maschinen, besonders von Synchronmaschinen, bei plötzlichem Kurzschluß. El. u. Maschinenb. 1916, S. 509.

O. E. Shirley: Analysis of short-circuit oscillogramms. Gen. El. Rev. 1917, S. 121.

E. S. Henningsen: Short-circuit tests on a 10 000-kv-a. turbine alternator. Gen. El. Rev. 1920, S. 214.

R. E. Doherty und E. T. Williamson: Short-circuit currents of induction motors and generators. Journ. Am. Inst. Electr. Eng. 1921, S. 1.

W. Rogowski: Der Kurzschlußstrom eines Wechselstromgenerators. Arch. f. El. 1922. Bd. 11, S. 147.

R. E. Doherty: A simple method of analyzing short-circuit problems. Journ. Inst. El. Eng. 1923, S. 1021.

F. Häberli: Das generatorische Verhalten von Einankerumformern bei Kurzschlüssen. BBC-Mittlg. Baden 1924, S. 3.

C. M. Laffoon: Short-circuits of alternating-current generators. Journ. Inst. El. Eng. 1924, S. 736.

R. F. Franklin: Short-circuit currents of synochronous machines. Journ. Inst. El. Eng. 1925, S. 863.

V. Karapetoff: Initial and sustained short-circuits in synochronous machines. Journ. Inst. El. Eng. 1925, S. 855.

H. Rikli: Experimentelle Untersuchung über den plötzlichen Kurzschluß von Wechselstromgeneratoren. Bulletin des Schweizer. Elektr. Vereins 1925, S. 217.

14. Wirkung von Kurzschlußströmen im Leitungsnetz.

J. Lyman, A. M. Rossman und L. L. Perry: Protective reactances in large power stations. Proc. Am. Inst. El. Eng. 1914, S. 141.

K. M. Faye-Hansen und J. S. Peck: Current-limiting reactances on large power systems. Journ. Inst. El. Eng. 1914, S. 511.

J. W. Gross: Theoretical investigation of electric transmission systems under short circuit conditions. Proc. Am. Inst. El. Eng. 1915, S. 26.

W. W. Lewis: Short-circuit currents on grounded neutral systems. Gen. El. Rev. 1915, S. 524.

E. G. Merrick: Approximate solution of short-circuit problems. Gen. El. Rev. 1916, S. 470.

H. R. Wilson: An approximate method of calculating short-circuit current in an alternating-current system. Gen. El. Rev. 1916, S. 475.

L. Binder: Kurzschlußerwärmung in Kraftwerken und Überlandnetzen. ETZ 1916, S. 589.

H. Probst: Bemerkungen zu den Richtlinien für Hochspannungsapparate. ETZ 1916, S. 700.

F. Scoumanne: Note sur la protection des centrales de grande puissance contre les effets destructifs des courts-circuits. Rev. gén. électr. 1917, S. 215.

K. C. Randall: Mechanical stresses between electrical conductors. Electr. Journ. 1917, S. 283.

E. M. Hewlett, J. M. Mahony und G. A. Burnham: Rating and selection of oil circuit breakers. Proc. Am. Inst. El. Eng. 1918, S. 41.

E. G. Merrick: Effects of short-circuits on power house equipment. Gen. El. Rev. 1919, S. 935.

J. Biermanns: Über den Schutz elektrischer Verteilungsanlagen gegen Überströme. ETZ 1919, S. 593.

J. Biermanns: Das Verhalten der Synchronmaschine beim Kurzschluß über Streckenwiderstände. Arch. f. El. 1919, Bd. 8, S. 275.

J. Biermanns: Über die mechanischen Wirkungen des plötzlichen Kurzschlußstromes von Synchronmaschinen. Arch. f. El. 1920, Bd. 9, S. 326.

J. Biermanns: Technische Probleme der elektrischen Großwirtschaft. ETZ 1921, S. 25.

Th. Panzerbieter: Kurzschlußströme in Drehstromnetzen und ihr Einfluß auf das Schaltbild, die Apparate und Leitungen. Siemens-Zeitschrift 1922, S. 436.

H. C. Louis und C. T. Sinclair: The effect of high currents on disconnecting switches. Journ Am. Inst. El. Eng. 1922, S. 267.

A. Matthias: Kurzschlußwirkungen in großen Netzen. Mittlg. d. Vereinig. d. El. Werke 1923, S. 397.

A. Rachel: Überstrom- und Überspannungsschutz, insbesondere bei verkuppelten Netzen. Mittlg. d. Vereinig. d. El. Werke 1923, S. 305.

O. R. Schurig: Experimental determination of short circuit currents in electric power networks. Journ. Am.Inst. El.Eng. 1923, S. 605. Dort auch weitere Literatur.

L. Kopec: Dynamische Kräfte bei Hochspannungstrennschaltern und Ölschaltern. El. u. Maschinenb. 1925, S. 658.

O. R. Schurig und M. F. Sayre: Mechanical stresses in busbar supports during short-circuits. Journ. Inst. Am. Inst. El. Eng. 1925, S. 365.

W. Petersen: Überstrom- und Überspannungsschutz. Mittlg. d. Vereinig. d. El. Werke 1920, S. 275.

15. Anlauf von Motoren.

C. O. Mailloux: Notes on the plotting of speed-time curves. Trans. Am. Inst. El. Eng. 1902, S. 1035 und 1915, S. 2804.

N. Pensabene-Perez: An automatic starting device for asynchronous motors. Journ. Inst. El. Eng. 1911, S. 484.

E. Jasse: Zur Berechnung von Anlaßwiderständen und Motorsicherungen. El. u. Maschinenb. 1912, S. 657.

E. C. Woodruff: Graphic method for speed-time and distance time curves. Proc. Am. Inst. El. Eng. 1914, S. 1689.

E. Jasse: Der Anlaßvorgang beim Gleichstrommotor. Arch. f. El. 1917, Bd. 5, S. 285.

D. Fischmann: Schwungmassenausgleich bei Elektromotoren. El. Kraftbetr. u. Bahnen. 1917, S. 129.

J. Saint-Germain: Étude sur la durée des démarrages des moteurs à courant continu et d'induction. Rev. Gén. d'Électr. 1917, S. 3.

H. D. James: Industrial controllers. Electr. Journ. 1917, S. 349.

P. H. Pforr: Berechnung von Zugbewegungen. München 1919.

F. Blanc: Über Anlauf- und Auslaufverhältnisse von motorisch angetriebenen Massen unter Anwendung eines neuen graphischen Auswertungsverfahrens. Z. V. d. I. 1919, S. 289.

A. Schwaiger: Elektromotorische Antriebe. Leipzig 1921.

W. Bethge: Wirkungsweise der elektrischen Kurzschlußbremsung. El. Bahnen 1925, S. 224.

16. Grobschalten von Gleichstromankern.

C. Trettin: Das Schalten großer Gleichstrommotoren ohne Vorschaltwiderstände. ETZ 1912, S. 759.

W. Linke: Das Schalten großer Gleichstrommotoren ohne Vorschaltwiderstände. ETZ 1918, S. 453.

17. Anlauf von Drehstrom-Kurzschlußankern.

R. E. Hellmund: Transient conditions in asynchronous induction machines and their relation to control problems. Proc. Am. Inst. El. Eng. 1917, S. 205.

R. Rüdenberg: Asynchronmotoren mit Selbstanlauf durch tertiäre Wirbelströme. ETZ 1918, S. 483.

R. Rüdenberg: Der Anlaufvorgang bei Asynchronmotoren mit Kurzschlußanker. El. u. Maschinenb. 1919, S. 497.

18. Ausschalten von Gleichstromfeldern.

W. Rogowski: Kondensatoren als Schutz gegen Ausschaltspannungen bei Gleichstrommaschinen hoher Spannung und bei Drosselspulen. Arch. f. El. 1916, Bd. 4, S. 345.

L. Adler: Die Feldschwächung bei Bahnmotoren. Berlin 1919.

J. A. Kuyser: Protective apparatus for turbo-generators. Journ. Inst. El. Eng. 1922, S. 761.

19. Ausschalten von Asynchronmotoren.

R. Rüdenberg: Überspannungen beim Abschalten von Asynchronmotoren. ETZ 1915, S. 169.

20. Ausbreitung von Erdschlußströmen.

C. Michalke: Störungen durch Erdströme elektrischer Bahnen. ETZ 1895, S. 421.

P. Humann: Ein Beitrag zur Frage der Überspannungen in Dreiphasenstromanlagen. ETZ 1904, S. 883.

E. J. Berg: Line constants and abnormal voltages and currents in high-potential transmissions. Proc. Am. Inst. El. Eng. 1907, S. 1409.

K. Kuhlmann: Moderne Schutzeinrichtungen gegen gefahrbringende Ströme in elektrischen Netzen. ETZ 1908, S. 316.

L. Kühn: Die Spannungsgefahren an geerdeten eisernen Masten. Dissertation Hannover 1920, Auszug El. Kraftbetr. u. Bahnen. 1911, S. 156.

M. Voigt: Die Erdung des neutralen Punktes in Drehstromanlagen. Bulletin des Schweizer. Elektrotechn. Vereins 1915, S. 49.

H. Behrend: Der Einfluß von Isolationsfehlern auf Ableitungs- und Kapazitätsströme bei Dreiphasenfernleitungen mit und ohne Schutzseil. ETZ 1916, S. 114.

W. Petersen: Überströme und Überspannungen in Netzen mit hohem Erdschlußstrom. ETZ 1916, S. 129.

W. Petersen: Erdschlußströme in Hochspannungsnetzen. ETZ 1916, S. 493.

R. Bauch: Ströme und Spannungen in einem Drehstromnetz bei vollkommenem und unvollkommenem Erdschluß. El. u. Maschinenb. 1919, S. 113.

R. Bauch: Die Polerdung mittels Erdungsdrosseln als Schutz gegen Erdschlußstrom und durch ihn verursachte Überspannungen. ETZ 1921, S. 588.

L. Lichtenstein: Erdstromfragen in Theorie und Praxis. ETZ 1921, S. 841.

R. Bauch: Vorgänge bei Erdschluß. Siemens-Zeitschrift 1921, S. 261.

A. Roth: Schutz gegen Erdschlüsse. ETZ 1921, S. 642.

R. Rüdenberg: Die Ausbreitung der Erdströme in der Umgebung von Wechselstromleitungen. Z. f. ang. Math. u. Mech. 1925, S. 361.

M. Schießer: Erdungsfragen. Bulletin des Schweizer. Elektr. Vereins 1923, S. 409.

21. Wirkung des Erdungsseiles bei Erdschlüssen.

W. Petersen: Der Schutzwert von Blitzseilen. ETZ 1914, S. 1.

E. Pfiffner: Die Schirmwirkung des geerdeten Schutzdrahtes. El. u. Maschinenb. 1914, S. 261.

R. Rüdenberg: Über den räumlichen Verlauf von Erdschlußströmen. ETZ 1921, S. 847 u. Bulletin des Schweiz. Elektrotechn. Vereins 1921, S. 363.

H. Behrend: Das Blitzseil als Verbesserer der Masterdung von Hochspannungsfreileitungen mit Hängeisolatoren. ETZ 1923, S. 261.

22. Störung von Schwachstromleitungen.

F. Schrottke: Über den Einfluß der Hochspannungsleitungen auf die Betriebs-Fernsprechleitungen. ETZ 1907, S. 685.

H. Behn-Eschenburg: Über Wechselstrombahnmotoren der Maschinenfabrik Oerlikon und ihre Wirkungen auf Telephonleitungen. ETZ 1908, S. 925.

O. Brauns: Die Hochspannungs-Kraftübertragung an der Urfttalsperre. ETZ 1908, S. 377.

F. Marguerre: Über Telephonstörungen durch Wechselstrombahnen und einige Vorgänge in Einphasengeneratoren. ETZ 1912, S. 1209.

O. Brauns: Störungen von Fernsprechleitungen durch sterngeschaltete Drehstromanlagen ohne und mit Erdung des Generatornullpunktes. ETZ 1913, S. 116.

O. Brauns: Einwirkung von Starkstromanlagen auf Schwachstromleitungen. Tel.- u. Fernspr.-Techn. 1919, S. 61.

W. Lienemann: Zur Berechnung der Influenzwirkung von Starkstromleitungen. Tel.- u. Fernspr.-Techn. 1919, S. 173.

Schwedische Eisenbahndirektion: Untersuchungen über Schwachstromstörungen bei Einphasen-Wechselstrombahnen. München u. Berlin 1920.

Kalifornische Eisenbahnverwaltung: Inductive interference between electric power and communication circuits. Auszug in ETZ 1921, S. 1261.

G. Krause und A. Zastrow: Über die Schutzwirkung des Kabelmantels bei Induktionsbeeinflussungen von Schwachstromkabeladern durch Starkstromleitungen. Wissenschaftl. Veröff. a. d. Siemenskonzern 1922, Bd. 2, S. 422.

H. Jäger: Beeinflussung eines Lichtnetzes durch Wechselstrombahnbetrieb. ETZ 1924, S. 329.

J. Oefverholm: Die Einrichtung für Bahnfernmeldeleitungen längs Wechselstrombahnen. El. Nachr. Technik 1924, S. 107.

F. Breisig: Über die Berechnung der magnetischen Induktion aus Wechselstromleitungen mit Erdrückleitung, Telegraphen- und Fernsprechtechnik 1925, S. 93.

O. Brauns und W. Wechmann: Fernmeldeleitungen beim elektrischen Zugbetrieb der deutschen Reichsbahn. Berlin 1925.

L. Truxa: Schwachstromanlagen im Wirkungsbereich elektrischer Bahnen. El. u. Maschinenb. 1925, S. 41.

W. Zschaage: Näherungsformeln zur Berechnung der Gegeninduktivität zwischen Starkstrom- und Schwachstromleitungen. El. Nachr. Technik 1925, S. 110.

R. Rüdenberg: Die Ausbreitung der Luft- und Erdfelder um Hochspannungsleitungen, besonders bei Erd- und Kurzschlüssen. ETZ 1925, S. 1342.

23. Ausschalten von Gleichstrom.

L. Arons: Der Extrastrom beim Unterbrechen eines elektrischen Stromkreises. Ann. Physik 1897. Bd. 63, S. 177.

P. Girault: Sur la commutation dans les dynamos à courant continu. Industrie électrique 1898, S. 153.

E. Arnold und G. Mie: Über den Kurzschluß der Spulen und die Kommutation des Stromes eines Gleichstromankers. ETZ 1899, S. 97.

E. Oelschläger: Über den zeitlichen Verlauf des Schmelzstromes von Sicherungen, beobachtet mit dem Oszillographen. ETZ 1904, S. 762.

E. Philippi: Über Ausschaltvorgänge und magnetische Funkenlöscher. Dissertation Berlin 1909.

A. G. Collis: Breaking high and low potential circuits. Electr. 1911. Bd. 66, S. 869.

W. Höpp: Über Unterbrechungslichtbögen bei elektrischen Schaltapparaten. ETZ 1913, S. 33.

W. Grotrian: Der Gleichstromlichtbogen großer Bogenlänge. Dissertation Göttingen 1915.

O. H. Eschholz: Arc ruptur in magnetic blow-out switches. El. World Bd. 78, S. 461. 1921.

R. Rüdenberg: Das Ausschalten von Gleichstrom und Wechselstrom bei induktiven Starkstromkreisen. Wissenschaftliche Veröffentlichungen aus dem Siemenskonzern 1922, Bd. 2, S. 220 und Bulletin des Schweizer El. Vereins 1922, S. 248.

J. F. Tritle: Air-break magnetic blow-outs. Journ. Inst. El. Eng. 1922, S. 257.

C. Gebauer: Gleichstrom-Schnellschalter. El. Bahnen 1925, S. 276.

H. C. Louis und C. T. Sinclair: Air-break magnetic blow-outs for contactors and circuit breakers. Journ. Am. Inst. El. Eng. 1922, S. 749.

24. Ausschalten von Wechselstrom.

E. B. Merriam: Oil-break circuit breakers. Proc. Am. Inst. El. Eng. 1911, S. 195.

M. Gerstmeyer: Versuche über das Ausschalten von Wechselstrom. El. Kraftbetr. u. Bahnen. 1911, S. 141.

E. B. Merriam: Some recent tests of oil circuit breakers. Proc. Am. Inst. El. Eng. 1911, S 1431.

F. Marguerre: Einige Versuche mit Ölschaltern. ETZ 1912, S. 709.

H. Th. Simon: Lichtbogenentladung. Handwörterbuch der Naturwissenschaften 1912, Bd. 6.

K. C. Randall: Notes on oil circuit breakers for large powers and high potentials. Proc. Am. Inst. El. Eng. 1913, S. 1885.

E. Merkel: Die Wechselstromentladung zwischen Metallelektroden. Dissertation Göttingen 1913.

W. Linke: Schaltvorgänge bei elektrischen Maschinen und Transformatoren. ETZ 1914, S. 757.

B. Bauer: Untersuchungen an Ölschaltern. Bulletin des Schweizer. Elektrotechn. Vereins 1915, S. 141, 1917, S. 226 u. 273.

L. Fleischmann,: Versuch einer Bestimmung der in Ölschaltern auftretenden Drucke. Arch. f. El. 1915, Bd. 4, S. 86.

J. Biermanns: Über das Abschalten großer Wechselstromenergien. Arch. f. El. 1915, Bd. 3, S. 5.

K. C. Randall: Oil circuit breakers. Proc. Am. Inst. El. Eng. 1915, S. 271.

A. G. Collis: Arc phenomena. Proc. Am. Inst. El. Eng. 1915, S. 2081.

G. Stern und J. Biermanns: Ölschalterversuche. ETZ 1916, S. 617.
B. Bauer: Vorschaltwiderstände und Reaktanzen als Schutz für Ölschalter. Bulletin des Schweizer. Elektrotechn. Vereins 1916, S. 85.
T. F. Wall: Means for producing a sparkless break of an inductive circuit. Electr. 1916, S. 640.
A. Blondel und F. Carbenay: Remarques complementaires sur les oscillations forcées des systèmes a amortissement discontinu. Lum. Electr. 1916, Bd. 34, S. 97.
M. Vogelsang, F. Schrottke u. a.: Hochleistungsschalter. ETZ 1919, S. 597, 625, 655.
W. Höpp: Lichtbogenfreie Schalter für Wechselstrom. ETZ 1920, S. 748.
P. Torchio: High-current tests on high-tension switchgear. Journ. Am. Inst. El. Eng. 1921, S. 120.
P. Charpentier: Un critérium de la capacité de rupture des disjoncteurs à huile. Rev. Gén. de l'Électr. 1921, Bd. 9, S. 687.
H. R. Davies: Considerations relating to the design of oil circuit breakers. Electr. 1922, S. 6.
J. D. Hilliard: Tests on General Electric oil circuit breakers at Baltimore. Journ. Am. Inst. El. Eng. 1922, S. 530.
J. B. MacNeill: Tests on Westinghouse oil circuit breakers at Baltimore. Journ. Am. Inst. El. Eng. 1922, S. 537.
G. Brühlmann: Ölschalter für große Abschaltleistungen. BBC-Mittlg. Baden 1923, S. 43.
J. D. Hilliard: Circuit breaker tests at Bessemer. Journ. Inst. El. Eng. 1924, S. 430 u. 818.
J. B. Mc Neill: High voltage oil circuit breaker tests. Journ. Inst. El. Eng. 1924, S. 436.
G. Brühlmann: Die theoretischen und praktischen Grundlagen für den Bau, die Wahl und den Betrieb von Ölschaltern. Bulletin des Schweizer. Elektr. Vereins 1925, S. 81.
P. Sporn und H. P. Clair: High-voltage circuit breaker tests. El. World 1925, Bd. 85, S. 970.

25. Rückzündung in Kapazitätskreisen.

W. Pfannkuch: Drehstromkabel für 30 000 Volt. ETZ 1912, S. 1125.
E. E. F. Creighton: Oscillographic studies relating to protective apparatus. Gen. El. Rev. 1913, S. 443.
W. Petersen: Rückzündungsüberspannungen. ETZ 1914, S. 697.
J. Fallou: Enclenchement et déclenchement d'un cable à haute tension au moyen d'un interrupture à contacts dans l'huile. Rev. Gén. de l'Électr. 1924, Bd. 15, S. 468.

26. Funkenentladung von Schwingungskreisen.

H. Barkhausen: Funkenwiderstand. Phys. Z. Bd. 8, S. 624. 1907.
J. Bethenod: Über den Resonanztransformator. Jahrb. drahtl. Telegr. u. Telef. Bd. 1, S. 534. 1908.
A. Blondel und F. Carbenay: Systèmes oscillants a amortissement discontinu. Lum. Electr. 1915, Bd. 31, S. 193.
C. P. Steinmetz: Condenser discharges through a general gas circuit. Journ. Am. Inst. El. Eng. 1922, S. 210.

27. Ausschalten von Schwingungskreisen.

E. J. Berg: Tests with arcing grounds and connections. Proc. Am. Inst. El. Eng. 1908, S. 673.

F. Schrottke: Schützen elektrische Ventile und Schutzkondensatoren wirklich gegen Überspannungen? ETZ 1910, S. 443.

E. E. F. Creighton: Protection of electrical transmission lines. Proc. Am. Inst. El. Eng. 1911, S. 377.

E. E. F. Creighton und J. T. Whittlesey: Localizers, suppressors and experiments. Proc. Am. Inst. El. Eng. 1912, S. 1435.

W. Petersen: Der aussetzende Erdschluß. ETZ 1917, S. 553.

W. Petersen: Unterdrückung des aussetzenden Erdschlusses durch Nullwiderstände und Funkenableiter. ETZ 1918, S. 341.

W. Petersen: Beseitigung von Freileitungsstörungen durch Unterdrückung des Erdschlußstromes und -lichtbogens. El. u. Maschinenb. 1918, S. 297.

W. Petersen: Die Begrenzung des Erdschlußstromes und die Unterdrückung des Erdschlußlichtbogens durch die Erdschlußspule. ETZ 1919, S. 5.

R. N. Conwell und R. D. Evans: The Petersen Earth Coil. Electr. Journ. 1921, S. 141.

W. W. Lewis: The neutral grounding reaktor. Journ. Am. Inst. El. Eng. 1923, S. 466.

H. G. Nolen: Der intermittierende Erdschluß. Tijdschrift voor Electrotechniek 1923/4, Jg. 6, S. 91.

J. Fallou: Surtensions par résonance d'harmoniques. Rev. Gén. de l'Électr. 1925, S. 292.

28. Lichtbogenschwingungen.

W. Dudell: On rapid variations in the current through the direct-current arc. Journ. Inst. El. Eng. 1900, Bd. 30, S. 232.

H. Th. Simon: Über die Dynamik der Lichtbogenvorgänge und über Lichtbogenhysteresis. Phys. Z. 1905. Bd. 6, S. 297.

Ch. P. Steinmetz: High-power surges in electric distribution systems of great magnitude. Proc. Am. Inst. El. Eng. 1905, S. 575.

H. Th. Simon: Zur Theorie des selbsttönenden Lichtbogens. Phys. Z. 1906, Bd. 7, S. 433.

H. Barkhausen: Das Problem der Schwingungserzeugung. Dissertation Göttingen 1907.

K. W. Wagner: Der Lichtbogen als Wechselstromerzeuger. Dissertation Göttingen 1910.

H. Rukop und J. Zenneck: Der Lichtbogengenerator mit Wechselstrombetrieb. Ann. Physik 1914, Bd. 44, S. 97.

A. Sommerfeld: Die Theorie der Lichtbogenschwingungen bei Wechselstrombetrieb. Sitzungsberichte der Bayerischen Akademie der Wissenschaften 1914, S. 261.

P. Hammerschmidt: Über Ausgleichsvorgänge beim Abschalten von Induktivitäten, insbesondere vermittels Ölschalter. Arch. f. El. 1922, Bd. 11, S. 431.

29. Schalten gesättigter Gleichstromkreise.

L. Finzi: Untersuchungen über das Selbsterregen der dynamoelektrischen Maschinen. Phys. Z. 1903, Bd. 4, S. 212.

B. O. Peirce: On the determination of the magnetic behaviour of the finely divided core of an electromagnet while a steady current is being established in the exciting coil. Proc. Am. Academy of Arts and Sciences 1907, Bd. 43, S. 99.

M. Müller: Über das Ansprechen elektrischer Bremsen. ETZ 1909, S. 540.

A. Schwaiger: Einschaltvorgänge bei selbsterregenden Gleichstrommaschinen. El. u. Maschinenb. 1910, S. 929.

P. Müller: Gegenstrom- und Kurzschlußbremsung bei Kommutatormaschinen. El. Kraftbetr. u. Bahnen 1911, S. 641.

H. Thoma: Theorie des Tirrillreglers. Dissertation München 1914.

J. Biermanns: Ausgleichsvorgänge beim Kurzschluß von Kollektormaschinen, Arch. f. El. 1918, Bd. 7, S. 1.

R. Rüdenberg: Fremd- und Selbsterregung von magnetisch gesättigten Gleichstromkreisen. Wissenschaftl. Veröffentlichungen aus dem Siemenskonzern 1920, Bd. 1, S. 179, und Bulletin des Schweiz. Elektrotechn. Vereins 1920, S. 127.

R. Rüdenberg: Die Spannungsregelung großer Drehstromgeneratoren nach plötzlicher Entlastung. Wissenschaftl. Veröff. a. d. Siemenskonzern 1926, Bd. 4, H. 2, S. 61.

30. Sättigungsstoß beim Schalten von Wechselstrom.

J. A. Flemming: Experimental researches on alternate-current-transformers. Journ. Inst. El. Eng. 1892, Bd. 21, S. 594.

A. Hay: The behaviour of a transformer at the instant of switching. Gen. El. Rev. 1898, S. 326.

M. Johann: De l'établissement du courant dans les transformateurs. Bulletin de la société internationale des Electriciens 1905, S. 579.

T. Jensen: Abnormal primary current and secondary voltage on placing a transformer in circuit. El. World 1907, Bd. 50, S. 521.

A. Schwaiger: Über Einschaltvorgänge in kapazitätsfreien Stromkreisen. El. u. Maschinenb. 1909, S. 633.

W. Linke: Über Schaltvorgänge bei elektrischen Maschinen und Apparaten. Arch. f. El. 1912, Bd. 1, S. 16.

W. Rogowski: Einschaltstromstoß und Vorkontaktwiderstand beim Transformator. Arch. f. El. 1912, Bd. 1, S. 344.

T. D. Yensen: Einschaltströme von Transformatoren, besonders von solchen mit legierten Blechen. ETZ 1912, S. 1001.

B. Bauer: Über die Notwendigkeit von Schutzwiderständen an Hochspannungsölschaltern. El. Kraftbetr. u. Bahnen. 1914, S. 148.

E. W. Marchant: Some transient phenomena in electrical supply systems. Journ. Inst. El. Eng. 1918, S. 445 u. Electr. 1918, S. 63.

M. Vidmar: Der Einschaltstrom des Transformators. El. u. Maschinenb. 1918, S. 273.

31. Eisensättigung in Schwingungskreisen.

J. Bethenod: Sur le transformateur à résonance. Éclairage Électrique 1907, Bd. 53, S. 289.

H. Barkhausen: Über labile Zustände elektrischer Ströme. Verhandlungen der Deutschen Physikalischen Gesellsch. 1909, S. 267.

O. Martienssen: Über einen neuen Frequenzmesser der Siemens & Halske A.-G. ETZ 1910, S. 204.

O. Martienssen: Über neue Resonanzerscheinungen in Wechselstromkreisen. Phys. Z. 1910, Bd. 11, S. 448.

H. B. Dwight und C. W. Baker: Double voltages in circuits having capacity and inductance. Electr. Journ. 1911, S. 1102.

W. Petersen: Überspannungen mit der Betriebsfrequenz bei Leitungsbrüchen und einpoligen Schaltvorgängen. ETZ 1915, S. 353.

J. Biermanns: Der Schwingungskreis mit eisenhaltiger Induktivität. Arch. f. El. 1915, Bd. 3, S. 345.

H. Görges: Über die Gleichgewichtszustände der Reihenschaltung einer Induktionsspule mit einem Kondensator. ETZ 1918, S. 101.

G. Duffing: Erzwungene Schwingungen bei veränderlicher Eigenfrequenz und ihre technische Bedeutung. Samml. Vieweg, Bd. 41/42, Braunschweig 1918.

P. Boucherot: Surtensions par câbles armés et les moyens d'y parer. Rev. Gén. d'Électr. 1920, Bd. 7, S. 675.

F. Noether: Über die Abstimmung der Löschdrosseln. ETZ 1921, S. 1478.

F. Margand: Au sujet de l'existence de deux régimes en ferro-résonance. Rev. Gén. d'Électr. 1921, Bd. 9, S. 635.

J. Biermanns: Die Theorie des Schwingungskreises mit eisenhaltiger Induktivität. Arch. f. El. 1921, Bd. 10, S. 30.

L. Fleischmann: Eine graphische Darstellung der Kipperscheinung bei Reihenschaltung von Widerstand, Kondensator und Eisendrossel. ETZ 1922, S. 1288.

W. Dällenbach: Stationäre Resonanzüberströme in elektrischen Kraftnetzen. Arch. Elektrot. 1922, Bd. 10, S. 304.

R. Rüdenberg: Einige unharmonische Schwingungsformen mit großer Amplitude. Z. f. ang. Math. Mech. 1923, S. 454.

H. Plendl, F. Sommer und J. Zenneck: Einschaltvorgänge bei einem Schwingungskreis mit einer Eisenkernspule. Z. f. Hochfrequenztechn. 1925, S. 103.

32. Kapazitätsbelastung von Generatoren.

H. Lund: Überspannungen durch Selbsterregung von Asynchrongeneratoren. ETZ 1922, S. 1362.

R. Rüdenberg: Abnormale verschijnselen in wisselstroom-circuits met capaciteit en magnetische verzadiging. Polytechnisch Weekblad 1922, S. 625.

J. Bethenod: Auto-amorcage des machines à rotor cylindrique associées à des condensateurs. Rev. Gén. de l'Électr. 1923, Bd. 14, S. 307.

33. Oberschwingungen.

E. Arnold u. J. L. la Cour: Beitrag zur Vorausberechnung und Untersuchung von Ein- und Mehrphasenstromgeneratoren. Stuttgart 1901.

E. Rosenberg: Analyse des Leerlaufstroms von Synchronmotoren. ETZ 1903, S. 111.

R. Rüdenberg: Über die Erzeugung reiner Sinusströme. ETZ 1904, S. 252.

R. Rüdenberg: Der Einfluß der Zähne und Nuten auf die Wirkungsweise der Dynamoanker. El. u. Maschinenb. 1907, S. 599.

J. J. Frank: Observation of harmonics in current and in voltage wave shapes of transformers. Proc. Am. Inst. El. Eng. 1910, S. 665.

W. J. Foster: Potential waves of alternating-current generators. Proc. Am. Inst. El. Eng. 1913, S. 209.

E. Bennett: An oscillograph study of corona. Proc. Am. Inst. El. Eng. 1913, S. 1473.

L. F. Curtis: The effect of delta and star connections upon transformer wave forms. Proc. Am. Inst. El. Eng. 1914, S. 1153.

J. Biermanns: Die Spannungskurven großer Hochspannungsnetze. ETZ 1915, S. 609.

J. S. Nicholson: The magnetization of iron at high flux density with alternating currents. Journ. Inst. El. Eng. 1915, S. 248.

S. P. Smith und R. S. H. Boulding: The shape of the pressure wave in electrical machinery. Journ. Inst. El. Eng. 1915, S. 14.

A. L. Tackley: Mathematical relationship between flux and magnetizing-current waves at high flux densities. Journ. Inst. El. Eng. 1915, S. 521.

N. W. McLachlan: The magnetic behaviour of iron under alternating magnetization of sinusoidal wave-form. Journ. Inst. El. Eng. 1915, S. 809.

B. Hague und S. Neville: On the wave-forms of magnetising current and flux density for a stalloy magnetic circuit. Electr. 1916, S. 44.

G. R. Dean: The predetermination of higher harmonics in the alternating current transformer when the impressed E. M. F. is a simple harmonic function of the time. Electr. 1916, S. 325.

L. F. Curtis: Order and amplitude of harmonics in voltage wave forms with indicating instruments. Proc. Am. Inst. El. Eng. 1919, S. 947.

F. W. Peek: Voltage and current harmonics caused by corona. Journ. Am. Inst. Electr. Eng. 1921, S. 455.

W. Stiel: Oszillographische Untersuchungen über Felder und EMKe in Induktionsmotoren. ETZ 1922, S. 208.

O. G. C. Dahl: Transformer harmonics. Report of inductive coordination committee 1923.

P. Boucherot und J. Fallou: Prédétermination des surtensions par les harmoniques de saturation des transformateurs. Rev. Gén. de l'Électr. 1924, Bd. 15, S. 979.

34. Fortpflanzungsgesetze für Wanderwellen.

H. Poincaré: Étude de la propagation du courant en période variable. Ecl. électr. 1904, Bd. 40, S. 121.

Ch. P. Steinmetz: The general equations of the electric circuit. Proc. Am. Inst. El. Eng. 1908, S. 1121.

K. W. Wagner: Der Verlauf telegraphischer Zeichen in langen Kabeln. Phys. Z. 1909, Bd. 10, S. 865.

L. C. Nicholson: A practical method of protecting insulators from lightning and power arc effects. Proc. Am. Inst. El. Eng. 1910, S. 241.

K. W. Wagner: Die Fortpflanzung von Strömen in Kabeln mit unvollkommenem Dielektrikum. Göttinger Nachrichten, Mathem.-Phys. Klasse 1910, S. 425.

H. W. Malcolm: The theory of the submarine telegraph cable. Electric. 1912, S. 876ff.

K. W. Wagner: Elektromagnetische Wellen in elementarer Behandlungsweise. ETZ 1913, S. 1053.

R. Hiecke: Der Einfluß des Ohmschen Widerstandes auf den Verlauf der Wanderwellen. El. u. Maschinenb. 1919, S. 125.

J. R. Carson: Radiation from transmission lines. Journ. Am. Inst. Electr. Engs. 1921, S. 789.

35. Entstehung einfacher Wanderwellen.

H. Hertz: Über sehr schnelle elektrische Schwingungen. Gesammelte Werke Bd. 2, 1894, S. 32.

P. H. Thomas: Static strains in high tension circuits and the protection of apparatus. Trans. Am. Inst. El. Eng. 1902, S. 189.

K. W. Wagner: Freie Schwingungen in langen Leitungen. ETZ 1908, S. 707.

P. H. Thomas: Static strains in high-tension circuits. Electric Journal 1910, Bd. 7, S. 228.

M. Siegbahn: Über die Ausbreitung der Spannung und des Stromes beim Einschalten eines Kabels an eine Wechselstromquelle. Arch. f. El. 1913, Bd. 2, S. 155.

E. Pfiffner: Die Eigenschwingungen elektrischer Stromkreise. El. u. Maschinenb. 1916, S. 209.

36. Einfluß der Leitungsenden.

R. Hiecke: Über Schwingungen mit hoher Spannung und Frequenz in Gleichstromnetzen. ETZ 1907, S. 334.

K. W. Wagner: Elektromagnetische Ausgleichsvorgänge in Freileitungen und Kabeln. ETZ 1911, S. 899.

J. H. Cunningham und C. M. Davis: Propagation of impulses over a transmission line. Proc. Am. Inst. El. Eng. 1912, S. 649.

W. S. Franklin: Some simple examples of transmission line surges. Proc. Am. Inst. El. Eng. 1914, S. 547.

J. M. Weed: Theory of electric waves in transmission lines. Gen. El. Rev. 1915, S. 1148 u. 1916, S. 141 u. 230.

E. Brylinski: Propagation sur une ligne a circuit ouvert. Bulletin Soc. Intern. Électr. 1917, S. 217.

V. Bush: Transmission line transients. Journ. Am. Inst. El. Eng. 1923, S. 1155.

37. Funkenentladung und Öffnen von Leitungen.

F. Finckh: Über einen bemerkenswerten Fall einer schädlichen Spannungserhöhung bei einem Drehstromgenerator. ETZ 1903, S. 198.

J. H. Cunningham: Design, construction and test of an artificial transmission line. Proc. Am. Inst. El. Eng. 1911, S. 87.

38. Reflexion und Brechung.

K. W. Wagner: Eine neue künstliche Leitung zur Untersuchung von Telegraphierströmen und Schaltvorgängen. ETZ 1912, S. 1289.

R. Rüdenberg: Der Verlauf elektrischer Wellen auf Leitungen mit räumlich veränderlicher Charakteristik. El. u. Maschinenb. 1913, S. 421.

J. Biermanns: Beiträge zur Frage des Überspannungsschutzes. Arch. f. El. 1914, Bd. 2, S. 217.

H. Gewecke: Überspannungsschutz bei Stromwandlern. ETZ 1914, S. 386.

39. Schalten von Leitungen über Schutzwiderstand.

R. Rüdenberg: Der Einschaltvorgang bei elektrischen Leitungen. El. u. Maschinenb. 1912, S. 157.

40. Beeinflussung von Nachbarleitungen.

K. W. Wagner: Induktionswirkungen von Wanderwellen in Nachbarleitungen. ETZ 1914, S. 639.

41. Umbildung der Wellenform.

A. Léauté: Surintensités dues a la fermeture des interrupteurs de tableau. Lum. Electr. 1910, Bd. 12, S. 227.

E. Pfiffner: Theorie und Praxis des Überspannungsschutzes. El. u. Maschinenb. 1912, S. 953 u. 1913, S. 45.

K. W. Wagner: Die Oberschwingungen elektrischer Schwingungskreise. Arch. f. El. 1912, Bd. 1, S. 47.

K. W. Wagner: Über Reflexion und Brechung von Wanderwellen mit steiler Front an Schaltungen mit Kondensatoren und Drosselspulen. Arch. f. El. 1914, Bd. 2, S. 299.

W. O. Schumann: Beiträge zur Frage der Wellenformen und Deformationen bei Ausgleichsvorgängen längs gestreckter Leiter. El. u. Maschinenb. 1914, S. 345.

G. Faccioli: Rectangular waves. Gen. El. Rev. 1914, S. 742.

P. Traverse und G. Silon: Note sur la protection des reséaux contre les ondes rectangulaires. Rev. Gén. de l'Électr. 1925, Bd. 18, S. 9.

42. Schutzwert von Spulen und Kondensatoren.

R. P. Jackson: Recent investigation of lightning protective apparatus. Proc. Am. Inst. El. Eng. 1906, S. 843.

J. Döry: Freie Schwingungen in langen Leitungen. El. u. Maschinenb. 1909, S. 105.

G. Capart: Die atmosphärischen Erscheinungen und die Störungen, welche durch dieselben in den elektrischen Verteilungsnetzen hervorgerufen werden. El. u. Maschinenb. 1913, S. 782.

43. Wellenwiderstand von Zwischenleitungen.

W. Petersen: Wanderwellen als Überspannungserreger. Arch. f. El. 1912, Bd. 1, S. 233.

W. Rogowski: Eine Erweiterung des Reflexionsgesetzes für Wanderwellen. Arch. f. El. 1916, Bd. 4, S. 204.

J. Biermanns: Über Wanderwellen-Schutzeinrichtungen. Arch. f. El. 1917, Bd. 5, S. 215.

A. G. Warren: The transmission of electric waves along wires. Journ. Inst. El. Eng. 1921, S. 330.

44. Zusammenwirkung von Drosselspulen und Kondensatoren.

W. Linke: Überspannungserscheinungen bei Schaltvorgängen. Arch. f. El. 1912, Bd. 1, S. 163.

R. Rüdenberg: Eine neue Schutzanordnung für elektrische Stromkreise gegen Überspannungen und ähnliche Störungen. ETZ 1914, S. 610.

G. Faccioli und H. G. Brinton: High frequency absorbers. Gen. El. Rev. 1921, S. 444 u. 656.

45. Windungsverkettung in Spulen.

Ch. P. Steinmetz: Underground transmission and distribution of electrical energy. Proc. Am. Inst. El. Eng. 1907, S. 196.

R. Rüdenberg: Entstehung und Verlauf elektrischer Sprungwellen. El. u. Maschinenb. 1914, S. 729.

R. Rüdenberg: Die Spannungsverteilung an Kettenisolatoren. ETZ 1914, S. 412.

K. W. Wagner: Das Eindringen einer elektromagnetischen Welle in eine Spule mit Windungskapazität. El. u. Maschinenb. 1915, S. 89.

J. M. Weed: Abnormal voltages in transformers. Proc. Am. Inst. El. Eng. 1915, S. 1621.

K. W. Wagner: Beanspruchung und Schutzwirkung von Spulen bei schnellen Ausgleichsvorgängen. ETZ 1916, S. 425.

O. Böhm: Rechnerische und experimentelle Untersuchung der Einwirkung von Wanderwellen-Schwingungen auf Transformatorenwicklungen. Arch. f. El. 1917, Bd. 5, S. 383 u. Dissertation Darmstadt 1916.

W. Rogowski: Spulen und Wanderwellen. Arch. f. El. 1918, Bd. 6, S. 265 u. 377 u. Bd. 7, S. 33 u. 161 u. 1919, Bd. 7, S. 320.

K. W. Wagner: Wanderwellen-Schwingungen in Transformatorwicklungen. Arch. f. El. 1918, Bd. 6, S. 301.

W. Rogowski: Die Spule bei Wechselstrom. Arch. f. El. 1918, Bd. 7, S. 17.

O. Böhm: Beiträge zur Frage der Schutzwirkung von Drosselspulen. El. u. Maschinenb. 1918, S. 377.

L. Dreyfus: Einschaltspannungen der Spule aus zwei Windungen. Arch. f. El. 1918, Bd. 7, S. 175.

W. Rogowski: Überspannungen und Eigenfrequenzen einer Spule. Arch. f. El. 1919, Bd. 7, S. 240.

L. F. Blume und A. Boyajian: Abnormal voltages within transformers. Proc. Am. Inst. El. Eng. 1919, S. 211.

J. M. Weed: Prevention of transient voltage in windings. Journ. Am. Inst. El. Eng. 1922, S. 14.

O. Böhm: Die stationären Schwingungen der wechselstromgespeisten Spule. Arch. f. El. 1920, Bd. 9, S. 341.

R. Schachenmeyer: Beitrag zur Theorie schnell veränderlicher elektromagnetischer Vorgänge an linearen Leitern. Phys. Z. 1925, Bd. 26, S. 54.

46. Wanderwellen im Leitungsnetz.

A. Sommerfeld: Über die Fortpflanzung elektrodynamischer Wellen längs eines Drahtes. Ann. Physik 1899, Bd. 67, S. 233.

G. Mie: Elektrische Wellen an zwei parallelen Drähten. Ann. Physik 1900, Bd. 2, S. 201.

J. Algermissen: Verhältnis von Schlagweite und Spannung bei schnellen Schwingungen. Ann. Physik 1906, Bd. 19, S. 1016.

J. L. R. Hayden und Ch. P. Steinmetz: Disruptive strenght with transient voltages. Proc. Am. Inst. El. Eng. 1910, S. 747.

Ch. P. Steinmetz: Electrical disturbances and the nature of electrical energy. Gen. El. Rev. 1912, Bd. 15, S. 5.

W. Prehm: Überspannungsschutz in Theorie und Praxis. ETZ 1914, S. 417 u. 624 u. 1921, S. 395.

L. Binder: Messungen über die Form der Stirn von Wanderwellen. ETZ 1915, S. 241.

F. W. Peek: Lightning. Gen. El. Rev. 1916, Bd. 19, S. 586 u. 1919, Bd. 22, S. 900.

E. E. F. Creighton: Theory of parallel grounded wires and production of high frequencies in transmission lines. Proc. Am. Inst. El. Eng. 1916, S. 945 u. 1922, S. 29.

L. Binder: Wanderwellen an Freileitungen und in Kabeln. ETZ 1917, S. 381

J. Sarolea: Les accidents de surtension. Rev. Gén. d'Électr. 1917, S. 215.

Ch. P. Steinmetz: The general equations of the electric circuit. Proc. Am. Inst. El. Eng. 1919, S. 249.

R. D. Mershon: The grounded wire as a protection against lightning. Journ. Am. Inst. Electr. Eng. 1922, S. 28.

R. P. Jackson: Potential stresses as affected by overhead grounded conductors. Journ. Am. Inst. Electr. Eng. 1922, S. 29.

S. Rump: Statistische Untersuchungen über Störungen in elektrischen Anlagen durch Blitzschläge. Brown-Boveri-Mitteilungen 1922, S. 234.

K. W. Wagner: Der physikalische Vorgang beim elektrischen Durchschlag von festen Isolatoren. Sitzungsberichte d. preuß. Akad. d. Wissensch., phys.-mathem. Klasse 1922, S. 438.

S. Rump: Statistische Untersuchungen über Störungen in elektrischen Anlagen durch Blitzschläge. BBC-Mittlg. Baden 1923, S. 234.

F. W. Peek: Lightning and other transients on transmission lines. Journ. Am. Inst. El. Eng. 1924, S. 696.

J. B. Witehead: The corona as Lightning arrester. Journ. Am. Inst. El. Eng. 1924, S. 914.

F. Kesselring: Betrachtungen über den Hörnerableiter. ETZ 1924, S. 819.

K. B. Mc Eachron und C. J. Wade: Study of time lag of the needle gap. Journ. Am. Inst. El. Eng. 1925, S. 622.

W. Rogowski und E. Flegler: Die Wanderwelle nach Aufnahmen mit dem Kathodenoszillographen. Arch. Elektrot. 1925, Bd. 14, S. 529.

F. Möller: Die Abflachung steiler Wellenstirnen unter Berücksichtigung der der Stromverdrängung im Leiter. Arch. Elektrot. 1926, Bd. 15, S. 547.

47. Wanderwellen in Wicklungen.

E. E. F. Creighton, F. R. Shavor u. R. P. Clark: Studies of protection and protective apparatus for electric railways. Proc. Am. Inst. El. Eng. 1912, S. 659.

Ch. P. Steinmetz: Abnormal strains in transformers. Gen. El. Rev. 1912, S. 737.

F. Finckh: Vermeintliche und wirkliche Überspannungswirkungen in Hochspannungsanlagen. ETZ 1913, S. 1450.

F. W. Peek: The effect of transient voltages on dielectrics. Proc. Am. Inst. El. Eng. 1915, S. 1695 u. 1919, S. 717 u. 1923, S. 623.

C. C. Garrard: Apparatus for protecting electrical machinery against abnormal electrical conditions. Electr. 1915, S. 350.

E. Wirz: Überspannungserscheinungen bei Stromwandlern. Bulletin des Schweizer. Elektrotechn. Vereins 1915, S. 121.

Ch. P. Steinmetz: The oxide film lightning arrester. Proc. Am. Inst. El. Eng. 1918, S. 551.

Ch. T. Allcutt: Lightning arrester spark gaps. Proc. Am. Inst. El. Eng. 1918, S. 519.

W. Zederbohm: Fortschritte in der Isolierung von Wechselstrom-Hochspannungswicklungen. Siemens-Zeitschrift 1921, S. 15.

G. Courvoisier: Über Sprungwellenbeanspruchung von Transformatoren. Bulletin des Schweizer. Elektrotechn. Vereins 1922, S. 437.

G. J. Meyer: Wanderwellenschäden. Mittlg d. Vereinig. d. El. Werke 1923, S. 407.

S. Rump: Die Sprungwellenprobe im Transformatorenversuchslokal der A. G. BBC. BBC-Mittlg. Baden 1925, S. 4.

F. W. Peek: The effect of transient voltages on dielectrics. Proc. Am. Inst. El. Eng. 1915, S. 1695 u. 1919, S. 717 u. 1923, S. 623.

Sachverzeichnis.

Additional material from *Elektrische Schaltvorgaenge und verwandte Stärungserscheinungen in Starkstromanlagen,*
ISBN 978-3-662-35937-2, is available at http://extras.springer.com